国家电网
STATE GRID

国家电网公司
生产技能人员职业能力培训专用教材

电网调度自动化主站维护 上

国家电网公司人力资源部 组编

曹茂昇 高伏英 主编

中国电力出版社
CHINA ELECTRIC POWER PRESS

内 容 提 要

《国家电网公司生产技能人员职业能力培训教材》是按照国家电网公司生产技能人员模块化培训课程体系的要求，依据《国家电网公司生产技能人员职业能力培训规范》（简称《培训规范》），结合生产实际编写而成。

本套教材作为《培训规范》的配套教材，共72册。本册为专用教材部分的《电网调度自动化主站维护》，全书共14个部分55章251个模块，主要内容包括电力调度自动化系统，计算机应用操作，仪器、仪表及工具的使用，EMS基本原理、操作及异常处理，调度管理系统的应用操作、安装调试及异常处理，电能量计量系统及其操作、维护、安装调试及异常处理，网络、调度数据网及规约，二次系统安全防护，时间同步系统，UPS及机房配电系统的维护和异常处理，主站、厂站联合调试，运行监视系统的应用操作、系统维护、安装调试、异常及缺陷处理，主站系统软硬件平台安装，主站系统性能测试。

本书可作为供电企业电网调度自动化主站维护工作人员的培训教学用书，也可作为电力职业院校教学参考书。

图书在版编目（CIP）数据

电网调度自动化主站维护. 上/国家电网公司人力资源部组编. —北京：中国电力出版社，2010.9
国家电网公司生产技能人员职业能力培训专用教材
ISBN 978-7-5123-0885-5

Ⅰ. ①电…　Ⅱ. ①国…　Ⅲ. ①电力系统调度-自动化技术-维修-技术培训-教材　Ⅳ. ①TM734

中国版本图书馆 CIP 数据核字（2010）第 189298 号

中国电力出版社出版、发行
（北京市东城区北京站西街 19 号　100005　http://www.cepp.sgcc.com.cn）
北京丰源印刷厂印刷
各地新华书店经售

＊

2010 年 10 月第一版　　2013 年 6 月北京第四次印刷
880 毫米×1230 毫米　16 开本　44.625 印张　1357 千字
印数 11001—13000 册　定价 **72.00** 元（上、下册）

敬 告 读 者

本书封底贴有防伪标签，刮开涂层可查询真伪
本书如有印装质量问题，我社发行部负责退换

《国家电网公司生产技能人员职业能力培训专用教材》

编 委 会

国家电网公司
生产技能人员职业能力培训专用教材

前　言

为大力实施"人才强企"战略，加快培养高素质技能人才队伍，国家电网公司按照"集团化运作、集约化发展、精益化管理、标准化建设"的工作要求，充分发挥集团化优势，组织公司系统一大批优秀管理、技术、技能和培训教学专家，历时两年多，按照统一标准，开发了覆盖电网企业输电、变电、配电、营销、调度等 34 个职业种类的生产技能人员系列培训教材，形成了国内首套面向供电企业一线生产人员的模块化培训教材体系。

本套培训教材以《国家电网公司生产技能人员职业能力培训规范》（Q/GDW 232—2008）为依据，在编写原则上，突出以岗位能力为核心；在内容定位上，遵循"知识够用、为技能服务"的原则，突出针对性和实用性，并涵盖了电力行业最新的政策、标准、规程、规定及新设备、新技术、新知识、新工艺；在写作方式上，做到深入浅出，避免烦琐的理论推导和验证；在编写模式上，采用模块化结构，便于灵活施教。

本套培训教材涵盖 34 个职业的通用教材和专用教材，共 72 个分册、5018 个模块，每个培训模块均配有详细的模块描述，对该模块的培训目标、内容、方式及考核要求进行了说明。其中：通用教材涵盖了供电企业多个职业种类共同使用的基础、专业基础、基本技能及职业素养等知识，包括《电工基础》、《电力安全生产及防护》等 38 个分册、1705 个模块，主要作为供电企业员工全面系统学习基础理论和基本技能的自学教材；专用教材涵盖了单一职业种类专用的所有专业知识和专业技能，按照供电企业生产模式分职业单独成册，每个职业分为 Ⅰ、Ⅱ、Ⅲ 等 3 个级别，包括《变电检修》、《继电保护》等 34 个分册、3313 个模块，可以分别作为供电企业生产一线辅助作业人员、熟练作业人员和高级作业人员的岗位技能培训教材，也可作为电力职业院校的教学参考书。

本套培训教材的出版是贯彻落实国家人才队伍建设总体战略，充分发挥企业培养高技能人才主体作用的重要举措，是加快推进国家电网公司发展方式和电网发展方式转变的迫切要求，也是有效开展电网企业教育培训和人才培养工作的重要基础，必将对改进生产技能人员培训模式，推进培训工作由理论灌输向能力培养转型，提高培训的针对性和有效性，全面提升员工队伍素质，保证电网安全稳定运行、支撑和促进国家电网公司可持续发展起到积极的推动作用。

本套教材共 72 个分册，本册为专用教材部分的《电网调度自动化主站维护》。

本书中第一部分电力调度自动化系统，由甘肃省电力公司刘伟民编写；第二部分计算机应用操作，由华东电网有限公司高伏英编写；第三部分仪器、仪表及工具的使用，由山西省电力公司郭润生编写；第四部分 EMS 基本原理、操作及异常处理，由华东电网有限公司葛敏辉编写；第五部分调度管理系统的应用操作、安装调试及异常处理，由华东电网有限公司曹茂昇编写；第六部分电能量计量系统及其操作、维护、安装调试及异常处理，由江苏省电力公司傅洪全编写；第七部分网络、调度数据网及规约，由辽宁省电力有限公司高英华编写；第八部分二次系统安全防护，由北京市电力公司董宁编写；第九部分时间同步系统，由华东电网有限公司曹茂昇编写；第十部分 UPS 及机房配电系统的维护和异常处理，由四川省电力公司何明编写；第十一部分主站、厂站联合调试，由华东电网有限公司葛敏辉编写；第十二部分运行监视系统的应用操作、系统维护、安装调试、异常及缺陷处理，由华东电网有限公司高伏英编写；第十三部分主站系统软硬件平台安装，由华东电网有限公司葛敏辉编写；第十四部分主站系统性能测试，由华东电网有限公司曹茂昇编写。全书由华东电网有限公司曹茂昇、高伏英担任主编。华北电网有限公司韩福坤担任主审，国家电力调度通信中心王永富，华北电网有限公司郭子明、袁平、赵丽萍、来旭红、王震学等参审。

由于编写时间仓促，本套教材难免存在疏漏之处，恳请各位专家和读者提出宝贵意见，使之不断完善。

国家电网公司
STATE GRID
CORPORATION OF CHINA

国家电网公司
生产技能人员职业能力培训专用教材

目　录

第五部分 调度管理系统的应用操作、安装调试及异常处理

第六部分 电能量计量系统及其操作、维护、安装调试及异常处理

下　册

第七部分　网络、调度数据网及规约

第八部分　二次系统安全防护

第九部分　时 间 同 步 系 统

第十部分　UPS 及机房配电系统的维护和异常处理

第十一部分 主站、厂站联合调试

第十二部分 运行监视系统的应用操作、系统维护、安装调试、异常及缺陷处理

第十三部分 主站系统软硬件平台安装

第十四部分 主 站 系 统 性 能 测 试

第一部分

电力调度自动化系统

第一章 电力调度自动化系统基础知识

模块 1 电力系统的分层控制（GYZD00101001）

【模块描述】 本模块介绍电力系统的基础知识和电力系统的分层调度控制的概念。通过概念介绍和要点归纳，掌握电力系统调度的分层控制的概念和优点，了解分层控制的自动化系统的作用和技术发展。

【正文】

一、电力系统简述

（一）电力系统构成

1. 电力系统的组成

发电、输电、变电、配电、用电设备及相应的辅助系统组成的电能生产、输送、分配、使用的统一整体称为电力系统。电力系统也可描述为是由电源、电力网以及用户组成的整体。

由输电、变电、配电设备及相应的辅助系统组成的联系发电与用电的统一整体称为电力网。

电力网是电力系统的一部分，它的作用是将电能传送和分配给各用电单位。电能的生产是产、供、销同时发生，同时完成，既不能中断又不能储存。电力系统是一个由发、供、用三者联合组成的一个整体，其中任意一个环节配合不好，都不能保证电力系统的安全、经济运行。电力系统中，发、供、用之间始终是保持平衡的。

发电厂是将水力、煤炭、石油、天然气、风力、生物质能、太阳能及核能等能量转变成电能的工厂。

变电站是变换电压和交换电能的场所，由电力变压器和配电装置组成，按变压的性质和作用又可分为升压变电站和降压变电站。

2. 电力系统的特点

电力系统具有如下特点：

（1）电能的生产和使用同时完成。任一时刻，系统中的发电量取决于同一时刻用户的用电量。因此，必须保持电能的生产、输送和使用处于一种动态的平衡状态，这是电力系统最突出的特点。若供、用电出现不平衡，系统运行的稳定性就会变差。

（2）过渡过程十分短暂。电能以电磁波形式传播，有极高的传输速度。电力系统中的过渡过程也非常迅速，如开关的切换操作、电网的短路等过程，都是在极短的时间完成的。系统的过渡过程的时间是毫秒、微秒级的。为保证电力系统的正常运行，必须设置完善的自动监控与保护系统，对系统进行灵敏而快速地监视、测量和保护，把系统的切换、操作或故障所引起的系统变化限制在一定的范围之内。

（3）电力系统有较强的地区性特点。我国地域辽阔，自然资源分布很广，电源结构有很强的地域性特色。有的地区以火电为主，有的地区以水电为主。各地域的经济发展情况不一样，工业布局、城市规划、电气化水平等也不尽相同。常说的"西电东送"、"北煤南运"、"南水北调"等就是这种地区特色的具体写照。在我国的总发电量中，火电占 70%、水电占 22%、核电占 6%，且火电与水电的比例随季节不同而变化。针对这些特点，在电力系统规划设计、运行管理、布局及调度时，应进行通盘考虑。

（4）与国民经济关系密切。电能为国民经济各部门提供动力，也是人们物质文化生活现代化的基础。随着国民经济的发展和人民生活现代化的进程加快，国民经济各部门电气化、自动化的水平越来越高,任何原因引起的供电不足或中断,都会直接影响到各部门的正常生产,造成人们生活紊乱。

(二)电力系统的运行控制

1. 电力系统的运行状态

电力系统控制的内容与电力系统的运行状态是相关的。电力系统的各种运行状态及其相互间的转变关系如图 GYZD00101001-1 所示。

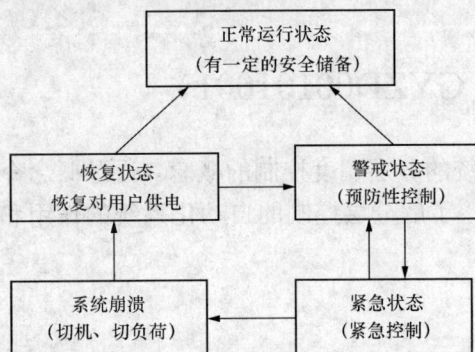

图 GYZD00101001-1　电力系统运行状态示意图

(1)正常运行状态。在正常状态下,电力系统中有功出力和无功出力能满足负荷对有功和无功的需求,电力系统的频率和各母线电压均在正常运行的允许范围内,各电源设备和输变电设备又均在额定范围内运行,系统内的发电设备和输变电设备均有足够的备用容量。此时,系统不仅能以电压和频率质量均合格的电能满足负荷用电需求,而且还具有适当的安全储备,能承受正常的干扰(如断开一条线路或停止一台发电机组)而不致造成不良的后果(如设备过载等)。在正常的干扰下,系统能达到一个新的正常运行状态。电网调度中心的任务就是尽量使系统维持在正常的运行状态。

(2)警戒状态。电力系统受到灾难性干扰的机会不多,大量的情况是在正常状态下由于一系列小干扰的积累,使电力系统总的安全水平逐渐降低,以致进入警戒状态。在警戒状态下,虽然电压、频率都在容许范围内,但系统的安全储备系数降低了,削弱了对于外界干扰的抵抗能力。当系统发生一些不可预测的干扰或负荷增长到一定程度时,就可能使电压、频率的偏差超过容许范围,或某些设备发生过载,使系统的安全运行受到威胁。

电力调度自动化系统要随时监测系统的运行情况,并通过静态安全分析和动态安全分析,对系统的安全水平作出评价。当发现系统处于警戒状态时,调度人员应及时采取预防性控制措施(如增加发电机组的出力、调整负荷、改变运行方式等),使系统尽快地恢复到正常状态。

(3)紧急状态。系统处于警戒状态时,调度人员若不及时采取有效的预防性措施,一旦出现一个足够严重的干扰(例如发生短路故障,或一台大容量发电机组退出运行等情况),系统就可能从警戒状态进入紧急状态。这时可能有某些线路的潮流或某些主变压器、发电机的负荷超过极限值,以致系统的电压或频率超过或低于允许值。在紧急状态期间,电力调度自动化系统担负着特别重要的任务,它向调度人员发出一系列的告警信号。调度人员根据监视器屏幕或调度模拟屏的显示,掌握系统的全局运行情况,若及时采取正确而且有效的紧急控制措施,则仍有可能使系统恢复到警戒状态,进而再恢复到正常状态。

(4)系统崩溃。在紧急状态下,如果不及时采取适当的控制措施,或者措施不够有效,或者因为干扰及其产生的联锁反应十分严重,则系统可能失去稳定,并解列成几个系统。此时,由于出力和负荷间的不平衡,不得不大量切除负荷及发电机,从而导致系统的崩溃。

(5)恢复状态。系统崩溃后,整个电力系统可能已解列成几个孤立的小系统,并造成用户大面积的停电和许多发电机组的紧急停机。此时,要采取各种手段恢复发电机组出力,逐步对用户恢复供电,使解列的小系统逐步并列运行,并使电力系统恢复到警戒状态或正常状态。在这个过程中,调度自动化系统也是调度人员恢复电力系统运行的重要技术支持手段。

2. 电力系统的运行控制

在电力系统发生故障等大干扰的情况下,需要依靠继电保护等装置的快速反应,及时切除故障线路或元件。按频率自动减负荷是防止系统频率崩溃的基本措施,是电力系统稳定运行必不可少的手段。但以现代电力系统的运行要求来看,仅靠这些手段还不能保证电力系统的安全、优质、经济运行,因为这些装置往往都是根据局部的、事后的信息来处理电力系统的故障,而不能以全局的、事先的信息来预测、分析系统的运行情况和处理系统中出现的各种情况,所以电力调度自动化系统有着它独特的不可取代的作用。

电力系统的运行控制，与其他各种工业生产系统相比，更为统一，也更为复杂。电力系统是一种最典型的具有多输入、多输出的大系统，电能的生产、输送及分配是在一个辽阔的地域内进行的，加上电磁过程本身的快速性，所以对电力系统运行控制的自动化系统提出了非常高的要求。简单地说，电力系统运行控制的目标可以概括为八个字：安全、优质、经济、环保。而要实现这八字目标，没有各级高新技术的自动化系统的使用是不可能的。

信息集中处理的自动化系统（即电力调度自动化系统）可以通过设置在各发电厂和变电站的子站设备采集到电网运行的实时信息，通过数据传输到设置在调度中心的主站（MS），主站根据收集到的全网信息，对电网的运行状态进行安全性分析、负荷预测以及自动发电控制、经济调度控制等。当系统发生故障，继电保护装置动作切除故障线路后，调度自动化系统便可将继电保护和断路器的动作状态采集后送到调度员的监视器屏幕和调度模拟屏显示器上。调度员在掌握这些信息后可以分析故障原因，并采取相应措施使电网恢复供电。但由于信息的采集、传输需要一定的时间，因此目前在发生系统故障时还不能依靠信息集中处理系统来切除故障。

随着微机保护、变电站自动化等技术的发展，如微机保护的设定值可以远方设置，并随着系统运行状态的改变，可以使保护的整定值总是处在最佳状态。可以预料，随着计算机技术和通信技术的发展，电力系统的自动化技术将发展到一个新的水平。

二、电力系统的分层控制

（一）"复杂系统"分层

在控制系统的分类中，电力系统属于"复杂系统"。电力系统的自动化是结合了电力系统运行的特点，按照复杂系统控制的一般规律，分层实现的。

控制理论方面的基础知识可以参考自动控制理论方面的书籍，在这里只是简单介绍一下。下面主要从生产管理方面进行分层控制的介绍。

电能的生产、输送、分配和消费均在一个电力系统中进行，国家电网管辖五大区域电网（华北、东北、华东、华中、西北电网）以及一些省网，并且在区域电网之间通过联络线进行能量交换。另外按照各省、市行政体制的划分，电力系统的运行管理本身也是分层次的，各区域电网公司，各省电力公司，各市、区（县）电力公司均有其管辖的范围，它的运行方式、发电出力和负荷的分配受到上级电力部门的管理，同时又要管理下一级电力部门，以保证整个电力系统能够安全、优质、经济地发、供电。实际上，每时每刻控制这个巨大电力系统的，不仅有各级调度中心的调度人员，还有遍布各地的发电厂和变电站的值班运行人员。他们凭借各种各样的仪表和自动化监控设备，完成对电力系统的运行控制。

（二）电力系统调度的分层控制

1. 分层控制

从理论上讲，可以对电力系统实行集中调度控制，也可以实行分层调度控制。所谓集中调度控制就是把电力系统所有的发电厂和变电站的信息都集中在一个调度控制中心，由一个调度控制中心对整个电力系统进行调度控制。从经济上看，由于电力系统的设备地理分布很广，通过远距离通道把所有的信息传输并集中到一个地点，投资和运行费用都比较高。从技术上看，把大量电力系统信息集中在一个调度中心，造成调度中心的规模庞大，计算机系统复杂，对图形和数据处理的负载过重，并且调度值班人员难以全面掌握整个电网的运行情况，对电网发生的各种异常情况不能及时进行处理。此外，从数据传输的可靠性看，传输距离越远，受干扰的机会就越大，数据出现错误的机会也就越大。

鉴于集中调度控制的缺点，目前世界各国的大型电力系统都是采用分层调度控制的。国际电工委员会标准（IEC 870-1-1）提出的典型分层结构就将电力系统调度中心分为主调度中心（Main Control Center，MCC）、区域调度中心（Regional Control Center，RCC）和地区调度中心（District Control Center，DCC）。分层调度控制将整个电力系统的监视控制任务分配给不同层次的调度中心。

受我国现行电网运行、管理体制的制约，我国实行五级分层调度管理：国家电网调度中心、区域电网调度中心、省级电网调度中心、地市电网调度中心、区县电网调度中心。电网分层控制示意图如图 GYZD00101001-2 所示。

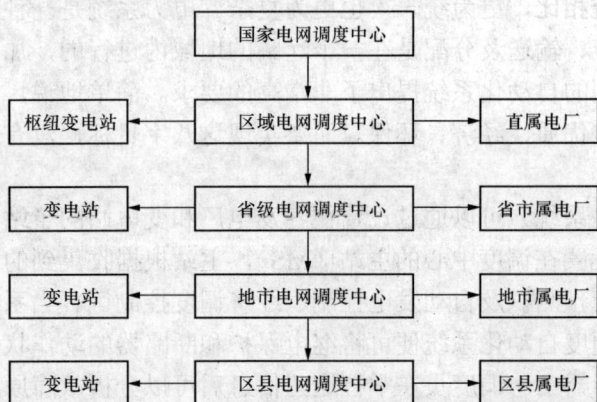

图 GYZD00101001-2　电网分层控制示意图

我国电网调度管理实行"统一调度、分级管理"的原则，从而奠定了电网分层控制的模式，因而调度中心就是各级电网控制中心，自动化系统的配置也必须与之相适应，信息分层采集，逐级传送，命令也按层次逐级下达。为了保证电力系统的安全、优质、经济的运行，对各级调度都规定了一定的职责和分工。

2．分层控制的优点

与集中控制方式相比较，分层控制有如下优点：

（1）从电力系统调度控制的角度来看，信息可以分层采集，只需把一些必要的信息转发给上一级调度部门。如地区调度控制中心可以采集本地区的出力和负荷，并把地区出力和负荷汇总后送到上一级调度部门。对出力和负荷的控制也同样，上一级调度只需向下一级调度发出出力和负荷的总指标，由下一级调度进行控制。这样做既减轻了上级调度的负担，又加速了控制过程，同时减少了不必要的信息流量。

（2）在分层控制的电力系统中，若局部的控制系统发生故障，一般不会严重影响电力系统的其他控制部分，并且各分层间可以部分地互为备用，从而提高了电力系统运行的可靠性。在电力系统中，即使在紧急状态下部分电网与系统解列，也可以分别独立运行，因为局部地区也有相应的调度自动化系统，可以对电网实现监控。

（3）实现分层控制以后，可以大大降低信息流量，因而减少了对通信系统的投资。同样，分层以后减轻了计算机的负荷，投资也相应下降。

（4）分层控制的自动化系统结构灵活，可适应电力系统的变更或扩大的需要。

总之，采用分层控制后可以使电力系统的监视和控制更可靠和有效。

（三）自动控制技术的发展方向

电力系统运行控制和操作可分为调度操作和自动控制两类，都应按规程规定的调度指挥关系进行。调度操作前要充分考虑操作后系统接线的正确性，防止设备过负荷和防止超过安全稳定极限，保持电压水平，保持系统有功和无功功率的平衡及对重要用户供电可靠性的影响。值班调度人员在操作时应严格遵守有关操作制度，防止误操作。

自动控制是调度自动化系统经过计算机进行闭环控制，例如使用能量管理系统（EMS）中自动发电控制（AGC）、自动电压控制（AVC）等进行频率和电压的调整，必要时调度员参与调整。

目前，电力系统自动控制技术发展很快，许多新领域、新方向都在研究之中，对电力自动化具有重要影响的新技术如下：

1．电力系统的智能控制

电力系统的控制研究是基于传递函数的单输入、单输出控制，线性最优控制，非线性控制，以及多机系统协调控制发展到智能控制阶段。电力系统智能控制的特点如下：

（1）电力系统是一个具有强非线性的、变参数（包括多种随机和不确定因素的、多种运行方式和故障方式并存）的动态大系统。

（2）具有多目标寻优和在多种运行方式及故障方式下的鲁棒性要求。

（3）不仅需要本地不同控制器间协调控制，也需要异地不同控制器间协调控制。

智能控制是当今控制理论发展的新阶段，主要用来解决那些用传统方法难以解决的复杂系统的控制问题，特别适用于那些具有模型不确定性、强非线性、要求高度适应性和鲁棒性的复杂系统。智能控制系统具有自适应功能、自学习功能和自组织功能等。

智能控制的主要设计手段包括专家系统、人工神经网络、模糊控制、自学习控制等。智能控制在电力系统工程应用方面具有非常广阔的前景，例如，快关汽门的人工神经网络适应控制，基于人工神经网络的励磁、电掣动、多机系统中的新型静止无功发生器（ASVG）的自学习功能等。

2. 基于 GPS 统一时钟的新一代 EMS 和动态安全监控系统

1995 年以来，全球卫星定位系统（GPS）技术在电力系统中开始推广使用，它为电力系统提供了较方便的全网统一时钟信号，其定时精确度小于 1μs。并给实测数据加上时间标签，可以实现异地数据在相同的时间参考坐标系中进行比较。GPS 系统的出现及其在电力系统中的应用，使电力系统的运行和科研人员得以在时间和空间两维坐标系下实时地研究和观察动态问题。

目前，GPS 技术、通信技术、DSP（数字信号处理）技术以及电力系统的动态电量和在线参数辨识等关键技术的发展，已经给实现电力系统 EMS 具有整体动态监测功能提供了必要的条件，从而可使已有的状态估计及安全分析等功能发展为动态监测和分析控制的工具。

基于 GPS 的动态安全监控系统，主要由同步定时系统、动态相量测量系统、通信系统和中央信号处理机组成。采用 GPS 实现的同步相量测量技术和光纤通信为相量控制提供了实现的条件。GPS 技术与相量测量技术结合的产物——相量测量单元（PMU）是近年来发展的一项新技术，它利用 GPS 系统的高精确度实时信号和相量测量技术对系统中各关键点的电压、电流相量进行同步采样，通过广域实时动态监测系统（WAMS）实时地观测整个电网运行状态。

以直接测量系统变量为基础的动态安全监测是未来电力系统监测技术的发展方向，它必将使现有的数据采集与监视控制（SCADA）和能量管理系统（EMS）发生重大变革，并为电力系统稳定控制提供可靠和实时的数据资源。电力系统的稳态监测及动态实时监测的结合，将使电力系统的监测和控制日臻完善。

【思考与练习】

1. 电力系统是由哪几部分组成的？

2. 电力网是由哪几部分组成的？

3. 简述电力系统的特点。

4. 简述电力系统的运行状态。

5. 电力系统运行控制的目标是什么？

6. 目前我国电网调度分为哪五级？

模块 2　电力调度自动化系统的概念和作用
（GYZD00101002）

【模块描述】本模块介绍调度自动化系统的发展历程和现状。通过要点归纳，了解电力调度自动化系统的发展历程和发展趋势，掌握调度自动化系统的主要技术特点和作用。

【正文】

一、电力调度自动化系统的发展历程

在发达国家，早在 20 世纪 50 年代就开始建设和实施全系统的自动化系统。目前电力系统的运行管理已全面计算机化，其自动化设备和系统，在功能和性能上达到了很高的水平。和这些发达国家相比，我国有较大的差距。在未来的 10～20 年内，我国电力系统将面临大容量、远距离输电和大电网互联问题。我国中部将形成沿长江流域包括华中、华东电网在内的三峡交直流电力系统。与此同时，北方的华北、东北、西北电网实现互联，南方电网将进一步加强。届时，全国将形成北、中、南三大互联电网的格局，通过它们之间的互联，基本实现全国电网互联。全国互联的电力系统在带来巨大好处的同时，也带来了很大的潜在问题。互联系统牵一发而动全身，系统运行的稳定性问题更为突出，大面积停电的危险性更大了。这种停电事故不但会在经济上造成巨大的损失，而且对人民生活造成相当程度的影响。大容量、远距离输电和大电网互联使得电力系统自动化显得更为重要。

（一）电力调度自动化系统发展的几个阶段

1. 初级阶段

初级阶段即调度自动化系统的兴起阶段。20 世纪 60 年代，随着电网规模的加大，为了提高电力

系统供电的可靠性和运行的经济性,逐步地将孤立的电力系统发展成了跨地区的电力系统。由于电力系统中每座发电厂和变电站的运行值班人员只知道本厂(站)的运行情况,对系统内其他厂(站)的运行情况以及电力系统的运行结构和方式不清楚,所以在跨地区的电力系统形成之后,就必须建立一个机构对电力系统的运行进行统一地管理和指挥,合理调度电力系统中各发电厂的出力,并及时综合处理影响整个电力系统正常运行的事故和异常情况,这个机构就是电力调度所,也称电力调度中心。

此阶段通信技术的发展,为解决调度的实时性问题奠定了基础,出现了远距离信息自动传输装置。电力系统调度自动化的初级阶段,是布线逻辑式远动技术的采用。远动技术的主要内容是遥测(YC)、遥信(YX)。在厂、站安装远动装置(RTU),采集各机组出力、线路潮流和各母线电压,以及各断路器、保护动作信号及现场以开关量表示的信号等实时数据,然后通过远动通道传送给调度中心并直接显示在调度台的仪表和系统模拟屏上,调度员可以随时看到运行参数和系统运行方式,还可以立刻"看到"断路器的事故跳闸。遥测、遥信方式的采用,等于给调度中心安装了"千里眼",可以有效地对电力系统的运行状态进行实时监视,但仅能监视仍不能满足调度的要求。

2. 第二阶段

20世纪60年代,数字计算机首先用来实现电力系统的经济调度,取得了显著的效果。20世纪60年代中期,美国、加拿大和其他一些国家的电力系统曾相继发生了大面积停电事故,引起了全世界大震动。人们开始认识到,安全问题是电网运行的核心问题,比经济问题更重要,一次大面积停电事故给国民经济造成的损失,远远超过许多年的节电效益。于是,开始研究和实施电力系统自动监视和控制问题。随着计算机在调度自动化技术中的应用,国外普遍开始建设计算机化的调度中心,进行电力系统的安全监视和控制,实现电力调度数据采集与监视控制(Supervisory Control And Data Acquisition, SCADA)。随着计算机技术和通信技术进一步成熟,远动系统提供了遥控、遥调的手段,一些调度开始实施把调度决策通过远动装置自动地传输到发电厂和变电站,对设备进行调节和控制,即进行遥调和遥控。调度中心装备了大型计算机或超级小型机系统,配置了彩色屏幕显示器(CRT)等人机联系手段,在厂、站端则配备基于微机的远方终端(RTU),使调度中心得到的信息数量和质量(可靠度和精度)都大大超过了旧式布线逻辑式远动装置。

20世纪80年代,我国开始四大电网的自动化技术引进,国内的自动化研究机构和设备制造企业也开始自动化系统的研究开发,到80年代后期,我国的第一代调度自动化系统在各个网省、地得到了应用。我国第一代调度自动化系统的功能主要为实现遥测和遥信以及部分自动发电控制 AGC 功能的调度 SCADA 系统。

这一阶段继电保护、远动、自动监控的理论和技术不断发展和完善,电力系统的继电保护、自动监控和远动技术作为三门独立技术进行研究应用。此阶段电力自动化系统有以下特点:

(1)继电保护、远动和自动监控三者各自成体系,分别完成各自的功能。

(2)对单个电力设备和单一过程用分立的自动装置来实现自动化的某项单一功能。

(3)电力系统的统一运行主要由电力系统调度中心的调度员根据遥测、遥信传来的信息,通过电话来指挥调度,部分系统实现了遥控和遥调。

3. 快速发展阶段

20世纪90年代,随着经济的发展,电力系统规模和装机容量、电力系统的结构和运行方式变得更加复杂,对电能质量、供电可靠性和经济运行提出了更高的要求。随着计算机技术、通信技术和网络技术的飞速发展,SCADA/EMS 技术进入了一个快速发展阶段。在短短数年间就经历了从集中式到分布式又到开放分布式的三代推进。

目前,我国的电力调度自动化系统的基础信息平台的功能业已完善,各级调度中心开始应用能量管理系统(EMS),即实时在线的状态估计、调度员在线潮流、电网静态安全分析、自动发电控制等电力系统实时在线分析软件得到应用,调度自动化系统的应用跨上了一个新的台阶。

这一阶段变电站的自动化水平得到了快速发展,由传统的继电保护装置、远动装置、测量装置,由自成体系的模式向综合自动化模式发展。在变电站普遍开始采用基于微处理机系统技术的综合自动化系统。

（二）电力调度自动化系统的主要技术特点及发展趋势

1．操作系统

电力调度自动化系统的操作系统主要有两大主流品种，一是 UNIX 操作系统，一是 Windows 操作系统。我国绝大部分省级及以上电力调度自动化系统均采用 UNIX 操作系统，部分地（县）调度自动化、配电自动化或变电站自动化系统采用 Windows 操作系统。

当前正在流行 LINUX 操作系统。LINUX 是一种可以自由使用的 UNIX 操作系统，其源码放在 Internet 上，它将 Windows 的易用性和 UNIX 的可靠性结合起来，综合 X-Windows/Motif 接口与 UNIX 功能，被认为是当今 UNIX 的最好实现。LINUX 以其彻底开放的开发方式著称，它与 UNIX、Windows 构成了三足鼎立之势。LINUX 对于把基于 UNIX 的成熟的 SCADA/EMS/DMS 系统移植到地、县调系统有重要意义。

2．数据通信统一标准体系

我国积极参与了国际标准化组织（ISO）、国际电工委员会（IEC）、国际大电网会议（CIGRE）等国际组织的活动，重点参与了与电网运行控制直接对口的 IEC TC-57 技术委员会的工作。各工作组所负责的标准系列见表 GYZD00101002-1。

表 GYZD00101002-1　　　　国际电工委员会工作组分类表

工作组	内　　容	标 准 系 列	对应国内工作组
WG03	远动规约	IEC 60870-5 系列	远动工作组
WG05	远方保护	IEC 60834 系列	远动工作组
WG07	与 ISO 和 ITU 兼容的计算机数据通信协议	IEC 60870-6 系列	数据通信工作组
WG09	以配电线路为载体的配电自动化	IEC 61334 系列	配电自动化工作组
WG10	变电所通信标准：功能体系和一般要求	IEC 61850-1～7 系列	变电站自动化工作组
WG11	变电所通信标准：站级及间隔之间的通信	IEC 61850-8 系列	变电站自动化工作组
WG12	变电所通信标准：间隔级及过程之间的通信	IEC 61850-9 系列	变电站自动化工作组
WG13	能量管理系统的应用程序接口（EMS-API）	IEC 61970 系列	EMS-API 工作组
WG14	配电管理的系统接口（SIDM）	IEC 61968 系列	配电自动化工作组
WG15	数据和通信安全	IEC 62351-1～7 系列	
AHWG5	电力市场中的数据通信		
AHWG7	模型语言标准（UML、XML 等）		

2001 年 6 月的 IEC TC-57 大会，我国代表提出了"简化现有 IEC 标准、逐步建立统一标准协议体系"的建议，建议体系分为三个逻辑层次：公共信息模型层、公共通信影射层、公共应用接入层。核心是公共信息模型，以 IEC 61970 系列中的 CIM 为基础，吸收 WG14 定义的配电网络模型、WG10-12 定义的变电所模型、WG07 定义的控制中心模型和发电厂模型、AH-WG05 定义的电力市场模型等，统一描述，综合而成。

3．支撑平台

SCADA/EMS 系统采用先进的开放分布式应用环境的网络管理技术，面向对象数据库、通信中间件技术、Web 技术、国际标准等，为电力调度自动化、配电自动化、电力市场运营系统提供符合国际标准（CIM、CIS、UIB 等）的统一的支撑平台，并集成 SCADA、AGC、NAS、DTS、Web、TMR、DMS、SBS 等应用子系统，在安全前提下进行同类系统的集成。调度自动化系统遵循的技术标准是 IEC 61970 系列，该标准定义了公共信息模型（CIM、300 系列）、组件接口规范框架（CIS1，400 系列）以及组件接口规范说明（CIS2、500 系列）。

4．网络技术

局域网（LAN）是第三代 EMS 的"脊椎骨"。10 年来，基于 CDMA/CD 以太网的传输速率已由 10Mb/s 发展到 100Mb/s，甚至达到 1000Mb/s；传输介质从细缆（10BASE2）、粗缆（10BASE5）、双绞线（10BASE-T）发展到高速双绞线（100BASE-T）等，传输方式由共享总线式、集线器式发展到交换式集线器、LAN 交换、ATM 交换等。交换式局域网改变了新型 EMS 的体系结构，由总线型发展为以 LAN 交换为核心的多总线结构，按功能分组，采用更多的网段，网段内共享，网段间交换。

在广域网方面，随着电力系统光纤通信网络的发展，155、622Mb/s 甚至更高速率的光纤网络正在逐步普及，各级调度数据专网已经建立，初步实现了电力系统的信息高速公路。利用高速数据网络还可很方便地实现对无人值班变电站的"遥视"功能，以及上下调度之间的可视电话或"可视调度"，调度自动化传统的"四遥"功能将扩展到包括遥视在内的"五遥"功能。

5. 二次系统安全防护

近年的统计资料显示，针对数据网络的攻击越来越多。为保障电力控制系统和网络系统的安全，确保电网安全，要求电力控制系统必须与办公自动化系统实行有效安全隔离；控制系统所用网络必须与公共信息网络及因特网等实行有效安全隔离。为此，国家电力调度通信中心提出了电力调度数据网络的技术体制和网络安全的综合解决方案，对生产类应用可提供两种服务：即在 SDH/PDH 上提供若干 64kb/s 专用通道以满足继电保护、安全自动装置、现有远动设备的要求；另提供 $N \times 2$Mb/s 通道连接各级控制中心及发电厂、变电站，在现有数据网络基础上，采用 IP 技术建设实时专用数据网，实现与其他应用的物理隔离。

6. 多媒体技术

多媒体软件的发展促进了电力调度自动化人机界面（MMI）的开发，突破了一般计算机只能处理字符和简单图形的限制，具有处理音频和视频信号的能力，具有交互性。语音识别和语音合成技术在电力调度自动化系统中应用于调度员语音识别、语音记事、语音告警，甚至语音操作等。新一代电力调度自动化系统将会直接或间接利用多媒体平台和流行工具。

7. 分布式远动技术

分布处理的思想已经渗透到自动化系统的各个领域，远动系统近年有两大技术突破：一是功能分散配置；二是交流采样。分布式 RTU 一般都采用现场总线（如 CANBus，LONwork 等）、支持光纤和双绞线，各功能单元可分散装设在一次设备柜上，减少了大量二次电缆，接线简单又可靠，具有标准接口及开发工具，标准化程度高。分布式 RTU 与厂站自动监控系统结合，取代大量常规仪表盘，便于维护，降低成本。由于分布式 RTU 可装设在户外，对环境适应性要求比常规远动高。

在厂站基础自动化方面，除上述现场总线技术、交流采样技术以外，还广泛采用网络 RTU 技术，即 RTU 直接上网，支持通道的路由选择，提高数据采集与控制的实时性；采用基于 GPS（全球定位系统）的测量技术，即利用 GPS 提供的准确定位和统一时标，解决电力系统 SOE 时标、故障测距、实时功角测量等问题；采用远程通信技术，支持现场设备的远程维护，利用数据网或拨号网络实现远程在线监测、诊断、检验和参数整定；在地（县）级供电企业，将发展基于地理信息系统（GIS）的配电管理系统（DMS），促进 SCADA/DMS 向更高水平发展。

8. 人工智能技术

人工智能技术对调度自动化系统将产生深刻的影响。人工神经网络技术已成功用于智能告警处理、负荷预报、模式识别等。知识库系统和专家系统在电力系统的应用也取得了很大进展。智能调度是未来电网发展的必然趋势。智能调度技术采用调度数据集成技术，有效整合并综合利用电力系统的稳态、动态和暂态运行信息，实现电力系统正常运行的监测与优化、预警和动态预防控制、事故的智能辨识、事故后的故障分析处理和系统恢复，紧急状态下的协调控制，实现调度、运行和管理的智能化以及电网调度可视化等高级应用功能，并兼备正常运行操作指导和事故状态的控制恢复，包括电力市场运营、电能质量在内的电网调整的优化和协调。

调度智能化的最终目标是建立一个基于广域同步信息的网络保护和紧急控制一体化的新理论与新技术，协调电力系统元件保护和控制、区域稳定控制系统、紧急控制系统、解列控制系统和恢复控制系统等具有多道安全防线的综合防御体系。

9. EMS 主站功能一体化

新一代电力调度自动化发展的一个重要趋势就是由调度自动化向全局自动化方向发展。传统概念的电力调度自动化是面向调度员的，EMS 的各项功能都是为调度员服务，而今后的发展则以 EMS 为基础，走出调度室，面向调度中心的各业务部门，面向全电力公司。这称之为集成化支持系统（或称一体化系统），其要点是将 SCADA 采集的实时数据为各部门共享，且将各业务部门共享数据处理后的结果反馈到实时系统。特别要指出的是，传统的继电保护和 EMS 是绝缘的，但随着技术的发展，也开始互联，我国不少网省调开发了故障信息系统，有的还实现了继电保护动作监测和下发整定值的功能。

10. 智能电网和智能电网调度技术支持系统

智能电网是当今世界电力系统发展变革的最新动向，被认为是 21 世纪电力系统的重大科技创新和发展趋势。

（1）智能电网。智能电网是以发电、输电、配电和用电各环节的电力系统为对象，不断研发新型的电网控制技术、信息技术和管理技术，并将其有机结合，实现从发电到用电所有环节信息的智能交流，系统地优化电力生产、输送和使用。通过智能电网建设，电力发、输、配、售各领域都将发生飞跃和提升，电网的发展也将随之发生深刻变化。

智能电网的特点是自愈、安全、经济、清洁，能够提供适应未来社会经济发展需要的优质电力与服务。

智能电网与数字电网的关系和区别是：数字电网注重电力系统的数字化表达和自动化运转；智能电网以外部环境和客户需求的变化为导向，注重以更友好、更灵活的方式去适应变化。智能电网在数字电网的基础上达到关注未来、随需而变、迅速掌控、服务优质的目标，是电网企业的全面变革。

（2）智能电网调度技术支持系统。智能电网调度技术支持系统主要作用为：①满足各级电网调度和集中监控的要求，实现电网在线智能分析、预警和决策，以及各类新型发、输电技术设备的高效调控和交直流混合电网的精益化控制；②实现电网运行可视化全景监视、综合智能告警与前瞻预警、协调控制和主动安全防御；③将电网安全运行防线从年月方式分析向日前和在线分析推进，实现运行风险的预防、预控。

为了对调度核心业务的一体化提供全面技术支持，系统在设计和研发上体现的主要特点是：系统平台标准化，系统功能集成化，系统应用智能化。

智能电网调度技术支持系统的实时监控与预警、调度计划、安全校核和调度管理四类应用建立在统一的基础平台之上，平台为各类应用提供统一的模型、数据、CASE、网络通信、人机界面、系统管理等服务。综合利用快速量测、通信、信息、人工智能、自动控制等先进技术，面向调度全维度业务和调度生产全过程，实现建模、分析、决策、控制、计划和管理全方位智能化，形成安全防御、经济优化、高效管理三位一体的电网调度体系，保障电网更加安全、经济、优质、高效、环保地运行。

智能电网调度是现有调度体系的重大提升，只有发展程度的不同，没有终极目标。随着研究和实践工作的不断深入，对智能电网调度的认识将不断提高，智能电网调度的内涵和外延将会不断调整和完善。

二、调度自动化系统在电力系统中的作用

为了合理监视、控制和协调日益扩大的电力系统的运行状态，及时处理影响整个系统正常运行的事故和异常现象，将电力系统的实时信息直接引入调度中心，实现 SCADA 功能、自动发电控制与经济运行功能、网络分析功能、调度管理和计划功能的能量管理系统（EMS）的应用，是电力系统的内在需要，得益于多项科学技术发展的外在推动。常讲的电力系统调度自动化系统，基本上是基于能量管理系统概念展开并有所发展。如果说火电厂自动化、水电厂自动化、变电站自动化、馈线自动化是电力系统某一局部的自动化工程，那么电力系统调度自动化则是针对全网而言的。

为保证电网安全、优质和经济运行，调度中心可能同时运行多个应用系统［例如能量管理系统（EMS）、电能量计量系统（TMR）、继电保护管理信息系统、水库调度自动化系统和调度生产管理信息系统（OMS）等］，每个系统中可能同时包括了多个应用（例如 EMS 包括 SCADA、AGC、网络分析和 DTS 等应用）。

【思考与练习】

1. 简述电力调度自动化系统的发展历程。
2. 自动化系统的特点有哪些？
3. 智能电网的特点是什么？

模块 3　电力调度自动化系统的结构和功能
（GYZD00101003）

【模块描述】 本模块介绍调度自动化系统的结构和功能。通过结构形式介绍和功能介绍，熟悉调度自动化系统的结构及其设备，掌握电力调度自动化系统的基本功能。

【正文】

一、电力调度自动化系统的结构

以计算机为核心的电力调度自动化系统的框架结构如图 GYZD00101003-1 所示。

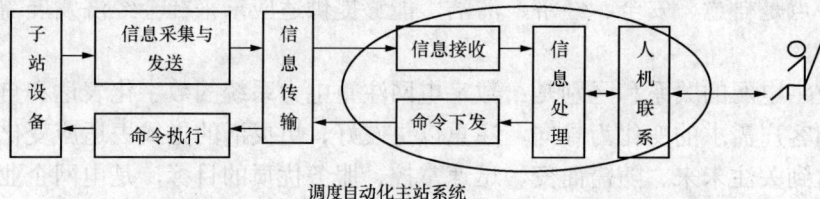

调度自动化主站系统

图 GYZD00101003-1　电力调度自动化系统的框架结构

从图 GYZD00101003-1 中可以看到，调度自动化系统采取的是闭环控制，由于电力系统本身的复杂性，还必须有人（调度人员）的参与，从而构成了完整、复杂、紧密耦合的人—机—环境系统。

（一）子系统构成

电力调度自动化系统按其功能可以分成如下四个子系统：

1. 信息采集与命令执行子系统

该子系统是指设置在发电厂和变电站中的子站设备、遥控执行屏等。子站设备可以实现"四遥"功能，包括：采集并传送电力系统运行的实时参数及事故追忆报告；采集并传送电力系统继电保护的动作信息、断路器的状态信息及事件顺序报告（SOE）；接受并执行调度员从主站发送的命令，完成对断路器的分闸或合闸操作；接受并执行调度员或主站计算机发送的遥调命令，调整发电机功率。除了完成上述"四遥"的有关基本功能外，还有一些其他功能，如系统统一对时、当地监控等。

2. 信息传输子系统

该子系统完成主站和子站设备之间的信息交换及各个调度中心之间的信息交换。信息传输子系统是一个重要的子系统，信号传输质量往往直接影响整个调度自动化系统的质量。

3. 信息的收集、处理与控制子系统

该系统由两部分组成，即发电厂和变电站内的监控系统，收集分散的面向对象的 RTU（Remote Terminal Unit）的信息，完成管辖范围内的控制，同时将经过处理的信息发往调度中心，或接受控制命令并下发 RTU 执行。调度中心收集分散在各个发电厂和变电站的实时信息，对这些信息进行分析和处理，结果显示给调度员或产生输出命令对对象进行控制。

4. 人机联系子系统

从电力系统收集到的信息，经过计算机加工处理后，通过各种显示装置反馈给运行人员。运行人员根据这些信息，作出各类决策后，再通过键盘、鼠标等操作手段，对电力系统进行控制。

（二）电力调度自动化主站 SCADA/EMS 系统的子系统划分

1. 支撑平台子系统

支撑平台是整个系统的最重要基础，有一个好的支撑平台，才能真正地实现全系统统一平台，数据共享。支撑平台子系统包括数据库管理、网络管理、图形管理、报表管理、系统运行管理等。

2．SCADA 子系统

SCADA（Supervisory Control and Data Acquisition）子系统包括数据采集、数据传输及处理、计算与控制、人机界面及告警处理等。

3．AGC/EDC 子系统

自动发电控制和在线经济调度（Automatic Generation Control/Economic Dispatch Control，AGC/EDC）是对发电机出力的闭环自动控制系统，不仅能够保证系统频率合格，还能保证系统间联络线的功率符合合同规定范围，同时，还能使全系统发电成本最低。

4．高级应用软件 PAS 子系统

PAS（Power system Application Software）子系统包括网络建模、网络拓扑、状态估计、调度员潮流、静态安全分析、无功优化及短期负荷预报等一系列高级应用软件。

5．调度员仿真培训系统 DTS 子系统

DTS（Dispatcher Training Simulator）子系统包括电网仿真、SCADA/EMS 系统仿真和教员控制机三部分。调度员仿真培训（DTS）与实时 SCAD/EMS 系统共处于一个局域网上，DTS 一般由服务器、工作站及一些外设组成。

6．调度管理信息子系统 OMS

OMS（Operater Management System）属于办公自动化的一种业务管理系统，不属于 SCADA/EMS 系统的范围。它与具体电力公司的生产过程、工作方式、管理模式有非常密切的联系，因此总是与某一特定的电力公司合作开发，为其服务。当然，其中的设计思路和实现手段应当是共同的。

二、调度自动化主站系统的设备

调度自动化主站系统的设备包括主站系统和相关硬件。

（一）主站系统

1．双机系统

双机系统共有三种工作方式。

（1）主—备工作方式。通常采用完全相同的两台主机及各自的内、外存储器及输入/输出设备。承担在线运行功能的计算机，称值班机；处于热备用状态的计算机，称为备用机。当值班机发生故障，监视设备立即自动把备用机在最短的时间内投入在线运行。采用这种工作方式时，备用机必须保持与值班机相同的数据库，便于软件的维护和开发、运行人员的模拟培训及离线计算等。

（2）主—副工作方式。通常采用一台计算机为主，担负在线运行的主要功能；另一台为副，担负较次要的在线运行功能和辅助的或离线的功能。在主机发生故障时，自动使副计算机承担起主计算机的功能。

（3）完全平行工作方式。通常采用两台计算机同时承担在线运行功能，这种方式不存在主—备机或主—副机切换问题。

为了保证可靠性，在双机系统中，前置机通常也采用双机方式。

2．分布式系统

分布式系统是把系统的各项功能分散到多台计算机中去，各台计算机之间用局域网相连并通过局域网高速交换数据。人机联系的处理机也以工作站方式接在局域网上。每台计算机承担特定的任务，如前置机、监控处理机、人机联系、历史文件处理机、电网分析处理机等。对某些重要的实时功能，设置双重化的计算机，如双前置机、双后台机、双网络等。

分布式系统结构优点在于资源共享和并行计算，局域网（LAN）通信灵活、数据传输方便。在系统扩充功能时，只需增加新的处理器，无须改造整个系统。分布式系统采用标准的接口和介质，把整个系统按功能分解分布在网络节点上，形成异种机兼容，能相互连接和移植，数据实现冗余分布，组成开放式的分布式系统。

目前，调度自动化系统调度端计算机系统采用基于冗余的开放式分布应用环境，整个软硬件体系结构满足冗余性和模块化是当前电力系统对调度自动化系统技术发展的客观要求。

（二）人机联系设备

调度自动化主站系统中的人机联系设备就是为了实现人机对话而设立的，是调度自动化中操作人员和计算机之间交换信息的输入和输出设备。这类设备分为通用和专用两种。通用的人机联系设备是指供计算机系统管理和维护人员、软件开发和计算机操作人员所使用的控制台、打印机、控制台终端、程序员终端等。专用的人机联系设备是指专门供电力系统调度人员用以监视和控制电力系统运行的人机联系设备，其中有交互型的调度员控制台、远方操作台和调度员工作站，非交互型的调度模拟屏和计算机驱动的各类记录设备及其他设备等。

人机联系系统的主要功能如下：

（1）监视电力系统。

1）在屏幕上以单线图的形式显示电力系统的运行状态。

2）以表格的方式显示电力系统的运行参数以及定时打印、记录。

3）显示趋势曲线、条形图、棒图、饼图等。

4）在某些指定画面上进行某些操作。

（2）监视控制系统。

1）监视计算机系统的运行状态。

2）监视子站设备、通道的运行状态。

3）监视操作系统运行状态。

（3）维护系统。

1）在线维护和生成画面。

2）维护和生成数据库。

3）执行和开发应用软件。

（三）前置机

调度自动化主站系统的数据采集与处理子系统，常称为前置机系统。前置机系统包括从调制解调器到前置机的软、硬件。前置机系统是各厂站远动信息进入主站系统的关口。

前置机的主要功能是接收多个子站信息，其通信口能够绑定不同的规约。

前置机的主要功能如下：

（1）接收数据的预处理。遥测量的预处理工作主要包括遥测值的滤波处理、越限检查和遥测归零处理，状态量变位判别，变位次数统计等。发生事故变位时，对相关遥测量进行事故追忆。

（2）向后台机传送信息。前置机预处理后的数据要向后台机传送，由后台机作进一步处理。可以采用有开关变位或遥测值的变化超过设定的死区时再向后台机送数的处理方法，以便减轻后台机的处理负担。

（3）下发命令。接收后台机的遥控、遥调命令，并通过下行通道向子站发送。向下发送电能量冻结命令。接收标准时钟（如天文钟、卫星钟等）或主机时钟，并以此为标准向子站发送校时命令，实现系统时钟的统一。

（4）向调度模拟屏传送实时数据。通过串行口向模拟屏的控制主机、智能控制箱传送数据。

（5）转发功能。从实时数据库中，选择出上级调度主站需要的信息，按规定的转发规约对信息重新进行组帧，向上级调度主站发送。

（6）通道监视。监视各个通道是否有信号正常传送，统计信道的误码率。

（四）计算机软件系统

计算机软件系统包括系统软件、支持软件和应用软件。系统软件包括操作系统、语言编译和其他服务程序，是计算机制造厂为便于用户使用计算机而提供的管理和服务性软件。支持软件主要有数据库管理、网络通信、人机联系管理、备用计算机切换等各类服务性软件。应用软件是实现调度自动化各种功能的软件，如 SCADA 软件、自动发电控制和经济运行、安全分析、状态估计和对策、优化潮流、网络建模、拓扑分析、负荷预报等一系列电力应用软件等。

调度自动化的计算机软件需满足开放式分布系统的应用环境，遵守开放式标准，支持多厂家硬件平台，为应用系统提供面向对象的开发环境，支持应用层的开放。

（五）图形系统

图形是直观地显示电力系统运行状况的重要手段。SCADA 系统软件模块中的图形系统，能绘制出电力系统运行状况的各种图形。

（1）网络潮流图：用来表示电网的潮流分布。

（2）厂站主接线图：由代表各种电气设备的图形符号和连接线组成，实时、直观地反映出电网的接线方式。

（3）曲线图：历史曲线图或实时动态曲线图。历史曲线图用曲线显示遥测量在某一历史时间内的变化情况。实时动态曲线图是对某一遥测量按规定的时间间隔采样，显示从过去某一时间到当前时间的曲线。

（4）扇形图：以扇形图的大小显示出若干个相关的遥测量数据大小的比例关系，一般用百分比表示。

（5）棒图：将数据显示成棒的形式，并以棒的长短显示遥测值的大小。

（6）地理接线图：用来表示厂、站和线路的地理位置和走向。

（六）数据库系统

调度自动化系统的数据库分为实时数据库和历史数据库。实时数据库主要用于实时数据的储存，由于其对实时性要求较高，一般采用专用的数据库。历史数据库主要用于对历史数据的储存，一般采用商用数据库，如 Oracle、Sybase 等。

三、电力调度自动化系统的基本功能

电力系统调度自动化按功能划分为电力调度自动化和配电自动化两类。

（一）电力调度自动化

1. 数据采集和监视控制（SCADA）

数据采集与监视控制是调度自动化系统最基本的功能，实现对电力系统实时数据的采集和运行状态的监控。监视指对电力系统运行信息的采集、处理、显示、告警和打印，以及对电力系统异常或事故的自动识别；控制则是通过人机联系设备对断路器、隔离开关等设备进行远方操作的开环性控制。

SCADA 系统的主要功能如下：

（1）数据采集（遥测、遥信）。数据采集的主要任务是和各子站设备交换信息。SCADA 系统进行数据采集的过程为：子站设备扫描并快速更新子站设备内部数据；调度主站周期查询子站设备；子站设备向调度主站计算机传送所要求的数据；调度主站计算机进行数据校验、检错、纠错；将数据转换成标准形式并送入主机数据库。

（2）数据预处理。由信息传输系统直接送来的信息被存入数据库以前，必须对这些数据进行合理性检查和可信性校验及处理等。

（3）信息显示（监视器或动态模拟屏）和越限报警。将系统运行的动态参数和设备状态进行显示，以供调度员监视系统的运行状态。当运行参数越限或设备状态发生非预定变化时及时告警。电力系统监视的内容如下：

1）电能质量监视。监视系统的运行频率、各选定点的电压值，观察系统是否运行在给定频率和电压范围内。

2）安全限值监视。监视系统的运行频率和各选定点的功率、电压、电流、水位等是否在允许范围内。

3）断路器状态监视。监视断路器、隔离开关的开合状态，检查是否有非计划动作。

4）停电监视。线路和母线的停电状况监视。

5）计划执行情况监视。监视地区用电、电厂出力、区域交换功率等是否超计划值。

6）设备状态监视。监视各电厂机炉的启、停、备用、检修和各变压器的运行或检修。

7）保护和自动装置监视。监视系统主要设备的保护动作情况和自动装置的动作。

报警的方法很多，如画面闪光、变色、音响、自动推出报警画面等。

（4）遥控、遥调操作。调度员利用计算机系统进行远方断路器倒闸操作及远方模拟量调节。为避免误操作，通过返信校验法检查命令是否正确。当子站设备收到控制命令后并不立即执行，而是在当地先校核一下命令是否合理，如果命令正确，子站设备将返校信息送回主站，主站将发出的信息和回收的信息进行比较，当两者一致时再发出执行命令；子站设备执行了遥控命令后再发回确认执行信息。

同时，在画面上打开窗口或者在另一屏上显示操作提示信息，按此提示信息一步一步地操作。

（5）信息储存和报表。信息储存是系统运行的一项任务。根据要保存数据的性质，选择不同的存储时间。例如月、年的累积数据，典型日的实时和统计数据，负荷预测用的负荷样本，事故历史资料等，存储的数据能方便地检索和修改。储存的数据可以通过报表的形式表现，如日、月、年报表。

（6）事件顺序记录和事故追忆。

1）事件顺序记录（Sequence Of Events，SOE）。当电力系统发生事故后，运行人员从遥信中能及时了解断路器和继电保护的状态改变情况。把事故时各种断路器、继电保护、自动装置的状态变化信号按时间顺序排队，并进行记录，这就是事件顺序记录。

2）事故追忆（Post Disturbance Review，PDR）。为了分析事故，调度自动化系统在电力系统发生事故时，将事故发生前和事故发生后一段时间（时间可调）事故的全过程记录下来，作为事故分析的依据，这种功能称为事故追忆。

2．自动发电控制（AGC）系统

自动发电控制系统是完整的功率闭环调节控制系统，包括实时发电控制系统、联络线交易计划、机组计划与实时经济调度、备用监视和性能评价等功能。在满足系统发电约束的各项条件下，自动调节参加 AGC 机组的有功功率，在系统发电费用优化的前提下，保持系统频率或联络线功率在某个控制范围内。

（1）自动发电控制系统总体结构（详见模块 GYZD00202005）。它包括发电计划跟踪、区域调节和机组控制三个控制环节。

1）发电计划跟踪环节在综合考虑负荷预测、机组经济组合、水电计划及联络线交换功率计划基础上，提供控制区域发电机组的基点功率计划。

2）区域调节控制环节是 AGC 的核心环节，它根据 AGC 控制模式，计算区域控制误差（Area Control Error，ACE），并计算使区域的 ACE 调节到零所需要的各机组增减的调节功率，并将这一调节分量加到机组基点功率上，得到机组的控制目标值下发到电厂控制器。

ACE 的计算公式为

$$\text{ACE} = \Delta P + K_f \Delta f = (P_a - P_s) + K_f(f_a - f_s) \qquad \text{（GYZD00101003-1）}$$

式中　P_a——实际交换功率，是本区域所有对外联络线实际交换功率代数和，MW；

P_s——计划交换功率，是本区域所有对外联络线计划交换功率代数和，MW；

f_a——电网实际频率，Hz；

f_s——电网计划频率，Hz；

K_f——电网频率偏差系数（符号为正），MW/Hz。

3）机组控制环节由基本控制回路调节机组控制误差到零，一台电厂控制器可控制一台或多台机组。

（2）AGC 的控制模式。AGC 的基本控制模式有以下几种：

1）定频率控制方式（Constant Frequnce Control，CFC；或者 Flat Frequnce Control，FFC）。

2）定交换功率控制方式（Constant Net Interchange Control，CIC 或 CNIC）。

3）联络线偏差及频率控制模式（Tie Line Bias Control，TBC）。

（3）AGC 基本功能。

1）负荷频率控制（LFC）。跟踪系统频率和联络线功率的变化，在可控范围内调节发电机的有功功率输出，维持联络线交换功率和频率在规定范围。LFC 功能还应能校正时钟误差和无意交换电量。

2）负荷频率控制性能监视。按照 A1/A2 或 CPS1/CPS2 标准要求，对每个控制区域持续监视其控制性能。

3）备用监视。计算和监视区域中的各种备用容量，当备用不足时发出报警。

4）机组响应测试。通过向机组发预先定义的控制信号测试机组的响应，支持自动加负荷试验和自动减负荷试验。

3．网络分析应用软件（Network Analysis Application Software，NAS）

NAS 是 EMS 在电力系统的网络分析应用功能，主要功能如下：

（1）网络建模与网络拓扑分析。根据电力系统元件的连接关系来决定实时网络结构，创建网络母线模型。将从 SCADA 获取最新的逻辑设备状态或人工设置的逻辑设备的状态，进行网络分析，确定网络接线模型，建成网络母线模型和电气岛模型，并提供给网络分析的其他应用软件使用。

（2）状态估计（SE）。采用当前的网络模型、冗余的实时状态和量测值、预测与计划值及调度员键入值，同时获取母线负荷预报数据作为后备伪量测，对电网的不良、可疑数据进行检测、辨识，补充不可观测岛数据，来求取电网运行情况的状态量解，维护一个完整而可靠的实时网络状态数据库，为其他网络分析软件提供实时运行方式数据。

（3）调度员潮流（DPF）。提供一种可靠、快速的潮流算法进行在线潮流计算，生成某一给定网络条件下的潮流问题的解决方法。

（4）静态安全分析（SA）。静态安全分析给电力系统调度员提供对预想事故下的电力系统稳态安全信息。

（5）安全约束调度（SCD）。安全约束调度是在保证电网安全稳定运行的基础上，以系统控制量最小或燃料（水耗）费用最低、网损最小为目标，解除系统的有功、无功、电压越限等情况。它为 AGC 等应用功能提供满足系统约束条件的机组经济出力。

（6）电压无功优化控制（AVC）。无功和电压的自动控制是一项综合的系统控制技术。AVC 有两种类型：一是集中控制型，即在电力调度自动化系统（SCADA/EMS）与现场调控装置间闭环控制实现 AVC；二是分散控制型，即单独在现场电压无功控制装置（VQC）上的计算模块与调控模块间闭环控制实现 AVC。

电压无功优化控制能通过调整发电机母线电压、有载调压变压器抽头、同步调相机、静止补偿器等无功补偿设备，或投切电容器、电抗器组等，使电网运行达到安全性和经济性。

（7）负荷预测。按照未来负荷预测的时段长短，可分为电力系统超短期负荷预报、短期负荷预报、中期负荷预报和长期符合预报。超短期负荷预报用于预报下一小时系统负荷，最小时间间隔为 5min。短期负荷预报可分为日负荷预报和周负荷预报。中期负荷预报分为月负荷预报和年负荷预报。一年以上的负荷预报是长期负荷预报。

（8）短路电流计算。短路电流计算能计算电网中任意电气设备及元件不同类型短路时的电流情况。短路电流计算结果能直接用于继电保护的整定。

4. 调度员培训仿真（Dispatcher Training Simulator，DTS）

调度员培训仿真系统是 EMS 的有机组成部分，与 EMS 相连，实时地使用 EMS 数据。也可作为独立系统存在。DTS 具有网络拓扑、动态潮流和动态频率计算、电力系统全动态过程仿真、继电保护仿真、数据采集系统仿真等完整的计算模块，可仿真各级电压电网及母线；可设常见事故及复杂事故，并计算出假想事故发生后继电保护的联锁动作和电网潮流的变化，显示越限设备的报警提示等。

调度员通过 DTS 熟悉电网结构，掌握基本运行操作及调度规程，并可进行全网反事故演习。DTS 能实时模拟电力系统正常、事故和恢复时的运行情况，重现在线系统的用户界面和运行动作过程，可用作电网调度运行人员和方式人员分析电网运行的工具。

DTS 的主要功能如下：

（1）对学员进行电力系统正常操作的训练。

（2）对学员进行事故处理的训练。

（3）对学员进行调度自动化系统的 SCADA/EMS 使用的训练。

（4）提供计划及运行方式人员分析检修和电力系统新增设备投入的对策。

（5）对教员有灵活的培训支撑功能。

（6）培训过程的记录和控制、培训结果的评估等。

（二）配电自动化

通常把从变电、配电到用电过程的监视、控制和管理的综合自动化系统，称为配电管理系统（DMS），主要针对配电和用电系统，用于 10kV 以下的电网。其内容包括配电网数据采集和监控（SCADA，包括配电变电站自动化、馈线自动化）、地理信息系统、需方管理（包括负荷监控及管理和远方抄表及计费自动化）、配电网分析软件（DPAS）、配电工作管理系统等，即包括所有管理和控制功能。

　　一般认为，DMS 是和输电网自动化的能量管理系统 EMS 处于同一层次。二者不同之处是 EMS 管理发电，而 DMS 管理供用电。EMS 和 DMS 在电力系统中的关系示意如图 GYZD00101003-2 所示。

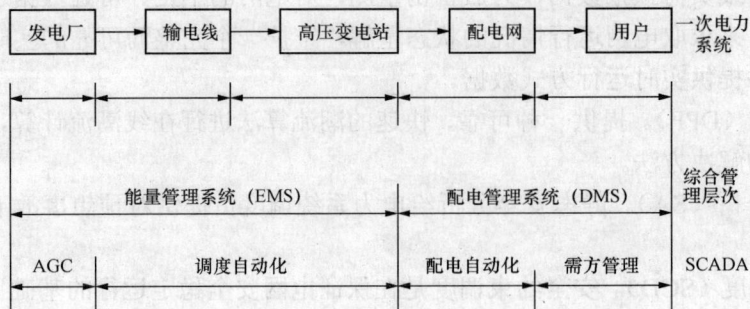

图 GYZD00101003-2　EMS 和 DMS 在电力系统中的关系

　　现代配电管理系统采用分层集结的策略，大城市的配电自动化系统一般分为四个层次，其结构如图 GYZD00101003-3 所示。

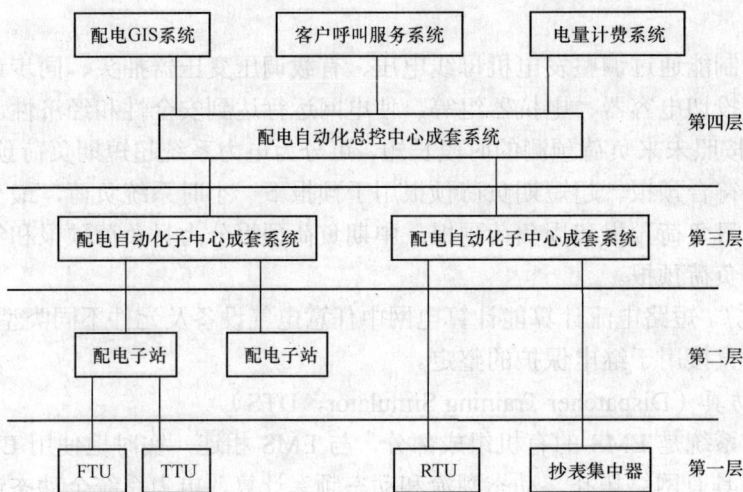

图 GYZD00101003-3　配电自动化系统的结构

1. 配电自动化组成（Distribution Management System，DMS）

　　配电自动化主要由调度自动化系统，变电站、配电所自动化，馈线自动化（FA），自动制图/设备管理/地理信息系统（AM/FM/GIS），用电管理自动化，配电系统运行管理自动化，配电网分析软件（DPAS）等组成。

2. 配电自动化系统（Distribution Automation System，DAS）

　　（1）配电调度 SCADA。配电 SCADA 应包括数据采集（遥测 YC、遥信 YX）、报警、状态监视、遥控（YK）、遥调（YT）、事件顺序记录、统计计算、趋势曲线、事故追忆、历史数据存储和制表打印等常规内容。还支持无人值班变电站的接口，实现馈线保护的远方投切、定值远方切换、线路动态着色、地理接线图与信息集成等功能。

　　（2）配电网电压管理系统。根据配电网电压、功率因数或无功电流等参数，自动控制无功补偿电容器投切和变压器有载调压开关分接头的挡位，实现电压、无功自动闭环控制。

　　（3）配电网故障诊断和断电管理系统。根据远传信息、投诉电话和故障报告的分析，实现故障诊断、故障定位、故障隔离、负荷转移、恢复供电和现场故障检修安排、检修操作票管理、事故报告存档、事故处理信息交换等。

3. 配电网分析软件（Distribution Power Application Software，DPAS）

（1）网络接线分析（又称网络拓扑）。网络接线分析用于确定配电网设备连接和带电状态，用来检查辐射网络是否合环，并给出报警。

（2）配电网潮流分析（包括三相潮流）。配电网潮流分析是配电网各种分析的基础，用于电网调度、运行分析、操作模拟和规划设计等。包括计算系统或局部的电压、电流、线损、多相平衡，不平衡潮流，仿真变压器有载调压和电容器操作的结果。

（3）短路电流计算。短路电流计算主要是在配电网出现短路故障情况下，确定各支路的电流和各母线上的电压，故障包括单相、两相、三相及接地等类型。在正常运行方式下检查保护特性和检查现行系统开关的遮断能力。在接线方式变化时，能自动计算、校核和告警。

（4）负荷模型的建立和校核。负荷模型的建立和校核，使网络负荷点的负荷（有功和无功）与在变电站馈线端口记录的实测负荷相匹配。对变电站馈线出口总电流采用实测数，对馈线各分段区间的负荷电流采用估计和按一定比例分配的办法。

（5）配电网状态估计。配电网状态估计分两大部分：一是主配电网估计，有实时量测量，属一般状态估计模型；二是沿馈线的潮流分量，无实时量测量，即在已知馈线始端功率和电压（估计值）的条件下，利用母线负荷预测模型，将其分配到各负荷点用于测量计算。

（6）配电网负荷预测。配电网负荷预报分地区负荷预报（用于购电计划及供电计划）和母线负荷预报（用于状态估计或潮流计算）两类。

（7）安全分析。中压配电网用 $N-1$ 安全准则进行分析。

1）高压变电站中失去任一回路进线或一组降压变压器时，必须保证向下一级配电网供电。

2）高压配电网中一条架空线或一条电缆或变电站中一组降压变压器发生故障停运时，在正常情况下，除故障段外其他段不能停电，并不得发生电压过低和设备不允许的过负荷；在计划停运情况下又发生故障停运时，允许部分停电，但应在规定时间内恢复供电。

3）低压电网中当一台变压器或电网发生故障时，允许部分停电，但应尽量将完好的区段在规定时间内切换至邻近电网恢复供电。

（8）网络结构优化和重构。按照网络线损率最小、配电变压器之间负荷尽可能均匀分配、合格的电压质量、最少的停电次数、对重要用户尽可能平衡供电等目标函数，对网络结构进行优化和重构。

（9）配电网电压调整和无功优化。无功电压优化，首先按变电站进行优化，在具备条件时，按网络结构进行优化。

4. 工作管理系统（Distribution Work Management System，DWMS）

工作管理系统主要包括负荷监控与管理、远方抄表及计费自动化以及需方用电管理等。

（1）负荷监控与管理。负荷控制与管理是实现计划用电、节约用电和安全用电的技术手段，通过对负荷的控制来达到改善负荷质量的目的，是电力部门对分散用户以实时方式集中监测和控制，为计量监测、营业抄收、线损管理等工作提供丰富的电网和用户供电参数。

（2）远方抄表及计费自动化。远方自动抄表及计费自动化系统主要包括具有自动抄表功能的电能表、抄表集中器、抄表交换机和中央信息处理机四个部分。

（3）需方用电管理。业扩报装、查表收费、负荷管理等是供电部门最为繁重的几项用电管理业务。通过配电地理信息系统（AM/FM/GIS）可以加快新用户报装的速度，可以按街道的门牌编号为序建立用户档案，查询起来非常方便。同时根据用户的地理位置和负荷可控情况，实现对负荷的调峰、错峰和填谷。

【思考与练习】

1. 电力调度自动化系统按其功能可以分成哪几个子系统？
2. 电力调度自动化主站 SCADA/EMS 系统的子系统是由哪几部分组成的？
3. 调度自动化系统的基本功能是什么？
4. 电力系统调度自动化常规按功能划分为哪两类？
5. 调度自动化系统包括哪几个部分？各部分主要功能有哪些？
6. 配电自动化包括哪几个部分？

第二章 自动化通道的基础知识

模块 1 自动化通道的基础知识 (GYZD00102001)

【模块描述】本模块介绍自动化通道的基础知识。通过概念介绍、图文释义，掌握模拟通信和数字通信的概念，掌握数据通信的基本概念及其系统组成，熟悉自动化通道的工作模式和接口。

【正文】

一、通信的基本分类

信息总是通过一定形式的信号进行传递的。信号根据其随时间变化的状况，可分为连续信号和离散信号两种形式。连续信号是随时间而连续变化的，它是时间的函数；离散信号不随时间连续变化，而是每隔一段时间取某一个值。通常把可以在一个范围内连续取值的连续信号称为模拟信号，而把只能取有限个值的离散信号称为数字信号。

按数据传输形式的不同，数据传输可分为模拟通信和数字通信两类。

（一）模拟通信

模拟通信就是在通道上传递某种连续的模拟信号，模拟通信所需设备比较简单，但是这种通信方法抗干扰能力差，容易产生失真，失真后又无法恢复原来的信号，因此通信质量较差。

（二）数字通信

数字通信就是在通道上传递某种离散的数字信号，数字通信设备比模拟通信设备复杂很多，但因其具有模拟通信无法比拟的许多优点，因此得到了迅速的发展。与模拟通信相比，数字通信更能适应对通信技术越来越高的要求，其原因如下：

（1）数字传输抗干扰能力强，尤其在中继端，数字信号可以再生而消除噪声的积累。

（2）传输差错可以控制，从而改善了传输质量。

（3）便于使用现代数字信号处理技术对数字信息进行处理。

（4）数字信息易于做高保密性的加密处理。

（5）数字通信可以综合传递各种消息，使通信系统功能增强。

一般来说，数字通信的许多优点都是用比模拟通信占据更宽的系统频带而换得的。在系统频带紧张的场合，数字通信的这一缺点显得很突出，但是在系统频带富裕的场合（如毫米波通信、光通信等场合），数字通信几乎成了唯一的选择。考虑到现有大量模拟通信系统这一事实，目前还常常需要利用它来传输数字信号，这就需要对其做些改造，或者加装数字终端设备。

二、数据通信的基本概念

数据通信系统是组成电力调度自动化系统和配电网自动化系统的重要组成部分。在发电厂，由各种计算机设备构成内部网络，通过设备之间的数据通信，实现发电的协调控制。在变电站，由数据信息采集装置采集本站内电气设备以及高压输电线的运行情况，形成遥测、遥信信息，借助于数据通信系统，发电厂和变电站的实时运行数据信息被传送至调度控制中心。同时，控制中心形成的遥控、遥调命令，也通过数据通信系统传送到远方终端，实现对开关设备的远方控制、对控制装置的远方调整和定值设置。此外，一个具有强有力功能的配电管理系统对通信系统的依赖更是明显的。虽然发电输电系统数据集中，配电系统的数据采集的范围相对分散，但是对数据通信的总的要求是一致的，只是在采用的通信系统的构成和通信方式有所不同，因此一个可靠性高的、功能强大的、无处不在的、方便实用的通信系统是现代电力系统十分重要、不可或缺的部分。

数据通信的定义可以简单的表述为：数据通信是在两台设备之间通过某种形式的传输介质进行的数据交换。

简单的数据通信系统由数据终端、调制解调器、通信线路、通信处理机和主计算机组成，其构成简图如图 GYZD00102001-1 所示。

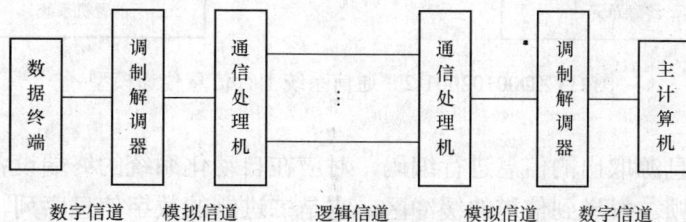

图 GYZD00102001-1 数据通信系统构成简图

1. 数据终端

电力系统监控设备与数据通信网络之间的接口，能够把电气模拟信号或状态量转换为二进制信息向数据通信网络送出，也能够把从数据通信网络中接收到的控制调节指令（或经转换）向受控对象发出。

2. 调制解调器

较远距离的通信线路往往采用模拟信道。调制解调器的作用是将二进制数据序列调制成模拟信号，或把模拟信号解调成二进制数据，是计算机与模拟信道之间的连接桥梁。对近距离的通信，可直接采用数字式通信。

3. 通信线路

通信线路可以是采用公用通信线路或专用通信线路，可以是直接连接，也可以是经过通信处理机网络连接。

4. 通信处理机

通信处理机承担通信控制任务，完成计算机数据处理速度与通信线路传输速度间的匹配缓冲，对传输信道产生的误码和故障进行检测控制，对网络中数据流向与密度根据要求进行路由选择和逻辑信道的建立与拆除。

5. 主计算机

主计算机集中数据终端采集到的电力系统运行数据，进行判别、分析与控制。

三、自动化通道

自动化系统是指对广阔地区的生产过程进行监视和控制的系统，它包括对必需的过程信息的采集、处理、传输、执行等全部的设备与功能。构成自动化系统的设备包括厂站端子站设备、调度端主站设备和自动化通道。本模块主要介绍自动化通道的自动化信息的传送过程。

（一）自动化信息的传送

目前，自动化系统一般都是数字式系统，自动化信息以数字信号方式进行传送。自动化系统中传送的各种自动化信息，在进入自动化通道之前已经由自动化装置将它们全部变成二进制的数字信号，所以传输自动化信息的传输系统属数字通信系统。

自动化系统中的厂站设备实现厂、站现场的各类信息的采集和处理，并将各类信息按照特定的规约进行组帧，对组帧的信息进行二进制编码，发送到通道。通道信息通过调制进入信道，在调度主站端，前置机的通道接收到已解调的信息按照信道编码进行解析，得到信息字，对此信息字进行解帧，得到现场上送主站的各类信息。主站下发命令的过程和上行信息的传递类似。通信系统上行信息传递模型如图 GYZD00102001-2 所示。

1. 信源

信源是通信信息的来源。自动化设备的信息源为终端设备采集的各类数字量，是存储在自动化终端各类需上送的信息的集合，是离散的数字量，用 S 表示。

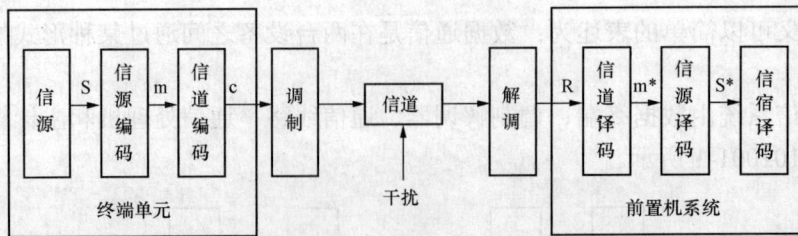

图 GYZD00102001-2　通信系统上行信息传递模型

2. 信源编码

信源编码是对从信息源取出的信息进行编码，对应在自动化系统的终端设备中，是对从存储器中得到的各类数字进行组帧。发送到信道的缓冲区。它是二进制的数字信息序列，记为 m。序列中的每一位 "1" 或 "0" 称为一位码元。

3. 信道编码

信道编码的作用是按照一定的规则，在信息序列 m 中添加一些冗余码元，将信息序列 m 变成较原来更长的二进制数字序列 c，称它为码字。因为信源编码产生的信息序列 m 不具有抗干扰能力，所以通过信道编码是为了提高信息序列 m 的抗干扰能力，也就是提高数字信号传输的可靠性。信道编码也称差错控制编码。

4. 调制

调制的作用是将用数字序列表示的码字 c，变换成适合于在信道中传输的信号形式，送入信道。电力系统自动化中，常采用数字调频或数字调相的方法，将码字 c 中的 "0" 或 "1" 码元变成两种不同频率或两种不同相位的正弦交流信号。"0" 或 "1" 基带数字信号的波形是一系列方形脉冲，这种信号直接在一般的线路上传输时会产生失真，方形脉冲的直角变成圆角。传输距离越远，或者传输速率越高，这种失真现象也越严重，可能使接收端无法正确识别。为了解决这个问题，需将基带数字信号变换成适合于远距离传输的信号——正弦波信号，这种正弦波信号携带了原基带信号的数字信息，通过线路传输到接收端后，再将携带的数字信息取出来，这就是调制和解调的过程。

携带数字信息的正弦波称为 "载波"。一个正弦波电压 u 可表示为

$$u(t) = U_m \sin(\omega t + \varphi) \tag{GYZD00102001-1}$$

从式中可知，振幅 U_m、频率 f（或角频率 ω）和相位角 φ 是确定一个正弦波的三个参量，当其中一个参量变化后，就变成了另一个不同的正弦波。这样，调制方式也就分为三种，即调幅、调频和调相。

将基带数字信号作为离散的数字信号来改变正弦波的参量，称为 "数字调制"，数字调制有时又称为 "键控"。下面简要介绍三种调制方式。

（1）数字调幅。数字调幅又称振幅键控，记为 ASK。数字调幅是使正弦波的振幅随数码的不同而变化，但频率和相位保持不变。

（2）数字调频。数字调频又称频率键控，记作 FSK。它是使正弦波的频率随数码不同而变化，而振幅和相位保持不变。采用二元码制时，用一个高些的频率 $f_1 = f_0 + \Delta f$ 来表示数码 "1"，而用一个低些的频率 $f_2 = f_0 - \Delta f$ 来表示数码 "0"。

（3）数字调相。数字调相又叫移相键控，它是使正弦波的相位随数码而变化，而振幅和频率保持不变。数字调相分两种方法：

1）二元绝对调相（PSK）。就是用一种固定相位值代表不同的数码，称为二元绝对调相。例如用初相位为 0 的正弦波代表数码 "0"，而用初相位为 π 的正弦波代表数码 "1"。

2）二元相对调相（DPSK）。二元相对调相是用相邻两个波形的相位变化量 $\Delta \omega$ 来代表不同的数码。例如用 $\Delta \omega = \pi$ 来代表数码 "1"，而用 $\Delta \omega = 0$ 来代表数码 "0"。

调幅波由于容易受通道电平变动和噪声的影响，抗幅度干扰能力较差，因此较少采用。在电力调度自动化系统中，采用最多的是数字调频方式，这是因为它能适合于在多种信道上运行，且设备比较简单，抗干扰能力也较好，在低速（1200Bd 以下）传输系统中得到广泛采用。而中速（2400～4800Bd）传输系统多采用数字调相方式，这是因为调相方式抗干扰能力更强，所占带宽更窄。

5. 信道

信道是传输信号的通道。自动化信道可以有复用电力载波信道、微波信道、光纤信道等。

信道中存在着各种类型的干扰，如雷、电、电弧、无线电台频率干扰等，不同的信道有不同的干扰源。码字在信道中传送时受到干扰的情况可以用错误图样描述。错误图样用一串二进制数字序列表示，序列的长度与发送码字相同。凡是发送码字在信道中受到干扰的码元，在错误图样的对应位置上表示为"1"；未受干扰的码元，在错误图样的对应位置上表示为"0"。

6. 解调

解调的作用是把从信道接收到的两种不同频率或两种不同相位的正弦交流信号，还原成数字序列。解调后输出的数字序列称为接收码字，记作 R。解调是调制的逆过程。各种不同的调制波，要用不同的解调电路。常用的数字调频（FSK）的解调方法是零交点检测法。

数字调频施以两个不同的频率 f_1 和 f_2 来分别代表数码"1"和"0"，鉴别这两种不同的频率可以用检查单位时间内调制波（正弦波）与时间轴的零交点数的方法，这就是零交点检测法。正弦波信号在单位时间内经过零点的次数可用来衡量频率的高低。频率高的，过零的交点数多；频率低的，过零的交点数少。用不同的过零交点数产生两种不同的电压，以代表"1"与"0"，就实现了解调，这就是零交点检测法的原理。

7. 信道译码

前置机系统的信道得到信息，对此信息进行信道译码，是根据信道编码规则，对接收码字进行译码校验，达到检出或纠正接收码字 R 中错误码元的目的。

8. 信宿译码

前置机系统从信道译码的缓冲区得到码字，对码字进行解帧，可得到现场传送的各类信息。

（二）串行传输

串行传输示意图如图 GYZD00102001-3 所示。串行传输仅需要一回传输线（2 根），是根据一个字节中各码元的顺序一位一位地传过去。接收端逐位收齐 8 位后，CPU 会将这个字节取走。显然串行传输速度较慢，且通信软件也复杂一些。但最大优点是节约了传输线，成本低，因此适合于远距离的数据通信。目前电力调度自动化系统中各厂站到调度中心的通信都是串行通信（上行信息用 2 根芯线，下行信息也用 2 根芯线，用一根 4 芯线缆即可）。

（三）传输速率和误码率

1. 数据传输速率

传输速率是衡量数字通信系统传输能力的主要指标，主要有两种：

图 GYZD00102001-3 串行传输

（1）码元传输速率。每秒钟通过信道的码元数称为码元传输速率，单位是波特（Baud），通称波特率，简记为 Bd。

（2）比特传输速率。每秒钟通过信道传输的信息量，称为比特传输速率，单位是比特/秒（b/s），通称比特率，简记为 db。

在用二进制码元传输信息时，每秒钟传送的信息量也就等于每秒钟传送的码元数，因此，上述两种速率在数值上是相等的。

信息传输的可靠性与传输速率有密切关系。传输速率越高，每秒钟传送的码元越多，每个码元所占的时间就越短，其波形就越狭窄，受到干扰就越易出错，传输的可靠性就越低。反之，传输速率低则可靠性就高。但传输速率低不能满足电力系统运行控制与调度自动化的需要。为实现高速传输，需要采用各种专门的抗干扰措施。

在串行通信中，常用的有 300、600、1200Bd 等。而在数据网络中，常用每秒传送的字节数表示，如 10、100Mb/s 等。

2. 误码率

误码率又称码元差错率，是指在传输的码元总数中发生差错的码元所占的比例。电力调度自动化系统要求误码率不大于 10^{-5}，即表示传输 10 万个码元时仅错 1 个码元。这样高的要求是实时监控系统

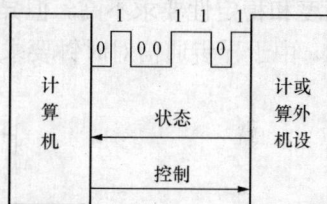

所必须达到的。

（四）工作模式

按照信息传送的方向和时间，数据通信系统有单工方式、半双工方式和全双工方式三种工作模式。数据通信系统工作模式示意图如图 GYZD00102001-4 所示。

单工方式只能向一个方向传送数据。最简单的终端在采集数据后按既定程序自动地传送给调度中心，而不能接收调度端的指令，就属于单工方式。串行传输时单工方式只需要一回传输线（2 根）。

半双工方式也只需一回传输线，但可以互为发、收端，采用切换方式分时交替进行。

全双工方式则需 2 回传输线（4 根），双方均可同时发送和接收数据。

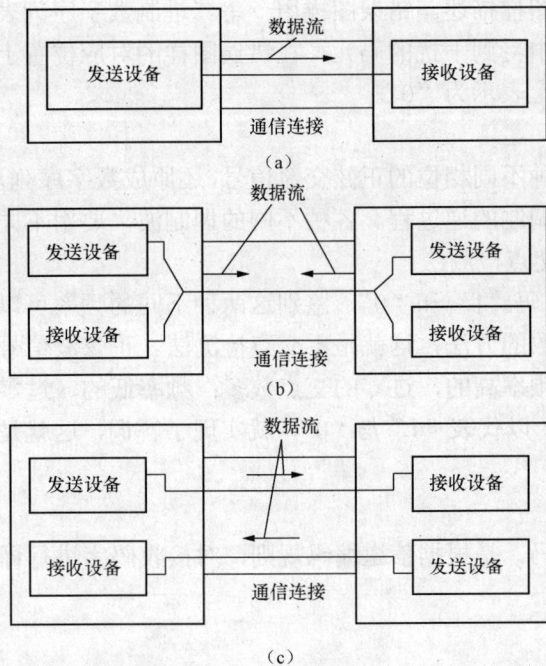

图 GYZD00102001-4　数据通信系统工作模式

（a）单工方式；（b）半双工方式；（c）全双工方式

（五）异步通信和同步通信

在串行传输中，信息是以帧为单位传输的，每一帧包含若干码元，具体格式又分为异步通信和同步通信两种。

1. 异步通信格式

异步通信格式如图 GYZD00102001-5 所示。

每帧以"起始位"（低电平）开头，接着传送信息码元，最后附加一位"奇偶校验位"和"停止位"（高电平）。不传送信息时用"空闲位"（高电平）填充，直到下一帧的"起始位"到来。当然，也可以无空闲位而直接发送第 2 帧。异步通信方式实质上仅是在传送一个字符的较短时段内保持着收、发两端时序的同步，而在空闲时段内则可以是异步的。这样对两端时钟的精度和稳定性要求不高。但异步通信时，发送每个字符都加了起始位和终止位，使有效信息位比例降低了。由于异步通信对时钟要求不高，且每个数据帧长度都较短，对其他设备要求也低，故被广泛地应用。

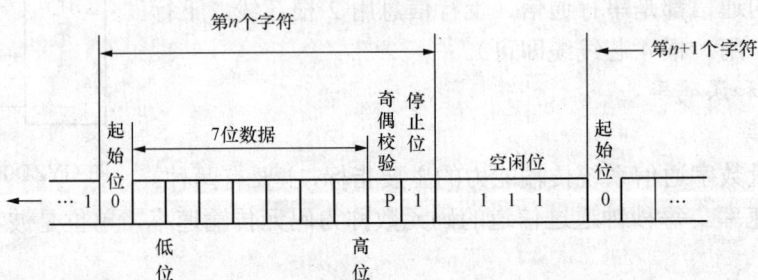

图 GYZD00102001-5　异步通信格式

2. 同步通信格式

同步通信格式如图 GYZD00102001-6 所示。

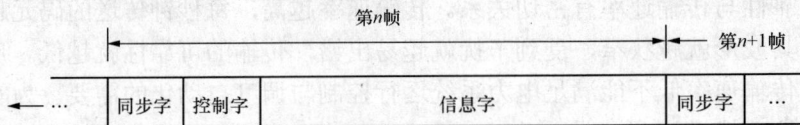

图 GYZD00102001-6　同步通信格式

同步通信方式的发、收两端必须严格保持同步，这与异步方式不同。

同步格式以"同步字"为一帧的开头。同步字是一种很特别的码元组合，帧内后续信息序列极难和同步字序列雷同，所以同步字可以成为识别一帧开始的明确标志。

同步字后面是"控制字"，对本帧长度、发送地址、目的地址、信息类别等加以说明。再后面就是

"信息字"。同步字虽然也占了时间，但因一帧信息很长，一帧中有效信息所占比例仍比异步传输时大，因此传输效率提高了。

异步通信的最大优点是设备简单，易于实现。但它的效率很低，一个数据帧中数据码元较少，数据有时效率较低，使线路利用率降低。同步通信的最大特点是收发两端的时钟严格保持一致，从而使接收时钟与接收数据码元之间无误差积累问题，能正确地接收每一位数据码元，省去了传送时所附加的码元，允许采取数据帧长度变动的方式，使多个数据码的有效数位紧密排列构成数据帧，形成数据流，在接收端再把这些数据码分离出来。

四、串行通信接口

RS-232 是美国电子工业协会（EIA）1973 年制定的一种串行数据传输接口标准，已被广泛地应用于计算机与各终端以及计算机与计算机之间的就近连接。RS-232C 所定义的内容，属于国际标准化组织（ISO）所制定的开放式结构互联所建议的七层结构中的最低层——物理层所定义的内容，包括机械特性、电气特性和功能特性三个方面的规范。

（一）RS-232C 串行接口

1. RS-232C 的机械特性

RS-232C 规定选择 DB25 结构作为其连接器。DB25 由一个 25 针的插头和一个 25 孔插座组成。通常，RTU（DTE）方面采用 DB25 针式插头，Modem 方面（DCE）则采用 DB25 孔式插座。

2. RS-232C 的电气特性

RS-232C 采用负逻辑工作，即逻辑"1"用负电平（范围为 $-5 \sim -15\text{V}$）表示，逻辑"0"用正电平（范围为 $5 \sim 15\text{V}$）表示。通常使用时，门限电平是 $\pm 3\text{V}$，因此许多 RS-232C 接口采用 $\pm 8\text{V}$ 电源。

由于大部分设备内部使用 TTL 电平，因此 RS-232C 还需通过专门的线路驱动器 MC1488 和线路接收器 MC1489 来完成两者之间的电平转换。

RS-232C 串行接口的信息速率小于 20kb/s。常用的速率有 300、600、1200、2400、4800、9600b/s。RS-232C 信号线上总负载电容不得超过 2500pF。通常使用的多芯电缆每米具有电容 150pF，故采用 RS-232C 的最大传输距离仅有 15m。

3. RS-232C 的功能特性

RS-232C 的信号线分为数据线、控制线、定时线、地线四类。控制总线通常称为握手线，其主要功能是实现 DTE（数据终端设备，如 RTU、PC 等）和 DCE（数据电路端设备，如 Modem 等）之间的互相联系，表示它们的工作状态。定时线一般在同步通信方式时使用。

4. RS-232C 的优缺点

（1）优点：RS-232C 采用单端驱动、单端接收电路，传送每一种信号只用 1 根信号线，所有信号公用 1 根信号地线，电路简单，应用广泛。

（2）缺点：

1）数据传输速率不高（20kb/s 以内），传输距离不远（15m 以内）。

2）因有公共地线，较易受噪声干扰。

（二）RS-422A 串行接口

RS-422A 是 RS-232C 的改进型，为解决 RS-232C 发送和接收共用一根地线易受共模干扰问题，在全双工方式下，RS-422A 采用两对平衡差分信号线（共 4 根），实现平衡驱动和差分接收，从根本上取消了信号线，使抗干扰能力大为加强，传输速率和传输距离也明显增加。例如传输距离为 1200m 时，传输速率可达 100kb/s。

【思考与练习】

1. 数据通信的定义是什么？

2. 数据通信系统是由哪几部分组成？

3. 数据通信的分类有几种？分别是什么？

4. 数字通信的优点有哪些？

5. 异步通信与同步通信有哪些不同？

模块 2　自动化通信的常见规约简介（GYZD00102002）

【模块描述】本模块介绍自动化通信常见规约。通过概念介绍，掌握循环式传送规约和应答式规约的概念及其特点，熟悉自动化通信常见规约及其应用情况。

【正文】

在电力调度自动化系统中，调度端与厂站端之间为了有效地实现信息传输，收发两端需预先对数据传输速率、数据结构、同步方式等进行约定，将这些约定称为数据传输控制规程，简称为通信规约。

一、数据通信规约

目前主要使用的通信规约可分为循环传送式规约和应答式规约两种。

（一）循环传送式规约

循环传送式规约是一种以厂站端 RTU 为主动端，自发地不断循环向调度中心上报现场数据的远动数据传输规约。在厂站端与调度中心的远动通信中，RTU 周而复始地按一定规则向调度中心传送各种遥测、遥信、电能量、事件记录等信息。调度中心也可以向 RTU 传送遥控、遥调命令以及时钟对时等信息。在循环传送方式下，RTU 无论采集到的数据是否变化，都以一定的周期周而复始地向主站传送。循环方式独占整个通道（称点对点方式），调度中心与各 RTU 皆由放射式线路相连。为保证可靠性，循环传送方式还要有主、备两种信道，信道投资较大。

循环式规约的主要特点如下：

（1）数据传送以现场为主，由于采用循环式规约的 RTU 不断循环上报现场数据给主站，而主站被动接收，即使发生暂时通信失败丢失一些数据，当通信恢复正常后，被丢失的信息仍有机会上报，而不至于造成显著危害，因此这种方式对通道的要求不高，适合于在质量比较差的通道环境下使用。

（2）数据格式在发送端与接收端事先约定好，按时间顺序首先发送起始 SYN 同步字，然后依次发送以 8 位的字节作为基本单位的控制字和信息字，如此周而复始，连续循环发送。

（3）循环式规约采用信息字校验的方式，将整检信息化整为零，当某个字符出错时，只需丢弃相应的信息字即可，而其他校验正确的信息字就可以接收处理，大大提高了传输数据的利用率，从而更加适合于在质量比较差的通道环境下使用。

（4）循环式规约采用遥信变位优先插入传送的方式，重要数据发送周期短，大大提高了事故信息传送的响应速度，实时性强。由于采用现场数据不断循环上报的策略，一般数据发送周期长，实时性较差，主站对一般遥测量变化的响应速度慢。

（5）循环式规约允许多个子站和多个主站间进行数据传输，由于采用循环式规约的 RTU 自发地不断循环上报现场数据，因此通道必须采用全双工通道，并且不允许多台 RTU 共线连接，而只能采用点对点的方式连接。

循环式规约中以帧长度是否可变分为可变帧长度和固定帧长度两种形式。

（二）应答式规约

应答式规约适用于网络拓扑是点对点、多点对多点、多点共线、多点环形或多点星形的远动通信系统，以及调度中心与一个或多个远动终端进行通信。通道可以是双工或半双工，信息传输为异步方式，允许多台 RTU 共线一个通道。在问答方式下，主站查询 RTU 是否有新的数据报告，如果有，主站请求 RTU 发送更新的数据，RTU 以新的数据应答。通常 RTU 对于数字量变化（遥信变位）优先传送，对于模拟量，采用变化量超过预定范围时传送。

应答式规约是一个以调度中心为主动的远动数据传输规约。RTU 只有在调度中心主站发出查询命令以后，才向调度中心发送回答信息。调度中心主站按照一定规则向各个 RTU 发出各种询问报文。RTU 按询问报文的要求以及 RTU 的实际状态，向调度中心回答各种报文。调度中心也可以按需要对 RTU 发出各种控制 RTU 运行状态的报文。RTU 正确接收调度中心的报文后，按要求输出控制信号，并向调度中心回答相应报文。在应答式规约中，RTU 有问必答，当 RTU 收到主机查询命令后，必须在规定的时间内应答，否则视为本次通信失败。

　　对于点对点和多个点对点的网络拓扑，厂站端产生事件时（例如断路器跳闸，形成遥信状态变位信息），RTU 可触发启动传输，主动向调度中心报告事件信息，以满足实时性要求。当 RTU 未收到主机查询命令且无事件时，绝对不允许主动上报信息。

　　1. 应答式规约的优点

　　（1）应答式规约允许多台 RTU 以共线的方式共用一个通道。这样有助于节省通道，提高通道占用率，对于区域控制站和有较多数量的 RTU 通信场合，这种方式是很适合的。

　　（2）应答式规约可采用变化信息传送策略，从而大大压缩了数据块的长度，提高了数据传送速度。

　　（3）应答式规约既可以采用全双工通道，也可以采用半双工通道，既可以采用点对点方式，又可以采用一点多址或环形结构，因此通道适应性强。

　　2. 应答式规约的不足

　　（1）由于应答式规约为非主动上报规约，主站对数据的采集速度慢，尤其是当通道的传输速率较低的情形。

　　（2）由于采用变化信息传送策略，应答式规约对信道的要求较高，因为一次通信失败会带来比较大的损失，虽然可以采用通信失败后补发的方法解决上述问题，但补发次数有限，在通道质量较差时，仍会发生重要信息（如 SOE）丢失的现象。

　　（3）应答式规约往往采用整帧校验的方式，由于一帧信息量较大，因此出错的概率较大，校验出错后就必须整帧丢弃，并阻止重发帧，出现由于出错弃帧的情况时，必须经过重新询问，RTU 才重发前面由于出错而被丢弃的数据帧，从而更加降低了实时性。

　　（4）规约一般适用于多个子站和一个主站间进行数据传输。

　　二、电力系统数据通信协议体系及协议标准的应用

　　电力系统调度自动化体系由厂站内系统、主站与厂站之间、主站侧系统三个层次组成。

　　（一）基本远动任务配套标准 IEC 60870-5-101 简介

　　从 20 世纪 90 年代以来，国际电工委员会 TC-57 技术委员会为适应电力系统及其他公用事业的需要，制定了一系列远动传输规约的基本标准，这些规约共分 5 篇，即：

　　IEC 60870-5-1　远动设备及系统　第 5 部分　传输规约　第一篇　传输帧格式（1990 年）

　　IEC 60870-5-2　远动设备及系统　第 5 部分　传输规约　第二篇　链路传输规则（1992 年）

　　IEC 60870-5-3　远动设备及系统　第 5 部分　传输规约　第三篇　应用数据的一般结构（1992 年）

　　IEC 60870-5-4　远动设备及系统　第 5 部分　传输规约　第四篇　应用数据的定义和编码（1993 年）

　　IEC 60870-5-5　远动设备及系统　第 5 部分　传输规约　第五篇　基本应用功能（1995 年）

　　IEC 60870-5-101（基本远动任务配套标准）针对 IEC 60870-5 基本标准中的 FT1.2 异步式字节传输（Asynchronous byte transmission）帧格式，对物理层、链路层、应用层、用户进程做了大量具体的规定和定义。IEC 60870-5-101 所定义的基本应用功能允许在其定义的范围内根据具体情况和要求作适当选择。为了使兼容远动设备之间能进行互换，IEC 60870-5-101 还对类型标识和传送原因等规定了严格的定义，也允许在其定义之外由制造厂和用户另行定义，但对其严格定义的内容，兼容远动设备不得违反。

　　DL/T 634.5101—2002《远动设备及系统　第 5101 部分：传输规约　基本远动任务配套标准》（IEC 60870-5-101:2002 V.2）标准等同采用 IEC 60870-5-101《远动设备及系统　第 5 部分　传输规约　第 101 篇　基本远动任务配套标准》（2002）。在编写过程中，经广泛征求意见，并结合我国国情对 IEC 60870-5-101 主要在以下方面进行了选择：

　　（1）全部采用 IEC 60870-5-101 中对物理层、链路层、非平衡传输规则、基本应用功能所做的定义和规定，并对多点共线方式在功能方面，根据 IEC 60870-5-5 的要求做了具体规定。在传输规则中对超时时间选取了 IEC 60870-5-2 中的匹配超时时间。

　　（2）对 IEC 60870-5-101 中有关应用数据结构、应用信息元素定义和编码、应用服务数据单元的定义和表示的规定，仅从其中选取了一个子集。

（3）根据 IEC 60870-5-2 链路传输规则中的平衡式链路传输规则，对子站的事件启动触发传输做了具体化的工作。

基本远动任务配套标准 IEC 60870-5-101 一般用于变电站远动设备和调度计算机系统之间，能够传输遥测、遥信、遥调，保护事件信息、保护定值、录波等数据。其传输介质可为双绞线、电力线载波和光纤等，一般采用点对点方式传输，信息传输采用平衡方式（主动循环发送和查询结合的方法）。该协议年输送数据容量是 CDT 协议的数倍。可传输变电站内包括保护和监控的所有类型信息，因此可满足变电站自动化的信息传输要求。目前该标准已经作为我国电力行业标准推荐采用，且得到了广泛的应用，该协议也被推荐用于配电网自动化系统进行信息传输。

IEC 60870-5-101 远动规约常用的信息体元素类型包含信息体地址的信息体标识单元，加上信息体元素和信息体时标（如果存在）构成了 101 规约报文中最重要的信息体。

作为国家电力行业新的远动通信标准，101 规约将在今后一段时间内逐步被贯彻，取代原部颁 CDT 规约的地位。

（二）电能累计量传输配套标准 IEC 60870-5-102 简介

IEC 60870-5-102 主要应用于变电站电量采集终端和电能量计量系统之间传输实时或分时电能量数据，是在 IEC 60870-5 基本标准的基础上编制成的，对物理层、链路层、应用层、用户进程做了许多具体的规定和定义。制定此配套标准的目的是为了适应电力市场，满足电能量计量系统的传输电能累计量的需要，并使电力系统中传输电能累计量的数据终端之间达到互换性和互操作性的目的。如果电能量计量系统中的主站通过调制解调器或者网络直接访问电能累计量表计读电能累计量时，电能累计量表计应提供该标准所规定的传输规约的接口。国内版本为 DL/719—2000《远动设备及系统　第 5 部分：传输规约　第 102 篇　电力系统电能累计量传输配套标准》。

（三）继电保护设备信息接口配套标准 IEC 60870-5-103 简介

IEC 60870-5-103 是将变电站内的保护装置接入远动设备的协议，用以传输继电保护的所有信息。该规约为继电保护和间隔层（IED）与变电站层设备间的数据通信传输规定了标准，国内版本为 DL/T 667—1999《远动设备及系统　第 5 部分：传输规约　第 103 篇：继电保护设备接口配套标准》。

（四）采用标准传输协议子集的 IEC 60870-5-101 网络访问（IEC 60870-5-104）简介

IEC 60870-5-104 是将 IEC 60870-5-101 以 TCP/IP 的数据包格式在以太网上传输的扩展应用。随着网络技术的迅猛发展，为满足网络技术在电力系统中的应用，通过网络传输远动信息，IEC TC57 在 IEC 60870-5-101 基本远动任务配套标准的基础上制定了 IEC 60870-5-104 传输规约，采用 IEC 60870-5-101 的平衡传输模式，通过 TCP/IP 协议实现网络传输远动信息，它适用于 PAD（分组装和拆卸）的数据网络。

（五）循环式远动规约（DL 451—1991《循环式远动规约》）简介

循环式远动规约 DL 451—1991 是原能源部颁的 CDT（以下简称 CDT）规约，是一种循环式的通信规约，它要求发送端与接收端始终保持严格同步，信息按事先约定的先后顺序排列，并依次循环发送。

CDT 规约适用于点对点的远动通道结构及循环字节同步方式传送远动信息的传输设备与系统。它的主要功能有：采用了可变帧长度；多种帧类别循环传送；变位遥信优先传送；重要遥测量更新时间较短；区分循环量；随机量和插入量采用不同形式传送信息。

【思考与练习】

1. 循环式规约的特点主要有哪些？

2. 应答式规约的优点是什么？

3. 电力系统数据通信主站与厂站之间协议标准分别有哪些？

4. DL 451—1991《循环式远动规约》（CDT）的主要特点是什么？

第二部分

计算机应用操作

第三章 UNIX 操作系统知识

模块 1 UNIX 基础知识（GYZD00901001）

【模块描述】本模块介绍 UNIX 操作系统的基础知识。通过要点归纳，熟悉 UNIX 操作系统的特点及其标准，了解 UNIX 操作系统起源和发展。

【正文】

UNIX 是一个强大的多用户、多任务操作系统，支持多种处理器架构，最早由 Ken Thompson、Dennis Ritchie 和 Douglas McElroy 于 1969 年在 AT&T 的贝尔实验室开发。经过长期的发展和完善，目前已成长为一种主流的操作系统技术和基于这种技术的产品大家族。由于 UNIX 具有技术成熟、可靠性高、网络和数据库功能强、伸缩性突出和开放性好等特色，可满足各行各业的实际需要，特别能满足企业重要业务的需要，已经成为主要的工作站平台和重要的企业操作平台。

一、UNIX 操作系统的特点

1. 精巧的核心与丰富的实用层

UNIX 系统在结构上分成内核层和实用层。核心层小巧，而实用层丰富。核心层包括进程管理、存储管理、设备管理、文件系统几个部分。UNIX 核心层设计得非常精干简洁，其主要算法经过反复推敲，对其中包含的数据结构和程序进行了精心设计。核心层只需占用很小的存储空间，并能常驻内存，以保证系统以较高的效率工作。

实用层是那些能从核心层分离出来的部分，它们以核外程序形式出现并在用户环境下运行。这些核外程序包含有丰富的语言处理程序。UNIX 支持十几种常用程序设计语言的编译和解释程序，如 C、APL、FORTRAN 77、PASCAL、SNOBOL、COBOL、BASIC、ALGOL 68 等语言及其编译程序，还包括其他操作系统常见的实用程序，如编辑程序、调试程序、有关系统状态监控和文件管理的实用程序等。UNIX 还有一组强有力的软件工具，用户能比较容易地使用它们来开发新的软件。

这些软件工具包括：用于处理正文文件的实用程序 troff，源代码控制程序 SCCS（Source Code Control System），命令语言的词法分析程序和语法分析程序的生成程序 LEX（Generator of Lexical Analyzers）和 YACC（Yet Another Compiler）等。另外，UNIX 的命令解释程序 Shell 也属于核外程序。正是这些核外程序给用户提供了相当完备的程序设计环境。

UNIX 的核心层向核外程序提供充分而强有力的支持。核外程序则以内核为基础，最终都使用由核心层提供的低层服务，逐渐成了"UNIX 系统"的一部分。核心层和实用层两者结合起来作为一个整体，向用户提供各种良好的服务。

2. 使用灵活的命令程序设计语言 Shell

Shell 首先是一种命令语言。UNIX 的 200 多条命令对应着 200 个实用程序。Shell 也是一种程序设计语言，它具有许多高级语言所拥有的控制流能力，如 if、for、while、until、case 语句，以及对字符串变量的赋值、替换、传递参数、命令替换等能力。用户可以利用这些功能用 Shell 语言写出"Shell"程序存入文件。以后用户只要打入相应的文件名就能执行它。这种方法易于系统的扩充。

3. 层次式文件系统

UNIX 系统采用树形目录结构来组织各种文件及文件目录。这样的组织方式有利于辅助存储器空间分配及快速查找文件，也可以为不同用户的文件提供文件共享和存取控制的能力，且保证用户之间安全有效地合作。

4. 文件和设备统一看待

UNIX 系统中的文件是无结构的字节序列。缺省情况下，文件按顺序存取。如果用户需要，也可为文件建立自己需要的结构，通过改变读/写指针对文件进行随机存取。

UNIX 同样处理外围设备与文件。外围设备同磁盘上的普通文件一样被访问、共享和保护。用户不必区分文件和设备，不需知道设备的物理特性就能访问。例如系统中行式打印机对应的文件名是 /dev/lp。用户只要用文件的操作（write）就能把它的数据从打印机上输出。在用户面前，文件的概念简单明了，使用方便。

5. 良好的移植性

UNIX 的所有实用程序和核心的 90%代码是用 C 语言写成的，使得 UNIX 成为一个可移植的操作系统。操作系统的可移植性带来了应用程序的可移植性，用户的应用程序既可用于小型机，又可用于其他的微型机或大型机，大大提高了用户的工作效率。

二、UNIX 的起源

20 世纪 60 年代，由麻省理工学院、通用电器公司（GE）、AT&T 贝尔试验室组成了一个小组，研制 Multics——灵活的交互式操作系统。60 年代末，AT&T 脱离该组织，失去了 Multics 使用权。AT&T Ken.Tompson 在 GE-645 大机上写了一个 SPACE TRAVEL 的游戏，为了省钱，利用闲置的 PDP-7 玩游戏。在 Dennis Ritchie 的帮助下，Ken 用 PDP-7 的汇编语言重写了这个游戏。这次经历加上 Multics 项目的经验，促使 Ken 开始了一个 DEC PDP-7 上的新操作系统项目。Ken 和 Dennis 领导一组开发者，开发了一个新的多任务操作系统，称为 UNICS（Unpiloted Information and Computing System），后被改为 UNIX（CS 的谐音 X）。

最初 UNIX 是用汇编语言编写的，一些应用是由 B 语言和汇编语言混合编写的。由于 B 语言在编程时不够强大，Ken 和 Dennis 对其进行了改造，1971 年共同发明了 C 语言。1973 年 Ken 和 Dennis 用 C 语言重写了 UNIX 内核。UNIX 成为世界上第一个用高级语言写的操作系统。C 语言使 UNIX 更容易移植，移植是 UNIX 最重要的优越性。

1974 年后，世界上所有的大学都能以极小的代价获得 UNIX 的源代码，由此产生了很多重要的分支，包括一个 BSD 版（加州大学伯克利分校 Berkeley Software Distribution）。

三、UNIX 的发展

1. AT&T 的发展历程

1971 年，Version 1。

1978 年，Version 7。

1982 年，系统Ⅲ　第一个商品发布版。

1983 年，AT&T 推出 SVR1（System V，RELEASE 1）首次有支持的发行。

1985 年，AT&T 推出 SVR2，文件保护和锁定，增加作业控制。

1987 年，AT&T 推出 SVR3，增加 STREAMS，RFS 及 TLI。

1989 年，AT&T 推出 SVR4，统一各种规范集合。

1992 年，AT&T 推出 SVR4.2，桌面环境。

1997 年，AT&T 推出 SVR5，改进内核，支持 64 位字长。

在 1978 年发布了版本 7 后，在 AT&T 内部承担 UNIX 发布的管理控制工作组成员包括 UNIX 支持组（USG）、UNIX 系统开发实验室（USDL）、AT&T 信息系统（ATTIS）、UNIX 软件组织（USO）和 UNIX 系统实验室（USL）。

2. BSD 的发展历程

BSD 起源于 1974 年，伯克利研究小组毕业的学生 Bill Joy 和 Chuck Haley，对 UNIX 作了大量创新，例如 ex、vi、csh，这些性能后来被加进了 System V。

1973 年，美国高等院校开始使用 UNIX。

1974 年，BSD。

1978 年，2BSD。

1979 年，3BSD。

1980 年，4BSD。

1983 年，4.1BSD。

1984 年，4.2BSD 第一个内含 TCPIP。

1987 年，4.3BSD。

1993 年，4.4BSD。

BSD 在发展中也逐渐衍生出 3 个主要的分支——FreeBSD、OpenBSD 和 NetBSD。

从 20 世纪 90 年代开始，当 AT&T 推出 System V Release 4（第五版本的第四次正式发布产品）之后，它和 BSD 的 4.4BSD 已经形成了当前 UNIX 的两大流派。

1987～1989 年，AT&T 决定将 Xenix（微软开发的一个 x86-pc 上的 UNIX 版本）、BSD、SunOS 和 System V 融合为 System V Release 4（SVR4）。SVR4 是两大流派融合后的产物。

当时 UNIX 系统已经不仅仅限于 AT&T 和 Berkeley。由于 UNIX 的广泛流行，它被移植到了许多不同的计算机系统上，创建了许多 UNIX 和 UNIX 类操作系统，例如 SUN 公司的 UNIX 操作系统 Solaris 和 IBM 公司的 AIX。

UNIX 几乎可用在所有通用的计算机上，它可以运行在个人计算机、工作站、微型计算机、主机和超级计算机上。

此时，AT&T 认识到了 UNIX 价值，起诉包括伯克利在内的很多厂商，伯克利不得不推出不包含任何 AT&T 源代码的 4.4BSD Lite，这次司法起诉也使很多 UNIX 厂商从 BSD 转向了 System V 流派。

UNIX System V Release 4 发布后不久，AT&T 就将 USL 出售给了 Novell。它们的 UNIX 被更名为 UNIXWare，Novell 期望以此来对抗微软的 Windows NT，由于 Novell 正逢经营问题，不得不将 UNIXWare 卖给 SCO。

Novell 在购买 UNIXWare 之后，将 UNIX 商标赠送给一个非盈利的 UNIX 组织 X/Open（定义 UNIX 标准的产业团体），结束了 USL 与 BSD 以及其他厂商的纷争。

最后 X/OPEN 和 OSF/1（Open Software Foundation）合并，创建了 Open Group。

四、UNIX 的标准

20 世纪 80 年代开始，制定了一个开放的操作系统标准 POSIX，IEEE 制定的 POSIX 标准现在是 UNIX 系统的基础部分。

POSIX 由 IEEE（Institute of Electrical and Electronic Engineering）开发，并由 ANSI（American National Standards Institute）和 ISO（International Standards Organization）标准化。POSIX（Portable Operating System Interface）表示可移植操作系统接口，是为了提高 UNIX 环境下应用程序的可移植性。POSIX 并不局限于 UNIX，其他的操作系统，例如 DEC OpenVMS 和 Microsoft Windows NT，都支持 POSIX 标准。

【思考与练习】

1．UNIX 操作系统的特点有哪些？

2．为什么绝大部分调度自动化系统的服务器安装 UNIX 操作系统？

模块 2　UNIX 常用命令使用（GYZD00901002）

【模块描述】本模块介绍 UNIX 操作系统常用命令的使用方法。通过功能描述和方法介绍，掌握 UNIX 操作系统常用命令及其参数的功能和使用方法。

【正文】

UNIX 操作系统结构由 Kernel（内核）、Shell（外壳）、工具及应用程序三大部分组成。UNIX Kernel（UNIX 内核）是 UNIX 操作系统的核心，指挥调度 UNIX 机器的运行，直接控制计算机的资源，保护用户程序不受错综复杂的硬件事件细节的影响；UNIX Shell（UNIX 外壳）是一个 UNIX 的特殊程序，是 UNIX 内核和用户的接口，是 UNIX 的命令解释器。

UNIX 的命令集非常庞大,表 GYZD00901002-1 列出了 UNIX 常用的 14 个命令和部分对应的 DOS 命令及其含义。

表 GYZD00901002-1   UNIX 常用命令集

序号	UNIX 命令	相应 DOS 命令	含　义
1	pwd	cd	列出当前工作目录
2	ls	dir/w	列目录内容
	ls −l	dir	
	ls −a	dir/a	
	ls −r	dir/s	
	ls −x	dir/w	
	ls −l | more	dir/p	
3	cat		显示文件内容
	cat　file	type　file	
	cat　file1 file2 file3	type file1+file2+file3	
4	cd		改变工作目录
	cd　usr	cd　dos	
	cd　/usr	cd　c：\dos	
	cd ..	cd ..	
	cd ../..	cd ..\ ..	
5	mv		移动文件或目录
	mv file1 file2	ren file1 file2	
	mv file1 dir2	move file1 dir2	
	mv dir1 dir2	xcopy dir1 dir2　deltree dir1	
	mv −i		如果目标文件存在,则提示
	mv −f		强制拷贝
6	cp		拷贝文件
	cp　file1　file2	copy file1　file2	
7	rm		删除文件或目录
	rm　file1	del　file1	
	rm *	del　*.*	
	rm −r dir	deltree　dir	
8	mkdir		创建目录
	mkdir　dir	md　dir	
	Mkdir −m		指定使用 mode
	mkdir　−p ../dir1/dir2/dir3		
9	reboot		关机重启,关机后不需人工操作,会自动重新引导
10	shutdown		关机
	shutdown −r		关机重启
11	df		显示磁盘空间的使用情况,包括文件系统安装的目录名、块设备名、总字节数、已用字节数、剩余字节数占用百分比
	df −k		显示磁盘空间的使用信息
12	ps		显示系统中进程的信息,包括进程 ID、控制进程终端、执行时间和命令
	Ps −e		显示当前运行的每一个进程信息
	ps　−f		显示一个完整的列表
	ps −ef		最常使用方法

续表

序号	UNIX 命令	相应 DOS 命令	含　义
13	kill		终止进程
	kill pid		终止进程号为 pid 的进程，pid 进程号可由 "ps" 命令得到
	kill -9 pid		强行终止进程
14	ping		测试网络。向网络上的主机发送 ICMP ECHO REQUEST 信息包，检测网络是否畅通
	ping hostname		测试名为 "hostname" 的主机，也可用 IP 地址代替主机名。当丢包率为 100% packet loss 则说明当前网络不通

【思考与练习】

1. 本模块介绍了哪些 UNIX 命令？

2. 上机练习，掌握 UNIX 命令的用法。

模块 3　UNIX 文件系统（GYZD00901003）

【模块描述】 本模块介绍 UNIX 操作系统的文件系统。通过要点归纳和功能描述，掌握 UNIX 操作系统的文件和目录的命名规则，熟悉 UNIX 文件系统的重要目录以及文件的属性及其查看方法。

【正文】

UNIX 文件系统是 UNIX 系统的心脏部分，提供了层次结构的目录和文件。文件系统将磁盘空间划分为每 1024 个字节一组，称为块（block），编号从 0 到整个磁盘的最大块数。

一、文件名、目录名的命名规则

1. 文件名

文件名的命名规则包括：文件内容的描述；中间不能有空格；不能与系统命令名相同；以 "." 开头的文件名在普通用户看来是隐蔽的。

2. 目录

目录文件是一个具有符号名字的一组相关联的元素的有序集合，例如用户的源程序、数据表格、书信文稿、目标程序等。文件结构是分层的目录树结构，类似于 DOS 文件结构。是一些有特定目的而组织在一起的目录、子目录和文件。

目录（Directory）：其他目录和文件所在处。

子目录（Subdirectory）：属于其他目录的所有目录。

"." 代表当前目录，".." 代表上级目录。

二、重要目录

UNIX 文件系统的重要目录包括：

/.：文件系统的根目录，超级用户的 HOME 目录；

/stand：UNIX 引导时使用的标准程序和数据文件；

/sbin：UNIX 引导时使用的程序；

/dev：特殊设备文件；

/dev/console：控制台；

/dev/lp：并口打印机；

/dev/rz**：硬盘块设备文件；

/dev/rmton：磁带文件；

/etc：系统管理及配置数据库；

/opt：附加应用软件包的根；

/home：用户主目录和文件；

/var：統用文件、目錄、日誌、記賬、郵件、假脫機；

/var/adm：系統日誌，記賬；

/var/mail：用戶郵件文件；

/var/news：新聞目錄；

/var/opt：附加應用程序子目錄；

/var/tmp：臨時文件；

/var/spool：假脫機目錄；

/var/uucp：uucp 日誌和狀態；

/usr：其他用戶可訪問的根；

/usr/bin：新的可執行程序命令；

/usr/sbin：新的系統命令，可執行程序；

/usr/include：頭文件；

/usr/examples：例子文件；

/usr/share/man：聯機手册。

絕對路徑名以"/"開頭，從根開始；相對路徑名以".."目錄名或文件名開始。

三、文件屬性

UNIX 文件系統的屬性如下：

```
$ ls –l
total 24094
-rw-r--r--    1   root    system    176584 Jul  5 17：09 3500install.pdf
-rw-r--r--    1   root    system      2593 Jun 13 12：48 DXsession
-rw-r--r--    1   bin     bin         2476 Apr 13  1999 GENERIC
lrwxr-xr-x    1   root    system         7 May 31 16：41 bin -> usr/bin
……
……
-rw-------    1   root    system       501 Jun 23 22：31 tcr2
drwxrwxrwt    3   root    system      8192 Sep  3 12：59 tmp
drwxr-xr-x   29   root    system      8192 Aug 31 14：22 usr
lrwxr-xr-x    1   root    system         7 May 31 16：38 var -> usr/var
-rwxr-xr-x    1   root    system   9549088 Jun  1 12：29 vmunix
```

使用 ls –l 命令顯示文件的全部屬性。其中：

第 1 個域反應文件的類型和訪問屬性：第 1 列"-"表示為普通文件，"d"表示為目錄文件，"l"表示為連接文件；第 2、3、4 列為文件屬主讀、寫執行的訪問標識，如第 2 列為"-"則不可讀，為"r"則表示可讀；第 5、6、7 列為文件屬組用戶的讀、寫執行的訪問標識；第 8、9、10 列為其他組用戶的讀、寫執行的訪問標識。

第 2 個域為該文件的連接數，某目錄文件的連接數越大，其子目錄數就越多。

第 3 個域為該文件的屬主。

第 4 個域為該文件的屬組。

第 5 個域為該文件的大小。

第 6 個域為該文件的創建時間。

第 7 個域為該文件的文件名。

第 8 個域如果不空的活，則為該文件所連接文件路徑。

【思考與練習】

1．UNIX 文件名、目錄名的命名規則是什麼？

2．上機練習，熟悉 UNIX 文件系統。

模块 4 UNIX 的 VI 编辑器（GYZD00901004）

【模块描述】本模块介绍 UNIX 操作系统中 VI 的常用命令。通过功能描述和方法介绍，掌握 VI 的常用命令的功能和操作方法。

【正文】

VI 命令是 UNIX/LINUX 最常用的编辑文件的命令，它的命令集众多。本模块只介绍 VI 的一些最常用命令。

VI 有两种状态，编辑状态和命令状态。编辑状态可以执行文本的输入，命令状态可以执行插入、删除、查找定位、拷贝复制、存盘等操作。在编辑状态下用 Esc 键或 F11 键进入命令状态。

VI 常用的编辑命令如下：

1. 打开文件

`VI  file  [-r ]`：-r——只读。

2. 移动光标

`k`、`j`、`h`、`l`：上、下、左、右光标移动命令；

`nG`：跳转命令，n 为行数，该命令立即使光标跳到指定行；

`Ctrl G`：光标所在位置的行数和列数报告；

`w`、`b`：使光标向前或向后跳过一个单词；

`0`：使光标移至行首；

`Shift+0`：使光标移至行尾；

`G`：光标移到最后文件一行。

3. 编辑命令（均需要在命令状态下按 Esc 键或 F11 键执行）

`i`、`a`、`r`：在光标的前、后以及所在处插入字符命令（i＝insert、a＝append、r＝replace）；

`cw`、`dw`：改变（置换）/删除光标所在处的单词的命令（c＝change、d＝delete）；

`x`、`d$`、`(n) dd`：删除一个字符、删除光标所在处到行尾的所有字符以及删除整行或 n 行的命令；

`o`、`O`：在当前行下一行、上一行插入空白行；

`nyy`：在命令方式下，在光标所在行敲 yy 或 nyy，复制一行或 n 行，到需要的复制的地方后，执行 p 进行复制。

4. 查找命令（均需要在命令状态下按 Esc 键或 F11 键执行）

`/string`：从光标所在处向后查找相应的字符串的命令；

`?string`：从光标所在处向前查找相应的字符串的命令；

`N`：继续向前或向后查找字符串。

5. 替换字符串（需要在命令状态下，按 Esc 键或 F11 键执行）

命令格式：`: fromline, toline  s/string1/string2/g`

Fromline 为起始行号，toline 为终止行号（如果为最后一行，用$表示），s 为命令，string1 为老字符串，string2 为新字符串，即从 Fromline 到 toline 将字符串 string1 替换为 string2。

6. 存盘退出命令

`:q`、`q!`、`:w`、`:wq`：退出文件、强制退出、写文件、存盘退出。

例：在/etc/host 文件中增加一台 SCADA 服务器"scada1-1"的节点信息，scada1-1 和 scada1-2 是服务器的两个网卡名，双网 IP 为 192.1.101.1 和 192.1.102.1，则命令为：

`# vi /etc/hosts`

"#"表示当前用户为超级用户，因系统文件"hosts"超级用户才有权限修改。

用"G"，将光标移至最后一行，敲"o"，在当前行下一行查入空白行，键盘输入"192.1.101.1 scada1-1"，按 Esc 键进入命令状态，用"yy""p"命令复制当前行，复制后显示为：

`192.1.101.1        scada1-1`

```
192.1.101.1                    scada1-1
```

光标移至下面行，利用 R 键，将"192.1.101.1"中"101"替换为"102"，将"scada1-1"替换为"scada1-2"，替换后显示为：

```
192.1.101.1    scada1-1
192.1.102.1    scada1-2
```

按 Esc 键进入命令状态，敲":wq"保存退出。

【思考与练习】

1. 本模块介绍了 VI 的哪些编辑命令？
2. 上机练习，掌握 VI 编辑器的用法。

第四章 数据库知识

模块1 数据库的基本概念（GYZD00902001）

【模块描述】 本模块介绍数据库的基本概念。通过概念讲解，了解数据管理技术的发展，掌握数据库的基本概念、主要功能、系统组成以及关系模型和关系数据库的概念。

【正文】

一、数据管理技术的发展

所谓数据管理就是对数据的收集、整理、存储、分类、排序、检索、维护、加工、统计和传输等一系列工作全部过程的概述。数据管理的目的是能从浩瀚的信息数据海洋中，提取有用的数据信息。数据管理是对数据的组织、编码、分类、存储、检索和维护。

根据数据和应用程序相互依赖关系、数据共享以及数据的操作方式，数据管理的发展可以分为 3 个具有代表性的阶段，即人工管理阶段、文件管理阶段和数据库管理阶段。

1. 人工管理阶段

产生于 20 世纪 60 年代以前，由于当时计算机硬件和软件发展才刚起步，数据管理中全部工作都由应用程序员自己设计程序完成。需要与计算机硬件以及各外部存储设备和输入输出设备直接打交道，程序员需要编制大量重复的数据管理基本程序。

2. 文件管理阶段

产生于 20 世纪 60 年代，由于当时计算机硬件的发展，系统软件尤其是文件系统的出现和发展，人们开始利用文件系统来帮助完成数据管理工作。

3. 数据库管理阶段

从 20 世纪 60 年代后期开始，人们逐步研究和发展了以数据的统一管理和数据共享为主要特征的数据库系统。即数据在统一控制之下，为尽可能多的应用和用户服务，数据库中的数据组织结构与数据库的应用程序相互间有较大的相对独立性等。与以往数据管理方法和技术相比，利用数据库系统来进行数据管理工作具有以下 3 个显著特点。

（1）从整体角度组织数据。数据库系统与文件系统的最大差别就在于前者在描述数据时，不仅仅是对数据本身进行描述，而且对数据之间的相互联系也进行了描述。因此在组织数据时是从一个相对较高的整体角度进行的，而不是仅仅局限于个别的数据管理应用场合。如前面提到的人事部门、教务部门和医务部门对学生数据的管理工作，在利用数据库系统来进行管理时，若从整体考虑，其数据的组织结构如图 GYZD00902001-1 所示。

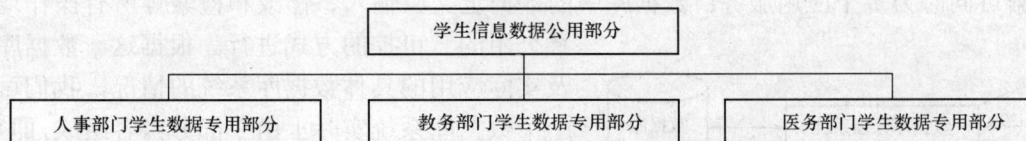

图 GYZD00902001-1　学生信息数据组织结构

采用这种数据组织结构不仅可以有效解决文件系统的数据组织中所存在的数据冗余以及数据一致性维护的问题，更主要的是它可以使人们从更高的全局角度出发，合理地组织数据，从而有利于更大范围内的数据资源的共享，提高信息的使用效率。

（2）为多个应用服务。数据库中的数据是从整体角度进行组织的，所存储的数据可在更大范围内为很多应用提供服务。如图 GYZD00902001-1 所示的一个数据库中所存储的数据，至少可以为 3 个部门的应用提供服务，而实际上其数据组织结构只是一个学校数据管理数据库中的一小部分。

由于数据库系统是以多级（层）组织模式对数据进行组织的，各级（层）模式之间的映射由数据库系统自动完成，数据与程序之间可以具有较高的物理和逻辑相对独立性，给数据库中的数据为多个应用提供服务奠定了基础。数据库的规模越大，所能够提供的应用服务就越多，越能体现出数据库在数据管理中的优势。

（3）数据库系统管理软件。任何数据库系统都有数据库系统的管理软件（系统）。它是数据库系统与用户应用之间的接口。用户通过编写一些较为简单数据库应用程序可方便地完成在较高级别逻辑组织基础上的数据管理。另外，数据库管理系统还负责对数据库进行并发访问时，保证数据一致性的并发控制，保证数据安全性的访问控制；在数据库系统出现故障时，提供保证数据一致性和完整性的恢复机制等诸多数据库系统本身的各种管理控制。数据库管理系统功能的强弱及其各项性能指标的好坏，是衡量数据库系统质量的一个极其重要的因素。

数据库管理已经历了层次网状模型代、关系模型代和面向对象模型代 3 个阶段。

1）层次网状模型代。流行于 20 世纪 60~70 年代，数据库系统所支持的数据模型均是层次模型或网状模型。世界上第一个数据库系统是于 1964 年由美国通用电气公司开发成功的 IDS（Integrated Data Store），它就是基于网状模型的数据库系统。IBM 公司于 20 世纪 60 年代末推出了第一个商品化的层次数据库系统 IMS（Information Management Sytem），它们的出现与应用为数据库技术的发展奠定了基础。

2）关系模型代。流行于 20 世纪 70~80 年代，数据库系统所支持的数据的数据模型均是关系模型，以关系（表）形式组织数据。1970 年 Codd 提出了关系数据模型。到了 20 世纪 70 年代末，出现了不少关系数据库系统，其中具有代表性的应首推 IBM 公司推出的 SQL/DS 和 DB2 两个商品化关系数据库系统。进入 20 世纪 80 年代以后，关系数据库系统已成为数据库系统发展的主流，几乎所有新推出的数据库系统产品都是关系型的，如 Oracle、Sybase、Sysbase、Informix、FoxPro 等。目前几乎所有分布式数据库系统均是关系型的，而且几乎所有主要关系数据库系统均已被扩充为分布式数据库系统。

3）面向对象模型代。开始于 20 世纪 90 年代，在这一代中的数据库系统支持面向对象的数据模型。它是数据库技术与面向对象程序设计方法相结合的产物。作为新一代数据库系统，已有了一些商品化系统，但其具体应用尚不多。

二、数据库系统

1. 数据库系统概念

由于数据库系统是一个由许多基本概念、技术方法和其应用对象所组成的复杂的有机整体，很难用一两句话将其描述清楚。为了使读者对它有一个总体的了解，首先这里试着给出一个关于数据库系统的定义：数据库系统中的数据库是一个已被规格化和结构化且相互关联的数据集合，这些数据中不存在有害的或无意义的冗余；数据的组织与存储结构与使用这些数据的程序相互独立；数据库中的数据可同时为多个应用服务；数据库中的数据定义、输入、修改和检索等所有操作均是按一种公用的且可控的方式进行。根据这一数据库定义以及实际应用的具体数据库系统的情况，我们可以认为一个数据库系统实际上由 3 部分内容组成，即数据库、多种应用和数据库管理系统。这 3 部分之间的相互关系如图 GYZD00902001-2 所示。

图 GYZD00902001-2　数据库系统组成

数据库：相互关联具有最小冗余的数据在其中按照一定物理组织结构存放，并且从用户和数据库管理系统角度来看，这些数据又是按一定逻辑结构组织的。这种物理组织结构和逻辑组织结构在最大程度上与用户所编制的应用程序相互独立。

多种应用：数据库中的数据，在数据库管理系统的控制与管理之下，可以同时为多种不同内容的应用提供服务，各用户所操作使用的数据可以是相互交叉的。

数据库管理系统：负责对数据库中的数据进行管理和维护；为用户操作数据库中的数据提供一种公用的操作方法，接收用户的操作命令，帮助完成有关的对数据库的操作并保障数据库的安全。

数据库系统具有以下 5 个基本特点：

（1）数据库系统必须有能力描述能够反映客观事物及其相互联系的复杂数据模型，使用它能够对数据本身及相互间的各种关系进行充分描述。数据库系统共提供了层次数据模型、网状数据模型、关系数据模型和对象数据模型 4 种数据模型。一种类型数据库系统通常只提供上述其中一种数据模型描述方法，即只支持其中一种数据模型的数据逻辑组织结构。

（2）数据库中数据的独立性。用户在编制应用程序时，是根据数据的逻辑组织对数据进行操作的。数据物理组织的变化，不会影响数据的逻辑组织，因而也不会影响已有的应用程序，称为数据的物理独立性。数据的逻辑独立性是指当数据的逻辑组织发生变化时，如数据模型中增加了新的记录类型，某一记录类型中增加了新的数据项等，原有应用程序的执行不受影响或影响最小。

（3）数据共享。由于数据库是从整体的角度对数据进行组织的，在保证数据一致性的情形下，使数据库中的数据为尽可能多的用户提供应用服务。用户所使用的数据可以共享。

（4）数据库系统的安全可靠与完整。一个数据库系统的可靠性体现在软件系统运行故障率很小以及在数据库系统由于各种意外而出现故障时，数据库中的数据的损失最小；安全性是指数据库系统对其所存储的数据的保护能力，能够有效地防止数据有意无意地泄露或篡改，控制数据的授权访问等。数据库系统的完整性则是指在多用户操作数据情况下，数据能够保持一致性。

安全性控制主要指的是数据库的保密性。并不是每个用户都能够存取数据库中所有数据，负责人和全体工作人员允许掌握的数据范围显然是有区别的，数据库系统把各用户存取数据的权限分成若干等级。通过对各个用户授予不同的使用权限，以确保数据库免遭损害或被非法使用，通常采用口令密码以及数据库中数据访问授权等方法对使用者操作数据的合法权进行检验，以实现对数据库中数据安全性的保护控制。

完整性控制包括数据的正确性、有效性和相容性。正确的数据不一定是有效的。数据库系统应提供尽可能多的检验措施，以确保数据库中的数据满足用户所要求的各种约束要求。

并发控制指在多用户操作使用数据库系统的情况下，不同用户并行地操作数据库可能引起对数据库的干扰，从而使得数据库中的数据发生不一致的问题。并发的操作要采取某种控制措施，最常用的方法是封锁技术，以排除和避免这种错误的发生，保证数据库中数据的操作能够正确完成执行。

（5）故障的发现与恢复。数据库系统应提供应急保护设施，一旦系统的软硬件发生故障或用户误操作导致系统异常，系统应能够以尽量小的代价尽快地恢复数据库的内容和系统的正常运行。

2．良好的人机接口与性能

任何数据库系统最终都是要和用户打交道，系统所具有的各种功能最终都需要由用户来进行操作使用。简单易学、操作简便和用户界面友好是任何一个数据库系统所必需的。此外系统的响应速度、单位时间内数据的吞吐量也是衡量数据库性能重要指标。

三、数据库系统的主要组成

根据美国国家标准协会（ANSI）所提出的报告，数据库的数据组织结构可以分为概念层数据模式、用户层数据模式和物理层数据模式 3 个相互关联的层次。

1．概念层数据模式

概念层数据模式又称为模式，是对数据库中数据整体逻辑结构的描述，对数据库中所有数据项、记录类型以及各记录类型之间的相互关系的描述。这种描述仅仅是一种逻辑组织结构的描述，是面向用户需要而提出的，而不是真正的数据存储组织结构。提供这一层次的数据模式描述，主要是为了数据库应用系统的设计者。对与应用有关的所有用户的需求进行统一综合考虑，能从总体上将需求所涉及的数据及它们间的相互联系，有机地结合成为一个逻辑整体。概念层数据模式的设计是数据库设计的最基本也是最重要的任务。

2. 用户层数据模式

用户层数据模式又称为外模式或子模式，是对以用户为对象使用数据库所涉及的所有数据局部逻辑结构的描述。它是模式的一个子集或者是一个映射。一个数据库只有一个模式，但通常都对应着多个子模式。子模式所包含的数据之间允许有重叠和多个用户共用同一个子模式。这一数据模式的描述，主要特点在于：

（1）用户只要按照描述自己所使用数据的子模式编写应用程序或输入操作命令，就可完成满足自己要求的数据库操纵工作。

（2）保证了数据独立性。用户的数据库应用编程仅仅依据子模式的数据逻辑结构的描述，而子模式一般都是模式的一个真子集，若需要对模式所描述的数据逻辑结构进行部分修改或扩充时，只要不影响原有的映射关系，用户依据子模式所开发的应用程序，就不受模式变动的任何影响。提供模式与子模式这两层数据逻辑结构的描述，较好地保证了数据的逻辑独立性。

（3）数据能够被共享。同一模式可以产生许多不同的子模式，子模式所描述的数据可以来源于模式所描述的全局数据逻辑结构中各种数据项或记录类型，因此可方便地实现数据的共享，减少了数据可能存在的冗余，保证了数据的一致性、完整性和正确性。

（4）有利于保证数据的安全性和保密性。用户通过其相应的应用程序对数据库中数据进行操作，只能操作其子模式所描述范围内的数据，而无法接触到其他用户及其子模式所描述的数据，可以保证数据库中的数据具有较好的安全性。

3. 物理层数据模式

物理层数据模式又称为内模式或物理模式，是对数据库中所有数据在物理设备上实际存储的组织结构的描述。数据库数据根据这一层数据模式的描述，被存放到若干按各种组织方式建立起来的物理文件中，对这些物理文件的所有存取访问的控制都是由数据库管理系统统一控制的。管理系统负责完成从概念层数据模式到物理层数据模式之间的数据映射，由于所有的数据库应用程序或服务所涉及的数据都是根据模式的数据描述得到的，当数据库数据的物理组织结构发生变化时，概念层数据模式描述通常无需修改，保证了与模式相关联的子模式和用户应用程序也无需修改，从而使得数据库系统中数据也具有物理独立性。

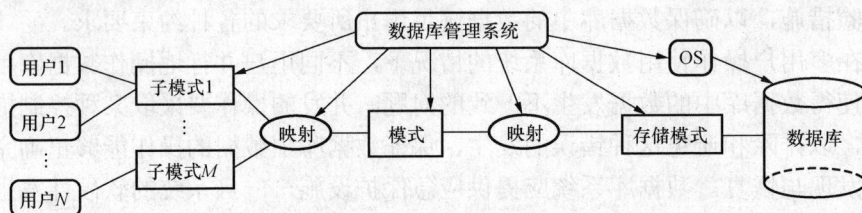

图 GYZD00902001-3　数据库结构各模式间关系

由于一个数据库是采用上述 3 个层结构方式对其中的数据组织进行描述的，从而较好地保证了数据的逻辑独立性和物理独立性，方便了用户对数据库中数据的操作使用，减少了数据冗余。这 3 层模式之间的相互关系如图 GYZD00902001-3 所示。由于数据库中数据按照物理层数据模式进行存储，而概念层数据模式和用户层数据模式只是对物理层数据模式描述的数据的一种逐级（层）的逻辑抽象，用户在对数据库进行操作时，都必须通过数据库管理系统，完成从用户层数据模式到概念层数据模式之间、概念层数据模式到物理层数据模式之间这两种映射。映射是由管理系统自动完成的，对用户是透明的。

实际应用时，高档数据库系统的数据组织结构基本上是按照上述 3 层模式标准描述数据组织。中低档数据库系统，对上述 3 层模式标准进行了简化，采用一层或两层模式来描述数据组织结构，通常略去物理层的数据模式描述。

四、数据库系统的主要功能

数据库系统的核心是数据库管理系统（DataBase Management System，DBMS），可以建立、使用、修改和维护数据库中数据。数据库管理系统是建立在操作系统之上的应用软件平台。具有以下 3 个主要功能：

（1）提供操作数据库的用户高级接口。提供数据描述语言，供用户对整个数据库中的数据进行各种逻辑和物理组织结构描述；提供数据操纵语言，供用户对数据库中数据按照其定义逻辑组织结构进行各种操作，如插入、删除、修改和查询等；还可能提供其他工具，如用户界面生成工具、报表生成工具等，帮助用户更加容易地对数据库的操纵进行编程。

（2）管理数据库。控制整个数据库系统的运行；控制用户对数据库的并发性操作；执行对数据库中数据的安全、保密、有效性和完整性检验；实施对数据库中数据的检索、插入、删除、修改等操作；维护数据库数据组织结构的完整性和一致性。

（3）维护数据库。初始化时数据库数据的装入；运行时记录下与用户、操作、系统状态和结果等信息的工作日志；监视数据库性能，在性能变坏时，重新组织数据库；在数据库系统的硬件或软件发生故障后，对数据库中受破坏的数据进行恢复。

（一）数据库系统语言

数据库系统语言是用户与数据库系统进行交互操作的主要工具，是连接用户与数据库系统的桥梁。数据库语言功能的强弱直接影响到用户使用数据库系统的方便程度。数据库系统语言通常包括数据库数据描述语言（Data Description Language，DDL）和数据库数据操作语言（Data Manipulation Language，DML）这两种语言。数据描述语言用于描述数据库中各种模式的定义，数据操作语言则是用于描述对数据库中数据所要进行的各种操作。

1. 数据描述语言

数据描述语言是建立和使用数据库的重要工具，是用于描述数据库各层数据模式的语言。数据库管理系统将对用户用该语言所描述的各层数据模式进行编译，产生可供数据库系统操作时所使用的目标模式。对应着数据库的模式、子模式和内模式，数据描述语言又可分为模式描述语言、子模式描述语言和内模式描述语言。

（1）模式描述语言用来描述数据库概念层数据模式，即用于描述数据库中所有数据以及它们间相互关系的特性。用模式描述语言写出的数据库全体数据的逻辑组织结构的全部语句的集合称为一个模式。

一个模式仅仅是对数据库概念层逻辑数据组织结构的一个描述。与其他程序语言一样，模式描述语言也有自己的一套清晰而又严格的语句和语法规则。

（2）子模式描述语言，它是用来描述数据库用户层数据模式的，即用于描述用户所使用的数据的逻辑数据组织结构的定义。用子模式描述语言写出的用户局部数据逻辑组织结构的全部语句的集合称为一个子模式。

与模式描述语言不同，子模式描述语言有时与编写应用程序所采用的其他程序设计语言相关。根据子模式描述语言所适用的编写应用程序语言，子模式描述语言也可分为 COBOL 子模式描述语言、FORTRAN 子模式描述语言和 C 子模式描述语言等。

（3）内模式描述语言，它是用来描述数据库中数据在物理存储介质上的组织结构和存放方式等，它与数据库系统所运行的硬件环境特性相关。例如，系统建立了哪些物理文件、文件的存储设备是什么、文件是以什么样的组织方式等，这些都是由内模式描述语言来负责描述的。

2. 数据操作语言

数据操作语言是用户操作数据库中数据的工具，用户借助它来实现从数据库中检索数据、向数据库中添加数据、删除数据库中没有保留价值的数据或修改某些发生变化的数据等操作。

数据操作语言通常分为两种类型，即宿主式数据操作语言和自含式数据操作语言。

自含式数据操作语言在数据库系统中可独立使用，是一种完整的语言，这类语言使用简单方便，很适合在终端上使用。这类语言的优点是系统运行效率较高且使用简单；缺点是应用范围常常受到限制，例如要提取出数据库中的一些数据进行某种复杂运算处理时，单靠数据库系统所提供的这类数据操作语言有时就很难做到。

宿主式数据操作语言不能单独使用，必须嵌入某种程序设计语言（如 C、COBOL、FORTRAN）

之中方能进行数据库操作。这种数据操作语言语句仅负责对数据库中数据的操作，其他复杂的数据处理工作均由主语言完成，有时这样做会使得用户的应用程序变得相当复杂。

实际上许多数据库系统除了提供上述两种数据操作语言之外，还提供了许多编程工具和或编程命令，以便帮助用户更加容易地编制数据库的应用程序，如用户界面生成工具、报表生成工具和数据库API接口等。

（二）数据库系统运行管理与控制软件

数据库系统运行管理与控制软件是数据库管理系统软件的实际组成，主要包括语言编译处理程序、系统运行控制程序和数据库日常管理程序以及数据库工具等多种软件。

1. 语言编译处理程序

语言编译处理程序是数据库系统中各种数据描述语言的编译处理程序，它将各种采用模式描述语言所定义的数据模式编译成 DBMS 所使用的内部定义目标模式。数据库系统各种数据操作语言的处理程序可将应用程序中采用数据操作语言所写的数据操作语句转换成其宿主语言编译程序所能处理的语句；终端操作命令解释程序用于解释终端操作命令的意义，完成相应数据库系统命令的执行过程；数据库控制命令解释程序负责解释执行每一条数据库控制命令。

2. 系统运行控制程序

（1）数据库系统的总控程序用于检查访问的合法性，决定一个访问是否能使用数据库。

（2）并发控制程序协调多个应用程序对数据库的操作，保证数据库中数据的一致性。

（3）保密控制程序对数据库数据的安全保密性控制。

（4）数据完整性控制程序核对数据库完整性约束条件，以决定对数据库的操作是否有效。

（5）数据库存取访问程序实施对数据库中数据的操作，如执行检索、插入、修改、删除等操作。

（6）通信控制程序实现用户程序与 DBMS 之间的通信。

3. 数据库日常管理程序

（1）数据装入程序，实现将初始数据装入数据库。

（2）当软硬件出现故障时，系统恢复程序利用恢复程序将数据库恢复到正确状态。

（3）工作日志程序负责记载进入数据库的所有访问，其内容包括用户名称、进入系统时间、进行何种操作、数据变更情况等，使每个用户每次访问都留下踪迹。

（4）性能监测程序监测操作执行时间与存储空间占用情况，为数据库的再组织提供依据。

（5）当数据库系统性能变坏时，重新组织程序对数据库重新进行物理组织。

（6）转储、编辑、打印程序用于转储数据库的部分和全部数据，或者编辑打印数据等。

4. 数据库工具软件

数据库工具软件是为了方便建立数据库系统的具体应用提供各种工具软件。包括数据库系统应用程序界面制作工具、报表制作工具等软件工具。

（三）建立数据库应用系统的基本知识

数据库系统的应用主要由 5 个阶段构成。

1. 数据库系统的规划

系统的应用范围和功能的确认，应用环境的分析，DBMS 及其支撑环境的选择，硬件配置，人员的配备和培训，投资估算和效益分析等活动。

2. 数据库系统的设计

了解应用系统的信息和处理需求，设计满足其要求的整体数据模型及处理流程，并结合具体所采用的数据库系统、硬件环境和系统软件平台的特点，设计出符合具体数据库系统应用要求的数据模型，及其应用软件的流程图。选择合适的商用数据库系统，来设计、建立、管理和维护数据库系统，使之能够为用户提供最佳服务。

3. 数据库系统的建立

根据数据库系统的设计结果，定义数据模式，规定访问权限，设置完整性约束。然后准备数据，对其进行正确性校验后，将其录入。完成主要应用程序的编制工作。

4. 数据库系统的管理

应用软件的编制与修改、数据库的重新组织、数据库系统中数据的备份与恢复等工作。保证数据库系统的完好，为用户提供可靠的服务。

5. 数据库系统的调整

由于应用数据库系统的用户所在的硬环境（如单位组织调整、人员变化等）、软环境（如人员素质、应用要求等）发生变化，在数据库系统运行一段时间后，往往都需要进行扩充与重构，即需要对数据库系统的各种数据模式的定义和处理流程进行适当的修改和补充，使之适应新的形势。

（四）数据库系统访问示例

数据库的工作过程如图 GYZD00902001-4 所示。用户访问数据库系统中数据的过程实际上就是用户与 DBMS 进行交互的过程。其具体步骤如下：

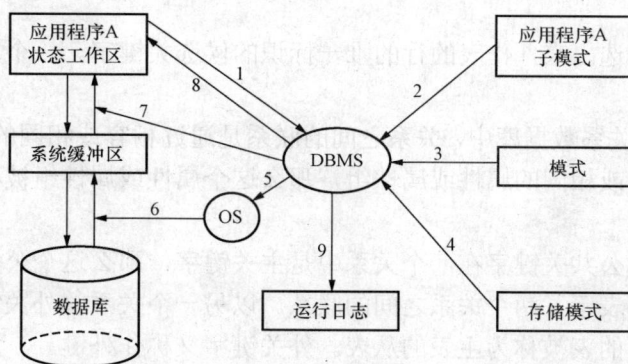

图 GYZD00902001-4　数据库的工作过程

（1）用户通过应用程序指明它使用的子模式名称，发出数据操作命令，DBMS 通过处理用户的应用程序，接收该操作命令。

（2）DBMS 按照应用程序中的子模式名称，调出相应的子模式，核对该用户的访问权限、操作合法性等，若检查通过则继续执行，否则拒绝执行并报告出错信息。

（3）DBMS 按模式确定子模式中操作所涉及的记录类型，并通过模式到存储模式的映射，找出这些记录类型的相应存储模式。

（4）DBMS 查阅存储模式，确定从物理文件、存储设备以及调用访问程序去读取所需的记录。

（5）DBMS 的访问程序找到有关的物理数据地址，向操作系统发出读操作命令。

（6）操作系统收到 DBMS 发来的命令后，启动系统的输入/输出程序完成读操作，把要读取的数据块送到内存中的系统缓冲区。

（7）DBMS 收到操作系统关于输入/输出操作结束回答后，按模式、子模式的定义，将已读入到系统缓冲区的内容映射为用户程序所要的逻辑记录，并送到用户的工作区中。

（8）DBMS 向应用程序发送反映操作执行结果的状态信息（由状态字描述），如"执行成功"、"数据未找到"等。

（9）记载 DBMS 系统的工作日志。

（10）应用程序检查状态信息，如执行成功，则可对程序工作区中的数据作正常处理，否则按出错类型决定程序的后续处理。

用户修改一个记录的操作步骤也是类似的。首先读出所需记录，在程序工作区中修改好，而后再把修改好的记录写回数据库中原记录的位置上。

五、实体联系模型

数据库这一概念提出后，先后出现了几种数据模型。基本的数据模型有层次模型系统、网络模型系统和关系模型系统 3 种。目前广泛使用的数据库软件都是基于关系模型的关系数据库管理系统，例如我们常提到的 Oracle 数据库。

1. 关系模型（Relational Model，RM）

关系模型由实体（entity）和联系（relationship）构成。所谓实体就是指现实世界中具有区分与其他事物的特征或属性并与其他实体有联系的对象。在关系模型中，实体通常以表的形式来表现，表的每一行描述实体的一个实例，表的每一列描述实体的一个特征或属性。所谓联系就是指实体之间的关系，即实体之间的对应关系。联系可以分为一对一的联系、一对多的联系、多对一的联系 3 种。通过联系可以用一个实体的信息来查找另一个实体的信息。关系模型把所有的数据都组织到表中。

2. 关系数据库

所谓关系数据库就是基于关系模型的数据库。关系数据库管理系统就是管理关系数据库的计算机软件。关键字是关系模型中的一个重要概念，它是逻辑结构，不是数据库的物理部分。关键字包括：

（1）候选关键字。如果一个属性集能唯一地标识表的一行而又不含多余的属性，那么这个属性集称为候选关键字。

（2）主关键字是被挑选出来，作表的行的唯一标识的候选关键字。一个表只有一个主关键字。主关键字又可以称为主键。

（3）公共关键字。在关系数据库中，关系之间的联系是通过相容或相同的属性或属性组来表示的。如果两个关系中具有相容或相同的属性或属性组，那么这个属性或属性组被称为这两个关系的公共关键字。

（4）外关键字。如果公共关键字在一个关系中是主关键字，那么这个公共关键字被称为另一个关系的外关键字。外关键字表示了两个关系之间的联系。以另一个关系的外关键字作主关键字的表被称为主表，具有此外关键字的表被称为主表的从表。外关键字又称作外键。

【思考与练习】

1. 关系数据库的定义是什么？
2. 数据库管理系统是数据库的核心，具备哪些功能？

模块 2　数据库的常见库结构（GYZD00902002）

【模块描述】本模块介绍常用的数据库管理系统。通过概念讲解和结构介绍，熟悉 Oracle、DB2、Sybase、MySQL、Ms SQL Server 数据库管理系统的概念、特点以及存储结构。

【正文】

目前，许多数据库产品，如 Oracle、Sybase、DB2、Microsoft SQL Server、MySQL、Microsoft Access 等，各以自己特有的功能在数据库市场上都占有一席之地。下面简要介绍几种常用的数据库管理系统。

一、Oracle 数据库

Oracle 是以高级结构化查询语言（SQL）为基础的大型关系数据库，通俗地讲它是用方便逻辑管理的语言操作大量有规律数据的集合。它是目前最流行的客户/服务器（Client/Server）体系结构的数据库之一。

Oracle 数据库自 Oracle7.X 以来引入了共享 SQL 和多线索服务器体系结构。这减少了 Oracle 的资源占用，并增强了 Oracle 的能力，在低档软硬件平台上用较少的资源就可以支持更多的用户，在高档平台上可以支持成百上千个用户，还提供了基于角色（role）分工的安全保密管理。

Oracle 数据库在数据库管理功能、完整性检查、安全性、一致性方面都有良好的表现；支持大量多媒体数据，如二进制图形、声音、动画以及多维数据结构等；提供了与第三代高级语言的接口软件 PRO*系列，能在 C、C++等主语言中嵌入 SQL 语句及过程化（PL/SQL）语句，对数据库中的数据进行操作。加上它有许多优秀的前台开发工具如 Power Builder、SQL*Forms、Visual Basic 等，可以快速开发生成基于客户端 PC 平台的应用程序，具有良好的移植性；提供了新的分布式数据库能力。可通过网络较方便地读写远端数据库里的数据，有对称复制的技术。

Oracle 数据库在物理上是存储于硬盘的各种文件。它是活动的，可扩充的，随着数据的添加和应用程序的增大而变化。Oracle 数据库在逻辑上是由许多表空间构成，主要分为系统表空间和非系统表空间。非系统表空间内存储着各项应用的数据、索引、程序等相关信息。准备上马一个较大的 Oracle 应用系统时，应该创建它所独占的表空间，同时定义物理文件的存放路径和所占硬盘的大小。

物理上存放于网络的多个 Oracle 数据库，逻辑上可以看成一个单个的大数据库。用户可以通过网络对异地数据库中的数据同时进行存取，而服务器之间的协同处理对于工作站用户及应用程序而言是完全透明的，开发人员无需关心网络的连接细节、数据在网络节点中的具体分布情况以及服务器之间的协调工作过程。

由网络相连的两个 Oracle 数据库之间通过数据库连接（DB-Links）建立访问机制，相当于一方以另一方的某用户远程登录所做的操作。但 Oracle 采用的一些高级管理方法，如同义词（Synonym）等使我们觉察不到这个过程，似乎远端的数据就在本地。数据库复制技术包括：实时复制、定时复制、储存转发复制。对复制的力度而言，有整个数据库表的复制、表中部分行的复制。在复制的过程中，有自动冲突检测和解决的手段。

二、DB2 数据库

DB2 是 IBM 公司的产品，起源于 System R 和 System R*。支持从 PC 到 UNIX，从中小型机到大型机，从 IBM 到非 IBM（HP 及 SUN UNIX 系统等）各种操作平台。可以在主机上以主/从方式独立运行，也可以在客户/服务器环境中运行。其中服务平台可以是 OS/400，AIX，OS/2，HP-UNIX，SUN-Solaris 等操作系统，客户机平台可以是 OS/2 或 Windows，DOS，AIX，HP-UX，SUN Solaris 等操作系统。

DB2 数据库核心又称作 DB2 公共服务器，采用多进程多线索体系结构，可运行于多种操作系统之上，根据相应平台环境作调整和优化，能够达到较好的性能。

DB2 核心数据库支持复杂的数据结构，如无结构文本对象，可以对无结构文本对象进行布尔匹配、最接近匹配和任意匹配等搜索。可以建立用户数据类型和用户自定义函数。DB2 支持大二分对象（BLOB），允许在数据库中存取二进制大对象和文本大对象。其中，二进制大对象可以用来存储多媒体对象；备份和恢复能力；支持存储过程和触发器，用户可以在建表时显示定义复杂的完整性规则；支持 SQL 查询；支持异构分布式数据库访问；支持数据复制。

IBM 提供了许多开发工具，主要有 Visualizer Query，VisualAge，VisualGen。

Visualizer 是客户/服务器环境中的集成工具软件，主要包括 Visualizer Query 可视化查询工具，Visualizer Ultimedia Query 可视化多媒体查询工具，Visualizer chart 可视化图标工具，Visualizer procedure 可视化过程工具，Visualizer statistics 可视化统计工具，Visualizer Plans 可视化规划工具，Visualizer Development 可视化开发工具。

VisualAge 是一个功能很强的可视化的面向对象的应用开发工具，可以大幅度地提高软件开发效率。其主要特征是：可视化程序设计工具；部件库包括支持图形用户接口的预制部件，以及包含数据库查询、事务和本地、远程函数的通用部件；关系数据库支持；群体程序设计；支持增强的动态连接库；支持多媒体；支持数据共享。

VisualGen 是 IBM 所提供的高效开发方案中的重要组成部分。它集成了第四代语言、客户/服务器与面向对象技术，给用户提供了一个完整、高效的开发环境。

三、Sybase 数据库

1984 年，Mark B. Hiffman 和 Robert Epstern 创建了 Sybase 公司，并在 1987 年推出了 Sybase 数据库产品。Sybase 主要有 3 种版本，一是 UNIX 操作系统下运行的版本，二是 Novell Netware 环境下运行的版本，三是 Windows NT 环境下运行的版本。

Sybase 数据库是基于客户/服务器体系结构的数据库。一般的关系数据库都是基于主/从式的模型的。客户/服务器模型的好处是：支持共享资源且在多台设备间平衡负载；允许容纳多个主机的环境，充分利用了企业已有的各种系统；是真正开放的数据库。

由于采用了客户/服务器结构，应用被分在了多台机器上运行。运行在客户端的应用不必是 Sybase 公司的产品。对于一般的关系数据库，为了让其他语言编写的应用能够访问数据库，提供了预编译。

GYZD00902002

模块 2

Sybase 数据库，不只是简单地提供了预编译，而且公开了应用程序接口 DB-LIB，鼓励第三方编写 DB-LIB 接口。由于开放的客户 DB-LIB 允许在不同的平台使用完全相同的调用，使得访问 DB-LIB 的应用程序很容易从一个平台向另一个平台移植。它是一种高性能的数据库。

Sybase 的高性能体现在：通过提供存储过程，创建了一个可编程数据库。存储过程允许用户编写自己的数据库子例程。这些子例程是经过预编译的，因此不必为每次调用都进行编译、优化、生成查询规划，因而查询速度要快得多。触发器是一种特殊的存储过程，通过触发器可以启动另一个存储过程，从而确保数据库的完整性。

Sybase 数据库的体系结构的另一个创新之处就是多线索化。一般的数据库都依靠操作系统来管理与数据库的连接。当有多个用户连接时，系统的性能会大幅度下降。Sybase 数据库不让操作系统来管理进程，把与数据库的连接当作自己的一部分来管理。此外，Sybase 的数据库引擎还代替操作系统来管理一部分硬件资源，如端口、内存、硬盘，绕过了操作系统这一环节，提高了性能。

Sybase 数据库主要由以下 3 部分组成。

（1）进行数据库管理和维护的一个联机的关系数据库管理系统 Sybase SQL Server。Sybase SQL Server 是个可编程的数据库管理系统，它是整个 Sybase 产品的核心软件，起着数据管理、高速缓冲管理、事务管理的作用。

（2）支持数据库应用系统的建立与开发的一组前端工具 Sybase SQL Toolset。ISQL 是与 Sybase SQL Server 进行交互的一种 SQL 句法分析器。ISQL 接收用户发出的 SQL 语言，将其发送给 SQL Server，并将结果以形式化的方式显示在用户的标准输出上。

DWB 是数据工作台，是 Sybase SQL Toolset 的一个主要组成部分，它的作用在于使用户能够设置和管理 SQL Server 上的数据库，并且为用户提供一种对数据库的信息执行添加、更新和检索等操作的简便方法。在 DWB 中能完成 ISQL 的所有功能，且由于 DWB 是基于窗口和菜单的，因此操作比 ISQL 简单，是一种方便实用的数据库管理工具。

APT 是 Sybase 客户软件部分的主要产品之一，也是从事实际应用开发的主要环境。APT 工作台是用于建立应用程序的工具集，可以创建从非常简单到非常复杂的应用程序，它主要用于开发基于表格（form）的应用。其用户界面采用窗口和菜单驱动方式，通过一系列的选择完成表格（form）、菜单和处理的开发。

（3）可把异构环境下其他厂商的应用软件和任何类型的数据连接在一起的接口 Sybase Open Client/Open Server。通过 Open Client 的 DB-LIB 库，应用程序可以访问 SQL Server。而通过 Open Server 的 Server-LIB，应用程序可以访问其他的数据库管理系统。

四、MySQL

MySQL 是半商业的数据库，可运行在大多数的 LINUX 平台（i386，Sparc 等），以及少许非 LINUX 甚至非 UNIX 平台。

MySQL 与大多数其他数据库系统不同的是提供两个相对不常用的字段类型：ENUM 和 SET。ENUM 是一个枚举类型，非常类似于 Pascal 语言的枚举类型，它允许程序员看到类似于 red、green、blue 的字段值，而 MySQL 只将这些值存储为一个字节。SET 也是从 Pascal 借用的，它也是一个枚举类型，但一个单独字段一次可存储多个值，这种存储多个枚举值的能力也许不会给你一些印象（并可能威胁第三范式定义），但正确使用 SET 和 CONTAINS 关键字可以省去很多表连接，能获得很好的性能提高。

MySQL 是数据库领域的中间派。它缺乏一个全功能数据库的大多数主要特征，但是又有比类似 Xbase 记录存储引擎更多的特征。它像企业级 RDBMS 那样需要一个积极的服务者守护程序，但是不能像它们那样消费资源。查询语言允许复杂的连接（join）查询，但是所有的参考完整必须由程序员强制保证。

MySQL 在 LINUX 世界里找到一个位置——提供简洁和速度，同时仍然提供足够的功能。数据库程序员将喜欢其查询功能和广泛的客户库，数据库管理员会觉得系统缺乏主要数据库功能，他们会发觉它对简单数据库（在不能保证购买大牌数据库时）是有价值的。

五、Ms SQL Server

SQL Server 是由 Microsoft 开发和推广的关系数据库管理系统（DBMS）。最初是由 Microsoft、Sybase 和 Ashton-Tate 三家公司共同开发的，于 1988 年推出了第一个 OS/2 版本。SQL Server 近年来不断更新版本，1996 年，Microsoft 推出了 SQL Server 6.5 版本，1998 年，SQL Server 7.0 版本和用户见面，SQL Server 2000 是 Microsoft 公司于 2000 年推出的最新版本。

SQL Server 的主要特点有：真正的客户机/服务器体系结构；图形化用户界面，使系统管理和数据库管理更加直观、简单；丰富的编程接口工具，为用户进行程序设计提供了更大的选择余地；SQL Server 与 Windows NT 完全集成，利用了 NT 的许多功能，如发送和接受消息、管理登录安全性等；SQL Server 也可以很好地与 Microsoft BackOffice 产品集成；具有很好的伸缩性，可跨越从运行 Windows 95/98 的膝上型计算机到运行 Windows 2000 的大型多处理器等多种平台使用；对 Web 技术的支持，使用户能够很容易地将数据库中的数据发布到 Web 页面上；SQL Server 提供数据仓库功能，这个功能只在 Oracle 和其他更昂贵的 DBMS 中才有。

SQL Server 2000 包括以下几个系统数据库：

（1）Master 数据库是 SQL Server 系统最重要的数据库，它记录了 SQL Server 系统的所有系统信息。这些系统信息包括所有的登录信息、系统设置信息、SQL Server 的初始化信息和其他系统数据库及用户数据库的相关信息。

（2）Model 数据库是所有用户数据库和 Tempdb 数据库的模板数据库，它含有 Master 数据库所有系统表的子集，这些系统数据库是每个用户定义数据库需要的。

（3）Msdb 数据库是代理服务数据库，为其警报、任务调度和记录操作员的操作提供存储空间。

（4）Tempdb 是一个临时数据库，它为所有的临时表、临时存储过程及其他临时操作提供存储空间。

（5）Pubs 和 Northwind 数据库是两个实例数据库，它们可以作为 SQL Server 的学习工具。

【思考与练习】

1．Oracle 数据库属于哪种体系结构？

2．简述数据库的 5 种特点。

模块 3　SQL 语言（GYZD00902003）

【模块描述】本模块介绍 SQL 语言基本语法的应用方法。通过要点归纳和举例说明，熟悉 SQL 语言的组成和优点，掌握 SQL 语言的查询、操纵、定义和控制的基本语法及其应用方法。

【正文】

SQL 是 Structured Query Language（结构化查询语言）的缩写，它的前身是 SQUARE 语言。SQL 语言结构简洁，功能强大，简单易学。自 IBM 公司 1981 年推出以来，SQL 语言得到了广泛的应用。如今像 Oracle，Sybase，Informix，SQL Server，DB2，MySQL 这些大型的数据库管理系统，以及像 Visual FoxPro、PowerBuilder 这些微机上常用的数据库开发系统，都支持 SQL 语言作为查询语言。

一、SQL 的组成

SQL 包含 4 个部分：

（1）数据查询语言 DQL（Data Query Language），例如：SELECT。

（2）数据操作语言 DML（Data Manipulation Language），例如：INSERT，UPDATE，DELETE。

（3）数据定义语言 DDL（Data Definition Language），例如：CREATE，ALTER，DROP。

（4）数据控制语言 DCL（Data Control Language），例如：COMMIT WORK，ROLLBACK WORK。

SQL 广泛地被采用正说明了它的优点。它使全部用户，包括应用程序员、DBA 管理员和终端用户受益非浅。

SQL 的优点：

（1）非过程化语言。SQL 是一种非过程化的语言，一次处理一个记录，对数据提供自动导航。SQL

允许用户在高层的数据结构上工作，不对单个记录进行操作，可操作记录集。所有 SQL 语句接受集合作为输入，返回集合作为输出。SQL 的集合特性允许一条 SQL 语句的结果作为另一条 SQL 语句的输入，不要求用户指定对数据的存放方法。

所有 SQL 语句使用查询优化器，它是 RDBMS（关系型数据库管理系统）的一部分，由它决定对指定数据存取的最快速度的技术手段。查询优化器知道存在哪些索引，哪儿使用合适，用户不需知道表是否存在索引，表有什么类型的索引。

（2）统一的语言。SQL 可用于所有用户的 DB 活动模型，包括系统管理员、数据库管理员、应用程序员、决策支持系统人员及许多其他类型的终端用户。SQL 为许多任务提供了命令，包括：查询数据，在表中插入、修改和删除记录，建立、修改和删除数据对象，控制对数据和数据对象的存取，保证数据库一致性和完整性。SQL 将全部任务统一在一种语言中。

（3）所有关系数据库的公共语言。主要的关系数据库管理系统都支持 SQL 语言，用户可将使用 SQL 的技能从一个 RDBMS 转到另一个。所有用 SQL 编写的程序都可移植。

二、数据查询语言

查询是数据库最常见的操作。对于已定义的表，用户可通过查操作得到所需要的信息。数据库管理系统是利用 SELECT 语句来完成各种数据检索的。

1. 案例一——使用一个 SELECT 语句

（1）列选择。使用 SELECT 语句的列选择功能，选择表中的列，这些列将作为查询返回。查询时可选择查询表中指定的列。

（2）行选择。使用 SELECT 语句的行选择功能，选择表中的行，这些行将作为查询结果返回。可使用不同的标准限制可查看的行。

SELECT 语句至少包含下面两个子句：一个 SELECT 子句，指定被显示的列；一个 FROM 子句，指定表，该表包含 SELECT 子句中的字段列表。

语句格式如下：

```
SELECT [all|distinct] {[表名.*]|[列名],…}
FROM 表名,表名 …
[WHERE 条件]
[Group by 表达式,…]
[Having （条件）]
[Order by 表达式 [asc,desc]]
```

SELECT 语句中，位于 select 关键词之后的列名，用来决定哪些列将作为查询结果返回。用户可按照需要选择任意列，使用通配符"*"来设定返回表中的所有列。

SELECT 语句中，位于 from 关键词之后的表名称，用来决定将要进行查询操作的目标表。group by 和 having 显示有关一组在一个或多个字段中具有相同值得行的汇总信息。order by 子句结果排序输出。

2. 案例二——查询的各种类型

（1）简单查询。如图 GYZD00902003-1 所示，department 表包含 4 个列：DEPARTMENT_ID、DEPARTMENT_NAM、MANAGER_ID 和 LOCATION_ID。该表包含 8 行，每个部门一行。在 SELECT 关键字后面列出所有列，能显示所有的列。

DEPARTMENT_ID	DEPARTMENT_NAME	MANAGER_ID	LOCATION_ID
10	Administration	200	1700
20	Marketing	201	1800
50	Shipping	124	1500
60	IT	103	1400
80	Sales	149	2500
90	Executive	100	1700
110	Accounting	205	1700
190	Contracting		1700

图 GYZD00902003-1　简单查询命令

SQL 语句，显示 department 表的所有列和所有行：

```
SELECT department_id,department_name,manager_id,location_id FROM departments
```

在 SELECT 子句中，指定想要的列，其顺序在输出中呈现的。

从左到右在部门号之前显示位置号，则用下面语句：

```
SELECT location_id,department_id FROM departments
```

其结果如图 GYZD00902003-2 所示。

LOCATION_ID	DEPARTMENT_ID
1700	10
1800	20
1500	50

图 GYZD00902003-2　查询结果

（2）约束和排序。

1）WHERE 子句。从数据库取回数据时，SELECT 语句中的 WHERE 可选子句来规定哪些数据值或哪些行将被作为查询结果返回或显示。

一个 WHERE 子句包含一个必要条件，WHERE 子句紧跟着 FROM 子句。如条件是 true，则返回满足条件的行。

在 WHERE 条件从句中，可使用以下一些运算符来设定查询标准：

= 等于

> 大于

< 小于

>= 大于等于

<= 小于等于

<> 不等于

另外，LIKE 运算符在 WHERE 条件从句中也非常重要。通过使用 LIKE 运算符可以设定只选择与用户规定格式相同的记录。此外，还可使用通配符 "%" 用来代替任何字符串。

SQL 语句查询所有名称以 E 开头的姓名：

```
SELECT firstname,lastname,city from employee where firstname LIKE 'E%'
```

SQL 语句查询所有名称为 May 的行：

```
SELECT * from employee where firstname = 'May'
```

WHERE 指令用来由表格中有条件地选取资料。条件可简单，也可复杂。复杂条件由两或多个简单条件透过 AND 或 OR 的连接而成。一个 SQL 语句中可以有无限多个简单条件的存在。复杂条件的语法如下：

```
SELECT "列名"
FROM "表名"
WHERE "简单条件"
{[AND|OR] "简单条件"}+
```

{}+ 代表{}之内的情况会发生一或多次。AND 加简单条件及 OR 加简单条件的情况可以发生一或多次。另外，可用（）来代表条件的先后次序。

如从表 GYZD00902003-1 中选出所有 Sales 高于$1000 或是 Sales 在$500 及$275 之间的资料，可用：

```
SELECT store_name  FROM Store_Information
WHERE Sales > 1000  OR（Sales < 500 AND Sales > 275）
```

查询结果：

```
store_name
Los Angeles
San Francisco
```

表 GYZD00902003-1　　　　　　　　　　**Store_Information 表**

Store_name	Sales	Date
Los Angeles	$1500	Jan-05-1999
San Diego	$250	Jan-07-1999
San Francisco	$300	Jan-08-1999
Boston	$700	Jan-08-1999

2）ORDER BY 子句。为了将由 SELECT 语句选取的表的内容进行由小到大（ascending）或由大到小（descending）的有序显示，可用 ORDER BY 指令：

```
SELECT  "列名"
FROM  "表名"
[WHERE "条件"]
ORDER BY "列名" [ASC,DESC]
```

[]中的 WHERE 子句可选项，WHERE 子句必须在 ORDER BY 子句之前；ASC 按升序列出结果，DESC 按降序列出结果，未说明则默认用 ASC。

如选择从表 GYZD00902003-1 中第二列数据按降序排列：

```
SELECT store_name,Sales,Date
FROM Store_Information
ORDER BY Sales DESC
```

结果见表 GYZD00902003-2。

表 GYZD00902003-2　　　　　　　　　　**Store_Information 表**

Store_name	Sales	Date
Los Angeles	$1500	Jan-05-1999
Boston	$700	Jan-08-1999
San Francisco	$300	Jan-08-1999
San Diego	$250	Jan-07-1999

除了列名外，也可用列的顺序（依据 SQL 句中的顺序）。SELECT 后的第一个列为 1，第二个列为 2，以此类推。用以下 SQL 可达到完全一样的输出结果：

```
SELECT store_name,Sales,Date
FROM Store_Information
ORDER BY 2 DESC
```

三、数据操作语言

数据操作语言（Data manipulation language，DML）语句的作用是操作已有方案对象内的数据。利用 DML 语句可向表或视图中加入新数据行（INSERT）；修改表或视图中已有数据行的列值（UPDATE）；从表或视图中删除数据行（DELETE）。

1. INSERT 语句

（1）一次输入一笔资料。语法是：

```
INSERT INTO "表名" ("列1","列2",...) VALUES ("值1","值2",...)
```

如在表 GYZD00902003-3 中，将 January 10，1999，Los Angeles，$900 一笔资料输入。

表 GYZD00902003-3　　　　　　　　　　**Store_Information 表**

Column Name	Data Type
store_name	char(50)
Sales	float
Date	datetime

输入 SQL 语句：

```
INSERT INTO Store_Information(store_name,Sales,Date)VALUES('Los Ange les',900,' Jan
-10-1999')
```

（2）一次输入多笔资料。语法是：

```
INSERT INTO "表1"("列1","列2",...)SELECT "列3","列4",...FROM "表2"
```

例如：将 1998 年的营业额资料放入表 GYZD00902003-3，数据由 Sales_Information 表取得，则可以键入 SQL 语句：

```
INSERT INTO Store_Information (store_name,Sales,Date) SELECT store_name,Sales,Date
FROM Sales_Information WHERE Year(Date)= 1998
```

2. UPDATE 语句

修改表或视图中已有数据行的列值。其语法是：

```
UPDATE "表名"
SET "列1" = [新值]
WHERE {条件}
```

如修改表 GYZD00902003-1 中 San Francisco 在 01/08/1999 的 Sales，从表中储存的 $300 修改为 $500，用 SQL 语句：

```
UPDATE Store_Information
SET Sales = 500
WHERE store_name = " San Francisco " AND Date = "Jan-08-1999"
```

则结果见表 GYZD00902003-4。

表 GYZD00902003-4　　　　　　　　　　　**Store_Information 表**

Store_name	Sales	Date
Los Angeles	$1500	Jan-05-1999
Boston	$700	Jan-08-1999
San Francisco	$500	Jan-08-1999
San Diego	$250	Jan-07-1999

也可同时修改好几个列，语法如下：

```
UPDATE "表格"
SET "列1" = [值1], "列2" = [值2] WHERE {条件}
```

3. DELETE 语句

删除数据库中一些记录，由 DELETE FROM 指令完成成。其语法：DELETE FROM "表格名"
WHERE {条件}

如需将表 GYZD00902003-1 Store_Information 表中有关 Los Angeles 的记录全部删除。用以下 SQL 语句：

```
ELETE FROM Store_Information
WHERE store_name = "Los Angeles"
```

结果见表 GYZD00902003-5。

表 GYZD00902003-5　　　　　　　　　　　**Store_Information 表**

Store_name	Sales	Date
San Diego	$250	Jan-07-1999
Boston	$700	Jan-08-1999

四、数据定义语言

数据定义语言（Data Definition Language，DDL）语句的作用是定义或修改方案对象（schema object）

的结构，以及移除方案对象。DDL 语句可完成创建、修改、移除对象及其他数据库结构，包括数据库自身及数据库用户（CREATE，ALTER，DROP）；修改方案对象名称（RENAME）；删除方案对象的所有数据，但不移除对象结构（TRUNCATE）。

1. CREATE TABLE 语句

CREATE TABLE 的语法是：

```
CREATE TABLE "表名"
(列 1 "列 1 域类型"
"列 2" "列 2 域类型",
... )
```

若建立一张表名为 customer 的顾客表，键入：

```
CREATE TABLE customer (First_Name char (50), Last_Name char (50), Address char (50), City
char (50), Country char (25), Birth_Date date)
```

2. CONSTRAINT

限制一些可存入表中的数据。在表初创时由 CREATE TABLE 语句来指定，或由 ALTER TABLE 语句来指定。常见的限制有：

```
NOT NULL UNIQUE CHECK
主键（Primary Key）
外键（Foreign Key）
```

（1）NOT NULL 没有任何限制的情况下，一个列允许有 NULL 值。如果不允许一个列含有 NULL 值，需要对那列指定 NOT NULL。

例如：

```
CREATE TABLE Customer (SID integer NOT NULL,
Last_Name varchar (30) NOT NULL, First_Name varchar (30));
```

"SID" 和 "Last_Name" 这两个列不允许有 NULL 值，而 "First_Name" 这个列可以有 NULL 值。

（2）UNIQUE 限制保证一个列中的所有值都不一样。

```
CREATE TABLE Customer
(SID integer Unique,
Last_Name varchar (30), First_Name varchar (30));
```

"SID" 列不能有重复值存在，而 "Last_Name" 及 "First_Name" 这两个列允许有重复值存在。

一个指定为主键的列也一定含有 UNIQUE 的特性，一个 UNIQUE 列并不一定是一个主键。

（3）CHECK 限制保证一个列中所有值都符合某些条件。

```
CREATE TABLE Customer
(SID integer CHECK (SID > 0), Last_Name varchar (30), First_Name varchar (30));
```

"SID" 列只能包含大于 0 的整数。

CHECK 限制目前尚未被执行于 MySQL 数据库上。

（4）主键（Primary Key）中每个值都是表格中的唯一值。用来独一无二地确认表格中每一行记录。主键可以包含一个或多列。当主键包含多个列时，称为组合键（Composite Key）。主键可在建置新表时设定（运用 CREATE TABLE 语句），或以改变现有的表结构方式设（运用 ALTER TABLE）。

建置新表时设定主键的方式有：

```
MySQL:
CREATE TABLE Customer
(SID integer,
Last_Name varchar (30), First_Name varchar (30), PRIMARY KEY (SID));
Oracle:
CREATE TABLE Customer
(SID integer PRIMARY KEY, Last_Name varchar (30), First_Name varchar (30));
SQL Server:
```

```
CREATE TABLE Customer
(SID integer PRIMARY KEY,Last_Name varchar (30),First_Name varchar (30));
```

改变现有表结构来设定主键的方式：

```
MySQL:
ALTER TABLE Customer ADD PRIMARY KEY (SID);
Oracle:
ALTER TABLE Customer ADD PRIMARY KEY (SID);
SQL Server:
ALTER TABLE Customer ADD PRIMARY KEY (SID);
```

用 ALTER TABLE 语句添加主键之前，被用来当做主键的列应设定为 "NOT NULL"。

（5）外键是一个（或数个）指向另外一个表主键的列。外键确定资料完整性（referential integrity）。换言之，只有被准许的资料值才可存入数据库内。

假如两个表：customer 表记录所有顾客资料，orders 表记录所有顾客订购的资料。所有在订购资料中的顾客，都要限制在 customer 表中存在，就需在 orders 表中设定一个外键指向 customer 表中的主键。这样就可确定所有在 orders 表中的顾客都存在 customer 表中。换句话说，orders 表之中不能有任何顾客是不存在于 customer 表中的记录。可以看出，表 GYZD00902003-7 中的 Customer_SID 列是指向表 GYZD00902003-6 中 SID 列的外键。

表 GYZD00902003-6   **customer 表**

列　名	性　　质
SID	主键
Last_Name	
First_Name	

表 GYZD00902003-7   **orders 表**

列　名	性　　质
Order_ID	主键
Order_Date	
Customer_SID	外键
Amount	

建置 ORDERS 表时指定外键的方式如下：

```
MySQL:
CREATE TABLE ORDERS
(Order_ID integer,Order_Date date,Customer_SID integer,Amount double,
Primary Key (Order_ID),
Foreign Key (Customer_SID) references CUSTOMER (SID));
Oracle:
CREATE TABLE ORDERS
(Order_ID integer primary key,Order_Date date,
Customer_SID integer references CUSTOMER (SID),Amount double);
SQL Server:
CREATE TABLE ORDERS
(Order_ID integer primary key,Order_Date datetime,
Customer_SID integer references CUSTOMER (SID),Amount double);
```

3. CREATE VIEW

视图（view）被当作是虚拟表，是建立在表之上的一个架构，它本身并不实际储存资料。

建立一个视图方法如下：

```
CREATE VIEW "VIEW_NAME" AS "SQL 语句"
```

"SQL 语句"是指模块中提到 SQL。

假设有 TABLE Customer 表：

```
TABLE Customer (First_Name char (50),Last_Name char (50),Address char (50),
City char (50),Country char (25),Birth_Date date)
```

若要在此表中建一个包括 First_Name，Last_Name 和 Country 这 3 个列的视图，输入：

```
CREATE VIEW V_Customer
AS SELECT First_Name,Last_Name,Country
FROM Customer
```

生成一个叫 V_Customer 的视图：

```
View V_Customer (First_Name char (50),Last_Name char (50),Country char (25))
```

也可用视图来连接两个表，用户直接从视图中找出所要的信息，不需要由两个不同的表去做一次连接的动作。假设有表 GYZD00902003-8 和表 GYZD00902003-9 两个表。

表 GYZD00902003-8　　　　　　　　　　**Store_Information 表**

Store_name	Sales	Date
Los Angeles	$1500	Jan-05-1999
San Diego	$250	Jan-07-1999
Los Angeles	$300	Jan-08-1999
Boston	$700	Jan-08-1999

表 GYZD00902003-9　　　　　　　　　　**Geography 表**

Region_name	Store_name
East	Boston
East	New York
West	Los Angeles
West	San Diego

用以下指令来建一个包括每个地区（region）销售额（sales）的视图：

```
CREATE VIEW V_REGION_SALES
AS SELECT A1.region_name REGION,SUM(A2.Sales) SALES FROM Geography A1,Store_Information
A2
WHERE A1.store_name = A2.store_name
GROUP BY A1.region_name
```

这个名为 **V_REGION_SALES** 的视图包含不同地区的销售。要从这个视图中获取相关资料，输入：

```
SELECT * FROM V_REGION_SALES
```

结果：

```
REGION   SALES East $700
West     $2050
```

4. CREATE INDEX

索引（index）可从表中快速地找到需要的资料。在表上建立索引有利于提高系统效率。一个索引可以涵盖一或多个列。建立索引的语法如下：

```
CREATE INDEX "INDEX_NAME" ON "TABLE_NAME" (COLUMN_NAME)
```

假设有 TABLE customer 表：

```
TABLE customer (First_Name char (50),Last_Name char (50),Address char (50),City char
```

```
(50),Country char (25),Birth_Date date)
```

若要在 Last_Name 这个列上建一个索引，输入以下指令：

```
CREATE INDEX IDX_CUSTOMER_LAST_NAME
on CUSTOMER (Last_Name)
```

在 City 及 Country 这两个列上建一个索引，输入以下指令：

```
CREATE INDEX IDX_CUSTOMER_LOCATION
on CUSTOMER (City,Country)
```

索引的命名并没有固定的方式。通常在名称前加一个字首，例如"IDX_"来避免与数据库中的其他对象混淆。

5．ALTER TABLE

在数据库中建立表后，经常需要改变表的结构。常见的改变包括加一个列、删去一个列、改变列名称、改变列的属性等。ALTER TABLE 可被用来作其他的改变（如改变主键定义）。

ALTER TABLE 的语句：

```
ALTER TABLE "table_name"
```

［改变方式］

根据［改变方式］不同达到不同的目标，如：

加一个列：ADD"列 1" "列 1 域类型"

删去一个列：DROP"列 1"

改变列名称：CHANGE"原本列名" "新列名" "新列名域类型"

改变列的资料种类：MODIFY"列 1" "域类型"

以表 GYZD00902003-10 为例，改变表的结构。

表 GYZD00902003-10　　　　　　　　　　**customer 表**

列　名　称	域　类　型
First_Name	char(50)
Last_Name	char(50)
Address	char(50)
City	char(50)
Country	char(25)
Birth_Date	date

（1）加一个"gender"列，用以下指令：

```
ALTER TABLE customer add Gender char (1)
```

指令执行后，生成表 GYZD00902003-11 表示的架构。

表 GYZD00902003-11　　　　　　　　　　**customer 表**

列　名　称	域　类　型
First_Name	char（50）
Last_Name	char（50）
Address	char（50）
City	char（50）
Country	char（25）
Birth_Date	date
Gender	char（1）

（2）将"Address"列改名为"Addr"。用以下指令：

```
ALTER TABLE customer change Address Addr char（50）
```

指令执行后，生成表 GYZD00902003-12 表示的架构。

表 GYZD00902003-12　　　　customer 表

列　名　称	域　类　型
First_Name	char（50）
Last_Name	char（50）
Addr	char（50）
City	char（50）
Country	char（25）
Birth_Date	date
Gender	char（1）

（3）将"Addr"列的资料种类改为 char（30）。可用以下指令：

```
ALTER TABLE customer modify Addr char（30）
```

指令执行后，生成表 GYZD00902003-13 表示的架构。

表 GYZD00902003-13　　　　customer 表

列　名　称	域　类　型
First_Name	char（50）
Last_Name	char（50）
Addr	char（30）
City	char（50）
Country	char（25）
Birth_Date	date
Gender	char（1）

（4）删除"Gender"列。可用以下指令：

```
ALTER TABLE customer drop Gender
```

指令执行后，生成表 GYZD00902003-14 表示的架构。

表 GYZD00902003-14　　　　customer 表

列　名　称	资　料　种　类
First_Name	char（50）
Last_Name	char（50）
Addr	char（30）
City	char（50）
Country	char（25）
Birth_Date	date

6. DROP TABLE

DROP TABLE 的语句提供从数据库中清除一个表的功能。DROP TABLE 的语法是：

```
DROP TABLE "表名"
```

如要清除已建立的 customer 表，可键入：

```
DROP TABLE customer
```

7. TRUNCATE TABLE

要清除一个表中的所有记录，用 DROP TABLE 指令整个表被清除，无法再被用。另一种比较有用的方式，就是用 TRUNCATE TABLE 的指令。这个指令执行后，表中的记录会完全删除但表结构继续存在。TRUNCATE TABLE 的语法为：

```
TRUNCATE TABLE "表名"
```

如要清除 customer 表中的资料，键入：

```
TRUNCATE TABLE customer
```

五、数据控制语言

数据控制语言（Data Control Language，DCL）用来设置或者更改数据库用户或角色权限，包括 GRANT、REVOKE 等语句。

1. GRANT 语句

GRANT 语句是授权语句，它可以把语句权限或者对象权限授予给其他用户和角色。授予语句权限的语法为：

```
GRANT {ALL | statement[,...n]} TO security_account [,...n ]
```

授予对象权限的语法为：

```
GRANT { ALL [ PRIVILEGES ] | permission [,...n ] }{[ (column [,...n ]) ]ON { table |
view }| ON { table | view } [ (column [,...n ]) ]|ON { stored_procedure | extended_procedure }|
ON { user_defined_function } } TO security_account [,...n ] [ WITH GRANT OPTION ][ AS{ group
| role } ]
```

例如，下列语句赋予 scott 用户查询 employees 的权限：

```
GRANT SELECT ON employees TO scott;
```

2. REVOKE 语句

REVOKE 语句是与 GRANT 语句相反的语句，它可删除当前数据库内的用户或者角色上授予或拒绝的权限。该语句不影响用户或者角色从其他角色中作为成员继承过来的权限。

收回权限语句的语法为：

```
REVOKE { ALL | statement [,...n ] } FROM security_account [,...n ]
```

收回对象权限的语法形式为：

```
REVOKE [ GRANT OPTION FOR ] { ALL [ PRIVILEGES ] | permission [ ,...n ] } { [ (column
[,...n ]) ] ON { table | view } | ON { table | view } [ (column [,...n ]) ] | ON { stored_procedure
| extended_procedure } | ON { user_defined_function } } { TO | FROM } security_account
[ ,...n ] [ CASCADE ] [ AS { group | role } ]
```

如语句：

```
REVOKE connect from hawk
```

将撤销 hawk 用户的 connect 权限，此时 hawk 用户无法连接到数据库。

【思考与练习】

1. SQL 语言由哪几部分组成？
2. SQL 语言的优点是什么？

第三部分

仪器、仪表及工具的使用

第五章 仪表的使用

模块 1 万用表的使用（GYZD01001001）

【模块描述】本模块介绍万用表的使用方法。通过原理讲解、方法介绍，熟悉万用表的基本工作原理和结构，掌握万用表的使用方法及注意事项。

【正文】

一、用途

万用表可以分为模拟万用表和数字万用表。模拟万用表是一种多功能、多量程的测量仪表，一般可测量直流电流、直流电压、交流电压、电阻和音频电平等，有的还可以测交流电流、电容量、电感量及半导体的一些参数（如 β）。数字万用表是将测量的电压、电流、电阻等参数值直接用数字形式显示出来的测试仪表，具有速度快、性能好等特点。

二、基本工作原理和结构

（一）模拟万用表

模拟万用表如图 GYZD01001001-1 所示，是由电流表（俗称表头）、检测端子、转换开关等组成。

1. 表头

表头是一只高灵敏度的磁电式直流电流表，万用表的主要性能指标基本上取决于表头的性能。表头的灵敏度是指表头指针满刻度偏转时流过表头的直流电流值，这个值越小，表头的灵敏度越高。测电压时，内阻越大，性能越好。

表头上有四条刻度线，它们的功能如下：第一条（从上到下）标有 R 或 Ω，指示的是电阻值，转换开关在欧姆挡时，即读此条刻度线。第二条标有 ∽ 和 VA，指示的是交、直流电压和直流电流值，当转换开关在交、直流电压或直流电流挡，量程在除交流 10V 以外的其他位置时，即读此条刻度线。第三条标有 10V，指示的是 10V 的交流电压值，当转换开关在交、直流电压挡，量程在交流 10V 时，即读此条刻度线。第四条标有 dB，指示的是音频电平。

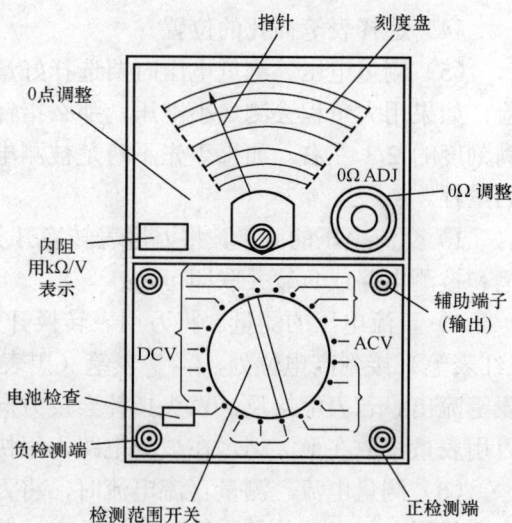

图 GYZD01001001-1 模拟万用表外观图

2. 测量线路

测量线路是用来把各种被测量转换到适合表头测量的微小直流电流的电路，它由电阻、半导体元件及电池组成。它能将各种不同的被测量（如电流、电压、电阻等）、不同的量程，经过一系列地处理（如整流、分流、分压等）统一变成一定量限的微小直流电流送入表头进行测量。

3. 转换开关

其作用是用来选择各种不同的测量线路，以满足不同种类和不同量程的测量要求。转换开关一般有两个，分别标有不同的挡位和量程。

（二）数字万用表

目前，数字式万用表已成为主流。与模拟式万用表相比，它具有灵敏度高、准确度高、显示清晰、过载能力强、便于携带、使用简单等特点。数字万用表主要是由显示屏、测量线路、功能转换开关等组成。图 GYZD01001001-2 所示为数字式万用表的外观图。

数字万用表的输入测量电路、功能开关以及量程切换等部分与模拟万用表基本相同，主要是它采用了数字处理和数码显示驱动集成电路，被测量的电流、电压、电阻等模拟量送入集成电路，然后变成数字信号进行处理和运算，测量的结果再用数字的形式显示在液晶显示屏上，直接显示测量结果。同时它还设有蜂鸣器和发光二极管，用声光提示测量状态。

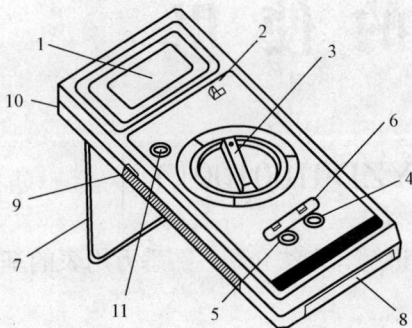

图 GYZD01001001-2　数字万用表外观图

1—显示屏；2—电源开关；3—功能开关；4—测量端+；
5—测量端-；6—标记；7—支架；8—电池盖；
9—切换开关；10—机壳；11—晶体管检测端

三、具体操作步骤

1. 万用表上的符号含义

（1）$\sim$：表示交直流。

（2）V～2.5kV 4000Ω/V：表示对于交流电压及 2.5kV 的直流电压挡，其灵敏度为 4000Ω/V。

（3）A～V～Ω：表示可测量电流、电压及电阻。

（4）45～65～1000Hz：表示使用频率范围为 1000Hz 以下，标准工频范围为 45～65Hz。

（5）2000Ω/V DC：表示直流挡的灵敏度为 2000Ω/V。

2. 模拟万用表的使用步骤

（1）熟悉表盘上各符号的意义及各个旋钮和选择开关的主要作用。

（2）进行机械调零，即在没有被测电量时，使万用表指针指在零电压或零电流的位置上。

（3）根据被测量的种类及大小，选择转换开关的挡位及量程，找出对应的刻度线。

（4）选择表笔插孔的位置。

（5）测量电压。测量电压时要选择好量程。如果用小量程去测量大电压，则会有烧坏万用表的危险；如果用大量程去测量小电压，那么指针偏转太小，不容易读数。量程的选择应尽量使指针偏转到满刻度的 2/3 左右。如果事先不清楚被测电压的大小时，应先选择最高量程挡，然后逐渐减小到合适的量程。

1）交流电压的测量。将万用表转换开关置于交、直流电压挡，并选择合适的量程，用万用表两表笔和被测电路或负载并联即可。

2）直流电压的测量。将万用表转换开关置于交、直流电压挡，并选择合适的量程，且"+"表笔（红表笔）接到高电位处，"−"表笔（黑表笔）接到低电位处，即让电流从"+"表笔流入，从"−"表笔流出。若表笔接反，表头指针会反方向偏转，容易撞弯指针。如果不知道电路正负极性，可以把万用表量程放在最大挡，在被测电路上很快试一下，看笔针怎么偏转，就可以判断出正、负极性。

（6）测量电流。测量直流电流时，将万用表转换开关置于直流电流挡，并置于 50μA～500mA 的合适量程上，电流的量程选择和读数方法与测量电压的方法一样。测量时必须先断开电路，然后按照电流从"+"到"−"的方向，将万用表串联到被测电路中，即电流从红表笔流入，从黑表笔流出。如果误将万用表与负载并联，则因表头的内阻很小，会造成短路烧毁仪表。其读数方法为

$$实际值 = 指示值 × 量程/满偏$$

（7）测量电阻。用万用表测量电阻时，应按下列方法操作：

1）选择合适的倍率挡。万用表欧姆挡的刻度线是不均匀的，所以倍率挡的选择应使指针停留在刻度线较稀的部分为宜，且指针越接近刻度尺的中间，读数越准确。一般情况下，应使指针指在刻度尺的 1/3～2/3 间。

2）欧姆调零。测量电阻之前，应将两个表笔短接，同时调节"欧姆（电气）调零旋钮"，使指针刚好指在欧姆刻度线右边的零位。如果指针不能调到零位，说明电池电压不足或仪表内部有问题。并且每换一次倍率挡，都要再次进行欧姆调零，以保证测量准确。

3）读数：表头的读数乘以倍率，就是所测电阻的电阻值。

（8）测量三极管电流放大系数。hFE 是测量三极管的电流放大系数的，只要把三极管的三个管脚插入万用表面板上对应的孔中，就能测出 hFE 值。注意，PNP、NPN 是不同的。

3. 数字万用表的使用步骤

（1）使用前，应认真阅读有关的使用说明书，熟悉电源开关、量程开关、插孔、特殊插口的作用。

（2）将电源开关置于 ON 位置。

（3）交直流电压的测量。根据需要将量程开关拨至 DCV（直流）或 ACV（交流）的合适量程，红表笔插入 V/Ω 孔，黑表笔插入 COM 孔，并将表笔与被测线路并联，读数即显示。

（4）交直流电流的测量。将量程开关拨至 DCA（直流）或 ACA（交流）的合适量程，红表笔插入 mA 孔（<200mA 时）或 10A 孔（>200mA 时），黑表笔插入 COM 孔，并将万用表串联在被测电路中即可。测量直流量时，数字万用表能自动显示极性。

（5）电阻的测量。将量程开关拨至 Ω 的合适量程，红表笔插入 V/Ω 孔，黑表笔插入 COM 孔。如果被测电阻值超出所选择量程的最大值，万用表将显示"1"，这时应选择更高的量程。测量电阻时，红表笔为正极，黑表笔为负极，这与指针式万用表正好相反。因此，测量晶体管、电解电容器等有极性的元器件时，必须注意表笔的极性。

四、使用注意事项

1. 模拟万用表的使用注意事项

（1）在使用万用表之前，应先进行机械调零，即在没有被测电量时，使万用表指针指在零电压或零电流的位置上。

（2）在测电流、电压时，不能带电换量程。

（3）选择量程时，要先选大的，后选小的，尽量使被测值接近于量程。

（4）测电阻时，不能带电测量。因为测量电阻时，万用表由内部电池供电，如果带电测量则相当于接入一个额外的电源，可能损坏表头。

（5）在使用万用表过程中，不能用手去接触表笔的金属部分，这样一方面可以保证测量的准确，另一方面也可以保证人身安全。

（6）万用表在使用时，必须水平放置，以免造成误差。同时，还要注意避免外界磁场对万用表的影响。

（7）用毕，应使转换开关在交流电压最大挡位或空挡上。如果长期不使用，还应将万用表内部的电池取出来，以免电池腐蚀表内其他器件。

2. 数字万用表的使用注意事项

（1）如果无法预先估计被测电压或电流的大小，则应先拨至最高量程挡测量一次，再视情况逐渐把量程减小到合适位置。测量完毕，应将量程开关拨到最高电压挡，并关闭电源。

（2）满量程时，仪表仅在最高位显示数字"1"，其他位均消失，这时应选择更高的量程。

（3）测量电压时，应将数字万用表与被测电路并联。测电流时应与被测电路串联，测直流量时不必考虑正、负极性。

（4）当误用交流电压挡去测量直流电压，或者误用直流电压挡去测量交流电压时，显示屏将显示"000"，或低位上的数字出现跳动。

（5）禁止在测量高电压（220V 以上）或大电流（0.5A 以上）时换量程，以防止产生电弧，烧毁开关触点。

（6）当显示"BATT"或"LOW BAT"时，表示电池电压低于工作电压，应及时更换电池。

五、日常维护事项

（1）当万用表长时间不用时，应将电池取出，以防电池漏液，损坏万用表。

（2）为了使万用表能长期正确使用，应定期使用精密仪器进行校正，使万用表的读数与基准值相同，误差在允许的范围之内。

【思考与练习】

1. 模拟万用表由哪几部分组成？各部分起什么作用？

2. 简述模拟万用表的使用方法。

3．简述数字万用表的使用方法。

4．简述模拟万用表和数字万用表的优缺点。

模块 2　钳形表的使用（GYZD01001002）

【模块描述】本模块介绍钳形表的使用方法。通过原理讲解、方法介绍，熟悉钳形表的基本工作原理和结构，掌握钳形表的使用方法及注意事项。

【正文】

一、用途

钳形表是一种用于测量正在运行的电气线路的电流大小的仪表，可在不断电的情况下测量电流。

二、基本工作原理和结构

钳形电流表的外观如图 GYZD01001002-1 所示。

图 GYZD01001002-1　钳形电流表外观图

钳形电流表是由电流互感器和电流表组合而成。电流互感器的铁芯在捏紧扳手时可以张开；被测电流所通过的导线可以不必切断就可穿过铁芯张开的缺口，当放开扳手后铁芯闭合。穿过铁芯的被测电路导线就成为电流互感器的一次绕组，其中通过电流便在二次绕组中感应出电流，从而使二次绕组相连接的电流表有指示，即测出被测线路的电流。但拨挡时不允许带电进行操作。钳形表一般准确度不高，通常为 2.5～5 级。表内还有不同量程的转换开关供测不同等级电流以及测量电压的功能。

三、具体操作步骤

（1）测量前，应检查电流表指针是否指向零位，否则，应进行机械调零。

（2）测量前，还应检查钳口的开合情况，要求钳口可动部分开合自如，两边钳口结合面接触紧密。

（3）选择合适的量程，应遵循先选大量程、后选小量程的原则或看铭牌值估算。

（4）当使用最小量程测量其读数还不明显时，可将被测导线绕几匝，匝数要以钳口中央的匝数为准，读数 = 指示值 × 量程/满偏 × 匝数。

（5）测量时，应使被测导线处在钳口的中央，并使钳口闭合紧密，以减少误差。

（6）测量完毕，要将转换开关放在最大量程处。

四、使用注意事项

（1）在使用前应仔细阅读说明书，弄清是交流还是交、直流两用。

（2）被测电路电压不能超过钳形表上所标明的数值，否则容易造成接地事故，或者引起触电危险。

（3）每次只能测量一相导线的电流，被测导线应置于钳形窗口中央，不可以将多相导线都夹入钳口测量。

（4）钳形表测量前应先估计被测电流的大小，再决定用哪一量程。若无法估计，可先用最大量程挡然后适当换小些，以准确读数。不能使用小电流挡去测量大电流，以防损坏仪表。

（5）钳形表测量转换量程时必须脱离被测线路。

（6）钳口在测量时闭合要紧密，闭合后如有杂声，可打开钳口重合一次，若杂声仍不能消除时，应检查磁路上各接合面是否光洁，有尘污时要擦拭干净。

（7）由于钳形电流表本身精度较低，在测量小电流时，可采用下述方法：先将被测电路的导线绕几圈，再放进钳形表的钳口内进行测量。此时钳形表所指示的电流值并非被测量的实际值，实际电流应当为钳形表的读数除以导线缠绕的圈数。

（8）维修时不要带电操作，以防触电。

五、日常维护事项

（1）应将钳形电流表放置在干燥、无污染的环境中，并注意钳口干净，防止钳口生锈，影响测量效果。

（2）为了使钳形电流表能长期正确使用，应定期使用精密仪器进行校正，使表的读数与基准值相同，误差在允许的范围之内。

【思考与练习】

1．简述钳形表的使用方法。

2．使用钳形表时应注意哪些问题？

模块 3　网线测试仪的使用（GYZD01001003）

【模块描述】本模块介绍网线测试仪的使用方法。通过原理讲解、方法介绍，熟悉网线测试仪的基本工作原理和结构，掌握网线测试仪的使用方法及注意事项。

【正文】

一、用途

网线测试仪可以对同轴电缆的 BNC 接口网线和 RJ-45 接口的网线进行通断测试。

二、基本工作原理和结构

网线测试仪外观如图 GYZD01001003-1 所示。

网线测试仪由信号发射和信号接收两部分组成。信号发射部分内部振荡器产生的脉冲信号通过 RJ-45 插座输入待测试网线其中一端，该脉冲信号到达待测试网线的另一端后被网线测试仪接收部分所接收，根据网线测试仪上双色发光二极管的发光颜色，就可判断网线的通断状态。当某个双色发光二极管间歇地发绿光表示该线对正常，发红光表示该线对线序接反。若只一个双色发光二极管不亮表示该线对不通，若有多个双色发光二极管不亮表示这些线对不通或它们互相交叉。

三、具体操作步骤

（1）使用方法。将网线两端的水晶头分别插入主测试仪和远程测试端的 RJ-45 端口，将开关拨到"ON"，这时主测试仪和远程测试端的指示头就应该逐个闪亮。

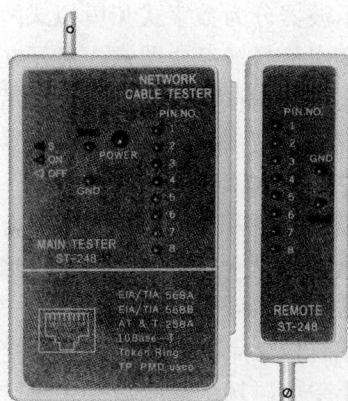

图 GYZD01001003-1　网线测试仪外观图

（2）直通连线的测试。测试直通连线时，主测试仪的指示灯应该从 1 到 8 逐个顺序闪亮，而远程测试端的指示灯也应该从 1 到 8 逐个顺序闪亮。如果是这种现象，说明直通线的连通性没问题，否则就得重做。

（3）交错线连线的测试。测试交错连线时，主测试仪的指示灯也应该从 1 到 8 逐个顺序闪亮，而远程测试端的指示灯应该是按着 3、6、1、4、5、2、7、8 的顺序逐个闪亮。如果是这样，说明交错连线连通性没问题，否则就得重做。

（4）若网线两端的线序不正确时，主测试仪的指示灯仍然从 1 到 8 逐个闪亮，只是远程测试端的指示灯将按着与主测试端连通的线号的顺序逐个闪亮。也就是说，远程测试端不能按着（2）和（3）的顺序闪亮。

（5）导线断路的测试：

1）当有 1~6 根导线断路时，则主测试仪和远程测试端的对应线号的指示灯都不亮，其他的灯仍然可以逐个闪亮。

2）当有 7 根或 8 根导线断路时，则主测试仪和远程测试端的指示灯全都不亮。

（6）导线短路的测试：

1）当有两根导线短路时，主测试仪的指示灯仍然按着 1 到 8 的顺序逐个闪亮，而远程测试端两根短路线所对应的指示灯将被同时点亮，其他的指示灯仍按正常的顺序逐个闪亮。

2）当有 2 根或 3 根以上的导线短路时，主测试仪的指示灯仍然从 1 到 8 逐个顺序闪亮，而远程测试端的所有短路线对应的指示灯都不亮。

四、使用注意事项

使用网线测试仪进行测试时，应认真观察主测试端和远程测试端指示灯闪亮的顺序，从而得出正确的测试结论。

五、日常维护事项

当网线测试仪长时间不用时，应将电池取出，以防电池漏液，损坏测试仪。

【思考与练习】

1. 利用网线测试仪进行不同测试时的现象分别是什么？

2. 使用网线测试仪时有哪些注意事项？

模块 4　示波器的使用（GYZD01001004）

【模块描述】本模块介绍示波器的使用方法。通过原理讲解、方法介绍，熟悉示波器的基本工作原理和结构，掌握示波器的使用方法及注意事项。

【正文】

一、用途

示波器分为数字式和模拟式两大类。模拟示波器是利用电子示波管的特性，将人眼无法直接观测的交变电信号转换成图像，显示在荧光屏上以便观测、测量的电子仪器。数字示波器是将测量的信号数字化以后暂存在存储器中，然后再从存储器中读出显示在示波管上，便于观察被测信号的波形和信号内容。本文重点介绍模拟示波器。

二、基本工作原理和结构

模拟示波器是由示波管、带衰减器的 Y 轴放大器、带衰减器的 X 轴放大器、扫描发生器（锯齿波发生器）、触发同步和电源等部分组成。示波器发射的加速电子束，通过被测量的交变量在示波器的竖直偏转板（简称 Y 轴）两极之间产生的电磁场，和扫描发生器（锯齿波发生器）产生的锯齿波电压在水平偏转板（简称 X 轴）的两极之间产生的电磁场相互作用时，电子束的运动方向在竖直和水平两个方向上受电磁场的影响而发生偏转，从而使电子束在荧光屏上的显示出被测交变量的波形图。模拟示波器的前面板示意图如图 GYZD01001004-1 所示。

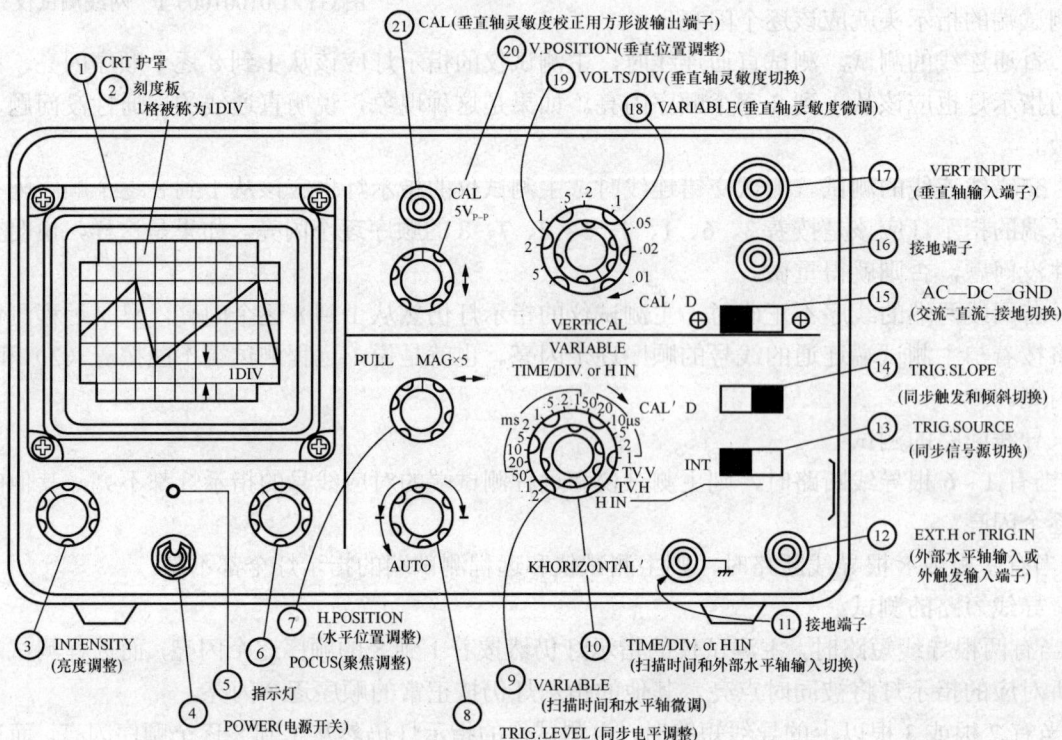

图 GYZD01001004-1　模拟示波器的前面板示意图

模拟示波器的左侧是示波管，示波管上安装一个塑料护罩，护罩同时将透明的刻度板固定在示波器前，刻度板上刻有 8×10 的方格，每格 1cm^2 见方，以便目测波形的幅度和周期。一般垂直方向等效为电压值，水平方向等效为时间值（周期）。在测量时，一个格常被称为 1DIV。面板上每个键钮都有符号标记，表示其功能。下面以图 GYZD01001004-1 所示的面板为例，介绍一下主要键钮的英文标记和功能。

①—CRT 护罩。用以保护示波管屏幕不受损伤。

②—刻度板。上面刻有垂直和水平刻度线以便目测波形的幅度和周期。

③—亮度调整（INTENSITY）。CRT 亮度调整旋钮。

④—电源开关（POWER）。

⑤—指示灯。当接通电源时，指示灯亮。

⑥—聚焦调整（POCUS）。用以调整扫描波形图像的聚焦状态，使用时应调整使波形最为清晰。

⑦—水平位置调整（H.POSITION）。调整显示图像的水平位置。

⑧—同步电平调整（TRIG. LEVEL）。同步电平调整实际是触发电平调整。可微调同步信号的频率或相位，使之与被测信号的相位一致（频率可为整数倍）。将触发电平旋钮反时针旋转，置于自动（AUTO）位置，用于观测波形比较简单、规律性强的信号，可以观测信号波形的起始位置，例如脉冲的上升沿的观测。如果要观测波形的其他部位，则触发电平旋钮要进行左右微调，以便能观测波形的任意相位。

⑨—扫描时间和水平轴微调（VARIABLE）。这种调整钮通常标有 TIME/CM 符号，即时间/厘米，即时间轴的单位，一个格（10mm）相当于多长时间，与被测信号的周期相关。时间轴的长短要与被测信号的频率（周期）相适应，一般时间轴最长的一个格要相当于一个信号周期。调整钮右旋，时间轴变小，波形就可以扩展。

⑩—TIME/DIV.or H IN（扫描时间和外部水平轴输入切换）：通过此调整钮可对扫描时间和外部水平轴输入进行切换选择。

⑪、⑯—接地端子。

⑫—外部水平轴输入或外触发输入端子（EXT.H or TRIG.IN）。当用示波器的内部扫描同时与外部信号同步时，从此端加入外部同步信号。对于外部扫描时，此端加入外扫描信号。

⑬—同步（触发）信号源切换（TRIG.SOURCE）。这是为使观测信号波形静止在示波管上而设的同步信号选择开关。INT ＋，INT － 的位置是选择内同步的情况，从垂直轴送入的观测信号连接到扫描振荡器上。

⑭—同步触发和倾斜切换（TRIG SLOPE）。

⑮—交流—直流—接地切换（AC—DC—GND）。当观测交流信号的波形时，将开关置于"AC"位置；当观测直流信号或交流信号同时检测其中的直流分量时，将开关置于"DC"位置；当观测地的电平位置时，开关置于"GND"位置。

⑰—垂直轴输入端子（VERT INPUT）。被测信号输入端通常使用一个带探头的电缆，将被测的信号通过探头及电缆送入示波器的此端。

⑱—垂直轴灵敏度微调（VARIABLE）。

⑲—垂直轴灵敏度切换（VOLTS/DIV）。

⑱、⑲是一个同心调整旋钮，外圆环形旋钮是灵敏度切换按钮，它可以根据被测信号的幅度切换电路的衰减量，使显示的波形在示波管上有适当的大小。内圆旋钮是微调钮。

⑳—垂直位置调整（V.POSITION）。调整此钮可以使示波管上显示的波形在垂直方向（Y 轴）上下移动。

㉑—垂直轴灵敏度校正用方形波输出端子（CAL）。

三、具体的操作步骤

1. 示波器使用前的设置和调整

使用示波器时，在开机之前有几个旋钮的位置要检查，例如：水平位置调整钮⑦和垂直位置调整钮⑳要置于中间位置；同步（触发）信号源切换开关⑬要置于内部位置，即 INT；同步电平调整⑧要置于自动位置，即 AUTO。

2. 示波器的开机和调整

将示波器的电源开关 POWER 置于 ON 位置，电源接通，指示灯亮。然后调整亮度旋钮，示波管会出现一条横向亮线，再调整聚焦旋钮使显示图像清晰。如果显示的扫描线不在示波管的中央，可微调一下水平或垂直旋钮。

3. 被测量信号的接入和测量

被测信号送给示波器的观测方法有两种：一种是将被测信号直接送到示波器的信号输入端。另一种是通过示波器的附属探头再将信号送到示波器的信号输入端。

4. 示波器探头的连接和校正

通常在测量时为降低外界噪声干扰，使用高阻抗探头比较好。但使用探头所测量的信号会衰减为原来幅度的 1/10。使用探头测量信号时，为了得到较高的测量程度，测量前应预先将示波器的校正电压加到探头上，即将探头接到 CAL 端。这样示波管上会出现 1kHz 的方波脉冲信号，如果方波形状不好，需要调整探头上的微调电容，使波形显示正常。

5. 测量信号的基本操作

（1）将示波器的探头连接到垂直轴输入端子⑰，并将切换开关⑮的位置拨到 AC（交流信号），如同时检测直流分量，将此开关置于 DC 位置。

（2）将垂直轴灵敏度切换旋钮⑲反时针旋至衰减高的位置。

（3）将示波器的探头接到被测电路后，一边观测波形，一边调整垂直轴灵敏度旋钮⑲，使波形大小适当。

（4）旋转扫描时间和水平轴微调旋钮⑨，使示波管上的信号波形显示出比较清楚的波形，一般以 2~3 个周期为宜。如果波形不容易同步，可微调同步电平调整旋钮⑧，使波形稳定。

6. 波形参数的读法

（1）信号电压幅度的读数。被测信号送入示波器就会显示出该信号的波形，波形的幅度可以根据刻度估算出来。在测量电压时要将垂直轴灵敏度微调旋钮⑱顺时针旋至最大，即 CAL 的位置。读数过程如下：调整垂直轴方向开关挡［即垂直轴灵敏度切换（VOLTS/DIV）旋钮⑲］为 1V/cm（电压值/格），读取被测波形的峰—峰之间的刻度值是几格（DIV）（若使用探头，探头倍率是衰减 10:1），那么被测交流电压值峰值为

$$U_{p-p} = 刻度值 \times 开关挡 \times 探头倍率$$

（2）信号周期的读数。测试信号周期时，将扫描时间和水平轴微调旋钮⑨顺时针旋至最大值，即 CAL 的位置。读数过程如下：调整水平轴方向开关挡（即扫描时间和水平轴微调旋钮⑨）为 2ms/cm，读取被测波形的峰—峰之间的水平刻度值是几格（DIV），则

$$被测波形周期 = 水平刻度值 \times 水平轴开关挡$$

随着微处理器技术和集成电路的广泛应用，诞生了数字示波器，数字示波器的主要特点是将被测信号进行数字化，即将模拟信号变成数字信号，然后在微处理器的控制下进行存储，把被测的信号分段存储，这样就可以清楚稳定地显示所存储的信号波形。对于测量数字信号和比较复杂的模拟信号，这种功能非常有用。此外，在微处理器的控制下可以对被测的信号进行处理运算，将有关幅度和时间轴等信息显示在屏幕上，为用户观测信号、分析信号提供方便。

四、注意事项

（1）检查电源电压是否在 220V×（1±10%）的范围之内。

（2）使用环境温度应为 0~40℃。

（3）输入端不应馈入过高电压。

（4）显示光点的辉度不宜过亮，以免损坏屏幕。

（5）各控制器件转换时，不要用力过猛。

（6）在开机 10min 后才可进行正常的测量，否则影响测量精度。

五、日常维护事项

（1）相对于其他仪器仪表，示波器属于精密仪器，在日常维护中应注意轻拿轻放，避免振动，以免影响精度。

（2）为了使示波器能长期正确使用，应定期使用精密仪器进行校正。使表的读数与基准值相同，误差在允许的范围之内。

（3）在使用示波器前，应将示波器置于使用环境内 0.5h 以上才可开机使用，以免因部分元器件凝水而影响测量精度。

【思考与练习】

1．简述模拟示波器的基本结构。

2．如何使用模拟示波器？

第四部分

EMS 基本原理、操作及异常处理

第六章 EMS 概 述

模块 1 EMS 的体系结构（GYZD00201001）

【模块描述】 本模块介绍 EMS 的体系结构。通过图文结合和功能介绍，了解能量管理系统的发展，熟悉能量管理系统在安全 I 区和安全 II 区的功能和体系结构及其在 III 区的应用功能。

【正文】

一、能量管理系统（EMS）的发展

能量管理系统（EMS）是随着通信技术、计算机技术、控制技术、电力系统分析技术的进步而发展起来的。在国内，能量管理系统（调度自动化系统）的发展已经历经了四代。第一代系统为 20 世纪 70 年代基于专用机和专用操作系统的 SCADA 系统；第二代系统为 20 世纪 80 年代基于通用计算机和集中式的 SCADA/EMS 系统，部分 EMS 应用软件开始进入实用化；第三代系统为 20 世纪 90 年代基于 RISC/UNIX 的开放分布式 EMS（含 SCADA 应用），采用的是商用关系型数据库和先进的图形显示技术，EMS 应用软件更加丰富和完善，第三代系统的主要特征是基于 RISC 图形工作站的统一支持平台的功能分布式系统；第四代电网调度自动化集成系统是一套支持 EMS、DMS、WAMS 和公共信息平台的集成系统，为调度自动化提供了一揽子的集成方案，以遵循 IEC 61970 为主要特征，采用了大量的先进技术，包括 CORBA 中间件技术、CIM/CIS 技术、SVG 技术等。

二、能量管理系统（EMS）的体系结构

随着二次系统安全防护要求的出台，能量管理系统的体系结构发生了变化。按照电网调度的核心业务和生产需求分为安全 I 区的调度实时监控类功能、安全 II 区的调度计划类功能、安全 III 区应用功能。能量管理系统为调度中心的监视、分析、预警、控制等提供支持，是一套面向调度生产业务的集成的、整体的集约化系统。

1. 实时监控类功能的体系结构

位于安全 I 区的实时监视控制类功能可实现对电力系统稳态运行状态的监视、分析和控制，对电力系统动态运行状态的监视、分析和预警，以及对稳态、动态、继电保护和安全自动装置等实时信息的综合利用。其中的实时调度计划功能将调度计划由短期扩展到实时，提高了电网运行的经济性，为特大电网安全稳定经济运行提供了全面和完善的监视、分析、控制手段和工具。安全 I 区体系结构如图 GYZD00201001-1 所示。

系统安全 I 区采用基于高速总线的架构，为电网实时监视控制类软件提供支撑与服务，为实时监视控制、网络安全分析、动态稳定预警、实时调度计划类功能提供模型、图形、数据的交换服务。系统高速总线独立于调度应用服务总线，满足了电网监视控制类应用功能对服务总线安全、稳定、高速、可靠的要求。同时，独立的系统高速总线还能够确保安全 I 区内数据交换服务畅通无阻。系统高速总线结构如图 GYZD00201001-2 所示，水电调度、电能量计量等模块也属于该体系结构。

在安全 I 区系统高速总线下，各个应用子系统之间会提供一些服务，这也是面向服务的系统高速总线在设计过程中需要考虑的重要方面。

2. 调度计划类功能的体系结构

调度计划类功能全面综合考虑电力系统的经济特性与电网安全，将经济调度与静态和动态安全校核有机结合，实现电网运行经济与安全性的协调统一，为特大电网安全稳定和经济运行、实现资源优化配置提供有力的技术支撑。调度计划类的核心功能是调度计划，其他功能包括调度员培训模拟、继电保护及故障信息管理等。其体系结构（安全 II 区体系结构）如图 GYZD00201001-3 所示。

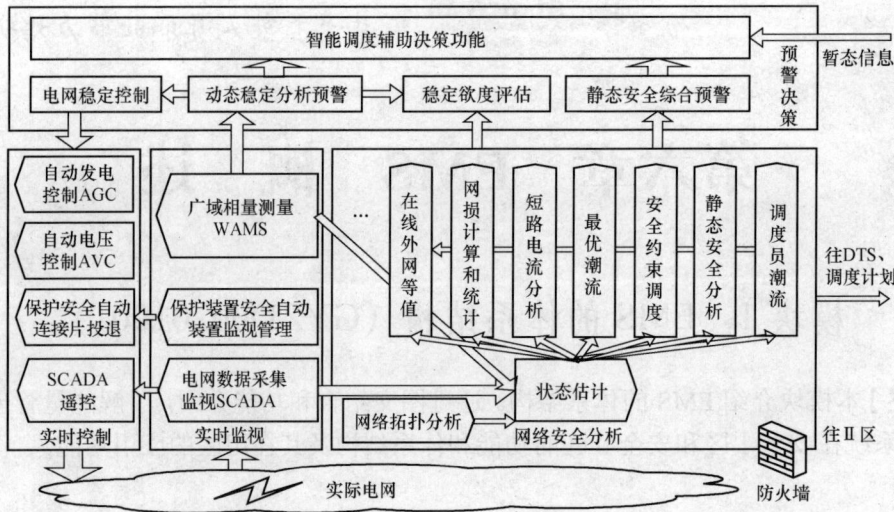

图 GYZD00201001-1 安全 I 区体系结构图

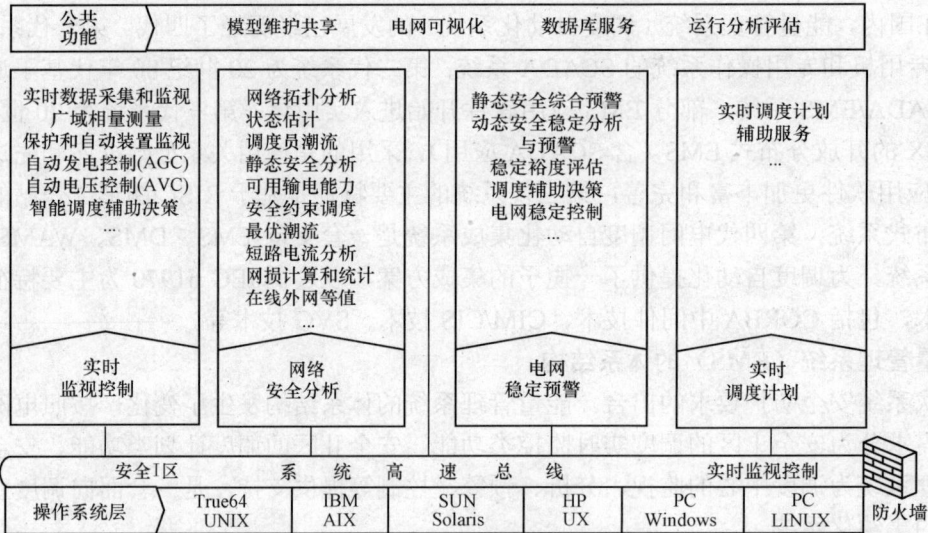

图 GYZD00201001-2 系统高速总线结构图

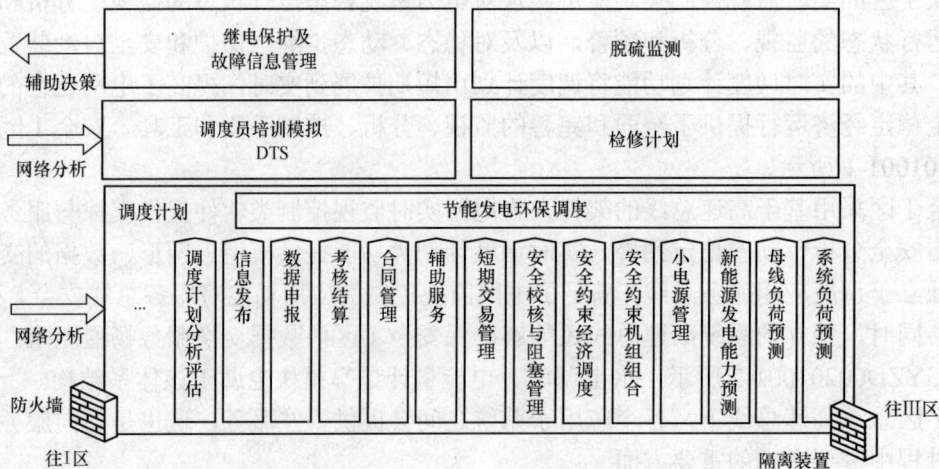

图 GYZD00201001-3 安全 II 区体系结构图

3. III 区应用功能

（1）调度管理。III 区的调度管理为企业领导层和其他生产管理部门在 III 区提供与 I 区相同的 SCADA、EMS、WAMS 功能应用（不含实时采集与处理等）。

（2）网络分析功能。Ⅲ区网络分析功能与Ⅰ区类似，是Ⅰ区网络分析功能向Ⅲ区的拓展延伸。调度中心各业务专业人员可在安全Ⅲ区办公 PC 中使用网络分析软件。

【思考与练习】

1．第四代电网调度自动化系统的体系结构主要涵盖了哪些应用和先进技术？

2．二次系统安全防护要求调度自动化系统功能分几个区？每个区的功能是如何划分的？

模块 2　EMS 主要子系统的功能（GYZD00201002）

【模块描述】本模块介绍 EMS 主要子系统的功能。通过功能介绍，了解 EMS 的子系统分类及各子系统的功能。

【正文】

按照系统二次防护的要求，EMS 应用功能可以分为Ⅰ区实时监视控制类应用功能、Ⅱ区调度计划类应用功能、Ⅲ区应用功能和公共应用功能四大类。

一、Ⅰ区实时监视控制类应用功能

实时监视控制实现对电力系统稳态和动态运行状况的监视，使电网调度人员能及时、准确和全面地掌握电网的实际运行状况，提供全面和完善的监视控制手段和工具，保证电网的安全稳定经济运行。实时监视控制功能主要包括实时数据采集和监控、广域相量测量、继电保护装置和安全自动装置在线监视管理、自动发电控制、自动电压控制、网络安全分析和电网预警决策等。

（一）实时数据采集和监视子系统功能

该系统通过 RTU 和计算机通信等多种方式对实时数据（秒级稳态数据）进行采集和处理，实现对电力系统实时运行状态的监视和控制，主要包括数据采集、数据处理、数据计算和统计、人工数据输入、历史数据保存、事件顺序记录、断面监视、备用监视、设备负载率监视、事故追忆和反演、事件和报警处理、遥控和遥调、图形显示、趋势曲线、系统配置及权限设置以及人机联系、电网信息与运行信息考核统计等功能。数据采集和监控功能面向网络模型，自动完成所有设备的动态拓扑着色、自动旁路代、自动对端代、自动平衡率计算等。

（二）广域相量测量子系统功能

该系统通过 PMU 数据的采集，对动态数据进行整合，实现电网广域测量功能。该系统可实现低频振荡在线识别与分析、电网频率特性分析、电网扰动识别、快速和详细故障分析和 PMU 状态估计计算。

广域相量测量完成电网实时动态相量信息（几十毫秒级动态数据）的采集和处理，实现对大型互联电网的动态过程监视。主要功能包括 PMU 信息的采集和通信、数据处理、实时相量数据分析处理和存储归档、越限报警、低频振荡监测等。广域相量测量能准确记录电力系统在故障扰动、低频振荡和系统试验等情况下的动态过程及行为特性，为电力系统动态运行状态的监视、事故分析、参数辨识、辅助服务质量监测提供支持。综合利用实时动态相量信息、电力系统静态实时信息、继电保护和安全自动装置动作信息，实现在线智能故障报警和故障诊断。

（三）继电保护装置和安全自动装置在线监视管理子系统功能

该系统对电力系统二次设备的信息进行采集和处理，对继电保护、故障录波装置和安全自动装置的运行状态（工况、连接片状态、告警）、投运情况、动作信息进行在线监视和管理，可进行连接片投退、切换定值区和在线定值下发修改等操作。

（四）自动发电控制子系统功能

该系统提供对发电的监视、调度和控制。通过控制调度区域内发电机组的有功功率使机组发电自动跟踪系统负荷变化，使系统频率偏差和区域联络线交换功率偏差在规定的范围内，监视和调整备用容量，还具备时钟校正和无意交换电量的返回功能。该系统与超短期负荷预测、安全约束经济调度结合可实现超前闭环控制。

自动发电控制功能包括负荷频率控制、经济调度、备用监视、性能评价等。该系统与优化调度系统结合，可实现基于安全约束调度和超短期负荷预测的控制调节功能。

（五）自动电压控制子系统功能

该系统提供对电网母线电压、发电机无功、电网无功潮流进行自动监视和控制。通过调节发电机无功出力、控制变压器分接头和无功补偿设备的投切，自动控制电网电压在安全和合格的范围内，降低系统网损，保证电网安全稳定经济和优质运行。上级调度自动电压控制系统具备和下级调度自动电压控制系统的上、下协调分层控制功能。

（六）网络安全分析（NAS）子系统功能

该系统利用电力系统实时或计划信息对电网进行分析与决策，提高系统运行的安全性，使决策能兼顾电网的安全与经济。网络分析的应用软件利用电力系统采集的数据和其他应用软件提供的数据来分析和评估电力系统。

网络安全分析子系统的主要功能包括网络拓扑分析、状态估计、调度员潮流、静态安全分析、可用输电能力、安全约束调度、最优潮流、短路电流计算、网损计算和统计、在线外网等值等。

1. 网络拓扑分析

网络拓扑分析是指根据电力系统元件的连接关系以及开关状态，将网络物理模型转化为计算用的数学模型并确定各设备的带电状态。网络拓扑分析是电力系统计算的前提，是拓扑着色及其他网络分析应用软件的公用模块。

2. 状态估计

状态估计是指根据网络接线的信息、网络参数、一组有冗余的模拟量测值、开关量状态，求取可以描述电网稳定运行情况的状态量——母线电压幅值和相角的估计值，并校核实时量测量的准确性。状态估计的主要目的是维护一个完整而可靠的实时网络状态数据库，为其他应用软件提供实时运行方式数据（网络模型和状态）。该功能是调度自动化系统的基本应用，是自动电压控制、动态稳定分析、其他网络分析应用以及调度员培训仿真的基础。

3. 调度员潮流

调度员潮流为调度员和运行分析人员提供一种方便的工具，用于研究分析实时方式和各种假想方式下电网可能出现的运行状态，也可以用于计划的安全校核和分析近期运行方式的变化，可实现实时、预想和历史方式的潮流计算。调度员潮流功能操作方便、灵活，收敛性好。

4. 静态安全分析

静态安全分析是指当电力系统中的某些元件（包括线路、变压器、发电机、负荷、母线等）或元件组合发生故障时，对电力系统安全运行可能产生的影响进行评估。该功能可用于实时方式和研究方式，也可以用于调度计划的安全校核。静态安全分析提供灵活直观的预想故障定义手段，模拟故障类型包括单重故障、多重故障和条件故障，具有电网预想故障分析和 $N-1$ 安全分析功能。

5. 可用输电能力

可用输电能力（ATC）用于计算实时和未来一段时间基态或 $N-1$ 条件下电网运行的安全和稳定裕度，包括系统联络线、大电厂出线断面、重要线路或断面的有功潮流及其输送能力，并提供图形界面对有功潮流及其输送能力进行监视，为减少阻塞发生、保证电力系统的安全可靠运行提供技术支持。

6. 安全约束调度

安全约束调度根据实时或计划的运行方式，按照给定的控制目标（控制量调整最小或适应调度交易要求），在满足约束集合条件下，提出系统中的可控量（发电机有功功率、负荷）的控制措施或优化策略，以消除或缓解电网设备或断面有功过负荷，使之恢复到安全状态，为电网的安全运行提供有效的决策支持。

7. 最优潮流

最优潮流针对不同的约束集合，通过调整不同的控制变量来优化相应的目标函数。最优潮流的目标函数可以是极小化生产成本（或节能发电调度、电力交易等目标）、极小化有功网损、消除有功和无功越限的调整量最小和全局优化，其约束条件包括机组输出功率、区域间交换功率、线路潮流、母线电压等，可调节的控制量包括机组有功功率、机组无功功率、有载调压变压器的抽头、电容器/电抗器、移相器、负荷。

8. 短路电流计算

短路电流对规定的故障条件（包括各种短路故障和断线故障）计算故障后各支路电流和各母线电压，用来校核开关遮断容量。如果超过某些开关额定值，则对操作员发出警告。预想的故障状态是实时状态估计或者研究方式下的潮流解。

9. 网损计算和统计

网损计算和统计包括网损计算、分析、统计与管理的功能，利用 EMS 和电能量计量数据等资源，基于实时数据、状态估计、潮流计算结果和理论线损进行网损统计和计算，对系统网损进行综合分析。

10. 在线外网等值

为了解决下级调度外网模型的难题，提高分析精度，应实现上下级调度之间的联合网络等值，上级调度实现各下级调度的外部网络的在线静态等值，下级调度支持外网等值模型的接入及处理。等值可根据需要是否保留缓冲网，采用符合 IEC 61970 标准的接口规范进行等值模型的交互。

（七）电网预警决策子系统功能

电网预警系统在线监视和分析电网运行的安全隐患，利用电网运行数据进行电网动态稳定预警，实现在线稳定分析及预警、调度辅助决策、计划校核，并为未来实现闭环稳定控制奠定基础。主要应用功能包括静态安全综合预警、动态稳定分析预警、调度辅助决策、稳定裕度评估、电网稳定控制等。

1. 静态安全综合预警

静态安全综合预警软件是网络分析软件的整合升华，实现传统被动分析型 EMS 向主动预警型调度决策支持系统的过渡，预警内容包括静态安全预警、遮断容量预警、电压稳定预警、合环潮流预警和继电保护预警等。

2. 动态稳定分析预警

动态稳定监测预警与紧急控制功能利用在线数据对当前系统运行状态进行安全稳定综合分析、评估，对出现的不安全状态进行预警。主要包括暂态稳定分析与评估、静态电压稳定性评估、小干扰稳定评估、基于安全域的稳定监测及可视化、基于 WAMS 互联的分析及告警等。

动态稳定监测预警与紧急控制功能综合利用稳态信息、PMU 动态量测信息，以及继电保护、安全自动装置、故障录波等信息，随时根据电网实际运行情况确定电网稳定控制水平和控制策略，防止偶然事故演化为大停电灾难。

3. 调度辅助决策

调度辅助决策根据在线稳定分析的结果，针对系统安全稳定裕度不足的运行方式，提出包括调整发电机出力、调整联络线功率、控制负荷等预防性控制措施或优化策略，以及事故后需要采取的调整措施等，形成保障电网安全运行有效的决策支持。

4. 稳定裕度评估

稳定裕度评估是指利用在线数据，自动计算系统发生预想事故后能够保持系统稳定运行的最大输送功率。

5. 电网稳定控制

电网稳定控制包括预防控制和紧急控制。预防控制包含在调度辅助决策中。紧急控制根据电网在线运行数据，在线计算紧急控制策略，在线刷新策略表，解决预想故障发生后的电力系统暂态稳定问题和设备过载。电网稳定紧急控制功能应在基础数据和管理到位、各方面条件成熟的情况下实施。

二、Ⅱ区调度计划类应用功能

（一）调度计划子系统功能

调度计划子系统根据短期负荷预测综合考虑电网安全约束和机组运行约束，制订短期发电计划，并对调度计划进行动态、静态安全校核和阻塞管理，实现与辅助服务计划的协调优化。调度计划能适应调度计划管理、节能发电调度、电力市场等不同调度模式的需求。在应用模块设计中，负荷预测、机组组合、发电计划编制、计划安全校核等应用软件算法模块可以与网络安全分析、实时调度计划、动态稳定预警互用。

调度计划主要功能包括系统负荷预测、母线负荷预测、安全约束经济调度、安全约束机组组合、安全校核与阻塞管理、检修计划以及新型能源发电能力预测和小电源管理、短期交易管理、辅助服务、合同管理、考核结算管理、数据申报管理、信息发布、调度计划分析评估等。

1. 系统负荷预测

系统负荷预测是电力系统未来数据的主要来源。系统负荷预测根据历史负荷、气象信息、节假日信息等，预测未来一段时间内系统各时段的负荷。负荷预测软件包括中期（月）负荷预测、短期（日/周）负荷预测、超短期（未来5min～几小时）负荷预测、长期负荷预测（一年以上）。

负荷预测为电力系统控制、运行计划和分析提供基础数据，提高其精度，既能增强电力系统运行的安全性，又能改善电力系统运行的经济性。

2. 母线负荷预测

母线负荷预测根据系统负荷预测结果预测未来一段时间（短期）各时段和超短期的母线负荷值。母线负荷预测从网络建模获取母线负荷定义以及所属区域和厂站的层次关系，既可用 SCADA 数据作为数据源，也可用状态估计的结果与之相互校验。母线负荷预测包括短期（日/周）负荷预测、超短期（未来5min～几小时）负荷预测。

3. 新型能源发电能力预测和小电源管理

预测水电、风能、生物质能等可再生能源和新型能源发电能力，提高新能源发电能力预测水平和清洁能源利用效率，在发电调度计划编制和辅助服务安排中充分考虑新能源的影响。

对于小电源的管理，应预测小电源发电能力，并对小电源实际发电数据进行收集、管理和统计分析，并在发电调度计划编制和母线负荷预测中充分考虑小电源的影响。

4. 安全约束机组组合

安全约束机组组合在短期负荷预测、检修计划、联络线计划、水电计划已知的条件下，根据不同调度模式的要求，确定不同目标函数为最小时的短期（日前、实时）机组各时段开停机状态及发电计划。约束条件除考虑系统功率平衡约束、备用约束，机组出力上下限约束和速率约束、机组开停机时间约束外，还必须考虑电网安全约束。

5. 安全约束经济调度

安全约束经济调度在短期负荷预测、检修计划、联络线计划、水电计划、机组开停机计划已知的条件下，根据不同调度模式的要求，确定不同目标函数为最小时的短期（日前、实时）机组各时段发电计划。约束条件除考虑系统功率平衡约束、机组出力上下限约束和速率约束、机组开停机时间约束外，还必须考虑电网安全约束。

6. 安全校核与阻塞管理

安全校核是指对日前和实时的发电调度计划进行静态安全分析和动态安全校核，该功能由 $N-1$ 静态安全分析和动态安全稳定分析实现。

当系统出现越限时，可通过安全约束调度或调度辅助决策消除越限。未来可将静态安全分析和电网设备允许载流量计算、动态安全校核和稳定裕度评估与安全约束机组组合、安全约束经济调度结合，通过迭代实现对调度计划的安全校核和调整。

7. 短期交易管理

短期交易管理用于短期（日前、日内）跨区（省）电力交易。

8. 辅助服务

辅助服务是指按照电网安全稳定运行要求安排短期（日前、实时）机组各类辅助服务计划，类型包括一次调频、自动发电控制、调峰、无功调节、备用、黑启动等。

9. 合同管理

合同管理是指对各类合同录入、变更、查询、统计和分解等。

10. 考核结算管理

考核结算管理包括：对发电厂、联络线短期交易运行性能的考核；对发电厂的电力电量进行结算、对联络线交易电力电量的结算；对各类短期辅助服务的考核和结算。

11. 数据申报管理

数据申报管理是指对各购/售电主体、电厂或机组（或市场参与者）注册和申报数据的接收和管理。

12. 信息发布

信息发布是将调度交易信息汇总并分类发布，保证信息及时更新，为市场参与者和相关单位提供便捷的查询手段和多种信息发布形式。

13. 调度计划分析评估

调度计划预评估分析是针对不同调度模式、发电目标和运行条件，分析对比发电计划的变化和经济效益，对制订的发电调度计划进行评估。

调度计划后评估分析是建立发电调度评估体系，统计发电调度计划运行信息，对发电调度计划制订和执行情况的全过程进行分析和评估，对发电调度目标（如节能减排）的实施效果进行评估。

（二）检修计划子系统功能

检修计划以一定的目标安排计划周期内（通常为一年）每个时段（周、月）的机组和设备的检修计划或停机安排。可提供图形界面选择检修设备，根据选择的设备对象自动生成相应的检修内容。

检修计划安全校核功能对检修计划进行静态安全分析，分析和计算机组和电网设备检修对电网安全的影响。

（三）调度员培训模拟子系统功能

调度员培训模拟子系统（DTS）模拟电力系统的静态和动态响应以及控制中心环境，为运行和调度人员提供与实际系统完全相同的运行环境，用来训练调度员进行正常运行操作和处理事故的能力。各级调度员可利用 DTS 实习正常和故障情况下的操作任务，在实时方式的基础上预演将要执行的操作。在观察系统状况和实施控制措施的同时，能够逼真地体验到系统的变化情况。

DTS 的功能包括调度室工具使用的培训、开关操作步骤及有关安全事项的培训、正常状态下运行的培训、事故状态下运行的培训以及上下级调度的联合反事故演习等。

（四）脱硫实时监测子系统功能

脱硫实时监测子系统对火电厂燃煤机组烟气脱硫系统在线数据进行采集、传输、处理、计算和分析，在线监视火电厂脱硫设施运行状况。并对各火电机组的月发电量、脱硫设施投运率、脱硫设施效率、排放总量等数据进行实时监视和管理。

（五）继电保护及故障信息管理

电网继电保护及故障信息管理是以电力公司所管辖的变电站中的继电保护设备、安全自动装置和故障录波器为管理对象，采集这些对象送出的所有信息，并加以分析处理，为用户提供告警、操作、分析、统计、查询等各种功能。主要功能包括数据采集、控制、告警、数据处理与转发、管理与报表、各种高级分析功能等。其中修改定值、切换定值区、投/退软压板等控制功能在实时控制类实现。

三、Ⅲ区应用功能

1. Web 功能

系统 Web 功能主要为电网运行企业领导层和其他生产管理部门在Ⅲ区提供与Ⅰ区相同的 SCADA、EMS、WAMS 功能应用（不含实时采集与处理等）。系统能自动将Ⅰ区系统的数据库、画面传送到Ⅲ区，并转换为标准的浏览器支持格式（如 XML、HTML 等），在Ⅲ区实现电网实时数据的信息发布，并支持潮流计算、优化潮流、静态安全分析等离线分析功能。

2. Ⅲ区网络分析功能

Ⅲ区网络分析功能与Ⅰ区相同，是Ⅰ区网络分析功能向Ⅲ区的拓展延伸。该功能的实施，能够使调度中心各业务专业人员能够在安全Ⅲ区办公 PC 中使用网络分析软件，促进了应用软件的实用化，提高了调度中心的业务分析水平。

四、公共应用功能

系统的公共应用功能包括数据模型维护与信息共享、电力系统可视化、电网运行分析评估等，为实时监视控制类、调度计划类和调度管理类应用提供数据维护、系统展示、统计分析的支持。

1. 数据模型维护与信息共享

系统具有图形数据整体维护的功能，需要维护的数据模型和共享的信息包括实时数据、计划数据、电网接线模型、设备静态和动态参数、继电保护和安全自动装置动作策略模型、系统图形。同时根据分析计算的需要共享状态估计的计算结果。调度中心内部各应用功能之间，以及厂站和多级调度自动化系统之间能够实现模型参数以及相关信息的共享，实现信息的源端维护全网共享，以保证数据、模型的一致性，并且具有完备数据校验功能，保证数据的正确性。

系统所有应用统一建模，任何电力系统设备只需维护一次，不需要针对不同应用进行相应的维护。虽然不同应用关心的设备范围各有侧重，但大部分是具有共性的，使用同一条数据库记录用记录所属应用来区分，通过实时数据库的下装形成不同应用的同一套数据模型的不同派生子集。统一建模技术避免了为每种应用分别建立一套独立的数据模型。统一建模技术既避免了重复劳动，又保证了数据库的一致性，减少了出错的机会以及建模和建库时间。

系统具备在一套物理数据表（保存在商用数据库中）的基础上实现多应用共享的机制，用户无需为不同的应用维护多套模型，只要维护模型的全集就可以了，从而极大地降低了用户的工作强度和工作量，为应用软件的实用化奠定了坚实的基础。这种机制被称为多应用机制，或称多数据集机制。建立未来网络模型时，系统提供统一支持，实现实时模型与未来模型的统一维护，既要避免未来模型对实时调度运行的影响，又要避免两种模型各自独立的重复维护，满足未来网络模型下区域电网联合反事故演习和分析未来电网的需要。

2. 电力系统可视化

可视化的目的是使调度员能直观了解和整体掌握电网实时运行信息，快速发现电网运行状态的变化，并及时作出决策。可视化应与分析功能相结合，动态展示分析结果。主要功能包括但不限于以下内容：采用2维/3维、静态/动态、虚拟现实等技术，用箭头、饼图、等高线、棒图、表计、表格等形式显示电网实时有功/无功潮流、电压、联络线潮流、发电机出力和备用、系统故障和失稳等运行信息以及分析计算结果；以图形可移动、改变大小、改变颜色和闪光等不同的方式显示电网正常和异常运行状态等，用于电网运行状态的监视、分析和报警。可视化要求关键信息完整，全局和局部图形可灵活切换，空间和动态可视，要直观、实时、可靠。

3. 电网运行分析评估

电网运行分析评估包括"分析评估"和"统计分析"两个层面。"分析评估"是采用多场景、多案例、预评估、后评估等不同时间跨度和多角度的分析手段，对电网调度运行、决策进行全面分析评价，为提高电网运行控制水平、决策水平和管理水平提供支持；"统计分析"是基于电网调度运行的实时监视、控制、计划、分析等各类信息，对电网监视控制的运行指标、发电调度的效益、应用功能的性能等各类指标进行统计分析。

电网信息与运行信息考核评价以提高系统量测质量为最终目的，提供目标和手段。电网运行信息考核统计功能主要完成对自动化信息及系统运行信息的监视、考核及统计分析，其统计结果提供条件查询并能导出文本格式、Excel格式等。所有分析结果均有记录，并按照班次进行相应统计考核。所有电网信息与运行信息考核统计结果能够通过Web方式发布，具有相应权限的人员可以浏览相应的信息和内容。

【思考与练习】

1. EMS主要包括哪些应用子系统？

2. Ⅰ区、Ⅱ区、Ⅲ区应用功能分别适合哪些部门使用？

GYZD00201002

模块 2

第七章　EMS 技术的发展

模块 1　EMS 相关技术的最新发展（GYZD00205001）

【模块描述】本模块介绍 EMS 相关技术的最新发展。通过要点归纳，了解能量管理系统总体发展趋势及其最新技术发展。

【正文】

一、能量管理系统总体发展趋势

能量管理系统（EMS）紧跟电力系统最新技术的研究发展，将系统的前瞻性与实用性相结合。能量管理系统将最终发展为运行安全、控制可靠、信息畅通、管理高效的电网调度技术支持系统，在电网生产运行中发挥重要作用。能量管系统具有集成化、标准化、智能化、平台化的总体发展趋势。

1. 集成化

集成化是指要实现调度数据的整合，实现数据和应用的标准化，实现相关应用系统的资源整合和数据共享，实现电网调度信息化和管理现代化，从而为实现调度智能化服务。在传统的调度中心内，往往存在着各种各样的监视和控制系统，这些系统大多独立建设，不能共享信息。因此新一代 EMS 将统筹考虑电力调度中心各自动化系统的数据及应用需求，以面向服务的体系结构，按照应用和数据集成的理念，构造统一的应用支撑平台和应用服务总线，实现数据整合和应用功能整合，达到数据共享。

2. 标准化

随着 IEC 61970 在 EMS 的全面贯彻实施，调度二次系统将可以比较方便地实现标准化集成。因此 EMS 系统将遵循最新的国际、国内标准，尤其是 IEC 61970 CIM/CIS（公用信息模型/组件接口规范）和 IEC 61968 等标准，达到系统的标准化、构件化，使系统具有更好的开放性，实现第三方应用功能或应用系统的即插即用。EMS 提供全面的跨平台支持功能，屏蔽硬件和操作系统的差异，除了硬件和操作系统无关性外，还具有编程语言无关性、位置无关性、访问无关性、故障无关性、升级和扩展无关性以及移植无关性。同时，系统应支持各种新的国际标准通信规约，如常见的 IEC 60870-5-101、IEC 60870-5-102、IEC 60870-6（TASE.2）、IEC 60870-5-103、IEC 60870-5-104 等。

3. 智能化

能量管理系统是为调度决策服务的，因此要解决调度决策的智能化问题，首先必须将形成决策所必需的全部信息充分集成。这些信息包括 EMS 信息、PMU 动态量测信息以及继电保护、安全自动装置、故障录波等信息，既有电网的一次信息，又有电网的二次信息；既有稳态信息，又有暂态和动态信息。通过构建这样一个广域信息的集成数据平台，综合利用包括 SCADA/EMS、WAMS、保护动作和事件记录在内的电网静态、动态和暂态信息系统资源，兼具防御功能的实时监测、分析处理和辅助决策功能，实现全网安全稳定实时监视和预警、在线智能辅助决策和预防控制，确保电网的安全稳定运行。在线智能辅助决策为调度运行人员量身定做，提供智能调度决策的支持，包括在电网正常操作时和事故状态下给调度员提供全面的决策支持，从保证电网安全性、提高电网经济性的角度给出辅助决策供调度员决策参考。

4. 平台化

基于 IEC 61970 的标准化、一体化 EMS 支撑平台是整个 EMS 的基础平台，也是整个系统建设的重点和关键点。EMS 充分考虑了各种标准公共应用的提供，平台能够将各公共应用以公共服务的形式实现，EMS 的支撑平台是面向整个调度自动化系统的，系统中存在不同的应用系统，而这些不同的应用系统有各自不同的特点。随着技术的发展和应用的需要，这些应用系统将会逐步要求建设到整个大系统中来，因此支撑平台必须完全按照标准化、分布式和开放性的原则来设计；另外，支撑平台还应实现稳态和动态数据的整合和处理，将图形、模型和数据库、平台服务管理和API开放出来，以便于无缝集成各种后续应用软件，为将来扩展EMS各种应用功能奠定基础。

二、能量管理系统最新技术发展介绍

1. 数据模型维护与信息共享技术

能量管理系统具有图形数据整体维护的功能，需要维护的数据模型和共享的信息包括实时数据、计划数据、电网接线模型、设备静态和动态参数、继电保护和安全自动装置动作策略模型、系统图形。同时根据分析计算的需要共享状态估计的计算结果，能够实现调度中心内部各应用功能之间，以及厂站和多级调度自动化系统之间的模型参数以及相关信息的共享，应实现信息的源端维护、全网共享，以保证数据、模型的一致性。该系统具有完备数据校验功能，保证数据的正确性。

2. 电力系统可视化技术

电力系统的可视化技术采用2维/3维、静态/动态、虚拟/现实等技术，与应用分析功能相结合，用箭头、饼图、等高线、棒图、表计、表格等形式动态展示分析结果，以图形移动、改变大小、改变颜色和闪光等方式显示电网正常和异常运行状态等，对电网运行状态进行监视、分析和报警。

3. 多上下文支持技术

能量管理系统完善的多上下文（多态）支持技术能够使系统的功能应用范围从实时监控扩大到对于过去、现在及未来的研究及培训等。系统的目标之一是提供对多态的良好支持，不仅支持实时态，还同时支持研究态、培训态等多个态。实时态是在SCADA数据采集的基础上来实时分析和评估电力系统，其计算结果通过周期方式自动存储，或召唤快照方式形成在研究态下各应用软件在分析计算时的数据源和基本案例；研究态是以实时态下的电网模型和实时数据为基本数据源并根据需要对其进行适当调整后定量分析和评价未来某一指定时刻或时间区间电力系统的安全性和经济性指标，并给出提高系统运行性能的控制策略；培训态是用DTS模拟的数据送给应用软件分析，使调度员在逼真的EMS环境下进行身临其境地训练，各种模式可以灵活切换。

4. 全景历史数据回放技术

历史数据的回放是EMS一个非常重要并且十分实用的功能。使用该功能可以让调度员或者运行维护管理人员穿越"时空隧道"，从现实返回到历史上的任一时刻，反演电网历史运行的变化过程或者分析事故发生时整个电网运行状况。系统提供全息历史数据回放功能。所谓"全息"，是指历史数据回放是基于当时的模型和当时的图形进行的，而不是拿现在的模型图形去匹配过去的运行方式。系统的历史数据回放是一个全息的反演过程，它是在当时的电网模型、当时的电网图形上连续显示当时的运行方式，回放过程操作简便、直观，画面数据更新流畅，加上告警信息的动态变化，具有十分逼真的反演效果。同时，和应用分析软件的结合使得历史数据回放功能更加实用。

5. 电网模型拼接技术

电网模型拼接技术充分利用了IEC 61970标准，将两个或多个有关联的CIM/XML文件合并成一个CIM/XML文件，导入到应用系统中；或直接将两个或多个有关联的CIM/XMl文件按一定的规则导入到应用系统中。导入的顺序与单个模型文件的大小无关，合并的正确与否应当通过有效性校验。基于CIM的模型合并时应注意，对重复的数据应当删除，所有重叠的信息合并后只保留1份。此外，广义的电网模型拼接技术还包含基于CIM/SVG的电网图形拼接及基于标准传输协议的电网量测拼接。

6. 上/下级调度AVC协调控制技术

上/下级调度AVC协调控制技术的实质是电源侧和负荷侧电压无功协调控制。根据分级控制思想，在每个分区中包含作为电源侧的发电机组和作为负荷侧的地区电网。如省调AVC软件直接控制发电机组，使各区域内中枢母线电压在规定范围或按最优运行，对于地区电网则不宜直接下发遥控命令，而采取下发电压无功期望值的定值方式。控制界面一般选定为地级调度220kV主变压器高压侧，在该界面上控制省地电网间的无功交换。

7. 电网运行分析评估技术

电网运行分析评估包括分析评估、统计分析两个层面。分析评估是采用多场景、多案例、预评估、后评估等不同时间跨度和多角度的分析手段，对电网调度运行、决策进行全面分析评价，为提高电网运行控制水平、决策水平和管理水平提供支持；统计分析是基于电网调度运行的实时监视、控制、计划、分析等各类信息，对电网监视控制的运行指标、发电调度的效益、应用功能的性能等各类指标进行统计分析。

8. 广域相量测量技术

广域相量测量（WAMS）技术通过 PMU 信息的采集和通信、数据处理、实时相量数据分析处理和存储归档、越限报警、低频振荡监测等，实现对大型互联电网的动态过程监视、事故分析、参数辨识、辅助服务质量监测。

9. 动态稳定预警技术

动态稳定预警在线监视和分析电网运行的安全隐患，挖掘电网输送潜力，进一步提高电网运行控制决策的科学性、预见性，更加合理地安排和优化电网运行方式，提高电网的安全稳定水平。利用电网运行数据进行电网动态稳定预警，实现在线稳定分析及预警、调度辅助决策、计划校核，并为未来实现闭环稳定控制奠定基础。

10. 可用输电能力计算

可用输电能力（ATC）用于计算实时和未来一段时间基态或 $N-1$ 条件下电网运行的安全和稳定裕度。

11. 网损计算和统计技术

网损计算和统计技术利用 EMS 和电能量数据，基于实时数据、状态估计、潮流计算结果和理论线损统计和计算网损，并对系统网损进行综合分析。

12. 在线外网等值技术

在线外网等值利用上级调度中心的 EMS 中已经掌握的全网模型和实时信息，为下级调度系统在线自动生成外网等值模型，并自动下发到下级调度中心 EMS。下级调度 EMS 支持外网等值模型的接入及处理。

13. 安全约束机组组合

安全约束机组组合在短期负荷预测、检修计划、联络线计划、水电计划已知的条件下，根据不同调度模式的要求，确定不同目标函数为最小时的短期（日前、实时）机组各时段开停机状态及发电计划。考虑的约束条件除系统功率平衡约束、备用约束，机组出力上下限约束和速率约束、机组开停机时间约束外，还必须考虑电网安全约束。

14. 安全约束经济调度

安全约束经济调度在短期负荷预测、检修计划、联络线计划、水电计划、机组开停机计划已知的条件下，根据不同调度模式的要求，确定不同目标函数为最小时的短期（日前、实时）机组各时段发电计划。考虑的约束条件除考虑系统功率平衡约束、机组出力上下限约束和速率约束、机组开停机时间约束外，还必须考虑电网安全约束。

15. 安全校核与阻塞管理

安全校核是对日前和实时的发电调度计划进行静态安全分析和动态安全校核。当发现系统越限时，通过安全约束调度或调度辅助决策消除越限。今后，结合电网设备允许载流量计算、稳定裕度评估、安全约束机组组合、安全约束经济调度等应用，可实现对调度计划的安全校核和调整。

16. 继电保护及故障信息管理

电网继电保护及故障信息管理包括数据采集、控制、告警、数据处理与转发、管理与报表、各种高级分析等功能。采集变电站的继电保护设备、安全自动装置和故障录波器等信息，综合分析处理后，为用户提供告警、操作、分析、统计、查询等功能。

【思考与练习】

1. 简述能量管理系统总体发展趋势。

2. 本模块介绍的能量管理系统最新技术有哪些？

第八章　EMS 的平台操作

模块 1　Windows 操作系统的启、停操作（GYZD00207001）

【模块描述】本模块介绍 Windows 操作系统的启、停操作的方法。通过方法介绍，掌握 Windows 操作系统的启、停操作的方法和步骤。

【正文】

在个人计算机已非常普及的今天，开机、关机对一般人来说已不是问题，事实上 Windows 操作系统的启、停操作已融入到开机、关机过程中。如果一台个人计算机安装了多种操作系统，一般在开机过程中会提示你选择启动哪种操作系统。

一、启动 Windows 操作系统

操作步骤：

（1）接通计算机的电源。

（2）按下开机按钮，打开显示器，系统自检结束后，启动 Windows 程序，当出现用户登录界面后，输入用户名和口令，系统开始启动配置在"启动"序列中的应用，直到正常。

二、关闭和重新启动 Windows 操作系统

操作步骤：

（1）关闭所有打开的窗口（程序）。

（2）单击界面左下角"开始"菜单，然后单击"关闭计算机"。

（3）在出现的"关闭计算机"选择框内，单击"关闭"便关机，单击"重新启动"则先关机再启动计算机。

【思考与练习】

1. 一般用什么方法关闭和启动 Windows 操作系统？

2. 上机练习，掌握 Windows 操作系统的启、停操作。

模块 2　应用软件的启、停操作（GYZD00207002）

【模块描述】本模块介绍应用软件的启、停操作的方法。通过方法介绍，掌握启、停系统所有应用程序或者某一个应用程序的方法及其注意事项。

【正文】

一、启动系统应用程序的操作方法

系统的所有应用程序是一个个进程，整个系统的启动是按照一定的顺序启动所有进程的过程。以某产品软件为例，启动系统所有的程序使用的命令是"sam_ctl"，系统管理总控程序。该命令通过不同的输入参数和配置文件的设置来启动和停止整个系统的所有应用程序。

操作方法：使用 ems 账户登录，登录后使用"sam_ctl"命令。

典型的方法是使用"sam_ctl start down"，"start"表示启动系统，"down"代表从数据库重新下装数据表到本地磁盘。当商用数据库中的表结构改变，或者增删了一些数据表，且希望立刻下装到本机的时候，可使用"down"这个参数。

另外一种系统快速启动方式是"sam_ctl start fast"，不下装数据表。

二、停止系统应用程序的操作方法

停止系统所有的应用程序是在 ems 用户下使用"sam_ctl stop"命令，依次停止系统中的所有应用程序进程。

三、单独启、停一个应用的方法

上面提到的命令是启动或者停止系统的所有应用程序。如果系统启动或者停止属于某一个特定应用的程序，应使用"manual_app_start"和"manual_app_stop"这两个命令，即手动启动和停止应用软件。

操作方法如下：

在 ems 用户下若想启动一个应用，命令格式是"manual_app_start 应用名"。例如：启动 SCADA 应用的命令格式是"manual_app_start SCADA"。

若想停止一个应用，命令格式是"manual_app_stop 应用名"。例如：停止 AGC 应用的命令格式是"manual_app_stop AGC"。

"manual_app_star"与"sam_ctl"同样也含有"down"这个参数，其作用是重新下装数据表。命令格式是"manual_app_start –s down 应用名"。

四、使用图形界面程序启、停系统应用程序

单独启、停一个应用的操作也可使用一个有图形界面的进程完成。进程名是"sys_adm"系统管理，它的界面更加友好。

操作方法：在 ems 账户下启动系统管理人机界面"sys_adm"。在图形界面上，完成登录后选择节点状态标签，在系统管理界面上会显示系统中的所有节点，选择想要控制的节点，点开后会有进程、网络、应用和资源 4 个选项。

选择应用，右边会显示出本机所有配置过的应用。若想启动或者停止某个应用，只要将鼠标移动到应用名称上，单击右键，选择相应的启动和停止命令即可。如图 GYZD00207002-1 所示。

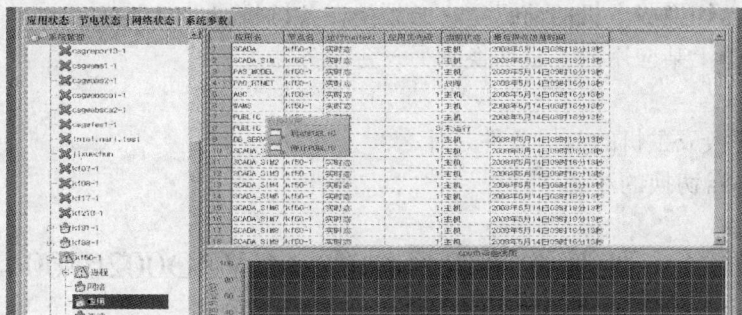

图 GYZD00207002-1　系统管理人机界面

五、注意事项

系统第一次启动时，"sam_ctl start"命令必须在服务器上执行，且应使用"down"参数下装最新的数据表。

【思考与练习】

1．应用软件有哪几种启、停的方法？

2．上机练习，掌握启、停应用软件的操作方法。

模块 3　双机服务器的切换（GYZD00207003）

【模块描述】本模块介绍双机服务器切换。通过工作过程的介绍和要点归纳，掌握双机服务器的主备工作方式及其切换的注意事项。

【正文】

一、双机服务器切换的必要性

为了调度系统的安全可靠，系统配置至少是双机主备方式。同一时刻只有一台作主机，但可以有

多台备机。在主机故障时，其他所有的备机就会根据条件进行判断，其中一台会升成主机；正常情况下将主机关闭，和主机故障时一样，其中一台备机会升成主机。

二、双机服务器切换的方法

双击切换可以通过系统管理工具的"应用状态"，如图 GYZD00207003-1 所示。

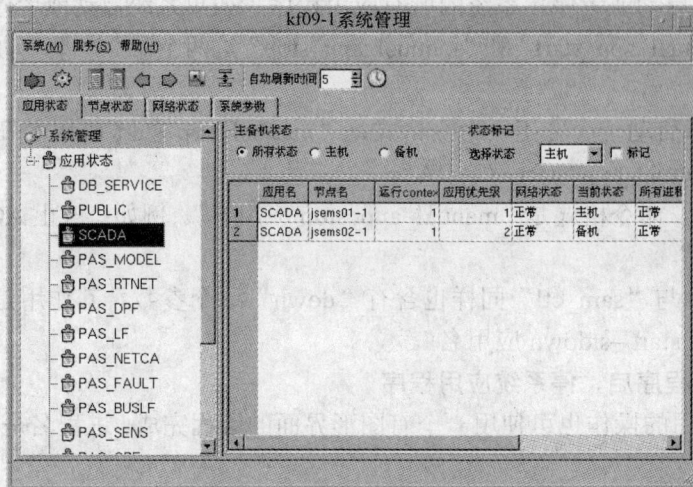

图 GYZD00207003-1　系统管理界面

在左侧选择需要切换的应用，在右侧的窗口中，会列出当前应用的主备服务器，右键单击需要切换的节点的"当前状态"栏，选择需要切换的状态"主机"或"备机"，则可完成双机的主备切换。

三、双机服务器切换的注意事项

（1）将一台服务器切换成主机的前提是它必须处在备机状态。

（2）允许将服务器上某应用的主机切换到另一台服务器上。

【思考与练习】

1. 服务器可以切换成主机的前提条件是什么？

2. 简述双机服务器切换的注意事项。

模块 4　双通道的切换操作（GYZD00207004）

【模块描述】本模块介绍双通道间切换操作的方法。通过方法介绍和举例分析，掌握双通道之间切换操作的两种方式及其实现方法。

【正文】

为了系统运行的可靠性，厂站端传送数据给控制中心时，大多采用双通道方式传输数据。当双通道并列运行时，遇到通道通信干扰或故障，需要在双通道之间进行切换转换来保证数据的正常、准确传输。

双通道之间的切换可分为程序控制的自动切换和人工切换两种方式。

一、程序自动控制切换

在通道正常接收数据的同时，自动化系统可实时对通道中接收数据的误码进行统计，并将统计出来的误码率进行分类。通过对通道工况故障、通道工况退出等工况的分析，形成对双通道之间的相对优先级，自动选用质量好的通道来值班。

程序实现自动切换时，双通道的设置参数必须一致并且没有人为的封锁，才能保证双通道的切换能够有效完成。

二、人工切换方式

在程序自动控制切换通道的同时，还提供了人工切换方式，即可通过硬件、软件及人机界面来实现人工切换。

（1）通过通道切换板的开关选择来实现通道的人工切换操作。

（2）通过运行程序来实现通道的投入、退出，值班、备用，以及所连前置机的选择等。

（3）通过人机界面对图形上代表通道的图元，运用鼠标右键丰富的菜单选择来实现对通道的控制。其菜单功能包括通道的封锁值班、封锁备用、封锁投入、封锁退出、封锁连接 A 机、封锁连接 B 机等操作。

例如，设某厂站具备双通道传送数据的条件，有通道 A 和通道 B，原值班通道为 A，通道 B 备用。因通道 A 需退出，因此要让通道 B 值班。人工切换的方法有以下 3 种：

（1）将切换板的开关打到 B 通道位置。

（2）运行程序设通道 A 退出，通道 B 值班。

（3）在通道监视画面上，首先对通道 A 图元置"封锁退出"，其次对通道 B 置"封锁值班"。

【思考与练习】

1. 本模块介绍了几种双通道切换的方法?

2. 上机练习，掌握双通道切换的方法。

模块 5　系统常见进程的启、停（GYZD00207005）

【模块描述】本模块介绍系统常见进程的启、停方法。通过方法介绍和举例说明，掌握系统常见进程的启、停方法和注意事项。

【正文】

一、系统常见进程启、停的操作方法

停止系统中某个进程可使用 UNIX 操作系统命令"kill-9"加上进程识别号。一般应用的常驻进程被杀掉后，应用系统管理会在很短时间内把这个进程重新拉起，或者人工启动。进程识别号可通过 UNIX 命令"ps-ef|grep 进程名"获得。

例：启、停告警服务进程"warn_server"。

（1）查"warn_server"的进程号。

```
ps -ef|grep warm_server
UID   PID（进程识别号）PPID  C   STIME  TTY   TIME      CMD
ems   21          0    1   5月24  ***   - 20:32    warn_server
```

（2）停告警服务进程"warn_server"。

```
kill -9 21
```

（3）人工启动告警服务进程"warn_server"。

```
warn_server
```

二、注意事项

停止一个进程时要特别慎重，一些系统关键进程即使在停止后立刻启动，也会导致系统故障。

【思考与练习】

1. 本模块介绍了哪几类常用进程?

2. 上机练习"ps"和"kill"UNIX 命令的使用方法。

模块 6　Oracle 数据库的启、停命令（GYZD00207006）

【模块描述】本模块介绍启、停 Oracle 数据库系统的命令。通过命令介绍，掌握启、停单机版 Oracle 和阵列版 Oracle 数据库系统的命令。

【正文】

一、启动单机版 Oracle 命令

用 Oracle 用户登录到数据库所在的机器上，执行"startdb"脚本，脚本的内容如下：

```
lsnrctl stop
lsnrctl start
sqlplus /nolog<<EOF
connect / as sysdba
startup
EOF
```

二、停止单机版 Oracle 命令

用 Oracle 用户登录到数据库所在的机器上，执行 "stopdb" 脚本，脚本的内容如下：

```
lsnrctl stop
sqlplus /nolog <<EOF
connect /  as sysdba
shutdown immediate
EOF
```

三、启动阵列版 Oracle 命令

用 Oracle 用户登录到数据库所在的其中一台机器上，执行 "crs_start –all" 命令。

四、停止阵列版 Oracle 命令

用 Oracle 用户登录到数据库所在的其中一台机器上，执行 "crs_stop –all" 命令。

【思考与练习】

1. 本模块介绍了哪几种命令？
2. 上机练习，掌握数据库启、停命令的用法。

第九章　EMS 的异常处理

模块 1　EMS 人机界面的正常状态介绍和错误状态介绍（GYZD00208001）

【模块描述】本模块介绍 EMS 对人机界面的要求以及对人机界面正常状态和错误状态的判断方法。通过要点归纳和举例说明，熟悉 EMS 人机界面应具备的功能及其正常状态和错误状态，掌握人机界面状态正常与否的判断方法。

【正文】

一、EMS 系统对人机界面的要求

电网调度自动化系统的人机界面应具备以下功能：

（1）支持显示至少 16M 色的各种主流格式的图片及图像。

（2）提供配色方案功能，供用户选取和修改。

（3）电网拓扑结构潮流图能支持拖曳编辑功能，图中各元件能直接建立连接关系。

（4）支持图层显示功能，各图层可分别显示不同功能的结构图层。

（5）图形显示中出现的厂站名、设备名等能支持超链接功能，如点击厂站名则进入该厂站的单线图。

（6）支持 TIP 功能，当鼠标在特定设备悬停时，可显示出用户关心的内容。

（7）所有的显示图形均支持鼠标滚轮多级缩放的功能，图形缩放应不破坏图形中原有的超链接、TIP 功能及其他功能定义。

（8）对来自历史库或实时库的数据均能在一幅曲线画面上，以多条不同颜色、不同类型曲线的形式展示。

（9）实时趋势曲线的生成和激活，在在线运行环境下任何时候都可以进行，实时数据库中每一模拟量点和临时计算量都可作为采样点。

二、人机界面正常状态和错误状态的判断方法

1. 人机界面正常状态

人机界面状态正常时，能够动态显示设备的实时运行状态，包括遥信、遥测数值以及对应的遥信、遥测状态信息，能够正确显示出实时曲线和历史曲线。

2. 人机界面错误状态

人机界面出现错误时，则会发生实时数据不刷新、图形不能打开、趋势曲线显示错误等现象。下面几个案例，列举了判断人机界面状态正常与否的方法。

【案例一】

现象：某厂站图上实时数据不刷新。

判断方法：多调几幅厂站图观察实时数据是否都不刷新。

如果所有厂站实时数据都不刷新，说明人机界面是不正常的。

如果有部分厂站实时数据刷新，说明人机界面是正常的。

另外，由于采集遥测数据时，其值的变化在扰动限值范围之内是不更新到库中的，也可通过其他方法进一步判断。如果图形上显示的数值和数据库中的数值是一致的，则说明人机界面是正常的。

【案例二】

现象：某画面打不开。

判断方法：可通过切换画面的方法检查图形打不开的原因。如果其他图形能打开，说明人机界面是正常的，有可能是某画面图形文件遭破坏了。

【案例三】

现象：对某遥测调其今日和历史趋势曲线，显示不正常。

判断方法：查看其他的遥测点的趋势图是否能正常显示。

如果其他遥测也不能正常显示趋势图，说明人机界面与历史库和实时库的连接出现故障，人机界面不正常。

如果其他遥测能正常显示趋势图，说明该遥测点没有定义趋势曲线或者没有进行历史采样的定义。

【思考与练习】

1. 机界面错误状态下，常见的错误现象有哪些？
2. 如何判断人机界面状态是正常的还是错误的？

模块 2　EMS 硬件设备指示灯介绍（GYZD00208002）

【模块描述】本模块介绍 EMS 的 HP rx2600/zx6000/zx2001 面板指示灯。通过图文结合和状态组合列举，掌握利用面板指示灯的状态判断主机系统内存故障、主板故障、风扇故障、CPU 故障及温度告警及其处理方法。

【正文】

目前 EMS 硬件主设备一般采用可安装 UNIX 或 LINUX 操作系统的服务器，原因是可防止病毒的侵入。HP 安腾机是可安装 UNIX 操作系统机型之一。HP rx2600/zx6000/zx2000 面板上的指示灯如图 GYZD00208002-1 所示，详细介绍系统灯各种状态的含义。

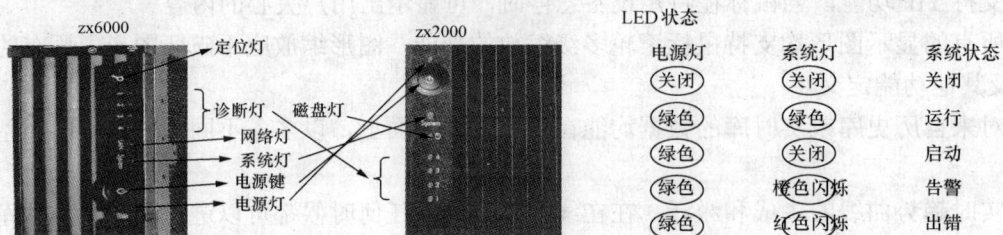

图 GYZD00208002-1　HP rx2600/zx6000/zx2000 面板指示灯示意图

从图 GYZD00208002-1 可以看出，当主机在正常启动和关闭时，系统灯是处于关闭状态；当主机在正常运行时，系统灯显示绿色；当主机有故障时，系统灯呈现"橙色闪光"或"红色闪光"。

主机系统常见故障有内存故障、主板故障、风扇故障、CPU 故障等。系统指示灯分别用两种状态"橙色闪烁"和"红色闪烁"来区分故障级别，与诊断灯配合，指示出具体故障点。

1. 内存故障指示灯状态介绍

内存故障指示灯状态见表 GYZD00208002-1 和表 GYZD00208002-2。

表 GYZD00208002-1　　　　　　　　　　**系 统 灯 橙 色 闪 烁**

诊断灯 1	诊断灯 2	诊断灯 3	诊断灯 4	告警提示和建议
红色	任何	任何	任何	内存告警
红色	绿色	关闭	关闭	内存没有配对，请按照正确顺序安装内存
红色	关闭	绿色	任何	内存没有安装，请安装内存
红色	绿色	绿色	绿色	坏内存，一条或者更多的内存插槽坏，请更换槽位，或者重新插入

表 GYZD00208002-2　　　　　　　　系统灯红色闪烁

诊断灯 1	诊断灯 2	诊断灯 3	诊断灯 4	故障提示和解决方法
红色	任何	任何	任何	内存故障
红色	绿色	任何	任何	内存没有配对，请按照正确顺序安装内存
红色	绿色	绿色	任何	内存没有安装，请安装内存
红色	绿色	绿色	绿色	坏内存，一条或者更多的内存插槽坏，请更换槽位，或者重新插入

2. 主板故障指示灯状态介绍

主板故障指示灯状态为系统灯红色闪烁，见表 GYZD00208002-3。

表 GYZD00208002-3　　　　　　　　系统灯红色闪烁

诊断灯 1	诊断灯 2	诊断灯 3	诊断灯 4	故障提示和解决方法
关闭	红色	关闭	关闭	系统固件挂起，重新刷新系统固件版本
任何	任何	红色	任何	系统主板故障
绿色	关闭	红色	关闭	VRM 电压不足，请联系 HP 工程师
关闭	绿色	红色	关闭	VRM 电压不足，请联系 HP 工程师
绿色	绿色	红色	关闭	系统主板电池电压过低，请更换主板电池

3. 风扇故障指示灯状态介绍

风扇故障指示灯状态为系统灯红色闪烁，见表 GYZD00208002-4。

表 GYZD00208002-4　　　　　　　　系统灯红色闪烁

诊断灯 1	诊断灯 2	诊断灯 3	诊断灯 4	故障提示和解决方法
任何	任何	任何	红色	风扇错误
绿色	关闭	关闭	红色	CPU 风扇故障，请检查所有 CPU 风扇，如发现损坏，请更换
关闭	绿色	关闭	红色	Fan 2（风扇 2）故障，请更换
关闭	关闭	绿色	红色	Fan 3（风扇 3）故障，请更换

4. CPU 故障指示灯状态介绍

CPU 故障指示灯状态为系统灯红色闪烁，见表 GYZD00208002-5。

表 GYZD00208002-5　　　　　　　　系统灯红色闪烁

诊断灯 1	诊断灯 2	诊断灯 3	诊断灯 4	故障提示和解决方法
红色	红色	任何	任何	处理器错误
红色	红色	绿色	关闭	CPU 0 温度过高，请检查 CPU 风扇，如发现损坏，请更换
红色	红色	关闭	绿色	CPU 1 温度过高，请检查 CPU 风扇，如发现损坏，请更换
红色	红色	绿色	绿色	没有 CPU 在系统内，或者替换旧的 CPU

5. 温度告警指示灯状态介绍

温度告警指示灯状态为系统灯红色闪烁，见表 GYZD00208002-6。

表 GYZD00208002-6　　　　　　　　系统灯红色闪烁

诊断灯 1	诊断灯 2	诊断灯 3	诊断灯 4	故障提示和解决方法
红色	绿色	绿色	红色	外部空气温度过高，请通风降低温度，确认外部环境适合系统运行

【思考与练习】

1. 服务器硬件系统常见故障有哪些？

2. 系统正常运行和故障时，系统指示灯如何显示？

模块 3　状态估计的基本功能及软件的使用方法
（GYZD00208003）

【模块描述】本模块介绍状态估计软件的使用。通过要点归纳和软件界面介绍，熟悉状态估计的基本功能，掌握状态估计软件的主画面。

【正文】

一、状态估计的基本原理

状态估计利用当前的网络模型、冗余的实时状态和模拟量量测值、预测与计划值、调度员键入值，为可观察和不可观察的电力系统提供相对准确并且完整的运行方式，同时可对 SCADA 遥信、遥测进行校验，指出可能不正常的量测点。

二、状态估计的基本功能

状态估计的基本功能包括拓扑分析、不良数据辨识、参数辨识、误差分析等。

状态估计软件计算方式包括在线和离线两种计算模式。在线方式周期获取 SCADA 实时数据进行计算，离线运行方式则在上次状态估计所取断面基础上进行计算。

周期运行方式下，状态估计按一个执行周期时间，取 SCADA 实时数据，进行状态估计计算。状态估计也提供随机触发进程，根据用户需求，随时获取 SCADA 实时数据，进行计算。

状态估计软件提供图形和列表两种显示方式。状态估计计算结果，包括线路首末端功率、变压器各侧功率、母线电压等，均可在接线图上显示。还可以列表显示所有潮流量，越限、重载信息以及预处理信息，可疑数据等遥测分析结果。

状态估计还具有量测控制功能，即利用状态估计的遥测预处理告警、遥信预处理告警、可疑数据表等及时发现 SCADA 量测问题。一旦发现 SCADA 量测有误，运行人员可通过检查相关量测来消除不良量测对状态估计结果的影响，以提高计算准确性。

如果属于单一测点有误，可直接将该测点屏蔽。如发现某厂站遥测均有问题，且 SCADA 系统中没有给出量测错误标志，可将整个厂站屏蔽。屏蔽的量测一般不会参于状态估计的计算。

状态估计的计算结果可以被其他应用软件作为实时方式使用，如调度员潮流可在状态估计结果的基础上进行模拟操作计算等。

三、状态估计软件的使用方法

通过人机界面使用状态估计是最方便的途径。状态估计的各种参数设置，计算范围的控制、结果显示检查、对量测控制等都可通过人机界面进行交互。图 GYZD00208003-1 所示状态估计软件的主页面上显示了进程控制、潮流结果、量测分析结果、运行信息、参数设置等操作功能。

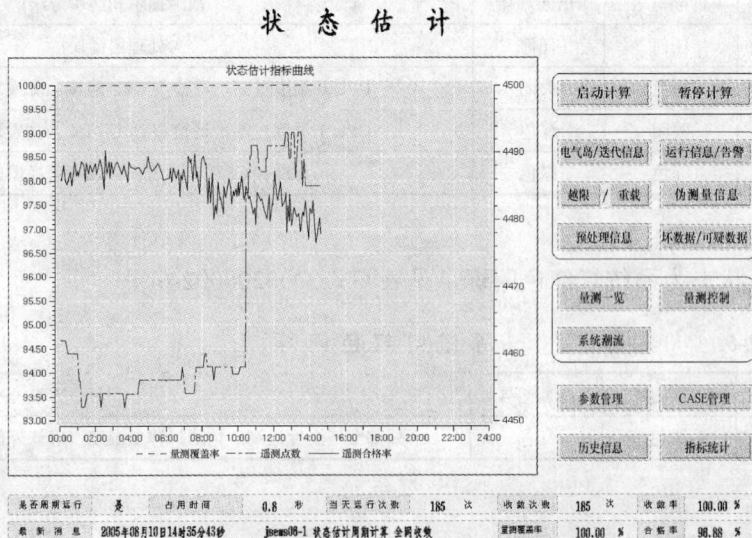

图 GYZD00208003-1　状态估计软件主页面

1．进程控制

进程控制包括启动进程、终止进程，进程控制类信息包括进程状态、迭代信息、运行信息消息等。

2．参数设置

参数包括运行参数和遥测预处理门槛值等两种。

3．量测控制

量测控制包括厂站量测控制和遥测量控制。

4．潮流结果

潮流结果包括电气岛的信息、告警信息、系统潮流数据信息等。

5．量测分析

量测分析包括遥测预处理告警、遥信预处理告警、可疑数据表及自动伪量测。

【思考与练习】

1．状态估计软件主要有哪些功能？

2．当利用状态估计软件发现 SCADA 量测有误时，一般应该如何处理？

模块 4　EMS 数据处理流程介绍（GYZD00208004）

【模块描述】本模块介绍 EMS 数据处理流程。通过流程介绍，掌握 EMS 数据处理流程，熟悉 EMS 数据流的类型以及防止数据丢失、保证数据一致性的机制和手段。

【正文】

一、数据处理流描述

按应用功能区分，EMS 数据处理流程可分为 SCADA、AGC、PAS、告警登录服务和模型维护服务等应用数据处理流。

1．SCADA 应用数据处理流

从前置机发送到 SCADA 服务器的实时数据分为两类：一类是变化数据，包括遥信变位、遥测变化（过死区）、工况（RTU）变化；另一类是全数据。SCADA 实时数据处理进程接收到数据后，经通知服务将数据信息复制给备用机，更新本地的 SCADA 实时库，同时发送给客户端图形程序，更新图形上的实时数据。

2．AGC 应用数据处理流

AGC 应用的主机与备用机均从 SCADA 主机读取实时数据，进行计算处理。根据计算结果向前置机发出遥控、遥调请求。

3．PAS 状态估计应用数据处理流

PAS 状态估计应用从 SCADA 主机读取实时数据，进行相关电力系统网络分析计算，并将计算结果同步发送至 PAS 备用机。

4．告警登录服务数据处理流

各应用都可能向告警登录服务提交告警信息。告警登录服务将告警信息发给历史服务主机的相应进程，并写入商用库。告警登录服务同时还发送给各客户端的告警窗。应用服务器上的采样进程将采样数据发送给历史服务主机的相应进程，周期性地写入商用库中。

5．模型维护服务数据处理流

除了实时数据流，模型维护功能的数据处理过程是最重要的数据流。模型维护过程由数据库界面或图形编辑工具向历史服务主机的模型更新服务进程发出模型更新请求，模型更新服务进程在通过了相关校验并成功地更改了商用库后，再向各应用服务器发出模型更新信息。各应用服务器上的实时库模型更新进程收到模型后，更新信息后对本机上实时库进行相应更新。

二、数据流属性

按数据流的通信属性，系统的数据流有两种类型：一是点对点的数据流，二是点对多点的数据流。

按数据内容属性，点对点的数据流可分为：发送实时数据（前置机到 SCADA 服务器）、读取实时数据（工作站从服务器读取）、请求进行某种操作（工作站向服务器请求）等几种。

按数据流向属性，点对多点的数据流可分为两类：①主备机之间的同步复制，主机收到的任何实时数据、操作请求均发给备机进行相同的处理以保证主备一致性，包括考虑向 Web 的复制和向 DTS 的数据传送；②服务器向客户端发送数据变化信息，比如遥信变位、遥测的变化，以达到客户端快速更新的目的。

点对点的数据流采用 CORBA 的通信方式，通信方式有两种：①同步调用方式，用于处理需要服务端确认或返回结果的重要数据；②单向调用方式，用于处理不需要服务端确认或返回结果的不重要数据。如全数据发送。

三、数据丢失

通常情况下，实时数据丢失的原因有：①通信过程中报文丢失；②收到报文，但由于主备切换等原因未能正确处理；③偶然原因进程未能正常完成处理过程。

历史数据的丢失的原因有：①主备切换的原因导致某个采样点或事件登录在两台服务器上均未处理；②数据复制方面的问题导致丢失，这种丢失可以通过改进数据复制算法来解决。在应用进程的处理和通信传输过程中，应建立适当的保证机制以避免数据的丢失。

根据其业务处理的主动性，应用进程可分成两类：①响应客户端请求进行相关的业务处理，称之为响应类进程；②不响应客户端请求主动进行某些处理，称之为主动类进程。前者如 SCADA 服务器上的实时数据处理进程，后者如采样进程，这两类进程必须采取不同的策略才能避免数据的丢失。

响应类应用进程的实现方式有两种：①不判断主备机，接收到请求均负责处理到底；②判断主备机，值班态时处理，备用态时不处理。原则上说，响应类进程尽可能采用前者，保证不会丢失数据。主动类进程只能采用后一种方式，应用进程本身需要采取措施来保证不丢失数据。这些措施主要是当从备态切换为主态时，判断原主机处理的程度来确保处理过程的延续性。

对点对点的方式通信过程，原则上尽可能采用同步调用，当确认对方收到且正确处理完毕后，发送方才会得到一个肯定的回答，否则发送方应该重发，以确保数据不会丢失。

对点对多点的通知服务方式，由于通知服务本身具有符合 EMS 应用需求的服务质量保证机制，能保证在客户端正常时会立即收到数据。如果客户端处于不正常状态，只要其在一定时间内恢复正常也能接收到数据。

按此类机制，只有一种情况会导致数据丢失，即备机通信异常的期间，主机又断了电或通信异常不能恢复。

四、数据一致性

数据的一致性可分为两个方面：①各应用服务器与商用数据库的模型一致性；②应用服务器主备机之间的实时数据一致性。

实时数据的一致性，主要通过通知服务的服务质量保证机制，使备用机能与主机进行完全相同的数据处理过程，而得到相同的结果，即实时数据一致性。

对模型的一致性的保证手段有两个方向：①正向，采用通知服务的服务质量保证机制确保报文不丢失；②反向，采用事后验证机制，每个表均设有版本号，应用服务器端每次更新之前验证版本号是否匹配，确认是否曾丢失过修改动作。

【思考与练习】

1. 数据流按属性分为哪两种？
2. 哪些环节容易造成数据丢失？
3. 对两种不同的数据流如何避免数据丢失？

模块 5　SCADA 数据库数据录入错误引起的故障现象及排查方法（GYZD00208005）

【模块描述】本模块介绍 SCADA 数据库数据录入错误引起的故障现象及排查方法。通过方法介绍和举例说明，熟悉 SCADA 数据库数据录入错误引起的常见故障的现象，掌握故障的排查步骤和方法。

【正文】

SCADA 应用常用的数据包括遥测、遥信、计算量，相应的参数类型包括通信参数、限值参数、计算公式参数等。若发生错误数据录入，则系统某些数据或某些功能可能会出现异常，引起故障。

SCADA 数据库录入错误引起的故障现象主要包括：遥测、遥信、计算量数值不准确，越限功能异常，遥控/调挡不成功等。

SCADA 数据库录入错误的排查方法主要包括：检查遥测、遥信的通信参数，检查计算公式定义，检查遥控、调档的控制参数等。

下面分别介绍遥测、遥信、计算量的数据录入错误引起的故障现象及排查方法。

一、遥测数据的故障现象及排查方法

（1）故障现象 1：数据不准确，与现场数据不符。

排查方法：

1）检查厂站的通信参数、规约设置是否正确，通信状态、报文解析是否正常。

2）在前置遥测定义表中，检查该遥测的通信参数定义是否完整、正确，包括通道 ID、点号、系数、基值等。对于通过 TASE.2 规约接收的数据，需检查变量名是否正确。

3）在遥测定义表中，检查该遥测的合理值上下限的定义是否合适。

（2）故障现象 2：越限功能异常。

排查方法：

1）在限值表中，检查该遥测的限值定义是否正确。

2）在限值表中，检查是否定义了该遥测的越限延时告警参数。

二、遥信的故障现象及排查方法

（1）故障现象 1：数据不准确，与现场数据不符。

排查方法：

1）检查厂站的通信参数、规约设置是否正确，通信状态、报文解析是否正常。

2）在前置遥信定义表中，检查该遥信的通信参数定义是否完整、正确，包括通道 ID、点号、极性等。对于通过 TASE.2 规约接收的数据，需检查变量名是否正确。

（2）故障现象 2：遥信变位告警功能异常。

排查方法：检查是否定义了延时告警参数。

（3）故障现象 3：遥控或变压器调挡不成功。

排查方法：

1）检查厂站的通信参数、规约设置是否正确，通信状态、报文解析是否正常。

2）检查遥控关系表中的厂站 ID、遥控序号、遥控类型、超时时间等参数是否定义完整和正确。

3）对变压器调挡，还需检查是否正确定义挡位遥信关系表中变压器与相关遥信的对应关系。

三、计算量的故障现象及排查方法

（1）故障现象 1：数据不准确。

排查方法：

1）检查公式定义是否正确，包括分量定义、公式串定义、公式计算周期等参数。

2）检查参与公式计算的各分量数据是否正确。

3）检查计算量的合理值上下限的定义是否合适。

（2）故障现象2：越限功能异常。

排查方法：

1）在限值表中，检查该计算量的限值定义是否正确。

2）在限值表中，检查是否定义了该计算量的越限延时告警参数。

【思考与练习】

1．模块介绍了哪几种因数据录入错误引起的故障现象和排查方法？

2．上机练习，加深理解故障现象的内含，掌握错误排查方法。

模块 6 画面链接错误引起的故障现象及排查方法
（GYZD00208006）

【模块描述】本模块介绍画面链接错误引起的故障现象及排查方法。通过方法介绍和举例说明，熟悉画面链接错误引起的常见故障的现象，掌握故障的排查步骤和方法。

【正文】

画面链接通常包括设备图元的链接和动态数据的链接，在图形绘制的过程中链接错误出现的频度比较高。故障现象一般为数据显示不正常、设备显示不正常、网络拓扑相关的应用功能不正确等。故障的排查方法一般也是基于图形绘制工具本身的特点和功能而判断。

下面介绍画面链接错误引起的常见故障现象及排查方法。

一、动态数据关联数据库错误排查方法

（1）故障现象：画面显示数据不正确。

（2）故障原因：画面的动态数据未能正确关联到数据库中的某一量测点。

（3）排查方法：

1）在图形编辑界面，单击动态数据，观察 TIP 显示或者属性显示中关联的数据库量测是否正确。

2）在图形编辑界面，单击工具栏上的"显示数据库连接"按钮，没有进行数据库连接的动态数据上将出现一个黄色的问号以提示用户。

二、设备图元关联数据库错误排查方法

（1）故障现象：显示时设备颜色或状态不正常。

（2）故障原因：画面中的设备图元未能正确的关联到数据库中的某一设备。

（3）排查方法：

1）在图形编辑界面，单击设备图元，观察 TIP 显示或者属性显示中关联的数据库设备是否正确。

2）在图形编辑界面，单击工具栏上的"显示数据库连接"按钮，没有进行数据库连接的设备上将出现一个黄色的问号以提示用户。

三、链接关系错误排查方法

（1）故障现象：基于网络拓扑的功能不正常，如网络拓扑着色。

（2）故障原因：端子空挂、连接设备类型不匹配等。

（3）排查方法：

1）在图形编辑器界面，单击工具栏上的"显示焊点"按钮，以检查明显的链接错误。

2）在图形编辑界面，单击"图形保存"按钮后，将在底部的告警栏中显示链接错误相关的告警信息。

3）在图形编辑器界面，用"节点入库"功能，根据电网拓扑关系排除相关错误。

【思考与练习】

1．画面链接错误引起的常见故障现象有哪些？

2．上机练习，掌握画面链接错误的排查方法。

模块 7　系统参数或配置文件设置错误引起的故障现象及排查方法（GYZD00208007）

【模块描述】本模块介绍系统参数或配置文件设置错误引起的故障现象及排查方法。通过方法介绍和举例说明，熟悉系统参数或配置文件设置错误引起的常见故障的现象，掌握故障的排查步骤和方法。

【正文】

系统参数配置包括操作系统的参数配置和应用软件的参数配置。

参数配置错误将会导致应用功能的不正常、机器运行的不正常，甚至导致整个系统运行不正常。

下面介绍常见的 UNIX 操作系统配置文件错误引起的故障现象及排查方法。

一、/etc/hosts 各主机名以及 IP 地址配置文件

hosts 文件存放系统中各主机名以及 IP 地址。此文件配置错误将导致各主机之间网络通信异常。文件示例如下：

```
hostname0-1    192.168.10.1
hostname0-2    192.168.11.1
hostname1-1    192.168.10.2
hostname1-2    192.168.11.2
```

排查方法：可以用"ping"命令来判断此文件配置是否正确。

二、mng_priv_app.ini 节点启动应用配置文件

mng_priv_app.ini 文件配置节点启动应用的属性。此文件配置错误将导致节点应用启动不成功。文件示例如下：

```
[Hostname0-1]
OS_TYPE=1
NODE_ID=160000001
CONTEXT=1
APP_NAME=BASE_SERVICE
APP_ID=131072000
APP_PRIORITY=1
PROC_CONFIG=UNIX_SERVER
SCRIPT_MODE=1
[Hostname1-1]
OS_TYPE=1
NODE_ID=160000002
CONTEXT=1
APP_NAME=BASE_SERVICE
APP_ID=131072000
APP_PRIORITY=2
PROC_CONFIG=UNIX_SERVER
SCRIPT_MODE=1
```

排查方法：这种情况下，启动窗口有明显的错误提示。可以根据提示排查此文件中配置的错误。

三、mng_app_num_name.ini 应用号与应用名的对应关系文件

mng_app_num_name.ini 文件存放应用号与应用名的对应关系，以及系统资源监视的告警参数。其中，仅告警参数可以修改。示例如下：

```
[SYSINFOMONITOR]
DISK_WARNLIMIT=98
CPU_WARNLIMIT=80
NTP_WARNLIMIT=10
```

此文件配置错误将导致系统资源监视的告警功能不正常。

排查方法：检查文件中的告警参数。

四、domain.sys 所属的域信息文件

domain.sys 文件配置节点所属的域信息，同一个域的节点的配置文件相同，不同域的节点的配置文件不同。文件配置错误将导致该节点与同一个域的其他节点均不能正常通信，文件示例如下：

```
[DOMAIN]
NAME=NJ_DEV
TYPEID=0
[SYSTEM]
SYS_ID=8
```

排查方法：检查文件中的配置。

五、net_config.sys 本机各网卡的名称及 IP 地址文件

net_config.sys 文件存放本机各网卡的名称及 IP 地址。此文件配置错误将导致该节点的网络通信程序启动不成功，最终导致节点启动不成功。文件示例如下：

```
[Hostname0-1]
NUMBER=2
FIRST_NAME= Hostname0-1
FIRST_SERVICE_IP=192.168.10.1
SECOND_NAME= Hostname0-2
SECOND_SERVICE_IP=192.168.11.1
SWITCH_INTERVAL=30
BYTE_PLACE=3
ADDED_NUMBER=6
LAST_BYTE=254
DEFAULT_ROUTE=0
```

排查方法：这种情况下，启动窗口有明显的错误提示。可以根据提示排查此文件中配置的错误。

六、graph_homepage.ini 主画面的图形文件

graph_homepage.ini 文件配置主画面的图形文件名以及快捷调用的图形文件名信息。此文件配置错误可能导致图形初始启动不会自动进入主画面或快捷调图功能不成功。文件示例如下：

```
[主画面]
HOMEPAGE=画面名（图形文件名）
[常用画面]
usual_graph_name_1=画面名1    （图形文件名）
usual_graph_name_2=画面名2    （图形文件名）
usual_graph_name_3=画面名3    （图形文件名）
usual_graph_name_4=画面名4    （图形文件名）
```

排查方法：检查文件中主画面图形文件名和常用画面图形文件名（快捷键对应的图形文件）是否正确。

【思考与练习】

1．系统参数或配置文件设置错误引起的常见故障现象有哪些？

2．上机练习，加深理解故障现象的内含，掌握错误排查方法。

模块 8 PAS 参数设置错误引起的故障现象及排查方法（GYZD00208008）

【模块描述】本模块介绍 PAS 模块中因参数设置错误引起的故障现象及排查方法。通过方法介绍和举例说明，熟悉 PAS 模块中因参数设置错误引起的常见的故障现象及产生原因，掌握故障的排查及参数修正的方法。

【正文】

PAS 的功能模块包括网络建模、状态估计、调度员潮流、负荷预报、电压无功优化、网络安全与经济运行、静态安全分析、故障计算、安全约束调度、灵敏度分析等。下面就常用的网络建模、状态

估计及调度员潮流 3 个模块，介绍其参数设置错误引起的故障现象及排查方法。

一、网络建模中的故障现象分析

1. 故障现象及产生原因

输入的参数类型和网络建模中设定的类型不一致，设备参数偏离正常值。如：实际参数输入的是有名值，默认的参数类型选择的是标幺值；实际输入参数是标幺值，默认的参数类型选择的是有名值；电容、电抗器容量填的是 kvar，但实际的容量是 Mvar；电容、电抗器容量填的是 Mvar，但实际的容量是 kvar 等。

2. 排查方法及参数修正

在层次库中检查各类设备的具体参数：电阻、电纳是标幺值的 100 倍，容量都是"兆"单位级的，如有特别大的参数，需要查看原始参数来源和参数类型。

二、状态估计中的故障现象分析

1. 故障现象及产生原因

收敛判据设置过大，状态估计收敛，SCADA 源数据潮流分布合理，但估计后的结果偏差比较大；零注入权重设置偏小，状态估计和 SCADA 量测偏差不大，但存在一些明显不平衡的量测造成估计结果偏向于错误值。

2. 排查方法及参数修正

（1）在状态估计的控制参数设置中检查收敛判据：有功范围 0.0001~0.01，一般设为 0.001；无功范围 0.0001~0.01，一般设为 0.001 或 0.002。

（2）在状态估计的控制参数设置中检查权重设置：有功零注入一般在 15~30，无功零注入一般在 15~30。

三、调度员潮流中的故障现象分析

1. 故障现象及产生原因

平衡机设置不合理引起部分机组有功功率偏大。

一般选取外网的等值电源点作为平衡机，内部的缺额主要由网供来提供。对于一些特殊的网络，需要设置多平衡机。某些厂站的电压严重越下限甚至于不收敛，一般是因为 PV 节点设置不合理造成的。对于离平衡机比较远的厂站或远距离大功率输电，附近如有电源，需根据实际的方式设置 PV 节点，使电压不至于降低太多。

2. 排查方法及参数修正

在调度员潮流的发电机控制画面，检查平衡机及 PV 节点的设置。一般不建议把平衡机人工设在内网的实际发电机上。如果用户没有选择平衡机，程序默认容量最大的机组为平衡机。

【思考与练习】

1. 本模块的故障排查方法涉及到哪几个网络分析应用软件？

2. 通过练习加深理解 PAS 故障现象的内含，掌握错误排查方法。

模块 9　DTS 参数设置错误引起的故障现象及排查方法
（GYZD00208009）

【模块描述】 本模块介绍 DTS 中参数设置错误引起的故障现象及排查方法。通过方法介绍和举例说明，熟悉 DTS 中参数设置错误引起的故障现象，掌握故障的排查步骤和方法。

【正文】

DTS 故障大部分是由保护和稳定控制装置参数设置不合理而引起的，下面分别介绍它们的排错方法。

1. 备用电源自动投入不动作

检查录入数据库中的主供电源和备用电源是否正确，并确认当前潮流状态下主供电源是否失电，备用电源是否带电，还要排查开关录入是否正确。

2. 稳定控制装置不动作

检查录入数据库中的装置启动条件是否正确有效。

3. 稳定控制装置动作，但不出口

检查动作设备是否录入正确。

4. 接地距离等阻抗保护不动作

检查录入数据库中的保护阻抗定值是否偏小，导致测量阻抗超过录入的整定阻抗。

5. 全网零序保护动作错乱

重点检查全网变压器的中性点接地方式。

6. 重合闸不正确动作

检查重合闸的检测条件（同期、无压、无流）是否设置正确。

7. 变压器复合电压闭锁过电流保护动作后，跳闸开关不正确

检查录入的各个时限的跳闸开关，往往各个时限的跳闸开关没有维护或者维护不正确。

【思考与练习】

1. 本模块介绍了哪些故障现象及排查方法？
2. 通过练习加深理解 DTS 故障现象的内含，掌握错误排查方法。

第十章 EMS 应急处理预案的编制

模块 1 调度自动化系统应急处理预案编制
（GYZD00209001）

【模块描述】本模块介绍编制调度自动化系统应急处理预案的必要性及其编制要点。通过要点归纳和条文提炼，熟悉编制调度自动化系统应急处置预案的要求和方法。

【正文】

一、必要性

调度自动化系统是电力系统的组成部分，是保障电力系统安全稳定运行不可或缺的基础设施。在调度自动化系统中，SCADA 失效会造成值班调度员无法监控电力系统运行的严重后果，极端情况下有可能酿成大面积停电事故；连接 SCADA 主机和前置机的局域网失效会导致 SCADA 失效；二次系统安全防护系统有漏洞或失效可能导致 SCADA 遭受病毒或黑客攻击；调度运行管理信息系统失效可能严重影响调度机构的调度管理能力等。

按国家电网公司调技〔2006〕45 号文所颁发的《国家电网调度系统处置大面积停电事件应急工作规范》（以下简称《调度系统应急工作规范》）的要求，各单位应建立应对重大事件和处置大面积停电事件的应急机制，编制相关应急处置预案，以形成自上而下、分级负责的重大事件应急处置体系。此处的重大事件是指电网事故、调度指挥场所以及电力通信、调度自动化、信息网络等损坏或遭受严重破坏，重大自然灾害，电力供应持续危机等对国家电网范围内的电网运行可能造成大面积停电或构成重大影响和威胁的事件。

"安全第一，预防为主"是电力系统的一项重要原则，建设应对重大事件应急处置体系，编制相关处置预案，以加强调度机构在应对重大事件时的处置能力，使调度机构在重大事件发生后能快速响应、有条不紊地进行处理，有效地控制重大事件发展、蔓延、恶化，是落实"安全第一、预防为主"这一原则的重要措施。

二、应急处置预案的通用编写框架

《调度系统应急工作规范》规定，应急处置预案的通用编写框架为：

（1）预案的启动条件、工作流程和责任部门。

（2）危险目标的确定和潜在危险性评估。

（3）对各级各类人员到达现场的规定及相关部门在应急处置中的职责与分工。

（4）应对和处置的关键控制目标和具体措施要求。

（5）事件恢复的控制目标和具体措施要求。

（6）预案训练和演习要求。

（7）事件发生后的汇报要求和汇报程序。

（8）预案的动态修订要求。

调度自动化系统应急处置预案（以下简称预案）的编写，也应遵循上述编写要求。

三、预案的启动条件、工作流程和责任部门

1. 预案的启动条件

预案的启动条件是指对重大事件及其严重程度的客观描述，一旦重大事件的发展程度符合预案的启动条件，预案将按规定被启动执行。因此在编制预案时，应首先对预案的启动条件给出准确、简洁的描述。预案的启动条件应包括但不限于：

（1）SCADA系统严重故障。

（2）调度自动化系统遭受病毒或黑客攻击。

（3）自动化信息大面积中断。

（4）调度数据网络系统严重故障。

（5）调度运行管理信息系统严重故障。

（6）调度自动化系统电源故障。

（7）机房火灾等。

2. 预案的工作流程

预案的工作流程有两个层面的内容：一是指挥协调层面，二是专业处理层面。

预案的执行需要有组织体系来保障。《调度系统应急工作规范》第2.1条规定，网、省调度机构应成立预防和处置大面积停电指挥中心，其主要职责是：

（1）落实《国家处置电网大面积停电事件应急预案》、《国家电网公司处置电网大面积停电事件应急预案》的有关规定，履行这两个预案授予调度机构处置大面积停电事件的职责。

（2）落实网、省公司大面积停电事件应急领导小组下达的应急指令。

（3）具体指挥所辖电网大面积停电事件的预防、应急处置及恢复工作。

（4）收集、汇总相关信息并向本公司应急领导小组和上级调度机构汇报。

按上述规定，调度自动化系统重大事件的应急处置应由调度机构应急指挥中心来指挥协调。《调度系统应急工作规范》第2.1条的要求虽然只涵盖到网、省调度机构，但地区级电网在建设相应的应急处置体系时应参照执行。

当重大事件发生时，《调度系统应急工作规范》第6.1条"应急启动"有如下规定：

（1）当电网发生重大故障、电力设施遭受重大破坏、二次系统出现严重故障或受到攻击、遭遇严重自然灾害、电力供应持续危机时，值班调度员在按照应急处置预案原则指挥电网故障处理的同时，应立即按照《国家电网调度系统重大事件汇报规定》向有关领导和上级调度机构报告。

（2）调度机构应急指挥中心接报后，根据事件性质、影响范围、停电区域、严重程度、可能后果和应急处理的需要等，向公司应急领导小组（办公室）报告。

（3）调度机构应急指挥中心确定事件性质后，由调度机构应急总指挥决定是否启动调度机构内部应急工作预案。

上述条款明确规定了重大事件发生后值班调度员、调度机构应急指挥中心、调度机构应急总指挥应采取的行动，但对调度自动化系统重大事件应急处置的具体过程和要求等并未作出具体规定。因此，预案在指挥协调层面的工作流程中除考虑与《调度系统应急工作规范》第6.1条的规定如何衔接外，还应对如下（但不限于此）环节作出规定：

（1）重大事件的发现者（如自动化值班员）应通知的对象（如通知值班调度员、自动化部门负责人等）。

（2）由谁（除值班调度员外，是否还由重大事件的发现者或自动化部门负责人）向调度机构应急指挥中心汇报。

（3）由谁通知按预案规定应参加应急处置工作的相关部门和人员。

（4）按预案规定应参加应急处置工作的所有部门和人员的联系电话。

在专业处理层面，预案应针对具体的重大事件给出尽可能明确和具体的操作过程，以使相关技术人员能按事先规定好的技术处理步骤来处理相应的重大事件。在编制预案时，如果技术处理过程部分的篇幅较大，可按独立的章节来编写，也可作为预案的附件。

3. 责任部门

调度自动化系统重大事件的应急处置，有可能需要多个部门（如通信、供电等部门）参与，预案应针对具体的应急处置要求明确规定需参加应急处置工作的相关责任部门。

四、危险目标的确定和潜在危险性评估

1. 危险目标确定

危险目标是指预案所涉及的重大事件发生后，从电力系统安全运行角度衡量，其危险性的指向是什么。例如 SCADA 失效，其危险目标就是调度机构的"电力系统调度能力"；调度运行管理信息系统失效，其危险目标就是调度机构的"调度管理能力"。

2. 潜在危险性评估

潜在危险性是指预案所涉及的重大事件发生后，从电力系统安全运行角度衡量，对"危险目标"所产生的威胁或危害程度。例如 SCADA 失效，其危险目标是调度机构的"电力系统调度能力"，其潜在危险性就是调度机构"丧失对电力系统运行进行监控的技术手段，有可能引发电力系统事故或导致大面积停电"。

五、对各级各类人员到达现场的规定及相关部门在应急处置中的职责与分工

预案应明确规定参加应急处置的各类人员（如指挥协调人员、专业技术人员、配合人员等）在预案启动后到达现场的时间要求、职责与分工。

六、对应和处置的关键控制环节及具体措施要求

预案应针对具体的重大事件，从保障电力系统安全运行角度出发，规定对应和处置的"关键控制环节"和"具体措施要求"。

以处置 SCADA 失效为例，最关键的控制环节应是及时通知值班调度员（但不限于此），使值班调度员能及时按与调度运行有关的规程、应急处置预案的要求来监控电力系统运行。

不同的调度自动化系统有不同的系统结构、技术特点和薄弱环节；调度自动化系统中不同应用功能对电力系统安全运行影响的程度不同；不同重大事件的处理要求不同。因此需针对具体情况来制订与"关键控制环节"有关的"具体措施要求"。仍以处置 SCADA 失效为例，首先"及时通知值班调度员"是最关键的控制环节，其次是尽快恢复系统。如果 SCADA 主机在没有外部意外事件影响（如电源掉电、设备损坏、机房火灾等）的情况下突然失效，应急处置人员可以重新引导一次系统，或许在较短的时间内可恢复 SCADA 功能。

七、事件恢复的控制目标和具体要求

预案应明确规定事件恢复的目标和具体要求。

以处置 SCADA 失效为例，显然其控制目标是尽快恢复 SCADA 功能。但 SCADA 系统有一系列的子功能，其中最重要的是实时监视功能。因此在恢复 SCADA 时，应本着先恢复实时监视功能、再恢复其他实时功能，先恢复实时功能、后恢复历史数据功能的原则进行处置。

八、预案训练和演习要求

对预案涉及的重大事件进行应急处置的训练和演习，具有提高应急处置能力、完善预案的作用。预案中应对预案的训练和演习要求作出规定，并应考虑如下的一些因素：

（1）预案演习的时机选择。在设备状况不稳、重大保电时期等时间段不应进行预案演习。

（2）预案演习的设备准备工作。大多数调度自动化系统都是在线运行系统，不允许随意退出运行，因此要将相关设备用于预案演习，应对系统的运行状态和配置作适当调整，在确保不影响在线功能的前提下，组成用于预案演习的临时性应用系统。一般来说，为防止发生意外，应事先对系统进行备份。

（3）预案演习人员的技术准备工作。参加预案演习的人员应事先对预案演习所涉及的操作做到知其然、知其所以然，谨慎操作，以免因预案演练而引起设备异常。

九、事件发生后的汇报要求和汇报程序

关于重大事件发生后的汇报要求和汇报程序，《调度系统应急工作规范》第 7 条"信息汇报"有如下的规定：

1. 汇报制度

国家电网调度系统应严格执行《国家电网调度系统重大事件应急汇报规定》，确保应急状态下信息畅通、准确，公司五级调度机构均应建立完善的应急机制和重大事件汇报制度。

2. 汇报内容

（1）汇报分为紧急报告和详细汇报。紧急报告指由相应网省级调度机构的值班调度员在事件发生后，立即向国调值班调度员汇报的简要情况；详细汇报指由相应网省级调度机构在事故处理暂告一段落后，以书面形式提交的报告。

（2）事件分类。重大事件应急汇报规定结合《国家处置电网大面积停电事件应急预案》（简称《国家预案》）、《国家电网公司处置电网大面积停电事件应急预案》（简称《公司预案》）和有关规定，按电网减供负荷比例和影响程度，将汇报分为特急报告类事件、紧急报告类事件、一般汇报类事件。

（3）时间要求。网省级调度机构值班调度员判断其调度管辖电网所发生的突发事件，有可能属于特急类事件时，在指挥处理故障的同时，须在 15 分钟内向国调值班调度员进行紧急报告；紧急类事件应在 30 分钟内进行紧急报告；一般类事件应在 2 小时内汇报。其中，省调应同时向网调汇报。

（4）信息汇报内容应准确、翔实，调度系统的任何单位和个人均不得缓报、瞒报、谎报突发事件。未经授权，其他人员一律不得擅自对外发布应急处理信息。

（5）应急处理信息包括：

1）事件性质、影响范围、停电区域、严重程度、可能后果。

2）安全控制和继电保护装置动作信息。

3）突发事件中的设备损坏、人员伤亡情况。

4）突发事件发生后的组织、技术措施和人员到位的实际状况。

上述条款明确规定了重大事件发生后相关信息汇报的要求和程序，网省级调度机构应遵照执行，地区级电网调度机构可按相应网省级调度机构的相关规定执行。

按上述规定，当调度自动化系统重大事件发生后，对上级调度机构值班调度员的紧急报告由本调度机构值班调度员进行汇报，对上级调度机构的详细汇报由本调度机构以书面形式进行汇报。在具体的预案中，除注意在信息汇报要求部分与《调度系统应急工作规范》第 7 条的规定衔接外，还应按上级调度机构关于自动化系统重大事件的汇报要求进行汇报。

十、预案的动态修订要求

预案有时效性，因为预案涉及了组织机构和设备，而组织机构和设备会随时间而发生改变。因此，预案应按如下的原则进行动态修订：

（1）设备发生变更后应根据新设备的情况修订预案（如修订预案专业处理部分的操作过程等）。

（2）预案所涉及的人员、部门情况发生变更后应修订预案。

（3）根据预案训练和演习过程中所暴露出的问题修订原预案。

（4）根据预案执行过程中所暴露出的问题修订原预案。

【思考与练习】

1. 为何需要编制调度自动化系统应急处置预案？

2. SCADA 失效，应急处置的关键控制环节是什么？

第十一章 PAS 基础知识

模块 1　电网建模的概念和基本原理
（GYZD00202001）

【模块描述】本模块介绍电网建模的基本概念及相关理论基础。通过概念介绍和步骤讲解，掌握建立电网数学模型的步骤以及电网数学模型的求解方法。

【正文】

一、电网建模的基本概念

由输电、配电线路，变压器和移相器，开关，并联和串联的容抗器等电气设备按照一定的形式连接成一个整体，即组成电力网络。为了能够将电网的实时状态用于状态估计、调度员潮流等应用软件，必须建立电网的数学模型。

电力网络包含两个要素，即电气元件及其连接方式，而电网的运行特性是由元件特性的约束和元件间的拓扑约束共同决定的。

二、电网建模的基本原理

1. 电力设备的元件特性约束

从物理结构上看，组成实际电力网络的每个电气设备都是比较复杂的。在工程精度允许的条件下，电力系统分析中通常都要对电气设备作合理简化，用一个或多个理想的元件组成的等值电路来表示。常见的理想元件有电阻器、电感器、电容器和变压器等，它们可以看成是构成电力网络的最小单元。

理想元件的参数制约着元件的电压和电流之间的关系，从而构成了元件的特性约束。当元件参数与电量和时间无关时，称该元件为线性元件；当元件的参数是电量的函数，则称该元件为非线性元件。若电力网络中所有元件均是线性元件时，该网络为线性网络；若网络中至少包含一个非线性元件时，则该网络是非线性网络。

对于支路参数分别是电阻、电感和电容的支路，其支路电压和支路电流有如下三种关系

$$Ri = u \qquad \text{（GYZD00202001-1）}$$

$$\frac{\mathrm{d}Li}{\mathrm{d}t} = u \qquad \text{（GYZD00202001-2）}$$

$$\int \frac{1}{C} i \mathrm{d}t = u \qquad \text{（GYZD00202001-3）}$$

考虑线性电力网络在稳态下的运行特性，一个或多个理想元件的串、并联还可以用一条或多条等值支路来表示，支路的两个端点称为节点。在稳态条件下，某一支路的基于理想元件参数的等值阻抗可看作制约支路的复数电流和复数电压关系的参数

$$\dot{U} = Z\dot{i} \qquad \text{（GYZD00202001-4）}$$

该表达式表示了广义的欧姆定律，描述了电力网络中最常见的支路特性。

2. 电力网络的拓扑关系约束

在由理想元件组成的电力网络中，各支路之间的连接关系构成了拓扑约束，该约束与元件本身的支路特性无关，而表现为基尔霍夫定律，它是电力网络分析中最强有力的工具。基尔霍夫定律具有一般性，对恒流或时变的电流和电压都成立，其在稳态条件下的表述为：

基尔霍夫电流定律

$$\sum_{k \in j} \dot{I}_k = 0 \qquad （GYZD00202001-5）$$

即，对于电力网络中任一节点 j，与其相连的各支路电流 $\dot{I}_k$ 的总和为 0。

基尔霍夫电压定律

$$\sum_{k \in l} \dot{U}_k = 0 \qquad （GYZD00202001-6）$$

即，对于任一闭合回路，回路中的各支路电压 $\dot{U}_k$ 的总和为 0。

三、电网建模的步骤

1. 电力网络的接线分析

网络接线分析主要用于实时网络状态估计、调度员潮流等网络分析应用软件，此外，SCADA 也采用其给网络进行拓扑着色。其过程就是根据开关状态和网络元件状态由电网的节点模型产生电网的母线模型的过程。

节点模型也称为物理模型，它是对网络的原始描述，输入数据用此模型；母线模型也称为计算模型，它与网络方程联系在一起，母线模型随开关状态而变化，因此不像节点模型一样拥有相对的永久性。

电力网络接线分析分为两个基本步骤：

（1）厂站母线分析。根据开关的开合状态和元件的投退状态，由节点模型形成母线模型。其功能是分析某一厂站的某一电压等级内的节点由闭合开关连接成多少个母线，其结果是将厂站划分为若干个母线。

（2）系统网络分析。分析整个电网的母线由闭合支路连接成多少个子电网，每个子电网是有电气联系的母线的集合，计算中以此为单位划分网络方程组。

2. 电力元件数学模型的建立

电力网络元件的数学模型是根据物理概念和电力系统的限制条件直接建立起来的相对简化的电力网络元件模型，其特点是直观、物理意义明确。

（1）变压器模型。建立变压器模型时，需要求取变压器的支路参数，其表达式如下

$$R_T = \frac{P_k U_N^2}{1000 S_N^2} \qquad （GYZD00202001-7）$$

$$X_T = \frac{U_k \% U_N^2}{100 S_N} \qquad （GYZD00202001-8）$$

$$G_T = \frac{P_0}{1000 U_N^2} \qquad （GYZD00202001-9）$$

$$B_T = \frac{I_0 \% S_N}{100 U_N^2} \qquad （GYZD00202001-10）$$

式中　　　　　R_T——绕组总电阻；

　　　　　　　X_T——绕组总电抗；

　　　G_T、B_T——绕组的电导及电纳；

　　　S_N、U_N——变压器的额定容量和额定电压；

P_k、$U_k \%$、P_0、$I_0 \%$——变压器的短路损耗、短路电压百分比、空载损耗和空载电流百分比。

根据变压器的短路损耗、短路电压百分比和空载损耗、空载电流百分比分别求取变压器的阻抗、导纳，之后，即可作变压器的等值电路后。变压器的等值电路有两种，Γ 形等值电路和 T 形等值电路，通常选用前者，且将励磁支路接在电源侧。

（2）线路模型。在得知了线路的阻抗和导纳参数之后，由于长线路和高电压等级线路的电纳不能被忽略，所以要用 Π 形或 T 形的等值电路进行等值。

（3）负荷的数学模型。在电力系统稳态分析中，负荷的数学模型比较简单，通常以给定的有功功率和无功功率表示。在设计精度较高的计算时，也可以计及负荷的静态特性。负荷的静态特性可以用

多项式表示，如静态电压特性可为

$$P = P_N \left[a_P + b_P \left(\frac{U}{U_N} \right) + c_P \left(\frac{U}{U_N} \right)^2 \right]$$ （GYZD00202001-11）

$$Q = Q_N \left[a_Q + b_Q \left(\frac{U}{U_N} \right) + c_Q \left(\frac{U}{U_N} \right)^2 \right]$$ （GYZD00202001-12）

式中 P_N、Q_N——在额定电压 U_N 下的有功功率和无功功率；

     a、b、c——恒功率特性、恒电流特性和恒阻抗特性的系数，且三者和为 1，下角 P、Q 分别表示有功和无功。

频率特性与静态电压特性类似。

计及负荷静态特性后，可以使稳态潮流计算结果更加符合实际。不过，在应用中负荷静态特性的系数如何根据实际情况取值尚未很好解决，以取经验值为主。

3. 电力网络的数学模型的建立

电力网络的数学模型是利用基本物理学定律和合适的数学描述工具，来表述电力网络中物理量之间的关系，从而把电力网络的物理问题抽象成一个数学问题。

在电力网络分析中，可以将网络抽象成一个由支路和把支路连接起来的节点组成的图，可以用节点的电压和支路的电流反映网络状态，其他物理量可以用它们表述，再利用物理学的欧姆定律和基尔霍夫定律，将网络的约束全部表示出来，而不包含冗余约束。此时建立的方程就是电力网络数学模型方程。

4. 电网数学模型求解

为了求解数学模型，必须选用可靠、有效的数值计算方法。所选用的数值计算方法应该与电力网络的特点相结合，考虑网络矩阵的稀疏性、结构对称性等。

计算电网潮流时，需要求解一组非线性代数方程组，牛顿—拉夫逊法作为求解非线性代数方程组的有效方法，也被广泛用于求解潮流方程。具体对于电力网络模型来说

$$\boldsymbol{x}^T = \begin{bmatrix} \boldsymbol{\theta}^T & \boldsymbol{U}^T \end{bmatrix}$$ （GYZD00202001-13）

状态量即为节点的电压幅值和相角

$$f(x) = \begin{bmatrix} \Delta P(\boldsymbol{\theta}, U) \\ \Delta Q(\boldsymbol{\theta}, U) \end{bmatrix} = \begin{bmatrix} P^{SP} - P(\boldsymbol{\theta}, U) \\ Q^{SP} - Q(\boldsymbol{\theta}, U) \end{bmatrix}$$ （GYZD00202001-14）

状态量可以对式（GYZD00202001-14）函数进行表述

$$P_i = U_i \sum_{j \in i} U_j (G_{ij} \cos \theta_{ij} + B_{ij} \sin \theta_{ij})$$ （GYZD00202001-15）

$$Q_i = U_i \sum_{j \in i} U_j (G_{ij} \sin \theta_{ij} - B_{ij} \cos \theta_{ij})$$ （GYZD00202001-16）

而雅可比矩阵表示如下

$$\boldsymbol{J} = \frac{\partial \boldsymbol{f}}{\partial \boldsymbol{x}^T} = \begin{bmatrix} \dfrac{\partial \Delta \boldsymbol{P}}{\partial \boldsymbol{\theta}^T} & \dfrac{\partial \Delta \boldsymbol{P}}{\partial \boldsymbol{U}^T} \\ \dfrac{\partial \Delta \boldsymbol{Q}}{\partial \boldsymbol{\theta}^T} & \dfrac{\partial \Delta \boldsymbol{Q}}{\partial \boldsymbol{U}^T} \end{bmatrix}$$ （GYZD00202001-17）

对于 N 个节点的电力系统，每个节点有 4 个运行变量（P_i、Q_i、θ_i 和 U_i），故全系统共有 $4N$ 个变量。对于系统潮流方程，共有 $2N$ 个方程，要给定 $2N$ 个变量，才能进行求解。一般来说，每个节点的 4 个变量中给定 2 个，求解两个。对于负荷节点，该节点的 P 和 Q 是由负荷需求决定的，一般不可控，U、θ 待求，故一般选为 PQ 节点。无注入的联络节点也可以看作是 PQ 节点，其 P 和 Q 都为 0。对于某些发电机节点，由于发电机励磁调节作用使该节点的电压幅值维持不变，有功功率由发电机输出功率决定，所以该类节点的 P 和 U 给定，Q 和 θ 待求，称为 PV 节点。此外，全系统还应当满足功率平衡条件，即全网注入功率之和应等于网络损耗，由于系统有功、无功网损都是节点电压幅值和相角的函数，因此 N 个节点中至少有一个节点的 P 和 Q 不能预先给出，其值要待潮流计算结束后才能确

模块 1   GYZD00202001

定，该节点称为松弛节点或平衡节点。

由于电力网络规模的庞大，雅可比矩阵难以直接求逆，因此常用三角因子分解、前推回代等方法进行求解。

【思考与练习】

1．电网建模的意义是什么？

2．电力网络主要由哪些设备组成？

模块2　状态估计的概念和基本原理（GYZD00202002）

【模块描述】本模块介绍状态估计的概念和基本原理。通过概念介绍和原理讲解，掌握状态估计的基本概念、状态估计的意义和功能，并掌握状态估计的基本原理和数学模型。

【正文】

一、状态估计的意义

在现代的调度系统中，电力系统分析、计算程序的在线应用有助于调度员掌握系统实际运行状态，解决和分析系统中发现的各种问题，并对系统的运行趋势作出预测。准确而完整的电网数据结构模型是电力系统网络分析应用的基础。

由于远动装置采集数据存在误差，在数据传送过程中各个环节也有误差，使得遥测数据存在不同程度的误差和不可靠性。此外，由于测量装置在数量上及种类上的限制，往往无法得到电力系统分析所需的完整、足够的数据。为提高遥测量的可靠性和完整性，需进行状态估计。

二、状态估计的基本概念

状态估计是根据网络接线的信息、网络参数、一组有冗余的模拟量测值和开关量状态，求取可以描述电网稳定运行情况的状态量、母线电压幅值和相角的估计值，并校核实时量测量的准确性。通过运行状态估计程序能够提高数据精度，滤掉不良数据，并补充一些量测值，为电力系统在线网络分析应用提供可靠而完整的电网运行数据。

1．实时量测误差和不良数据产生的原因

遥测量需要经过许多环节才能达到电力系统调度中心。例如功率量测值，首先由量测器（电压互感器和电流互感器）测得电压和电流，经功率变换器将两者相乘并变换到统一规格的信号电压，再由模数转换器转为数字编码（或通过交流采样直接转换成数字编码），经远动通道送到控制中心监控系统。这些环节均存在误差，也可能出现故障或受到干扰，因此量测值与其真实值总是有差异的。

（1）电力系统量测误差来源大体可归纳为：

1）量测器（电压互感器和电流互感器）的误差。

2）变换器的误差。

3）数模转换器的误差。

4）数据传送过程的误差（用模拟量传送时）。

5）量测和传送过程中的时间延迟（量测器有传送速度，采样又按一定的周期扫描）。

6）运行中三相不平衡及功率因数的变化，会给单相量测和计算带来误差。

（2）电力系统调度中心接收的不良数据来源大体可归纳为：

1）量测与传送系统受到较大的随机干扰。

2）量测与传送系统出现的偶然故障。

3）电力系统快速变化中各测点间的非同时性。

4）系统正常操作或大干扰引起的过渡过程。

2．状态估计的主要功能

（1）根据测量的精度（加权）和基尔霍夫定律（网络方程）按最佳估计准则，一般采用最小二乘准则，对生数据进行计算，得到最接近于系统真实状态的最佳估计值。

（2）对生数据进行不良数据的检测与辨识，删除或改正不良数据，提高数据系统的可靠性。

（3）推算出完整而精确的电力系统的各种电气量。如根据周围相邻的变电站的量测量推算出某一没有装远动装置的变电站的各种电气量，或者根据现有类型的量测量推算出另一些伪量测的电气量，例如根据有功功率量测值推算各节点电压的相角。

（4）根据遥测量估计电网的实际开关状态，纠正偶然出现的错误的开关状态遥信量以保证数据库中电网接线方式的正确性。状态估计的这种功能称之为网络接线辨识或遥信预处理。

（5）如果把某些可疑或未知的参数作为状态量处理时，也可以用状态估计的方法估计出这些参数的值。例如有载调压变压器如果分接头位置信号没有传送到调度中心时，可以作为参数把它估计出来。当然根据运行资料估计某些网络参数，以纠正离线和在线计算中这些参数的较大误差也不是非常困难的事情。状态估计的这种用法称为参数估计。

（6）通过状态估计程序的离线模拟试验，可以确定电力系统数据采集与传送的合理性，即确定合适的测点数量及其分布，用以改进现有的远动系统或规划未来的远动系统。

三、状态估计的基本原理

1. 量测系统的数学描述

电力系统状态估计需要量测值和电力网络信息两方面的数据。量测值包括支路有功功率和无功功率、节点注入有功功率和无功功率及节点电压值的量测，是 m 维矢量。量测值的来源有两个方面，绝大多数是通过遥测得到的实时数据，也有一小部分是人工设置或者自动添加的数据，这些非遥测数据被称为伪量测数据。

每个量测值都是有误差的，可以描述为

$$z = z_0 + v_z \tag{GYZD00202002-1}$$

式中　z ——量测值；

　　z_0 ——量测值的真值；

　　v_z ——量测误差。

量测值有时还包括不良数据，此时表达式变为

$$z = z_0 + v_z + b \tag{GYZD00202002-2}$$

式中　b ——附加在 v_z 上的不良数据。

2. 电力网络的数学描述

电力网络在状态估计中的数学描述包括网络参数和网络接线两个方面：

（1）网络参数 p，包括线路参数和变压器参数等。线路参数用电阻、电抗和对地电纳表示，变压器参数用电阻、电抗和变比表示。这些参数由实际测试或从计算中得到，一般在运行中是不变化的。但网络的某些参数，如带负荷调压变压器的变比和补偿电容器的电容值在运行中是变化的。

一般状态估计模型中假设网络参数是无误差的，但由于某些原因得不到准确的网络参数，也可以进行参数估计，这时要用到带误差的参数模型

$$p = p_0 + v_p \tag{GYZD00202002-3}$$

式中　p ——网络参数；

　　p_0 ——参数真值；

　　v_p ——参数误差。

（2）网络接线状态 s，表示网络中各支路的连接关系，主要决定于开关状态。通过遥信得到运行中开关状态的变化，由接线分析程序得到网络接线状态，即网络模型。

在一般状态估计模型中，假设网络接线状态 s 是准确的，但遥信传送的开关状态出现错误时，将引起网络接线模型错误，这时根据遥测量估计电网的实际开关状态，纠正偶然出现的错误的开关状态遥信量，以保证数据库中电网接线方式的正确性，即进行遥信预处理。

3. 电力系统状态估计的数学描述

电力系统状态估计的输出主要是电力系统状态，也包括正确的网络参数 p 和接线状态 s，电力系统状态通常用 x 表示，它是电网上各节点电压的幅值和相角，是 n 维矢量。由于一个系统中参考节点

电压相角是已知的（一般规定为 0°），所以对包括一个 n 节点的网络来说，状态矢量的维数一般为 $2n-1$ 个。利用基尔霍夫定律可以将量测用状态量 x，网络参数 p 和接线状态 s 表示出来，由前面对量测系统及电力网络的描述式可以写出电力系统状态估计的量测方程为

$$z = h(x, p, s) + v_z + v_p + b \tag{GYZD00202002-4}$$

式中，$h(x, p, s)$ 是基于基尔霍夫定律建立的量测函数方程，其数目与量测数一致，也是 m。此方程是量测模型的完整表达式，一般状态估计可取其中一部分。

正常量测时采用的包括不良数据辨识的状态估计的量测模型是

$$z = h(x) + v_z + b \tag{GYZD00202002-5}$$

而状态估计的过程就是计算估计值 $\hat{x}$，使得计算出的残差 $r = z - h(\hat{x})$ 的加权平方和达到最小的过程。

【思考与练习】
1. 状态估计有哪些主要功能？
2. 状态估计的作用是什么？

模块 3 潮流计算的概念和基本原理（GYZD00202003）

【模块描述】本模块介绍潮流计算的概念和基本原理。通过概念介绍和原理讲解，掌握潮流计算的基本概念和意义，并掌握潮流方程的直角坐标形式和极坐标形式。

【正文】

一、潮流计算的意义

电力系统潮流计算和分析是电力系统运行和规划工作的基础。通过潮流计算可以预知运行中的电力系统随着各种电源和负荷的变化以及网络结构的改变，网络所有母线的电压是否能保持在允许范围内，各种元件是否会出现过负荷而危及系统的安全，从而进一步研究和制定相应的安全措施。对规划中的电力系统，通过潮流计算，可以检验所提出的网络规划方案能否满足各种运行方式的要求，以便制定出既满足未来供电负荷增长的需求、又保证安全稳定运行的网络规划方案。

二、潮流计算的基本概念

潮流计算是根据已知电力网络的结构和参数，各负荷点、电源点吸取或发出的有功功率和无功功率（PQ 节点），给定电压控制点的电压幅值和有功功率（PV 节点），对指定的一个平衡节点给定其电压幅值和相位角（Vθ 点），求解全网各节点电压幅值和相位角，并进一步算出各支路的功率分布和网络损耗。求解潮流问题的基本方程式是节点功率平衡方程。

三、潮流计算的基本原理

（一）潮流计算的基本模型

1. 潮流方程

电力系统由发电机、变压器、输电线路及负荷等组成，其中发电机及负荷是非线性元件，但在进行潮流计算时，一般可以用接在相应节点上的一个电流注入量来代表。因此潮流计算所用的电力网络是由变压器、输电线路、电容器、电抗器等静止线性元件所构成，并用集中参数表示的串联或并联等值支路来模拟。结合电力系统的特点，对这样的线性网络进行分析，普通采用的是节点法，即节点电压与节点电流之间的关系。两种形式的潮流方程如下：

（1）潮流方程的直角坐标形式为

$$P_i = e_i \sum_{j \in i} (G_{ij} e_j - B_{ij} f_j) + f_i \sum_{j \in i} (G_{ij} f_j + B_{ij} e_j) \quad (i = 1, 2, 3, \cdots, n) \tag{GYZD00202003-1}$$

$$Q_i = f_i \sum_{j \in i} (G_{ij} e_j - B_{ij} f_j) - e_i \sum_{j \in i} (G_{ij} f_j + B_{ij} e_j) \quad (i = 1, 2, 3, \cdots, n) \tag{GYZD00202003-2}$$

（2）潮流方程的极坐标形式为

$$P_i = U_i \sum_{j \in i} U_i (G_{ij} \cos \theta_{ij} + B_{ij} \sin \theta_{ij}) \ (i = 1, 2, 3, \cdots, n) \qquad \text{（GYZD00202003-3）}$$

$$Q_i = U_i \sum_{j \in i} U_i (G_{ij} \sin \theta_{ij} - B_{ij} \cos \theta_{ij}) \ (i = 1, 2, 3, \cdots, n) \qquad \text{（GYZD00202003-4）}$$

以上各式中，$j \in i$ 表示 j 节点为与 i 节点相关联的节点，θ_{ij} 是节点 i、j 之间的电压相角差，G_{ij}、B_{ij} 是节点导纳矩阵元素 (i, j) 中的电导和电纳，U_i 是节点 i 的电压，$\sum$ 后的标号 j 的节点必须直接和节点 i 相联，并包括 $j = i$ 的情况。这两种形式的潮流方程通常称为节点功率方程，是牛顿—拉夫逊等潮流算法所采用的主要数学模型。

2. 潮流方程的讨论和节点类型的划分

对于电力系统中的每个节点，要确定其运行状态，需要有四个变量：有功注入 P、无功注入 Q、电压幅值 U 及电压相角 θ。对于有 n 个独立节点的网络，其潮流方程有 $2n$ 个，变量数为 $4n$ 个。根据电力系统的实际运行情况，一般每个节点 4 个变量中总有 2 个是已知的、2 个是未知的。按各个节点已知变量的不同，可把节点分成三种类型。

（1）PQ 节点。这类节点已知节点注入有功功率 P_i、无功功率 Q_i，待求的未知量是节点电压值 U_i 及相位角 θ_i，所以称这类节点为 PQ 节点。电力系统中没有发电设备的变电站母线，发固定功率的发电厂母线可作为 PQ 节点。

（2）PV 节点。这类节点已知节点注入有功功率 P_i 和电压值 U_i，待求的未知量是节点注入无功功率 Q_i 及相位角 θ_i，所以称这类节点为 PV 节点。一般可对有一定无功功率储备的发电厂母线和有一定无功功率电源的变电站母线，设置成 PV 节点。

（3）平衡节点。潮流计算时，一般只设一个平衡节点，全网的功率由平衡节点作为平衡机来平衡。由于平衡节点电压的幅值 U_s 及相位角 θ_s 是已知的，如果给定 $U_s = 1.0$、$\theta_s = 1.0$，待求的则是注入功率 P_s、Q_s。

（二）潮流计算的数值解法

潮流计算问题最基本的方程式，是一个节点电压 $\dot{U}$ 为变量的非线性代数方程组，即

$$\frac{P_i - jQ_i}{\dot{U}_i} = \sum_{j=1}^{n} Y_{ij} \dot{U}_j \ (i = 1, 2, 3, \cdots, n)$$

由此可见，采用节点功率作为节点注入量是造成方程组成非线性的根本原因。由于方程组为非线性，因此必须采用数值计算方法，通过迭代来求解。而根据计算中对这个方程组的不同应用和处理，就形成了不同的潮流算法。

牛顿—拉夫逊法是目前求解非线性方程应用最广泛的一种方法。这种方法的特点就是把对非线性方程的求解过程变成反复对相应的线性方程求解的过程，通常称为逐次线性化过程，就是牛顿—拉夫逊法的核心。

快速分解法是把节点功率表示为电压相量的极坐标方程式，以有功功率误差作为修正电压相量角度的依据，以无功功率误差作为修正电压幅值的依据，把有功功率和无功功率的迭代分开来进行。快速分解法根据电力系统实际运行状态的物理特点，对牛顿—拉夫逊法潮流计算的数学模型进行合理的简化。

【思考与练习】

1. 潮流计算的主要作用有哪些？
2. 潮流计算的 PV 节点、PQ 节点及平衡节点是如何设置的？

模块 4 负荷预测的概念和基本原理（GYZD00202004）

【模块描述】本模块介绍负荷预测的概念和基本原理。通过概念介绍和要点归纳，掌握负荷预测的意义和引起系统负荷变化的因素，熟悉负荷预测模型的种类和负荷预测算法以及提高负荷预测精度的方法。

【正文】

一、负荷预测的意义

负荷预测对电力系统控制、运行和计划都是非常重要的，尤其在电力市场运行模式下，提前做好负荷预报，不断提高负荷预报的精度，既能增强电力系统运行的安全性，又能改善电力系统运行的经济性。

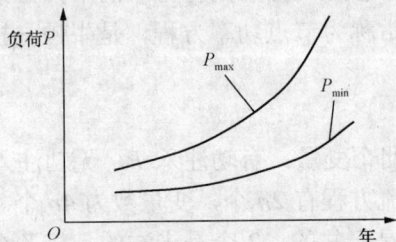

图 GYZD00202004-1 　负荷峰谷差逐年增加示意图

由于电力不可储存，用电负荷随时都在变化，而且我国多数电网在日、周、年的周期内负荷的峰谷差逐年增加，即将每年最大负荷增长曲线和最小负荷增长曲线画在一张图上时，如图 GYZD00202004-1 所示，负荷峰谷差呈现喇叭状。当负荷变化范围较小时只需调节各发电机组的有功功率，而负荷变化范围较大时必须启停机组。对于负荷的逐年增长要适时投产新的机组才满足用电需求。电力负荷预报是实时控制、运行计划和发展规划的前提，掌握电力生产的主动权应先做好负荷预测工作。

二、负荷预测的基本原理

电力系统负荷预测按对象分为系统负荷预测和母线负荷预测两类。

系统负荷预测针对系统总负荷进行预报，而母线负荷预测由系统负荷预报取得某一时刻系统负荷值，并将其分配到每一母线之上，母线负荷分配系数由状态估计程序自动在线维护。

1. 系统负荷分类

系统负荷可以划分为城市民用负荷、商业负荷、工业负荷、农业负荷及其他负荷等类型。

2. 引起系统负荷变化的因素

主要影响负荷变化的因素有负荷随时间变化规律、气象变化的影响及负荷随机波动。

不同类型的负荷有着不同的变化规律，一个地区负荷往往含有几种类型的负荷，比例不同。例如：民用负荷随家用电器的普及，城市居民负荷年增长率提高、季节波动增大，尤其是空调设备在南方迅速扩展，使系统峰荷受气温影响越来越大；商业负荷主要影响晚尖峰，而且随季节而变化；工业负荷受气象影响较小，但大企业成分下降，使夜间低谷增长缓慢；农业负荷季节变化强，而且与降水情况关系密切。

3. 负荷预测模型

系统负荷预测模型按时间周期分为超短期、短期、中期和长期四种。超短期负荷预报用于质量控制需 5~10s 的负荷值，用于安全监视需 1~5min 负荷值，用于预防控制和紧急状态处理需 10~60min 负荷值，使用对象是调度员；短期负荷预报主要用于火电分配、水火电协调、机组经济和交换功率计划，需要 1 日~1 周的负荷值，使用对象是编制调度计划的工程师；中期负荷预报主要用于水库调度、机组检修、交换计划和燃料计划，需要 1 月~1 年的负荷值，使用对象是编制中长期运行计划的工程师；长期负荷预报用于电源和网络发展，需要数年至数十年的负荷值，使用对象是规划工程师。

4. 负荷预测算法

目前实用负荷预测的算法主要有线性外推法、线性回归法、时间序列法、卡尔曼滤波法、人工神经元网络法、灰色系统法和专家系统方法等。各种算法均有一定的适用性，没有一个算法能适用于所有的负荷预测模型。实际运行中，根据不同的使用要求和历史数据类型，采取多种算法综合分析来确定最有效的负荷预测算法。

5. 负荷预测精度

负荷预测精度是负荷预测的最重要指标之一。掌握电力系统负荷变化规律，选择合适的负荷预测模型与算法是提高负荷预测精度的主要手段。

既然是预测未来负荷，就避免不了误差。尤其是一些不符合统计规律的不确定因素。例如不可预料的事故停电，会在负荷曲线上造成一个突变的区段。因此对于这种不确定因素对预报的影响，可以进行人工干预。也就是说，不能完全依赖于概率预测模型的结果，应由有经验的调度工程师对预测结果提出修正，可以大大提高负荷预测的精度。

北美、西欧等国家的运行实践证明，各个电网负荷变化特性是不相同的。有的历史负荷数据一致性较差，其预测精度必然低一些，任何负荷预报软件也不能达到比负荷变化分散度更高的精度。预测之所以成为科学是有一套处理历史数据的程序，总结出最符合实际的变化规律，以达到最高预测精度，当然是在某种保证率的条件下。提高负荷预报精度的关键是针对具体电网研究负荷变化模型和选择算法。

【思考与练习】

1. 负荷预测按对象分为哪几类？
2. 系统负荷预测的模型分为哪几种？
3. 实用负荷预测的算法有哪些？

模块 5　自动发电控制（AGC）的基本知识（GYZD00202005）

【模块描述】 本模块介绍自动发电控制（AGC）的基本知识。通过概念介绍和要点归纳，掌握自动发电控制的基本概念、总体结构、控制目标与控制模式及其基本功能。

【正文】

自动发电控制（Automatic Generation Control，AGC）系统是完整的功率闭环调节控制系统，包括实时发电控制、联络线交易计划、机组计划与实时经济调度、备用监视和性能评价等功能。它通过控制调度区域内发电机组的有功功率使发电自动跟踪负荷变化，维持系统频率偏差和电网联络线交换功率偏差在规定范围内，同时具备性能评价、备用容量监视、频率误差和时间误差校正功能。与超短期负荷预测、安全约束经济调度结合，可实现超前控制。

一、电力系统的频率控制与调节

自动发电控制是现代电网控制的一项基本功能及重要功能，也是建立在电力调度自动化的能量管理系统与发电机组协调控制系统（Coordinative Control System，CCS）间闭环控制的一种先进的技术手段。实施 AGC 可获得以高质量电能为前提的电力供需实时平衡，提高电网运行的经济性，减少调度运行人员的劳动强度。

电力系统中对发电机组的有功控制分为三种方式：一是由同步发电机的调速器实现的频率的一次调整控制；二是由自动发电控制实现的频率的二次调整控制；三是按照经济调度（Economic Dispatch Control，EDC）要求实现的频率的三次调整控制。

二、自动发电控制基本原理

自动发电控制通过一个闭环控制系统实现。自动发电控制从 SCADA 获得实时测量数据，计算出各发电厂或各机组的控制命令，再通过 SCADA 送到各电厂的控制器。由电厂控制器调节机组功率，使之跟踪自动发电控制的控制命令。

1. 自动发电控制结构

自动发电控制的总体结构示意图如图 GYZD00202005-1 所示。它包括发电计划跟踪、区域调节和机组控制三个环节。

（1）发电计划跟踪环节在综合考虑负荷预测、机组经济组合、水电计划及联络线交换功率计划基础上，提供控制区域发电机组的基点功率计划，如图 GYZD00202005-1 所示。

（2）区域调节控制环节是 AGC 的核心环节，它根据 AGC 控制模式，计算区域控制误差（Area Control Error，ACE），并计算使区域的 ACE 调节到零所需要的各机组增减的调节功率，并将这一调节分量加到机组基点功率上，得到机组的控制目标值下发到电厂控制器。

（3）机组控制环节由基本控制回路调节机组控制误差到零，一台电厂控制器可控制一台或多台机组。

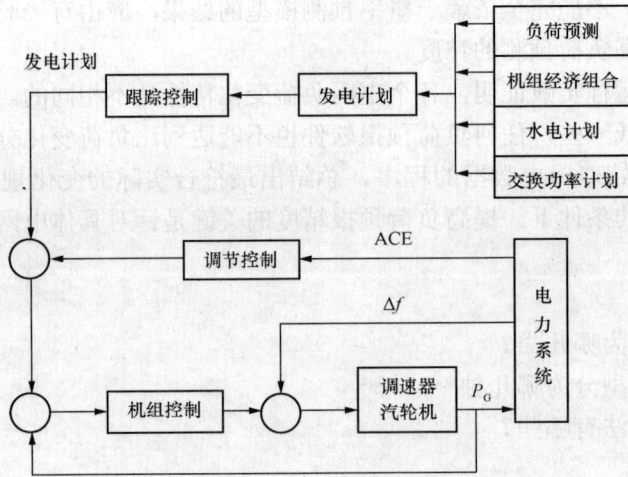

图 GYZD00202005-1 自动发电控制的总体结构

2. AGC 的控制目标与模式

（1）AGC 的控制目标。从电网经济运行与安全稳定运行角度看，AGC 的基本控制目标是：

1）调整全电网发电出力与全电网负荷平衡。

2）调整电网频率偏差到零，保持电网频率为额定值。

3）在各控制区域内分配全网发电出力，使区域间联络线潮流与计划值相等。

4）在本区域发电厂之间分配发电出力，使区域运行成本最小。

5）与超短期负荷预计及安全约束调度相结合的闭环控制。

（2）AGC 的控制模式：

1）定频率控制方式（Constant Frequency Control，CFC 或 Flat Frequency Control，FFC）。

2）定交换功率控制方式（Constant Net Interchange Control，CIC 或 CNIC）。

3）联络线偏差与频率控制模式（Tie Line Bias and Frequency Control，TBC）。

4）自动修正时差控制方式（TEC）。

5）自动修正交换电能差控制方式（IEEC）。

6）自动修正时差及交换电能差控制方式。

综合这些控制功能的区域控制偏差为

$$\text{ACE} = \Delta P + K_f \Delta f + K_t \Delta t + K_E \Delta E \qquad \text{（GYZD00202005-1）}$$

为了实现 AGC，要求在调度中心计算机上运行 AGC 程序。AGC 程序的控制目标是使因负荷变动而产生的区域控制差（ACE）不断减小，直至为零。如果不考虑自动修正时差及交换电能差，ACE 的计算公式可写成

$$\text{ACE} = \Delta P + K_f \Delta f = (P_a - P_s) + K_f(f_a - f_s) \qquad \text{（GYZD00202005-2）}$$

式中　P_a——实际交换功率，是本区域所有对外联络线实际交换功率代数和，MW；

　　　P_s——计划交换功率，是本区域所有对外联络线计划交换功率代数和，MW；

　　　f_a——电网实际频率，Hz；

　　　f_s——电网基准频率，Hz；

　　　K_f——电网频偏系数，MW/Hz，符号为正。

3. AGC 的基本功能

（1）负荷频率控制（LFC）。LFC 是指跟踪系统频率和联络线功率的变化，在可控范围内调节发电机的有功功率输出，维持联络线交换功率和频率在规定范围。LFC 功能还应能校正时钟误差和无意交换电量。

（2）备用监视。备用监视是指计算和监视区域中的各种备用容量，当备用不足时发出报警；以及计算和监视界面输入和修改区域的备用要求，当备用不足时发出报警。监视的备用容量一般有

下列三种：

1）调节备用。调节备用是指在线运行并受 AGC 控制的机组的调节余量，包括上升和下降两个方向。

$$P_{RVUPi} = P_{MXi} - P_{Gi} \qquad \text{（GYZD00202005-3）}$$

$$P_{RVDNi} = P_{Gi} - P_{MNi} \qquad \text{（GYZD00202005-4）}$$

式中　P_{RVUPi}——机组 i 上升方向的调节备用容量，MW；

P_{RVDNi}——机组 i 下降方向的调节备用容量，MW；

P_{MXi}——机组 i 的 LFC 调节上限，MW；

P_{MNi}——机组 i 的 LFC 调节下限，MW；

P_{Gi}——机组 i 的当前出力，MW。

电厂和系统的调节备用容量是其属下各机组的调节备用容量之和。

2）旋转备用。旋转备用容量是指在线运行机组可由调速器增加其出力的那一部分容量。对于离线机组，如果被指定为离线计及旋转备用，同在线机组一样处理，即

$$P_{SPi} = P_{CAPi} - P_{Gi} \qquad \text{（GYZD00202005-5）}$$

式中　P_{SPi}——机组 i 的旋转备用容量，MW；

P_{CAPi}——机组 i 的额定容量，MW；

P_{Gi}——机组 i 的当前出力，MW。

为了计及机组响应速率对旋转备用容量的限制，在数据库中给定每台机组可计及的旋转备用容量最大限值，当上述计算值超过限值时，限制在限值上。

电厂和系统的旋转备用容量是其属下各机组的旋转备用容量之和。

3）运行备用。运行备用容量是指短时间内（如 10min）可以动用的机组容量，包括在线机组可调容量和可快速启动的停运机组容量。这些停运机组被指定为离线计及运行备用，可在 10min 内投入运行并能带至额定出力，主要包括水电机组和燃气轮机等。

离线机组，如果被指定为离线计及旋转备用，同在线机组一样处理，即

$$P_{OPi} = P_{CAPi} - P_{Gi} \qquad \text{（GYZD00202005-6）}$$

式中　P_{OPi}——机组 i 的运行备用容量，MW；

P_{CAPi}——机组 i 的额定容量，MW；

P_{Gi}——机组 i 的当前出力，MW。

电厂和系统的运行备用容量是其属下各机组的运行备用容量之和。当发生下面两种情况时，机组将不考虑备用：①机组被指定为不计备用；②减出力计划指定机组完全减出力，即容量被减到零。

系统总的调节响应速率是指投入 AGC 的机组调节响应速率的总和，包括上升和下降两个方向。它是衡量 AGC 能力的一个重要指标，不足时发出报警。用公式描述如下

$$R_{UP} = \sum R_{UPi} \qquad \text{（GYZD00202005-7）}$$

$$R_{DN} = \sum R_{DNi} \qquad \text{（GYZD00202005-8）}$$

式中　R_{UP}——系统上升方向的调节响应速率，MW/min；

R_{UPi}——机组 i 上升方向的调节响应速率，MW/min；

R_{DN}——系统下降方向的调节响应速率，MW/min；

R_{DNi}——机组 i 下降方向的调节响应速率，MW/min。

（3）机组响应测试。通过向机组发预先定义的控制信号测试机组的响应，支持自动加负荷试验和自动减负荷试验。

（4）AGC 性能监视。AGC 的性能监视与评价，主要是对其控制性能进行监视和评价。评价标准可采用北美电力系统可靠性协会（NERC）的 A1、A2 标准或 CPS1、CPS2 等。

1）A1、A2 标准。①A1：控制区域的 ACE 在 10min 内必须至少过零一次。②A2：控制区域的 ACE 10min 内的平均值必须控制在规定的限值 L_d 内。要求各控制区域达到 A1、A2 标准的控制合格率

在90%以上。

2）CPS1、CPS2 标准。NERC 于 1998 年开始正式实施 CPS1、CPS2 控制性能评价标准，取代了原来的 A1、A2 标准。

CPS1 要求

$$\frac{ACE_{ave-1min} \times \Delta f_{ave-1min}}{-10B} \leq \varepsilon_1^2 \qquad \text{（GYZD00202005-9）}$$

式中　$ACE_{ave-1min}$——1min ACE 的平均值，要求每 2s 采样一次，然后 30 个值取平均，MW；

　　　$\Delta f_{ave-1min}$——1min 频率偏差的平均值，要求 1s 采样一次，然后 60 个值取平均，Hz；

　　　B——控制区域的频率偏差系数，取负号，MW/0.1Hz；

　　　ε_1——互联电网对全年 1min 频率平均偏差的均方根的控制目标值，这是一个全网统一的量，Hz。

CPS2 标准与 A2 相似，要求 ACE 每 10min 的平均值必须控制在规定的范围 L_{10} 内，L_{10} 计算公式为

$$L_{10} = 1.65\varepsilon_{10} \times \sqrt{10B_i \times (-10B_s)} \qquad \text{（GYZD00202005-10）}$$

式中　B_i——控制区域 i 的频率偏差系数；

　　　B_s——整个互联电网的频率偏差系数；

　　　ε_{10}——互联电网对给定年 10min 频率平均偏差的均方根值的控制目标值；

　　　1.65——系数，是 NERC 认为控制区域 ACE 的 10min 平均值是符合正态分布的。

为了满足频率质量的控制要求，控制区域的 ACE 的 10min 平均值应满足 $\sigma = \varepsilon_{10} \times \sqrt{-10B_i \times (-10B_s)}$ 的正态分布。

NERC 对 CPS2 合格率的要求达到 90% 以上，根据正态分布的特点，分布在 $(-1.65\sigma, +1.65\sigma)$ 范围内的事件概率为 90%，由此以 1.65 为系数。

【思考与练习】

1. AGC 的主要作用是什么？
2. AGC 的控制模式有哪几种？

模块 6　电力市场交易系统的基本知识（GYZD00202006）

【模块描述】本模块介绍电力市场交易系统的基本知识。通过概念介绍，了解电力市场的基本概念，熟悉电力市场交易系统的支持功能和数据交换功能，掌握电力市场交易系统安全防护的要求。

【正文】

一、电力市场的基本概念

电力市场是以公平竞争、资源互利为原则，对电力系统中的发电、输电、配电、用户等各成员组织协调运行的管理和执行系统，其基本特征是开放性、竞争性、网络性和协调性。电力市场的目标是引入竞争机制、优化资源配置、促进电力工业的可持续发展。我国的电力市场化改革正在逐步推进，建设全国、区域、省三级电力市场交易平台，开展省内委托外送电、替代发电（发电权）等多项交易业务是当前的主要任务。

二、电力市场交易系统的支持功能

电力市场交易系统是为适应电力体制改革、满足三级电力市场体系的运营需要而建设的信息化管理系统，主要对电力市场的数据申报、交易撮合、交易管理及计划下达、合同的分解与管理、市场信息发布、结算管理、市场预测及决策分析等环节提供技术支持，为电力市场交易业务提供信息发布、数据申报、撮合计算、中标结果下达的信息平台。电力市场交易系统是开展电力交易业务、进行市场分析决策的技术基础，它通过整合服务资源，优化业务流程，促进资源优化配置，以信息技术推动电力市场交易的应用创新和服务创新。

三、电力市场交易系统的数据交换功能

为满足电力市场交易系统与其他应用系统的信息共享和数据交换需要，必须遵照国家电网公司"SG186"工程建设要求，电力市场交易系统横向与安全生产、财务、综合应用等集成，纵向与三级电力市场交易运营系统贯通，实现数据的集中管理和业务的流程化处理。

四、电力市场交易系统安全防护

电力市场交易系统的安全不仅关系到市场竞争的公平，还可能涉及电网的安全。系统的网络及安全防护方案按照"SG186"工程要求统一部署，其保密体系包括系统环境的网络防护、用户的身份鉴别、敏感数据的加密保护及完善的用户权限管理等多个方面。

根据目前电网调度自动化的专业划分，电力市场交易系统不属于 PAS 范畴。

【思考与练习】

1．为什么要建电力交易市场？

2．电力市场交易系统主要有哪些功能？

第十二章　PAS 的常见算法介绍

模块 1　状态估计的基本算法及使用方法（GYZD00204001）

【模块描述】本模块介绍状态估计的基本算法及使用方法。通过原理讲解和方法介绍，掌握状态估计的基本算法、使用方法以及不良数据的检测与识辨方法。

【正文】

一、状态估计的基本算法

在给定网络接线、支路参数和量测系统的条件下，根据量测值求解状态估计值的计算方法称为状态估计算法。它是状态估计程序的核心部分。状态估计算法的选择对整个状态估计程序的性能有很大的影响。电力系统状态估计算法可分为两种，一种是高斯型加权最小二乘法算法，另一种是快速解耦算法。

1. 加权最小二乘法的状态估计算法

在给定网络接线、支路参数和量测值的条件下，加权最小二乘法的状态估计算法非线性量测方程可改写为

$$z = h(x) + v \qquad\text{（GYZD00204001-1）}$$

式中　z——m 维量测矢量；

　　　x——n 维状态矢量；

　　　v——m 维量测误差矢量；

　　$h(x)$——m 维量测函数矢量。

给定量测矢量 z 后，状态估计矢量 $\hat{x}$ 使目标函数 $J(x)$ 达到极小值，即

$$J(x) = [z - h(x)]^{\mathrm{T}} R^{-1} [z - h(x)] \qquad\text{（GYZD00204001-2）}$$

式中　R——量测误差的方差对角矩阵。

由于 $h(x)$ 是 x 的非线性矢量函数，故无法直接计算 $\hat{x}$，可以采用牛顿法的标准迭代算法解此问题。在 x_0 附近将 $h(x)$ 泰勒展开，忽略二次以上的非线性项之后，有

$$h(x) = h(x_0) + H(x_0)(x - x_0) \qquad\text{（GYZD00204001-3）}$$

其中，$H(x_0) = \dfrac{\partial h(x)}{\partial x}\Big|_{x=x_0}$。$H(x)$ 是 $m \times n$ 阶量测矢量的雅可比矩阵。将式（GYZD00204001-3）代入式（GYZD00204001-2）中得到

$$J(x) = [\Delta z - H(x_0)\Delta x]^{\mathrm{T}} R^{-1} [\Delta z - H(x_0)\Delta x] \qquad\text{（GYZD00204001-4）}$$

其中，$\Delta z = z - h(x_0)$。将上式展开并配方发现，欲使式（GYZD00204001-4）最小，应有

$$\Delta \hat{x} = \sum(x_0) H^{\mathrm{T}}(x_0) R^{-1} \Delta z \qquad\text{（GYZD00204001-5）}$$

其中

$$\sum(x_0) = [H^{\mathrm{T}}(x_0) R^{-1} H(x_0)]^{-1} \qquad\text{（GYZD00204001-6）}$$

该式也表示了在 x_0 值下的误差，$[H^{\mathrm{T}} R^{-1} H]$ 称为信息阵，其对角元素随着量测增多而增大，其逆矩阵则相反。从物理意义上说，量测值越多，则误差越小，估计越精确，从而得到

$$\hat{x} = x_0 + \Delta \hat{x} = x_0 + \sum(x_0) H^{\mathrm{T}}(x_0) R^{-1} \Delta z \qquad\text{（GYZD00204001-7）}$$

对于给定的状态量的初值 x_0，可通过迭代加以修正

$$\hat{\boldsymbol{x}}^{(l+1)} = \hat{\boldsymbol{x}}^{(l)} + [\boldsymbol{H}^{\mathrm{T}}(\hat{\boldsymbol{x}}^{(l)})\boldsymbol{R}^{-1}\boldsymbol{H}(\hat{\boldsymbol{x}}^{(l)})]^{-1}\boldsymbol{H}^{\mathrm{T}}(\hat{\boldsymbol{x}}^{(l)})\boldsymbol{R}^{-1}[\boldsymbol{z} - \boldsymbol{h}(\hat{\boldsymbol{x}}^{(l)})] \quad （GYZD00204001-8）$$

收敛判据是以下的任意一项

$$\left|\Delta\hat{\boldsymbol{x}}^{(l)}\right| < \varepsilon \quad （GYZD00204001-9）$$

$$\left|J(\hat{\boldsymbol{x}}^{(l)}) - J(\hat{\boldsymbol{x}}^{(l-1)})\right| < \varepsilon \quad （GYZD00204001-10）$$

这就是最小二乘算法状态估计的基本原理。

2. 快速解耦的状态估计算法

常规潮流算法中，利用两种假设即有功与无功的分解计算和雅可比矩阵的常数化，形成了快速分解算法，并在加速潮流的计算中取得了很大的成功。这种成功的经验推广到基本加权最小二乘法状态估计中，形成的快速分解状态估计算法也取得了良好的效果，在满足工程要求的合理精度范围内，快速分解状态估计算法具有很好的收敛性。既能处理支路上的量测量，又能处理节点注入型量测量，计算速度快且节省内存，是一种公认的状态估计的实用算法。

下面利用雅可比矩阵的分解和常数化简方法，由基本加权最小二乘法状态估计的迭代修正公式导出快速分解法状态估计的迭代修正公式。

假设 N 节点系统，首先将状态量 $\boldsymbol{x}$ 分为电压幅值和电压相角两类

$$\boldsymbol{x} = \begin{bmatrix} \boldsymbol{\theta} \\ \boldsymbol{u} \end{bmatrix} \quad （GYZD00204001-11）$$

式中，$\boldsymbol{\theta}$ 是 $n_{\mathrm{a}} = 2N-1$ 维节点电压相角矢量，$\boldsymbol{u}$ 是 $n_{\mathrm{r}} = 2N-1$ 维电压幅值矢量。

将量测矢量也分为有功和无功两类

$$\boldsymbol{z} = \begin{bmatrix} \boldsymbol{z}_{\mathrm{a}} \\ \boldsymbol{z}_{\mathrm{r}} \end{bmatrix} = \begin{bmatrix} \boldsymbol{h}_{\mathrm{a}}(\boldsymbol{\theta}, \boldsymbol{u}) \\ \boldsymbol{h}_{\mathrm{r}}(\boldsymbol{\theta}, \boldsymbol{u}) \end{bmatrix} + \begin{bmatrix} \boldsymbol{u}_{\mathrm{a}} \\ \boldsymbol{u}_{\mathrm{r}} \end{bmatrix} \quad （GYZD00204001-12）$$

式中，$\boldsymbol{z}_{\mathrm{a}}$ 为有功量测部分矢量，包括支路有功潮流和节点有功注入功率量测，设为 m_{a} 维；$\boldsymbol{z}_{\mathrm{r}}$ 为无功量测部分矢量，包括支路无功潮流、节点无功注入功率和节点电压幅值量测量，设为 m_{r} 维。同样，雅可比矩阵可以改写为

$$\boldsymbol{H}(\boldsymbol{\theta}, \boldsymbol{u}) = \begin{bmatrix} \dfrac{\partial\boldsymbol{h}_{\mathrm{a}}}{\partial\boldsymbol{\theta}} & \dfrac{\partial\boldsymbol{h}_{\mathrm{a}}}{\partial\boldsymbol{u}} \\ \dfrac{\partial\boldsymbol{h}_{\mathrm{r}}}{\partial\boldsymbol{\theta}} & \dfrac{\partial\boldsymbol{h}_{\mathrm{r}}}{\partial\boldsymbol{u}} \end{bmatrix} \quad （GYZD00204001-13）$$

加权阵也可以按照有功和无功分类

$$\boldsymbol{R}^{-1} = \begin{bmatrix} \boldsymbol{R}_{\mathrm{a}}^{-1} & \\ & \boldsymbol{R}_{\mathrm{r}}^{-1} \end{bmatrix} \quad （GYZD00204001-14）$$

高压系统中，有功对电压幅值、无功对电压相角影响较小，所以

$$\boldsymbol{H}(\boldsymbol{\theta}, \boldsymbol{u}) = \begin{bmatrix} \dfrac{\partial\boldsymbol{h}_{\mathrm{a}}}{\partial\boldsymbol{\theta}} & \dfrac{\partial\boldsymbol{h}_{\mathrm{a}}}{\partial\boldsymbol{u}} \\ \dfrac{\partial\boldsymbol{h}_{\mathrm{r}}}{\partial\boldsymbol{\theta}} & \dfrac{\partial\boldsymbol{h}_{\mathrm{r}}}{\partial\boldsymbol{u}} \end{bmatrix} \approx \begin{bmatrix} \dfrac{\partial\boldsymbol{h}_{\mathrm{a}}}{\partial\boldsymbol{\theta}} & \\ & \dfrac{\partial\boldsymbol{h}_{\mathrm{r}}}{\partial\boldsymbol{u}} \end{bmatrix} \quad （GYZD00204001-15）$$

由式（GYZD00204001-15）可推出

$$\boldsymbol{H}^{\mathrm{T}}\boldsymbol{R}^{-1}\boldsymbol{H} = \begin{bmatrix} \dfrac{\partial\boldsymbol{h}_{\mathrm{a}}^{\mathrm{T}}}{\partial\boldsymbol{\theta}}\boldsymbol{R}_{\mathrm{a}}^{-1}\dfrac{\partial\boldsymbol{h}_{\mathrm{a}}}{\partial\boldsymbol{\theta}} & \\ & \dfrac{\partial\boldsymbol{h}_{\mathrm{r}}^{\mathrm{T}}}{\partial\boldsymbol{u}}\boldsymbol{R}_{\mathrm{r}}^{-1}\dfrac{\partial\boldsymbol{h}_{\mathrm{r}}}{\partial\boldsymbol{u}} \end{bmatrix} \quad （GYZD00204001-16）$$

再引入简化，假设各支路两端相角差很小，各节点电压幅值接近于系统参考节点电压，则有

$$\dfrac{\partial\boldsymbol{h}_{\mathrm{a}}}{\partial\boldsymbol{\theta}} = -\boldsymbol{u}_0^2\boldsymbol{B}_{\mathrm{a}} \quad （GYZD00204001-17）$$

$$\frac{\partial \boldsymbol{h}_r}{\partial \boldsymbol{\theta}} = -\boldsymbol{u}_0 \boldsymbol{B}_r \tag{GYZD00204001-18}$$

式中　$\boldsymbol{u}_0$——系统的参考节点电压；

　$\boldsymbol{B}_a$、$\boldsymbol{B}_r$——有功和无功类的常数雅可比矩阵；

　　$\boldsymbol{B}_a$——支路电抗的倒数；

　　$\boldsymbol{B}_r$——支路导纳的虚部。

此时收敛速度较快，信息阵变为常数

$$\boldsymbol{H}^T \boldsymbol{R}^{-1} \boldsymbol{H} = \begin{bmatrix} \boldsymbol{u}_0^4 [(-\boldsymbol{B}_a)^T \boldsymbol{R}_a^{-1}(-\boldsymbol{B}_a)] & 0 \\ 0 & \boldsymbol{u}_0^2 [(-\boldsymbol{B}_r)^T \boldsymbol{R}_r^{-1}(-\boldsymbol{B}_r)] \end{bmatrix} \tag{GYZD00204001-19}$$

此时，迭代表达式变为

$$\boldsymbol{u}_0^4 [(-\boldsymbol{B}_a)^T \boldsymbol{R}_a^{-1}(-\boldsymbol{B}_a)] \Delta \boldsymbol{\theta}^{(l)} = \left[\frac{\partial \boldsymbol{h}_a^T}{\partial \boldsymbol{\theta}} \quad \frac{\partial \boldsymbol{h}_r^T}{\partial \boldsymbol{\theta}} \right] \boldsymbol{R}^{-1} [z - h(\boldsymbol{\theta}, u)] \Big|_{\substack{\boldsymbol{\theta}=\boldsymbol{\theta}^{(l)} \\ \boldsymbol{u}=\boldsymbol{u}^{(l)}}}$$

$$\approx \boldsymbol{u}_0^2 (-\boldsymbol{B}_a)^T \boldsymbol{R}_a^{-1} [z_a - h_a(\boldsymbol{u}, \boldsymbol{\theta})] \Big|_{\substack{\boldsymbol{\theta}=\boldsymbol{\theta}^{(l)} \\ \boldsymbol{u}=\boldsymbol{u}^{(l)}}} \tag{GYZD00204001-20}$$

$$\boldsymbol{u}_0^2 [(-\boldsymbol{B}_r)^T \boldsymbol{R}_r^{-1}(-\boldsymbol{B}_r)] \Delta \boldsymbol{u}^{(l)} = \left[\frac{\partial \boldsymbol{h}_a^T}{\partial \boldsymbol{u}} \quad \frac{\partial \boldsymbol{h}_r^T}{\partial \boldsymbol{u}} \right] \boldsymbol{R}^{-1} [z - h(\boldsymbol{\theta}, u)] \Big|_{\substack{\boldsymbol{\theta}=\boldsymbol{\theta}^{(l)} \\ \boldsymbol{u}=\boldsymbol{u}^{(l)}}}$$

$$\approx \boldsymbol{u}_0 (-\boldsymbol{B}_r)^T \boldsymbol{R}_r^{-1} [z_r - h_r(\boldsymbol{u}, \boldsymbol{\theta})] \Big|_{\substack{\boldsymbol{\theta}=\boldsymbol{\theta}^{(l)} \\ \boldsymbol{u}=\boldsymbol{u}^{(l)}}} \tag{GYZD00204001-21}$$

这样就将原来的有功无功和幅值相角一起迭代修正变为两组交替修正，其修正的系数矩阵成为了常实数矩阵，大大加快了迭代计算速度。这就是快速解耦法的基本原理。

二、不良数据的检测与辨识

状态估计依靠设备参数、量测值和网络运行方式计算给出当前的系统状态值。由于各种原因，通过前置通道等方式送上来的数据会出现错误。状态估计模块可以检测和辨识各类错误遥测数据并提供给维护人员进行排查。在部分遥信值发生错误的情况下，能进行错误开关辨识，即遥信预处理，使得计算用模型有一个正确的网络拓扑。这两个功能可以分别称为遥测预处理和遥信预处理。

1. 遥测预处理

遥测预处理比较简单。在状态估计计算之前，先对 SCADA 遥测数据的合理性进行检测，列出明显有错误或不合理测量点，供运行维护人员参考和分析，提高 SCADA 量测的准确性。也可对错误信息进行分类检索。

状态估计可处理 T 接线路多端潮流不平衡情况，考虑到设备有功、无功损耗及网络拓扑变化，能处理因对地充电电容引起的无功不平衡线路。为方便对 SCADA 量测的维护，遥测预处理告警的不平衡百分数可由使用者人工设置。

状态估计可检验以下内容：线路有功不平衡、线路无功不平衡；变压器有功不平衡、变压器无功不平衡；母线有功不平衡、母线无功不平衡；同一位置测点 P、Q、I 不匹配；并列母线电压偏差过大；变压器抽头与两侧电压不匹配等。

状态估计将 SCADA 遥测的检测结果以列表形式显示，使用者可根据表中列出的信息对 SCADA 遥测进行检查。

2. 遥信预处理

遥信预处理即错误开关辨识。该功能根据遥测量估计电网的实际开关状态，可纠正偶然出现的错误遥信量，以保证数据库中电网接线方式的准确性。

遥信预处理基于设备的类型信息、网络的拓扑信息和量测信息，其思想是遥测值作用于遥信值，即对于有效量测证明其明显带电运行的设备，若采集到的遥信不在活岛，则对相应的断路器、隔离开关进行预处理。遥信预处理的流程如下：

（1）实时网络拓扑。

（2）考虑不同接线方式，按设备处理拉合断路器。

（3）辨别已合的断路器，将其相关隔离开关合上。

（4）发预处理信息。

（5）将预处理后的网络拓扑发给状态估计使用。

三、状态估计的使用方法

通过人机界面使用状态估计是最方便的途径。通过人机界面进行交互可设置状态估计的各种参数，控制计算范围，检查结果显示，控制量测等。状态估计软件的主画面上，有进程控制、潮流结果、量测分析结果、运行信息、参数设置等操作功能。

1．进程控制

进程控制包括启动进程、终止进程，进程控制类信息包括进程状态、迭代信息、运行信息等。

2．潮流结果

潮流结果包括电气岛信息、告警信息、系统潮流数据信息。

3．量测控制

量测控制包括厂站量测控制和线路、变压器、发电机组、母线等量测控制。

4．量测分析

量测分析包括遥测预处理告警、遥信预处理告警、可疑数据表及自动伪量测。

5．参数设置

参数包括运行参数和遥测预处理门槛值两种。

四、状态估计的考核指标

状态估计考核指标包括：

（1）状态估计覆盖率（考核基础自动化的数据）。

（2）状态估计月可用率（考核收敛情况）。

（3）遥测估计合格率（用来考核计算结果的真实性）。遥测估计合格率是假定现场采集来的量测量是准确的，通过与遥测量的比较确定状态估计值是否正确。

遥测估计合格率 = 遥测估计合格点数/遥测总点数（不包括坏数据）×100%

（4）单次状态估计计算时间。

【思考与练习】

1．状态估计的常见算法有哪几种？

2．状态估计主要有哪些操作功能？

模块 2　潮流计算的基本算法及使用方法
（GYZD00204002）

【模块描述】本模块介绍潮流计算的基本算法及使用方法。通过原理讲解、要点归纳和方法介绍，掌握潮流计算的两种基本算法，熟悉潮流计算软件的基本功能和使用方法。

【正文】

一、潮流计算的基本算法

潮流计算的基本算法有牛顿—拉夫逊法和快速分解法两种。

（一）牛顿—拉夫逊法

牛顿—拉夫逊法是目前求解非线性方程最好的一种方法之一。牛顿—拉夫逊法的核心是把非线性方程的求解过程变成相应的线性方程求解的过程，通常称为逐次线性化过程。

牛顿—拉夫逊法的基本原理是从解的某一相邻域内的某一初始点出发，沿着该点的一阶偏导数，即雅可比矩阵，朝减小方程的残差方向前进一步；在新的点上再计算残差和雅可比矩阵，继续前进。重复这一过程直到残差达到收敛标准，即得到了非线性方程组的解。因为越靠近解，偏导数的方向越准，收敛速度也越快，所以牛顿—拉夫逊法具有二阶收敛特性。而所谓"某一相邻域"是指雅可比方向均指向解的范围，否则可能走向非线性函数的其他极值点。一般来说，潮流由平电压即各母线电压（相角为 0，幅值为 1）启动。

1. 一般概念

对于非线性代数方程组 $f(x)=0$ 即

$$f_i(x_1,x_2,\cdots,x_n)=0 \ (i=1,2,\cdots,n)$$

在待求量 x 的某一个初始计算值 $x^{(0)}$ 附近，将上式按泰勒级数展开，并略去二阶及以上的高阶项，得到如下的线性化的方程组

$$f(x^{(0)})+f'(x^{(0)})\Delta x^{(0)}=0 \tag{GYZD00204002-1}$$

式（GYZD00204002-1）称之为牛顿—拉夫逊法的修正方程式。由此可以求得第一次迭代的修正量

$$\Delta x^{(0)}=-\left[f'(x^{(0)})\right]^{-1}f(x^{(0)})$$

将 $\Delta x^{(0)}$ 和 $x^{(0)}$ 相加，得到变量的第一次改进值 $x^{(1)}$。接着再从 $x^{(1)}$ 出发，重复上述计算过程。因此从一定的初值 $x^{(0)}$ 出发，应用牛顿—拉夫逊法求解的迭代公式为

$$f'(x^{(k)})\Delta x^{(k)}=-f(x^{(k)}) \tag{GYZD00204002-2}$$

$$x^{(k+1)}=x^{(k)}+\Delta x^{(k)} \tag{GYZD00204002-3}$$

上两式中，$f'(x)$ 是函数 $f(x)$ 对于变量 x 的一阶偏导数矩阵，即雅可比矩阵 $\boldsymbol{J}$。k 为迭代次数。

由式（GYZD00204002-2）和式（GYZD00204002-3）可见，牛顿—拉夫逊法的核心是反复形成求解修正方程式。牛顿—拉夫逊法当初始估计值 $x^{(0)}$ 和方程的精确解足够接近时，收敛速度非常快，具有平方收敛特性。

2. 潮流计算的修正方程

运用牛顿—拉夫逊法计算潮流分布时，首先要找出描述电力系统的非线性方程。这里仍从节点电压方程入手，设电力系统导纳矩阵已知，则系统中某节点（i 节点）电压方程为

$$\sum_{j=1}^{n}Y_{ij}\dot{U}_j=\left(\frac{\overset{*}{S_i}}{\overset{*}{U_i}}\right)$$

从而得

$$\dot{S}_i=\dot{U}_i\sum_{j=1}^{n}\overset{*}{Y_{ij}}\overset{*}{U_j}$$

进而有

$$(P_i+jQ_i)-\dot{U}_i\sum_{j=1}^{n}\overset{*}{Y_{ij}}\overset{*}{U_j}=0 \tag{GYZD00204002-4}$$

式（GYZD00204002-4）中，左边第一项为给定的节点注入功率，第二项为由节点电压求得的节点注入功率。二者之差就是节点功率的不平衡量。有待解决的问题是当各节点功率的不平衡量都趋近于零时，各节点电压应具有的值。

由此可见，如将式（GYZD00204002-4）作为牛顿—拉夫逊中的非线性函数 $F(X)=0$，其中节点电压就相当于变量 X。建立了这种对应关系，就可列出修正方程式，并迭代求解。由于节点电压有两种表示方式，以直角坐标或者极坐标表示，列出的迭代方程也有两种。

（1）直角坐标表示的修正方程。节点电压以直角坐标表示时，令 $\dot{U}_i=e_i+jf_i$、$\dot{U}_j=e_j+jf_j$，且将导纳矩阵中元素表示为 $Y_{ij}=G_{ij}+jB_{ij}$，则式（GYZD00204002-4）改变为

$$(P_i+jQ_i)-(e_i+jf_i)\sum_{j=1}^{n}(G_{ij}-jB_{ij})(e_j-jf_j)=0$$

再将实部和虚部分开，可得

$$\left.\begin{array}{l} P_i - \sum\limits_{j=1}^{n}\left[e_i\left(G_{ij}e_j - B_{ij}f_j\right) + f_i\left(G_{ij}f_j + B_{ij}e_j\right)\right] = 0 \\ Q_i - \sum\limits_{j=1}^{n}\left[f_i\left(G_{ij}e_j - B_{ij}f_j\right) - e_i\left(G_{ij}f_j + B_{ij}e_j\right)\right] = 0 \end{array}\right\} \qquad \text{(GYZD00204002-5)}$$

这就是直角坐标下的功率方程。一个节点列出了有功和无功两个方程。

对于 PV 节点（$i = 1, 2, \cdots, m-1$），给定量为节点注入功率，记为 P_i'、Q_i'，由式（GYZD00204002-5）可得功率的不平衡量，作为非线性方程，即

$$\left.\begin{array}{l} \Delta P_i = P_i' - \sum\limits_{j=1}^{n}\left[e_i\left(G_{ij}e_j - B_{ij}f_j\right) + f_i\left(G_{ij}f_j + B_{ij}e_j\right)\right] \\ \Delta Q_i = Q_i' - \sum\limits_{j=1}^{n}\left[f_i\left(G_{ij}e_j - B_{ij}f_j\right) - e_i\left(G_{ij}f_j + B_{ij}e_j\right)\right] \end{array}\right\} \qquad \text{(GYZD00204002-6)}$$

式中　ΔP_i、ΔQ_i——第 i 节点的有功功率的不平衡量和无功功率的不平衡量。

对于 PV 节点（$i = m+1, m+2, \cdots, n$），给定量为节点注入有功功率及电压数值，记为 P_i'、U_i'，因此，可以利用有功功率的不平衡量和电压的不平衡量表示出非线性方程，即

$$\left.\begin{array}{l} \Delta P_i = P_i' - \sum\limits_{j=1}^{n}\left[e_i\left(G_{ij}e_j - B_{ij}f_j\right) + f_i\left(G_{ij}f_j + B_{ij}e_j\right)\right] \\ \Delta U_i^2 = U_i'^2 - \left(e_i^2 + f_i^2\right) \end{array}\right\} \qquad \text{(GYZD00204002-7)}$$

式中　ΔU_i——电压的不平衡量。

对于平衡节点（$i = m$），因为电压数值及相位角给定，所以 $\dot{U}_s = e_s + \mathrm{j}f_s$ 也确定，不需要参加迭代求节点电压。

因此，对于 n 个节点的系统只能列出 $2(n-1)$ 个方程，其中有功功率方程 $(n-1)$ 个，无功功率方程 $(m-1)$ 个，电压方程 $(n-m)$ 个。将式（GYZD00204002-6）、式（GYZD00204002-7）非线性方程联立，称为 n 个节点系统的非线性方程组，且按泰勒级数在 $f_i^{(0)}$、$e_i^{(0)}$（$i = 1, 2, \cdots, n, i \neq m$）展开，并略去高次项，得到以矩阵形式表示的修正方程

$$\begin{bmatrix} \Delta P_1 \\ \Delta Q_1 \\ \Delta P_2 \\ \Delta Q_2 \\ \vdots \\ \hline \Delta P_p \\ \Delta U_p^2 \\ \vdots \\ \Delta P_n \\ \Delta U_n^2 \end{bmatrix} = \left[\begin{array}{cccc|cc|cc} H_{11} & N_{11} & H_{12} & N_{12} & H_{1p} & N_{1p} & H_{1n} & N_{1n} \\ J_{11} & L_{11} & J_{12} & L_{12} & J_{1p} & L_{1p} & J_{1n} & L_{1n} \\ H_{21} & N_{21} & H_{22} & N_{22} & H_{2p} & N_{2p} & H_{2n} & N_{2n} \\ J_{21} & L_{21} & J_{22} & L_{22} & J_{2p} & L_{2p} & J_{2n} & L_{2n} \\ \vdots & & & & & & & \\ \hline H_{p1} & N_{p1} & H_{p2} & N_{p2} & H_{pp} & N_{pp} & H_{pn} & N_{pn} \\ R_{p1} & S_{p1} & R_{p2} & S_{p2} & R_{pp} & S_{pp} & R_{pn} & S_{pn} \\ \vdots & & & & & & & \\ H_{n1} & N_{n1} & H_{n2} & N_{n2} & H_{np} & N_{np} & H_{nn} & N_{nn} \\ R_{n1} & S_{n1} & R_{n2} & S_{n2} & R_{np} & S_{np} & R_{nn} & S_{nn} \end{array}\right] \begin{bmatrix} \Delta f_1 \\ \Delta e_1 \\ \Delta f_2 \\ \Delta e_2 \\ \vdots \\ \hline \Delta f_p \\ \Delta e_p \\ \vdots \\ \Delta f_n \\ \Delta e_n \end{bmatrix} \qquad \text{(GYZD00204002-8)}$$

式（GYZD00204002-8）中雅可比矩阵的各个元素则分别为

$$H_{ij} = \frac{\partial \Delta P_i}{\partial f_j} \qquad N_{ij} = \frac{\partial \Delta P_i}{\partial e_j}$$

$$J_{ij} = \frac{\partial \Delta Q_i}{\partial f_j} \qquad L_{ij} = \frac{\partial \Delta Q_i}{\partial e_j}$$

$$R_{ij} = \frac{\partial \Delta U_i^2}{\partial f_j} \qquad S_{ij} = \frac{\partial \Delta U_i^2}{\partial e_j}$$

将式（GYZD00204002-8）写成缩写形式为

$$\begin{bmatrix} \Delta P \\ \Delta Q \\ \Delta U^2 \end{bmatrix} = \begin{bmatrix} H & N \\ J & L \\ R & S \end{bmatrix} \begin{bmatrix} \Delta f \\ \Delta e \end{bmatrix} = [\boldsymbol{J}] \begin{bmatrix} \Delta f \\ \Delta e \end{bmatrix} \qquad \text{（GYZD00204002-9）}$$

（2）极坐标表示的修正方程。在牛顿—拉夫逊法计算中，选择功率方程 $P_i + jQ_i - \dot{U}_i \sum_{j=1}^{n} \overset{*}{Y}_{ij} \overset{*}{U}_j = 0$ 作为非线性函数方程，把式中电压相量表示为极坐标形式

$$\dot{U}_i = U_i e^{j\delta_i} = U_i(\cos\delta_i + j\sin\delta_i)$$

$$\dot{U}_j = U_j e^{j\delta_j} = U_j(\cos\delta_j + j\sin\delta_j)$$

则节点功率方程变为

$$P_i + jQ_i - U_i(\cos\delta_i + j\sin\delta_i) \sum_{j=1}^{n} (G_{ij} - jB_{ij}) U_j(\cos\delta_j - j\sin\delta_j) = 0$$

将上式分解成实部和虚部

$$P_i - U_i \sum_{j=1}^{n} U_j (G_{ij}\cos\delta_{ij} + B_{ij}\sin\delta_{ij}) = 0$$

$$Q_i - U_i \sum_{j=1}^{n} U_j (G_{ij}\sin\delta_{ij} - B_{ij}\cos\delta_{ij}) = 0$$

这就是功率方程的极坐标形式，由此可得到描述电力系统的非线性方程。

对于 PQ 节点，给定了 P_i'、Q_i'，而 U_i' 未知。

$$\left. \begin{aligned} \Delta P_i &= P_i' - U_i \sum_{j=1}^{n} U_j (G_{ij}\cos\delta_{ij} + B_{ij}\sin\delta_{ij}) \\ Q_i &= Q_i' - U_i \sum_{j=1}^{n} U_j (G_{ij}\sin\delta_{ij} - B_{ij}\cos\delta_{ij}) \end{aligned} \right\} (i=1,2,\cdots,m-1) \qquad \text{（GYZD00204002-10）}$$

对于 PV 节点，给定了 P_i'、U_i'，而 Q_i' 未知。式（GYZD00204002-10）中 ΔQ_i 将失去作用，于是 PV 节点仅保留 ΔP_i 方程，以求得电压的相位角。

$$\Delta P_i = P_i' - U_i \sum_{j=1}^{n} U_j (G_{ij}\cos\delta_{ij} + B_{ij}\sin\delta_{ij}) \quad (i=m+1, m+2, \cdots, n) \qquad \text{（GYZD00204002-11）}$$

对于平衡节点，因为 U_S、δ_S 已知，不参加迭代计算。

将式（GYZD00204002-10）、式（GYZD00204002-11）联立，且按泰勒级数展开，并略去高次项后，得出矩阵形式的修正方程

$$\begin{bmatrix} \Delta P_1 \\ \Delta Q_1 \\ \Delta P_2 \\ \Delta Q_2 \\ \vdots \\ \Delta P_p \\ \vdots \\ \Delta P_n \end{bmatrix} = \begin{bmatrix} H_{11} & N_{11} & H_{12} & N_{12} & | & H_{1p} & H_{1n} \\ J_{11} & L_{11} & J_{12} & L_{12} & | & J_{1p} & L_{1n} \\ H_{21} & N_{21} & H_{21} & N_{21} & | & H_{2p} & N_{2n} \\ J_{21} & L_{21} & J_{21} & L_{21} & | & J_{2p} & L_{2n} \\ \vdots & & & & | & & \\ \hline H_{p1} & N_{p1} & H_{p2} & N_{p2} & | & H_{pp} & H_{pn} \\ \vdots & & & & | & & \\ H_{n1} & N_{n1} & H_{n2} & N_{n2} & | & H_{np} & H_{nn} \end{bmatrix} \begin{bmatrix} \Delta\delta_1 \\ \Delta U_1/U_1 \\ \Delta\delta_2 \\ \Delta U_2/U_2 \\ \vdots \\ \Delta\delta_p \\ \vdots \\ \Delta\delta_n \end{bmatrix} \qquad \text{（GYZD00204002-12）}$$

雅可比矩阵中，对 PV 节点，仍可写出两个方程的形式，但其中的元素以零元素代替，从而显示了雅可比矩阵的高度稀疏性。式中电压幅值的修正量采用 $\Delta U/U$ 的形式，没有什么特殊意义，仅是为了雅可比矩阵中各元素具有相似的表达式。

雅可比矩阵的各元素如下

$$H_{ij} = \frac{\partial \Delta P_i}{\partial \delta_j} = -U_i U_j \left(G_{ij} \sin \delta_{ij} - B_{ij} \cos \delta_{ij} \right)$$

$$H_{ii} = \frac{\partial \Delta P_i}{\partial \delta_i} = U_i \sum_{\substack{j=1 \\ j \neq i}}^{n} U_j \left(G_{ij} \sin \delta_{ij} - B_{ij} \cos \delta_{ij} \right)$$

$$N_{ij} = \frac{\partial \Delta P_i}{\partial U_j} U_j = -U_i U_j \left(G_{ij} \cos \delta_{ij} + B_{ij} \sin \delta_{ij} \right)$$

$$N_{ii} = \frac{\partial \Delta P_i}{\partial U_i} U_i = -U_i \sum_{\substack{j=1 \\ j \neq i}}^{n} U_j \left(G_{ij} \cos \delta_{ij} + B_{ij} \sin \delta_{ij} \right) - 2U_i^2 G_{ii}$$

$$J_{ij} = \frac{\partial \Delta Q_i}{\partial \delta_j} = U_i U_j \left(G_{ij} \cos \delta_{ij} + B_{ij} \sin \delta_{ij} \right)$$

$$J_{ii} = \frac{\partial \Delta Q_i}{\partial \delta_i} = -U_i \sum_{\substack{j=1 \\ j \neq i}}^{n} U_j \left(G_{ij} \cos \delta_{ij} + B_{ij} \sin \delta_{ij} \right)$$

$$L_{ij} = \frac{\partial \Delta Q_i}{\partial \delta_j} = -U_i U_j \left(G_{ij} \cos \delta_{ij} - B_{ij} \sin \delta_{ij} \right)$$

$$L_{ii} = \frac{\partial \Delta Q_i}{\partial \delta_i} U_j = -U_i \sum_{\substack{j=1 \\ j \neq i}}^{n} U_j \left(G_{ij} \sin \delta_{ij} - B_{ij} \cos \delta_{ij} \right) + 2U_i^2 B_{ii}$$

将式（GYZD00204002-12）写成缩写形式

$$\begin{bmatrix} \Delta P \\ \Delta Q \end{bmatrix} = \begin{bmatrix} H & N \\ J & L \end{bmatrix} \begin{bmatrix} \Delta \delta \\ \Delta U / U \end{bmatrix} \tag{GYZD00204002-13}$$

得到了式（GYZD00204002-13）两种坐标系下的修正方程。这是牛顿—拉夫逊潮流计算中需要反复迭代求解的基本方程式。

（二）快速分解法

快速分解法是把节点功率表示为电压相量的极坐标方程式，以有功功率误差作为修正电压相量角度的依据，以无功功率误差作为修正电压幅值的依据，把有功功率和无功功率的迭代分开来进行。快速分解法根据电力系统实际运行状态的物理特点，对牛顿—拉夫逊法潮流计算的数学模型进行合理简化。

快速分解法潮流计算的修正方程式和功率误差方程式构成了快速分解法迭代的基本计算公式。

在交流高压电网中，输电线路的电抗要比电阻大得多，系统中母线有功功率的变化主要受电压相位的影响，无功功率的变化主要受母线电压幅值变化的影响。在修正方程式的系数矩阵中，偏导数 $\frac{\partial \Delta Q}{\partial \delta}$ 和 $\frac{\partial \Delta P}{\partial U}$ 的数值相对小于偏导数 $\frac{\partial \Delta Q}{\partial U}$ 和 $\frac{\partial \Delta P}{\partial \delta}$，作为简化的第一步，可将修正方程式的系数矩阵式（GYZD00204002-14）中的子块 N 和 K 略去不计，即认为它们的元素都等于零。这样，$n-1+m$ 阶的方程式便分解为一个 $n-1$ 阶和一个 m 阶的方程式，即将式（GYZD00204002-14）简化为式（GYZD00204002-15）和式（GYZD00204002-16）

$$\begin{bmatrix} \Delta P \\ \Delta Q \end{bmatrix} = -\begin{bmatrix} H & N \\ K & L \end{bmatrix} \begin{bmatrix} \Delta \delta \\ U_D^{-1} \Delta U \end{bmatrix} \tag{GYZD00204002-14}$$

$$\Delta P = -H \Delta \delta \tag{GYZD00204002-15}$$

$$\Delta Q = -L U_D^{-1} \Delta U \tag{GYZD00204002-16}$$

上述简化大大节省了计算机的内存和解题时间。但是，由于矩阵 H 和 L 的元素都是节点电压幅值和相角差的函数，其数值在迭代过程中是不断变化的。因此，快速分解法潮流计算的第二个简化，也是最关键的一步简化就在于把系数矩阵 H 和 L 简化成在迭代过程中不变的常数对称矩阵。一般情况下，线路两端电压的相角差不大（通常不超过 $10° \sim 20°$）。因此，可以认为

$$\cos\delta_{ij} \approx 1, \quad G_{ij}\sin\delta_{ij} << B_{ij} \qquad (\text{GYZD00204002-17})$$

此外，与系统各节点无功功率相适应的导纳 $B_{\text{LD}i}$ 远小于该节点自导纳的虚部，即

$$B_{\text{LD}i} = \frac{Q_i}{U_i^2} << B_{ii} \qquad 或 \qquad Q_i << U_i^2 B_{ii}$$

考虑到上面的关系，矩阵 H 和 L 的元素的表达式便被简化为

$$H_{ij} = U_i U_j B_{ij} \qquad (i, j=1, 2, \cdots, n\text{-}1) \qquad (\text{GYZD00204002-18})$$

$$L_{ij} = U_i U_j B_{ij} \qquad (i, j=1, 2, \cdots, m) \qquad (\text{GYZD00204002-19})$$

$$H = \begin{bmatrix} U_1 B_{11} U_1 & U_1 B_{12} U_2 & \cdots & U_1 B_{1,n-1} U_{n-1} \\ U_2 B_{21} U_1 & U_2 B_{22} U_2 & \cdots & U_2 B_{2,n-1} U_{n-1} \\ \vdots & \vdots & \vdots & \vdots \\ U_{n-1} B_{n-1,1} U_1 & U_{n-1} B_{n-1,2} U_2 & \cdots & U_{n-1} B_{n-1,n-1} U_{n-1} \end{bmatrix} \qquad (\text{GYZD00204002-20})$$

$$L = \begin{bmatrix} U_1 B_{11} U_1 & U_1 B_{12} U_2 & \cdots & U_1 B_{1m} U_m \\ U_2 B_{21} U_1 & U_2 B_{22} U & \cdots & U_2 B_{2m} U_m \\ \vdots & \vdots & \vdots & \vdots \\ U_m B_{m1} U_1 & U_m B_{m2} U_2 & \cdots & U_m B_{mm} U_m \end{bmatrix} \qquad (\text{GYZD00204002-21})$$

将式（GYZD00204002-20）和式（GYZD00204002-21）分别代入式（GYZD00204002-15）和式（GYZD00204002-16），便得到

$$\Delta P = -U_{\text{D1}} B' U_{\text{D1}} \Delta\delta$$

$$\Delta Q = -U_{\text{D2}} B'' \Delta U$$

用 U_{D1}^{-1} 和 U_{D2}^{-1} 分别去乘以上两式，便得到了简化的修正方程式，可展开写成

$$\begin{bmatrix} \dfrac{\Delta P_1}{U_1} \\ \dfrac{\Delta P_2}{U_2} \\ \vdots \\ \dfrac{\Delta P_{n-1}}{U_{n=1}} \end{bmatrix} = -\begin{bmatrix} B_{11} & B_{12} & \cdots & B_{1,n-1} \\ B_{21} & B_{22} & \cdots & B_{2,n-1} \\ \vdots & \vdots & \vdots & \vdots \\ B_{n-1,1} & B_{n-1,2} & \cdots & B_{n-1,n-1} \end{bmatrix}\begin{bmatrix} U_1 \Delta\delta_1 \\ U_2 \Delta\delta_2 \\ \vdots \\ U_{n-1} \Delta\delta_{n-1} \end{bmatrix} \qquad (\text{GYZD00204002-22})$$

$$\begin{bmatrix} \dfrac{\Delta Q_1}{U_1} \\ \dfrac{\Delta Q_2}{U_2} \\ \vdots \\ \dfrac{\Delta Q_m}{U_m} \end{bmatrix} = -\begin{bmatrix} B_{11} & B_{12} & \cdots & B_{1m} \\ B_{21} & B_{22} & \cdots & B_{2m} \\ \vdots & \vdots & \vdots & \vdots \\ B_{m1} & B_{m2} & \cdots & B_{mm} \end{bmatrix}\begin{bmatrix} \Delta U_1 \\ \Delta U_2 \\ \vdots \\ \Delta U_m \end{bmatrix} \qquad (\text{GYZD00204002-23})$$

式（GYZD00204002-22）和式（GYZD00204002-23）是快速分解法潮流计算的修正方程式。其中系数矩阵都是由节点导纳矩阵的虚部构成，只是阶次不同，矩阵 B' 为 $n-1$ 阶，不含平衡节点对应的行和列，矩阵 B'' 为 m 阶，不含平衡节点和PV节点对应的行和列。

$$\Delta P_i = P_{is} - P_i = P_{is} - U_i \sum_{j=1}^{n} U_j \left(G_{ij} \cos \delta_{ij} + B_{ij} \sin \delta_{ij} \right) \qquad （\text{GYZD00204002-24}）$$

$$\Delta Q_i = Q_{is} - Q_i = Q_{is} - U_i \sum_{j=1}^{n} U_j \left(G_{ij} \sin \delta_{ij} + B_{ij} \cos \delta_{ij} \right) \qquad （\text{GYZD00204002-25}）$$

式（GYZD00204002-24）和式（GYZD00204002-25）是功率误差方程式。

二、潮流计算软件的基本功能及使用方法

潮流计算是根据提供的可靠、快速的潮流算法进行在线潮流计算，生成某一给定网络条件的潮流问题的解决方法。

（一）潮流计算软件的基本功能

（1）调度员潮流可在给定（历史、当前或预想）的运行方式下，进行设定操作，改变运行方式，分析本系统的潮流分布。

（2）调度员潮流的设定操作可在一次接线图上模拟断路器的开合、线路或变压器的投退、变压器分接头的调整、无功补偿装置的投切以及发电机出力和负荷的调整等。

（3）调度员潮流能对即将进行的实际操作进行滚动模拟计算，对实际操作可能引起的危险予以告警，能进行实际操作结果与模拟操作结果的比对。

（4）调度员潮流能进行越限报警，潮流计算结果应能在画面上直观明了地显示和打印输出。

（二）潮流计算软件的使用方法

通过人机交互界面使用潮流计算是最方便的途径。运行人员获取状态估计断面数据、调度操作模拟、运行参数维护、计算结果分析及误差统计都可通过人机交互界面进行。

1. 获取断面数据

获取状态估计断面数据可分实时方式和历史方式两种。

2. 调度操作模拟

在初始潮流断面基础上，可以通过修改各种运行方式来模拟预想的潮流运行方式，再进行详细的潮流分析。通常潮流计算软件提供的修改操作包括：断路器、隔离开关变位模拟，发电机功率调整，负荷功率设置，变压器分接头设置，线路停运、母线停运及厂站停运等。

3. 运行参数维护

在潮流计算参数画面上可以设置潮流算法、收敛判据、单/多平衡机等运行参数。设置方法为双击动态数据，在弹出对话框中输入数值。

平衡发电机是电气岛内的电压相角参考点；当采用"单平衡机"模式时，电网的不平衡功率（包括发电、负荷和网损等）由设定平衡机吸收。当采用"多平衡机"模式时，电网的不平衡功率由多台发电机负责平衡。多台发电机之间的不平衡功率分配方式包括容量、系数和平均三种方式。选择容量时将根据发电机的可调容量分配，选择系数时根据人工设置的系数按比例分配，选择平均时则平均分配不平衡功率。在分配过程中，确保发电机的出力在最大出力和最小出力范围内。

发电机参数列表中可以设置发电机的调节特性，包括节点类型（平衡节点、PQ 节点、PV 节点等），对于 PV 节点可以设定控制机端电压还是高压侧母线电压以及控制的目标电压值，对于按指定系数参与有功调节的机组可以设置比例系数。

4. 计算结果分析

潮流计算启动后，提供各种查询信息进行计算结果分析。

（1）电气岛/迭代信息查询。电气岛信息显示了当前电网中的所有带电的活电气岛，包括平衡发电机厂站、平衡发电机、节点数、收敛状态和连续发散次数。迭代信息列出了对应电气岛的迭代过程，记录了每次迭代的有功和无功偏差最大节点信息，包括节点厂站名、电压等级和功率偏差值等。

（2）潮流计算结果查询。潮流计算完成后，将厂站图和单线图切换到调度员潮流应用模式下，即可查询其计算结果。除此以外，还提供对各类设备列表的集中显示方式，如地区潮流、线路潮流、变压器。

（3）设备越限和重载查询。潮流计算完成以后，为了更好地掌握当前电网的负荷水平，程序自动将设备的实际潮流与安全限值比较，分析统计设备的越限和重载情况。

（4）运行信息查询。每一次操作，均记录操作的时间、节点、用户、任务、状态和设备操作名称等信息，方便以后对使用人员的考核检查。

月统计信息统计了每个月的调度员潮流使用情况，包括计算总次数、收敛次数和月合格率。

5．误差统计

潮流模拟计算完成后，如果现场很快发生了模拟的动作，误差统计程序自动统计每个测点模拟计算值和实际量测值相比的误差，并统计出全网平均误差。相关表格可全部列出所有测点的 SCADA 量测值、潮流模拟计算值、考核基准值以及测点误差等内容。

保存当前误差统计的运行断面，可选择将当前的断面和误差统计结果一起保存。保存过的断面除了能够显示以外，还能在历史数据管理中进行查询。

【思考与练习】

1．潮流计算的基本算法有哪几种？

2．潮流计算人机交互界面能提供哪些功能？

模块 3　负荷预测的基本算法及使用方法（GYZD00204003）

【模块描述】本模块介绍负荷预测的常用基本算法和使用方法。通过原理讲解和方法介绍，掌握负荷预测的常用基本算法，熟悉负荷预测软件的基本功能和使用方法。

【正文】

一、负荷预测的基本算法

确定了电力系统负荷预报的模型后，需要寻求有效的算法进行模型辨识和参数估计。用于电力系统负荷预报的算法很多，本模块仅介绍最小二乘拟合法、回归分析法、时间序列法、人工神经元网络法四种方法。

1．最小二乘拟合法

负荷发展趋势的预测可以用最小二乘法，就是把负荷序列的发展趋势用方程式表示出来，进而利用趋势方程式，来预测未来趋势的变化。用最小二乘法来确定发展趋势曲线，要求负荷序列实际值对趋势的偏差平方和为最小。

设负荷趋势曲线为

$$\hat{y}_t = a + bt \tag{GYZD00204003-1}$$

给定历史负荷序列 $y_1, y_2, \cdots, y_n$，问题是如何确定参数 a、b，使 $\sum_{t=1}^{n}[y_t - \hat{y}_t]^2$ 为最小。设

$$M = \sum_{t=1}^{n}[y_t - \hat{y}_t]^2 \tag{GYZD00204003-2}$$

要求 M 的最小值，可求解 $\dfrac{\partial M}{\partial a} = 0$，$\dfrac{\partial M}{\partial b} = 0$ 得

$$a = \sum_{t=1}^{n}(ty_t) - b\sum_{t=1}^{n}t \tag{GYZD00204003-3}$$

$$b = \frac{n\sum_{t=1}^{n}(ty_t) - \sum_{t=1}^{n}y_t\sum_{t=1}^{n}t}{n\sum_{t=1}^{n}t^2 - \left(\sum_{t=1}^{n}t\right)^2} \tag{GYZD00204003-4}$$

这样就可以预测下一时刻的负荷，即

$$\hat{y}_{t+1} = a + b(t+1) \tag{GYZD00204003-5}$$

上面介绍的是拟合函数为一次代数多项式时的最小二乘问题，适用于负荷序列呈现线性变化趋势情况，拟合过去负荷序列，并预测下一时刻负荷。更一般的情况是，拟合函数为任意次的代数多项式，可以用上述类似的方程求解，适用于负荷序列呈现高次代数多项式变化的情况，一般应用一次和二次多项式拟合情况居多。

2. 回归分析法

回归分析方法是研究变量和变量之间依存关系的一种数学方法。根据回归分析涉及变量的多少，可以分为单元回归分析和多元回归分析。在回归分析中，自变量是随机变量，因变量是非随机变量，由给定的多组自变量和因变量资料，研究各自变量和因变量之间的关系，形成回归方程。回归方程根据自变量和因变量之间的函数形式，又可分为线性回归方程和非线性回归方程两种。回归方程求得后，如给定各自变量数值，即能求出因变量值。

下面主要介绍多元线性回归分析法，而单元线性回归分析法可看作是其特例。对于非线性回归问题，通常应用变换把其转化为线性回归问题。

在负荷预报问题中，回归方程的因变量一般是电力系统负荷，自变量是影响电力系统负荷的各种因素，如社会经济、人口、气候等。设它们之间的内在关系是线性的，回归方程为

$$y_i = b_0 + b_1 x_{i1} + \cdots + b_n x_{in} \qquad \text{（GYZD00204003-6）}$$

给定 m 组观察值 $(y_i, x_{i1}, x_{i2}, \cdots, x_{in})(i = 1, 2, \cdots, m)$ 代入式（GYZD00204003-6），有 m 个方程，写成矩阵形式为

$$\hat{y} = X \cdot b \qquad \text{（GYZD00204003-7）}$$

公式中

$$\hat{y} = \begin{bmatrix} \hat{y}_1 \\ \hat{y}_2 \\ \vdots \\ \hat{y}_m \end{bmatrix}, X = \begin{bmatrix} x_{11} & x_{12} & \cdots & x_{1n} \\ x_{21} & x_{22} & \cdots & x_{2n} \\ \vdots & \vdots & & \vdots \\ x_{m1} & x_{m2} & \cdots & x_{mn} \end{bmatrix}, b = \begin{bmatrix} b_0 \\ b_1 \\ \vdots \\ b_n \end{bmatrix}$$

b 为待求的 $n+1$ 个回归系数。利用最小二乘法，使观察值 y 和估计值 $\hat{y}$ 的残差平方和最小，可得正规方程，解正规方程可求出回归系数，从而确定回归方程，即可用来进行预测。

3. 时间序列法

时间序列方法分为确定型时间序列平滑法和随机型时间序列平滑法两种。

（1）确定型时间序列平滑法。确定型时间序列平滑法是一种常用的确定性时间序列法，负荷数据序列 Y_t 中存在一个隐含的变化模式，实际负荷数据可看作该变化模式和随机干扰的叠加，该变化模式可以将平滑与随机干扰区别开来，平滑的作用在于消除随机干扰，这样的模式可以外推到将来作为预测值。考虑到负荷数据对将来影响"近大远小"的原则，经常采用指数平滑法。

这种方法的计算公式为

$$F_{t+1} = \alpha Y_t + (1 - \alpha) F_t \qquad \text{（GYZD00204003-8）}$$

式中　　F_t——t 时刻的指数平滑值，指数平滑法预测就是以 $t+1$ 时刻的平滑值作为该时刻的预测值；

α——平滑因子，$0 < \alpha < 1$。

α 的大小直接影响过去各期数据对预测值的作用，α 接近于 1 时，各期历史数据的作用迅速衰减，近期数据作用最大。

当时间序列变化剧烈时宜选较大的 α 值，以很快跟上变化，但 α 越大风险也越大；反之，当各期数据比较平稳时，α 取值可较小。

（2）随机型时间序列平滑法。随机型时间序列平滑法，是通过差分将负荷时间序列的趋势分量和周期分量都清除掉，得到一个平稳的时间序列，显然这个平稳时间序列实质上是剩下的随机波动分量，专门对这个随机波动分量进行分析预报，然后再通过差分逆运算求得原负荷序列的预测值。一般来说，它比前面的指数平滑负荷预报模型有更高的精度。

模块 3

GYZD00204003

132

4. 人工神经元网络法

人工神经网络理论是一门新兴的交叉学科，目前正处在迅速发展阶段。人工神经网络是由大量的简单神经元组成的非线性系统，每个神经元的结构和功能都比较简单，而大量神经元组合产生的系统行为却非常复杂，它具有较强的学习能力、计算能力、变结构适应能力、复杂映射能力、记忆能力、容错能力及各种智能处理能力。

人工神经网络反映了人脑功能的若干基本特性，但是它仅仅是人脑功能的某种模仿、简化和抽象。在人工神经网络研究领域中，有代表性的网络模型已达数十种，随着应用研究的不断深入，新的模型也在不断推出。目前，研究和应用最多的是四种基本模型，即 Hopfield 神经网络、多层感知器、自组织神经网络和概率神经网络以及它们的改进模型。

人工神经网络的研究内容侧重于网络模型与算法和应用系统两方面，理论原型是生物原型的科学抽象，技术模型是理论模型的物理实现或数学描述，应用系统的构成依赖于技术模型的研究成果。

在电力系统负荷预报中，应用最多的是带有隐层的前馈型神经网络，它通常由输入层、输出层和若干隐层组成。单隐层前馈型神经网络结构如图 GYZD00204003-1 所示。

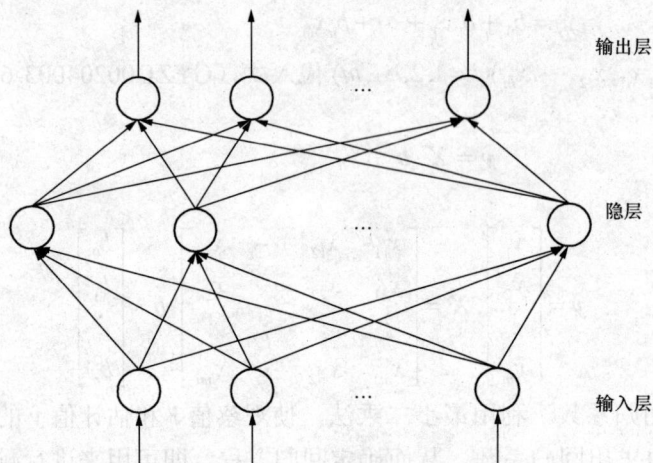

图 GYZD00204003-1　单隐层前馈型神经网络

假如某一前馈型神经网络有 m 层，每一层有若干神经元，第 k 层第 i 个神经元具有下列输入输出关系

$$y_i^{(k)} = f_i^{(k)} \left[\sum_{j=1}^{n_{k-1}} W_{ij}^{(k-1)} y_i^{(k-1)} - \theta_i^{(k)} \right] \quad (i = 1, 2, \cdots, n_k;\ k = 1, 2, \cdots, m) \qquad \text{（GYZD00204003-9）}$$

式中　$W_{ij}^{(k-1)}$——第 $k-1$ 层第 j 个神经元到第 k 层第 i 个神经元的连接权重；

$\theta_i^{(k)}$——第 k 层第 i 个神经网络元的阈值；

$f_i^{(k)}$——第 k 层第 i 个神经元的传递函数，一般取 Sigmold 函数，即 $f(x) = \dfrac{1}{1+e^{-x}}$；

n_k——第 k 层神经元数目；

m——总层数。

二、负荷预测的使用方法

通过人机界面使用负荷预测软件是最方便的途径。历史数据管理、预报执行、参数设置都可通过人机界面进行交互。

（1）历史数据管理。历史数据管理包括数据浏览、数据修改、气象数据查询、历史负荷分析等功能。

（2）预报执行。预报程序会自动定时进行超短期和短期负荷预报，也可人工执行超短期负荷预报、正常日的负荷预报及节假日的预报。

（3）参数设置。预报过程中相关参数设置包括区域定义、事件定义、节假日定义及气温参数等。

【思考与练习】

1．负荷预测的基本算法有哪些？

2．负荷预测的人机界面能提供哪些功能？

第十三章 DTS 的基础知识

模块 1 DTS 的概念 (GYZD00203001)

【模块描述】本模块介绍 DTS 的基本概念。通过概念介绍和要点归纳，掌握 DTS 的基本概念、主要作用以及子系统的组成，熟悉 DTS 系统的基本配置。

【正文】

一、DTS 的基本概念

调度员培训模拟系统（Dispatcher Training Simulator，DTS）是一套数字仿真系统，它运用计算机技术，通过建立实际电力系统的数学模型，再现各种调度操作和故障后的系统工况，并将这些信息送到电力系统控制中心的模型内，为调度员提供一个逼真的培训环境，以达到既不影响实际电力系统的运行而又使调度员得到身临其境的实战演练的目的。

DTS 的主要用途是在电网正常、事故、恢复状况下，对系统调度员进行培训模拟，训练调度员正常的调度能力和事故时的快速决策能力，提高调度员的运行水平和分析处理故障的技能。DTS 能仿真在线系统的用户界面和运行动作过程，也可用于各种运行方式的分析，协助运行人员制定安全的系统运行方式，对提高电网安全运行水平是一个十分有用的现代化工具。

二、DTS 子系统的组成

DTS 子系统由 SCADA/EMS 仿真子系统、电网仿真子系统、教员和控制子系统三个子系统组成。

1. SCADA/EMS 仿真子系统

该子系统基本模拟调度中心的 SCADA/EMS 系统（与调度值班的实际操作环境一致），在值班操作环境中能看到的图形、报表，学员在 SCADA/EMS 仿真子系统上同样可以看到。

SCADA 功能包括：数据采集和更新；派生数据计算和数据处理；越限和变位监视；报警处理；远方调节和控制操作；数据统计；人机界面；可模拟通道故障，RTU 故障，坏数据，遥测的延迟、偏差，随机噪声等；调度员工作站的人机操作功能等。

该子系统还可以进行 AGC 功能模拟，以及根据电网的实际情况对网络分析各应用软件仿真等。

2. 电网仿真子系统

电网仿真子系统模拟电力系统的主要物理过程，包括：电网正常操作的基本调度指令的模拟；故障的设置功能；误操作的模拟；继电保护及自动装置动作行为的模拟；开关或保护误、拒动模拟；查询、监视功能等。

3. 教员和控制子系统

该子系统用于建立培训教案、控制培训进程及记录培训过程。教员在此设定电网的运行方式、发电机出力、负荷情况及联络线潮流，设置故障的种类、地点及时间，DTS 系统可以仿真出电网潮流的变化情况及发生故障后继电保护的动作过程。同时，教员可充当下级调度和厂站值班员，按受调度员下达的调度令，逐步进行操作，学员台上将同步显示每一步操作的状态变化及电网潮流的变化。图 GYZD00203001-1 给出了 DTS 的系统概念。

图形的右半部分表示实际的调度系统，包括实际电力系统和调度中心的自动化系统。图形的左半部分是电网仿真培训系统，它是实际调度系统的"镜像系统"。采用数字仿真的电力系统模型来模拟实际电力系统，用调度室模型模拟真实的调度室。

三、DTS 系统的作用

（1）值班调度员的培训工具。DTS 系统为调度员提供实时监测系统（SCADA）及其他应用软件

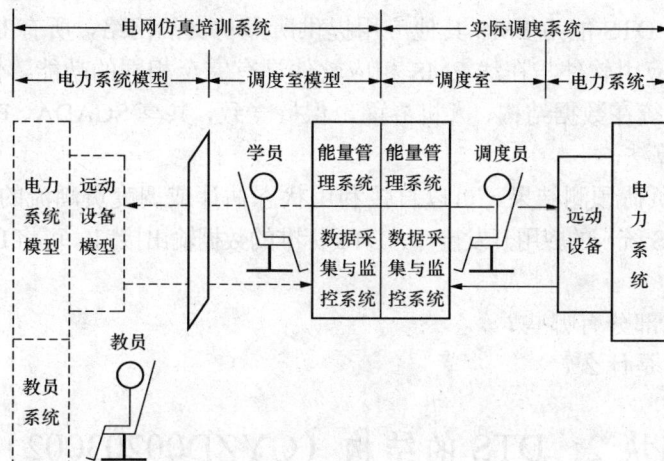

图 GYZD00203001-1　DTS 系统概念图

的操作训练手段，可在不影响运行系统的前提下，培训调度员基本的调度运行技能。利用 DTS 系统可对新调度员进行上岗培训，对老调度员进行基本运行能力测试，使调度员熟悉电网结构、运行方式、电网潮流，熟练掌握基本运行操作及调度规程、事故分析及处理。调度员能够根据人机界面的提示信息发现事故，依据仿真的电网环境判断和处理故障。通过 DTS 训练可以了解各种事故发生的现象、原因及变化过程，积累各种事故的处理经验，增强调度员事故处理能力和事故后系统的恢复操作技能。使调度员在最短的时间内处理故障并使系统恢复正常运行。

（2）运行方式的研究平台。DTS 系统可提供一个灵活方便的全交互式的人机界面，与实际电力系统具有相似的仿真计算环境，所有结果通过图表、曲线方式输出，系统潮流可以通过系统图及表格输出，直观方便。

DTS 可利用状态估计的计算数据，研究和制定电网运行方式，分析当前电网运行方式的安全合理性。同时也可根据运行方式的变化、机组检修、未来电网的潮流分布以及节假日负荷的变化等，对电网特殊运行方式进行研究。还可再现电网发生的重大事故的发生及处理的全过程，通过反演和分析，确定出合理的对策并记录备案。

（3）继电保护定值的校验工具。结合短路电流计算和保护数据库及运行方式，继电保护工作人员可以对保护定值进行校验，为制定合理的保护配置方案提供依据。

（4）SCADA 和 PAS 新增功能的测试平台。

四、DTS 的基本配置

1. DTS 的硬件系统

DTS 硬件系统主要包括 DTS 服务器、DTS 工作站、交换机以及防火墙等，其配置结构如图 GYZD00203001-2 所示。安全区 Ⅰ 与安全区 Ⅱ 之间部署防火墙。DTS 需要获取电网的模型和实时数据，但不对实时系统返回任何数据，所以，数据流是从安全 Ⅰ 区到安全 Ⅱ 区，是单方向的。

2. DTS 的软件系统

DTS 既可作为 EMS 系统的一个子系统，同时 DTS 本身也可作为独立的系统而存在。一般情况下，DTS 作为 EMS 系统的一个子系统，与 EMS 系统运行在同一个平台上，共享信息资源。

（1）DTS 与 EMS 系统共用一套数据库管理系统、画面管理系统、网络通信管理系统。

（2）DTS 与 EMS 系统共用同一套报表管理、曲线显示和 Web 浏览等工具系统。

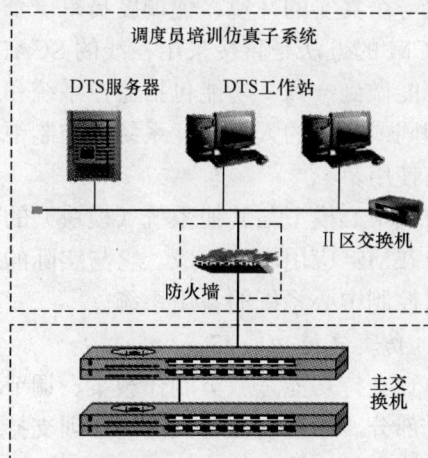

图 GYZD00203001-2　DTS 硬件系统配置结构示意图

（3）在仿真情况下，DTS 能为 EMS 其他应用提供所需仿真的网络，所有 EMS 软件可不经任何改动地应用于 DTS，DTS 应用软件与在线 EMS 相应软件具有完全相同的功能、性能和画面。

（4）DTS 与 EMS 系统在数据结构、人机界面上保持一致，共享 SCADA、PAS 的厂站图、系统图，具有形同的应用功能和算法。

（5）DTS 可以共享负荷预测结果，可以直接利用状态估计或调度员潮流的结果启动培训。

（6）DTS 具有与 EMS 统一的应用开发接口、DTS 标准的数据输出接口，可将 DTS 数据用于离线分析。

【思考与练习】

1. DTS 的主要组成部分有哪些？

2. DTS 子系统作用是什么？

模块 2 DTS 的结构（GYZD00203002）

【模块描述】本模块介绍 DTS 的结构。通过功能介绍和图文结合，掌握 DTS 系统的模块结构与基本功能，熟悉 DTS 仿真室结构以及 DTS 系统在调度中心计算机网络中的位置。

【正文】

一、DTS 系统基本功能与模块结构

DTS 系统主要由教员台系统和学员台系统构成。其中教员台系统包括了电力系统模型（Power System Model，PSM）和仿真支持系统（Instructor System，IS），学员台系统则由控制中心模型（Control Center Model，CCM）构成。教员台系统中的电力系统模型计算产生连续变化的电网运行状态，并通过远动模型发送给学员台系统；学员台系统中的控制中心模型监视和分析电力系统模型的运行工况，并且通过模拟遥控和遥调方式对电力系统模型进行控制。该过程完全模拟了电力系统的生产、传输和调度的过程。

1. 电力系统模型 PSM

PSM 模拟电网在正常和紧急状态下的静态或动态过程，实时模拟电网的静态和长期动态行为，准实时模拟电网的暂态和中期动态过程，模拟系统内的继电保护和安全自动装置及其拒动和误动行为。仿真规模视被仿真的电力系统情况而定。

PSM 考虑了电网现有和未来规划中的所有电气设备及元件的模型要求，在模型、参数和相应算法方面分别考虑交流和交、直流混合系统的不同要求。如果未来有新的元件和设备需要在 DTS 中仿真，在掌握了其数学模型的基础上可以加入到仿真中来。

2. 控制中心模型 CCM

教员台模拟前置机向学员台系统发送仿真电网的遥信、遥测数据。在学员台中仿真 SCADA/EMS 所有的监视和控制功能。控制中心 SCADA/EMS 功能仿真是 DTS 的一个重要组成部分，保证给调度员创造一个真实的环境，使调度员有一个身临其境的感觉，提高培训效果。

CCM 的方法是直接采用在线的 SCADA/EMS 系统，或者模拟在线 SCADA/EMS 系统的所有功能，并尽可能做到一致。功能包括监控系统和高级应用软件，能实现相同的报警、操作和分析功能，而且具有相同或类似的人机交互系统。控制中心模型是学员台的软件系统，为学员以及接受培训或考核的调度员使用。

控制中心模型与其他系统（模块）的关系是，控制中心模型由前置机模块、数据采集 SCADA 模块以及 EMS 应用软件组成。它与实际的控制中心系统从软件结构和功能上基本相同，在某些时候可以充当控制中心系统的备用系统。

3. 仿真支持功能 IS

仿真支持功能是教员制作教案、调节和控制电力系统模型及控制培训过程的模块，它是教员台系统的一部分。该系统应有灵活的培训支持功能，教员可灵活设置各种事件，编制各种教案，可很方便地建立培训的初始条件。培训时教员还可以方便地设置、修改、删除和插入各种事件，执行学员下达的各种调度命令，控制和监视培训进程。该系统还具有灵活的控制仿真过程的功能，如暂停、恢复、快照（人工触发和自动触发）、快放、倒回重放和慢速演示等功能，使得教员台的操作灵活、方便。同时，该系统还提供培训/考核结果的自动评估功能。

仿真教案的初始条件可以是人工设定的仿真时间、利用负荷预测形成的负荷曲线以及利用发电计划建立发电曲线。可以从一个离线生成的潮流断面开始，进行负荷分配和发电出力分配，计算初始潮流；也可以直接取用 EMS 系统的实时数据断面，通过状态估计计算，自动为 DTS 生成一个完整的在线教案；还可以取用过去保存的任何一个教案数据断面作为初始潮流，启动仿真；并可按需要对已保存的网络接线方式、运行方式、二次系统配置等进行修改。

除了面向历史和当前的电网模型，DTS 系统还需要对未来电网模型进行仿真，例如需要针对几个月后的电力系统进行反事故演习。而我国的电网发展很快，DTS 对规划电网教案制作的支持更显重要。

二、DTS 仿真室结构

DTS 仿真室结构如图 GYZD00203002-1 所示。DTS 仿真室分为学员区和教员区，教员区处在学员区的后面，两者之间采用透明玻璃隔开，学员看不到教员，而教员能看到学员，以便观察学员的操作和表情。

教员区内设一个或多个教员台，多个教员台模式是 DTS 系统的新发展，具有如下特点：

（1）多教员同时参演可以降低教员在培训或反事故演习的劳动强度，加快培训和演习进度。

（2）可利用同一 DTS 系统实现多个调度班组或不同调度中心人员的同时培训。

（3）可用于上、下级的调度中心的联合反事故演习。

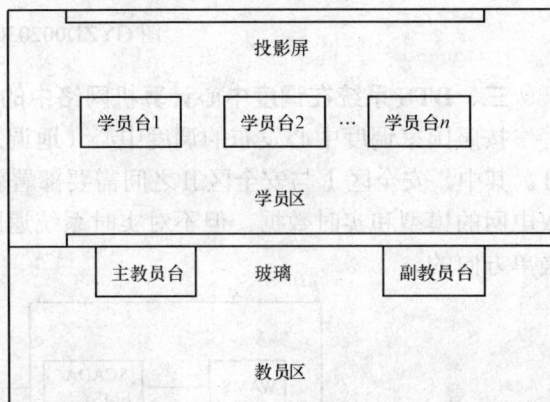

图 GYZD00203002-1　DTS 仿真室结构示意图

多个教员台使用的是同一套电网模型和计算服务器，采用客户/服务器和订阅/发布的通信模式。多教员台实现机制示意如图 GYZD00203002-2 所示，教员台的所有操作指令采用客户/服务器向计算服务器发送，而教员台的人机显示数据则通过订阅/发布实现，具有很高的网络效率。

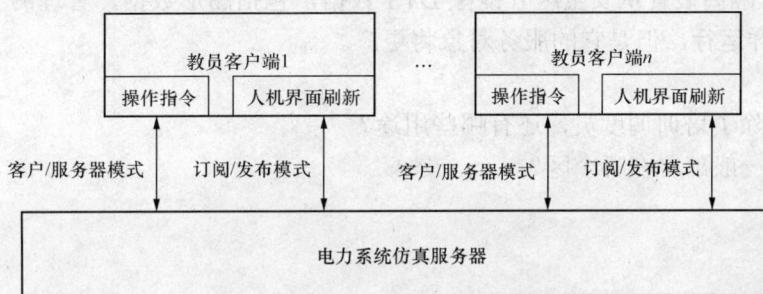

图 GYZD00203002-2　多教员台实现机制示意图

学员区可以配置多个学员，典型配置为三个，分别为主值、副值和见习值班员，这样与实际调度班组的组成基本一致。

在演习过程中，教员一方面扮演下级厂站值班员的角色，对系统进行各种故障的设置，并负责接收处理学员发出的各种操作票命令；另一方面又要监控学员的行为，判断学员对故障的处理是否合理。

在演习过程中，学员扮演的是调度员/集控员角色，学员在培训过程中看到的画面和操作和实际系统中是一样的。学员要随时监视系统的运行状态，对系统中出现的异常和越限情况及时作出反应，并给教员下达操作票。教员接到学员发出的操作票后，在教员台上进行相应的操作，操作之后的系统变化情况同步反映到学员台上。

演习过程中几个主要组成部分之间的信息传递过程如图 GYZD00203002-3 所示。

投影屏安装在学员区的墙上，可以自由切换到一个学员台或教员台上。投影屏一般用于仿真观摩和点评。

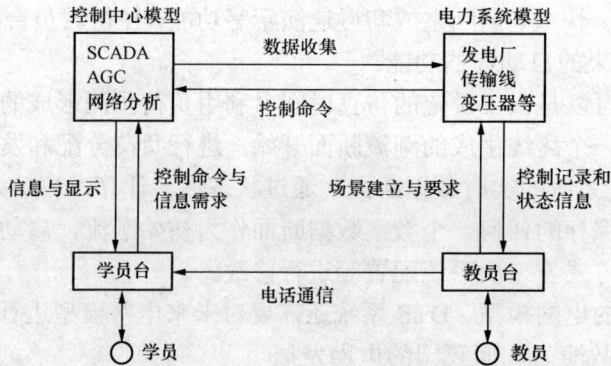

图 GYZD00203002-3　演习的信息流程图

三、DTS 系统在调度中心计算机网络中的位置

按照国家调度中心发布的调度中心（地调及以上）二次系统安全防护方案，DTS 应安装在安全区 Ⅱ。其中，安全区 Ⅰ 与安全区 Ⅱ 之间需要部署软件防火墙，如图 GYZD00203002-4 所示。DTS 需要获取电网的模型和实时数据，但不对实时系统返回任何数据，所以，数据流是从安全区 Ⅰ 到安全区 Ⅱ，是单方向的。

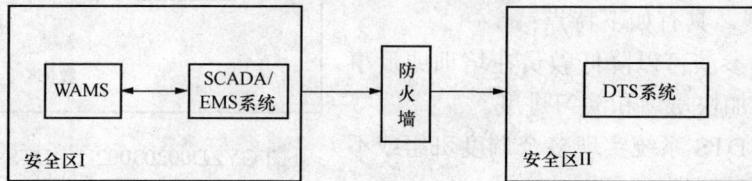

图 GYZD00203002-4　DTS 在调度中心网络的位置示意图

为了更大范围使用 DTS，又不至于造成网络安全问题，常采用单向物理隔离的跨网络分区的方式。DTS 可以运行在安全区 Ⅱ，也可以在管理网（安全区 Ⅲ）上启动运行。在管理网上配置 CIM/CIS 服务器，它通过单向物理隔离装置从安全区 Ⅱ 镜像 DTS 数据，包括图形数据，管理网上的 DTS 也可以和安全区 Ⅱ 的 DTS 一样运行，但是它的服务对象将更广。

【思考与练习】

1. DTS 子系统除了培训调度员，还有哪些用途？
2. DTS 子系统一般部署在哪个区？

第十四章　PAS、DTS 的应用操作

模块 1　状态估计软件的操作方法（GYZD00213001）

【模块描述】本模块介绍状态估计软件的使用方法。通过功能描述和举例说明，熟悉状态估计软件的人机界面和功能，掌握状态估计软件的使用方法。

【正文】

通过人机界面使用状态估计软件是最直接、最方便的方法。通过人机界面可以进行状态估计各种参数设置以及计算范围的控制、结果显示检查、量测控制等。使用者只有了解界面的构造、功能、操作方法等，才能正确使用和维护状态估计。

下面以某产品软件为例，介绍状态估计软件的使用方法。

在系统主控台进入 PAS 应用界面，再点"状态估计"按钮可进入状态估计的主画面，如图 GYZD00213001-1 所示。

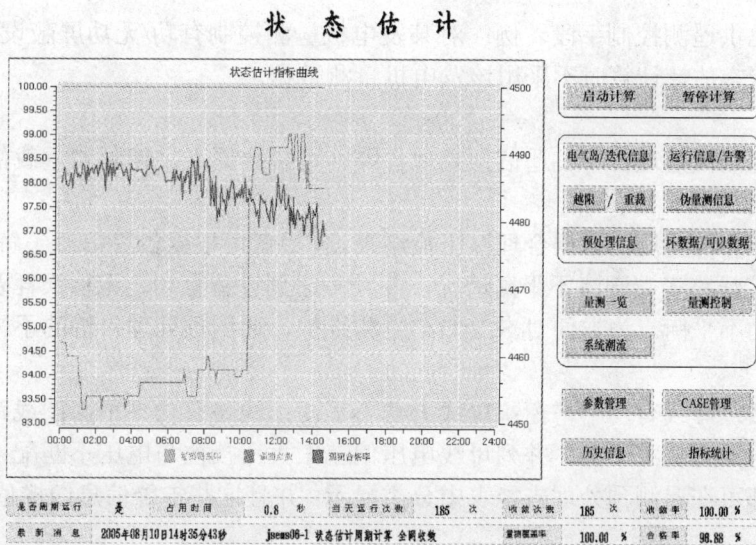

图 GYZD00213001-1　状态估计界面

主画面上包括进程控制、潮流结果显示、量测控制、量测分析、参数管理和指标统计等操作。

一、进程控制

进程控制包括启动计算、暂停计算，进程控制类信息包括进程状态、迭代信息、运行信息等。

1. 启动计算

启动计算即启动状态估计进程。当状态估计处于周期运行模式时，将每隔一个执行周期启动一次状态估计计算；当处于非周期运行模式时，状态估计只计算一次。

2. 暂停计算

暂停计算即暂停状态估计进程。当处于周期模式时，点击"暂停计算"按钮，状态估计即停止计算。

3. 迭代信息

此表在每次计算后，显示出此次计算各步迭代的有功最大偏差和无功最大偏差的偏差值，以及偏差发生在哪个厂站和哪个电压等级。当迭代发散时，使用者可根据此表提供的信息进行调试检查。

4. 运行信息

此表显示历次状态估计启停时间及每次计算中各个电气岛是否收敛等信息。

二、潮流结果

潮流结果信息包括电气岛信息、告警信息、系统潮流数据信息等。

1. 电气岛信息

列出系统当前运行方式下各个电气岛（带电子系统）的相关信息。

2. 告警信息

列出状态估计计算结束后对设备进行越限检查的结果。

3. 系统潮流数据

显示系统中各设备计算及量测情况。

三、量测控制

量测控制包括厂站量测控制和遥测量测控制。

1. 厂站量测控制

厂站量测控制提供厂站量测的控制手段。例：对某厂站屏蔽设为"是"，该厂站内所有量测视为无效，即表示状态估计计算时不采用该厂站内所有量测数据。

2. 遥测量测控制

遥测量测控制提供遥测控制手段。例：对某发电机量测控制有功/无功屏蔽设为"是"，该发电机量测视为无效，即状态估计计算时不采用该发电机量测数据。

四、量测分析

量测分析包括遥测预处理告警、遥信预处理告警、可疑数据表、越限和重载信息、自动伪量测。

1. 遥测预处理告警

显示状态估计计算前对遥测数据合理性粗检结果。使用者可根据告警信息了解SCADA量测情况。状态估计可处理T接线路多端潮流不平衡情况，并且考虑到设备有功、无功损耗及网络拓扑变化，能处理线路变压器无功不平衡。为方便对SCADA量测维护，遥测预处理告警的不平衡百分数可由使用者人工设置。

遥测预处理包括：母线有功不平衡；母线无功不平衡；线路有功不平衡；线路无功不平衡；变压器有功不平衡；变压器无功不平衡；并列母线电压偏差太大；挡位与电压不匹配；P、Q、I不匹配。所有这些告警信息都可在遥测预处理告警表中分类显示，并且这些告警信息门槛值可以在"参数管理"画面中设置。

2. 遥信预处理告警

显示状态估计检查出的状态可疑的断路器、隔离开关名称及所在厂站。对正母线隔离开关、副母线隔离开关同时为合时，状态估计可判断出隔离开关状态可疑。对线路断路器状态校验时，状态估计可通过本端遥测和线路对端遥测判断线路是否运行。

不对位遥信可分为不对位断路器，不对位隔离开关、隔离开关并母线，220kV母线分裂运行。

3. 可疑数据表

显示状态估计计算检查出量测数据可疑的设备。可疑数据表只显示当前计算中的可疑数据，显示顺序为线路、变压器、发电机、负荷。

4. 越限和重载信息

状态估计计算完毕后，可将设备的实际潮流与安全限值进行比较，分析统计设备的越限和重载情况。在相关画面上有越限设备列表，分类列出了稳定断面有功、线路电流和变压器功率等设备的越限情况和重载情况，参见图GYZD00213001-2和图GYZD00213001-3。

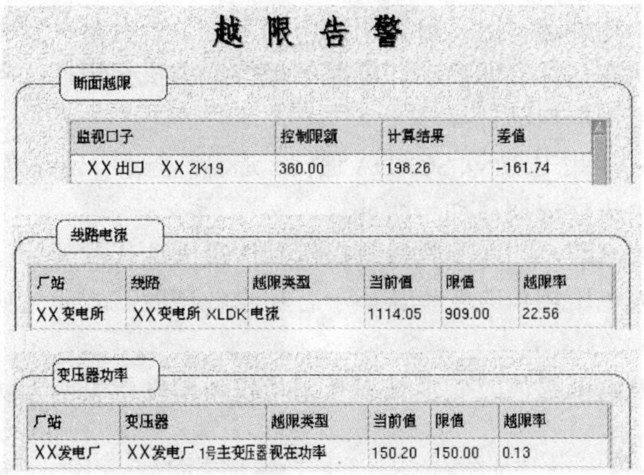

图 GYZD00213001-2　越限告警记录

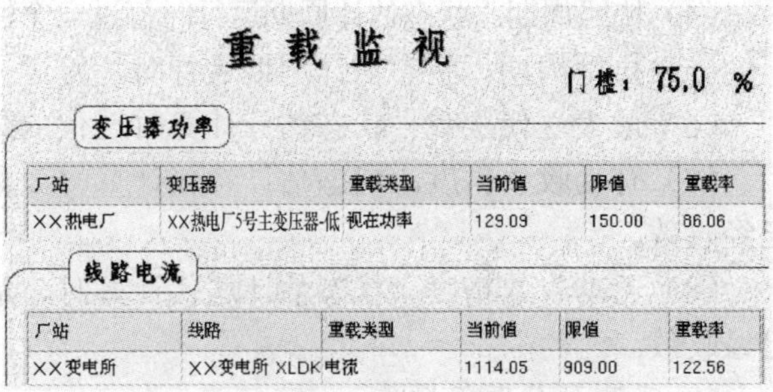

图 GYZD00213001-3　重载监视记录

5. 自动伪量测

显示状态估计可观测分析结果。伪量测是指在当前系统量测条件下，为了进行全网状态估计而需增加的量测个数。在程序处理时每遇到一个不可观测节点，就自动增加一个伪量测，伪量测值取上一次状态估计节点有功、无功注入结果。

五、参数管理

在状态估计的主画面中点"参数管理"按钮可进入系统参数设置画面，如图 GYZD00213001-4 所示。

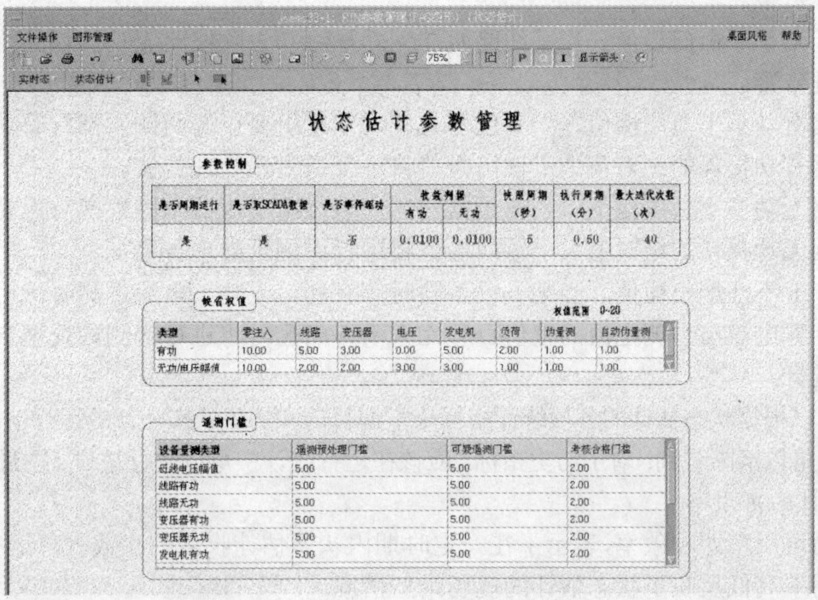

图 GYZD00213001-4　系统参数设置界面

一般参数有运行参数和遥测预处理门槛值两种。

1. 运行参数

运行参数主要包括：

（1）是否周期运行。当置为"是"时，状态估计处于周期模式，一旦启动后将每隔一个执行周期启动一次状态估计计算；当置为"否"时，状态估计处于召唤模式，只有人工点"启动进程"，状态估计启动一次计算，并且计算结束后状态估计进程也停止。

（2）是否取 SCADA 数据。当置为"是"时，状态估计每次计算都取 SCADA 实时遥测、遥信，并在此实时断面下进行状态估计；当置为"否"时，状态估计计算不取 SCADA 实时遥测遥信，而在以前取的断面下进行状态估计。

（3）是否事件驱动。当置为"是"时，状态估计周期运行时，每个周期内判系统是否有事件发生（断路器、隔离开关变位）。当系统中有事件发生，状态估计立即启动计算而不等待一个执行周期；当置为"否"时，状态估计周期运行时按每过一个执行周期启动计算。

（4）快照周期。状态估计周期运行时每过一个快照周期扫描一次 SCADA 遥信、遥测，但不一定计算。

（5）执行周期。状态估计周期运行时，每过一个执行周期启动一次计算。

（6）最大迭代次数。状态估计计算时迭代的最大次数，如还不收敛就提示到达最大迭代次数。

（7）有功收敛精度。状态估计迭代计算时，最大电压相角改变步长小于有功收敛精度就表明有功已经收敛。

（8）无功收敛精度。状态估计迭代计算时，最大电压幅值改变步长小于无功收敛精度就表明无功已经收敛。

2. 遥测预处理门槛值

遥测预处理门槛值主要包括：

（1）并列母线电压偏差门槛值。当并列运行母线都有电压量测时，要比较其差值是否大于该门槛值，如果大于该值，则并列母线电压偏差告警，并且放弃两个母线的电压量测。

（2）母线有功不平衡门槛值。当连接某母线上所有设备都有有功量测时，设备有功量测和的绝对值大于该值时将进行遥测预处理告警。

（3）母线无功不平衡门槛值。当连接某母线上所有设备都有无功量测时，设备无功量测和的绝对值大于该值时将进行遥测预处理告警。

（4）线路有功不平衡门槛值。当某线路两端有功量测和去除线路有功损耗的绝对值大于该值时将进行遥测预处理告警。

（5）线路无功不平衡门槛值。当某线路两端无功量测和去除线路无功损耗的绝对值大于该值时将进行遥测预处理告警。

（6）变压器有功不平衡门槛值。当变压器三侧（双绕组变压器两侧）都有有功量测时，其量测值的和去除变压器有功损耗的绝对值大于该门槛值将进行遥测预处理告警。

（7）变压器无功不平衡门槛值。当变压器三侧（双绕组变压器两侧）都有无功量测时，其量测值的和去除变压器无功损耗的绝对值大于该门槛值将进行遥测预处理告警。

（8）P、Q、I 不匹配门槛值。当某一设备同时有有功、无功、电流量测时，用电压和有功、无功计算出电流，计算电流与量测电流的差值百分比大于该门槛时将进行遥测预处理告警。

六、指标统计

维护人员可以根据状态估计的各项统计指标来掌握目前和历史状态估计的运行情况。对于目前指标，一般在主画面上可以清晰看到；对于历史指标，应该在运行统计中可以进行按日、按月和按年的统计查询。

1. 状态估计的可用率

状态估计的可用率即收敛率，表示了在一定时期内状态估计收敛的次数占总运行计算次数的比率。状态估计的可用率高低反映了状态估计的现场维护情况。

2. 状态估计的覆盖率

状态估计的覆盖率表示了量测的分布是否合理，小于 1 则代表应该根据提示在相应测点设置量测。

状态估计计算之前，首先进行可观测性分析，补充计算中必需的测点。当系统中存在不可观测点，覆盖率小于 100%，不可观测点列表中能够列出相应的测点，维护人员根据该信息添加相应量测点，保证系统的冗余度。

3. 状态估计的合格率

状态估计计算后，对每一量测类型的测点，按有关的量测类型基准值标准进行统计分析，确定其遥测数据估计值误差是否在规定范围内。属于考核标准之内的测点数占总测点数的比率就是状态估计的遥测合格率，简称合格率。

【思考与练习】

1. 状态估计软件的操作功能有哪些？

2. 通过上机练习，加深对状态估计的理解，掌握状态估计软件的操作方法。

模块 2　状态估计收敛的条件（GYZD00213002）

【模块描述】本模块介绍状态估计的收敛条件和状态估计不收敛的常规排查方法。通过定性分析和方法介绍，熟悉影响状态估计收敛的实际因素，掌握状态估计不收敛的常见原因和排查方法。

【正文】

一、影响状态估计收敛的实际因素

1. 电网模型的合理性

影响状态估计收敛性的因素很多，电网模型是否合理尤为重要。当管辖范围内的系统经过厂站改造后，该电网计算模型的导纳阵已变，如果再用旧的模型计算很容易引起不收敛。维护人员应及时掌握电网接线情况，模型一有变化须尽快更新，并将更新后的模型提供给其他应用软件使用。

2. 设备参数的合理性

设备参数的合理性也影响着状态估计的收敛性。例如，当某个设备的电抗值或电纳值特别大或者特别小的时候，就会引起状态估计不收敛。

3. 实时量测质量的保证

实时量测系统的质量保证应从以下三个方面入手：

（1）对于遥测数据，如果个别测点存在大的错误，状态估计本身的不良数据检测和辨识可以将其剔出，在计算中不使用该点。但如果有相关联的一片遥测数据都存在大的错误，则很容易造成所谓的残差污染，这些测点迭代过程中也很难满足收敛条件。

（2）对于遥信数据，状态估计的不良遥信辨识即遥信预处理能够辨识出一些错误的遥信数据，但如果遇到特殊接线或同时存在遥测的错误情况，则有可能造成错误的遥信不能被辨识出来，将导致模型中的导纳阵错误，影响到状态估计的收敛性。

（3）量测的覆盖率和状态估计的准确率依靠量测的冗余度，信息阵的角元素随着量测增多而增大，其逆矩阵则相反。从物理意义上说，即量测值越多，则误差越小，估计越精确。当缺少测点时，状态估计会根据量测转化的原理进行可观测性分析，对于不能推出的测点，状态估计也能够自动添加伪量测值。但是，当量测覆盖率较低时，大片的测点都需要添加伪量测值，从而难以保证其值的准确性，也会影响状态估计迭代的收敛。

二、状态估计不收敛的常规排查

引起状态估计不收敛常见的问题有电容器容量有误、线路电纳值出错、量测稀少和遥信、遥测预处理有错等。

（1）电容器容量有误、线路电纳值出错，如果太多的厂站无量测也有可能不收敛。迭代信息表中的信息一般能够提供帮助。

（2）遥信预处理和遥测预处理中的错误，绝大多数为实际遥测、遥信有误或连接关系有误。例如，对于线路或变压器功率不平衡，如果实际检查遥测无误，则有可能是参数不对；遥信预处理中的错误通常由断路器、隔离开关的类型错误引起。

应该注意，状态估计对基础自动化信息提出了更高的要求，只有当基础遥测和遥信布点全、差错少时，状态估计才能真正为其他 PAS 模块提供真实可用的实时断面。

【思考与练习】

1. 影响状态估计收敛的主要因素有哪些？
2. 通过上机练习，加深对状态估计的理解，掌握状态估计不收敛的常规排查手段。

模块 3　状态估计错误数据的辨识方法（GYZD00213003）

【模块描述】本模块介绍状态估计错误数据的辨识方法。通过方法介绍和要点归纳，掌握从预处理信息、坏数据与大误差点信息中排查错误数据的步骤和方法以及状态估计不准确时应注意的问题。

【正文】

当状态估计的结果出现合格率低、可疑数据多等情况时，应该结合给出的信息进行错误数据的检查和辨识，以保证其计算的准确性。

一、状态估计的预处理信息

状态估计的预处理信息包含了量测采集数据的错误信息。其中，遥测预处理中给出了各节点和线路的不平衡量信息；遥信预处理给出了可疑的断路器、隔离开关状态等信息。

当状态估计的合格率低时，首先排除遥信预处理和遥测预处理中的错误。这些错误绝大多数为实际遥测、遥信有误或连接关系有误。对于线路或变压器功率不平衡，如果检查遥测无误，则说明参数存在误差。遥信预处理中的错误信息也可能是断路器、隔离开关状态错误引起的。

二、状态估计坏数据与大误差点信息

状态估计的不良数据、可疑数据列表中列出了不良数据检测和辨识中找到的坏数据信息，对于这些测点，维护人员可以排查影响其数值的设备参数、网络拓扑等因素，并按照以下顺序进行检查：

（1）首先排查可疑数据表中计算值为零的项，原因可能是连接关系有误或者遥信有误；然后排查可疑数据表中量测值为零的项，原因可能是遥信有误，也可能是连接关系的错误，如断路器/隔离开关和设备不对应等。

（2）排查可疑数据表中的无功和电压项，主要是变压器参数（额定电压、分接头类型）错误和分接头位置不正确引起的。改正参数并给有分接头位置的变压器置上和现场一致的分接头位置值（注意各分接头对应的电压、变压器多个额定挡、变压器挡位排列顺序的不同），也可能是由电压或无功量测不准确引起的。

（3）其他的情况还包括：电容/电抗器容量值不正确，电容/电抗器相关的断路器、隔离开关遥信不正确，高压长线路电纳值不正确等。

（4）最后可以排查测点相关的设备的各项参数，核对其准确性。

三、状态估计不准确时应注意的问题

状态估计错误很多时，可先从末端厂站查起。也可先全部排除低电压等级的厂站，单独试验最高电压等级的厂站。再按电压等级顺序逐个加入被排除的厂站再检查结果。

多回线、环线上的潮流分布和线路的阻抗密切相关。如果线路参数不准确，计算结果和实际运行情况可能大相径庭，应尽量采用相对准确的实测值；另外，母联等遥信不正确也可能导致多回线上的计算结果不正确；对于母联/旁路、电容器断路器、双母线对应的两个断路器、无遥测线路（或变压器）的断路器，状态估计遥信预处理不能判断他们的正确位置，应该经常检查保证正确。

注意：电容/电抗器的容量应该和额定电压对应，分组的电容器在图上应分开画，并在各组加上断路器。等值负荷、等值机及其他与等值母线相连的设备应加上断路器，不运行时人工将断路器置分位。

通道退出等原因导致全站无 YC/YX 的厂站，如确实要参与计算而未排除的，应通过人工设置，至少保证其 YX 正确。

对于无法立刻改进错误的量测可以设置人工伪量测值，一旦量测恢复正常后，再取消人工伪量测点。

【思考与练习】

1. 当状态估计的准确率低时，应首先排查什么？
2. 状态估计不准，应该注意哪几个方面？

模块4 状态估计运行记录表的内容和格式（GYZD00213004）

【模块描述】本模块介绍状态估计的运行记录表的内容和格式。通过要点介绍，掌握状态估计运行记录所需要包含的信息内容以及记录的格式要求。

【正文】

状态估计应提供完整准确的运行记录。运行记录反映了一段时期内状态估计的运行状态，维护人员参考运行记录中的内容，了解某时刻电网的事件和计算的情况。运行记录是状态估计不可缺少的部分，为应用软件的实用化考核提供了重要依据。

一、状态估计的运行记录所包含的信息

状态估计的运行记录主要内容包括时间、启动方式、电网运行方式及收敛情况等信息。

1. 时间信息

状态估计的运行记录中应该清晰地包含时间信息。由于状态估计是应用软件实时序列的基础，为后续模块提供实时的数据断面，其运行周期一般为 1~5min，因此时间信息对其本身，对其他后续应用模块都十分重要。

运行记录中时间信息包含年、月、日、时、分、秒的内容，表述准确且无歧义。

2. 启动方式信息

状态估计的计算启动方式包括人工启动计算、事件驱动计算和普通周期计算等。人工启动由运行维护人员手动计算；事件驱动计算指某些用户定义的特殊事件发生时，例如出现重要遥信变位、潮流极值等事件时，状态估计自动触发计算；普通周期计算是最普遍的一种计算方式，状态估计按照用户设定的运行周期进行计算，保证断面的实时性。

运行记录中应该包含状态估计的启动方式，以备查阅。

3. 电网运行方式信息

电网建模时，根据实时量测数据将电网分为全网和解裂两种状态：全网表示所有设备都在一个电气岛中；解裂表示根据辖内已知的拓扑，将电网分为一个以上的电气岛。

运行记录中应该包含状态估计计算后的电网运行方式。

4. 收敛信息

状态估计的收敛信息是该模块的运行记录中不可缺少的内容。当提示信息表示计算不收敛时，维护人员应及时进行排查。一段时间内状态估计的收敛情况在状态估计的可用率指标上得以体现，该指标也是应用软件实用化考核指标之一，因此运行记录中应明确给出状态估计的收敛信息。

二、状态估计的运行记录的格式

状态估计的运行记录包含了时间、启动方式、电网运行方式和收敛情况等信息，需要用合适的格式将这些信息进行组织。一般来说，状态估计的运行记录应参照"计算时间+运行主机+启动方式+电网运行状态+收敛情况"格式。该格式能够清楚简明地表示出状态估计的运行状态，满足运行记录的要求。

【思考与练习】

1. 状态估计运行应记录的内容有哪些？
2. 上机练习，加深对本模块的理解。

模块 5 负荷预测软件的使用操作（GYZD00213005）

【模块描述】本模块介绍负荷预测软件的使用方法。通过原理讲解、功能描述和方法介绍，掌握负荷预测软件的基本原理、功能及其使用方法。

【正文】

一、负荷预测软件基本原理与功能

电力系统负荷预报是电力建设、调度的依据，对电力系统控制、运行和计划都十分重要。准确的负荷预报既能增强电力系统运行的安全性，又能改善电力系统运行的经济性。系统负荷预报按周期可分为超短期、短期和中长期预报。超短期负荷预报用于预防控制和紧急状态处理需 10~60min 负荷值，使用对象是调度员；短期负荷预报主要用于火电分配、水火电协调、机组经济组合和交换功率计划，需要 1~7 天的负荷值，使用对象是编制调度计划的工程师。

负荷预测程序将根据预先的定义，定时从 SCADA 中在线获得系统负荷数据，并将数据保存以备查询、分析、考核。预报程序在周期运行时，超短期负荷预报每 5min 自动启动一次，预报未来60min 系统负荷值，短期负荷预报在指定时间自动预报次日的日负荷；同时，运行人员也可随时启动。在超短期负荷预报中，用户可以指定负荷预报的刷新周期，保证预报按照运行需要正常滚动进行负荷预报程序。滚动预报结果全网同步，可由 AGC 访问进一步进行机组调节，实现闭环控制。短期负荷预报考虑节假日、气象、特殊事件等因素的影响，采用多种算法进行预报，并提供丰富的负荷特性分析和结果修正手段。预报结果随时进行误差分析，并将所有预报结果、误差结果都备有曲线和列表两种形式显示。

负荷预测软件的功能主要包括：

（1）历史数据管理。历史数据管理包括数据浏览、数据修改、气象数据查询、历史负荷分析等功能。

（2）预报执行。预报程序会自动定时进行超短期和短期负荷预报。也可人工执行超短期负荷预报、正常日的负荷预报及节假日预报。

（3）参数设置。预报过程中相关参数设置包括区域定义、事件定义、节假日定义及气温参数等。

二、负荷预测软件的使用操作

下面以某产品软件为例，介绍负荷预测软件的使用操作。

通过人机界面使用负荷预测软件是最方便的途径，历史数据管理、预报执行、参数设置都可通过人机界面进行交互。

使用者对界面的构造、功能、操作方法等有所了解，才能正确使用负荷预测软件。

在系统主控台进入 PAS 应用界面，点击"系统负荷预报"进入系统负荷预报的主界面，如图 GYZD00213005-1 所示。画面上主要有时间显示区、结果显示区、状态显示区和功能选择区等。

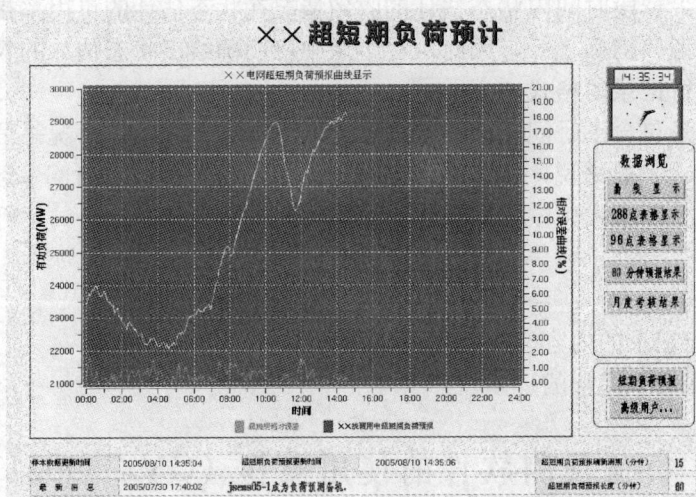

图 GYZD00213005-1　系统负荷预报主界面

1. 时间显示区

时间显示区主要显示系统当前时间。

2. 结果显示区

结果显示区占了画面中间大片区域，用于显示当日预报结果，包括今日实测负荷、当前预报负荷、预报相对误差和绝对误差。结果显示的形式包括列表、曲线两种形式，可通过功能选择区相应的按钮选择切换。

3. 状态显示区

状态显示区位于画面底部，用于显示超短期负荷预报的运行信息，其内容包括：实测数据更新时间；超短期负荷预报结果更新时间；当前负荷预报的启停运行情况；定义的预报刷新周期。

4．功能选择区

功能选择区位于画面右侧，该区为操作区。

三、负荷预报操作功能介绍

负荷预报操作功能都部署在功能选择区，按功能分为数据浏览、短期负荷预报、高级用户管理几类操作。

1．数据浏览功能

数据浏览包括曲线显示、288 点表格显示、96 点表格显示、60min 预报结果及月度考核结果。

（1）曲线显示。曲线方式显示 5min 点间隔。

（2）288 点表格显示。列表显示 5min 点间隔，全天 288 点实测负荷、预报负荷和相对误差数据，如图 GYZD00213005-2 所示。

时间：2004年10月15日0时0分0秒 -- 2004年10月16日0时0分0秒

起始时间　终止时间　刷 新　查 询

	超短期计划	统调用电	绝对差	相对差
00时00分	15569.4	18042.3	5111.29	28.326
00时05分	15538.7	18042.3	2728.52	15.12
00时10分	15656.4	18042.3	2387.84	13.23
00时15分	15698.2	18042.3	2344.77	12.992
00时20分	15911.4	18042.3	551.953	3.054
00时25分	16021.2	18042.3	450.877	2.494
00时30分	16091.6	18042.3	396.184	2.195
00时35分	16068.7	18042.3	405.01	2.245
00时40分	16197.7	18042.3	380.797	2.106
00时45分	16140.4	18042.3	406.037	2.25
00时50分	16161.9	18042.3	384.838	2.128
00时55分	16165	18042.3	441.104	2.444
01时00分	16265.1	18042.3	−14154	78.449
01时05分	16230	18042.3	−14695.8	81.448
01时10分	16148.7	18042.3	−14528.7	80.522
01时15分	16071.8	18042.3	−14486.5	80.289
01时20分	16139.4	18042.3	−14524.1	80.5
01时25分	16043.3	18042.3	−14532.7	80.544
01时30分	16020.4	18042.3	−14569.3	80.749
01时35分	16068.7	18042.3	−14476.7	80.234
01时40分	15930.4	18042.3	−14499.1	80.361
01时45分	15790.4	18042.3	−14477.6	80.239
01时50分	15848.6	18042.3	−14562	80.705
01时55分	15848.2	18042.3	−14555.8	80.672
02时00分	15903.2	18042.3	−14492.5	80.322
02时05分	15772.5	18042.3	−14415.1	79.896

图 GYZD00213005-2　288 点表格显示

（3）96 点表格显示。列表显示 15min 点间隔，全天 96 点实测负荷、预报负荷和相对误差数据，如图 GYZD00213005-3 所示。

时间：2005年8月10日0时0分0秒 -- 2005年8月11日0时0分0秒　起始时间　终止时间　刷 新　查 询

	时间	超短期计划	××统调用电	绝对误差(MW)	相对误差(%)
1	00时00分00秒	23342.60	23324.00	−18.51	0.08
2	00时15分00秒	23284.30	23686.00	400.55	1.68
3	00时30分00秒	23903.30	23976.00	74.17	0.29
4	00时45分00秒	23726.50	23691.00	−36.71	0.11
5	01时00分00秒	23728.20	23826.00	97.01	0.44
6	01时15分00秒	23511.30	23502.00	−10.64	0.03
7	01时30分00秒	23480.70	23428.00	−54.08	0.21
8	01时45分00秒	23205.90	23316.00	109.23	0.45
9	02时00分00秒	23121.30	22895.00	−226.28	1.01
10	02时15分00秒	22903.30	22654.00	−251.23	1.04
11	02时30分00秒	22600.20	22790.00	187.71	0.81
12	02时45分00秒	22528.00	22655.00	127.21	0.54
13	03时00分00秒	22575.20	22513.00	−63.91	0.28
14	03时15分00秒	22421.60	22213.00	−209.35	0.82
15	03时30分00秒	22374.50	22262.00	−112.51	0.49
16	03时45分00秒	21995.00	22390.00	390.53	1.68
17	04时00分00秒	22239.80	22128.00	−111.68	0.52

图 GYZD00213005-3　96 点表格显示

（4）60min 预报结果。显示区显示 60min、间隔为 5min 的预报负荷数据，如图 GYZD00213005-4 所示。

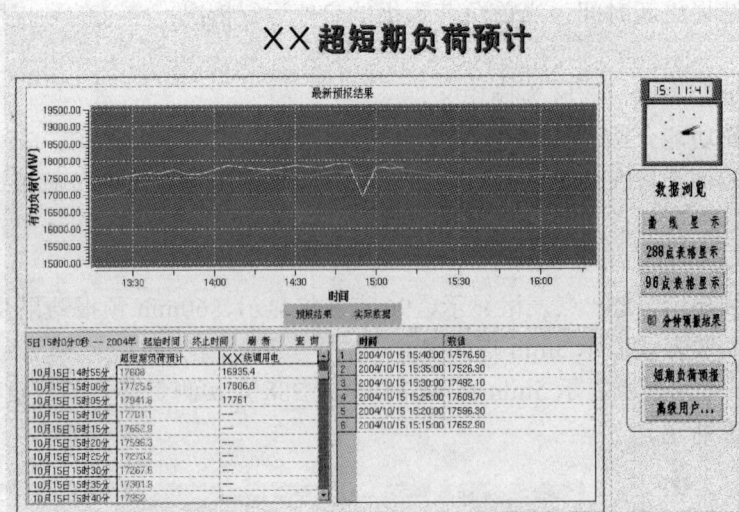

图 GYZD00213005-4　60min 预报结果

2. 短期负荷预报

进入短期负荷预报画面，界面的操作功能主要包括区域定义、事件定义、节假日定义、气象参数显示。

（1）区域定义是以列表方式显示的，其内容包括：

名称：预报区域的名称。

遥测定义：用于生成样本的 SCADA 中相应的遥测定义。

预报类型：该区域的预报类型，为超短期和短期多选。

超短期发送计划值：该区域超短期负荷预报结果发送的计划定义。

短期发送计划值：该区域短期负荷预报结果发送的计划定义。

（2）事件定义是以列表方式显示的，其内容包括：

事件名称：特殊事件的名称。

所在区域：在定义过的预报区域中选择其所在区域。

是否使用：选择该事件是否参与预报。

系数/增量：用户可根据需要选择参与的方式。选择系数，在预报时则乘以修正的系数；选择增量，在预报时则增减对应的增量。

起时间、止时间：选择事件影响的起止时间；

缓动时间、延迟时间：事件影响响应的前后延迟时间。

调整量：根据选择的系数/增量相应地填入影响预报的系数或增量。

（3）节假日定义是以列表方式显示的，其内容包括：

日期：节假日的日期（格式 YYYYMMDD，代表年月日，如 2000 年 10 月 1 日为 20001001）。

节假日名称：节假日的名称，该名称用来标示该节假日的类型，用以检索往年节假日。

是否休息：该节假日是否调休。

（4）气象参数主要考虑温度的影响，列表显示逐时温度与负荷相关的系数，以及最高气温与最高负荷相关的系数，最低气温与最低负荷相关的系数。每种系数分为高温侧和低温侧两部分显示。内容包括：

所在区域：该定义所适用的区域。

时段：0~23 表示各整点的系数；24 表示最高负荷—最高气温的系数，25 表示最低负荷—最低气温的系数。

是否有效：该系数是否有效。

系数 1~5：负荷气温多项式系数。

3. 高级用户登录

高级用户完成登录后，进入负荷预报界面，如图 GYZD00213005-5 所示，在该界面上完成负荷预报的数据管理、预报执行、参数设定等重要功能。负荷预报高级用户功能提供给运方专业人士使用分析。

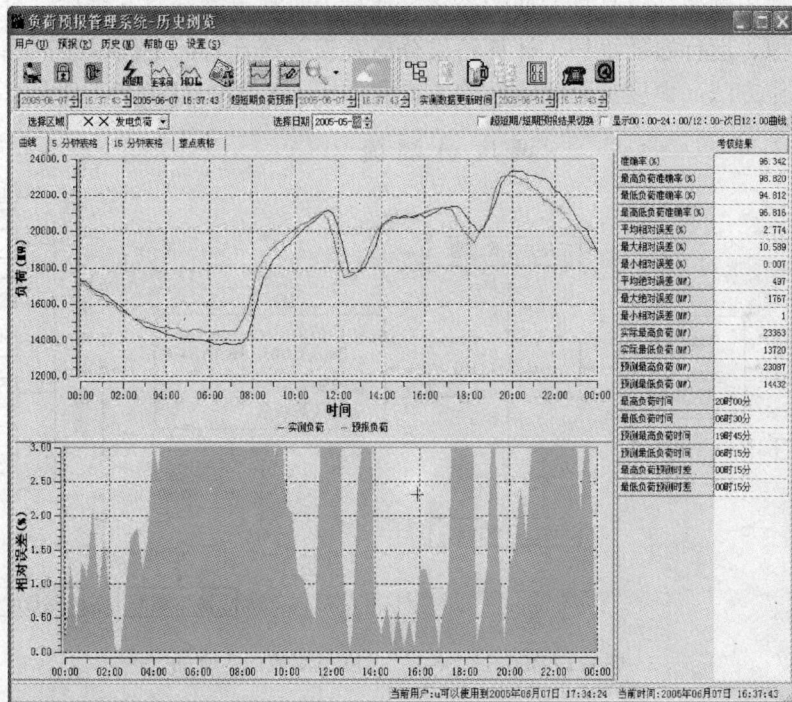

图 GYZD00213005-5　负荷预报高级用户界面

【思考与练习】

1．负荷预测软件提供了哪些功能？

2．上机练习，掌握负荷预测软件的使用方法。

模块 6　调度员潮流软件的使用操作（GYZD00213006）

【模块描述】本模块介绍调度员潮流软件的使用方法。通过原理讲解、功能描述和方法介绍，掌握调度员潮流软件的基本原理、功能及其使用方法。

【正文】

一、调度员潮流基本原理与功能

调度员潮流根据可靠、快速的潮流算法，进行在线潮流计算，生成某一给定网络条件的潮流问题的解决方法。调度员潮流提供了调度员分析电网运行方式的手段，其数据来源多样（实时、预测、历史），操作灵活，并可方便地修改运行方式。其收敛性良好，提供的辅助分析功能方便调度人员直观地检查、监视、调整结果，让调度员在实时环境中对潮流进行分析操作和模拟研究。

调度人员可用调度员潮流软件来研究当前电力系统可能出现的运行状态，运方人员可以使用它来校核调度计划的安全性和合理性。同时它还提供对历史运行方式的变化进行分析。调度员潮流模块也是其他高级网络分析软件的基本模块，维护一个收敛性良好的潮流数据，是其他高级网络分析软件正确计算的基本前提条件。

调度员潮流软件的算法一般采用牛顿法和快速分解法，兼顾潮流计算收敛的可靠性和计算的快速性。

调度员潮流软件的主要功能如下：

（1）方便地获取实时和历史方式，作为潮流计算的初始方式。

（2）多种灵活手段模拟预想的潮流运行方式。

（3）对潮流的计算结果进行分析，包括各种重载监视、限值检查、网损分析等。

（4）提供完善的实用化功能，包括误差统计，历史信息的保存、查询等。

（5）支持多用户功能，各用户可以同时进行计算而不互相影响。

二、调度员潮流软件的操作方法

通过人机界面使用潮流计算是最方便的途径。通过人机界面进行交互操作，可获取状态估计断面数据、调度操作模拟、运行参数维护、计算结果分析及误差统计等。下面以某产品软件为例，介绍调度员潮流软件的操作方法。调度员潮流软件的主界面如图 GYZD00213006-1 所示。

调 度 员 潮 流

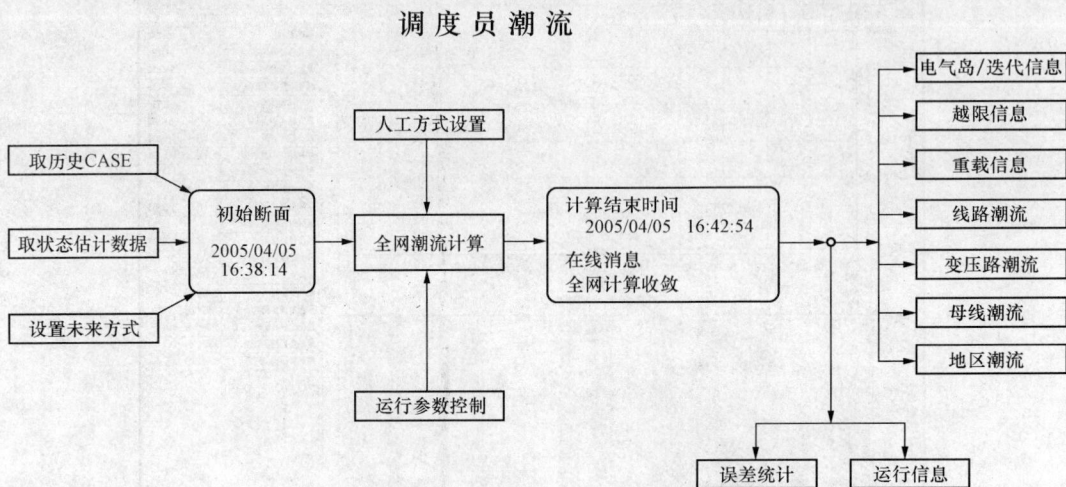

图 GYZD00213006-1 调度员潮流的主画面

（一）潮流模拟操作计算方式准备

潮流模拟计算首先要获取状态估计断面数据，断面数据分实时数据和历史数据两种。

1. 取实时断面

在调度员潮流的主画面上直接点击"取状态估计数据"按钮。在完成状态估计的拷贝以后，调度员潮流的界面上有相应的提示信息，厂站图上调度员潮流应用下显示的设备潮流和状态估计应用下显示的值一致。

2. 获取历史断面

在图 GYZD00213006-1 所示的调度员潮流的主画面上，直接点击"取历史 CASE" 按钮，弹出如图 GYZD00213006-2 所示的历史断面管理界面。界面的标题栏内可以设置检索历史断面的起始时间和终止时间，也可以选择断面的应用类型，所有断面依次显示名称、时间、应用名、描述、用户名和断面大小。点击选中的断面，右击，在弹出的右键菜单中选择"取出断面"选项，再在下拉列表中选择调度员潮流应用，就完成了将历史潮流断面读到当前潮流应用中。

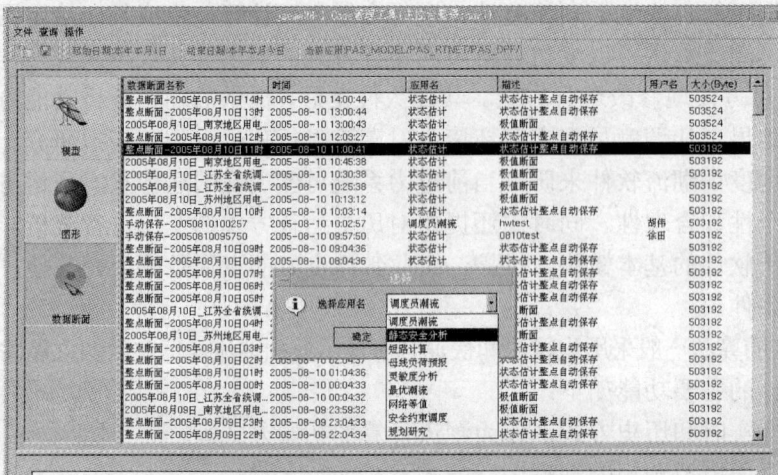

图 GYZD00213006-2 历史断面管理界面

（二）调度操作模拟

在初始潮流断面上，可以继续修改方式，模拟预想的潮流运行方式，再进行详细的潮流分析。模拟操作包括断路器、隔离开关变位，发电机功率调整，负荷功率设置，变压器分接头设置，线路停运，变压器停运，母线停运和厂站停运。下面以断路器、隔离开关变位模拟为例，介绍操作方法。

在需要变位的断路器、隔离开关上右击鼠标，单击弹出菜单上的"变位"项就实现了断路器、隔离开关的变位模拟。图 GYZD00213006-3 反映了简单的操作过程。

图 GYZD00213006-3　开关变位示意图

（三）运行参数维护

在主画面上点击"运行参数控制"按钮，在潮流计算参数画面上可以设置算法、收敛判据、单/多平衡机等运行参数，如图 GYZD00213006-4 所示。设置方法为双击动态数据，在弹出对话框中输入数值。

潮 流 计 算 参 数

运行参数							
最大迭代次数	收敛判据		算法选择	平衡发电机	平衡机模式选择	不平衡功率分配方式	节点类型设置采用潮流计算
	有功	无功					
50	0.0100	0.0100	PQ解耦法	××第二发电厂2号发电机	多平衡机	容量	是

图 GYZD00213006-4　潮流计算参数维护表

平衡发电机是电气岛内的电压相角参考点，当采用"单平衡机"模式时，电网的不平衡功率（包括发电、负荷和网损）都将由设定平衡机吸收。当采用"多平衡机"模式时，电网的不平衡功率将由多台发电机负责平衡。多台发电机之间的不平衡功率分配方式包括容量、系数和平均三种方式。选择容量时将根据发电机的可调容量分配，选择系数时根据人工设置的系数按比例分配，选择平均时则平均分配不平衡功率。在分配过程中，确保发电机的出力在最大出力和最小出力范围内。

在图 GYZD00213006-5 所示发电机参数列表中可以设置发电机的调节特性，包括节点类型（平衡节点、PQ 节点、PV 节点等），对于 PV 节点可以设定机端电压还是高压侧母线电压以及控制的目标电压值，对于按指定系数参与有功调节的机组可以设置比例系数，设置方法为：双击需要修改的单元格后选择菜单项或者输入数据后回车确认。

发 电 机 参 数

厂站ID号	发电机名称	节点类型	高端电压	PV控高端电压	参与有功调节	有功分配系数
××发电厂	8号发电机	PQ节点	232.51	是	是	0.00
××发电厂	4号发电机	PQ节点	228.80	是	是	0.00
××发电厂	5号发电机	PQ节点	228.80	是	是	0.00
××第二发电厂	1号发电机	平衡节点	509.77	是	是	0.00
××第二发电厂	2号发电机	平衡节点	509.77	是	是	0.00
××热电厂	5号发电机	PQ节点	12.81	是	是	0.00
××热电厂	6号发电机	PQ节点	12.80	是	是	0.00
××发电厂	1号发电机	PV节点	232.13	是	是	0.00
××发电厂	2号发电机	PQ节点	0.00	是	是	0.00

图 GYZD00213006-5　发电机参数维护表

（四）计算结果分析

1. 潮流计算启动

在调度员潮流主画面上点击"全网潮流计算"按钮或者在调度员潮流应用下的任一幅画面空白处右击，在弹出的菜单上选"启动潮流计算"选项，就开始进行潮流计算，在主画面上有相应的提示信息显示。

2. 电气岛/迭代信息查询

在调度员潮流主画面上点击"电气岛/迭代信息"按钮，弹出如图 GYZD00213006-6 所示的电气岛与迭代信息界面。电气岛信息显示了当前电网中的所有带电的活电气岛，包括平衡发电机厂站、平衡发电机、节点数、收敛状态和连续发散次数。迭代信息则显示了对应电气岛的迭代过程，记录了每次迭代的有功和无功偏差最大节点信息，包括节点厂站名、电压等级和功率偏差值。当电网中有多个电气岛时，右键点击电气岛表格中对应的行，再点击弹出的右键菜单，就能查看不同电气岛的迭代信息。

电气岛与迭代信息

电气岛信息

岛号	平衡机厂站	平衡机	节点数	收敛状态	连续发散次数
1	XX第二发电厂	2号发电机	510	收敛	0

当前电气岛 1　　　　　　　迭代信息

电气岛	迭代序号	最大偏差有功厂站	最大偏差有功电压等级	最大有功偏差	最大偏差无功厂站	最大偏差无功电压等级	最大无功偏差
1	1	XX变电所	500kV	-13.194	XX发电厂	中性点	238.383
1	2	XX发电厂	13.8kV	6.774	XX发电厂	中性点	2.243
1	3	XX发电厂	220kV	-0.436	XX变电所	500kV	-0.263
1	4	XX发电厂	220kV	-0.054	XX变电所	500kV	-0.026
1	5	XX发电厂	220kV	-0.006	XX变电所	中性点	-0.000

图 GYZD00213006-6　电气岛/迭代信息

3. 潮流计算结果查询

潮流计算完成以后，其结果在厂站图和单线图上切换到调度员潮流应用下就能进行查询，表现方式直观、明了。除此以外，对各类设备还提供列表集中显示的方式。

在主画面上点击"地区潮流"按钮，弹出如图 GYZD00213006-7 所示界面，按地区分别显示了有功出力、有功负荷、有功损耗、厂用电和网损率等量。

地 区 潮 流

区域	有功出力	有功负荷	有功损耗	厂用电	网损率
××	17036	17167	351	848	2.04
××	1062	1555	9	53	0.60

图 GYZD00213006-7　潮流计算结果表

在主画面上点击"线路潮流"按钮，弹出如图 GYZD00213006-8 所示界面，分别显示了每条线路的有功、无功、电流和电压等量。

线 路 潮 流

厂站名称	线路名称	有功值	无功值	电流值	电压值
××变电所	××2635线	143.14	-22.38	368.32	227.10
××变电所	××2635线	-141.45	24.07	365.15	227.10
××变电所	××2588线	-18.22	2.76	46.91	226.75

图 GYZD00213006-8　线路潮流表

在主画面上点击"变压器潮流"按钮，分别显示变压器各侧的有功、无功、电流等量。

在主画面上点击"母线潮流"按钮，分别显示每条母线的电压、有功负荷和无功负荷等量，母线负荷指每条母线实际所带的负荷总加量。

（五）设备越限和重载查询

潮流计算完成以后，为了更好地掌握当前电网的负荷水平，程序自动将设备的实际潮流与安全限值比较，分析统计设备的越限和重载情况。

1. 越限信息查询

在主画面上点击"越限信息"按钮，弹出如图 GYZD00213006-9 所示界面，分类列出了稳定断面有功、线路电流和变压器功率等设备的越限情况。

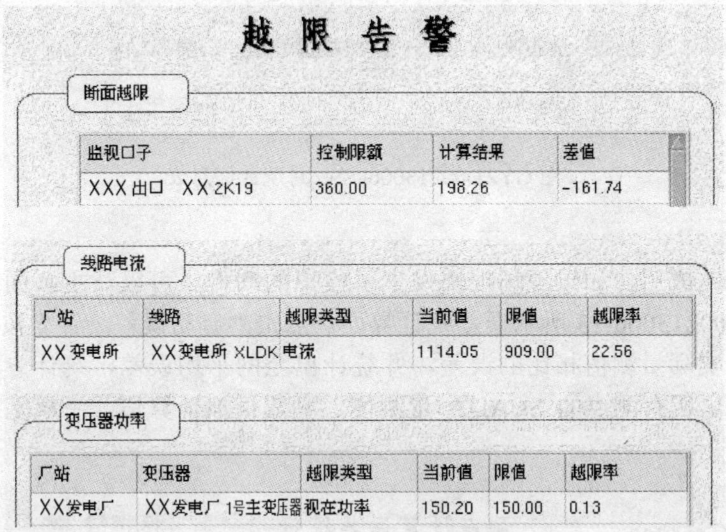

越 限 告 警

断面越限

监视口子	控制限额	计算结果	差值
XXX 出口 XX 2K19	360.00	198.26	-161.74

线路电流

厂站	线路	越限类型	当前值	限值	越限率
XX 变电所	XX 变电所 XLDK	电流	1114.05	909.00	22.56

变压器功率

厂站	变压器	越限类型	当前值	限值	越限率
XX 发电厂	XX 发电厂 1号主变压器	视在功率	150.20	150.00	0.13

图 GYZD00213006-9　越限信息表

2. 重载信息查询

在主画面上点击"重载信息"按钮，弹出如图 GYZD00213006-10 所示界面，分类列出了线路电流和变压器功率等设备的重载情况。重载率是指当前值和限值的百分比，只有重载率大于人工设定的门槛值的设备才会在列表中显示。重载门槛值可以人工设置。

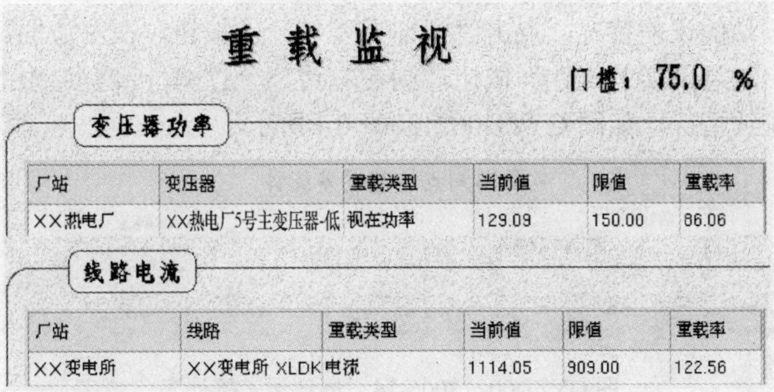

重 载 监 视

门槛：75.0 %

变压器功率

厂站	变压器	重载类型	当前值	限值	重载率
XX 热电厂	XX 热电厂 5号主变压器-低	视在功率	129.09	150.00	86.06

线路电流

厂站	线路	重载类型	当前值	限值	重载率
XX 变电所	XX 变电所 XLDK	电流	1114.05	909.00	122.56

图 GYZD00213006-10　重载信息表

3. 运行信息查询

在主画面上点击"运行信息"按钮，弹出如图 GYZD00213006-11 所示界面，对于每一次操作，均记录了操作的时间、节点、用户、任务、状态和设备操作名称等信息，方便以后对使用人员的考核检查。

在历史运行信息画面上，点击"月统计信息"按钮，弹出如图 GYZD00213006-12 所示界面，统计了每个月的调度员潮流使用情况，包括计算总次数、收敛次数和月合格率。

模块 6

GYZD00213006

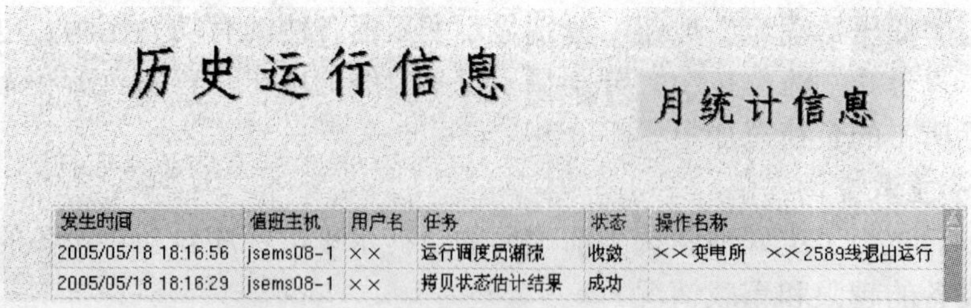

图 GYZD00213006-11　运行信息表

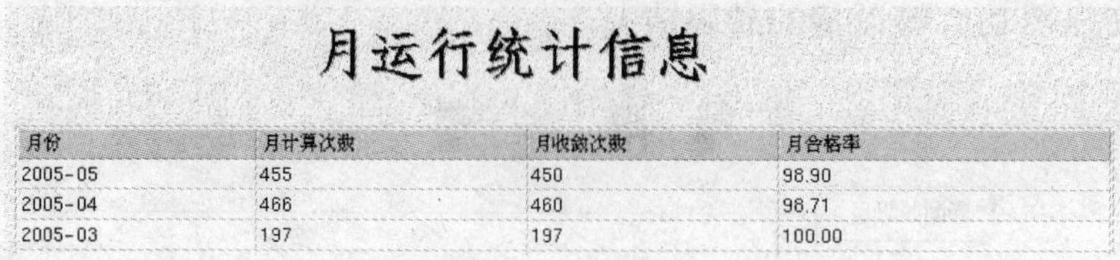

图 GYZD00213006-12　月统计信息表

（六）误差统计

在潮流模拟计算完成后，如果现场很快发生了模拟的动作，可以从主画面点击"误差统计"按钮，进入如图 GYZD00213006-13 所示误差统计界面。点击"启动误差统计"按钮，程序自动统计每个测点模拟计算值和实际量测值相比的误差，并统计出全网平均误差，统计方法遵循实用化考核细则。在表格中全部列出所有测点的 SCADA 量测值、潮流模拟计算值、考核基准值以及测点误差等内容。

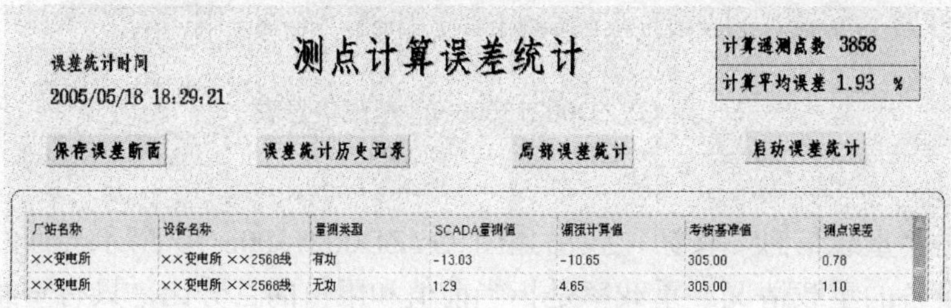

图 GYZD00213006-13　全网误差统计表

如果只关心部分厂站的误差情况，点击"局部误差统计"按钮，在左边的厂站名称栏内选择需要关心的厂站，点击"启动局部误差统计"按钮，则在右边部分过滤掉没有选中的厂站，只列出选中厂站的所有设备的误差统计情况，如图 GYZD00213006-14 所示。

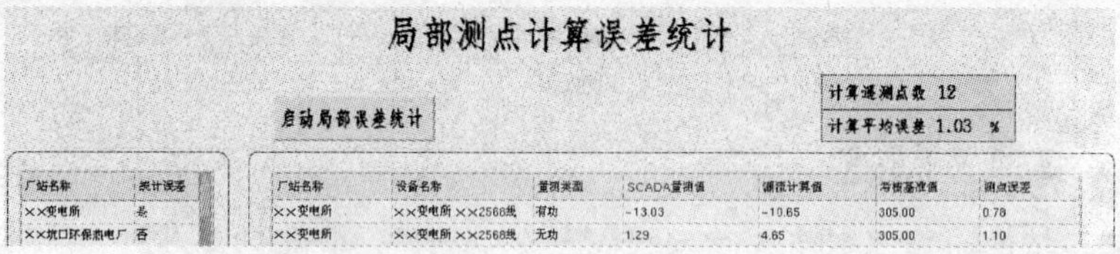

图 GYZD00213006-14　局部误差统计表

如果想要保存当前误差统计的运行断面，则可以点击图 GYZD00213006-13 上的"保存误差断面"按钮，将当前的断面以及误差统计结果一起保存起来。点击"误差统计历史记录"按钮，弹出如图 GYZD00213006-15 所示界面，显示了所有保存的误差断面，包括统计时间、平均误差、执行用户、值班主机、断面名称以及操作信息等内容。

保存过的断面除了在图 GYZD00213006-15 中能够显示以外，还能在图 GYZD00213006-2 所示的历史断面管理界面中进行查询。在取出误差断面时，除了将各个设备的潮流量取出，并显示到厂站图上，还能自动将误差统计情况更新到图 GYZD00213006-13 中，并由此进一步对局部厂站作误差统计。

图 GYZD00213006-15 误差统计历史记录表

【思考与练习】

1. 调度员潮流软件提供了哪些功能？
2. 上机练习，掌握调度员潮流软件的使用方法。

模块 7 电压无功优化软件的使用操作 (GYZD00213007)

【模块描述】 本模块介绍电压无功优化软件的使用方法。通过要点归纳、功能描述和方法介绍，熟悉无功优化的作用及其运行条件，掌握电压无功优化软件的功能、参数设置及其使用方法。

【正文】

一、电压无功优化的运行环境

电网的电压和无功功率控制的研究是现代电网规划和系统运行所面临的重要课题。电压和无功功率控制就是以某种方式调整系统中可调节的发电机、调相机的无功出力或其机端电压，调整有载调压变压器分接头位置，操作可投切的并联电容器或电抗器组，以及对电网进行无功补偿，选择新装无功补偿设备的位置和容量等来寻找系统的最优运行点。电压和无功功率控制是一个最优潮流问题，可以采用优化技术来解决。

目前比较普遍采用的方法是线性规划法。该算法数值稳定，计算速度快，收敛可靠，便于处理各种约束条件。其缺点是必须线性化目标函数和约束条件，计算精度稍差。

无功优化运行的前提是：状态估计周期运行，提供的实时断面数据结果合理，无功优化各相关进程正常运转。

二、电压无功优化的参数

电压无功优化的参数可以通过无功优化软件提供的人机界面选择和设置。

1. 运行方式参数

无功优化运行方式参数包括子代个数、父代个数、潮流收敛指标、优化收敛指标、无功电压平衡系数及运行周期。该类参数影响到计算的方式和结果。

2. 参与优化的变量选择

电容器、变压器分接头、发电机等设备是否参与无功优化，需要进行选择和设置。电压和无功功率控制设备主要有同步发电机、调相机、有载调压变压器、可投切并联电容器（组）、并联电抗器（组）以及静止无功补偿装置及其他自动装置。考虑到我国电网的实际情况，也为了处理方便，选择 PV 节点及平衡节点（即发电机与调相机节点）的电压幅值 U_G、有载调压变压器的变比、并联电容器组的无功容量和并联电抗器组的无功容量作为控制变量，所有这些变量都取其增量。

3. 基态数据获取方式

电压无功优化的基态数据既可以来源于电网实时数据（即状态估计结果），也可来自潮流计算结果。当运行在周期方式时，每隔一个周期会自动取状态估计结果；当运行在研究模式时，可人工取状态估计结果或潮流计算结果。

三、电压无功优化的计算结果

在人机界面上启动电压无功优化进程，开始计算无功优化。此时，运行信息被更新，而优化的结果则以画面的形式显示在各列表中。

1. 电力设备的优化信息

无功优化调节的设备一般包括容抗器、变压器分接头和发电机。计算结束后，系统将对这些设备给出相应的调节信息和优化后的调整措施，用户可在容抗器调整结果表、变压器调整结果表和发电机调整结果表中查看。

2. 全网电压优化结果表

无功优化计算结束后，电网内各电压等级的电压水平将发生变化以满足目标函数的需要。在优化结果表中，用户可查出计算后全网的电压水平。

3. 全网降损效益结果表

正常状态的电网，无功优化使其达到了降低网损的目的。在降损效益表中，用户可查看调整措施给出后电网的网损情况。

4. 越限告警表

在越限告警表和重载告警表中，查看设备是否越限、是否重载等信息。

【思考与练习】

1．无功优化在电力系统中的作用是什么？

2．无功优化软件提供了哪些功能？

模块 8　PAS 的各种报表类型及其内容（GYZD00213008）

【模块描述】本模块包含 PAS 的各种报表类型、内容。通过要点介绍，熟悉状态估计和在线潮流包括的各种报表及其内容。

【正文】

一、状态估计的报表介绍

状态估计的报表主要包括：

（1）线路损耗表。每条线路的线损率和有功、无功线损值。

（2）变压器损耗表。每台变压器的有功、无功线损值。

（3）开关状态表。量测系统中的实时遥信和状态估计的开关状态对比的列表。

（4）线路潮流表。量测系统中的线路的遥测和状态估计的线路潮流对比的列表。

（5）变压器潮流。量测系统中的变压器的遥测和状态估计的变压器潮流对比的列表。

（6）机组功率。量测系统中的机组的遥测和状态估计的机组出力对比的列表。

（7）负荷功率。量测系统中的负荷的遥测和状态估计的负荷功率对比的列表。

（8）可疑断路器/隔离开关状态。与设备相连的断路器/隔离开关状态可能有错误。

（9）坏数据表。坏数据的列表。

（10）不可观测元件。当系统量测配置不足时，部分网络可能不能做状态估计，属于该部分网络的元件的列表。

（11）状态估计合格率统计。遥测状态估计合格率的列表。

（12）收敛月可用率统计。状态估计收敛月可用率表。

二、在线潮流的报表介绍

在线潮流的报表主要包括：

（1）线路损耗表。每条线路的线损率和有功、无功线损值。

（2）变压器损耗表。每台变压器的有功、无功变损值。

（3）变压器绕组损耗表。每台变压器绕组的有功、无功变损值。

（4）收敛月统计表。收敛月可用率＝潮流计算全月收敛次数/潮流计算全月计算总次数×100%。

（5）在线潮流误差排序表。在线潮流模拟操作的计算结果和实际操作后的量测结果误差排序，若某些设备不存在量测或量测是坏数据，则与该断面的状态估计值比较。

【思考与练习】

1．状态估计主要有哪些报表？

2．在线潮流主要有哪些报表？

第十五章　PAS、DTS 的维护

模块 1　PAS 数据库中各种类型的表和域的含义介绍（GYZD00214001）

【模块描述】本模块介绍 PAS 数据库中各种类型的表和域的含义。通过举例说明，熟悉 PAS 的电网建模、状态估计和在线潮流的相关数据表以及表中域名的含义。

【正文】

一、电网建模相关的数据表

电网建模相关的数据表包括电压类型表、统计区域信息定义表、公司信息表、行政区域表、厂站信息表、电压等级表、间隔信息表、断路器信息表、刀闸表、接地开关表、母线表、直流接地表、线路表、交流线段表、交流线段端点表、线段分段表、线段类型表、变压器表、变压器绕组表、变压器分接头类型表、发电机表、负荷表、容抗器表、直流系统表、直流换流端定义表、直流极定义表、直流开关表、直流连线表、直流线端表、直流导线表、直流导线端表、直流终端设备表、直流接地端表等。

如表 GYZD00214001-1 为每条交流线段的描述表，列出了交流线段表所包含的域名及含义。

表 GYZD00214001-1　　　　　　　　交流线段表的域名及含义

域　　名	数 据 类 型	域 名 含 义
Acln_id	int	交流线段 ID 号
Fac_id_s	int	一端厂站 ID 号
Fac_id_e	int	二端厂站 ID 号
Char_name	char[64]	交流线段名称
Acln_desp	char[64]	交流线段编号
Smax	float	功率限值
Imax1	float	电流正常限
Imax2	float	电流事故限
R_value	float	正序电阻
X_value	float	正序电抗
Bch_value	float	正序电纳
R0_value	float	零序电阻
X0_value	float	零序电抗
Bch0_value	float	零序电纳

二、状态估计相关的数据表

状态估计相关的数据表包括状态估计参数和信息表、状态估计缺省权值表、控制状态估计门槛值设定表、状态估计人工伪遥信表、状态估计人工伪量测表、状态估计全部伪遥信表、状态估计全部伪量测表、状态估计遥信预处理表、状态估计遥测预处理表、状态估计不可观测节点表、状态估计量测一览表、状态估计量测统计结果表、状态估计最近可疑遥信信息表、状态估计最近坏数据信息表、状态估计非缺省权值测点表、状态估计可疑线路电抗表、状态估计当天每小时运行指标统计表、状态估计每天运行率统计表、状态估计每月运行率统计表、状态估计每年运行率统计表、状态估计关键量测表、状态估计可观测边界表、状态估计厂站合格率统计表、状态估计地区合格率统计表等。状态估计量测一览表见表 GYZD00214001-2，列出了每个状态估计量测的数据类型、域名及含义。

表 GYZD00214001-2 　　　　　　　状态估计量测一览表

域　名	数 据 类 型	域 名 含 义
Keyno	int	序号
Stid	int	厂站名称 ID
Devid	int	设备名称 ID
Meassub	int	量测下标
Type	int	量测类型
Devmtyp	int	设备类型
Measval	float	量测值
Seval	float	状态估计值
Exambas	float	实用化考核基值
Err	float	误差百分数
Srctyp	int	量测源

三、在线潮流计算相关的数据表

在线潮流计算相关的数据表包括调度员潮流参数和信息表、调度员潮流电气岛表、调度员潮流操作信息表、调度员潮流越限告警表、调度员潮流重载监视表、调度员潮流相角差表、调度员潮流运行信息表、调度员潮流用户表、调度员潮流 case 表、调度员潮流使用记录表、调度员潮流月合格率统计表、调度员潮流测点计算误差表、调度员潮流发电机控制表、调度员潮流局部测点误差表、调度员潮流线路功率转移表等。调度员潮流测点计算误差见表 GYZD00214001-3，列出了每个测点的潮流模拟计算误差的数据类型、域名及含义。

表 GYZD00214001-3 　　　　　　　调度员潮流测点计算误差表

域　名	数 据 类 型	域 名 含 义
Keyno	int	关键字
Stid	int	厂站名称 ID
Devid	int	设备名称 ID
Devtyp	int	设备类型
Meastp	int	量测类型
Lfval	float	潮流计算值
Scdval	float	SCADA 量测值
Seval	float	状态估计值
Bas	float	实用化考核基值
Err	float	测点误差

【思考与练习】
1．电网建模有关的数据表主要有哪些（列出 10 个相关的数据表）？
2．状态估计有关的数据表主要有哪些（列出 10 个相关的数据表）？

模块 2　PAS 电网模型的定义原则（GYZD00214002）

【模块描述】本模块介绍 PAS 电网模型的定义原则。通过要点归纳，熟悉电网模型定义时非调度管辖范围内的电网的处理原则以及遥测数据的极性定义原则。

【正文】

一、电网模型概述

网络建模是 PAS 子系统网络分析软件的基础。网络建模的主要工作是生成电网的拓扑结构和录入设备的电气参数。网络建模模块提供了模型生成、转换和验证等辅助工具。

整个电力系统是从电厂经过变电站再到负荷的电力输送网络，不同的电压等级通过变压器相连，不同的厂站通过线路相连。某一级调度管辖的电网是整个电网的一部分，建模前，首先要根据本级调度范围理清"网络建模"的范围，调度管辖范围内的电网都应该包括在"网络建模"范围内，非调度管辖范围的部分可以外推一层。

二、电网模型定义原则

1. 非调度管辖范围内的电网的处理原则

建模时，非调度管辖范围内的电网需要进行等值处理，一般的原则是：

（1）外网边界等值成机组。

（2）内网或下级联络的边界等值成负荷。

（3）能对本系统提供功率支持的外部线路等值成发电机，只从本系统吸收功率的外部线路等值成负荷。

（4）一般情况下，将220kV以上的边界线路等值成发电机，110kV及以下边界线路等值成负荷。

（5）对线路等值成发电机或是负荷起作用的条件是：当某线路"是否等值属性"被等值成发电机或是负荷时。其被当成发电机或是负荷的条件是：这条交流线段一端有正常节点号，另一端节点号为−1，当这条交流线段两端都有正常节点号时，等值标志失效。

（6）对一些低压线路（如地调的10kV线路），如果对端厂站不建模，可直接将这些线路建成负荷。

（7）SCADA 传来的遥测数据（主要是有功、无功），没有统一的正负标准，不能正确表达潮流的方向，这将给状态估计、潮流计算带来很大的困扰。因此整理遥测极性，使 SCADA 遥测数据统一而合理，属于网络建模部分工作。

2. 遥测数据的极性定义原则

遥测数据的极性统一定义如下：

（1）支路型（线路和变压器）流出母线为正，流入母线为负。

（2）发电机发电为正，即流入电网为正，流出电网为负。

（3）负荷用电为正，即流出电网为正，流入电网为负。

【思考与练习】

1. PAS 电网模型定义的原则是什么？

2. 为什么非调度管辖范围内的电网需要进行等值处理？

模块 3 电网设备参数的录入方法（GYZD00214003）

【模块描述】本模块介绍电网设备参数录入方法。通过方法介绍和举例说明，熟悉电网设备参数收集方法和录入工具的人机界面，掌握电网设备参数的录入方法。

【正文】

一、电网设备参数准备

电网设备所需收集的参数包括线路（类型、长度或电阻、电抗）、变压器（铭牌参数）、电容电抗器（额定容量、类型、电压）、发电机（额定容量、额定出力、有功无功上下限）等。

二、参数的录入

参数一般通过人机界面录入。下面以某产品软件为例，介绍用数据库服务 dbi 录入参数。

数据库服务 dbi 界面如图 GYZD00214003-1 所示。

在左侧 PAS_MODEL 下拉菜单中选设备类并打开对应的设备表，该设备需要填的参数就在这张表中，下面具体说明参数的填写方法。

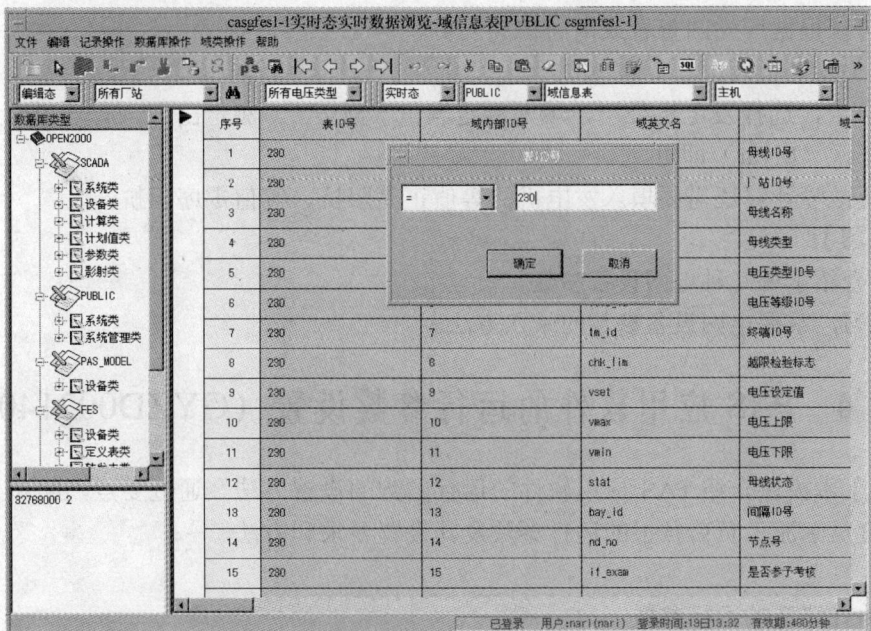

图 GYZD00214003-1 数据库录入界面

1. 线路—交流线段表

交流线段的参数录入有 3 种方式，3 种参数选其一即可：

（1）线路型号录入。需要先在线段类型表中输入电网所涉及的所有线段类型的参数（单位长度的电阻、电抗和电纳），然后再在交流线段表中，输入线路长度（km）及型号、电流正常限值。

（2）标幺值录入。填入电阻标幺值、电抗标幺值和充电电容标幺值（正序电纳标幺值）、电流正常限值。

（3）有名值录入。输入电阻、电抗和充电电容（正序电纳）有名值，电流正常限值。

对于分段线路，选择需要分段的交流线段，分别对每一段起一个名字，填入每段的参数（线路类型、长度或电阻、电抗、电纳值）即可。

对于一般的单 T 接线，定义 3 个交流线段，每一条交流线段的首端厂站为实际厂站，末端厂站为 T 接站，3 条 T 接线的交流线段需定义为同属于一条线路，再分别填入每条交流线段的参数。多 T 接线处理相类似。

对于双 T 一端厂站的出站线路短至几米的问题，建议还是按照双 T 处理，线路长度建议填 1km 以上（如果填过短可能造成状态估计不收敛）。

2. 变压器—变压器分接头类型表

首先打开变压器分接头类型表，输入电网所涉及的全部分接头的相关参数：最小挡、最大挡、额定挡、不变额定低挡、不变额定高挡和挡位步长。类型的名称可根据习惯取，要易于辨识。然后打开变压器绕组表，选择分接头类型，填入额定功率（MVA）、额定电压、短路损耗（kW）和短路电压百分比（只填百分号前面的值，例如 12 即表示 12%）。

需要强调的是短路损耗和短路电压百分比的录入方法。如果是双绕组变压器，只有一组损耗和电压百分比的实验数据，直接填入高压侧绕组的参数表中；如果是三绕组变压器，有三组损耗和电压百分比的数据（高中、高低、中低），那么将高中侧的数据填入高压侧绕组参数表，高低侧数据填入中压侧绕组参数表，中低侧数据填入低压侧绕组参数表。在计算绕组的电阻和电抗时，程序会进行相应的归算。

如果进行故障计算还需要填入各绕组的零序电阻、零序电抗和中性点接地运行方式。

3. 容抗器—容抗器表

打开容抗器表，选择容抗器的类型，填入额定电压/额定电流和额定容量（Mvar）即可。

这里需要注意的是，电容器的额定容量为正——提供无功；而电抗器的额定容量为负——吸收无功；并联需要填入额定电压，串联需要填入额定电流。如果运方提供的容抗器参数表中没有该容抗器的参数类型，可以根据厂站图查看或询问相关人员。

4. 发电机—发电机表

打开发电机表，选择发电机类型，填入额定容量（MVA）、额定出力、有功出力上下限（MW）和无功出力上下限（Mvar）即可。

如果要进行故障计算还需要填入发电机的等值正序阻抗、等值零序阻抗。

【思考与练习】

1. 本模块介绍了哪几种电网设备参数？
2. 上机练习，掌握电网设备参数的录入方法。

模块 4　PAS 应用软件的运行参数设置（GYZD00214004）

【模块描述】本模块介绍 PAS 应用软件的运行参数的设置方法。通过要点归纳和方法介绍，掌握状态估计、调度员潮流、负荷预报的运行参数及其设置要求和方法。

【正文】

一、状态估计涉及的运行参数

状态估计涉及的运行参数主要如下。

1. 收敛判据（有功、无功）

收敛判据设置过大，使状态估计迭代计算时在未达到精度要求的情况下停止迭代，导致合格率降低；设置过小，可能导致状态估计迭代时产生振荡，不能收敛，从而使收敛率（也叫可用率）下降。一般设为有功 0.001，无功 $0.001 \sim 0.002$。

2. 最大迭代次数

最大迭代次数不能设置过小，一般情况下，状态估计 20 次之内就能收敛，对一些特殊情况，需要更多次迭代才能收敛，要求设得稍大些。超过 50 次后，再增大最大迭代次数已没有意义。此值设置过小可能导致收敛率下降。

3. 缺省权重的设置

按照给定的范围设置。权重设置值对状态估计合格率、收敛率都有影响。各类型数值设置偏差太大会导致收敛率降低（方程奇异）。但是，零注入量测权重的设置值要相对大一些，否则将导致状态估计计算结果不能满足电力系统的注入量需要平衡的物理概念（节点注入和节点流出应平衡），其基态潮流断面被拷贝到调度员潮流后，再重新进行调度员潮流计算时，将导致调度员潮流的计算结果和状态估计的计算结果大相径庭（调度员潮流的计算结果是满足基尔霍夫定律的，即每个节点的流入和流出平衡），从而影响调度员潮流操作模拟结果的正确性。

4. 遥测预处理门槛值

遥测预处理门槛值的设置不影响状态估计性能指标。对大误差点归属到不合格点的统计方法，可疑遥测门槛值的设置大小和合格率统计没有关系。对大误差点排除在不合格点之外的统计方法，可疑遥测门槛值设置得越大，合格率越低。考核合格率的门槛设置数值是根据规定置入的，不可自行修改。

5. 量测的分布

影响覆盖率的因素主要是量测的分布。对单个量测或是整个厂站的量测屏蔽会导致量测覆盖率的降低。末端厂站的量测屏蔽不会导致量测覆盖率的降低。

6. 基准值的设置

每一个电压等级都含功率考核基准值和电压考核基准值，此值是进行每个测点误差统计的基值，修改基准值将对状态估计合格率统计结果产生影响。基准值根据规定输入，用户不可修改。

7. 参与考核标志

每个具有测点定义的设备，均包含"是否参与考核"的域。如果此值设为"否"，则该测点不参与状态估计的合格率统计；此值设为"是"，则该测点参与状态估计的合格率统计。测点是否参与考核对合格率统计的结果产生影响。

二、调度员潮流涉及的运行参数

调度员潮流涉及的运行参数主要有 4 类。

1. 收敛判据（有功、无功）

收敛判据设置过大，使调度员潮流迭代计算时，在没有达到精度要求的情况下停止迭代，将导致调度员潮流模拟结果合格率降低；设置过小，将导致调度员潮流迭代时产生振荡，不能收敛，从而降低收敛率。一般设为有功 0.001，无功 0.001～0.002。

2. 最大迭代次数

最大迭代次数不能设置过小，一般情况下，调度员潮流 20 次之内就能收敛；特殊情况，需要更多次迭代才能收敛，所以要求设得稍大些。但超过 50 次后，再增大最大迭代次数也没有意义。此值设置过小会导致调度员潮流收敛率下降。

3. 算法的选择

对于相同的收敛判据，算法的选择对调度员潮流程序的计算结果、计算精度基本没有影响。而采用一种"PQ 解耦法"不收敛时，程序会自动转到"牛顿法"进行计算（一般，"牛顿法"的收敛性比"PQ 解耦法"强）。所以，算法的设置不影响潮流计算的性能指标。

4. 平衡机、PV 点的选择

平衡机、PV 点的选择是否合理对潮流的计算结果影响很大。选择合理的平衡节点、PV 节点将会提高调度员潮流的模拟结果的计算精度。

三、影响负荷预报合格率或精度的因素

影响负荷预报合格率或是精度的因素较多，主要有 5 类。

1. 输入数据的预处理

在预测过程中对坏数据进行预处理的结果，应经过人工确认并保存入库。负荷预报的样本数据可通过修改界面进行多种手段（与预报结果的调整相同，包括平移、拷贝、手绘等方式）的调整。

2. 考虑自发小水火电因素

由于网供负荷总加＝全网负荷－自发水火电出力。

负荷预测软件可将全网负荷数据作为系统负荷变化的模型。先着重分析全网负荷的变化规律，对全网负荷进行预报。再将自发水火电出力依据计划值设置，有时也可用历史负荷替代生成。自发水火电出力计划值将直接影响网供负荷总加的预测结果。

3. 特殊事件的定义

在设置对话框中，可自由定义特殊事件。其对预测结果的影响包括对历史数据影响的恢复和对预测结果的调整两个方面。

4. 节假日预报

节假日预报与正常日预报方法不同，要充分利用往年相同节假日负荷数据以及前一年相同节假日前和当年节假日前的负荷数据。所定义的节假日不作为正常日负荷预报的样本，以避免对正常日负荷预报产生影响。

5. 气象因子

气象数据中气象类型（晴、阴等）、温度、湿度、降雨量会对预报过程中相似日的选取产生影响。作为主要因素的气温，系统可以根据温度/负荷系数进行结果调整。

温度/负荷系数的设置用分段多项式表示，高温段、低温段的系数都可以人工设定，也可通过指定时间区间上历史负荷和历史温度数据得出。

经常使用分析工具，如历史负荷纵览，可分析日负荷在一定时期内变化趋势，有利于更好把握规律。

【思考与练习】

1．状态估计运行参数有哪几类？
2．负荷预计运行参数有哪几类？
3．上机练习，掌握 PAS 应用软件运行参数的设置方法。

模块 4

GYZD00214004

模块 5　DTS 的维护 （GYZD00214005）

【模块描述】本模块介绍 DTS 的维护方法。通过方法介绍和举例说明，掌握图形和网络模型、保护及自动装置参数的维护方法。

【正文】

一、概述

调度自动化系统发展到今天，DTS 已作为 EMS 系统的一个子系统，与 EMS 系统运行在同一支撑平台上，成为一体化系统，同时 DTS 本身又具有独立子系统的特点。基于 DTS 与 EMS 系统共用同一套数据库管理系统和同一套画面管理系统的特点，DTS 直接共享 EMS 的厂站画面和网络结构，EMS 的厂站画面和网络模型是图模库一体化的，DTS 可自动与之同步，因此，对 DTS 而言，厂站、系统画面和网络结构是免维护的，可节省大量的维护工作。

设备参数和保护装置数据的维护方面，设备参数包括线路和变压器等设备的阻抗，线路的零序参数和外网的等值参数，发电机等设备及其控制系统的动态参数（动态仿真）；保护装置数据包括全网的继电保护和安全自动装置的配置（保护仿真采用逻辑比较法），及其整定值（保护仿真采用定值比较法），还有就是稳定断面的数据定义。在一体化设计中，一次设备的静态参数同样共享 EMS 数据或从 DMIS 共享，动态参数和保护装置数据由运方和保护专门的职能部门来维护，DTS 可直接取用，大大减轻了使用者的生成系统及维护的工作量，避免了重复劳动。

二、DTS 的维护方法

1. 图形和网络模型参数的维护

当调度系统需要新增设备或厂站时，首先要进行 PAS 电网模型维护和图形维护，做完上述工作后，DTS 系统只需要执行模型维护向导就可将安全 I 区的图形和模型直接同步到 DTS（安全 II 区），直接使用，无需再做其他工作。PAS 电网模型和图形维护在模块 PAS GYZD00214002 和模块 GYZD00211004 中已介绍。

具体的维护步骤如下：

（1）进入模型维护界面后，直接点击进入维护类型选择界面，如 GYZD00214005-1 所示。

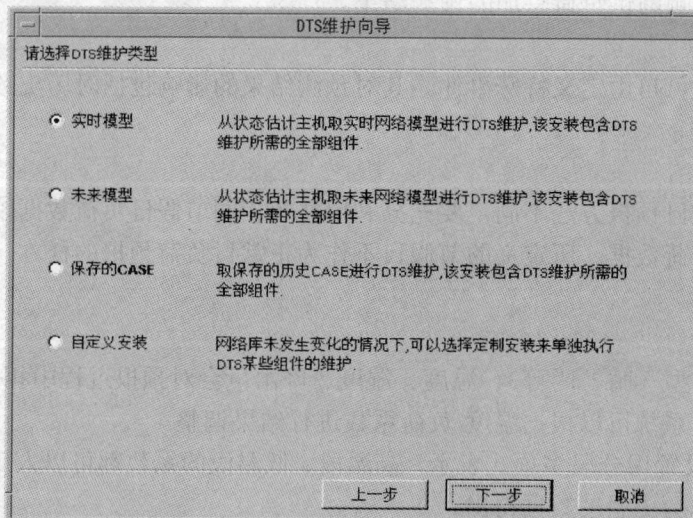

图 GYZD00214005-1　DTS 维护向导

（2）选择维护类型，点击 "下一步"，维护开始执行。维护类型包括：

1）实时模型。拷贝状态估计的实时网络模型，该安装包含了执行 DTS 维护所需的全部组件。

2）未来模型。拷贝状态估计的未来网络模型，该安装包含了执行 DTS 维护所需的全部组件。

3）保存的 CASE。拷贝保存的历史网络模型，该安装包含了执行 DTS 维护所需的全部组件。

4）自定义安装。单独执行 DTS 的某些组件，如定义遥信遥测、重新生成保护和自动装置参数、下装实时库等。

（3）维护结束后，点击"完成"退出 DTS 维护向导。这时，Ⅰ区的模型和图形成功更新到Ⅱ区。

2. 保护及自动装置参数的维护

如果是首次进行保护参数的配置，或者需对保护参数进行重新生成，则需启动 DTS 保护参数维护工具进行修改。点击 DTS 主控台上的"DTS 保护参数维护工具"，进入 DTS 继电保护及自动装置维护主界面，如图 GYZD00214005-2 所示。

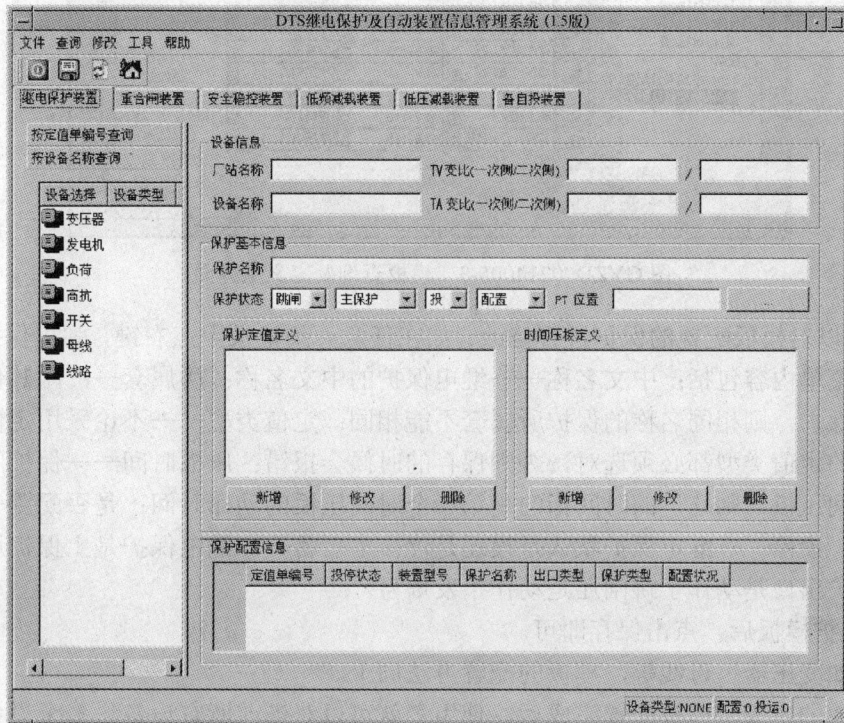

图 GYZD00214005-2　DTS 继电保护及自动装置参数维护主界面

本系统需维护的保护参数分为继电保护装置参数、重合闸装置参数、安全稳控装置参数、备用电源自动投入装置参数及低频减载装置和低压减载装置参数。下面以继电保护装置维护为例，介绍装置类的维护方法。

（1）保护模板的维护。根据电力系统继电保护参数的特点，即相同电压等级的同种类型的设备配置的继电保护类型大体一致，DTS 系统的继电保护维护工具可以提供分电压等级、分设备类型的"保护模板"工具，其设计目的就是为了避免使用者做大量的重复工作，使用者只需要对各种类型、各种电压等级的设备制作不用类型的一个或者多个模板，然后将各个模板按要求配置到需要配置的设备上去，这样可大大减少保护的维护工作量。具体的使用方法如下：

在工具栏选择"查看模板"，系统进入模板查询及定义主界面，如图 GYZD00214005-3 所示。

使用者可以针对不同电压等级的不同设备配置不同的模板。

【案例一】新增一条线路模板定义的操作步骤。

1）选中界面左侧的"线路"，点击鼠标右键，将弹出模板配置菜单，内容包括：新建设备配置——新建一个空的线路保护模板；删除设备配置——删除当前选中的线路保护模板；复制设备配置——复制当前选中的线路模板为一个新的线路保护模板，新的线路模板配置与当前选中的模板相同；新增配置保护项——为当前选中的线路模板增加一种保护类型。

例如，选择"复制设备配置"，系统将生成一个新的线路保护模板，模板名称将自动生成为"110kV线路默认配置_new"，保护配置标识将自动生成为"line_defaultset_110_new"，并且两个模板完全相同。

2）使用者可以更改新模板的名称和标识。例如，保护配置名称改为"35kV 线路默认配置"，保护配置标识改为"line_defaultset_35"。

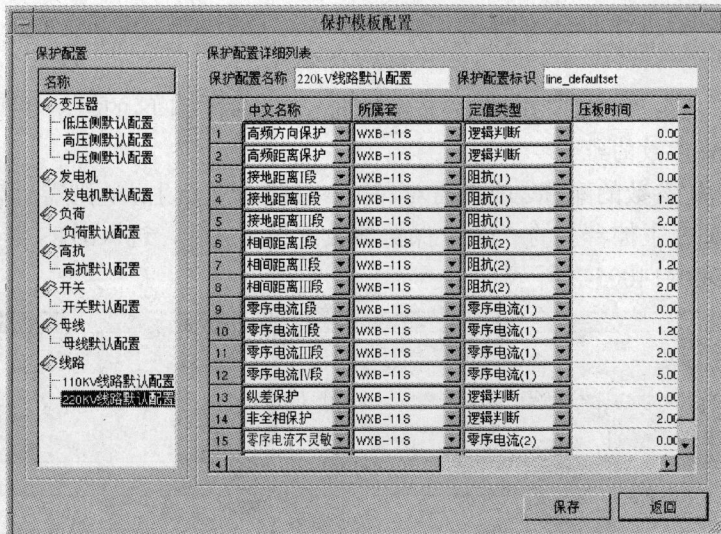

图 GYZD00214005-3 模板查询及定义主界面

3）使用者可以对模板配置的保护进行修改，如在任意一条记录上点右键，弹出保护修改菜单，选择后进行修改。菜单内容包括：中文名称——继电保护的中文名称；所属套——跟其他的保持一致即可，如果有多套保护，则相同名称的保护所属套不能相同；定值类型——不论采用定值保护还是逻辑保护，保护对应的定值类型都必须选对，否则保存的时候会报错；压板时间——保护的动作时间，如果保护有多个时间压板，则这里的时间指的是第一个时间压板的动作时间；是否配置——这个保护是否参与保护配置；投停——继电保护默认是投还是停；主后备——继电保护是主保护还是后备保护；出口——继电保护出口是动作于跳闸还是动作于发信号。

4）配置完保护模板后，点击保存即可。

其他设备，如变压器、母线等，模板的配置方法同上。

（2）保护参数的生成。模板配置完成后，使用者就可以对当前所有设备、多个设备或单个设备按照模板重新生成保护参数，具体操作方法如下：

1）在工具栏选择"初始化"，系统进入保护初始化主界面，如图 GYZD00214005-4 所示。

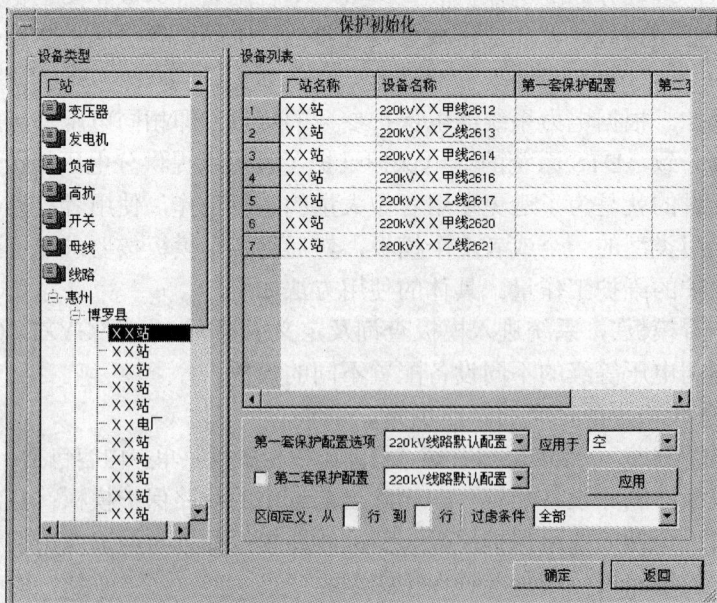

图 GYZD00214005-4 保护初始化主界面

2）使用者可以将左边的树形列表逐级展开，并针对单个设备进行保护配置，也可以针多个设备或所有设备进行保护配置。没有参与配置的设备将保留原来的保护参数，参与配置的设备将清空原来的保护参数，用新的模板重新生成保护参数。

【案例二】重新生成全部的变压器保护参数保护初始化的用法。

变压器可根据各侧的不同采用不同的模板进行配置，所有变压器高压侧采用高压侧模板、变压器中压侧采用中压侧模板、变压器低压侧采用低压侧模板。初始化步骤如图 GYZD00214005-5 所示。

图 GYZD00214005-5　初始化步骤

1）过滤条件。过滤条件选择为低压侧时，设备列表中将只显示所有主变压器的低压侧。

2）保护配置选项。保护配置中选择需要配置的模板。

3）选择需要配置的保护设备，有几种方式可以选择：

a）选择项。针对单个设备进行配置。

b）定义的区间。按设定的区间选项进行设备配置。

c）全部。配置所有设备列表中的设备。

4）确定。进行初始化。

（3）保护参数的查询和修改简介。展开左边的树形结构，可以查看所选设备的保护配置和保护压板参数，如果采用定值保护，使用者需要根据定值单对每个设备进行保护参数的输入。

【案例三】线路保护参数的查询及修改。

如图 GYZD00214005-6 所示，可以将保护查询和修改界面分为 6 个区域：

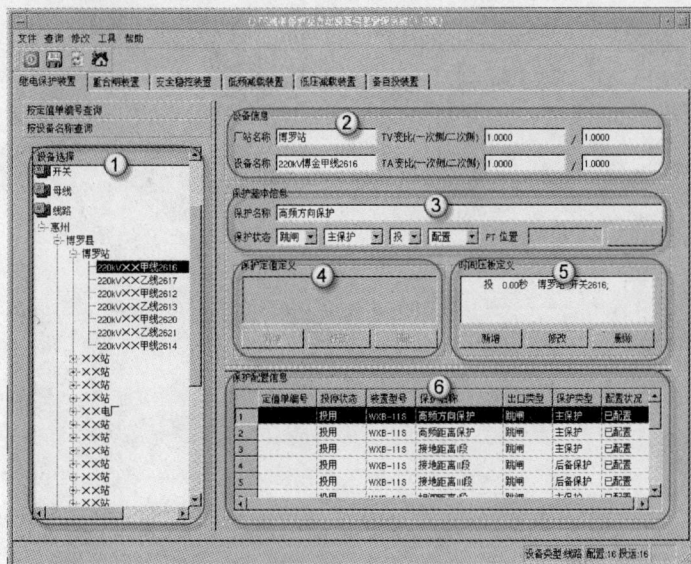

图 GYZD00214005-6　保护查询和修改界面

1）设备选择。显示当前选中的设备。

2）设备信息。显示当前设备信息。

3）保护基本信息。显示当前选中的保护信息。

4）保护名称。显示当前选中的保护名称，该域是不可修改的。

5）保护状态。使用者可以根据需要对当前选中保护的保护状态进行选择。

6）保护定值定义。用于定值保护，设置保护定值，逻辑保护不需要。

所有的查询和修改工作都在这 6 个区域完成。

【思考与练习】

1．DTS 子系统维护的主要内容是什么？

2．上机练习，掌握 DTS 的相关维护技能。

模块
5

第十六章 PAS 的安装调试

模块 1 PAS 工作站软件的安装、设置 (GYZD00215001)

【**模块描述**】本模块介绍 PAS 工作站软件的安装、设置。通过方法介绍和举例说明，掌握 PAS 工作站软件的安装步骤和方法以及用文件的方式配置参数和利用系统管理界面配置参数的方法。

【**正文**】

PAS 工作站软件的安装、设置一般包括操作系统软件的安装和设置、支撑软件的安装和设置、应用软件的安装和设置、系统参数设置等多个环节。根据所选的操作系统平台的不同，具体的安装和设置也有所区别。

下面以某个实际系统的 UNIX 平台为例，介绍 PAS 工作站软件的安装和设置。

1. 安装 UNIX 操作系统

UNIX 操作系统主要包括 HP 公司的 HP-UX、TURUNIX 以及 IBM 公司的 AIX 和 SUN 公司的 SOLARIS。一般用操作系统光盘进行安装。

安装结束后进行系统设置，内容包括建用户、配置网络地址、修改本机的相关文件等。

2. 安装支撑软件

PAS 工作站上的支撑软件包括 QT 和 CORBA 软件。其中，QT 是图形界面开发工具，CORBA 是中间件软件。

可以通过以下途经得到公共软件安装包：向公司版本库管理者申请，软件包通过网络直接下装到本机上；从已装好的工作站拷至本机相应目录下。

与一般软件包安装方法相同，将其解压后进行安装、测试。

3. 安装 PAS 工作站应用软件

得到 PAS 工作站应用软件包的两个途经同上。将软件包解压后进行安装。

4. 修改相关设置

PAS 系统相关设置分两种情况：修改相关配置文件和利用数据库配置节点。

（1）配置文件。

例：修改系统配置文件。

在 sys/app_default.sys 文件中，不同节点对应不同研究模式号。例如：在 Pas01 工作站上，研究模式号为 5；在 Pas02 工作站上，研究模式号为 1。

```
[Pas01]
RESEARCH_MODE_NO=5
DEFAULT_AVAIL=1
DEFAULT_APP_ID=1000
DEFAULT_CONTEXT_NO=2
[Pas02]
RESEARCH_MODE_NO=1
DEFAULT_AVAIL=1
DEFAULT_APP_ID=1000
DEFAULT_CONTEXT_NO=2
```

在一台机器上改好后，将它分发到其他节点。

（2）在数据库节点信息表中，增加新的节点。打开数据库定义工具，在系统管理类的节点信息表中添加本机节点记录。

【思考与练习】

1. PAS 工作站的软件安装、设置涉及的内容有哪些?

2. 上机练习安装 PAS 工作站软件,加深对本模块内容的理解。

模块 2 状态估计软件的调试方法(GYZD00215002)

【模块描述】本模块介绍状态估计软件的调试方法。通过方法介绍,掌握状态估计软件调试的准备工作、调试步骤和方法。

【正文】

一、状态估计调试前准备工作

基础工作和先期条件是否妥当在很大程度上决定了状态估计模块安装调试是否顺利。一般来说,状态估计调试之前,要完成完整准确的电网模型建模,收集齐全各电气设备参数并写入数据库,完整和准确地量测系统数据。

1. 网络建模的准确性

影响状态估计收敛性的因素很多,其中重要的一点就是电网模型的合理性。进行状态估计模块的调试时,网络建模所用的电网模型与当前实际电网运行情况应相符合。

厂站改造后,需要及时更新电网模型。因此当该电网的计算模型、导纳矩阵已经改变,再采用旧模型进行状态估计计算,意义不大。

掌握电网接线方式,对电网结构发生的变化,维护人员应尽快更新,并将更新后的模型提供给其他应用软件使用。由于状态估计是基于网络建模的结果,因此在重新生成节点号、重新填写参数后,须再次做网络建模,使状态估计能取到最新的模型数据。

由于计算时需要得到每一个电气节点的自导纳值和互导纳值,因此参与建模的各设备的参数必须保证其完整性和准确性,具体包括:

(1)线路的电阻、电抗以及高电压等级线路的电纳。

(2)变压器的阻抗或铭牌参数。

(3)容抗器的额定容量及额定电压/电流。

(4)发电机的额定出力等。

设备参数的合理性也影响着状态估计的收敛性,在前面章节已经详细论述过,此处不再赘述。

2. 量测接入的完整与准确

作为状态估计的基础之一,遥信、遥测量测值对于状态估计结果起着决定性的作用,需要保证其准确性和完整性。

量测系统的主要问题有两个方面,量测错误和量测不完整。

对于量测错误问题,状态估计的遥测预处理中给出了 SCADA 采集值可疑的情况。例如利用线路首末端不平衡、母线注入不平衡等手段,维护人员可以进行相应的排查,确保其准确性。

对于量测质量差的测点,为了不影响实时计算的准确性,维护人员也可在其调整之前,先将其屏蔽或者设置合适的伪量测,还可以暂时降低其权重,达到同样的效果。

对于量测不完整的情况,可以检查状态估计的覆盖率指标,并查看不可观测点列表。如果覆盖率小于 100%,有不可观测点,说明存在关键量测点的缺失,维护人员应检查各前置通道,按照系统的提示补充相应的量测点。

二、状态估计调试的可用信息与校核内容

1. 可用信息——预处理、可疑数据信息

(1)预处理信息。遥测预处理信息表见图 GYZD00215002-1。

遥 测 预 处 理 信 息　　▶遥信预处理

遥测越限

厂站	设备	类型	实测值	限值
彭城发电厂	彭九4686线	线路有功	1222.00	321.08
彭城发电厂	彭九4686线	线路无功	2000.00	321.08
徐塘发电厂	邵塘2625	线路有功	44444.00	321.08
彭城发电厂	彭城发电厂 T3-高	变压器电流	5204.47	406.89
彭城发电厂	彭城发电厂 T4-高	变压器电流	5296.03	406.89

PQI不匹配

厂站	测点	电流实测值	电流计算值
淮阴变	淮阴变 2637	40.45	24.68
前洲变	前洲变 4518	253.12	241.06
梁溪变	梁溪变 4555	19.34	8.19
梁溪变	梁溪变 4553	222.36	209.47
无锡变	无锡变 4553	225.81	209.44
常乐变	常乐变 2698	250.80	233.58
尧化门变	尧化门变 2567	17.59	28.66
龙山变	龙山变 2587	0.59	142.17
东墨变	东墨变 4531	179.49	193.32

遥测不平衡

厂站	设备	类型	不平衡量
板桥变	东板2588线	线路有功不平衡	39.34
徐州发电厂	徐桃2616线	线路无功不平衡	1571.90
盐城变	盐京4612线	线路无功不平衡	21.10
石塘变	石张4561线	线路有功不平衡	134.83
武南变	南运4581	线路有功不平衡	50.00
夏浦发电厂	夏关4563线	线路有功不平衡	53.54
新庄变	三新4578线	线路有功不平衡	98.07
任庄变	任上5237线	线路有功不平衡	2923.21
任庄变	任上5237线	线路无功不平衡	495.26

变压器分接头

厂站	绕组	挡位实测值	挡位计算值

图 GYZD00215002-1　遥测预处理信息表

可根据告警信息了解 SCADA 量测情况，显示状态估计计算前对遥测数据合理性粗检结果。

状态估计可处理"T 接"线路多端潮流不平衡情况，并且考虑到设备有功、无功损耗及网络拓扑变化，能处理线路、变压器有功、无功不平衡。为方便对 SCADA 量测维护，遥测预处理告警的不平衡百分数可由使用者人工设置。

遥测预处理包括以下几种情况：母线有功不平衡，母线无功不平衡，线路有功不平衡，线路无功不平衡，变压器有功不平衡，变压器无功不平衡，并列母线电压偏差太大，挡位与电压不匹配，PQI不匹配。如图 GYZD00215002-1 所示。

所有这些告警信息都可在"遥测预处理告警表"中分类显示，告警信息门槛值可在"参数管理"画面中设置。

遥 信 预 处 理 信 息　　▶遥测预处理

开关刀闸状态

厂站	开关刀闸
阳城电厂	阳城电厂 50126D
阳城电厂	阳城电厂 50226D
阳城电厂	阳城电厂 50326D
望亭电厂	望亭电厂 2号母刀J3
泗泾变	泗泾变 50521
泗泾变	泗泾变 50532
泗泾变	泗泾变 50411
王店变	王店变 50721
王店变	王店变 50711

刀闸并母线

厂站	刀闸1	刀闸2
真州变	真州变 26011	真州变 26012
华能南通发电厂	华能南通发电厂 2602	华能南通发电厂 26022
华能南通发电厂	华能南通发电厂 2663	华能南通发电厂 26632
东位变	东位变 25451	东位变 25452
镇江发电厂	镇江发电厂 29291	镇江发电厂 29292

母线分裂运行

厂站	母线1	母线2
大定坊变	大定坊变 220_BUSF	大定坊变 220_BUSF
南京热电厂	南京热电厂 110_BUS5	南京热电厂 110_BUS
三总降变	三总降变 220_BUSF	三总降变 220_BUSZ
槽坊变	槽坊变 220_BUSF	槽坊变 220_BUS
五总降变	五总降变 220_BUSF	五总降变 220_BUSZ
金山变	金山变 220_BUSF	金山变 220_BUSZ
阳山变	阳山变 220_BUSZ	阳山变 220_BUSF
常熟发电厂	常熟发电厂 220_BUS	常熟发电厂 220_BUS
潮力变	潮力变 220_BUS2	潮力变 220_BUS

电磁环网

厂站	相关设备

图 GYZD00215002-2　遥信预处理信息表

遥信预处理显示出状态估计检查出的状态可疑的开关刀闸名称及所在厂站，如图 GYZD00215002-2 所示，所有告警信息在遥信预处理信息表中分类显示。对正母刀闸、副母刀闸同时为合时，状态估计可判出刀闸状态可疑。对线路开关状态校验时，通过本端遥测和线路对端遥测，判断线路是否在运行。不对位遥信可分为以下几种：不对位开关，不对位刀闸，刀闸并母线，220kV 母线分裂运行。

（2）可疑数据信息。状态估计的坏数据、可疑数据列表中，列出了坏数据检测和辨识中找到的坏数据信息，如图 GYZD00215002-3 所示，对于这些测点，维护人员可以排查影响其数值的设备参数、网络拓扑等数据。

图 GYZD00215002-3　可疑数据信息表

2. 校核内容——模型校核、参数校核和量测质量校核

根据状态估计给出的这些信息，调试人员可以针对相应问题进行检查，以下叙述具体检查方法。

对于遥测预处理中报出的母线或变压器的注入不平衡，应检查相应的量测值并联系前置人员修正；对于遥测预处理中报出的线路不平衡，应该在检查该线路两端量测数值的同时检查该线路的电抗及电纳值。对于遥信预处理报出的可疑开关刀闸状态，要进行确认，错误遥信应联系前置人员及时予以纠正；对于遥信预处理报出的如电磁环网、刀闸并母线的信息，要与实际运行方式进行确认，防止错误遥信的干扰。

对于坏数据列表中报出的错误，按以下方法进行检查。如果是单个测点的告警，要着重检查该测点的量测采集值是否正确；对于多个相关测点同时告警，需要按顺序从两方面进行排查。

（1）网络模型准确性排查。首先需要确认该片电网的模型与目前实际运行情况完全一致，不能有接线错误和设备的参数错误，否则状态估计的计算值也失去了意义。

（2）重要量测的数值。例如联络变压器分接头的遥测如果有误，可能影响变压器绕组侧的无功、母线电压、母线相关线路潮流等计算值。

三、状态估计的调试

状态估计的调试分主网和全网两种。

1. 主网调试方法

在进行状态估计的调试时，可以按照电压等级和网络方式区分，首先调试主网络的潮流。对于网省一级和地区一级的调度系统，应该首先调试 500kV 和 220kV 的线路和厂站。

为了保证模型中有活岛存在，先将一个电厂放入计算模型中并连接到一个 220kV 及以上的厂站，将其他厂站与其相连的线路等值为负荷，查看计算结果。此时，如果量测和参数准确，其计算结果应该比较准确，若有测点误差较大也容易排查。之后，逐步将 220kV 及以上厂站按照地区接线分布一个个加入计算模型，每加一个厂站后要查看模型的计算结果，发现有误差较大的测点需要对网络模型的接线、设备参数和量测数值进行排查。

需要注意的是与外网相连的一些线路的处理方法。一般来说，外网相连线路可以有几种处理方法：等值为发电机、等值为负荷和普通线路连接外网厂站。当线路本端有量测而对端无量测时一般等值为发电机和负荷，220kV 及以上电压等级的线路一般等值为发电机，其他电压等级的线路一般等值为负荷；当线路对端量测以转发等形式可以获得时，可以建立线路对端外网厂站作为虚拟厂站，厂站中放一台虚拟发电机和一条虚拟母线建入电网模型，连接此母线的该线路就可以作为普通线路处理，而外网侧的线路量测也能够被状态估计使用。

省级及以上等级建模范围一般到 220kV 电压等级，因此 110kV 及以下电压等级的母线上可以挂等值负荷来处理；而地区级调度则必须将 110kV 线路加入模型。

2. 全网调试方法

地调管辖的范围还包括大部分的 110kV 厂站，因此当主网架的状态估计结果值已大致无偏差时，可以逐步将 110kV 及以下电压等级厂站加入模型，由于馈网一般是辐射型网络，这些厂站很多是终端厂站，只要模型正确、参数无大偏差，一般计算结果比较准确。

这些厂站低压侧部分一般连接着很多供电线路，这些供电线路在建模时一般等值为负荷处理。可以根据这些供电线路的量测装置分布情况和本地区对计算结果的要求，将这些供电线路分别用负荷表示或只在每条低压侧母线下挂一个等值负荷。无论何种处理方法，对辖内潮流的状态估计结果都不会有大的影响。

状态估计计算出一个完整的系统运行状态，计算出所有发电机出力、所有节点负荷大小、母线电压幅值及相角、所有线路潮流、变压器潮流。一个调试完好的状态估计模块在实际运行时，其计算值应与 SCADA 量测基本一致。从全网角度看状态估计得到了比 SCADA 遥信、遥测更准确更全面的系统运行状态。

状态估计采用 PQ 解耦快速算法，用户可选择基本加权最小二乘法或正交变换法。两种算法都具有较好的收敛性，都能满足需要。其中基本加权最小二乘法计算速度较快；正交变换法某些情况下对网络和量测数据适应性稍强一些。

状态估计计算结果可图形显示也可列表显示，其中包括线路潮流、变压器潮流、发电机出力、负荷大小及母线电压幅值和角度等。 从厂站图上可见每一线路有功、无功、电流，变压器各侧有功、无功、电流，每一负荷大小，母线电压幅值、角度，发电机有功、无功出力等，并不受设备量测限制。

【思考与练习】

1. 状态估计软件的调试包括哪些内容？
2. 上机练习，掌握状态估计软件的调试方法。

模块 3 调度员潮流软件的调试方法（GYZD00215003）

【模块描述】本模块介绍调度员潮流软件的调试方法。通过方法介绍和要点归纳，掌握调度员潮流软件调试的准备工作、调试步骤和注意事项。

【正文】

一、调度员潮流调试前准备工作

1. 准确的网络建模

调度所辖厂站应该完整建模，计算模型应该和实际模型一致。条件允许的话，应考虑接入上级调度下发的外网等值模型。

2. 合理的状态估计结果

状态估计后的结果应和 SCADA 实测结果差别不大，部分 SCADA 没有采集以及错误的遥测、遥信，状态估计也能给出合理计算值和状态。

在进行状态估计计算时，合理调整零注入和各类量测的权重。

二、调度员潮流的调试步骤及方法

1. 基态潮流的收敛性

考虑取实时状态估计断面或历史 case 后，潮流计算是否收敛。如果不收敛，要分析不收敛的原因，可以参考迭代信息，确定是由不平衡功率还是 PV 节点设置的不合理引起。

2. 基态潮流分布的合理性

正常情况下，基态的潮流分布应该和获取的状态估计断面或者其他 CASE 的潮流分布类似。如果存在比较大的差别，可从电源侧和负荷侧开始检查。确定是从电网何处开始潮流有大的偏差，分析其原因，确定是模型问题还是设备参数问题，或者是发电机设置问题引起。

3. 操作后潮流分布的准确性

在进行潮流计算时，对一般的操作，潮流计算的结果分布性比较合理。应特别注意在电源点附近的一些操作和比较极端的操作，需要深入分析电网的运行方式，以确定有些情况下潮流确实是不收敛或者存在比较离谱的越限情况。

三、调度员潮流调试中注意事项

1. 状态估计中厂站的排除

状态估计厂站排除后，在计算模型中，一般将与之相连的线路等值成负荷，排除厂站内的设备都不参与计算。

状态估计中如果排除了枢纽厂站，潮流的分布和实际差异较大，运行方式被人为改变，这种情况下的潮流模拟，没有什么参考价值。

2. 发电机节点的设置

潮流计算可对发电机节点进行类型设置，具体可设成 PQ 节点、PV 节点和平衡节点。对于 PQ 节点的发电机，有功出力和无功出力固定；对于 PV 节点的发电机，有功出力以及电压幅值固定；对于平衡节点的发电机，电压幅值和电压相角固定（影响电力系统潮流分布的是节点之间的相角差，因此平衡节点的电压相角设定为 0）。

电力系统实际运行时通过容抗器的投切、变压器挡位调节以及发电机无功出力的变化实现无功就地平衡，确保线路上不会远距离输送无功。潮流计算时一旦运行方式设置不合理，就会发生远距离输送无功的现象，严重时甚至潮流不收敛。如果将发电机类型设为 PV 节点，则该发电机的无功可变，可由它来平衡附近区域的无功潮流。

在整个系统的不同区域分别设置少量的 PV 节点，就能实现全系统无功就地平衡的目标，联络线上不发生大量的无功流动。

3. 有功不平衡功率的设置

任何一个收敛的潮流方式，发电机的有功出力总是等于总负荷与网损之和。如果改变方式时只进行解、合环操作，没有涉及发电机、负荷出力的变化，也就是系统发电和负荷的总有功还是平衡的，不用调节发电机的出力。但是如果有发电机、负荷的投切或者有功值变化，系统的发电和负荷不平衡，必须通过调节发电机的出力来弥补发电和负荷之间的不平衡功率，达到新的功率平衡点。

不平衡功率分配方式可以在以下 4 种方式中选择：平衡机吸收，多机容量分配，多机系数分配和多机平均分配。当选择平衡机吸收时，电网的不平衡功率（包括发电、负荷和网损）都将由平衡机吸收。当采用其他 3 种方式时，电网的不平衡功率将由多台发电机负责平衡，由发电机表的"参与有功调节"域决定哪些发电机参与功率调节。多台发电机之间的不平衡功率分配方式包括容量、系数和平均 3 种方式。选择多机容量分配时将根据发电机的可调容量分配，选择多机系数分配时根据人工设置的系数按比例分配，选择多机平均分配时则平均分配不平衡功率。在分配过程中，确保发电机的出力在最大出力和最小出力范围内。

【思考与练习】

1. 调度员潮流软件调试前的准备工作包括哪些？
2. 调度员潮流软件调试中应该注意哪几个方面？

模块 4　负荷预测软件的调试方法（GYZD00215004）

【模块描述】本模块介绍负荷预测软件的调试方法。通过方法介绍，掌握负荷预测软件调试的准备工作、调试步骤和方法。

【正文】

一、负荷预测软件调试准备

负荷预测软件在运行过程中涉及大量的历史数据，在负荷预测软件的调试过程中，应特别注意数据来源。对中长期负荷预测应准备多年的历史负荷数据；对超短期和短期负荷预测，则需要从 SCADA 中接入系统负荷数据。预报过程结束后需要对负荷实测数据和预测数据进行统计、考核分析以及根据需要生成各种报表。

二、负荷预测软件功能的调试方法

负荷预测包括超短期、短期、中期和长期负荷预测。其功能包括负荷预测、负荷数据查询、负荷数据修改、负荷数据上报、影响负荷因素设置、负荷数据考核统计、报表生成等功能，调试方法应对应以上各功能进行。

1. 负荷预测

负荷预测是整个负荷预测软件包的核心功能，其调试内容比软件包中其他子功能复杂。

首先，应确保历史实测数据和样本数据的完整。对于较早期的历史数据，可以通过查询窗口查询历史数据的存在；对于接入 EMS 系统实时运行的负荷预测软件包，则还需要检查负荷预测软件从 SCADA 中接入的数据，能实时反映 SCADA 的数据变化。

其次，对历史数据进行详细分析，找出其历史规律，建立适合的负荷模型，进而选择最优的负荷预测算法，得到最佳精度的预测负荷。

完成以上工作后，则可进行相应的负荷预测计算。根据计算结果，查看相关的预测负荷数据。

2. 负荷数据查询功能

查询功能是负荷预测软件客户端的基本功能，用户通过该模块展现预测功能。

通过该模块可以查询各种类型的历史实测数据、样本数据，以及通过预测计算出来的负荷数据。

3. 负荷数据修正

数据修正功能提供让用户根据需要手工调整预测数据的功能，从而提高预测精度。

用户人工调整时，可以在表格中修改，也可以通过负荷曲线修改，并保存。最终负荷数据显示的是修正后的数据。

4. 负荷数据上报

负荷数据上报功能的流程包括：在预测客户端上按照上级调度的格式要求生成上报文件，把该文件送到可以和上级调度联通的机器上，最后发送到上级调度。

该功能在调试时，始终按照流程，逐步检查上报文件是否生成、是否发送到指定节点。一般来说，该功能配置好以后，若出现问题，绝大多数问题出在各个节点的通信通道上，逐一排查即可。

5. 影响负荷因素设置

影响负荷因素设置功能，主要根据对影响负荷因素的负荷预测和不考虑这些因素的负荷预测结果进行分析对比，得出影响因素是否发挥作用。

例如，在夏季当天气预报提示气温有明显升高时，空调负荷肯定会有所增加，考虑气象因素的负荷预测计算值比不考虑气象因素的负荷预测计算值高一些，反映气温升高的影响。

6. 考核统计

考核统计时，如果发现考核结果出现异常，具体调试应从实测和预测数据入手，查看考核计算时是否正确获取了实测和预测的负荷数据。一般来说，只要正确获取考核时段的实测和预测负荷数据，考核统计应该不会有问题。如果个别点误差较大，则要进行深入分析，检查其是否由于预测计算造成。以上分析可以促进预测精度的提高。

7. 报表生成

生成报表时，用户首先需要确认数据源，才能选择一定的报表格式进行报表生成。

【思考与练习】

1. 负荷预测软件可预测哪些时段的负荷？

2. 对不同时段的负荷预测，其基础数据来自何处？

模块 5 PAS 服务器软件的安装、设置和调试（GYZD00215005）

【模块描述】本模块介绍 PAS 服务器软件的安装、设置。通过方法介绍和举例说明，掌握 PAS 服务器软件的安装步骤和方法以及用文件的方式配置参数和利用系统管理界面配置参数的方法。

GYZD00215005

【正文】

PAS服务器软件的安装、设置包括操作系统软件的安装和设置、支撑软件的安装和设置、PAS子系统软件的安装和设置等多个环节。在公共平台已经安装好的服务器上，只需拷入PAS子系统相关的执行文件及配置文件，再做进一步的运行配置即可。公共平台包括操作系统和支撑软件。

下面以某个实际系统的HP UNIX平台为例，介绍PAS服务器软件的安装和设置。

1. 安装UNIX操作系统

UNIX操作系统主要包括HP公司的HP-UX、TURUNIX以及IBM公司的AIX和SUN公司的SOLARIS。一般用操作系统光盘进行安装。

安装结束后进行系统设置，内容包括建用户、配网络地址、修改本机的相关文件等。

2. 安装支撑软件

PAS服务器上的支撑软件包括C/C++编译器、FORTRAN编译器、QT和CORBA软件。

得到支撑软件安装包的途经有两个：向公司版本库管理者申请，软件包通过网络直接下装到本机上；从已装好的服务器上拷至本机相应目录下。

与一般软件包安装方法相同，将其解压后进行安装、测试。

3. 安装PAS服务器应用软件

得到PAS服务器应用软件包的两个途经同上。将软件包解压后进行安装。

注意：来自版本库的软件包，解压后要对PAS应用源代码重新进行编译，产生新的执行程序；从已装好的服务器上拷至本机的软件包，PAS应用源代码已编译过了，一般多台PAS服务器硬件配置及运行环境都相同，所以不需要再编译。

在软件安装结束后对系统进行配置。

4. PAS系统配置

系统参数配置分两种情况：用文件的方式配置和利用系统管理界面配置。

（1）配置文件。配置文件主要包括应用进程的缺省配置和权限、运行环境变量定义、采样定义、同步定义等，直接打开文件修改。

（2）系统管理界面配置参数。PAS系统配置参数主要包括系统节点信息参数、应用分布参数、PAS进程分布参数等。

根据各系统的具体需求在系统管理界面相对应的表中进行配置。系统应用分布信息表如图GYZD00215005-1所示，系统进程分布信息表如图GYZD00215005-2所示。

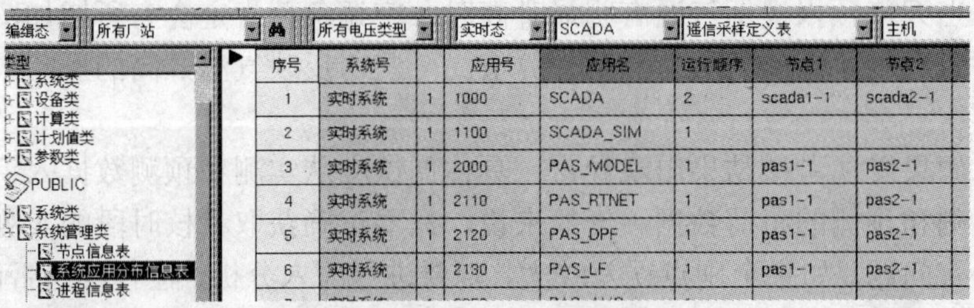

图 GYZD00215005-1 系统应用分布信息表

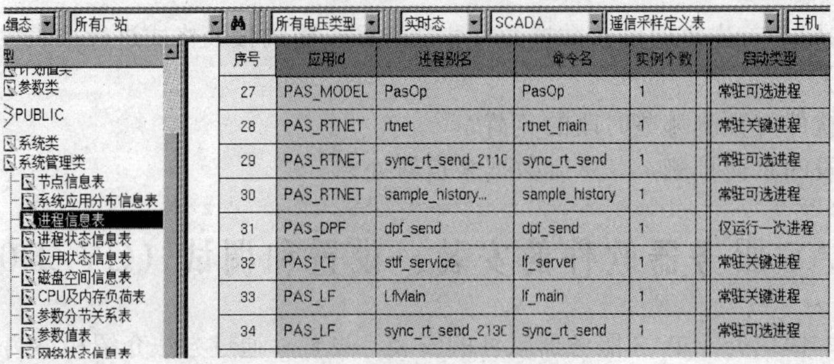

图 GYZD00215005-2 系统进程分布信息表

【思考与练习】

1. PAS 服务器软件安装、设置涉及的内容有哪些?

2. 上机练习安装 PAS 服务器软件，加深对本模块内容的理解。

第十七章　DTS 的安装调试

模块 1　DTS 工作站软件的安装和设置（GYZD00216001）

【模块描述】本模块介绍 DTS 工作站软件的安装、设置。通过方法介绍和举例说明，掌握 DTS 工作站软件的安装步骤和方法以及系统参数的设置方法。

【正文】

DTS 工作站软件的安装、设置，一般包括操作系统软件的安装和设置、支撑软件的安装和设置、应用软件的安装和设置、系统参数设置等多个环节。根据所选的操作系统平台的不同，具体的安装和设置也有所区别。

下面以某实际系统的 UNIX 平台为例，介绍 DTS 工作站软件的安装和设置。

1. 安装 UNIX 操作系统

UNIX 操作系统主要包括 HP 公司的 HP-UX、TURUNIX 以及 IBM 公司的 AIX 和 SUN 公司的 SOLARIS。一般用操作系统光盘进行安装。

安装结束后进行系统设置，内容包括建用户、配置网络地址、修改本机的相关配置文件等。

2. 安装支撑软件

DTS 工作站上的支撑软件包括 QT 和 CORBA 软件。其中，QT 是图形界面开发工具，CORBA 是中间件软件。

得到这两个公共软件安装包的途经有两个：向公司版本库管理者申请，软件包通过网络直接下装到本机上；从已装好的工作站拷至本机相应目录下。

与一般软件包安装方法相同，将其解压后进行安装、测试。

3. 安装 DTS 工作站应用软件

得到 DTS 工作站应用软件包的两个途经同上。将软件包解压后进行安装。

4. DTS 系统参数设置

设置和系统运行相关的参数。

例：打开系统管理界面，在节点信息表中添加本机节点记录，参见图 GYZD00216001-1。

序号	节点名	网络状态	2号网卡状态	节点类型	系统号
22	dts1-1	正常	正常	服务器	dts系统
23	dts2-1	中断	中断	服务器	dts系统
24	dts3-1	中断	中断	工作站	dts系统
25	dts4-1	中断	中断	工作站	dts系统
26	dts5-1	中断	中断	工作站	dts系统
27	dts6-1	中断	中断	工作站	dts系统

图 GYZD00216001-1　节点信息表

【思考与练习】

1. 安装 DTS 工作站软件涉及哪些内容？
2. 上机练习安装 DTS 工作站软件，加深对本模块内容的理解。

模块 2 DTS 服务器软件的安装和设置（GYZD00216002）

【模块描述】本模块介绍 DTS 服务器软件的安装、设置。通过方法介绍和举例说明，掌握 DTS 服务器软件的安装步骤和方法以及用文件的方式配置参数和利用系统管理界面配置参数的方法。

【正文】

DTS 服务器软件的安装、设置一般包括操作系统软件的安装和设置、支撑软件的安装和设置、DTS 子系统软件的安装和设置等多个环节。在公共平台已经安装好的服务器上，只需拷入 DTS 子系统相关的执行文件及配置文件，再做进一步的运行配置即可。公共平台包括操作系统和支撑软件。

下面以某个实际系统的 HP UNIX 平台为例，介绍 DTS 服务器软件的安装和设置。

1. 安装 UNIX 操作系统

UNIX 操作系统主要包括 HP 公司的 HP-UX、TURUNIX 以及 IBM 公司的 AIX 和 SUN 公司的 SOLARIS。一般用操作系统光盘进行安装。

安装结束后进行系统设置，内容包括建用户、配置网络地址、修改本机的相关配置文件等。

2. 安装支撑软件

DTS 服务器上的支撑软件包括 C/C++编译器、FORTRAN 编译器、QT 和 CORBA 软件。除此之外，当 DTS 作为独立系统运行时还要安装 Oracle 数据库。

得到支撑软件安装包的途经有两个：通过安装盘安装到本机；从已装好的服务器上拷至本机相应目录下。

与一般软件包安装方法相同，将其解压后进行安装、测试。

3. 安装 DTS 服务器应用软件

得到 DTS 服务器应用软件包的两个途经同上。将软件包解压后进行安装。

注意：来自版本库的软件包，解压后要对 DTS 应用源代码重新进行编译，产生新的执行程序；从已装好的服务器上拷至本机的软件包，DTS 应用源代码已编译过了，一般多台 DTS 服务器硬件配置及运行环境都相同，所以不需要再编译。

在软件安装结束后对系统进行配置。

4. DTS 系统配置

系统参数配置分两种情况：用文件的方式配置和利用系统管理界面配置。

（1）配置文件。配置文件主要包括应用进程的缺省配置和权限、运行环境变量定义、同步定义等，直接打开文件修改。

（2）系统管理界面配置参数。DTS 系统配置参数主要包括系统节点信息参数、应用分布参数、DTS 进程分布参数等。

根据各系统的具体需求在系统管理界面相对应的表中进行配置。节点信息表如图 GYZD00216002-1 所示，系统应用分布信息表如图 GYZD00216002-2 所示，系统进程分布信息表如图 GYZD00216002-3 所示。

序号	节点名	网络状态	2号网卡状态	节点类型	系统号
22	dts1-1	正常	正常	服务器	dts系统
23	dts2-1	中断	中断	服务器	dts系统
24	dts3-1	中断	中断	工作站	dts系统
25	dts4-1	中断	中断	工作站	dts系统
26	dts5-1	中断	中断	工作站	dts系统
27	dts6-1	中断	中断	工作站	dts系统

图 GYZD00216002-1 节点信息表

序号	系统号	运行context	应用号	应用名	运行节点个数	节点1	节点2
1	dts系统	1	1000	SCADA	2	dts1-1	dts2-1
2	dts系统	1	4000	DTS	2	dts1-1	dts2-1
3	dts系统	1	32768000	PUBLIC	2	dts1-1	dts2-1
4	dts系统	1	65536000	DB_SERVICE	2	dts1-1	dts2-1
5	dts系统	2	1000	SCADA	2	dts1-1	dts2-1
6	dts系统	2	2110	PAS_RTNET	2	dts1-1	dts2-1
7	dts系统	2	16000	AGC	2	dts1-1	dts2-1
8	dts系统	2	32768000	PUBLIC	2	dts1-1	dts2-1

图 GYZD00216002-2 系统应用分布信息表

序号	应用id	进程别名	命令名	实例个数	启动类型	是否自动运行	运行顺序
1	DTS	dts_mandog	dts_mandog	1	常驻可选进程	1	1
2	DTS	dts_op	dts_op	1	常驻可选进程	1	2
3	DTS	dts_prinfo_op	dts_prinfo_op	1	常驻可选进程	1	5
4	DTS	dts_ctl_op	dts_ctl_op	1	常驻可选进程	1	6
5	DTS	dts_curve_server	dts_curve_server	1	常驻可选进程	1	3
6	DTS	pubcal_4000	pubcal	1	常驻可选进程	1	8

图 GYZD00216002-3 系统进程分布信息表

【思考与练习】

1. DTS 服务器软件安装、设置涉及的内容有哪些？

2. 上机练习安装 DTS 服务器软件，加深对本模块内容的理解。

第十八章　SCADA 的应用操作

模块 1　告警信息的设备、分类方法（GYZD00210001）

【模块描述】 本模块介绍告警的设置方法。通过概念讲解和举例说明，掌握告警的定义及其设置方法。

【正文】

一、告警定义

告警是提醒调度员和运行人员注意的报警事件的处理，包括电力系统运行状态发生变化、设备监视与控制、调度员的操作记录等。根据不同的需要，告警分为不同的类型，如推画面、音响、语音、打印等多种报警方式。用户可以在告警定义界面上选择不同告警类型对应的告警行为、告警方式和告警动作。

告警动作是告警服务中最基本的要素，是指一些最具体的引起调度员和运行人员注意的报警动作，包括语音报警、音响（响铃）报警、推画面报警、打印报警、中文短消息报警、上告警窗、登录告警库等。系统中有一张告警动作定义表，记录所有的告警动作。

1. 告警行为

告警行为是一组告警动作的集合。当检测出一个报警源后，系统要触发相应的告警行为，用以提示调度员和运行人员。系统中有一张告警行为定义表，记录所有的告警行为。

2. 告警类型、告警状态

告警类型是告警服务中基本的应用对象，例如事故、遥信变位、遥测越限、厂站工况、网络工况、系统资源、人工操作、前置工况、AGC 操作等。每一个告警类型对应告警库中的一张告警记录表。每一个告警类型对应于一个或多个告警状态，例如遥信变位有遥信变位合、遥信变位分等多个告警状态。系统中有一张告警类型定义表，记录所有的告警类型。

3. 告警方式

一种告警类型下的一个或几个告警状态表现为一个具体的告警行为，这种对应关系称为告警方式。系统中对一种告警类型下的一个或多个告警状态定义一个告警行为，称为默认告警方式；如果对某一个具体的告警要求它的告警行为和已经定义好的默认告警方式中的告警行为不一致，可自定义告警方式。

二、告警定义界面总览

告警定义主界面如图 GYZD00210001-1 所示。

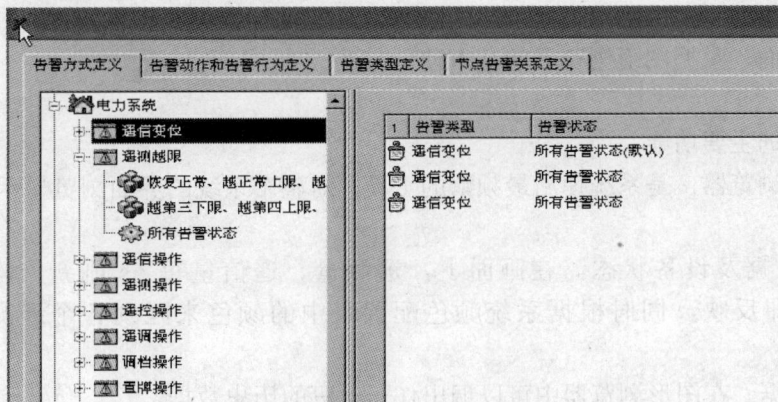

图 GYZD00210001-1　告警定义主界面

告警定义功能主要包括告警动作定义、告警行为定义、告警方式定义和告警类型定义四个部分。下面举例说明增加一个"遥信变位"的告警方式。

系统中有一张默认告警方式定义表，对常用的告警类型进行预定义，定义了这些告警类型的默认告警行为及其行为的一些参数。在告警定义界面上选择"告警方式定义"选项，在左侧列表中将列出系统中的告警类型，如"遥信变位"、"遥信操作"等，见图GYZD00210001-1。如果用户对这些告警类型的某些告警状态的告警行为有一些特殊要求，可以通过自定义告警方式定义其告警行为。

右键点击"遥信变位"，选择新默认告警方式，将弹出自定义方式对话框，如图GYZD00210001-2所示。在所有可选告警状态里选"分闸（全数据判定）"，再点击小的右箭头，则右边告警状态里多了"分闸（全数据判定）"，同样把左边的"合闸（全数据判定）"、"分闸"、"合闸"，加到右边。点击告警行右边的按钮，在弹出的告警行为菜单上选择告警行为，例如选择"上重要告警窗告警行为"，点击确认，保存该告警方式。右键点击"遥信变位"，选择新默认告警方式，在所有可选告警状态里将剩下的告警状态加到右边，点击告警行为右边的按钮，弹出对话框如图GYZD00210001-3所示。在弹出的告警行为菜单上选择告警行为，例如选择"上普通告警窗"，点击确认，保存该告警方式。这样就定义好了遥信变位各种不同状态的告警方式。

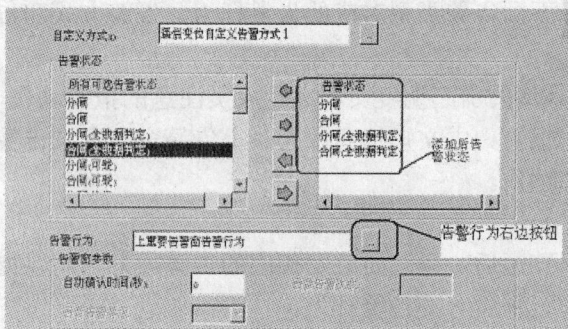

图 GYZD00210001-2　告警方式定义界面　　　　图 GYZD00210001-3　告警行为定义界面

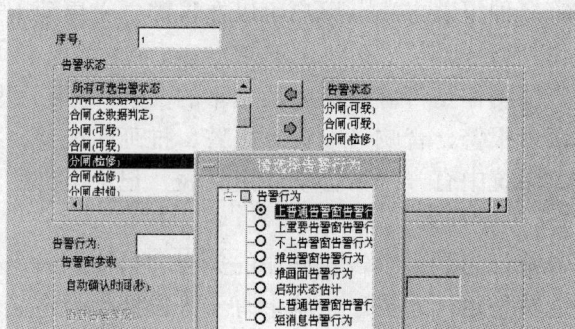

当某个开关在入库时选择了该种告警方式，那么当此开关告警遥信变位分闸、遥信变位合闸、遥信变位分闸（全数据判定）、遥信变位合闸（全数据判定）时，告警内容上重要告警窗，其他的遥信变位则上普通告警窗。

【思考与练习】

1．告警功能在电网调度系统中的作用是什么？

2．告警定义包括哪些内容？

3．上机练习，掌握告警定义工具的使用方法。

模块 2　画面浏览工具的使用（GYZD00210002）

【模块描述】本模块介绍画面浏览工具的使用方法。通过功能介绍和举例说明，熟悉画面浏览器的主要功能及其人机界面，掌握图形浏览器的基本使用方法。

【正文】

一、画面浏览器的主要功能

画面显示即图形浏览器，是系统使用最频繁的工具，对整个系统的界面浏览显示并进行操作，主要功能有：

（1）反映实时数据及设备状态。在画面上，遥测量、遥信量每5s刷新一次。对于遥信变位、事故变位则立即反映，同时根据系统颜色配置表中的颜色来区别各个遥测量或设备的不同状态。

（2）反映历史数据。在图形浏览器中可以调出任一时段的历史数据。

（3）事故追忆。可以调出任一事故的事故断面，并进行反演。

（4）应用切换。图形浏览器工具不仅是服务于 SCADA 应用，对于 PAS、DTS、AGC 等其他应用也同时适用。即使该工作站没有下装该应用的数据库，画面也可以切换不同的应用来观察不同应用的数据。

（5）显示网络着色。网络拓扑分析根据该图中断路器、隔离开关的状态来分析，把系统分成几个不连通的部分（岛），每个部分（岛）用不同的颜色来显示。而对于主电气岛，可优先对非正常的设备和状态进行色彩配置。对于主电气岛的正常设备，可按照电压等级进行着色。网络拓扑功能对接线图的要求比较高，往往用户画图时的误连接就可造成网络拓扑功能不能正常推理，所以用户也可以用网络拓扑功能来检验接线图的正确性。

（6）人工操作。调度员进行的任何操作都可在图形上完成。这些操作包括遥测封锁、遥测解封锁、遥测置数、遥信封锁、遥信解封锁、遥信对位、遥控、遥调、设置标志牌等。

二、界面总览

图形浏览器的界面如图 GYZD00210002-1 所示，主要分为三部分，即菜单栏、工具栏和画面显示区。

图 GYZD00210002-1　图形浏览器的界面

菜单栏中有文件操作和图形管理两类工具。菜单栏中的功能几乎都包括在工具栏中，这里主要介绍桌面风格和帮助两个子菜单。

工具栏包含的工具有：打开图形、打印、前一幅图形、后一幅图形、下装图元、退出、新建编辑图形、新建显示图形、导航图、主画面、放大、缩小、全图、改变平面、显示有功、显示无功、显示电流、显示跑动箭头、态（缺省为实时态）、应用名（缺省为 SCADA 应用）、选择、区域选择。

画面显示区域用来显示系统操作界面，包括拓扑着色和历史反演。

下面举例说明图形浏览器的使用方法。

1. 打开图形

"打开图形"按钮和"主画面"按钮都位于工具栏上。

点击"打开图形"按钮，出现打开图形对话框，当选中某一图形后，双击该图形名称或单击"确定"按钮可打开该图形。

点击"主画面"按钮，就调出预先设定的主画面图形，"主画面"按钮是一个快捷键。主画面通常是一幅菜单画面，可以在上面点击打开所需画面。

2. 历史反演

历史反演反映历史潮流数据及设备状态，在图形浏览器中可以调出历史任一时段的历史数据。具体操作步骤如下：

（1）点击工具栏上 按钮后，弹出"历史反演播放器"，如图 GYZD00210002-2 所示。

（2）设置起始时间，点击 起始时间 按钮，弹出窗口如图 GYZD00210002-3 所示。选择起始时间，确定后即显示所选时间。

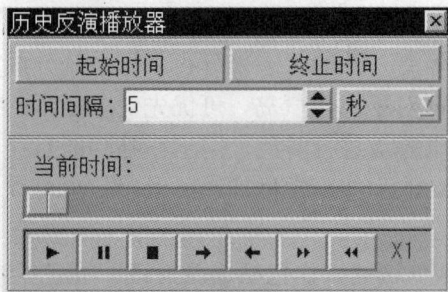

图 GYZD00210002-2 历史反演一

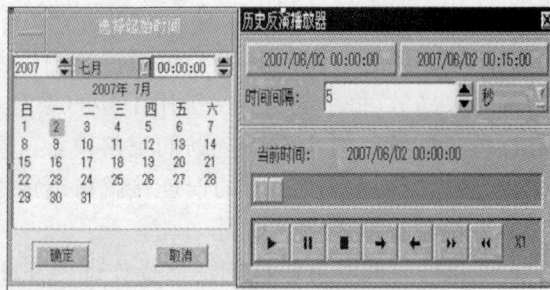

图 GYZD00210002-3 历史反演二

（3）设置终止时间，点击 终止时间 按钮，弹出时间选择窗口选择终止时间，确定后即显示所选时间。如不设置终止时间，则默认的时间间隔为 15min。

（4）设置步进间隔，在时间间隔中选择时间和单位。

（5）做好参数设置后，即可启动反演。在历史反演播放器下方有供选择的 [▶ ‖ ■ → ← ▶▶ ◀◀] 7 个按钮，帮助播放历史反演。

▶ ：从当前时间开始，自动按照步进间隔进行历史数据的播放。

‖ ：暂停当前播放。

■ ：停止播放。

→ ：观察下一个步进间隔的历史数据。

← ：只观察上一个步进间隔的历史数据。

▶▶ ：设置快进的倍数，并开始从当前时间播放。

◀◀ ：设置快退的倍数，并开始从当前时间播放。

（6）点击 ▶ 按钮开始播放，其效果如图 GYZD00210002-4 所示。

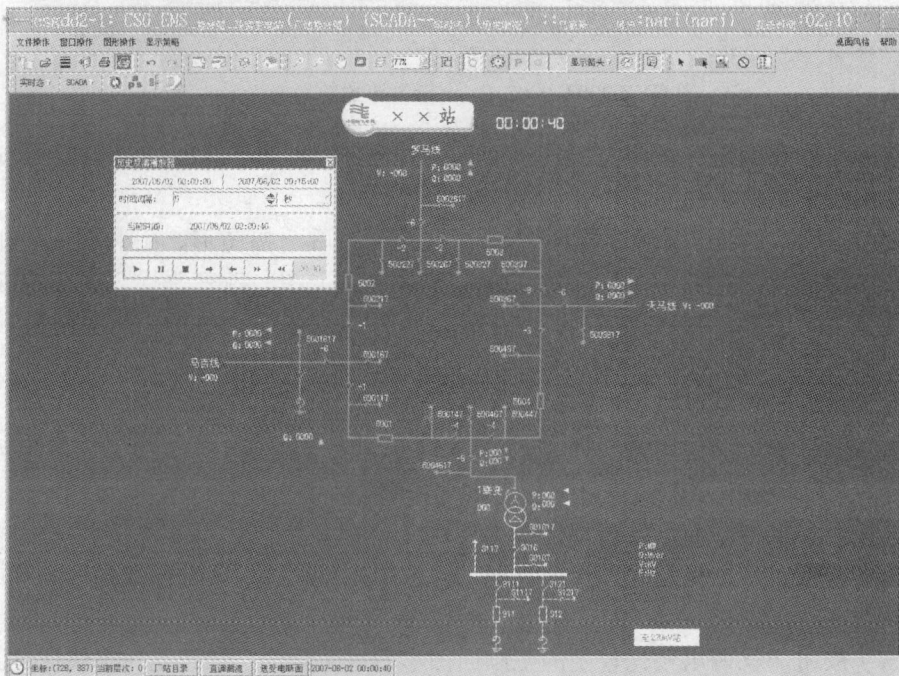

图 GYZD00210002-4 画面浏览效果图

【思考与练习】

1. 图形浏览器主要提供了哪些功能？

2. 上机练习，掌握图形浏览器的基本使用方法。

模块 3 历史数据查询工具的使用（GYZD00210003）

【模块描述】本模块介绍历史数据查询工具 query_sample 的使用方法。通过举例说明，熟悉历史数据查询工具的人机界面，掌握历史数据查询工具的基本使用方法和操作流程。

【正文】

一、概述

调度员既可通过画面浏览器查看历史数据曲线，也可通过专用的历史数据查询工具来查询历史数据。历史数据查询工具 query_sample 提供了以曲线和表格两种形式查看历史数据和各类统计数据的方法。为方便和快捷查询，还将常用的查询定义成模板的功能。query_sample 还具有采样数据修改的功能，可进行人工置数的操作。

二、query_sample 总览

query_sample 的人机界面如图 GYZD00210003-1 所示，主要操作功能有以下九种。

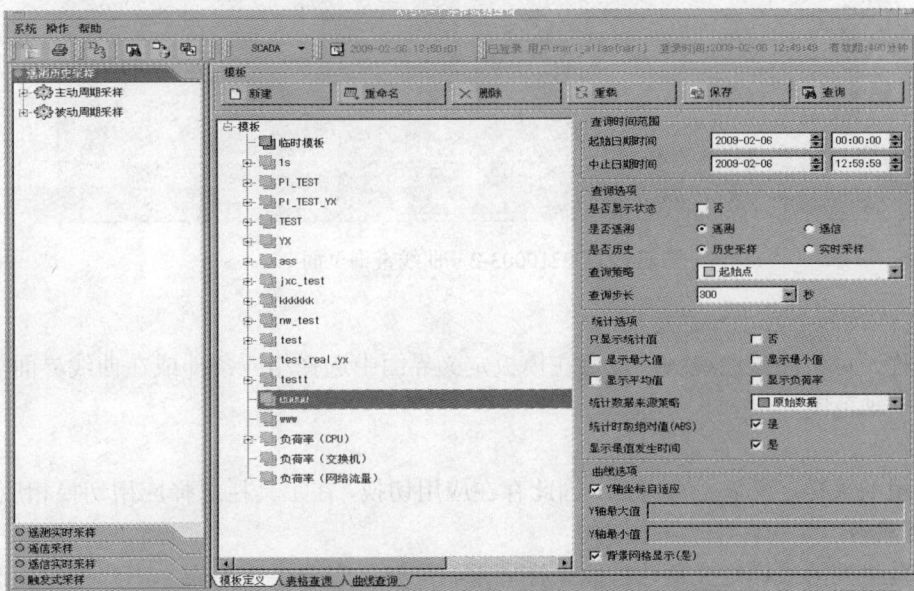

图 GYZD00210003-1 历史数据查询工具主界面

1. 查询模板定义

常用的查询可以保存为本地模板供以后使用，可使用模板定义页面的模板框中的"新建"、"重命名"、"删除"、"重载"、"保存"等按钮对模板进行维护，同时可在模板数上右击，在弹出菜单上进行相关维护。

注意临时模板是不保存的，即界面退出时临时模板下的内容自动清除。

2. 指定当前模板

查询必须针对某个模板进行，因此必须选择某个模板并使之有效。在模板树上双击模板名称或点右击选择"指定当前模板"菜单，指定模板图标变为绿色则成为当前模板，同时界面右下角状态栏显示当前模板。

3. 添加当前模板内容

模板下必须具备相应采样定义才有意义，必须给模板指定需要查询的采样定义。通过界面左侧工具栏在遥测历史采样、遥测实时采样、遥信采样页面中从相关采样定义表中选择采样定义到当前模板。具体方法为找到需要查询的采样定义双击或右击选择添加到当前模板。

4. 查询当前模板

在模板定义页面右侧选择时间等查询条件，点击工具栏上的查询按钮或模板框中的查询按钮查询数据。查询成功，界面自动切换到表格查询页面，以表格列出数据。

5. 曲线查询

查询成功，曲线查询页面如图 GYZD00210003-2 所示。还可通过拖拽鼠标显示每条曲线的具体数据。

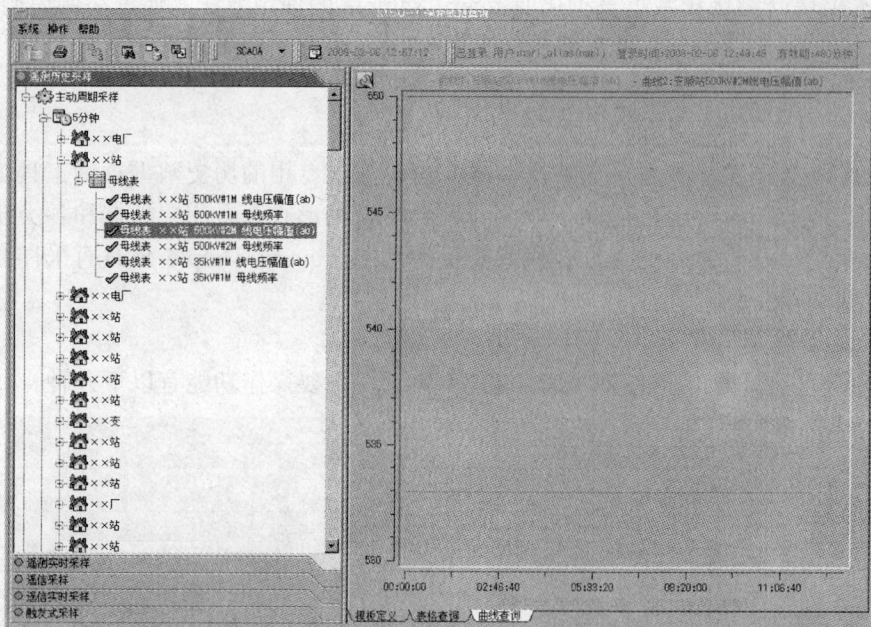

图 GYZD00210003-2　曲线查询页面

6. 曲线颜色修改和曲线坐标自适应

点击曲线名称，可修改该曲线颜色，可在模板定义界面中选择相应条件或在曲线界面点击设置坐标按钮设置曲线 y 轴范围。

7. 应用切换

由于不同应用的采样定义表是分开的，因此存在应用切换，在工具栏选择应用切换相应内容即可。

8. 修改列表策略

界面左侧工具栏列的采样定义默认按照采样周期、厂站、表分层次列表，用户可改变该策略，点击工具栏上的"列表策略"，弹出相应设置对话框，在左右两侧的列表中拖动选项即可。右侧列表已有的项可继续在右侧列表中拖动改变前后顺序。

9. 数据修改

修改历史采样数据。在成功查询后显示的表格页面，点击需要修改的单元格，修改内容，改后点击工具栏的保存按钮即可。修改后的数据变为红色，保存后为绿色。

三、查询历史数据的操作流程

在查询历史数据之前，需要将待查询的采样点定义到一个采样模板中，然后针对这个模板进行查询。

在图 GYZD00210003-1 的左侧是一棵层次树，默认按照采样周期、厂站分层次排列，方便用户选择需要查询的采样点。选择希望查询的采样点后，可以将其直接加入到临时模板中进行查询，也可以将其定义成一个新的采样模板进行查询。

采样模板定义完毕后，可以定义查询的各个条件，如开始时间、结束时间、查询时间间隔、数据源、是否显示统计信息等。定义完毕后即可开始查询。

数据查询完毕后，可以曲线和列表的形式展现。如果查询条件选择了显示统计信息，会以列表形式显示出来。

【思考与练习】

1. 历史数据查询工具有哪些功能？
2. 上机练习，掌握历史数据查询工具的使用方法。

模块 4　曲线浏览工具的使用（GYZD00210004）

【模块描述】本模块介绍曲线浏览工具的使用方法。通过举例说明，熟悉曲线浏览工具的人机界面，掌握曲线浏览工具的基本使用方法和操作流程。

【正文】

一、概述

曲线浏览工具是显示电力系统数据变化的便利工具，使用户能够了解电力系统的实时数据和历史记录、并可预览预报数据。曲线浏览工具提供便捷的手动修改功能，直接与商用库连接，使数据显示与修改更具可视化。

二、曲线浏览工具界面总览

曲线浏览工具界面如图 GYZD00210004-1 所示，主要分为三部分，即菜单栏、工具栏和显示区。

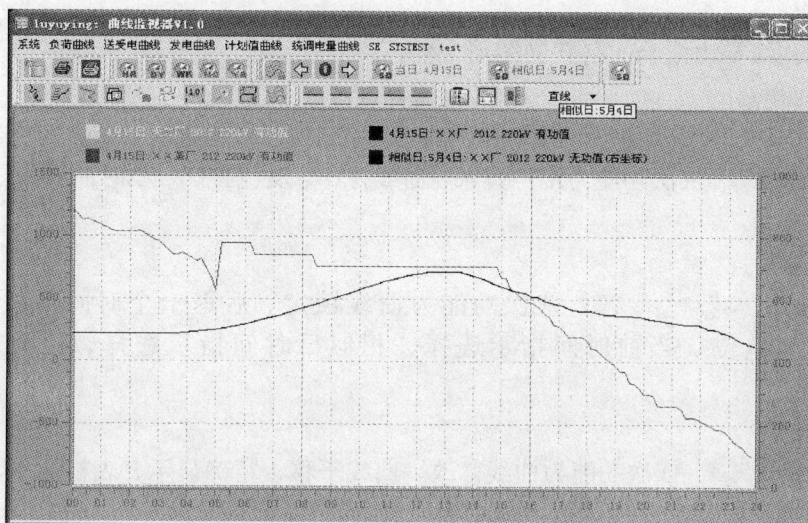

图 GYZD00210004-1　曲线浏览工具界面

用户可以通过"菜单栏"配置功能，自己添加菜单项；工具栏中包括了对曲线操作的快捷工具；显示区显示当前选中的曲线图形。

（一）菜单栏功能介绍

1. 系统曲线配置/自定义曲线配置

"系统"菜单中，"系统曲线配置"的功能是建立多层曲线菜单，"添加主曲线"的功能是在曲线菜单中添加显示曲线。"曲线属性设置"对话框如图 GYZD00210004-2 所示。

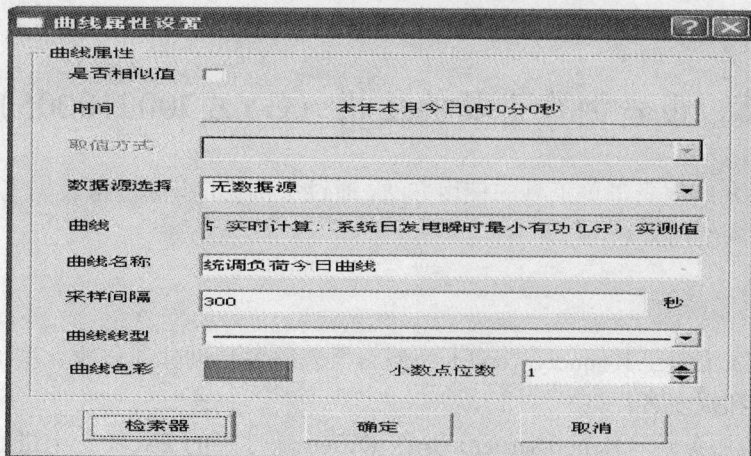

图 GYZD00210004-2　曲线属性设置对话框

（1）点击时间设置按钮，弹出时间设置对话框，设置起始时间和结束时间。

（2）打开数据检索器，找到曲线需要显示的测点域，拖拽到曲线设置界面的曲线编辑框里。

（3）选择曲线数据来源。曲线数据来源有历史库、实时库、时间序列库等。

（4）输入预定义的曲线显示间隔、曲线线型、曲线色彩。

（5）点击"确定"按钮，完成曲线设置。

2. 曲线显示设置

"曲线系统"菜单中有"曲线显示设置"菜单，选择后会弹出曲线工具显示属性框。可对曲线工具的背景色、前景色、布景色、网格色、标记色进行色彩配置，还可对曲线线宽、图例位置、背景是否有贴片、曲线是否绝对值显示进行设定。

3. 曲线颜色设置

"曲线系统"菜单中有"曲线颜色设置"菜单，选择后会弹出曲线工具颜色设置框。可对曲线工具中各条曲线的默认颜色进行设定。

4. 曲线导出图形

可将当前显示的曲线导出成.png 格式的图形文件。

（二）工具条功能介绍

1. 基础工具条

　　依次功能为用户登录、曲线打印、反色打印、小时曲线、日曲线、周曲线、月曲线、年曲线。

2. 历史设置工具条

　　依次功能为曲线锁定、后退一个时间单位、偏移时间单位值、前进一个时间单位、当前时间指示选择、相似日时间指示选择、比对曲线时间指示选择。

3. 曲线修改工具条

　　依次功能为曲线修改、曲线平移、精确显示、表格显示、修改保存、取消修改、显示标杆、曲线缩放、显示极值、显示极值曲线。

（三）曲线浏览的操作流程

首先在菜单中选择已设置好的曲线或在"系统"中选择"添加主曲线"配置新曲线。

完成曲线设置后，在菜单中选择需要显示的菜单项，在显示区显示曲线图形。点击工具栏中的"曲线修改"按钮，如果有多条曲线，可从下拉列表中选择需修改的曲线，然后在显示区拖动该曲线进行修改，修改前的曲线仍保留在画面上，并用灰色虚线显示，修改完成后，点击工具栏上的"保存修改"按钮保存。

【思考与练习】

1. 曲线浏览工具的作用是什么？

2. 上机练习，熟悉曲线浏览工具的各种操作，掌握该工具的使用方法。

模块 5　报表浏览工具的使用（GYZD00210005）

【模块描述】本模块介绍报表浏览工具的使用方法。通过举例说明，熟悉报表浏览工具的人机界面，掌握报表浏览工具的基本使用方法。

【正文】

一、报表工具概述

以某产品软件的报表浏览工具 query_report 为例。报表服务是创建、修改、浏览报表的一组界面工具，分为报表服务端和报表客户端。

query_report 的报表服务端（ReportServer）是在 Office 软件中的 Excel 之上进行二次开发而成，在 Windows 环境下运行，使用户在一个完全熟悉的环境（Excel）下制作报表、修改报表、浏览报表。

报表客户端（query_report）是用 Qt 开发的界面工具，可以工作在 Windows 及各种 UNIX 平台上，通过与浏览器的配合，可以查询并显示 HTML 格式的报表，在 Windows 平台上还可以与 Excel 配合显示 xls 格式的报表。

报表的创建、修改工作只能在安装报表服务的服务器上进行，客户机上只能浏览报表。

二、报表浏览工具总览

报表浏览工具 query_report 主界面如图 GYZD00210005-1 所示。

报表浏览工具的使用方法如下：

1. 浏览报表

选中某一个报表，设置好需要浏览报表日期，点击"浏览报表"按钮，就打开了 HTML 格式的报表，如图 GYZD00210005-2 所示。

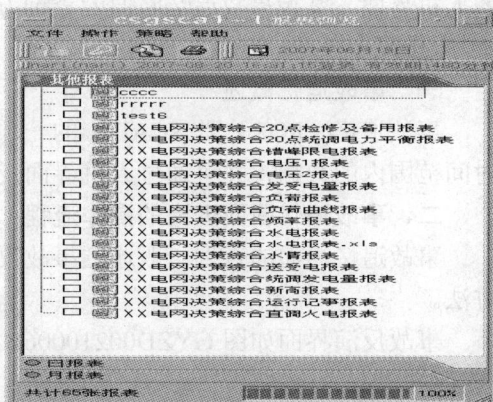

图 GYZD00210005-1 报表浏览主界面

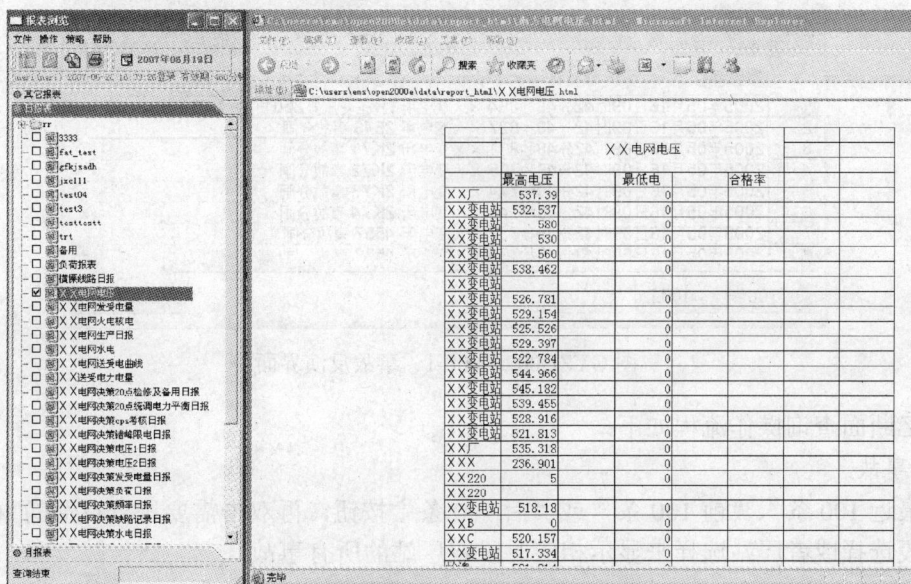

图 GYZD00210005-2 报表显示界面

客户端报表浏览器：UNIX 平台使用 Mozilla，Windows 平台使用 IE。

2. 报表浏览策略的选择

如果选择强制重取，每次执行"浏览报表"功能时，报表服务器将重新从数据库中下载报表，查询报表，然后保存报表为 HTML 格式，再传入到商用库保存。

如果没有选择"强制重取"策略，则浏览器先到商用库查询报表，若商用库中已经存在以 HTML 格式保存的报表，就直接返回给报表工作站显示；若商用库中不存在该报表，才请求报表服务器重新查询此报表。这样报表服务器不需要多次重复查询同一报表，大大缩短了打开报表的时间。

对 Windows 平台而言，若选中 Excel 格式，则系统调用 Excel 格式的报表，否则系统调用默认的 HTML 格式报表。

【思考与练习】

1. 报表浏览工具的作用是什么？
2. 上机练习，掌握报表浏览工具的使用方法。

模块 6 事故追忆断面的查询方法（GYZD00210006）

【模块描述】本模块介绍事故追忆断面的查询方法。通过举例说明，熟悉事故追忆断面的查询操作的人机界面，掌握事故追忆断面的查询方法和操作流程。

【正文】

一、事故追忆概述

事故追忆（PDR）是 SCADA 的一项基本功能，通过对扰动事件的监测，自动存储事故前后指定时间范围内的数据，并可通过人机界面反演事故期间的数据。

二、事故追忆断面查询的操作流程

事故追忆断面的查询一般通过事故反演实现，下面以某产品的事故反演功能为例介绍具体的查询方法。

事故反演界面如图 GYZD00210006-1 所示。

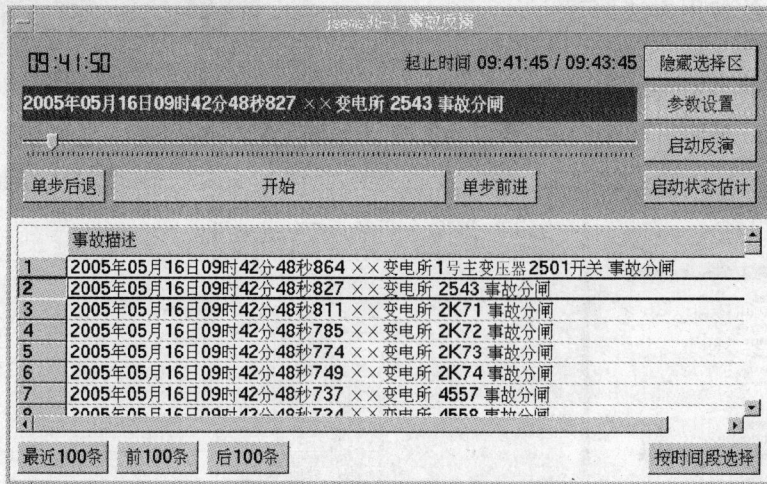

图 GYZD00210006-1　事故反演界面

事故追忆断面查询操作流程如下：

1. 选择事故

点击"最近100条"、"前100条"或"后100条"按钮，再双击需要进行反演的事故。选择事故时可通过时段选择或者厂站选择来显示相应时段或厂站的所有事故。

2. 启动事故反演

启动反演之前，可以通过界面上的"参数设置"按钮对事故反演的相关参数进行设置，例如反演的单步间隔、自动速率、模型设置等。点击"启动反演"按钮，进行事故反演的启动，启动成功后，系统自动弹出告警窗口和对应的厂站图画面。

3. 进度控制

点击"开始"按钮，系统自动按指定的速度回放；点击"单步前进"/"单步后退"按钮，则手动前进或后退到指定间隔的断面。

4. 查询当时的数据

在图形显示界面切换至"事故反演"态，通过厂站图或潮流图可以查询到所需的当时数据，包括遥测、遥信、计算量、设备状态、拓扑着色等各种数据。

【思考与练习】

1. 什么是事故追忆？

2. 事故追忆的作用是什么？

模块 7　前置机厂站通道监视表的使用（GYZD00210007）

【模块描述】本模块介绍前置机厂站通道监视表的使用方法。通过功能描述和方法介绍，掌握厂站通信信息表和通道表的功能、参数填写及其使用方法。

【正文】

一、通信厂站信息表

1. 主要功能

该表是对厂站有关通信参数的具体描述，实时反映厂站的基本状态。

2. 通信参数的说明及填写方法（见表 GYZD00210007-1）

表 GYZD00210007-1　　　　　　　　通信参数的说明及填写方法

域　名	说 明 及 填 写 方 法
最大遥信数	必须大于本厂转发或接收的最大遥信点号
最大遥测数	必须大于本厂转发或接收的最大遥测点号
最大遥脉数	必须大于本厂转发或接收的最大遥脉点号
是否允许遥控	是（前置下发遥控报文）、否（前置不下发遥控报文）
对时周期	前置按此周期定时发送对时报文
遥脉周期	如果通道的规约有召唤遥脉报文，前置按此周期定时发送召唤遥脉报文
总召唤周期	如果通道的规约有总召唤报文，则前置按此周期定时发送总召唤报文
人工置态	可以手动控制厂站状态，其中未封锁表示厂站的投入、退出、故障状态由程序自动判断；封锁投入表示厂站状态人工封锁在投入状态，不变化；封锁退出表示厂站状态人工封锁在退出状态，不变化
遥测不变化判断时间	以秒为单位，在该周期内收到变化数据判为刷新，否则为不刷新

3. 使用方法

厂站通信信息表是由 SCADA 厂站信息表自动触发生成的，不需手动添加，调试时根据实际的遥信、遥测、遥脉的最大点号填写相关参数即可。

二、通道表

1. 主要功能

该表是对通道所有参数的具体描述，动态实时反映通道的状态。

2. 通道参数的说明及填写方法（见表 GYZD00210007-2）

表 GYZD00210007-2　　　　　　　　通道参数的说明及填写方法

域　名　称	说 明 及 填 写 方 法
统计周期	通道误码率计算、投入/退出/故障/值班/备用情况等的统计周期
通道类型	串口：从终端服务器送上的专线通道 网络：从前置交换机连接的通道 虚拟：没有实际物理连接的通道 天文钟：从前置机串口连接的天文钟 天文钟—网络：从前置交换机连接的网络方式的天文钟 BH_SERIES_CHAN:保护串口通道 BH_NET_CHAN:保护网络通道 BH_VIRTUAL_CHAN:保护虚拟通道 电话拨号：电话拨号的通道
网络类型	TCP 客户：网络的 TCP_CLIENT 端 TCP 服务器：网络的 TCP_SERVER 端 UDP:网络是 UDP 类型 TASE2 客户：TASE2 通道的 CLIENT 端 TASE2 服务器：TASE2 通道的 SERVER 端
通道优先级	通道值班备用的优先权，一级优先级最高，四级最低，优先级高并且投入的通道值班

续表

域 名 称	说 明 及 填 写 方 法
网络描述一	通道类型串口时，填对应的终端服务器在前置网络设备表里的"前置网络设备名"的内容 通道类型网络时，填与前置通信的 RTU 的 IP 地址
网络描述二	通道类型串口时，填对应的终端服务器在前置网络设备表里的"前置网络设备名"的内容 通道类型网络时，填与前置通信的 RTU 的 IP 地址
端口号	通道类型串口时，填所连终端服务器的端口的位置 1~16 通道类型网络时，填网络端口号
遥测类型	实际值：前置不计算，直接把遥测值送到 SCADA 计算量：前置遥测值 = 原码×系数/满码值 工程量：用工程值上下限和量测值上下限计算
主站地址	规约里的源地址
RTU 地址	规约里的目的地址
工作方式	主站：有下行报文 监听：没有下行报文，只接收报文 （只对某些规约有效）
校验方式	通道类型为串口时的参数，通道的校验方式为奇校验、偶校验、无校验
波特率	通道类型为串口时的参数，通道的通信速率
停止位	通道类型为串口时的参数
通信规约类型	选择规约，对于规约里还有不同的参数选项设置的，将触发相应的规约类表，在那里填具体的参数
故障阈值	变化遥测数/总遥测数的百分比小于故障阈值，通道判成故障
通道分配模式	不填
报文缓冲区字节数	不填
人工置态	未封锁：通道的投入退出故障状态由程序自动判断 封锁投入：通道状态人工封锁在投入状态，不变化 封锁退出：通道状态人工封锁在退出状态，不变化
通道值班人工置态	未封锁：通道的值班备用状态由程序自动判断 封锁值班：通道状态人工封锁在值班状态，不变化 封锁备用：通道状态人工封锁在备用状态，不变化
封锁连接置态	未封锁：通道的连接前置机状态由程序自动判断 封锁 A 机：通道人工封锁连接在 A 前置机，不变化 封锁 B 机：通道人工封锁连接在 B 前置机，不变化 封锁 C 机：通道人工封锁连接在 C 前置机，不变化 封锁 D 机：通道人工封锁连接在 D 前置机，不变化

3. 使用方法

通道表是由 SCADA 厂站信息表触发生成的，如果厂站有多个通道，则在通道表中通过复制、粘贴操作增加通道。

【思考与练习】

1. 前置机厂站通道监视表的用途有哪些？

2. 厂站通信参数主要有哪些？

模块 8　规约解读软件的使用（GYZD00210008）

【模块描述】 本模块介绍规约解读软件的使用方法。通过功能描述和方法介绍，熟悉规约解读软件的人机界面及其功能，掌握规约解读软件的基本使用方法。

【正文】

一、规约解读软件概述

规约解读软件的功能包括显示各通道报文，静、动态查找报文，动态保存报文，动态翻译报文，分类型显示报文，人工召唤报文，人工校验报文。通道报文是指通道源码经过校验的报文，一般按帧显示。

下面以某产品软件为例，说明规约解读软件的使用方法。

二、规约解读软件人机界面功能介绍

规约解读软件界面如图 GYZD00210008-1 所示。

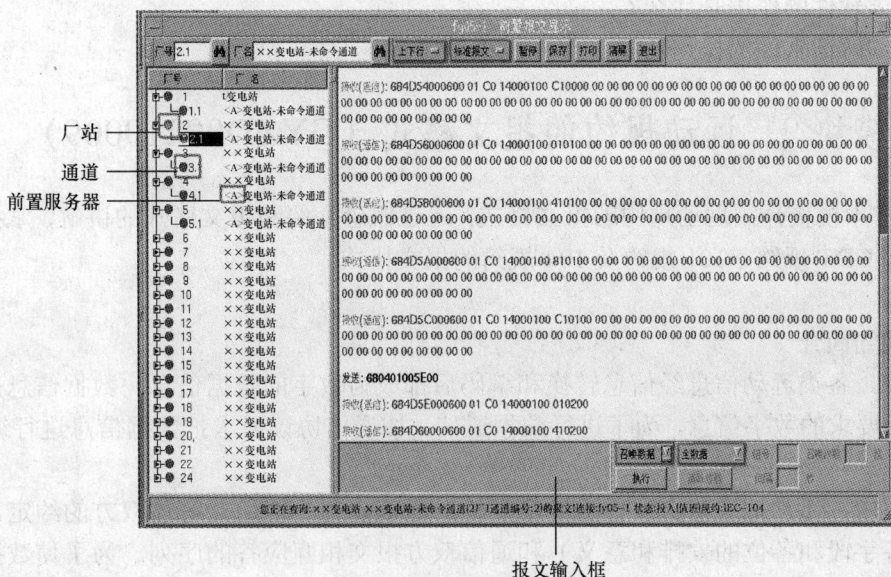

图 GYZD00210008-1　规约解读软件界面

在图 GYZD00210008-1 的左侧，根据厂站信息表中的厂站编号大小顺序列出系统厂站，在每个厂站下级列出了该厂站下的非虚通道。通道和厂站前面的指示灯可以动态地反映出通道、厂站的实时状态：厂站，红色代表退出，绿色代表投入，黄色代表故障；通道，红色代表退出，绿色代表投入值班，蓝色代表投入备用，黄色代表故障。在通道名称前尖括号中的 A、B、C、D 代表当前通道所连的前置服务器号。

规约解读软件人机界面操作功能主要包括显示通道报文、显示标准和翻译报文、报文保存功能、分类显示功能、召唤数据功能、报文查找和校验功能等。

1. 显示通道报文

点击图 GYZD00210008-1 中"上下行"下拉菜单，查看通道的上行、下行和上下行报文。

2. 显示标准和翻译报文

根据需要点击图 GYZD00210008-1 中"标准报文"下拉菜单查看标准报文和翻译报文。其中翻译报文可以同步显示报文中的数据点号和值。

3. 报文保存功能

点击"保存"按钮，可以选择时间段把实时显示的报文保存到文件中。

4. 分类显示功能

点击图 GYZD00210008-1 中"召唤数据"下拉列表，选择分类显示。点击图 GYZD00210008-1 中

"全数据"下拉列表，选择需要显示的报文类型，包括遥测、遥信、遥脉等，报文窗口中会只显示选择类型的报文。

5. 召唤数据功能

点击图 GYZD00210008-1 中"召唤数据"下拉列表，选择召唤数据，点击图 GYZD00210008-1 中"全数据"下拉列表，选择需要召唤的数据类型，点击"执行"按钮。

6. 报文查找功能

点击图 GYZD00210008-1 中"召唤数据"下拉列表，选择查找报文，在图 GYZD00210008-1 中的报文输入框输入需要查找的报文，在报文显示窗口中可以用红色标记出所要查找的报文字段。

7. 报文校验功能

点击图 GYZD00210008-1 中"召唤数据"下拉列表，选择校验报文，点击图 GYZD00210008-1 中"全数据"下拉列表，选择校验类型，在图 GYZD00210008-1 中的报文输入框输入需要校验的报文，点击"执行"按钮，可以得出校验码。

【思考与练习】

1．规约解读软件的作用是什么？
2．简述规约解读软件的操作功能。

模块 9　远动规约的报文格式（GYZD00210009）

【模块描述】本模块介绍远动规约的报文格式。通过概念介绍和报文格式的讲解，掌握远动规约的基本概念，掌握 CDT 规约、101 规约及 104 规约的报文格式。

【正文】

一、远动规约简介

电力系统中，各类远动信息经信息转换和编码后都成为数字的数据信息。数据信息是具有一定编码、格式和位长要求的数字信息。为了进行数据通信，按通信协议要求把数据信息进行编码/解码，称为通信报文。

在远动通信中，通常把通信协议称为通信规约。通信规约是通信对等体双方的约定，通常包括通信报文格式（各字段和各位的安排和意义）和通信双方报文相互应答的序列。为了使数据传输过程中数据的误码率足够小，规约通常要采用抗干扰编码。规约所涉及的信息不仅包括经编码的遥信、遥测、遥控和遥调信息，还包括对厂站端 RTU 进行控制的报文。为减少通信通道的流量，厂站端应具有遥信变位优先传送和遥测越死区传送的能力。

本模块侧重于介绍常见远动规约的报文格式，主要是目前在电力系统远动中较多使用的循环式 CDT（Cycle Digital Transmission）DL 451—1991《循环式远动规约》，以及问答式（Polling）IEC 60870-5-101 规约和基于网络方式的 IEC 60870-5-104 规约。

二、新部颁规约报文格式

新部颁规约采用可变帧长度类别、多种帧类别循环传送，变位遥信优先传送。重要遥测量更新循环时间较短，区分循环量、随机量和插入量采用不同形式传送信息，以满足电网调度安全监控系统对远动信息的实时性和可靠性的要求。

每帧帧结构都以同步字开头，并有控制字，除少数帧外均应有信息字。信息字的数量依实际需要设定，帧长度可变。帧结构示意如下：

同步字	控制字	信息字 1	…	信息字 N

这里的每个"字"为 6 字节。在通道中发码时，低字节先送，高字节后送，字节内低位先送，高位后送。

1. 同步字

同步字 6 字节为 3 组 EB90H，某些特别的为 3 组 D709H。

2. 控制字

控制字 6 字节分别为：控制字节、帧类别、信息字数、源站址、目的站址、校验码。

（1）帧类别：常用帧类别定义见表 GYZD00210009-1。

表 GYZD00210009-1　　　　　　帧 类 别 定 义 表

帧类别代码	定　　义	
	上　行	下　行
61H	重要遥测（A 帧）	遥控选择
C2H	次要遥测（B 帧）	遥控执行
B3H	一般遥测（C 帧）	遥控撤销
F4H	遥信状态（D1 帧）	升降选择
85H	电能脉冲记数值（D2 帧）	升降执行
26H	事件顺序记录（E 帧）	升降撤销
7AH		设置时钟

（2）信息字数：即本帧所含有的"信息字"数目。

（3）源站址：源站址字节代表信息始发站的站号。

（4）目的站址：目的站址字节代表信息到达站的站号。

3. 信息字

每个信息字有 6 个字节，分别是功能码、4 字节信息数据、校验码。

（1）功能码有 256 个（00H～FFH），分别代表不同信息用途，遥测、遥信信号还可以结合信息数据确定信息地址（信息序号）。常用功能码见表 GYZD00210009-2。

表 GYZD00210009-2　　　　　　常 用 功 能 码 表

功能码代码	字数	用　　途	信息位数	容　　量
00H～7FH	128	遥测	16	256
80H～81H	6	事件顺序记录	64	4096
84H～85H	2	子站时钟返送	64	1
A0H～DFH	64	电能脉冲记数值	32	64
E0H	1	遥控选择（下行）	32	256
E1H	1	遥控返校	32	256
E2H	1	遥控执行（下行）	32	256
E3H	1	遥控撤销（下行）	32	256
E4H	1	升降选择（下行）	32	256
E5H	1	升降返校	32	256
E6H	1	升降执行（下行）	32	256
E7H	1	升降撤销（下行）	32	256
F0H～FFH	16	遥信	32	512

（2）信息数据主要包括遥测、遥信、事件记录及遥控。

1）遥测格式。每个信息字传送两路遥测量。b11～b0 传送一路模拟量，以二进制码表示。b11 = 0 时为正数，b11 = 1 时为负数，以 2 的补码表示。b14 = 1 表示溢出，b15 = 1 表示数无效。遥测格式如下：

功能码 n（00H～7FH）				
b7		…		b0
b15	b14	x	x	b11 … b8
b7		…		b0
b15	b14	x	x	b11 … b8
校 验 码				

遥测
2n（左侧标注）

2）遥信格式。4 字节为两个字，每个字 16 位表示 16 个状态位。遥信格式如下：

功能码 n（F0H～FFH）		
b7	…	b0
b15	…	b8
b7	…	b0
b15	…	b8
校 验 码		

（左侧标注：遥信 / 遥信）

状态位定义为：b＝0 表示断路器或隔离开关状态为断开、继电保护未动作；b＝1 表示断路器或隔离开关状态为闭合、继电保护动作。b0～b15 分别表示 0～15 路遥信。

3）事件记录。事件记录格式如下：

功能码 1（80H）		功能码 2（81H）	
毫秒（低）		时	
毫秒（高）		日	
秒		对象号（低）	
分	b15（合分）	×××	对象号（高） b11 … b8
校验码		校验码	

4）遥控格式。遥控格式如下：

功能码（E0H）	功能码（E1H）
合/分 （CCH/33H）	合/分/错 （CCH/33H/FFH）
开关序号	开关序号
合/分（重复）	合/分/错（重复）
开关序号（重复）	开关序号（重复）
校验码	校验码
功能码（E2H）	功能码（E3H）
执行（AAH）	撤销（55H）
开关序号	开关序号
执行（重复）	撤销（重复）
开关序号（重复）	开关序号（重复）
校验码	校验码

三、101 规约报文格式

IEC 60870-5-101 规约简称 101 规约，有两种传输方式，即平衡式传输和非平衡式传输。在点对点和多个点对点的全双工通道结构中采用平衡式传输方式，在其他通道结构中只采用非平衡式传输方式。平衡式传输方式中，101 规约是一种"问答＋循环"式规约，即主站端和子站端都可以作为启动站；而当其用于非平衡式传输方式时，101 规约是问答式规约，只有主站端可以作为启动站。

101 规约有三种帧类别，分别为单个控制字符、固定帧长帧、可变帧长帧。

1. 单个控制字符

特殊情况下，单个控制字符 E5 用来取代固定帧长肯定确认帧。

2. 固定帧长格式

固定帧长格式如下：

启动字符（10H）
控制域（C）
链路地址域（A）
帧校验和（CS）
结束字符（16H）

3. 可变帧长格式

可变帧长格式如下：

启动字符（68H）
长度（L）
长度重复（L）
启动字符（68H）
控制域（C）
链路地址域（A）
应用服务数据单元（可变长度）
帧校验和（CS）
结束字符（16H）

其中，应用服务数据单元根据信息体是否连续（通过结构限定词最高位是否为 1 区分）又分为不连续和连续两种。

（1）不连续格式如下：

类型标识	
b7=0 | 信息对象数 j	结构限定词
传送原因	
应用服务单元公共地址	
信息对象 1 地址（低位）	
信息对象 1 地址（高位）	
信息对象 1	
...	
信息对象 n 地址（低位）	
信息对象 n 地址（高位）	
信息对象 n	

（2）连续格式如下：

类型标识	
b7=1｜信息对象数 j	可变结构限定词
传送原因	
应用服务数据单元公共地址	
信息对象 1 地址（低位）	
信息对象 1 地址（高位）	
信息对象 1	
...	
信息对象 n	

根据类型标识不同，101 规约目前一共定义了 136 种应用报文类型、64 种传送原因，可以用于传输遥测、遥信、设备状态、文件、控制命令、调节命令、对时命令、参数设置等信息，还规定使用了带 56 位时标的信息传输。一个可变帧长报文只能传送同一类信息。对于控制和调节命令，一个报文只能传送一个命令。

需要注意的是：规约中对于应用服务数据单元公共地址 1 或 2 个字节任选，信息体地址 1、2 或 3 个字节任选，需要根据实际情况确定，应保持主站、子站间的一致。

四、104 规约报文格式

1. 简述

IEC 60870-5-104 规约，简称 104 规约，作为 101 规约的网络访问，规定了 IEC 60870-5-101 的应用层与 TCP/IP 提供的传输功能的结合。在 TCP/IP 框架内，可以运用不同的网络类型，包括 X.25、FR（帧中继）、ATM（异步传输模式）和 ISDN（综合服务数据网络）。与 IEC 60870-5-101 相同的是应用服务数据单元（ASDU），不同的是 IEC 60870-5-104 只采用平衡传输模式，具有特别的启动报文、报文确认和差错控制机制。

104 规约的报文格式大致分为两类，一类为仅含 6 字节应用规约控制信息（APCI）的 U 格式或 S 格式，另一类为包含应用规约控制信息和应用服务数据单元（ASDU）的 I 格式，具体格式如下：

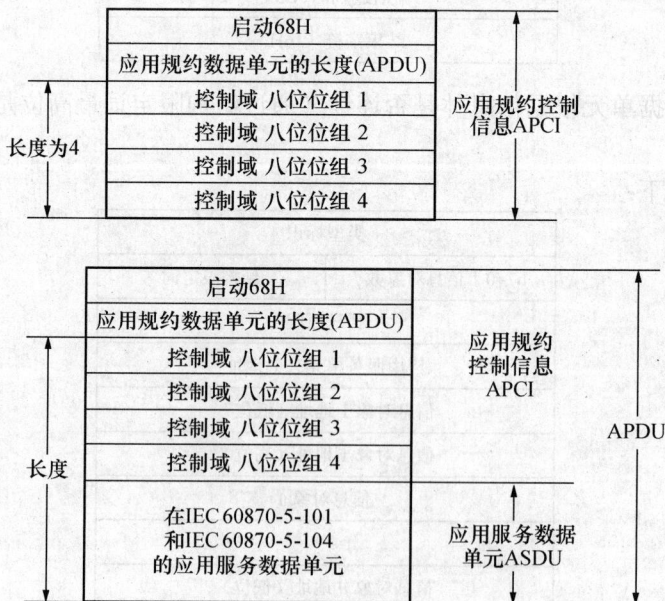

启动68H	
应用规约数据单元的长度(APDU)	
控制域 八位位组 1	应用规约控制
控制域 八位位组 2	信息APCI
控制域 八位位组 3	
控制域 八位位组 4	

长度为4

启动68H	
应用规约数据单元的长度(APDU)	
控制域 八位位组 1	应用规约
控制域 八位位组 2	控制信息
控制域 八位位组 3	APCI
控制域 八位位组 4	
在IEC 60870-5-101 和IEC 60870-5-104 的应用服务数据单元	应用服务数据单元ASDU

长度　　　APDU

2. 格式

控制域的第一个八位位组的第 1 位比特＝0 定义了 I 格式。I 格式应用规约数据单元包含应用服务数据单元。I 格式的控制信息如下：

比特	8	7	6	5	4	3	2	1	
	发送序号 N(S)				LSB		0		八位位组 1
MSB	发送序号 N(S)								八位位组 2
	接收序号 N(R)				LSB		0		八位位组 3
MSB	接收序号 N(R)								八位位组 4

3．S 格式

控制域的第一个八位位组的第 1 位比特＝1、第 2 位比特＝0 定义了 S 格式。S 格式应用规约数据单元由应用规约控制信息所组成。S 格式的控制信息如下：

比特	8	7	6	5	4	3	2	1	
	0						0	1	八位位组 1
	0								八位位组 2
	接收序号 N(R)				LSB		0		八位位组 3
MSB	接收序号 N(R)								八位位组 4

S 格式往往被用来表示对对方报文的确认。

4．U 格式

控制域的第一个八位位组的第 1 位比特＝1，第 2 位比特＝1 定义了 U 格式。U 格式应用规约数据单元仅由应用规约控制信息所组成。U 格式的控制信息如下：

比特	8	7	6	5	4	3	2	1	
TESTFR		STOPDT		STARTDT			1	1	八位位组 1
CON	ACT	CON	ACT	CON	ACT				
0									八位位组 2
0							0		八位位组 3
0									八位位组 4

在同一时刻仅 TESTFR、STOPDT、STARTDT 功能之一被激活。U 格式被用来启动链路、停止链路及测试链路。

5．应用服务数据单元

104 规约使用了与 101 规约相同的应用服务数据单元。需要注意对数据单元中源发地址字节数、应用服务数据单元公共地址字节数、信息体地址字节数的定义，主、子站间保持一致。一般推荐源发地址字节数 1，应用服务数据单元公共地址字节数 2，信息体地址字节数 3。

【思考与练习】

1．远动规约的作用是什么？

2．常用远动规约报文格式有哪些？

第十九章 SCADA 的维护

模块 1 SCADA 数据库中各种类型的表和域的含义介绍
（GYZD00211001）

【模块描述】本模块包含有关 SCADA 数据库中各种类型的表和域的含义介绍。通过功能描述，掌握 SCADA 数据库中各种类型的表的作用及其包含的域的含义。

【正文】

SCADA 数据库中一般有系统类、设备类、参数类、计算类四大类表。

一、系统类表

系统类表主要包括行政区域表和厂站信息表。

1. 行政区域表

行政区域表定义基本的行政区域信息。该表的域包括：

区域名称：区域的中文名称。

区域编号：编号，主要用于检索的需要。

2. 厂站信息表

厂站信息表定义厂站的基本信息。该表的域包括：

厂站名称：厂站的中文名称。

厂站编号：编号，主要用于检索的需要。

厂站类型：单选，包括火电厂、水电厂、核电厂、变电站、控制中心等选项。

电压等级：厂站的最高电压等级。

二、设备类表

设备类主要表包括断路器表、刀闸表、接地开关表、母线表、交流线段表、交流线段端点表、变压器表、变压器绕组表、发电机表、负荷表、容抗器表、终端设备表、保护节点表、测点信息表等。

1. 断路器表

定义断路器设备的基本信息。该表的域包括：

断面器名称：设备名称。

断路器类型：普通断路器、手车断路器、母联/分段/旁路断路器等。

厂站 ID：设备所属的厂站。

电压类型 ID：设备所属的电压等级。

有功正常值：定义有功的正常范围。

无功正常值：定义无功的正常范围。

电流正常值：定义电流的正常范围。

2. 刀闸表

定义刀闸设备的基本信息。该表的域包括：

刀闸名称：设备名称。

厂站 ID：设备所属的厂站。

电压类型 ID：设备所属的电压等级。

3. 接地开关表

定义接地开关设备的基本信息。该表的域包括：

接地开关名称：设备名称。

厂站 ID：单选，设备所属的厂站。

电压类型 ID：设备所属的电压等级。

4. 母线表

定义母线设备的基本信息。该表的域包括：

母线名称：设备名称。

母线类型：单母、正母、副母、旁母等选项。

厂站 ID：设备所属的厂站。

电压类型 ID：设备所属的电压等级。

电压上限：定义电压值的上限范围。

电压下限：定义电压值的下限范围。

5. 线路表

定义线路设备的基本信息。该表的域包括：

线路名称：设备名称。

区域 ID：设备所属的行政区域。

交流线段数：该线路包含的交流线段数，正常线为 1，T 接线为 3，Π 接线为 5。

6. 交流线段表

定义线路设备的每条线段的基本信息。该表的域包括：

线段名称：设备名称。

一端厂站 ID：线段一侧所属的厂站。

二端厂站 ID：线段另一侧所属的厂站。

线路 ID：线段所属的线路。

电压类型 ID：设备所属的电压等级。

7. 交流线段端点表

定义线段两侧端点的基本信息。该表的域包括：

端点名称：设备名称。

厂站 ID：端点所属的厂站。

线段 ID：端点所属的线段。

电压类型 ID：设备所属的电压等级。

有功正常值：定义有功的正常范围。

无功正常值：定义无功的正常范围。

电流正常值：定义电流的正常范围。

8. 变压器表

定义变压器设备的基本信息。该表的域包括：

变压器名称：设备名称。

厂站 ID：设备所属的厂站。

变压器类型：包括主变压器、启动变压器、厂用变压器等选项。

绕组类型：包括三绕组、二绕组等选项。

9. 变压器绕组表

定义变压器的绕组基本信息。该表的域包括：

绕组名称：设备名称。

厂站 ID：设备所属的厂站。

变压器绕组类型：包括高、中、低共三个选项。

变压器绕组连接类型：包括空、Y 形不接地、Y 形接地、三角形等选项。

变压器 ID：设备所属的变压器。

GYZD00211001

电压类型 ID：设备所属的电压等级。

额定功率：铭牌参数。

额定电流：铭牌参数。

额定电压：铭牌参数。

10. 发电机表

定义发电机设备的基本信息。该表的域包括：

发电机名称：设备名称。

厂站 ID：设备所属的厂站。

电压类型 ID：设备所属的电压等级。

额定功率：铭牌参数。

额定出力：铭牌参数。

额定电流：铭牌参数。

11. 负荷表

定义负荷设备的基本信息。该表的域包括：

负荷名称：设备名称。

厂站 ID：设备所属的厂站。

电压类型 ID：设备所属的电压等级。

有功正常值：定义有功的正常范围。

无功正常值：定义无功的正常范围。

电流正常值：定义电流的正常范围。

12. 容抗器表

定义电容器或电抗器设备的基本信息。该表的域包括：

容抗器名称：设备名称。

厂站 ID：设备所属的厂站。

电压类型 ID：设备所属的电压等级。

容抗器类型：包括电容器、电抗器等选项。

额定容量：铭牌参数。

额定电压：铭牌参数。

额定电流：铭牌参数。

13. 终端设备表

定义 TV、TA 等终端设备的基本信息。该表的域包括：

终端设备名称：设备名称。

厂站 ID：设备所属的厂站。

电压类型 ID：设备所属的电压等级。

终端设备类型：包括 TV、TA、避雷器等选项。

14. 保护节点表

定义硬节点保护信息。该表的域包括：

保护名称：信号名称。

厂站 ID：设备所属的厂站。

保护类型：包括事故总、预告信号、动作信号、故障信号等选项。

相关设备：定义该信号关联的一次设备。

15. 测点信息表

定义不属于设备的测点信息。该表的域包括：

测点名称：量测名称。

厂站 ID：量测所属的厂站。

类型：包括频率、温度、时钟、水位等选项。

三、参数类表

参数类表主要包括遥测定义表、遥信定义表和遥控关系表。

1. 遥测定义表

定义所有遥测的基本信息。该表的域包括：

遥测 ID：该遥测在数据库中的位置。

厂站 ID：单选，所属的厂站。

合理值上限：遥测的合理上限范围。

合理值下限：遥测的合理下限范围。

遥测值：遥测的实时值。

遥测状态：遥测的实时状态。

最近变化时间：遥测最新的变化时间。

最近更新时间：遥测最新的刷新时间。

告警方式 ID：遥测的告警类别。

2. 遥信定义表

定义所有遥信的基本信息。该表的域包括：

遥信 ID：该遥信在数据库中的位置。

厂站 ID：单选，所属的厂站。

遥信值：遥信的实时值。

遥信状态：遥信的实时状态。

最近变化时间：遥信最新的变化时间。

最近更新时间：遥信最新的刷新时间。

告警方式 ID：遥信的告警类别。

3. 遥控关系表

定义所有遥控的基本信息。该表的域包括：

遥信 ID：该遥控点在数据库中的位置。

厂站 ID：所属的厂站。

遥控序号：下行点号。

遥控类型：包括普通遥控、直接遥控等选项。

操作类型：包括单人遥控、监护遥控等选项。

超时时间：遥控返校的最大时间。

四、计算类表

计算类表主要包括计算值表、公式定义表和电能表。

1. 计算值表

定义计算量的基本信息。该表的域包括：

计算值名称：计算量的名称。

计算值序号：编号，主要用于检索的需要。

厂站 ID：计算量所属的厂站。

2. 公式定义表

定义计算公式的基本信息。该表的域包括：

公式名称：公式名称。

公式序号：编号，主要用于检索的需要。

计算优先级：公式计算的优先顺序。

生效时间：公式生效的时间。

计算周期：公式计算的周期。

公式串：公式的表达式。

操作数 1～操作数 50：参与计算的分量在数据库中的位置，最多 50 个分量。

3．电能表

定义脉冲电能和积分电能计算的基本信息。该表的域包括：

遥脉 ID：脉冲量或参与积分量在数据库中的位置。

电能名称：电能量的名称。

厂站 ID：电能量所属的厂站。

类型：包括硬电能、软电能两个选项。

统计类型：包括代数和、绝对值等选项。

统计周期：电能计算的统计周期。

系数：用于电能计算后的单位转换。

【思考与练习】

1．SCADA 数据库中主要包括哪些类型的数据表？

2．系统类表主要包括什么内容？

模块 2　数据库录入工具的使用介绍（GYZD00211002）

【模块描述】本模块介绍数据库录入工具的使用方法。通过功能描述、方法介绍和举例说明，熟悉数据库录入工具 dbi 的人机界面及其功能，掌握数据库录入工具的使用方法。

【正文】

一、数据库录入工具概述

本模块介绍的数据库录入工具是某软件产品的数据库服务 dbi，数据库系统采用的是商用数据库和实时数据库相结合的方式，既具有商用数据库的通用性、稳定性，也符合电网监控的实时性。

采用商用数据库，使得电网监控系统与其他系统互联更为方便，形成了一个完整的、开放的、数据共享的信息系统。基于 UNIX 共享内存技术和 TCP/IP 网络协议开发出分布式实时数据库系统，弥补了商用数据库操作速度慢、不能满足 EMS 的实时性和响应速度等缺陷，实现了实时数据锁定内存，提高了访问速度，从而保证了系统的实时响应性。

二、数据库服务 dbi 总览

dbi 主界面如图 GYZD00211002-1 所示。

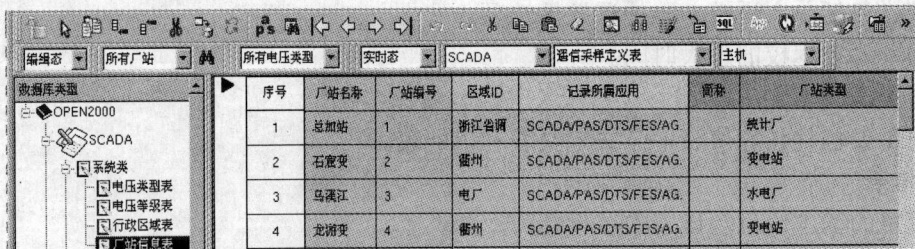

图 GYZD00211002-1　dbi 主界面

画面中的数据表是由若干记录组成的，每条记录是由若干域组成的。例如，图 GYZD00211002-1 中间区域显示的就是厂站信息表的内容，可以看到表的 4 条记录，每条记录有 6 个域。

dbi 的功能主要包括查看数据记录、更改数据记录、删除数据记录、插入数据记录、添加一个厂站的记录等。

1．查看数据记录

例：查看遥信采样定义表。

方法一：通过界面左侧树状列表直接定位到遥信采样定义表，将其打开。这时显示的是所有厂站遥信采样定义表。双击显示区中域名"厂站名称"，在弹出的菜单中选择某厂站，这时显示区只显示该厂站的遥信采样定义表。

方法二：首先在界面显示区上方应用下拉菜单中选择 SCADA 应用，然后在表名下拉菜单中菜单中选择"遥信采样定义表"。

2. 更改数据记录

在 dbi 中可以对多个数据域进行修改，修改完后一起提交即可。修改方法可以有如下 4 种：

（1）直接在打开的数据表的表格中修改，对于一般的可以修改的表格，会弹出编辑框来供修改，对于该域是引用域或者菜单域的，会弹出相应的单选或者多选菜单供选择。

（2）双击行号，会弹出对话框将一行记录的所有的信息显示在对话框中。

（3）使用检索器拖入记录到所要修改的那一个数据表格中。

（4）使用域值设定来实现，选择菜单栏中"域值操作/域值设定"菜单项；或在工具栏中按下按钮 ，或者使用快捷键 Ctrl＋F，使其为凹入状态 ，进入域值设定状态。然后，左键单击表显示区中表的域名，弹出域值设定对话框如图 GYZD00211002-2 所示。

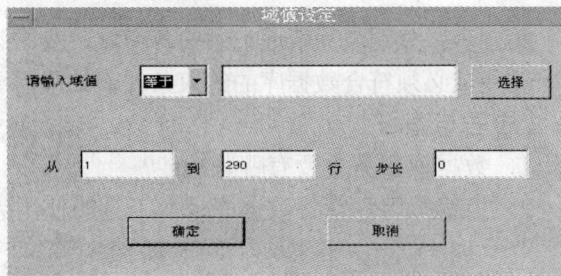

图 GYZD00211002-2 域值设定对话框

在此可以批量地修改同一列的数据记录，选择从第几行到第几行要修改，再选择要等于还是清空还是增减数值，最后选择菜单栏中"数据库操作/保存数据"菜单项，或单击"保存数据"按钮 ，将 dbi 上编辑后的数据保存到商用数据库中。

3. 删除数据记录

在工具栏中单击按钮 ，将当前记录删除。注意此时下一条记录自动提前成为选中记录，序号不变，前面有符号 ▶ 提示，在工具栏中单击按钮 ，撤销上次删除记录操作。

对于数据域来说可以单击"清空域"按钮 ，使其处于工作状态，然后单击要清除的域，域中的内容即被清空。注意清空域完成后，要将按钮还原，以免删除其他有用的数据。

4. 插入数据记录

可以通过以下两种方式插入记录：

（1）单击 按钮，则在当前记录后插入一条没有数据的新记录。单击 按钮，则在当前记录前插入一条没有数据的新记录。

（2）选择菜单栏中"记录操作/复制选中记录"菜单项，或在工具栏中单击按钮 ，即将当前记录复制到粘贴板。然后单击按钮 ，将粘贴板中的记录复制到当前记录后。插入完并修改好记录后单击保存按钮。

5. 其他操作

（1）编辑态/刷新态。进入 dbi 后，缺省状态为"编辑态"，用户在编辑态下进行数据的输入和修改、删除等编辑操作，可以通过切换"编辑态/刷新态"按钮进入到刷新态，dbi 显示的数据将按照设定的刷新周期不断刷新数据，供用户浏览。

（2）态切换。在下拉框中选择所需的态，dbi 将切换到所选态。

（3）厂站快速查询。单击"所有厂站"右侧的箭头，在下拉框中选择所需的厂站，dbi 将只显示该厂站的记录。

（4）主机寻找模式。选择菜单栏中"数据库操作/主机寻找模式"菜单项，或单击工具栏中"主机寻找模式"按钮 ，dbi 可以选择显示主机或备机上的实时数据库。

（5）电压快速查询。在下拉框中 所有电压类型 ▾ 选择所需的电压等级，dbi 将显示符合该电压等级的记录。

（6）SQL 查询。选择菜单栏中"数据库操作/SQL 查询"菜单项，或单击工具栏中"SQL 查询"按钮 ，在弹出选择和条件查询对话框输入 SQL 语句查询需要的记录。

（7）调用本机显示格式。选择菜单栏中"数据库操作/调用本机显示格式"菜单项，或单击工具栏中"调用本机显示格式"按钮 ，显示区中的表将按本机设置格式显示，并在信息显示区中显示提示信息。如果不选择显示格式，则按主机设置格式显示。这里所说的设置格式一般指使用"改变域特性"功能设置的显示格式。

6. 添加一个厂站的记录

第一步：通过界面左侧树状列表直接定位到厂站信息表，在表显示区显示现有的厂站信息。

第二步：用工具栏中的"记录前插入"或者"记录后插入"工具新增一条记录。如果需要在两个厂站之间新增一个新的电厂比如就取名为"新增电厂"，只要选中前面的厂站然后按下工具栏中的"记录后插入"，或者选中后面的厂站然后按下"记录前插入"，就会在这两个记录之间出现一条新的空记录。

第三步：分别填写新增记录的各个域，双击某个域，鼠标停留在这个域上，这个域就变为可编辑状态。这些域必须符合数据库的约束条件，如果需要输入中文，则可以用 Ctrl＋Space 切换为中文输入法。

【思考与练习】

1. 数据库服务主要有哪些功能？

2. 上机练习，掌握数据库录入工具的使用方法。

模块 3 数据库录入软件出错提示信息的介绍及错误排查方法 （GYZD00211003）

【模块描述】本模块介绍数据库录入软件常见的出错提示信息及排查错误的方法。通过现象描述和方法介绍，熟悉和理解数据库录入软件常见的出错提示信息及其现象，掌握排查常见错误的方法。

【正文】

数据库录入工具 dbi 在使用时出现的错误提示主要包括：

1. 打开数据表失败

故障现象：无法从数据库中读取相关的表信息。例如提示"无法打开厂站信息表"等。

排查方法：检查相关应用的服务是否正常。如异常，查找应用异常的原因或者重新启动应用；如应用正常，则到应用主机上检查服务进程是否正常，或将相应进程重新启动。

2. 保存数据表不成功

故障现象：当向数据库中保存数据时，提示"保存不成功"。

排查方法：先检查数据库服务是否正常。如异常，查找数据库服务异常的原因或者重新启动数据库服务应用；如数据库服务正常，则到数据库服务主机上检查模型维护服务进程是否正常，或重新启动相应的模型维护服务进程。

3. 数据库录入唯一性错误

故障现象：在向数据库中录入设备、厂站、通道表时，出现"唯一性冲突"的警告提示。

排查方法：所录入的设备、厂站、通道表中对应的域填写有误或者已经存在，可通过修改对应的域内容解决此问题。例如在新增厂站时，当所设厂站名称已存在于厂站信息表时，或者新增的厂站编号已经存在，当数据库保存时，系统会给出"唯一性冲突"警告，并将冲突的记录用蓝色标出，通过查看已有厂站信息，将新增厂站的名称或厂站编号设为不重复即可解决问题。

【思考与练习】

1. 本模块介绍了哪几种错误现象的排查方法？

2. 数据库录入故障错误的现象是什么？

模块 4 绘图工具的使用介绍（GYZD00211004）

【模块描述】本模块介绍绘图工具的使用方法。通过功能描述和举例说明，熟悉绘图工具的人机界面和功能，掌握绘图工具的使用方法。

【正文】

一、绘图工具概述

绘图工具是用来编辑系统图形的工具，利用系统提供的基本图元和图元编辑工具绘制的图元勾画系统界面。利用绘图工具绘制电气接线图的同时可以完成与数据库的连接，实现图模库一体化。

二、绘图工具总览

绘图工具主界面如图 GYZD00211004-1 所示。

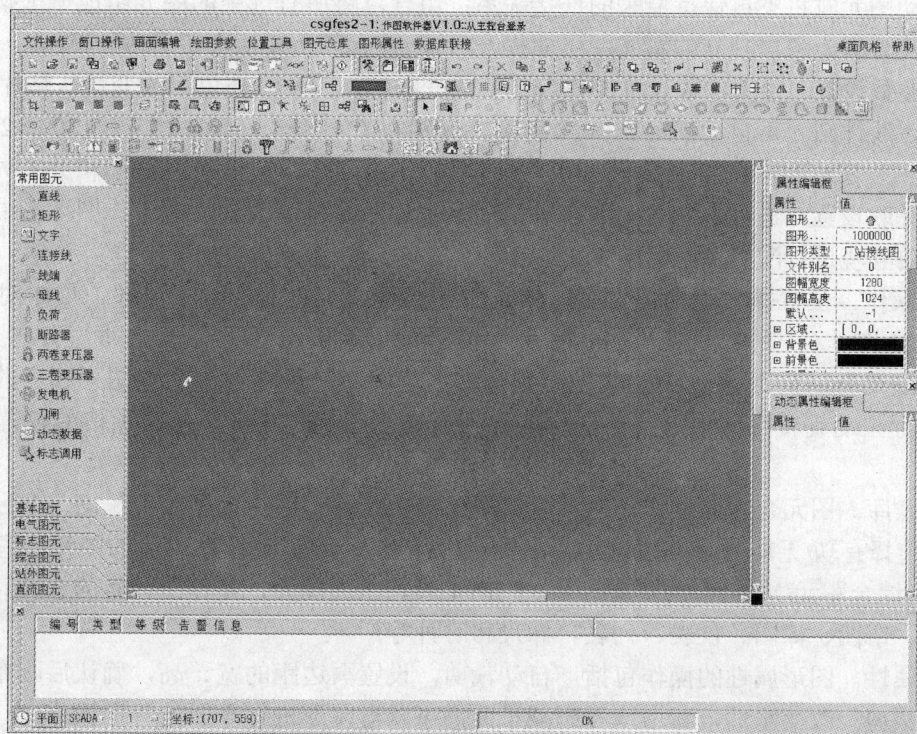

图 GYZD00211004-1　绘图工具主界面

1. 窗口界面布局

（1）标题栏。位于窗口界面的顶部，显示内容依次为：机器节点名、图形名、图形类型、当前应用、登录信息。

（2）菜单/工具栏。位于标题栏下方，提供绘制图形的各种工具，可通过菜单选项或工具栏中的按钮实现各种功能操作。

（3）绘图区。位于窗口的中间位置，可以在此进行图形的绘制。

（4）工具箱。位于绘图区的左侧，列出基本图元、图元绘制工具绘制的图元、复杂图元等，供绘制图形使用。

（5）属性编辑框。位于绘图区的右侧，用于编辑修改当前图形或选中图元的各种属性。

（6）数据属性编辑框。位于绘图区的右侧，用于编辑修改当前选中图元的数据库属性。

（7）导航区。显示整个画布按比例缩小后的导航图。单击鼠标拖曳，可使做图画布显示相应的位置，进行导航定位。

（8）告警提示框。位于绘图区的下方，提示绘图过程中的告警信息。

（9）信息提示栏。位于窗口的底端，显示当前图形的所属应用、放大层次、鼠标在作图画布上的坐标位置、当前选中的图元类型、图元名称、联库状态。

2. 操作功能介绍

绘图工具的操作功能共分为文件操作、窗口操作、画面编辑、绘图参数设置、位置操作、图元仓库、图形属性设置、数据库连接操作 8 类。

（1）文件操作。文件操作下拉菜单项包括：用户登录、新建图形、打开图形、保存图形、另存图形、网络保存、打印图形、下装图元。

（2）窗口操作。窗口操作下拉菜单项包括：新建编辑图形、新建显示窗口、新建图元窗口、隐藏/显示导航区、隐藏/显示工具箱、后隐藏/显示属性编辑器、显示数据库属性编辑框、隐藏/显示管理工具。

（3）画面编辑。画面编辑操作主要包括：撤销/重复上一步的操作；删除/复制/剪切/保存/当前选中的图元；保存图元在剪贴板；将剪贴板上的图元粘贴到画布上；提升/退后图元；为折线、多边形、徒手线、徒手多边形增加/删除拐点；设置水平间距，该间距用于徒手线和徒手多边形绘制时的点距设置；删除连接，移动图元时将不再保持原来的连接关系；组合，将所有选中的图元组成一个整体图元；取消组合，则将其分解为各自独立的图元；层面提升/下降,图元的所属层面提升/降一层。

（4）绘图参数设置。绘图参数设置操作包括：改变线色；改变填充色；改变默认贴片；锁定/解除锁定线性图元，线性图元可自动锁定到 8 个角度，分别为 0°、45°、90°、135°、180°、225°、270°、315°；显示/隐藏作图画布的网格；显示 TIP，当鼠标停留在设备上时，可以显示相关的数据库提示信息；自动生成关联设置，进行图元之间的自动关联配置；系统环境设置，对于作图环境中图元的默认属性以及作图的环境进行配置。

（5）位置操作。位置操作包括：对齐，对选中的多个图元左/右/上/下对齐；居中对齐，将选中的多个图元以水平/垂直居中线为准对齐；等距，所选图元以设置的间距在水平/垂直方向上均匀排列；镜像，选中的图元会以垂直/水平中心线做镜像操作；旋转，当鼠标停留在该图元相应的位置上时，可以对图元进行拉动旋转；移动，当前选中的图元会向上/下/左/右移动一个图格的位置，完成微调的操作。

（6）图元仓库。图元仓库的操作包括：区域图元编辑选择，用于在画布上拉出一个区域，选择区域中的图元；选择有功/无功/电流，以选中当前图形中所有表示有功/无功/电流的图元；基本图元/电气图元/标志图元/综合图元/站外图元/直流图元，列出工具箱中的图元，是作图元素的仓库。其中，综合图元包括曲线、饼图、棒图、仪表、列表、标尺和时钟等。

（7）图形属性。图形属性的操作包括：自动裁剪，设置页边距的宽、高，确认后画布大小会根据设置进行自动裁剪；改变平面，新增或者删减平面，可以对图形进行平面的管理操作。

（8）数据库连接。数据库连接的操作包括：取消数据库连接，将清除当前选中图元的数据库连接属性；冗余信息重联，会重新读取数据库中关于当前图形的所有信息；节点入库，建立电力网络的电气连接关系，这个是高级应用软件的基础；正常显示，图形显示的缺省状态；显示数据库连接，未进行数据库连接的图元将以问号显示；显示焊点，元件之间的连接点将以绿色圆点显示；显示线 90°对齐，没有水平或垂直显示的线性图元两端将会打上黄色圆点显示；显示边界，显示所有的连接端点，可以选择不需要节点入库的端点进行点击设置；显示关联，对有关联关系的图元用特定颜色标识；图形校验，对当前图形上的设备进行校验，查看是否有非本站的设备。

三、案例分析

编辑一幅厂站接线图，流程如下。

1. 准备工作

准备工作包括：图元的准备、图元属性的设置和自动关联的设置。

（1）图元的准备。通过图元编辑工具将绘图工具中需要用到的图元绘制准备好，并通过下装图元装载到绘图工具的图元仓库中。

（2）图元属性的设置。通过"绘图参数"菜单中的"系统环境设置"，将绘图过程中的图元的默认属性配置好，比如连接线的线宽、文字的颜色等。

（3）自动关联的设置。通过"绘图参数"菜单中的"自动生成关联设置"，对于图元的自动关联进行配置，比如配置母线自动关联名称、线端自动关联 PQI 等。

2. 图形属性的设置

新建图形后，首先在属性编辑框中对于图形的属性进行配置，比如图形的类型、宽高、默认显示系数、所属厂站等。

3．单个图元的绘制

在工具箱中选择图元，然后放置到画布上，如果数据库中已有该图元的相关属性，可以通过检索器直接拖曳相关的记录连接到该图元上，完成入库工作。如果数据库中还没有该图元的相关属性，可以在动态属性框中直接进行编辑保存。

4．组合式间隔的绘制

将间隔内的设备一一画好并连库后，通过区域选择将它们都选中，然后组合，再双击，在弹出的对话框中进行间隔的命名规则设置，最后对该间隔进行连库操作。这样一个间隔就画好了，之后类似的间隔都可以直接拷贝使用，入库时也只要连间隔信息就可以了，内部设备会自动根据命名规则来连库。

5．其他

画图过程中，要留意告警提示框中的告警信息，及时进行处理。图形画完后，要进行网络保存和节点入库操作。

【思考与练习】

1．在调度系统中，绘图工具的作用是什么？

2．按照本模块案例分析，上机绘制一幅接线图，熟悉和掌握绘图工具的使用方法。

模块 5 绘图工具出错提示信息的介绍及错误排查方法（GYZD00211005）

【模块描述】本模块介绍绘图工具常见的出错提示信息及排查错误的方法。通过现象描述、方法介绍和举例说明，熟悉和理解绘图工具常见的出错提示信息及其含义，掌握排查常见错误的方法。

【正文】

本模块以某产品软件的绘图工具的为例，说明错误提示信息的排查方法。

一、绘图工具出错提示信息

绘图工具出错提示信息分为告警提示框中显示的出错提示信息和绘图工具弹出的出错提示信息两类。

1．告警提示框中显示的出错提示信息

（1）图元缺少动态属性。该信息表示图元没有连库信息。

（2）图元未连数据库记录。该告警也表示图元没有进行数据库连接。

（3）图元连接的数据库记录丢失。该信息表示图元连接的数据库记录已经不存在。

（4）图元具有相同的动态属性。该信息表示这几个图元连接了相同的数据库属性。

（5）图元的某端空置。该信息表示图元的某端端子没有与其他设备相连。

2．绘图工具弹出的出错提示信息

（1）当前图形类型不允许节点入库。该信息表示当前的图形类型设置为了不允许进行节点入库操作。

（2）图形编辑锁定，不能够网络保存。该信息表示当前编辑的图形已经被其他机器正在编辑，本机不能再进行重复操作。

（3）有动态图元所连厂站与图形所属厂站不一致。该信息表示图中有动态图元的数据库属性所连的厂站与本幅图形的所属厂站不是同一个。

（4）当前主控台未登录或已过期。该信息表示当前用户是从主控台登录的，并且登录时间已到期。

（5）当前用户对图形文件没有写权限。该信息表示当前的登录用户对于图形是没有修改权限的。

（6）文件名称不能包含字符。该信息表示图形的名称不能包括 "<>@\"&%$:,;?={}|^~[]\'*. ()" 这些字符。

（7）本地已有同名文件。该信息表示当前本地已有相同名称的文件，再继续保存将会覆盖。

（8）本地图形与网络图形不一致。该信息表示当前本地的图形文件与网络上的图形文件不一致，可以选择网络覆盖本地或者读取本地图形文件。

二、绘图工具错误提示信息排查方法

1. 检查工具

"数据库连接"菜单下有几个工具可以用来检查一些作图过程中的错误信息。

（1）显示数据库连接。单击该按钮后，画面上没有进行数据库连接的动态图元会画上黄色的问号，数据库连接信息丢失的图元会画上红色的问号。

（2）显示焊点。单击该按钮后，画面上的图元连接处会画上绿色的圆点，方便查找端子没有连上的图元。

（3）显示线 90°对齐。单击该按钮后，画面上不是横平竖直的线性图元两端会画上黄色的圆点，方便查找更正。

（4）图形校验。单击该按钮后，画面上的动态图元会自动检查所连的数据库属性是否与当前图形的所属厂站是同一个厂站。

2. 其他方法

绘图过程中告警提示框会给出相应的出错提示信息，只要在告警提示框中双击对应的告警信息，绘图区会自动定位到该出错位置，打上红色的箭头，方便查找更正。

（1）绘图过程中，告警窗显示"图元的左端空置"。

排错方法：双击该告警信息，绘图区会自动定位到出错图元位置，打上红色的箭头。下面的工作就是补上左端的连接。

（2）绘图过程中，弹出提示信息"有动态图元所连厂站与图形所属厂站不一致"。

排错方法：点击"图形校验"按钮，画面上的动态图元会自动检查所连的数据库属性是否与当前图形的所属厂站是同一个厂站。对出错的图元先取消数据库连接后通过数据库检索器重新连接。

【思考与练习】

1. 本模块介绍的告警信息是哪两类？

2. 上机练习，加深理解错误提示信息的含义，掌握绘图工具出错的排查方法。

模块 6　图元编辑工具的使用介绍（GYZD00211006）

【模块描述】本模块介绍图元编辑工具的使用方法。通过功能描述和举例说明，熟悉图元编辑工具的人机界面和功能，掌握图元编辑工具的使用方法。

【正文】

一、图元编辑工具概述

图元编辑工具用来编辑制作系统的图元。制作完成后的图元装入图形编辑工具中的图元仓库，供绘制图形时使用。

下面以某产品软件的图元编辑工具为例，说明图元编辑工具的使用方法。

二、图元编辑工具介绍

图元编辑工具的主界面如图 GYZD00211006-1 所示。

1. 窗口界面布局

（1）标题栏位于窗口界面的顶部，显示内容依次为：机器节点名、图元名、图元类型、登录信息。

（2）菜单/工具栏位于标题栏下方，提供绘制图元的各种工具，可通过菜单选项或工具栏中的按钮实现各种功能操作。

菜单栏中从左至右依次为文件操作、窗口操作、画面编辑、绘图参数、位置工具、图元仓库、图形属性，几乎包含了工具栏图标的所有功能。工具栏为一系列的图标按钮，与菜单栏中的功能相同，可以直接单击。

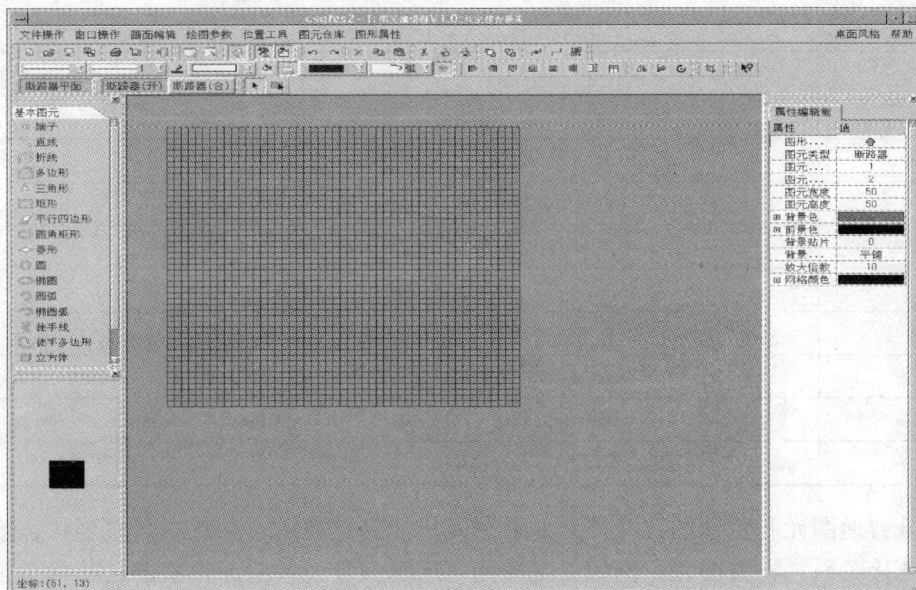

图 GYZD00211006-1　图元编辑主界面

（3）平面/状态栏位于工具栏下方，显示当前编辑的图元平面和状态信息。可以通过平面/状态按钮选择编辑图元的不同平面和状态。

（4）绘图区位于窗口的中间位置，由许多分布均匀的小网格组成，每个网格为一个着色像素，可以在此进行图元的绘制。

（5）图元工具箱位于绘图区的左侧，列出基本图元，用以编辑新的图元。

（6）属性编辑框位于绘图区的右侧，用于编辑修改当前图元及内部绘图元素的各种属性。

（7）导航区位于工具箱的下方，显示整个画布按比例缩小后的导航图。

（8）信息提示栏位于窗口的底端，显示当前鼠标在作图画布上的坐标位置。

2．操作功能介绍

图元工具的操作功能共分为文件操作、窗口操作、画面编辑、绘图参数设置、位置操作、图元仓库、图形属性设置 7 类，与绘图工具中的操作含义及操作方法完全相同。

三、制作图元的几点说明

在制作图元之前，首先应达成以下共识：

（1）图元的端子是与其他图元建立连接关系的接口，一个端子只能有一条连接线，即一个连接关系。一个图元可以有多个端子。

（2）图元的平面主要在绘制图元时用到，切换到不同平面时，其他平面的绘图元素灰显。在画面显示上，所有平面作为整体图元，一起显示。

（3）图元的状态是指图元所表示的设备的状态。某时刻设备只能处于一种状态，所以某时刻图元也只能显示一种状态。如开关有开、合两种状态，在同一时刻，只能是开或者合。

（4）常见图元的状态数、平面数、最大端子数，见表 GYZD00211006-1。

表 GYZD00211006-1　　　　图元的状态数、平面数、最大端子数

图元类型	状态数	平面数	最大端子数
开关	两态（开/合）	1	2
刀闸	两态（开/合）	1	2
两卷变压器	一态	5	4
三卷变压器	一态	7	6
发电机	一态	1	1
容抗	一态	1	3

续表

图元类型	状态数	平面数	最大端子数
电压互感器	一态	1	2
标志牌	一态	1	0
潮流符号	两态（正方向/负方向）	1	2
工况	多态	1	0
其他	多态	1	0
直流换流极	一态	3	3
直流开断设备	两态	1	2
直流终端设备	一态	1	1
直流接地设备	一态	1	1

（5）图元分普通图元和特殊图元两种。普通图元只能稳定显示一种状态，直至状态改变，其端子只能建立一条连接关系。特殊图元，例如工况图元，工况代表设备的工作状况，其状态有工作和停止两种。设备正常工作情况下，工况图元的各状态轮流动态显示；设备停止工作情况下，工况图元静止显示状态。

四、案例分析

刀闸是典型的单平面多态图元，可以很好地说明多态图元的编辑方法。编辑步骤如下：

（1）单击"新建图元"后，在属性编辑窗口中，选择图元类型。图元类型选择为"刀闸"，图元平面数缺省为 1，状态数缺省为 2。

（2）绘制"开"状态。在状态按钮中选择"刀闸（开）"，然后在绘图区绘制断路器开的状态。如图 GYZD00211006-2 所示。

（3）绘制"合"状态。在状态按钮中选择"刀闸（合）"，然后在绘图区绘制断路器合的状态。如图 GYZD00211006-3 所示。

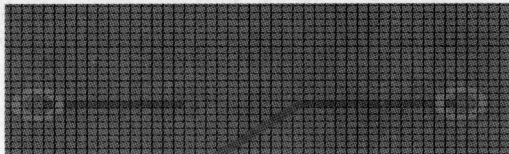

图 GYZD00211006-2　刀闸开图元

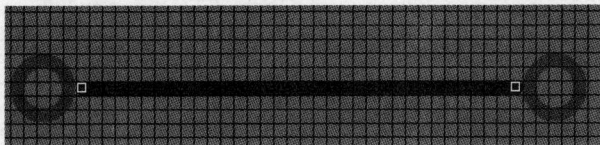

图 GYZD00211006-3　刀闸合图元

（4）保存图元文件。点击"保存图元"后，在弹出的对话框中输入图元名称，确定即可，如图 GYZD00211006-4 所示。

图元编辑并保存后，可下载供图形编辑器使用。

【思考与练习】

1．图元编辑工具在调度系统中的作用是什么？

2．通过上机练习，掌握图元编辑工具的使用方法。

图 GYZD00211006-4　保存图元对话框

模块 7　能够利用报表编辑工具完成报表的编辑
（GYZD00211007）

【模块描述】本模块介绍报表编辑工具的使用方法。通过功能描述和举例说明，熟悉报表编辑工具的人机界面和功能，掌握报表编辑工具的使用方法。

【正文】

报表管理界面如图 GYZD00211007-1 所示。

报表管理的功能包括定时打印、修改报表、创建报表、报表更名、删除报表和报表显示等。

下面重点介绍创建和编辑一张报表的过程。

一、创建报表

单击"创建报表"按钮，弹出如图 GYZD00211007-2 所示的对话框。要求输入报表名称，并选择报表类型，如有必要还可以输入报表子类型。报表名称必须全局唯一；报表类型只能从下拉列表中选择，而且必须选择一个类型；报表子类型可以输入，也可以选择已存在的，或者为空。输入完整后单击"确定"按钮，就新建了一个空的报表，然后就可以对这个报表进行编辑。

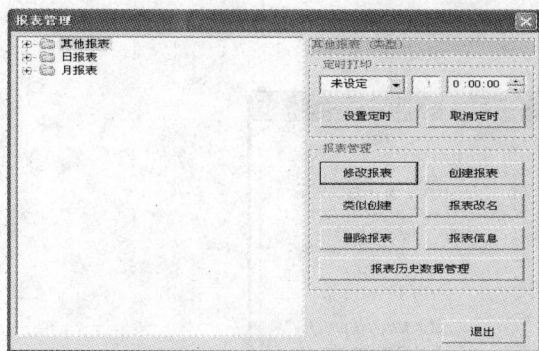

图 GYZD00211007-1 报表管理界面

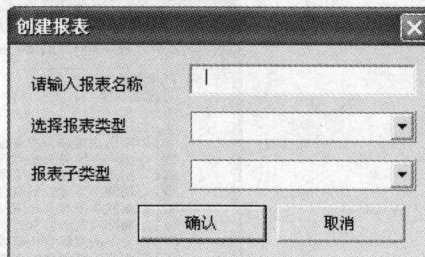

图 GYZD00211007-2 创建报表对话框

还可以利用"类似创建"创建一个与已有报表相似的报表。

二、报表定义

当创建好了一张新的报表，或者单击了图 GYZD00211007-1 报表管理工具的"修改报表"，则可以对报表进行或重新进行定义。

1. 参数定义

参数定义界面如图 GYZD00211007-3 所示。

参数定义分为：

（1）确定时间的采样值、统计值定义。"确定时间"是指在定义采样值、统计值时，取值时间是已知的。

（2）未定时间的采样值定义。"未定时间"是指在定义采样值时，采样值的取值时间还不确定，要根据另一个统计值的取值时间来确定。

（3）实时数据定义。实时数据是指采样值数据来源于实时数据库，定义时无需设置采样的时间，报表所反映的数据是查询时刻实时数据库中的值。

（4）其他统计值定义。可定义部分遥信统计，例如开关的变位次数、累计时间等。

（5）取值时间定义。取值时间定义是指统计值（最大、最小值）的出现时间。

（6）触发式采样定义。设定临时采样起止时间。

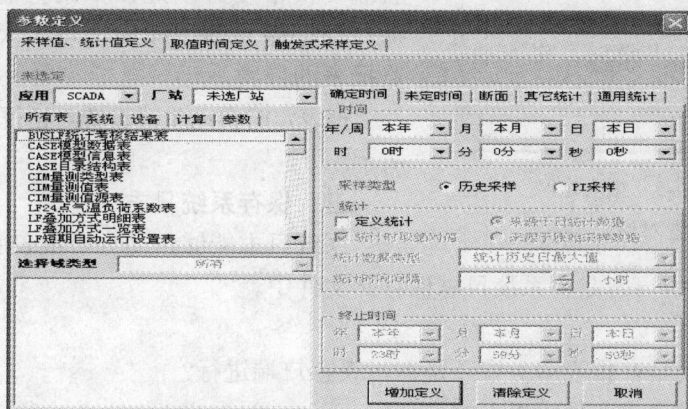

图 GYZD00211007-3 参数定义界面

2.批量定义

方便定义一些等时间间距的同一个测点值的采样,使用方法基本与 Excel 批量定义方法相同。

3.预览报表

在报表定义尚未完成或未将定义保存到商用库中时,可以选择"报表预览"查看报表查询后的显示效果。

4.保存报表

将该报表上传到服务器,保存到商用库中。

5.浏览报表

浏览报表操作界面如图 GYZD00211007-4 所示。

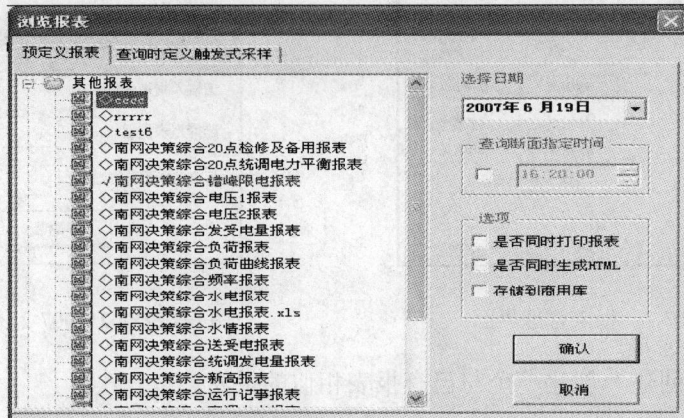

图 GYZD00211007-4　浏览报表操作界面

（1）浏览预定义报表。在预定义报表页面选择报表。

（2）查询时定义触发式采样。查询的报表是在查询时才确定要查询的内容,这种报表的定义不在商用库中存储,目前只针对临时采样。

选择要查询的采样,设置起止时间和其他选项,最后按确认。系统会在 pare.xls 中生成一个名为"查询时定义触发式采样"的临时表单（sheet）,查询结果显示在 temp.xls 中的同名表单中。

三、打印报表

通过系统配置的打印机将 temp.xls 中当前的报表打印出来。

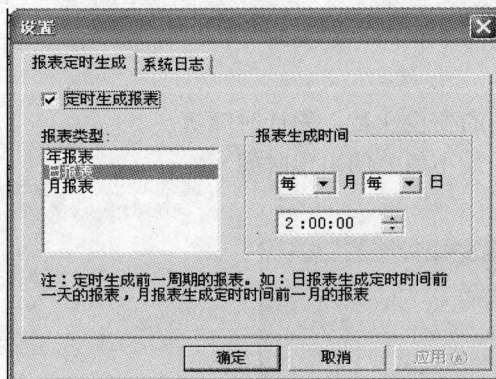

图 GYZD00211007-5　报表定时
自动生成设置对话框

四、报表定时自动生成设置

在报表工作站浏览报表时,会先查询商用库中是否存在要查询的报表。若报表存在,则直接从商用库取得报表;若报表不存在,才向报表服务器发出查询报表的请求。直接从商用库获取报表比从报表服务器获取要快很多。因此,如果将需要经常查询的报表定期自动存储到商用库中,可大大提高报表工作站的浏览报表的效率。

报表定时自动生成设置对话框如图 GYZD00211007-5 所示。

五、保存系统日志

系统日志能够帮助分析报表服务系统的工作状态,方便故障诊断。保存系统日志是将系统日志保存到文件中。

【思考与练习】

1.创建、修改报表是在报表服务端还是在报表客户端进行?

2.上机练习,熟悉生成和使用报表的方法。

模块 8　曲线编辑工具的使用介绍（GYZD00211008）

【模块描述】本模块介绍曲线编辑工具的使用方法。通过功能描述和举例说明，熟悉曲线编辑工具的人机界面和功能，掌握曲线编辑工具的使用方法。

【正文】

一、概述

曲线编辑工具是提供用户自定义常用数据监视的一个便利工具，方便用户预先定义好曲线需要的显示格式、曲线的数据轴类型、曲线的线型、曲线默认显示的时间段、曲线在整个页面上的布局等，使用户能够快速准确地得到常用数据的变化信息。

二、曲线编辑

曲线编辑是图形编辑的一部分。曲线编辑界面如图 GYZD00211008-1 所示，它主要的功能包括坐标设置和曲线设置。

（一）坐标设置

坐标分横坐标和纵坐标。

1. 横坐标设置

横坐标可设置为时间坐标、数字坐标、Wamap 坐标。

（1）时间坐标曲线。如选择使用时间坐标，则设置标尺格式（小时：分钟，分钟：秒，小时，分钟，秒 5 种类型）、标尺间隔、起始时间与时间跨度，并选择是否"跑动"。所谓"跑动"就是时间横坐标按照跑动步长滚动。如果单击"跑动"按钮，必须设定跑动步长，单位可以选择秒、分钟、小时。不选择"跑动"，时间横坐标固定不动。"预留百分比"预设曲线预留空间百分比。

（2）数字坐标曲线。如果选择使用数字坐标，则输入最小值、最大值、小数位数、标尺步长。

（3）Wamap 坐标曲线。针对 Wamap 应用增加了毫秒级曲线显示功能，可设定跑动步长、标尺间隔、每秒帧数。

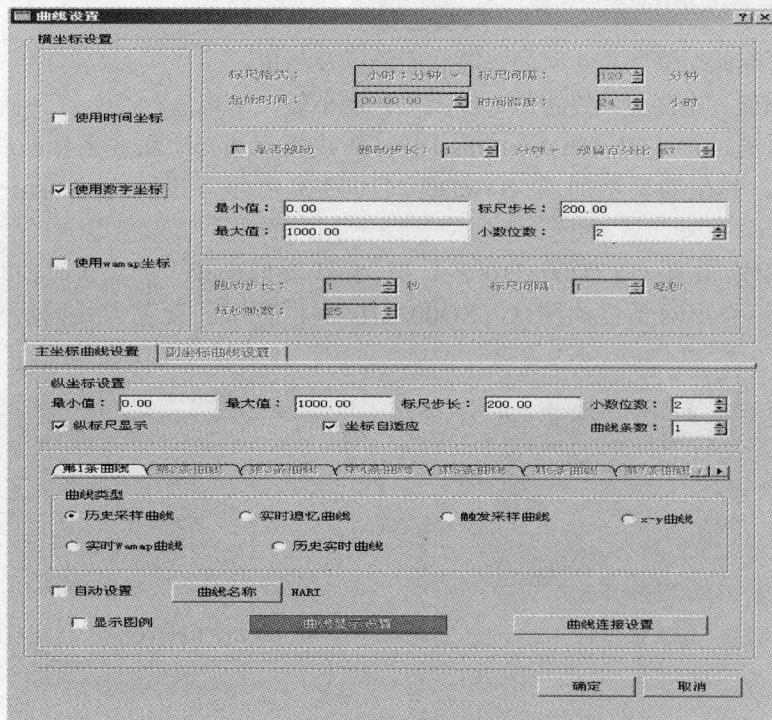

图 GYZD00211008-1　曲线编辑界面

2. 纵坐标设置

纵坐标分为主坐标和副坐标，一般左侧为主坐标，右侧为副坐标。主坐标与副坐标的设置相同，现以主坐标为例说明。

纵坐标设置最小值、最大值、标尺步长、小数位数、曲线条数，并选择标尺是否显示、坐标是否自适应。所谓"坐标自适应"，指最大值、最小值依据曲线数据自动选取。

（二）曲线设置

依据纵坐标设置中指定的曲线条数，依次设定其属性。属性包括曲线类型、曲线名称、显示图例、显示设置、连接设置。

1. 曲线类型

曲线类型分为：历史采样曲线，实时追忆曲线，触发采样曲线，x—y 曲线，历史实时曲线。

2. 曲线名称

单击"曲线名称"按钮，用于输入曲线名称。

3. 显示图例

在曲线图元上显示该曲线的名称、颜色等信息。

4. 显示设置

"曲线显示设置"按钮完成的设置包括曲线颜色、线宽、线型、填充色、显示类型、标记设置等。其中，标记设置又包括标记颜色、线宽、线型、填充色、宽度和高度。标记类型设置每个样本点的显示形状，有椭圆、矩形、菱形、三角形等形状。

5. 曲线连接设置

曲线连接设置分历史采样曲线、触发采样曲线、历史实时曲线等。

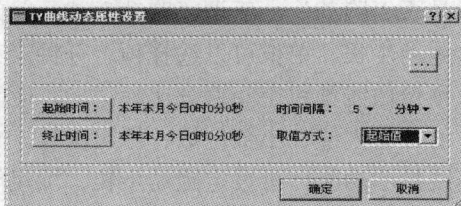

图 GYZD00211008-2　历史采样曲线对话框

（1）历史采样曲线（t—y 曲线）。在图 GYZD00211008-1 中，曲线类型选择"历史采样曲线"，然后单击"曲线连接设置"按钮，弹出对话框如图 GYZD00211008-2 所示。

连接数据库：单击 "…"按钮，弹出检索器。在检索器中检索到需要的域，用鼠标左键拖曳到图 GYZD00211008-2 中"…"按钮左边的空白区域。如果连接成功，则这个区域就会显示所连动态数据。

选择时间：选择起始时间、终止时间、时间间隔以及单位。

取值方式：起始值、中间值、终止值、最大值、最小值、平均值。

（2）触发采样曲线。在图 GYZD00211008-1 中，曲线类型选择"触发采样曲线"，然后单击"曲线连接设置"按钮，弹出对话框如图 GYZD00211008-3 所示。设置方式同历史采样曲线（t—y 曲线）。

（3）历史实时曲线。在图 GYZD00211008-1 中，曲线类型选择"历史实时曲线"，然后单击"曲线连接设置"按钮，弹出对话框如图 GYZD00211008-4 所示。设置方式同历史采样曲线（t—y 曲线）。

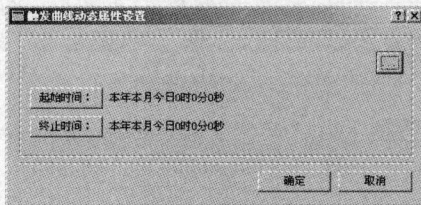

图 GYZD00211008-3　触发采样曲线对话框

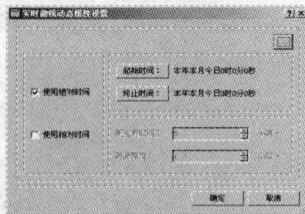

图 GYZD00211008-4　历史实时曲线对话框

三、案例分析

制作一条曲线，制作步骤如下：

1. 图形属性的设置

在绘图主界面新建图形后，首先在属性编辑框中对图形的属性进行配置，比如图形的类型、宽、高、默认显示系数、所属厂站等。

2．单个图元的绘制

在图形编辑工具箱中选择综合图元中的曲线，打开曲线设置对话框如图 GYZD00211008-1 所示。先设置坐标后设置曲线，最后保存退出对话框。

3．其他

画图过程中，要留意告警提示框中的告警信息，及时进行处理。图形画完后，要进行网络保存和节点入库操作。

【思考与练习】

1．在调度系统中，曲线编辑工具的作用是什么？

2．上机练习，掌握曲线编辑工具的使用方法。

模块 9　电网的模型定义（GYZD00211009）

【模块描述】本模块介绍电网模型的定义。通过概念讲解、功能描述和举例说明，掌握电网模型的概念，熟悉电网模型定义界面和功能，掌握电网模型的定义方法。

【正文】

一、电网模型概述

电网模型一般通过专用的电网模型定义界面完成。完整的电网模型包括各厂站模型定义、各线路模型定义。厂站模型定义包括：厂站名称、编号、所属区域、最高电压等级等。各类设备定义包括：断路器设备定义、刀闸设备定义、接地开关设备定义、母线设备定义、变压器及变压器绕组设备定义、负荷设备定义、容抗器设备定义、终端设备定义等。

二、电网模型定义

电网模型定义界面如图 GYZD00211009-1 所示。

电网模型定义界面包括工具栏和菜单栏，主要功能包括：

（1）保存功能。将当前信息保存到数据库。

（2）态切换功能。浏览态和编辑态之间可以进行态切换。在浏览态下，用户只能浏览数据信息，不能修改。必须切换到编辑态下，才可以修改数据显示区中的数据。

（3）清空域值。该功能只有在编辑态才有效。当在编辑态下，单击"清空域值"按钮，然后鼠标左键单击任何一个域，就会将该域的值清空。

图 GYZD00211009-1　电网模型定义界面

（4）域值设定。域值设定功能允许用户同时编辑多个记录的同一个域。单击工具栏中的"域值设定"按钮，再选中某一个域名，在弹出的对话框如中选择行数范围（在最小行与最大行范围之间），输入域值，"确定"后，将所选范围内的域设为同一个值。

（5）数据刷新。数据刷新功能重新从数据库读取模板的相关数据信息，进行界面刷新。

（6）添加功能。添加一个新元件。

（7）删除功能。删除所选元件。

三、案例分析

1. 新增厂站

在工具栏上选择设备模板，然后在模板显示区上的厂站单击鼠标右键，就会弹出如图 GYZD00211009-2 所示的对话框。选择"添加"，系统就自动添加一个名称为"未命名厂站"的厂站，数据显示区就会显示这个模板下厂站的所有属性。接下来就可以对属性进行编辑。

黄底色条目为必须输入属性，蓝底色为禁止输入属性。对厂站属性编辑完成之后，单击工具栏中的"保存"按钮，就将新增厂站保存到数据库。

2. 新增设备

在工具栏上选择设备模板，例如断路器模板，然后在模板显示区上的断路器上单击鼠标右键，就会弹出如图 GYZD00211009-3 所示的对话框。选择"添加"，系统就自动添加一个名称为"未命名断路器"的断路器，数据显示区就会显示这个模板下断路器的所有属性。接下来就可以对属性进行编辑。

属性 ▽	值
区域ID	海南直调
厂站名称	海南计算厂
简称	
厂站编号	97
厂站类型	统计厂
厂站状态	正常
最高电压等级	
图形最后入库时间	
告警等级	无须确认
是否参与考核	是
接线图名称	
设备代码	
安全运行天数	0
所属责任区ID	0
1屏画面名	
2屏画面名	
有功出力状态	非实测值/
3屏画面名	
无功出力状态	非实测值/
有功负荷状态	非实测值/
无功负荷状态	非实测值/

图 GYZD00211009-2　新增厂站属性编辑框

黄底色条目为必须输入属性，蓝底色为禁止输入属性。对断路器属性编辑完成之后，单击工具栏中的"保存"按钮，就将新增断路器保存到数据库。

厂站ID号	大亚湾厂
断路器名称	未命名断路器
断路器编号	
断路器类型	普通开关
所属区域	总调
电压类型ID号	500kV
通常状态	分
节点1号	-1
节点2号	-1
间隔ID号	
电流限值	0
是否参与考核	是
设备代码	
投运状态	投运
电流正常值	0
电压正常值	0
有功正常值	0
无功正常值	0
遥信值	分
遥信状态	非实测值/
计算前遥信值	分
辅助节点遥信值	分
辅助节点遥信状态	非实测值/

图 GYZD00211009-3　新增断路器属性编辑框

【思考与练习】

1. 电网模型都包含哪些内容？

2. 上机练习，掌握电网模型定义工具的使用方法。

模块 10 遥测数据类型及其系数换算方法（GYZD00211010）

【模块描述】本模块介绍遥测系数。通过概念讲解和举例说明，掌握遥测系数的概念，熟悉遥测的类型，掌握遥测系数的填写和核对以及遥测值换算的方法。

【正文】

如果现场送来的遥测是原码值，则需要乘系数来进行遥测数据的换算。系数是原码值还原成一次值的比例关系。

一、遥测数据类型

厂站端发来的遥测类型有 3 种：计算量、工程量和实际值。

（1）计算量。

$$实际值 = 原码 \times 系数 + 基值$$

在前置遥测定义表的系数域中填写系数和基值。

（2）工程量。

$$实际值 = 原码 \times 满度值/满码值$$

在前置遥测定义表的系数域中填写满度值和满码值。

（3）实际值。不计算，直接为 RTU 送的值。

二、案例分析

下面以遥测换算为例进行分析。

1. 选择遥测类型

在前置的通道表遥测类型菜单中选择一个遥测类型，如图 GYZD00211010-1 所示。

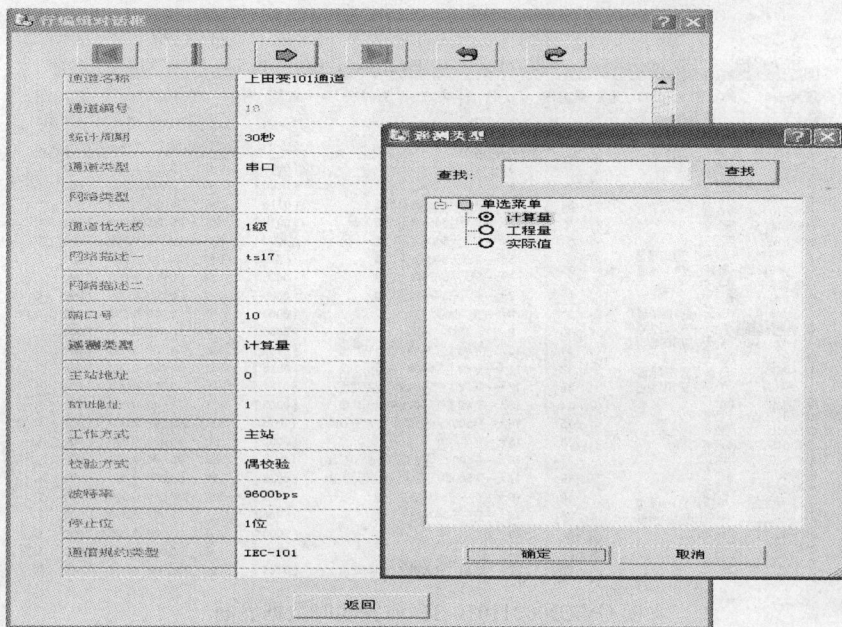

图 GYZD00211010-1 遥测类型选择界面

2. 填写系数

图 GYZD00211010-2 是前置遥测定义表的一条记录，表中参加遥测计算的参数包括系数、基值、满度值（量测上限）、满码值（量测下限）。根据所选通道在通道表中选择的遥测类型，进行遥测计算。

满码值：RTU 送最大数值的原码值。

满度值：该遥测量的最大值，满码值和满度值配合使用。比如一个 220 的母线电压，它的满度值 250，它的满码值为 4096，这就意味着 RTU 送 4096 就代表 250。

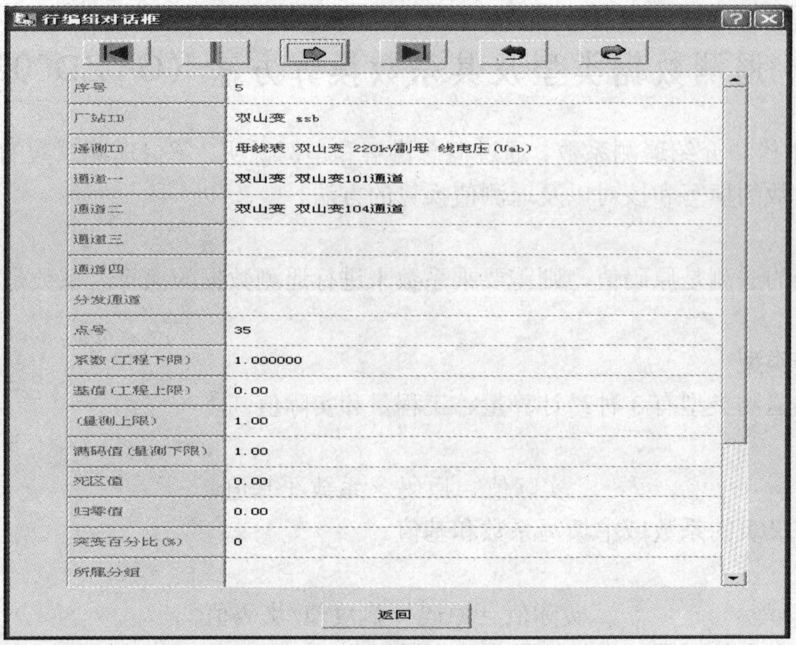

图 GYZD00211010-2 遥测定义表

3. 核对数据

在前置实时数据界面选择厂站核对数据。

如图 GYZD00211010-3 所示，在左侧树形列表中选择厂站和通道，右侧的数据显示界面中按点号排序显示各点的原码值、整型值、遥测值、基值、系数、满码值、满度值等。在此界面上可以核对遥测系数。

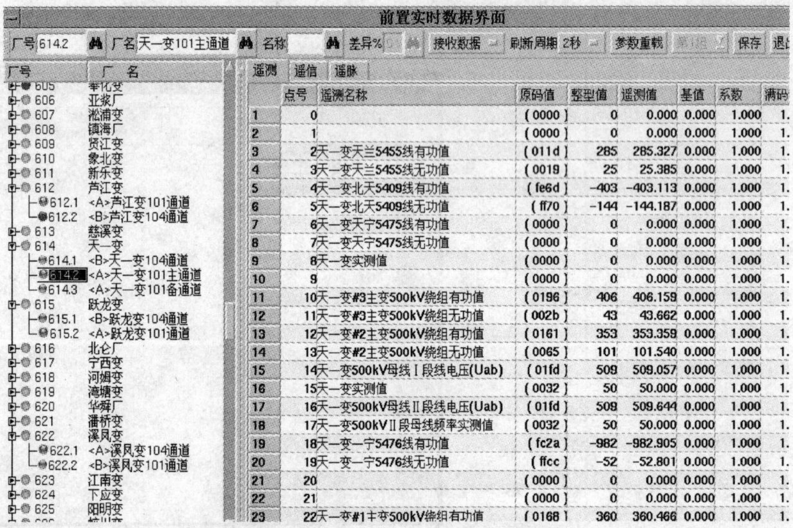

图 GYZD00211010-3 前置实时数据界面

【思考与练习】

1. 3 种遥测类型的实际含义是什么？

2. 上机练习，掌握数据的换算操作。

模块 11 串口数据采集通道的开通及设置（GYZD00211011）

【模块描述】本模块介绍串口数据采集通道的调试方法。通过方法介绍，掌握串口数据采集通道的线缆连接以及设置通道板参数、终端服务器和通道表参数的方法。

【正文】

串口数据采集通道包括数字信号通道和模拟信号通道。数字信号是指电平信号，一般由 RTU 的串口直接发出，而模拟信号是数字信号通过调制解调器出来后的信号。

一、音频线连接到通道柜

接入串口数据时，先把音频线连接到通道柜的相应凤凰模块端子上。每 5 个端子为一个通道。从背面上看，右边自上而下分别对应第 1 个通信口到第 32 个通信口；左边是第 33 个通信口到第 64 个通信口。数字信号和模拟通道的接法不同，见表 GYZD00211011-1。

表 GYZD00211011-1　　　　　　　　　　数字信号和模拟通道对应表

端子顺序	模拟信号	数字信号	端子顺序	模拟信号	数字信号
1	OUT	TXD	4	IN	
2	OUT		5		END
3	IN	RXD			

二、设置通道板上的参数

接好音频线后，再设置通道板上的参数。在数字通道通道箱上的相应位置插上数字板，在模拟通道通道箱上插上模拟板。模拟板上相应的参数包括：中心频率、频偏、波特率、同步、异步、发送电平、接收电平。数字板一般不需要设置。

三、设置终端服务器

通道板设置完毕后，再设置终端服务器。串口数据进入通道板后，须经终端服务器才能和前置机进行网络方式通信。首先，要设定终端服务器的 IP 地址（这里的 IP 要和终端设备表里的 IP 相一致），再设置终端服务器中的系统参数。MOXA 的终端服务器参数设置如下：

1. 配置终端服务器的地址

在终端服务器的面板上，设定终端服务器的地址。从前置网段的 201 开始，也就是 ts1 201，ts2 202，依次类推。

2. 配置终端服务器的系统参数

从前置服务器上 telnet 终端服务器的 IP，修改 [SERVER]-[INFO]-A sync Server Name，[SERVER]-[LAN]-A sync Server IP Address，A sync Server IP Net mask，[PORT]-[LINE] 中的 [SPEED] 为该通道的波特率，[FIFO] 改为 no，[RTS/CTS] 改为 no。保存修改并重启终端服务器。

终端服务器端口的通信参数如波特率、数据位、停止位等不需要人工设置，前置程序会自动根据数据库中的通信参数自动设定。填写通道表时，一定要确保通信参数准确。

四、设置通道表里的参数

终端服务器设置完毕后，再设置通道表里的参数。通道表如图 GYZD00211011-1 所示。其中通道类型要选择串口，网络地址要填写通道所在终端服务器的名字。远方端口号要填写通道所在终端的对应端口号（从 1 到 16）。还应在终端服务器类型域中选择相应型号的终端，一般包括 MOXA，CHASE，CISCO 三种类型。

通道设置完毕后，要注意通道板上的指示灯。正常情况下，告警 ALARM 灯灭。循环式规约的通道，收灯也会常闪亮，发灯有时也会闪亮。问答式规约的通道，收发灯都会亮。此时如果收、发、告警等都闪亮，需检查通道板上的跳线。如收灯不亮，需检查屏后端子上的接线和通信线路。

最后，打开报文监视窗口，观察该通道的通信报文。如果看不到接受报文，还需观察报文原码。发现报文原码中有数据，需再次查看通道参数表中的通信参数是否正确。

当该通道变更端口时，只需重新填写该通道表的网络地址一和远方端口号，保存即可。当该通道废弃不用时，须把远方端口号置为-1。

【思考与练习】

1. 串口数据采集通道如何开通？
2. 上机练习，掌握串口数据采集通道的调试方法。

序号	4
通信厂站ID	500kV宁海变
厂站ID	500kV宁海变
通道名称	500kV宁海变-未命名通道
通道编号	4
统计周期	30秒
通道类型	串口
网络类型	TCP客户
通道优先权	4级
网络描述一	ts1
网络描述二	
端口号	2
遥测类型	计算量
主站地址	1
RTU地址	1
工作方式	主站
校验方式	无校验

图 GYZD00211011-1 通道表

模块 12 网络数据采集通道的开通及设置（GYZD00211012）

【模块描述】本模块介绍网络数据采集通道的调试方法。通过方法介绍，掌握开通网络通道、设置通道参数以及查看通道的通信进程是否在线的方法。

【正文】

网络数据采集通道是通过TCP/IP协议传输数据的通道。网络数据采集通道的测试、参数设置如下。

一、开通网络通道

开通网络通道，要求厂站RTU具有网络端口，并提供相应服务。我们先用UNIX 命令 “ping –s RTU的IP地址”，查看前置机与远方RTU网络通断和网络丢包情况。再用命令“telnet RTU的IP地址 RTU的网络端口（一般为2404）”，查看对方是否已开通这一端口。

二、设置通道参数

设置通道表中的参数。通道类型选择网络。

如果通信方式是接入方式，则要选择TCP_CLINET。网络描述一指对应RTU的IP的地址，如果RTU是双网，还需填写网络描述二的IP地址。远方端口号为远方RTU提供服务的端口号（一般为2404）。如图GYZD00211012-1所示。

如果通信方式是转发方式，则要选择TCP_SERVER。网络描述一指前置系统一号服务器的第一块网卡的IP地址，网络描述二填写该服务器第二块网卡的IP地址。远方端口号填写自己提供TCP服务的端口号。如图GYZD00211012-2所示。

序号	8
通讯厂站ID	500kV春晓变
厂站ID	500kV春晓变
通道名称	500kV春晓变-104
通道编号	8
统计周期	30秒
通道类型	网络
网络类型	TCP客户
通道优先权	4级
网络描述一	192.1.50.157
网络描述二	
端口号	2404
遥测类型	计算量

图 GYZD00211012-1 通道表 1

序号	1
通讯厂站ID	test
厂站ID	test
通道名称	test-未命名通道
通道编号	1
统计周期	30秒
通道类型	网络
网络类型	TCP服务器
通道优先权	4级
网络描述一	192.1.50.11
网络描述二	192.1.50.12
端口号	2404
遥测类型	计算量

图 GYZD00211012-2 通道表 2

三、通信进程在线

查看前置机上该通道的通信进程是否在线。假设接入方式进程为 tcp_client name channo remote_port A/B，转发方式进程为 tcp_server name chan netport A/B。可利用 UNIX 命令查看进程是否在线。如果不在线，要启动进程。如图 GYZD00211012-3 所示。

图 GYZD00211012-3　启动进程示例

最后，再打开报文监视窗口，观察一下该通道的通信报文。如果看不到接收报文，还需观察该报文原码。

【思考与练习】

1. 如何开通网络数据采集通道？
2. 上机练习，掌握网络数据采集通道的调试方法。

模块 13　公式定义工具的使用（GYZD00211013）

【模块描述】本模块介绍公式定义工具的使用方法。通过功能描述和举例说明，熟悉公式定义工具的人机界面和功能，掌握公式定义工具的使用方法。

【正文】

一、公式定义工具概述

计算公式在公式定义界面上定义，以数据库中的域作为操作数，进行算术运算或逻辑运算，并支持赋值语句、循环语句、条件语句等语句。公式定义界面可同时显示计算结果。用户可根据自己的需求灵活定义系统公式并浏览显示。

二、界面

系统公式定义界面如图 GYZD00211013-1 所示。

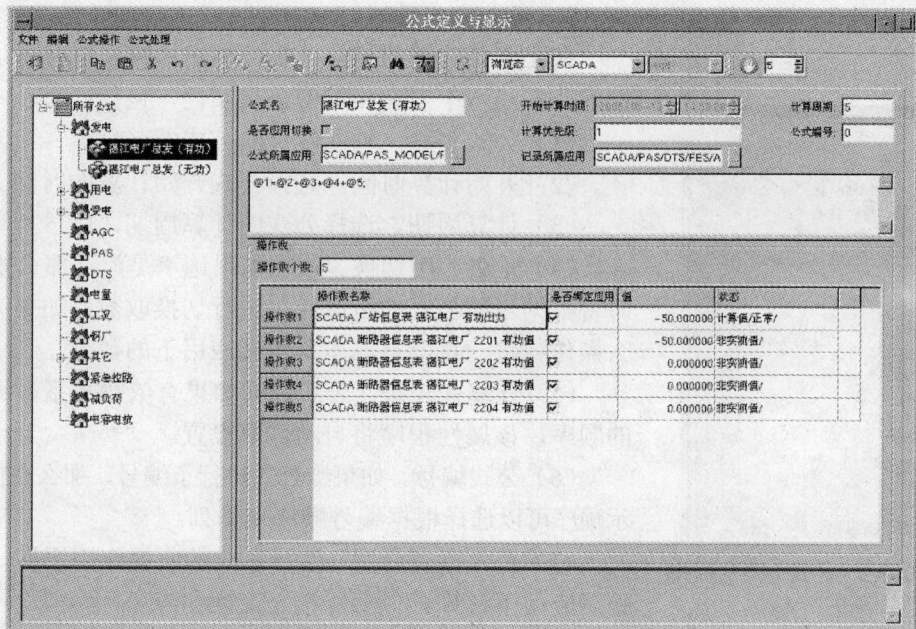

图 GYZD00211013-1　公式定义界面

1. 启动与退出方法

（1）启动公式定义工具有两种方法：

1）方法一：在系统总控台上点击"公式定义"图标。

2）方法二：在终端窗口命令行下运行公式定义进程。

（2）退出公式定义工具也有两种方法：

1）方法一：选择标题栏隐藏菜单中的"关闭"选项。

2）方法二：单击菜单/工具栏上的"退出"按钮。

2. 窗口界面布局

（1）标题栏位于窗口的顶端，显示机器节点名称。

（2）菜单/工具栏位于标题栏的下方，列出公式定义过程中的菜单和工具按钮，以供使用。

（3）公式列表位于窗口的左侧，列出所有的公式分类以及相应分类下的公式名称。

（4）公式显示位于窗口的中间，列出当前选择显示的公式的属性信息。

（5）输出信息提示位于窗口的下方，列出公式定义过程中的提示信息。

（6）登录信息提示位于窗口的底端，列出当前的用户登录信息。

3. 操作工具介绍

操作功能分为文件操作、编辑操作、公式操作和公式处理4种。

（1）文件操作：退出，退出公式定义界面。

（2）编辑操作：剪切，将文本删除保存到粘贴板中；粘贴，将粘贴板上的内容复制到当前位置；拷贝，复制所选文本；撤销，取消上一步的操作；重做，取消刚刚撤销的动作。

（3）公式操作：保存公式，将当前编辑的公式保存到数据库当中；公式查找，在弹出的对话框中输入公式名称，可以进行查找定位。

（4）公式处理语法检查，将对当前的公式进行语法准确性的检查。

三、定义公式

1. 定义公式分类

将工具栏上的浏览态切换到编辑态。

在左侧的公式树上，如图 GYZD00211013-2 所示，单击右键，添加新的公式分类，或者在相应的分类下添加子分类。

在弹出的对话框中输入公式分类名称。

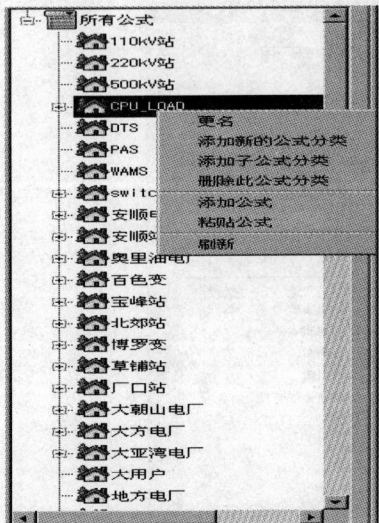

图 GYZD00211013-2　公式分类的操作

2. 定义公式属性

在左侧公式树的相应分类上单击右键，选择添加公式。在右侧的公式显示中定义相关的公式属性，包括：

（1）公式名称。输入定义的公式的名称。

（2）开始计算时间。选择公式开始计算的时间。

（3）计算周期。选择公式的计算周期，以秒为单位。

（4）是否应用切换。该项如果选"是"，那么操作数在计算时将根据当前公式的所属应用进行切换取数。如果为"否"，那么操作数将一直取自己本身所属应用下的数据。

（5）计算优先级。公式之间如果有依赖关系，将有计算先后的顺序，该属性程序将自动计算设置。

（6）公式编号。如果给公式进行了编号，那么左侧公式树的显示顺序可以选择根据编号顺序来排列。

（7）公式所属应用。选择公式的所属应用属性，表明公式在哪些应用下计算。

3. 定义公式内容

（1）在"操作数个数"属性中输入操作数个数，然后回车。

（2）在操作数显示区域单击操作数名称，弹出检索器，然后选择操作数信息，拖曳入操作数名称。

（3）在公式编辑区编辑公式，用@字符加操作数号表示相应的操作数，按照C语言的语法定义公式串。

（4）单击保存公式，在输出信息框中查看是否有出错信息。

图 GYZD00211013-3 是一个 500kV 变压器无功总加的公式定义画面。

公式名：	500kV变压器无功总加	开始计算时间： 2006-03-08 ▲ 22:06:46 ▲	计算周期： 1
是否应用切换： ✓		计算优先级： 1	公式编号： 7
公式所属应用： SCADA/DTS ...		记录所属应用 SCADA/PAS/DTS/FES/A ...

@1=@2+@3+@4；

操作数：
操作数个数： 4

	操作数名称	是否绑定应用	值	状态
操作数1	SCADA 计算值表 罗洞站 500kV变压器无功总加 计算结果		380.000000	非实测值/计算值/
操作数2	SCADA 变压器绕组表 罗洞站 #1B-高 无功值		280.000000	正常/
操作数3	SCADA 变压器绕组表 罗洞站 #2B-高 无功值		100.000000	正常/
操作数4	SCADA 变压器绕组表 罗洞站 #3B-高 无功值		0.000000	正常/

图 GYZD00211013-3　定义公式示例

【思考与练习】

1．调度系统中公式定义工具的作用是什么？

2．按本模块介绍的定义公式，上机练习，掌握公式定义的使用方法。

模块 14　系统用户维护工具的使用（GYZD00211014）

【模块描述】本模块介绍系统权限维护工具的使用方法。通过概念讲解和功能介绍，掌握系统权限管理的基本概念，熟悉系统用户维护工具的人机界面和功能，掌握系统权限维护工具的使用方法。

【正文】

一、系统权限管理概述

权限管理用于保证系统的安全性。用户被授予不同的权限，具有相应权限的用户才能进行相应的操作。调度系统中的权限管理分为 5 种不同层次的权限主体：功能、特殊属性、角色、组和用户。

1. 功能

功能是权限管理中最小的不可再分的权限单位，功能具有简单化和单一化的特点，一个功能只实现一种权限控制目的。系统中最多可支持定义 200 个功能，只有超级用户才能维护功能定义。

2. 特殊属性

和功能类似，特殊属性也是权限管理中最小的不可再分的权限单位，它作用在具体的数据表、表域、图形或报表之上，配合功能使用，用于对具体对象的补充定义。

3. 角色

角色由一个或多个功能以及一个或多个特殊属性组成。通常，角色对应电力系统中不同职责的人员类型，比如：自动化人员、运行方式员、监控值班员等。角色包含的功能之间应有协作关系，不能相互矛盾。

4. 组

组用于对用户进行分类管理。通常，组对应电力系统中不同的部门，比如：自动化组、运行方式组、调度组等。组具有机器节点的属性，可以控制组中用户的可登录机器节点。用户必须且只能属于一个组，超级用户例外。只有超级用户才能进行组定义维护。

5. 用户

用户是权限定义的最终体现，对应电力系统中具体的人员。用户由一个或多个角色、一个或多个功能以及一个或多个特殊属性组成。

用户最终的权限定义按照以下规则产生：

（1）首先继承用户中全部角色的功能和特殊属性定义（取并集）。

（2）如果用户定义了单独的功能，需要再和角色的权限定义取并集。如果有冲突，以用户单独定义的功能为优先。

（3）如果用户定义了单独的特殊属性，需要再和角色的特殊属性定义取并集。如果有冲突，以用户单独定义的特殊属性为优先。

用户一般可分为3类：超级用户、组长、普通用户。超级用户具有最大的权限，可以维护功能、角色、特殊属性、组和其他用户。系统中只有一个超级用户，超级用户不属于任何组，只能用于登录权限维护工具进行权限定义，不能作为实际用户来登录系统。组长可以修改本组组员的权限，但不能修改组员的口令，也不能新建和删除组员。组长可以修改自身的口令。组长授予本组组员的权限不能越过组长本身具有的权限。普通用户不能修改自己的权限信息，只能修改自己的口令。用组长和普通用户登录权限维护工具，只能浏览本组组员用户的权限信息，其他组的用户信息被隐藏。

二、系统权限维护工具总览

系统权限维护工具是调度系统中用于维护权限的专用工具。主界面如图 GYZD00211014-1 所示。当前用户"sa-超户"是系统中唯一的超级用户，此时在界面中可以看到全部的组和特殊属性定义。

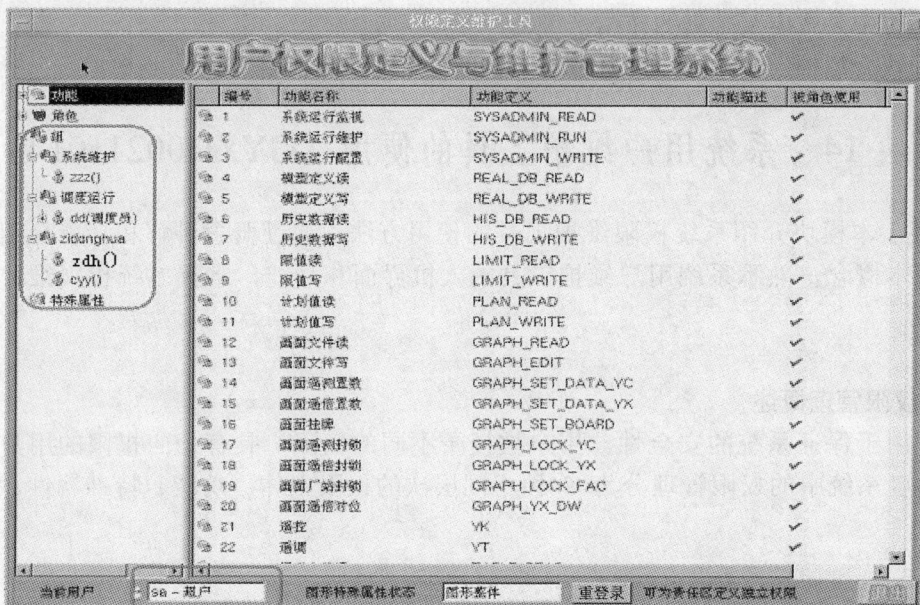

图 GYZD00211014-1 维护权限界面

使用普通用户登录后的主界面如图 GYZD00211014-2 所示。此时只能看到 zdh—普通用户所在的组，看不到特殊属性定义界面。

调度系统中的权限管理分为 5 种不同层次的权限主体：功能、特殊属性、角色、组和用户。其维护工具的使用方法如下。

1. 维护功能

必须使用超级用户登录才能维护功能，在功能列表上单击右键，在弹出菜单上进行功能的新建、修改、删除和查看等操作。

"查看被授予者"可以看到此功能被哪些角色和用户使用。只有当功能没有被任何角色和用户使用时，才能够删除此功能。

2. 维护角色

必须使用超级用户登录才能维护角色，在角色列表上选中一个角色，即可在右侧的角色定义区域进行修改操作。单击右键，可以在弹出菜单上进行角色的新建、删除和查看等操作。

图 GYZD00211014-2　普通用户权限维护

"查看被授予者"可以看到此角色被哪些用户使用。只有当角色没有被任何用户使用时，才能够删除此角色。

角色编号由程序自动分配，输入新角色的名称和描述信息，功能和特殊属性配置完毕后，单击确定，即完成了角色的添加。角色中必须至少包含一个功能。

3. 维护特殊属性

选中"特殊属性"节点，进入表和表域的特殊属性定义界面。

选择需要定义特殊属性的表或表域，单击添加，可以定义这些表或表域的特殊属性。选中一个或多个已经定义好的表或表域，单击删除，不可以定义这些表或表域的特殊属性。

4. 维护组

必须使用超级用户登录才能维护组，在组列表上选中一个组，即可在右侧的组定义区域进行修改操作。单击右键，可以在弹出菜单上进行组的新建、删除和在当前组新建用户等操作。只有当一个组中没有任何用户时，才可以删除该组。

5. 维护用户

必须使用超级用户登录才能添加、删除和修改用户。组长登录只能修改本组组员的权限。在用户列表上选中一个用户，即可在右侧的用户定义区域进行修改操作。单击右键，可以在弹出菜单上进行用户的新建、删除、类似创建等操作。"类似创建"用于快速创建用户，可以建立一个和当前选中用户的权限定义完全相同的新用户。

【思考与练习】

1. 在调度系统中，权限管理的作用是什么？

2. 上机练习，掌握系统用户维护工具的使用方法。

模块 15　模拟屏的工作原理介绍及数据的检查方法
（GYZD00211015）

【模块描述】本模块介绍模拟屏的工作原理以及数据的定义方法和检查方法。通过原理讲解、方法介绍和举例说明，掌握模拟屏的工作原理以及利用数据库录入工具维护上屏信息表、检查上屏数据的操作方法。

【正文】

一、模拟屏工作原理

模拟屏一般由总线驱动器、遥测显示器、智能模拟元件组成，经串口线与 EMS 系统连接，规约没有统一标准，把系统中的关口量和重要的开关还有联络线放在屏上，由 EMS 系统向模拟屏发送实时数据，以便调度员清楚、直观、及时地了解电网运行情况。

模拟屏通信进程可以运行在服务器或者工作站上。模拟屏通信接口和通信报文格式如下：

（1）通信接口。模拟屏通信一般通过串口或网络口向模拟屏送数据。

（2）通信报文格式。模拟屏通信规约一般包含通信速率、数据位、停止位、是否校验及校验方等。

二、模拟屏数据定义方法

上屏数据通常有遥信和遥测数据两种。利用数据库录入工具维护上屏信息表。

1. 定义上屏遥信数据

首先在遥信信息表中，将所选择的数据记录的"是否上屏"域的域值由"否"改成"是"，数据库保存后，记录触发到遥信上屏表中，或用检索器拖曳的方式，将数据拖到遥信上屏表中。然后在遥信上屏表中，输入"上屏盒号"、"上屏点号"、"极性"等。

2. 定义上屏遥测数据

在遥测信息表中，将所选择的数据记录的"是否上屏"域的域值由"否"改成"是"，数据库保存后，记录触发到遥测上屏表中，或用检索器拖曳的方式，将数据拖到遥测上屏表中。然后在遥测上屏表中，输入"上屏点号"、"小数位数"等，小数位数指转发值的小数位数。

三、模拟屏数据的检查方法

可先在调度系统模拟屏操作人机界面上，通过全屏亮和全屏暗等操作检查模拟屏的灯工作是否正常。

1. 案例一——上屏盒号、点号数据检查

（1）在调度系统模拟屏操作界面上，执行显示盒号、点号命令。

（2）模拟屏收到信号后，在屏上显示每一个量的盒号和点号。

（3）在数据库人机界面上，调出上屏表。

（4）观察每个测点的盒号、点号和模拟屏上显示的是否一致。

2. 案例二——上屏的遥信和遥测数据核对

在调度系统人机界面上，对上屏的遥测和开关位置分别人工置数，观察模拟屏上相应遥测和开关量的变化，正常情况下两边的值应该一样。

【思考与练习】

1. 在调度系统中，模拟屏的作用是什么？

2. 上机练习，掌握上屏数据检查的操作方法。

模块 16　数据库的备份与恢复（GYZD00211016）

【模块描述】 本模块介绍数据库备份与恢复工具的使用方法。通过功能描述和方法介绍，熟悉数据库备份与恢复工具的人机界面和功能，掌握数据库备份与恢复的操作方法。

【正文】

一、数据库备份恢复工具概述

数据库的备份与恢复工具 exp_man 提供图形界面和命令行两种方式供用户备份恢复商用数据库。本模块只介绍图形界面方式。exp_man 按照全库、模型数据、采样数据和告警登录数据等 4 大类备份和恢复商用库。每种类型又可以继续细化，最小粒度为单张数据表。采样和告警登录数据还可以备份恢复某一时间段的数据。除了全库类型之外，其他各类型均可以自定义备份模板，方便用户使用。

充足的空间是保证备份工作的必要条件。如果当前主机安装有磁带机，可以进行磁带备份。备份时自动选择当前的备用库连接，也允许用户人工指定。备份进行中如果商用库发生切换，可以按照用户事先选择的策略直接退出、继续备份、切换备份进行相应处理。

二、exp_man 界面

exp_man 主界面如图 GYZD00211016-1 所示。exp_man 的主要功能包括设置备份参数、全库数据备份、模型数据备份、采样数据备份、告警登录数据备份和数据恢复。

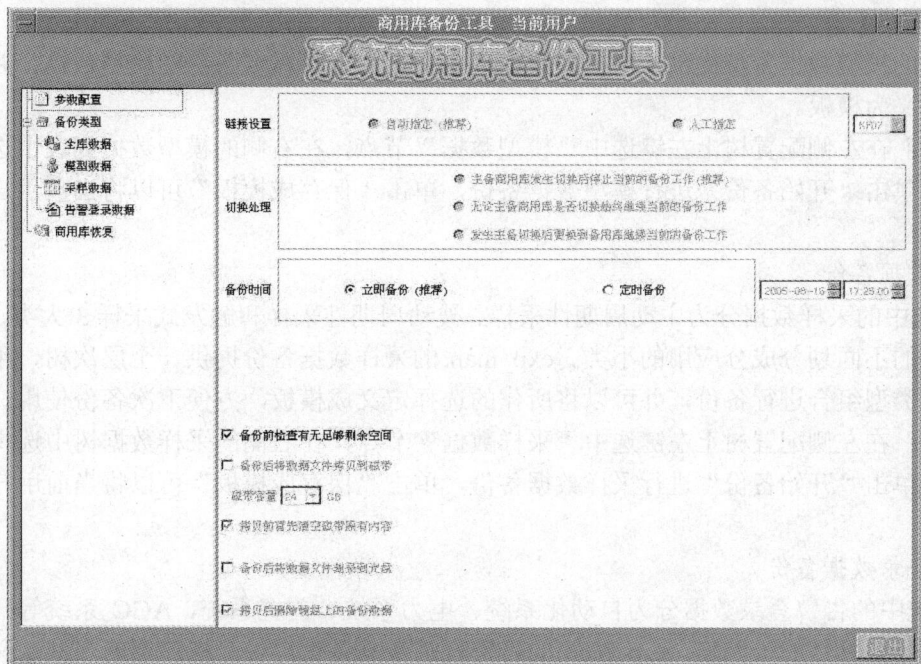

图 GYZD00211016-1　exp_man 主界面

1. 配置备份参数

exp_man 在进行数据备份之前，可以进行多项参数配置。连接设置指定备份目标库的方式，分为自动指定和人工指定。自动指定时选择优先级最低的备用数据库，人工指定时需要用户从当前可用的库列表中选择。

（1）切换处理仅在连接设置为"自动指定"时有效。指定在备份进行时如果商用库发生切换，备份工作的处理方式。

（2）定时备份指定当前备份工作是立刻进行还是在将来的某个时间进行。

（3）空间检查在备份工作开始之前检查备份路径是否具有足够的空间存储备份数据。

（4）磁带和光盘备份完毕后，将备份数据转存到磁带或光盘上。可以选择是否保留硬盘上的备份数据。对于磁带备份，还可以选择是复写还是追加。

操作方法：在 exp_man 主界面左侧配置树上左键选中"参数配置"节点，然后在右侧的参数配置界面中进行相关的参数配置。

2. 全库数据备份

exp_man 的全库数据备份又分为以下 4 个小类：

（1）全库全数据备份。备份数据库中的全部数据和库结构。

操作方法：在左侧配置树上左键选中"全库数据"节点，在右侧的配置界面中选择"全库全数据备份"，然后单击"开始备份"进行全库数据备份。

（2）带模型数据备份。备份数据库中全部模型数据和库结构。

操作方法：在左侧配置树上左键选中"全库数据"节点，在右侧的配置界面中选择"带模型数据备份"，然后单击"开始备份"进行全库数据备份。

（3）空库库结构备份。备份数据库中的库结构数据。

操作方法：在左侧配置树上左键选中"全库数据"节点，在右侧的配置界面中选择"空库库结构备份"，然后单击"开始备份"进行全库数据备份。

（4）不带库结构备份。备份数据库中的全部模型数据、采样数据和告警登录数据。对于采样数据和告警登录数据还可以指定时间段备份。

操作方法：在左侧配置树上左键选中"全库数据"节点，在右侧的配置界面中选择"不带库结构备份"，在"时段选择"中指定一个时间段，然后单击"开始备份"进行全库数据备份。

3．模型数据备份

exp_man 的模型数据备份提供一个模型数据列表供用户选择需要备份的模型数据，并可以将选择的模型表自定义为模板。

操作方法：在左侧配置树上左键选中"模型数据"节点，在右侧的模型数据列表中选择要备份的模型数据表，单击"开始备份"进行模型数据备份，单击"保存成模板"可以将当前用户的选择保存成模板。

4．采样数据备份

EMS 系统中的采样数据分为主动周期性采样、被动周期性采样和触发式采样 3 大类，每个大类又依据所属应用的不同划分成分应用的小类。exp_man 的采样数据备份提供一个层次树，用户可以在树上选择任意的类型组合进行备份，并可以将所作的选择定义成模板，方便下次备份使用。

操作方法：在左侧配置树上左键选中"采样数据"节点，在右侧的采样数据树中选择要备份的采样数据类型，单击"开始备份"进行采样数据备份，单击"保存成模板"可以将当前用户的选择保存成模板。

5．告警登录数据备份

EMS 系统中的告警登录数据分为自动化系统、电力系统、前置系统、AGC 系统等几大类，每类告警又可以细分到具体的告警表。exp_man 的告警登录数据备份提供一棵三层的层次定义树。用户可以在树上选择任意的类型组合进行备份，并可以将所作的选择定义成模板。

操作方法：在左侧配置树上左键选中"告警登录数据"节点，在右侧的采样数据树中选择要备份的告警登录数据类型，单击"开始备份"进行告警登录数据备份，单击"保存成模板"可以将当前用户的选择保存成模板。

6．数据恢复

exp_man 在进行数据恢复时不需要选择恢复的类型，exp_man 会自动根据备份时的备份类型进行判断。用户可以恢复备份时的全部数据，也可以只恢复其中的部分数据。恢复完成后会生成一个带时标的恢复日志，详细记录恢复步骤。

操作方法：在左侧配置树上左键选中"商用库恢复"节点，从右侧的"库连接选择"下拉框中选择恢复目标库，单击右侧的"打开描述文件"按钮，读取一个备份描述文件，从数据列表中选择想要恢复的数据，单击"开始恢复"进行数据库恢复工作。

【思考与练习】

1．在调度系统中，数据库备份与恢复工具的作用是什么？

2．上机练习，掌握数据库备份与恢复工具的使用方法。

第二十章 SCADA 的安装调试

模块 1 SCADA 工作站软件的安装、设置（GYZD00212001）

【模块描述】本模块介绍 SCADA 工作站软件的安装和设置方法。通过方法介绍，掌握 SCADA 工作站软件安装、设置的步骤和方法。

【正文】

SCADA 工作站软件的安装和设置，一般包括操作系统软件的安装和设置、支持软件的安装和设置、应用软件的安装和设置、系统设置等多个环节。根据所选的操作系统平台的不同，具体 SCADA 工作站软件的安装和设置也有所区别。

下面以某个实际系统的 UNIX 平台为例，介绍 SCADA 工作站软件的安装和设置。

1. 安装 UNIX 操作系统

UNIX 操作系统主要包括 HP 公司的 HP-UX、TURUNIX 以及 IBM 公司的 AIX 和 SUN 公司的 SOLARIS，一般用操作系统光盘进行安装。

安装结束后进行系统设置，内容包括建用户、配网络地址、修改本机的相关文件等。

2. 安装支持软件

SCADA 工作站上的支持软件包括 QT 和 CORBA 软件。其中，QT 是图形界面开发工具；CORBA 是中间件软件。

得到支持软件安装包的途径有两个：向公司版本库管理者申请，软件包通过网络直接下装到本机上；从已装好的工作站拷贝至本机相应目录下。

该软件包和一般网上下载的软件包使用方法相同，将其解压后进行安装、测试。

3. 安装 SCADA 工作站应用软件

得到 SCADA 工作站应用软件包的两个途径同上。将有关软件包解压后进行安装。

4. 系统相关设置

系统相关设置包括数据库的配置和相关配置文件。

例如，打开数据库节点信息表，在节点信息表中添加本机节点记录。

【思考与练习】

1. 简述安装 SCADA 工作站软件所涉及的内容。
2. 上机练习安装 SCADA 工作站软件，加深对本文内容的理解。

模块 2 遥测数据的调试方法（GYZD00212002）

【模块描述】本模块介绍遥测数据的调试方法。通过方法介绍和举例说明，了解遥测数据的作用，掌握遥测数据调试的步骤和方法。

【正文】

一、遥测数据概述

遥测信息是反映电力系统中发电机、变压器和线路的有功功率、无功功率、电流、母线电压、解列区域的频率以及用于统计的电能量和无功电量等，用于确定电网运行状态。

遥测量是电力系统远方监视的一项重要内容。从厂站采集的遥测数据，是计算量及其他应用软件的基础。历史数据采样和实时数据追忆，依赖准确可靠的实时遥测数据。遥测量具有多个质量标志。

遥测的质量标志包括工况退出、不变化、跳变、无效、越正常上限、越正常下限、越事故上限、越事故下限、越第三上限、越第三下限、越第四上限、越第四下限、非实测值、计算值、取状态估计、被旁路代、被对端代、历史数据被修改、可疑、旁路代异常、分量不正常、置数、封锁等。遥测量的正负与电力系统所规定的正方向有关，SCADA系统应有统一的正方向规定。

二、遥测数据的调试方法

可利用前置子系统的测试工具模拟遥测信息，在后台人机界面上观察遥测数据处理是否正确。

1. 前置子系统模拟遥测信息

前置子系统接收遥测后进行合理性地检查，可通过质量标志滤除无效数据，并给出告警，提示出错原因，从而保证所接收数据的合理性。

例如，模拟每发送同一个遥测值前，设置不同的检查条件，观察反应是否正常。

2. 更新SCADA实时数据库

接收前置报文，更新后台实时分布数据库，使得后台也能正确地反映出站端情况。

例如，模拟发送遥测数据，同时打开前置遥测信息和后台遥测信息，观察是否同步。

3. 在SCADA人机界面上观察结果

调试人员可利用数据库人机界面查看某遥测的处理条件，并在厂站接线图、遥测监视等画面上观察处理结果是否正确。遥测数据的后台处理主要包括跳变处理、多数据源处理和越限告警处理，并且每种遥测处理都有相应的告警，在系统告警窗上很容易分辨。

（1）跳变处理。当数据的变化超过指定范围时，给出告警。

例如，可在数据库的事故跳变定义表中定义遥测跳变的判断参数，一般包括跳变方向、跳变门槛、持续时间等。通过修改判断参数及模拟遥测跳变的数据，观察反应是否正确。

（2）多数据源处理。一个遥测有多个数据来源，在数据库中存在多个定义时，系统可根据各数据源优先级和数据质量进行数据的优选，也可人工选择数据源。

例如，模拟多个数据来源同时上送，在数据库中设该遥测值多个数据源的不同优先级，后台所看到的数据应该是优先级最高的。

（3）越限告警处理。一般遥测设有上、下限值。为避免反复告警，每一对限值可设置上、下限值死区。

例如，模拟某测点。先使遥测值越上限，则该测点应处于越上限状态；然后让该测点值低于上限但仍处于上限值死区范围内，则该测点仍处在越上限状态；最后让该测点值低于上限值死区，则该测点的状态应恢复正常。

【思考与练习】

1. 遥测数据调试方法有哪些？
2. 上机练习，掌握遥测数据的调试方法。

模块 3 遥信数据的调试方法（GYZD00212003）

【模块描述】本模块介绍遥信数据的调试方法。通过方法介绍和举例说明，了解遥信数据的作用，掌握遥信数据调试的步骤和方法。

【正文】

一、遥信数据概述

遥信信息反映电力系统中发电厂、变电站内各断路器、隔离开关状态，变压器分接头位置以及继电保护和自动装置的动作状态等，用于确定电网的拓扑连接关系。

电力系统中的遥信数据处理非常重要，遥信值及其状态是系统其他数据处理的基础，也是系统可靠运行的关键，准确、及时、不丢失变位信息是遥信处理的核心。遥信量具有多种质量标志，即包括工况退出、非实测值、事故变位、遥信变位、坏数据、告警抑制、置数、封锁、正常等。

二、遥信数据的调试方法

可利用前置子系统的测试工具模拟遥信变位，在后台人机界面上观察该遥信变位处理是否正确。

1. 前置子系统模拟遥信信息

前置子系统接收遥信数据后进行极性处理，并发给 SCADA 应用进行后续处理。

例如，模拟遥信变位，通过前台人机界面观察能否正确显示。

2. 更新 SCADA 实时数据库

接收前置报文，更新后台实时数据库。

例如，模拟发送遥信变位，通过后台人机界面观察信号是否反映出来。

3. 在 SCADA 人机界面上观察结果

调试人员可利用数据库人机界面查看某遥信的处理条件，并在厂站接线图、告警窗口等观察处理结果是否正确。遥信数据的后台处理主要包括遥信变位处理、双位置遥信变位处理、事故变位告警处理。

（1）遥信变位处理。收到前置送出的遥信变位信号后，告警窗进行变位报警，画面遥信状态改变。

例如，在前置机上模拟某遥信变位（由分到合），可以在后台上看到该遥信是否正确变化。

（2）双位遥信变位处理。在厂站端，一个开关的遥信对应开关的常开、常闭两个辅助触点的开关量。

【案例】模拟双位校验出错的遥信,形成遥信坏数据。

1）模拟两个开关量同时为开或同时为闭，可以判断该开关遥信为坏数据。

2）同时模拟两个开关量，常开为开、常闭为闭或常开为闭、常闭为开，系统能判断出该开关正常遥信变位。

3）如果收到双位遥信的状态不是在指定时间之内同时变位的，或者只收到了常开或常闭触点变位信号，则按异常变位处理。例如，先模拟常开触点变位，指定时间后发送常闭触点变位，则以主或辅触点遥信变位处理。

（3）事故变位告警处理。例如，模拟事故总信号与开关同时动作（在延时时间内），且事故总信号状态为合，开关状态为分时，判断为事故跳闸。模拟保护信号和与其关联的断路器同时动作（在延时时间内），且开关状态为分，保护信号为合时，判断为事故跳闸。也可以模拟重要开关的分闸信号，直接判为事故跳闸。

【思考与练习】

1．遥信数据的调试方法有哪些？

2．上机练习，掌握遥信数据的调试方法。

模块4　遥控、遥调功能的调试方法（GYZD00212004）

【模块描述】本模块介绍遥控、遥调功能的调试方法。通过概念讲解、方法介绍和举例说明，掌握遥控、遥调的概念以及遥控、遥调功能调试的步骤和方法。

【正文】

一、概述

由调度控制中心向所管辖的发电厂、变电站发送的断路器合分闸、发电机开停机以及电容器和其他自动装置投切等命令统称为遥控信息，以控制远方的电力设备。

由调度控制中心向所管辖的发电厂、变电站发送的调节发电机功率和电压、变压器分接头以及其他电力设备的远方调节命令统称为遥调信息，以改变远方设备的运行工况。

二、遥控、遥调功能的调试方法

调试人员可利用 SCADA 人机界面来测试遥控或遥调功能。在接线图上启动遥控或遥调功能，遵循先选择、校核后执行原则，以避免误操作和通信干扰而产生误码。对遥控、遥调操作必须执行返送校核的信息反馈检错过程。

1. 选择控点

在接线图上用光标选择被控设备，弹出控制菜单。

2．选择控制操作和输入参数

控制菜单中对开关控制可选开或合。对变压器抽头控制需输入挡位。

3．发出控制命令

当确认选择的控制和控制参数无误后，发出控制命令。也可在发出控制命令前中断控制过程。

4．返送校核后执行

当对厂站端RTU返送的信息校核确认无误后，方可发出控制执行命令，否则中断执行。如果执行成功，控制结果会在接线图上反映出来。

【案例】接线图上2205开关遥控操作，先控合，再控分。

（1）在接线图上用鼠标选择2205开关，用右键打开下拉菜单，选择遥控。

（2）在遥控操作界面选"开关合"。

（3）确认选择且无误，发出遥控申请命令。

（4）收到返校且无误，发出遥控执行命令。

当遥控执行成功后，厂站接线图上2205开关变位，并发告警信息。

控开关分的操作步骤和上面完全相同，不同之处是第二步选"开关分"。

【思考与练习】

1．遥控、遥调的功能是什么？

2．上机练习，掌握遥控、遥调功能的调试方法。

模块5　远动通道的调试方法（GYZD00212005）

【模块描述】本模块介绍远动通道的调试方法。通过方法介绍，熟悉远动通道的分类，掌握常规通道和网络通道的调试步骤和方法。

【正文】

在远动系统中，通信通道是连接主站与RTU的一个十分重要的环节。RTU所采集的所有数据都要通过通道上传主站，供主站分析和使用。而主站对厂站设备的操作命令也是通过通道下达到RTU的。将远动通道送上来的报文准确接入调度系统，是在前置子系统完成的。

通道类型一般可分为常规通道和网络通道两种。常规通道分为模拟通道和数字通道。下面介绍通道的接入与调试方法。

一、常规通道接入

常规通道接入时，将收、发、地信号接入通道柜端子排的相应端口中。数字通道和模拟通道接法不同，具体区别见表GYZD00212005-1。

表 GYZD00212005-1　　　　　　　　　数字通道和模拟通道接法差异表

端 子 序 号	模 拟 信 号	数 字 信 号
1	发1	发
2	发2	
3	收1	收
4	收2	
5		地

如果调试时需要从原来的系统并接信号，则只能并接上行信号。

1．模拟通道的主要调试步骤

（1）通道板跳线。参照模块《通道板指示灯介绍》，观察通道板指示灯是否正常闪亮。如果不正常，参照模块《通道板设置错误造成的故障现象及排查方法》进行排查。

（2）观察终端服务器指示灯是否正常。

（3）查看终端服务器中的波特率等参数的设置是否正确。

（4）利用命令 ps–ef|grep tx_recive，查看接入通道的通信进程 tx_recive 是否挂起。

（5）在前置子系统通道报文界面查看报文原码和通道报文。

（6）在前置子系统实时数据界面查看前置实时数据是否正确。

（7）通过 SCADA 数据库操作界面查看实时数据是否正确。

2. 数字通道的主要调试步骤

数字通道的接入和模拟通道基本相同。不同之处是数字通道在通道板跳线这个步骤中比模拟通道要简单得多，不需要设置波特率、中心频率、频偏参数。在通道接入时，可利用万用表和示波器测量一下通道实际的接收电平和波特率。

二、网络通道接入

（1）利用"route add 目的地址 网关地址"添加本机路由。

（2）ping 对方 IP 地址，看能否 ping 通。

（3）在 TCP/IP 客户端，执行"telnet 对方 IP 端口号"，查看对方端口是否能连接；在 TCP/IP 服务端，执行命令"netstat|grep 端口号"，查看本机服务是否启动。

（4）查看相应的通信进程 tcp_client 或 tcp_server 是否在线。

（5）在前置子系统通道报文界面查看报文原码和通道报文。

（6）在前置子系统实时数据界面查看前置实时数据是否正确。

（7）通过 SCADA 数据库操作界面查看实时数据是否正确。

【思考与练习】

1. 模拟通道的调试步骤有哪些？

2. 通过练习掌握远动通道的调试方法。

模块 6　SCADA 服务器软件安装和设置（GYZD00212006）

【模块描述】本模块介绍 SCADA 服务器软件的安装和设置方法。通过方法介绍，掌握 SCADA 服务器软件的安装、设置的步骤和方法。

【正文】

SCADA 服务器软件的安装和设置包括操作系统软件的安装和设置、支持软件的安装和设置、SCADA 子系统软件的安装和设置等多个环节。在公共平台已经安装好的服务器上，拷入 SCADA 子系统相关的执行文件及配置文件，再进行系统的运行配置即可。公共平台包括操作系统和支持软件。

下面以某个实际系统的 UNIX 平台为例，介绍 SCADA 服务器软件的安装和设置。

1. 安装 UNIX 操作系统

UNIX 操作系统主要包括 HP 公司的 HP-UNIX、TURUNIX 以及 IBM 公司的 AIX 和 SUN 公司的 SOLARIS，一般采用操作系统光盘进行安装。

安装结束后进行系统设置，内容包括建立用户、配置网络地址、修改本机的相关文件等。

2. 安装支持软件

SCADA 服务器上的支持软件包括 C/C++编译器、FORTRAN 编译器、QT 和 CORBA 软件。

得到支持软件安装包的途径有两个：向公司版本库管理者申请，软件包通过网络直接下装到本机上；从已装好的服务器上拷贝至本机相应目录下。

该软件包和一般网上下载的软件包使用方法相同，将其解压后进行安装、测试。

3. 安装 SCADA 服务器应用软件

得到 SCADA 服务器应用软件包的途径同上。将有关软件包解压后进行安装。

注意：从版本库拷贝来的软件包，解压后需要对 SCADA 应用源代码重新进行编译，产生新的执行程序；从已装好的服务器上拷至本机的软件包，SCADA 应用源代码已编译过了，由于多台 SCADA 服务器硬件配置及运行环境都相同，不需要再进行编译了。

在軟件安裝結束後對系統進行配置。系統參數的配置分為數據庫相關表的配置、相關配置文件的配置。

（1）相關配置文件主要包括新增節點信息、網絡配置等。

（2）數據庫相關表的配置主要指在節點信息表中新增節點信息，以及系統應用分布信息表的配置等。

【思考與練習】

1．SCADA服務器軟件安裝和設置涉及的內容有哪些?

2．上機練習安裝SCADA服務器軟件，加深對本文內容的理解。

模塊7　前置機軟件安裝和設置（GYZD00212007）

【模塊描述】本模塊介紹前置機軟件的安裝和設置方法。通過方法介紹，掌握前置機軟件的安裝、設置的步驟和方法。

【正文】

前置機軟件的安裝，包括前置應用軟件的安裝及前置應用軟件參數的設置。在公共平台已經準備好的服務器上，拷入前置機系統相關的執行文件及配置文件，再進行系統的運行配置即可。

下面以某個實際系統的HP-UNIX平台為例，介紹前置機軟件的安裝和設置。

1．安裝公共平台

公共平台包括操作系統和支持軟件。

在EMS系統中，前置機應用和SCADA應用共用一套平台，公共平台的安裝見SCADA服務器軟件安裝和設置（GYZD00212006）模塊。

2．安裝前置機應用軟件

首先將前置應用包解壓到相應目錄，然後編譯源代碼，再進行軟件安裝。

3．前置機軟件參數的設置

軟件安裝結束後，需對前置系統進行配置。系統參數的配置包括配置文件和利用系統管理界面配置參數。

（1）配置文件包括創建日誌目錄文件、檢查參數文件等。

（2）系統管理界面配置參數包括前置應用參數、前置常用進程參數、前置主機參數和前置網絡設備參數等。

1）FES應用參數用於錄入系統中FES應用服務器名。打開系統管理中系統應用分布信息表，篩選出應用名為FES的記錄，輸入運行節點個數和節點。

說明：運行節點個數：FES服務器個數。

節點1~節點16：FES服務器名。

冷備節點數：FES服務器冷備個數。

冷備節點1~冷備節點16：冷備FES服務器名。

2）FES常用進程參數用於打開系統管理中進程信息表，篩選出應用為FES的進程，這些進程一般已經配置好，不需要手動輸入。

3）FES主機參數用於錄入系統中FES服務器的相關參數。打開dbi的/FES/設備類/前置配置表，需輸入的相關域如下：

節點ID：提供菜單選擇，引用/PUBLIC/系統管理類/節點信息表的節點名。

前置機號：提供菜單選擇A機、B機、C機、D機。

運行方式：提供菜單選擇單機、雙機、三機、四機。

網絡配置：提供菜單選擇單網、雙網、三網、四網。

終端服務器類型：提供菜單選擇MOXA、CHASE、CISCO、BTS。

終端服務器個數：根據實際個數填寫。

其他域為系統自動填寫。

4）FES 网络设备参数用于录入系统中 FES 网络设备相关参数。打开系统管理中前置网络设备表，需输入的相关域如下：

前置网络设备号：填写编号。

前置网络设备 IP1：填写前置 1 号网段 IP 地址。

前置网络设备 IP2：填写前置 2 号网段 IP 地址。

前置网络设备类型：提供菜单选择终端服务器、路由器、交换机、HUB。

前置设备单双网：提供菜单选择单网、双网。

其他域为系统自动填写。

【思考与练习】

1．前置机软件安装和设置涉及哪些内容?

2．上机练习安装前置机软件，加深对本文内容的理解。

模块 8　Web 服务器软件安装和设置(GYZD00212008)

【模块描述】本模块介绍 Web 服务器软件的安装和设置方法。通过方法介绍，掌握 Web 服务器软件的安装、设置的步骤和方法。

【正文】

一、Web 服务器软件的介绍

Web 服务器软件是指 Web 发布服务器软件。此类软件除 Tomcat 软件外，还包括 WebLogic、WebSphere、JBoss 等，这些软件统称为 Web 服务器软件。Web 浏览器通过超文本传输协议（HTTP），将 Web 服务器上的页面代码提取出来，并翻译成漂亮的网页。

当 Web 服务器接收到一个 HTTP 请求时，会返回一个 HTTP 响应，例如送回一个 HTML 格式的页面。为了处理这个请求，Web 服务器可以响应一个静态页面或图片，进行页面跳转，或者把产生的动态响应委托给其他程序，例如 CGI 脚本、JSP 脚本、servlets 脚本、ASP 脚本等，或者一些其他服务器端的技术来完成请求。这些服务器端的程序通常产生一个 HTML 格式的文件返回 HTTP，让 Web 浏览器可以浏览。

二、Web 服务器软件的安装步骤

例如，Tomcat 软件的安装步骤。

1．Tomcat 软件的目录结构介绍

Tomcat 软件在安装完毕后的主要目录结构如下：

tomcat\bin：该目录主要存放 tomcat 服务启动或停止的一些脚本；

tomcat\common：该目录主要存放各个 Web 应用共同使用的一些库文件等；

tomcat\conf：　该目录主要存放 Web 应用发布的配置及相关用户的账号；

tomcat\logs：该目录主要存放服务启停日志或访问日志等；

tomcat\server：该目录是 Web 服务器的内核目录；

tomcat\webapps：该目录是 Web 应用发布的专有目录。

2．Tomcat 软件的安装步骤

可以登录到 Tomcat 官方网站上获取相关安装软件，目前使用较多的版本是 Tomcat4.1.X；也可以向服务提供商获取相关的绿色安装包（tomcat.tar），通过解包（tar xvf tomcat.tar）命令解压到用户目录下即可，整个流程比较简单。

软件安装完成后，需要进行相关设置才能启动 tomcat 服务。详细配置方法参见本文第三点中的介绍。

3．Java 软件的安装及版本要求

Tomcat 软件的运行离不开 Java 软件，且 Tomcat 版本与 Java 版本也有一定的兼容性问题，通常 Tomcat4.1.X 需要 Java1.4 版本的支持。

在安装操作系统时通常已经安装了 Java，可以通过命令 "Java-version" 来查看 Java 的版本。如果

不是 Java1.4 版本，则需要进行升级或更换。

可以向操作系统服务商获取对应平台的 Java 安装软件，根据说明进行安装，安装完毕后设置环境变量等参数。详细配置方法参见本文第三点中的介绍。

三、服务器软件的相关设置

1. 环境变量的设置

这里包括两个部分：Java 软件的环境变量的设置和 Tomcat 软件的环境变量设置。如果是 PC 服务器，Java 软件安装完成后需要新建 JAVA_HOME 并修改 Path 环境变量，如图 GYZD00212008-1 所示。

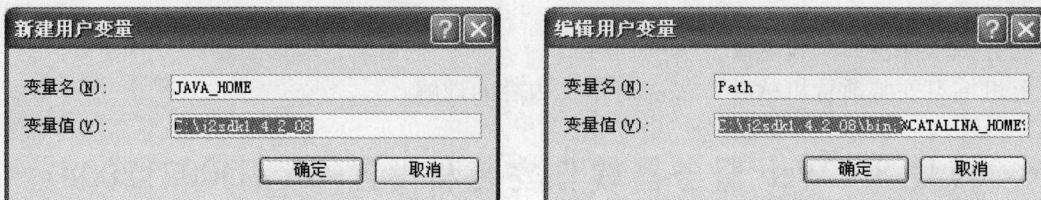

图 GYZD00212008-1　环境变量设置对话框

Tomcat 软件安装完成后需要新建 CATALINA_HOME 并修改 Path 环境变量，如图 GYZD00212008-2 所示。

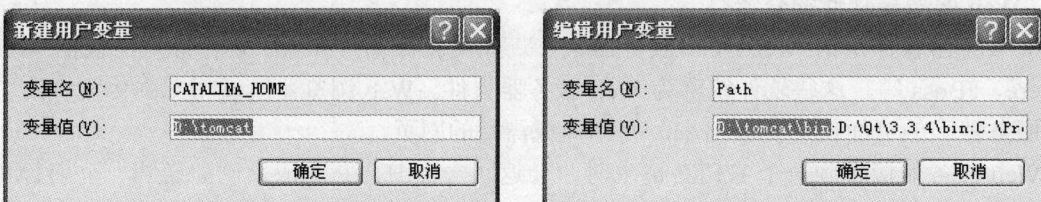

图 GYZD00212008-2　环境变量设置对话框

UNIX 服务器，需要修改对应的.cshrc 文件。修改完成后，用命令 source.cshrc 使之生效。

2. Web 发布服务端口的设置

Tomcat 默认的发布服务端口是 8080，如果需要修改默认端口，则应先停止正在运行的 tomcat 服务后，到 tomcat/conf/server.xml 文件中更改端口设置即可。具体操作如下所示：

```
……<Connector className="org.apache.coyote.tomcat4.CoyoteConnector"port="8000"
minProcessors="5" maxProcessors="75"enableLookups="true"
redirectPort="8443"acceptCount="100" debug="0"
connectionTimeout="20000"useURIValidationHack="false"disableUploadTimeout="true"
URIEnconding="UTF-8"/>……
```

上述设置把默认端口号 8080 改成了 8000。

修改完后，再启动 Tomcat 服务（Catalina.sh run &），即可用新的端口号来浏览。

需要注意的是，如果 Web 客户端至 Web 服务器之间有防火墙，对应的端口配置也须相应地修改。

【思考与练习】

1. Web 服务器软件安装和设置涉及哪些内容？

2. 上机练习 Web 服务器软件的安装，加深对本文内容的理解。

模块 9　CDT 规约的调试和分析方法（GYZD00212009）

【模块描述】本模块介绍 CDT 规约的调试及分析方法。通过概念讲解、方法介绍和举例说明，掌握 CDT 规约的概念、传输方式、报文类型和报文格式，掌握 CDT 规约的基本调试步骤及报文分析方法。

【正文】

一、CDT 规约概述

通常 CDT 规约指 DL 451—1991《循环式远动规约》，采用可变帧长度、多种帧类别循环传送、变位遥信优先传送，重要遥测量更新循环时间较短，区分循环量、随机量和插入量采用不同形式传送信息，以满足电网调度安全监控系统对远动信息的实时性和可靠性的要求。

CDT 规约的传输方法分为模拟传输及数字传输两种方式。

模拟方式指通过传统载波线路，主站与厂站端则分别通过 modem 调制、解调信号来传输报文，一般为四线或两线方式。

数字方式指通过光纤、微波、扩频等方式传输报文。报文建立在传输介质之上，格式与传输介质无关。

CDT 报文以帧结构方式进行传输，每帧都以同步字开头，带有控制字，除少数帧外均应有信息字。信息字的数量根据实际需要设定，帧长度可变。格式内容参见远动规约的报文格式（GYZD00210009）模块。

二、CDT 规约基本调试步骤

CDT 规约基本调试步骤如下：

1. 确定物理介质连通

确认通道原码（字节流）能够收到，此时可以认为物理通路基本正常。

2. 确认报文校验正确

由于 CDT 规约采用 CRC 校验，控制字和信息字都是 $(n、k) = (48, 40)$ 码组，通过查表确定校验码是否正确、通信规约处理程序自动判断校验是否正确。如校验字节正确，则确定此控制字、信息字传输正确，显示到报文窗口。

3. 确认显示报文正确

如果通道原码可正常收到，但报文不能正确显示，可通过调整 modem 板、数字隔离板及串口接入设备参数，保证与厂站端设置相同，再重新观察报文窗口是否能够正确显示报文。

三、CDT 规约报文分析方法

CDT 规约报文类型包括遥信、遥测、事件顺序记录（SOE）、电能脉冲记数值、遥控命令、设定命令、升降命令、对时广播命令、复归命令和子站工作状态等。

下面以遥信、遥测报文为例，介绍报文的分析方法。

1. 遥信报文

CDT 规约规定全遥信帧类别为 F4H，功能码为 F0H～FFH，每个遥信信息字包括两个遥信字，每个遥信字包括 16 个遥信状态，顺序为低位在前，高位在后，状态 0 表示分闸，状态 1 表示合闸，如图 GYZD00212009-1 所示。

B7		B0
功能码（F0H ~ FFH）		
B7	⋯	B0
B15	⋯	B8
B7	⋯	B0
B15	⋯	B8
校验码		

图 GYZD00212009-1 遥信报文

分析遥信状态时，可以针对单独遥信字进行分析。

查找某个遥信点的状态方法为：首先通过遥信点号确定要查找遥信的位置，遥信点号=（功能码－F0H）×32＋所在遥信信息字中的位号，然后通过该遥信点所在信息字的位号确定该遥信状态。

2. 遥测报文

CDT 规约规定遥测报文采用循环上送方式，重要遥测安排在 A 帧传送，循环时间不大于 3s；次要遥测安排在 B 帧传送，循环时间一般不大于 6s；一般遥测安排在 C 帧传送，循环时间一般不大于 20s。A 帧类别为 61H；B 帧类别为 C2H；C 帧类别为 B3H，功能码为 00H～7FH，每个遥测字包括两个遥测值。每个遥测量传输一路模拟量，以二进制编码表示，第 11 位为 0 时表示正数，为 1 时表示负数；以 2 的补码表示负数；第 15 位为 1 时表示溢出，如图 GYZD00212009-1 所示。

B7 B0
功能码（00H～7FH）
B7 … B0
B15 | B14 |×|×| B11 … B8
B7 … B0
B15| B14|×|×| B11 … B8
校验码

图 GYZD00212009-2 遥测报文

遥测点号计算方法为：遥测点号 = 功能码 ×2 + 遥测号，每个遥测信息字的第一个遥测号为 0，第二个遥测号为 1。

【思考与练习】

1. CDT 规约有哪些报文类型?
2. CDT 规约的调试步骤是什么?

模块 10 101 规约的调试和分析方法（GYZD00212010）

【模块描述】本模块介绍 101 规约的调试及分析方法。通过概念讲解、方法介绍和举例说明，掌握 101 规约的概念、传输方式报文类型和报文格式，掌握 101 规约的基本调试步骤及报文分析方法。

【正文】

一、101 规约概述

IEC 60870-5-101 规约简称 101 规约。101 规约有平衡式和非平衡式两种传输方式。在点对点和多个点对点的全双工通道结构中采用平衡式传输方式；在其他通道结构中只采用非平衡式传输方式。

平衡式传输方式中 101 规约是一种“问答+循环”式规约，即主站端和子站端都可以作为启动站，而当其用于非平衡式传输方式时，101 规约是问答式规约，只有主站端才可作为启动站。

应用于变电站与控制中心之间串行数据通信，一般采用非平衡方式,适用波特率为 300～9600b/s。

101 规约报文类型主要包括单位遥信、双位遥信、归一化遥测值、标度化遥测值、短浮点遥测值、累计量、单位遥信（SOE）、双位遥信（SOE）、单点命令、双点命令、设定值命令，规一化值、设定值命令，标度化值、设定值命令，短浮点数等。

101 规约有三种帧类别，分别为单个控制字符、固定帧长帧、可变帧长帧。格式内容见远动规约的报文格式（GYZD00210009）模块。

二、101 规约的基本调试步骤

1. 调试前准备工作

RTU 调试规约前，首先需要与 RTU 厂站确定遥信起始地址和地址数、遥测起始地址和地址数、电度起始地址和地址数、遥控起始地址和地址数、遥调起始地址和地址数、SOE 起始地址和地址数、SOE 转遥信变位、源发地址字节数、公共地址字节数等参数。其次与 RTU 厂站确定 RTU 站址，填入通道表。若站址不对，RTU 不会响应主站下发的报文。

2．确定物理介质连通

确认通道原码（字节流）能够收到，此时可认为物理通路基本正常。

3．确认报文校验正确

由于 101 规约采用 CS 校验，通信规约处理程序可自动判断校验是否正确。如校验字节正确，可以确定此控制字、信息字传输正确，显示到报文窗口。

4．确认显示报文正确

如果通道原码可正常收到，但报文不能正确显示，可通过调整 modem 板、数字隔离板及串口接入设备参数，保证与厂站端设置相同，再重新观察报文窗口是否能够正确显示报文。

三、101 规约报文分析方法

【案例】前置子系统向 RTU 子站要全遥测、全遥信的对话过程的报文。

1．初始化

主→子：请求链路状态 C_RQ_NA_1

10H
0　1　FCB　0　1　0　0　1
链路地址域
帧校验和
16H

子→主：回答链路状态 M_RQ_NA_1

10H
1　0 ACD DFC ××××
链路地址域
帧校验和
16H

其中，××××＝0001 表示链路忙；××××＝1110 表示链路服务未工作；××××＝1011 表示链路完好；××××＝1111 表示链路服务未完成。

2．链路完好后，开始复位链路

主→子：复位远方链路请求 C_RL_NA_1

10H
0　1　FCB　0　0　0　0　0
链路地址域
帧校验和
16H

子→主：复位远方链路确认 M_RL_NA_1

10H
1　0　ACD DFC 0　0　0　0
链路地址域
帧校验和
16H

3．下面开始总召唤（要全遥测和全遥信）

主→子：总召唤命令帧 C_IC_NA_1

68H								
L=9								
L=9								
68H								
0	1	FCB	1	0	0	1	1	
链路地址域								
类型标识 100								
可变结构限定词＝01								
传送原因＝6（激活）								
应用服务数据单元公共地址								
信息体地址低字节 00H								
信息体地址高字节 00H								
QOI=20（总召唤）								
帧校验和 CS								
16H								

子→主：总召唤确认帧 M_IC_NA_1

68H								
L=9								
L=9								
68H								
1	0	ACD	DFC	0	0	0	0	
链路地址域								
类型标识 100								
可变结构限定词＝01								
传送原因＝7（激活确认）								
应用服务数据单元公共地址								
信息体地址低字节 00H								
信息体地址高字节 00H								
QOI=20（总召唤）								
帧校验和 CS								
16H								

子→主：发送全遥测和全遥信

子→主：总召唤结束帧 M_IC_NA_1（RTU 通知主站发送结束）

68H								
L=9								
L=9								
68H								
1	0	ACD	DFC	0	0	0	0	
链路地址域								
类型标识 100								
可变结构限定词＝01								
传送原因＝10								
应用服务数据单元公共地址								
信息体地址低字节 00H								
信息体地址高字节 00H								
QOI=20（总召唤）								
帧校验和 CS								
16H								

主站总召唤周期、对时周期和召唤电度量周期都在厂站通信表中设置。

【思考与练习】

1．101 规约的调试步骤有哪些?

2．通过实践掌握 101 规约的调试方法。

模块 11　104 规约的调试和分析方法（GYZD00212011）

【模块描述】本模块介绍 104 规约的调试及分析方法。通过概念讲解、方法介绍和举例说明，掌握 104 规约的概念、传输方式报文类型和报文格式，掌握 104 规约的基本调试步骤及报文分析方法。

【正文】

一、104 规约概述

IEC 60870-5-104 规约简称 IEC 104 规约。IEC 60870-5-104 规约作为 IEC 60870-5-101 规约的网络访问，规定了 IEC 60870-5-101 的应用层与 TCP/IP 提供的传输功能的结合。

在 TCP/IP 框架内，可以运用不同的网络类型，包括 X.25、FR（帧中继）、ATM（异步传输模式）和 ISDN（综合服务数据网络）。IEC 60870-5-104 采用与 IEC 60870-5-101 相同的是应用服务数据单元（ASDU），不同的是只采用平衡传输模式，也即允许子站主动呼叫主站，在实际的通信过程中，变化数据都是子站主动上送的。

104 规约报文类型主要包括单位遥信、双位遥信、归一化遥测值、标度化遥测值、短浮点遥测值、累计量、单位遥信（SOE）、双位遥信（SOE）、单点命令、双点命令、设定值命令，规一化值、设定值命令，标度化值、设定值命令，短浮点数等。

104 规约的报文格式大致分为两类：一类为仅含 6 字节应用规约控制信息（APCI）的 U 格式或 S 格式；另一类为包含应用规约控制信息和应用服务数据单元（ASDU）的 I 格式报文。格式内容参见远动规约的报文格式（GYZD00210009）模块。

二、104 规约基本调试步骤

1．调试准备

104 规约作为一种网络规约，首先需要配置相关的网卡、路由、防火墙等网络设备，保持网络畅通。对每条 104 规约通道使用的网络端口号（一般是 2404）需保持开通状态。其次，子站、主站系统之间需要就 TCP/IP 协议进行约定，一般来讲，提供数据的一方（子站）作为通信传输服务端，接收数据的一方（主站）作为客户端。

另外，需要对源发地址字节数、应用服务数据单元公共地址字节数、信息体地址字节数等涉及具体报文格式方面进行约定，如源发地址 1 个字节、应用服务数据单元公共地址 2 个字节、信息体地址 3 个字节等。如果涉及遥控操作，需要配置相关遥控类型，确定是单点遥控，还是双点遥控。

2．确定物理介质连通

确认通道原码（字节流）能够收到，此时可认为物理通路基本正常。

3．确认显示报文正确

如果通道原码和报文显示正确，则再进行规约分析。

三、104 规约报文分析方法

【例 GYZD00212011-1】　前置子系统向 RTU 子站要全遥测、全遥信的对话过程的报文。

1．握手

一般，104 协议主站端首先以 U 格式发起启动链路，报文如下：

主→子：请求握手

68H
04H
07H
00H
00H
00H

上述报文控制域 1（07H）STARTDTact 位设置成 1，代表这是激活链路请求。如果没有异常，子站应该以 U 格式肯定应答［控制域 1（0BH）STARTDTcon 位设置成 1，表示肯定］，报文如下：

子→主：应答

68H
04H
0BH
00H
00H
00H

双方握手成功，开始数据传输。

2. 召唤全遥测和全遥信

由于采用了与 101 协议相同的应用服务数据单元，因此该过程和 101 规约完全相同，在此就不再赘述。

正常情况下，主站会以设定的时间间隔进行数据总召唤、对时、召唤电度量等。子站除了响应主站的请求外，还应该主动以 I 格式上送变化的信息。对于对方的 I 格式报文，双方应该及时以 S 格式确认。

S 格式确认报文如下：

68H
04H
01H
00H
接收序号低位
接收序号高位

3. 链路测试

如果一段时间内双方没有收发数据，其中一方应该以 U 格式报文（控制域 1 TESTFRact 位设置成 1）。

测试方→

68H
04H
43H
00H
00H
00H

进行链路测试，另一方同样以 U 格式报文（控制域 1 TESTFRcon 位设置 1）给予回应。

应答方→

68H
04H
83H
00H
00H
00H

【思考与练习】

1．104 规约的调试步骤有哪些?

2．通过实践掌握 104 规约的调试方法。

第五部分

调度管理系统的应用
操作、安装调试及异常处理

第二十一章　调度管理系统的应用操作

模块 1　调度管理系统设备管理模块的使用（GYZD00301001）

【模块描述】本模块介绍调度管理系统中电网设备组织结构及管理模块的使用方法。通过概念讲解、功能介绍和举例说明，熟悉电网设备组织结构，掌握电网设备管理模块的功能和使用方法，了解电网设备管理模块与其他功能模块的关系。

【正文】

调度管理系统设备管理是对电网一次设备、保护设备及安全稳定装置、调度自动化设备的管理。

一、电网设备的组织结构

调度生产管理系统中的电网设备主要包括电网一次设备、保护及安全稳定装置、调度自动化设备等。电网一次设备主要指电力生产过程中直接生产和输送电能的设备；保护及安全稳定装置是对一次系统进行状态测量、控制、监视和保护的二次装置；调度自动化设备主要包括调度自动化系统及其硬件设备，是对系统生产的自动调度、调节和控制，网络信息的自动传输，以及企业的自动化经济管理等。

（一）一次设备

1. 电网一次设备范围

电网一次设备主要包括发电机、变压器、断路器、隔离开关、母线、电容器、电抗器、电流互感器、电压互感器、避雷器、输电线路等。调度生产管理系统对在线安装运行的一次设备进行参数管理，调度相关专业部门通过调整一次设备的运行状态及运行参数，实现对电网接线方式及承载能力的调整。

2. 一次设备组织方式

根据调度业务特点，一次设备的组织可以按图 GYZD00301001-1 所示的方式进行组织。

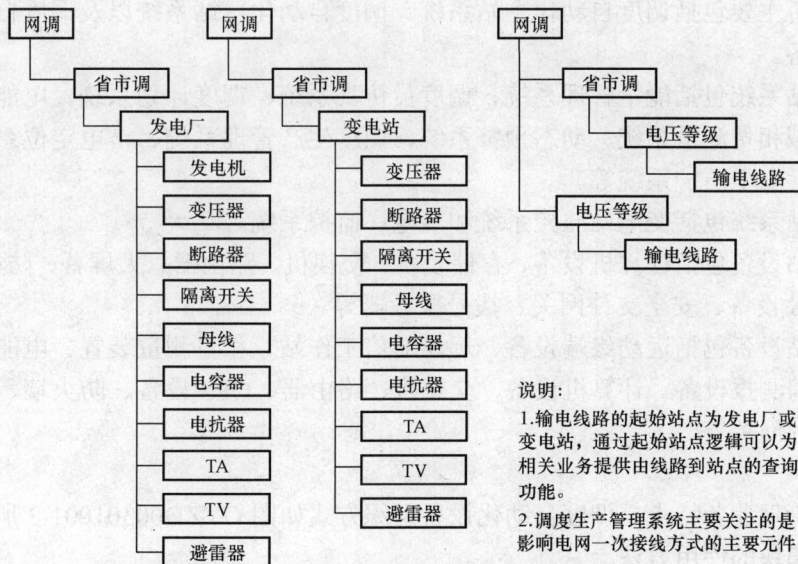

说明：
1. 输电线路的起始站点为发电厂或变电站，通过起始站点逻辑可以为相关业务提供由线路到站点的查询功能。
2. 调度生产管理系统主要关注的是影响电网一次接线方式的主要元件。

图 GYZD00301001-1　一次设备组织方式

（二）保护及安全稳定装置

1. 范围

保护及安全稳定装置主要包括测量装置、控制装置、继电保护装置、自动控制装置、直流系统及必要的附属设备。与调度生产管理直接相关的是保护及安全稳定装置的信息，调度值班员及其他专业人员通过准确了解各类保护装置及安全稳定装置的参数及整定值，进行一次系统的方式调整及运行控制。

保护装置可以分为发电机保护、变压器保护、线路保护、母线保护、电容器保护、高压电动机保护等几大类。

2. 组织方式

根据调度生产管理业务特点，保护及安稳装置组织可以按照图 GYZD00301001-2 所示进行组织。

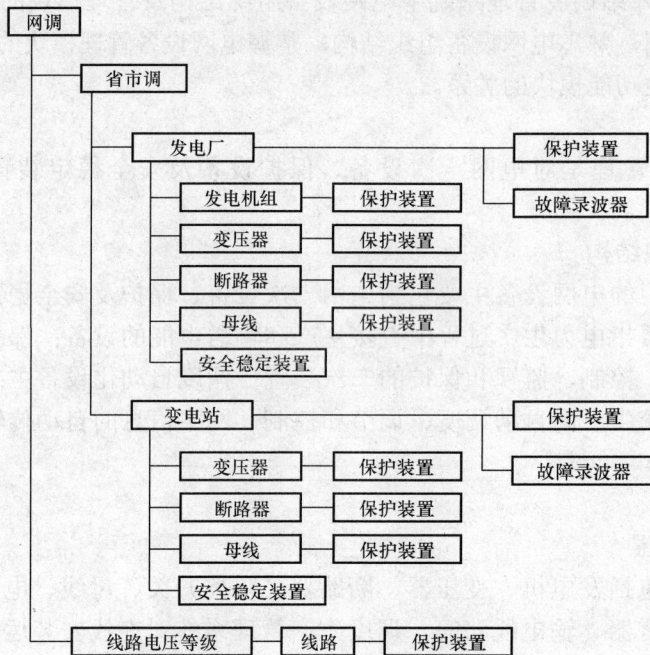

图 GYZD00301001-2　保护及安稳装置组织方式

（三）调度自动化设备

1. 范围

调度自动化设备主要包括调度自动化主站系统、调度自动化厂站系统以及调度自动化主站设备、调度自动化厂站设备。

调度自动化主站系统包括能量管理系统、调度员仿真系统、调度计划系统、电能量计量系统、水调自动化系统、广域相量测量系统、动态预警系统、调度生产管理系统、雷电定位系统、保护管理系统、调度数据网络、安全防护系统等。

调度自动化厂站系统包括变电站监控系统和发电厂监控系统。

调度自动化主站设备包括计算机设备、存储设备、交换机、路由器、大屏幕、防火墙、隔离装置、纵向加密装置、GPS 设备、安全文件网关、拨号服务器等。

调度自动化厂站设备包括远动终端设备、远动通信工作站、相量测量装置、电能量远方终端、关口计量电能表、水情测报设备、计算机设备、交换机、路由器、GPS 设备、防火墙、隔离装置、纵向加密装置、安全文件网关等。

2. 组织方式

按照调度生产管理业务特点，调度自动化设备组织方式如图 GYZD00301001-3 所示。

二、设备管理模块的使用方法

在调度生产管理系统中，设备管理模块主要是以结构化的形式展示电网设备的上下级组织方式，提供各类设备参数录入手段。下面以典型的设备管理模块为例讲解电网设备管理模块的使用方法。

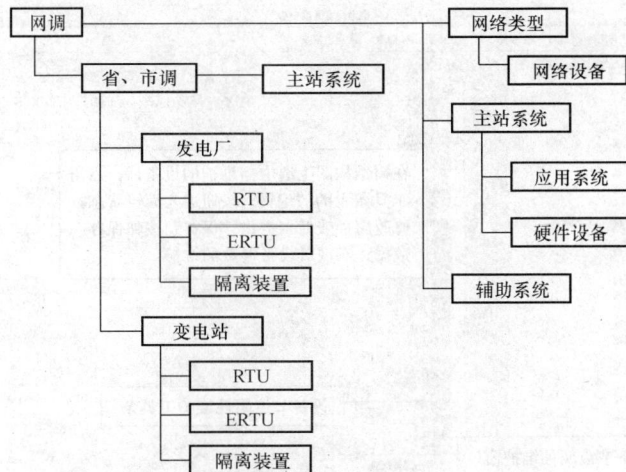

图 GYZD00301001-3　调度自动化设备组织方式

（一）模块使用方法

1. 设备结构维护

设备组织结构以树形结构形式反映设备的从属关系。调度生产管理系统中采用树形视图实现设备组织结构的描述，通过对树形视图节点的维护操作完成设备结构的维护。

2. 设备参数维护

设备结构树形视图中的设备节点代表一台具体设备，树形节点的具体属性代表设备参数，使用者通过维护选中的节点的属性来维护设备参数。

（二）模块使用示例

（1）一次设备结构维护按照图 GYZD00301001-4 所示方式操作。

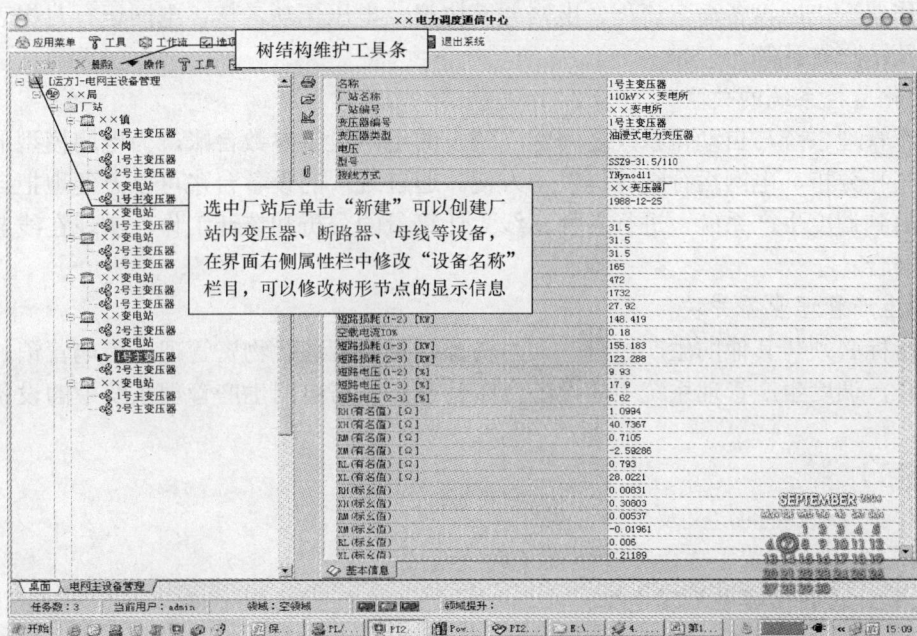

图 GYZD00301001-4　一次设备结构维护图例

（2）一次设备参数维护按照图 GYZD00301001-5 所示进行操作。

（3）保护及安全稳定装置、自动化设备模块的使用参考一次设备维护方式。

三、电网设备管理与相关应用

电网设备管理模块是整个电网生产的基础信息，在调度生产管理系统中可以为其他功能模块提供准确的基础数据，与设备台账管理关联的应用主要有调度运行业务、自动化监控系统以及生产管理业务等。

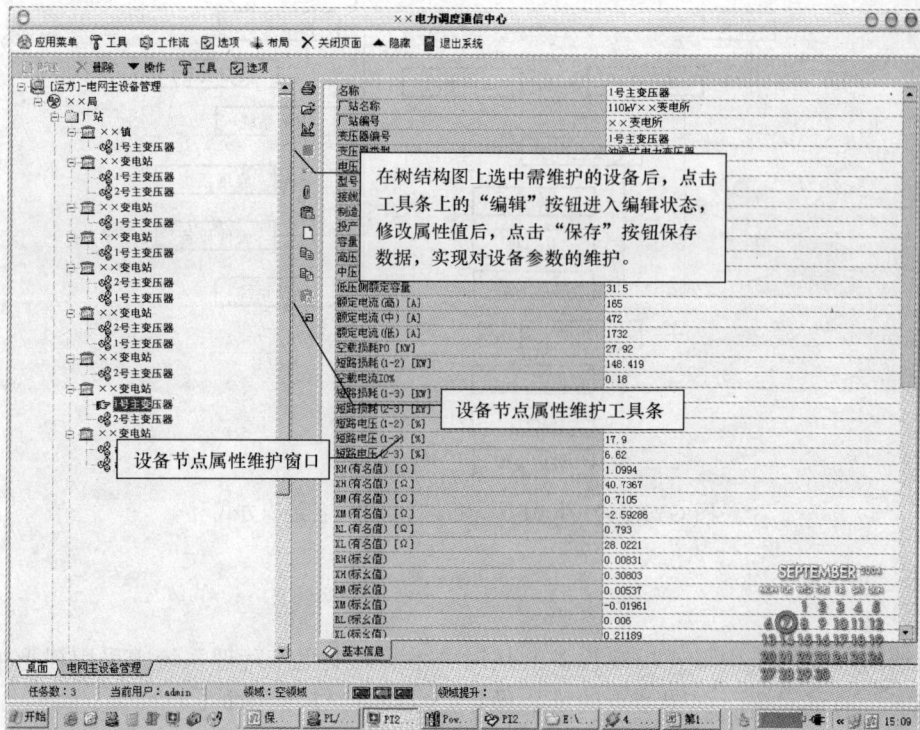

图 GYZD00301001-5　一次设备参数维护图例

1. 与调度运行业务的关联

调度设备台账管理作为基础数据收集模块，为调度生产管理系统中的其他模块提供核心的设备信息，实现以设备台账为主导的业务查询与分析功能。与设备台账管理有关的功能模块主要有调度值班日志、综合操作票、电网设备命名流程、电网并网协议、电压无功考核、电网运行月报表、保护定值单、保护故障及动作统计等。

2. 与自动化监控系统的关联

在调度生产管理系统与自动化系统之间建立统一的电网设备参数台账，为电网模型的统一、数据的互通、电网拓扑分析、电网运行统计提供了方便。通过统一的设备台账可以方便地把自动化系统采集到的数据导出到调度生产系统，进行各种离线大计算量的分析和统计工作，实现在线监测与数据分析挖掘的紧密结合。

3. 与电网生产管理业务关联

电网运行指标必须与其他的生产经营、人力资源、财务管理、物资管理、用电营销、工程项目等业务指标相结合，调度生产管理系统中的设备台账管理必须与电网生产管理系统中的设备台账建立准确的业务关联。

【思考与练习】

1. 简述电网一次设备的定义及具体分类。
2. 保护及安全稳定装置主要由哪些装置及系统组成？
3. 调度自动化设备主要分为哪几类？

模块 2　调度管理系统人员管理模块的使用（GYZD00301002）

【模块描述】本模块介绍调度管理系统人员管理模块的使用方法。通过结构和方法介绍，熟悉人员管理的常用结构形式和人员管理模块的组成，掌握人员管理模块的使用方法以及调度管理系统角色用户管理与人员管理结合应用的方法。

【正文】

人员管理模块的主要作用是以结构化的形式展示人员的从属组织方式，提供录入手段，并通过角色配置工具，实现系统角色用户与人员管理的融合。

一、人员管理的常用结构

人员管理模块通常采用面向公司的人员管理和面向调度的人员管理两种结构形式，并根据调度管理系统的实际需要，可对厂站的人员管理进行扩充。

（一）面向公司的人员管理

这种结构形式将电力公司作为人员管理的起点，根据电力公司的机构设置，将调度中心作为电力公司下属的一个部门，和其他相关部门一同挂接在电力公司下，纳入调度管理系统的人员管理模块中。

对于调度中心，则设置其下级部门（如调度处、运行方式处等）所有的员工信息，都在部门下进行维护处理。

面向公司的人员管理业务，主要是指那些不仅仅在调度中心内部流转，而且还涉及电力公司内部其他部门（如生技部门、科技部门）进行流转审批的业务流程。这种情况常见于地级调度机构。

面向公司的人员管理可以按图 GYZD00301002-1 所示进行组织。

（二）面向调度的人员管理

面向调度的人员管理与面向公司的人员管理结构的最大不同点就是将人员管理的起点设置为调度中心，只管理调度中心内部的部门。所有的人员信息依然是要在部门下进行管理。

面向调度的人员管理，主要是指那些可以完全在调度中心内部处室进行流转的业务流程，常应用于网省调级调度机构。

面向调度的人员管理可以看作是面向公司的人员管理的一个子集，其组织形式可以参照图 GYZD00301002-2 所示进行组织。

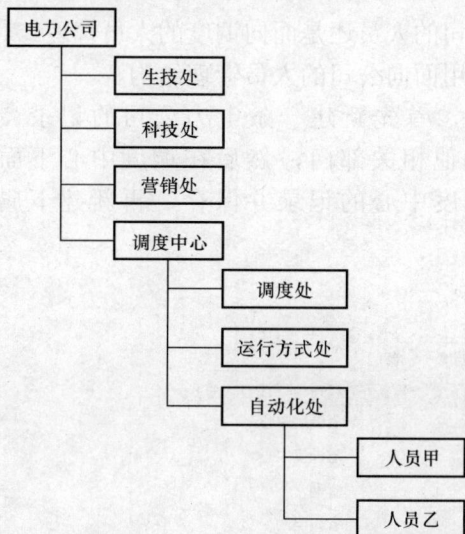

图 GYZD00301002-1　面向公司的人员管理组织方式　　图 GYZD00301002-2　面向调度的人员管理组织方式

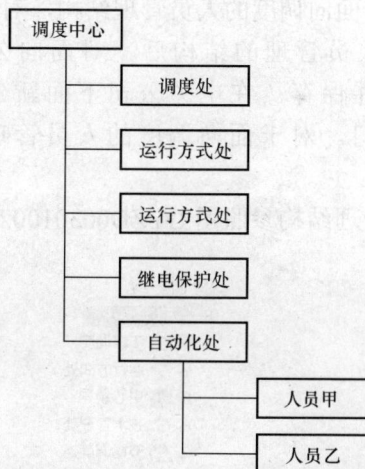

（三）调度管理系统对人员管理的扩充

由于调度管理系统中，业务会涉及调度管辖的变电站以及相关的发电厂，因此需要将人员管理扩充到变电站和发电厂，以实现完备的权限控制。

二、人员管理模块的组成

在调度管理系统中，为实现多层次级联关系的人员管理，需要多种管理类型，按照组织形式进行组合，也是人员管理的必要组成部分。

1. 电力公司

主要描述信息包括公司名称、地址、联系方式、公司级别等。

2. 调度中心

主要描述信息包括调度全称、调度简称、上级调度单位、调度级别、调度代码、通信地址、联系方式等。

3. 企业部门

人员管理模块的核心组成部分，主要描述信息包括部门名称、部门职责、部门员工数目等。

4. 企业员工

人员管理模块的核心组成部分，详细记录了人员的信息，主要包括姓名、性别、出生年月、通信信息、岗职信息、学历信息、所属部门（或厂站）以及用户配置信息等。

5. 变电站

人员管理模块的扩充部门，从一次设备组织管理引用而来，主要描述信息包括调度命名、调度简称、调度管辖范围、电压等级等。

6. 发电厂

人员管理模块的扩充部门，从一次设备组织管理引用而来，主要描述信息包括调度命名、调度简称、电厂性质等。

7. 人员相关组成信息

人员管理以企业员工为基本类型，描述了人员所属的部门、变电站或发电厂，根据人员所属的单位，结合人员的角色分配，可以基本明确该人员在调度管理系统中的业务应用范围，实现较为详细的权限控制。

人员信息中的通信信息部分可作为调度管理系统当中的内部通信录，方便用户沟通联系。学历信息和岗职信息可以作为调度机构人员分析的基础资料。

三、人员管理模块的使用方法

1. 基本结构的使用方法

根据调度管理系统的实际应用，首先确定采用面向公司的人员还是面向调度的人员管理。对网省调级别采用面向调度的人员管理结构，对地级调度机构采用面向公司的人员管理结构。

确定人员管理的结构后，对面向公司的人员管理，首先新建一条电力公司的记录，输入公司名称并保存。在电力公司下面新建调度中心和其他相关部门，然后在调度中心下面新建其下属部门。对于面向调度的人员管理，首先新建调度中心的记录并保存，再新建下属部门的记录。

人员管理结构参照图 GYZD00301002-3 所示进行操作。

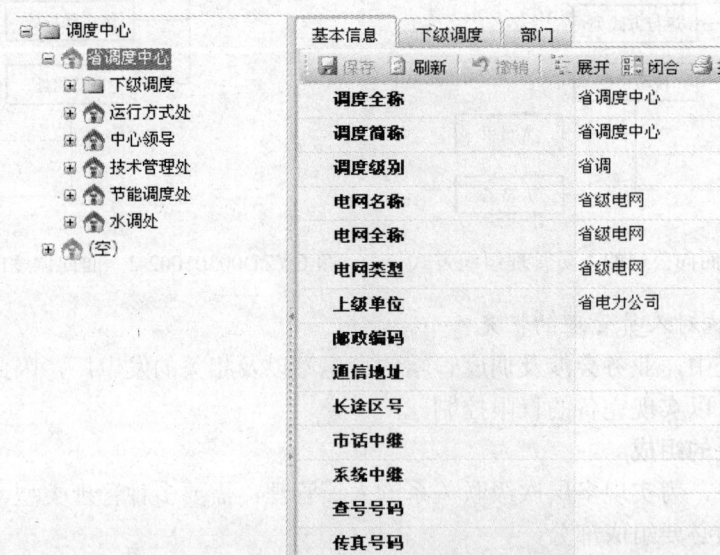

图 GYZD00301002-3　人员管理结构维护界面

2．详细信息的使用方法

建立完整的基本结构后，应建立人员信息的记录。选中特定的部门（发电厂、变电站），选择新建企业员工，在部门（发电厂、变电站）下面增加一条记录，在记录中输入人员的姓名、性别、出生年月、通信信息等信息后选择保存按钮即可。

如果人员的信息需要进行更改维护，则选中需要进行维护的人员，根据实际情况更改填写对应的内容，完成后点击"保存"按钮保存。

人员管理详细信息参照图 GYZD00301002-3 所示进行操作。

四、调度管理系统角色用户管理与人员管理的结合应用

由于调度管理系统中的人员同时又是调度管理系统的使用用户，两者存在关联关系，因此调度管理系统中引入了角色配置管理工具和用户配置管理工具，可将两者进行有机结合。

1．调度管理系统角色用户与人员管理模块的关系

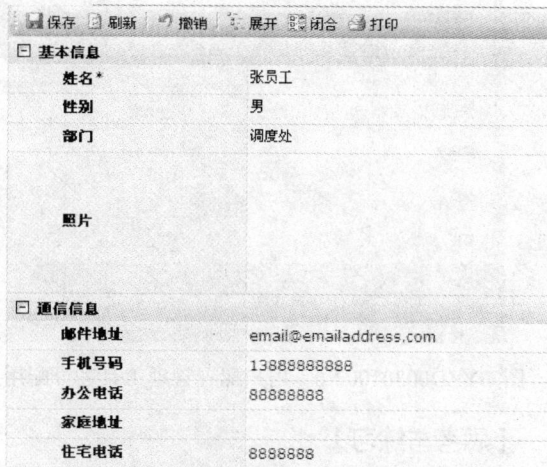

图 GYZD00301002-4　人员管理详细信息维护界面

调度管理系统中根据业务需求定义了大量的角色，相当于日常调度生产管理中各个生产部门的工作岗位。由于调度管理系统中的用户也是现实中的人员，在调度管理系统中纳入了人员管理模块的管理范围，将系统的用户与人员管理模块中的人员进行绑定，为其配置角色，就可以达到系统配置与模块管理一体化的效果。

2．人员管理中配置系统角色的方法

调度管理系统角色基本等同于部门的工作岗位设置，在人员管理模块中配置系统角色的出发点是"部门"。

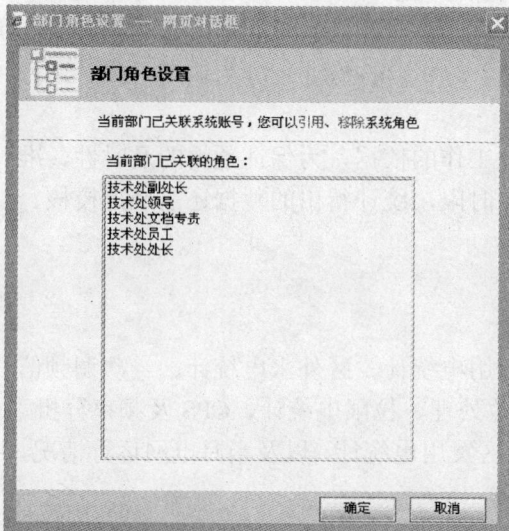

图 GYZD00301002-5　角色配置管理工具

在人员管理模块选中部门，通过调度管理系统提供的角色配置管理工具，可以新建、修改或者删除该部门拥有的角色，保存后即可。

角色配置管理工具参照图 GYZD00301002-5 所示进行操作。

3．人员管理中配置系统用户、分配系统角色的方法

调度管理系统中的用户可映射到人员管理模块中的具体人员，所在人员管理模块中提供了配置系统用户、分配系统角色的工具——用户配置管理工具。

在人员管理模块中选中员工，调用用户配置管理工具，如果该员工当前还没有分配系统用户名，则首先为其创建系统用户名，默认为该员工的姓名。如果系统内部有重名现象，则需要人工更改系统用户名以保证唯一性。为该员工设定密码后，则其对应的系统用户就已经建立。此时该员工对应的系统用户只具备最基本的系统权限，还应为其增加对应的系统角色。工具默认提供员工所在部门拥有角色的列表，可以从中选择，同时提供引用其他系统角色的功能，方便进行授权。一个系统用户可以对应多个系统角色，同时一个系统角色也可以指定多个用户担当。

如果选中的员工已经分配了系统用户名，则可以在用户配置管理工具中进行密码修改和角色重新定义的工作。

用户配置管理工具参照图 GYZD00301002-6 及图 GYZD00301002-7 进行操作。

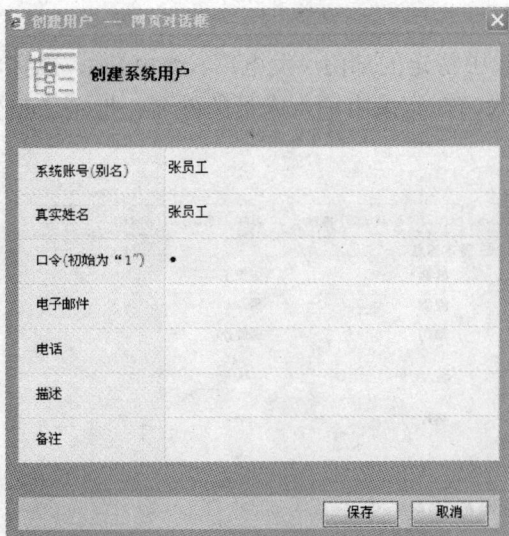

图 GYZD00301002-6　用户配置管理工具之分配用户　　　图 GYZD00301002-7　用户配置管理工具之分配角色

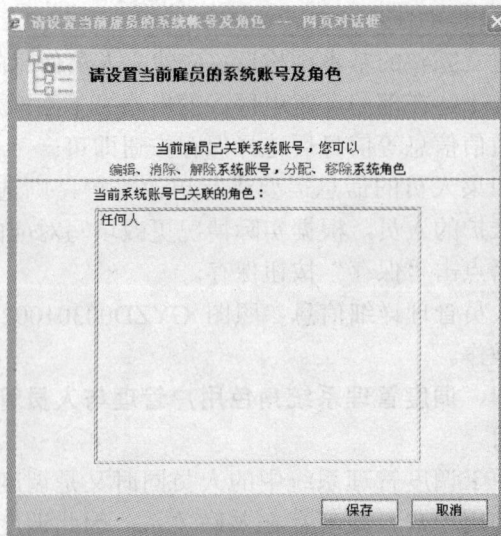

【思考与练习】

1. 面向公司的人员管理与面向调度的人员管理两种结构是否可以同时出现在一个调度管理系统中？

2. 在面向公司的人员管理结构中，调度中心和与其平级的企业部门有什么异同？

3. 将系统角色、系统用户与调度管理系统中的人员管理模块结合在一起有什么好处？

模块 3　调度管理系统月报制作模块的使用（GYZD00301003）

【模块描述】本模块介绍调度管理系统月报制作模块的使用。通过功能介绍和举例说明，掌握调度月报、运方月报、自动化月报、通信运行月报功能、内容及其操作方法。

【正文】

调度管理系统月报模块主要用于对全网运行情况进行统计、分析，按专业可分为调度月报、运方月报、自动化月报以及通信运行月报四类。

调度管理系统月报模块所发布的数据是调度以及相关专业工作的依据，为保证数据的及时性、准确性，需要专门的管理规定和发布流程来规范数据来源、统计时限，统计得出的数据还需经过校核、审核、审批等步骤方能发布。下面将逐一进行介绍。

一、调度月报

（一）调度月报内容

调度月报一般分为发电厂发电统计、发受用电统计、各市用电统计、区外来电统计、一次调频信息、AGC 机组运行情况、新设备启动、机炉非计划停运、事故处理、拉限电统计、CPS 及频率分析、操作票统计十二项内容。主要记录各发电企业发电情况、各地区发用电统计，以及当月电网运行情况，是 OMS 调度专业管理中的重要组成部分。

1. 发电厂发电统计

发电厂发电统计是记录、统计发电企业的月度发电情况。管辖范围内各电厂的记录、统计内容可以分为电量、负荷率以及日最大负荷三部分。其中：电量包括发电量累计、最大日发电量、最大日发电量发生日期、最小日发电量、最小日发电量发生日期以及平均日电量六类信息；负荷率包括最大发电负荷率、最大发电负荷率发生日期、最小发电负荷率、最小发电负荷率发生日期以及平均发电负荷率五类信息；日最大负荷包括日发电最大负荷以及日发电最大负荷发生日期两类信息。

2. 发受用电统计

发受用电统计记录、统计月度内的发受用电总体情况。月度内每天的发受用电统计内容可以分为发电、用电与受电三部分。其中：发电包括发电最大、最大发电量发生日期、发电最低、最低发电量发生日期、调差、调差率以及发电负荷率等信息；用电包括用电量、用电最大、最大用电量发生时间、用电最小、最小用电量发生时间、峰谷差、峰谷差率、用电负荷率以及抽水电量九类信息；受电包括受电量一类信息。

3. 各市用电统计

各市用电统计记录、统计各市的月度用电情况，主要包括最大负荷、最大负荷出现时间、最大负荷平均、最低负荷、最低负荷出现时间、最低负荷平均、负荷率、上年用电量、今年用电量、增长率十类信息。

4. 区外来电统计

区外来电统计记录、统计月度受电情况，各关口的受电情况可以分为负荷和电量两部分。其中负荷包括最大负荷、最大负荷发生时间、最低负荷、最低负荷发生时间以及平均负荷五类信息；电量包括累计电量、最大日电量、最大日电量发生时间、最小日电量、最小日电量发生时间以及平均电量六类信息。

5. 一次调频信息

一次调频信息记录、统计机组的月度一次调频测试考核情况。

6. AGC 机组运行情况

AGC 机组运行情况记录、统计机组的月度 AGC 测试考核情况。各机组的 AGC 测试考核内容包括测试日期、开始时间、结束时间、有效时间（分钟）、测试目标、开始出力、结束出力、调节出力以及调节速率九类信息。

7. 新设备启动

新设备启动记录管辖范围内的主要新设备月度投运启动情况，包括时间、内容、电压等级以及设备类别四类信息。

8. 机炉非计划停运

机炉非计划停运记录、统计机炉的月度非计划停运情况，包括申请时间、同意时间、结束时间、类型、电厂、机组编号、机炉设备缺陷、停机时间、并机时间、结果以及备注十一类信息。

9. 事故处理

事故处理记录、统计月度内的事故及处理情况，包括日期、时间、事故情况、电压等级以及设备类别五类信息。

10. 拉限电统计

拉限电统计记录、统计月度内的拉限电情况，按错峰、轮休、可转移、负控、超用拉电、事故拉电等拉限电方法对月度内的拉限电记录分容量和电量两类信息进行统计，并提供累计、合计等统计功能。

11. CPS 及频率分析

CPS 及频率分析记录、统计月度内的 CPS 情况和频率分析，主要包括频率指标分析、CPS 指标分析两部分。

12. 操作票统计

操作票统计记录、统计月度内所拟操作票的张数及执行合格率情况。主要包括开始序号、结束序号、张数、项数以及合格率（%）五类信息。

（二）案例介绍

调度月报是调度管理系统的重要组成部分，编制一份详细、准确的调度月报有利于调度中心员工以及公司内部相关人员了解、掌握电网的月度运行情况，制订出科学、可靠的电网工作计划。

下面就以省调 OMS 调度月报的编制为例，对编制过程进行详细介绍。

1. 新建调度月报框架

每期月报以一个统一对象的形式存在于数据库中。编制开始前，需要创建这个统一对象，即用户编制月报前需要新建一个月报框架，具体操作为：①从菜单进入应用后，选中根节点"调度月报"；②选择右键快捷菜单中的"新建：月报"菜单项。

此时，系统将自动生成本月月报框架，同时自动填写基本信息中的名称、生成日期、月报年份以及月报月份四类信息，如图 GYZD00301003-1 所示。

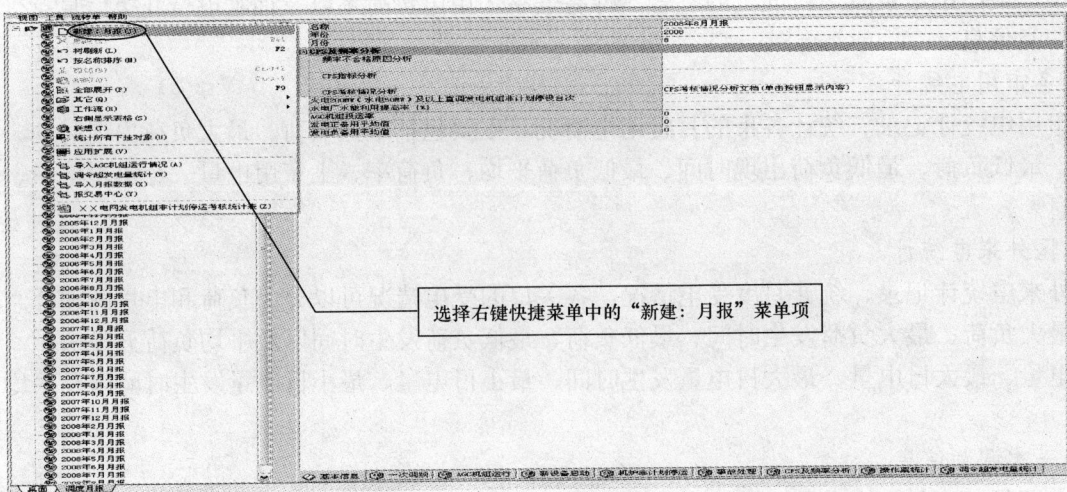

图 GYZD00301003-1　新建调度月报框架

2. 读入月报数据

每期调度月报中各种电量、负荷等数据都来自于调度管理系统调度日志。导入数据的具体操作为：①选中所要编辑的月报节点；②选择右键快捷菜单中的"导入月报数据"菜单项。

此时，系统将根据预设自动从调度日志模块中提取相关数据，如图 GYZD00301003-2 所示。

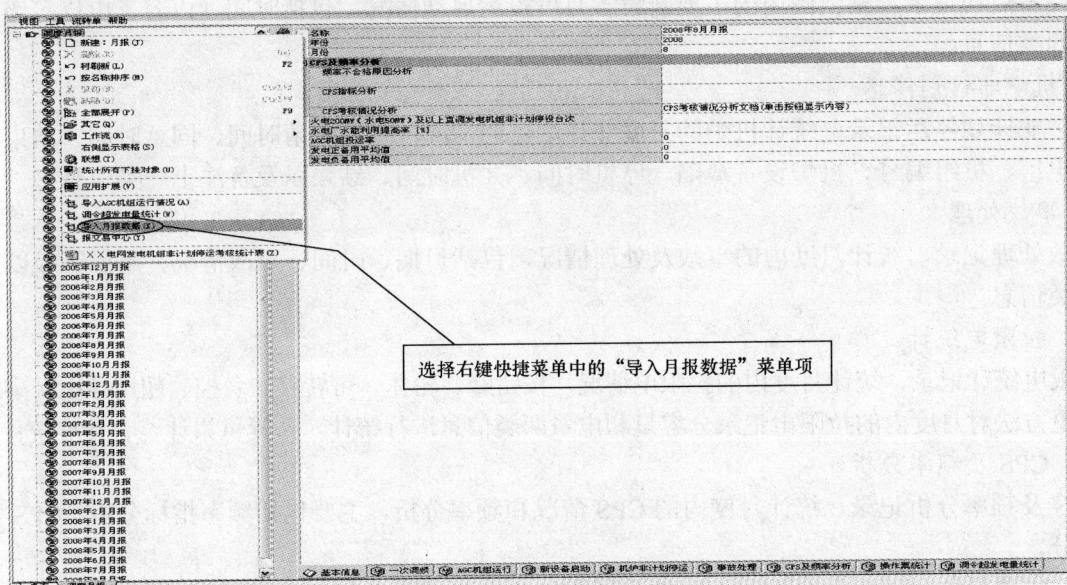

图 GYZD00301003-2　读入月报数据

3. 手工输入数据

每期调度月报中需要手工输入的信息，可以通过模块快速输入。以一次调频为例，具体操作为：①选中所要编辑的月报节点；②选择"一次调频"分页；③选择右键快捷菜单中的"新建"菜单项，或点击左侧工具栏中的"新建"按钮；④点击左侧工具栏中的"编辑"按钮，对新建的记录进行编辑；⑤点击左侧工具栏中的"保存"按钮，保存手工输入的内容。

录入界面如图 GYZD00301003-3 所示。

4. 查询月报数据

通过网站查看已发布的月报数据，并提供分类显示、按月份或时间段查询功能，如图 GYZD00301003-4 所示。

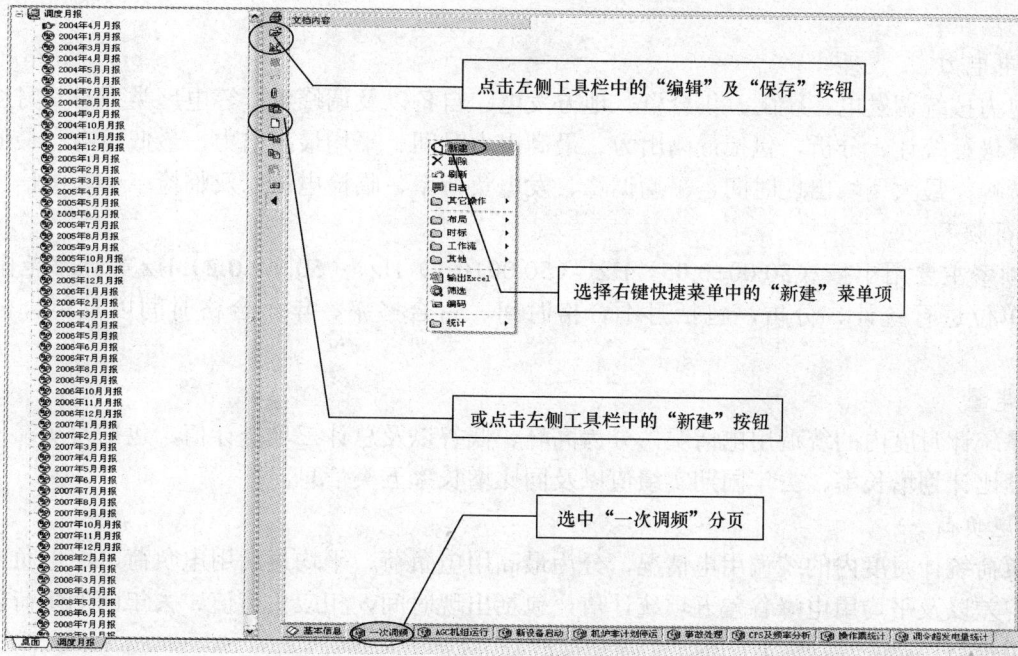

图 GYZD00301003-3　数据输入界面

图 GYZD00301003-4　数据查询

二、运方月报

运方月报是对当月电网运行情况进行统计、分析，如全网发用受电量、发电电力、用受电负荷、主要厂站无功出力及功率因数、电网中枢点电压及合格率等，是记录、统计电网调度的基础数据。

运方月报一般分为电网运行概况、电网运行月报两部分，其中电网运行概况又细分为发电、用电、受电、机组检修、主要电气设备检修、电网事故及异常、电压及网损以及新设备投运等信息，由运方专业各专职手工维护。

1. 发电量

发电量按统调发电、统配、集合资、地方发电、自备以及调峰电厂等电厂类型对其月度内的发电情况进行统计、分析，包括月计划值、月实绩值、去年同期实绩值、实绩比计划增长率以及同比增长率五类信息。

2. 发电电力

发电电力按统调发电、统配、集合资、地方发电、自备以及调峰电厂等电厂类型对其月度内的发电出力情况进行统计、分析，包括最高出力、最高出力时间、平均最高出力、最低出力、最低出力时间、最大调峰、最大调峰出现时间、平均调峰、发电负荷率、临检电量以及临检率十一类信息。

3. 运行频率

运行频率主要用于按（50.00±0.05）Hz、（50.00±0.1）Hz、（50.00±0.2）Hz 等频率范围对辖区内的下属单位进行统计、分析，包括月不合格时间、月合格率、年不合格时间以及年合格率四类信息。

4. 用电量

用电量统计月度内的统调用电情况，分为高峰、低谷以及总计三项统计值，包括月实绩值、月计划值、实绩比计划增长率、去年同期实绩值以及同比增长率五类信息。

5. 用电负荷

用电负荷统计月度内的统调用电情况，分为最高用电负荷、平均最高用电负荷、用电负荷率、最高用电峰谷差以及平均用电峰谷差五项统计值，包括出现时间、相应负荷值、去年同期负荷以及同比增长率四类信息。

6. 受电量

受电量按不同受电范围，对月度内的全网受电情况进行统计，包括月实绩值、月累计计划值、实绩比计划增长值以及同比增长率四类信息。

7. 受电负荷

受电负荷统计月度内的受电负荷情况，分为最大、平均两项统计值，包括负荷值、去年同期负荷值、同比增长率、峰谷差、去年同期峰谷差以及峰谷差同比增长率六类信息。

8. 拉电情况

拉电情况统计辖区内各下属单位月度内的拉电情况，包括总调条次、总调负荷、省调条次、省调负荷、市调拉电条次以及市调拉电负荷六类信息。

9. 各市用电情况

各市用电情况统计辖区内各下属单位月度内的用电情况，包括实绩值、计划值、去年同期实绩值、实绩同比增长率、最高峰谷差、去年同期最高峰谷差、峰谷差同比增长率以及负荷率八类信息。

10. 电网主要厂站无功出力及功率因数情况

电网主要厂站无功出力及功率因数情况统计月度内各厂站的月度无功出力及功率因数情况，分为2点和9点两项统计值，包括最高无功出力、最低无功出力、平均无功出力、功率因数以及平均功率因数五类信息。

11. 电网中枢点电压情况及合格率

电网中枢点电压情况及合格率统计月度内各厂站的中枢点电压情况及合格率，包括电压上限、电压下限、2点最高电压、2点最低电压、2点平均电压、9点最高电压、9点最低电压、9点平均电压、电压超上限次数、电压超下限次数以及电压合格率十一类信息。

12. 损失电量

损失电量按临时检修、计划检修、调停或节日检修、调停消缺四种停机类型，对辖区内各厂站的月度电量损失情况进行统计，并按厂站统计各停机类型损失电量的合计值。

13. 安控统计

对月度内的安控情况进行统计，分为220kV 稳控以及低频低压两项统计值，包括动作次数以及动作正确率等信息。

14. 自动按频率减负荷情况

自动按频率减负荷情况分为套数汇总以及负荷汇总两部分内容，主要用于按 47.50Hz 0.5″、48.00Hz 0.5″、48.25Hz 0.5″、48.50Hz 0.5″、48.75Hz 0.5″、49.00Hz 0.5″、48.50Hz 20″、49.00Hz 20″　8轮次，对

辖区内下属单位的计划值、实绩值以及投运率进行统计、分析，并提供各轮次的总计值以及各下属单位的合计值统计。

三、自动化月报

自动化月报一般分为系统运行情况统计及系统停运情况分类统计两项内容。主要利用自动化值班日志厂站异常记录部分，结合人工输入信息，自动统计、分析生成当月系统的各种运行质量参数与运行指标，可在网页发布，方便查询和统计。

1. 系统运行情况统计

统计、分析月度内自动化系统的各运行指标，如数据通信系统、子站设备、数据传输通道、数据网络通道、计算机系统月可用率、遥测月合格率、事故遥信正确动作率、统调发电功率总加完成率、AGC 机组可调容量占统调装机容量百分比、AGC 功能投运率、AGC 控制合格率 CPS1、AGC 控制合格率 CPS2、状态估计月计算次数、状态估计覆盖率、状态估计月可用率、遥测估计合格率、单次状态估计计算时间、调度员潮流每天计算次数、调度员潮流月合格率以及调度员潮流计算结果误差等。

2. 系统停运情况分类统计

对月度内的数据通信系统及计算机系统停运情况进行统计、分析。其中，数据通信系统停运情况包括子站设备套数、子站设备故障修试时间、电源中断时间、通道中断时间、线路停电时间、主站通信接口设备故障修试时间、其他停运时间、总计时间、单套平均故障时间等九类信息；计算机系统停运情况包括主机系统故障时间、前置系统故障时间、计算机系统软件或进程故障时间、电源中断时间、其他故障、总计时间六类信息。

四、通信运行月报

通信运行月报根据设备缺陷记录、设备停役申请记录及地区设备运行情况等内容，自动生成月报数据，实现设备投运、设备运行等统计、汇总及审核工作。

通信运行月报一般分为设备信息、设备缺陷记录、设备缺陷分类统计、业务运行情况统计、设备停役记录、情况通报、系统交流、电话会议出席统计、微波通信设备运行统计、光纤设备运行统计、主干光缆运行统计、网络设备运行统计、载波设备运行统计以及月度考核十四类信息。

1. 设备信息

按设备类型对辖区内运行的设备进行统计，所有数据均从设备台账模块中提取，其统计规则为：根据辖区内不同的电路类型（如微波电路、光纤电路、载波电路等）映射到各通信站内的设备集合下的各通信设备类型（如复接设备、网管设备、光放设备、终端设备等），分别统计其对应的运行设备台数，包括电路类型、设备集合名称、设备类型以及台数四类信息。

2. 设备缺陷记录

统计月度内设备缺陷情况，所有数据均从通信日志模块中提取，包括设备类型、设备名称（含设备所属通信站信息）、缺陷开始时间、缺陷结束时间、缺陷处理情况、缺陷等级以及缺陷时长（分）七类信息。

3. 设备缺陷分类统计

按不同生产厂家，对月度内的设备故障次数进行统计，并计算出当前的年度值。

设备缺陷包括厂家名称、月度板卡故障次数、月度接口故障次数、月度系统故障次数、年度板卡故障次数、年度接口故障次数以及年度系统故障次数等七类信息。

4. 业务运行情况统计

统计月度内的各业务设备运行情况，业务类型分为继电保护、安全稳定通道、调度电话以及自动化远动四类，统计内容包括总路数、中断路数、传输设备中断路数、光缆中断路数、通信电源中断次数、人为原因中断次数以及累计中断时间（分）等七类信息。

5. 设备停役记录

统计月度内的设备停役情况，包括申请单编号、申请单位、设备名称（含设备所属通信站信息）、工作内容、实际工作开始时间、实际工作完成时间及工作完成情况七类信息。

6. 情况通报

记录辖区内下属单位的月度重点工作情况，包括情况通报内容一类信息。

7. 系统交流

记录辖区内下属单位的月度系统变更情况，包括系统交流内容一类信息。

8. 电话会议出席统计

统计月度内各下属厂局出席电视电话会议的情况，包括厂局名称、出席次数及出席率等三类信息。

9. 微波通信设备运行统计

统计月度内微波通信设备的运行情况，包括通信站名称、电路名称、配置路数（路）、故障路数（路）、故障时间（分）及设备运行率（%）六类信息。

10. 光纤设备运行统计

统计月度内光纤设备的运行情况，包括通信站名称、电路名称、配置路数（路）、故障路数（路）、故障时间（分）及设备运行率（%）六类信息。

11. 主干光缆运行统计

统计月度内主干光缆的运行情况，包括光缆名称、光缆段名称、配置芯数（芯）、故障芯数（芯）、故障时间（分）以及光缆运行率（%）六类信息。

12. 网络设备运行统计

统计月度内网络设备的运行情况，包括通信站名称、电路名称、配置路数（路）、故障路数（路）、故障时间（分）以及设备运行率（%）六类信息。

13. 载波设备运行统计

统计月度内载波设备的运行情况，包括通信站名称、电路名称、配置路数（路）、故障路数（路）、故障时间（分）以及设备运行率（%）六类信息。

14. 月度考核

记录对辖区内下属单位的月度考核情况，包括单位名称、规章制度得分、报表资料得分、业务技术得分、工作任务得分、维护质量得分、精神文明得分、总分以及评分事由等九类信息。

【思考与练习】

1. 试列举出调度月报、运方月报、自动化月报与通信月报的流程。
2. 试列举出调度月报、运方月报、自动化月报与通信月报的功能。
3. 试列举出调度月报、运方月报、自动化月报与通信月报统计的内容。
4. 试列举出调度月报、运方月报、自动化月报与通信月报各项内容的数据来源。

模块 4 调度管理系统检修申请模块的使用（GYZD00301004）

【模块描述】本模块介绍调度管理系统的检修申请模块的使用方法。通过结构、流程和操作方法的介绍，熟悉检修申请模块的软硬件结构和检修申请的工作流程，掌握报送、受理、审核、执行以及查询检修申请的操作方法。

【正文】

一、检修申请的系统结构

1. 硬件结构

设备检修管理系统通常被同时部署在网络管理大区中的两台应用服务器上，互为备用，中心内部用户通过局域网访问系统站点，检修工作申请单位通过调度数据网络访问系统站点。不具备宽带网络条件的单位（如相对偏僻的电厂或变电站），可以通过拨号网关用拨号的方式接入来访问系统。检修系统硬件及网络结构（以省调系统为例）如图 GYZD00301004-1 所示。

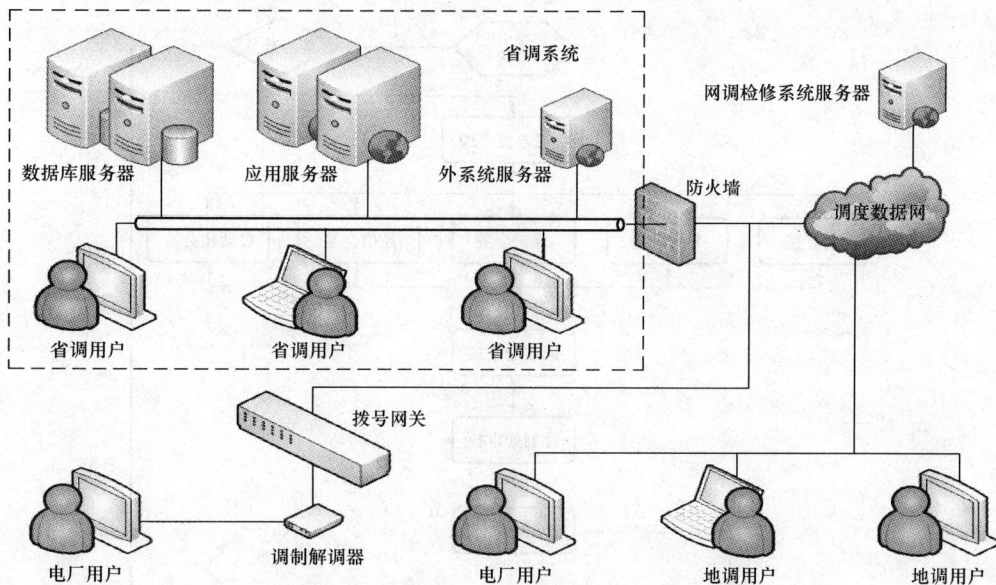

图 GYZD00301004-1　检修系统硬件及网络结构图

2. 软件结构

设备检修管理系统大多采用 B/S 结构，用户通过网页浏览器来完成工作，无需额外安装任何客户端程序或插件。整个系统的软件主要由三个部分组成：现有调度管理系统软件平台提供的服务（包括数据服务、安全认证服务、工作流服务、文件服务等）；检修申请管理模块（包括所有的用户界面）；检修申请单数据服务（包括下级单位上报数据文件解析服务和对外系统的文件输出服务）。检修系统软件结构如图 GYZD00301004-2 所示。

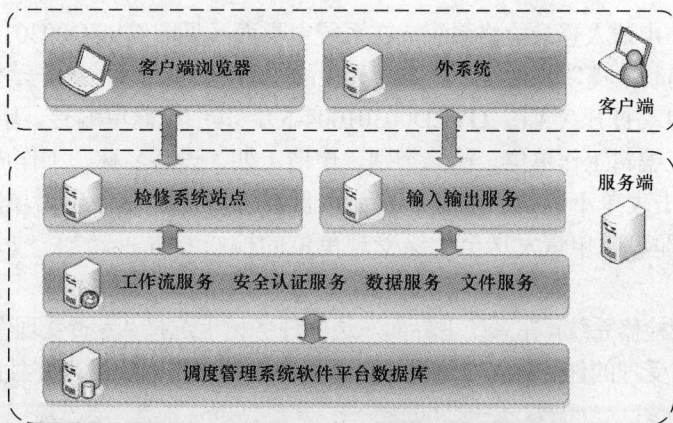

图 GYZD00301004-2　检修系统软件结构图

二、检修申请的工作流程

检修申请的流程一般由设备运行或维护单位的检修工作申请人发起，然后提交给上级调度或管辖单位的计划处检修专责。如果是紧急检修或事故抢修，又是非正常工作受理时间，申请人可以直接将检修申请发送至上级单位调度台，由调度员协调安排工作。

由检修专责来受理申请人发送的检修申请，将填报不合格或无法安排工期的工作申请退回，并将通过审核的申请发送给各专业部门（包括方式、保护、调度、通信、自动化）的检修专责会签。各部门会签后的检修申请被系统的工作流引擎自动发送给调度处长和计划处长。调度处长和计划处长依次审核后，检修专责又来汇总各专业及部门意见。汇总过意见的检修申请将被发送至调度台，由调度员通知申请单位并下令执行检修工作。若是重大的检修工作，发送至调度台前还需先经过中心领导的审批。设备检修工作申请的工作流程如图 GYZD00301004-3 所示。

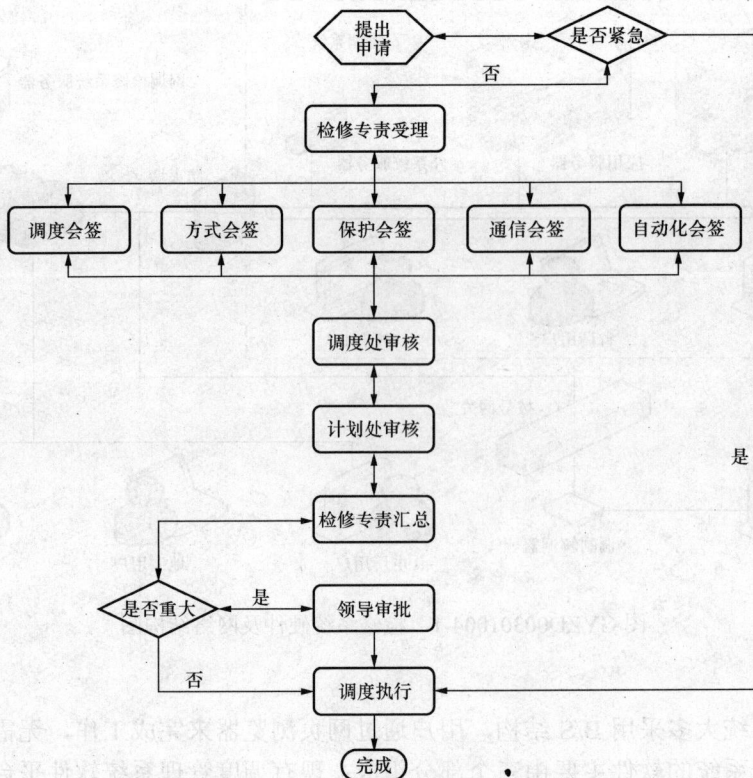

图 GYZD00301004-3　检修工作申请的工作流程图

三、检修申请的相关操作

1. 报送检修申请

申请单位的检修工作申请人登录检修系统，在系统主界面（见图 GYZD00301004-4）左边任务树上选择"提出申请"下的"编制草稿"节点，并点击工具栏的"新建"按钮，创建一个新的电网设备检修申请单。申请单创建成功会自动打开（见图 GYZD00301004-5），其中检修单编号、申请单位、申请人由系统自动填写，申请人需手工编辑工作单位、检修类别、申请工期、设备名称、工作内容和停电范围等信息。

填写检修单时，点击表单下方的"保存"按钮可保存当前工作。当申请填写完毕以后，点击页面下方的"发送"按钮，即可将申请发送至上级受理单位的检修专责。

2. 受理检修申请

计划处检修专责登录检修系统，在系统主界面左边的任务树上选择"专责受理"下的"申请受理"节点，右边任务栏会显示所有待受理的任务列表，这里汇总了所有申请单位提交上来并且尚未受理的检修申请。

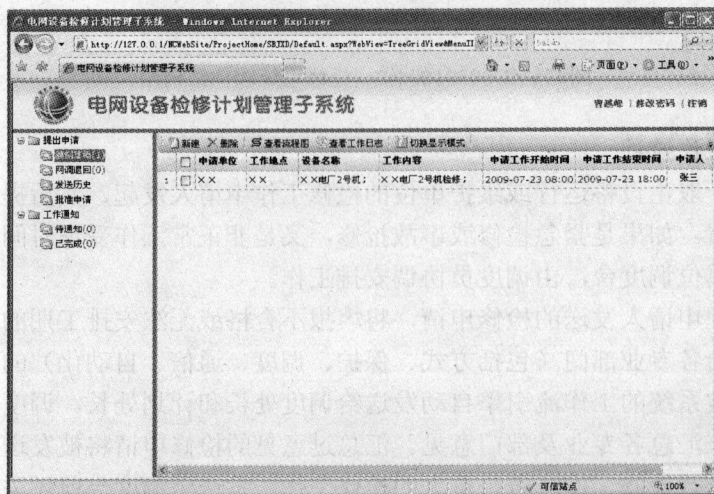

图 GYZD00301004-4　检修系统主界面

图 GYZD00301004-5　申请报送操作表单页面

受理申请时，双击打开即可浏览申请单的内容，如果确定电网现有运行方式具备安排此项检修工作的条件，则填写批准工期，并保存内容，然后将其发送给各专业部门会签。对于不能安排检修工作或填写不合格的申请，则可以将其退回给申请单位，先填写回退原因，并点击页面下方的"回退"按钮，系统自动将其退回给申请单位的检修申请人。

3. 审核检修申请

各专业部门检修工作负责人登录检修系统，在系统主界面左边的任务树上选择"方式会签"下的"待会签"节点（由于专业处室较多，这里仅以方式部门为例），右边任务栏会显示所有待会签的任务列表。

打开某项检修申请，浏览申请内容和受理内容，填写并保存专业意见和签名，然后将其发送往流程下一步以完成工作。如果对工作有异议，也可选择回退申请给受理人。

4. 执行检修工作

当班调度员登录检修系统，在系统主界面（见图 GYZD00301004-6）左边的任务树上找到"调度执行"节点，在此节点下面，系统根据检修工作的进度对所有执行中的检修单进行了详细的分类，分别为"待停电"、"已停电"、"已开工"、"延期中"、"已完工"、"已复电"和"已作废"。点击分类，右边任务栏会显示相应的检修单列表。

调度员可以通过分类功能迅速找到需要操作的检修单，打开某个检修单后，可以做如下的操作：

（1）办理停电。直接在表单页面（见图 GYZD00301004-7，下同）上填写"停电时间"、"对方受令人"和"调度员签名"，保存内容，系统会自动将检修单状态置为"已停电"。

（2）办理开工。直接在表单页面上填写"开工时间"、"对方接话人"和"调度员签名"，保存内容，系统会自动将检修单状态置为"已开工"。

（3）办理完工。直接在表单页面上填写"完工时间"、"对方报告人"和"调度员签名"，保存内容，系统会自动将检修单状态置为"已完工"。

（4）办理复电。直接在表单页面上填写"复电时间"、"对方受令人"和"调度员签名"，保存内容，系统会自动将检修单状态置为"已复电"。

（5）办理延期。由于工作未按期完成，现场申请延期，调度员可以办理检修延期操作。点击表单页面下方的"延期"按钮，在弹出的网页对话框中填写"申请延期时间"、"延期原因"、"对方报告人"、"调度员签名"，保存内容，系统会自动记录办理延期时间，并将检修单状态置为"延期中"。可以办理一次或多次延期，再次办理延期，重复上述操作。

（6）办理作废。由于天气等原因，工作不能按原计划执行，现场申请工作取消，调度员可以办理检修单作废。点击表单页面左下方的"作废"按钮，在弹出的网页对话框中填写"作废原因"、"调度员签名"，保存内容，系统会自动记录办理作废操作的时间，并将检修单状态置为"已作废"，已作废的检修单将不能再做任何修改。

对已经完成检修工作的检修单，调度员可以将其发送归档，作为历史数据存档，供以后查询使用。点击页面左下方的"已执行"按钮，系统会将此检修单的状态置为"已归档"。

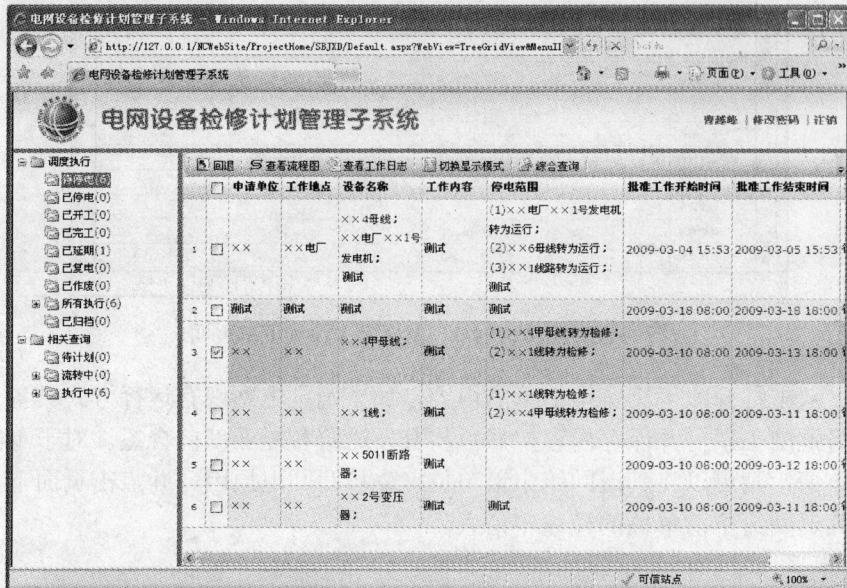

图 GYZD00301004-6 调度执行操作主界面

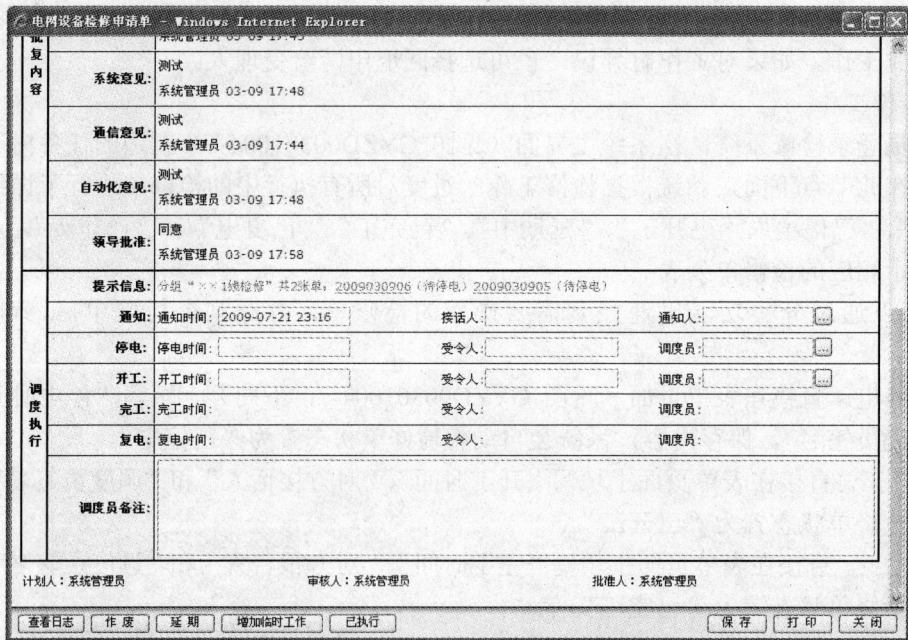

图 GYZD00301004-7 调度执行操作表单页面

5. 查询检修申请

利用综合查询功能，可以对系统中所有流转中、执行中和已归档的检修申请进行条件查询和模糊查询。从系统主界面的工具栏上打开综合查询操作界面（见图 ZY28017005-8），在查询条件的文本框中输入查询关键字或选择预设的条件值，可以使用多个条件做组合查询，点击"查询"按钮，表格中将显示查询到的结果。

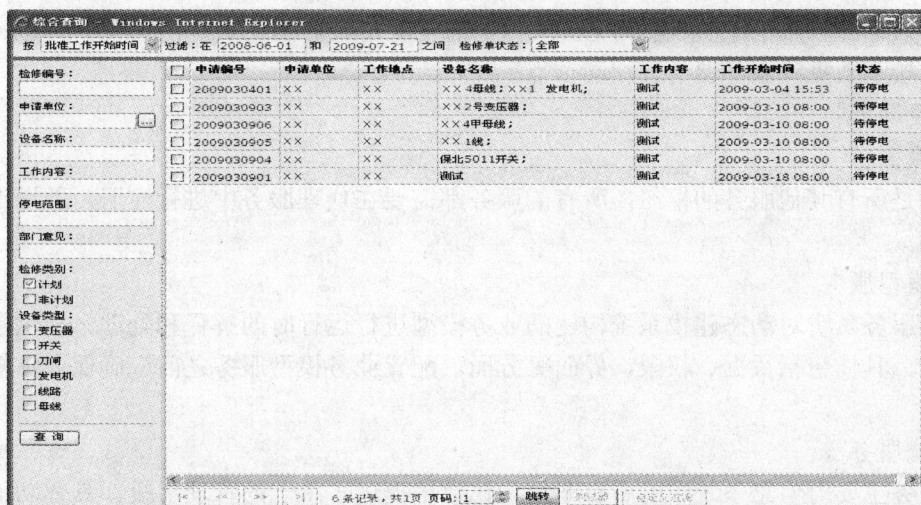

图 GYZD00301004-8　综合查询操作界面

【思考与练习】

1．如果是节假日期间，机组发生故障，需紧急停机检修，应如何报送检修申请？

2．受理检修申请时，如果申请填写不符合要求，需将申请退回给申请单位，应如何操作？

3．对已经完成检修工作的检修单，应如何处理？

模块 5　调度管理系统服务器软件介绍（GYZD00301005）

【模块描述】本模块介绍调度管理系统服务器软件。通过功能介绍和要点归纳，掌握调度管理系统服务器上的数据库服务软件、应用服务软件和门户网站软件的功能及运行环境要求。

【正文】

调度信息系统服务器上的软件分别为数据库服务软件、应用服务软件和门户网站软件。

一、数据库服务软件

数据库服务软件提供对底层数据库访问的支持。比较常用的数据库服务软件为 Oracle，需在服务器上安装 Oracle 服务器端程序。为了使数据库服务器能正常工作，对其有一定的配置要求，即硬件要求和软件要求，具体如下：

（1）硬件要求：

CPU：P4 2.0G 及以上。

内存：1G 以上。

硬盘：40G 以上。

（2）软件要求：

操作系统：Windows/LINUX/UNIX。

二、应用服务软件

应用服务软件基于数据库软件运行，其中包含应用逻辑以支持具体的应用。根据不同的功能模块化，主要包括七类服务：代理服务、业务模型服务、文件流服务、工作流服务、报表服务、消息服务、任务调度服务。

（一）配置要求

1．硬件要求

CPU：P4 2.0G 及以上

内存：1G 以上。

2．软件要求

操作系统：Windows 2003 SP1，IIS 6.0 组件。

数据库客户端：若数据库服务器为 Oracle，则需在应用服务器上安装相应版本的 Oracle 客户端程序，并配置连接到数据库服务器的客户端节点。

（二）主要功能

1. 代理服务

代理服务是所有其他服务的枢纽，所有的服务都需要在代理服务中进行注册，并通过代理服务获取其他的服务。

2. 业务模型服务

业务模型服务负责对动态建模系统构建的业务模型进行运行时的解释和处理。提供了静态对象系统的一切功能，具体包括数据、权限、界面等方面。配置业务模型服务之前应确保业务模型服务器可访问数据库。

3. 文件流服务

文件流服务主要对信息系统中的所有非结构化数据提供了统一的管理手段，具体功能包括非结构化数据的获取、上传、更新以及删除等。这些非结构化数据包括 C/S 客户端自动版本比较时待更新的文件，业务表单相关的文件数据（如图纸、报表等），以及用户在文件发布模块中上传和下载的各类文件等。配置文件流服务之前应确保文件流服务器可访问数据库。

4. 工作流服务

工作流服务能够针对电力企业复杂易变的需求敏捷地构建和维护流程模型，定义逻辑控制，并为个性化应用的二次开发提供完备的基础设施和服务支持。配置工作流服务之前应确保工作流服务器可访问数据库。

5. 报表服务

报表服务提供一个数据驱动的展现平台，支持用户通过数据准备、布局定义、报表发布等几个步骤设计和维护企业报表。配置报表服务之前应确保报表服务器可访问数据库。

6. 消息服务

消息服务对统一的消息发布和传送系统提供支持。支持内部消息、手机短信、电子邮件等多种辅助消息通知方式，并可不断扩展。配置消息服务之前应确保消息服务器可访问数据库。

7. 任务调度服务

任务调度服务与各种平台服务平级，互相之间不存在依赖关系，提供了统一、稳定的自动化任务的定义和执行环境，以满足企业中不同类型的自动化任务处理需求。

三、门户网站软件

门户网站软件提供了针对最终浏览器用户的综合信息集成和业务处理平台，可提供对动态建模系统生成的业务模型的解释功能，并可自动生成信息的集成处理界面。同时，在网站系统内可以便捷地访问其他子系统，如基于浏览器的工作流处理界面，基于浏览器的报表浏览、消息发布等。

【思考与练习】

1. 数据库服务器的操作系统有哪些选择？

2. 应用服务软件包括哪些主要功能？

第二十二章　调度管理系统安装调试

模块 1　调度管理系统客户机软件的安装与配置
（GYZD00302001）

【模块描述】本模块介绍调度管理系统客户机软件的安装与配置方法。通过方法介绍和举例说明，掌握胖客户端程序的安装配置以及浏览器客户端环境配置的方法。

本模块侧重介绍 PI3000 平台的客户机软件的安装配置。

【正文】

调度管理系统的客户机安装配置分为胖客户端和浏览器客户端，胖客户端也称为 C/S 客户端，该类客户端需要在客户机上安装一些程序，并做相应配置；浏览器客户端即为 B/S 客户端，此种客户端无需额外在客户机上安装程序，仅做相应配置即可。

以上两种不同客户端针对不同的使用场景，其中浏览器客户端因其方便灵活性得到广泛的使用。下面详细介绍这两种客户端软件的安装配置方法。

一、胖客户端程序安装

1. 安装

系统第一次安装，运行初次安装程序，安装程序是智能化的，当运行后可以自动检测计算机是否安装了主控台所依赖的运行环境（.NET Framework 2.0）。运行可执行文件：初次安装包\RichClient\ setup.exe 安装 PI3000 客户端。如果本机未安装.NET Framework 2.0，安装程序会提示安装，可按照.NET Framework 2.0 安装向导完成安装。

2. 配置

运行桌面上或开始菜单中的客户端程序，弹出主控台登录界面，如图 GYZD00302001-1 所示。

图 GYZD00302001-1　主控台登录界面

系统如果是第一次运行，则需要配置应用服务器地址，单击"选项"按钮，弹出如图 GYZD00302001-2 所示的界面。

单击新建按钮，新建一个服务节点，如图 GYZD00302001-3 所示。

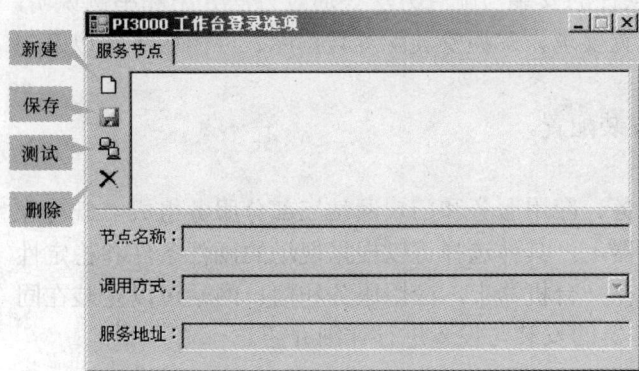

图 GYZD00302001-2　应用服务器地址配置界面

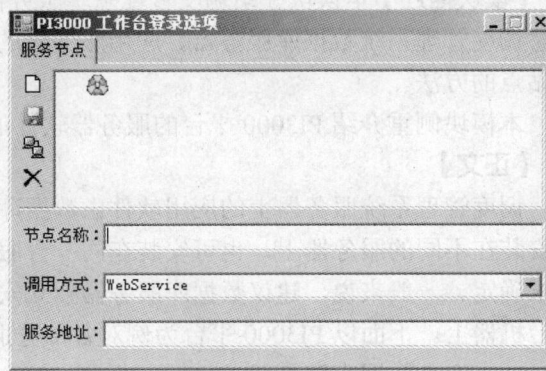

图 GYZD00302001-3　新建服务节点界面

输入节点名称，调用方式选择 WebService，服务地址输入代理服务器地址，图 GYZD00302001-4

是一个配置好的例子。

单击"测试"按钮可测试服务地址是否可用，单击"删除"按钮可删除当前节点。配置完毕后，单击"保存"按钮退出，回到登录界面。此时在服务器下拉框中可选择配置好的节点，输入用户名、密码后单击"登录"按钮登录主控台。

3. 卸载

通过 Windows 控制面板中的"添加或删除程序"，可卸载胖客户端程序。

二、浏览器客户端环境配置

将门户网站的 url 加入 IE 受信任的站点中，并将站点的安全级别改为最低。具体操作（以 IE6.0SP1 为例）：打开 IE—工具—Internet 选项—安全—选择受信任的站点，点站点按钮，在弹出窗口中将门户网站 url 地址加入，如图 GYZD00302001-5 所示。

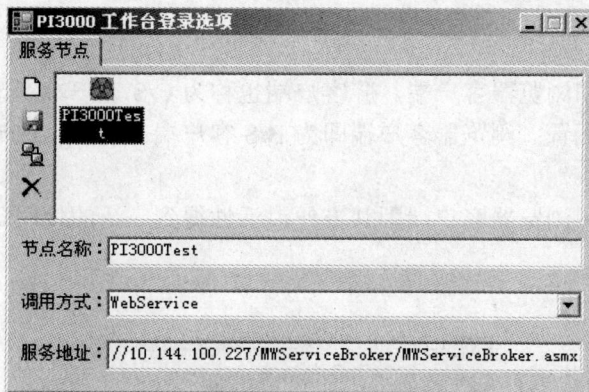

图 GYZD00302001-4 服务器节点配置完成样例图

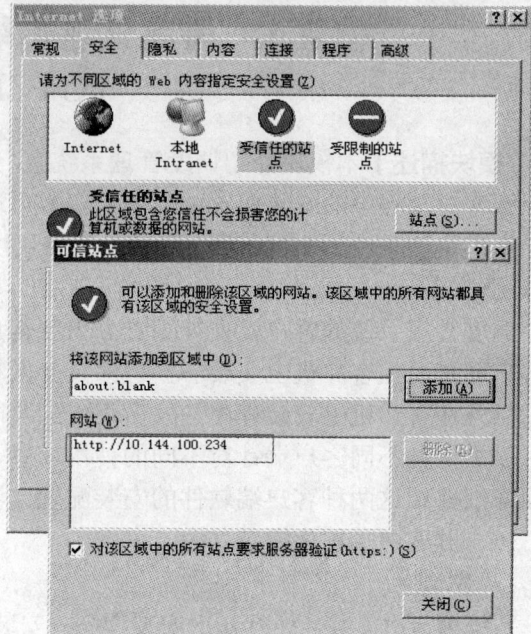

图 GYZD00302001-5 受信站点配置图

【思考与练习】

1. 如果不安装.NET FrameWork 2.0 直接安装胖客户端可以吗？如果不安装.NET FrameWork 2.0，胖客户端可以直接运行吗？

2. 胖客户端可以配置多个服务节点吗？

3. 在浏览器中，正确输入了密码却登录不了服务器怎么办？

模块 2 调度管理系统服务器软件的安装与设置（GYZD00302002）

【模块描述】本模块介绍调度管理系统服务器软件的安装与配置方法。通过方法介绍和举例说明，熟悉调度管理系统数据库服务器、应用服务器的配置要求，掌握安装配置数据库、应用服务器以及门户站点的方法。

本模块侧重介绍 PI3000 平台的服务器软件的安装配置。

【正文】

调度管理系统服务器上的应用软件由数据库服务、应用服务和门户网站三部分服务组成，既可分别安装在不同的服务器上，也可安装在同一台服务器上，具体选择可以根据现场的硬件条件和稳定性要求确定。一般来说，建议数据库服务器独立安装在一台机器上，应用服务和门户网站可以安装在同一台机器上。下面以 PI3000 平台为例对各部分服务器的安装与设置进行详细介绍。

一、安装数据库服务器

数据库服务用以提供对底层数据库访问的支持。主流的数据库服务有 Oracle、DB2 及 SQL Server 等，以 Oracle 数据库服务为例，其安装和配置如下。

（一）数据库服务器配置要求

数据库服务器分为硬件和软件两部分。

1．硬件要求

CPU：P4 2.0G 及以上。

内存：1G 以上。

硬盘：40G 以上。

2．软件要求

操作系统：Windows/LINUX/UNIX。

数据库服务程序：数据库服务器为 Oracle，需在服务器上安装 Oracle 服务器端程序。

（二）安装数据库

安装 Oracle9i 或更高版本的 Oracle 数据库。

［例 GYZD00302002-1］

新建数据库过程如下：

（1）单击"开始"菜单→"程序"→"Oracle OraHome92"→"Configuration and Migration Tools"→"Database Configuration Assistant"，将出现如图 GYZD00302002-1 所示的画面。

（2）单击"下一步"后选择"New Database"，如图 GYZD00302002-2 所示。

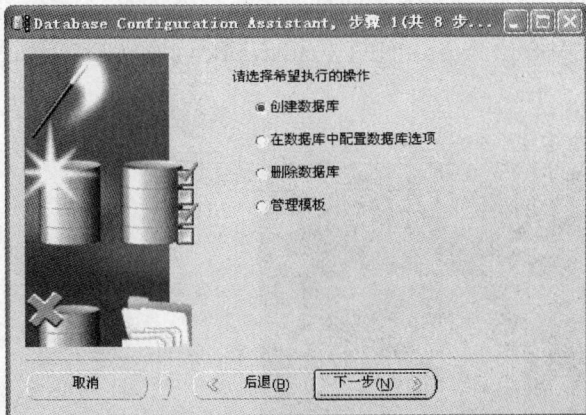

图 GYZD00302002-1　新建数据库实例图例 1

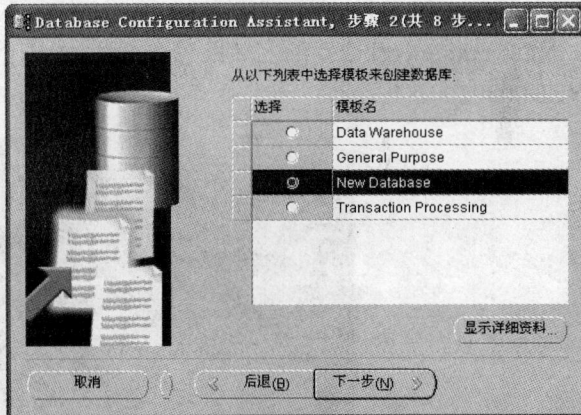

图 GYZD00302002-2　新建数据库实例图例 2

（3）单击"下一步"输入全局数据库名，如"PI3000"，如图 GYZD00302002-3 所示。

（4）保持 Oracle 的默认设置，依次点击"下一步"，直到完成数据库实例的创建。

（5）运用 PL/SQL 工具，以 SYSTEM 的用户身份和口令登录数据库。在 Command Window 中使用 start 命令执行 \Database\Ora9i2\MWOra9i2_DBSetup.sql 文件。

（6）脚本执行过程中，根据系统提示分别输入 SYSTEM 的密码、数据库实例的 SID 和表空间物理文件的存放路径。

（7）脚本正确执行后将会创建 MWS_SYS、MWS_RTM、MWS_APP 3 个系统表空间和

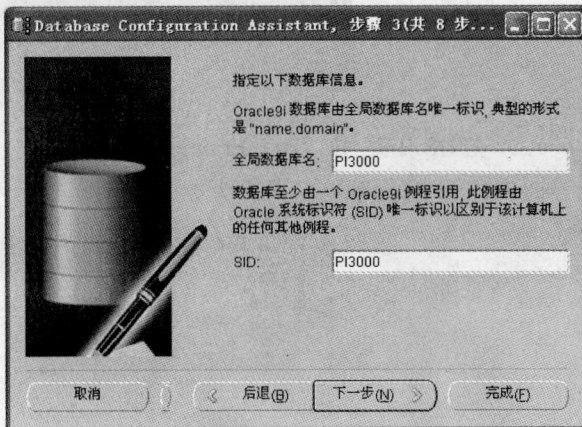

图 GYZD00302002-3　新建数据库实例图例 3

MWS_SYS、MWS_RTM、MWS_APP 3 个系统用户，以及应用服务平台的系统表和相关初始化数据。

二、安装应用服务器

（一）应用服务器的配置要求

应用服务器应具备如下的配置要求：

1. 硬件要求

CPU：P4 2.0G 及以上。

内存：1G 以上。

2. 软件要求

操作系统：Windows 2003 SP1、IIS 6.0 组件。

数据库客户端：若数据库服务器为 Oracle，则需在应用服务器上安装相应版本的 Oracle 客户端程序，并配置连接到数据库服务器的客户端节点。

（二）应用服务器的安装

应用服务主要包括七类服务：代理服务、业务模型服务、文件流服务、工作流服务、报表服务、消息服务、任务调度服务。这些服务既可部署在不同的机器上，也可部署在同一台服务器上，常用的做法是部署在一台服务器上。其中，任务调度服务有独立的安装包，其他应用服务集成于一个安装包，安装顺序如下：

1. 安装集成应用服务安装包

执行平台的服务安装程序：初次安装包\AppServer\setup.exe。如果本机未安装.NET Framework 2.0，安装程序会提示安装，可按照 .NET Framework 2.0 安装向导完成安装。

若应用服务器先安装 .NET Framework 2.0，后安装 IIS 组件，则需要按照如下步骤配置 IIS。

（1）在 ASP.NET 中注册 IIS。在命令行中执行.NET Framework 2.0 安装目录下执行命令 aspnet_regiis –i, .NET Framework 2.0 的安装路径一般为 C:\WINDOWS\Microsoft.NET\Framework\v2.0.50727，如图 GYZD00302002-4 所示。

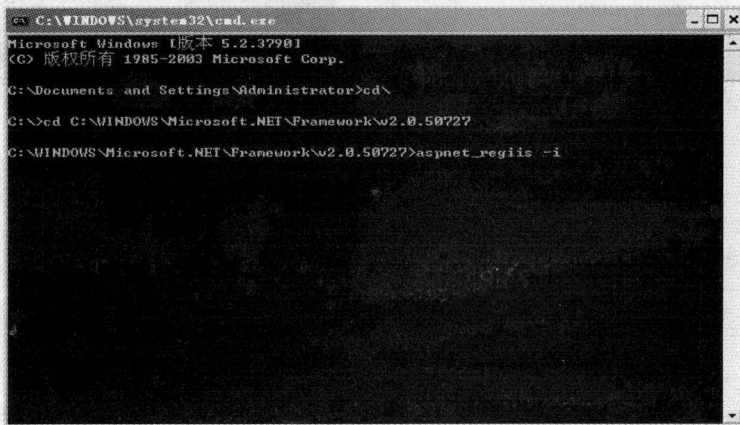

图 GYZD00302002-4　注册 IIS 图例

（2）在 IIS 中启用 .NET Framework 2.0。在 IIS 管理器中启用 ASP .NET 2.0 的服务扩展，具体操作界面如图 GYZD00302002-5 所示。

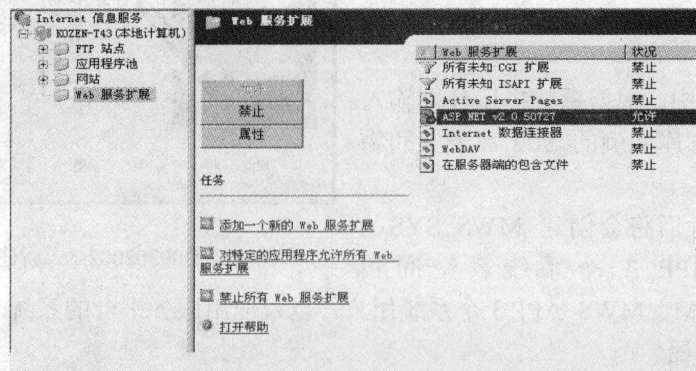

图 GYZD00302002-5　启用 ASP.NET 2.0 图例

全部安装成功后，按如下步骤配置应用服务。

2. 配置 IIS

由于所有的应用服务均基于 IIS 的底层支持，所以需要对 IIS 进行相关设置，具体的操作如下：

打开 IIS 管理器，定位到应用程序池，如图 GYZD00302002-6 所示。

在该节点上单击右键，进入属性菜单，在"回收"页中，将选项"回收工作进程"设置为非选中状态，如图 GYZD00302002-7 所示。

在"性能"页中，将选项"在空闲此段时间后关闭工作进程"设置为非选中状态，如图 GYZD00302002-8 所示。

图 GYZD00302002-6　IIS 管理器图例

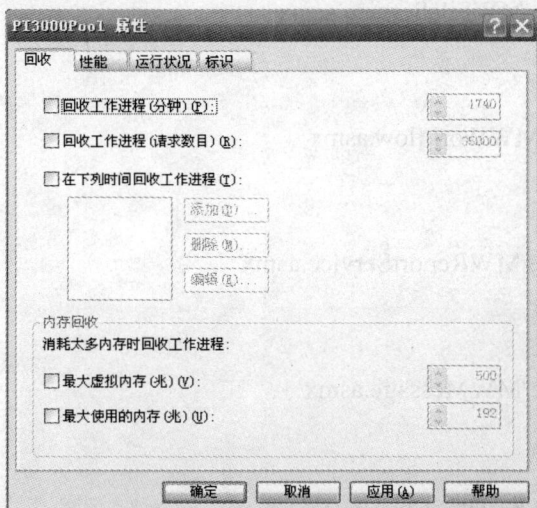

图 GYZD00302002-7　设置非回收工作进程图例　　图 GYZD00302002-8　设置非空闲关闭工作进程图例

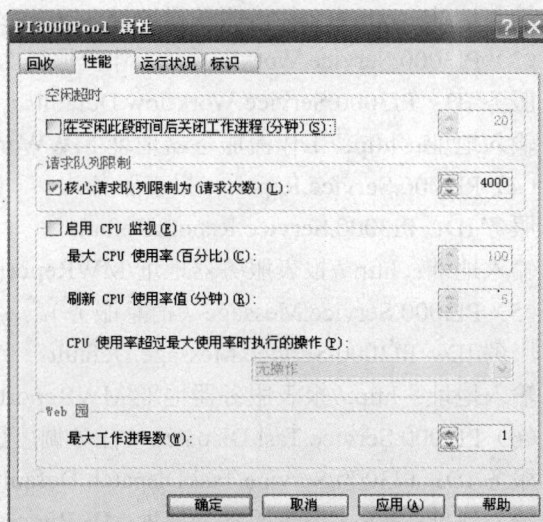

单击确定，完成 IIS 的配置。

3. 配置代理服务

访问地址 http://代理服务器 IP 地址/MWServiceBroker/admin.aspx 可进行代理服务的配置，如图 GYZD00302002-9 所示。

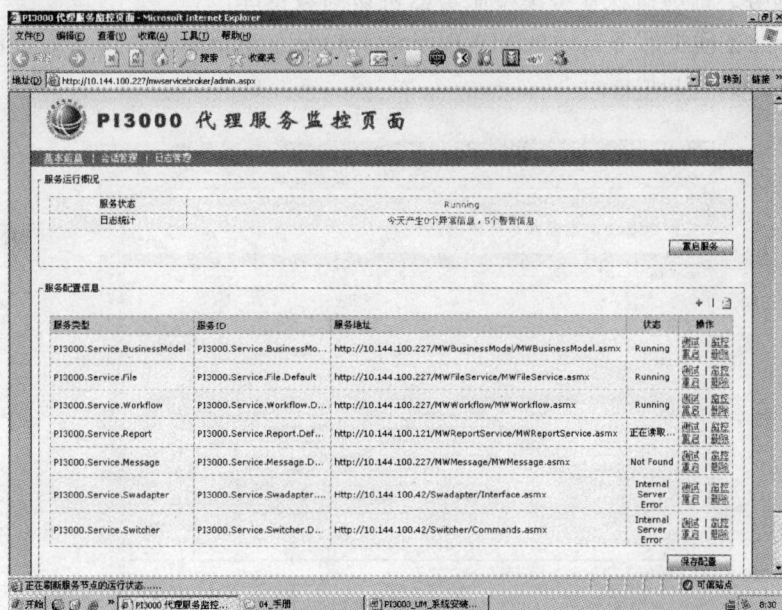

图 GYZD00302002-9　代理服务监控页面图例

图 GYZD00302002-9 所示的页面主要包含 3 个分页面，第 1 页显示了服务的基本信息，包括服务状态、日志统计，并提供了服务重启功能；第 2 页用于管理当前所有会话；第 3 页用于管理日志信息。

对代理服务的配置主要在于第 1 页中的服务地址配置，此页包含一个服务配置信息列表，由 5 列组成，分别为服务类型、服务 ID、服务地址、状态、操作，其中可编辑部分为服务地址信息，单击列表中各项的"服务地址"列，可编辑服务地址。按如下方式配置各项服务：

（1）PI3000.Service.BusinessModel（业务模型服务）。

服务 ID：PI3000.Service.BusinessModel.Default

输入地址：http://业务模型服务器地址/MWBusinessModel/MWBusinessModel.asmx

（2）PI3000.Service.File（文件流服务）。

服务 ID：PI3000.Service.File.Default

输入地址：http://文件流服务器地址/MWFileService/MWFileService.asmx

（3）PI3000.Service.Workflow（工作流服务）。

服务 ID：PI3000.Service.Workflow.Default

输入地址：http://工作流服务器地址/MWWorkflow/MWWorkflow.asmx

（4）PI3000.Service.Report（报表服务）。

服务 ID：PI3000.Service.Report.Default

输入地址：http://报表服务器地址/MWReportService/MWReportService.asmx

（5）PI3000.Service.Message（消息服务）。

服务 ID：PI3000.Service.Message.Default

输入地址：http://报表服务器地址/MWReportService/MWMessage.asmx

（6）PI3000.Service.TaskDispatch（任务调度服务）。

服务 ID：PI3000.Service.TaskDispatch.Default

输入地址：http://报表服务器地址/MWReportService/MWTaskDispatch.asmx

配置好服务地址信息后，单击"保存配置"按钮保存当前配置信息。可单击"操作"中"测试"按钮测试服务配置是否正确，通过"重启"按钮将重启当前选中的服务项，通过"监控"按钮可打开当前选中服务项的监控页面。

说明：如果没有特别指定，上述 6 个服务与代理服务器的地址相同。

4. 配置业务模型服务

配置业务模型服务之前应确保业务模型服务器可访问数据库。

访问地址 http://业务模型服务器地址/MWBusinessModel/admin.aspx，可对业务模型服务器进行配置，如图 GYZD00302002-10 所示。

图 GYZD00302002-10 基础服务监控页面图例

GYZD00302002 模块 2

图 GYZD00302002-10 所示的页面与代理服务页面类似，可配置的部分主要在于第 1 页的数据源配置，单击"新建数据源按钮"新建一个数据源，数据源列表会增加 1 条记录，输入数据源名称，默认数据库插件为 MsOracle，数据库类型为 Oracle，版本为 9，默认解析器为 ParameterMarkers。如果数据库服务器符合默认配置，可不作改动，在连接字符串中填入 DataSource 名称，即数据库的别名。最后通过单击操作中的"默认"按钮将该数据源设置为默认数据源，此时默认数据源名称将显示为新建数据源的名称。

业务模型服务项配置完毕后，单击"保存配置"按钮保存当前配置信息。

5. 配置文件流服务

配置文件流服务之前应确保文件流服务器可访问数据库。

访问地址 http://文件流服务器地址/MWFileService/admin.aspx，可对文件流服务器进行配置，如图 GYZD00302002-11 所示。

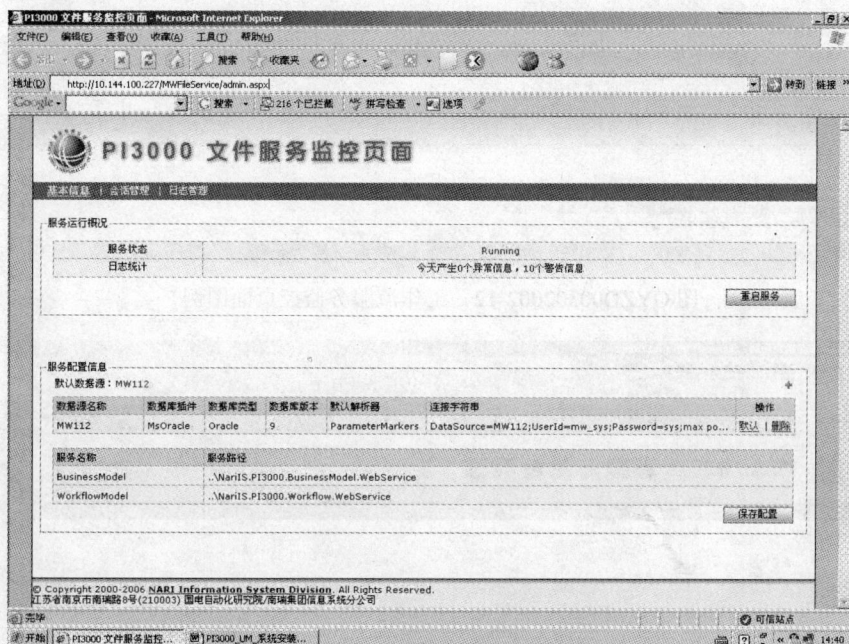

图 GYZD00302002-11 文件服务监控页面图例

图 GYZD00302002-11 所示的页面与代理服务页面类似，可配置如下各项服务：

（1）数据源配置。数据源配置与业务模型服务类似。

（2）服务配置。由两项组成，分别是 BusinessModel 和 WorkflowModel。配置的目的是能够从文件服务的根目录找到模型服务和工作流服务的根目录。以文件服务根目录为准，遇到"..\"向上一层目录，再加上后面的路径。如果所有服务装在一个目录下，配置为..\NariIS.PI3000.BusinessModel.WebService 和..\NariIS.PI3000.Workflow.WebService。

6. 配置工作流服务

配置工作流服务之前应确保工作流服务器可访问数据库。

访问地址 http://工作流服务器地址/MWWorkFlow/admin.aspx，可对工作流服务器进行配置，如图 GYZD00302002-12 所示。

工作流服务配置项如下：

（1）数据源配置。数据源配置与业务模型服务类似。

（2）代理服务器地址。输入地址：http://代理服务器地址/MWServiceBroker/ MWServiceBroker. asmx。

7. 配置报表服务

配置报表服务之前应确保报表服务器可访问数据库。

访问地址 http://报表服务器地址/MWReportService/admin.aspx，可对报表服务器进行配置，如图 GYZD00302002-13 所示。

模块
2

GYZD00302002

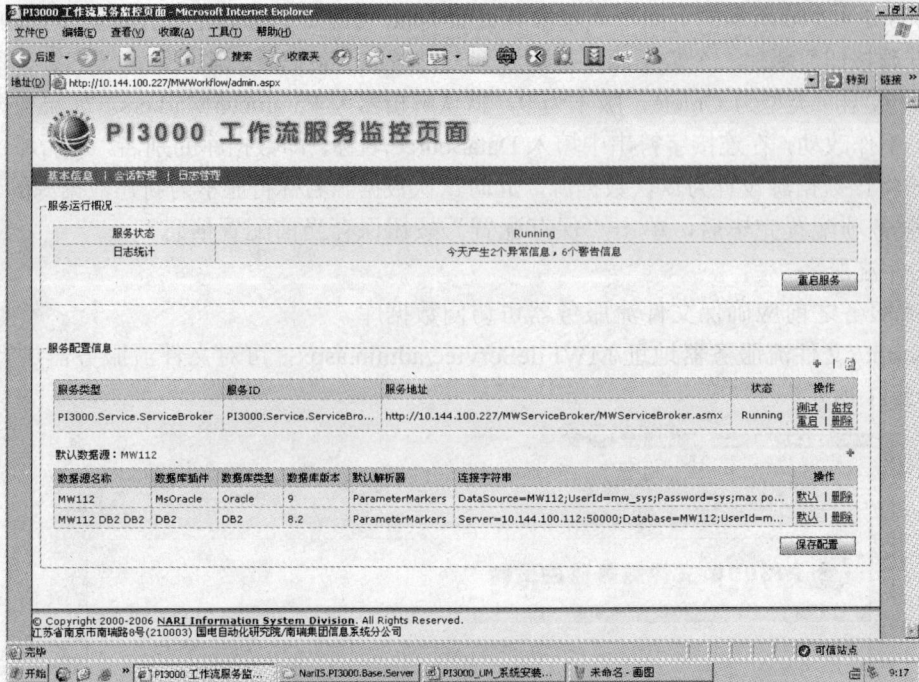

图 GYZD00302002-12 工作流服务监控页面图例

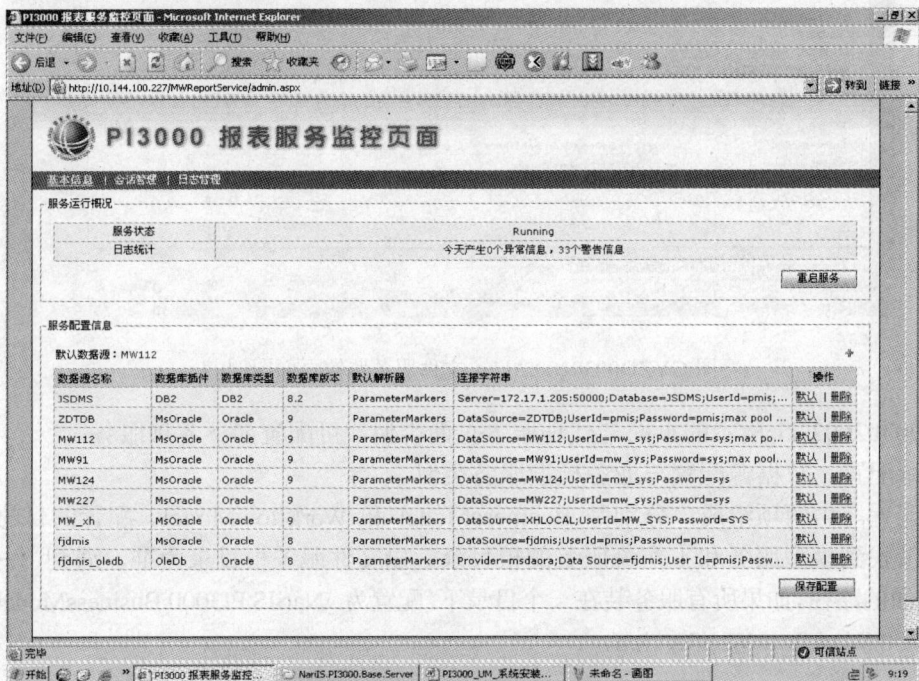

图 GYZD00302002-13 报表服务监控页面图例

配置报表服务数据源配置与业务模型服务类似。

8. 配置消息服务

配置消息服务之前应确保消息服务器可访问数据库。

访问地址 http://消息服务器地址/MWMessage/admin.aspx，可对消息服务器进行配置，如图 GYZD00302002-14 所示。

消息服务配置项如下：

（1）数据源配置。数据源配置与业务模型服务类似。

（2）代理服务器地址。

输入地址：http://代理服务器地址/MWServiceBroker/ MWServiceBroker.asmx

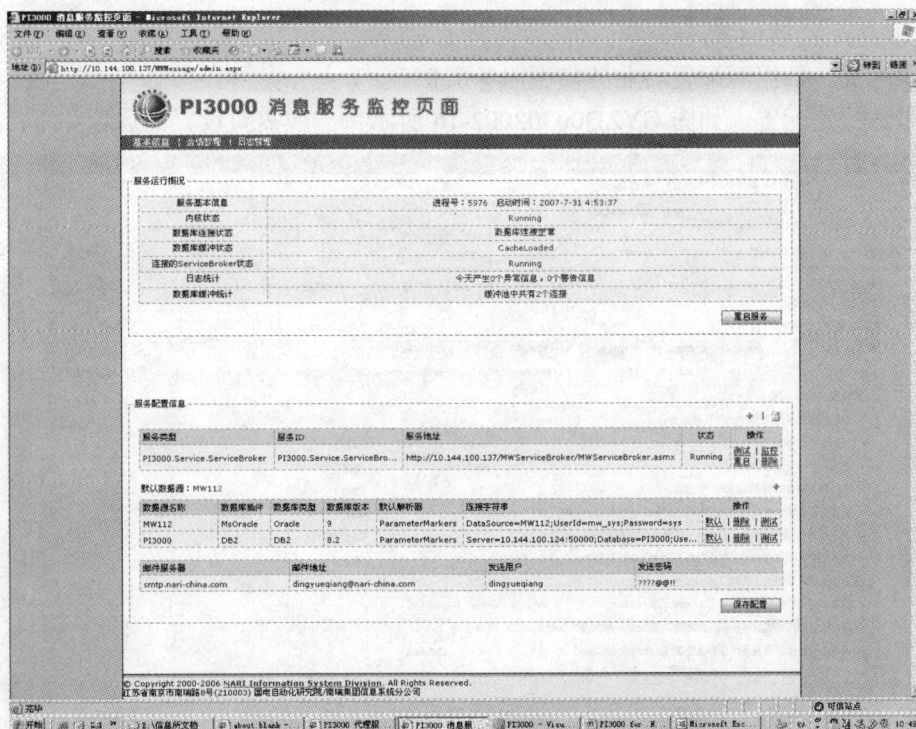

图 GYZD00302002-14　消息服务监控页面图例

（3）邮件地址和短信端口配置。邮件地址配置包括邮件服务器、邮件地址、发送用户邮箱、发送用户邮箱账号、SMTP 发送端口及是否需要 SSL 协议认证。

短信端口配置包括发送短信的串口号及发送的波特率。

9．安装配置任务调度服务

（1）安装。执行平台的服务安装程序：初次安装包\TaskDispatchService\setup.exe。如果本机未安装.NET Framework 2.0，安装程序会提示安装，可按照.NET Framework 2.0 安装向导完成安装。

（2）配置。配置任务调度服务之前应确保任务调度服务器可访问数据库。

访问地址 http://任务调度服务器地址/MWReportService/MWReportService.asmx，可对任务调度服务器进行配置，如图 GYZD00302002-15 所示。

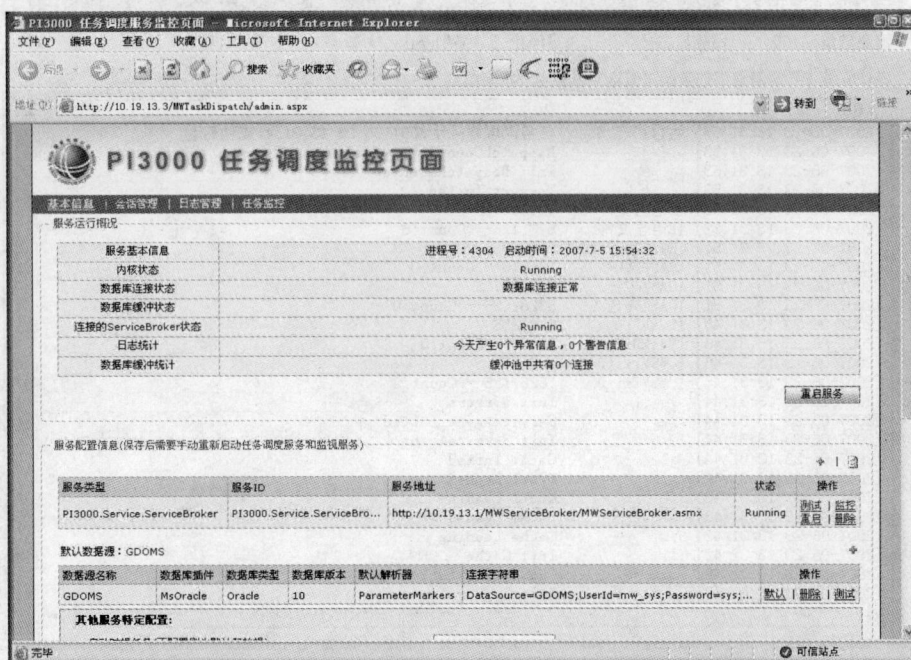

图 GYZD00302002-15　任务调度服务监控页面图例

任务调度服务配置项如下：

1）数据源配置。数据源配置与业务模型服务类似。

2）其他服务特定配置。如图 GYZD00302002-16 所示，一般需要设置的选项如下：

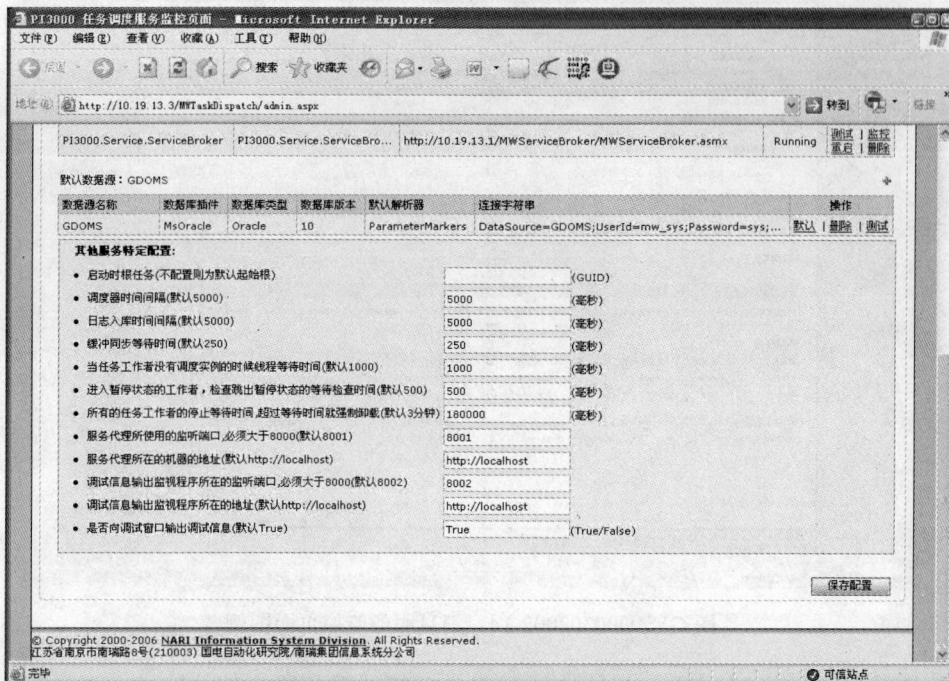

图 GYZD00302002-16　任务调度服务其他配置图例

启动时根任务：根任务的 GUID 可以定义不同根，默认为起始根；

服务代理所在机器的地址：如 http://服务代理服务器地址；

调试信息输出监视程序所在的地址：如 http://调试信息输出监视程序所在服务器地址；

其他项采用默认值即可。

任务调度服务项配置完成后，手工重新启动任务调度服务和 ServiceWatcher。通过 ServiceWatcher 可以启动/停止任务调度服务并对其进行监控，运行页面如图 GYZD00302002-17 和图 GYZD00302002-18 所示。

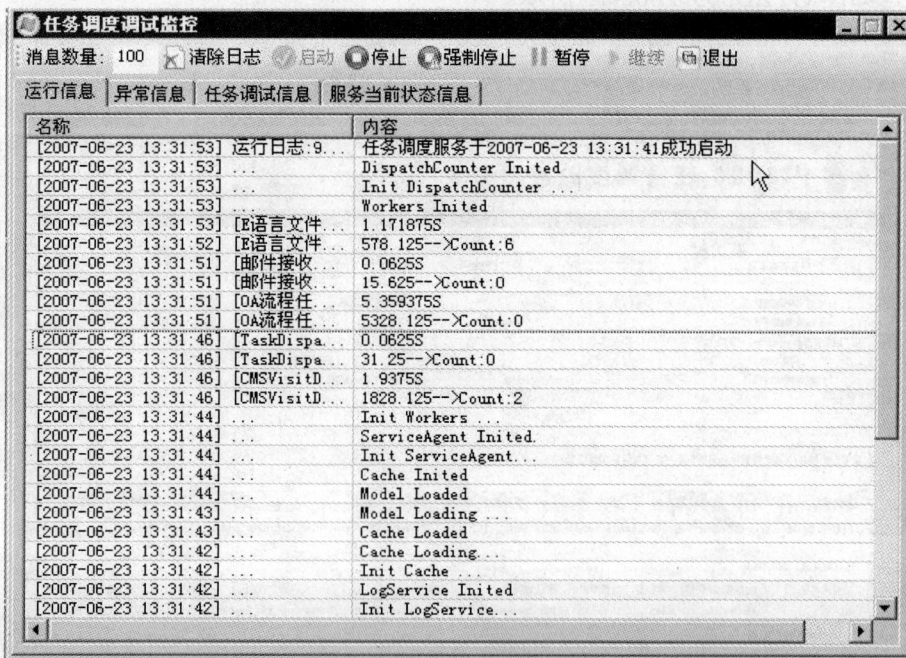

图 GYZD00302002-17　任务调度调试监控页面图例 1

图 GYZD00302002-18 任务调度调试监控页面图例 2

三、安装配置门户站点

门户站点提供了针对最终浏览器用户的综合信息集成和业务处理平台，可提供对动态建模系统生成的业务模型的解释功能，并可自动生成信息的集成处理界面。同时，在网站系统内可以便捷地访问其他子系统，如基于浏览器的工作流处理界面，基于浏览器的报表浏览、消息发布等。

（一）安装门户站点

在门户站点服务器上运行 \初次安装包\WebSite\setup.exe 文件，安装站点程序。如果本机未安装 .NET Framework 2.0，安装程序会提示安装，可按照.NET Framework 2.0 安装向导完成安装。

（二）配置门户站点

配置门户站点之前应确保站点主机可访问数据库。

访问地址 http://Web 服务器 IP 地址/MWWebSite/admin.aspx，可进行门户站点的配置，如图GYZD00302002-19 所示。

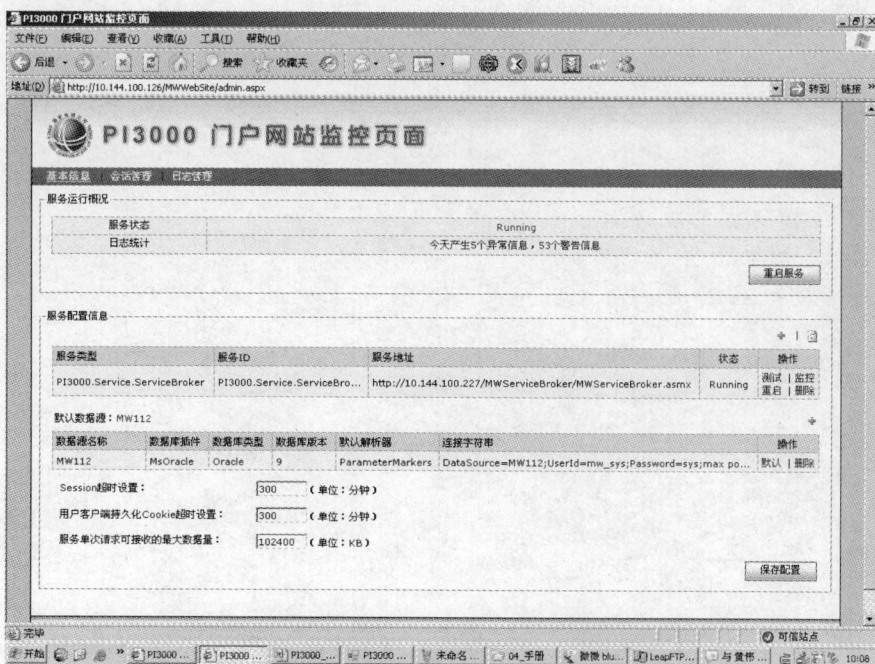

图 GYZD00302002-19 门户网站监控页面图例

门户站点主要配置项如下：

（1）数据源配置。数据源配置与业务模型服务类似。

（2）代理服务器地址配置。

输入地址：http://代理服务器 IP 地址/MWServiceBroker/MWServiceBroker.asmx

四、卸载

通过 Windows 控制面板中的"添加或删除程序"，可卸载应用服务、门户站点。

【思考与练习】

1．应用服务所用的.NET Framework 的版本是什么？

2．任务调度服务和其他应用服务在安装时的差别是什么？

3．文件流服务的配置有哪些？

4．怎样卸载 DMIS 的应用服务？

第二十三章 调度管理系统异常处理

模块 1 调度管理系统异常处理 (GYZD00303001)

【模块描述】本模块介绍调度管理系统中系统异常的处理方法。通过现象描述和方法介绍，掌握调度管理系统各类常见的异常情况及排查方法。

【正文】

在使用调度管理系统时，有时会出现一些由于操作不规范或参数的错误设置而引起的异常情况。下面就各类常见异常情况介绍相应的处理方法。

一、操作不规范造成的系统故障现象及排查方法

1. 报表系统执行 SQL 时发生"溢出错误"

某些情况下，报表系统执行 SQL 时会发生类似于图 GYZD00303001-1 所示的数据库错误，将该 SQL 复制至数据库中则能正确执行。原因是 ADO.NET 的 DataSet 能接受的浮点数精度有限，而 SQL 执行结果中存在精度过大的字段，此时只需找到相关字段并处理其返回值的精度即可，例如通过数学函数截取其小数点位数。

图 GYZD00303001-1 报表出错信息图例

2. 服务端程序更新后，客户端没有下载更新

当客户端没有下载更新时，可能存在以下几种情况：

（1）没勾选主控台界面上的"版本比较"选项。

（2）没有刷新服务端版本信息，则采用以下两种方法可以刷新服务端版本信息。

1）点击文件服务监控页面上的刷新版本信息按钮。

2）重启文件服务，再登录主控台。

3. 主控台版本经常出现的问题

版本比较后，登录主控台报"某某接口未注册到系统中的错误"。

登录主控台时需要的关于该接口的静态插件出问题，导致插件解析时报错。原因可能是插件版本太旧等。

二、服务器进程丢失引起的系统故障现象及排查方法

1. IIS 服务出错停止

故障现象：用户访问网页时，报"无法显示网页"的错误，怀疑 IIS 服务出错或者异常停止。

排查方法：查看服务器操作系统的"控制面板"→"管理工具"→"服务"，打开后查看"IIS Admin"服务和"World Wide Web Publishing"服务的状态是否为"已启动"，如果状态为空，请启动服务；如果状态为"已启动"，则重新启动服务。

2. Oracle 服务异常停止

故障现象：打开网页报"TNS:监听程序当前无法识别连接描述符中请求的服务"。

排查方法：此问题一般由数据库服务或者应用服务器和数据服务器之间的网络出现异常引起。

（1）在应用服务器上 ping 数据库服务器 IP 地址，如果不能 ping 通，说明网络出现异常（注：如果应用服务器和数据库服务器间有防火墙，并设置了固定端口，请使用"telnet IP 地址 端口号"命令测试）。

（2）如果排除网络问题，请检查数据库服务运行是否正常。

三、服务器参数设置引起的故障现象及排查方法

1. ASP.NET 版本问题

如果在访问服务器站点时，发生类似于图 GYZD00303001-2 所示的错误，则说明 ASP.NET 的版本仍然是 1.1。

Server Error in '/MWReportService' Application.

Configuration Error

Description: An error occurred during the processing of a configuration file required to service this request. Please review the specific error details below and m appropriately.

Parser Error Message: Unrecognized configuration section 'connectionStrings'

Source Error:

```
Line 34:      </SqlParsers>
Line 35:    </MWDataProvider>
Line 36:    <connectionStrings />
Line 37:    <system.web>
Line 38:    <!--
```

Source File: D:\PI3000\Source\NarilS.PI3000.Report\NarilS.PI3000.Report.Server\NarilS.PI3000.Report.WebService\web.config　**Line:** 36

Version Information: Microsoft .NET Framework Version:1.1.4322.573; ASP.NET Version:1.1.4322.573

ASP.NET版本

图 GYZD00303001-2　ASP.NET 版本问题图例

解决方法如下：

（1）确定服务器已安装.NET Framework 2.0，具体方法如下：检查注册表中名为 HKEY_LOCAL_TMACHINE\SOFTWARE\Microsoft\NET Framework Setup\NDP\v2.0.50727 的键，如果该键存在且其中的 Install 的值为 1，则表明.NET Framework 2.0 已经安装。

（2）确定在 IIS 管理器中已启用 ASP .NET 2.0 的服务扩展，具体操作界面如图 GYZD00303001-3 所示。

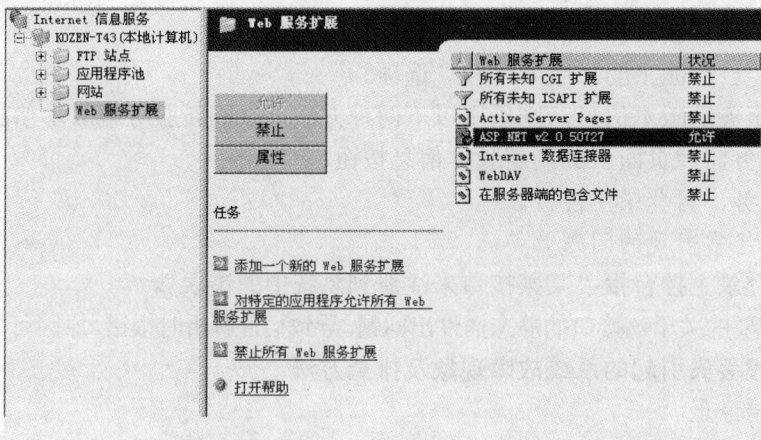

图 GYZD00303001-3　启用 ASP .NET 2.0 服务扩展图例

（3）确定 IIS 管理器中相应虚拟目录的 ASP.NET 版本是否被设置为 ASP.NET 2.0。具体操作为：在相应虚拟目录上，右键选择属性，切换到 ASP.NET 页面，如图 GYZD00303001-4 所示。

2. IIS 进程回收问题

此问题只在 IIS 版本为 6.0 时才会出现，表现为当服务闲置一段时间后，再次访问时，缓冲会重新加载。这一般是因为 IIS 会自动回收空闲进程，导致缓冲被清除。解决方法如下：

在 IIS 管理器中，选中程序池，右键查看属性，在"回收"页中，将复选框"回收工作进程（分钟）"设置为非选中，如图 GYZD00303001-5 所示。

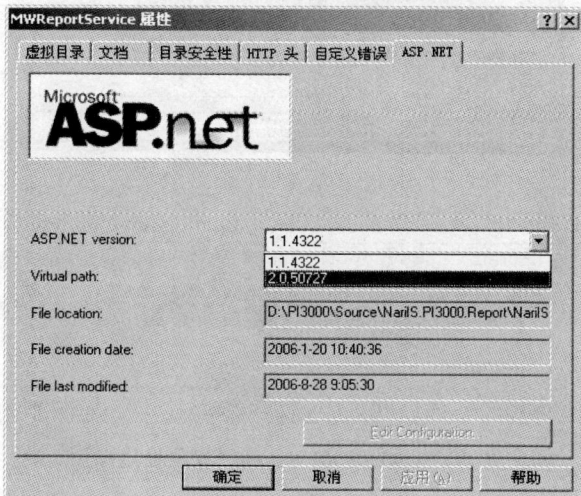

图 GYZD00303001-4　设置虚拟目录 ASP.NET 版本图例

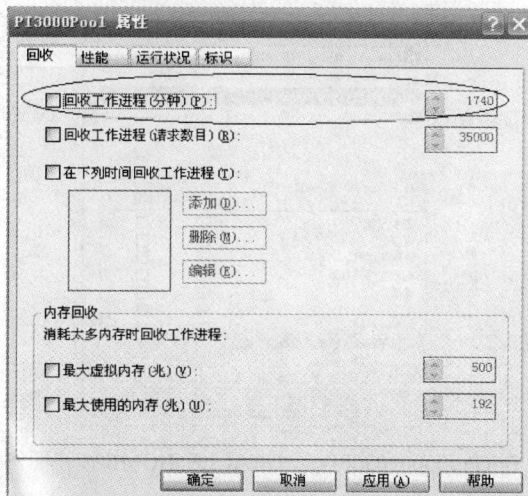

图 GYZD00303001-5　设置非自动回收工作进程图例

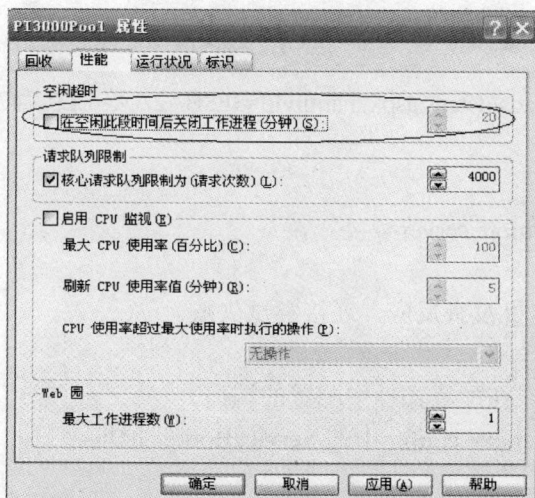

图 GYZD00303001-6　设置非空闲关闭工作进程图例

在"性能"页中，将复选框"在空闲此段时间后关闭工作进程（分钟）"设置为非选中，如图 GYZD00303001-6 所示。

3. 初次安装后配置页面无法连接数据库问题

当安装完服务程序后，配置数据库连接时，有时候会出现 OracleClient requires Oracle client software version 8.1.7 or greater，这种错误一般是因为 Oracle 和服务目录没有授权。解决方法如下：

（1）确认 Oracle 目录的安全权限是否有 ASP.Net 和 Authenticated Users，并且权限设置为完全控制，具体操作如下：

1）确认 ORACLE_HOME 目录：查找注册表项 HKEY_LOCAL_MACHINE\SOFTWARE\ORACLE，获取其中 ORACLE_HOME 对应的目录。该目录即为 ORACLE_HOME 目录。

2）确定 ORACLE_HOME 已授权：在 Windows 资源浏览器中定位到 ORACLE_HOME 目录，右键弹出菜单，选择属性，切换到"安全"页，在组和用户名称列表中点击"Authenticated Users"（若操作系统为 Windows XP，则用户名为 ASP.NET）项。如果没有该用户，则需要手工添加到列表中。在该用户的权限列表中，选择"完全控制"，如图 GYZD00303001-7 所示。

3）单击"高级"按钮并在权限项目中确定"Authenticated Users"是否拥有"完全控制"权限并"允许父项的继承权限传播到该对象和所有子对象"，如图 GYZD00303001-8 所示。

4）单击"确定"按钮。重新启动服务器，以使得所有的修改生效。

（2）IIS 默认网站属性中的目录安全性的身份验证和访问控制的匿名访问用户，要设置成服务器的管理员角色。

（3）在每个服务对应的文件包下的 web.config 文件中，在最后</system.web>前填加<identity impersonate="true" />。

4. 在 Vista 系统下主控台连不上模型服务问题

在基础模型监控页面显示服务状态为正常，但在主控台登录时连不上服务，甚至测试服务节点连不上服务。原因可能与 Vista 系统下防火墙有关，如可能装有诺顿软件，建议使用管理员用户登录，并修改防火墙相关的配置。

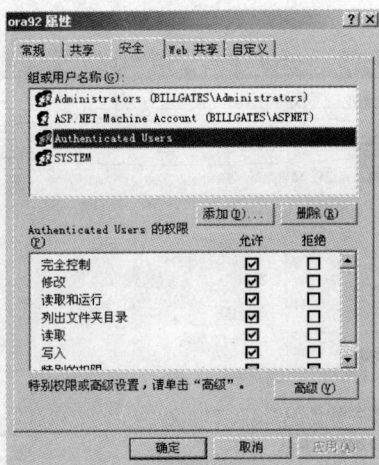

图 GYZD00303001-7 ORACLE_HOME 授权图例

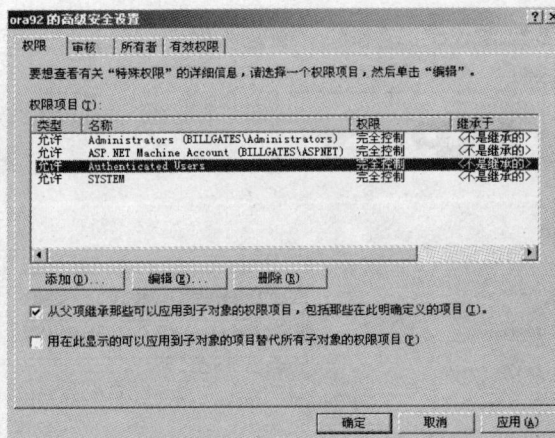

图 GYZD00303001-8 高级权限设定图例

5. IE 运行时报"存储空间不足"

大部分原因为 IE 安装了某些插件如 kugoo，造成了 IE 设置出错。解决方式如下：

（1）卸载所有不必要的第三方插件，如 kugoo、中文域名等。

（2）在 IE 选项的高级选项中重置所有 IE 设置。

（3）安装微软补丁包 http://www.microsoft.com/downloads/details.aspx?FamilyId=3F8BA2AA-ED73-4764-A56D-9515A9C500DE&displaylang=en。

6. 任务调度服务启动服务错误

System.Net.WebException:Unable to connect to the remote server----->

System.Net.Sockets.SocketException:

由于连接方在一段时间后没有正确答复或连接的主机没有反应，连接尝试失败。

解决方案：

（1）检查防火墙，是否阻止了 8001、8002 端口（或在配置文件中配置的端口）。

（2）检查 NariIS.PI3000.TaskDispatch.ServiceManager.exe.config 中的 ServiceBorker 地址。

7. 在大内存服务器上的内存溢出错误

故障现象：在大内存（4G 及以上）服务器上运行.NET 程序时，可能导致内存溢出。原因为 32 位 Windows 支持 4G 内存，但通常只允许应用程序运用 2G 的内存，而.NET 申请内存地址空间是以实际物理内存为准。申请地址空间时，如果服务器内存使用超过 2G，则有可能申请到的地址为 2G 外的地址空间，造成内存溢出。

解决方案：在 Windows 的系统目录下有 boot.ini 文件，在其中的启动项上添加/3GB 选项，示例如下：

```
[boot loader]
timeout=30
default=multi(0)disk(0)rdisk(0)partition(2)\WINNT
[operating systems]
multi(0)disk(0)rdisk(0)partition(2)\WINNT="????" /3GB
```

8. 任务调度服务没有任何异常情况下自动停止

故障现象：服务自动停止，没有记录下任何异常。

查看计算机日志，有如图 GYZD00303001-9 所示的异常信息：事件来源：.NET Runtime 2.0；事件 ID：1000；描述：包含"kernel32.dll"字符。

解决方案：这是一个.NET Framework 底层的一个错误，在多种场合下会发生以上错误，目前尚没有明确解决方法。参考发生此错误的各种情形及相关的解决方式，按如下操作：

（1）启用 Windows 更新，更新关于.NET Framework 2.0的所有相关补丁。原因是，参考各种发生此错误的情形，多有通过更新补丁解决的。

（2）在 Windows 系统目录中有 boot.ini 文件，在其中的启动项中添加/NOPAE 启动项。原因是，在部分服务器上，服务器硬件具有硬件支持的（DEP）数据执行保护功能，有可能造成应用程序异常。

（3）以上两种方式无法解决，设置在 Windows 服务中设置任务调度服务的属性。在"恢复"页可以选择服务失败时的启动方式，选择如图 GYZD00303001-10所示的"重新启动服务"，并设置间隔时间为5min。

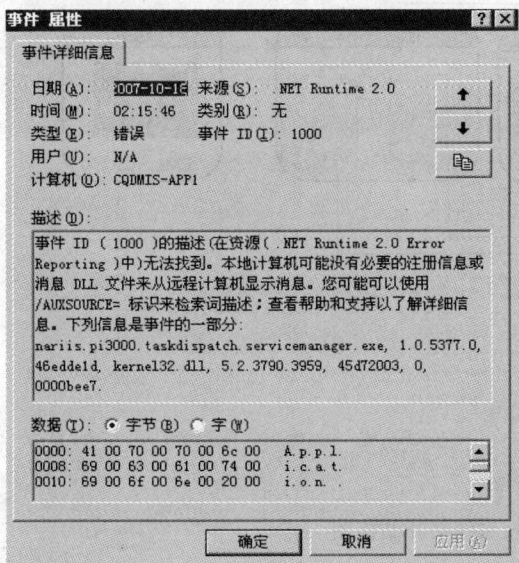

图 GYZD00303001-9　异常事件图例　　　　图 GYZD00303001-10　设置任务调度服务属性图例

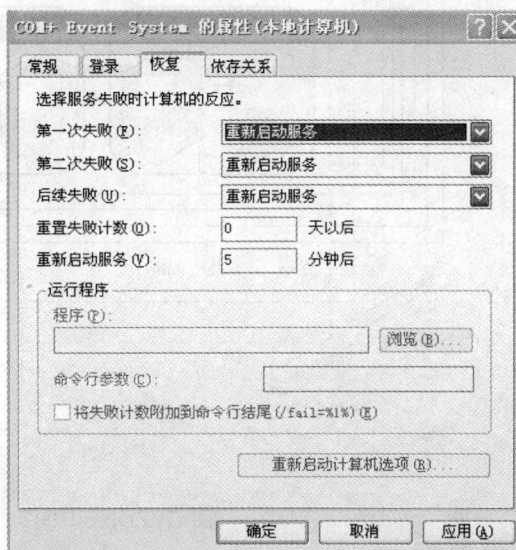

9. NTF 格式磁盘权限未开放

故障现象：打开网页时弹出登录窗口，要求输入用户名和密码。

排查方法：确定应用服务器虚拟目录所对应的"本地路径"是否已对 IIS 相关用户授权，首先找到虚拟目录所对应的本地目录，点击右键菜单中的属性，选择安全页，查看组或用户名称中是否有"Internet 来宾账户"和"启动 IIS 进程账户"。如果有，查看是否有"完全控制"的权限；如果没有，添加"IWAM-计算机名"和"IUSR-计算机名"的两个用户，并授予"完全控制"的权限，重新启动服务器。

【思考与练习】

1．服务端程序更新后，什么原因导致客户端没有下载？

2．IE 运行时，报"存储空间不足"怎么办？

模块 2　计算机设备重新启动的操作方法及注意点（GYZD00303002）

【模块描述】本模块介绍调度管理系统中计算机设备重新启动的操作方法及注意点。通过要点归纳、方法介绍和举例说明，熟悉调度管理系统中计算机设备的组成情况以及计算机设备需要重新启动的场景及原因，掌握计算机设备重新启动的通用步骤及注意事项。

【正文】

一、调度管理系统中计算机设备应用与组成概述

调度管理系统硬件平台主要由数据库服务器、应用服务器、Web 服务器、数据交换服务器、文件服务器和存储阵列构成（如图 GYZD00303002-1 所示）。

服务器均为双机配置，数据库服务器及文件服务器通过光纤交换机接入 SAN（存储域网络），与共享存储阵列相连，分配有共享存储空间，应用服务器、Web 服务器及交换服务器均通过网络交换机相连。

（一）按应用功能划分服务器

（1）数据库服务器。用作运行调度管理系统 Oracle 数据库，运用 Oracle Clusterware 和 RAC 技术

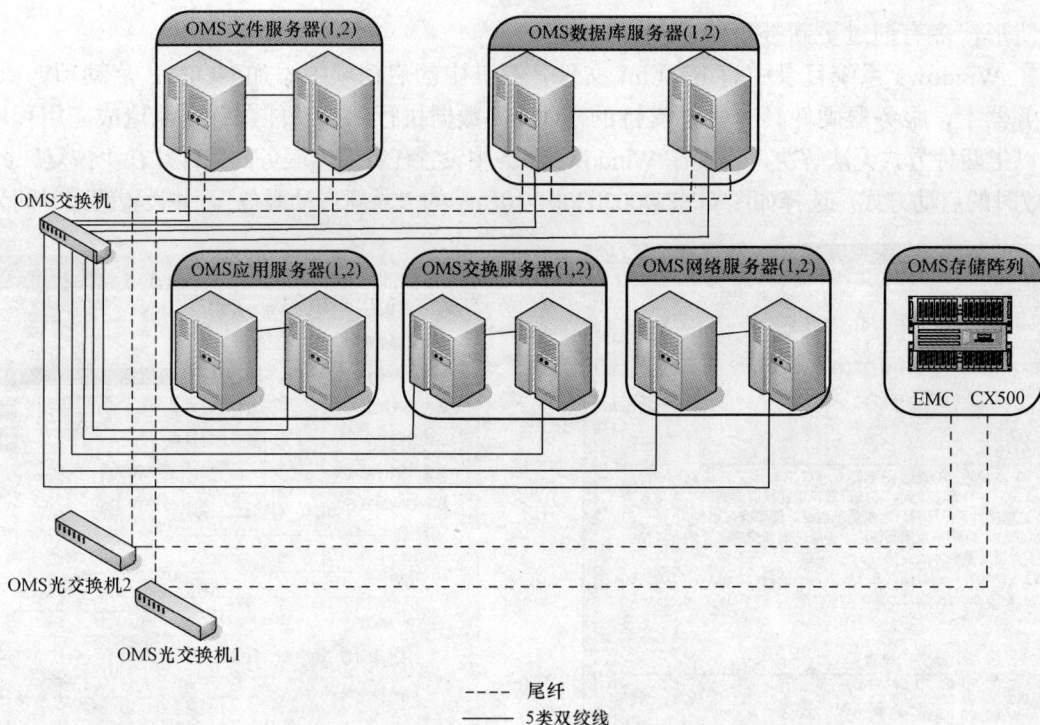

图 GYZD00303002-1　调度管理系统拓扑结构图

实现两台数据库服务器的并行运行和热备份。

（2）应用服务器、Web 服务器及交换服务器。用作运行调度管理系统应用服务程序，均运用 EMC AUTOSTART 技术实现两台应用服务器的热备份和数据同步。

（3）文件服务器。用作存放管理用户共享文件，运用 PI3000 平台的用户管理模块实现身份认证和权限控制，结合 ftp 技术实现文件的上传存储和下载。两台文件服务器通过 EMC AUTOSTART 技术实现双机热备份和数据同步备份。

（二）服务器运行的操作系统

在调度管理系统的计算机系统中常规运行了三种操作系统，即 Windows、LINUX、UNIX。

（1）在应用服务器、Web 服务器、文件服务器上都是运行着 Windows 操作系统。

（2）在数据库服务器上运行的是 LINUX 操作系统。

（3）如果数据库服务器选用的是 IBM 的小型机，那么就运行了 UNIX 操作系统。

二、计算机设备需要重新启动的场景及原因

调度管理系统中计算机设备需要重新启动的场景和原因很多，主要分为两大类：一类被称为软重启，也就是计算机上某个程序发生异常，但操作系统运行正常，这时通过操作系统的重新启动命令来实现计算机的重新启动；另一类被称为硬重启，即当计算机发生操作系统死机时，只有利用计算机本身的硬件开关来实现重新启动。

一般来说，能引发计算机设备重新启动的场景及原因主要有以下几点：

（1）服务器电源中断。

（2）无法修补的应用程序故障。

（3）数据库故障。

（4）系统出现超载运行。

（5）网络资源故障。

（6）关键性操作系统程序出现故障。

（7）人为错误。

（8）自然灾难。

一旦发生了这些情况，为了尽快地使系统恢复正常，需要执行重新启动计算机操作。

三、计算机设备重新启动的通用步骤及注意事项

计算机设备重新启动的通用步骤主要分为重新启动前需要做的步骤、重新启动后需要做的步骤以及操作注意事项。

1. 重新启动前的步骤

在系统需要重新启动前，首先检查操作系统运行是否正常，如正常则根据不同的操作系统执行相应的重新启动操作；如果操作系统运行不正常，也就是发生了死机现象，则需要查找计算机上的重新启动按钮。找到重新启动按钮后直接按按钮即可。如果有的机器没有重新启动按钮，那么就直接长时间按电源按钮，把机器关掉，稍等片刻后重新把机器打开即可。

2. 重新启动后的步骤

执行了计算机重新启动操作后，计算机重新启动需要一定的时间。重新启动完成后操作系统会提示您输入正确的用户名和密码，最后进入正常的系统状态。

3. 重新启动后的注意事项

在重新启动完成后，针对一些数据库服务器，还要查看数据库系统是否也自动启动了。一般情况下，数据库系统是会随着操作系统的启动而正常启动的。对于不同的操作系统有相应的命令可以查看，这些命令及使用方法将在计算机重新启动操作案例中详细描述。

四、计算机重新启动操作案例

[例 GYZD00303002-1] 基于 Windows 操作系统的计算机单、双机系统重新启动操作步骤及注意事项。

Windows 操作系统是最常用的操作系统，目前广泛使用的版本是 Windows 2003 server 操作系统，它的重新启动操作最简单。因为对它执行重新启动操作主要是以图形界面的方式，操作步骤如下：

（1）用鼠标依次单击"开始"→"关机"，选择关机操作选项然后点确定即可。

（2）如果操作系统发生死机了，则直接按计算机重新启动按钮即可。

[例 GYZD00303002-2] 基于 LINUX 操作系统计算机单、双机系统重新启动操作步骤及注意事项。

LINUX 操作系统被称为是最稳定的计算机操作系统，它广泛地安装在很多核心和关键的应用中，如数据库应用。目前市面上主流的 LINUX 系统有 RedHat LINUX 系统、红旗 LINUX 系统等。下面的操作主要是依据 RedHat LINUX 系统进行的，其他厂家的产品也大致相同。对它执行重新启动操作主要是以命令行的方式，操作步骤如下：

（1）打开 LINUX 系统的命令行窗口，右键点击鼠标弹出菜单。

（2）点中 Open Terminal 命令行弹出命令行窗口，如图 GYZD00303002-2 所示。

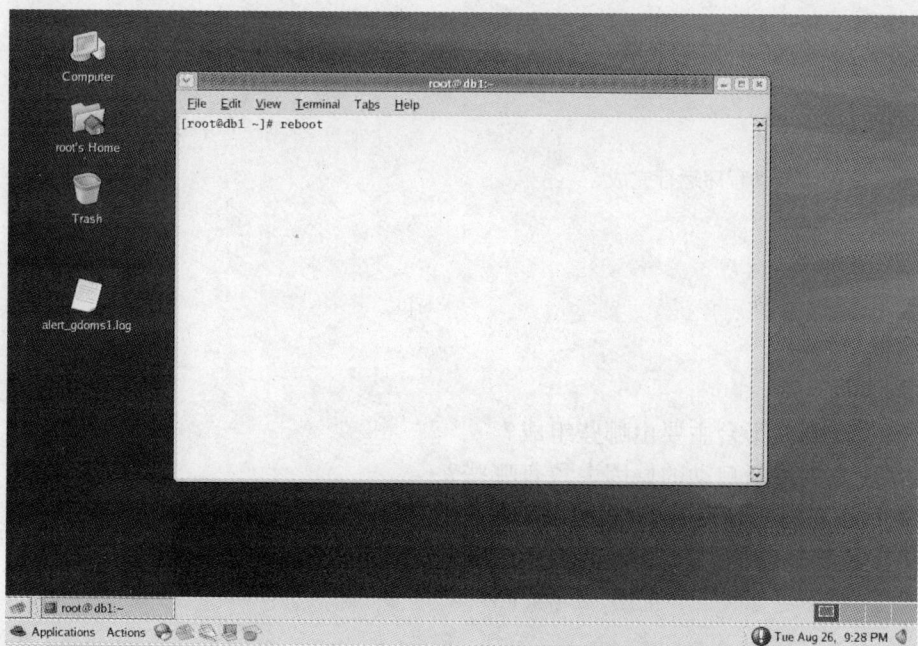

图 GYZD00303002-2　打开 LINUX 操作系统命令行方式

（3）在单机模式下直接在系统命令行中执行 shutdown 命令，即可关闭该系统，重新启动系统执行 reboot 即可。在双机模式下先重新启动 LINUX 系统中的 reboot 或者 init 6，然后关闭 LINUX 系统，即先执行 sync，再执行 init 0。

注意：在双机系统中，如果要重新启动 LINUX 系统时最好先重新启动一台机器再重新启动另外一台机器，因为双机系统中存在一个磁盘阵列，它作为一个共享磁盘。重新启动完 LINUX 系统后往往还要查看其上运行的数据库系统是否正常启动，查看 Oracle 数据库状态的命令有：

1）重新启动完成后查看 Oracle RAC 双机数据库状态。在目录/u01/crs/bin/下执行 crs_stat –t 查看数据库集群、监听、实例的状态，看是否都是 online 状态。

2）查看数据库监听状态。进入 Oracle 用户 su－oracle，敲击命令 lsnrctl status 看是否有数据库实例在线。Oracle 数据使用时通过上述两个命令查看状态，如果状态不对，在 Oracle RAC 双机情况下，重新启动故障机的操作系统，Oracle 所有服务会自动重新启动。

［例 GYZD00303002-3］ 基于 UNIX 操作系统的计算机单、双机系统重新启动操作步骤及注意事项。

UNIX 操作系统也广泛地应用于数据库服务器中，对它执行重新启动操作主要以命令行的方式来实施。

单机模式：在命令行中执行#shutdown –Fr 即可。

双机模式：在服务器 1 上执行以下操作：

（1）停止 Oracle 数据库：

```
#su - oracle
$cd ORACLE_CRS_HOME
$pwd
/u01/crs/
$exit
#cd /u01/crs/bin
#./crsctl stop crs
```

（2）停止群集软件：

```
#smitty clstop
直接回车
当出现 node_down_complete 信息时,表示 HACMP Cluster 服务停止
```

（3）重新启动服务器：

```
#shutdown -Fr
```

（4）启动群集软件：

```
#smitty clstart
直接回车
执行后出现 OK,则表示启动程序运行完成
```

（5）启动数据库：

```
#cd /u01/crs/bin
#./crsctl start crs
在服务器 2 上执行上面 5 步。
```

【思考与练习】

1. 调度管理系统硬件平台主要由哪些组成？
2. 计算机系统需要重新启动的原因大致有哪些？
3. 基于 Windows 操作系统的计算机单、双机系统重新启动操作步骤有哪些？
4. 基于 LINUX 操作系统的计算机单、双机系统重新启动操作步骤有哪些？

第六部分

电能量计量系统及其操作、维护、安装调试及异常处理

第二十四章 电能量计量系统

模块 1 电能量计量系统的功能（GYZD00401001）

【模块描述】本模块介绍电能量计量系统的功能。通过功能描述，熟悉电能量计量系统的功能及体系结构。

【正文】

目前国内电能量计量系统经过近 20 年的发展，已进入稳定成长阶段，区域电网、省电网及主要城市的供电网均已配备电能量计量系统，并有向地区级和县级供电网发展的趋势，普及率正在逐年提高。

一、电能量计量系统的功能

电能量计量系统的基本功能包括电能量数据采集、处理、存储、历史数据查询、报表生成、基本维护、系统安全等。

（1）数据采集功能。电能量数据采集需要确保电能量数据的完整性和准确性。电能量数据的完整性和准确性是实现电费结算、辅助费用结算、网损计算等的保证。影响电能量数据准确性的因素很多，主要集中在二次回路、电能表、电能量数据计算方式等方面。电能表精度对电能量数据的准确性影响最大，因此计量点电能表的配置应符合要求。

（2）电能量数据处理。电能量数据处理包括：分时段统计电能量；按峰、平、谷统计电能量；按日、月、年统计电能量；旁路代处理以及其他的分析计算等。

（3）电能量数据存储和历史查询功能。

（4）报表功能。报表包括：调度生产日报；关口电能量日、月统计报表；输电线路、变电站损耗日、月统计报表等。

（5）基本维护功能。维护功能包括：厂站工况、系统结构图、各类告警信息提示、旁路信息提示；标准时钟对时、对电能表对时功能；具备多套时段，能方便地对每个计量点进行时段设置等。

（6）电能量数据共享功能。系统能与其他系统互联，实现数据共享；能与上下级电能量计量系统互联，实现电能量数据共享和交换。

（7）系统安全功能。

电能量计量系统和其他系统的互联设置安全隔离措施，设有完整的安全认证机制，对数据修改和查询、数据库的访问都具有权限和安全认证。

二、电能量计量系统的体系结构

新一代电能量计量系统采用基于 J2EE 的三层体系架构，由客户层、服务层和数据层构成。将 J2EE 的多层体系结构和应用服务器技术应用于电能量计量系统，提高了系统的可扩展性和可维护性。

J2EE 是一个基于 JAVA 语言的服务器端应用结构，支持平台独立、可移植、多用户、安全和标准的企业级应用。J2EE 具有开放的处理平台，支持企业多层应用系统的开发。

电能量计量系统的数据层应支持各种关系型数据库，包括 Oracle、Sybase、DB2、SQL Server 等商用数据库，提供基于容器的对象数据接口以及关系型数据接口。

电能量计量系统的服务层在整个体系结构中处于核心地位，可分为业务逻辑层、公共服务层两层。业务逻辑层为应用层提供电能量计量的各种业务逻辑，如数据存储、数据处理、计算分析、计费等。公共服务层为各子系统实现其应用功能提供各种服务，如图形服务、告警服务、数据库操作、文件操作、消息操作等公共操作等。公共服务偏向于通用的、与业务无关的服务，业务逻辑层则偏向解决业务领域的问题。将公共服务层和业务逻辑层分开，可使系统体系结构更加简洁清晰。

电能量计量系统的客户层提供用户界面，包括数据采集、图形工具、报表工具、曲线工具、数据录入、数据查询等，以及满足电能量计量系统各种需求的客户端应用。

【思考与练习】

1. 电能量计量系统有哪些功能？
2. 影响电能量数据精确性的因素有哪些？

模块 2 电能量计量系统主站的体系结构 (GYZD00401002)

【模块描述】本模块介绍电能量计量系统主站体系结构。通过结构介绍和要点归纳，了解传统的电能量计量系统的结构及其缺点，熟悉新一代基于 J2EE 三层体系架构的电能量计量系统体系架构。

【正文】

一、传统的电能量计量系统结构

传统电能量计量系统是基于 C/S（Clinet/Server）架构的系统。典型的 C/S 架构的系统由客户层和服务器层组成，服务器层只能实现数据库功能，而所有的应用逻辑、流程控制和用户界面都在客户层实现。C/S 架构系统具有结构简单、可靠性高、开发周期短等优点。但随着系统规模的不断扩大和业务逻辑越来越复杂，C/S 架构已经不能满足电能量计量系统的需求，主要表现为以下两点：

（1）系统规模难以扩大。客户层直接和服务器层建立数据库连接，数据库连接的资源有限，客户端的增加会造成系统性能的明显下降。

（2）软件的扩充和维护困难。业务逻辑分布在各个客户端的多个应用程序中，任何业务逻辑的修改都可能涉及多个应用程序，需要发布到所有客户端。由于应用逻辑、流程控制和用户界面均集中在客户端，任何一部分的修改都可能影响到其他部分。

二、新一代基于 J2EE 三层体系架构的电能量计量系统

J2EE 是提供一个基于 JAVA 语言的服务器端应用结构，支持平台独立、可移植、多用户、安全和标准的企业级应用。

电能量计量系统采用基于 J2EE 的三层体系架构，由客户层、服务层和数据层构成。将 J2EE 的多层体系结构和应用服务器技术应用于电能量计量系统，提高了系统的可扩展性和可维护性。

基于 J2EE 的数据层能支持各种关系型数据库，包括 Oracle、Sybase、DB2、SQL Server 等商用数据库，提供基于容器的对象数据接口以及关系型数据接口。

服务层在整个体系结构中处于核心地位，可分为业务逻辑层、公共服务层两层。业务逻辑层为应用层提供电能量计量的各种业务逻辑，如数据存储、数据处理、计算分析、计费等。公共服务层为各子系统实现其应用功能提供各种服务，如图形服务、告警服务、数据库操作、文件操作、消息操作等公共操作等。公共服务偏向于通用的、与业务无关的服务，业务逻辑层则偏向解决业务领域的问题。将公共服务层和业务逻辑层分开，可使系统体系结构更加简洁清晰。

客户层提供用户界面，包括数据采集、图形工具、报表工具、曲线工具、数据录入、数据查询等，以及满足电能量计量系统各种需求的客户端应用。

归纳起来，系统的软件体系结构可分为四大层，分别是应用层、业务逻辑层、公共服务层和存储层，如图 GYZD00401002-1 所示。

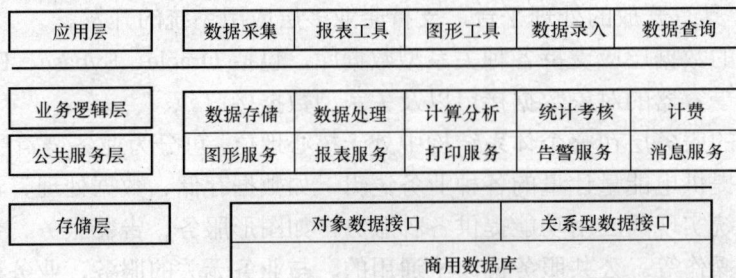

应用层	数据采集	报表工具	图形工具	数据录入	数据查询

业务逻辑层	数据存储	数据处理	计算分析	统计考核	计费
公共服务层	图形服务	报表服务	打印服务	告警服务	消息服务

存储层	对象数据接口	关系型数据接口
	商用数据库	

图 GYZD00401002-1　系统软件体系结构示意图

1. 应用层

应用层是部署在客户机和 Web 服务器上的各种应用程序,应用层只包括各种人机接口和采集设备的接口,不包含任何业务逻辑。

系统客户机除了图形工具、报表工具、数据采集等少数应用之外,其他应用全部用 B/S(Browser/Server)结构即浏览器和服务器结构方式实现。

2. 业务逻辑层

业务逻辑层包括电能量计量系统所需要的所有业务逻辑,包括数据存储、数据处理、统计考核、计算分析和计费等。业务逻辑层可为应用层各应用所调用,为应用层提供业务逻辑服务。

3. 公共服务层

公共服务层为应用提供显示、管理等各种中间服务。

系统具有功能全面、设计周密的各种公共服务,包括报表服务、图形服务、消息服务、告警服务、安全管理服务和数据库备份管理等。

4. 存储层

存储层提供对象数据接口和关系型数据接口。采用商用数据库存储数据。

【思考与练习】

1. 传统的电能量计量系统和现在的系统有哪些区别?
2. 电能量计量系统体系结构分几层?每层的内容是什么?

模块 3 电能量计量系统厂站端的原理(GYZD00401003)

【模块描述】本模块介绍电能量计量系统厂站端设备的原理。通过原理讲解,了解电能量计量系统厂站端设备的概念和作用,掌握电能表、互感器及其二次回路的工作原理、特点及应用。

【正文】

电能量计量系统厂站端设备包括电能表、互感器及其二次回路,能对一次设备传输的电能量进行准确测量。

一、电能表

电能表按其工作原理可分为电气机械式电能表和电子式电能表。电气机械式电能表分为感应型、电动型和磁电型,其中最常用的是感应型电能表;电子式电能表分为全电子式电能表和机电式电能表,也有将机电式电能表单独列为一类的。

(一)感应式电能表

感应式电能表有很多种类,但它们的基本结构大同小异,一般都由驱动元件、转动元件、制动元件、基架、轴承、计度器、铭牌、端钮盒、表壳构成。

感应式电能表采用电磁感应的原理把电压、电流、相位转变为磁力矩,推动铝制圆盘转动,圆盘的轴(蜗杆)带动齿轮驱动计度器的鼓轮转动,转动的过程即是时间量累积的过程。因此感应式电能表的好处就是直观、动态连续、停电不丢数据。

感应式电能表采用手工抄表。随着电能表的数量增加,抄表、核算的工作量越来越大。

(二)全电子式电能表

随着微电子、计算机和通信技术的高速发展,出现了高准确度、长寿命且能实现远程自动抄表等多种功能的全电子式电能表。全电子式电能表通过对用户供电电压和电流实时采样,采用专用的电能表集成电路,对采样的电压和电流信号进行处理并转换成与电能量成正比的脉冲输出显示。根据需要,也可以依据规定的协议(通信协议),将存储的电能量数据上传给上位机(主站),上位机也可以对电能表进行用、售电管理。

1. 全电子电能表的特点

与普通电能表相比,全电子电能表具有以下特点:

(1)功能强大。通过对单片机程序软件的开发,电子式电能表可实现正反向有功,四象限无功、复费率、预付费、远程集中抄表等功能，有时一块电子式电能表可相当于几块感应式电能表，同时，表计数量的减少，有效降低了二次回路的压降，提高了整个计量装置的可靠性和准确性。

（2）准确度等级高且稳定。感应式电能表的准确度等级一般是 0.5～3 级，并且由于机械磨损误差很容易发生变化。电子式电能表可以方便地利用各种补偿轻易达到较高的精度等级。

（3）启动电流小，低负荷时测量误差较小。

（4）频率响应范围宽，为 40～1000Hz。

（5）受磁场影响小。电子式电能表不是依靠移近磁场的原理计算，而是通过乘法器进行运算的，其计量性能受外磁场影响较小。

（6）便于安装使用。感应式电能表对安装有严格要求，悬挂的倾斜度将影响计量的准确。而电子式电能表无机械旋转部件，因此无以上问题，质量轻，便于使用。

（7）过载能力大。感应式电能表一般只能过载 4 倍，而电子式电能表可过载 6～10 倍。

（8）防窃电能力强。

2. 电能表的检验及检验装置

这里主要介绍现在常用的电子式电能表检定装置。电子式电能表的检定装置一般由电子式程控功率源、电子式多功能标准表（或标准功率电能表）、标准电压互感器和标准电流互感器（有些装置不需要互感器）、误差计算器（也可做在标准表内）、误差显示器、数字式监视表、光电采样器、计算机等组成。

电源首先经低通滤波器滤除电源中的高次谐波，以改善波形。然后经过电子稳压器进行稳压。经稳压后的电源采用变压器移相器改变电压相位，以获得所要求的功率因数。经电流调节、电压调节的电压、电流，一路直接供被检电能表，一路经标准电流互感器、标准电压互感器供标准电能表。根据标准表脉冲读数与设定读数计算被检表误差。

现代电能表鉴定装置可实现自动检定。

二、测量用互感器

测量用互感器在电力线路中用于对交流电压或电流进行变换，以满足高电压或大电流的测量。

常用的电压互感器有电磁式和电容式两种，电流互感器为电磁式。

1. 测量互感器的特点

（1）互感器具有对变化前后电路隔离的结构，以及良好的绝缘性能，能够保证测量仪表与人员的安全。

（2）互感器采用统一的标准化输出量，电压互感器标准输出为 100、$100/\sqrt{3}$ V，电流互感器标准输出为 5、1A 等，从而使从数十千伏到数百千伏的电压、数十毫安到上万毫安的电流经过互感器变换后，统一为简单的几种，从而简化了仪表系列的生产和使用。

（3）当电力线路发生故障出现过电压或过电流时，由于互感器铁芯趋于饱和，其输出不会呈正比增加，能够起到对测量仪表设备的保护作用。

2. 互感器的应用

（1）电磁式电压互感器。电磁式电压互感器对电压变换的比例以及变换前后的相位有严格的要求，主要用于传输电能或阻抗变换。

（2）电容式电压互感器。电容式电压互感器简称 CVT，在 110kV 及以上的高压电力系统中，通常采用 CVT 作电压、功率测量，还可通过电容式电压互感器进行载波通信。CVT 的运行可靠性比电磁式电压互感器要高，总费用低。CVT 主要由电容分压器和电磁装置组成。此装置包括中间变压器、补偿电抗器和谐振阻尼器。CVT 的工作原理就是利用串联电容分压，高电压加在整个分压器上，再从分压器的分压元件上按比例去除高电压的一部分作为输出电压。

（3）电流互感器。电流互感器对电流变换的比例以及变换前后的相位有严格要求，主要用于改变电路的输出阻抗，为负载提供大小合适的电流。电流互感器二次回路所接仪表的阻抗是很小的，其运行工作状态相当于变压器的短路状态。

3. 互感器检验及检验装置

新型的互感器现场校验仪采用了全新的测量方法，无需使用升流源、升压源、标准 TA 或 TV、大电缆等，只要有校验仪和几根测试线，即可现场全自动测量功率因数在 0.6～1.0 之间、额定负载及 1/4 额定负载下，各电流点、电压点的比差、角差；也可以测量特定负载、特定电流点、电压点下的比差、角差；且测量精度完全符合国家互感器检定规程的要求，使互感器的现场检验更为方便。

三、二次回路

1. 二次回路的分类

二次回路依照电源及用途不同，可分为以下几种：

（1）电流回路：由电流互感器供给测量仪表及继电器的电流线圈的回路。

（2）电压回路：由电压互感器供给测量仪表及继电器的电压线圈及信号器等的回路。

2. 二次回路维护要求

二次回路是发电厂、变电站以及工企业中电气设备的重要组成部分，它对电气设备的连续可靠运行具有重要的意义。二次设备及接线比较复杂，如果二次回路未能保证安装质量或不按规定检查与实验，当一次设备投入运行之后，若测量仪表不准确，一次设备过负荷，可能导致设备过热损坏；当一次电力设备有故障时，若二次回路有缺陷，可能引起继电保护装置的拒动或误动而发生电力事故；在电能计量方面，如果二次回路有缺陷，则可能给电力部门或用电方造成结算方面的麻烦或损失。

为了保证二次回路安全可靠运行，应该特别重视二次回路的安装工作。首先要保证安装质量，其次应及时进行定期检验，以保证二次回路经常在可靠与良好的状态下运行。

【思考与练习】

1. 电能量计量系统厂站端设备的作用是什么？

2. 电能量计量系统厂站端设备有哪几类？

模块 4　电能量计量系统的数据处理流程（GYZD00401004）

【模块描述】本模块介绍电能量计量系统的数据处理流程。通过流程讲解，掌握电能量计量系统的前、后台手工数据处理流程，前、后台自动数据处理流程，以及与常用系统互联的数据处理流程。

【正文】

一、电能量计量系统的数据处理流程

电能量计量系统的数据处理流程主要包括前台手工数据处理流程、前台自动数据处理流程、后台手工数据处理流程、后台自动数据处理流程和与常见系统互联的数据处理流程等。前台是指主站系统的前置子系统，后台是指主站系统的实时子系统，站端是指变电站。

1. 前台手工数据处理

前台手工数据处理流程包括增量数据处理流程、时间处理流程、底码数据处理流程、遥测数据处理流程、事件数据处理流程和手工设置时间流程。

2. 前台自动数据处理

前台自动数据处理包括自动采集增量数据处理、自动采集时间数据处理、自动采集底码数据处理、自动采集遥测数据处理、自动采集事件数据处理、自动设置时间处理。

3. 后台手工数据处理

后台手工数据处理包括更换电能表数据处理、更换 TA/TV 数据处理、重处理数据处理、副表替代数据处理、线路对端电表替代数据处理、遥测替代数据处理、增量数据修改处理、旁路代数据替代处理。

4. 后台自动数据处理

后台自动数据处理包括计算量自动处理、统计量自动处理、自动旁路代数据、计算量临时计算自动处理、统计量临时计算自动处理、数据校验自动处理。

5. 与常见系统互联的数据处理

与常见系统互联的数据处理包括与 EMS 系统互联的数据处理、与营销系统互联的数据处理、上下级系统互联的数据处理、与交易系统互联的数据处理、与负控系统互联的数据处理流程。

二、前台手工/自动数据处理流程

前台手工是在前置子系统上进行人工操作，前台手工数据处理流程包括召唤增量数据处理流程、召唤时间处理流程、召唤底码数据处理流程、召唤遥测数据处理流程、召唤事件数据处理流程和手工设置时间处理流程。

前台自动数据处理流程和前台手工数据处理流程唯一不同的是不需人工操作，所有处理是进程定时触发的。

（1）召唤增量数据处理流程。前台发召唤增量数据报文给站端，前台收到站端数据后按厂站和数据类型分包入库。

（2）召唤时间处理流程。前台向站端发召唤时间报文，前台收到站端时间后和主站时间进行对比，按厂站记录差值。

（3）召唤底码数据处理流程。前台向站端发召唤底码数据报文，前台收到站端数据后按厂站和数据类型分包，再将底码转换成增量数据入库。

（4）召唤遥测数据处理流程。前台向站端发召唤遥测数据报文，前台收到站端数据后按厂站和数据类型分包入库。

（5）召唤事件数据处理流程。前台向站端发召唤事件数据报文，前台收到站端数据后按厂站和数据类型分包入库。

（6）手工设置时间处理流程。前台向站端发主站时间报文，站端收到时间向下对时。

三、后台手工数据处理流程

后台手工数据处理流程包括更换电能表数据处理流程、更换 TA/TV 数据处理流程、重处理数据处理流程、副表替代数据处理流程、线路对端电能表替代数据处理流程、遥测替代数据处理流程、更换电能表数据处理流程、增量数据修改处理流程和旁路代数据替代处理流程。

1. 更换电能表数据处理流程

选中要更换的电能表，选择旧表和新表的类型，填写旧表的底码值和更换后新表的底码值，并选择更换电能表操作的起始和终止时间，最后设置换表时间内的电能量补偿，点击确定即完成电能表更换。

电能量补偿分三种方式：

（1）按值补偿。指对换表时间内的电能量给出一个人工估算值，填在按值补偿标签页中。

（2）遥测补偿。指用该设备遥测值在换表时间内的积分值来替代换表时间内的电能量值。

（3）电表补偿。对有副表的设备而言的，设备在换表时间内的电能量用副表的值来代替。换表操作后，系统会对相应时间段内的数据进行重处理和重统计操作，并形成历史电能表记录。历史电能表记录会详细记录换表时间，换表操作前的电能表型号，换表操作后的电能表型号，换表操作的起始和终止时间，以及操作人信息。

2. 更换 TA/TV 数据处理流程

更换 TA/TV 的操作对象也是最终设备（即电能表）。

选中要更换 TA/TV 的设备，接口中将显示该设备的 TA/TV 信息。其中更换前 TA、TV 是指系统当前的 TA、TV 值；对更换后的 TA、TV 进行修改并设置更换日期，点击确定即更换成功。更换 TA/TV 也会自动触发重处理和重统计。

3. 重处理数据处理流程

重处理可以对某个具体的厂站、电能表和计算公式在指定的时间内进行重处理、重计算、重统计和预插空值。

4. 副表替代数据处理流程

替代与恢复的操作对象是系统中的最终设备（即电能表），替代是指在指定的时间段内，使被替代的设备的电量数据用副表的在该时间段的电能量数据来替代。

5. 线路对端电表替代数据处理流程

替代与恢复的操作对象是系统中的最终设备（即电能表），替代是指在指定的时间段内，使被替代的设备的电能量数据用线路对端电能表的在该时间段的电能量数据来替代。

6. 遥测替代数据处理流程

替代与恢复的操作对象是系统中的最终设备（即电能表），替代是指在指定的时间段内，使被替代的设备的电量数据用遥测的在该时间段的电能量数据来替代。

电能量数据包括正向有功、反向有功、正向无功和反向无功。

7. 增量数据修改处理流程

增量修改是对系统中的最终设备（即绕组、开关或线段）的电能量数据按月、按天、按小时进行修改。

8. 旁路代数据替代处理流程

系统根据运行情况自动判断可能发生的旁路代，将旁路代信息反映给用户，用户根据实际情况人工确认旁路代的发生和结束，对系统未能判断出的旁路代可人工新建。

四、后台自动数据处理流程

后台自动数据处理流程包括统计量自动处理流程、自动旁路代数据流程、计算量临时统计自动处理流程和数据校验自动处理流程。

1. 统计量自动处理流程

统计量包括日内统计，日、月、年的统计和日、月、年的时段统计。

（1）日统计：采用临时统计方式，包括 0.5、1h 等。时间间隔种类比较多，存储空间和计算机资源浪费比较多，日内计算速度比较快。

（2）日、月、年的统计：统计日、月、年的电量报表。

（3）日、月、年的时段统计：统计日、月、年的时段电量报表。

2. 自动旁路代数据流程

自动旁路代的识别分为两个阶段：第一阶段根据旁路电能表的电能量变化信息，生成自动旁路代事件；第二个阶段是对自动生成的旁路代事件，依据判断状态的不同，进行旁路代的下个状态的识别以及电能量代入的工作。

（1）第一阶段预判旁路代事件。获取所有旁路开关，从旁路开关的旁路判别时标开始查找，一旦发现某电能表增量电能量由 0 到非 0 的时间点满足条件，即认为该旁路电能表发生了旁路代事件，并生成一个自动旁路代事件记录。

（2）第二阶段对自动旁路代事件进一步识别。从自动旁路代事件表里取出所有旁路代未结束的记录，根据旁路代事件的当前判断状态进行下一步状态的判断。如果当前的判断状态是"预判旁路代"，则在同厂站同电压等级下寻找被代设备，以旁路代开始时间作为判断的开始时间。

3. 计算量临时统计自动处理流程

计算量的统计采用两种方式，一种通过分时计算量来统计，一种通过分量的统计量来统计。

4. 数据校验自动处理流程

数据校验自动处理流程支持插值方式进行临时计算。

五、与常见应用系统互联的数据处理流程

1. 与 EMS 系统互联的数据处理流程

（1）实现与调度自动化系统的互联。

（2）通过互联取得调度自动化系统的频率、功率积分、有功功率等数据。

（3）系统能够与 EMS 系统进行通过标准的规约或采用 E 语言方式进行数据交换。

2. 与营销系统互联的数据处理流程

通过标准的规约或采用 E 语言方式与营销系统进行数据交换。

3. 上下级系统互联的数据处理流程

实现与上下级电能量计量系统的互联，获取上下级系统公司直调厂站关口的电能量数据。电能量计量系统通过标准的规约或采用 E 语言方式实现与上下级计量主站系统的数据交换。

4. 与交易系统互联的数据处理流程

通过标准的规约或采用 E 语言方式实现与交易系统的数据交换。

5. 与负控系统互联的数据处理流程

电能量计量系统能够与负控系统通过标准的规约或采用 E 语言方式进行数据交换。

【思考与练习】

1. 电能量计量的数据处理流程分哪几部分？
2. 常见的与电能量计量系统互联的应用系统有哪些？

第二十五章 电能量计量系统的应用操作

模块 1 电能量计量系统应用软件的使用操作方法
(GYZD00402001)

【模块描述】本模块介绍电能量计量系统应用软件的使用操作方法。通过功能描述、方法介绍和举例说明，熟悉电能量计量系统应用软件的功能和人机界面，掌握电能量计量系统应用软件的使用操作方法。

【正文】

一、电能量计量系统应用软件的功能介绍

电能量计量系统应用软件的功能包含数据采集、系统生成、日常维护、权限管理等。

1. 数据采集

电能量计量系统是通过采集厂站系统采集终端、多功能电能表采集各关口点、网损计量点电能表计的电能量数据（包括正、反向有功无功表底值、负荷曲线、冻结值、表计状态信息，如 TV 缺相、TA 断线、相序错误、失电等事件、报警状态等）来实现电能量数据、电能质量数据的自动周期采集。

数据采集部分的功能有数据追补、事件追补、时间设置等。采集单元可以是电能表也可以是采集终端。

（1）数据追补就是完成电能量计量系统数据采集的功能。电能量计量系统的数据采集和调度系统的遥测、遥信采集方式是不同的，增量数据不需要实时采集，正常情况下只进行定时采集。

（2）事件追补和数据追补方法是一样的，只是追补的数据类型不同罢了。事件是采集单元的故障等。

（3）时间设置是指召唤远方终端的时间，并和系统时间（采集服务器的计算机时间）比较，还可将当前系统的时间设置到远方终端，以保证两边时间一致。

2. 系统生成

系统生成包括电网参数录入、采集参数录入、电能表类型录入、时段录入、计算公式录入、生成计算模板和生成公式。

3. 日常维护

日常维护部分的功能有更换电能表、旁路代、多数据源替代、TA/TV 更换、数据补偿和数据重新处理等。

（1）更换电能表采用用新电能表更换旧电能表。填写旧表的底码值和更换后新表的底码值，并选择更换电能表操作的起始和终止时间，最后设置换表时间内的电能量补偿。电能量补偿分三种方式：

1）按值补偿。是指对换表时间内的电能量给出一个人工估算值，填在按值补偿标签页中。

2）遥测补偿。是指用该设备遥测值在换表时间内的积分值来替代换表时间内的电能量值。

3）电能表补偿。是对有副表的设备而言的，设备在换表时间内的电能量用副表的值来代替。

换表操作后，系统会对相应时间段内的数据进行重处理和重统计操作，并形成历史电能表记录。历史电能表记录会详细记录换表时间、换表操作前的电表型号、换表操作后的电能表型号、换表操作的起始和终止时间，以及操作人信息。

（2）旁路代是系统根据运行情况自动判断可能发生的旁路代，将旁路代信息反映给用户，用户根据实际情况人工确认旁路代的发生和结束。对系统未能判断出的旁路代可人工新建。

（3）多数据源替代与恢复的操作对象是系统中的最终设备（即电能表），替代是指在指定的时间段内，使被替代的设备的电能量数据用替代设备的在该时间段的电能量数据来替代。

（4）TA/TV 更换操作对象也是最终设备（即电能表）。

（5）数据补偿是对系统中的最终设备（即绕组、开关或线段）的电能量数据进行修改。

（6）数据重新处理可以对某个具体的厂站、电能表和计算公式在指定的时间内进行重处理、重计算和重统计。

4. 权限管理

权限管理部分的功能有基本数据权限、计算数据权限、报表数据权限、用户功能权限和用户角色权限等。

权限管理可定义不同权限的用户，不同权限的用户可查看和管理不同的设备。例如电厂的用户只能看到本电厂下的设备，而调度中心自动化处的维护人员能看到电网下所有的设备。

二、电能量计量系统应用软件的使用操作方法

下面以数据追补为例，介绍电能量计量系统应用软件的使用操作方法。

以某产品软件为例，使用者在完成系统登录后，进入到电能量计量系统软件操作主界面，如图GYZD00402001-1 所示。在主界面上面的中间区域显示系统所有前置机的名称和状态。如果在线，将用彩色的计算机图标显示；如果离线或者状态不明，将用灰色的图标显示。如果是主机，则机器名和状态将用绿色的字体显示；如果是备机，将用黄色字体显示；如果是离线，将用红色字体显示；如果是状态不明，将用灰色字体显示。

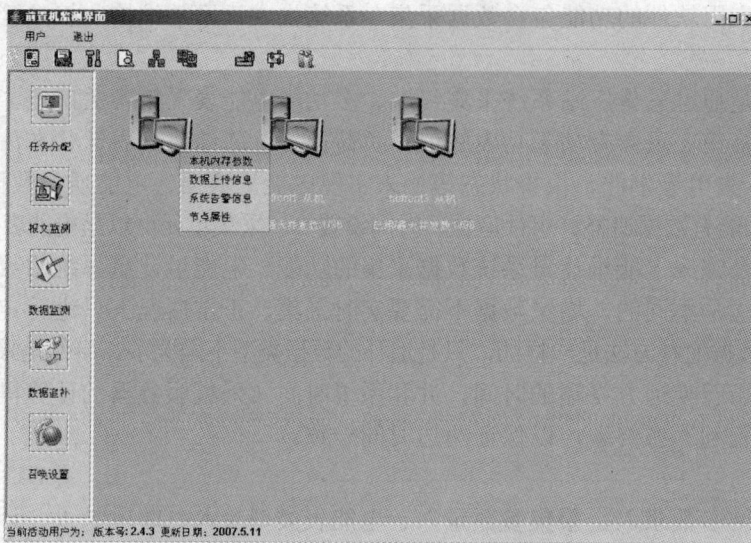

图 GYZD00402001-1　电能量计量系统软件操作主界面

1. 选择数据追补对象

在主界面图 GYZD00402001-1 上点击"数据追补"进入数据追补界面，如图 GYZD00402001-2 所示。

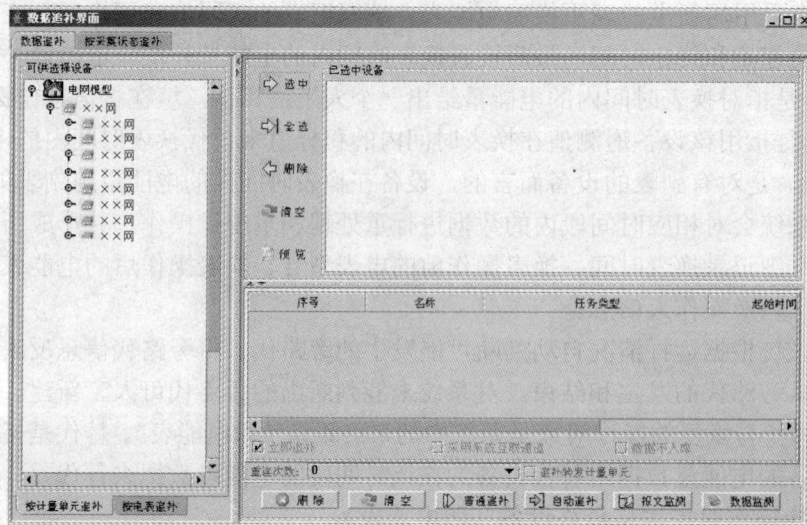

图 GYZD00402001-2　数据追补界面

首先在左边导航栏中展开树形图，选中需要追补的计量单元，然后点击右边的选中按钮将该计量单元添加到"已选中设备"列表中。一次可以添加多个计量单元，或者点全选按钮选中一个厂站下的所有计量单元。"删除"按钮可以删除列表中启动的计量单元，点击清空按钮则从列表中清除所有计量单元。

选择好计量单元后点击预览，所有已选中的设备将被分配到下方的追补任务中，如图GYZD00402001-3 右下方区域所示。

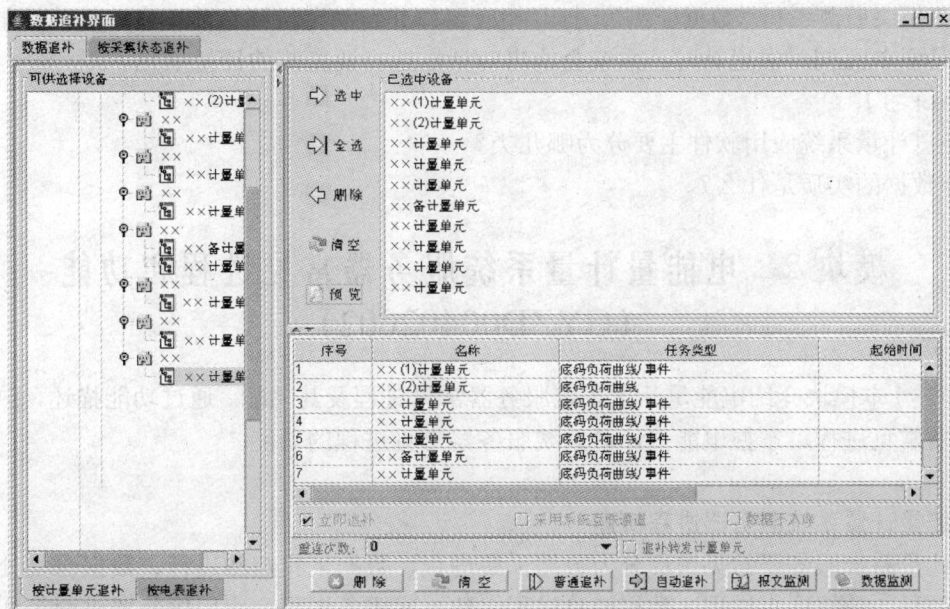

图 GYZD00402001-3　数据追补预览

2. 选择任务类型

点击任务类型一栏，将出现如图GYZD00402001-4 所示的对话框。

一般系统会按照计量单元自动选择采集量，所以此时只要点击"确定"按钮就可以完成任务类型的设置。

然后分别点击"起始时间"和"终止时间"，设置采集时间段。

最后通过图 GYZD00402001-5 中的下拉列表选择小时和分钟。系统会自动取选择时间范围内的 15min 整数点。

3. 追补数据

所有的追补条件设置好后点击"普通追补"按钮开始追补。

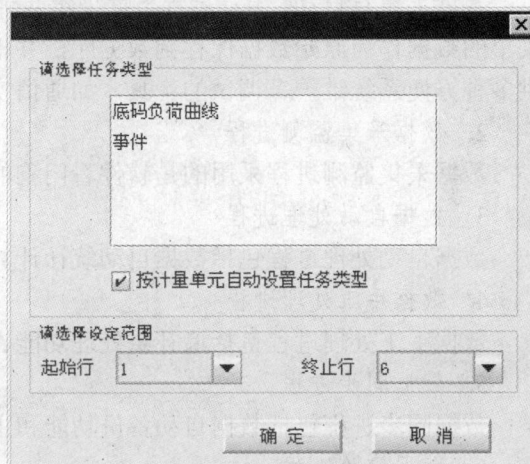

图 GYZD00402001-4　选择任务类型对话框

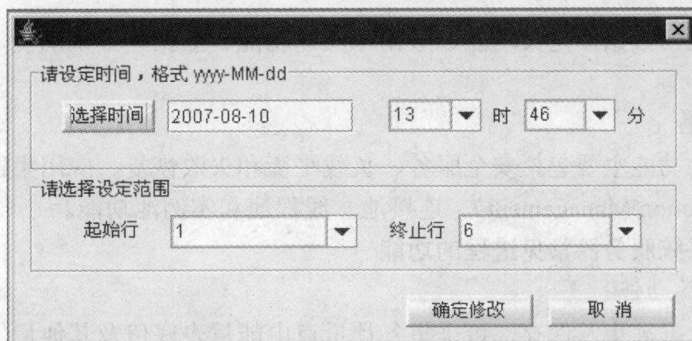

图 GYZD00402001-5　选择时间对话框

"立即追补"是指强制将该计量单元的优先级设为最高，使追补任务在定时任务之前优先执行，若不设为"立即追补"，且该计量单元的优先级为中级，系统将先执行高优先级的计量单元的任务。

如果点击"自动追补"按钮，系统会按照从所选中计量单元的最后采集断点开始采集该计量单元的全部数据，无需选择任务类型及采集时间段。普通追补不会改变当前计量单元的采集时标。

"数据不入库"是指追补上来的全部数据不存入数据库，只在采集界面上显示。

4. 数据追补监测

可点击"报文监测"和"数据监测"，打开相应窗口并自动定位到当前正在追补的计量单元上。当一次有多个计量单元同时做追补时，系统会给出对话框选择要监测的计量单元。

【思考与练习】

1. 电能量计量系统应用软件主要分为哪几类？

2. 追补数据的实质是什么？

模块 2 电能量计量系统服务器常见进程和功能
（GYZD00402002）

【模块描述】本模块介绍电能量计量系统服务器常见进程及其功能。通过功能描述，熟悉电能量计量系统服务器常见进程，掌握电能量计量系统服务器常见进程的功能。

【正文】

一、电能量计量系统服务器进程概述

电能量计量系统服务器常见进程分为数据采集进程、数据采集监测进程、数据自动处理进程、数据手工处理进程、数据同步进程、数据校验进程、数据库服务进程、应用服务器进程等八类。

1. 数据采集进程

数据采集有自动、手动远程数据采集两种功能，当信道异常时还支持具备移动抄表数据上装功能。采集的数据作为原始数据保存到数据库，并根据参数定义转化出的二次数据参与运算统计。同时还提供多种方便系统维护、调试的工具，如通信实时报文监视、采集任务执行状态信息等。

2. 数据采集监测进程

数据采集监测进程采用的是软件看门狗的机制。

3. 数据自动处理进程

数据自动处理进程包括数据自动统计计算功能和自动旁路代功能。

4. 数据手工处理进程

数据手工处理进程包括追补重处理功能、人工换表功能、修改电能量功能、手工更改 TA/TV 功能。

5. 数据同步进程

数据同步进程包括数据自动备份功能和主备机参数自动同步功能。

6. 数据校验进程

数据校验进程包括限值判断功能和多数据源替换功能。

7. 数据库服务进程

数据库服务进程包括数据库定义功能、数据库操纵功能、数据库查询功能、数据库控制功能和数据库通信功能。

8. 应用服务器进程

应用服务器进程的功能主要包括安全服务、负载平衡和失败恢复、应用集群服务、业务和处理逻辑、事务管理（Transaction Management）、连接池、线程池和实例池功能。

二、电能量计量系统服务器常见进程的功能

1. 数据采集进程的功能

（1）支持带时标数据采集及保存，可采集各计量点电能量表底值及其他量信息（瞬时量、最大需量、负荷曲线、费率数据、断相、缺相、失压、相序错误、失电、通信故障等事件信息）。

（2）采集到的原始数据不作任何处理直接保存到数据库，同时根据参数定义，将原始数据转换成一次侧数据。

（3）系统具有定时召唤和随时召唤两种方式，定时召唤的周期可由用户设定，最小间隔可设为1min。

（4）提供自动任务间依赖关系的可视化定义。如数据验证依赖数据采集，只有采集完成后才可进行验证，验证完后才可以进行统计分析等。

（5）支持现场数据的抄录（包括手持式抄表设备和便携机）导入主站系统。

（6）主站支持费率功能，对采集到的负荷曲线数据能做分时段统计，带时标存储。费率种类、时段可由人工设定（费率种类没有限制，时段个数最大为 12 个）。

（7）系统支持拨号、专线、调度数据网信道采集电能表信息。支持多种通道互为备用，可根据通道状态自动切换。

（8）系统通信协议满足带时标电能量数据的抗干扰性、高可靠性传送要求。系统对无法抄录的电能量远方终端或表计，以告警方式提示用户，用户可选择重采。采集失败的电能表被记录在日志中，可以随时查看或即时通过打印机以报表方式打印输出。

（9）系统具有采集过程状态的监视功能，能方便监视（保存）原始通信报文，记录运行状态、链路状态，对于通信失败的装置和线路给出详细的记录，并提供完善的通信效率、信道负荷及成功率的详细分析记录和专用报表。

（10）系统有采集统计功能，可以按设备、信道等进行通信统计，提供信道质量判断依据。便于维护人员及时了解整个系统的采集通信情况，及时发现问题，以免造成损失。

（11）系统提供实时通道原始报文监视工具，分通道实时监视通信报文，同时可将原始报文作日志记录，方便系统通信调试。

（12）支持多采集服务器自动负载均衡，提供系统最佳性能及多机备用可靠性。

（13）支持多种通信规约。常用的通信规约有 IEC 60870-5-102、DL/T 719—2000、IEC 60870-5-102、SCTM，常用表计规约有 DL/T 645、DLMS、STOM、IEC 61107、SIEMENS Quad4+、ABB Alpha、EDMI Energy Meter 等。

2. 数据采集监测进程的功能

平常数据采集进程运行时，定期会在本地硬盘上刷新一个文件，一旦主数据采集进程停掉以后，文件就停止刷新，这时数据采集监测进程根据这一情况可判断出数据采集进程故障，从而启动相应的数据采集进程。

3. 数据自动处理进程的功能

（1）用户可根据各种应用的需求定义计算的对象集合、计算的模型、计算的数据类型（如时段总加、最大/最小负荷等）及计算结果输出的时效要求。

（2）用户可通过定义公式的方式生成计算量，也可通过定义电网模型自动生成计算量。计算量的计算间隔由用户定义，所有计算量自动保存到数据库中，并自动进行汇总统计。当一定时间内计算量的分量仍未能采集齐全时，可以进行插值处理。系统提供多种插值模式可以供用户选择，插值等待时间由用户定义，插值数据提供特定的数据质量标志，并提供日志记录。当计算量的分量集齐全的时候自动进行重计算。

（3）系统提供多种手段（如用户自定义报表、Web 发布等）的数据及统计结果的输出格式，以满足不同用户对数据的需求。数据能以饼图、棒图显示。所有的原始电量数据、处理后电量数据、统计电量数据、计算电量数据、考核电量数据都可用表格和图形方式显示，图形方式包括曲线、直方图等。

（4）系统自动完成换表日志、旁路事件、人工追补电能量、置入电能量及表码修改等引起的电能量计算，实现数据一致性，计量点统计结果改变同时触发统计对象的重运算。

（5）自动计算服务可对数据进行合理性检查，并形成历史告警事项供业务处理浏览。自动检查规则主要包括缺表码、奇异数据、变小、电量越上限值、母线不平衡率、线路线损率等。

（6）系统具备按表底值相减、按积分周期电能量值相加（能正确地处理旁代电能量）等多种计算电能量的方法，且可灵活地进行切换。采用表底值相减计算电能量的方法如有旁代电能量，给予提示。

（7）系统的分钟、小时、日、月电能量计算采用任务方式管理完成。

4. 自动旁路代的功能

（1）系统可以通过旁路信息进行自动旁路计算，保证数据的完整性和准确性。

（2）能够根据旁路与线路关系表，查找可能被替代线路，并提示告警。

（3）旁路事件信息分起始事件和结束事件。旁路起始事件包括旁路点编码、被旁路点编码、旁路起始时刻、旁路点电能量表码值、被旁路点电能量表码值以及操作用户等。旁路结束事件包括旁路点编码、被旁路点编码、旁路结束时刻、旁路点电能量表码值、被旁路点电能量表码值等以及操作用户等。

（4）系统支持自动旁路代（系统自动完成旁路代的判断，并自动加入被取代线路电能量）、半自动旁路代（系统自动完成旁路代的判断，经人工确认后加入被取代线路电能量）、手工旁路代（人工置入旁路替代操作设备对象、时间，以实现旁路替代功能）功能。

（5）所有的自动、半自动和手工旁路代都可以按照配置的告警策略有对应的告警输出，等待用户对事件的处理。

（6）所有的自动、半自动和手工旁路代都有详细的记录，包括用户名、旁代路关口点名称、被旁代路关口点名称、起始时间、终止时间、输出电能量处理结果时间等，支持按区域、按厂站、按电压等级、按设备、按时间范围等多种条件进行查询。

5. 数据手工处理进程的功能

（1）系统支持追补重处理功能。重处理既能处理基本量，也可处理计算量，或者按照地区，厂站等区域方式去追补。追补开始时间和结束时间都可以调整。

（2）系统支持换表处理。当表计维护、更换、校核时，系统能够自动处理操作前后的电能表底度的变化，而不影响负荷曲线的生成、统计、计算和考核。

（3）系统能够进行满码处理。对于带电换表的情况，换表期间的电量用户可以选择由校表、EMS功率积分值或线路对端电量来代替或人工输入。

（4）系统可以生成换表日志。

（5）系统提供更换 TA/TV 处理，当更换 TA/TV 时，系统能够自动将更换后的电量按新的 TA/TV 处理，而不影响负荷曲线的生成、统计、计算和考核，系统可以生成换 TA/TV 日志。TA/TV 从现场更换到系统参数修改期间所采集的电能量能够重新统计。

（6）系统提供多种异常数据修补方案，可手动进行数据修补。被修补数据的老值、新值皆被保存进数据库，保证原始数据不被覆盖，提供电能数据的可追溯性。

6. 数据同步进程的功能

（1）具有完善的数据库管理系统，能够自动备份数据。有良好的人机交换界面。

（2）具有良好的档案管理功能，可以将当前数据和历史数据自动和手动存储到光盘等大容量存储设备上。可根据需要，将历史数据恢复到在线系统上，进行数据分析等处理。

（3）提供灵活的历史数据备份和删除机制，可以根据自定义的历史数据保存时间自动删除已经备份的历史数据，也可以手工按照厂站或时间范围对历史数据进行删除。

（4）数据采集服务器支持备份存储功能，当网络发生故障或数据库服务器发生故障时，数据采集服务器可以正常进行采集，并将采集数据存储在备份服务器。一旦系统恢复正常，系统可以自动将备份服务器中的数据转入数据库服务器中，确保在网络发生故障或数据库服务器发生故障时不会造成数据的丢失，确保在数据库服务器发生故障时，系统其他应用功能不受影响。

（5）数据参数自动通知功能是通过应用服务的消息通知机制进行的。一台机器的参数变化了，可以自动同步到其他的所有机器上面。

7. 数据校验进程的功能

（1）限值判断主要指数据采集合理性检查，包括缺数检查、奇异数检查等。数据应用合理性检查包括电量越上限值、功率因数越下限、母线不平衡率、主变压器变损率、线路线损率、主变压器及配线功率因数超下限、旁路表走字同时可能旁代的线路等。

（2）系统支持多数据源替代功能，包括主备表的替代、线路对端替代、EMS功率积分替代，互联数据替代等多种替代方式。

8. 数据库服务进程的功能

数据库服务进程是专门用来创建、操纵、管理、维护和监控数据库的数据库管理核心，它对数据库提供安全访问机制和操纵、管理机制。负责对数据库进行统一管理与控制。用户或应用程序对数据库操作的各种命令都要通过数据库管理系统来解释与执行，数据库管理系统还承担着数据库的维护工作，并保证数据库中数据的安全性、可靠性、完整性、一致性及高度独立性。

数据库管理系统具备以下功能：

（1）数据库定义功能。DBMS向用户提供数据定义语言，用于定义数据库的结构和数据库的存储结构、数据库中数据之间的联系，以及数据的完整性约束条件和保证完整性的触发机制等。

（2）数据库操纵功能。DBMS还提供数据操纵语言，用户通过DML可以完成对数据库中数据的操纵，可以装入、删除、修改数据，可以重新组织数据库的存储结构，可以完成数据库的备份和恢复等操作。

（3）数据库查询功能。DML还为用户提供各种方式灵活的查询功能，使用户可以方便地使用数据库中的数据。

（4）数据库控制功能。DBMS还承担对数据库的安全控制、完整性控制、多用户并发控制等各方面的控制。

（5）数据库通信功能。在分布式环境下或网络数据库系统中，DBMS为不同的数据库之间提供通信功能。

9. 应用服务进程的功能

（1）应用服务是一种中间件技术，通过它能将一个企业的应用系统快速、安全、有效地实施，而且拥有稳定性、可扩展性和安全性。应用服务向企业级用户提供了设计、开发、部署、运行和管理一个应用系统的平台。

（2）应用服务具有安全服务、负载平衡和失败恢复、应用集群服务、业务和处理逻辑、事务管理、连接池、线程池和实例池等功能，可为构造复杂的电能量计量系统提供坚实的平台。

【思考与练习】

1. 电能量计量系统常见进程有哪些？

2. 数据库服务进程具备哪些功能？

模块3　电能量计量系统数据的修改方法（GYZD00402003）

【模块描述】本模块介绍电能量计量系统数据的修改方法。通过方法介绍和举例说明，掌握修改电能量计量系统权限参数、系统维护参数的方法。

【正文】

一、电能量计量系统数据修改的执行范围

电能量计量系统对任何采集来的数据都按照主副本方式存储，禁止对原始数据进行修改，系统通过访问副本方式实现各项应用功能。副本的修改采用授权人和操作人分离的数据修改机制，将修改过程存入数据库中，同时置数据修改标志。系统能将操作内容、时间、结果及操作人员姓名记录（修改原因、审批人、修改人、修改时间）保存，供查阅或打印。

二、电能量计量系统数据的修改方法

电能量计量系统可修改的数据分为权限参数修改和系统维护参数修改两类。

1. 权限参数修改

权限参数包括数据权限、计算数据权限、报表数据权限、用户功能权限、用户角色权限等。

2. 系统维护参数修改

系统维护参数修改包括更换电能表、TA/TV更换、数据补偿等。使用者可通过人机界面对以上参

模块
3

GYZD00402003

数进行修改。

3. 案例

下面举例说明更换电能表的操作方法。

更换电能表属于日常维护的工作。日常维护主界面如图 GYZD00402003-1 所示。

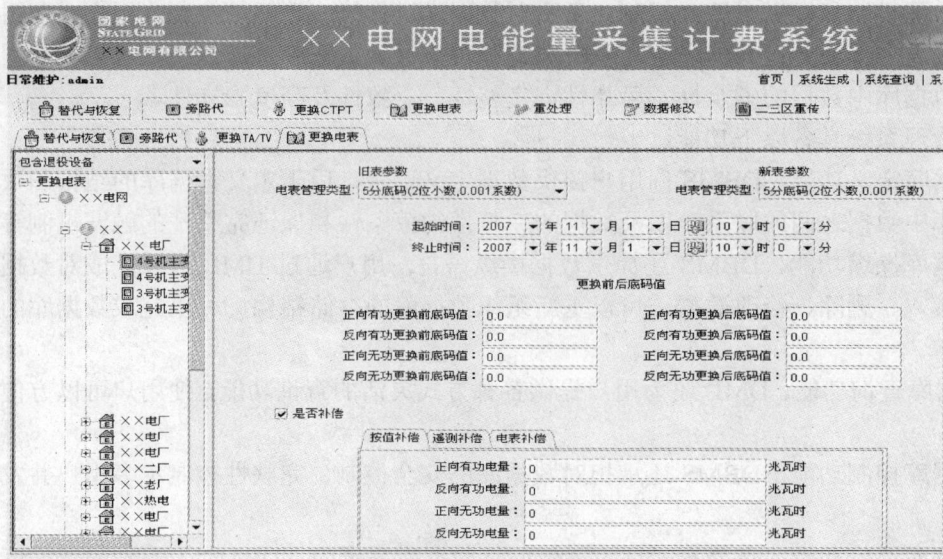

图 GYZD00402003-1　日常维护主界面

在界面左侧选中要更换的电能表，在右侧选择旧表和新表的类型，填写旧表的底码值和更换后新表的底码值，选择更换电表操作的起始和终止时间，最后设置换表时间内的电能量补偿，点击确定即完成电能表更换。

电能量补偿方式包括：

1. 按值补偿

按值补偿是指对换表时间内的电能量给出一个人工估算值，填在按值补偿标签页中。

2. 遥测补偿

遥测补偿是指用该设备遥测值在换表时间内的积分值来替代换表时间内的电能量值。

3. 电能表补偿

电能表补偿是对有副表的设备而言的，设备在换表时间内的电能量用副表的值来代替。

【思考与练习】

1. 电能量计量系统数据的修改分哪两类？

2. 电能量补偿的作用是什么？电能量补偿一般在什么情况下使用？

第二十六章 电能量计量系统维护

模块 1 电能量计量系统数据库中各类表的介绍
（GYZD00403001）

【模块描述】本模块介绍电能量计量系统数据库中的各类表。通过举例说明，熟悉电能量计量系统数据库中电网模型结构表、历史数据统计表和系统维护表包含的域及其含义。

【正文】

电能量计量系统数据库表一般分为电网模型结构表、历史数据统计表和系统维护表三类。

一、电网模型结构表的介绍

电网模型结构表主要包括区域表、厂站表、电压等级表、变压器表、变压器绕组表、线路表、交流线路表、线端表、开关表、电能表表、电能量表、瞬时量表、四象限无功表等。

[例 GYZD00403001-1] 电能表表为每个电能表设备的描述表，见表 GYZD00403001-1。

表 GYZD00403001-1 　　　　　　　　电 能 表 表

域　名	数 据 类 型	域 名 含 义
"METER_ID"	BIGINT	电能表标识号
"METER_NAME"	VARCHAR(64)	电能表名
"METER_TYPE_ID"	BIGINT	电能表类型
"FAC_ID"	BIGINT	厂站号
"DEV_ID"	BIGINT	设备号
"METER_SERIAL"	INTEGER	该计量点所挂表计的类型（MENU）：0 主表，1 辅1，2 辅2，…
"TERMINAL_ID"	BIGINT	计量单元（采集单元）号
"METER_ADDR"	INTEGER	通信地址
"MANUFACTURE_DATE"	BIGINT	生产日期（时标）
"MANUFACTURE_ID"	BIGINT	出厂编号
"EMID"	BIGINT	局编号
"STATUS"	BIGINT	当前状态
"TA1"	DOUBLE	一次侧 TA
"TV1"	DOUBLE	一次侧 TV
"TA2"	DOUBLE	二次侧 TA
"TV2"	DOUBLE	二次侧 TV
"PARAM_VALID_TIME"	BIGINT	当前参数生效时间（时标：SECONDS）
"EVENT_SAMPLE_TIME"	BIGINT	最后采集到的事件的时间
"DATA_VALID_TIME"	BIGINT	数据在电能表内的有效时间（天）
"FAIL_LIMIT"	INTEGER	通信最大重试次数
"PROCESS_TIME_TAG"	BIGINT	最后处理时标
"STATIS_TIME_TAG"	BIGINT	最后统计时标
"STATIS_TIME_TAG_BAK"	BIGINT	最后统计时标（备用）

续表

域　名	数据类型	域名含义
"BASE_TIME_TAG"	BIGINT	最后底码采集时标
"ADD_TIME_TAG"	BIGINT	最后增量采集时标
"DAY_BASE_TIME_TAG"	BIGINT	最后日底码冻结值采集时标
"PHASE_BASE_TIME_TAG"	BIGINT	最后时段数据采集时标
"DAY_NEED_TIME_TAG"	BIGINT	最后日需量采集时标
"PHASE_NEED_TIME_TAG"	BIGINT	最后日时段需量采集时标
"MONTH_NEED_TIME_TAG"	BIGINT	最后月需量采集时标
"MONTH_PHASE_NEED_TIME_TAG"	BIGINT	最后月时段需量采集时标
"REPLACE_TIME_TAG"	BIGINT	最后替代时标
"IS_SEND1"	INTEGER	是否转发到系统 1
"YC_TIME_TAG"	BIGINT	瞬时量采集时标
"IP_TIME_TAG"	BIGINT	四象限无功采集时标
"IP_BASE_TIME_TAG"	BIGINT	四象限无功底码
"IS_IN_USE"	SMALLINT	是否投运
"IN_USE_TIME"	BIGINT	投运时间

二、历史数据统计表的介绍

历史数据统计表主要包括电能量存储表（每个厂一个电能量存储表）、计算量存储表、日时段计算量存储表、日计算量存储表、时段数据存储表、日数据存储表、日统计表、日时段统计表等。

[例 GYZD00403001-2]　日统计表为每个电能表的当日电能量统计表，见表 GYZD00403001-2。

表 GYZD00403001-2　　　　　　日　统　计　表

域　名	数据类型	域名含义
"DEV_ID"	BIGINT	设备号
"METER_SERIAL"	INTEGER	电能表名
"PAP_VALUE"	DOUBLE	日电能量（用增量统计或用底码统计的值）
"PAP_STATUS"	INTEGER	数据状态
"PAP_VALUE_BAK"	DOUBLE	备用日电能量

三、系统维护表的介绍

系统维护表主要包括系统功能表、管理部门表、主站系统计算机表、用户组表、用户表、用户角色表、数据权限表、更换 TA/TV 日志、更换电能表日志、重处理日志、数据修改日志、数据库空间告警、计算机投退日志、采集事件表等。

[例 GYZD00403001-3]　更换电能表日志为更换电能表的操作记录，见表 GYZD00403001-3。

表 GYZD00403001-3　　　　　　更　换　电　表　日　志

域　名	数据类型	域名含义
"CHANGE_METER_ID"	BIGINT	更换的表计号
"FAC_ID"	BIGINT	厂站号
"CHANGE_START_TIME"	BIGINT	更换起始时间
"CHANGE_END_TIME"	BIGINT	更换结束时间
"NEW_METER_TYPE_ID"	BIGINT	更换的电能表类型
"INSERT_VALUE_MODE"	BIGINT	换表补电能量的方式

续表

域　名	数据类型	域名含义
"RELE_METER_ID"	BIGINT	被用来替代电能量的电表号
"REPLACE_RATOR"	DOUBLE	替代的偏差率
"VALUE_IN_CHANGE_POS_AP"	DOUBLE	手工补的电能量值
"BASE_BEFORE_POS_AP"	DOUBLE	换表前底码
"BASE_AFTER_POS_AP"	DOUBLE	换表后底码
"COMFIRM_USER_ID"	BIGINT	录入用户
"COMFIRM_TIME"	BIGINT	录入时间

［例 GYZD00403001-4］ 数据修改日志为修改数据的操作记录，见表 GYZD00403001-4。

表 GYZD00403001-4　　　　　　数 据 修 改 日 志

域　名	数据类型	域名含义
"MODIFY_TIME"	BIGINT	修改申请时间
"MODIFY_RELE_ID"	BIGINT	相关数据项 ID
"MODIFY_RELE_TYPE"	BIGINT	单点修改/区间修改
"MODIFY_START_TIME"	BIGINT	区间修改起始时间
"MODIFY_END_TIME"	DOUBLE	区间修改终止时间
"NEW_VAL"	BIGINT	区间新的电能量值
"MODIFY_USER_ID"	BIGINT	修改的用户 ID
"WARD_USER_ID"	BIGINT	审批的用户 ID
"WARD_TIME"	BIGINT	审批时间，审批后立即生效（修改数据）
"PROCESS_TAG"	INTEGER	审批是否同意
"NOTE"	VARCHAR(128)	注释
"MODIFY_DATA_TYPE"	BIGINT	修改的数据类型
"FAC_ID"	BIGINT	厂站 ID
"CAN_BE_FLUSHED"	INTEGER	是否可被覆盖

［例 GYZD00403001-5］ 采集事件表为采集事件存储表，见表 GYZD00403001-5。

表 GYZD00403001-5　　　　　　采 集 事 件 表

域　名	数据类型	域名含义
"EVENT_START_TIME"	BIGINT	事件开始时间
"EVENT_POS"	INTEGER	发生位置
"EVENT_TYPE_ID"	BIGINT	事件类型
"FAC_ID"	BIGINT	厂站号
"EVENT_END_TIME"	BIGINT	事件结束时间
"RELE_CHANNEL_ID"	BIGINT	通道号
"RELE_TERMINAL_ID"	BIGINT	终端服务器号
"RELE_METER_ID"	BIGINT	电能表号
"RELE_COMPUTER_ID"	BIGINT	接收计算机号
"RELE_PORT_NO"	INTEGER	通信时使用的终端服务器的串口号
"NOTE"	VARCHAR(256)	事件内容
"EVENT_NO"	BIGINT	事件号

模块 1

GYZD00403001

【思考与练习】

1．本模块介绍的电能量计量系统数据库表分几类？

2．系统维护表主要由哪些表组成？

模块 2　电能量计量系统数据库录入软件的使用介绍
（GYZD00403002）

【模块描述】本模块介绍电能量计量系统数据库录入软件的使用方法。通过概念讲解、方法介绍和举例说明，熟悉电能量计量系统数据库录入参数的类型和录入软件的人机界面，掌握电能量计量系统数据库录入软件的使用操作方法。

【正文】

一、电能量计量系统数据库录入软件概述

电能量计量系统数据库录入参数的类型一般分为电网参数、采集参数、电表类型、时段参数和计算公式五种。

1．电网参数

电网参数包括厂站模型和线路模型两种。

厂站模型采用分层录入的原则，依次录入地区、子区域或厂站、厂站下设置变压器、电压等级以及绕组、线端、开关等设备，最后录入设备下的电能表。

线路模型用于生成系统中所有的线路，按照电压等级进行录入。增加线路时，输入线路名、线路编号、最大不平衡率，选择首端所属厂站、末端所属厂站、线路类型、是否计算线损、是否投运。如果是 T 接线，则首先在厂站模型中建一个虚拟的 T 接站，然后按电压等级增加特殊线路。

2．采集参数

采集参数包括主体的采集参数和采集相关配置参数两种。

主体的采集参数包括厂站端终端服务器和厂站计量单元的参数。

采集相关配置参数包括终端服务器类型、任务分配方案、通信参数配置方案、规约配置方案、主站侧终端服务器、终端事件类型等，这些参数都是为采集参数录入做准备。

3．电能表类型

系统中所有的电能表的类型及相关信息。

4．时段参数

各时段费率的定义，为电能量计量系统的计费做好准备。

5．计算公式

系统中用到的所有计算公式。

二、电能量计量系统数据库录入软件的使用操作方法

以厂站模型参数录入为例，介绍电能量计量系统数据库录入软件的使用操作方法。

[例 GYZD00403002-1]　厂站模型参数录入操作。

首先进入系统生成主界面，如图 GYZD00403002-1 所示，在画面的左下方单击"厂站模型"。

厂站模型采用分层录入原则。首先录入地区，其次录入该地区所管辖的子区域或厂站，接着在厂站下设置变压器、电压等级以及绕组、线端、开关等设备，最后录入设备下的电能表。

1．地区录入

在电网参数录入的树形结构中选中某个地区，单击右侧的"详细信息"卷标页，可将该地区的详细信息显示出来，并且可以进行修改，单击"确定"按钮进行保存，如图 GYZD00403002-2 所示。

单击"所有下级地区"卷标页，该地区所管辖的下级地区将显示出来，并可根据具体情况对所管辖的下级地区进行增加、修改、删除、排序、上移、下移和排序保存等操作。

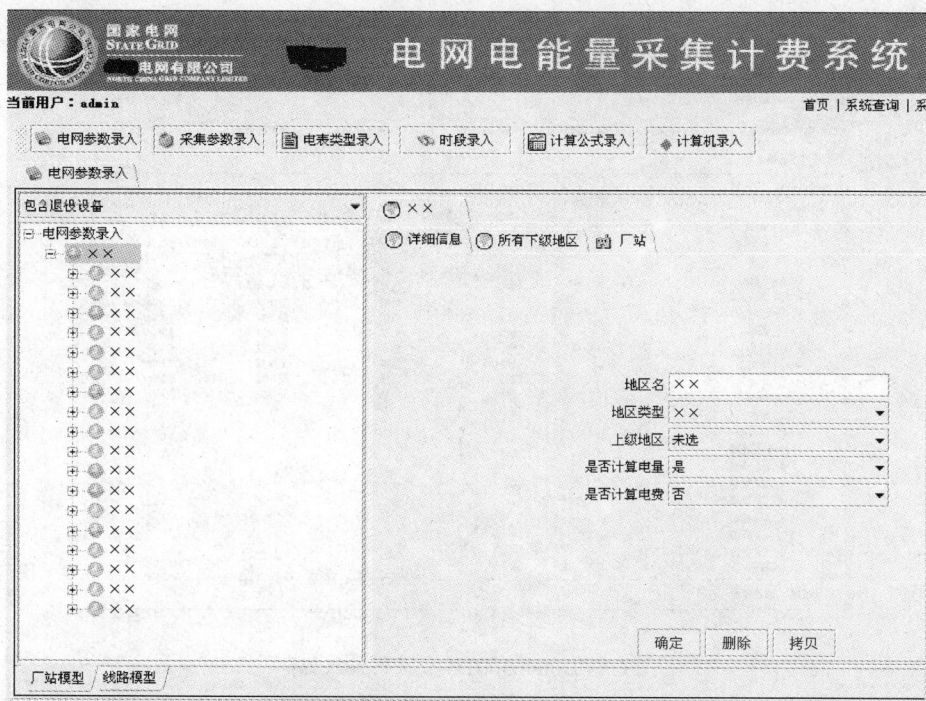

图 GYZD00403002-1　系统生成主界面

图 GYZD00403002-2　地区录入界面

2. 厂站录入

与地区录入相似，在电网参数录入的树形结构中选中某个地区，单击右侧的"厂站"卷标页，将显示隶属于该地区的所有厂站，并可对厂站进行增加、修改、删除和排序等操作，如图 GYZD00403002-3 所示。

3. 设备录入

例如，录入变压器。在电网参数录入的树形厂站模型中，选中某个厂站，单击右侧的"详细信息"卷标页显示该厂站的信息，单击"变压器"卷标页，可对该厂站进行变压器的增加、修改和删除等操作，其方法与厂站的增加、删除和修改操作相同，如图 GYZD00403002-4 所示。

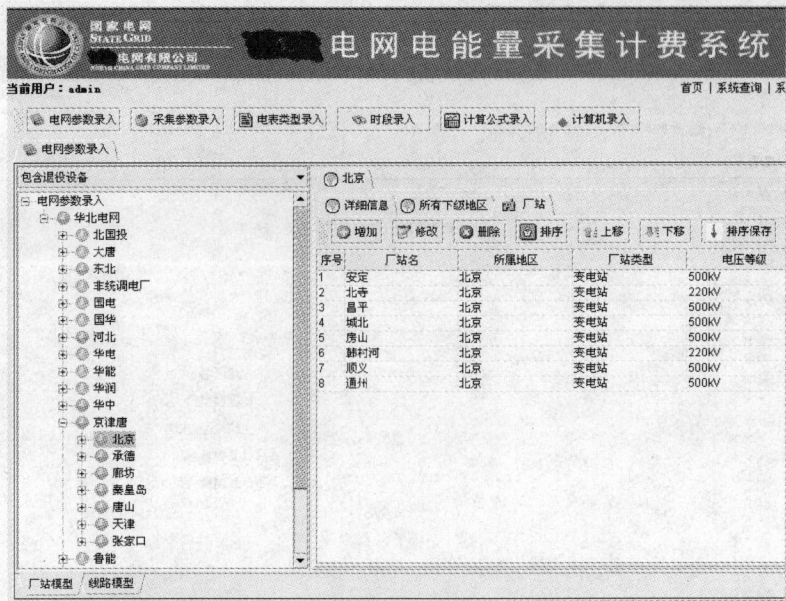

图 GYZD00403002-3 厂站录入界面

图 GYZD00403002-4 设备录入界面

增加一台变压器,选择所属厂站(默认为当前厂站),输入变压器名、变压器类型、变压器卷数、高中低电压等级、是否计算变损、最大不平衡率等。变压器生成的同时系统根据变压器的卷数、高中低电压等级自动生成相关的电压等级、变压器绕组。自动生成的变压器绕组挂在变压器下和相应的电压等级下。

【思考与练习】

1. 电能量计量系统数据库录入参数分哪几类?

2. 电网参数的作用是什么?

模块 3 电能量讲理系统数据采集通道的开通和设置(GYZD00403003)

【模块描述】本模块包含电能量计量系统数据采集通道的介绍、通道类型、通道技术参数、通道的开通方法、通道的参数设置。通过对通道的参数和设置的介绍，掌握电能量计量系统数据通道概念及相关通道开通设置的操作步骤、方法和要求。

【正文】

一、电能量数据采集通道概述

电能量计量系统的采集通道是指主站端和厂站的终端采集器或者电能表进行通信的链路。

采集通道主要分为专线通道、网络通道、拨号通道等类型。一般采用主备用方式，如主通道是网络，备用通道是拨号，这样在主通道故障的时候，系统自动切换到备用通道上，以保证电能量数据的正常采集。

电能量计量系统的数据采集，通道是需要考虑的重要问题。作为电能量采集系统关键之一的通道问题，由于受通信方式的限制，往往会出现通道误码率高、通道中断等故障，给电能量采集系统的运行维护带来诸多问题。关键是加强通信设备的维护，提高通道通信质量。同时，为保证电能量采集系统的快捷性、及时性，电能量采集系统要求通道至少采用"1+1"备份方式。

二、电能量数据采集通道的各种技术参数

电能量数据采集通道的技术参数包括专线通信原理及通道参数、网络通信原理及通道参数、拨号通信原理及通道参数三类。

1. 专线通信原理及通道参数

所谓专线通信，是指计算机上一种通用设备通信的协议（不要与通用串行总线 Universal Serial Bus 或者 USB 混淆）。大多数计算机包含两个基于 RS232 的串口。串口同时也是仪器仪表设备通用的通信协议；很多 GPIB 兼容的设备也带有 RS232 口。串口通信协议可用于获取远程采集设备的数据。串口通信的概念非常简单，串口按位（bit）发送和接收字节。尽管比按字节（byte）的并行通信慢，但是串口可以在使用一根线发送数据的同时用另一根线接收数据。它能够简单地实现远距离通信。如 IEEE 488 定义并行通行状态，规定设备线总长不得超过 20m，并且任意两个设备间的长度不得超过 2m。对于串口，长度可达 1200m。典型的串口用于 ASCII 码字符的传输。通信使用 3 根线完成：①地线；②发送；③接收。由于串口通信是异步的，因此端口能够在一根线上发送数据的同时在另一根线上接收数据。其他线用于握手，但不是必须的。

串口通信最重要的参数是波特率、数据位、停止位和奇偶校验位。对于两个进行通行的端口，这些参数必须匹配。

（1）波特率。衡量通信速度的参数，它表示每秒钟传送 bit 的个数。例如，300 波特表示每秒钟发送 300 个 bit。一般提到时钟周期就是指波特率。例如，如果协议需要 4800 波特率，那么时钟是 4800Hz。这意味着串口通信在数据线上的采样频率为 4800Hz。通常电话线的波特率为 14400、28800 和 36600。波特率可以远远大于这些值，但是波特率和距离成反比。高波特率常常用于放置很近的仪器间的通信，典型的例子就是 GPIB 设备的通信。

（2）数据位。衡量通信中实际数据位的参数。当计算机发送一个信息包，实际的数据不会是 8 位的，标准值是 5、7 和 8 位，如何设置取决于需要传送的信息，如标准的 ASCII 码是 0～127（7 位），扩展的 ASCII 码是 0～255（8 位）。如果数据使用简单的文本（标准 ASCII 码），那么每个数据包使用 7 位数据。每个包是指一个字节，包括开始/停止位、数据位和奇偶校验位。由于实际数据位取决于通信协议的选取，术语"包"指任何通信的情况。

（3）停止位。用于表示单个包的最后一位，典型值为 1、1.5 和 2 位。由于数据是在传输线上定时的，并且每一个设备有其自己的时钟，很可能在通信中两台设备间出现了很小的不同步。因此，停止位不仅仅是表示传输的结束，并且提供计算机校正时钟同步的机会。适用于停止位的位数越多，不同时钟同步的容忍程度越大，数据传输率也越慢。

（4）奇偶校验位。串口通信中一种简单的检错方式，有四种检错方式偶、奇、高和低。当然没有校验位也是可以的。对于偶和奇校验的情况，串口会设置校验位（数据位后面的一位），用一个值确保传输的数据有偶数个或者奇数个逻辑高位。例如，如果数据是 011，那么对于偶校验，校验位为 0，保证逻辑高的位数是偶数个。如果是奇校验，校验位是 1，这样就有 3 个逻辑高位。高位和低位不真正地检查数据，简单置位逻辑高或者逻辑低校验。这样使得接收设备能够知道一个位的状态，有机会判断是否有噪声干扰了通信或者是否传输和接收数据是否不同步。

2．网络通信原理及通道参数

目前电能量系统所用的网络通信绝大部分基于 TCP/IP 协议。帧是在网络里面传播的单位，而 IP 包则是在互联网里面传播的单位。帧是用物理地址作为门牌号码，IP 包则用 IP 地址作为门牌号码。IP 地址是用 4 个 8 位组（4 个字节）点分来表示，如 10.1.0.11。为了适应 Internet 的需要，IP 地址有了新的解释。IP 地址可分为网络段和主机段。IP 的网络可分为 A、B、C 三类。A 类中 IP 的第一个 bit 为 0，用前 8 位表示网络号。B 类中第一个 bit 为 1，第二个为 0，用前 16 位表示网络号。C 类中第一个 bit 为 1，第二个为 1，用前 24 位表示网络号。这样路由器在分析 IP 地址时就先提出前两位 bit，判断出应该提出 IP 中的多少位来表示网络号，然后根据路由表中网络号对应的另一个路由器的 IP 地址来发送该数据包。

网络通信最重要的参数是 IP 地址和相应的端口号。

3．拨号通信原理及通道参数

拨号通信是通过电话线路和上网专用设备（如调制解调器等）与电脑配合实现接通国际互联网的一种最常用、最普遍的上网方式。拨号上网经济实惠、简单，只需要一台 PC 机、一台调制解调器 MODEM、一条能拨打市话的电话线和相应的软件等，到电信部门申请一个入网账号即可使用。调制解调器是一种将电话线路和模拟信息转为电脑的数字信息的设备，使电脑能识别读写由电话线传输的信息，其功能就是将计算机中表示数据的数字信号在模拟电话线上传输，达到数据通信的目的，由调制和解调两部分功能构成。

调制是将数字信号转换成适合于在电话线上传输的模拟信号，以进行传输；解调则是将电话线上的模拟信号转换成数字信号，由计算机接收并处理。

总的来说，拨号的原理就是与 ISP 建立连接，即通过调置解调器把模拟信号转化为数字信号建立数据连接，有了连接就可以进行数据传输了。

拨号通信最重要的参数是电话号码，因为实际系统的使用是通过服务器通过交换机与终端服务器通信，再由终端服务器和拨号调制解调器相连，故参数设置还要考虑到串口的波特率、数据位、停止位和奇偶校验位。

三、电能量数据采集通道开通和设置

除了以上介绍的三种主流通道外，目前开始流行的还有以光缆为载体的 PCM 综合数据传输方式和基于全球卫星定位系统的 GPRS 无线数据传输相结合的双通道传输、互为备用的方式。此种方式目前在电能量计量系统中应用较少。

1．专线通道开通和设置

专线通道一般用于通信双方距离比较近的情况，如果双方距离超过 30m 仍然需要采用此种方式，则必须在通道的两侧加上驱动器。这种方式难以进行大范围跨地区组网。

电能量计量系统中选择串口方式，同时根据实际情况设置计算机的波特率、数据位、停止位和奇偶校验位。

2．网络通道开通和设置

网络通道的建设目前是各系统建设的主流，通信质量比较高、速度快，但是建设费用较大。从长远考虑，系统通道应主要采用此种方式。

电能量计量系统中选择网络方式，同时根据实际情况设置前置系统采集装置的 IP 地址和端口号。

3．拨号通道开通和设置

现在在地区级以下的系统中，拨号通道的使用占据了大部分，这是因为目前的电话网络已经成型，建设速度和建设费用都比较小；缺点是使用费用比较高，且通信质量不高。

电能量计量系统中选择拨号方式，同时根据实际情况设置系统采集装置对应的电话号码和波特率、数据位、停止位和奇偶校验位。

【思考与练习】

1．电能量数据采集通道主要分为哪几类？每类主要涉及哪些参数？

2．一个成熟的电能量主站系统应该能支持的通信方式有哪些？

模块 4　电能量计量系统数据库的备份和恢复（GYZD00403004）

【模块描述】本模块介绍电能量计量系统数据库的备份和恢复的方法。通过概念讲解、方法介绍和举例说明，掌握电能量计量系统数据库备份与恢复的基本概念及其操作方法。

【正文】

一、数据库备份和恢复概述

数据库备份是对数据库的物理结构文件，包括数据文件、日志文件和控制文件的操作系统备份，这是物理操作系统备份方法。这种备份方法对于每一个数据库来说都是必需的。

备份可以分为冷备份和热备份两种。冷备份发生在数据库已经正常关闭的情况下，正常关闭时系统会提供一个完整的数据库。冷备份是将关键性文件拷贝到另外位置的一种方法。对于备份 Oracle 信息，冷备份是最快和最安全的方法。

1．冷备份

冷备份是非常快速的备份方法（只拷贝文件），容易归档（简单拷贝即可），容易恢复到某个时间点上（只需将文件再拷贝回去），能与归档方法相结合，是数据库"最佳状态"的恢复；低度维护，高度安全。

冷备份的缺点在于单独使用时，只能提供到"某一时间点上"的恢复，在实施备份的全过程中，数据库不能做其他工作。也就是说，在冷备份过程中，数据库必须是关闭状态。若磁盘空间有限，只能拷贝到磁带等其他外部存储设备上，速度慢，且不能按表或按用户恢复。

冷备份中必须拷贝的文件包括所有数据文件、控制文件、日志文件及参数文件等。

值得注意的是，冷备份必须在数据库关闭的情况下进行。当数据库处于打开状态时，执行数据库文件系统备份是无效的。

2．热备份

热备份是在数据库运行的情况下，采用归档模式备份数据库的方法。热备份要求数据库在 archive log 方式下操作，需要大量的档案空间。一旦数据库运行在 archive log 状态下，就可进行备份。

热备份的命令文件由以下三部分组成：

（1）数据文件表空间的备份。先将表空间设为"备份状态"，然后做表空间数据文件备份，备份结束后将表空间设回"正常状态"。

（2）备份归档 log 文件。临时停止归档进程，记录下那些已在 archive redo log 目标目录中的文件，重新启动 archive 进程备份归档的 redo log 文件。

（3）用 alter database backup control file 命令来备份控制文件。

热备份可在表空间或数据库文件级备份，备份时间短。备份时，数据库仍可使用，恢复（恢复到某一时间点上）可达到秒级，可恢复所有数据库实体；恢复快，在大多数情况下数据库可在工作时恢复。

热备份的缺点在于不能出错，否则后果严重。若热备份不成功，所得结果不可用于时间点的恢复，维护困难，所以要特别仔细小心，不允许"以失败告终"。

3．数据库的恢复

数据库恢复方法取决于故障类型，可分成实例恢复与介质恢复两类。对于数据库实例故障，如意外断电、后台进程故障，或发出使用 ABORT 选项中止数据库实例时，发现实例故障在启动数据库时需要进行实例恢复。介质恢复主要在于介质故障引起数据库文件的破坏时使用，分为完全介质恢复和不完全恢复。

Oracle 实例恢复如下：

（1）系统崩溃只剩下数据文件情况下的恢复，对没有 system 表空间而只有数据表空间的情况下的恢复，只要提供数据文件就可恢复。

（2）undo、system 表空间损坏的恢复。

（3）非归档或者归档模式下误删除数据的恢复、误删除表空间的恢复、drop、truncate 表的恢复。

（4）数据库中有大量 CLOB BLOB 对象数据恢复等情况以及各种 ora-错误的修复。

（5）DMP 文件不能导入数据库的数据恢复等。

（6）Oracle 数据库中数据文件出现坏块情况下的恢复。

（7）Oracle 数据库无数据文件但有日志情况下的恢复。

（8）UNIX、Windows 下 Oracle 数据文件被误删除情况下的数据库恢复。

（9）Oracle10G、Oracle11G 的 ASM 损坏的数据库恢复。

一般介质恢复是指磁盘阵列数据恢复，包括 IBM、DELL、HP 等硬件以及 UNIX 下软件的 RAID0、RAID5、RAID50 等阵列的恢复，而且也可以脱离阵列卡进行数据恢复。

4. 备份与恢复方法

对于数据库，备份方法可分为物理备份与逻辑备份。根据数据库的归档方式不同，物理备份又可分为非归档操作系统的备份、归档操作系统的备份。

5. 数据库的归档

数据库备份与恢复方法的确定与数据库的归档方式有直接关系。如果选择通过日志进行数据库恢复的备份方法，则数据库必须运行在归档模式下，只有归档模式才会产生归档日志，而只有产生归档日志，数据库才可能实施恢复。

Oracle 数据库可以运行在归档模式（archive log）和非归档模式（no archive log）两种模式下。

归档模式可提高 Oracle 数据库的可恢复性，生产数据库都应运行在此模式下。归档模式应和相应的备份策略相结合，只有归档模式而没有相应的备份策略只会带来麻烦。

6. 数据库的物理与逻辑备份

数据库的物理备份是数据库物理结构操作系统的备份，也就是说，将数据库的数据文件、日志文件、控制文件以及参数文件用操作系统工具拷贝到磁盘或者磁带上。物理备份包括安全数据库脱机备份、部分数据库联机备份以及部分数据库脱机备份。

逻辑备份是使用数据库提供的操作系统工具将数据库中的数据导出、导入。逻辑备份在导出数据时没有操作系统信息，可以在不同的平台之间传输。

Oracle 数据库有两类备份方法。第一类为物理备份，该方法实现数据库的完整恢复，但数据库必须运行在归档模式下（业务数据库在非归档模式下运行），且需要极大的外部存储设备，如磁带库；第二类为逻辑备份，业务数据库采用此种方式备份，不需要数据库运行在归档模式下，不但备份简单，而且可以不需要外部存储设备。

Oracle 数据库的逻辑备份分为三种模式：表备份、用户备份和完全备份。表模式是指备份某个用户模式下指定的对象（表）。业务数据库通常采用这种备份方式。用户模式是指备份某个用户模式下的所有对象。业务数据库通常也采用这种备份方式。完全模式是指备份完整的数据库。业务数据库不采用这种备份方式。

二、数据库备份与恢复实例

1. 数据库实例启动失败时的恢复办法

数据库启动时，首先应启动实例。如果不能启动实例，则数据库不能正常启动。数据库实例启动失败的主要原因包括数据库参数文件设置错误、内存参数设置错误以及操作系统中实例参数设置不正确。

2. 控制文件破坏时的数据库恢复方法

数据库启动时，系统按照参数文件中所指定的控制文件名读取控制文件，并将控制文件打开。如果控制文件被破坏，则数据库启动失败。其恢复方法分为控制文件有镜像文件时的数据库恢复方法和控制文件没有镜像文件时的数据库恢复方法。

对于 Oracle 数据库，控制文件中记录着整个数据库的结构、每个数据文件的状况、系统 SCN、检查点计数器等重要信息，在创建数据库时会让用户指定三个位置来存放控制文件，它们之间互为镜像，当其中任何一个发生故障，只需将其从 ini 文件中注释掉故障数据文件就可重新将数据启动。当所有控制全部失效时，可以在 Nomount 模式下执行 create control file 来重新生成控制文件，但必须提供 redo log、data file、文件名和地址以及 MAXLOGFILES、MAXDATAFILES、MAXINSTANCES 等信息。如果失败之前运行过 alter database backup control file to trace 或 alter database backup controlfile to '×××'对控制文件作备份，恢复时可使用生成的脚本来重建或用备份文件覆盖。如果使用了旧的控制文件，在恢复时要使用 recover ××× using backup controlfile 选项来进行恢复，并使用 resetlogs 选项打开数据库。

3. 日志文件破坏时的数据库恢复方法

控制文件破坏时，数据库可以启动到第一步；日志文件被破坏时，数据库可以启动到第二步，即数据库可以安装，但不能打开。具体的方法是对数据库的日志结构恢复正常。

Oracle 分两种情况处理：①丢失的是非活动的日志文件；②丢失的是当前激活的日志文件。如果是第一种情况，而发生故障的日志文件组又具有多个成员，可以先将数据库 shutdown，用操作系统命令将损坏日志文件组中好的日志成员文件把损坏的成员文件覆盖（在同一个日志成员组中的所有日志文件互为镜像）。如果其物理位置不可用，可将其拷贝到新的驱动器上，使用 alter database rename file '××××' to '××××'改变文件位置，启动数据库。如果运行正常，马上进行冷备份。

如果损坏的日志组中只有一个日志成员，则先 mount 上数据库，将其转换为 noarchivelog 模式，执行 alter database add logfile member '×××' to group '×'给相关组增加一个成员，再执行 alter database drop logfile member 'bad_file'将损坏的日志文件删除。由于数据库的结构发生变动需要备份控制文件，将数据库改回 archivelog 模式，进行冷备份。

如果丢失的是当前激活的日志文件，数据库又没有镜像而且当前日志组中所有成员均变为不可用，首先将数据库 shutdown abort，从最近的一次全备份中恢复所有的数据文件，将数据库启动到 mount 状态。如果原来的日志文件物理位置不可用，使用 alter database rename file '×××' to '×××'改变文件的存放位置，使用 recover database until cancel 命令来恢复数据库，直到提示最后一个归档日志运用完之后，输入 cancel。之后用 alter database open resetlogs 打开数据库，没有问题，立即进行一个冷备份。

应注意的是，所有包含在损坏的 redo log 中的信息将会丢失，也就是说，数据库崩溃前已经提交的数据有可能会丢失。这对于某些要求很高的应用将造成很大的损失。因此，应尽量使每个日志组具有多个日志成员并且放置在不同的驱动器上，以防止发生介质故障。

4. 完全恢复数据库

使用完全数据库恢复方法可以将数据库恢复到失败点，这时丢失的所有数据都被恢复，即使用恢复到数据库损坏的时刻，使数据库恢复到最新状态。实施完全数据库恢复时，可以根据数据库文件的破坏情况使用不同的方法。

5. 不完全恢复数据库

当完全数据库恢复不能有效地恢复数据库时，可以使用不完全数据库恢复方法。由于不完全数据库恢复将数据库恢复到出现故障前的过去某一状态，因此在不完全使用数据库恢复之后，用户的部分数据必然要丢失。

三、数据库恢复管理器（RMAN）

1. RMAN 简介

RMAN 恢复管理器（Recovery Manager）是数据备份的工具，是一个与操作系统无关的数据库的备份工作，可以跨越不同操作系统进行数据库备份。

2. 连接与配置

连接到目标数据库就是建立 RMAN 数据库与目标数据库之间的连接。RMAN 可以在无恢复目录及有恢复目录两种方式下连接到目录数据库。

RMAN 在执行数据库备份与恢复操作时，都要使用操作系统进程，启动操作系统进程通过分配通道实现。每分配一个通道，RMAN 启动一个服务器进程。

通道分配包括自动通道分配与采用 RUN 命令手动通道分配。

3. 备份数据库

使用 RMAN 进行目标数据库备份的命令包括 COPY 及 BACKUP。COPY 是常用的文件备份方法，可以将指定的数据库文件备份到磁盘或者磁带上，在 RAMN 的恢复目录中存储了 COPY 文件的信息。

4. 恢复数据库

使用 RMAN 备份的数据库只能使用 RMAN 提供的恢复命令进行恢复。由于 RMAN 使用的备份是在线完成的，因此所有数据库恢复过程也必须在 RMAN 数据库运行状态下进行。恢复目录中存储目标数据库的备份信息，数据库恢复时，RMAN 根据恢复目录中的同步号及归档日志备份数据自动恢复数据库到某一个同步的数据一致性状态。与物理数据库恢复原理相同，RMAN 的恢复也分为完全数据库恢复与不完全数据库恢复。

【思考与练习】

1. 数据库冷、热备份的特点是什么？有哪些不同之处？
2. 电能量计量系统数据库的备份和恢复方法是什么？

第二十七章　电能量计量系统安装调试

模块 1　电能量计量系统工作站软件的安装和设置
（GYZD00404001）

【模块描述】本模块介绍电能量计量系统工作站软件的安装和设置的方法。通过方法介绍，掌握电能量计量系统工作站操作系统、数据库客户端软件、系统监测客户端软件、电能量计量应用软件、报表客户端软件的安装和设置的方法。

【正文】

电能量计量系统工作站主要分为安装 UNIX 操作系统的工作站和安装 Windows 操作系统的工作站。

电能量计量系统工作站安装的软件包括操作系统、数据库客户端软件、系统监测客户端软件、电能量计量应用软件、报表客户端软件。

以实际系统为例，电能量计量系统工作站软件的安装和设置的方法如下：

1. 操作系统的安装和设置

电能量计量系统工作站可以采用 UNIX 和 Windows 两种操作系统，一般用操作系统光盘进行安装。安装结束后进行系统设置，内容包括建用户、配网络地址、修改本机的相关文件等。

2. 数据库客户端的安装和设置

数据库客户端软件主要用来对数据库进行日常管理和维护。

该系统采用的是 Oracle 数据库软件，一般用数据库光盘进行客户端的安装。

3. 系统监测客户端软件的安装和设置

系统监测客户端软件用于监测客户机的运行状况。

把从源码机拷贝过来的系统监测软件 systeminfo 文件夹拷贝到每台客户机 D 盘上，启动 systeminfo 的相关批处理软件即可。

4. 电能量计量应用软件

从源码机将电能量计量应用软件运行环境拷贝至本机对应目录即可。

数据采集：\××××\bin\数据采集的批处理执行软件。

采集界面：\××××\gui\bin\采集界面的批处理执行软件。

看门狗：\××××\pbs\bin\软件看门狗的批处理执行软件。

5. 报表客户端软件的安装和设置

报表客户端软件主要用来浏览报表。

从源码机将报表客户端软件包拷贝到客户机上，解压后进行安装。对应的快捷方式为：\opt\pbs\bin\报表客户端软件的批处理执行软件。

【思考与练习】

1. 能支持电能量计量系统工作站软件的操作系统有哪几种？
2. 电能量计量系统工作站需安装哪些软件？

模块 2　电能量计量系统数据的调试（GYZD00404002）

【模块描述】本模块介绍电能量计量系统数据的调试方法。通过概念讲解、方法介绍和要点归纳，熟悉电能量计量系统数据的概念、电能量计量系统数据调试的工作流程，掌握调试前的准备工作及注意事项、电能量计量系统数据的调试项目及其操作方法和要求。

【正文】

一、电能量计量系统数据概述

电能量计量系统通过采集终端、多功能电能表采集各关口点、网损计量点电能表计的电能量计量系统数据，实现电能量计量系统数据、电能质量数据的自动周期采集、自动和人工数据补采及参数下装等功能，系统支持随时采集（包括按设定周期采集），负荷曲线采集间隔可调，采集的电能量计量系统数据直接存储到历史数据库。系统将采集到的数据带时标存储，最小时间间隔为1min，能够定时或随机将数据转存到磁带或光盘等大容量存储介质上作为长期存档资料，对历史数据可进行查询、修改和打印。

电能量计量系统数据包括正、反向有功无功表底值、负荷曲线、冻结值、表计状态信息等类型，如TV缺相、TA断线、相序错误、失电等事件、报警状态等，以及由这些数据经处理产生的数据，如计算量、统计量等。

电能量计量系统数据的技术参数主要包括时间间隔、单位发生的时间及对应于各种通信规约下的要求。

二、电能量计量系统数据调试的准备工作和注意事项

1. 电能量计量系统数据调试的主站准备工作

电能量主站管理系统是指能够实现对远方数据进行自动采集、分时存储、统计、分析的系统。对应于相关的电能量采集规约，主站必须设置好所能过处理的数据时间间隔，即通常所说的1min数据、5min数据、日数据、月数据等。主站还必须具备处理电能量计量系统数据采集、处理、存储的能力。

2. 电能量计量系统数据调试的通道准备工作

对应于所要调试的采集装置的数据，定好通道类型和相关的参数，保证通道畅通，尽可能地保证通道质量高、误码率低。

3. 电能量计量系统数据的采集装置准备工作

电能量计量系统远方终端是指具有接收电能表输出的数据信息，并进行采集、处理、分时存储、长时间保存和远方传输等功能的设备。对应于相关的电能量采集规约，采集装置必须有所要求的各种类型数据和事件，以便主站系统的采集。

4. 电能量计量系统数据调试的注意事项

保证主站和采集装置的规约参数设置保持一致，如电能量计量系统数据的记录地址；保证主站和采集装置在通道上的参数设置一致，如波特率等；保证主站和采集装置的电能量计量系统数据单位等规定保持一致。

三、电能量计量系统数据调试项目

1. 增量、底码数据调试

对于正、反向有功无功表底值、负荷曲线、冻结值等，即通常所说的增量、底码等数据，首先要在对应的厂站和设备的参数录入中，正确设置数据类型。在前置系统中对应于该种数据类型，做手工的采集和定时的自动采集。采集上来数据后，可以根据对应的时间间隔，核对采集装置的同期的数据值，看是否一致。涉及主副表问题时，正常情况下，以主表计量的电能量计量系统数据作为结算依据，副表的数据用于对主表数据进行核对或在主表发生故障或因故退出运行时，代替主表计量。

2. 各种事件的调试

对应于各种事件，即通常所说的TV缺相、TA断线、相序错误、失电等事件、报警状态等，首先要保证电能表和采集装置中都有存储所要求的事件,在主站系统中必须能够灵活录入各种事件的类型、解释及相关联的告警动作等。采集到这些事件后，可根据遥测值，推算采集事件的准确性。

3. 计算量、统计量的调试

对于处理过的数据，如计算量、统计量等，这些都是由主站后台处理的结果，可根据采集的数据，根据相关的公式，进行人工计算，看是否正确。

4. 不平衡率等的调试

关于不平衡率，包括母线平衡、变压器平衡、线路平衡等的不平衡率。平衡就是输入电能量之和等于输出母线之和，这是理想情况。但往往输入电能量之和大于输出电能量之和，此时，不平衡率就是一个很重要的参数。在保证各种线路模型参数正确的前提下，在实际要求的阈值标准之内，可进行人工计算验证。

四、操作方法和要求

1. 验证电能量计量系统数据的合理性

系统可以对采集数据的有效性进行校验，包括限值校验、平滑性校验、主校表校验、EMS 功率积分值校验和线路对端电表校验。当系统检测到非法数据时，可以给予一定形式的告警。同时可参考遥测和有功无功的底码值等之间的关系等，验证其合理性。

2. 试验结果的分析要求

在正确取得数据后，可对数据的结果形成报表，可以进行越限电能量考核、频率考核。越限限值、频率限值、奖罚率由用户自行定义。考核计划值可以由用户输入，也可以从 EMS 系统、MIS 系统等读入。可以根据计划值和实际电能量的偏差和用户定义的奖罚规则，生成每日的奖罚电能量明细和日、月、年的奖罚汇总统计，并据此进行电能量结算，进行报表和 Web 发布，包括奖电能量、罚电能量、计划内电能量、计划外电能量、合格点数、合格率等。考核时间和考核间隔用户可以设定。

【思考与练习】

1. 电能量计量系统数据主要包括哪些类型？

2. 一般需要调试哪些电能量数据？

模块 3　电能量计量系统通道的调试（GYZD00404003）

【模块描述】本模块介绍电能量计量系统通道的调试方法。通过方法介绍，掌握电能量计量系统的网络通道、拨号通道、专线通道的调试方法。

【正文】

电能量计量系统的通道主要分为网络通道、拨号通道、专线通道。

电能量计量系统通道的调试内容如下：

1. 网络通道的调试

目前网络通道一般采用数据网，数据通信网络是在高可靠性的 SDH 光纤传输通道上建立高可靠、高性能、高带宽、综合多种调度生产业务的网络。

网络通道调试一般利用网络测试仪检查网络线路是否连通，在 PC 机上使用 ping 和 Tracert 网络命令来诊断网络。

2. 拨号通道的调试

拨号通道分非平衡交换电路、平衡交换电路两种。

PC 机是通过串口和调试解调器连接的，调试解调器另一端连接到电话线上。在 PC 机"超级终端"上建立一个接到串口的连接任务，便可使用该任务进行拨号调试。

3. 专线通道的调试

PC 机和终端服务器是通过网络连接的，专线通道连接到终端服务器的串口上。在 PC 机上启动专用软件进行通道调试。终端服务器分单网、双网两种，每台终端服务器配的串口数有 8 路、16 路、32 路等。

【思考与练习】

1. 电能量计量系统通道一般有哪几种？

2. 简述每种通道的调试方法。

模块 4　电能量计量系统服务器软件的安装和调试（GYZD00404004）

【模块描述】本模块介绍电能量计量系统服务器软件的安装和调试方法。通过方法介绍，掌握电能量计量系统服务器操作系统、数据库服务器软件、中间件软件、天文时钟软件、数据库客户端软件、Ⅱ区和Ⅲ区同步软件、电能量计量应用软件、系统监测软件的安装和调试方法。

【正文】

电能量计量系统服务器安装的软件主要包括操作系统、数据库服务器软件、中间件软件、天文时钟软件、数据库客户端软件、Ⅱ区和Ⅲ区同步软件、电能量计量应用软件、系统监测软件等。

以实际系统为例，介绍电能量计量系统服务器软件的安装和设置步骤。

1. 操作系统的安装和设置

操作系统一般用操作系统光盘进行安装。安装结束后进行系统设置，内容包括创建用户、配网络地址、修改本机的相关文件等。

2. 数据库服务器软件的安装和设置

数据库服务器软件主要完成数据库定义功能、数据库操纵功能、数据库查询功能、数据库控制功能和数据库通信功能。

该系统采用的是 Oracle 数据库软件，一般用数据库光盘进行数据库服务器软件的安装。

3. J2EE 的安装和设置

应用服务器采用由双机或多机组成的群集系统，电能量计量系统使用企业版的 J2EE 平台构成群集冗余结构，在均衡负荷的同时互为热备用，保证系统应用的可靠性。

J2EE 软件一般用软件光盘进行安装。安装结束后进行系统设置，内容包括创建用户、配置网络、配置集群等。

4. 天文时钟软件的安装和设置

对时主机需安装 NTP 软件。计算机网络中有多台 UNIX 服务器，有些是双机集群系统，它们要求两个服务器的时钟必须同步。如果集群中的服务器相差额定数量以上（如 15s），就会发生停机故障。因此，必须使这些服务器在时间上同步。另外，在应用中，也可能要求几个服务器的时间一致，以方便业务处理等工作。

NTP 软件包可从源码机中拷贝过来。首先将 NTP 软件安装包解压后进行安装，然后更改 ntp.config 中 NTS 服务器的 IP 地址为 GPS 单元网卡的地址，执行 NTPS1.cmd，最后重新启动计算机后进行 NTP 对时效果检查。

5. 数据库客户端软件的安装和设置

数据库客户端软件主要用来对数据库进行日常管理和维护。

该系统采用的是 Oracle 数据库软件，一般用数据库光盘进行客户端的安装。

6. Ⅱ区和Ⅲ区同步软件

同步软件主要目的是将Ⅱ区数据库和Ⅲ区数据库进行统一，使Ⅱ区的参数改动，采集数据，数据统计，操作人员的维护操作事件等信息顺利的传输到Ⅲ区，使两边的数据库同步。

从源码机中将Ⅱ区和Ⅲ区同步软件拷贝至本机对应目录即可。

7. 电能量计量应用软件的安装和设置

从源码机中将电能量计量应用软件安装包拷贝至本机。首先将软件安装包解压后进行安装，然后对相关文件中和本机节点有关的信息进行配置。

8. 系统监测软件的安装和设置

系统监测服务器端用于监测服务器本身和客户机的运行状况。

从源码机中拷贝系统监测软件包至本机，在服务器上安装 FTP 服务器 Serv-U，安装完成之后配置服务器、用户名、密码、主目录 \pbs_monitor。

【思考与练习】

1. 电能量计量系统服务器需安装哪些软件？
2. 安装Ⅱ区和Ⅲ区同步软件的目的是什么？

第二十八章　电能量计量系统异常处理

模块 1　电能量计量系统的人机界面介绍（GYZD00405001）

【模块描述】本模块介绍电能量计量系统的人机界面。通过功能描述，熟悉电能量计量系统前置采集人机界面和数据录入人机界面、功能及其状态。

【正文】

一、电能量计量系统人机界面的介绍

一般电能量计量系统人机界面包括前置采集人机界面和数据录入人机界面。

1. 前置采集人机界面

前置机的人机界面给用户提供的是一个采集监测的功能界面，如图 GYZD0040500-1 所示，可以根据用户需要进行一个或多个厂站采集监测或者是某一块电能表一个电能量的采集监测，一般具有以下几个功能界面：

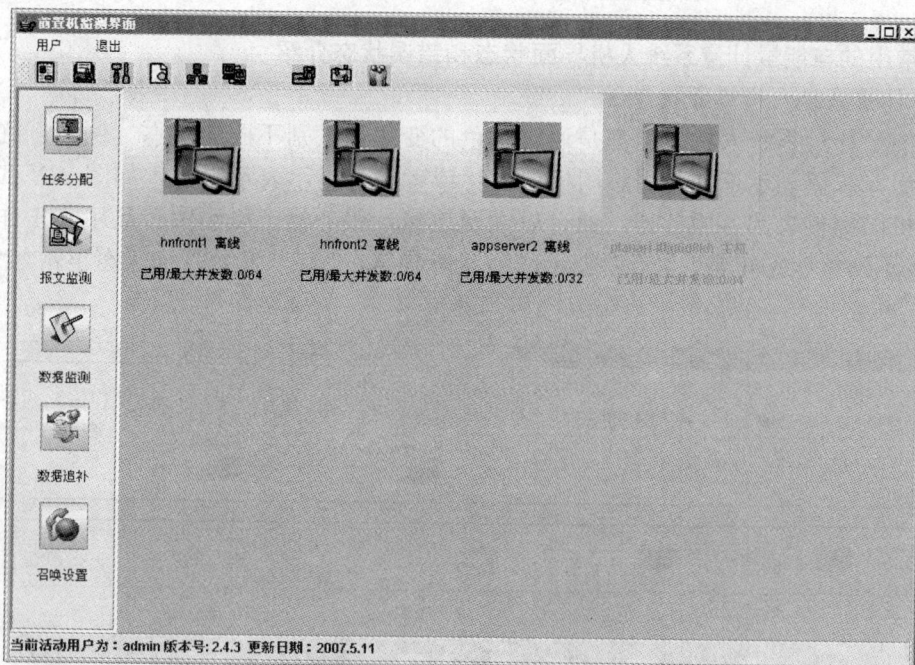

图 GYZD00405001-1　前置采集主界面

（1）任务分配及任务运行界面提供当前每台前置机的任务分配情况及任务的执行和状态的监测。

（2）报文检测和数据检测界面提供查看规约报文和报文解释及采集的数据的界面。

（3）数据召唤和追捕界面提供数据的召唤和数据的追捕界面，包括时间和任务类型采集、类型的选择。

（4）参数设置界面提供对终端参数的设置界面，包括对时设置、参数设置等。

2. 数据录入人机界面

数据录入人机界面提供数据模型录入的手段。数据录入是构建系统模型的基础。如果说网络图形模型是一个系统的外表，那么数据模型就是一个系统的灵魂。通过图形化或者参数化的界面达到系统数据的输入，如图 GYZD00405001-2 所示，完成系统模型化建立。建模结构包括厂站、线路、母线、TA/TV 等的建立。数据录入界面还包括参数的增加、删除、修改；厂站、母线、线路等模型数据的录入。

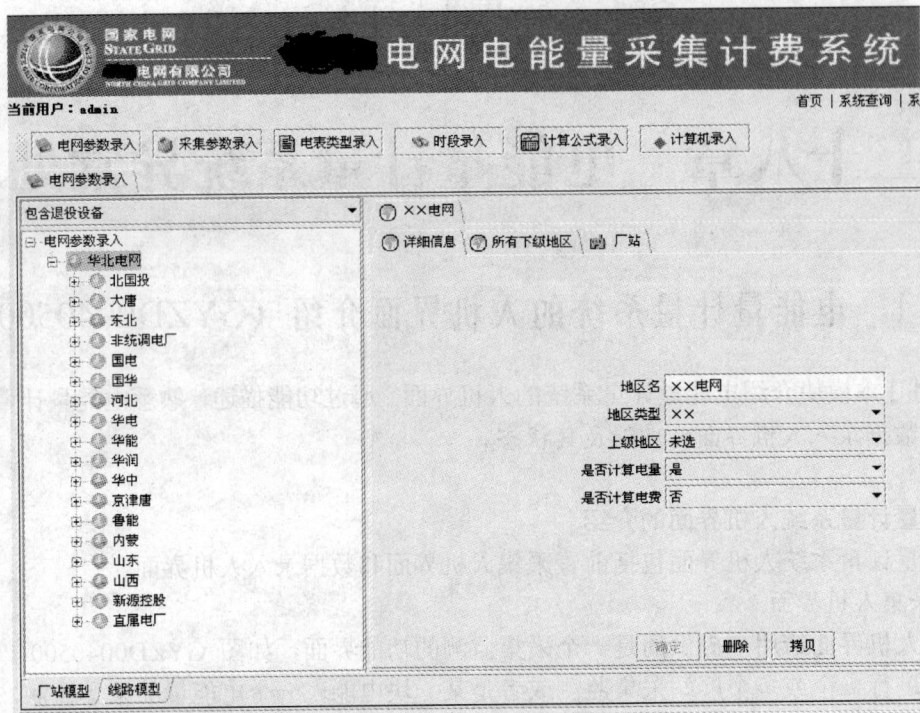

图 GYZD00405001-2　系统数据录入主界面

二、工程常用的电能量计量系统人机界面状态和错误状态介绍

1. 电能量计量系统人机界面状态

一般的电能量计量系统人机界面都是通过颜色的变化来区别不同的状态。例如，红色一般表示离线或者是停用，绿色表示正常使用。图标的变化或者声音提示表示告警，如图 GYZD00405001-3 所示。用计算机图标代表的各服务器，通过以太网连接。服务器旁以小图符显示其工作状态，非常直观。"🖥"表示网络状态正常，"🖥"表示网络状态异常，"●"表示系统状态正常，"●"表示系统状态异常。

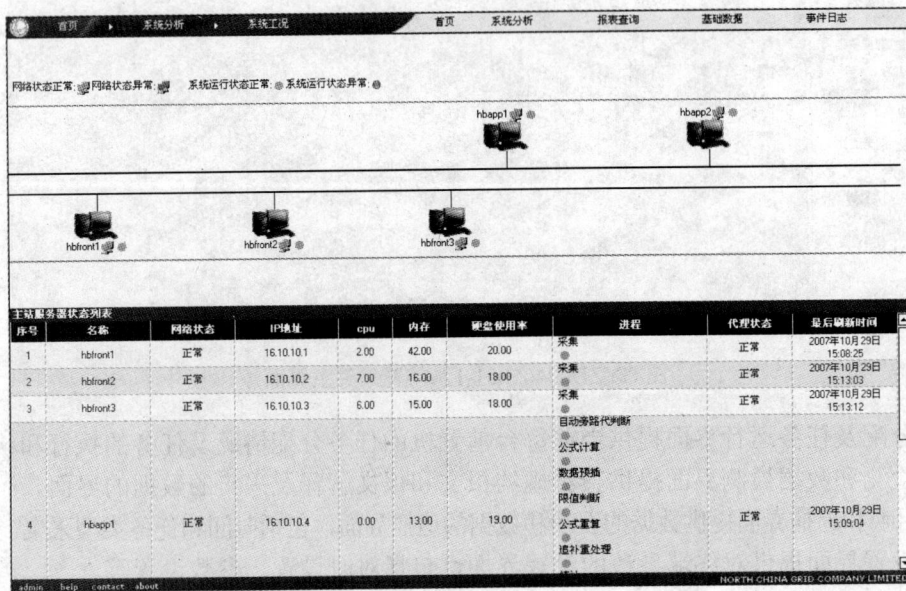

图 GYZD00405001-3　节点运行状态监视画面

主站服务器状态列表显示的信息包括名称、网络状态、IP 地址、CPU、内存、硬盘使用率、进程、代理状态、最后刷新时间。

主站数据库状态列表包括表空间名、空间使用率上限、空间当前使用率、事件等。

2. 状态错误

图形化检测模型中的状态错误一般是由停机、网络故障、程序故障引起的。通过人机界面的程序的分辨，对每种故障问题导致的原因进行判断后，打出相对应的告警色，给用户提供细致的错误提示。

前置界面错误种类有很多，如前置机器网络通信故障，没有任务下发为消息通知有问题；采集不到数据可能是采集通道出问题等。

数据录入的报错信息是数据录入必要的告警提示信息。详细的报错信息可以给用户提供准确的错误信息，方便查找问题。

【思考与练习】

1. 本模块介绍了哪几种电能量计量系统的人机界面？
2. 电能量计量系统人机界面上显示的错误状态有哪些？

模块 2　电能量计量系统功能的检查方法和步骤
（GYZD00405002）

【模块描述】本模块介绍电能量计量系统功能的检查方法和步骤。通过功能描述和方法介绍，熟悉电能量计量系统的功能及其检查方法。

【正文】

一、电能量计量系统功能简介

电能量计量系统功能包括采集功能、电能量统计功能、修改 TA/TV 变比功能、报表功能、旁路代功能、参数录入功能、安全区转发功能、权限管理功和告警等功能。

1. 采集功能

（1）数据采集功能。正常的厂站任务分配、多通道的采集执行、报文的上下行返回。

（2）数据追补功能。根据用户需求灵活地人工追补数据，支持时间的选择和任务类型的选择。

（3）对时功能。支持主站和采集器终端的对时工能，按照固定时间的要求，准确地统一时间。

（4）校验功能。校验功能是对采集上来的数据进行必要的数据校验和状态的判断，保证数据的可靠性和准确性。

2. 电能量统计功能

（1）峰平谷电量统计。日、月、年的峰、平、谷时段的统计，也可能是更细致的尖、峰、平、谷的统计，为结算电费和用电分析提供依据。

（2）日、月、年总加量统计。支持各种电能量日、月、年总加量统计计算。

（3）计算量统计。支持各种电能量复杂计算公式的统计计算。

3. 修改 TA/TV 变比功能

因为现场更换 TA/TV 或对 TA/TV 变比进行了调整，电能量计量系统中的 TA/TV 变比应做相应修改。

4. 报表功能

为用户提供更为灵活的数据组合和计算需要；易操作，报表工具要求简单便捷；支持通用的 Excel 文件。

5. 旁路代功能

一次设备会有旁路代的情况，因此电能量计量系统应具备自动判断旁路代和人工添加旁路代功能。

6. 参数录入功能

为用户提供基本的参数添加、修改、删除功能。

7. 安全区转发功能

电能量计量系统隶属于安全Ⅱ、Ⅲ区的大部分使用者都看到数据，那么必须进行Ⅱ、Ⅲ区同步。同步的基本要求有发布及时、数据准确。

8. 权限管理功能

权限管理可定义不同权限的用户，不同权限的用户可查看和管理的设备是不同的。例如，电厂的用户只能看到该电厂下的设备，而调度中心自动化处的维护人员能看到电网下所有的设备。

9. 告警功能

提供系统运行各个进程中的问题提示或者告警，一般包括机器设备的投运和退出、数据校验、参数的修改删除、旁路代、数据处理等信息。

二、电能量计量系统功能检查方法

（一）采集功能检查

1. 数据采集功能检查

（1）检查任务是否按时执行，如果任务不执行，说明定时任务有问题。

（2）如果任务执行没问题，就看通道或者采集器是否正常。

通过查看通信报文判断是否能与通信建链，如果不能建链，就要查看通道是否正常了。

（3）如果建链成功上下行报文不正常，数据还是上不来，就查看是否规约选择错误，或者任务类型是否正确。

（4）如果报文正常，就查看是否是数据解析有问题。

2. 数据追补功能检查

（1）采用与数据采集的问题查找一致的方式。

（2）数据追补与定时采集任务的不同就是时间的选择和任务类型的选择。如果数据追补上来，可以查看是不是采集时间超过终端存储的时间限制，或者是追补的数据类型不符合终端存储类型。

3. 对时功能检查

对时的问题主要是对时间间隔准确性的确认。

4. 校验功能检查

102 规约是 4 个字节的数据为一个标志位，系统应具备自动校验功能。

（二）电能量统计功能检查

1. 峰平谷电能量统计

检查时段设置是否正常。

2. 日、月、年总加量统计

统计时间问题和统计准确率问题。

3. 计算量统计

检查数据库中的计算时标的走动是否准确。

（三）修改 TA/TV 变比功能检查

通过测试检验修改 TA/TV 变比功能是否正常，注意修改后的变比是否是按照新 TA/TV 换算的。

（四）报表功能检查

1. 报表的定义功能

检查定义的数据类型和时间是否准确，检查是计算量还是统计量。

2. 报表基于 Excel 的功能

检查字体、大小、格式、颜色、公式等基于 Excel 的功能。

3. 数据读取功能

检查数据库中是否存在定义的数据，是否定义数据时间不对，超过时间限制。

4. 图表制作功能

报表工具界面如图 GYZD00405002-1 所示。

检查曲线、图表制作。检查数据定义和显示的曲线或图标是否一致。

5. 检查报表发布浏览功能

检查报表制作完成后是否能发布到数据库中，并在 Web 中是否可以浏览。浏览的数据是否准确。

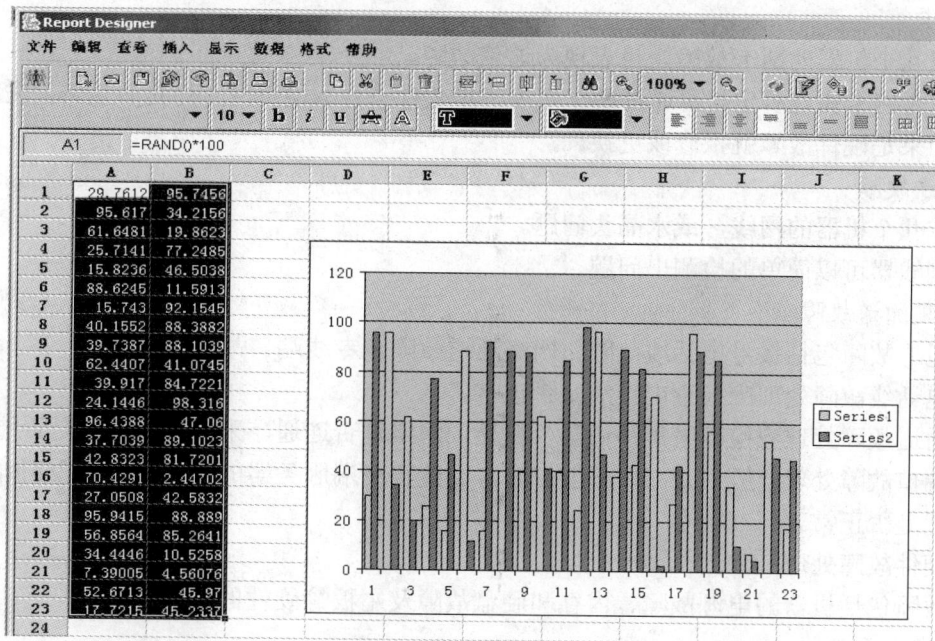

图 GYZD00405002-1　报表工具界面

（五）旁路代功能检查

1．检查人工旁路代功能

检查人工设置旁路代是否替代成功，并对数据被旁路替代有一定的提示。

2．检查自动旁路代功能

检查自动旁路事件提示的时间和数据的准确性，是否自动替代，是否有告警提示。

（六）参数录入功能检查

基本的参数添加、修改、删除功能检查是否正常。

【思考与练习】

1．电能量计量系统一般具备哪些功能？

2．上机练习，掌握电能量计量系统功能的检查方法和步骤。

模块 3　电能量计量系统故障排查原则及步骤（GYZD00405003）

【模块描述】本模块介绍电能量计量系统的常见故障及其排查方法。通过故障描述和方法介绍，熟悉电能量计量系统常见故障的类型及其现象，掌握电能量计量系统常见故障的排查方法。

【正文】

电能量计量系统故障分为网络通信故障、硬件故障、操作系统故障、应用程序故障、数据库故障和安全区传输故障六类。

一、网络通信故障处理

网络通信故障包括交换机故障、网卡故障、网线故障、采集通道故障等。

1．交换机故障

故障现象：内网机器都普遍不能通信。

处理步骤如下：

（1）检查交换机设置，是否设置过 Vlan 或者设置过路由。

（2）检查交换机端口设置是否有限制。

（3）更换或报修。

2. 网卡故障

单个或几个机器的网卡故障，也表现为通信故障。

查看是否网卡做过绑定，可通过操作系统绑定软件查看。检查网卡灯是否正常，采用 ping 等手段来测试。如果是硬件故障就报修或更换。

3. 网线故障

单个或几个机器的网线，或水晶头问题。

通过测线器可以简单的检测出问题。

4. 采集通道故障

采集通道故障包括拨号电话线故障、网络通道故障、专线端口故障等。

拨号电话线故障处理应检查电话线是否正常。

网络通道故障处理应检查采集路由是否畅通，网络是否连通，采集终端端口是否能够打开。

专线端口故障处理一般都是端口不能打开，要检查终端服务器的端口设置是否正确，采集前置上的端口设置是否正常。

二、硬件故障处理

硬件故障包括机器的电源故障、内存和硬盘故障及主板等硬件的故障。

1. 机器电源故障

故障现象表现为机器不能启动，如果是双电源则启动会报警。

一般的机器人机界面上都会有界面告警，提示是哪部分的硬件问题。

2. 内存和硬盘故障

机器不能启动，自检不能通过，主板会报警。

3. 主板等硬件的故障

机器不能启动，主板会报警提示出问题原因。

三、操作系统故障处理

操作系统故障包括 UNIX 和 Windows 操作系统故障。

1. UNIX 操作系统故障

不能进入操作系统，或者能进入操作系统，但总是有问题。

操作系统的问题有时候是数据或者是应用程序的匹配问题或者是补丁版本的问题，目前市面上的操作系统都比较稳定，一般不会出现什么问题。

2. Windows 操作系统故障

不能进入操作系统，或者能进入操作系统，但总是有问题。

操作系统的问题有时候是数据或者是应用程序的匹配问题或者是补丁版本的问题，目前市面上的操作系统都比较稳定，一般不会出现什么问题。Windows 版本一般都比较简单。需要注意的是，病毒的感染。一般 Windows 版本出现问题都是由于病毒感染造成的，所以要增加防火墙和杀毒软件的安装。

四、应用程序故障处理

应用程序故障包括前置采集故障、网页访问故障和报表故障。

1. 前置采集故障

前置机故障导致不能采集到数据或者采集的数据不准确。

检查任务是否按时执行，如果任务不执行，说明定时任务有问题。任务执行没问题，就看通道或者采集器是否正常，查看通信报文是否能通信建链。如果不能建链，就要查看通道是否正常。如果建链成功上下行报文不正常，数据还是上不来，就查看是否规约选择错误，或者任务类型是否正确。如果报文正常，就查看是否是数据解析有问题。

2. 网页访问故障

不能访问网页，或者访问的网页有问题。

检查是否是相关控件没有启用，用户名密码是否正确，机器和用户是否具有访问权限，网页地址和端口是否正确。相关的访问软件或者客户端是否安装。

3．报表故障

打不开报表，或者报表显示的数据不准确。

报表定义功能的故障处理时应检查定义的数据类型和时间是否准确，检查是计算量还是统计量。报表基于 Excel，功能检查还应包括字体、大小、格式、颜色、公式等基于 Excel 的功能。

数据读取功能故障处理应检查数据库中是否存在定义的数据，是否定义数据时间不对，超过时间限制。

图表制作功能故障处理应检查曲线、图表制作，检查是否和数据定义和显示的曲线或图标一致。

数据读取功能故障处理应检查数据库中是否存在定义的数据，是否定义数据时间不对，超过时间限制。

图表制作功能故障处理应检查曲线、图表制作，检查是否和数据定义和显示的曲线或图标一致。

五、数据库故障处理

数据库故障包括监听故障、数据库服务故障和数据库版本或补丁故障。

（1）监听故障处理应检查监听是否启用，监听在注册表中的设置是否正确。

（2）数据库服务故障一般都是底层的问题导致的。要通过 alter.log 来查看具体的原因。

（3）数据库版本或补丁故障由数据库的版本不同引起，或数据传输或者倒库存在问题。例如，Oracle 数据库高版本能导出低版本的数据库，低版本不能导出高版本的数据。所以当出现倒库或者是数据库之间互联的问题时，首先查看数据库版本。

六、安全区传输故障处理

安全区传输故障一般表现为Ⅰ区向Ⅱ、Ⅲ区转发不通。

故障处理时首先查看隔离装置中的配置，包括地址和端口是否正常，再看传输的软件是否配置正常。软件配置都正常的情况下，通过端口软件进行测试。测试不通或者修改了配置，一定要重新启动隔离装置才能生效。如果是硬件问题，则报修或更换。

【思考与练习】

1．电能量计量系统故障一般分为哪几类？

2．上机练习，掌握故障的排查方法。

模块 4　电能量计量系统数据库数据录入引起的故障现象及排查方法（GYZD00405004）

【模块描述】本模块介绍电能量计量系统数据库数据录入引起的故障现象及排查方法。通过故障描述和方法介绍，掌握电网模型数据录入引起的故障以及其他参数录入引起的故障的现象及其排查方法。

【正文】

一、电网模型数据录入引起的故障及排查方法

1．电能表录入

电能表录入时发生的错误，一般由电能表的详细信息中用户未选择"电能表类型"选项引起，因此须先在"电能表类型"中录入电能表类型，再进行其他选择。

电能表的类型决定了电能表的历史数据库的存储内容，必须严格审查，对于每种类型都有积分周期的选择、系数的选择，一旦选择错误就会引起系统一次电能量数据的不合理。电能表的 TA/TV 参数也是比较重要的参数，必须和相关的电能表管理部门严格核对。

2．设备录入

如果删除某个设备（包括地区、厂站、变压器、绕组、电压等级等），系统报错误，且不能成功删除，应检查该对象下是否还有其他设备或对象，并从最底层开始删除。

设备录入关键应遵守 IEC-61970CIM 标准，系统的参数模型完全基于 IEC-61970CIM 标准，支持通过 CIM XML 和 CIS 的方式和公共信息平台以及其他系统实现数据交换和共享；具有面向对象的程序结构，以满足计量系统的功能扩展需要和系统的适应能力。

如果在某些页面，不能查看到已经授权的设备，应检查在系统录入中，该设备是否为"投运"属性。

3．线路录入

线路录入的时候要关联相应的平衡和线损计算，线路修改的信息完成后，按"确定"进行保存。如果需要删除某线路，按"删除"按钮，同时该线路名从左边结构树中消失。单击"生成公式"按钮之后，系统会自动给当前线路生成反向电能量、正向电能量、平衡电能量和平衡率的计算公式，所用的参数是对应线端下电能表所测的电能量（在厂站模型中录入），公式在"计算公式录入"模块下对应线路中显示。线路属性中"是否计算线损"项将影响生成的公式个数。

4．电厂及变电站录入

删除某个厂站或者变电站时，系统报错误，且不能成功删除，应检查该对象下是否还有其他设备或对象，并从最底层开始删除。

二、其他参数录入引起的故障及排查方法

1．时段录入

系统第一次录入时，必须对时段进行严格地检查。若发现召唤上来的电能量计量数据增量相加的峰、平、谷的数据不一致，应检查时段录入的正确性。

系统能够实现多种时段、不同费率电能量数据的统计、分析及自动结算，具有按用户规定的不同时段、不同区域、不同类别分别统计各种计算方式的电能量的功能，且所有的统计、计算分析在后台定时自动完成（周期可调）。

根据不同的发、用电合同或协议以及电网的具体要求，对采集的电能量数据进行正确地分类。

2．电能表类型录入

如果电能量数据显示数据级不对，应检查该电能量所属电能表的类型，电能量增量系数、规约底码系数、规约增量系数是否输入正确。

3．计算公式录入

计算公式计算出的值可以在"数据修改"中修改。如果不能修改，应检查计算公式的"数据来源"属性是否为"人工录入"。

系统计算公式录入应支持计算公式历史断面管理。当电网模型变化等因素造成计算模型变化时，系统可以自动或手动对应于变化前的电网模型的计算公式作为历史断面进行保存。当处理到变化前的公式计算时，系统自动搜索对应的计算公式历史断面进行处理。

系统计算公式录入能支持计算公式模板功能，通过定义分量满足的条件定义计算公式模板。通过定义公式模板，相同类型的计算公式只需定义一次即可。当电网模型变化或电能表增减时，系统会自动搜索参与运算的分量，而无需对计算公式进行维护。

4．计算机录入

如果前置进程启动过程中退出运行，应检查在"计算机录入"界面及"前置采集组"中，该机器的机器名和 IP 地址是否正确。

计算机的录入包括数据库服务器、应用服务器、前置采集服务器、Web 服务器和一些重要的客户端机器等。

【思考与练习】

1．电能量计量系统电网模型数据录入引起的故障有哪些？

2．上机练习，掌握电能量计量系统电网模型数据录入引起故障的排查方法。

模块 5　电能量计量系统前置机通信参数录入错误引起的系统故障现象及排查方法（GYZD00405005）

【模块描述】本模块介绍电能量计量系统前置机通信参数录入错误引起的系统故障现象及排查方

法。通过流程说明、故障描述和方法介绍，掌握电能量计量系统数据采集的故障现象及其产生原因、排查步骤及其注意事项。

【正文】

一、电能量计量系统前置机通信参数

电能量计量系统前置机通信参数主要包括厂站参数、通道参数、终端采集器参数、电能表参数、采集时标参数、任务时间间隔参数等。

二、前置机通信参数设置流程

（1）联系终端厂家，取得厂站的详细信息表，包括各个表的名称、表号、TATV 参数、对应的点号和遥测号。

（2）采集参数录入修改对应通道参数。

（3）电网参数录入修改终端参数。

（4）电网参数录入修改表计参数。

（5）设置采集时标。

（6）厂站接入完成，观察前置采集数据情况。

三、电能量计量系统数据采集故障描述及原因

1．电能量数据采集故障现象

（1）通道超时或无法建立链接的通信故障。

（2）采集数据间隔，数据错误、间隔错误的数据故障。

（3）数据采集正常，但无法处理、正确入库的后台故障。

（4）由于操作原因引起的数据无法采集的故障。

2．电能量计量系统数据采集故障原因

（1）通信故障产生的原因。通信故障发生时候，如果在通道完好的前提下，其主要原因就是主站和对应的采集装置的参数设置不对应，无论是哪种通信方式，其对应的通信协议都要严格地要求。如果有不符的地方，就会产生通信故障。

（2）数据故障发生的原因。发生数据故障情况的原因有多种，主要分为主站系统或者采集器未符合规约所定的标准；上下行报文不统一；所答非所问，处理方式紊乱等。

（3）前置系统后台故障发生的原因。后台故障主要是由于主站后台各个模块之间的通信、参数、数据等原因导致数据库、应用服务器等发生故障，无法正确处理采集数据。

（4）操作引起的故障的原因。在操作前置采集任务时，设置的任务类型、电能量类型、采集时间等参数选取不正确，会导致程序判断失误，导致无法采集数据。

四、电能量计量系统数据采集故障的排查步骤

故障排查时，应按照参数设置的流程往下排查。

1．排查通道故障

对应拨号类型，要验证波特率、数据位、停位和奇偶校验位的正确性。

2．排查前置后台的故障

查阅后台程序产生的日志，如采集的数据很大，造成数据库溢出，确认是数据库设置范围过小还是上送报文显示的数据值过大引起的。

3．采集进程故障排查

对于采集进程的各种参数，操作者应清楚其内在含义，以便排除故障。例如：

（1）通道类型是拨号、网络，还是专线。

（2）功能码是任务采集数据的类型。

（3）当功能码为定时设置参数或召唤参数时，操作码显示任务启动时间和结束时间。

五、注意事项

（1）发生故障后，应及时处理，以免影响系统其他厂站或模块的正常运行。

（2）排查故障时，应从大到小，逐渐缩小范围。

（3）处理完故障后，应继续观察并确认较长时间内未发生同样的故障。

【思考与练习】

1．电能量计量系统前置机通信需输入哪些主要的通信参数？

2．上机练习，掌握电能量计量系统前置机由于通信参数引起的故障的排查方法。

模块 6　电能量计量系统采集参数设置引起的故障现象及排查方法（GYZD00405006）

【模块描述】本模块介绍电能量计量系统采集参数设置引起的故障现象及排查方法。通过故障描述和方法介绍，掌握终端方式、直接采集电能表方式下电能量计量系统采集参数设置引起的故障现象及排除方法。

【正文】

一、终端方式下电能量计量系统采集参数设置引起的故障现象

采用终端方式采集电能量，电能表数据先送到终端采集器，主站则通过一些规约和终端采集器通信，从终端中采集数据。数据采集方式包括拨号、网络、专线三种。如果电能量计量系统采集参数设置不正确，则会影响系统的采集工作。

因采集参数设置错误而引起的故障及排除方法如下：

1．拨号

拨号采集主要参数有通道类型、所属规约、通信延时、调制解调参数、电话号码、波特率等。其中，通道类型、所属规约、通信延时按照现场实际情况填写。如果规约类型错误，将导致与终端通信建链出错。

通道类型拨号可以选择具体的拨号设置，例如，拨号 A、拨号 B 及拨号 AB 通过在终端服务器上分配端口实现。拨号类型需要正确选择，否则因为通道规约不同或者通道板波特率不一样影响通信。电话号码、波特率与现场 Modem 设置应相同，电话拨入串口参数均应正确填写。如果不正确，建链可能会有问题。

2．网络

网络采集主要参数包括通道类型、所属规约、IP 地址、端口号。通道类型选择网络，规约和现场相一致，地址填写正确，端口号正确。如果出现错误，在报文解释中能发现无下发报文的现象。如果端口或者 IP 错误，会有提示无法打开端口的错误。

3．专线

专线参数主要包括通道类型、所属规约、电话拨入串口通信参数、终端服务器、端口号。通道类型应选择串口通信，电话拨入串口通信参数和远方采集终端应一致，终端服务器应选择专线分派的终端服务器，端口选择相应端口号。如果出现错误，会发生端口打不开的现象。

二、直接采集电能表方式下电能量计量系统采集参数设置引起的故障现象

直接采集电能表方式是直接与电能表通信，利用规约采集电能表内数据，按照不同厂家的电能表进行参数设置。该数据采集方式采用网络和专线方式。

网络和专线设置和终端采集应一致。当出现参数不正确填写时，会出现端口无法打开或者通道超时现象及上下行报文异常等。此时，应查找通道类型、所属规约、电话拨入串口通信参数、终端服务器、端口号的参数设置，并通过相应的网络命令判读终端服务器的端口，从而判断故障位置。

系统参数设置错误引起的故障排除方法如下：

1．拨号方式

电话到终端之间的通道是否正常，可通过拨打电话号码查看拨号音来测试；当出现上下行报文应答不正确，或者报文解释中提示端口打不开，建链不成功时，需要核查通道类型、所属规约、通信延时、调制解调参数、电话号码、波特率等参数。如果只有下行时出现通道超时，原因为通信延时设置

不正确或拨号类型选择不正确。

2. 网络方式

保证物理链路通信正常，在前置机上 ping IP 地址，观察有无回应。有回应再查看 telnent IP 端口，观察能否打开这个端口。如果正确回应，网络通信正确。

3. 远程方式

远程登录到终端服务器上，查看终端服务器能不能正常打开，然后可以通过 telnet IP 端口号打开具体的端口，保证端口打开正常，在前置采集程序上测试有无上下行报文。

【思考与练习】

1. 电能量计量系统采集参数按通信方式分为几类？每类主要参数有哪些？

2. 上机练习，掌握电能量计量系统由于采集参数设置错误引起故障的排查方法。

模块 7 电能量计量系统进程缺失引起的系统故障现象及排查方法（GYZD00405007）

【模块描述】本模块介绍电能量计量系统进程缺失引起的系统故障现象及排查方法。通过故障描述和方法介绍，熟悉电能量计量系统进程缺失引起的故障现象，掌握电能量计量系统进程缺失引起故障的排查方法。

【正文】

一、电能量计量系统进程缺失引起的故障现象

1. 电能量数据不刷新

数据查询界面上数据采集时间一直停止在最后采集的那个周期，与当前时间有偏差。

2. 采集服务器离线

在前置机采集界面上，前置机采集程序所在的机器显示红色离线状态，此时任何任务将不会有反应。

3. 设备状态警告

通过网页查询查看所有任务通道的状态时，大批的通道显示为延时或者故障，存在告警提示。

4. 进程缺失

一旦出现采集进程缺失，PC 机任务管理器中 Java 进程会消失；UNIX 小型机上 ps java 进程查找不到；在采集进程的 DOS 窗口或者端口的窗口中进程不再刷新。

二、电能量计量系统进程缺失引起故障的排查方法

当发现电能量计量系统进程缺失时，需重新启动进程，再在前置机采集界面中进行追补测试。如果报文和数据监测正常，执行某个定时任务后，通过网页查询查看任务通道是否恢复正常状态，网页上数据是否显示正常。

【思考与练习】

1. 在电能量计量系统中出现哪些现象有可能是因进程缺失所引起的？

2. 上机练习，掌握电能量计量系统进程缺失引起故障的排查方法。

国家电网公司

生产技能人员职业能力培训专用教材

电网调度自动化主站维护 下

国家电网公司人力资源部　组编

曹茂昇　高伏英　主编

中国电力出版社
CHINA ELECTRIC POWER PRESS

内 容 提 要

《国家电网公司生产技能人员职业能力培训教材》是按照国家电网公司生产技能人员模块化培训课程体系的要求，依据《国家电网公司生产技能人员职业能力培训规范》（简称《培训规范》），结合生产实际编写而成。

本套教材作为《培训规范》的配套教材，共 72 册。本册为专用教材部分的《电网调度自动化主站维护》，全书共 14 个部分 55 章 251 个模块，主要内容包括电力调度自动化系统，计算机应用操作，仪器、仪表及工具的使用，EMS 基本原理、操作及异常处理，调度管理系统的应用操作、安装调试及异常处理，电能量计量系统及其操作、维护、安装调试及异常处理，网络、调度数据网及规约，二次系统安全防护，时间同步系统，UPS 及机房配电系统的维护和异常处理，主站、厂站联合调试，运行监视系统的应用操作、系统维护、安装调试、异常及缺陷处理，主站系统软硬件平台安装，主站系统性能测试。

本书可作为供电企业电网调度自动化主站维护工作人员的培训教学用书，也可作为电力职业院校教学参考书。

图书在版编目（CIP）数据

电网调度自动化主站维护. 下/国家电网公司人力资源部组编. —北京：中国电力出版社，2010.9
国家电网公司生产技能人员职业能力培训专用教材
ISBN 978–7–5123–0885–5

Ⅰ. ①电… Ⅱ. ①国… Ⅲ. ①电力系统调度–自动化技术–维修–技术培训–教材 Ⅳ. ①TM734

中国版本图书馆 CIP 数据核字（2010）第 189292 号

中国电力出版社出版、发行
（北京市东城区北京站西街 19 号 100005 http://www.cepp.sgcc.com.cn）
北京丰源印刷厂印刷
各地新华书店经售
*
2010 年 10 月第一版 2013 年 6 月北京第四次印刷
880 毫米×1230 毫米 16 开本 44.625 印张 1357 千字
印数 11001—13000 册 定价 72.00 元（上、下册）

目　录

第五部分　调度管理系统的应用操作、安装调试及异常处理

第六部分　电能量计量系统及其操作、维护、安装调试及异常处理

下　册

第七部分　网络、调度数据网及规约

第八部分 二次系统安全防护

第九部分　时 间 同 步 系 统

第十部分　UPS 及机房配电系统的维护和异常处理

第十一部分　主站、厂站联合调试

第十二部分　运行监视系统的应用操作、系统维护、安装调试、异常及缺陷处理

第十三部分　主站系统软硬件平台安装

第十四部分　主站系统性能测试

第七部分

网络、调度数据网及规约

第二十九章 网络基础知识

模块 1 网络的定义、组成和分类（GYZD00501001）

【模块描述】本模块介绍网络定义、组成和分类等基础知识。通过概念讲解，掌握计算机网络的定义、组成和分类以及网络协议的定义，熟悉常用的网络协议。

【正文】

一、网络产生的过程

在计算机网络出现的前期，计算机都是独立的设备，每台计算机独立工作，互不联系。计算机与通信技术的结合，对计算机系统的组织方式产生了深远的影响，使计算机之间的相互访问成为可能。不同种类的计算机通过同种类型的通信协议（protocol）相互通信，产生了计算机网络（computer network）。

计算机网络，就是把分布在不同地理区域的计算机以及专门的外部设备利用通信线路互联成一个规模大、功能强的网络系统，从而使众多的计算机可以方便地互相传递信息，共享信息资源。

网络协议是为了使计算机网络中的不同设备能进行数据通信而预先制定的一整套通信双方相互了解和共同遵守的格式和约定。网络协议是一系列规则和约定的规范性描述，定义了网络设备之间如何进行信息交换。网络协议是计算机网络的基础，只有遵从相应协议的网络设备之间才能够通信。

网络协议多种多样，主要有 TCP/IP（Transfer Control Protocol/Internet Protocol）协议、Novell IPX/SPX（Internetwork Packet eXchange/Sequenced PacketeXchange）协议、IBM SNA（Syetem Network Architecture）等。目前最为流行的是 TCP/IP 协议栈，它已经成为 Internet 的标准协议。

二、网络的分类

由于连接介质的不同，通信协议的不同，计算机网络的种类划分方法名目繁多。但一般来讲，计算机网络可以按照它覆盖的地理范围，划分成局域网、城域网、广域网。

1. 局域网

局域网是将小区域内的各种通信设备互联在一起所形成的网络，覆盖范围一般局限在房间、大楼或园区内。局域网的特点是距离短、延迟小、数据速率高、传输可靠。局域网络常用网络设备有：线缆（Cable）、网卡（Network Interface Card，NIC）、集线器（Hub）、交换机（Switch）、路由器（Router）。

2. 城域网

城域网是在一个城市范围内所建立的计算机通信网，简称 MAN。这是 20 世纪 80 年代末，在 LAN 的发展基础上提出的，在技术上与 LAN 有许多相似之处，而与广域网（WAN）区别较大。MAN 的传输媒介主要采用光缆，传输速率在 100Mbit/s 以上。所有联网设备均通过专用连接装置与媒介相连，只是媒质访问控制在实现方法上与 LAN 不同。

3. 广域网

广域网（WAN）连接地理范围较大，WAN 的目的是为了让分布较远的各局域网互联。广域网常用设备有路由器（Router）、调制解调器（Modem）。

【思考与练习】

1. 简述网络分类的方法。
2. 网络中存在哪些网路设备？

国家电网公司
生产技能人员职业能力培训专用教材

模块 2 计算机网络体系结构（GYZD00501002）

【模块描述】 本模块介绍计算机网络体系结构。通过功能介绍，掌握 OSI 七层参考模型的层次划分以及各层的功能。

【正文】

一、网络体系结构产生的必要性

计算机网络自 20 世纪 60 年代问世以来，飞速增长。国际上各大厂商为了在数据通信网络领域占据主导地位，顺应信息化潮流，纷纷推出了各自的网络架构体系和标准。例如 IBM 公司的 SNA、Novell IPX/SPX 协议，Apple 公司的 AppleTalk 协议，DEC 公司的 DECnet，以及广泛流行的 TCP/IP 协议。但由于多种协议的并存，同时也使网络变得越来越复杂；而且，厂商之间的网络设备大部分不能兼容，很难进行通信。

为了解决网络之间的兼容性问题，帮助各个厂商生产出可兼容的网络设备，国际标准化组织 ISO 于 1984 年提出了 OSI RM（Open System Interconnection Reference Model，开放系统互联参考模型）。OSI 参考模型很快成为计算机网络通信的基础模型。在设计 OSI 参考模型时，遵循了以下原则：

（1）各个层之间有清晰的边界，便于理解。

（2）每个层实现特定的功能。

（3）层次的划分有利于国际标准协议的制定。

（4）层的数目应该足够多，以避免各个层功能重复。

二、OSI 七层参考模型

OSI 七层参考模型如图 GYZD00501002-1 所示。

开放系统互联参考模型(Open System Interconnection Reference Model)

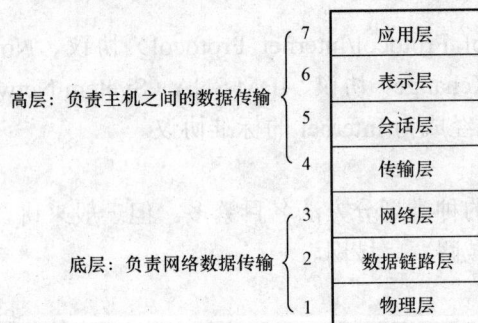

图 GYZD00501002-1　OSI 七层参考模型图

1. 物理层

物理层涉及在通信信道（channel）上传输的原始比特流，它实现传输数据所需要的机械、电气、功能特性及过程等手段。物理层涉及电压、电缆线、数据传输速率、接口等的定义。物理层的主要网络设备为中继器、集线器等。

2. 数据链路层

数据链路层的主要任务是提供对物理层的控制，检测并纠正可能出现的错误，使之对网络层显现一条无错线路，并且进行流量调控（可选）。流量调控可以在数据链路层实现，也可以由传输层实现。数据链路层与物理地址、网络拓扑、线缆规划、错误校验、流量控制等有关。数据链路层主要设备为以太网交换机。

3. 网络层

网络层检查网络拓扑，以决定传输报文的最佳路由，其关键问题是确定数据包从源端到目的端如何选择路由。网络层通过路由选择协议来计算路由。存在于网络层的设备主要有路由器、三层交换机等。

4. 传输层

传输层的基本功能是从会话层接受数据，并且在必要的时候把它分成较小的单元，传递给网络层，并确保到达对方的各段信息正确无误。传输层建立、维护虚电路，进行差错校验和流量控制。

5. 会话层

会话层允许不同机器上的用户建立、管理和终止应用程序间的会话关系，在协调不同应用程序之间的通信时要涉及会话层，该层使每个应用程序知道其他应用程序的状态。同时，会话层也提供双工（duplex）协商、会话同步等。

6. 表示层

表示层关注所传输的信息的语法和意义，它把来自应用层与计算机有关的数据格式处理成与计算机无关的格式，以保障对端设备能够准确无误地理解发送端数据。同时，表示层也负责数据加密等。

7. 应用层

应用层是 OSI 参考模型最靠近用户的一层，为应用程序提供网络服务。应用层识别并验证目的通信方的可用性，使协同工作的应用程序之间同步。

【思考与练习】

1. 简述 OSI 七层网络模型各层对应的网络协议。

2. 应用层是 OSI 网络模型的哪一层协议？

模块 3　常见传输介质及网络接口（GYZD00501003）

【模块描述】 本模块介绍常见传输介质及网络接口。通过性能介绍，熟悉常用的传输介质和网络接口及其性能。

【正文】

一、常见的传输介质

1. 局域网常见线缆

（1）双绞线（Twisted pair）。由收发各由两条拧在一起并相互绝缘的铜线组成。两条线拧在一起可以减少线间的电磁干扰。双绞线最大有效传输距离是距集线器 100m。

（2）光纤。分为多模光纤和单模光纤，使用百兆多模光纤的时候，传输距离最大可到 2km，使用单模光纤时最大可达 160km。

2. 广域网常见线缆

广域网常见线缆包括电缆和光纤。常见光纤接头如图 GYZD00501003-1 所示。

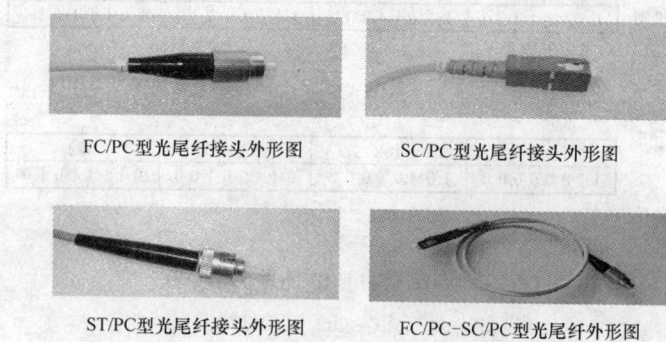

FC/PC型光尾纤接头外形图　　SC/PC型光尾纤接头外形图

ST/PC型光尾纤接头外形图　　FC/PC-SC/PC型光尾纤外形图

图 GYZD00501003-1　常见光纤接头

二、常见的网络接口

（1）局域网常见接口包括 10Base-T、100Base-T、100Base-TX/FX、1000Base-T、1000Base-SX/LX 等。

（2）广域网常见接口包括 RS-232、V.24、V.35、BRI、CE1 等。

【思考与练习】

1. 如何识别区分单模与多模光纤？

2. 局域网常见接口有哪些？

模块 4　MAC 地址的概念（GYZD00501004）

【模块描述】 本模块介绍 MAC 地址的概念。通过概念讲解，掌握 MAC 地址概念、作用及其组成。

【正文】

一、MAC 地址概念

MAC 地址是指数据链路层物理地址，每块网卡在生产出来后，除了基本的功能外，都有一个唯一的编号标识自己。全世界所有的网卡都有自己的唯一标号，是不会重复的。当有数据发送时，源网络设备查询对端设备的 MAC 地址，然后将数据发送过去。

二、MAC 地址组成

MAC 地址通常存在于一个平面地址空间，没有清晰的地址层次，只适合于本网段主机的通信，MAC 地址是由 48 位二进制数组成的，如：通常分成 6 段，用十六进制表示就是类似 00-D0-09-A1-D7-B7 的一串字符。由于它的唯一性，因此就用它来标识网卡。

【思考与练习】

1．MAC 地址使用二进制与十六进制分别如何表示？

2．MAC 地址是属于 OSI 模型中的哪一层？

模块 5　IP 地址的概念和分类（GYZD00501005）

【模块描述】本模块介绍 IP 地址的概念和分类。通过概念讲解和图文结合，掌握 IP 地址的组成、分类和用途。

【正文】

一、IP 地址的组成

IP 地址，又称逻辑地址，与 MAC 地址一样，IP 地址也是独一无二的。每一台网络设备用 IP 地址来唯一的标识。IP 地址由 32 个二进制位组成，这些二进制数字被分为四个八位数组（octets），又称为四个字节。IP 地址的表示方法如图 GYZD00501005-1 所示。

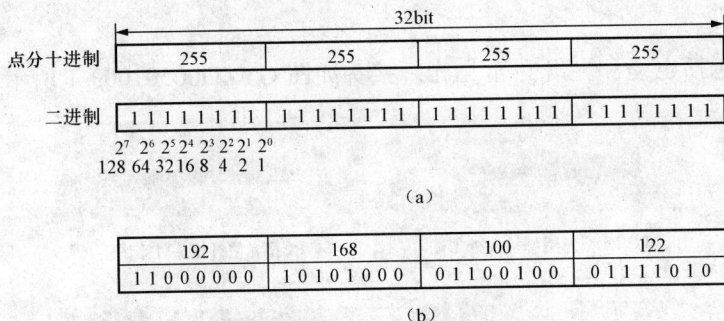

图 GYZD00501005-1　IP 地址表示方法

（a）IP 地址格式；（b）IP 地址举例

由于 IP 地址有 32 个二进制位，在互联网络上，如果每一台三层网络设备，例如路由器，为了彼此通信，储存每一个节点的 IP 地址，可以想象路由器会有多么大的路由表，这对路由器来说是不可能的。为了减少路由器的路由表数目，更加有效地进行路由，清晰地区分各个网段，决定对 IP 地址采用结构化的分层方案。IP 地址的结构化分层方案将 IP 地址分为网络部分和主机部分，区分网络部分和主机部分需要借助地址掩码（Mask）。网络部分位于 IP 地址掩码前面的连续二进制"1"位，主机部分是后面连续二进制"0"位。

IP 地址的分层方案类似于常用的电话号码。电话号码也是全球唯一的。

例如：对于电话号码 010-82882484，前面的字段 010 代表北京的区号，后面的字段 82882484 代表北京地区的一部电话。IP 地址也是一样，前面的网络部分代表一个网段，后面的主机部分代表这个网段的一台设备。

IP 地址采用分层设计，这样，每一台第三层网络设备就不必储存每一台主机的 IP 地址，而是储存每一个网段的网络地址（网络地址代表了该网段内的所有主机），大大减少了路由表条目，增加了路由的灵活性。

　　IP 地址的网络部分称为网络地址，网络地址用于唯一地标识一个网段，或者若干网段的聚合，同一网段中的网络设备有同样的网络地址。IP 地址的主机部分称为主机地址，主机地址用于唯一的标识同一网段内的网络设备。例如：前面所述的 A 类 IP 地址：10.110.192.111，网络部分地址为 10，主机部分地址为 110.192.111。

二、IP 地址的区分及用途

1. IP 地址的区分

最初互联网络设计者根据网络规模大小规定了地址类，把 IP 地址分为 A、B、C、D、E 五类，如图 GYZD00501005-2 所示。

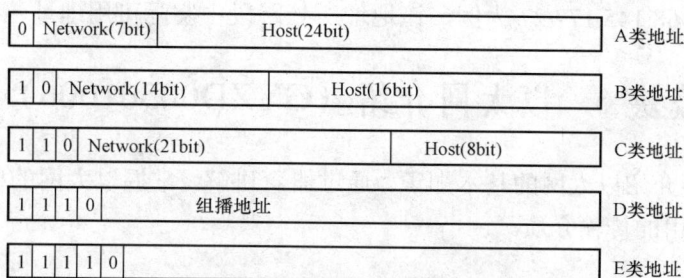

图 GYZD00501005-2　IP 地址分类

　　（1）A 类 IP 地址。网络地址为第一个八位数组（octet），第一个字节以"0"开始。因此，A 类网络地址的有效位数为 8-1=7（位），A 类地址的第一个字节为 1 ~ 126 之间（127 留作它用）。例如 10.1.1.1、126.2.4.78 等为 A 类地址。A 类地址的主机地址位数为后面的三个字节 24 位。A 类地址的范围为 1.0.0.0 ~ 126.255.255.255，每一个 A 类网络共有 224 个 A 类 IP 地址。

　　（2）B 类 IP 地址。网络地址为前两个八位数组（octet），第一个字节以"10"开始。因此，B 类网络地址的有效位数为 16-2=14（位），B 类地址的第一个字节为 128 ~ 191，例如 128.1.1.1、168.2.4.78 等为 B 类地址。B 类地址的主机地址位数为后面的两个字节 16 位。B 类地址的范围为 128.0.0.0 ~ 191.255.255.255，每一个 B 类网络共有 216 个 B 类 IP 地址。

　　（3）C 类 IP 地址。网络地址为前三个八位数组（octet），第一个字节以"110"开始。因此，C 类网络地址的有效位数为 24-3=21（位），C 类地址的第一个字节为 192 ~ 223，例如 192.1.1.1、220.2.4.78 等为 C 类地址。C 类地址的主机地址部分为后面的一个字节 8 位。C 类地址的范围为 192.0.0.0 ~ 223.255.255.255，每一个 C 类网络共有 28×256 个 C 类 IP 地址。

　　（4）D 类地址。第一个 8 位数组以"1110"开头，因此，D 类地址的第一个字节为 224 ~ 239。D 类地址通常作为组播地址。

　　（5）E 类地址。第一个字节为 240 ~ 255，保留用于科学研究。

2. IP 地址的用途

IP 地址用于唯一地标识一台网络设备，但并不是每一个 IP 地址都是可用的。一些特殊的 IP 地址被用于各种各样的用途，不能用于标识网络设备。对于主机部分全为"0"的 IP 地址，称为网络地址，网络地址用来标识一个网段，例如，A 类地址 1.0.0.0，私有地址 10.0.0.0、192.168.1.0 等。对于主机部分全为"1"的 IP 地址，称为网段广播地址，广播地址用于标识一个网络的所有主机。例如：10.255.255.255、192.168.1.255 等，路由器可以在 10.0.0.0 或者 192.168.1.0 等网段转发广播包。广播地址用于向本网段的所有节点发送数据包。

　　对于网络部分为 127 的 IP 地址，例如 127.0.0.1，往往用于环路测试目的。全"0"的 IP 地址 0.0.0.0 代表所有的主机，路由器用 0.0.0.0 地址指定默认路由。全"1"的 IP 地址 255.255.255.255，也是广播地址，但 255.255.255.255 代表所有主机，用于向网络的所有节点发送数据包。这样的广播不能被路由器转发。

　　如上所述，每一个网段会有一些 IP 地址不能用作主机 IP 地址。

3. 可用的 IP 地址的计算实例

例如：B 类网段 172.16.0.0，有 16 个主机位，因此有 2^{16} 个 IP 地址，去掉一个网络地址 172.16.0.0、一个广播地址 172.16.255.255 不能用作标识主机，那么共有（$2^{16}-2$）个可用地址。C 类网段 192.168.1.0，有 8 个主机位，共有 256 个 IP 地址，去掉一个网络地址 192.168.1.0、一个广播地址 192.168.1.255，共有 254 个可用主机地址。现在，可以这样计算每一个网段可用主机地址：假定这个网段的主机部分位数为 n，那么可用的主机地址个数为（2^n-2）个。

【思考与练习】

1. 使用 IP 地址 202.113.10.128/25 划分 4 个大小相同的子网，每个子网能容纳 30 台主机，请写出子网掩码，各子网网络地址及可用的 IP 地址。

2. 以 IP 地址 192.168.145.177/27 为例，该地址所处网段中实际可用地址范围是多少？

模块 6　以太网介绍（GYZD00501006）

【模块描述】本模块介绍以太网的基本知识。通过概念讲解，掌握以太网的概念和工作原理，熟悉以太网的拓扑结构和常用的传输介质。

【正文】

一、以太网的概念

以太网是指由 Xerox 公司创建并由 Xerox、Intel 和 DEC 公司联合开发的基带局域网规范。以太网络使用 CSMA/CD（载波监听多路访问及冲突检测技术）技术，并以 10Mb/s 的速率运行在多种类型的电缆上。以太网与 IEEE 802.3 系列标准相类似。它不是一种具体的网络，是一种技术规范。

以太网是当今现有局域网采用的最通用的通信协议标准。该标准定义了在局域网（LAN）中采用的电缆类型和信号处理方法。以太网在互联设备之间以 10～100Mb/s 的速率传送信息包，双绞线电缆 10 Base-T 以太网由于其低成本、高可靠性以及 10Mb/s 的速率而成为应用最为广泛的以太网技术。直扩的无线以太网可达 11Mb/s，许多制造供应商提供的产品都能采用通用的软件协议进行通信，开放性最好。

二、以太网的拓扑结构

1. 总线型

总线型以太网所需的电缆较少、价格便宜、管理成本高，不易隔离故障点、采用共享的访问机制，易造成网络拥塞。早期以太网多使用总线型的拓扑结构，采用同轴缆作为传输介质，连接简单，通常在小规模的网络中不需要专用的网络设备，但由于它存在的固有缺陷，已经逐渐被以集线器和交换机为核心的星型网络所代替。

2. 星型

采用专用的网络设备（如集线器或交换机）作为核心节点，通过双绞线将局域网中的各台主机连接到核心节点上，这就形成了星型结构。星型以太网管理方便，容易扩展，需要专用的网络设备作为网络的核心节点，需要更多的网线，对核心设备的可靠性要求高。星型网络虽然需要的线缆比总线型多，但布线和连接器比总线型的要便宜。此外，星型拓扑可以通过级联的方式很方便地将网络扩展到很大的规模，因此得到了广泛的应用，被绝大部分的以太网所采用。

三、以太网的工作原理

以太网采用带冲突检测的载波侦听多路访问（CSMA/CD）机制。以太网中节点都可以看到在网络中发送的所有信息，因此，可以说以太网是一种广播网络。

当以太网中的一台主机要传输数据时，它将按如下步骤进行工作：

（1）侦听信道上是否有信号在传输。如果有，表明信道处于忙状态，就继续侦听，直到信道空闲为止。

（2）若没有侦听到任何信号，就传输数据。

（3）传输的时候继续侦听，如发现冲突则执行退避算法，随机等待一段时间后，重新执行步骤（1）

（当冲突发生时，涉及冲突的计算机会发送一个拥塞序列，以警告所有的节点）。

（4）若未发现冲突则发送成功，计算机会返回到侦听信道状态。

四、以太网的传输介质

常见的以太网的传输介质有 10 Base-T、100 Base-T、100 Base-TX/FX、1000 Base-T、1000 Base-SX/LX。

【思考与练习】

1．简述以太网技术。

2．简述 CSMA/CD 的工作机制。

模块 7 子网划分（GYZD00501007）

【模块描述】本模块介绍子网划分的基本知识。通过方法介绍和举例说明，了解子网划分的必要性，掌握子网划分的原则和方法。

【正文】

一、子网划分的基本知识

1．子网划分的必要性

对于没有子网的 IP 地址组织，外部将该组织看作单一网络，不需要知道内部结构。例如，所有到地址 172.16.×.×的路由被认为同一方向，不考虑地址的第三和第四个 8 位分组，这种方案的好处是减少路由表的项目。

但这种方案没法区分一个大的网络内不同的子网网段，这使网络内所有主机都能收到在该网络内的广播，会降低网络的性能，另外也不利于管理。比如，一个 B 类网可容纳 65000 个主机在网络内。但是没有任何一个单位能够同时管理这么多主机。这就需要一种方法将这种网络分为不同的网段，按照各个子网段进行管理。从地址分配的角度来看，子网是网段地址的扩充。网络管理员根据组织增长的需要决定子网的大小。

2．子网划分的原则

网络设备使用子网掩码（subnet masking）决定 IP 地址中哪部分为网络部分，哪部分为主机部分。子网掩码使用与 IP 地址一样的格式。子网掩码的网络部分和子网部分全都是 1，主机部分全都是 0。缺省状态下，如果没有进行子网划分，A 类网络的子网掩码为 255.0.0.0，B 类网络的子网掩码为 255.255.0.0，C 类网络子网掩码为 255.255.255.0。利用子网，网络地址的使用会更有效。对外仍为一个网络，对内部而言，则分为不同的子网。

3．子网划分的方法

（1）选择的子网掩码将会产生 2^x-2（x 代表子网位，即二进制为 1 的部分）个子网。这里的 x 是指除去默认掩码后的子网位，例如网络地址 192.168.1.1，掩码 255.255.255.192，因为是 C 类地址，掩码为 255.255.255.0。那么 255.255.255.192（×.×.×.11000000）使用了两个 1 来作为子网位。

（2）每个子网能有 2^y-2（y 代表主机位，即二进制为 0 的部分）个主机。

（3）有效子网的子网号为 256-1，十进制的子网掩码。

（4）每个子网的广播地址是下个子网号减 1。

二、子网划分举例

如图 GYZD00501007-1 所示，网络 172.16.0.0 分为两个网段：172.16.4.1、172.16.8.1。

如果公司的财务部使用 172.16.4.0 子网段，公司的工程部使用 172.16.8.0 子网段。这样可使路由器根据目的子网地址进行路由，从而限制一个子网的广播报文发送到其他网段，不对网络的效率产生影响。

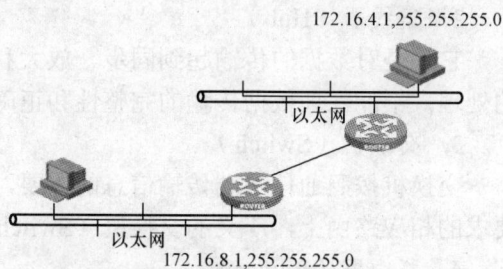

图GYZD00501007-1 子网划分例图

把一个网络划分成多个子网，要求每一个子网使用不同的网络标识 ID。但是每个子网的主机数不一定相同，而且相差很大，如果每个子网都采用固定长度子网掩码，而每个子网上分配的地址数相同，这就造成地址的大量浪费。这时候可以采用变长子网掩码（Variable Length SubnetMasking, VLSM）技术，对节点数比较多的子网采用较短的子网掩码，子网掩码较短的地址可表示的网络/子网数较少，而子网可分配的地址较多；节点数比较少的子网采用较长的子网掩码，可表示的逻辑网络/子网数较多，而子网上可分配地址较少。这种寻址方案必能节省大量的地址，节省的这些地址可以用于其他子网上。

【思考与练习】

1．简述规划子网的必要性。

2．简述规划子网的原则。

模块 8 网桥、集线器、交换机、路由器介绍（GYZD00501008）

【模块描述】本模块介绍网桥、集线器、交换机、路由器。通过原理讲解和功能说明，掌握常用网络硬件设备的工作原理及其功能。

【正文】

一、网桥、集线器、交换机、路由器的基本原理

1．网桥

网桥插在计算机主板插槽中，负责将用户要传递的数据转换为网络上其他设备能够识别的格式，通过网络介质传输。它的主要技术参数为带宽、总线方式、电气接口方式。

2．集线器（Hub）

集线器是单一总线共享式设备，提供很多网络接口，负责将网络中多个计算机连在一起。所谓共享，是指集线器所有端口共用一条数据总线，同一时刻只能有一个用户传输数据，因此平均每用户（端口）传递的数据量、速率等受活动用户（端口）总数量的限制。

3．交换机（Switch）

交换机也称交换式集线器（Switched Hub），它同样具备许多接口，提供多个网络节点互联。但它的性能却较共享集线器（Shared Hub）大为提高：相当于拥有多条总线，使各端口设备能独立地进行数据传递而不受其他设备影响，表现在用户面前即是各端口有独立、固定的带宽。此外，交换机还具备集线器欠缺的功能，如数据过滤、网络分段、广播控制等。

4．路由器（Router）

路由器是一种用于网络互联的计算机设备，工作在 OSI 参考模型的第三层（网络层），为不同的网络之间报文寻径并存储转发。通常路由器还会支持两种以上的网络协议以支持异种网络互联，一般的路由器还会运行一些动态路由协议以实现动态寻径。

二、网桥、集线器、交换机、路由器的基本功能

1．网桥

网桥具有一定的路径选择功能，它在任何时候收到一个帧以后，都要确定其正确的传输路径，将帧送到相应的目的站点。

2．集线器（Hub）

它只是对数据的传输起到同步、放大和整形的作用，对数据传输中的短帧、碎片等无法进行有效的处理，不能保证数据传输的完整性和正确性。

3．交换机（Switch）

交换机按照通信两端传输信息的需要，用人工或设备自动完成的方法，把要传输的信息送到符合要求的相应路由上，广义的交换机（Switch）就是一种在通信系统中完成信息交换功能的设备。

4．路由器（Router）

路由器有两大典型功能，即数据通道功能和控制功能。数据通道功能包括转发决定、背板转发以

及输出链路调度等，一般由特定的硬件来完成；控制功能一般用软件来实现，包括与相邻路由器之间的信息交换、系统配置、系统管理等。

【思考与练习】

1. 简述集线器、交换机的区别以及各自的用途。
2. 路由器工作在 OSI 参考模型的哪一层？

第三十章 网 络 协 议

模块 1 TCP、UDP、IP 协议介绍 (GYZD00502001)

【模块描述】本模块介绍 TCP、UDP、IP 协议。通过概念讲解和报文格式的介绍，掌握 TCP、UDP、IP 协议的概念、用途及特点，熟悉 TCP 报文和 UDP 报文的格式。

【正文】

一、TCP、UDP、IP 协议的概念

1. 传输控制协议 TCP

为应用程序提供可靠的面向连接的通信服务，适用于要求得到响应的应用程序。目前，许多流行的应用程序都使用 TCP。

2. 用户数据报协议 UDP

提供了无连接通信，且不对传送数据包进行可靠的保证。适合于一次传输小量数据，可靠性则由应用层来负责。TCP 协议为终端设备提供了面向连接的、可靠的网络服务，UDP 协议为终端设备提供了无连接的、不可靠的数据报服务。

3. 因特网协议 IP

IP 协议和路由协议协同工作，寻找能够将数据包传送到目的端的最优路径。IP 协议不关心数据报文的内容，提供无连接的、不可靠的服务。

二、TCP、UDP、IP 协议的用途及特点

（1）为应用程序提供可靠的面向连接的通信服务，适用于要求得到响应的应用程序。目前，许多流行的应用程序都使用 TCP。UDP 提供了无连接通信，且不对传送数据包进行可靠的保证，适合于一次传输少量数据，可靠性则由应用层来负责。TCP 协议为终端设备提供了面向连接的、可靠的网络服务，UDP 协议为终端设备提供了无连接的、不可靠的数据报服务。UDP 报文格式和 TCP 报文格式如下所示：

0	8	16	24	31
16位源端口		16位目的端口		
16位UDP长度		16位UDP校验和		
数据				

UDP报文格式

0	8	16	24	31
16位源端口		16位目的端口		
32位序列号				
32位确认号				
首部长度	保留(6位)	URG ACK PSH RST SYN HN	16位窗口大小	
16位TCP校验和		16位紧急指针		
选项				
数据				

TCP报文格式

（2）每个 TCP 报文头部都包含源端口号（source port）和目的端口号（destination port），用于标识和区分源端设备和目的端设备的应用进程。在 TCP/IP 协议栈中，源端口号和目的端口号分别与源 IP 地址和目的 IP 地址组成套接字（socket），唯一地确定一条 TCP 连接序列号（sequence number）

字段用来标识 TCP 源端设备向目的端设备发送的字节流,它表示在这个报文段中的第一个数据字节。如果将字节流看作在两个应用程序间的单向流动,则 TCP 用序列号对每个字节进行计数,序列号是一个 32bit 的数。既然每个传输的字节都被计数,确认序号(acknowledgement number,32bit)包含发送确认的一端所期望接收到的下一个序号。因此,确认序号应该是上次已成功收到的数据字节序列号加 1。

(3)TCP 的流量控制由连接的每一端通过声明的窗口大小(windows size)来提供。窗口大小用数据包来表示,例如 windows size 等于 3,表示 1 次可以发送 3 个数据包。窗口大小起始于确认字段指明的值,是一个 16bit 字段。窗口大小可以调节。

(4)校验和(check sum)字段用于校验 TCP 报头部分和数据部分的正确性。

(5)相对于 TCP 报文,UDP 报文只有少量的字段:源端口号、目的端口号、长度、校验和等,各个字段功能和 TCP 报文相应字段一样。UDP 报文没有可靠性保证和顺序保证字段、流量控制字段等,可靠性较差。

(6)当然,使用传输层 UDP 服务的应用程序也有优势。正因为 UDP 协议较少的控制选项,在数据传输过程中,延迟较小,数据传输效率较高,适合于对可靠性要求并不高的应用程序,或者可以保障可靠性的应用程序像 DNS、TFTP、SNMP 等;UDP 协议也可以用于传输链路可靠的网络。

(7)TCP 协议和 UDP 协议使用 16bit 端口号(或者 socket)来表示和区别网络中的不同应用程序,网络层协议 IP 使用特定的协议号(TCP 6,UDP 17)来表示和区别传输层协议。

(8)常用的 TCP 端口号举例。常用的 TCP 端口号有 HTTP 80,FTP 20/21,Telnet 23,SMTP 25,DNS53 等;常用的保留 UDP 端口号有 DNS 53,BootP 67(server)/ 68(client)TFTP 69,SNMP 161 等。

(9)TCP 的三次握手通信过程。

1)为了在主机和服务器之间建立一个连接,首先需要两端设备进行同步。同步(synchronization)是通过各个携带有初始序列号的数据段交换过程的实现。

2)主机发送一个序列号为 a 的报文段 1;服务器发回包含序列号为 b 的报文段 2,并用确认序号 a+1 对主机的报文段 1 进行确认;主机接收服务器发回的报文段 2,发送报文段 3,用确认序号 b+1 对报文段 2 进行确认。这样在主机和服务器之间建立了一条 TCP 连接,这个过程被称为三步握手(three-way handshake),如图 GYZD00502001-1 所示。接下来,数据传输开始。数据传输结束后,应该终止连接。终止 TCP 连接需要 4 次握手。TCP 滑动窗口技术通过动态改变窗口大小来调节两台主机间数据的传输。

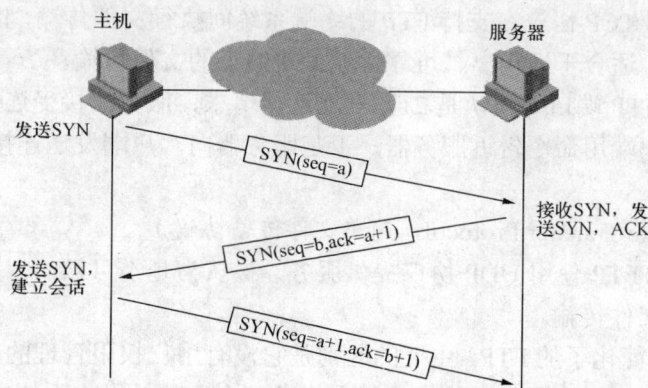

图 GYZD00502001-1 TCP 三次握手示意图

【思考与练习】

1. 简述 TCP 三次握手的通信过程。
2. 简述 TCP 协议与 UPD 协议的区别。

模块 2　因特网控制协议介绍（GYZD00502002）

【模块描述】本模块介绍因特网控制协议。通过原理讲解和要点归纳，掌握因特网控制协议的基本原理和传输规则。

【正文】

一、因特网控制协议的基本原理

网际控制消息协议（ICMP）是一个网络层的协议，它提供了错误报告和其他回送给源点的关于 IP 数据包处理情况的消息。ICMP 通常为 IP 层或者更高层协议使用，一些 ICMP 报文把差错报文返回给用户进程。ICMP 报文通常被封装在 IP 数据包内传输。

二、因特网控制协议的传输规则

（1）ICMP 包含几种不同的消息，其中 ping 程序借助于 echo request 消息，主机可通过它来测试网络的可达性。

（2）ICMP 还定义了源抑制（source quench）报文。当路由器的缓冲区满后，送入的报文被丢弃，此时路由器向发送报文的主机发送源抑制报文，要求降低发送速率。

（3）源端发起 echo request 消息，目的端回应 echo reply 消息。

【思考与练习】

1．简述 ping 命令是如何使用 ICMP 协议来测试网络的可达性。

2．ICMP 协议工作于 OSI 参考模型的哪一层？

模块 3　常见应用层协议介绍（GYZD00502003）

【模块描述】本模块介绍常见应用层协议。通过原理讲解和要点归纳，掌握常见应用层协议的基本原理和传输规则。

【正文】

一、常见应用层协议的基本原理

应用层为用户的各种网络应用开发了许多网络应用程序，例如文件传输协议，甚至包括路由选择。这里重点介绍常用的几种应用层协议。

1．FTP（File Transfer Protocol，文件传输协议）

用于文件传输的 Internet 标准。FTP 支持一些文本文件（例如 ASCII 码、二进制等）和面向字节流的文件结构。FTP 使用 TCP 协议在支持 FTP 的终端系统间执行文件传输，因此，FTP 被认为提供了可靠的面向连接的服务，适合于远距离、可靠性较差线路上的文件传输。

客户端向服务器的 FTP 端口（默认是 21）发送连接请求，服务器接受连接，建立一条命令链路。当需要传送数据时，客户端用命令告诉服务器，于是服务器向客户端发送连接请求，建立一条数据链路来传送数据。

2．TFTP（Trivial File Transfer Protocol，简单文件传输协议）

用于文件传输，但 TFTP 使用 UDP 协议提供服务，被认为是不可靠的、无连接的。TFTP 通常用于可靠的局域网内部的文件传输。

TFTP 可以看成一个简化了的 FTP，主要的区别是它没有用户权限管理的功能，也就是说 TFTP 不需要认证客户端的权限，这样远程启动的客户机在启动一个完整的操作系统之前就可以通过 TFTP 下载启动映象文件，而不需要证明自己是合法的用户。这样 TFTP 服务也就存在比较大的安全隐患，现在黑客和网络病毒也经常用 TFTP 服务来传输文件。

3．SMTP（Simple Mail Transfer Protocol，简单邮件传输协议）

支持文本邮件的 Internet 传输协议。它是基于 TCP 服务的应用层协议，由 RFC0821 所定义。SMPT 协议规定的命令是以明文方式进行的。

4. POP3（Post Office Protocol，邮件标准）

POP 适用于 C/S 结构的脱机模型的电子邮件协议，目前已发展到第 3 版，称 POP3。

5. SNMP（Simple Network Management Protocol，简单网络管理协议）

负责网络设备监控和维护，支持安全管理、性能管理等。SNMP 为应用层协议，是 TCP/IP 协议族的一部分。它通过用户数据报协议（UDP）来操作。在分立的管理站中，管理者进程对位于管理站中心的 MIB 的访问进行控制，并提供网络管理员接口。管理者进程通过 SNMP 完成网络管理。

二、常见应用层协议的传输规则

1. FTP 协议

（1）FTP 服务器运行 FTPd 守护进程，等待用户的 FTP 请求。

（2）用户运行 FTP 命令，请求 FTP 服务器为其服务。

（3）FTP 守护进程收到用户的 FTP 请求后，派生出子进程 FTP 与用户进程 FTP 交互，建立文件传输控制连接，使用 TCP 端口 21。

2. TFTP 协议

TFTP 的工作很像停止等待协议。发送完一个文件块后就等待对方的确认，确认时应指明所确认的块编号。发完数据后在规定时间内收不到确认就要重发数据 PDU。发送确认的一方若在规定时间内收不到下一个文件块，也要重发确认 PDU，保证文件的传送不致因某一个数据报的丢失而告失败。

3. SMTP 协议

（1）SMTP 服务将邮件进行编组，以便在发送时能够一次将多个邮件同时发送出去，以优化网络资源消耗。

（2）IIS（Internet Information Server，互联网信息服务）负责检验远程邮件服务器是否做好接收邮件的准备，一旦准备妥当即可进入下一步。

（3）IIS 将邮件实际发送到 Internet（Intranet）中，等到目标邮件服务器返回一个成功收到邮件的信息之后，邮件的发送工作就算圆满完成了。

（4）一旦目标邮件服务器不能接受邮件（主要因为目的地址不存在或邮件据收），IIS 将尝试将邮件返回给发送用户。

【思考与练习】

1. 简述 POP3 与 SMTP 协议的区别。

2. FTP 与 TFTP 协议的区别有哪些？

模块 4 内部网关协议介绍（RIP、OSPF、IGRP、IS-SI）（GYZD00502004）

【模块描述】本模块介绍常用内部网关协议 RIP、OSPF、IGRP、IS-SI。通过概念讲解和要点归纳，掌握 RIP、OSPF、IGRP、IS-SI 的概念及其特点。

【正文】

一、RIP 的基本概念及特点

1. IGP（Interior Gateway Protocol，内部网关协议）

IGP 在同一个自治系统内交换路由信息，RIP、OSPF、IGRP、IS-IS 都属于 IGP。IGP 的主要目的是发现和计算自治域内的路由信息。

2. RIP（Routing Information Protocol，路由信息协议）

RIP 是一种相对简单的动态路由协议，但在实际使用中有着广泛的应用。RIP 是一种基于 D-V 算法的路由协议，它通过 UDP 交换路由信息，每隔 30s 向外发送一次更新报文。如果路由器经过 180s 没有收到来自对端的路由更新报文，则将所有来自此路由器的路由信息标识为不可达，若在其后 120s 内仍未收到更新报文，就将该条路由从路由表中删除。RIP 使用跳数（hop count）来衡量到达目的网络的距离，称为路由（routing metric）。RIP 协议是最早使用的 IGP 之一，RIP 被设计用于使用同种技

模块 4

GYZD00502004

术的中小型网络，因此适应于大多数的校园网和使用速率变化不是很大的区域性网络。对于更复杂的环境，一般不使用 RIP。在实现时，RIP 作为一个系统长驻进程存在于路由器中，它负责从网络中的其他路由器接收路由信息，从而对本地 IP 层路由表作动态的维护，保证 IP 层发送报文时选择正确的路由，同时广播本路由器的路由信息，通知相邻路由器作相应的修改。

二、OSPF 的基本概念及特点

（一）OSPF（Open Shortest Path First，开放式最短路径优先）基本概念

OSPF 是 IETF（Internet Engineering Task Force，互联网工程任务组）组织开发的一个基于链路状态的自治系统内部路由协议。在 IP 网络上，它通过收集和传递自治系统的链路状态来动态地发现并传播路由。OSPF 协议具有如下特点：

（1）适应范围。OSPF 支持各种规模的网络，最多可支持几百台路由器。

（2）快速收敛。如果网络的拓扑结构发生变化，OSPF 立即发送更新报文，使这一变化在自治系统中同步。

（3）无自环。由于 OSPF 通过收集到的链路状态用最短路径树算法计算路由，故从算法本身保证了不会生成自环路由。

（4）子网掩码。由于 OSPF 在描述路由时携带网段的掩码信息，所以 OSPF 协议不受自然掩码的限制，对 VLSM（Variable Length Subnet Mask，可变长子网掩码）提供很好的支持。

（5）区域划分。OSPF 协议允许自治系统的网络被划分成区域来管理，区域间传送的路由信息被进一步抽象，从而减少了占用网络的带宽。

（6）等值路由。OSPF 支持到同一目的地址的多条等值路由。

（7）路由分级。OSPF 使用 4 类不同的路由，按优先顺序来说分别是：区域内路由、区域间路由、第一类外部路由、第二类外部路由。

（8）支持验证。它支持基于接口的报文验证以保证路由计算的安全性。

（9）组播发送。OSPF 在有组播发送能力的链路层上以组播地址发送协议报文，既起到了广播的作用，又最大限度地减少了对其他网络设备的干扰。

（10）Router ID。一台路由器如果要运行 OSPF 协议，必须存在 Router ID，如果没有配置 Lookback 接口，OSPF 会从当前接口的 IP 地址中自动选一个 IP 地址作为 ID。如果一台路由器的 Router ID 在运行中改变，必须重启 OSPF 协议或重启路由器才能运行 OSPF 协议。

（二）OSPF 的主要报文类型

1. Hello 报文（Hello Packet）

Hello 报文是最常用的一种报文，周期性地发送给本路由器的邻居。内容包括一些定时器的数值、DR、BDR，以及自己已知的邻居。DD 报文（Database Description Packet）：两台路由器进行数据库同步时，用 DD 报文来描述自己的 LSDB，内容包括 LSDB 中每一条 LSA 的摘要（摘要是指 LSA 的 HEAD，通过该 HEAD 可以唯一标识一条 LSA）。这样做是为了减少路由器之间传递信息的量，因为 LSA 的 HEAD 只占一条 LSA 的整个数据量的一小部分，根据 HEAD，对端路由器就可以判断出是否已经有了这条 LSA。LSR 报文（Link State Request Packet）：两台路由器互相交换过 DD 报文之后，知道对端的路由器有哪些 LSA 是本地的 LSDB 所缺少的或是对端更新的 LSA，这时需要发送 LSR 报文向对方请求所需的 LSA，内容包括所需要的 LSA 的摘要。

2. LSU 报文（Link State Update Packet）

用来向对端路由器发送所需要的 LSA，内容是多条 LSA（全部内容）的集合。

3. LSAck 报文（Link State Acknowledgment Packet）

用来对接收到的 LSU 报文进行确认。内容是需要确认的 LSA 的 HEAD（一个报文可对多个 LSA 进行确认）。

三、IGRP 基本概念及其特点

IGRP（Interior Gateway Routing Protocal，内部网关路由协议）是一种在自治系统中提供路由选择功能的思科公司设备专有路由协议，IGRP 支持多路径路由选择服务。在循环方式下，两条同等带宽

线路能运行单通信流，如果其中一根线路传输失败，系统会自动切换到另一根线路上。多路径可以是具有不同标准但仍然奏效的多路径线路。如一条线路比另一条线路优先 3 倍（即标准低 3 级），那么意味着这条路径可以使用 3 次。只有符合某特定最佳路径范围或在差量范围之内的路径才可以用作多路径。差量是网络管理员可以设定的另一个值。

四、IS-IS 基本概念及其特点

IS-IS 是一种路由选择协议，是基于 OSI 域内的路由选择协议，Intermediate System 是 OSI 中 Router 的叫法。IS-IS 可以用作 IGP 内部网关协议以支持纯 IP 环境、纯 OSI 环境和多协议环境。IS-IS 是一种链路状态协议，基于 SPF 算法，以寻找到目标的最佳路径，由于 SPF 算法本身的优势，IS-IS 协议天生具有抵抗路由环路的能力。

【思考与练习】

1. 简述 RIP、OSPF、IGRP、ISIS 路由协议的异同点。
2. 简述 OSPF 路由协议是如何在设备之间建立路由的。

模块 5 外部网关协议介绍（BGP）（GYZD00502005）

【模块描述】本模块介绍外部网关协议 BGP。通过概念讲解和要点归纳，掌握外部网关协议 BGP 的概念及其特点。

【正文】

一、BGP 的基本概念

BGP 是一种自治系统间的动态路由发现协议，它的基本功能是在自治系统间自动交换无环路的路由信息，通过交换造自治区域的拓扑图，从而消除路由环路并使内部运行的协议对应。BGP 是一类 EGP［Extrior IGP（Interior Gateway Protocol）］协议。BGP 系统间的动态路由发现协议，它的基本功能是在自治带有自治系统号（AS）序列属性的路径可达信息，来构施用户配置的路由策略。与 OSPF 和 RIP 等在自治区域（Gateway Protocol）协议，而 OSPF 和 RIP 等协议经常用于 ISP 之间。

二、BGP 的特点

BGP 支持无类别域间路由 CIDR（Classless Inter-Domain Routing），有时也称为 supernetting（即超级网络），这是对 BGP-3 的一个重要改进，CIDR 以一种全新的方法看待 IP 地址，不再区分 A 类网、B 类网及 C 类网。如一个非法的 C 类网络地址 192.213.0.0（255.255.0.0）采用 CIDR 表示法 192.213.0.0/16 就成为一个合法的超级网络，其中/16 表示子网掩码由从地址左端开始的 16 位构成。CIDR 的引入简化了路由聚合（Routes Aggregation），路由聚合实际上是合并几个不同路由的过程，这样从通告几条路由变为通告一条路由，简化了路由表。路由更新时，BGP 只发送增量路由，大大减少了 BGP 传播路由所占用的带宽，适用于在 Internet 上传播大量的路由信息。由于政治的、经济的原因，每个自治系统希望对路由进行过滤、选择和控制，因此，BGP-4 提供了丰富的路由策略，它使得 BGP 便于扩展以支持因特网新的发展。

与 OSPF、RIP 等 IGP 协议相比，BGP 的拓扑图要更抽象和粗略一些。因为 IGP 协议构造的是 AS 内部的路由器的拓扑结构图。IGP 把路由器抽象成若干端点，把路由器之间的链路抽象成边，根据链路的状态等参数和一定的度量标准，每条边配以一定的权值，生成拓扑图。根据此拓扑图选择代价（两点间经过的边的权值和）最小的路由。这里有一个假设，即路由器（端点）转发数据包是没有代价的。而在 BGP 中，拓扑图的端点是一个 AS 区域，边是 AS 之间的链路。此时，数据包经过一个端点（AS 自治区域）时的代价就不能假设为 0 了，此代价要由 IGP 来负责计算。这体现了 EGP 和 IGP 是分层的关系，即 IGP 负责在 AS 内部选择花费最小的路由，EGP 负责选择 AS 间花费最小的路由。BGP 作为 EGP 的一种，选择路由时考虑的是 AS 间的链路花费、AS 区域内的花费（由 BGP 路由器配置）等因素。

如上所述，内部网关协议 IGP 需引入 AS 自端点发送本端点（路由器）所知的路由，如直接引入路由的单位是整个 AS 自治区域，即 BGP 要 AS 自治区域的所有路由（假设不使用路由策略送和引入

的路由数量）。因此，类似于 IGP 那样由增量（incremental）的方法，完成全部路由对等体（BGP Peer），同时在本地保存了已经发新路由时（如通过 IGP 注入了新路由或加入了新发送过），则发送，如已发送过则与已经发送的，同时更新已发送信息，反之则不发送。

BGP 不是每次都广播所有的路由信息，而是在初始化全部路由信息后只发送路由的变化量（增量）。这样保证了 BGP 和对端的最小通信量，但同时也增加了 BGP 的复杂程度。因为对于 IGP，本地路由协议只需发送时刻所知的全部路由，而不保存任何已发送信息，路由选择的工作由对端来完成；而 BGP 必须为每个 BGP 对端保存已经发送的路由信息，以便发送一条新路由前确认其是否真的应该发送。同时，作为 AS 自治区域间的路由协议，由于政治的、经济的等原因，BGP 需要按照不同的路由的属性控制路由的发送和引入。因此，BGP 有丰富的路由策略控制手段。

【思考与练习】

1．简述 BGP 路由协议与 RIP、OSPF 路由协议的异同点。

2．简述 BGP 路由协议是如何在设备之间建立路由的。

模块 6　VPN 介绍（GYZD00502006）

【模块描述】本模块介绍虚拟专用网络 VPN。通过概念讲解和功能介绍，掌握虚拟专用网络 VPN 的概念及其功能，了解针对不同的用户要求 VPN 的三种解决方案。

【正文】

一、VPN 的基本概念及功能

1．基本概念

VPN 的英文全称是 Virtual Private Network，即虚拟专用网络。虚拟专用网络被定义为通过一个公用网络（通常是因特网）建立一个临时的、安全的连接，是一条穿过混乱的公用网络的安全、稳定的隧道。可以理解成是虚拟出来的企业内部专线，可通过特殊的加密的通信协议在连接 Internet 上的位于不同地方的两个或多个企业内部网之间建立一条专有的通信线路，好比是架设了一条专线一样，但是它并不需要真正地去铺设光缆之类的物理线路。如去电信局申请专线，但是不用给铺设线路的费用，也不用购买路由器等硬件设备。

VPN 技术原来是路由器具有的重要技术之一，目前在交换机、防火墙设备或 Windows 2000 等软件里也都支持 VPN 功能。总之，VPN 的核心就是在利用公共网络建立虚拟私有网。

2．功能

虚拟专用网是对企业内部网的扩展。虚拟专用网可以帮助远程用户、公司分支机构、商业伙伴及供应商与公司的内部网建立可信的安全连接，并保证数据的安全传输。虚拟专用网可用于不断增长的移动用户的全球因特网接入，以实现安全连接；可用于实现企业网站之间安全通信的虚拟专用线路，用于经济有效地连接到商业伙伴和用户的安全外联网虚拟专用网。

二、针对不同用户的不同方案

针对不同的用户要求，VPN 有 3 种解决方案：远程访问虚拟网（Access VPN）、企业内部虚拟网（Intranet VPN）和企业扩展虚拟网（Extranet VPN）。这 3 种类型的 VPN 分别与传统的远程访问网络、企业内部的 Intranet 以及企业网和相关合作伙伴的企业网所构成的 Extranet（外部扩展）相对应。

【思考与练习】

1．简述 VPN 技术产生的原因。

2．简述常用的 VPN 技术。

模块 7　MPLS 技术介绍（GYZD00502007）

【模块描述】本模块介绍 MPLS 技术。通过功能描述和流程介绍，掌握 MPLS 的应用范围和功能以及 MPLS 的工作机制和工作流程。

【正文】

一、MPLS 的应用范围及功能

1. 应用范围

MPLS 是一个可以在多种第二层媒质上进行标记交换的网络技术。这一技术结合了第二层交换和第三层路由的特点，将第二层的基础设施和第三层的路由有机地结合起来。第三层的路由在网络的边缘实施，而在 MPLS 的网络核心采用第二层交换。

2. 功能

（1）通过在每一个节点的标签交换来实现包的转发。它不改变现有的路由协议，并可以在多种第二层的物理媒质上实施，目前有 ATM、FR（帧中继）、Ethernet 以及 PPP 等媒质。

（2）通过 MPLS，第三层的路由可以得到第二层技术的很好补充，充分发挥第二层良好的流量设计管理以及第三层"Hop-By-Hop（逐跳寻径）"路由的灵活性，以实现端到端的 QoS 保证。

【案例】

从 A 地走到 B 地的方法有 3 种：一种是大概朝着一个方向走，直到走到了为止；另外一种方式却截然相反，就是每过一个街区就问一次路："我要去 B 地，下一步怎么走？"，就像我们去一个陌生的地方，生怕走错了路会遇到危险；最后一种情况就是在出发前就查好地图，知道如何才能到达 B 地，"朝东走 5 个街区，再向右转第 6 个街区就是"。

这 3 种情况与包传输方式关联，分别是广播、逐跳寻径以及源路由。

当然，如果我们是跟在向导后面走，就会存在第四种走法。向导可以在走过的路上做好标记，只要沿着标记的指示走就可以了，这就是标记交换。标记变换路径（LSP）如图 YZD00502007-1 所示。

在以往的多个网络中，都已经使用过标记，只不过标记的重要程度不同而已。如在 ATM 网中，使用 VPI/VCI 作为标记；而在 FR 中，采用 DLCI 作为网络的标记；而 X.25 网中的 LCN 及 TDM 的时隙，都可以看作是标记。

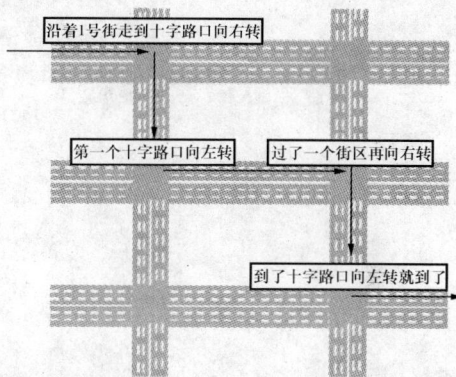

图 GYZD00502007-1 标记交换路径（LSP）

二、MPLS 的特点

1. MPLS 的工作机制

MPLS 是一种特殊的转发机制，它为进入网络中的 IP 数据包分配标记，并通过对标记的交换来实现 IP 数据包的转发。标记作为 IP 包头在网络中的替代品而存在，在网络内部 MPLS 在数据包所经过的路径沿途通过交换标记（而不是看 IP 包头）来实现转发；当数据包要退出 MPLS 网络时，数据包被解开封装，继续按照 IP 包的路由方式到达目的地。MPLS 转发机制如图 GYZD00502007-2 所示。

MPLS 网络包含一些基本的元素。在网络边缘的节点称为标记边缘路由器（LER），而网络的核心节点就称为标记交换路由器（LSR）。LER 节点在 MPLS 网络中完成的是 IP 包的进入和退出过程，LSR 节点在网络中提供高速交换功能。在 MPLS 节点之间的路径就叫作标记交换路径。一条 LSP 可以看作是一条贯穿网络的单向隧道。

2. MPLS 的工作流程

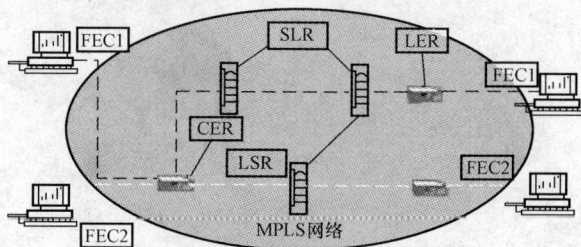

图 GYZD00502007-2 MPLS 转发机制

MPLS 的工作流程可以分为几个方面，即网络的边缘行为、网络的中心行为以及如何建立标记交换路径。

（1）网络的边缘行为。

1）当 IP 数据包到达一个 LER 时，MPLS 第一次应用标记。首先，LER 要分析 IP 包头的信息，并且按照它的目的地址和业务等级加以区分。

2）在 LER 中，MPLS 使用了转发等价类（FEC）

的概念来将输入的数据流映射到一条 LSP 上。简单地说，FEC 就是定义了一组沿着同一条路径、有相同处理过程的数据包。这就意味着所有 FEC 相同的包都可以映射到同一个标记中。

3）对于每一个 FEC，LER 都建立一条独立的 LSP 穿过网络，到达目的地。数据包分配到一个 FEC 后，LER 就可以根据标记信息库（LIB）来为其生成一个标记。标记信息库将每一个 FEC 都映射到 LSP 下一跳的标记上。如果下一跳的链路是 ATM，则 MPLS 将使用 ATM VCC 里的 VCI 作为标记。

转发数据包时，LER 检查标记信息库中的 FEC，然后将数据包用 LSP 的标记封装，从标记信息库所规定的下一个接口发送出去。

（2）网络的核心行为。当一个带有标记的包到达 LSR 的时候，LSR 提取入局标记，同时以它作为索引在标记信息库中查找。当 LSR 找到相关信息后，取出出局的标记，并由出局标记代替入局标签，从标记信息库中所描述的下一跳接口送出数据包。

（3）如何建立标记交换路径。数据包到达了 MPLS 域的另一端，在这一点，LER 剥去封装的标记，仍然按照 IP 包的路由方式将数据包继续传送到目的地。

【思考与练习】

1．简述 MPLS 技术与路由协议的区别。

2．简述 MPLS 是如何建立标签交换路径的。

第三十一章 数据网知识

模块 1 数据网网络结构原理及应用 (GYZD00503001)

【模块描述】 本模块介绍数据网的结构、原理及其应用分类。通过结构形式介绍、原理讲解和概念介绍，掌握数据网的结构形式、工作过程及其应用分类。

【正文】

一、数据网网络的结构及原理

1. 结构

（1）总线型。所需的电缆较少、价格便宜，管理成本高，不易隔离故障点，采用共享的访问机制，易造成网络拥塞。

（2）星型。管理方便，容易扩展，需要专用的网络设备作为网络的核心节点，需要更多的网线，对核心设的可靠性要求高。采用专用的网络设备（如集线器或交换机）作为核心节点，通过双绞线将局域网中的各台主机连接到核心节点上，这就形成了星型结构。

2. 原理

以太网采用带冲突检测的载波侦听多路访问（CSMA/CD）机制。以太网中节点都可以看到在网络中发送的所有信息，因此，我们说以太网是一种广播网络。

以太网的工作过程如下：

（1）侦听信道上是否有信号在传输。如果有的话，表明信道处于忙状态，就继续侦听，直到信道空闲为止。

（2）若没有侦听到任何信号，就传输数据。

（3）传输的时候继续侦听，如发现冲突则执行退避算法，随机等待一段时间后，重新执行步骤（1）（当冲突发生时，涉及冲突的计算机会发送会返回到侦听信道状态）。

（4）若未发现冲突则发送成功，计算机在试图再一次发送数据之前，必须在最近一次发送后等待 $9.6\mu s$（以 10Mbit/s 运行）。

二、数据网网络的应用分类

1. 标准以太网

开始以太网只有 10Mbit/s 的吞吐量，使用的是 CSMA/CD（带有碰撞检测的载波侦听多路访问）的访问控制方法，这种早期的 10Mbit/s 以太网称为标准以太网。以太网主要有两种传输介质，那就是双绞线和同轴电缆。

2. 快速以太网

快速以太网（fast Ethernet）也就是我们常说的百兆以太网，它在保持帧格式、MAC（介质存取控制）机制和 MTU（最大传送单元）质量的前提下，其速率比 10Mbit/s 以太网增加了 10 倍。

快速以太网与原来在 100Mbit/s 带宽下工作的 FDDI 相比具有许多的优点，最主要体现在快速以太网技术可以有效地保障用户在布线基础设施上的投资，它支持 3、4、5 类双绞线以及光纤的连接，能有效地利用现有的设施。

3. 千兆以太网

千兆技术仍然是以太技术，它采用了与 10Mbit/s 以太网相同的帧格式、帧结构、网络协议、全/半双工工作方式、流控模式以及布线系统。由于该技术不改变传统以太网的桌面应用、操作系统，因此可与 10Mbit/s 或 100Mbit/s 的以太网很好地配合工作。

356

千兆以太网是一种新型高速局域网，它可以提供 1Gbit/s 的通信带宽，采用和传统 10Mbit/s、100Mbit/s 以太网同样的 CSMA/CD 协议、帧格式和帧长，因此可以实现在原有低速以太网基础上平滑、连续性的网络升级。只用于 Point to Point，连接介质以光纤为主，最大传输距离已达到 70km，可用于 MAN 的建设。

由于千兆以太网采用了与传统以太网、快速以太网完全兼容的技术规范，因此千兆以太网除了继承传统以太局域网的优点外，还具有升级平滑、实施容易、性价比高和易管理等优点。

千兆以太网技术适用于大中规模（几百至上千台电脑的网络）的园区网主干，从而实现千兆主干、百兆交换（或共享）到桌面的主流网络应用模式。

4. 万兆以太网

万兆以太网规范包含在 IEEE 802.3《物理层和数据链路层的 MAC 子层的实现方法》的补充标准 IEEE 802.3ae 中，它扩展了 IEEE 802.3 协议和 MAC 规范使其支持 10Gbit/s 的传输速率。除此之外，通过 WAN 界面子层（WAN Interface Sublayer，WIS），10 千兆以太网也能被调整为较低的传输速率，如 9.584640 Gbit/s（OC-192），这就允许 10 千兆以太网设备与同步光纤网络（SONET）STS -192c 传输格式相兼容。

【思考与练习】

1．常见的以太网标准有哪几种？

2．简述以太网常用的几种拓扑结构。

模块 2 数据网规划及设计（GYZD00503002）

【模块描述】本模块介绍数据网设计和组网的原则。通过要点归纳，熟悉数据网的总体设计原则、网络组网技术的原则以及设备选型的要求。

【正文】

由于计算机及网络技术的不断发展，网络的建设对于用户来说是一项大的工程，必须精心设计、精心施工，做到经济适用，技术先进、开放性能良好、投资强度合理、与国内外网络互联、能长期稳定运行的高性能的网络。网络必须具备业务、管理和通信三大功能。

一、网络的总体设计原则

1. 开放性

采用开放性的网络体系，以方便网络的升级、扩展和互联。同时在选择服务器、网络产品时，强调产品支持的网络协议的国际标准化。

2. 可扩充性

从主干网络设备的选型及其模块、插槽个数、管理软件和网络整体结构，以及技术的开放性和对相关协议的支持等方面，来保证网络系统的可扩充性。

3. 可管理性

利用图形化的管理界面和简洁的操作方式，合理的网络规划策略，提供强大的网络管理功能，使日常的维护和操作变得直观、便捷和高效。

4. 安全性

内部网络之间、内部网络与外部公共网之间的互联，利用 VLAN/ ELAN、防火墙等对访问进行控制，确保网络的安全。

5. 投资保护

选用性价比高的网络设备和服务器。采用的网络架构和设备充分考虑到易升级换代，并且在升级时可以最大限度地保护原有的硬件设备和软件投资。

6. 易用性

应用软件系统必须强调易用性，用户界友好，带有帮助和查询功能，用户可以通过 Web 查询。

二、网络组网技术的原则

1. 高性能与技术先进性

网络网络系统要求具有较高的数据通信能力和较大的带宽，并在主干网上提供较强的可扩展性。

为了及时、迅速地处理网络上传送的数据，网络应有较高的网络主干速度。

2.　高可靠性

网络要求具有高可靠性、高稳定性和足够的冗余，提供拓扑结构及设备的冗余和备份，为了防止局部故障引起整个网络系统的瘫痪，要避免网络出现单点失效。在网络骨干上要提供备份链路，提供冗余路由。在网络设备上要提供冗余配置，设备在发生故障时能以热插拔的方式在最短时间内进行恢复，把故障对网络系统的影响降到最小，避免由于网络故障造成用户损失。

3.　安全性

网络作为一个支持众多用户、同时和 Internet/Cernet 存在连接的网络，网络安全性在整个网络中是个很重要的问题，应该采用一定手段控制网络的安全性，以保证网络正常运行。网络中应采取多种技术从内部和外部同时控制用户对网络资源的访问。网络系统还应具备高度的数据安全性和保密性，能够防止非法侵入和信息泄露。

4.　可管理性

强有力的网管软件是有效地进行网络管理的助手，网管软件应能够支持对网络进行设备级和系统级的管理，并能支持通用浏览器进行网络设备的管理及配置。灵活地设置每个用户对 Internet 访问功能，能够对每个用户实行管理。并且能够实现计费管理。

5.　可扩充性

随着应用规模的不断扩大，要求网络可以方便地扩充容量，支持更多的用户及应用。随着网络技术的不断发展，网络必须能够平滑地过渡到新的技术和设备，保证现有的投资。

6.　VLAN 划分

根据网络的实际需求，属于同一部门的工作人员可能在不同的建筑物中，但需要在一个逻辑子网内。网络站点的增减，人员的变动，无论从网络管理还是用户的角度来讲，都需要虚拟网技术的支持。因此在网络主干中要支持三层交换及 VLAN 划分。在整个网络中使用虚拟网技术，以提高网络的安全性和灵活性。

7.　多层交换技术

通过三层交换技术，特别是基于硬件的第三层交换，可以充分地利用交换机的包处理能力，实现真正的线速交换。

8.　对多媒体应用的支持

网络要求具有数据、图像、语音等多媒体实时通信能力。并在主干网上提供足够的带宽和可保证的服务质量，满足大量用户对带宽的基本需要，并保留一定的裕量供突发的数据传输使用，最大可能地降低网络传输的延迟。整个网络在服务质量、预留宽带设置、合理进行带宽管理方面应提供优良的品质。

三、设备选型

1.　网络设备选型

在网络设计时应选用扩充能力和升级能力比较强的网络设备，如 Cisco、3COM 和 INTEL 公司的网络设备，国产的交换机、路由器等网络设备有较高的性价比，应该也在选择之列。主要考虑网间互联技术和产品供应商，能为客户提供可靠、可用、先进、安全而又易于管理的产品。所选用的交换机应支持设备管理、VLAN 划分等。

2.　服务器平台选择

在主机系统建设中，选用 UNIX 与 Windows NT 相结合的方式：用 UNIX 服务器作为外部 WWW 服务器、FTP、PROXY、DNS 服务器以及网管工作站；用 NT 服务器作为数据库服务器和应用服务器，为用户提供友好的界面。

网络的网络拓扑结构：主干网采用一台千兆多层交换机作为中心交换机，配置多台二层交换机作为二级交换机；在网络中心配置多台工作站，一台网管工作站，一台作为连入 Internet/Cernet 的路由器，同时在路由器上配置相应的拨号访问模块供拨号用户访问网络。

二级交换机通过千兆光纤上连到主干交换机上，构成星形的拓扑结构，使得主干网具有较好的可扩展性和可管理性；下属站点采用 10/100Mbit/s 接入方式，可以实现 100Mbit/s 到桌面。

对所有系统内的用户，IP 地址规划由网络中心统一规划；对于上公网的用户，需要进行 IP 地址转换（NAT），即将内部私有地址转换为公有 IP 地址。这样的好处是既节省了有限的公有 IP 地址资源，又对外屏蔽了内部的网络，有利于网络的安全管理。

【思考与练习】

1. 数据网的规划原则是什么？
2. 简述如何设计一个数据网。

模块 3 数据网网管的介绍（GYZD00503003）

【模块描述】本模块介绍数据网网管的基本知识。通过举例分析，了解网络安全管理现状与需求，熟悉网络安全管理的技术及功能。

【正文】

在当今信息化社会中，一方面，硬件平台、操作系统平台、应用软件等 IT 系统已变得越来越复杂和难以统一管理；另一方面，现代社会生活对网络的高度依赖，使保障网络的通畅、可靠就显得尤其重要。这些都使得网络管理技术成为网络技术中人们公认的关键技术。

网络管理从功能上讲包括配置管理、性能管理、安全管理、故障管理等。由于网络安全对网络信息系统的性能、管理的关联及影响趋于更复杂、更严重，网络安全管理还逐渐成为网络管理技术中的一个重要分支，正受到业界及用户的日益深切的广泛关注。

一、网络安全管理现状与需求

1. 现状

在网络应用的深入和技术频繁升级的同时，非法访问、恶意攻击等安全威胁也在不断推陈出新，愈演愈烈。防火墙、VPN、IDS、防病毒、身份认证、数据加密、安全审计等安全防护和管理系统在网络中得到了广泛应用。虽然这些安全产品能够在特定方面发挥一定的作用，但是这些产品大部分功能分散，各自为战，形成了相互没有关联的、隔离的"安全孤岛"；各种安全产品彼此之间没有有效的统一管理调度机制，不能互相支撑、协同工作，从而使安全产品的应用效能无法得到充分的发挥。

2. 需求

从网络安全管理员的角度来说，最直接的需求就是在一个统一的界面中监视网络中各种安全设备的运行状态，对产生的大量日志信息和报警信息进行统一汇总、分析和审计；同时在一个界面完成安全产品的升级、攻击事件报警、响应等功能。

二、网络安全管理技术及功能

1. 安全管理

安全管理（Security Management，SM）是企业管理（enterprise management）的一个重要组成部分。从信息管理的角度看，安全管理涉及策略与规程、安全缺陷以及保护所需的资源、防火墙、密码加密问题、鉴别与授权、客户机/服务器认证系统、报文传输安全以及对病毒攻击的保护等。

安全管理不是一个简单的软件系统，它包括的内容非常多，主要涵盖了安全设备的管理、安全策略管理、安全风险控制、安全审计等几个方面。

2. 安全设备管理

指对网络中所有的安全产品，如防火墙、VPN、防病毒、入侵检测（网络、主机）、漏洞扫描等产品实现统一管理、统一监控。

3. 安全策略管理

指管理、保护及自动分发全局性的安全策略，包括对安全设备、操作系统及应用系统的安全策略的管理。

4. 安全分析控制

确定、控制并消除或缩减系统资源的不定事件的总过程，包括风险分析、选择、实现与测试、安全评估及所有的安全检查（含系统补丁程序检查）。

5．安全审计

对网络中的安全设备、操作系统及应用系统的日志信息收集汇总，实现对这些信息的查询和统计，并通过对这些集中的信息的进一步分析，可以得出更深层次的安全分析结果。

安全管理主要解决以下问题：集中化的安全策略管理（Centralized Security Policy Management，CSPM），企业的安全保障需要自上而下地制定安全策略，这些安全策略会被传送并装配到不同的执行点（enforcement point）中，实时安全监视（Real-Time Security Awareness，RTSA）。

【思考与练习】

1．统一安全的网络管理技术与传统的网络管理方式相比有哪些优点？

2．列举 5 种常见安全防护和管理系统。

第三十二章 数据通信规约基础知识

模块1 常规数据通信规约的概念、分类及介绍（GYZD00504001）

【模块描述】本模块介绍常规数据通信规约。通过概念讲解，了解数据通信规约的概念，掌握循环式、问答式规约及其常规规约的用途及优缺点。

【正文】

一、常规数据通信规约的概念

由于电力生产的特点，一般发电厂、变电站和调度所之间的信息交换是经过通道实现的，信息传送是串行方式。因此，要使发送出去的信息到对方后，能够识别、接收和处理，就要对传送的信息的格式作严格的规定，这就是远动规约的一个内容。这些规定包括传送的方式是同步传送还是异步传送、帧同步字、抗干扰的措施、位同步方式、帧结构、信息传输过程。

远动规约的另一方面内容，是规定实现数据收集、监视、控制的信息传输的具体步骤。如将信息按其重要性程度和更新周期，分成不同类别或不同循环周期传送；确定实现遥信变位传送、实现遥控返送校核以提高遥控的可靠性的方式，实现发（耗）电量的冻结、传送，实现系统对时、实现全部数据或某个数据的收集，以及远方站远动设备本身的状态监视的方式等。

远动规约的制定，有助于各个制造厂制造的远方终端设备可以接入同一个安全监控系统。尤其在调度端（主站端）采用微型机或小型机作为安全监控系统的前置机的情况下，更需要统一规约，使不同型号的设备能接入同一个安全监控系统。它还有助于制造设备的工厂提高工艺质量，提高设备的可靠性，从而提高整个安全监控系统的可靠性。

二、常规数据通信规约介绍

远动规约分为循环式远动规约和问答式远动规约两类。

1. 循环式规约

循环式规约中的帧结构具有帧同步字、控制字、帧类别和信息字。其中帧同步字用作一帧的开头，要求帧同步字具有较好的自相关特性，以便对方比较容易捕捉，检出帧同步。还要求帧同步具有较小的假同步概率，防止假同步发生。控制字是指明帧的类别，共有多少字节，以及发送信息的源地址、目的地址等。

循环式规约要求循环往复不停顿地传送信息。传送信息的内容在受到干扰而拒受以后，在下一帧还可以传送，丢失的信息还可以得到补救，保护性措施可以降低要求，也可以适用于单工或双工通道，但不能用于半双工通道。可以采用位同步和波形的积分检出等提高通道传输质量的措施。此种通信规约传输信息的有效率较低。

其中CDT远动规约是一种常用的循环式规约。长期以来，国内远动主要采用该规约，又称为新部颁CDT规约。该规约采用可变帧长度，多种帧类别循环传送，变为遥信优先传送，重要遥测量更新循环时间较短，区分循环量、随机量和插入量采用不同的形式传送，以满足电网调度安全监控系统对远动信息的实时性和可靠性的要求。

（1）CDT规约的优点。CDT规约接口简单，传送方便，对于没有条件进行双向通信的地方，只进行单向传送也可以。该规约的报文相当整齐，有很强的规律性，因而便于理解，观察调试也简单方便。

（2）CDT规约的缺点。由于采用该规约的远动需一刻不停地主动上传所有数据，因而一个通道被一台RTU独占，只能用来传输一个厂站的信息，造成了通道资源的极大浪费。由于制定该规约时远动需上送给调度主站系统的信息量十分有限，因而设计时设定的传输容量十分有限，标准的部颁CDT

规约只能传输 256 路遥测、512 路遥信、64 路遥脉，最多支持 256 个点的遥控，同时还不能传输保护信息，无法满足快速发展的变电站综合自动化技术的要求，这些设计时的先天不足限制了该规约的广泛应用。

为解决上述缺点，在国内以部颁 CDT 规约为基础，出现了几种变种的 CDT 规约，如 DISA 规约、XT9702 规约等，它们在目的上相同，原理上相类似，都是以增加报文类别、扩展信息字功能码为手段，以扩大传输容量、增加传输内别为主要目标，来适应远动技术对传输规约的要求，这里不作详述。

2. 问答式规约

问答式规约的主要特点是以主站端为主，主站端向远方站询问召唤某一类别信息，远方站即将此种类别信息作回答。主站端正确接受此类别信息后，才开始下一轮新的询问，否则还继续向远方站询问召唤此类信息。

问答式规约为了减少传输的信息量，采用变位传送遥信、死区变化传送遥测量等压缩传送信息的方法。

问答式远动规约的另一个特点是通道结构可以简化，在一个通信链路上，可以连接好几个远方站，这样可以使通道投资减少，提高通道的备用性。问答式远动可以适用双工、半双工通道。

传统问答式远动规约具有代表性的规约有 SC1801、S5、U4F 等几种。由于存在种种局限性，人们迫切需要一种全新的通信规约来解决上述问题，在这种情况下，IEC 60870-5-101 和 DNP3.0 就应运而生了，并已成为当今主流的远动通信规约。

IEC 60870-5-101 规约是 IEC 57 技术委员会制定的用于 SCADA 系统的通信标准，IEC 57 委员会根据计算机间通信的 OSI 参考模型定义了 EPA 模型，并分别制定了各层的标准，即 IEC 60870-5 标准系列，IEC 60870-5-101 是其中的一种。

在 IEC 60870-5 应用层标准未发布的情况下，许多厂家就已纷纷推出自己的远动通信规约，这以 DNP3.0（Distributed Network Protocol Version 3.0）规约为其中的代表。DNP3.0 规约是目前北美地区比较流行的一种开放性结构的规约，它可用于电力系统中子站、RTU、智能电子设备（IEDs）、配网终端以及主站系统之间的通信，是由 Harris 公司在加拿大 Galary 的控制分部在 20 世纪 90 年代开发出来的通信规约。

同时，国内还有一种 DL/T 634—1997《远动设备及系统　第 5 部分：传输规约　第 101 篇　基本远动任务配套标准》的通信规约，非等效采用了 IEC 60870-5-101 的标准，它与 IEC 60870-5-101 类似，但与之并不能兼容。

随着网络技术的发展，从 IEC 60870-5-101 规约又衍生出 IEC 60870-5-104 规约，IEC 60870-5-104 规约是 IEC 60870-5 系列中专用于网络方式传输远动信息的通信规约，与 IEC 60870-5-101 类似，它是采用标准的传输层文件集的 IEC 60870-5-101 的网络访问。

（1）主流问答式规约的优点。主流 POLLING 规约功能都十分强大，且都较为标准，制定标准时考虑都很周全，歧义性小，同时又相当灵活，能适应不同的传输要求，如是否带时标、文件传输等。

（2）主流问答式规约的缺点。功能的强大带来报文类型繁多，通信过程复杂，且报文不很直观，理解困难，不易入门。

【思考与练习】

1. 简述循环式规约的特点。

2. 简述问答式规约的特点。

第三十三章 规 约 介 绍

模块 1 CDT 规约报文和传输规则介绍（GYZD00505001）

【模块描述】本模块介绍 CDT 规约的报文格式和传输规则。通过概念讲解、要点归纳和举例说明，了解 CDT 规约的概念及其特点，熟悉 CDT 规约信息的优先级顺序和传送时间要求，掌握 CDT 规约的报文格式以及 CDT 规约的帧系列及信息字传送规则。

【正文】

一、CDT 规约的概述

1. CDT 规约的概念

CDT 是英文 Cyclic Digital Transmission 的缩写，意即循环数字传送方式，这种规约称为循环式通信规约。原能源部于 1991 年 11 月 4 日发布该规约，于 1992 年 5 月 1 日实施，正式列为我国电力行业标准。

2. CDT 规约的特点

它适用于点对点的远动通道结构，其主要特点是以厂站端为主动方，循环不断地向调度端发送遥测、遥信等数据，它要求发送端与接收端始终保持严格的同步。

二、CDT 规约信息的优先级顺序和传送时间要求

信息传送的优先级，就是按照信息本身的重要程度确定哪些信息优先传送，以及其传送时间的长短。

（1）上行信息的优先级排列顺序和传送时间要求如下：

1）对时的子站时钟返回信息插入传送。

2）变位遥信信息插入传送，要求在 1s 内送到主站。

3）遥控、升降命令的返校信息插入传送。

4）重要遥测（A 帧），传送时间不大于 3s。

5）次要遥测（B 帧），传送时间不大于 6s。

6）一般遥测（C 帧），传送时间不大于 20s。

7）遥信状态信息（D1 帧）定时传送。

8）电能脉冲计数值（D2 帧）定时传送。

9）事件顺序记录（E 帧）以帧插入方式传送。

（2）下行命令的优先级排列如下：

1）召唤子站时钟，设置子站时钟。

2）遥控及升降选择、执行、撤销命令，设定命令。

3）广播命令。

4）复归命令。

三、CDT 规约的帧格式及字格式

CDT 规约以帧为单位传送信息，每帧中包含信息字的多少称为帧长。

1. 帧格式

（1）帧结构。帧结构如图 GYZD00505001-1 所示。每帧以同步字开头；有控制字；除少数帧外均有信息字，信息字的数量根据实际需要设定；帧长度可变。

（2）帧类别。帧类别代码及定义见表 GYZD00505001-1。

图 GYZD00505001-1　帧结构

表 GYZD00505001-1　　　　　　　帧 类 别 代 码 及 定 义

帧类别代码	定义		帧类别代码	定义	
	上　行	下　行		上　行	下　行
61H	重要遥测（A 帧）	遥控选择	D9H		
C2H	次要遥测（B 帧）	遥控执行	7AH		设置时钟
B3H	一般遥测（C 帧）	遥控撤销	0BH		设置时钟校正值
F4H	遥信状态（D1 帧）	升降选择	4CH		召唤子站时钟
85H	电能脉冲记数值（D2 帧）	升降执行	3DH		复归命令
26H	事件顺序记录（E 帧）	升降撤销	9EH		广播命令
57H		设定命令	EFH		
A8H					

2. 字格式

（1）字、字节、位的排列和发码规则。帧的同步字、控制字、信息字的排列规则：字节由低 B1 到高 B2 上下排列，字节的位由高 b7 到低 b0 左右排列，如图 GYZD00505001-2 所示。

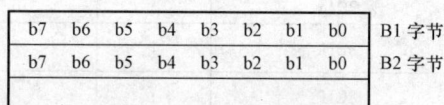

发码规则：低字节先送，高字节后送，字节内低位先送，高位后送。

图 GYZD00505001-2　字节排列

（2）同步字。同步字传送顺序分为 3 组 EB90H，排列格式如图 GYZD00505001-3。

（3）控制字。

1）控制字有 B1～B6 共 6 字节，如图 GYZD00505001-4 所示。

图 GYZD00505001-3　同步字排列格式

图 GYZD00505001-4　控制字

2）控制字节如图 GYZD00505001-5 所示。

图 GYZD00505001-5　控制字节

控制字节说明：

E：扩展位。当 E＝0 时使用表 GYZD00505001-1 定义的帧类别；当 E＝1 时帧类别可另行定义，以便扩展功能。

L：帧长度定义位。当 L＝0 时表示本帧没有信息字；当 L＝1 时表示本帧有信息字。

S：源站址定义位。

D：目的站址定义位。

在上行信息中，S＝1 时，源站址字节内容为信息始发站的站号；D＝1 时，目的站址字节内容为主站站号。

在下行信息中，S＝1 时，源站址字节内容为主站站号；D＝1 时，目的站址字节内容为信息到达站的站号；D＝0 表示目的站址字节内容为 FFH，即广播命令，所有站同时执行此命令。

在上述的上行和下行信息中，若 S＝0 且 D＝0，则表示源站址和目的站址无意义。

364

（4）校验码。CDT 规约采用 CRC 校验。控制字和信息字都是（n，k）＝（48，40）码组，生成多项式为 G（X）＝X8＋X2＋X＋1，陪集码为 FFH。以 G（X）模 2 除前 5 个字节，生成余式 R（X），以 R（X）的反码作为校验码。

（5）信息字。

1）信息字结构。每个信息字由 6 个字节组成：功能码 1 个字节，信息、数据码 4 个字节和校验码 1 个字节，如图 GYZD00505001-6 所示。

功能码			Bn 字节
b7	…	b0	Bn+1 字节
b7	…	b0	Bn+2 字节
b7	…	b0	Bn+3 字节
b7	…	b0	Bn+4 字节
校验码			Bn+5 字节

图 GYZD00505001-6　信息字通用格式

2）功能码定义。功能码有 256 个（00H～FFH），分别代表不同信息用途，具体分配见表 GYZD00505001-2。

表 GYZD00505001-2　　　　　功能码分配表

功能码代码	字数	用　途	信息位数	容量（B）
00H～7FH	128	遥测	16	256
80H～81H	6	事项顺序记录	64	4096
82H～83H		备用		
84H～85H	2	子站时钟返送	64	1
86H～89H	4	总加遥测	16	8
8AH	1	频率	16	2
8BH	1	复归命令（下行）	16	16
8CH	1	广播命令（下行）	16	16
8DH～92H	6	水位	24	6
93H～9FH		备用		
A0H～DFH	64	电能脉冲记数值	32	64
E0H	1	遥控选择（下行）	32	256
E1H	1	遥控返校	32	256
E2H	1	遥控执行（下行）	32	256
E3H	1	遥控撤销（下行）	32	256
E4H	1	遥控选择（下行）	32	256
E5H	1	升降返校	32	256
E6H	1	升降执行（下行）	32	256
E7H	1	升降撤销（下行）	32	256
E8H	1	设置命令（下行）	32	256
E9H	1	备用		
EAH	1	备用		
EBH	1	备用		
ECH	1	子站状态信息	8	1
EDH	1	设置时钟校正值（下行）	32	1
EEH～EFH	2	设置时钟（下行）	64	1
F0H～FFH	16	遥信	32	512

3）遥测信息字。遥测信息字格式如图 GYZD00505001-7 所示。

说明：

① 每个信息字传送两路遥测量。

② b11～b0 传送一路遥测量，以二进制码表示。b11＝0 时为正数，b11＝1 时为负数，以 2 的补码表示。

③ b14＝1 表示溢出，b15＝1 表示数无效。

4）遥信信息字。遥信信息字格式如图 GYZD00505001-8 所示。

图 GYZD00505001-7 遥测信息字格式

图 GYZD00505001-8 遥信信息字格式

说明：

① 每个遥信字含 16 个状态位。

② 状态位定义：b＝0 表示断路器或刀闸状态为断开，保护未动作；b＝1 表示断路器或刀闸状态为闭合，保护动作。

③ b0～b15 分别表示 0～15 路遥信。

5）事件顺序记录（SOE）信息字。事件顺序记录信息字格式如图 GYZD00505001-9 所示。

图 GYZD00505001-9 事件顺序记录信息字格式

（a）毫秒～分；（b）时～日

说明：

① 功能码 1 与功能码 2 应成对，前者用 80H、后者用 81H。

② 时间与对象号均用二进制码表示，最后第（Bn＋10）字节中 b15＝1 表示开关状态为闭合或继电保护动作；b15＝0 表示开关状态为断开或继电保护未动作。

注：每对信息字在同一帧内连续发送 3 遍。

3．命令格式

（1）遥控命令。遥控过程及遥控帧结构如图 GYZD00505001-10 所示。遥控命令控制字和遥控字节格式如图 GYZD00505001-11 所示。遥控过程的信息字格式如图 GYZD00505001-12 所示。BCD 码表示遥控开关号如图 GYZD00505001-13 所示。

说明:

1)开关序号为二进制码。若用 BCD 码表示开关号,则 Bn+2 ～ Bn+4 字节作相应改变,如图 GYZD00505001-13 所示,其中 Bn+2 固定为 FFH,Bn+3～Bn+4 字节表示开关号。

2)遥控返校字为上行信息,随机插在上行信息中不跨帧地连送 3 遍。

3)图 GYZD00505001-12(a)中开关序号在子站有硬件电路进行检查,若检查无效将 Bn+1 字节内容改为 FFH。

4)遥控返校信息若超时未收到,本次命令便自动撤销。

5)遥控过程中遇变位遥信,本次命令自动撤销,通过子站工作状态返回信息。

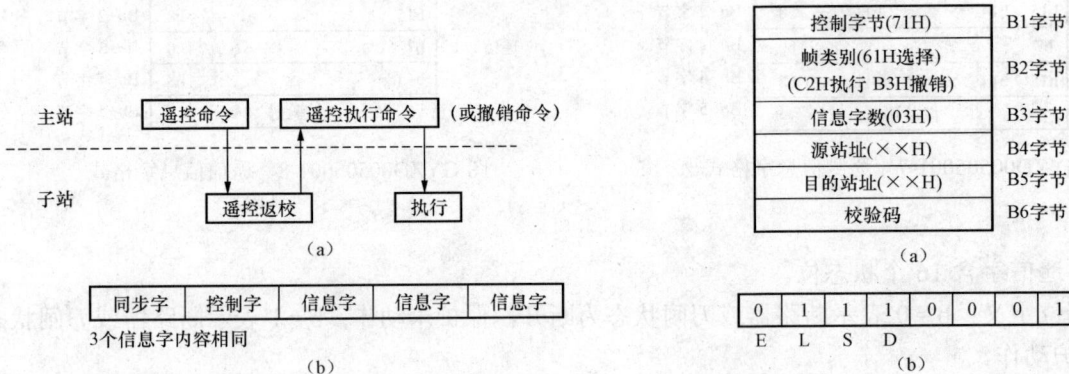

图 GYZD00505001-10 遥控过程及帧结构

(a)遥控过程;(b)帧结构

图 GYZD00505001-11 遥控命令控制字和遥控字节格式

(a)遥控命令控制字;(b)遥控字节格式

图 GYZD00505001-12 遥控过程的信息字格式

(a)遥控选择(下行);(b)遥控返校(上行);(c)遥控执行(下行);(d)遥控撤销(下行)

图 GYZD00505001-13 BCD 码表示遥控开关号

(2)设置时钟命令。从主站向子站设置时钟,应在发送该命令控制字的开始时刻读取主站时钟。设置时钟的帧结构、控制字格式及信息字格式如图 GYZD00505001-14 所示。

四、CDT 规约的帧系列及信息字传送规则

(1)帧固定循环及插入传送。固定循环传送,用于传送 A、B、C、D1 及 D2 帧。帧插入传送,用于传送 E 帧。SOE 可能连续出现,当轮到送 E 帧时用软件指针定好发送界限,后续出现的归下次再送。

(2)信息字随机插入传送。信息字随机插入传送,用于传送下列 3 种信息:①对时的子站时钟返回信息;②变位遥信;③遥控、升降命令的返校信息。

同步字	控制字	信息字1	信息字2

↓

读主站时钟

（a）

控制字节(71H)	B7 字节
帧类别(7AH)	B8 字节
信息字数(02H)	B9 字节
源站址(××H)	B10 字节
目的站址(FFH)	B11 字节
校验码	B12 字节

（b）

功能码(EEH)	B13 字节
毫秒(低) 2^7 2^6 2^5 2^4 2^3 2^2 2^1 2^0	B14 字节
毫秒(高) × × × × × × 2^9 2^8	B15 字节
秒 × × 2^5 2^4 2^3 2^2 2^1 2^0	B16 字节
分 × × 2^5 2^4 2^3 2^2 2^1 2^0	B17 字节
校验码	B18 字节

信息字1

功能码(EFH)	B19 字节
时 × × × 2^4 2^3 2^2 2^1 2^0	B20 字节
日 × × × 2^4 2^3 2^2 2^1 2^0	B21 字节
月 × × × × 2^3 2^2 2^1 2^0	B22 字节
年 × × × × 2^3 2^2 2^1 2^0	B23 字节
校验码	B24 字节

信息字2

（c）

图 GYZD00505001-14　设置时钟的帧结构、控制字及信息字格式

（a）帧结构；（b）控制字格式；（c）信息字格式

上述信息一出现就应插入当前帧的信息字传送，遵守以下规则：

1）变位遥信、遥控和升降命令的返校信息连续插送 3 遍，对时的子站时钟返回信息插入送 1 遍。

2）变位遥信、遥控和升降命令的返校信息连续插送 3 遍必须在同一帧内，不许跨帧。若本帧不够连续插送 3 遍，全部改到下帧进行。

3）被插的帧若是 A、B、C 或 D 帧，则原信息字被取代，原帧长度不变，若是 E 帧则应在 SOE 完整字之间插入，帧长度相应加长。

（3）子站加电或重新复位后，帧系列应从 D1 帧开始传送。

（4）遥控、设定和升降命令过程中若出现变位遥信则自动取消该命令，并将子站工作状态信息通知主站。

（5）下行通道中不发命令时应连续发送同步码。

（6）E 帧长度不得大于 A 帧长度。

五、典型报文举例

1．遥测

71[1] 61[2] 10[3] 00 00 E2 00[4] 1A 00[5] 00 00[6] 04[7] 01[8] 0E 00U[9] E6 0F[10] 49…

说明：①—控制字节；②—遥测帧类别代码；③—本帧有 16 个遥测信息字；④—第 0 个遥测信息字；⑤—第 0 路遥测值 26；⑥—第 1 路遥测值 0；⑦—校验码；⑧—第 1 个遥测信息字；⑨—第 2 路遥测值 14；⑩—第 3 路遥测值-26。

2．遥信

71[1] F4[2] 09[3] 00 00 62 F0[4] 0F 70[5] C5 FF[6] 1C[7] …

说明：①—控制字节；②—遥信帧类别代码；③—本帧有 10 个遥信信息字；④—第 0 个遥信信息字；⑤—第 0～15 路遥信值 1 111 000 000 001 110；⑥—第 16～31 路遥信值 101 001 111 1111 111；⑦—校验码。

3．遥控选择

71[1] 61[2] 03 01 0B D9 E0[3] 33[4] 12[5] 33 12[6] 9B E0331233 129B E0331233129B[7]

说明：①—控制字节；②—遥控选择帧类别代码；③—遥控选择（下行）功能码；④—表示遥控分；⑤—第 18 路遥控序号；⑥—重复遥控分第 18 路；⑦—重复发送遥控选择命令 2 遍。

【思考与练习】

1．CDT 规约的特点是什么？

2．CDT 规约信息的优先级顺序和传送时间要求是什么？

模块 2　101 规约报文和传输规则介绍（GYZD00505002）

【模块描述】本模块介绍 101 规约的报文格式和传输规则。通过概念讲解、要点归纳和举例说明，熟悉 101 规约的概念及其结构，掌握 101 规约的通信方式和帧格式。

【正文】

一、IEC 60870-5-101 规约的基本概念

IEC 60870-5-101 规约（简称 101 规约）是国际电工委员会（IEC）制定的《远动设备及系统　第 5-101 部分：传输规约基本远动任务配套标准》，对应我国电力行业标准 DL/T 634.5101—2002《远动设备及系统　第 5101 部分：传输规约　基本远动任务配套标准》。其用于变电站与控制中心之间交换信息，不同控制中心之间交换信息，也可以用于集控站与控制中心之间交换信息。

本模块以 IEC 60870-5-101 为基础，对采用非平衡传输模式的报文类型、通信过程和参数等进行介绍。

规约结构：物理层采用 ITU-T 建议，在所要求的介质上提供了二进制对称无记忆传输，以保证在链路层数据编码的完整性。

链路层由采用明确的链路规约控制信息（LPCI）的链路传输处理过程组成，此链路处理过程将应用服务数据单元（ASDU）当作链路用户数据来传输。链路层采用帧格式的选集来保证数据完整性/高效性以及传输的便利。

应用层包含一系列应用功能，这些应用功能体现在控制站和被控站之间的应用服务数据单元（ASDU）的传输过程中。

表 GYZD00505002-1 所示为增强性能体系结构（EPA）模型和配套标准各层所选用的标准条文。规约各功能和过程的实现必须严格按照该表中对应的标准进行。

表 GYZD00505002-1　　EPA 模型配套标准各层所选用的标准条文

从 IEC 60870-5-5 选用的应用功能	用 户 进 程
从 IEC 60870-5-4 选用的应用信息元素	应用层（第 7 层）
从 IEC 60870-5-3 选用的应用服务数据单元	
从 IEC 60870-5-2 选用的链路传输规则	链路层（第 2 层）
从 IEC 60870-5-1 选用的传输帧格式	
从 ITU-T 建议中选用	物理层（第 1 层）

二、IEC 60870-5-101 规约的基本规则与应用

（一）通信方式

（1）串行、异步、1 位起始位、1 位停止位、1 位偶校验位、8 位数据位。

（2）波特率与可变帧长的帧最大长度的关系：

1）300bit/s 时最大帧长度用 60 个字节。

2）600bit/s 时最大帧长度用 100 个字节。

3）1200bit/s 时最大帧长度用 200 个字节。

4）大于 1200bit/s 时最大帧长度用 255 个字节。

（3）海明距离等于 4。

（4）报文校验方式为纵向和校验。

（5）通道方式为点对点、多点对点、多点共线。

（6）规约在同一时间和同一方向上仅接收和处理一次链路传输服务，必须在下一次传输服务开始前完成上一次传输服务。

（二）帧格式说明

（1）固定帧长帧格式，如下所示：

启动字符（10H）
控制域
链路地址
校验码
结束字符（16H）

（2）可变帧长帧格式，如下所示：

启动字符（68H）
长度（*L*）
长度（*L*）
启动字符（68H）
控制域
链路地址
应用服务数据单元（ASDU）
校验码
结束字符（16H）

说明：

1）长度 L 包括控制域、链路地址、应用服务数据单元的字节数。

2）链路地址为子站站址。

3）校验码是控制域、链路地址、应用服务数据单元所有字节的 256 模和。

（3）控制域的含义，如下所示：

RES D7	PRM D6	FCB/ACD D5	FCV/DFC D4	功能码 D3~D0

说明：

1）RES：保留位，=0。

2）PRM：启动报文位。PRM=0：报文从从动站发出。PRM=1：报文从启动站发出。

3）FCB：帧计数位。启动站向从动站传输。用来消除传输中信息的丢失和重复。启动站向从动站传输新一轮的发送/确认、请求/响应服务时，将前一轮 FCB 取相反值。若超时未能从被控站收到所期望的报文，或接收出现差错，则源站不改变帧计数位 FCB 的状态，重发原来的发送/确认、请求/响应服务。在复位命令的情况下帧计数位（FCB）总为零，从动站接收此命令将帧计数。

4）FCV：帧计数有效位。启动站向从动站传输。FCV=0：FCB 变化无效。FCV=1：FCB 变化有效。

5）ACD：访问请求位。从动站向启动站传输。ACD=0：子站无 1 级数据传输的访问要求。ACD=1：子站有 1 级数据传输的访问要求。

6）DCF：数据流控制位。从动站向启动站传输。DCF=0：表示子站可以继续接收数据。DCF=1：表示子站数据区满，无法接收新数据。

7）功能码（D3~D0）：控制域的链路功能码（非平衡模式）见表 GYZD00505002-2。

表 GYZD00505002-2   控制域的链路功能码（非平衡模式）

PRM＝1 启动站到从启站				PRM＝0 从启站到启动站		
功能代码序号	帧类型	服务功能	FCV	功能代码序号	帧类型	服务功能
0	发送/确认	复位远方链路	0	0	确认	肯定认可
1	发送/确认	复位用户进程	0	1	确认	否定认可
2	发送/确认	保留		2～5		保留
3	发送/确认	用户数据	1	6～7		保留
4	发送/无回答	用户数据	0	8	响应	用户数据
5		备用		9	响应	无请求的数据
6～7		保留		10		保留
8	请求访问	按要求的访问位响应	0	11	响应	链路状态或访问要求
9	请求/响应	请求链路状态	0	12		保留
10	请求/响应	请求1级用户数据	1	13		保留
11	请求/响应	请求2级用户数据	1	14		链路服务未工作
12～15		保留		15		链路服务未完成

（4）应用服务数据单元（ASDU），其结构见表 GYZD00505002-3。

表 GYZD00505002-3   应用服务数据单元（ASDU）的结构

类型标识	数据单元标识符
可变结构限定词	
传送原因	
ASDU 公共地址	
信息对象地址	信息体1
信息对象地址	
信息元素集	
时标7（或3）个8位位组毫秒至年信息对象时标（不同报文类型可以没有时标）	
……	
信息对象 N	

说明：

1）类型标识：代表传输的信息类型（1字节）。

2）可变结构限定词：信息对象传送方式和对象个数（1字节）。

3）传送原因：代表本帧信息传送原因（1字节）。

4）ASDU 公共地址：用于区分不同应用服务数据单元（1字节）。

5）信息对象地址：指明信息体具体地址（2字节）。

6）信息元素集：具体信息内容。

7）信息对象时标：信息体时标。

（三）报文类型标识

类型标识定义了后续信息对象的结构、类型和格式。

（1）监视方向的过程信息（上行），见表 GYZD00505002-4。

表 GYZD00505002-4   监视方向的过程信息（上行）

报文类型（十进制）	报文语义	其他说明	报文类型（十进制）	报文语义	其他说明
0	任何情况都不用		3	双位遥信	带品质描述、不带时标
1	单位遥信	带品质描述、不带时标	9	归一化遥测值	带品质描述、不带时标

续表

报文类型 （十进制）	报文语义	其他说明	报文类型 （十进制）	报文语义	其他说明
11	标度化遥测值	带品质描述、不带时标	31	双位遥信（SOE）	带品质描述、带绝对时标
13	短浮点遥测值	带品质描述、不带时标	34	归一化遥测值	带品质描述、带绝对时标
15	累计值	带品质描述、不带时标	35	标度化遥测值	带品质描述、带绝对时标
20	成组单位遥信	带变位检出标识	36	短浮点遥测值	带品质描述、带绝对时标
21	归一化遥测值	不带品质描述、不带时标	37	累计量	带品质描述、带绝对时标
30	单位遥信（SOE）	带品质描述、带绝对时标			

（2）控制方向的过程信息（上行、下行），见表 GYZD00505002-5。

表 GYZD00505002-5　　　　控制方向的过程信息（上行、下行）

报文类型 （十进制）	报文语义	其他说明	报文类型 （十进制）	报文语义	其他说明
45	单位遥控命令	每个报文只能包含一个遥控信息体	49	标度化设定值	每个报文只能包含一个设定值
46	双位遥控命令	每个报文只能包含一个遥控信息体	50	短浮点设定值	每个报文只能包含一个设定值
47	档位调节命令	每个报文只能包含一个遥控信息体	136	归一化多个设定值	每个报文只能包含多个设定值
48	归一化设定值	每个报文只能包含一个设定值			

（3）监视方向的系统信息（上行），见表 GYZD00505002-6。

（4）控制方向的系统命令（上行、下行），见表 GYZD00505002-7。

表 GYZD00505002-6　监视方向的系统命令（上行）

报文类型 （十进制）	报文语义	其他说明
70	初始化结束	报告厂站端初始化完成

表 GYZD00505002-7　　　　控制方向的系统命令（上行、下行）

报文类型 （十进制）	报文语义	其他说明	报文类型 （十进制）	报文语义	其他说明
100	站召唤命令	带不同的限定词可以用于组召唤	103	时钟同步命令	需要通过测量通道延时加以校正
101	累计量召唤命令	带不同的限定词可以用于组召唤	105	复位进程命令	使用前需要与双方确认
102	读命令	读单个信息对象值	106	短浮点设定值	配合时钟同步命令使用

（5）控制方向的参数命令，见表 GYZD00505002-8。

表 GYZD00505002-8　　　　控制方向的参数命令

报文类型 （十进制）	报文语义	其他说明	报文类型 （十进制）	报文语义	其他说明
110	归一化遥测参数	每个报文只能对一个对象设定参数	112	短浮点遥测参数	每个报文只能对一个对象设定参数
111	标度化遥测参数	每个报文只能对一个对象设定参数	113	参数激活	每个报文只能对一个对象激活参数

（四）传输原因

传输原因见表 GYZD00505002-9。

表 GYZD00505002-9　　　　传　输　原　因

传送原因 （十进制）	语义	应用方向	传送原因 （十进制）	语义	应用方向
0	任何情况都不用	任何情况都不用	3	突发	上行
1	周期、循环	上行	4	初始化	上行
2	背景扫描	上行	5	请求或被请求	上行、下行

续表

传送原因 （十进制）	语　义	应用方向	传送原因 （十进制）	语　义	应用方向
6	激活	下行		……	
7	激活确认	上行	34	响应第14组召唤	上行
8	停止激活	下行	35	响应第15组召唤	上行
9	停止激活确认	上行	36	响应第16组召唤	上行
10	激活终止	上行	37	响应累计量站召唤	上行
11	远方命令引起的返送信息	上行	38	响应第1组累计量召唤	上行
12	当地命令引起的返送信息	上行	39	响应第2组累计量召唤	上行
20	响应站召唤	上行	40	响应第3组累计量召唤	上行
21	响应第1组召唤	上行	41	响应第4组累计量召唤	上行
22	响应第2组召唤	上行	44	未知的类型标识	上行
	……		45	未知的传送原因	上行
28	响应第8组召唤	上行	46	未知的应用服务数据单元公共地址	上行
29	响应第9组召唤	上行	47	未知的信息对象地址	上行

（五）信息对象地址分配方案

信息对象地址分配方案见表 GYZD00505002-10。

表 GYZD00505002-10　　　　　信息对象地址分配方案

信息对象名称	对应地址（十六进制）	信息量个数	信息对象名称	对应地址（十六进制）	信息量个数
遥信信息	1H～1000H	4096	遥控信息	6001H～6200H	512
继电保护信息	1001H～4000H	12288	设定信息	6201H～6400H	512
遥测信息	4001H～5000H	4096	累计量信息	6401H～6600H	512
遥测参数信息	5001H～6000H	4096	分接头位置信息	6601H～6700H	256

（六）典型报文举例

IEC 60870-5-101 规约基本传输过程：对于点对点和多个点对点的通道结构，主站或子站复位后首先进行初始化，总召唤和时钟同步后系统转入正常，然后在循环召唤 2 级用户数据的序列中定期插入按照分组召唤方式和按顺序收集各组数据进行召唤。在子站回送的报文中如果 ACD＝1，则立即收集 1 级用户数据，1 级用户数据收集完后，转向上述循环询问过程，此种循环召唤过程可以被中断，如被召唤电能、遥控等。

1. 请求远方链路状态报文

（1）主站请求远方链路状态报文格式，如下所示：

10H				
0	1	FCB	0	功能码9（09H）
链路地址域（子站站址）				
帧校验和（CS）				
16H				

主站请求远方链路状态报文：10 49① 40② 89 16

说明：①控制域＝49；②链路地址＝40H。

（2）子站响应链路状态报文格式，如下所示：

10H				
0	0	ACD	0	功能码
链路地址域（子站站址）				
帧校验和（CS）				
16H				

功能码定义如下：1 = 链路忙（01H）；14 = 链路服务未工作（0EH）；11 = 链路完好（0BH）；15 = 链路服务未完成（0FH）。

子站响应链路状态报文：10 0B① 40② 4B 16

说明：①控制域 = 0B；②链路地址 = 40H。

2. 复位远方链路报文

（1）主站复位远方链路报文格式，如下所示：

10H				
0	1	FCB	0	功能码 0
链路地址域（子站站址）				
帧校验和（CS）				
16H				

主站复位远方链路报文：10 40① 40② 80 16

说明：①控制域 = 40；②链路地址 = 40H。

（2）子站确认复位远方链路报文格式，如下所示：

10H				
0	0	ACD	0	功能码 0
链路地址域（子站站址）				
帧校验和（CS）				
16H				

子站确认复位远方链路报文：10 00① 40② 40 16

说明：①控制域 = 00；②链路地址 = 40H。

3. 对钟

（1）主站时钟同步发送报文格式，如下所示：

68H				
L = 15（0FH）				
L = 15（0FH）				
68H				
0	1	FCB	1	功能码 3
链路地址域（子站站址）				
类型标识 103（67H）				
结构限定词 1（01H）				
传送原因 6 = 激活				
公共地址				
信息体地址（低位） 0				
信息体地址（高位） 0				

374

毫秒数低字节（D7～D0）	
毫秒数高字节（D15～D8）	
IV（D7）　RES1	分钟（D5～D0）
SU（D7）　RES2	小时（D4～D0）
星期（D7～D5）	日期（D4～D0）
RES3	月（D3～D0）
RES4	年（D6～D0）
帧校验和（CS）	
16H	

说明：IV＝0，时间有效；IV＝1，时间无效；SU＝0，标准时间；SU＝1，夏时制。

主站时钟同步发送报文：68 0F 0F 68 53[①] 40[②] 67[③] 01[④] 06[⑤] 40[⑥] 00 00[⑦] 00 36 0D 10 2E 01 08[⑧] CB 16

说明：①控制域＝53H；②链路地址＝40H；③类型标识＝67H；④限定词＝1；⑤传送原因＝6；⑥公共地址；⑦信息体地址；⑧信息体内容＝08-1-14 16：13：13.824。

（2）子站时钟同步确认报文格式，如下所示：

68H	
L＝15（0FH）	
L＝15（0FH）	
68H	
1　0　ACD　0	功能码 0
链路地址域（子站站址）	
类型标识　103（67H）	
结构限定词　1（01H）	
传送原因　7＝激活	
公共地址	
信息体地址（低位）　0	
信息体地址（高位）　0	
毫秒数低字节（D7～D0）	
毫秒数高字节（D15～D8）	
IV（D7）　RES1	分钟（D5～D0）
SU（D7）　RES2	小时（D4～D0）
星期（D7～D5）	日期（D4～D0）
RES3	月（D3～D0）
RES4	年（D6～D0）
帧校验和（CS）	
16H	

子站时钟同步确认报文：68 0F 0F 68 00[①] 40[②] 67[③] 01[④] 07[⑤] 40[⑥] 00 00[⑦] 00 36 0D 10 2E 01 08[⑧] 79 16

说明：①控制域 ACD＝0；②链路地址＝40H；③类型标识＝67H；④限定词＝1；⑤传送原因＝7；

⑥公共地址；⑦信息体地址；⑧信息体内容=08-1-14 16：13：13.824。

4. 总召唤

（1）主站总召唤命令报文格式，如下所示：

68H
L=9
L=9
68H

0	1	FCB	1	功能码3（03H）

链路地址域（子站站址）
类型标识 100（64H）
结构限定词 1（01H）
传送原因（6：激活，8：停止激活）
公共地址（子站站址）
信息体地址（低位）0
信息体地址（高位）0
总召唤限定词（QOI）20（14H）
帧校验和（CS）
16H

主站总召唤命令报文：68 09 09 68 53① 40② 64③ 01④ 06⑤ 40⑥ 00 00⑦ 14⑧ 52 16

说明：①控制域=53H；②链路地址=40H；③类型标识=64H；④限定词=1；⑤传送原因=6；⑥公共地址；⑦信息体地址=0；⑧信息体内容=14H。

（2）子站确认总召唤报文格式，如下所示：

68H
L=9
L=9
68H

1	0	ACD	0	功能码0（00H）

链路地址域（子站站址）
类型标识 100（64H）
结构限定词 1（01H）
传送原因 （7：激活确认，9：停止激活确认）
公共地址（子站站址）
信息体地址（低位）0
信息体地址（高位）0
总召唤限定词（QRP）20（14H）
帧校验和（CS）
16H

子站确认总召唤报文：68 09 09 68 20① 40② 64③ 01④ 07⑤ 40⑥ 00 00⑦ 14⑧ 20 16

说明：①控制域ACD=1；②链路地址=40H；③类型标识=64H；④限定词=1；⑤传送原因=7；

⑥公共地址；⑦信息体地址＝0；⑧信息体内容＝14H。

（3）子站响应总召唤发送不带品质遥测报文格式，如下所示：

68H
$L = 8 + Num \times 2$
$L = 8 + Num \times 2$
68H

1	0	ACD	0	功能码 8（08H）

链路地址域（子站站址）
类型标识 21（15H）＝不带品质遥测

1	（D0～D6）为遥测数量 Num

传送原因＝20（14H）
＝响应总召唤
公共地址（子站站址）
信息元素起始地址低字节
信息元素起始地址高字节
遥测值 1 的低位
遥测值 1 的高位
遥测值 2 的低位
遥测值 2 的高位
……
遥测值 Num 的低位
遥测值 Num 的高位
帧校验和（CS）
16H

子站响应总召唤发送不带品质遥测报文：68 17 17 68 28① 40② 0B③ 85④ 14⑤ 40⑥ 81 40⑦ 05 00 00 12 00 00 22 00 00 2B 00 00 2E 00 00⑧ 5B 16

说明：①控制域 ACD＝1；②链路地址＝40H；③类型标识＝0B；④限定词＝85；⑤传送原因＝14；⑥公共地址＝40H；⑦起始信息体地址＝4081H；⑧信息体内容＝45。

（4）子站响应总召唤发送带品质单点遥信报文格式，如下所示：

68H
$L = 8 + Num$
$L = 8 + Num$
68H

1	0	ACD	0	功能码 8

链路地址域（子站站址）
类型标识 1（01H）＝不带时标遥信

1	（D0～D6）为遥信数量 Num

传送原因＝20（14H）
＝响应总召唤
公共地址（子站站址）

信息元素起始地址低字节
信息元素起始地址高字节
该帧第 1 个遥信的遥信状态
该帧第 2 个遥信的遥信状态
……
该帧第 Num 个遥信的遥信状态
帧校验和（CS）
16H

不带时标遥信字格式：每个遥信 1 个字节，如下所示：

IV	NT	SB	BL	0	0	0	SPI

说明：

1）SPI 遥信状态：D0 = 0，分；D0 = 1，合。

2）IV、NT、SB、BL：DF1331 程序中各项品质均为 0。

子站响应总召唤发送带品质单点遥信报文：68 24 24 68 28[1] 40[2] 01[3] 9C[4] 14[5] 40[6] E5 00[7] 00 01 00 01 00 01 00 01 00 01 00 01 00 01 00 01 00 01 00 01 00 01 00 01 00 01 00 01[8] 4C 16

说明：①控制域 ACD = 1；②链路地址 = 40H；③类型标识 = 01；④限定词 = 9C（连续信息体地址，个数=28）；⑤传送原因 = 14；⑥公共地址 = 40H；⑦起始信息体地址 = 00E5H；⑧信息体内容。

5. 召唤用户数据

（1）主站召唤 1 级用户数据报文格式，如下所示：

10H				
0	1	FCB	1	功能码 10（0AH）
链路地址域（子站站址）				
帧校验和（CS）				
16H				

1 级数据指：YX 变位、SOE，以及各种命令产生的应答等。

主站召唤 1 级用户数据发送报文：10 5A 40 9A 16

（2）主站召唤 2 级用户数据报文格式，如下所示：

10H				
0	1	FCB	1	功能码 11（0BH）
链路地址域（子站站址）				
帧校验和（CS）				
16H				

2 级数据指：变化的 YC 数据、文件传输等。

主站召唤 2 级用户数据发送报文：10 5B 40 9B 16

子站应答：

1）当厂站有变化数据时可以用相应类别数据回答。

2）优先用级别高的数据回答。

3）当厂站没有变化数据时，可以用 E5H 回答。

6. 子站发送单点遥信状态变位

子站发送单点遥信状态变位报文格式，如下所示：

68H
$L = 6 + \text{Num} \times 3$
$L = 6 + \text{Num} \times 3$
68H
1 | 0 | ACD | 0 | 功能码 8（08H）
链路地址域（子站站址）
类型标识 1（01H）= 不带时标遥信
0 | （D0 ~ D6）为遥信数量 Num
传送原因 = 5
应用服务数据单元公共地址
信息体地址低字节
信息体地址高字节
变位遥信 1 的遥信状态
……
信息体地址低字节
信息体地址高字节
变位遥信 Num 的遥信状态
帧校验和（CS）
16H

子站发送单点遥信状态变位报文：68 09 09 68 08[①] 40[②] 01[③] 01[④] 03[⑤] 40[⑥] 08 00[⑦] 01[⑧] FF 16

说明：①控制域 ACD = 0；②链路地址 = 40H；③类型标识 = 1；④限定词 = 1；⑤传送原因 = 3；⑥公共地址 = 40H；⑦起始信息体地址 = 0008H；⑧信息体内容 = 1。

7. 子站发送不带品质遥测数据变化帧

子站发送不带品质遥测数据变化帧报文格式，如下所示：

68H
$L = 6 + \text{Num} \times 4$
$L = 6 + \text{Num} \times 4$
68H
1 | 0 | ACD | 0 | 功能码 8（08H）
链路地址域（子站站址）
类型标识 21（15H）= 不带品质遥测
0 | （D0 ~ D6）为遥测数量 Num
传送原因 = 5：被请求
应用服务数据单元公共地址
信息体地址低字节
信息体地址高字节
遥测值 1 的低位

遥测值 1 的高位
……
信息体地址低字节
信息体地址高字节
遥测值 Num 的低位
遥测值 Num 的高位
帧校验和（CS）
16H

子站发送不带品质遥测数据变化帧报文：68 1E 1E 68 08① 40② 15③ 06④ 03⑤ 40⑥ 01 40⑦ 12 00⑧ 02 40 19 00 03 40 28 00 04 40 30 00 05 40 3A 00 06 40 41 00 A1 16

说明：①控制域 ACD=0；②链路地址=40H；③类型标识=15；④限定词=6；⑤传送原因=3；⑥公共地址=40H；⑦起始信息体地址=4001H；⑧信息体内容=18。

8. 子站发送单点信息事件顺序记录（长时标格式）

子站发送单点信息事件顺序记录报文格式，如下所示：

68H			
$L = 6 + Num \times 10$			
$L = 6 + Num \times 10$			
68H			
1	0	ACD	DFC	功能码 8（08H）
链路地址域（子站站址）			
类型标识 30（1EH）			
0	（D0～D6）为 SOE 数量 Num		
传送原因 5 = 被请求			
应用服务数据单元公共地址			
信息体地址低字节			
信息体地址高字节			
遥信 1 的遥信字			
毫秒数低字节（D7～D0）			
毫秒数高字节（D15～D8）			
IV	RES1	分钟（D5～D0）	
SU	RES2	小时（D4～D0）	
星期（D7～D5）	日期（D4～D0）		
RES3	月（D3～D0）		
RES4	年（D6～D0）		
……			
信息体地址低字节			
信息体地址高字节			
遥信 Num 的遥信字			
毫秒数低字节（D7～D0）			
毫秒数高字节（D15～D8）			
IV	RES1	分钟（D5～D0）	

SU	RES2	小时（D4～D0）
星期（D7～D5）		日期（D4～D0）
RES3		月（D3～D0）
RES4		年（D6～D0）
帧校验和（CS）		
16H		

子站发送单点信息事件顺序记录报文：68 10 10 68 00^① 40^② 1E^③ 01^④ 03^⑤ 40^⑥ 08 00^⑦ 01 00 36 0D 10 2E 01 08^⑧ 9D 16

说明：①控制域 ACD＝0；②链路地址＝40H；③类型标识＝2；④限定词＝1；⑤传送原因＝3；⑥公共地址＝40H；⑦起始信息体地址＝0008H；⑧信息体内容＝1，08-01-14 16：13：13.824。

9. 遥控操作

遥控操作过程：选择（预置）→确认（返校）→执行/撤销→执行/撤销确认。

（1）主站发送遥控命令（预置/执行）报文格式，如下所示：

68H
L＝9
L＝9
68H
0　1　FCB　1　功能码 3
链路地址域（子站站址）
类型标识　45（2DH）
结构限定词　1（01H）
传送原因 6＝激活
公共地址
B01H+遥控开关号（低位）
B01H+遥控开关号（高位）
遥控命令限定词（DCO）
帧校验和（CS）
16H

遥控命令限定词格式，如下所示：

S/E	QU（D6-D2）	DCS（D1-D0）

说明：S/E＝0，执行；S/E＝1，选择（预置）；DCS＝0，不允许；DCS＝1，分；DCS＝2，合；DCS＝3，不允许；QU，暂未应用，缺省为0。

主站发送遥控命令（预置分）报文：68 09 09 68 53^① 40^② 2D^③ 01^④ 06^⑤ 40^⑥ 02 60^⑦ 80^⑧ E9 16

说明：①控制域＝53H；②链路地址＝40H；③类型标识＝2DH 单点 YK；④限定词＝1；⑤传送原因＝6；⑥公共地址＝40H；⑦起始信息体地址＝6002H；⑧信息体内容＝80H，选择分。

主站发送遥控命令（执行分）报文：68 09 09 68 73^① 40^② 2D^③ 01^④ 06^⑤ 40^⑥ 02 60^⑦ 00^⑧ 89 16

说明：①控制域＝73H；②链路地址＝40H；③类型标识＝2DH 单点 YK；④限定词＝1；⑤传送原因＝6；⑥公共地址＝40H；⑦起始信息体地址＝6002H；⑧信息体内容＝00H，执行分。

（2）子站发送遥控命令确认（返校）报文格式，如下所示：

68H
L=9
L=9
68H

1	0	ACD	0	功能码 0（00H）

链路地址域（子站站址）
类型标识　45（2DH）
结构限定词　1（01H）
传送原因 7 = 激活确认
公共地址（1）
B01H + 遥控开关号（低位）
B01H + 遥控开关号（高位）
遥控命令限定词（DCO）
帧校验和（CS）
16H

子站发送遥控分命令确认（返校）报文：68 09 09 68 80[①] 40[②] 2D[③] 01[④] 07[⑤] 40[⑥] 02 60[⑦] 80[⑧] 7F 16

说明：①控制域＝80H；②链路地址＝40H；③类型标识＝2DH 单点 YK；④限定词＝1；⑤传送原因＝7；⑥公共地址＝40H；⑦起始信息体地址＝6002H；⑧信息体内容＝80H，预置分。

（3）主站发送遥控撤销命令报文格式，如下所示：

68H
L=9
L=9
68H

0	1	FCB	1	功能码 3

链路地址域（子站站址）
类型标识　45（2DH）
结构限定词　1（01H）
传送原因 8 = 停止激活
公共地址
B01H + 遥控开关号（低位）
B01H + 遥控开关号（高位）
遥控命令限定词（DCO）
帧校验和（CS）
16H

主站发送遥控分撤销命令报文：68 09 09 68 73[①] 40[②] 2D[③] 01[④] 08[⑤] 40[⑥] 02 60[⑦] 80[⑧] 73 16

说明：①控制域＝73H；②链路地址＝40H；③类型标识＝2DH 单点 YK；④限定词＝1；⑤传送原因＝8；⑥公共地址＝40H；⑦起始信息体地址＝6002H；⑧信息体内容＝80H，预置分。

（4）子站发送遥控撤销命令确认报文格式，如下所示：

		68H		
		L=9		
		L=9		
		68H		
1	0	ACD	0	功能码 0
		链路地址域（子站站址）		
		类型标识 45（2DH）		
		结构限定词 1（01H）		
		传送原因 9 = 停止激活确认		
		公共地址（1）		
		B01H + 遥控开关号（低位）		
		B01H + 遥控开关号（高位）		
		遥控命令限定词（DCO）		
		帧校验和（CS）		
		16H		

子站发送遥控撤销命令确认报文：68 09 09 68 80① 40② 2D③ 01④ 09⑤ 40⑥ 02 60⑦ 80⑧ 81 16

说明：①控制域＝80H；②链路地址＝40H；③类型标识＝2DH 单点 YK；④限定词＝1；⑤传送原因＝9；⑥公共地址＝40H；⑦起始信息体地址＝6002H；⑧信息体内容＝80H，预置分。

【思考与练习】

1．简述 IEC 60870-5-101 规约基本传输过程。

2．简述控制域及应用服务数据单元（ASDU）的结构。

模块 3   102 规约报文和传输规则介绍（GYZD00505003）

【模块描述】本模块介绍 102 规约的报文格式和传输规则。通过概念讲解、要点归纳和举例说明，熟悉 102 规约的概念及其结构，掌握 102 规约的通信方式和帧格式。

【正文】

一、IEC 60870-5-102 规约的基本概念

IEC 60870-5-102《远动设备及系统   第 5 部分：传输规约   第 102 篇：电力系统电能累计量传输配套标准》（简称 102 规约）规定了电能累计量的传输规约，适用于电能量计量系统。DL/T 719—2000《远动设备及系统   第 5 部分：传输规约   第 102 篇：电力系统电能累计量传输配套标准》与 IEC 60870-5-102 等同采用。

102 规约基于增强性能结构（EPA）的三层参考模型：物理层、链路层以及应用层和用户过程。

IEC 60870-5《远动设备及系统   第 5 部分：传输规约》是基于增强性能结构（EPA）的三层参考模型。

物理层采用 ITU-T 建议，这个建议在所要求的介质上提供了二进对称和无记忆传输，并使在链路层所定义的组编码方法下保持了高的数据完整性。

链路层由若干个链路传输规则所组成，这些链路传输规则采用明确的链路规约控制信息（LPCI），链路规约控制信息将应用服务数据单元（ASDU）作为链路用户数据，链路层采用帧格式集的一个选集，可以提供所需的传输的完整性、效率和方便性。

应用层包含有一组应用功能，这些功能包含在介于源和宿之间传输的应用数据单元内。

在此配套标准中，应用层不采用明确的应用规约控制信息（APCI），应用规约控制信息隐含在所采用的应用服务数据单元的数据单元标识域和链路服务类型内。

表 GYZD00505003-1 所示为 EPA 模型和配套标准各层所选用的标准条文。

表 GYZD00505003-1　　　　　EPA 模型和配套标准各层所选用的标准条文

从 IEC 60870-5-5 选用的应用功能	用户进程
从 IEC 60870-5-4 选用的应用信息元素	应用层（第 7 层）
从 IEC 60870-5-3 选用的应用服务数据单元	
从 IEC 60870-5-2 选用的链路传输规则	链路层（第 2 层）
从 IEC 60870-5-1 选用的传输帧格式	
从 ITU-T 建议中选用	物理层（第 1 层）

二、IEC 60870-5-102 规约的基本规则与应用

1. 通信方式

支持点对点、多个点对点、多点星形、多点共线以及点对点拨号等网络结构，如图 GYZD00505003-1 所示。

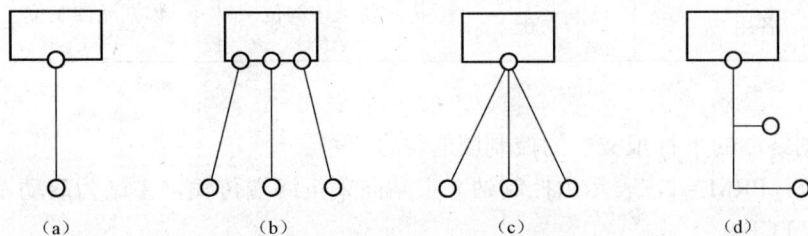

图 GYZD00505003-1　网络结构

（a）点对点；（b）多个点对点；（c）多点星形；（d）多点共线

2. 帧格式说明

（1）单个字符 E5H。

说明：

1）主站正常询问，向电能采集终端发送请求 2 级用户数据的请求帧，终端无 2 级用户数据，又无 1 级用户数据，即以 E5 帧作为否定确认的响应帧，通知主站。

2）主站向采集终端发送读数据命令，终端以 E5 帧作为肯定确认应答。

（2）固定帧长帧格式。固定帧长格式用于主站向子站询问数据报文，或子站向主站回答的确认报文。格式如下所示：

10H
控制域
地址低字节
地址高字节
校验和
16H

（3）可变帧长帧格式。可变帧长格式用于主站向子站传输数据，或子站向主站传输数据。格式如下所示：

68H
长度 L 低字节
长度 L 高字节
68H
控制域
地址低字节

地址高字节
链路用户数据
校验和
16H

说明：

1）长度 L（用 2 个字节表示）指的是从控制域开始到校验码之前的字节个数。

2）帧校验和指的是从控制域开始到校验码之前所有字节的累加和（即 256 模和）。

（4）控制域的含义。控制域 1 个字节，字节的各比特位含义如下所示：

方向	Bit7	Bit6	Bit5	Bit4	Bit3 ~ Bit0
主站→终端	传输方向位（DIR）＝0	启动报文位（PRM）＝1	帧计数位（FCB）	帧计数有效位（FCV）	功能码（FC）
终端→主站	备用	0	要求访问位 ACD	数据流控制位 DFC	

说明：

1）主站→数据终端的下行报文中的控制域的位含义：

a）启动报文位：PRM＝1，表示由控制站、主站向采集终端传输，主站为启动站。

b）帧计数位：FCB。

控制站向同一个数据采集终端传输新一轮的发送/确认（SEND/CONFIRM）或请求/响应（REQUEST/REPOND）传输服务时，将帧计数位 FCB 取相反值。若控制站正确收到数据终端的上行报文，则该一轮的发送/确认（SEND/CONFIRM）或请求/响应（REQUEST/REPOND）传输服务结束。

复位命令的帧计数位 FCB 常为零，帧计数有效位 FCV＝0。

c）帧计数有效位：FCV＝0，表示帧计数位 FCB 的变化无效；FCV＝1，表示帧计数位 FCB 的变化有效。

d）功能码，如下所示：

功能码序号	帧类型	功　　能	FCV
0	发送/确认	复位通信单元	0
3	发送/确认	传送数据	1
9	请求/响应	召唤链路状态	0
10	请求/响应	召唤1级用户数据	1
11	请求/响应	召唤2级用户数据	1

2）数据终端→主站上行报文中的控制域的位含义：

a）启动报文位：PRM＝0，表示由采集终端向控制站、主站传输，采集终端为从动站。

b）要求访问位：ACD＝1，表示采集终端希望向控制站传输1级用户数据。

c）数据流控制位：DFC＝0，表示采集终端可以接收数据；DFC＝1，表示采集终端的缓冲区已满，无法接收新数据。

d）功能码，如下所示：

功能码序号	帧　类　型	功　　能
0	确认	确认
1	确认	链路忙，没有收到报文
8	响应	以数据回答请求帧
9	响应	没有所召唤的数据
11	响应	以链路状态或访问请求回答请求帧

（5）链路用户数据。链路用户数据单元（LPDU）只有一个应用服务数据单元（ASDU），应用服务数据单元由数据单元标识符和一个或多个信息体组成，见表 GYZD00505003-2。

表 GYZD00505003-2　　　　　　　　　　　应用服务数据单元（ASDU）结构

类型标识		信息体地址	信息体 1
可变结构限定词		信息元素集	
传送原因	数据单元标识符	信息体时标信息（可选）	...
公共地址低字节		...	
公共地址高字节		信息体 N	信息体 N
记录地址		时标	应用服务数据单元公共时标

说明：

1）类型标识。1 个 8 位位组，定义信息体的结构、类型和格式。

<0> := 未用

<1> := 带时标的单点信息

<2> := 记账（计费）电能累计量，每个量为 4 个 8 位位组

<3> := 记账（计费）电能累计量，每个量为 3 个 8 位位组

<4> := 记账（计费）电能累计量，每个量为 2 个 8 位位组

<5> := 周期复位记账（计费）电能累计量，每个量为 4 个 8 位位组

<6> := 周期复位记账（计费）电能累计量，每个量为 3 个 8 位位组

<7> := 周期复位记账（计费）电能累计量，每个量为 2 个 8 位位组

<8> := 运行电能累计量，每个量为 4 个 8 位位组

<9> := 运行电能累计量，每个量为 3 个 8 位位组

<10> := 运行电能累计量，每个量为 2 个 8 位位组

<11> := 周期复位运行电能累计量，每个量为 4 个 8 位位组

<12> := 周期复位运行电能累计量，每个量为 3 个 8 位位组

<13> := 周期复位运行电能累计量，每个量为 2 个 8 位位组

<14…69> := 为将来兼容定义保留

<70> := 初始化结束

<71> := 电能累计量数据终端设备的制造厂和产品规范

<72> := 电能累计量数据终端设备的当前系统时间

<73…99> := 为将来兼容定义保留

<100> := 读制造厂和产品规范

<101> := 读带时标的单点信息的记录

<102> := 读一个所选定时间范围的带时标的单点信息的记录

<103> := 读电能累计量数据终端设备的当前系统时间

<104> := 读最早累计时段的记账（计费）电能累计量

<105> := 读最早累计时段的和一个选定的地址范围的记账（计费）电能累计量

<106> := 读一个指定的过去累计时段的记账（计费）电能累计量

<107> := 读一个指定的过去累计时段和一个选定的地址范围的记账（计费）电能累计量

<108> := 读周期地复位的最早累计时段的记账（计费）电能累计量

<109> := 读周期地复位的最早累计时段和一个选定的的地址范围的记账（计费）电能累计量

<110> := 读一个指定的过去累计时段的周期地复位的记账（计费）电能累计量

<111> := 读一个指定的过去累计时段和一个选定的地址范围的周期地复位的记账（计费）电能累计量

<112>：＝ 读最早累计时段的运行电能累计量

<113>：＝ 读最早累计时段的和一个选定的地址范围运行电能累计量

<114>：＝ 读一个指定的过去累计时段的运行电能累计量

<115>：＝ 读一个指定的过去累计时段和一个选定的地址范围的运行电能累计量

<116>：＝ 读周期地复位的最早累计时段的运行电能累计量

<117>：＝ 读周期地复位的最早累计时段和一个选定的地址范围的运行电能累计量

<118>：＝ 读一个指定的累计时段的周期地复位的运行电能累计量

<119>：＝ 读一个指定的过去累计时段和一个选定的地址范围的周期地复位的运行电能累计量

<120>：＝ 读一个选定的时间范围和一个选定的地址范围的记账（计费）电能累计量

<121>：＝ 读周期地复位的一个选定的时间范围和一个选定的地址范围的记账（计费）电能累计量

<122>：＝ 读一个选定的时间范围和一个选定的地址范围的运行电能累计量

<123>：＝ 读周期地复位的一个选定的时间范围和一个选定的地址范围的运行电能累计量

<124…127>：＝ 为将来兼容定义保留

<128…255>：＝ 专用范围

2）可变结构限定词。8 位位组，定义信息体数目，如下所示：

Bit7	Bit6	Bit5	Bit4	Bit3	Bit2	Bit1	Bit0
SQ＝0				信息体数目 N			

a）信息体数目 N：信息体或信息元素的数目。

b）SQ：说明后续的信息体或信息元素的寻址的方法。

SQ＝0 表示在同一种类型的一些信息体中寻址一个个别的元素或综合的元素。每一个单个元素或综合元素由信息体地址寻址，应用服务数据单元可以由一个或多于一个的类似的信息体所组成。数目 N 是一个二进制编码表示信息体的数目。

SQ＝1 表示在一个体中寻址一个顺序的元素。一个顺序的类似的信息元素（即同一格式的电能累计量），由信息体地址寻址，其信息体地址为序列信息元素中第一个信息元素的地址。后续的信息元素的地址为依次加 1，数目 N 是一个二进制编码表示信息元素的数目，在顺序元素的情况下，一个应用服务数据单元内仅有一个信息体。

3）传送原因。一个 8 位位组，如下所示：

Bit7	Bit6	Bit5	Bit4	Bit3	Bit2	Bit1	Bit0
T＝0	P/N＝0			传送原因			

P/N＝0 表示肯定确认；P/N＝1 表示否定确认。

T＝0 表示未试验；T＝1 表示试验。

传送原因：

<0>：＝ 未用

<1>：＝ 试验（专用范围定义）

<2>：＝ 周期、循环（专用范围定义）

<3>：＝ 自发（突发）

<4>：＝ 初始化

<5>：＝ 请求或被请求

<6>：＝ 激活

<7>：＝ 激活确认

<8>：＝ 停止激活

<9>：＝ 停止激活确认

<10>：＝ 激活终止

<11>：= 未用

<12>：= 未用

<13>：= 无所请求的数据记录

<14>：= 无所请求的应用服务数据单元－类型

<15>：= 由主站（控制站）发送的应用服务数据单元中的记录序号不可知

<16>：= 由主站（控制站）发送的应用服务数据单元中的地址说明不可知

<17>：= 无所请求的信息体

<18>：= 无所请求的累计时段

<19>：= 为将来兼容定义保留

<20…41>：= 未用

<42…47>：= 为将来兼容定义保留

<48…63>：= 为特殊应用（专用范围）

<48>：= 时间同步（专用范围定义）

4）应用服务数据单元公共地址：3 个 8 位位组。分成两部分：

a）电能累计量数据终端设备地址（2 个 8 位位组），设备地址通常为站地址<1…65535>。

b）记录地址（1 个 8 位位组），针对不同的数据帧不同定义。记录地址可以作为"累计时段的记录地址"，或者作为"单点信息的记录地址"。定义如下：

<0>：= 缺省

<1>：= 从记账（计费）时段开始的电能累计量的记录地址

<2…10>：= 为将来兼容定义保留

<11>：= 电能累计量累计时段 1 的记录地址

<12>：= 电能累计量累计时段 2 的记录地址

<13>：= 电能累计量累计时段 3 的记录地址

<14…20>：= 为将来兼容定义保留

<21>：= 电能累计量（日值）累计时段 1 的记录地址

<22>：= 电能累计量（日值）累计时段 2 的记录地址

<23>：= 电能累计量（日值）累计时段 3 的记录地址

<24…30>：= 为将来兼容定义保留

<31>：= 电能累计量（周/旬值）累计时段 1 的记录地址

<32>：= 电能累计量（周/旬值）累计时段 2 的记录地址

<33>：= 电能累计量（周/旬值）累计时段 3 的记录地址

<34…40>：= 为将来兼容定义保留

<41>：= 电能累计量（月值）累计时段 1 的记录地址

<42>：= 电能累计量（月值）累计时段 2 的记录地址

<43>：= 电能累计量（月值）累计时段 3 的记录地址

<44…49>：= 为将来兼容定义保留

<50>：= 最早的单点信息

<51>：= 单点信息的全部记录

<52>：= 单点信息记录区段 1

<53>：= 单点信息记录区段 2

<54>：= 单点信息记录区段 3

<55>：= 单点信息记录区段 4

<56…127>：= 为将来兼容定义保留

<128…255>：= 为特殊应用（专用范围）

5）信息体地址。信息体地址是一个电能累计量的地址，或者单点信息的地址，如果出现地址的话，信息体地址是一个 8 位位组所组成。

6）信息元素集。包含电能累计量、时间信息 a（分至年）、时间信息 b（毫秒至年）、标准的日期、制造厂编码、产品编码、带地址和限定词的单点信息、电能累计量数据保护的校核（任选）、初始化原因。

3. 典型报文举例

（1）复位链路。

发送：

10 49 01 00 4A 16   请求链路状态

接收：

10 2B 01 00 2C 16   返回链路状态

发送：

10 40 01 00 41 16   复位链路

接收：

10 20 01 00 21 16   确认帧有 1 级数据应答

发送：

10 7A 01 00 7B 16   请求 1 级数据

接收：

68 0B 0B 68 08 01 00 46 01 04 01 00 00 00 02 57 16

                站端自动复位，初始化结束复位链路结束后，就可以进行其他的数据请求

说明：控制域用上面用红色标出的，代表着各帧的意思，尤其是后一位，代表着功能码，如 49，其功能码为 9。

（2）读时钟。

发送：

68 09 09 68 53 01 00 67 00 05 01 00 00 C1 16   读取终端时钟

接收：

E5   确认

发送：

10 7B 01 00 7C 16   请求 2 级数据

接收：

10 29 01 00 2A 16   无所要求的数据回答，有 1 级数据应答

发送：

10 5A 01 00 5B 16   请求 1 级数据

接收：

68 10 10 68 08 01 00 48 01 05 01 00 00 00 04 1C 12 07 0C 08 A5 16

接收终端时间为 2008-12-07 18:28:01

（3）对钟。

发送：

68 10 10 68 73 01 00 80 01 30 01 00 00 F4 05 1C

12 E7 0C 08 48 16   下发对钟命令

接收：

E5   确认

发送：

10 5B 01 00 5C 16   请求 2 级数据

接收：

10 29 01 00 2A 16   无所要求的数据回答，有 1 级数据应答

发送：

10 7A 01 00 7B 16 请求 1 级数据

接收：

68 10 10 68 08 01 00 80 01 30 01 00 00 F4 05 1C 12 E7 0C 08 DD 16 对钟成功，并返回对钟的时间

（4）请求电量数据。

发送：

68 15 15 68 53 01 00 78 01 06 01 00 0B 01 34 00 01 07 0C 08 05 01 07 0C 08 51 16

说明：抄历史数据总电量表码（2008-12-07 01:00:00 ～ 2008-12-07 01:05:41）

设备地址	1
信息体地址	1 ~ 52
53	控制域
01 00	站址
78	类型标识
01	可变结构限定词
06	传送原因
01 00	逻辑地址
0B	记录地址
01	起始信息体地址
34	结束信息体地址
00 01 07 0C 08	5 个字节的开始时间
05 01 07 0C 08	5 个字节的结束时间

【思考与练习】

1. 简述 IEC 60870-5-102 规约的应用范围。

2. 简述 IEC 60870-5-102 规约的帧格式。

模块 4　104 规约报文和传输规则介绍（GYZD00505004）

【模块描述】本模块介绍 104 规约的报文格式和传输规则。通过概念讲解、要点归纳和举例说明，熟悉 104 规约的概念及其结构，掌握 104 规约的报文格式和传输规则。

【正文】

一、IEC 60870-5-104 规约的基本概念

IEC 60870-5-104（简称 104 规约）是 IEC 60870-5-101 的网络访问。DL/T 634.5104—2002《远动设备及系统　第 5104 部分：传输规约　采用标准传输协议子集的 IEC 60870-5-101 网络访问》与 IEC 60870-5-104 等同采用。

1. 一般体系结构

IEC 60870-5-104 规约定义了开放的 TCP/IP 接口的使用，这个网络包含如传输 DL/T 634.5101—2002《远动设备及系统　第 5101 部分：传输规约　基本远动任务配套标准》ASDU 的远动设备的局域网。包含不同广域网类型（如 X.25，帧中继，ISDN 等）的路由器可通过公共的 TCP/IP—局域网接口互联（见图 GYZD00505004-1）。图 GYZD00505004-1 所示为一个冗余的主站配置与一个无冗余的主站配置。

2. 规约结构

该规约所定义的远动配套标准所选择的标准版本如图 GYZD00505004-2 所示。

本标准推荐使用的 TCP/IP 协议子集 RFC 2200 的标准版本如图 GYZD00505004-3 所示。

如图 GYZD00505004-1 所示的例子，以太网 802.3 栈可能被用于远动站终端系统或 DTE（数据终端设备）驱动一单独的路由器。如果不要求冗余，可以用点对点的接口（如 X.21）代替局域网接口接到单独的路由器，这样可以在对原先支持 IEC 60870-5-101 的终端系统进行转化时保留更多本来的硬件。其他来自 RFC 2200 的兼容选集都是允许的。

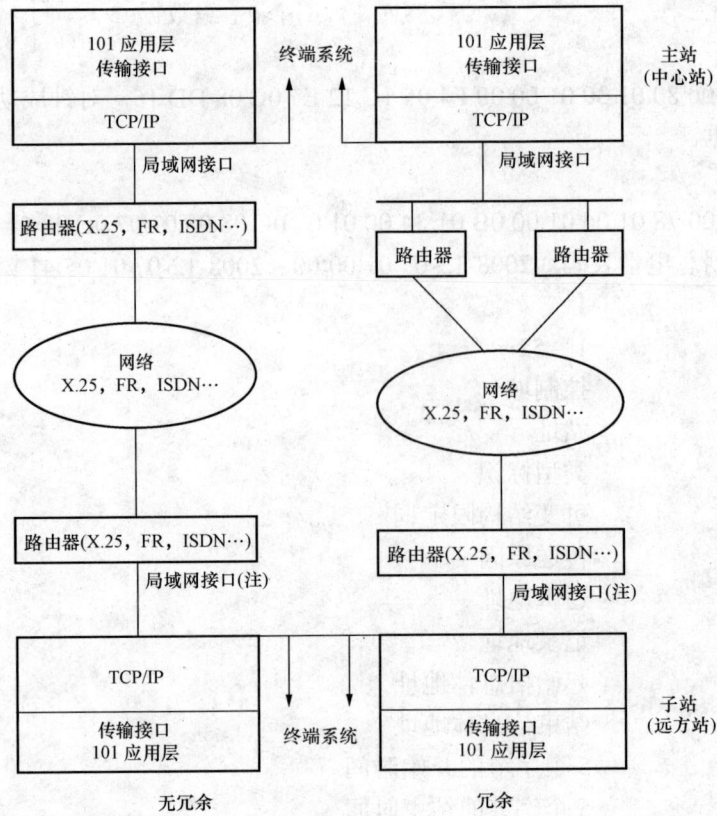

图 GYZD00505004-1 一般体系结构

根据 IEC 60870-5-101从 IEC 60870-5-5 中选取的应用功能	初始化	用户进程	
从 IEC 60870-5-101和 IEC 60870-5-104 中选取的ASDU		应用层 （第7层）	
APCI（应用规约控制信息） 传输接口 （用户到TCP的接口）			
TCP/IP 协议子集(RFC 2200)		传输层（第4层）	
		网络层（第3层）	
		链路层（第2层）	
		物理层（第1层）	
注：第5层、第6层未用			

图 GYZD00505004-2 所定义的远动配套标准所选择的标准版本

传输层接口（用户到 TCP 的接口）

RFC 793（传输控制协议）		传输层（第4层）
RFC 791（互联网协议）		网络层（第3层）
RFC 1661 (PPP)	RFC 894 （在以太网上传输 IP 数据报）	数据链路层（第2层）
RFC 1662 (HDLC 帧式 PPP)		
X.21	IEEE 802.3	物理层（第1层）
串行线	以太网	

图 GYZD00505004-3 所推荐使用的 TCP/IP 协议集 RFC 2200 的标准版本

二、IEC 60870-5-104 规约的基本规则与应用

1. 应用规约控制信息（APCI）的定义

传输接口（TCP 到用户）是一个定向流接口，它没有为 IEC 60870-5-101 中的 ASDU（应用服务数据单元）定义任何启动或者停止机制。为了检出 ASDU 的启动和结束，每个 APCI 包括下列的定界元素：一个启动字符、ASDU 的规定长度以及控制域，见图 GYZD00505004-4。可以传送一个完整的 APDU（或者出于控制目的，仅仅是 APCI 域也是可以被传送的），参见图 GYZD00505004-5。

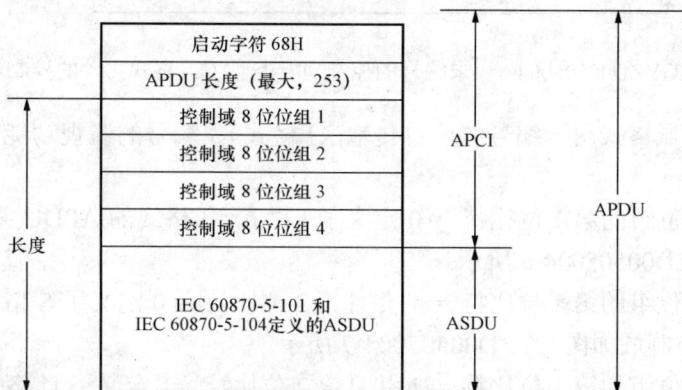

图 GYZD00505004-4　远动配套标准的 APDU 定义

远动配套标准的 APCI 定义如图 GYZD00505004-5 所示。

启动字符 68H 定义了数据流中的起点。

APDU 的长度域定义了 APDU 体的长度，它包括 APCI 的 4 个控制域 8 位位组和 ASDU。第一个被计数的 8 位位组是控制域的第一个 8 位位组，最后一个被计数的 8 位位组是 ASDU 的最后一个 8 位位组。ASDU 的最大长度限制在 249 以内，因为 APDU 域的最大长度是 253（APDU 最大值=255 减去启动和长度 8 位位组），控制域的长度是 4 个 8 位位组。

图 GYZD00505004-5　远动配套标准的 APCI 定义

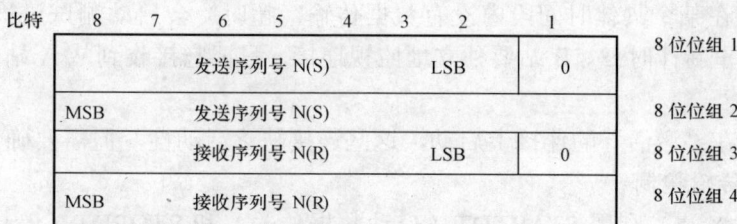

控制域定义了保护报文不至丢失和重复传送的控制信息，报文传输启动/停止以及传输连接的监视等。图 GYZD00505004-6，图 GYZD00505004-7，图 GYZD00505004-8 给出了控制域的定义。

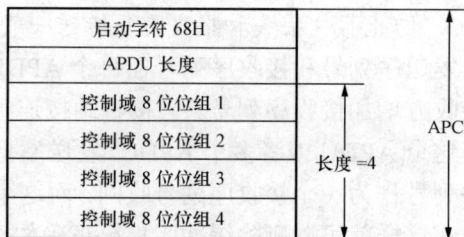

图 GYZD00505004-6　信息传输格式类型（Ⅰ格式）的控制域

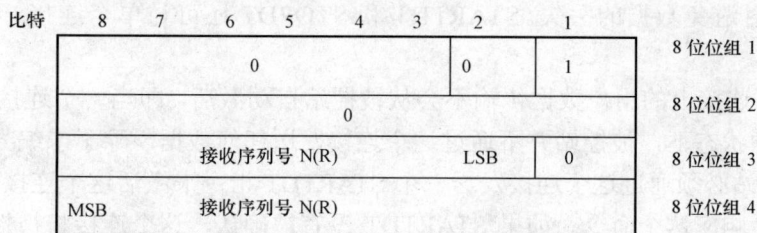

图 GYZD00505004-7　编号的监视功能类型（S格式）的控制域

比特	8	7	6	5	4	3	2	1	
	TESTFR		STOPDT		STARTDT		1	1	8 位位组 t
	确认	生效	确认	生效	确认	生效			8 位位组 2
	0								
	0							0	8 位位组 3
	0								8 位位组 4

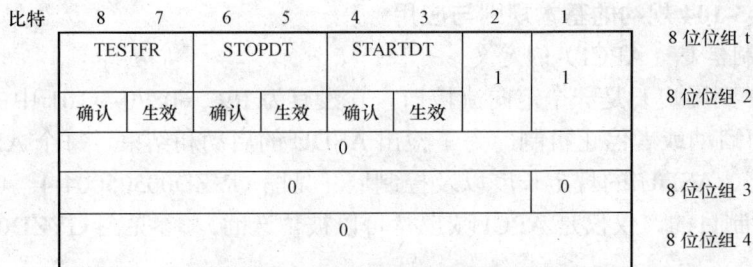

图 GYZD00505004-8　未编号的控制功能类型（U 格式 ） 的控制域

有 3 种类型的控制域格式用于编号的信息传输（I 格式）、编号的监视功能（S 格式）和未编号的控制功能（U 格式）。

控制域第 1 个 8 位位组的第 1 位比特 =0 定义了 I 格式，I 格式的 APDU 常常包含一个 ASDU。I 格式的控制域如图 GYZD00505004-6 所示。

控制域第 1 个 8 位位组的第 1 位比特 =1 并且第 2 位比特 =0 定义了 S 格式。S 格式的 APDU 只包括 APCI。S 格式的控制域如图 GYZD00505004-7 所示。

控制域第 1 个 8 位位组的第 1 位比特 =1 并且第 2 位比特 =1 定义了 U 格式。U 格式的 APDU 只包括 APCI。U 格式的控制域如图 GYZD00505004-8 所示（在同一时刻，TESTFR，STOPDT 或 STARTDT 中只有一个功能可以被激活）。

2. 防止报文丢失和报文重复传送一般规则

发送序列号和接收序列号在每个 APDU 和每个方向上都应按顺序加一。发送方增加发送序列号，而接收方增加接收序列号。当接收站按连续正确收到的 APDU 的数字返回接收序列号时，表示接收站认可这个 APDU 或者多个 APDU。发送站把一个或几个 APDU 保存到一个缓冲区里直到它将自己的发送序列号作为一个接收序列号收回，而这个接收序列号是对所有数字小于或等于该号的 APDU 的有效确认，这样就可以删除缓冲区里已正确传送过的 APDU。万一更长的数据传输只在一个方向进行，就得在另一个方向发送 S 格式，在缓冲区溢出或超时前认可 APDU。这种方法应该在两个方向上应用。在创建一个 TCP 连接后，发送和接收序列号都被设置成 0。

3. 测试过程

未使用但已建立的连接会通过发送测试 APDU（TESTFR =激活）并得到接收站发回的 TESTFR =确认，在两个方向上进行周期性测试。

发送站和接收站在某个具体时间段内没有数据传输（超时）会启动测试过程。每一帧的接收—I 帧，S 帧或 U 帧—会重新计时 t3。B 站要独立地监视连接，只要它接收到从 A 站传来的测试帧，它就不再发送测试帧。

测试过程也可以在"激活"的连接上启动，这些连接缺乏活动性，但需要确保连通。

4. 用启/停进行传输控制

控制站（例如，A 站）利用 STARTDT（启动数据传输）和 STOPDT（停止数据传输）来控制被控站（B 站）的数据传输。这个方法很有效。例如，当在站间有一个以上的连接打开从而可利用时，一次只有一个连接可以用于数据传输。定义 STARTDT 和 STOPDT 的功能在于从一个连接切换到另一个连接时避免数据的丢失。STARTDT 和 STOPDT 还可与单个连接一起用于控制连接的通信量。

当连接建立后，连接上的用户数据传输不会从被控站自动激活，即当一个连接建立时 STOPDT 处于缺省状态。在这种状态下，被控站并不通过这个连接发送任何数据，除了未编号的控制功能和对这些功能的确认。控制站必须通过这个连接发送一个 STARTDT 指令来激活这个连接中的用户数据传输。被控站用 STARTDT 响应这个命令。如果 STARTDT 没有被确认，这个连接将被控制站关闭。这意味着站初始化之后，STARTDT 必须总是在来自被控站的任何用户数据传输（例如一般的询问信息）开始前发送。任何被控站的待发用户数据都只有在 STARTDT 被确认后才发送。

STARTDT/STOPDT 是一种控制站激活/解除激活监视方向的机制。控制站即使没有收到激活确认，也可以发送命令或者设定值。发送和接收计数器继续运行，它们并不依赖于 STARTDT/STOPDT 的使用。

在某种情况下，例如，从一个有效连接切换到另一连接（例如通过操作员），控制站首先在有效连接上传送一个 STOPDT 指令，受控站停止这个连接上的用户数据传输并返回一个 STOPDT 确认。挂起的 ACK 可以在被控站收到 STOPDT 生效指令和返回 STOPTD 确认的时刻之间发送。收到 STOPDT 确认后，控制站可以关闭这个连接。另建的连接上需要一个 STARTDT 来启动该连接上来自于被控站的数据传送。

5. 端口号

每一个 TCP 地址由一个 IP 地址和一个端口号组成。每个连接到 TCP-LAN 上的设备都有自己特定的 IP 地址，而为整个系统定义的端口号却是一样的。IEC 60870-5-104 规约要求，端口号 2404 由 IANA（互联网数字分配授权）定义和确认。

6. 未被确认的 I 格式 APDU 最大数目（k）

k 表示在某一特定的时间内未被 DTE 确认（即不被承认）的连续编号的 I 格式 APDU 的最大数目。每一 I 格式帧都按顺序编好号，从 0 到模数 n 减 1。以 n 为模的操作中 k 值永远不会超过 n-1。

——当未确认 I 格式 APDU 达到 k 个时，发送方停止传送。

——接收方收到 w 个 I 格式 APDU 后确认。

——模数 n 操作时 k 的最大值是 n-1。

k 值的最大范围：1～32767（2^{15}～1）APDU，精确到一个 APDU，默认为 12。

w 值的最大范围：1～32767 APDU，精确到一个 APDU（推荐：w 不应超过 $2k/3$，默认为 8）。

7. 应用参数

（1）ASDU 公共地址：2 个字节。

（2）信息对象地址：3 个字节。

（3）传送原因：2 个字节。

（4）超时参数，见表 GYZD00505004-1。

表 GYZD00505004-1　　　　　　　　超 时 参 数

参　数	默认值	备　　注	参　数	默认值	备　　注
t_0	10s	连接建立的超时	t_3	15s	长期空闲状态下发送测试帧的超时
t_1	12s	发送或测试 APDU 的超时	t_4	8s	应用报文确认超时
t_2	5s	无数据报文时确认的超时，$t_2 < t_1$			

8. 报文类型标识

（1）监视方向的过程信息，见表 GYZD00505004-2。

表 GYZD00505004-2　　　　　　　　监视方向的过程信息

报文类型（十进制）	报文语义	报文类型（十进制）	报文语义
1	单位遥信	21	归一化遥测值
3	双位遥信	30	带绝对时标的单位遥信（SOE）
9	归一化遥测值	31	带绝对时标的双位遥信（SOE）
11	标度化遥测值	34	带绝对时标的归一化遥测值
13	短浮点遥测值	35	带绝对时标的标度化遥测值
15	累计值	36	带绝对时标的短浮点遥测值
20	带变位检出标志的成组单位遥信	37	带绝对时标的累计量

（2）控制方向的过程命令，见表 GYZD00505004-3。

表 GYZD00505004-3　　　　　　　控制方向的过程命令

报文类型（十进制）	报文语义	报文类型（十进制）	报文语义
45	单位遥控命令	48	归一化值设定命令
46	双位遥控命令	49	标度化值设定命令
47	档位调节命令	50	短浮点值设定命令

表 GYZD00505004-4　监视方向的系统命令

报文类型（十进制）	报文语义
70	初始化结束

（3）监视方向的系统命令，见表 GYZD00505004-4。

（4）控制方向的系统命令，见表 GYZD00505004-5。

表 GYZD00505004-5　　　　　　　控制方向的系统命令

报文类型（十进制）	报文语义	报文类型（十进制）	报文语义
100	总召唤命令	103	时钟同步命令
101	累计量召唤命令	105	复位进程命令
102	读命令		

（5）控制方向的参数命令，见表 GYZD00505004-6。

表 GYZD00505004-6　　　　　　　控制方向的参数命令

报文类型（十进制）	报文语义	报文类型（十进制）	报文语义
110	归一化遥测参数	112	短浮点遥测参数
111	标度化遥测参数	113	参数激活

9．传输原因

传输原因见表 GYZD00505004-7。

表 GYZD00505004-7　　　　　　　传　输　原　因

传送原因（十进制）	语　义	应用方向	传送原因（十进制）	语　义	应用方向
0	任何情况都不用	任何情况都不用	……		
1	周期、循环	上行	28	响应第8组召唤	上行
2	背景扫描	上行	29	响应第9组召唤	上行
3	突发	上行	……		
4	初始化	上行	34	响应第14组召唤	上行
5	请求或被请求	上行、下行	35	响应第15组召唤	上行
6	激活	下行	36	响应第16组召唤	上行
7	激活确认	上行	37	响应累计量站召唤	上行
8	停止激活	下行	38	响应第1组累计量召唤	上行
9	停止激活确认	上行	39	响应第2组累计量召唤	上行
10	激活终止	上行	40	响应第3组累计量召唤	上行
11	远方命令引起的返送信息	上行	41	响应第4组累计量召唤	上行
12	当地命令引起的返送信息	上行	44	未知的类型标识	上行
20	响应站召唤	上行	45	未知的传送原因	上行
21	响应第1组召唤	上行	46	未知的应用服务数据单元公共地址	上行
22	响应第2组召唤	上行	47	未知的信息对象地址	上行

10. 信息对象地址分配方案

信息对象地址分配方案见表 GYZD00505004-8。

表 GYZD00505004-8　　　　　　　　信息对象地址分配方案

信息对象名称	对应地址（十六进制）	信息量个数	信息对象名称	对应地址（十六进制）	信息量个数
遥信信息	1H ~ 1000H	4096	遥控信息	6001H ~ 6200H	512
继电保护信息	1001H ~ 4000H	12288	设定信息	6201H ~ 6400H	512
遥测信息	4001H ~ 5000H	4096	累计量信息	6401H ~ 6600H	512
遥测参数信息	5001H ~ 6000H	4096	分接头位置信息	6601H ~ 6700H	256

11. 典型报文举例

（1）激活命令（U 格式）。

报文：68 04[①] 07[②] 00 00 00

说明：①字节数 = 4；②命令 = 7，激活命令。

（2）激活确认（U 格式）。

报文：68 04[①] 0B[②] 00 00 00

说明：①字节数 = 4；②命令 = 0BH，激活确认。

（3）总召唤命令。

报文：68 0E[①] 00 00[②] 00 00[③] 64 01 06 00 40 00 00 00 00 14[④]

说明：①字节数 = 14；②发送序列号 = 0；③接收序列号 = 0；④ASDU，同 IEC 60870-5-101 规约。

（4）总召唤确认。

报文：68 0E[①] 00 00[②] 02 00[③] 64 01 07 00 40 00 00 00 00 14[④]

说明：①字节数 = 14；②发送序列号 = 0；③接收序列号 = 1；④ASDU，同 IEC 60870-5-101 规约。

（5）变化遥测上送。

报文：68 2E[①] 2E 00[②] 02 00[③] 0B 06 03 00 40 00 2B 4000B00100 2C4000B30100 2D4000C40100 2E4000D90100 2F4000DC0100 304000DF0100 680401000000[④]

说明：①字节数 = 46；②发送序列号 = 23；③接收序列号 = 1；④ASDU，同 IEC 60870-5-101 规约。

（6）变化遥信上送。

报文：68 12[①] 3A 00[②] 09 00[③] 01 02 0300 0100 060000 01 080000 00[④]

说明：①字节数 = 18；②发送序列号；③接收序列号；④ASDU，同 IEC 60870-5-101 规约。

【思考与练习】

1. 简述 IEC 60870-5-104 应用规约控制信息（APCI）的定义。

2. 防止报文丢失和报文重复传送一般规则有哪些？

模块 5　TASE.2 协议介绍（GYZD00505005）

【模块描述】本模块介绍 IEC 60870-6（TASE.2 协议）的协议。通过概念讲解，熟悉 TASE.2 协议的概念、优点及应用前景，掌握 TASE.2 协议与底层协议（MMS）的关系以及 TASE.2 协议在 EMS 系统互联互通中的应用。

【正文】

一、IEC 60870-6 协议简介

TASE.2 协议［Telecontrol Application Service Element #2，远动应用服务元素协议，亦称控制中心间通信协议（Control Center Communication Protocol，ICCP）］是由国际电工委员会 TC57 委员会制定的应用层网络协议。TASE.2 协议定义了一组对象模型及方法，为不同的 SCADA/EMS 系统互联提供了一个标准的模式及解决方案。遵循该方案，不同的 SCADA/EMS 系统在互联时不再需要关心彼此的数据格式及具体的实现细节。一个 SCADA/EMS 系统在具备 TASE.2 通信功能以后，可以与任意具备该功能的 SCADA/EMS 系统进行通信。

TASE.2 协议可使一个电网控制中心与其他电网控制中心、区域控制中心、独立发电厂等通过广域网（WAN）进行数据交换（见图 GYZD00505005-1）。交换的信息由电力系统监视和控制用的实时数据和历史数据组成，包括测量数据、计划数据、电能量结算数据以及操作信息。该交换在控制中心的 SCADA/EMS 主机与其他控制中心主机之间进行。

IEC 60870-6 系列的标准不仅为控制中心之间交换实时数据规定了一种机制，也为远方控制中心的设备控制、通用消息传送和程序控制提供了支持。它基于 ISO/IEC 9506《制造业信息规范》（Manufacturing Message Specification，MMS）协议。TASE.2 由 3 个文件组成，其中 IEC 60870-6-503 规定了 TASE.2 应用模型和服务定义，IEC 60870-6-802 规定了一组所支持的标准的对象定义。

TASE.2 采用面向对象的方法，根据外部可观测的数据和行为，对实际的控制中心进行描述。对象在本质上是抽象的，故可用于各种应用。TASE.2 的使用远远超出了电力系统的范围。它可以适用于任何具有类似要求的应用领域，如工厂自动化、化工厂或具有类似要求的场所。它为高级的信息通信提供了通用的解决方案。

TASE.2 服务端的各组成部分与 TASE.2 环境之间的关系如图 GYZD00505005-1 所示。

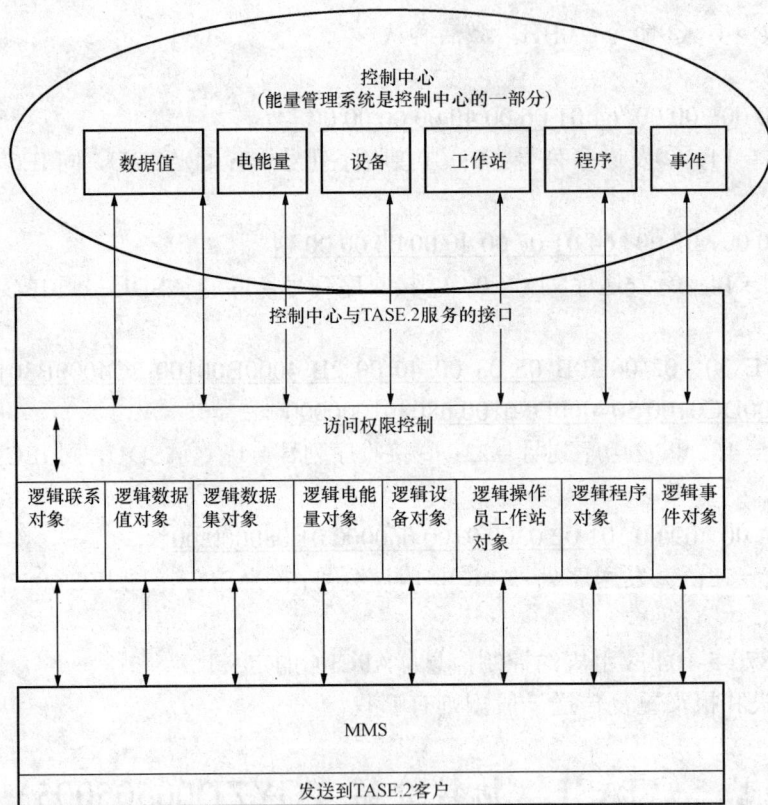

图 GYZD00505005-1 TASE.2 服务器端的各组成部分与 TASE.2 环境之间的关系

二、TASE.2 协议的几个基本概念

1. 联系（association）

TASE.2 的"联系"是建立在 MMS 模型中"联系"概念的基础上。"联系"存在于两个 TASE.2 实例（instance）之间，它是 TASE.2 实例间通信的基础及途径。

2. 双边协议（bilateral agreement）

双边协议表（bilateral table）及访问控制（access control）：TASE.2 服务器对来自客户端的请求进行合理性检查，是 TASE.2 服务器的一项基本功能。双边协议是两个控制中心签署的一项关于信息共享的协议，该协议指出哪些信息可以共享及可以对这些信息进行何种操作。

3. 数据值对象（data value object）及服务（services）

数据值对象被用来表示控制中心中各对象的值，它可以是模拟量（如母线电压），也可以是数字量（如开关状态），也可以是一个结构。

4. 数据集对象（data set object）及服务

数据集对象是一个由 TASE.2 服务器维护的数据值对象标识列表。数据集对象可以由服务器主动创建，也有可以是应客户请求而创建。客户可以方便地对一个数据集对象中的多个数据值同时进行操作。

5. 传输集对象（transfer set object）及服务

TASE.2 对数据值对象及数据集对象提供的读写功能均为一次请求一次应答的方式，这种功能较为简单，同时每次读写均发送请求也会造成网络负担过重，TASE.2 为了提供一次请求多次应答的服务，定义了传输对象，将数据值对象或数据集对象与传输对象捆绑在一起，TASE.2 将提供很多复杂的访问机制，如定时应答、变化以后应答等。

6. 控制中心

控制中心模型包括 4 类基本的主机处理器：SCADA/EMS、DSM（Demand Side Management）/负荷管理、分布式应用、显示处理器。SCADA/EMS 主机是最主要的处理器，通过数据采集单元（DAU）和远动终端装置（RTU）收集处理发电厂、独立发电厂和输配电变电站的模拟和数字的测量数据。控制中心通常都配置了处于"热备用"状态的冗余的 SCADA/EMS 主机。DSM/负荷管理主机供操作员或 EMS 的应用使用，以便进行负荷管理活动。分布式应用主机则进行各种庞杂的分析调度计划或负荷预报功能。显示处理器则供当地的运行人员和调度员显示图像和控制用。

三、TASE.2 协议与底层协议（MMS 协议）的关系

图 GYZD00505005-1 显示了 TASE.2 服务器端的各组成部分与 TASE.2 环境之间的关系，其中最上面的椭圆是控制中心（仅列出与 TASE.2 相关的部分），中间的大矩形是 TASE.2 任务，最下面的矩形是 MMS 应用。控制中心可能包含很多应用，如能量管理系统、配电网管理系统、负荷管理系统等，目前我们仅考虑能量管理系统使用 TASE.2 服务的情况。TASE.2 服务可以让一个控制中心访问其他控制中心的资源，其中包括数据值、电能量、设备、程序、事件等。目前我们仅考虑数据值及事件。

控制中心间的资源共享并非是无限制的，它要受到双边协议的控制。双边协议在 TASE.2 应用中存放在双边协议表中。任何一个控制中心要想访问另一个控制中心的资源，必须取得对方的同意。被访问的控制中心是 TASE.2 的服务器方，要求访问的一方是 TASE.2 客户。只有出现在 TASE.2 服务端的双边协议表中的资源才可能被 TASE.2 客户访问。两个控制中心若要实现互访，则有两个不同的双边协议表，分别限制对方的访问。TASE.2 服务建立在 MMS 服务基础之上。所以概括 TASE.2 的功能，即利用 MMS 的通信功能在控制中心间交换数据。

由于各控制中心内部有很多应用，它们之间有着复杂的关系，为了便于 TASE.2 功能的描述，将控制中心中与 TASE.2 通信及数据管理相关的部分抽象为虚拟控制中心。

TASE.2 与底层协议间的关系如图 GYZD 00505005-2 所示，可以看出，TASE.2 协议基于另一个应用层协议（MMS 协议）。TASE.2 协议中对对象及关系的描述均基于 MMS 协议，具体的

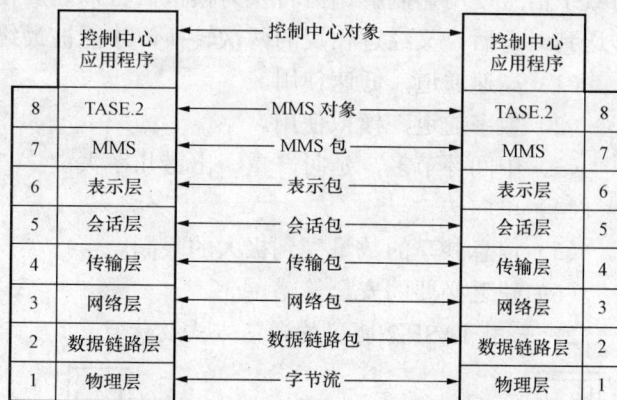

	控制中心 应用程序	控制中心对象	控制中心 应用程序	
8	TASE.2	MMS 对象	TASE.2	8
7	MMS	MMS 包	MMS	7
6	表示层	表示包	表示层	6
5	会话层	会话包	会话层	5
4	传输层	传输包	传输层	4
3	网络层	网络包	网络层	3
2	数据链路层	数据链路包	数据链路层	2
1	物理层	字节流	物理层	1

图 GYZD00505005-2 TASE.2 与底层协议间的关系

网络握手交互过程及报文格式均由低层的协议实现。TASE.2 协议在实现时仅需告诉 MMS 协议需要传送哪些信息，以及相应的传送参数。

四、TASE.2 协议在 EMS 系统互联互通中的应用

（1）TASE.2 协议目前在 EMS 系统互联互通中的应用主要实现以下目的：

1）解决目前 EMS 系统间信息共享的"瓶颈"，突破传统的远动传输方式限制。

2）省去诸多中间环节，减少出错几率，增加信息共享的可靠性。

3）充分利用目前高速的网络资源，突破传统的 600bit/s 或 1200bit/s 传输速率限制，降低传输延迟，从而使 PAS 能够得到更为同步的信息。

4）突破信息共享数量的限制，解决因为信息量不足而引起的 PAS 精确度不够的问题。

5）实现双向信息共享。

（2）实现 EMS 系统间安全的信息共享。伴随着 EMS 系统间实现网络连接而出现的问题是安全问题，网络安全并非仅仅是网络集成商的任务，同时也是利用网络实现信息交换的应用程序的任务。TASE.2 协议具有严密的权限控制手段，实现了 TASE.2 协议中的访问控制功能，可以实现 EMS 系统间安全的信息共享，从而避免通过 TASE.2 通信软件非法访问某一 EMS 系统的信息。

（3）使 EMS 系统更加开放。以前的通信方案具有很强的针对性，没有形成世界范围公认的标准。采用 TASE.2 协议以后，可以实现任意具有该功能的 EMS 系统之间通信。

（4）增加 EMS 系统的可维护性。通信子系统的主要维护手段均通过图形界面来完成，并在运行过程中记录运行日志，便于在故障状态下查询。

（5）增加 EMS 系统的稳定性。采用可靠的多进程技术，具有极高的错误包容能力，能够在很多情况下运行，如在网络时通时断的时候。

（6）增加 EMS 系统的可扩展性。当通信信息量增加或通信节点增多时，只需进行简单的配置，无需增加硬件或重新编制软件。

五、TASE.2 协议的优点及应用前景

1. 传统通信方式及其弊端

目前普遍使用的传统通信方式如图 GYZD00505005-3 所示。

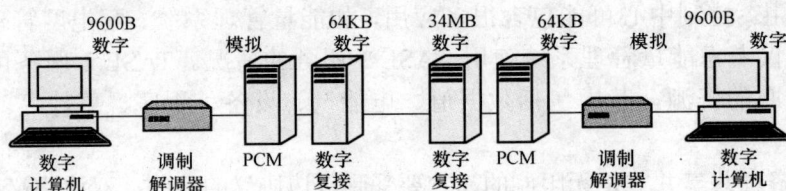

图 GYZD00505005-3　传统通信方式

目前大部分 RTU 用 600bit/s 或 1200bit/s 占用 64KB 通道。这种方式无法直接使用网络通道，必须将数字信号使用调制解调器转换为模拟信号，然后使用 PCM 将模拟信号转换为数字信号，数字信号传送到对方后，又经过相反的两次转换，才能被最终使用者接受。这种方式的主要缺陷是：

（1）高速通道，低速使用。

（2）数字通道，模拟使用。

（3）中间环节多，延时严重，出错几率大。

（4）单向传输。

（5）信息共享的数量受到极大的限制。

（6）缺乏必要的安全策略。

2. 采用 TASE.2 协议的通信方式及优点

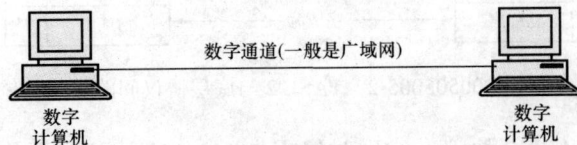

图 GYZD00505005-4　采用 TASE.2 协议的通信方式

TASE.2 可以基于 TCP/IP 协议，也可以基于 OSI 协议，所以它可以直接使用数字通道在局域网或广域网范围内实现信息共享，无须将信息经过多次转换。采用 TASE.2 协议的通信方式如图 GYZD00505005-4 所示。

采用 TASE.2 通信方案的优点主要体现在以下几个方面：

（1）省去诸多中间环节，减少出错几率。

（2）实现双向信息传递。

（3）节省软件投资。由于各家系统使用的远动规约或网络协议不同，造成在不同的 EMS 系统间或 EMS 系统与厂站监控系统间通信时，通信软件五花八门，软件调试耗费大量人力，软件费用重复投资、高投资现象屡见不鲜。采用国际电工委员会制定的应用层网络协议 TASE.2 就很好地解决了不同系统间通过网络进行通信的问题。

（4）使 EMS 系统易于维护。由于调制解调板是以板卡方式插入，而且一般需要外加电源等辅助设备，在实践中这些设备较容易损坏，而使用 TASE.2 协议以后，除网络设备外，不再需要添加设备，而网络设备是每一个系统必需的。同时系统中也无需附加多个远动规约或网络应用协议的驱动及解释软件，降低了系统的复杂性，也使系统更易于维护。

（5）共享信息的个数不再受限制。远动规约对转发信息的数目有限制，目前我国的电力系统规模在不断扩大，远动规约在应付厂站到主站的通信时尚可勉强应付，但对于主站到主站的通信，在很多情况下已不能胜任，因为现在主站与主站之间需要交换的信息与日俱增。采用 TASE.2 协议是解决此问题的一个很好的方法，因为 TASE.2 协议对主站之间通信的信息量不作限制。

（6）充分利用网络资源，提高信息传送速度。通过 MODEM 调制的信号传送的速度非常有限，通常为几百到几千比特每秒不等。即使网络的速度再高，通信的速度也提高不了。由于 TASE.2 协议基于 TCP/IP 协议或 OSI 协议，通信速度由网络的速度决定，网络可以提供多大的带宽，TASE.2 协议即可使用多少。

综上所述，符合国际标准的 TASE.2 通信协议拥有广阔的应用前景，并正在电力系统 EMS 系统互联互通中得到越来越广泛的应用，并将成为 EMS 系统互联互通应用中的规范。

【思考与练习】

1. 采用 TASE.2 协议的通信方案的优点主要体现在哪些方面？

2. 举例说明在电力调度自动化领域是如何应用 TASE.2 通信协议的？

第三十四章　数据网设备安装调试

模块1　数据网设备硬件安装方法介绍（GYZD00506001）

【模块描述】本模块介绍数据网设备硬件的安装方法。通过要点归纳和举例说明，熟悉数据网设备硬件安装前的检查要素和基本安装方法。

【正文】

一、数据网设备硬件安装

1. 机房建筑条件检查

对机房的面积、高度、承重、沟槽布置等有关项目进行检查，如果有不符合要求的地方，建议进行工程改造。

2. 环境条件检查

（1）照明条件达到设备维护的要求，日常照明、备用照明、事故照明等三套照明系统齐备。

（2）空调通风系统足以保证机房维持良好的温、湿度条件。

（3）采取了有效的防静电措施。

（4）配备了足够的消防设备。

（5）设计达到了规定的抗震等级。

（6）有安全的防雷措施。

3. 机房供电条件检查

（1）交流电供电设施齐全，功率满足要求，除了市电引入线外，一般应有柴油机备用电源。

（2）直流配电设备满足交换机要求，供电电压稳定，输出值在规定范围之内。

（3）有足够容量的蓄电池，可以在供电事故发生时保持交换机的继续运行。

（4）交流配电系统应有独立的交流安全地。

4. 地线条件检查

良好的接地是交换机工作稳定的基础，是交换机防止雷击、抵抗干扰的首要保证条件。认真检查安装现场的接地条件，并根据实际情况做好接地工作。

综合通信大楼的接地电阻应不大于 1Ω。

5. 配套设备检查

在安装前，应检查配套的其他设备是否安装就绪。例如，光网络设备是否已经安装调试好，光纤是否敷设到位，走线架、配线架是否安装完毕。

6. 机柜条件检查

（1）尽量把路由器安装在敞开的机柜内。如果安装在密闭的机柜内，应确认机柜有良好的通风散热系统。

（2）确认机柜足够牢固，能够支撑路由器及其安装附件的重量。

（3）确认机柜的尺寸适合路由器的安装。路由器的前后面板有一定的空间，以利于机箱的散热。

二、数据网设备硬件安装举例

1. 需求

安装一台 220V、2.2M 机柜式路由器设备。

2. 安装方法

（1）检查设备安装条件，如机房电源、地线、照明、防静电等是否准备充分。如不具备条件，不能进行安装。

（2）设备硬件安装，严格按照数据网设备安装方法进行操作，并且注意防静电操作。

（3）设备电源、线缆安装，严格按照数据网设备安装方法进行操作，并且注意防静电操作。

【思考与练习】

1．综合通信大楼的接地电阻应不大于多少？

2．机柜检查都包括哪些方面？

模块 2　交换机、路由器的基本配置命令（GYZD00506002）

【模块描述】本模块介绍交换机、路由器的基本配置命令。通过方法介绍和功能描述，熟悉配置环境的搭建方法，掌握交换机、路由器的基本配置命令。

【正文】

下面以具体操作实例进行讲解如何配置交换机。

一、搭建配置环境

终端（本例为一 PC 机）通过配置口电缆与交换机的 Console 口相连，如图 GYZD00506002-1 所示。

1．配置电缆的连接

（1）将配置口电缆的 DB-9 孔式插头接到要对交换机进行配置的微机或终端的串口上。

（2）将配置电缆的 RJ-45 一端连到交换机的配置口（Console）上。

（3）设置终端参数。参数要求：设置波特率为 9600，数据位为 8，奇偶校验为无，停止位为 1，流量控制为无，选择终端仿真为 VT100。

图 GYZD00506002-1　搭建配置环境

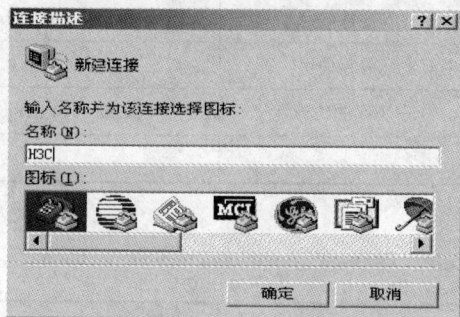

2．终端参数的设置

下面以 PC 机上运行超级终端为例，介绍终端参数的设置。

（1）打开 PC 机，在 PC 机上运行终端仿真程序（如 Windows3.1 的 Terminal，Windows95/Windows98/Windows 2000/Windows NT/Windows XP/Windows ME 的超级终端）。

（2）设置 Windows XP 超级终端参数。具体方法如下：

1）单击"开始"→"程序"→"附件"→"通信"→"超级终端"，进入超级终端窗口，单击" "图标，建立新的连接，系统弹出如图 GYZD00506002-2 所示的连接说明界面。

2）在连接描述界面中键入新连接的名称，单击"确定"按钮，系统弹出如图 GYZD00506002-3 所示的界面图，在"连接时使用"一栏中选择连接使用的串口。

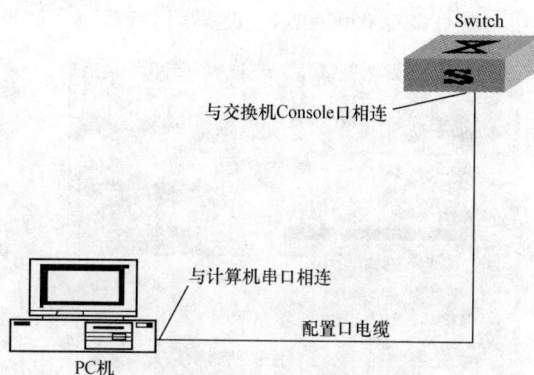

图 GYZD00506002-2　新建连接

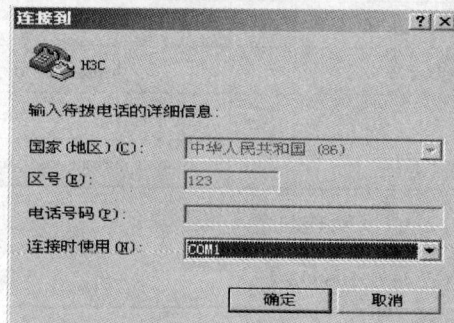

图 GYZD00506002-3　选用串口

3）串口选择完毕后，单击"确定"按钮，系统弹出如图 GYZD00506002-4 所示的连接串口参数设置界面，设置波特率为 9600，数据位为 8，奇偶校验为无，停止位为 1，流量控制为无。

4）串口参数设置完成后，单击"确定"按钮，系统进入如图 GYZD00506002-5 所示的超级终端界面。

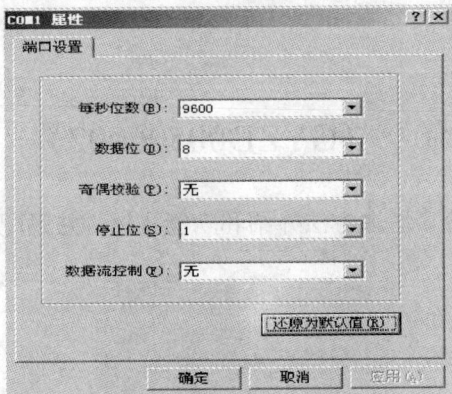

图 GYZD00506002-4 设置串口参数

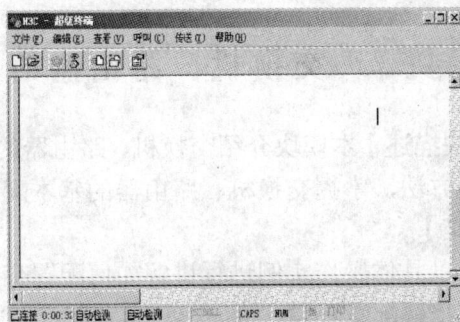

图 GYZD00506002-5 打开超级终端

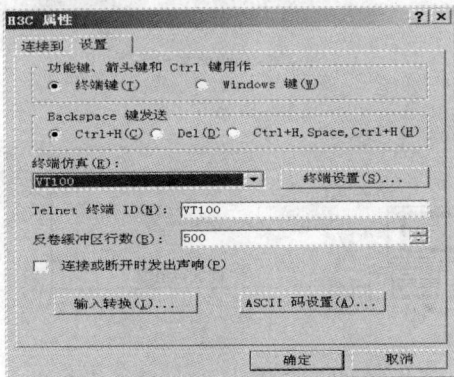

图 GYZD00506002-6 终端设置

5）在超级终端属性对话框中选择"属性"一项，进入属性窗口。单击属性窗口中的"设置"条，进入属性设置窗口（如图 GYZD00506002-6 所示），在其中选择终端仿真为 VT100，选择完成后，单击"确定"按钮。

二、基本配置命令

表 GYZD00506002-1 ～ 表 GYZD00506002-6 配置命令为路由器常用配置命令，命令以 H3C 设备为例。

（一）进入和退出系统视图

（二）设置路由器名称

（三）显示系统状态信息

表 GYZD00506002-1 进入和退出系统视图

操　作	命　令
从用户视图进入系统视图	system-view
从系统视图返回到用户视图	quit

表 GYZD00506002-2 设置路由器名称

操　作	命　令
设置路由器名	sysname H3C

表 GYZD00506002-3 显示系统状态信息

操　作	命　令	操　作	命　令
显示系统版本信息	display version	显示当前视图的运行配置	display this
显示系统时钟	display clock	显示技术支持信息	display diagnostic-information
显示终端用户	display users	显示当前系统内存使用情况	display memory
显示起始配置信息	display saved-configuration	显示 CPU 占用率的统计信息	display cpu-usage
显示当前配置信息	display current-configuration		

（四）VLAN 的配置命令

表 GYZD00506002-4 VLAN 的配置命令

操　作	命　令	操　作	命　令
创建 VLAN 的配置方法	VLAN*	进入 VLAN 虚接口视图	Interface vlan-interface*

（五）IP 地址配置命令

表 GYZD00506002-5　　　　　　　　　　　IP 地址配置命令

操　作	命　令	操　作	命　令
进入接口视图	Interface Ethernet */*	配置 IP 地址	Ip address *.*.*.*

（六）访问权限设置配置命令

表 GYZD00506002-6　　　　　　　　　　　访问权限设置配置命令

操　作	命　令	操　作	命　令
进入 telnet 接口视图	User-interface vty 0 4	设置访问权限为口令登录	authentication-mode password

【思考与练习】

1．配置设备时，终端的波特率应该设置为多少？

2．如果终端出现乱码，则可能的原因是什么？

模块 3　路由选择协议的配置方法（GYZD00506003）

【模块描述】本模块介绍 RIP、OSPF 和 BGP 协议的配置方法。通过概念讲解、方法介绍和举例说明，掌握 RIP、OSPF 和 BGP 协议的概念、原理及其配置方法。

【正文】

一、RIP 的配置

1．概述

RIP（Routing Information Protocol，路由信息协议）是一种基于 D-V 算法的路由协议。RIP 使用跳数（Hop Count）来衡量到达目的网络的距离。为提高性能，防止产生路由环路，RIP 支持水平分割（Split Horizon）与路由中毒（Poison Reverse），并在路由中毒时采用触发更新（Triggered Update）。RIP 包括 RIP-1 和 RIP-2 两个版本，RIP-1 不支持变长子网掩码（VLSM），RIP-2 支持变长子网掩码（VLSM）。RIP-1 使用广播发送报文，RIP-2 有广播方式和组播方式两种传送方式，缺省将采用组播发送报文。RIP-2 的组播地址为 224.0.0.9。

2．原理

（1）RIP 协议以 30s 为周期用 Response 报文广播自己的路由表。

（2）收到邻居发送而来的 Response 报文后，RIP 协议计算报文中路由项的度量值，比较其与本地路由表路由项度量值的差别，更新自己的路由表。

（3）RIP 路由表的更新原则如下：

1）对本路由表中已有的路由项，当发送报文的网关相同，不论度量值增大或是减少时，都更新该路由项（度量值相同时只将其老化定时器清零）。

2）对本路由表中已有的路由项，当发送报文的网关不同，只在度量值减少时，更新该路由项。

3）对本路由表中不存在的路由项，在度量值小于不可达（16）时，在路由表中增加该路由项。

4）路由表中的每一路由项都对应一老化定时器，当路由项在 180s 内没有任何更新时，定时器超时，该路由项的度量值变为不可达（16）。

5）某路由项的度量值变为不可达后，以该度量值在 Response 报文中发布四次（120s），之后从路由表中清除。

［例 GYZD00506003-1］

1．组网需求

Router A、B、C 通过以太网连接在一起，正确配置 RIP 路由协议，使 Router A 和 Router B、Router C 彼此能够互通。该组网如图 GYZD00506003-1 所示。

2. 配置步骤

（1）配置 A：

```
[Router A] rip
[Router A-rip] network 110.11.2.0
[Router A-rip] network 155.10.1.0
```

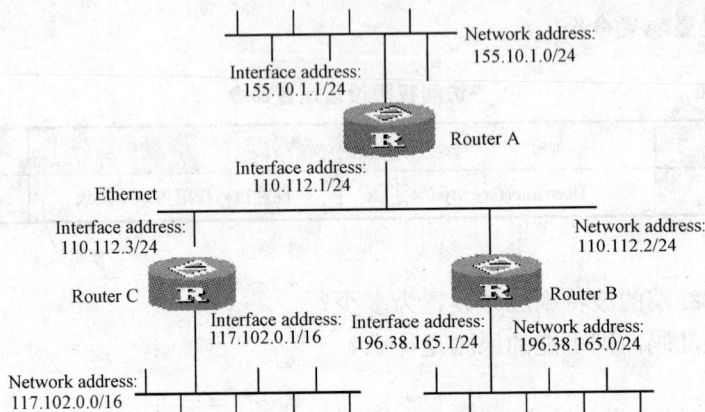

图 GYZD00506003-1 RIP 配置组网

（2）配置 B：

```
[Router B] rip
[Router B-rip] network 196.38.165.0
[Router B-rip] network 110.11.2.0
```

（3）配置 C：

```
[Router C] rip
[Router C-rip] network 117.102.0.0
[Router C-rip] network 110.11.2.0
```

二、OSPF 的配置

（一）概述

开放最短路径优先协议 OSPF（Open Shortest Path First）是 IETF 组织开发的一个基于链路状态的内部网关协议，其特性如下：

（1）适应范围。支持各种规模的网络，最多可支持几百台路由器。

（2）快速收敛。在网络的拓扑结构发生变化后立即发送更新报文，使这一变化在自治系统中同步。

（3）无自环。由于 OSPF 根据收集到的链路状态用最短路径树算法计算路由，从算法本身保证了不会生成自环路由。

（4）区域划分。允许自治系统的网络被划分成区域来管理，区域间传送的路由信息被进一步抽象，从而减少了占用的网络带宽。

（5）等价路由。支持到同一目的地址的多条等价路由。

（6）路由分级。使用 4 类不同的路由，按优先顺序来说分别是区域内路由、区域间路由、第一类外部路由、第二类外部路由。

（7）支持验证。支持基于接口的报文验证以保证路由计算的安全性。

（8）组播发送。协议报文支持以组播形式发送。

（二）原理

OSPF 协议路由的计算过程可简单地描述如下：

（1）每台路由器根据自己周围的网络拓扑结构生成链路状态广播（简称为 LSA），通过相互之间发送协议报文将 LSA 发送给网络中其他路由器。

（2）由于 LSA 是对路由器周围网络拓扑结构的描述，因此 LSDB 是对整个网络的拓扑结构的描述。

（3）每台路由器都使用 SPF 算法计算出一棵以自己为根的最短路径树。

OSPF 协议支持基于接口的报文验证，以保证路由计算的安全性，并使用 IP 多播方式发送和接收报文。

（三）OSPF 的协议报文

OSPF 有以下五种报文类型：

（1）HELLO 报文（Hello Packet）。内容包括一些定时器的数值、DR、BDR 以及自己已知的邻居。

（2）DD 报文（Database Description Packet）。两台路由器进行数据库同步时，用 DD 报文来描述自己的 LSDB，内容包括 LSDB 中每一条 LSA 的摘要。

（3）LSR 报文（Link State Request Packet）。两台路由器互相交换过 DD 报文之后，知道对端的路由器有哪些 LSA 是本地的 LSDB 所缺少的，这时需要发送 LSR 报文向对方请求所需的 LSA。内容包括所需要的 LSA 的摘要。

（4）LSU 报文（Link State Update Packet）。用来向对端路由器发送所需要的 LSA，内容是多条 LSA（全部内容）的集合。

（5）LSAck 报文（Link State Acknowledgment Packet）。用来对接收到的 LSU 报文进行确认。内容是需要确认的 LSA 的 HEAD（一个报文可对多个 LSA 进行确认）。

（四）配置案例

1. 组网需求

RouterA、B、C、D 运行在同一网段，部署 OSPF 协议组网如图 GYZD00506003-2 所示。

2. 配置步骤

（1）配置 A：

```
<RouterA> system-view
[RouterA] interface Vlan-interface 1
[RouterA-Vlan-interface1]  ip  address
196.1.1.1 255.255.255.0
[RouterA] ospf
[RouterA-ospf-1] area 0
[RouterA-ospf-1-area-0.0.0.0] network 196.1.1.0 0.0.0.255
```

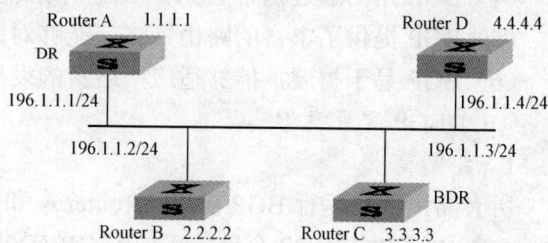

图 GYZD00506003-2　OSPF 配置组网

（2）配置 B：

```
<RouterB> system-view
[RouterB] interface Vlan-interface 1
[RouterB-Vlan-interface1] ip address 196.1.1.2 255.255.255.0
[RouterB] ospf
[RouterB -ospf-1] area 0
[RouterB -ospf-1-area-0.0.0.0] network 196.1.1.0 0.0.0.255
```

（3）配置 C：

```
<RouterC> system-view
[RouterC] interface Vlan-interface 1
[RouterC -Vlan-interface1] ip address 196.1.1.3 255.255.255.0
[RouterC] ospf
[RouterC -ospf-1] area 0
[RouterC -ospf-1-area-0.0.0.0] network 196.1.1.0 0.0.0.255
```

（4）配置 D：

```
<RouterD> system-view
[RouterD] interface Vlan-interface 1
[RouterD] ospf
[RouterD -ospf-1] area 0
[RouterD -ospf-1-area-0.0.0.0] network 196.1.1.0 0.0.0.255
```

三、BGP 的配置

（一）BGP 基本原理

BGP（Border Gateway Protocol，边界网关协议）是用来连接 Internet 上的独立系统的路由选择协议。

BGP（Border Gateway Protocol）是一种在自治系统之间动态交换路由信息的路由协议。AS 是拥有同一选路策略，在同一技术管理部门下运行的一组路由器。

BGP 在路由器上以下列两种方式运行：

（1）IBGP（Internal BGP）。当 BGP 运行于同一自治系统内部时，被称为 IBGP。

（2）EBGP（External BGP）。当 BGP 运行于不同自治系统之间时，称为 EBGP。

（二）BGP 特性描述

（1）BGP 是一种外部网关协议（Exterior Gateway Protocol，EGP），用于控制路由的传播和选择最佳路由。

（2）BGP 使用 TCP 作为其传输层协议（端口号 179），提高了协议的可靠性。

（3）BGP 支持 CIDR（Classless Inter-Domain Routing，无类别域间路由）。

路由更新时，BGP 只发送更新的路由，大大减少了 BGP 传播路由所占用的带宽，适用于在 Internet 上传播大量的路由信息。

（4）BGP 路由通过携带 AS 路径信息彻底解决路由环路问题。

（5）BGP 提供了丰富的路由策略，能够对路由实现灵活的过滤和选择。

（6）BGP 易于扩展，能够适应网络新的发展。

（三）BGP 配置案例

1. 组网需求

所有路由器均运行 BGP 协议，Router A 和 Router B 之间建立 EBGP 连接，Router B、Router C 和 Router D 之间建立 IBGP 全连接，如图 GYZD00506003-3 所示。

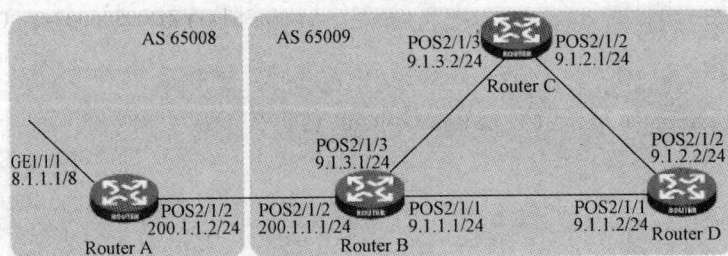

图 GYZD00506003-3　BGP 配置组网

2. 配置步骤

（1）配置各接口的 IP 地址（略）。

（2）配置 IBGP 连接。

（3）配置 Router B：

```
<RouterB> system-view
[RouterB] bgp 65009
[RouterB-bgp] router-id 2.2.2.2
[RouterB-bgp] peer 9.1.1.2 as-number 65009
[RouterB-bgp] peer 9.1.3.2 as-number 65009
[RouterB-bgp] quit
```

（4）配置 Router C：

```
<RouterC> system-view
[RouterC] bgp 65009
[RouterC-bgp] router-id 3.3.3.3
[RouterC-bgp] peer 9.1.3.1 as-number 65009
[RouterC-bgp] peer 9.1.2.2 as-number 65009
[RouterC-bgp] quit
```

（5）配置 Router D：

```
<RouterD> system-view
[RouterD] bgp 65009
[RouterD-bgp] router-id 4.4.4.4
[RouterD-bgp] peer 9.1.1.1 as-number 65009
[RouterD-bgp] peer 9.1.2.1 as-number 65009
[RouterD-bgp] quit
```

（6）配置 Router A：

```
<RouterA> system-view
[RouterA] bgp 65008
[RouterA-bgp] router-id 1.1.1.1
[RouterA-bgp] peer 200.1.1.1 as-number 65009
```

（7）将 8.0.0.0/8 网段路由通告到 BGP 路由表中：

```
[RouterA-bgp] network 8.0.0.0
[RouterA-bgp] quit
```

【思考与练习】

1. RIP 协议发送报文的组播地址是多少？
2. OSPF 中如何选 DR 和 BDR？
3. BGP 在路由器上有哪几种运行方式？

模块 4 MPLS-VPN 的配置方法（GYZD00506004）

【模块描述】本模块介绍 MPLS-VPN 的配置方法。通过方法介绍和举例说明，掌握配置 BGP/MPLS-VPN 功能的步骤和方法。

【正文】

一、MPLS-VPN 的配置方法

要实现 BGP/MPLS-VPN 的功能一般需要完成以下步骤：在 PE、CE、P 上配置基本信息；然后建立 PE 到 PE 的具有 IP 能力的逻辑或物理的链路；发布、更新 VPN 信息。

1. CE 设备的配置

CE 设备的配置比较简单，只需配置静态路由、RIP、OSPF 或 EBGP 等，与相连的 PE 交换 VPN 路由信息，不需要配置 MPLS。

2. PE 设备的配置

PE 设备的配置比较复杂，完成 BGP/MPLS-VPN 的核心功能，大致可分为以下几个部分：

（1）配置 MPLS 基本能力，与 P 设备和其他 PE 设备共同维护 LSP。

（2）配置 BGP/MPLS-VPN Site，即有关 vpn-instance 的配置。

（3）配置静态路由、RIP、OSPF 或 MP-EBGP，与 CE 交换 VPN 路由信息。

（4）配置 IGP，实现 PE 内部的互通。

（5）配置 MP-IBGP，在 PE 之间交换 VPN 路由信息。

二、CE、PE 的配置方法

1. CE 路由器的配置

（1）CE 路由器作为用户端设备，仅需要做一些基本的配置，使之能够实现与 PE 设备进行路由信息的交换。目前可选择的路由交换方式有静态路由、RIP、OSPF、EBGP、VLAN 子接口等。

（2）在 CE 上配置路由。

（3）如选择静态路由作为 CE-PE 间的路由交换方式，则应在 CE 上配置一条指向 PE 端的私网静态路由。

（4）如选择 RIP 作为 CE-PE 间的路由交换方式，则应在 CE 上配置 RIP。

（5）如选择 OSPF 作为 CE-PE 间的路由交换方式，则应在 CE 上配置 OSPF。

2. PE 路由器的配置

（1）定义 VPN

[例 GYZD00506004-1]　定义 VPN 实例。

1）创建并进入 VPN 实例视图

vpn-instance 在实现中与 Site 关联，一个 Site 的 VPN 成员关系和路由规则等均在 vpn-instance 的配置下体现。

2）配置 vpn-instance 的 RD

在 PE 路由器上配置 RD，当从 CE 学习到的一条 VPN 路由引入 BGP 时，MP-BGP 将 RD 附加到 IPv4 前面，使之转换为 VPN IPv4 地址，使原来在 VPN 中全局不唯一的 IPv4 地址成为全局唯一的 VPN IPv4 地址，以便在 VPN 中实现正确的路由。

3）为 vpn-instance 配置描述信息

4）配置 vpn-instance 的 vpn-target 属性

vpn-target 用来控制 VPN 路由信息的发布，该属性是 BGP 的扩展团体属性。

5）将接口（含 VLAN 子接口）与 vpn-instance 关联

vpn-instance 通过与接口绑定实现与直接连接的 Site 相关联。当 Site 发来的报文经此接口进入 PE 路由器时，即可查找相应的 vpn-instance 获得路由信息（包括下一条、标签、输出接口等信息）。同理，当 CE 通过 VLAN 子接口连接到 PE 时，应在 VLAN 子接口下将子接口与 vpn-instance 关联。

（2）配置 PE 与 CE 间进行路由交换。目前 PE 与 CE 间的路由交换方式有静态路由、RIP、OSPF、EBGP、VLAN 子接口等。

1）在 PE 上配置静态路由。可以在 PE 上配置一条指向 CE 端的静态路由，使 PE 通过静态路由的方式向 CE 学习 VPN 路由。

2）在 PE 上配置 RIP 的实例。在 PE 和 CE 之间配置 RIP 时，需要在 PE 上指定 RIP 实例的运行环境，使用该命令进入路由实例的配置视图，并在此视图下配置 RIP 路由实例的引入、发布等。

3）在 PE 上配置 EBGP。在 PE 与 CE 之间运行 EBGP，应在 MP-BGP 的 vpn-instance 视图下，为每个 VPN 配置 EBGP。

（3）配置 PE-PE 间进行路由交换。在 PE 上配置 MP-IBGP 协议，使得 PE 之间能够交互 VPN-IPv4 路由。对于 IBGP 一般情况，需要配置以下各项：

1）配置 BGP 的同步方式为不同步。

2）配置 BGP 邻居。

3）配置允许内部 BGP 会话使用任何可操作的 TCP 连接接口。

（4）配置 MP-IBGP。

1）进入协议地址族视图。

2）配置 MBGP 邻居。

3）配置激活对等体（组）。

4）配置在发布路由时将自身地址作为下一跳（可选）。

5）配置传送 BGP 更新报文时不携带私有自治系统号（可选）。

三、MPLS-VPN 配置案例

1. 组网需求

CE1 和 CE2 分别与 PE1 和 PE2 设备相连；三个 PE 设备也两两相连，组成备份链路。CE3 和 CE4 只与一个 PE 设备相连。

CE1 与 CE3 属于同一个 VPN；CE2 与 CE4 属于同一个 VPN。不同的 VPN 之间不能互通。

2. 组网图（如图 GYZD00506004-1 所示）

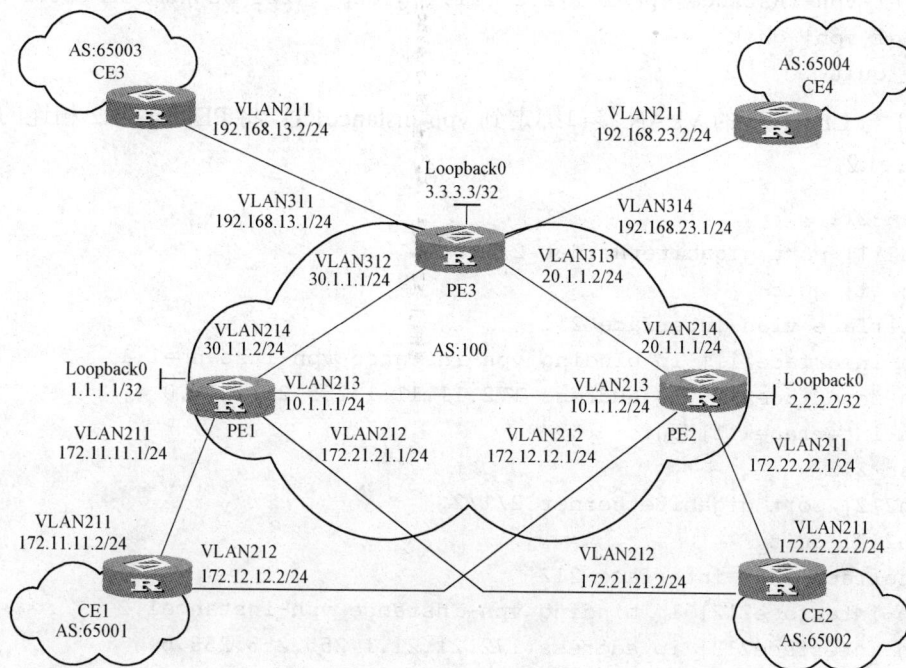

图 GYZD00506004-1　CE 双归属组网图

3. 配置步骤

下面以配置 PE1 为例进行介绍。

（1）在 PE1 上为 CE1 和 CE2 分别创建 vpn-instance1.1 和 vpn-instance1.2，并配置不同的 vpn-target 属性。

```
[PE1] ip vpn-instance vpn-instance1.1
[PE1-vpn-vpn-instance1.1] route-distinguisher 1.1.1.1:1
[PE1-vpn-vpn-instance1.1] vpn-target 1.1.1.1:1
[PE1-vpn-vpn-instance1.1] quit
[PE1] ip vpn-instance vpn-instance1.2
[PE1-vpn-vpn-instance1.2] route-distinguisher 2.2.2.2:2
[PE1-vpn-vpn-instance1.2] vpn-target 2.2.2.2:2
[PE1-vpn-vpn-instance1.2] quit
```

（2）PE1 在实例 vpn-instance1.1 下与 CE1 建立 EBGP 邻居，将 CE1 内部 VPN 路由引 vpn-instance1.1。

```
[PE1] bgp 100
[PE1-bgp] ipv4-family vpn-instance vpn-instance1.1
[PE1-bgp-af-vpn-instance] import-route direct
[PE1-bgp-af-vpn-instance] import-route static
[PE1-bgp-af-vpn-instance] group 17211 external
[PE1-bgp-af-vpn-instance] peer 172.11.11.2 group 17211 as-number 65001
[PE1-bgp-af-vpn] quit
[PE1-bgp] quit
```

（3）PE1 在实例 vpn-instance1.2 下与 CE2 建立 EBGP 邻居，将 CE2 内部 VPN 路由引 vpn-instance1.2。

```
[PE1-bgp] ipv4-family vpn-instance vpn-instance1.2
[PE1-bgp-af-vpn-instance] import-route direct
[PE1-bgp-af-vpn-instance] import-route static
[PE1-bgp-af-vpn-instance] group 17221 external
[PE1-bgp-af-vpn-instance] peer 172.21.21.2 group 17221 as-number 65002
[PE1-bgp-af-vpn] quit
[PE1-bgp] quit
```

（4）将 PE1 与 CE1 相连的 VLAN 接口绑定到 vpn-instance1.1；将 PE1 与 CE2 相连的 VLAN 口绑定到 vpn-instance1.2。

```
[PE1] vlan 211
[PE1-vlan211] port gigabitethernet 2/1/1
[PE1-vlan211] quit
[PE1] interface vlan-interface 211
[PE1-vlan-interface211] ip binding vpn-instance vpn-instance1.1
[PE1-vlan-interface211] ip address 172.11.11.1 255.255.255.0
[PE1-vlan-interface211] quit
[PE1] vlan 212
[PE1-vlan212] port gigabitethernet 2/1/2
[PE1-vlan212] quit
[PE1] interface vlan-interface 212
[PE1-vlan-interface212] ip binding vpn-instance vpn-instance1.2
[PE1-vlan-interface212] ip address 172.21.21.1 255.255.255.0
[PE1-vlan-interface212] quit
```

（5）配置 LoopBack 接口。

```
[PE1] interface loopback 0
[PE1-LoopBack0] ip address 1.1.1.1 255.255.255.255
[PE1-LoopBack0] quit
```

（6）配置 MPLS 基本能力，并在 PE1 与 PE2、PE3 相连的 VLAN 接口上使能 LDP。

```
[PE1] mpls lsr-id 1.1.1.1
[PE1] mpls
[PE1-mpls] quit
[PE1] mpls ldp
[PE1] vlan 213
[PE1-vlan213] port gigabitethernet 2/1/3
[PE1-vlan213] quit
[PE1] interface vlan-interface213
[PE1-vlan-interface213] mpls
[PE1-vlan-interface213] mpls ldp enable
[PE1-vlan-interface213] mpls ldp transport-ip interface
[PE1-vlan-interface213] ip address 10.1.1.1 255.255.255.0
[PE1-vlan-interface213] quit
[PE1] vlan 214
[PE1-vlan214] port gigabitethernet 2/1/4
[PE1-vlan214] quit
[PE1] interface vlan-interface 214
[PE1-vlan-interface214] mpls
[PE1-vlan-interface214] mpls ldp enable
```

```
[PE1-vlan-interface214] mpls ldp transport-ip interface
[PE1-vlan-interface214] ip address 30.1.1.2 255.255.255.0
[PE1-vlan-interface214] quit
```

（7）在 PE1 与 P2、PE3 相连的接口及环回接口上启用 OSPF，实现 PE 内部的互通。

```
[PE1] Router-id 1.1.1.1
[PE1] ospf
[PE1-ospf-1] area 0
[PE1-ospf-1-area-0.0.0.0] network 1.1.1.1 0.0.0.0
[PE1-ospf-1-area-0.0.0.0] network 30.1.1.2 0.0.0.255
[PE1-ospf-1-area-0.0.0.0] network 10.1.1.1 0.0.0.255
[PE1-ospf-1-area-0.0.0.0] quit
[PE1-ospf-1] quit
```

（8）在 PE 与 PE 之间建立 MP-IBGP 邻居，进行 PE 内部的 VPN 路由信息交换，并在 VPNv4 地址族视图下激活 MP-IBGP 对等体。

```
[PE1] bgp 100
[PE1-bgp] group 2
[PE1-bgp] peer 2.2.2.2 group 2
[PE1-bgp] peer 2.2.2.2 connect-interface loopback 0
[PE1-bgp] group 3
[PE1-bgp] peer 3.3.3.3 group 3
[PE1-bgp] peer 3.3.3.3 connect-interface loopback 0
[PE1-bgp] ipv4-family vpnv4
[PE1-bgp-af-vpn] peer 2 enable
[PE1-bgp-af-vpn] peer 2.2.2.2 group 2
[PE1-bgp-af-vpn] peer 3 enable
[PE1-bgp-af-vpn] peer 3.3.3.3 group 3
[PE1-bgp-af-vpn] quit
```

【思考与练习】

1. 简述要实现 BGP/MPLS-VPN 的功能一般所需要完成的配置步骤。

2. 如果选择 RIP 作为 CE-PE 间的路由交换方式，应在哪些设备上配置 RIP？

模块 5 数据网的规划设计方法（GYZD00506005）

【模块描述】本模块介绍数据网规划设计的原则和方法。通过要点归纳，熟悉数据网拓扑结构设计、节点路由设备选取、路由协议规划、公共资源分配、MPLS-VPN 设计和配置以及网络管理的原则和规范。

【正文】

一、拓扑结构设计原则

1. 拓扑可靠性

在各网络的拓扑设计中应遵循 $N-1$ 的电路可靠性和 $N-1$ 的节点可靠性原则。

$N-1$ 的电路可靠性：拓扑中去掉任何 1 条连线（电路），不影响节点的连通性。这就要求每个节点至少有两条不相关的电路与其他节点相连。$N-1$ 的节点可靠性：拓扑中去掉任何 1 个节点，不影响其他节点的连通性。

2. 双出口

每个骨干层网络到核心层网络都有两个出口，两个出口应位于不同的地理位置（至少不在一个机房内），以防止因外部原因（如停电）造成两出口同时失效。两出口的外联电路中，至少有两条没有相关性。

3. 分层管理

正常情况下省调和网调的网络之间物理连通，但需要通过路由策略、ACL 等方式将两者之间进行隔离，使两者互相不可见。在需要的时候，可以很方便地通过软件配置的修改将网调和省调的全网或部分网络连通。

在网调和省调之间通常运行 EBGP 协议，并通过相应的策略对路由进行控制，实现上述目标。

4. 流量（traffic）优化

根据网络的流量和流向，合理配置电路及其带宽。网络流量分布均匀，各电路带宽就能得到较充分的利用，不存在网络带宽瓶颈。应适度考虑在"$N-1$"的情况下网络的流量。

5. 经济性

在保证可靠和畅通的前提下，网络电路的数量、总里程和带宽应尽可能减小，以降低网络的运行费用。

6. 扩展性

网络电路和节点的增加、减少以及修改应不影响网络的总体拓扑。

二、节点路由设备选取原则

（1）必须具备高可靠性。

（2）必须能够提供故障隔离功能。

（3）必须具有迅速升级能力。

（4）必须具有较少的时延。

（5）必须具有良好的可管理性。

（6）必须具备路由器的处理性能。

（7）必须具备网络的可靠性。

（8）扩展能力强。

（9）必须具备网络的安全性。

三、路由协议规划

（一）IGP 规划

采用 OSPF 作为核心层和骨干层网络的内部 IGP 路由协议。

1. OSPF router id 规划

每台设备必须配置 loopback 地址，且每台设备的 router id 设置为与该设备的 loopback 地址相同。

2. OSPF 子区（AREA）规划

广域网骨干网采用 OSPF 作为 IGP，构建骨干路由。OSPF 是一种收敛迅速、消耗系统资源较少的高效的链路状态路由协议，在很多大型的骨干网的环境中得到了成功的应用。

OSPF 里最重要的概念之一是存在层次和区域。OSPF 允许把连续网络汇集起来，以进行分组。这样的组和路由器一起维护到内含网络的接口，称为区域（area）。每个区域独立运行基本链路状态路由算法的一个副本。

各省调根据自身网络拓扑结构进行区域划分，并需要兼顾区域划分、IP 地址分配和路由的汇总。

3. 在 OSPF 中统一路由尺度（COST）的计算

为确保路由器选择最优路径，各省调需要统一 OSPF 路由尺度（COST）的计算，计算方法根据各省调网络带宽情况自行设计，可以参考国调的 COST 计算方式：端口 COST ＝100/带宽，带宽的单位是 Mbit/s。各种接口的路由尺度见表 GYZD00506005-1。

表 GYZD00506005-1　　　　　　各种接口的路由尺度

接口类型	COST	接口类型	COST
100M FE	1	loopback 接口	1
$N \times E1$	50/N		

通常类型的接口 cost 值可以通过 OSPF 自行计算，但使用 MP 进行捆绑的接口必须使用手工配置，在接口配置模式下运行 ip ospf cost 命令进行 COST 设置。OSPF 引入的静态路由尺度值统一设置为 1000，类型为 1。

（二）BGP 路由协议规划

1. AS 号划分

各省采用的 AS 号按照国调 SPDnet 规划标准进行分配。

2. 路由反射器的规划

按照 BGP 协议的要求，网络中运行 BGP 协议的路由器必须保证是全连通的，即任意两台路由器之间都必须配置邻居关系。这样会导致 N 平方问题，为了解决这个问题，必须使用 BGP 反射器技术。

配置中的 cluster ID 使用两台 RR 中主用的路由器的 router id。

四、公共资源分配

（一）互联 IP 地址分配

（1）总体的 IP 地址规划原则。以路由协议 OSPF 的拓扑结构为 IP 地址规划参考的第一要素，即按照 OSPF 协议的区域划分来规划 IP 地址段，保证 OSPF 的每个区域内的互联 IP 地址都可以聚合。

（2）网管地址统一规划。

（3）充分考虑 IP 地址的预留问题。

（二）设备命名规则

为了保证以后的管理方便，设备命名需有一定的规范性。

设备采用以下命名方法：AA—B—YYYY—X。其中，AA 表示该设备所属的级别和名称；B 表示设备的类型，例如，R 表示路由器，S3 表示 3 层交换机，S2 表示 2 层交换机；YYYY 表示设备型号；X 表示如果前三项相同的设备，用数字编号 1、2 标识。如果没有备份的设备，则无此项标识，如省网的设备。

（三）VLAN 命名规则

在 CE 侧交换机划分 VLAN 如下：VLAN 的划分按照本 VLAN 所属的 IP 网段的第 3 个字节来定义，例如，某 VLAN 所属的网段是 10.20.14.0/24，则该网段的 VLAN 为 VLAN14。由于 VLAN1 通常保留，因此遇到 VLAN1 的情况则使用 VLAN2。

五、MPLS VPN 设计和配置

（一）VPN 部署方案

SPDnet 采用 MPLS-VPN 实现实时和非实时业务的安全接入。

三层 MPLS-VPN 的基本能力由 RFC2547 描述，考虑到减轻低端 PE 的 VPN 路由处理压力，建议采用分层 PE 的解决方案。

（二）分层 PE 方式部署 MPLS-VPN

（1）各省 SPDnet 采用一个独立的 AS 部署路由，在一个 AS 内将有大量路由器作为 PE 设备接入业务，这就要求厂站设备也必须具备骨干设备的处理能力才能满足要求。为避免这样的情况，采用分层 PE 方式部署 MPLS-VPN。这种部署方式与 AS 内路由采用某种具体的 IGP 没有关系，只要求 IGP 保持链路的连通并在一个 AS 内即可。

（2）分层式 PE 是将 PE 的功能分布到多个设备上，它们承担不同的角色，并形成层次结构，共同完成一个集中式 PE 的功能，对处于较高层次的设备的路由和转发性能要求高，而对处于较低层次的设备的路由和转发性能要求低，如图 GYZD00506005-1 所示。

（3）在分层 PE 中，直接连接用户的设备称为下层 PE（Underlayer PE，UPE），连接 UPE 并位于网络内部的设备称为上层 PE（Superstratum PE，SPE）。这种框架结构称为 PE 的分层结构（Hiberarchy of PE，HoPE）。

（4）UPE 仅维护其直接连接的 VPN Site 的路由，但不维护 VPN 中其他远程 Site 的路由；SPE 维

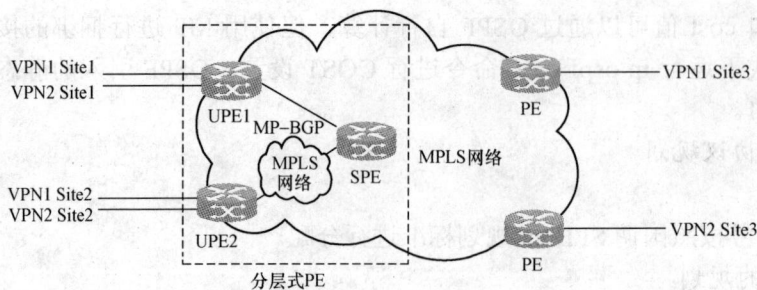

图 GYZD00506005-1 分层 PE 组网

护其通过 UPE 所连接的 Site 所在的 VPN 中的所有路由，包括本地和远程 Site 中的路由。UPE 为其直接连接的 Site 的路由分配内层标签，并发布给 SPE；SPE 只发布 VRF 默认路由给 UPE，并携带标签，UPE 和 SPE 之间采用标签转发。

（三）MP-IBGP 部署策略

（1）所有的 PE、SPE、UPE 节点都应运行 MP-IBGP，为了减少 IBGP 的链接数量，采用分层 PE，VPN 路由信息的更新仅在核心和骨干层的路由器（SPE 和 PE）间进行，收敛时间更快；同时各个厂站的路由器（UPE）仅需知道直连的 VPN 路由，不需要知道和处理所有的 VPN 的信息，大大减少了直调厂站节点路由器的处理压力，可以使用处理能力相对较小的设备。

（2）SPE 和 UPE 之间可以直连，也可相隔一个 IP 网络或是 MPLS 网络。

（3）UPE 是遵循通常 MPLS-VPN 标准的普通 PE 设备，SPE 遵循 draft-libin-hiberarchy-pe-bgp-mpls-vpn.txt（草案）定义的 VPN 实现建议。

（四）VPN 相关公共资源规划

1. VRF 命名规则

实时 VPN：RT

非实时 VPN：NRT

2. RD：router distinguish 命名规则

使用 16 bits：32 bits 格式，分配规则为"AS 号：VPN 类别"。VPN 类别：实时 VPN：大区编码×10＋1；非实时 VPN：大区编码×10＋2。

3. RT：Route-target 命名规则

使用 16 bits：32 bits 格式，分配规则为"AS 号：VPN 类别"。VPN 类别：实时 VPN：大区编码×10＋1；非实时 VPN：大区编码×10＋2。

六、网络管理的原则和规范

（一）对 PE 与 CE 设备统一网管

要求设备网管不仅能够管理所有的 PE 设备，而且还能够同时管理实时 VPN 中的 CE 设备（非实时 VPN 中的 CE 不需管理），为了安全考虑，要求网管工作站仅对 P、PE、CE 设备可见，对 VPN 内的用户设备是不可见的。

由于 CE 与 PE 之间的 LINK 链路地址属于 VPN 内部的地址，无法发布到公网（这里的公网是指 PE 和 P 设备使用的地址空间），所以为了实现上述需求，必须为每一台 CE 设备增加一条与 PE 设备之间的公网 LINK 链路（出于节约物理链路的考虑，可以在路由器上使用子接口功能，在 L2 或 L3 上使用 VLAN Trunk 功能）。每台 CE 设备的 loopback 地址（如果是 L2 则是管理地址）也配置为公网地址。

网管工作站同样采用公网的地址空间。

（二）路由器相关参数设置

（1）SNMP 相关版本设置。

（2）SNMP 协议的相应版本，统一使能 SNMP V1 版本。

（3）SNMP 设置团体名。

（4）SNMPV1 采用团体名认证，与设备认可的团体名不符的 SNMP 报文将被丢弃。SNMP 团体（Community）由一字符串来命名，称为团体名（Community Name）。不同的团体可具有只读（read-only）或读写（read-write）访问模式。具有只读权限的团体只能对设备信息进行查询，而具有读写权限的团体还可以对设备进行配置。

（5）可以通过设置团体名来进行分级网管的实现，同时配置 password 确保网管报文的传输安全性。

（6）Trap 报文相关属性设置。

（7）允许被管理设备主动向网管工作站发送 Trap 报文。

（8）设置 Trap 目标工作站的地址为网管工作站的地址。

（9）设置被管理设备发送 Trap 的源地址为该设备的 loopback 地址。

【思考与练习】

1．简述 MP-IBGP 部署策略。

2．BGP 路由协议中的 AS 号是按照什么标准划分的？

模块 6 数据网的常见调试命令（GYZD00506006）

【模块描述】本模块介绍数据网的常见调试命令。通过功能描述和参数说明，掌握 display system cpu、display system device state、display version 等数据网常见调试命令的使用方法。

【正文】

下面以 H3C 设备调试命令为例进行介绍。

一、display system cpu 调试命令（见表 GYZD00506006-1）

表 GYZD00506006-1   查看系统 CPU 状态

命令格式	display system cpu [all | slot <slotnum]
功能描述	查询单板的 CPU 占用率
使用视图	所有视图
参数说明	不带参数显示主用主控板的 CPU 占用率 all 查询所有单板的 CPU 占用率 slot <slotnum>显示指定接口板的 CPU 占用率

显示说明	display system cpu all
	CPU Usage in slot 0:
	    1% in last 5 seconds
	    1% in last 1 minute
	    1% in last 5 minutes
	
	CPU Usage in slot 1:
	    1% in last 5 seconds
	    1% in last 1 minute
	    1% in last 5 minutes

二、display system device state 调试命令（见表 GYZD00506006-2）

表 GYZD00506006-2   查看系统单板状态

命令格式	display system device state
功能描述	查询系统的单板状态

续表

使用视图	所有视图					
显示说明	\<RTD\>display system device state					
	DeviceName	Exist	PowerState	ConnectState	RunState	PMC0Type	PMC1Type
	VIU00	Yes	On	Connect	Good	RTC1ETP	RTC1CEP
	VIU01	Yes	On	Connect	Good	RTC1SAP	RTC1CEP
	VIU02	Yes	On	Connect	Good	RTC2ATP	RTC1GEP
	VIU03	Yes	On	Connect	Good	RTC2ATP	Unknown
	VIU04	No	Off	Disconnect	Unknown	Unknown	Unknown

三、display version 调试命令（见表 GYZD00506006-3）

表 GYZD00506006-3　　　　　　　查看系统版本信息

命令格式	display version	使用视图	所有视图
功能描述	查询单板状态版本及运行时间	参数说明	无

【思考与练习】

1. 如何发现系统有一块单板运行指示灯为红色？如何查看运行状态？

2. 如何查看设备单板版本信息？

模块 7　数据网的调试步骤（GYZD00506007）

【模块描述】本模块介绍电力调度数据网的调试步骤和方法。通过方法介绍，掌握电力调度数据网的组网方案及调试步骤和方法。

【正文】

一、电力调度数据网基础网络模型的基本知识

整体网络采用以太网连接，并且部署 OSPF、BGP、MPLS-VPN 协议，实现各点数据通信，并且实现各业务之间的访问控制。

二、电力调度数据网解决方案组网说明及调试步骤

该模块的组网方案是参照电力调度数据网的组网方式，在实验环境下进行模拟配置，其中 IP 地址、VPN 等参数的规划与实际组网不同，实际配置中应以实际地址规划为准，见表 GYZD00506007-1。

表 GYZD00506007-1　　　　　　　地址分配表

设　备	Route-id	设　备	Route-id
国调 NE16E	21.10.0.1	省调 NE40	22.10.0.1
地调 NE16E	23.10.0.10	地调 SR88	23.10.0.9
县调 SR88-1	23.10.0.3	县调 SR88-2	23.10.0.4
县调 SR66-1	23.10.0.7	县调 SR88-2	23.10.0.8
变电站 MSR-1	23.10.0.1	变电站 MSR-2	23.10.0.2
变电站 MSR-3	23.10.0.5	变电站 MSR-4	23.10.0.6

（一）组网图

电力调度数据网如图 GYZD00506007-1 所示。

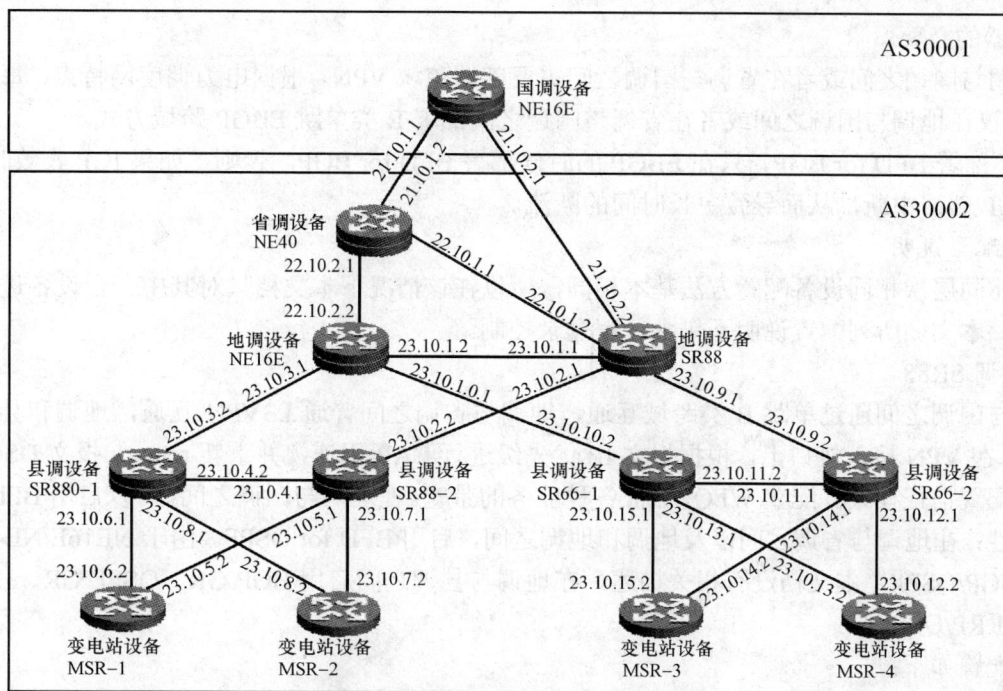

图 GYZD00506007-1 电力调度数据网

（二）组网说明

1.核心层

地市电力调度中心采用一台 SR88/66 与原有 NE16E 形成双机互备，各通过一条链路双归属上行到省调的两台 NE40 路由器。

地区电力调度数据网核心采用省级电力调度数据网在地调放置的设备，同时增加一台 SR88/66 与原有设备形成双机，同时接入原有省网的 220kV 变电站和地区电力调度数据网的骨干层设备。新增加的设备与网调 NE16E 连接，与省调设备形成到网调的双出口。

地区电力调度数据网与省级电力调度数据网在一个 AS 之中。

2. 骨干层

骨干层由县调、集控站构成。各县调度中心核心设备同样以双归属方式上行连接到地市电力调度数据网核心的 SR88/66 和 NE16E 路由器，县调度中心可以采用双核心路由器互备，也可考虑单机方式。县调度中心核心路由设备采用 SR88/66 高端路由器。

3.接入层

接入层由 110kV 变电站构成。

（三）配置建议

HoPE 组网方式：该组网在同一个位置上的两个 SPE 之间需要建立 BGP 邻居，可能会导致一个 SPE 选择私网路由的下一跳为另外一个 SPE，而不是 UPE，因为默认配置下 BGP 选路的时候会比较 route-id，SPE 的 route-id 比 UPE 的 route-id 大就会导致这个问题。这样会导致下行流量从一个 SPE 到另外一个 SPE 再到 UPE，而且这个 SPE 不能向更上一层的 SPE 反射这些路由。解决办法：规划 UPE 的 route-id 比 SPE 的 route-id 小，则 SPE 会优先选择 UPE。

HoPE 组网方式：在同一个位置上的两个 SPE 向下层的所有 UPE 下发私网默认路由，下层的 UPE 在选择默认路由时，如果没有配置路由策略，则会通过比较两个 SPE 的 route-id，选择 route-id 小的 SPE 作为下一跳，这里的问题就是所有的 UPE 都会选择同一个 SPE，另一个 SPE 上就不会有上行流量，没有达到负荷分担的作用，仅起到了备份的效果。解决办法：可以通过配置路由策略（在 UPE 或者 SPE 上配置均可），让部分 UPE 选择一个 SPE，其余部分 UPE 选择另一个 SPE。

地调设备存在两个 OSPF 进程，两个 OSPF 进程之间不能随意互相引入，否则容易产生环路。

由于在地调和县调都部署了 HoPE，而 HoPE 本身就具有反射的功能，所以在组网中也没有部署

BGP 反射器的必要。

在地调与国调之间或者在省调与国调之间需要部署跨域 VPN。根据电力调度网特点，每台设备都是 PE，建议在地调与国调之间或者在省调与国调之间部署 B 类单跳 EBGP 跨域方式。

IGP 不部署 BFD for BGP，只在 EBGP 的时候部署 BFD for BGP。否则，如果 IGP 收敛时间稍长，会导致 BGP 邻居中断，从而导致更长时间的断流。

（四）配置说明

由于相同层次相同设备配置方法基本相同，所以在该情况下本文档只对其中一台设备进行配置说明。另外，本文档所列配置说明不包含远程登录控制。

1. 地调 SR88

地调与国调之间通过单跳 B 类跨域互通，地调与省调之间普通 L3VPN 互通，地调和县调之间部署 HoPE。在 VPN 接入接口上，根据报文 IP 优先级进行 CAR 限速，并重新 remark 报文 DSCP；在公网接口上配置信任模式并配置 WFQ，保证各种业务的带宽。在地调与国调之间，可以启用 BFD for BGP 提高可靠性；在地调与省调之间以及地调和地调之间，启用 BFD for OSPF。由于 NE16E/NE40 不支持 BFD for BGP/OSPF，本文档没有相关描述。在地调与县调之间启用 BGP GR、OSPF GR、LDP GR、BFD for VRRP/OSPF。

详细配置如下：

```
version 5.20, Release 3121P01
sysname didiao-1
```

（1）配置 echo 方式 BFD 源 IP。

```
bfd echo-source-ip 24.12.1.1
```

（2）配置两个 VPN，VPN100 为实时 VPN，VPN200 为非实时 VPN。

```
ip vpn-instance vpn100
route-distinguisher 23.10.0.9:100
vpn-target 100:1 export-extcommunity
vpn-target 100:1 import-extcommunity
ip vpn-instance vpn200
route-distinguisher 23.10.0.9:200
vpn-target 200:1 export-extcommunity
vpn-target 200:1 import-extcommunity
```

（3）配置 MPLS，使能 LDP GR。

```
mpls lsr-id 23.10.0.9
mpls
mpls ldp
graceful-restart
```

（4）配置 QoS 策略，根据 IP 优先级进行流分类，并对分类后的报文做 CAR 和 remark。

```
traffic classifier vpn100 operator and
if-match ip-precedence 2
traffic classifier vpn200 operator and
if-match ip-precedence 3
traffic behavior vpn100
car cir 1000 cbs 62500 ebs 0 red discard
remark dscp ef
traffic behavior vpn200
car cir 1000 cbs 62500 ebs 0 red discard
remark dscp af41
qos policy vpn100
```

```
classifier vpn100 behavior vpn100
qos policy vpn200
classifier vpn200 behavior vpn200
```

（5）拆分 CPOS 为非成帧模式的 E1，并将 E1 绑定 MP 口。

```
controller cpos2/1/9
clock master
e1 1 unframed
e1 2 unframed
e1 3 unframed
e1 4 unframed
interface Serial2/1/9/1:0
link-protocol ppp
ppp mp Mp-group 2/1/0
interface Serial2/1/9/2:0
link-protocol ppp
ppp mp Mp-group 2/1/0
interface Serial2/1/9/3:0
link-protocol ppp
ppp mp Mp-group 2/1/0
interface Serial2/1/9/4:0
link-protocol ppp
ppp mp Mp-group 2/1/0
```

（6）在公网接口上使能 BFD for OSPF，并配置 BFD 属性。

```
interface Mp-group2/1/0
description To-xiandiao-2-2
ip address 23.10.9.1 255.255.255.0
ospf cost 100
ospf bfd enable
bfd min-transmit-interval 200
bfd min-receive-interval 200
bfd detect-multiplier 3
mpls
mpls ldp
qos trust auto
qos wfq 4 weight 100
qos wfq 5 weight 200
interface GigabitEthernet2/1/1
description To-didiao-2
port link-mode route
ip address 23.10.1.1 255.255.255.0
ospf cost 250
mpls
mpls ldp
qos trust auto
qos wfq 4 weight 100
qos wfq 5 weight 200
interface GigabitEthernet2/1/1.1
description To-didiao-2
ip address 23.100.1.1 255.255.255.0
ospf cost 250
```

```
ospf bfd enable
mpls
mpls ldp
interface GigabitEthernet2/1/2
description To-xiandiao-1-1
port link-mode route
ip address 23.10.2.1 255.255.255.0
ospf cost 100
ospf bfd enable
bfd min-transmit-interval 10
bfd min-receive-interval 10
bfd detect-multiplier 3
mpls
mpls ldp
qos trust auto
qos wfq 4 weight 100
qos wfq 5 weight 200
interface GigabitEthernet2/1/3
description To-jikongzhan
port link-mode route
ip address 23.10.16.1 255.255.255.0
ospf cost 200
mpls
mpls ldp
qos trust auto
qos wfq 4 weight 100
qos wfq 5 weight 200
interface GigabitEthernet2/1/6
description To-shengdiao
port link-mode route
ip address 22.10.1.2 255.255.255.0
ospf cost 200
mpls
mpls ldp
qos trust auto
qos wfq 4 weight 100
qos wfq 5 weight 200
interface GigabitEthernet2/1/5
description To-guodiao
port link-mode route
ip address 21.10.2.2 255.255.255.0
mpls
qos trust auto
qos wfq 4 weight 100
qos wfq 5 weight 200
interface LoopBack0
ip address 23.10.0.9 255.255.255.255
```

（7）在私网报文入接口分别绑定 VPN，并应用 QoS 策略，限速均为 1M，remark DSCP 分别为 ef 和 af41，需要配置流模板。

在 VRRP 的 slave 端配置 BFD for VRRP：

```
flow-template diandiao basic ip-precedence
```

```
    track 1 bfd echo interface GigabitEthernet2/1/4.200 remote ip 24.12.1.254 local ip
24.12.1.253
    interface GigabitEthernet2/1/4.100
    description RT-vpn
    flow-template diandiao basic ip-precedence
    ip binding vpn-instance vpn100
    ip address 24.11.1.253 255.255.255.0
    vrrp vrid 1 virtual-ip 24.11.1.1
    vrrp vrid 1 priority 200
    vrrp vrid 1 preempt-mode timer delay 255
    qos apply policy vpn100 inbound
    interface GigabitEthernet2/1/4.200
    description NRT-vpn
    flow-template diandiao basic ip-precedence
    ip binding vpn-instance vpn200
    ip address 24.12.1.253 255.255.255.0
    vrrp vrid 2 virtual-ip 24.12.1.1
    vrrp vrid 2 track 1 switchover
    qos apply policy vpn100 inbound
```

（8）配置 BGP，部署 HoPE，本设备作为 SPE，县调作为 UPE，与省调建立普通 vpnv4 关系，与国调建立单跳 B 类跨域。

```
    bgp 30002
    reflector cluster-id 100
    undo synchronization
    graceful-restart
    peer 22.10.0.1 as-number 30002
    peer 23.10.0.10 as-number 30002
    peer 21.10.2.1 as-number 30001
    peer 22.10.0.1 connect-interface LoopBack0
    peer 23.10.0.10 connect-interface LoopBack0
    group xiandiao internal
    peer xiandiao connect-interface LoopBack0
    peer 23.10.0.3 group xiandiao
    peer 23.10.0.3 bfd
    peer 23.10.0.4 group xiandiao
    peer 23.10.0.4 bfd
    peer 23.10.0.7 group xiandiao
    peer 23.10.0.7 bfd
    peer 23.10.0.8 group xiandiao
    peer 23.10.0.8 bfd

    ipv4-family vpnv4
    reflector cluster-id 100
    peer 21.10.2.1 enable
    peer 22.10.0.1 enable
    peer 23.10.0.10 enable
    peer xiandiao enable
    peer xiandiao upe
    peer xiandiao default-route-advertise vpn-instance vpn100
    peer xiandiao default-route-advertise vpn-instance vpn200
    peer 23.10.0.3 enable
```

```
peer 23.10.0.3 group xiandiao
peer 23.10.0.4 enable
peer 23.10.0.4 group xiandiao
peer 23.10.0.7 enable
peer 23.10.0.7 group xiandiao
peer 23.10.0.8 enable
peer 23.10.0.8 group xiandiao
ipv4-family vpn-instance vpn100
import-route direct
ipv4-family vpn-instance vpn200
import-route direct
```

（9）部署 OSPF 路由协议。

```
ospf 10
enable link-local-signaling
enable out-of-band-resynchronization
graceful-restart nonstandard
import-route direct
area 0.0.0.0
network 22.10.1.0 0.0.0.255
network 23.10.1.0 0.0.0.255
area 0.0.0.1
network 23.10.16.0 0.0.0.255
ospf 11
enable link-local-signaling
enable out-of-band-resynchronization
graceful-restart nonstandard
import-route direct
spf-schedule-interval 1 10 10
area 0.0.0.0
network 23.10.2.0 0.0.0.255
network 23.10.9.0 0.0.0.255
network 23.100.1.0 0.0.0.255
```

2. 地调 NE16E

地调与省调之间普通 L3VPN 互通，地调和县调之间部署 HoPE。在 VPN 接入接口上，根据报文 IP 优先级进行 CAR 限速，并重新 remark 报文 IP 优先级；在公网接口上配置 CQ 调度保证各种业务的带宽。在地调与省调之间、地调和地调之间以及在地调与县调之间，启用 BFD for OSPF。由于 NE16E/NE40 不支持 BFD for BGP/OSPF，本文档没有相关描述，启用 BGP GR、OSPF GR、LDP GR。

详细配置如下：

```
sysname didiao-2
```

（1）配置 car 列表，根据 IP 优先级进行流分类。

```
qos carl 1 precedence 2
qos carl 2 precedence 3
```

（2）配置 CQ 列表，exp 为 5 进 10 队列，exp 为 4 进 11 队列。两队列占用带宽比为 2:1。

```
qos cql 1 queue 10 serving 20000
qos cql 1 queue 11 serving 10000
qos cql 1 protocol mpls exp 5 queue 10
qos cql 1 protocol mpls exp 4 queue 11
```

（3）配置两个 VPN，VPN100 为实时 VPN，VPN200 为非实时 VPN。

```
ip vpn-instance vpn100
route-distinguisher 23.10.0.10:100
vpn-target 100:1 export-extcommunity
vpn-target 100:1 import-extcommunity
ip vpn-instance vpn200
route-distinguisher 23.10.0.10:200
vpn-target 200:1 export-extcommunity
vpn-target 200:1 import-extcommunity
```

（4）配置 MPLS，使能 LDP GR。

```
mpls lsr-id 23.10.0.10
mpls
mpls ldp
graceful-restart
```

（5）配置使用 E1 模式，并将 E1 绑定 MP 口。

```
controller E1 5/1/0
clock master
using e1
controller E1 5/1/1
clock master
using e1
controller E1 5/1/2
clock master
using e1
controller E1 5/1/3
clock master
using el
interface Serial5/1/0:0
link-protocol ppp
ppp mp Mp-group 5/0/1
interface Serial5/1/1:0
link-protocol ppp
ppp mp Mp-group 5/0/1
interface Serial5/1/2:0
link-protocol ppp
ppp mp Mp-group 5/0/0
interface Serial5/1/3:0
link-protocol ppp
ppp mp Mp-group 5/0/0
```

（6）在公网接口使能 MPLS LDP，并配置 CQ 调度，引用 CQ 列表。

```
interface Ethernet3/0/0
description To-shengdiao
ip address 22.10.2.2 255.255.255.0
traffic-policy lzh outbound
ospf cost 200
qos cq cql 1
mpls
mpls ldp
interface Ethernet5/2/0
description To-jikongzhan
ip address 23.10.17.1 255.255.255.0
```

```
ospf cost 200
qos cq cql 1
mpls
mpls ldp
interface Mp-group5/0/0
description To-xiandiao-2-2
ip address 23.10.10.1 255.255.255.0
ospf cost 100
qos cq cql 1
mpls
mpls ldp
interface Mp-group5/0/1
description To-xiandiao-1-2
ip address 23.10.3.1 255.255.255.0
ospf cost 100
qos cq cql 1
mpls
mpls ldp
interface GigabitEthernet4/0/0
description To-didiao-1
ip address 23.10.1.2 255.255.255.0
ospf cost 250
qos cq cql 1
mpls
mpls ldp
bfd
interface GigabitEthernet4/0/0.1
description To-didiao-1
vlan-type dot1q 1
ip address 23.100.1.2 255.255.255.0
ospf cost 250
mpls
mpls ldp
```

（7）在报文入接口分别绑定 VPN，并配置 CAR 和 remark 策略，限速为 1M，remark IP 优先级为 5。

```
interface Ethernet4/2/0.100
description RT-vpn
vlan-type dot1q 100
ip binding vpn-instance vpn100
ip address 24.11.1.254 255.255.255.0
vrrp vrid 1 virtual-ip 24.11.1.1
qos car inbound car1 1 cir 1000000 cbs 500000 ebs 0 green remark-prec-pass 5 red discard
interface Ethernet4/2/0.200
description NRT-vpn
vlan-type dot1q 200
ip binding vpn-instance vpn200
ip address 24.12.1.254 255.255.255.0
vrrp vrid 2 virtual-ip 24.12.1.1
vrrp vrid 2 priority 200
qos car inbound car1 2 cir 1000000 cbs 500000 ebs 0 green remark-prec-pass 4 red discard
interface LoopBack0
```

```
ip address 23.10.0.10 255.255.255.255
```

（8）配置 BGP，部署 HoPE，本设备作为 SPE，县调作为 UPE，与省调建立普通 vpnv4 关系

```
bgp 30002。
graceful-restart
peer 23.10.0.9 as-number 30002
peer 23.10.0.9 connect-interface LoopBack0
peer 22.10.0.1 as-number 30002
peer 22.10.0.1 connect-interface LoopBack0
group xiandiao internal
peer xiandiao connect-interface LoopBack0
peer 23.10.0.3 as-number 30002
peer 23.10.0.3 group xiandiao
peer 23.10.0.4 as-number 30002
peer 23.10.0.4 group xiandiao
peer 23.10.0.7 as-number 30002
peer 23.10.0.7 group xiandiao
peer 23.10.0.8 as-number 30002
peer 23.10.0.8 group xiandiao
ipv4-family unicast
undo synchronization
reflector cluster-id 100
peer 23.10.0.9 enable
peer 22.10.0.1 enable
peer xiandiao enable
peer 23.10.0.3 enable
peer 23.10.0.3 group xiandiao
peer 23.10.0.4 enable
peer 23.10.0.4 group xiandiao
peer 23.10.0.7 enable
peer 23.10.0.7 group xiandiao
peer 23.10.0.8 enable
peer 23.10.0.8 group xiandiao
ipv4-family vpnv4
reflector cluster-id 100
policy vpn-target
peer 22.10.0.1 enable
peer 23.10.0.9 enable
peer xiandiao enable
peer xiandiao upe
peer xiandiao default-originate vpn-instance vpn100
peer xiandiao default-originate vpn-instance vpn200
peer 23.10.0.3 enable
peer 23.10.0.3 group xiandiao
peer 23.10.0.4 enable
peer 23.10.0.4 group xiandiao
peer 23.10.0.7 enable
peer 23.10.0.7 group xiandiao
peer 23.10.0.8 enable
peer 23.10.0.8 group xiandiao
ipv4-family vpn-instance vpn100
import-route direct
```

```
ipv4-family vpn-instance vpn200
import-route direct
```

（9）部署 OSPF 路由协议。

```
ospf 10
enable link-local-signaling
enable out-of-band-resynchronization
graceful-restart
import-route direct
area 0.0.0.0
network 23.10.1.0 0.0.0.255
network 22.10.2.0 0.0.0.255
area 0.0.0.1
network 23.10.17.0 0.0.0.255
ospf 11
enable link-local-signaling
enable out-of-band-resynchronization
graceful-restart
import-route direct
spf-schedule-interval 1
area 0.0.0.0
network 23.10.3.0 0.0.0.255
network 23.10.10.0 0.0.0.255
network 23.100.1.0 0.0.0.255
network 23.10.110.0 0.0.0.255
```

【思考与练习】

1. 简述电力调度数据网的调试步骤。
2. 电力调度数据网网路部署哪些动态路由协议？

第三十五章 数据网设备异常处理

模块 1 数据网设备故障的判断方法（GYZD00507001）

【模块描述】本模块介绍数据网设备故障的判断方法。通过方法介绍，掌握数据网设备电源系统、散热系统、单板、硬盘及配置系统故障的判断方法。

【正文】

一、电源系统故障的判断方法

（1）电源模块指示灯。告警单元上的电源模块指示灯可帮助定位路由器电源系统故障，见表 GYZD00507001-1。

表 GYZD00507001-1 　　　　　　　　　　　电源模块指示灯

名　　称	含　　义
电源模块 1 指示灯（PWR1）	电源模块 1 正常工作，PWR1 灯亮（绿色）。 电源模块 1 故障，PWR1 灯亮（红色）。 电源模块 1 不在位、电源告警功能或系统告警功能关闭，PWR1 灯灭
电源模块 2 指示灯（PWR2）	电源模块 2 正常工作，PWR2 灯亮（绿色）。 电源模块 2 故障，PWR2 灯亮（红色）。 电源模块 2 不在位、电源告警功能或系统告警功能关闭，PWR2 灯灭
电源模块 3 指示灯（PWR3）	电源模块 3 正常工作，PWR3 灯亮（绿色）。 电源模块 3 故障，PWR3 灯亮（红色）。 电源模块 3 不在位、电源告警功能或系统告警功能关闭，PWR3 灯灭

（2）当电源模块指示灯显示为红色或不亮时，表示电源系统故障，可检查以下部分：

1）路由器供电电源开关是否打开。

2）电源模块是否在位、电源告警功能或系统告警功能是否打开。

3）路由器电源线是否连接正确。

4）供电电压是否正确。

二、散热系统故障的判断方法

1. 机箱温度指示灯

告警单元上的机箱温度指示灯可帮助定位散热系统故障，见表 GYZD00507001-2。

表 GYZD00507001-2 　　　　　　　　　　　机箱温度指示灯

名　　称	含　　义
机箱温度指示灯 （TEMP）	机箱温度在允许范围之内，TEMP 灯亮（绿色）。 机箱温度在允许范围之外，TEMP 灯亮（红色）。 机箱温度告警功能或系统告警功能关闭，TEMP 灯灭
风扇指示灯 （FAN）	风扇正常工作，FAN 灯亮（绿色）。 至少一个风扇故障，FAN 灯亮（红色）。 风扇框不在位、风扇告警功能或系统告警功能关闭，FAN 灯灭
风扇指示灯 （SPD）	风扇正常工作，SPD 灯亮（绿色）。 风扇告警功能或系统告警功能关闭，SPD 灯灭

国家电网公司
生产技能人员职业能力培训专用教材

2. TEMP 灯

如果 TEMP 灯显示为红色，表示机箱内温度超出允许范围，可以进行以下检查定位故障：

（1）各个风扇指示灯是否显示正常。

（2）机箱各个通风口是否被异物堵塞。

（3）空单板插槽位置上是否安装有挡板。

（4）如果电源正常工作时，电源风扇指示灯（FAN）亮且显示为红色，可能是因为风扇故障或者转动过程受到异常干扰，即使风扇依然在转动的情况下，电源风扇告警依然存在，应将电源模块拔出，检查告警电源模块风扇状况，检查风扇内是否有异物或者其他原因导致风扇故障不能正常工作，并检查防尘罩是否安装良好且没有附着过多灰尘，排除故障之后重新通电。

三、单板、硬盘故障的判断方法

路由单板指示灯可帮助定位单板、硬盘故障，见表 GYZD00507001-3。

表 GYZD00507001-3 路由单板指示灯

指示灯位置	指示灯名称	指 示 灯 含 义
路由交换单元	RUN	路由交换单元正常运行，RUN 灯亮（绿色）
	FAIL	路由交换单元复位或故障，FAIL 灯亮（红色）
	DOMA DOMB	路由器配置为主备模式时，DOMA/DOMB 灯亮（绿色），标识此 RSU 为主控路由交换单元
通用接口单元	RUN	通用接口单元正常运行，RUN 灯亮（绿色）
	FAIL	通用接口单元复位或故障，FAIL 灯亮（红色）
	热插拔指示灯	在拆卸单板过程中，当扳开单板扳手时，系统的单板热插拔保护完成后，指示灯亮（蓝色），表示单板可以拔出；当单板拔下或单板的插头与背板脱离时，指示灯熄灭。 在安装单板过程中，当单板的插头与背板接触时，指示灯亮（蓝色）；当单板的插头与背板吻合后即单板扳手扳到适当位置时，指示灯熄灭
高可靠控制单元	DOMA DOMB	路由器配置为主备模式时，DOMA/DOMB 灯亮（绿色），标识此 HAU 为主用高可靠控制单元
网络接口模块	LINK	灯灭表示链路没有连通，灯亮表示链路已经连通
	ACTIVE	具体模块的指示灯显示略有不同，参见相关说明
告警单元	运行灯（RUN）	系统告警功能打开并且正常运行，RUN 灯亮（绿色）。 系统告警功能打开并且发现错误，RUN 灯亮（红色）。 系统告警功能关闭，RUN 灯灭
	一般告警灯（ALM）	系统配置为一般告警且有错误时，ALM 灯亮（红色）。 系统告警功能关闭或无错误时，ALM 灯灭
	严重告警灯（CRL）	系统配置为严重告警且有错误时，CRL 灯亮（红色）。 系统告警功能关闭或无错误时，CRL 灯灭
	硬盘 1 指示灯（HD1）	硬盘 1 进行读写操作，HD1 灯亮（绿色）。 硬盘 1 无读写操作，HD1 灯灭
	硬盘 2 指示灯（HD2）	硬盘 2 进行读写操作，HD2 灯亮（绿色）。 硬盘 2 无读写操作，HD2 灯灭

四、配置系统故障的判断方法

路由器通电后，如果系统正常，将在配置终端上显示启动信息；如果配置系统出现故障，配置终端可能无显示或者显示乱码。

1. 终端无显示故障处理

如果路由器通电后配置终端无显示信息，则应做以下检查：

（1）电源系统是否正常。

（2）路由交换单元是否正常工作。

如果以上检查未发现问题，很可能是配置电缆连接错误或者配置终端设置错误，应做相应的检查。

2．终端显示乱码故障处理

如果配置终端上显示乱码，很可能是配置终端参数设置错误，应进行相应检查。

【思考与练习】

1．如果终端显示乱码，则可能的原因是什么？

2．如果系统使用两块主控板，如何查看当前正在使用的是哪块主控板？

模块 2 网管软件的应用（GYZD00507002）

【模块描述】本模块介绍网管软件的应用方法。通过要点归纳和举例说明，熟悉网管软件的基本作用、配置方法及其应用。

【正文】

一、网管软件的基本知识

1．网管软件的基本作用

（1）收集网络中所有资源的硬件信息；

（2）收集网络中所有终端和服务器的操作系统、系统补丁等软件信息；

（3）收集交换机等网络设备的工作状况等信息；

（4）判断网络用户是否使用了 Modem 等非法网络设备与 Internet 连接；

（5）显示实时网络连接情况；

（6）如果交换机等核心网络设备出现异常，应及时向网管中心报警。

2．使用网管软件 SNMP 参数的配置方法

下面以 H3C 的网管软件为例，介绍网管软件的日常应用。

在使用 iMC 进行管理之前，需要对被管理的设备配置 SNMP 参数，而且 iMC 平台和设备配置的 SNMP、Telnet 参数要一致。MPLS-VPN Manager 只能管理 SNMP 设备。

SNMP 参数配置命令如下：

```
[H3C]snmp-agent
[H3C]snmp-agent community read public
[H3C]snmp-agent community write private
[H3C]snmp-agent sys-info version all
```

其中，读团体字和写团体字分别是 public 和 private，即 iMC 平台中默认的配置。如果更改了设备上的 SNMP 团体字，iMC 平台中的团体字也要同时更改，使得 iMC 平台与设备能够正常通信。

二、配置举例

对于层次化比较明显的 VPN 网络，例如一个包括省骨干和地市的 MPLS-VPN 网络，在网络拓扑比较大的情况下，将省网和地市网组到一个 MPLS-VPN 网络中，对整个网络中的设备的性能要求较高。可以将这个 MPLS-VPN 网络分成上下两个 MPLS-VPN 网络，例如省网和地市网络，就可以解决对设备性能要求较高的问题。

组网需求如下：

如 GYZD00507002-1 图所示，组网图的左上角是服务器区域，包括网管服务器、网管客户端，它们都属于 192.168.1.0/24 网段，网关地址是 192.168.1.1。

UPE 是个末梢 PE，去往外部的唯一出口是它的上游 SPE，UPE 和 SPE 组成一个完整的 PE 功能，UPE 维护其直接相连的 VPN Site 的路由，但不维护 VPN 中其他远程 Site 的路由或仅维护它们的聚合路由；SPE 主要完成 VPN 路由的管理和发布。

PE 设备和 UPE 作为公网的边缘 PE 设备，负责与私网的接入设备交换私网路由信息； PE 设备下接了一个 CE 设备，为 S3526，UPE 设备下接了两个 CE 设备，分别为 SecPath1000 和 S5500 设备。

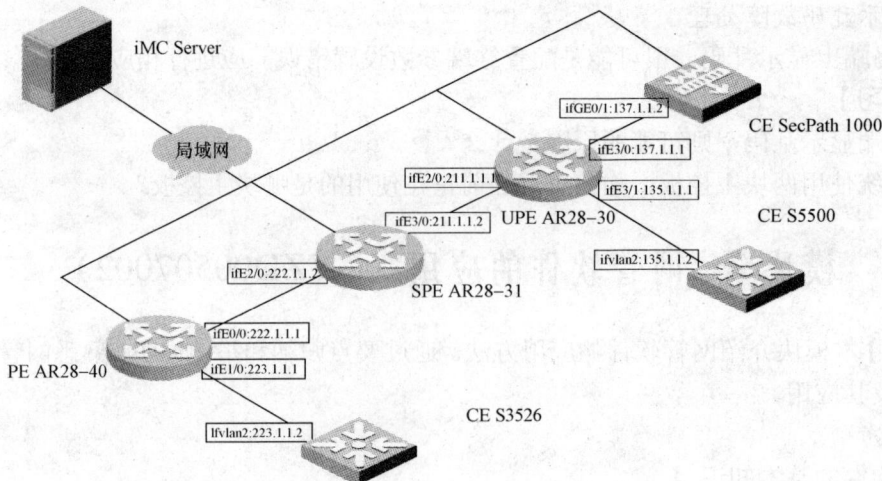

图 GYZD00507002-1 分层 PE 组网图

三、配置步骤

（一）配置前检查（见表 GYZD00507002-1）

表 GYZD00507002-1 iMC 版本及默认登录方式

检 查 项	检查项说明	检 查 项	检查项说明
iMC 版本	iMC MPLS VPN Manager 3.20-T0101	默认用户名和密码	用户名是 admin，密码是 admin

（二）配置 iMC 软件

1. 导入设备

导入设备主要有导入 PE 和 CE 设备两种。

导入 PE 设备前，必须保证 PE 设备的接口上绑定了 VPN 信息，在 PE 设备列表中选择"导入设备"链接，设备导入完成后，会显示出导入步骤和历史信息，导入 PE 设备如图 GYZD00507002-2 所示。

然后在 CE 设备列表中导入 CE 设备，步骤与导入 PE 设备的相同。导入 CE 设备如图 GYZD00507002-3 所示。

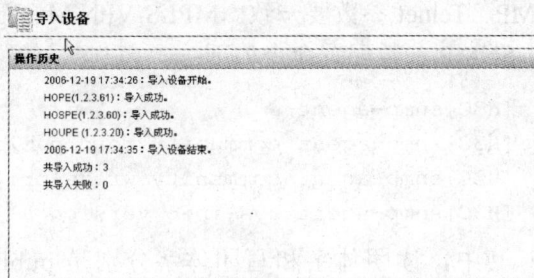

图 GYZD00507002-2 导入 PE 设备

如果 CE 设备通过 iMC 平台不可管理，可以通过新建 VCE 设备来代替该 CE 设备，并配置相应的接口 IP，从而在拓扑结构上将拓扑图补充完整，如图 GYZD00507002-4 所示。

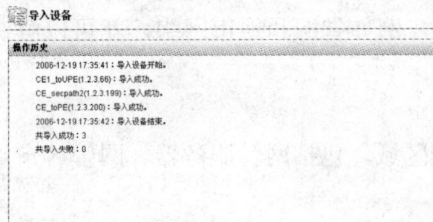

图 GYZD00507002-3 导入 CE 设备

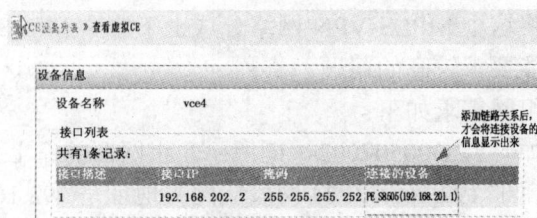

图 GYZD00507002-4 查看 VCE 信息

通过上面的设备导入，就完成了 VPN 网络管理的第一步。

2. VPN 的自动发现

导入 PE 和 CE 设备后，便可以进行 VPN 的自动发现了，自动发现主要是通过特定的算法算出选定 PE 设备 VPN 绑定信息以及接口。

首先选定要发现的 PE 设备，如果自动发现了 VPN 的绑定信息，然后通过以下向导逐步配置 PE 连接 CE 的链路信息，如图 GYZD00507002-5 和图 GYZD00507002-6 所示。

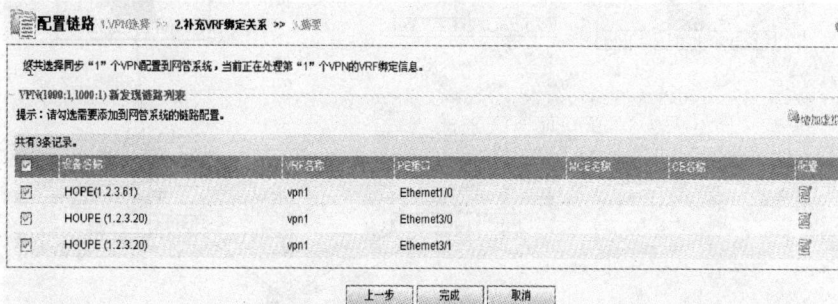

图 GYZD00507002-5　选择链路

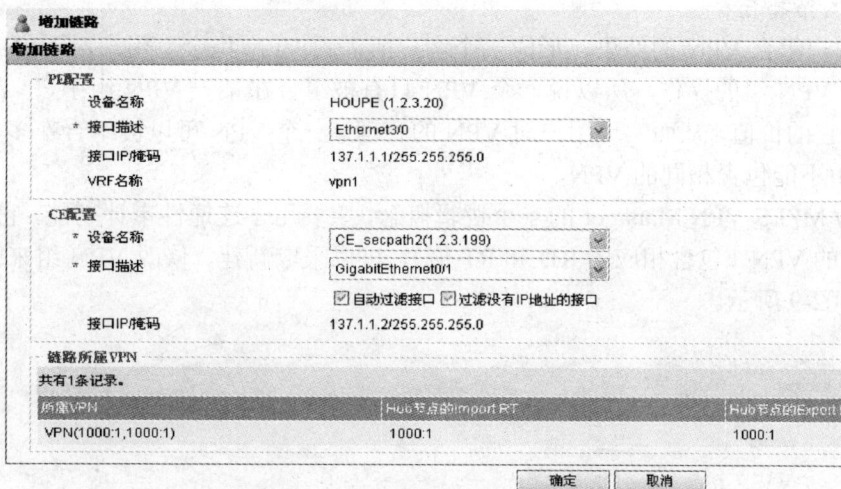

图 GYZD00507002-6　配置链路

链路添加成功后，详细信息如图 GYZD00507002-7 所示。

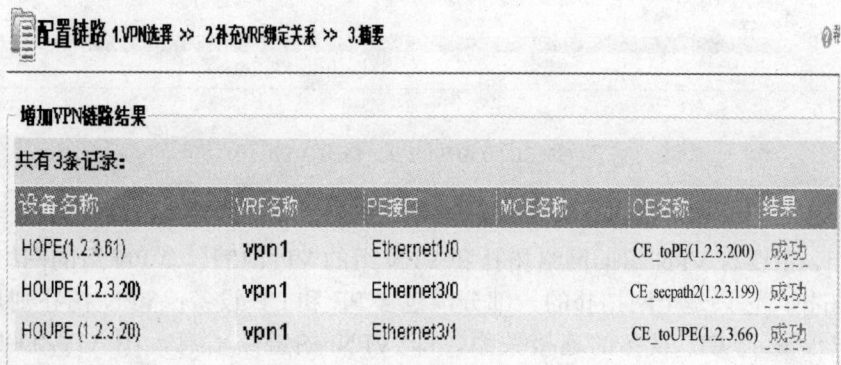

图 GYZD00507002-7　配置结果

3. 全网拓扑的查看

对自动发现的 VPN 链路进行配置后，可以查看全网拓扑，如图 GYZD00507002-8 所示。

由图 GYZD00507002-8 可知，全网拓扑主要描述 PE 和 CE 的连接关系，对于中间的 P 设备或者 Internet 设备，主要通过 Core 来表示。正常链路使用绿色线表示；如果 PE 端接口全部是未知，那么对应的链路为蓝色；在此基础上增加两种状态，即无效状态和配置变更状态。配置变更状态在链路中间增加一个红色的"？"，无效状态在链路中间增加一个红色的"×"。

对于设备状态，只有 PE 和可管理 CE 存在设备状态，Core 和虚拟 CE 都是未知状态。同时对 PE

设备增加一种状态，即同步失败状态，在设备的左上角画一个红色的"！"。

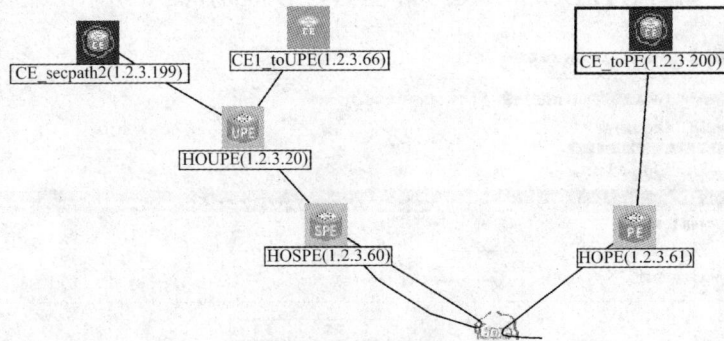

图 GYZD00507002-8　查看拓扑

4. VPN 组的拓扑查看

VPN 组是用户组合 VPN 的结果，形成一个客户所需的 VPN 集合。用户对 VPN 的监控、审计以及配置都是基于 VPN 组的操作，所以说一个 VPN 只有被组合在某一 VPN 组中，VPN 中的设备以及链路才能体现出它的价值，从而实现用户对 VPN 的管理。一个 VPN 可以被组合在多个 VPN 组中，但是一个 VPN 组中不能包含相同的 VPN。

VPN 组作为 MPLS-VPN Manager 的一个逻辑概念，主要用于连通性审计功能，它能够包含一个或者几个已经发现的 VPN（包含相应的 RD 和 RT 值），可以采取新建、修改 VPN 组来管理 VPN 组，如图 GYZD00507002-9 所示。

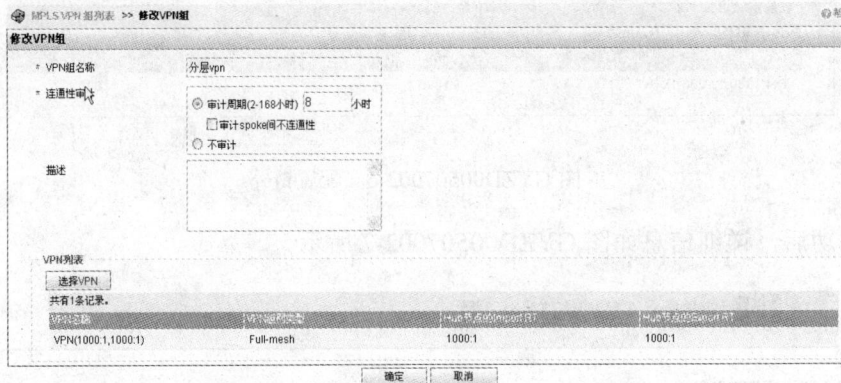

图 GYZD00507002-9　修改 VPN 组

5. 添加 VPN 组

对于 VPN 组，主要有 VPN 组的网络拓扑和 VPN 组的 VPN 拓扑。VPN 组的网络拓扑主要包含相关 VPN 的网络拓扑，它只是全网拓扑的一部分，包含 PE 和 CE 设备；VPN 拓扑则是 VPN 全网拓扑的一部分，它仅仅显示 CE 设备的连接关系，即 VPN 的链路信息，图 GYZD00507002-10 和图 GYZD00507002-11 所示为该分层 PE 组网的全网及 VPN 拓扑。

6. 拓扑的链路查看功能

在网络拓扑上，能够查看 CE-PE、PE-Core 的链路信息，如图 GYZD00507002-12 和图 GYZD00507002-13 所示，还能够查看 PE-CE 的 VPN 链路信息。

7. 连通性审计

连通性审计以 VPN 组为单位，目的是判断同一 VPN 下各个 CE 之间的连通性，而且根据不同的组网方式，用户可以选择"审计 CE 连通性"或者"审计 Spoke 间的不连通性"。

系统默认为每个 VPN 组生成一个周期性任务，以 VPN 组中包含的 VPN 为单位，根据不同的组网类型，决定审计哪些 CE 之间是否连通。缺省审计 CE 之间的连通性，用户可以选择审计周期的时间，

MPLS VPN 组列表 >> 网络拓扑：分层VPN

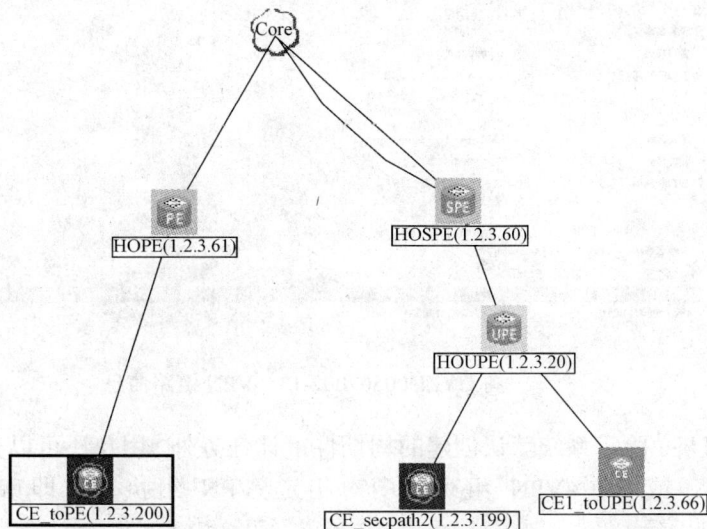

图 GYZD00507002-10　VPN 组网络拓扑

MPLS VPN组列表 >>VPN拓扑：分层VPN

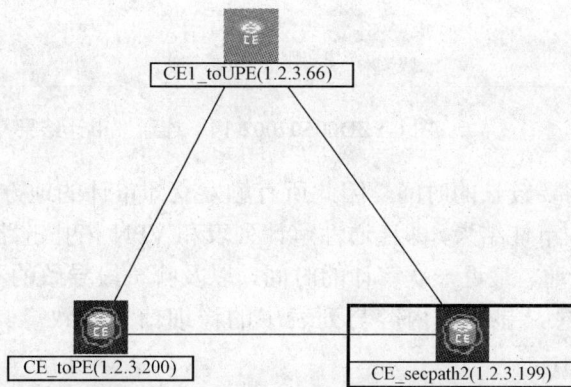

图 GYZD00507002-11　VPN 组 VPN 拓扑

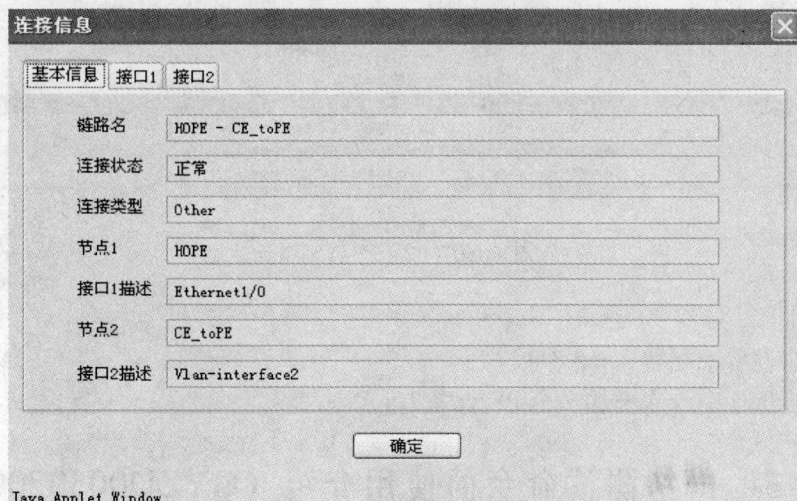

图 GYZD00507002-12　链路信息

模块 2

GYZD00507002

图 GYZD00507002-13　VPN 链路信息

也可以挂起审计任务。除了系统默认创建的周期性审计任务外，用户还可以在 VPN 拓扑中指定某个链路执行立即审计，或者在 VPN 组列表中对指定 VPN 组执行立即审计。具体审计结果如图 GYZD00507002-14 所示。

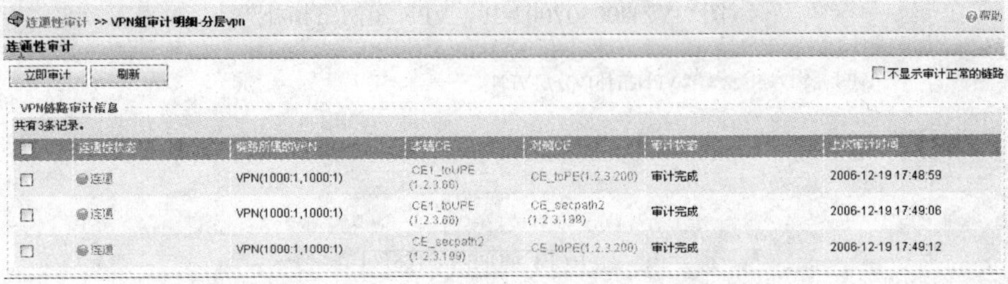

图 GYZD00507002-14　连通性审计结果

连通性审计可能需要较长的时间，因此所有触发立即审计的地方都需提示用户，并且结果显示有两个地方会体现连通性审计结果，即连通性审计列表和 VPN 拓扑链路上。连通性审计列表会详细列出哪两个 CE 连通或不连通、最近一次审计的时间，以及哪一段导致的不连通。在 VPN 拓扑中，可以查看某条链路的连通信息，显示的内容与列表中的详细信息一致。具体的一条链路的审计结果如图 GYZD00507002-15 所示。

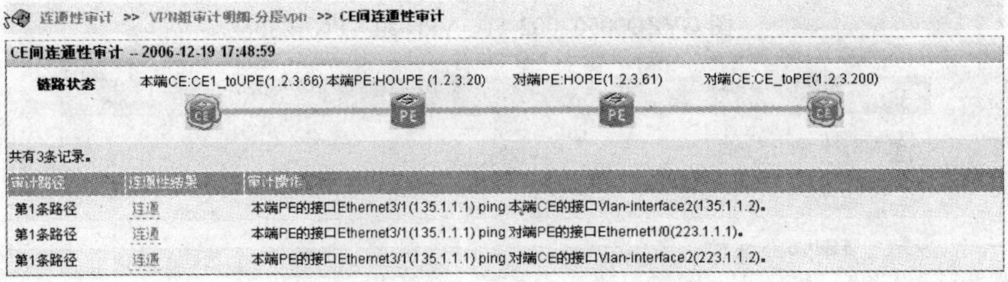

图 GYZD00507002-15　详细审计信息

【思考与练习】

1．为什么要在设备上配置 snmp 参数？

2．如何在网管软件中一次添加多个 PE 设备？

模块 3　网络测试命令的使用介绍（GYZD00507003）

【模块描述】本模块介绍常用网络测试命令的使用方法。通过功能描述和举例说明，掌握 ping、

tracert 命令的功能、参数配置及其使用方法。

【正文】

一、ping 命令的结构、功能及参数配置

1．ping 命令的功能

ping 命令用来检查 IP 网络连接及主机是否可达。

ping 执行过程为：向目的地发送 ICMP ECHO-REQUEST 报文，如果到目的地网络连接工作正常，则目的地主机接收到 ICMP ECHO-REQUEST 报文后，向源主机响应 ICMP ECHO-REPLY 报文。

2．ping 命令的参数配置

可以用 ping 命令测试网络连接是否出现故障或网络线路质量等，其输出信息包括：

（1）目的地对每个 ECHO-REQUEST 报文的响应情况，如果在超时时间内没有收到响应报文，则输出"Request time out."，否则显示响应报文的字节数、报文序号、TTL 和响应时间等。

（2）最后的统计信息，包括发送报文个数、接收到响应报文个数、未响应报文数百分比和响应时间的最小、最大和平均值。

［例 GYZD00507003-1］　用 ping 命令测试网络连接是否正常。

```
<Quidway>ping 10.11.113.26
  PING 10.11.113.26: 56  data bytes, press CTRL_C to break
  Reply from 10.11.113.26: bytes=56 Sequence=1 ttl=128 time = 8 ms
  Reply from 10.11.113.26: bytes=56 Sequence=2 ttl=128 time = 7 ms
  Reply from 10.11.113.26: bytes=56 Sequence=3 ttl=128 time = 7 ms
  Reply from 10.11.113.26: bytes=56 Sequence=4 ttl=128 time = 8 ms
  Reply from 10.11.113.26: bytes=56 Sequence=5 ttl=128 time = 8 ms
--- 10.11.113.26 ping statistics ---
  5 packet(s)transmitted
  5 packet(s)received
  0.00% packet loss
  round-trip min/avg/max = 7/7/8 ms
```

二、tracert 命令的结构、功能及参数配置

1．tracert 命令的结构、功能

tracert 命令用来测试数据包从发送主机到目的地所经过的网关，主要用于检查网络连接是否可达，以及辅助分析网络在何处发生了故障。

tracert 命令的执行过程：首先发送一个 TTL 为 1 的数据包，因此第一跳发送回一个 ICMP 错误报文，以指明此数据包不能被发送（因为 TTL 超时），之后此数据包被重新发送，TTL 为 2，同样第二跳返回 TTL 超时，这个过程不断进行，直到到达目的地。执行这些过程的目的是记录每一个 ICMP TTL 超时报文的源地址，以提供一个 IP 数据包到达目的地所经历的路径。

2．tracert 命令的参数配置

当用 ping 命令测试发现网络出现故障后，可以用 tracert 测试网络何处有故障。

tracert 命令的输出信息包括到达目的地所有网关的 IP 地址，如果某网关超时，则输出"***"。

［例 GYZD00507003-2］　测试数据包到 IP 地址为 18.26.0.115 的目的主机所经过的网关。

```
<Quidway> tracert 18.26.0.115
tracert to allspice.lcs.mit.edu (18.26.0.115), 30 hops max
1 helios.ee.lbl.gov (128.3.112.1)0 ms 0 ms 0 ms
2 lilac-dmc.Berkeley.EDU (128.32.216.1)39 ms 19 ms 19 ms
3 ccn-nerif22.Berkeley.EDU (128.32.168.22)20 ms 39 ms 39 ms
4 131.119.2.5 (131.119.2.5)59 ms 59 ms 39 ms
5 129.140.71.6 (129.140.71.6)139 ms 139 ms 159 ms
6 129.140.72.17 (129.140.72.17)300 ms 239 ms 239 ms
7 128.121.54.72 (128.121.54.72)259 ms 499 ms 279 ms
```

```
8 * * *
9 ALLSPICE.LCS.MIT.EDU (18.26.0.115)339 ms 279 ms 279 ms
```

【思考与练习】

1. 请问 ping 命令与 tracert 命令各自用来定位什么种类的问题？
2. ping 命令过程是网络设备对什么命令进行响应？

模块 4　网络设备指示灯状态介绍（GYZD00507004）

【模块描述】本模块介绍网络设备的各种指示灯。通过功能描述，熟悉网络设备各类指示灯及其状态含义，掌握根据网络设备各类指示灯的状态判别网络设备故障的方法。

【正文】

通过网络设备指示灯的状态，可判断出网络设备的运行情况，见表 GYZD00507004-1。

表 GYZD00507004-1　　网络设备指示灯含义

指示灯位置	指示灯名称	指示灯含义
路由交换单元	RUN	路由交换单元正常运行，RUN 灯亮（绿色）
	FAIL	路由交换单元复位或故障，FAIL 灯亮（红色）
	DOMA DOMB	路由器配置为主备模式时，DOMA/DOMB 灯亮（绿色），标识此 RSU 为主控路由交换单元
通用接口单元	RUN	通用接口单元正常运行，RUN 灯亮（绿色）
	FAIL	通用接口单元复位或故障，FAIL 灯亮（红色）
	热插拔指示灯	在拆卸单板过程中，当扳开单板扳手时，系统的单板热插拔保护完成后，指示灯亮（蓝色），表示单板可以拔出；当单板拔下或单板的插头与背板脱离时，指示灯熄灭在安装单板过程中，当单板的插头与背板接触时，指示灯亮（蓝色）；当单板的插头与背板吻合后即单板扳手扳到适当位置时，指示灯熄灭
高可靠控制单元	DOMA DOMB	路由器配置为主备模式时，DOMA/DOMB 灯亮（绿色），标识此 HAU 为主用高可靠控制单元
网络接口模块	LINK	灯灭表示链路没有连通，灯亮表示链路已经连通
	ACTIVE	具体模块的指示灯显示略有不同，参见相关说明
告警单元	运行灯（RUN）	系统告警功能打开并且正常运行，RUN 灯亮（绿色）。系统告警功能打开并且发现错误，RUN 灯亮（红色）。系统告警功能关闭，RUN 灯灭
	一般告警灯（ALM）	系统配置为一般告警且有错误时，ALM 灯亮（红色）。系统告警功能关闭或无错误时，ALM 灯灭
	严重告警灯（CRL）	系统配置为严重告警且有错误时，CRL 灯亮（红色）。系统告警功能关闭或无错误时，CRL 灯灭
	硬盘 1 指示灯（HD1）	硬盘 1 进行读写操作，HD1 灯亮（绿色）。硬盘 1 无读写操作，HD1 灯灭
	硬盘 2 指示灯（HD2）	硬盘 2 进行读写操作，HD2 灯亮（绿色）。硬盘 2 无读写操作，HD2 灯灭

【思考与练习】

1. 指示灯通常在什么颜色下表明系统运行存在故障？
2. 硬盘指示灯不亮表示什么含义？

模块 5 数据网的结构及工作原理（GYZD00507005）

【模块描述】本模块介绍 BGP/MPLS-VPN 模型及实现、多角色主机特性、跨域 VPN 等知识。通过概念讲解、方法介绍和要点归纳，掌握数据网的结构及工作原理。

【正文】

一、BGP/MPLS-VPN 的模型

传统 VPN 使用第二层隧道协议（L2TP、L2F 和 PPTP 等）或者第三层隧道技术（IPSec、GRE 等），获得了很大成功，被广泛应用。但是，随着 VPN 范围的扩大，传统 VPN 在可扩展性和可管理性等方面的缺陷越来越突出。

通过 MPLS（Multiprotocol Label Switching，多协议标签交换）技术可以非常容易地实现基于 IP 技术的 VPN 业务，而且可以满足 VPN 可扩展性和管理的需求。利用 MPLS 构造的 VPN，通过配置，可将单一接入点形成多种 VPN，每种 VPN 代表不同的业务，使网络能以灵活方式传送不同类型的业务。

Comware 目前提供比较完全的 BGP/MPLS-VPN 组网能力：

（1）地址隔离，允许不同 VPN 之间和 VPN 与公网之间的地址重叠。

（2）支持 MP-BGP 协议穿越公网发布 VPN 的路由消息，构建 BGP/MPLS-VPN。

（3）通过 MPLS LSP 转发 VPN 的数据流。

（4）提供了 MPLS-VPN 的性能监视和故障检测工具。

（一）BGP/MPLS-VPN 模型

如图 GYZD00507005-1 所示，MPLS-VPN 模型中包含三个组成部分即 CE、PE 和 P。

（1）CE（Customer Edge）设备。网络边缘设备，有接口直接与服务提供商相连，可以是路由器或是交换机等。CE "感知" 不到 VPN 的存在。

（2）PE（Provider Edge）路由器。服务提供商边缘路由器，是服务提供商网络的边缘设备，与 CE 直接相连。在 MPLS 网络中，对 VPN 的所有处理都发生在 PE 路由器上。

（3）P（Provider）路由器。服务提供商网络中的骨干路由器，不和 CE 直接相连。P 路由器需要支持 MPLS 能力。

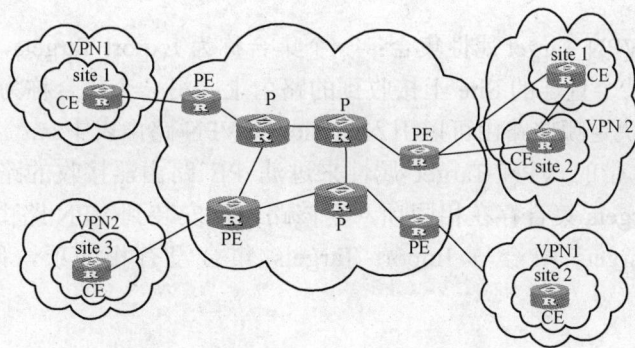

图 GYZD00507005-1 MPLS VPN 模型

CE 和 PE 的划分主要是从服务提供商与用户的管理范围来划分的，CE 和 PE 是两者管理范围的边界。

（二）BGP/MPLS-VPN 中的基本概念

1. vpn-instance

vpn-instance 是 MPLS-VPN 中实现 VPN 路由的重要概念。在 MPLS-VPN 的实现过程中，每个 Site 在 PE 上对应一个专门的 vpn-instance（vpn-instance 通过与接口绑定实现与 Site 的关联）。如果一个 Site 中的用户同时属于多个 VPN，则该 Site 对应的 vpn-instance 中将包括所有这些 VPN

的信息。

具体来说，vpn-instance 的信息中包括标签转发表、IP 路由表、与 vpn-instance 绑定的接口以及 vpn-instance 的管理信息（包括 RD、路由过滤策略 VPN Target、成员接口列表等）。可以认为，它综合了该 Site 的 VPN 成员关系和路由规则。

PE 负责更新和维护 vpn-instance 与 VPN 的关联关系。为了避免数据泄露出 VPN 之外，同时防止 VPN 之外的数据进入，在 PE 上，每个 vpn-instance 有一套相对独立的路由表和标签转发表，报文转发信息存储在该 vpn-instance 的 IP 路由表和标签转发表中。

2. MP-BGP

MP-BGP（multiprotocol extensions for BGP-4）在 PE 路由器之间传播 VPN 组成信息和路由。MP-BGP 向下兼容，既可以支持传统的 IPv4 地址族，又可以支持其他地址族（如 VPN-IPv4 地址族）。使用 MP-BGP 确保 VPN 的私网路由只在 VPN 内发布，并实现 MPLS-VPN 成员间的通信。

3. VPN-IPv4 地址族

由于 VPN 网络是一个私用网络，不同的 Site 可以使用相同的 IP 地址来表示。而 PE 路由器之间使用 MP-IBGP 来发布与之相连的 CE 的路由时，是假定 IP 地址是全球唯一的，两者之间不同的含义会导致路由错误。为了解决这个问题，在发布路由之前 MP-BGP 需要实现 IPv4 地址到 VPN-IPv4 地址族的转换，使之成为全球唯一的地址（故 PE 路由器需要支持 MP-BGP）。

一个 VPN-IPv4 地址有 12 个字节，开始是 8 字节的 RD（Route Distinguisher，路由识别符），下面是 4 字节的 IPv4 地址。服务提供商可以独立地分配 RD，但是，需要把其专用的 AS（Autonomous System，自治系统）号作为 RD 的一部分。通过这样的处理以后，即使 VPN-IPv4 地址中包含的 4 字节 IPv4 地址重叠，VPN-IPv4 地址仍可以保持全局唯一。RD 纯粹是为了区别不同的路由，仅在运营商网络内部使用，RD 为零的 VPN-IPv4 地址相当于普通的 IPv4 地址。

PE 从 CE 接收的路由是 IPv4 路由，需要引入 vpn-instance 路由表中，此时需要附加一个 RD。在实现过程中，为来自于同一个用户 Site 的所有路由设置相同的 RD。

4. VPN Target 属性

VPN Target 属性是 MP-BGP 扩展团体属性之一，主要用来限制 VPN 路由信息发布。它标识了可以使用某路由的 Site 的集合，即该路由可以被哪些 Site 所接收，通过它可以明确每一个 PE 路由器可以接收哪些 Site 传送来的路由。与 VPN Target 中指明的 Site 相连的 PE 路由器，都会接收到具有这种属性的路由。

PE 路由器存在两个 VPN Target 属性集合：一个集合称为 Export Targets，在发布本地路由到远端 PE 路由器时，附加到从某个直连的 Site 上接收到的路由上；另一个集合称为 Import Targets，在接收远端 PE 发布的路由时，决定哪些路由可以引入此 Site 的 VPN 路由表中。

当通过匹配路由所携带的 VPN Target 属性来过滤 PE 路由器接收的路由信息时，如果 Export Targets 集合与 Import Targets 集合存在相同项，则该路由被安装到 VPN 路由表中，进而发布给相连的 CE；如果 Export Targets 集合与 Import Targets 集合没有相同项，则该路由被拒绝，如图 GYZD00507005-2 所示。

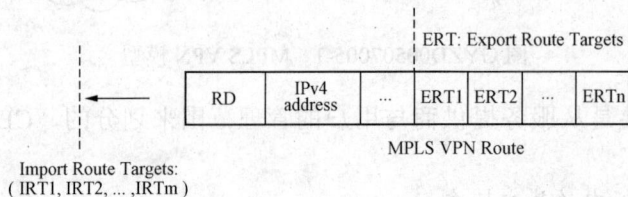

图 GYZD00507005-2　通过匹配 VPN Target 属性过滤路由

二、BGP/MPLS-VPN 的实现

BGP/MPLS-VPN 的主要原理是，利用 BGP 在运营商骨干网上传播 VPN 的私网路由信息，用 MPLS

来转发 VPN 业务流。

下面从 VPN 路由信息的发布和 VPN 报文转发两个方面介绍 BGP/MPLS-VPN 的实现。

（一）VPN 路由信息发布

（1）CE 到 PE 间的路由信息交换。

（2）入口 PE 到出口 PE 的路由信息交换。

（3）PE 之间的 LSP 建立。

（4）PE 到 CE 间的路由信息交换。

（二）VPN 报文的转发

VPN 报文在入口 PE 路由器上形成两层标签栈：①内层标签。也称 MPLS 标签，是由出口 PE 向入口 PE 发布路由时分配的（安装在 VPN 转发表中），在标签栈中处于栈底位置。当从公网上发来的 VPN 报文到达出口 PE 时，根据标签查找 MPLS 转发表就可以从指定的接口将报文发送到指定的 CE 或者 Site。②外层标签。也称 LSP 的初始化标签，指示了从入口 PE 到出口 PE 的一条 LSP，在标签栈中处于栈顶位置。VPN 报文利用这层标签的交换，就可以沿着 LSP 到达对端 PE。如图 GYDZ00507005-3 所示。

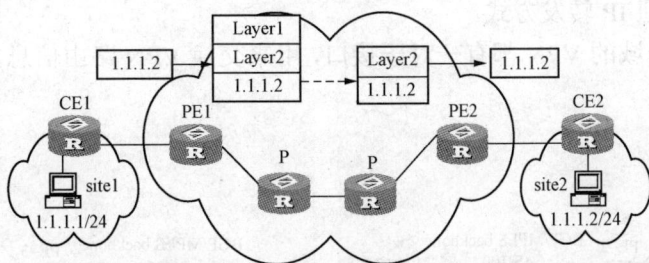

图 GYZD00507005-3　VPN 报文转发示意图

Site1 发出一个目的地址为 1.1.1.2 的 IPv4 报文到达 CE1，CE1 查找 IP 路由表，根据匹配的表项将 IPv4 报文发送至 PE1。

（1）PE1 根据报文到达的接口及目的地址查找 VPN-instance 表项，获得内层标签、外层标签、BGP 下一跳（PE2）、输出接口等。进行标签封装后，PE1 通过输出接口转发 MPLS 报文到 LSP 上的第一个 P 路由器。

（2）LSP 上的每一个 P 路由器利用交换报文的外层标签转发 MPLS 报文，直到报文传送到倒数第二跳路由器，即到 PE2 前的 P 路由器。倒数第二跳路由器将外层标签弹出，并转发 MPLS 报文到 PE2。

（3）PE2 根据内层标签和目的地址查找 VPN 转发表，确定标签操作和报文的出接口，最终弹出内层标签并由出接口转发 IPv4 报文至 CE2。

（4）CE2 查找路由表，根据正常的 IPv4 报文转发过程将报文传送到 Site2。

三、多角色主机特性简介

从 CE 进入 PE 的报文的 VPN 属性由入接口绑定的 VPN 决定，这样，就实际上决定了由同一个入接口经过 PE 转发的所有 CE 设备必须都属于同一个 VPN。但是，在实际组网环境中，存在一个 CE 设备经过一个物理接口访问多个 VPN 的需求，这种需求也许可以通过设置不同的逻辑接口来实现，但是这种折中的解决方式会增加额外的配置负担，使用起来也有很大的局限性。为了解决该问题，利用多角色主机的构思，通过配置针对 IP 地址的策略路由来区分报文对不同 VPN 的访问，而从 PE 到 CE 的下行数据流是通过静态路由来实现的。多角色主机情形下的静态路由跟普通的不一样，是通过一个 VPN 里面的静态路由指定其他 VPN 中的接口作为出接口来实现的，从而达到在一个逻辑接口访问多个 VPN 的目的。

四、跨域 VPN

实际组网应用中，某用户一个 VPN 的多个 Site 可能会连接到使用不同 AS 号的多个服务提供商，或者连接到一个服务提供商的多个 AS。这种 VPN 跨越多个自治系统的应用方式被称为跨域 VPN（Multi-AS BGP/MPLS-VPN）。

（1）vpn-instance-to-vpn-instance：ASBR 间使用子接口管理 VPN 路由，也称为 Inter-Provider Backbones Option A；

（2）EBGP Redistribution of labeled VPN-IPv4 routes：ASBR 间通过 MP-EBGP 发布标签 VPN-IPv4 路由，也称为 Inter-Provider Backbones Option B；

（3）Multihop EBGP redistribution of labeled VPN-IPv4 routes：PE 间通过 Multi-hop MP-EBGP 发布标签 VPN-IPv4 路由，也称为 Inter-Provider Backbones Option C。

（一）ASBR 间使用子接口管理 VPN 路由

在这种方式下，两个 AS 的 PE 路由器直接相连，PE 路由器同时也是各自所在自治系统的边界路由器 ASBR。

作为 ASBR 的 PE 之间通过多个子接口相连，两个 PE 都把对方作为自己的 CE 设备对待，使用传统的 EBGP 方式向对端发布 IPv4 路由。每个子接口对应一个 VPN，需要将 ASBR 的子接口绑定在对应的 vpn-instance 下，但不需要使能 MPLS。报文在 AS 内部作为 VPN 报文，采用两层标签转发方式；在 ASBR 之间则采用普通 IP 转发方式。

理想情况下，每个跨域的 VPN 都有一对子接口，用来交换 VPN 路由信息，如图 GYZD00507005-4 所示。

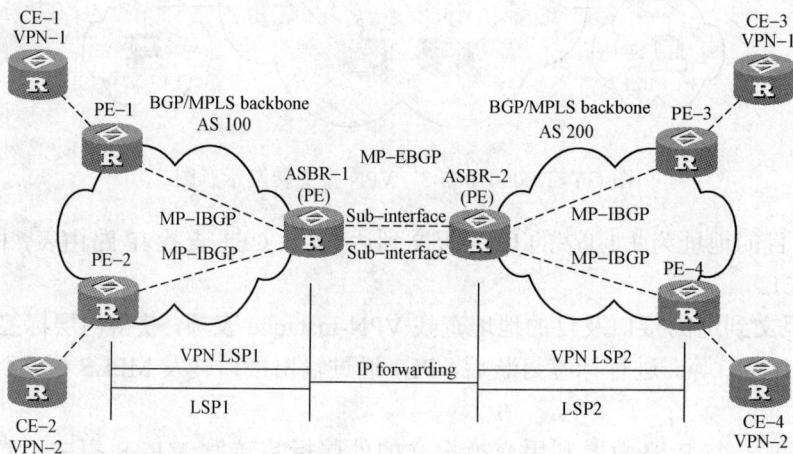

图 GYZD00507005-4　ASBR 间使用子接口管理 VPN 路由组网图

使用子接口实现跨域 VPN 的优点是实现简单，两个作为 ASBR 的 PE 之间不需要为跨域进行特殊配置。缺点是可扩展性差，作为 ASBR 的 PE 需要管理所有 VPN 路由，为每个 VPN 创建 VPN 实例。这将导致 PE 上的 VPN-IPv4 路由数量过于庞大，并且为每个 VPN 单独创建子接口也提高了对 PE 设备的要求。

（二）ASBR 间通过 MP-EBGP 发布标签 VPN-IPv4 路由

在这种方式下，两个 ASBR 通过 MP-EBGP 交换它们从各自 AS 的 PE 路由器接收的标签 VPN-IPv4 路由。

路由发布过程可分为以下步骤：

（1）AS100 内的 PE 先通过 MP-IBGP 方式把标签 VPN-IPv4 路由发布给 AS100 的边界路由器 PE，或发布给为 ASBR PE 反射路由的路由反射器。

（2）作为 ASBR 的 PE 通过 MP-EBGP 方式把标签 VPN-IPv4 路由发布给 AS200 的 PE 路由器（也是 AS200 的边界路由器）。

（3）AS200 的 ASBR PE 再通过 MP-IBGP 方式把标签 VPN-IPv4 路由发布给 AS200 内的 PE 路由器，或发布给为 PE 反射路由的路由反射器。

这种方式的 ASBR 需要对标签 VPN-IPv4 路由进行特殊处理，因此也称为 ASBR 扩展方式，如图 GYZD00507005-5 所示。

在可扩展性方面，通过 MP-EBGP 发布标签 VPN-IPv4 路由优于 ASBR 间通过子接口管理 VPN。

采用 MP-EBGP 方式时，需要注意：

（1）ASBR 之间不对接收的 VPN-IPv4 路由进行 VPN Target 过滤，因此，交换 VPN-IPv4 路由的各 AS 服务提供商之间需要就这种路由交换达成信任协议。

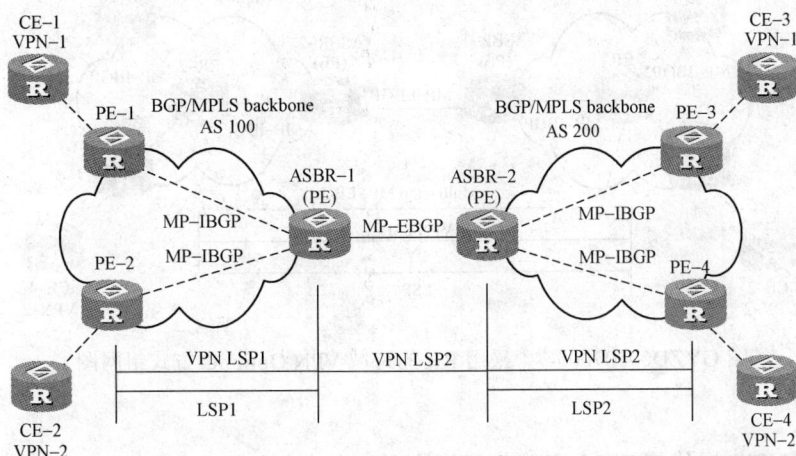

图 GYZD00507005-5　ASBR 间通过 MP-EBGP 发布标签 VPN-IPv4 路由组网图

（2）VPN-IPv4 路由交换仅发生在私网对等点之间，不能与公网交换 VPN-IPv4 路由，也不能与没有达成信任协议的 MP-EBGP 对等体交换 VPN-IPv4 路由。

（三）PE 间通过 Multi-hop MP-EBGP 发布标签 VPN-IPv4 路由

前面介绍的两种方式都需要 ASBR 参与 VPN-IPv4 路由的维护和发布。当每个 AS 都有大量的 VPN 路由需要交换时，ASBR 就很可能成为阻碍网络进一步扩展的瓶颈。

解决上述可扩展性问题的方案是，ASBR 不维护或发布 VPN-IPv4 路由，PE 之间直接交换 VPN-IPv4 路由。

两个 ASBR 通过 MP-IBGP 向各自 AS 内的 PE 路由器发布标签 IPv4 路由。

ASBR 上不保存 VPN-IPv4 路由，相互之间也不通告 VPN-IPv4 路由。

ASBR 保存 AS 内 PE 的 32 位掩码带标签的 IPv4 路由，并通告给其他 AS 的对等体。过渡自治系统中的 ASBR 也通告带标签的 IPv4 路由。这样，在入口 PE 和出口 PE 之间建立起一条 LSP。

不同 AS 的 PE 之间建立 Multi-hop 方式的 EBGP 连接，交换 VPN-IPv4 路由，如图 GYZD00507005-6 所示。

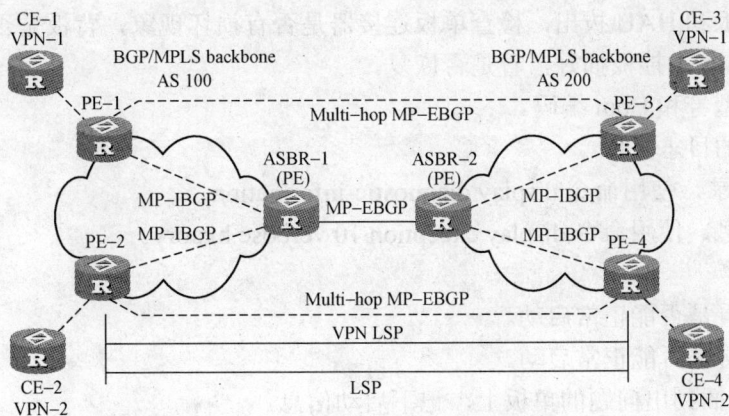

图 GYZD00507005-6　PE 间通过 Multi-hop MP-EBGP 发布标签 VPN-IPv4 路由组网图

为提高可扩展性，可以在每个 AS 中指定一个路由反射器 RR（Route Reflector），由 RR 保存所有 VPN-IPv4 路由，与 AS 的 PE 交换 VPN-IPv4 路由信息。两个 AS 的 RR 之间建立跨域 VPNv4 连接，通告 VPN-IPv4 路由，如图 GYZD00507005-7 所示。

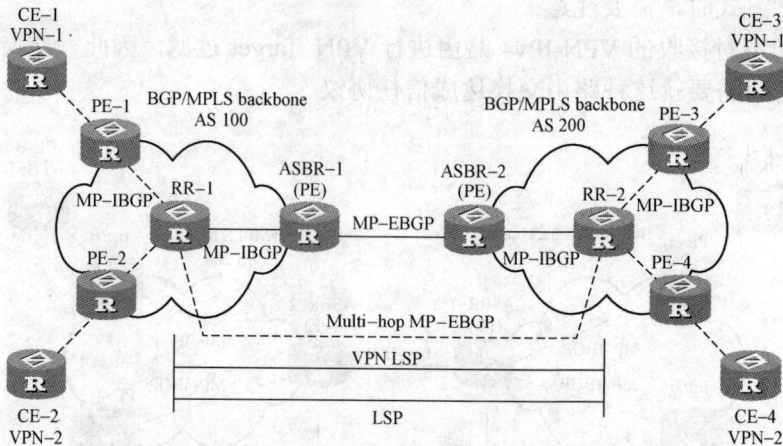

图 GYZD00507005-7 采用 RR 的跨域 VPN OptionC 方式组网图

【思考与练习】

1. BGP/MPLS-VPN 与传统 VPN 有哪些异同之处？

2. BGP/MPLS-VPN 的核心思想是什么？

模块 6 数据网故障排查原则及步骤（GYZD00507006）

【模块描述】本模块介绍数据网故障排查原则及步骤。通过现象描述和方法介绍，掌握数据网单板故障、整机重启、直连不通、内存利用率过高等数据网故障的现象和排查步骤。

【正文】

数据网的故障包括单板故障、整机重启、直连不通、内存利用率过高等。

一、单板故障现象和排查步骤

（一）单板不能上电，反复重启或注册失败

1. 如果是主控板

（1）把 console 线插到出问题的单板上，记下启动信息。

（2）检查机房供电电源是否有电、整机电源开关是否打开、整机电源是否安装到位、整机风扇是否已经开始运转。

（3）检查主控板是否安装到位，扳手是否合上；检查 HAU 板是否安装到位，扳手是否合上。

（4）依次将主控板和 HAU 拔出，检查单板连接器是否有损坏现象，背板是否有倒针现象。

（5）依次将 HAU 和主控板插好，看是否恢复。

（6）反馈单板的型号和 Bom 编码。

（7）取近 2 个月的日志文件。

（8）收集 DIA 记录，使用命令 display diagnostic-information。

（9）收集例外信息，使用命令 display exception 10 verbose history。

2. 如果是接口板

（1）更换槽位，看是否能正常启动。

（2）更换单板，看是否能正常启动。

（3）把 console 线插到出问题的单板上，记下启动信息。

（4）反馈单板的型号和 Bom 编码。

（5）取近 2 个月的日志文件。

（6）收集 DIA 记录，使用命令 display diagnostic-information。

（7）收集例外信息，使用命令 display exception 10 verbose slot n history。

（二）单板复位

（1）取近 2 个月的日志文件。

（2）收集 DIA 记录，使用命令 display diagnostic-information。

（3）在隐含模式下收集 sysmon 信息，使用命令 display sysmon-log history（slot n record 1）。

注意：此命令需多收集几次。

（4）收集例外信息，使用命令 display exception 10 verbose slot n history。

二、整机重启的故障排查原则及步骤

（1）取近 2 个月的日志文件。

（2）收集 DIA 记录。

（3）查看上一次系统的重启原因，使用命令 display version。

（4）查询主备倒换的原因，使用命令 display hsc state。

（5）收集系统的例外信息，使用命令 display exception 10 verbose history。

（6）收集系统的重启记录，使用命令 display sysmon-log history list。

（7）收集系统的重启监控记录，使用命令 display sysmon-log history。

三、直连不通的故障排查原则及步骤

（1）检查物理层信息，如接口是否 UP 等。

（2）检查网络层信息，如 IP 地址配置是否正确。

（3）检查应用层信息，如防火墙设置是否正确。

四、内存利用率过高

（1）取近 2 个月的日志文件。

（2）收集 DIA 记录，使用命令 display diagnostic-information。

【思考与练习】

1. 如何收集系统的诊断信息？

2. 在哪种情况下系统的主控板与备用板之间会发生倒换？

模块 7　线缆连接错误引起的通信故障现象及排查方法
（GYZD00507007）

【模块描述】本模块介绍线缆连接错误引起的通信故障现象及排查方法。通过方法介绍，掌握以太网、广域网线缆故障处理的故障定位思路、查询、调试和维护的方法及其命令的使用方法。

【正文】

一、以太网线路故障处理

（一）故障定位思路

Ethernet 接口是应用非常普遍的接口，接口不通经常出现。以下步骤可以根据实际情况有选择地进行检查。

1. 排除物理连接引起的故障

可以通过 display interface 命令查看接口的运行状态：

（1）接口的物理层为 DOWN，产生的原因是最好按照检查错误的一般原则进行排序。

1）网线接触不良或 VIEU 板没有插紧，在两端插紧网线，插紧后板。

2）网线存在问题，用在其他地方正常运行的网线更换进行测试。

3）中间互连的 HUB 或 SWITCH 有问题，用直连网线进行测试。

4）双方硬件不兼容或是硬件故障。

5）两端配置不一致（用命令强制使双方配置一致，如都配置全双工，速率为 100M）。

（2）接到大量的物理错误的报文如 CRC 错报文，排查物理层原因。

（3）物理是 UP，并且已配置 IP 地址的情况下链路层没有 UP，这种情况一般是不可能出现的，可以考虑用 shutdown/undo shutdown 命令进行恢复（一般是接口管理出现 BUG 或者是板间通信存在问题）。

2. 物理层收发包是否正常

用 display interface 命令查询两端接口的报文收发情况：

（1）如果中间有交换机，要查一下交换机的两个端口是否在同一个 VLAN。

（2）其他可能是物理层问题。

3. 链路层的处理是否正常

查一下日志信息是否有相同 IP 的主机存在，查看 ARP 表项是否正常生成：

（1）如没有生成，可能是 ARP 表项满。

（2）有表项但表项显示为 Incomplete（可能是配置问题或路由有问题，使用 debug arp 查看 ARP 报文）。

4. Ethernet 链路层收发报文是否正常

通过 debug ethernet packet 命令查看链路层报文的收发情况，有时 ping 出现丢包现象也可能是由物理接触不良引起的，这时一般会有 CRC 等错误出现。

（二）以太网故障定位查询命令

1. display arp 命令（见表 GYZD00507007-1）

表 GYZD00507007-1　　　　　　显示单板 ARP 表项

命令格式	display arp [slot slotnumber] [static | dynamic | all] [{ begin | include | exclude } text]
功能描述	显示系统各单板的 ARP 表项

2. display vlan statistics 命令（见表 GYZD00507007-2）

表 GYZD00507007-2　　　　　　显示 VLAN 收发报文统计信息

命令格式	display vlan statistics interface interface-type interface-number/ display vlan statistics vid vid
功能描述	显示 VLAN 收发报文的统计信息

（三）以太网故障定位调试命令

1. debugging ethernet packet 命令（见表 GYZD00507007-3）

表 GYZD00507007-3　　　　　　打开链路层收发报文信息

命令格式	debugging ethernet packet[interface interface-type interface-number]
功能描述	打开 Ethernet 链路层收发报文的显示信息

2. debugging arp packet 命令（见表 GYZD00507007-4）

表 GYZD00507007-4　　　　　　ARP 调试信息

命令格式	debugging arp　packet
功能描述	打开 ARP 报文收发的调试信息

3. debugging vlan packet 命令（见表 GYZD00507007-5）

表 GYZD00507007-5　　　　　　打开 VLAN 报文收发信息

命令格式	Debugging vlan packet {interface interface-type interface-number| vid vlanno]
功能描述	打开 VLAN 报文收发的调试信息

（四）日志/告警说明

日志/告警简要说明见表 GYZD00507007-6。

表 GYZD00507007-6　　　　　　　　**日志/告警简要说明**

日志/告警格式	%Feb 16 09:50:10 2004 Quidway ARP/5/ARP_DUPLICATE_IPADDR:Slot = 0; Receive an ARP packet with duplicate ip address 10.110.98.75 from Ethernet0/2/0,　source MAC is 0050-bf1f-3613
说明	表示检测到同一子网上有一主机的 IP 地址配置与本路由器冲突

（五）故障信息采集

以太口收发报文信息统计见表 GYZD00507007-7。

表 GYZD00507007-7　　　　　　　　**以太口收发报文信息统计**

命令格式	采集内容	使用说明
display interface Ethernet	收集以太口的收发报文统计信息	常用的故障信息采集方法

二、广域网线路故障处理

（一）故障定位思路

首先执行 dispalay interface 命令查看接口显示情况，例如：

```
<RTA>display interface serial0/1/0:25
Serial0/1/0:25 current state : UP
Line protocol current state : UP
Description : HUAWEI, Quidway Series, Serial0/1/0:25 Interface
The Maximum Transmit Unit is 1500 bytes, Hold timer is 10(sec)
Baudrate is 64000 bps,  Timeslot(s)Used: 25
Link layer protocol is PPP
LCP opened, IPCP opened, MPLSCP opened
Internet Address is 221.130.1.2/24
Physical layer is Channelized E1(4 ports), Crc type is 16
Output queue : (Urgent queue : Size/Length/Discards) 0/50/0
Output queue : (Protocol queue : Size/Length/Discards)0/500/0
Output queue : (FIFO queuing : Size/Length/Discards) 0/75/0
    Last 5 minutes input rate 9 bytes/sec, 0 packets/sec
    Last 5 minutes output rate 2 bytes/sec, 0 packets/sec
    Input: 420 packets, 21302 bytes
          0 errors, 0 runts, 0 giants
          0 CRC, 0 overruns, 0 aborts
    Output:273 packets, 12108 bytes
          0 errors, 0 underruns
```

显示 LCP opened，IPCP opened，MPLSCP opened 中表明链路正常。

1. LCP 没有 OPENED 的情况

先确认两边是否都配置的是 PPP，两端的物理都是 UP 的（即上面显示的 Serial0/1/0:25 current state :UP）。

确认两边是否都执行过 shut/undo shut。

接下来看接口显示的收发包是否增长，如果发包增长，则是本端物理设备有问题；如果收包不增长，说明对端发的包本端没有收到，应检查线路、对端是否连接正确。这些可以通过线路打环测试（先近端，然后逐步向对端设备推进），在一个位置打环后，等 1min 时间后执行 display interface 命令显示这个被打环的接口，如果显示 Link layer protocol is PPP，loopback is detected，则说明从这个位置打环正常，否则不正常，就可以查这一点到上次打环正常的点这一段传输是否有问题。如果收包有大量错包，可以用上面打环测试查一查传输的问题，这也可能是两端的物理配置不一致或线路误码比较高；如果接口有收有发，而且两边没有收到错包，则可以打开调试开关记录信息，命令为 debug ppp lcp packet interface 接口 接口号。

注意：请打开 debug 开关时指定到接口级，这样只会输出本接口的信息，比较清楚。

下面是一次正常的协商调试信息：

```
0.8613051 RTD PPP/8/debug2:Slot=1;
  PPP Packet:
      Serial1/0/0 Output LCP(c021)Pkt, Len 18
      State reqsent, code ConfReq(01), id 2, len 14        (发出 LCP 协商请求包)
      MRU(1), len 4, val 05dc                             (MRU 协商选项)
MagicNumber(5), len 6, val 008188cd                       (魔术字协商选项)
*0.8613053 RTD PPP/8/debug2:Slot=1;
  PPP Packet:
      Serial1/0/0 Input  LCP(c021)Pkt, Len 18
      State reqsent, code ConfAck(02), id 2, len 14        (收到 LCP 协商确认包,对端同意本
                                                            端的协商请求)
      MRU(1), len 4, val 05dc
      MagicNumber(5), len 6, val 008188cd
*0.8614875 RTD PPP/8/debug2:Slot=1;
  PPP Packet:
      Serial1/0/0 Input  LCP(c021)Pkt, Len 18
      State ackrcvd, code ConfReq(01), id 2b, len 14       (收到对端的 LCP 协商请求包)
      MRU(1), len 4, val 05dc
      MagicNumber(5), len 6, val 476d5ab5
*0.8614875 RTD PPP/8/debug2:Slot=1;
  PPP Packet:
      Serial1/0/0 Output LCP(c021)Pkt, Len 18
      State ackrcvd, code ConfAck(02), id 2b, len 14       (同意对端的协商请求,发出 LCP 协
                                                            商确认包)
      MRU(1), len 4, val 05dc
MagicNumber(5), len 6, val 476d5ab5
```

这个过程中可能会出现 ConfNak、ConfRej、ProtoRej 的报文，但是如果最后本端发的 ConfReq 对端回应了 ConfAck，收到对端的 ConfReq 并发送了 ConfAck，则协商肯定是通过了。ConfNak 是不同意选项的内容，ConfRej 是拒绝此选项，ProtoRej 是拒绝对发要协商的协议。如果接口统计有收包，则打开 LCP 的调试开关；如果没有收包，则可能是底层收到包不正确。如果互相都收到了对方的协商请求和协商确认包，但是 LCP 还是不 OPENED。实际这时 LCP 已经 OPENED 过了，但是由于对端或者本端发了 TermReq 报文导致马上又 Closed，LCP 处于 OPENED 的时间很短，无法观测到稳定的 LCP 的 OPENED 状态，TermReq 报文在 LCP 的调试信息中可以看到。这个时候会发现路由器上这两条日志（两条日志时间几乎同时）会立即出现。

```
%Jan  3 06:58:42 2004 RTD IFNET/5/UPDOWN:Link layer protocol on the interface
Serial1/0/0 turns into UP state
%Jan  3 06:58:42 2004 RTD IFNET/5/UPDOWN:Link layer protocol on the interface
Serial1/0/0 turns into DOWN state
```

这种情况在一端配置要协商 MultilinkPPP，一端没有配置的情况下肯定会出现。

如果互相都收到了对方的协商请求和协商确认包，但是 LCP 也 OPENED，但是一会（几十秒）又 Closed，出现的日志为

```
%Jan 3 07:05:04 2004 RTD IFNET/5/UPDOWN:Link layer protocol on the interface Se
rial1/0/0 turns into UP state
%Jan 3 07:05:34 2004 RTD IFNET/5/UPDOWN:Link layer protocol on the interface Se
```

rial1/0/0 turns into DOWN state

这时需要看看两端是否配置了验证，配置的验证方法和验证用户名密码是否正确。可以通过打开验证的协商调试信息命令查看协商不通过的原因，具体命令为 debug ppp {pap|chap} packet 接口接口号。

下面是一次验证通过的 PAP 的调试信息（在验证端看的）：

```
*0.59854124 RTC PPP/8/debug2:Slot=1;
  PPP Packet:
    Serial1/1/1:0 Input  PAP(c023)Pkt, Len 14
    State ServerListen, code Request(01), id 1, len 10
    Host Len:  2  Name:aa
    Pwd Len:  2  Pwd:aa
*0.59854244 RTC PPP/8/debug2:Slot=1;
  PPP Packet:
    Serial1/1/1:0 Output PAP(c023)Pkt, Len 52
    State WaitAAA, code Ack(02), id 1, len 48
    Msg Len:  43  Msg:Welcome to use Quidway ROUTER, Huawei Tech.
```

下面是一次验证不通过的 PAP 的调试信息（在验证端看的）：

```
*0.60037133 RTC PPP/8/debug2:Slot=1;
  PPP Packet:
    Serial1/1/1:0 Input  PAP(c023)Pkt, Len 14
    State serverlisten, code Request(01), id 1, len 10
    Host Len:  2  Name:aa
    Pwd Len:  2  Pwd:a
*0.60037300 RTC PPP/8/debug2:Slot=1;
  PPP Packet:
    Serial1/1/1:0 Output PAP(c023)Pkt, Len 9
    State waitAAA, code Nak(03), id 1, len 5
    Msg Len:  0  Msg:
```

如果发现用户发送的用户名密码正确验证通不过，可以参考 AAA 部分的可维护性手册，里面有 AAA 的调试手段。

2. LCP 稳定 OPENED，但是 IPCP 没有 OPENED 的情况

（1）既然 LCP 可以起来，说明链路是好的，先查看两端都配置了 IP 地址是否相同，相同则不正确。确认无误，如果是开局，确认两边是否都执行过 shut/undo shut，没有先进行这些操作。如果协商还不通，可以通过打开 IPCP 的协商调试信息命令查看协商不通过的原因，具体命令为 debug ppp ipcp packet interface。

（2）如果某一端为另一端分配 IP 地址，应检查配置了地址池那一端，地址池中地址是否用完。

（3）应检查两端配置的地址是否一样了，导致 IPCP 无法协商通过。

3. LCP 稳定 OPENED，IPCP OPENED，MPLSCP 没有 OPENED 的情况

这种情况一般是有一端没有配置 MPLS，或者有一端不支持，可以通过打开 MPLSCP 的协商调试信息命令查看协商不通过的原因，具体命令为 debug ppp mplscp packet interface。

4. LCP 稳定 OPENED，IPCP OPENED，配置了 ISIS，但是 OSICP 没有 OPENED 的情况，导致 ISIS 邻居无法建立

这种情况一般是有一端没有配置 ISIS，或者有一端不支持，可以通过打开 OSICP 的协商调试信息命令查看协商不通过的原因，具体命令为 debug ppp osicp packet interface。

5. 遇到 Multilink PPP 不通的情况

首先检查是否存在几个捆绑的接口在不同的 VIU 上的情况。如果有，把接口调整到一个 VIU；如果没有，转到 b。

（1）通过 display ppp mp 看是否该捆绑的链路都捆绑上了，以便分辨出问题是没有捆绑上，还是捆绑成功但是不通（如果是以 mp-group 接口为捆绑后的接口的情况，可以显示这个接口状态查看一下），连续执行几次这个命令，记录这些信息。

（2）如果所有的链路都无法捆绑上，应打开其中某一条链路的 LCP 的调试开关，记录信息。如果有捆绑上的链路，也有没捆绑上的链路，把那些没有捆绑上的链路 shut down，过 40~50s，这时观察是否正常（ping 大包是否通），正常说明是没有捆绑上的链路影响的。这时需要查看日志，是否是链路的问题。

（3）如果两端大包还是不通，查看两端捆绑的串口上是否有错包。如果有错包，说明链路质量不好。如果没有错包，则打开 virtual-template 或 mp-group 接口的 mp event 和 mp packet 的 debug 开关（debug ppp mp event/packet 接口 接口名），记录信息。

（4）对于始终无法捆绑的链路，按照单链路的方法处理。

（二）查询、调试和维护命令

1．查询命令

该部分主要是各种 display 命令的说明，注意应在命令的显示说明中详细说明查询命令显示各字段的含义。

（1）display interface 命令，见表 GYZD00507007-8。

表 GYZD00507007-8　　　　　　　　　　显示接口状态

命令格式	display interface
功能描述	该命令用来显示封装了 PPP 的接口的状态
使用视图	所有视图

（2）display ppp mp [interface {mp-group|virtual-template} 接口号]命令，见表 GYZD00507007-9。

表 GYZD00507007-9　　　　　　　　　　显示 MP 接口信息

命令格式	display ppp mp [interface interface-type interface-num]
功能描述	命令用来查看 MP 的全部接口信息及统计信息

2．调试命令

调试命令见表 GYZD00507007-10~表 GYZD00507007-14。

表 GYZD00507007-10　　　　　　　　　　打开 LCP 协商调试开关

命令格式	Debugging ppp lcp [error|event|packet|state] interface 接口名
功能描述	打开封装了 PPP 的指定接口的 LCP 协商调试开关
使用视图	用户视图
参数说明	Error 输出 LCP 协商过程中的错误信息 Event 输出 LCP 协商过程的导致 PPP 状态机转换的事件 State 输出 LCP 协商过程的 PPP 状态机的转换 Packet 输出 LCP 协商过程中收发的 LCP 报文
显示说明	详细说明调试信息输出的含义
使用说明	在查问题时主要关注 Packet 基本就可以了

表 GYZD00507007-11　　　　　　　　　　打开 IPCP 调试开关

命令格式	Debugging ppp ipcp [error|event|packet|state] interface 接口名
功能描述	打开封装了 PPP 的指定接口的 IPCP 协商调试开关

表 GYZD00507007-12 　　　　　　　　**打开 OSICP 调试开关**

命令格式	Debugging ppp osicp [error|event|packet|state] interface 接口名
功能描述	打开封装了 PPP 的指定接口的 OSICP 协商调试开关

表 GYZD00507007-13 　　　　　　　　**打开 MPLSCP 调试开关**

命令格式	Debugging ppp mplscp [error|event|packet|state] interface 接口名
功能描述	打开封装了 PPP 的指定接口的 MPLSCP 协商调试开关

表 GYZD00507007-14 　　　　　　　　**打开接口验证调试开关**

命令格式	Debugging ppp {pap|chap} [error|event|packet|state] interface 接口名
功能描述	打开封装了 PPP 的指定接口的验证协商调试开关

3. 日志/告警说明

日志/告警说明见表 GYZD00507007-15。

表 GYZD00507007-15 　　　　　　　　**日志/告警说明**

日志/告警格式	%Jan 30 09:58:07 2004 RTC IFNET/5/UPDOWN:Link layer protocol on the interface Serial1/1/1:0 turns into UP state
说明	这条日志说明封装 PPP 的接口的 LCP OPENED
日志/告警格式	%Jan 30 09:58:07 2004 RTC IFNET/5/UPDOWN:Link layer protocol on the interface Serial1/1/1:0 turns into DOWN state
说明	这条日志说明封装 PPP 的接口的 LCP 由 OPENED 转为非 OPENED 状态
日志/告警格式	%Jan 30 09:58:10 2004 RTC IFNET/5/UPDOWN:Slot=1;PPP IPCP protocol on the interface Serial1/1/1:0 turns in UP state
说明	这条日志说明封装 PPP 的接口的 IPCP OPENED
日志/告警格式	%Jan 30 09:58:10 2004 RTC IFNET/5/UPDOWN:Slot=1; PPP IPCP protocol on the interface Serial1/1/1:0 turns in DOWN state
说明	这条日志说明封装 PPP 的接口的 IPCP 由 OPENED 转为非 OPENED 状态

4. 故障信息采集

（1）一般信息采集，见表 GYZD00507007-16。

表 GYZD00507007-16 　　　　　　　　**一 般 信 息 收 集**

命令格式	采集内容	使用说明
Display interface 接口号	接口上的统计信息	每隔 1～2s 执行一次，连续执行 15 次
Display logbuffer	系统的日志信息	
Dislplay ppp mp	MP 的统计信息	MP 问题时使用
Display current-config	查看配置	

（2）在 LCP 没有 OPENED 的情况的故障信息采集，见表 GYZD00507007-17。

表 GYZD00507007-17 　　　　　　　　**LCP 诊断信息收集**

命令格式	采集内容	使用说明
Display interface	查看接口	
debug ppp lcp packet interface	查看 LCP 诊断信息	
Debug ppp {pap|chap} packet	查看 PPP 诊断信息	配置了验证的情况收集

（3）在 LCP OPENED 但是 IPCP 没有 OPENED 的情况的故障信息采集，见表 GYZD00507007-18。

表 GYZD00507007-18		打开 PPP 调试开关	
命令格式	采集内容	使用说明
Debug ppp ipcp packet interface 接口 接口号		

【思考与练习】

1. 查看接口信息，发现存在 CRC 错误表明什么问题？

2. 当 LCP 没有 OPENED 时，通常应该如何处理？

模块 8 硬件设备模块更换的注意点（GYZD00507008）

【模块描述】本模块介绍数据网设备电源模块、路由器散热风扇、单元单板、路由交换单元的更换方法及其注意事项。通过方法介绍和要点归纳，掌握数据网设备模块更换的方法和注意事项。

【正文】

一、路由器硬件维护概述

路由器的硬件维护主要包括各种单板以及电源模块等设备部件的更换，本模块主要描述设备部件如何进行拆卸和安装。

为避免静电引起器件损坏，进行部件更换时，必须佩带防静电手腕。另外，建议穿好防静电服、戴上绝缘手套，确保人身安全。

为了避免单板损坏，在单板的更换过程中，应将单板暂时存放在 PCB 托盘中，如图 GYZD00507008-1 所示；如果没有 PCB 托盘，可放置在相应的绝缘袋中。

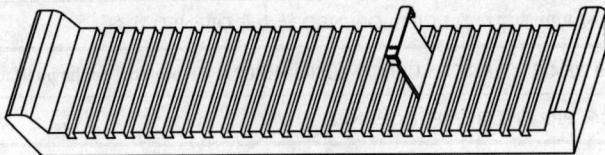

图 GYZD00507008-1 PCB 托盘

二、电源模块的更换

1. 电源模块的卸载

（1）卸载原模块塑胶面板上的防尘网。

（2）使用螺钉旋具松开电源模块的松不脱螺钉。

（3）使拉手到水平位置，从电源插槽中拉出电源模块。

路由器电源模块比较重，在拉出的过程中，要一只手拉电源模块的拉手，另一只手托住电源模块的底部，缓慢地拔出。另外，尽快装好新的电源模块，以保证路由器的 2+1 备份用电需求，且避免灰尘进入。

2. 电源模块的安装

（1）拆下新电源模块塑胶面板上的防尘网。路由器有两种电源模块，一种是交流输入电源模块，另一种是直流输入电源模块。应确认所要安装的电源模块与机箱的配电盒一致。

（2）抓住电源模块的拉手，另一只手托住电源模块的底部，将电源模块沿导轨，缓慢插入，确认接触良好。在插入电源模块的过程中，插销端子的跳起将会导致系统告警，插销不会进入插槽。为了避免损坏或弯曲电源端子，在插入电源模块的过程中，如果位置没有对正，必须使被插入的模块后退，然后重新插入。

（3）拧紧松不脱螺钉。

（4）将模块拉手扳下，装好防尘网。

3. 注意事项

安装松不脱螺钉时，如果发现螺钉不能拧紧，很可能是因为电源模块没有正确安装引起的，应仔细检查。电源模块的塑胶挡板上有滤网，使用一段时间后，应该注意清洗，以免灰尘阻碍散热，清洗滤网时不要使用任何清洗剂，用清水洗净，晾干即可。在通电的情况下，更换单电源模块配置的电源模块，将新的电源模块安装在空的电源插槽上，再将要更换的电源模块拆下进行更换。

三、路由器散热风扇的更换

路由器的散热风扇框安装在单板插槽上方，具体更换步骤如下：

（1）拇指轻按接触式按钮，四指扣住风扇框下面的孔槽，如图 GYZD00507008-2 所示。

（2）拇指按下按钮，四指用力均匀水平地拉出风扇框，如图 GYZD00507008-3 所示。

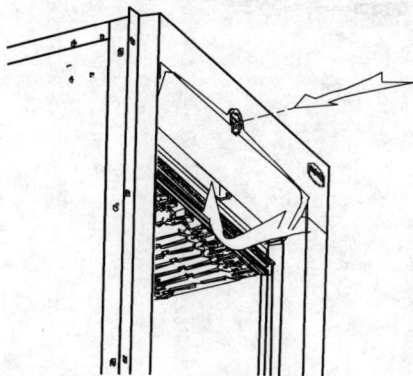

图 GYZD00507008-2　路由器风扇框拆卸图一　　　　图 GYZD00507008-3　路由器风扇框拆卸图二

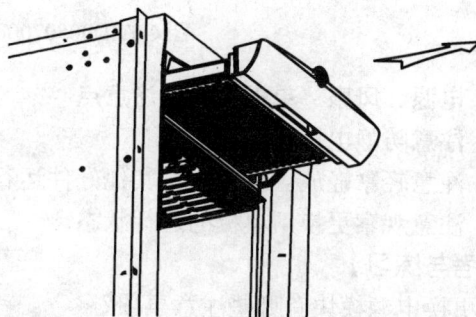

（3）更换新的风扇框，将风扇框缓慢推入槽内。

四、单元单板更换方法

路由器的一些单板，如路由交换单元、路由交换扩展单元、路由交换热插拔控制单元、通用接口单元、通用接口扩展单元、高可靠控制单元、告警单元，安装结构基本相同，拆卸与安装方法也基本相同。下面介绍这些单板的通用拆卸与安装方法。

1. 卸载单板

（1）用十字螺钉旋具松开单板的固定螺钉。

（2）两手抓住板上的扳手，使扳手向外翻，使单板的插头与母板脱离。

（3）沿着插槽导轨平稳滑动，拔出单板。

单元单板拆卸如图 GYZD00507008-4 所示。

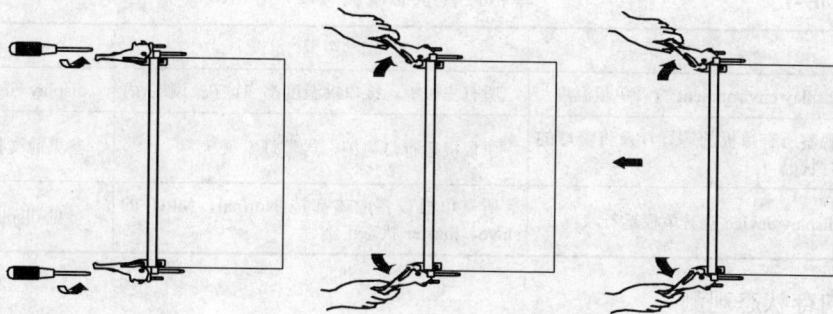

图 GYZD00507008-4　单元单板拆卸

2. 安装单板

（1）用螺钉旋具逆时针方向松开要安装单板挡板的安装螺钉，拆下挡板。

（2）两手抓住板上的扳手，使扳手向外翻，沿着插槽导轨平稳滑动插入单板，当该单板的拉手条上的定位插销与机箱上插销定位孔接触时停止向前滑动。

（3）使扳手向内翻，使拉手条的插销进入底盘上的插销定位孔。

（4）用螺钉旋具沿顺时针方向拧紧安装螺钉，固定单板。

单元单板安装如图 GYZD00507008-5 所示。

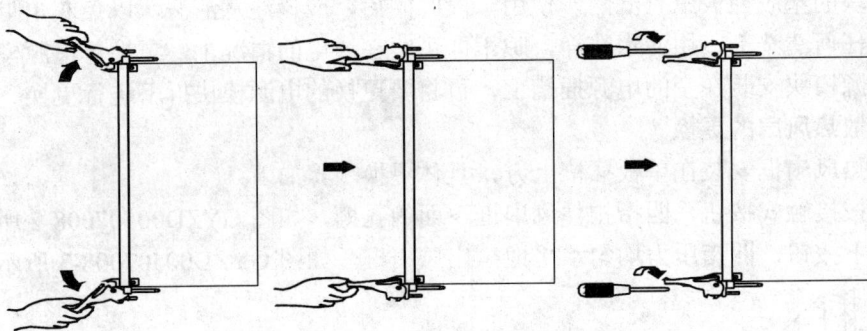

图 GYZD00507008-5　单元单板安装示意图

五、电源、风扇、单板等更换注意点

（1）注意防静电操作。

（2）注意轻拿轻放，避免影响其他好件运行。

（3）注意观察更换后单板的运行状态。

【思考与练习】

1．更换电源模块有哪些注意事项？

2．在更换硬件时要提前做好哪些准备工作？

模块 9　网络调试命令的使用（GYZD00507009）

【模块描述】本模块介绍数据网设备环境及单板硬件状态观测、CPU 及内存状态观测、告警日志信息查看命令的功能、参数配置。通过命令介绍，掌握网络调试命令的使用方法。

【正文】

本模块用表格的方式介绍了环境及单板硬件状态、CPU 及内存状态、告警日志信息及系统状态和信息的查看命令的功能、参数配置。

一、环境及单板硬件状态观测

单板硬件状态观测见表 GYZD00507009-1。

表 GYZD00507009-1　　　　　　　　　　　　　单板硬件状态观测

项　目	操作指导	参考标准	备　注
环境状况	display environment 查看单板温度	所有主控板，接口板温度都应该在门限以内	display environment 命令参考
单板指示灯状况	观察所有单板的运行灯及告警灯的运行状况	单板板运行灯慢闪，告警灯常灭	参见前文指示灯的含义
单板运行状况	display device 查看单板运行状况	所有单板设备应该都是 Normal，MPU 的 slave、master 状态正确	参见 display device 命令参考

二、CPU 及内存状态观测

CPU 及内存状态观测见表 GYZD00507009-2。

表 GYZD00507009-2　　　　　　　　　　　　　CPU 及内存状态观测

项　目	操作指导	参考标准	备　注
各单板 CPU 占用率状况	display cpu	正常情况下 CPU 占用率应当不超过 60%，如果太高为不正常	参见 display cpu 命令参考
系统内存占用率状况	display memory	正常情况下系统内存占用率应在 80% 以下，否则为不正常	参见 display memory 命令参考
各接口板内存占用率状况	display memory slot <slotnum>	正常情况下接口板内存占用率应在 80% 以下，否则为不正常	参见 display memory slot <slotnum> 命令参考

三、告警日志信息查看

告警日志信息查看见表 GYZD00507009-3。

表 GYZD00507009-3 　　　　　　　　告警日志信息查看

项　　目	操 作 指 导	参 考 标 准	备　　注
系统告警缓冲区查看	display trapbuffer	正常情况下无严重告警记录，否则为不正常	参见 display trapbuffer 命令参考
系统日志缓冲区查看	display logbuffer	正常情况下无严重出错日志记录，否则为不正常	参见 display logbuffer 命令参考
所有系统日志查看	display log	正常情况下无严重告警记录和严重出错日志，否则为不正常	参见 display log 命令参考

【思考与练习】

1. 用哪些命令排查常见的路由故障？

2. 一般来讲，设备内存使用率达到多少设备运行就存在隐患？使用什么命令进行查看？

模块 10　设备参数设置错误引起的通信故障现象及排查方法
（GYZD00507010）

【模块描述】本模块介绍 TCP/IP、路由、BGP、MPLS 故障排查命令。通过功能描述，掌握设备参数设置错误引起的通信故障的排查方法。

【正文】

一、TCP/IP 故障排查

调试命令如下：

（1）display interface 命令，见表 GYZD00507010-1。

表 GYZD00507010-1 　　　　　　　　查 看 接 口 信 息

命令格式	Display interface
功能描述	查看 IP 地址配置信息

（2）display arp 命令，见表 GYZD00507010-2。

表 GYZD00507010-2 　　　　　　　　查看 ARP 表项信息

命令格式	Display arp
功能描述	查看 ARP 表项是否学习成功

二、路由故障排查

（一）调试命令

（1）debugging ip rtpro routing 命令，见表 GYZD00507010-3。

表 GYZD00507010-3 　　　　　　　　查看路由调试信息

命令格式	debugging ip rtpro routing
功能描述	用于显示路由的添加、删除、变化的过程，以及对路由表的操作

（2）debugging ip rtpro interface 命令，见表 GYZD00507010-4。

表 GYZD00507010-4 　　　　　　　　查看接口状态上报信息

命令格式	debugging ip rtpro interface
功能描述	用于显示接口状态发生变化的时候的上报信息

（3）debugging ip rtpro kernel 命令，见表 GYZD00507010-5。

表 GYZD00507010-5　　　　　查看路由上送 FIB 信息

命令格式	debugging ip rtpro kernel
功能描述	用于公网路由往 FIB 和私网路由向 LSPM 下刷的相关信息

（4）debugging ip rtpro task 命令，见表 GYZD00507010-6。

表 GYZD00507010-6　　　　　查看路由调度信息

命令格式	debugging ip rtpro task
功能描述	用于路由主循环中定时器、作业、消息接受的调度信息

（5）debugging ip rtpro task task 命令，见表 GYZD00507010-7。

表 GYZD00507010-7　　　　　查看消息接受调度信息

命令格式	debugging ip rtpro task task
功能描述	用于路由主循环中作业、消息接受的调度信息

（6）debugging ip rtpro task timer 命令，见表 GYZD00507010-8。

表 GYZD00507010-8　　　　　查 看 定 时 器 信 息

命令格式	debugging ip rtpro task timer
功能描述	用于路由主循环中定时器的调度信息

（二）维护命令

（1）display ip routing 命令，见表 GYZD00507010-9。

表 GYZD00507010-9　　　　　显示公网路由表信息

命令格式	display ip routing-table
功能描述	用来显示公网路由表信息

（2）display ip routing A.B.C.D 命令，见表 GYZD00507010-10。

表 GYZD00507010-10　　　　　显示路由前缀信息

命令格式	display ip routing-table A.B.C.D
功能描述	用来显示公网路由表一条指定路由前缀的路由信息

（3）display ip routing protocol 命令，见表 GYZD00507010-11。

表 GYZD00507010-11　　　　　显 示 IP 路 由 信 息

命令格式	display ip routing-table protocol { direct | bgp | ospf | o_ase | o_ase | isis | static | rip }

（4）display ip routing verbose 命令，见表 GYZD00507010-12。

表 GYZD00507010-12　　　　　查看路由表信息

命令格式	display ip routing-table verbose
功能描述	用来查看路由表路由条目的详细内容

（5）display ip routing vpn-instance 命令，见表 GYZD00507010-13。

（6）display ip routing vpn-instance vpn-name verbose 命令，见表 GYZD00507010-14。

表 GYZD00507010-13　　　　　　　　查看 VPN 路由信息

命令格式	display ip routing-table vpn-instance vpn-name
功能描述	用来显示私网路由表信息

表 GYZD00507010-14　　　　　　　　查看路由条目详细信息

命令格式	display ip routing-table vpn-instance vpn-name verbose
功能描述	用来查看私网路由表路由条目的详细内容

三、BGP 故障排查

（一）BGP 故障定位思路

（1）确保 BGP 的配置是否正确。

（2）是否能够 ping 通对端地址。

（3）查看邻居是否已经建立。

（4）查看 BGP 的路由信息是否正常，是否符合预期目标。

（5）开 BGP 调试开关跟踪邻居建立过程、路由的发布过程。

（6）查询、调试和维护命令。

（二）BGP 调试命令

BGP 调试命令见表 GYZD00507010-15～表 GYZD00507010-26。

表 GYZD00507010-15　　　　　　　　显示 BGP 路由信息

命令格式	display　bgp　[vpnv4 { all | vpn-instance vpn-instance-name}]routing-table
功能描述	显示 BGP 的路由信息，或者公网或者私网； 可以通过该命令查看接收和发送路由的概要信息

表 GYZD00507010-16　　　　　　　　显示 BGP 路由详细信息

命令格式	display bgp [vpnv4 { all | route-distinguisher rd-value | vpn-instance vpn-instance-name }]　routing-table dest [mask]
功能描述	可以通过该命令显示某条具体的 BGP 路由的详细信息

表 GYZD00507010-17　　　　　　　　显示 peer 收发路由状况

命令格式	display bgp routing-table peer ×.×.×.× { received | advertised }
功能描述	该命令用来显示从某个 peer 的收发路由的状况

表 GYZD00507010-18　　　　　　　　显示当前 peer 信息

命令格式	display bgp peer {×.×.×.×}
功能描述	该命令用于显示当前的所有 peer 的建连信息

表 GYZD00507010-19　　　　　　　　显示 BGP 调试信息

命令格式	debug bgp all
功能描述	该调试开关打开所有的 BGP 调试信息（除 VPN 路由报文外），包括 keepalive 报文的收发、BGP 邻居的建立过程、notification 报文的收发、路由报文的收发、BGP 的时间处理

表 GYZD00507010-20　　　　　　　　　　显示 BGP 收发报文

命令格式	debug bgp packet [receive | send] [verbose]
功能描述	打开 BGP 的报文发送的调试开关，包括 keepalive、open、update、notification、route-refresh

表 GYZD00507010-21　　　　　　　　　　打开 event 调试开关

命令格式	debug bgp event
功能描述	打开 BGP 的 event 调试开关。在 BGP 中，事件用来控制状态机的迁移，通过调试信息可以看到 BGP 状态机的迁移过程，可以查看是否异常

表 GYZD00507010-22　　　　　　　　　　打开 BGP 报文调试开关

命令格式	debug bgp open [receive | send] [verbose]
功能描述	打开 BGP 的 open 报文的调试开关。OPEN 报文主要是用来邻居之间的协商使用。通过调试信息，可以看到在 OPEN 报文中携带的信息有版本号、AS 号、holdtime 时间、bgp_id（router-id）、多协议扩展能力。可以通过这些信息来查看本端配置是否正确

表 GYZD00507010-23　　　　　　　　　　打开 keepalive 调试开关

命令格式	debug bgp keepalive [receive | send] [verbose]
功能描述	打开 BGP 的 keepalive 报文调试开关。keepalive 报文的调试信息很简单，唯一的调试信息就是标明报文长度为 19 字节。keepalve 报文的发送周期为一个 keepalive 时间（默认情况 60s），如果有三个周期收不到对端的 keepalive 报文，就会中断邻居关系。 　　使用 keepalve 报文调试开关的主要作用是，通过查看 keepalive 报文的收发情况，来判断邻居关系维持是否正常；可以判断是哪台路由器收发报文错误，从而定位到哪台路由器出了问题

表 GYZD00507010-24　　　　　　　　　　打开 route-refresh 报文的调试开关

命令格式	debug bgp route-refresh [receive | send] [verbose]
功能描述	打开 BGP 的 route-refresh 报文的调试开关。route-refresh 报文的主要作用是，当本地路由器入口策略发生变化时，向对端发送该报文，请求对端重新发送路由表，报文类型为 5

表 GYZD00507010-25　　　　　　　　　　开启 update 报文调试开关

命令格式	debug bgp update [receive | send] [verbose]
功能描述	打开 BGP 的 update 报文调试开关。在 BGP 中，update 报文的作用主要是用来传递路由更新消息。通过 update 报文的调试信息可以看到 update 报文携带的信息主要有路由属性（一系列属性）、不可达路由信息、可达路由信息。可以通过这些调试信息来查看路由发送是否正常，可以看到路由是由于什么原因被丢弃，从而缩小问题的范围，在问题定位过程中很有用

表 GYZD00507010-26　　　　　　　　　　打开 BGP 的 VPN 路由报文调试开关

命令格式	debug bgp mp-update [receive | send] [verbose]
功能描述	打开 BGP 的 VPN 路由报文调试开关。该命令用来显示 VPN 路由信息收发是否正常

四、MPLS 故障排查

（一）故障定位思路

1. LDP Session 建立不起来

如果接口上使能了 LDP，SESSION 一般都可以建立起来。遇到的不可以建立 SESSION 的情况如下：

（1）LSR ID 冲突。在网络中，LSR ID 和 ROUTER ID 一样，需要保持全局唯一。查看冲突与否的方法就是 display mpls lsr-id。

（2）LDP 的配置不同。LDP SESSION 能够建立，对双方的配置还是有一些要求的。例如一边配置了 loopdetect，另一边却没有配置就会导致 session 建立不起来。确认双方配置相同的方法就是 display current，然后查看 LDP 模式下的配置是否相同。

（3）链路不通。LDP 需要在邻居之间建立 tcp 连接。如果 IP 转发都不通，session 当然也建立不起来。这一般不会成为问题。

（4）如果确认不满足上面的条件，就很可能是 LDP 本身存在问题了。这时候可以打开调试开关，查看有关信息。LDP 的调试信息很多，也很难懂。一般情况下，打开 ALL 全部抓下来再仔细分析就可以了。

2．LDP 的 session 经常断

和其他协议一样，很可能是 keepalive 或者 hello 报文的时间设置得太小，加上链路忙等原因，导致断连。这个问题一般很少见。

3．LDP 不能发布 LSP

在当前版本中 LDP 发布 LSP 的实现规格如下：

（1）缺省情况下对本地 LOOPBACK 接口 32 位地址发布 MAPPING 消息，建立 LSP。如果在 LDP 下配置 LSP TRIGGER ALL，则对所有本地路由发布 MAPPLING 消息，建立 LSP（对于非 LOOPBACK 接口的主机地址是不发布 MAPPLING 消息的，因为上游是不可能得到其 32 位掩码的精确路由的）。

（2）对非本地路由，如果 LDP 收到了 MAPPING，并且路由存在，则建立 LSP（并可能发布 MAPPLING 消息）。

所以查看 LDP 是否应当建立 LSP 和发布 MAPPLING 消息的方法如下：

1）查看是否满足上面的条件（1）。如果满足，并且 SESSION 存在，则应当发布 MAPPLING 消息，创建 LSP。

2）查看是否收到了下游发送的 MAPPLING 消息。然后查看是否路由的出接口和下一跳正好是 MAPPLING 中给出的出接口和下一跳。如果是，则应当建立 LSP，如果还有其他邻居，则发布 MAPPING 消息；否则不应当建立 LSP（处于 liberal 状态）。

4．MPLS 转发不通

MPLS 转发不通的的可能情况很多，下面是常见的定位方法：

（1）确定报文在哪里丢弃。这个一般在实验室可以做到，最简单的方法就是用 ping –c 10000 –t 0 来进行测试。查看各个接口收发报文的情况。不过在网上，一般很难奏效。但是作为一种快速确定哪里出问题的方法，还是有价值的。

（2）查看 MPLS 转发项是否正确。

1）确认报文走了 MPLS 转发，这个有时候比较困难。但一般来说，在入口路由器上可以认为正确。

2）执行 display mpls lsp verbose（公网）或者 display mpls lsp vpn-instance verbose（私网），查看 LSP 的信息。如果只关心某一条 LSP，可以通过 INCLUDE 选项进行过滤。一般情况下信息可能如下：

```
ID            : 6
I/O-Label     : ---/3
In-Interface  : ----------
Out-Interface : Atm2/0/1
Prefix/Mask   : 2.2.2.2/32
Next-Hop      : 10.3.1.2
Token         : 12
Status        : Established
```

下面对各个字段的信息进行描述：

ID：相当于计数功能，用来表示这个项目是当前显示的所有 LSP 中的位置，基本上没有意义。

I/O-Label：这个字段用于显示这条 LSP 的入标签和出标签。在上面给出的例子中，含义为没有入标签，只有出标签（对应于 PUSH 操作）。

In-Interface：入接口。如果 I/O-Label 中有入标签，这个入接口也会有效，表明这条 LSP 的入口是什么。在本例中正好没有入接口。

Out-Interface：出接口。指出本 LSP 的出接口是什么。也就是说，如果报文属于这条 LSP，将从这个接口发出。

Prefix/Mask：相当于路由中的目的地址和掩码，也就是 MPLS 中的 FEC。

Next-Hop：对有些链路，例如以太网的链路，除了知道出接口外，还需要知道下一跳才可以正常转发。这个字段就是显示的下一跳，和路由中的下一跳意义相同。

Token：这是个很关键的字段。这个字段表明了这条 LSP 在下行表中信息的位置。

Status：这个字段表明此 LSP 是否生效。如果不是 Established，则表明不生效。也就是说，执行 display mpls lsp 或者 display mpls lsp vpn-instance 看不到这条 LSP。对公网来说，在最近的版本中这个状态不可能不是 Established。但是对私网来说，很可能不是 Established，而是 Wait For Agent 等字样。出现这种情况可能的原因见 "私网转发不通" 部分的定位信息。

（3）查看转发项。对公网来说，/08E/05 路由器无法查看对应的信息（实际上就是 IP 转发表）。debug mpls packet 调试开关对报文进行查看。另外，也可以通过 ACL 过滤查看对应的 IP 报文的信息。

5. 私网转发不通

在实际组网中，目前最可能使用的是 MPLS VPN。在这种组网下，很可能由于配置的关系导致转发不通。下面针对各种情况一一进行分析。

（1）没有私网路由。要想在两个 PE 之间正常转发，必须存在路由。这个可以通过路由管理提供的两条命令查看 display bgp v a routing 和 display ip routing vpn ×××。如果这里面就没有相应的私网路由，则需要查看对应的 BGP 配置。

（2）已经有 BGP 路由，但是转发仍然不通。这时可以查看是否存在 MPLS 转发项。查看的方式是 display mpls lsp vpn-instance verbose，看是否存在指定路由的 LSP。如果 BGP 路由已经存在，则这里是一定会存在的。不过如果状态不是 Established，也不可能转发成功。如果状态不是 Established，则查看 display mpls lsp vpn-instance verbose 中指定的下一跳的 MPLS LSP 是否存在。需要注意的是，这条 LSP 必须是 32 位掩码。也就是说，PE 之间建立 BGP 邻居的时候，必须使用 32 位 LOOPBACK 接口的地址建立连接，否则不可能形成正确的转发项。

（3）ASBR 转发方式。路由器目前支持两种 ASBR 方式：一种是背靠背；另一种是 PE-ASBR-ASBR-PE 方式。在后一种方式下，如果转发不通，应当查看以下三个方面的内容：

1）ASBR 之间的 BGP 是否以直连接口建立连接；

2）ASBR 之间的 BGP 传递私网路由时是否携带了出标签；

3）ASBR 到 PE 之间的私网路由是否改变了下一跳。

（二）查询、调试和维护命令

1. 查询命令

```
display mpls lsp [vpn-instance] [brief | verbose]
display mpls ldp session
debug mpls packet
```

2. 调试命令

调试命令见表 GYZD00507010-27。

表 GYZD00507010-27　　　　　　　　　　**开启 LDP 调试开关**

命令格式	Debug ldp [all	advertisement	interface	main	notification	pdu	session
功能描述	LDP 的有关调试信息。一般说来，对于 session 相关的调试信息可以打开 session 的调试开关、notification 开关，其他情况下建议打开所有调试开关

3. 故障信息采集

故障信息采集见表 GYZD00507010-28。

表 GYZD00507010-28 MPLS 信息采集命令

命令格式	采集内容
display mpls ldp [interface | peer | session]	显示 LDP 配置、session 等有关信息
display mpls lsp verbose	采集公网 LSP 的信息
display mpls lspvpn-instance verbose	查看私网 LSP 的信息
display bgp v a routing	查看 BGP 私网路由情况
display ip routing vpn ×××	查看有效的私网路由情况
display ip routing	查看公网路由情况

【思考与练习】

1．如何判断 BGP 路由存在的问题，分为哪几个步骤？

2．如何采集 MPLS 的故障信息？

第三十六章　线　缆　制　作

模块 1　RJ-45 接头的制作（GYZD00509001）

【模块描述】　本模块介绍 RJ-45 接头的制作方法。通过方法介绍和要点归纳，掌握制作 RJ-45 接头的准备工作、操作步骤及质量标准及其注意事项。

【正文】

一、作业内容

本模块主要讲述制作 RJ-45 接头所需工器具和材料的选择、工艺流程和质量标准等。

二、危险点分析与控制措施

本作业应避免使用工具钳时伤手。

三、作业前准备工作

（一）工器具和材料准备

（1）制作 RJ-45 接头所需要的工器具见表 GYZD00509001-1。

表 GYZD00509001-1　　　　　　　　　　工 器 具

序号	名　称	规　格	单位	数量	备　注
1	RJ-45 工具钳		把	1	见图 GYZD00509001-1

（2）制作 RJ-45 接头所需材料见表 GYZD00509001-2。

表 GYZD00509001-2　　　　　　　　　　制 作 材 料

序号	名　称	规　格	单位	数量	备　注
1	RJ-45 水晶头		只	2	见图 GYZD00509001-2
2	双绞线		m	若干	见图 GYZD00509001-3

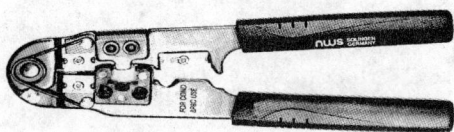

图 GYZD00509001-1　RJ-45 工具钳

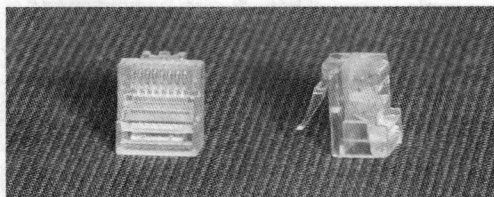

图 GYZD00509001-2　RJ-45 水晶头

（二）作业条件

RJ-45 接头的制作属室内作业，故无严格要求的作业条件。

四、操作步骤及质量标准

（一）基本规定

（1）在选择 RJ-45 工具钳时，一定要注意工具钳压

图 GYZD00509001-3　五类/超五类线

下来后，它上面的每个齿口都能与水晶头上的金属片一一对应好，这样才能保证制作出合格的网线。因为如果工具钳的齿口没有对准水晶头上的金属片，就会导致金属片不能与网线接触良好，出现网线

连不通的现象。

（2）网线的标准和连接方法。双绞线做法有两种国际标准：EIA/TIA568A 和 EIA/TIA568B，而双绞线的连接方法也主要有两种：直通线缆和交叉线缆。直通线缆的水晶头两端都遵循 568A 或 568B 标准，双绞线的每根线在两端是一一对应的，颜色相同的线在两端水晶头的相应槽中保持一致。它主要用在交换机（或集线器）Uplink 口连接交换机（或集线器）普通端口或交换机普通端口连接计算机网卡上。而交叉线缆的水晶头一端遵循 568A 标准，而另一端则采用 568B 标准，即 A 水晶头的 1、2 对应 B 水晶头的 3、6，而 A 水晶头的 3、6 对应 B 水晶头的 1、2，它主要用在交换机（或集线器）普通端口连接到交换机（或集线器）普通端口或网卡连网卡上。

（二）操作步骤和质量标准

（1）剪断。利用工具钳的剪线刀口剪取适当长度的网线。

（2）剥皮。用工具钳的剪线刀口将线头剪齐，再将线头放入剥线口，稍微握紧压线钳慢慢旋转，让刀口划开双绞线的绝缘皮，剥除 3～4cm 的绝缘皮，要注意刀口不要伤到线缆。

（3）排序。剥除外胶皮后即可见到双绞线的 4 对 8 条芯线，并且可以看到每对的颜色都不同。每对缠绕的两根芯线是由一种染有相应颜色的芯线加上一条只染有少许相应颜色的白色相间芯线组成。4 条全色芯线的颜色为棕色、橙色、绿色、蓝色。每对线都是相互缠绕在一起的，制作网线时必须将 4 个线对的 8 条细导线一一拆开、理顺、捋直，然后按照规定的线序排列整齐。

568A 标准和 568B 标准排线方法见图 GYZD00509001-4 和表 GYZD00509001-3，568A 标准描述的线序从左到右依次为：1—白绿；2—绿；3—白橙；4—蓝；5—白蓝；6—橙；7—白棕；8—棕。568B 标准描述的线序从左到右依次为：1—白橙；2—橙；3—白绿；4—蓝；5—白蓝；6—绿；7—白棕；8—棕。在网络施工中，建议使用 568B 标准。当然，对于一般的布线系统工程，568A 也同样适用。

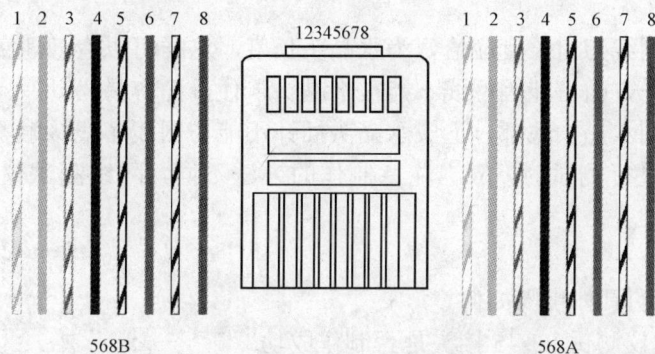

图 GYZD00509001-4　568A/568B 制作图

排列水晶头 8 根针脚：将水晶头有塑料弹簧片的一面向下，有针脚的一方向上，使有针脚的一端指向远离自己的方向，有方形孔的一端对着自己，此时，最左边的是第 1 根针脚，最右边的是第 8 根针脚。

表 GYZD00509001-3　　　　　　　　568A 标准和 568B 标准线序表

标准	1	2	3	4	5	6	7	8
568A	白绿	绿	白橙	蓝	白蓝	橙	白棕	棕
568B	白橙	橙	白绿	蓝	白蓝	绿	白棕	棕
绕对	同一绕对		与6同一绕对	同一绕对		与3同一绕对	同一绕对	

（4）剪齐。把线尽量押直（不要缠绕）、压平（不要重叠）、挤紧理顺（朝一个方向紧靠），然后用工具钳把线头剪平齐。这样，在双绞线插入水晶头后，每条线都能与水晶头中的插针接触良好，避免接触不良。如果以前剥的绝缘皮过长，可以将过长的细线剪短，保留线缆部分约为 14mm。如果该段留

得过长，一是会由于线对不再互绞而增加串扰，二是会由于水晶头不能压住护套而可能导致电缆从水晶头中脱出，造成线路的接触不良甚至中断。

（5）插入。一手以拇指和中指捏住水晶头，使有塑料弹片的一侧向下，针脚一端朝向远离自己的方向，并用食指抵住；另一手捏住双绞线外面的绝缘皮，缓缓用力将 8 条导线同时沿 RJ-45 水晶头内的 8 个线槽插入，一直插到线槽的顶端。

（6）压制。确认所有双绞线都插入到位，并且检查线序无误后，将 RJ-45 水晶头从无牙的一侧推入工具钳夹槽后，用力握紧线钳，将突出在外面的针脚全部压入水晶头内。

（7）重复步骤（1）～（6），制作双绞线另一个 RJ-45 接头。

（8）验收质量要求。RJ-45 接头的两端制作完成后，用网线测试仪对其进行测试。如果测试仪上 8 个指示灯都依次为绿色闪过，证明网线制作成功。如果出现任何一个灯为红灯或黄灯，说明网线存在断路或者接触不良现象，此时应用工具钳将两端水晶头再压一次，再进行测试，如果故障依旧，再检查一下两端芯线的排列顺序是否对应。如果不对应，重新制作 RJ-45 接头。如果芯线顺序对应，但测试仪在重测后仍显示红色灯或黄色灯，则表明其中肯定存在对应芯线接触不好的现象。此时应重做一个水晶头，重新做过后再进行测试，如果故障消失，则不必重做另一端水晶头，否则还得把原来的另一端水晶头也剪掉重做。直到测试全为绿色指示灯闪过为止。

（9）清理现场。作业结束后，工作负责人依据施工验收规范对施工工艺、质量进行验收，按要求清理施工现场，整理工具、材料。

五、注意事项

（1）在选择 RJ-45 工具钳时，一定要注意工具钳压下来后它上面的每个齿口都能与水晶头上的金属片一一对应好，这样才能保证制作出合格的网线。

（2）制作网线时必须将网线 4 个线对的 8 条细导线一一拆开、理顺、捋直，然后按照规定的线序排列整齐。

（3）工具钳挡位离剥线刀口长度应恰好为水晶头长度，这样可以有效避免剥线过长或过短。剥线过长一方面不美观，另一方面可能因网线不能被水晶头卡住，而容易松动；剥线过短，因有绝缘皮存在，太厚，不能完全插到水晶头底部，造成水晶头插针不能与网线芯线接触不良。

（4）用网线测试仪进行测试时，应当注意制作的方法不同，网线测试仪上的指示灯亮的顺序也不同。

【思考与练习】

1．制作 RJ-45 接头的具体步骤如何？

2．如何用网线测试仪测试 RJ-45 接头是否制作成功？

模块 2　RS-232 接头的焊接（GYZD00509002）

【模块描述】 本模块介绍 RS-232 接头的焊接方法。通过方法介绍和要点归纳，掌握焊接 RS-232 接头的准备工作、操作步骤及质量标准及其注意事项。

【正文】

一、作业内容

本模块主要讲述制作 RS-232 接头所需要的工器具、材料和工艺流程、质量标准等。

二、危险点分析与控制措施

本作业应避免使用工具钳时伤手，以及焊接烫伤。电烙铁必须要放在烙铁支架上。

三、作业前准备工作

（一）RS-232 接头焊接使用的工器具和材料准备

（1）RS-232 接头焊接所需工器具见表 GYZD00509002-1。

（2）RS-232 接头焊接所需材料见表 GYZD00509002-2。

表 GYZD00509002-1　　　　　　　　　　工　器　具

序号	名　　称	单　位	数　量	备　注
1	电烙铁	把	1	
2	烙铁支架	只	1	
3	镊子	把	1	
4	防静电手腕	套	1	
5	万用表	只	1	
6	剥线钳	把	1	
7	斜口钳	把	1	

表 GYZD00509002-2　　　　　　　　　　材　料

序号	名　　称	单　位	数　量	备　注
1	RS-232 串口接头	只	2	公头、母头各一只
2	屏蔽电缆	m	若干	
3	焊丝	cm	若干	

（二）手工焊接准备工作

（1）检查烙铁发热是否正常，烙铁头是否氧化或有脏物，如有可用湿海绵擦去脏物，烙铁头在焊接前应挂上一层光亮的焊锡。

（2）检查烙铁头温度是否符合所要焊接的元件要求，每次开启烙铁和调整烙铁温度都必须进行温度测试。

（3）检查烙铁是否漏电，用万用表交流挡测试烙铁头和地线之间的电压是否小于 5V，否则不能使用。

图 GYZD00509002-1　RS232 串口（左为公头，右为母头）

四、操作步骤及质量标准

（一）RS-232 接头的标准和连接方法

1. RS-232 接头

常用的 RS-232 串口接头为 9 针接头，分为公头（针式接口）和母头（孔式接口）两种。公头和母头上分别印有各个引脚的引脚号，如图 GYZD00509002-1 所示。

公头（针式接口）9 针引脚定义见图 GYZD00509002-2 和表 GYZD00509002-3。

表 GYZD00509002-3　　　　　　公头（针式接口）9 针引脚定义

引脚	定　义	符　号	引脚	定　义	符　号
1	载波检测	DCD	6	数据准备好	DSR
2	接收数据	RXD	7	请求发送	RTS
3	发送数据	TXD	8	清除发送	CTS
4	数据终端准备好	DTR	9	振铃提示	RI
5	信号地	SG			

母头（孔式接口）9 针引脚定义：引脚 2 定义为发送数据，引脚 3 定义为接收数据，其余引脚定义与公头相同。

2．连接方式

通常是公头与母头引脚的连接方式，使用的是收、发、地三个引脚（2、3、5引脚），只要把屏蔽电缆中的3根线2、3、5引脚焊接出来使用，其常用连接方式如图GYZD00509002-3所示。

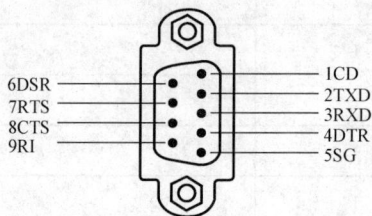

图 GYZD00509002-2 RS-232 串口接头引脚号

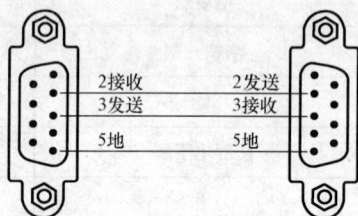

图 GYZD00509002-3 公头和母头的连接方式

（二）操作步骤及质量标准

（1）剪断。用斜口钳截取留有一定余度的屏蔽电缆。

（2）剥外绝缘皮。将屏蔽电缆放入剥线钳中，并与剥线钳垂直，将剥线钳旋转 2 ~ 3 下，剥下屏蔽电缆的外绝缘皮。

（3）剥内绝缘皮。将屏蔽电缆两端对应的 3 根线用剥线钳剥取 1cm 长度的外皮，露出金属部分。

（4）焊接。将屏蔽电缆其中一端的 3 根线分别与公头的 2、3、5 引脚焊接。

（5）重复步骤（1）~（3），将屏蔽电缆中另一端的 3 根线分别与母头的 2、3、5 引脚焊接。

（6）验收质量要求。外观检查焊点均匀，不出现假焊和焊接不牢固现象。同时需要用万用表通断挡测试公头和母头两端的连接是否正确。

（7）清理现场。作业结束后，工作负责人依据施工验收规范对施工工艺、质量进行验收，按要求清理施工现场，整理工具、材料。

五、注意事项

（1）必须正确掌握焊接的基本要领，才能将接头焊接合格，防止造成松香焊、假焊等不完全焊接。

（2）在用屏蔽电缆连接公头、母头时，切勿将对应引脚焊接错。公头的 2、3、5 引脚分别对应母头的 2、3、5 引脚。

【思考与练习】

1．RS-232 接头的常用引脚是哪几个？

2．RS-232 接头焊接的基本步骤是什么？

模块 3 2M 线缆接头的制作（GYZD00509003）

【模块描述】本模块介绍 2M 线缆接头的制作方法。通过方法介绍和要点归纳，掌握制作 2M 线缆接头的准备工作、操作步骤及质量标准及其注意事项。

【正文】

一、作业内容

本模块主要讲述制作 2M 线缆接头所需要的工器具、制作工艺流程和质量标准等。

二、危险点分析与控制措施

本作业应避免使用工具时伤手，以及防止焊接烫伤。电烙铁必须放在烙铁支架上。

三、作业前准备工作

（一）工器具和材料准备

（1）制作 2M 线缆接头所需工器具见表 GYZD00509003-1。

（2）2M 线缆接头制作所需材料见表 GYZD00509003-2。

表 GYZD00509003-1　　　　　　　　工　器　具

序号	名　　称	单　位	数　　量	备　　注
1	斜口钳	把	1	
2	剥线钳	把	1	附六角形螺钉旋具
3	压线钳	把	1	
4	万用表	个	1	
5	电烙铁	个	1	
6	烙铁支架	个	1	

表 GYZD00509003-2　　　　　　　　材　　料

序号	名　　称	单　位	数　　量	备　　注
1	同轴电缆	m	若干	
2	2M 接头	个	2	
3	金属套环	个	2	
4	焊丝	cm	若干	

（二）作业条件

2M 线缆接头的制作属室内作业，故无严格要求的作业条件。

四、操作步骤及质量标准

（1）先用斜口钳或其他裁剪工具剪下需要长度的细同轴电缆，然后把金属外环套在同轴电缆外皮上，如图 GYZD00509003-1 所示。

（2）将同轴电缆放入剥线钳中，并与剥线钳垂直，将剥线钳旋转 2 ~ 3 下，剥下一定长度的同轴电缆外皮，露出金属导体网，如图 GYZD00509003-2 所示。

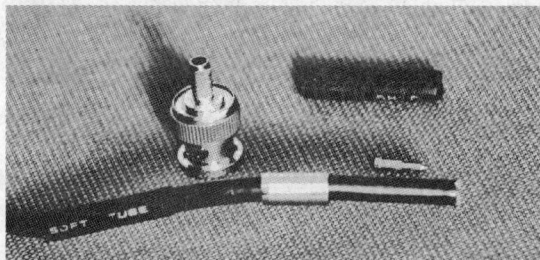

图 GYZD00509003-1　同轴电缆结构图

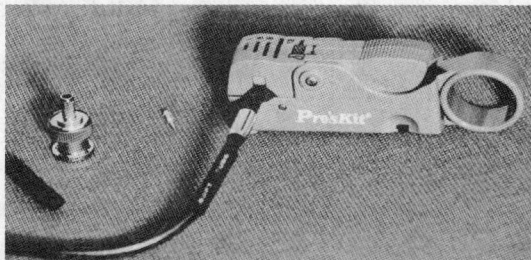

图 GYZD00509003-2　剥线钳的操作

（3）将同轴电缆外层金属导体网分开，露出同轴电缆内层中心导体线保护层。

（4）用剥线钳剥出一定长度的同轴电缆内层中心导体线，形成具有内外一定层次的同轴电缆。

（5）用压线钳将 2M 接头中的镀金针头与同轴电缆的中心导体压紧，如图 GYZD00509003-3 所示。

（6）用电烙铁将 2M 接头中的镀金针头与同轴电缆的中心导体焊接在一起，确保它们连接紧固，如图 GYZD00509003-4 所示。

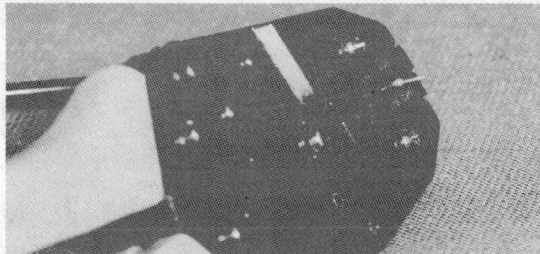

图 GYZD00509003-3　压线钳的操作

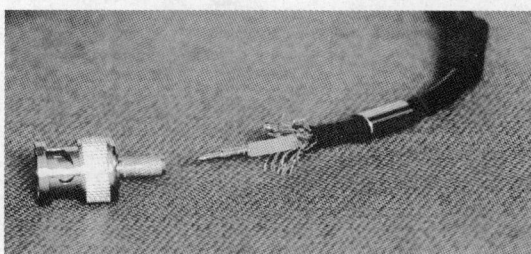

图 GYZD00509003-4　与 BNC 接头的连接

（7）将镀金针头插入 2M 接头中。为防止短路，要注意不能让金属导体网与中心导体发生接触。

（8）将金属导体网顺向包住 2M 接头，将金属套环推向 2M 接头，并将导体网紧密包住。

（9）用万用表测试镀金针头与金属导体网之间是否发生短路。如果发生了短路，必须将 2M 接头剥开，将短路部分断开，并重新将导体网包住，如图 GYZD00509003-5 所示。

（10）经步骤（9）确定没有发生短路的情况后，用压线钳将金属套环与 2M 接头压紧，如图 GYZD00509003-6 所示。

（11）制作完成 2M 线缆接头后，用双手轻拉 2M 线缆接头，以测试是否已将 2M 接头压紧。

（12）重复上述步骤（2）～（11），制作同轴电缆另一端的 2M 接头。

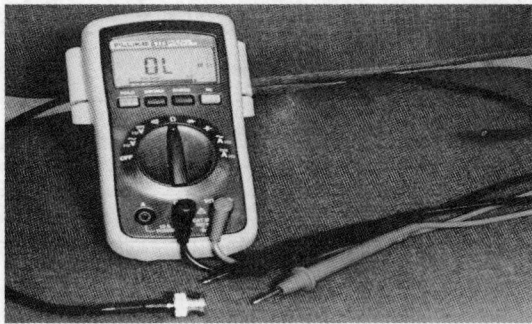

图 GYZD00509003-5　测量针头与接地导体网的绝缘　　　图 GYZD00509003-6　金属套管与 BNC 接头压紧示意图

（13）验收质量标准。用万用表通断挡测试同轴电缆两端镀金针头之间的通断状态，以验证 2M 同轴电缆的导通性。如果测试结果为导通状态，说明 2M 线缆接头制作良好。如果测试结果为开断状态，说明 2M 线缆接头制作存在开路或者接触不良现象，需要重新制作两端的 BNC 接头。用万用表通断挡测试分别测试 2M 同轴电缆其中一端的镀金针头和金属套环之间的通断状态，以验证 2M 同轴电缆的和屏蔽性。如果测试结果为开断状态，说明 2M 同轴电缆两端屏蔽性能良好，如果测试结果为导通状态，说明镀金针头与接地导体网之间存在短路现象，需重新制作 2M 线缆接头，直至测试为开断状态。

（14）清理现场。作业结束后，负责人依据施工验收规范对施工工艺、质量进行验收，按要求清理施工现场，整理工具、材料。

五、注意事项

（1）将金属导体网部分剥开后，不能将这些导体网剪掉，防止金属套环和 2M 接头压接不牢固。

（2）将镀金针头插入 2M 接头中，要注意不能让金属导体网与中心导体发生接触，否则会造成短路。

（3）在用压线钳压紧金属套环和 2M 接头之前，必须先利用万用表测试镀金针头与金属导体网之间是否发生短路。

【思考与练习】

1．如何制作 2M 线缆接头？

2．制作 2M 线缆接头时的注意事项有哪些？

第八部分

二次系统安全防护

第三十七章　二次系统安全防护基础知识

模块1　电力二次系统的安全风险（GYZD00601001）

【模块描述】本模块介绍电力二次系统的安全风险。通过定性分析和举例说明，了解电力二次系统安全风险的来源和原因，熟悉电力二次系统的安全风险及其分类级别。

【正文】

一、电力二次系统安全风险分析

1. 风险来源

随着计算机技术、通信技术和网络技术的发展，接入数据网络的电力控制系统越来越多。特别是随着电力改革的推进和电力市场的建立，要求在调度中心、电厂、用户等之间进行的数据交换也越来越多。电厂、变电站减人增效，大量采用远方控制，对电力控制系统和数据网络的安全性、可靠性、实时性提出了新的严峻挑战。而另一方面，互联网技术已得到广泛使用，E-mail、Web 和 PC 的应用也日益普及，但同时病毒和黑客也日益猖獗。

2. 产生风险的原因

目前有一些调度中心、发电厂、变电站在规划、设计、建设及运行控制系统和数据网络时，对网络安全问题重视不够，过度一体化，资源共享过度，使得具有实时控制功能的监控系统，在没有进行有效安全防护的情况下与当地的 MIS 系统互联，甚至与因特网直接互联，存在严重的安全隐患。除此之外，还存在采用线路搭接等手段对传输的电力控制信息进行窃听或篡改，进而对电力一次设备进行非法破坏性操作的威胁。电力监控系统和数据网络系统的安全性和可靠性已成为一个非常紧迫的问题。

3. 风险分类级别

根据风险类别不同，电力二次系统安全风险分为 0～10 级。

二、电力二次系统安全风险的级别及示例

电力二次系统面临的主要安全风险见表 GYZD00601001-1。

表 GYZD00601001-1　电力二次系统面临的主要安全风险

优先级	风　　险	说明／举例
0	旁路控制（bypassing control）	入侵者对发电厂、变电站发送非法控制命令，导致电力系统事故，甚至系统瓦解
1	完整性破坏（integrity violation）	非授权修改电力控制系统配置、程序、控制命令；非授权修改电力交易中的敏感数据
2	违反授权（authorization violation）	电力控制系统工作人员利用授权身份或设备，执行非授权的操作
3	工作人员的随意行为（indiscretion）	电力控制系统工作人员无意识地泄露口令等敏感信息，或不谨慎地配置访问控制规则等
4	拦截/篡改（intercept/alter）	拦截或篡改调度数据广域网传输中的控制命令、参数设置、交易报价等敏感数据
5	非法使用（illegitimate use）	非授权使用计算机或网络资源
6	信息泄露（information leakage）	口令、证书等敏感信息泄密
7	欺骗（spoof）	Web 服务欺骗攻击；IP 欺骗攻击
8	伪装（masquerade）	入侵者伪装合法身份，进入电力监控系统
9	拒绝服务（availability, e.g. denial of service）	向电力调度数据网络或通信网关发送大量雪崩数据，造成网络或监控系统瘫痪
10	窃听（eavesdropping, e.g. data confidentiality）	黑客在调度数据网或专线信道上搭线窃听明文传输的敏感信息，为后续攻击做准备

【思考与练习】
1. 电力二次系统安全风险产生的原因有哪些？
2. 电力二次系统安全面临的风险有哪些？

模块 2　二次系统安全防护的目标及重点（GYZD00601002）

【模块描述】 本模块介绍二次系统安全防护的目标及其重点。通过概念讲解和要点归纳，掌握电力二次系统防护目标及重点，熟悉二次系统安全防护的特点。

【正文】

一、电力二次系统含义

电力二次系统包括电力监控系统、电力通信及数据网络等。其中电力监控系统是指用于监视和控制电网及电厂生产运行过程的、基于计算机及网络技术的业务处理系统及智能设备等。电力调度数据网络，是指各级电力调度专用广域数据网络、电力生产专用拨号网络等。

我国的电力二次系统涉及 5 级调度中心及所受控的变电站和变流站、配电自动化和负荷管理，以及联网的火电厂、水电厂及其他类型电厂。

二、电力二次系统防护目标及重点

电力二次系统安全防护的重点是抵御病毒、黑客等通过各种形式发起的恶意破坏和攻击，尤其是集团式攻击，重点保护电力实时闭环监控系统及调度数据网络的安全，防止由此引起的电力系统事故，从而保障电力系统的安全稳定运行，保证国家重要基础设施的安全。

电力二次系统安全防护的目标是防止通过外部边界发起的攻击和侵入，尤其是防止由攻击导致的一次系统的事故以及二次系统的崩溃。防止未授权用户访问系统或非法获取信息和侵入以及重大的非法操作。

电力二次系统安全防护涉及安全策略、安全实施、入侵检测和所有边界安全的要求。保证对敏感电力系统设备的认证访问，对敏感市场数据的授权访问。提供准确的设备运行及故障的信息，具备关键系统的备份和重要事件的检测和审计能力。

三、电力二次系统防护的特点

电力二次系统安全防护具有系统性和动态性的特点。

系统性要求在电力二次系统安全防护实施中严格遵循电力二次系统的整体安全防护策略，兼顾各个业务系统的完整性，在采取有效技术措施的同时强化安全管理。

动态性是指以安全策略为核心的动态安全防护模型。设计思想是将安全防护工程看作一个动态的过程，安全策略应适应网络的动态性和对威胁认识的提高。动态过程是由安全分析与配置、实时监测、报警响应、审计评估等步骤组成的循环过程。

电力二次系统安全防护关系到国计和民生，因此要从国家安全战略的高度充分认识电力安全防护的重大意义。

【思考与练习】
1. 电力二次系统安全防护的目标是什么？
2. 电力二次系统安全防护的重点是什么？

模块 3　二次系统安全区域的划分原则（GYZD00601003）

【模块描述】 本模块介绍二次系统安全区域的划分原则。通过要点归纳，熟悉二次系统安全区域的划分，掌握业务系统分置于安全区的原则以及安全区域的安全防护要求。

【正文】

一、二次系统安全区域的划分

安全分区是电力二次系统安全防护体系的结构基础。发电企业、电网企业和供电企业内部基于计算机和网络技术的应用系统，原则上划分为生产控制大区和管理信息大区。生产控制大区可以分为控制区（又称安全区Ⅰ）和非控制区（又称安全区Ⅱ）。

在满足安全防护总体原则的前提下，可以根据应用系统实际情况，简化安全区的设置，但是应当避免通过广域网形成不同安全区的纵向交叉连接。

1. 生产控制大区的安全区划分

（1）控制区（安全区Ⅰ）。控制区中的业务系统或其功能模块（或子系统）的典型特征为：是电力生产的重要环节，直接实现对电力一次系统的实时监控，纵向使用电力调度数据网络或专用通道，是安全防护的重点与核心。

控制区的典型业务系统包括电力数据采集和监控系统、能量管理系统、广域相量测量系统、配电网自动化系统、变电站自动化系统、发电厂自动监控系统等，其主要使用者为调度员和运行操作人员，数据传输实时性为毫秒级或秒级，其数据通信使用电力调度数据网的实时子网或专用通道进行传输。该区内还包括采用专用通道的控制系统，如继电保护（含远方修改定值等功能）、安全自动控制系统、低频（或低压）自动减负荷系统、负荷管理系统等，这类系统对数据传输的实时性要求为毫秒级或秒级，其中负荷管理系统为分钟级。

（2）非控制区（安全区Ⅱ）。非控制区中的业务系统或其功能模块的典型特征为：是电力生产的必要环节，在线运行但不具备控制功能，使用电力调度数据网络，与控制区中的业务系统或其功能模块联系紧密。

非控制区的典型业务系统包括调度员培训模拟系统、水库调度自动化系统、继电保护及故障录波信息管理系统、电能量计量系统、电力市场运营系统等，其主要使用者分别为电力调度员、水电调度员、继电保护人员及电力市场交易员等。在厂站端还包括电能量远方终端、故障录波装置及发电厂的报价系统等。非控制区的数据采集频度是分钟级或小时级，其数据通信使用电力调度数据网的非实时子网。

2. 管理信息大区的安全区划分

管理信息大区是指生产控制大区以外的电力企业管理或生产业务系统的集合。电力企业可根据具体情况划分安全区，但不应影响生产控制大区的安全。

二、业务系统分置于安全区的原则

根据业务系统或其功能模块的实时性、使用者、主要功能、设备使用场所、各业务系统间的相互关系、广域网通信方式以及对电力系统的影响程度等，按以下规则将业务系统或其功能模块置于相应的安全区：

（1）实时控制系统，有实时控制功能的业务模块以及未来有实时控制功能的业务系统应置于控制区。

（2）应当尽可能将业务系统完整置于一个安全区内。当业务系统的某些功能模块与此业务系统不属于同一个安全分区内时，可将其功能模块分置于相应的安全区中，经过安全区之间的安全隔离设施进行通信。

（3）不允许把应当属于高安全等级区域的业务系统或其功能模块迁移到低安全等级区域，但允许把属于低安全等级区域的业务系统或其功能模块放置于高安全等级区域。

（4）对不存在外部网络联系的孤立业务系统，其安全分区无特殊要求，但需遵守所在安全区的防护要求。

（5）对小型县调、配调、小型电厂和变电站的二次系统可以根据具体情况不设非控制区，重点防护控制区。

三、安全区域的安全防护要求

根据不同安全区域的安全防护要求，确定其安全等级和防护水平。生产控制大区的安全等级高于管理信息大区，其中控制区中关键业务系统的安全等级相当于《计算机信息系统安全保护等级划分准则》中安全保护等级的第3级或第4级，可根据具体情况确定。

1. 生产控制大区内部安全防护要求

（1）禁止生产控制大区内部的 E-Mail 服务，禁止控制区内通用的 Web 服务。

（2）允许非控制区内部业务系统采用 B/S 结构，但仅限于业务系统内部使用。允许提供纵向安全 Web 服务，可以采用经过安全加固且支持 HTTPS 的安全 Web 服务器和 Web 浏览工作站。

（3）生产控制大区重要业务（如 SCADA/AGC、电力市场交易等）的远程通信必须采用加密认证机制，对已有系统应逐步改造。

（4）生产控制大区内的业务系统间应该采取 VLAN 和访问控制等安全措施，限制系统间的直接互通。

（5）生产控制大区的拨号访问服务，服务器和用户端均应使用经国家指定部门认证的安全加固的操作系统，并采取加密、认证和访问控制等安全防护措施。

（6）生产控制大区边界上可以部署入侵检测系统。

（7）生产控制大区应部署安全审计系统，把安全审计与安全区网络管理系统、综合告警系统、入侵检测系统、敏感业务服务器登录认证和授权、应用访问权限相结合。

（8）生产控制大区应该统一部署恶意代码防护系统，采取防范恶意代码措施。病毒库、木马库以及入侵检测规则库的更新应该离线进行。

2. 管理信息大区安全要求

应当统一部署防火墙、入侵检测、安全审计、恶意代码防护系统等通用安全防护设施。

【思考与练习】

1. 二次系统安全区域如何划分？

2. 简述二次业务系统分置于安全区的原则。

3. 简述生产控制大区内部安全防护要求。

模块4　二次系统安全的基本原则（GYZD00601004）

【模块描述】本模块介绍电力二次系统安全防护的基本原则。通过要点归纳，熟悉二次系统安全防护的十项基本原则及其含义。

【正文】

一、系统性原则（木桶原理）

电力二次系统安全防护是复杂的系统工程，其总体安全防护水平取决于系统中最薄弱点的安全水平。木桶原理即要解决一个系统安全的问题，安全防护要取得更大的效果，要先抓住安全的薄弱点、关键点进行集中解决，提升安全的薄弱环节、克服缺点，才能提高安全防护的整体水平。

二、简单性和可靠性原则

采取安全防护措施时，避免一味追求"高、精、尖"的技术，应该尽量采取简单实用的安全措施。在研究、设计、实施安全防护时一定要统筹考虑，既要安全，又要考虑尽量不影响或少影响业务系统的实时性、运行的连续性以及业务系统的效率。要兼顾业务系统的方便和安全，在涉及实时生产控制的高安全区以安全性为主，兼顾方便性；在低安全区则以使用方便性为主，兼顾安全性。

三、实时、连续、安全相统一的原则

在安全为重点的前提下要兼顾系统实时、连续的功能，三者既要平衡又要统一，否则就会影响系统的整体性能。

四、需求、风险、代价相平衡的原则

对任何系统或网络，是没有绝对安全的。应对一个系统或网络进行实际研究（包括任务、性能、结构、可靠性、可维护性等），并对系统或网络面临的威胁及可能承担的风险进行定性与定量相结合的分析，然后制定规范和措施，确定本系统或网络的安全策略。

五、实用与先进相结合的原则

安全防护技术及措施应以实用性为主，优先选用先进技术，并注重技术的动态发展。

六、方便与安全相统一的原则

不能一味强调安全，使得安全操作、配置过于复杂，反而不利于系统的安全运行。

七、全面防护、突出重点的原则

业务系统之间是彼此关联的，任何业务系统的安全漏洞都可能影响其他系统，因此需要全面防护，但若对所有的业务系统均采取相同的安全防护策略和措施，也是不科学的，因此必须突出重点，分层分区，对重要业务系统进行重点安全防护。

八、分层分区、强化边界的原则

安全防护主要针对网络系统和基于网络的电力生产控制系统，对不同层次和分区采用不同的安全防护措施，重点强化边界防护，提高内部安全防护能力，保证电力生产控制系统及重要数据的安全。

九、整体规划、分步实施的原则

安全防护是一个系统工程，不可能短期完全实施到位，因此必须先做出整体的规划，再分成若干具体实施步骤，逐步实施。

十、责任到人、分级管理、联合防护的原则

安全防护应该遵循"三分技术、七分管理"的原则进行实施，明确责任制，责任到人。各级单位应按照管理范围分级管理，各部门联合防护，才能确保安全防护技术和措施落实到位。

【思考与练习】

1．安全防护原则是什么？

2．木桶原理指的是什么？

3．需求、风险、代价平衡的原则指的是什么？

4．全面防护、突出重点指的是什么？

5．简单性和可靠性原则指的是什么？

6．整体规划、分级管理的原则指的是什么？

模块 5　二次系统安全防护策略（GYZD00601005）

【模块描述】本模块介绍电力二次系统安全防护策略。通过要点归纳，熟悉 16 字电力二次系统安全防护策略及其含义。

【正文】

一、电力二次系统安全防护的总体策略

电力二次系统安全防护的总体策略为"安全分区、网络专用、横向隔离、纵向认证"。

1．安全分区

安全分区是电力二次系统安全防护体系的结构基础。发电企业、电网企业和供电企业内部基于计算机和网络技术的应用系统，原则上划分为生产控制大区和管理信息大区。生产控制大区可以分为控制区（又称安全区Ⅰ）和非控制区（又称安全区Ⅱ）。

在满足安全防护总体原则的前提下，可以根据应用系统实际情况，简化安全区的设置，但是应当避免通过广域网形成不同安全区的纵向交叉连接。

2．网络专用

电力调度数据网是为生产控制大区服务的专用数据网络，承载电力实时控制、在线生产交易等业务。安全区的外部边界网络之间的安全防护隔离强度应该和所连接的安全区之间的安全防护隔离强度相匹配。

电力调度数据网应当在专用通道上使用独立的网络设备组网，采用基于 SDH/PDH 不同通道、不同光波长、不同纤芯等方式，在物理层面上实现与电力企业其他数据网及外部公共信息网的安全隔离。

电力调度数据网划分为逻辑隔离的实时子网和非实时子网，分别连接控制区和非控制区。可采用 MPLS-VPN 技术、安全隧道技术、PVC 技术、静态路由等构造子网。

3．横向隔离

横向隔离是电力二次安全防护体系的横向防线。采用不同强度的安全设备隔离各安全区，在生产控制大区与管理信息大区之间必须设置经国家指定部门检测认证的电力专用横向单向安全隔离装置，

隔离强度应接近或达到物理隔离。电力专用横向单向安全隔离装置作为生产控制大区与管理信息大区之间的必备边界防护措施，是横向防护的关键设备。生产控制大区内部的安全区之间应当采用具有访问控制功能的网络设备、防火墙或者相当功能的设施，实现逻辑隔离。

按照数据通信方向电力专用横向单向安全隔离装置分为正向型和反向型。正向安全隔离装置用于生产控制大区到管理信息大区的非网络方式的单向数据传输。反向安全隔离装置用于从管理信息大区到生产控制大区的单向数据传输，是管理信息大区到生产控制大区的唯一数据传输途径。反向安全隔离装置集中接收管理信息大区发向生产控制大区的数据，进行签名验证、内容过滤、有效性检查等处理后，转发给生产控制大区内部的接收程序。专用横向单向隔离装置应该满足实时性、可靠性和传输流量等方面的要求。

严格禁止 E-mail、Web、Telnet、Rlogin、FTP 等安全风险高的通用网络服务和以 B/S 或 C/S 方式的数据库访问穿越专用横向单向安全隔离装置，仅允许纯数据的单向安全传输。

控制区与非控制区之间应采用国产硬件防火墙，具有访问控制功能的设备或相当功能的设施进行逻辑隔离。

采用不同强度的安全隔离设备使各安全区中的业务系统得到有效保护，关键是将实时监控系统与办公自动化系统等实行有效安全隔离，隔离强度应接近或达到物理隔离。

4. 纵向认证

纵向认证是采用认证、加密、访问控制等手段实现数据的远方安全传输以及纵向边界的安全防护。

纵向加密认证是电力二次系统安全防护体系的纵向防线。采用认证、加密、访问控制等技术措施实现数据的远方安全传输以及纵向边界的安全防护。对于重点防护的调度中心、发电厂、变电站在生产控制大区与广域网的纵向连接处应当设置经过国家指定部门检测认证的电力专用纵向加密认证装置或者加密认证网关及相应设施，实现双向身份认证、数据加密和访问控制。暂时不具备条件的可以采用硬件防火墙或网络设备的访问控制技术临时代替。

纵向加密认证装置及加密认证网关用于生产控制大区的广域网边界防护。纵向加密认证装置为广域网通信提供认证与加密功能，实现数据传输的机密性、完整性保护，同时具有类似防火墙的安全过滤功能。加密认证网关除具有加密认证装置的全部功能外，还应实现对电力系统数据通信应用层协议及报文的处理功能。

二、二次系统安全防护相关技术方案及管理制度

国家电力监管委员会和国家电网公司颁布了一系列的电力二次系统安全防护的相关技术方案和管理制度，这些方案和制度是制定二次系统安全防护基本原则和总体策略的依据，同时二次系统安全防护也要遵循国家颁布的信息系统安全等级保护的相关要求。将二次系统安全防护相关技术方案及管理制度汇总如下：

（1）《电力二次系统安全防护规定》（电力监管委员会 5 号令）。

（2）《关于印发〈电力二次系统安全防护总体方案〉等安全防护文件的通知》（电力监管委员会电监安全［2006］34 号）。

（3）《关于贯彻落实电监会〈电力二次系统安全防护总体方案〉等安全防护方案的通知》（国家电网公司国家电网调［2006］1167 号）。

（4）《关于开展全国重要信息系统安全等级保护定级工作的通知》（公安部公信安［2007］861 号）等文件。

（5）《关于印发〈国家电网公司信息系统安全保护等级定级指南（试行）〉的通知》（国家电网公司信息技术［2007］60 号）。

（6）《关于印发〈电力行业信息系统等级保护定级工作指导意见〉的通知》（电力监管委员会电监信息［2007］44 号）。

（7）《关于开展电力行业信息系统安全等级保护定级工作的通知》（电力监管委员会电监信息［2007］34 号）。

（8）《关于印发〈国家电网公司信息安全风险评估管理暂行办法〉的通知》（国家电网公司信息技术

[2007] 56 号）。

（9）《关于印发〈国家电网公司信息安全风险评估实施指南〉等标准的通知》（国家电网公司信息技术 [2007] 59 号）。

（10）《关于印发〈电力二次系统安全加固规范（试行）〉的通知》（国家电网公司调自 [2009] 4 号）。

【思考与练习】

1．二次系统安全防护策略是什么？

2．安全分区的含义是什么？

3．什么是网络专用？

4．如何实现横向隔离？

5．纵向认证的含义是什么？

第三十八章 二次系统安全防护技术及设备的介绍

模块 1 二次系统安全防护常见技术措施（GYZD00602001）

【模块描述】本模块介绍电力二次系统安全防护常见技术措施。通过功能描述和方法介绍，熟悉二次系统安全防护的常见技术措施及其应用方式。

【正文】

二次系统安全防护常见的技术措施包括以下几种。

一、通用安全防护技术

（一）备份与恢复

备份与恢复是二次系统安全防护的重要组成部分，备份目的主要有两个：①系统的业务数据由于系统或人为误操作造成损坏或丢失后，可及时在本地实现数据的恢复；②在发生地域性灾难（地震、火灾、机器毁坏等）时，可及时在本地或异地实现数据及整个系统的灾难恢复。此外，应建立历史归档数据的异地存放制度，从而确保对历史业务数据可靠的恢复。

1. 数据与系统备份

必须定期对关键业务的数据与系统进行备份，确保在数据损坏或系统崩溃的情况下快速恢复数据与系统，保证系统的可用性。

2. 设备备用

对关键主机设备、网络设备或关键部件进行相应的冗余配置，对控制区的业务应采用热备份，其他安全区的业务可根据需要选用热备份、温备份、冷备份等备份方式，避免单点故障影响系统可靠性。

3. 异地容灾

对实时控制系统、电力市场交易系统，在具备条件的前提下进行异地的数据与系统备份，提供系统级容灾功能，保证在大规模灾难情况下保持系统业务的连续性。

（二）防病毒措施

病毒防护是电力二次系统安全防护所必需的安全措施。原则上应该尽量覆盖所有服务器与工作站。

建议生产控制大区统一部署病毒防护系统，管理信息大区统一部署病毒防护系统。如采用网络化防病毒系统，禁止生产控制大区与管理信息大区在线共用一套病毒防护系统。对生产控制大区系统，禁止以任何方式连接外部网络进行病毒特征码的在线更新。应加强防病毒管理，保证病毒特征码的及时、全面更新，及时查看病毒查杀记录，掌握病毒威胁情况。

（三）防火墙

防火墙是电力二次系统安全防护体系中重要的安全设备，它可以限制外部对系统资源的非授权访问，也可以限制内部对外部的非授权访问，同时还限制内部系统之间，特别是安全级别低的系统对安全级别高的系统的非授权访问。

防火墙产品可以部署在控制区与非控制区之间，实现两个区域的逻辑隔离、报文过滤、访问控制等功能。

防火墙安全策略应该支持报文的 IP 地址、协议、应用端口号、应用协议、报文方向等不同因素组合。根据业务性质的不同，其防火墙安全策略的设置可有所区别。

所选用的防火墙应为国产硬件防火墙，其功能、性能、电磁兼容性必须经过相关测试。加强防火墙使用管理，确保其安全规则的正确性、有效性、严格性，在有效阻止非法报文同时，保证业务的畅通。

（四）入侵检测

生产控制大区可以统一部署一套网络入侵检测系统，应当合理设置检测规则，及时捕获网络异常行为，分析潜在威胁，进行安全审计。

加强入侵检测系统的使用与管理，合理设置检测规则，及时分析检测报告，准确识别攻击，充分发挥入侵检测系统在安全事件检测与恢复中的作用。

（五）主机加固

能量管理系统、变电站自动化系统、电厂监控系统、配电自动化系统、电力市场运营系统等关键应用系统的主服务器，以及网络边界处的通信网关、Web 服务器等，应该使用安全加固的操作系统。

主机安全加固主要的方式包括：安全配置、安全补丁、采用专用的软件强化操作系统访问控制能力，以及配置安全的应用程序。主机安全防护首先要确定主机的安全策略，然后采取适当的方式增强其安全性。

1. 安全配置

通过合理地设置系统配置、服务、权限，减少安全弱点，禁止不必要的应用。作为调度业务系统的专用主机或者工作站，应严格管理操作系统及应用软件的安装与使用。

2. 安全补丁

通过及时更新操作系统安全补丁，消除系统内核及平台的漏洞与后门。

3. 强化操作系统访问控制能力

安装主机加固软件，强制进行权限分配，保证对系统的资源（包括数据与进程）的访问符合规定的主机安全策略，防止主机权限被滥用。

4. 配置安全的应用程序

应用软件应升级到安全版本，更新应用的安全补丁，严格限制应用的权限，加强应用系统用户认证与权限控制。

5. 操作系统加固通用要求

对于操作系统，建议采用以下安全加固措施：

（1）升级到当前系统版本。

（2）安装后续的补丁合集。

（3）加固系统 TCP/IP 配置。

（4）根据系统应用要求关闭不必要的服务。

（5）关闭 SNMP 协议避免利用其远程溢出漏洞获取系统控制权，或限定访问范围。

（6）为超级用户或特权用户设定复杂的口令，修改弱口令或空口令。

（7）禁止任何应用程序以超级用户身份运行。

（8）设定系统日志和审计行为。

6. 加固对象

对以下主机应考虑采取主机加固防护措施：

（1）关键应用系统主机，包括能量管理系统（SCADA/EMS/DMS）、变电站自动化系统、电厂监控系统、配电自动化系统等的主服务器，电力市场运营系统主服务器等。

（2）网络边界处的通信网关、Web 服务器等。建议采用加固的 LINUX 或 UNIX 系统。

7. 数据库安全

数据库作为调度业务系统的基础软件平台，建议采用以下加固措施，提高数据库的安全性：

（1）对数据库的应用程序进行必要的安全审核。

（2）及时删除不再需要的数据库。

（3）安装补丁。

（4）使用安全的密码策略。

（5）使用安全的账号策略。

（6）将具有管理员权限的用户限定在最小范围。

（7）如果有多个管理员，他们之间不能共享用户账号和口令。

（8）数据库的使用和访问，不能使用整个数据库管理员的用户名和口令。

（9）加强数据库日志的管理。

（10）管理扩展存储过程。

（11）数据定期备份。

（六）Web 服务的使用与防护

虽然 Web 服务具有良好封装性、与平台的无关性、与应用业务的松散耦合性等特点，是信息交换和资源共享的主流技术之一，但 Web 服务存在很大的安全隐患，如 Web 页面被恶意删改，通过 Web 服务上传木马等非法后门程序，Web 服务器的数据源被非法入侵，恶意的 Java Applet、Active X 控件攻击等，需要对 Web 服务的使用加以限制。

在生产控制大区以及电力调度数据网环境中，Web 服务可以分为两种形式：横向浏览与纵向浏览。横向 Web 浏览指跨越不同安全区的浏览，如能量管理系统的 Web 服务器浏览；纵向 Web 浏览指上下级同安全等级安全区之间的 Web 浏览，如 DTS 系统 Web 服务器位于省调非控制区，而客户端浏览器位于地调非控制区。

1. 控制区禁止对外的 Web 服务

由于控制区是整个二次系统的防护重点，因此禁止跨越控制区的对外 Web 服务，同时禁止控制区中的计算机使用浏览器访问非控制区的 Web 服务。

2. 非控制区的安全 Web 服务

非控制区中的 Web 服务将是生产控制大区的统一的数据发布与查询窗口，因此在非控制区中将用于 Web 服务的服务器与浏览器客户机统一布置在非控制区中的一个逻辑子区——Web 服务子区，置于非控制区的接入交换机上的独立 VLAN 中。并且采用安全 Web 服务器，即经过主机安全加固的、支持 HTTPS 的 Web 服务器，能够对浏览器客户端进行基于数字证书的身份认证以及应用数据加密传输。需要在 Web 服务子区开展安全 Web 服务的应用限于电力市场运营系统、DTS 系统等。

3. 管理信息大区的 Web 服务

管理信息大区可采用普通 Web 服务，横向浏览与纵向浏览都可以支持，但对跨区浏览必须加以限制，可采用口令、证书等技术手段。

（七）E-mail 的使用

由于 E-mail 服务会引入高级别安全风险，因此生产控制大区中禁止 E-mail 服务，杜绝病毒、木马程序借助 E-mail 传播，避免被攻击或成为进一步攻击的跳板。在管理信息大区中可提供常规 E-mail 服务。

（八）计算机系统本地访问控制

1. 技术措施

可结合用户数字证书技术，对用户登录本地操作系统、访问系统资源等操作进行身份认证，根据身份与权限进行访问控制，并且对操作行为进行安全审计。

2. 使用方式

当用户需要登录系统时，系统通过相应接口（如 USB、读卡器）连接用户的证书介质，读取证书，进行身份认证。通过认证后，进入常规的系统登录程序。

3. 应用目标

对于调度端控制区中的 SCADA 系统、非控制区中的电力市场运营系统、厂站端的控制系统等重要系统，应逐步采用本地访问控制手段进行保护。

（九）安全审计

生产控制大区应当具备安全审计功能，可对网络运行日志、操作系统运行日志、数据库访问日志、业务应用系统运行日志、安全设施运行日志等进行集中收集、自动分析，及时发现各种违规行为以及病毒和黑客的攻击行为。

二、电力专用安全技术

（一）电力调度数据网络安全防护

1. 网络专用与隔离

电力调度数据网络是专用网络，承载的业务是电力实时控制业务、在线生产业务以及本网网管业务。调度数据网络采用 IP OVER SDH 技术体制组网，在网络通道层面实现了与其他网络的安全隔离。

2. 网络路由防护

按照目前的调度管理体制及 IP 网络技术体制，电力调度数据网络采用 MPLS VPN 技术，将实时控制业务、非控制生产业务分割成两个相对独立的逻辑专网：实时子网和非实时子网。两个子网路由各自独立，在网络路由层面与子网之外的网络不能互通，实时子网保证了实时业务封闭性，还为实时业务提供网络服务质量 QoS 保证。

3. 各级调度数据网边界

各级调度数据网互联存在以下边界：骨干网与区域数据网、骨干网与三级网、三级网与四级网。各省级调度数据网在其核心节点（省调）处与国家调度数据骨干网相应的汇聚节点对接，完成省网的接入。

互联边界防护要求：在边界网络设备上，采用访问控制（ACL）功能，严格控制穿越各级数据网边界的业务报文，提高网络互联的安全性。

4. 调度数据网与业务系统边界

采用严格的接入控制措施，保证业务系统的接入是可信的，只有经过授权的节点才能接入数据网，使用数据网进行广域网通信。

在网络与系统边界采用必要的访问控制措施，如接入设备的 ACL 功能，控制通信方式与通信业务类型，保证业务通信报文的合法性。在生产控制大区纵向与广域网的交接处应逐步采取相应的安全隔离、加密、认证等防护措施，对于实时控制业务，必须通过纵向加密认证装置或加密认证网关接入实时子网，保证实时控制报文的可信、完整、机密性。

5. 网络设备安全配置

必须对网络设备进行安全配置，以保证运行安全。

（1）关闭或限定网络服务。

（2）避免使用默认路由。

（3）网络边界关闭 OSPF 路由功能。

（4）采用安全性增强的 SNMPv2 及以上版本的网管系统。

（5）升级软件，防止已知漏洞被利用。

（6）使用安全的管理方式（SSH）。

（7）限制登录地址。

（8）记录设备日志（含时间同步）。

（9）设置较复杂的密码，定期更改。

（10）适当配置访问控制列表。

（二）调度数字证书与认证

全国电力调度系统统一建设基于公钥技术的分布式的调度证书服务系统，由相关主管部门统一颁发调度系统数字证书，为电力监控系统、调度生产系统及调度数据网上的关键应用、关键用户和关键设备提供数字证书服务。在数字证书基础上可以在调度系统与网络关键环节实现高强度的身份认证、安全的数据传输以及可靠的行为审计。

1. 证书类型

调度系统数字证书类型包括：

（1）人员证书。关键业务的用户、系统管理人员以及必要的应用维护与开发人员，在访问系统、进行操作时需要持有的证书。

（2）程序证书。某些关键应用的模块、进程、服务器程序运行时需要持有的证书。

（3）设备证书。网络设备、服务器主机，在接入本地网络系统与其他实体通信过程中需要持有的证书。

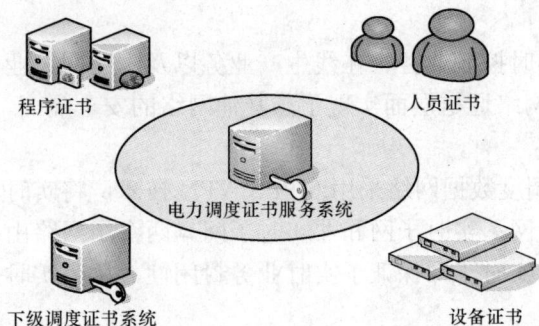

图 GYZD00602001-1　电力调度证书服务系统

2.　证书的应用

电力调度证书服务系统见图 GYZD00602001-1。

（1）人员证书。主要用于用户登录网络与操作系统、登录应用系统，以及访问应用资源、执行应用操作命令时对用户的身份进行认证，与其他实体通信过程中的认证、加密与签名，以及行为审计。具体应用方式参见本模块以下部分相关内容：

1）Web 服务的使用与防护。

2）关键应用服务器的安全增强。

3）远程拨号的防护。

（2）程序证书。主要用于应用程序与远程程序进行安全的数据通信，提供双方之间的认证、数据的加密与签名功能。建议的应用方式为：远程通信中一对通信网关中的通信进程之间的安全通信。

（3）设备证书。主要用于本地设备接入认证、远程通信实体之间的认证，以及实体之间通信过程的数据加密与签名。具体应用参见本模块以下部分相关内容：

1）专用安全隔离装置。

2）纵向加密认证装置。

3）远程拨号的防护。

3.　数字证书的发放与管理

二次系统中业务环境具有以下特点：①在生产控制大区中，调度数据网络是确定的，人员和设备都是确定的；②电力监控系统对实时性和可靠性要求很高；③五级电力调度体系采用半军事化管理方式，具有分层分级负责安全生产管理制度；④在生产控制大区中证书的总体数量不多。

所以，对电力调度系统数字证书的发放及管理模式可以进行简化，简化原则如下：①数字证书的信任体系必须统一规划，上级调度机构为所属下级调度机构和直调厂站的相关部分签发证书；②数字证书的格式和加密算法必须全系统统一；③数字证书的生成、发放、管理可以尽量局部化；④密钥生成、管理可以尽量局部化；⑤数字证书的生成设备可以微型化，节约费用；⑥数字证书服务应该嵌入各相关应用系统，以提高实时性和可靠性。

4.　数字证书系统的实施

数字证书系统的实施原则为：统筹安排，先期试点，结合应用，分步实施。

公钥技术和数字证书系统的实施必须紧密结合具体应用系统，为应用系统提供实用的基础安全服务。现有应用系统必须进行相应的改造，才能达到预定的安全强度。新系统的开发必须适应安全防护总体方案的要求。应用系统的改造是长期的艰苦的工作，应该先进行试点，分步实施。

（三）横向安全隔离装置

1.　正向隔离

横向安全隔离装置（正向型）用于生产控制大区到管理信息大区的单向数据传递，实现两个安全区之间的非网络方式的安全的数据交换。

2.　反向隔离

横向安全隔离装置（反向型）用于从管理信息大区到生产控制大区单向传递数据，是管理信息大区到生产控制大区的唯一数据传递途径。横向安全隔离装置（反向型）集中接收管理信息大区发向生产控制大区的数据，进行签名验证、内容过滤、有效性检查等处理后，转发给生产控制大区内部的接收程序。

（四）纵向加密认证装置

纵向加密认证装置用于生产控制大区的广域网边界防护，具有加密认证装置及加密认证网关两种装置应用形态。加密认证网关除具有加密认证装置的全部功能外，还应具有应用层报文内容的识别功能。其作用之一是为本地生产控制大区提供一个网络屏障，具有类似包过滤防火墙的功能；作用之二是为网关机之间的广域网通信提供认证与加密功能，实现数据传输的机密性、完整性保护。纵向加密认证装置要求符合全国电力二次系统安全防护有关规定，通过公安部安全产品销售许可，获得国家安全权威机构安全检测证明，通过电力行业的电磁兼容检测，见图 GYZD00602001-2。

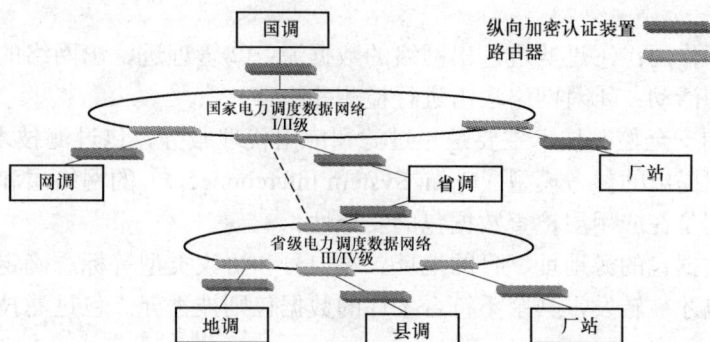

图 GYZD00602001-2　纵向加密认证装置部署

（五）远程拨号访问

通过远程拨号访问生产控制大区，要求远方用户使用安全加固的操作系统平台，结合数字证书技术，进行登录认证和访问认证。

对于通过拨号服务器（RAS）访问本地网络与系统的远程拨号访问的方式，应当采用网络层保护，应用 VPN 技术建立加密通道。对于以远方终端直接拨号访问的方式，应当采用链路层保护，使用专用的链路加密设备。

对于远程用户登录到本地系统中的操作行为，应该进行严格的安全审计。

（六）线路加密设备

对远方终端装置（RTU）、继电保护装置、安全自动装置、负荷管理装置等基于专线通道的数据通信，可以采取必要的加解密措施进行防护。

【思考与练习】

1．如何实现调度数据网的安全防护？

2．如何部署横向隔离装置？

3．如何部署纵向加密认证装置？

4．如何应用调度数字证书？

模块 2　防火墙的工作原理（GYZD00602002）

【模块描述】本模块介绍防火墙的工作原理。通过要点归纳和功能描述，熟悉防火墙的作用、安全控制技术、工作模式及其基本功能。

【正文】

一、防火墙的技术原理

防火墙是一种重要的网络安全设备，设置在不同网络或不同安全域之间的一道安全屏障，用于网络或安全域之间的安全访问控制，如图 GYZD00602002-1 所示。

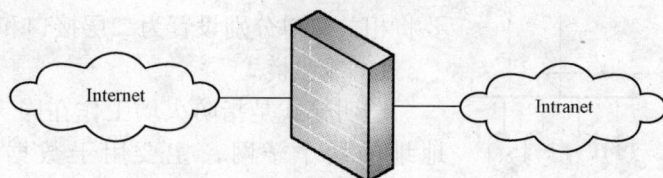

图 GYZD00602002-1　防火墙示意图

防火墙的目的是保证网络内部数据流的合法性，防止外部非法数据流的侵入，同时管理内部网络用户访问外部网络的权限，并在此前提下将网络中的数据流快速地从一条链路转发到另外的链路上去。

防火墙对流经它的数据流进行安全访问控制，只有符合防火墙安全策略的数据才允许通过，不符合安全策略的数据将被拒绝。防火墙可以关闭不使用的端口，禁止特定端口的流出通信或来自特殊站点的访问。

防火墙主要有以下作用：①过滤进、出网络的数据流；②管理进、出网络的访问行为；③记录通过防火墙的信息内容和活动；④对网络攻击进行检测和报警。

防火墙通常使用的安全控制技术主要是包过滤和应用代理服务。包过滤技术考虑的是 OSI 参考模型［国际标准化组织提出的参考模型（Open System Interconnect）］的网络层和传输层的数据安全问题，而应用代理技术则是在应用层检查数据包的安全性。

包过滤技术根据数据包的源地址、目的地址、端口号和协议类型等标志确定是否允许通过，只有符合过滤条件的数据包才被转发，其余不符合条件的数据包则被丢弃。包过滤技术分为简单包过滤和状态检测包过滤两种。

简单包过滤是一种简单、有效的安全控制技术，它根据已经定义的过滤规则检查每个数据包，以便确定该数据包是否与某一条包过滤规则匹配。过滤规则是根据数据包的源 IP 地址、目的 IP 地址、源端口、目的端口和协议类型等制订的，分为允许和拒绝两类。采用简单包过滤技术的防火墙对于经过它的数据包进行以下处理：如果没有找到匹配的规则，则丢弃该数据包；如果找到一个匹配的允许规则，则允许该数据包通过；如果找到一个匹配的拒绝规则，则丢弃该数据包。简单包过滤技术的运行速度较快，传输性能高，但由于安全控制只限于源 IP 地址、目的 IP 地址、传输协议和目的端口，因此只能进行初级的安全控制，对于恶意的拥塞攻击、内存覆盖攻击或病毒等高层次的攻击手段则无能为力。

状态检测包过滤是比简单包过滤更为有效的安全控制方法。它把进、出网络的数据流看成是多个会话，利用会话表（会话表是记录允许通过的会话的相关信息的状态表）跟踪每一个会话的状态。对于新的会话请求，防火墙检查第一个数据包是否符合预先设置的安全规则，允许符合安全规则的数据包通过并在内存中记录下该数据包的相关信息，作为一个新的会话插入会话表。对于该会话的后续数据包，只要符合会话状态就允许通过。状态检测包过滤检查数据包所处会话的状态，提供了完整的对传输层的控制能力。这种方式的好处在于：由于不需要对每个数据包进行规则检查，而是直接进行状态检查，从而较大提高了数据的传输性能。而且，由于会话表是动态的，因此可以有选择地、动态地开通端口，提高了安全性。

应用代理技术工作在应用层，在应用层检查数据包的安全性。应用代理通常运行在两个网络之间，彻底隔断了两端的直接通信，所有通信都必须经应用层的代理转发，访问者任何时候都不能与服务器建立直接的连接。应用代理技术是一种透明的代理方式，它可以对网络中任何一层的数据通信进行筛选保护，检测能力强，安全性高，但是处理速度慢，配置起来也比较烦琐。

采用状态检测包过滤的技术，以会话为单位处理网络之间的数据流，并在此基础上实现了混合模式（即数据的二层交换和三层路由功能），能够根据数据包的目的地址进行不同层次的转发。

二、防火墙部署方式

防火墙一般有 3 种工作模式：透明模式、路由模式和混合模式。防火墙的工作模式是通过设置接口的工作模式来实现的，当防火墙工作在透明模式时，需要将接口设置为二层接口。当防火墙工作在路由模式时，需要将接口设置为三层接口。当防火墙工作在混合模式时，则需要将相关接口分别设置为二层接口和三层接口。

1. 透明模式

透明模式是指防火墙工作在同一网段中，连接同一 IP 地址的两个子网，主要用于数据流的二层转发，如图 GYZD00602002-2 所示。此时，防火墙的作用就和交换机一样，对于用户来说是透明的。在透明模式下不需要为防火墙

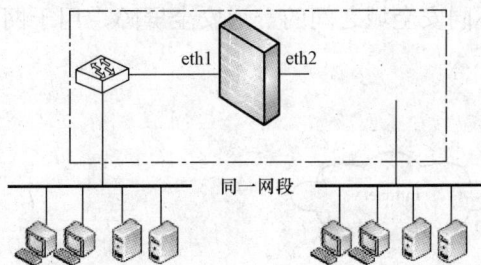

图 GYZD00602002-2　防火墙透明模式部署

的接口设置 IP 地址。

2. 路由模式

路由模式是指防火墙可以让工作在不同网段之间的主机以三层路由的方式进行通信。防火墙处于路由工作模式时,防火墙各接口所连接的网络必须处于不同的网段,需要为防火墙的接口设置 IP 地址,如图 GYZD00602002-3 所示。

3. 混合模式

混合模式是指防火墙同时工作在透明模式和路由模式两种模式下,能够同时实现数据流的二层转发和三层路由功能,如图 GYZD00602002-4 所示。

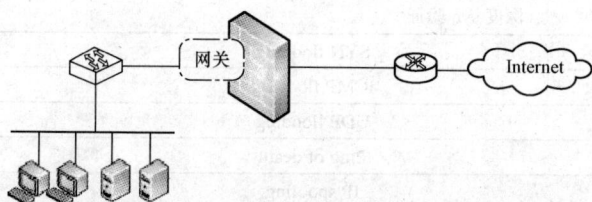

图 GYZD00602002-3　防火墙路由模式部署

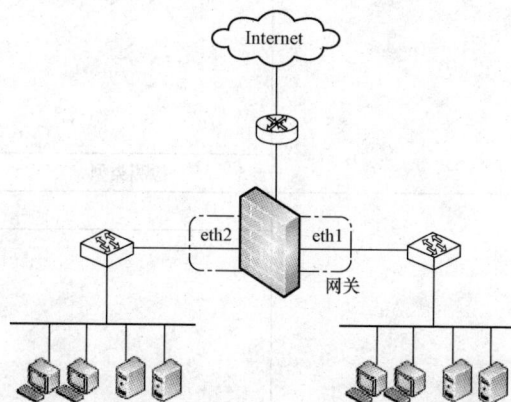

图 GYZD00602002-4　防火墙混合模式部署

三、防火墙基本功能

防火墙基本功能见表 GYZD00602002-1。

表 GYZD00602002-1　　　　　　　防火墙基本功能

属　　性		技　术　指　标
认证与授权（AAA）		radius　认　证
网络适应性	工作模式	透明模式
		路由模式
		混合模式
		VLAN 支持
		虚拟系统
	链路层特性	trunk
		以太网通道
	多播	IGMP snooping 功能
		PIM 协议的支持程度
		DVMRP
	NAT	单　对　单
		多　对　单
		多　对　多
		PAT
		策略 NAT
		基于 NAT 的负荷均衡
	应用协议支持	H.323
		FTP
		RTSP
	IP 路由	静态路由
		策略路由
		基于路由的负载均衡
	IP 服务	代理 ARP

模块 2

GYZD00602002

续表

属　性	技　术　指　标		
安全特性	包过滤	非 IP 包过滤	源 MAC
			目标 MAC
			以太网协议
		IP 包过滤	源 IP 过滤
			目标 IP 过滤
			源端口过滤
			目标端口过滤
			IP 协议
			方　向
		IP/MAC 绑定	
		高级过滤选项	时间过滤
	检测类型	状态检测	
攻击检测与防御		深度 syn 验证	
	DoS 和 DDoS 检测	SYN flooding	
		ICMP flooding	
		UDP flooding	
		Ping of death	
		IP spoofing	
		Port scan	
		Land attack	
		Tear drop attack	
		源路由攻击	
		NMAP	
		CC 类	
		syn 扫描	
	日志与报警方式	syslog	
		电子邮件	
		SNMP TRAP	
	审计方式	专用软件进行审计分析	
高可用性 (HA)		主 动 / 被 动	
		配置更改同步	
		会 话 同 步	
	链路故障探测检测方式	接口电信号	
		HA 流量加密	
系统维护	管理方式	WebUI 管理	
		SSH 管理	
		串　口	
	校时服务	NTP 协议	
		手　动	
	维护工具	ping	
		route	
		arp	
		session	
		在线帮助	

【思考与练习】

1．防火墙主要功能是什么？

2．防火墙通常使用的安全控制技术有哪两种？

3．防火墙部署方式包括哪些？

模块 3　物理隔离设备的工作原理（GYZD00602003）

【模块描述】本模块介绍物理隔离设备的工作原理。通过要点归纳和功能描述，熟悉物理隔离设备的作用及其实现技术。

【正文】

一、物理隔离的必要性

在物理隔离技术出现之前，对网络的信息安全采取了许多措施，如在网络中增加防火墙、防病毒系统，对网络进行入侵检测、漏洞扫描等。由于这些技术极端复杂，安全控制又十分有限，无法满足涉密机构（如军事、政府、电力等）对信息安全提出的高度要求。物理隔离使得内、外网界限分明，能很好地满足涉密单位的安全需求。

二、物理隔离实现

安全隔离设备一般使用双机结构，通过连接双机的非网络设备而实现的安全岛技术将受保护网络从物理上隔离开来。

1. 物理隔离实现——安全岛技术

安全岛创建一个这样的环境：内、外网物理断开，但逻辑地相连。这意味着网络数据包不能从一个网络流向另外一个网络，仅是交换纯数据，并且可信网络上的计算机和不可信网络上的计算机不会有实际的连接。因为有连接的主机，黑客可以使用各种方法，通过网络连接来对它进行控制，从而操纵内网计算机。然而物理隔离能杜绝这种情况发生。

数据的安全交换：安全岛作为代理从外网的访问包中抽取出数据，然后通过数据缓冲设施转入内网，完成数据中转。在中转过程中，安全岛会对抽取的数据做应用层的协议检查、内容检测，也会对 IP 包地址实施过滤控制。在进行检查时网络实际上处于断开状态，只有通过严格检查的数据才有可能进入内网，即使黑客强行攻击了外网，由于攻击发生时内、外网始终处于物理断开状态，黑客也无法进入内网。

安全策略位于可信网络端计算机上，安全岛阻止任何来自外部网络的攻击。在不可信网络端计算机（它暴露于 Internet）和可信网络端计算机之间的所有数据传输通过一个专门设计的硬件设备来实现，它不会被任何黑客改变和旁路。

2. 安全岛原理示意

安全岛原理示意如图 GYZD00602003-1 所示。

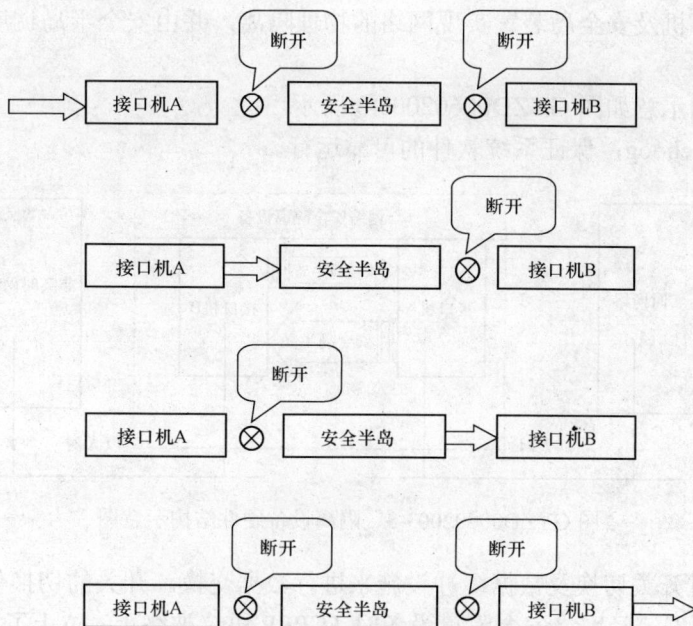

图 GYZD00602003-1　安全岛原理示意图

数据单向传输过程：

（1）数据到达接口机 A，这时接口机 A 与安全半岛间、安全半岛与接口机 B 间均处于断开状态。

（2）接口机 A 确认数据可以通过后，与安全半岛连通，将数据送上安全半岛，然后断开与安全半岛的连接。

（3）接口机 A 通知接口机 B，安全半岛上有待收数据。

（4）接口机 B 与安全半岛连通，取走数据，然后断开与安全半岛的连接。

（5）接口机 B 根据收到的数据，组织报文，将数据发出。

上面介绍了单个方向上的数据传递，这是一个安全半岛的工作原理，整个安全岛由两个安全半岛组成，完成两个方向上的数据传递。

3. TCP 非穿透性连接

数据穿透性连接示意如图 GYZD00602003-2 所示。

（1）主机 I 发起连接，接口机 A 代理主机 II 应答，建立起连接。

（2）接口机 A 通过安全岛装置通知接口机 B 和主机 II 建立起连接。

（3）主机 I 发送数据，接口机 A 收到数据后，进行综合过滤，提取可以通过的报文中的数据通过安全岛装置发送给接口机 B。

（4）接口机 B 接收数据，组织报文发送给主机 II。

（5）反方向同样传送，保证在数据传递过程中，不存在穿透性连接。

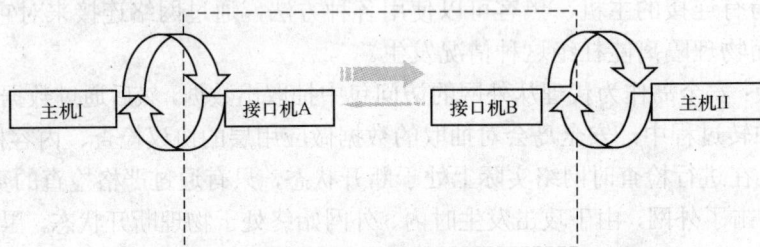

图 GYZD00602003-2 数据非穿透性连接示意图

4. 基于安全岛的隔离设备硬件结构及特点

安全岛由两个半岛组成，完成两个接口机之间的数据交换，可通过硬件控制安全半岛的读写，从而通过硬件控制数据的单方向传输。

由两个嵌入式计算机及安全岛装置实现网络的物理隔离，并由安全半岛调度引擎实现安全轮渡，完成数据交换。

隔离设备硬件结构示意如图 GYZD00602003-3 所示。

系统内置硬件 Watchdog，保证系统软件的可靠运行。

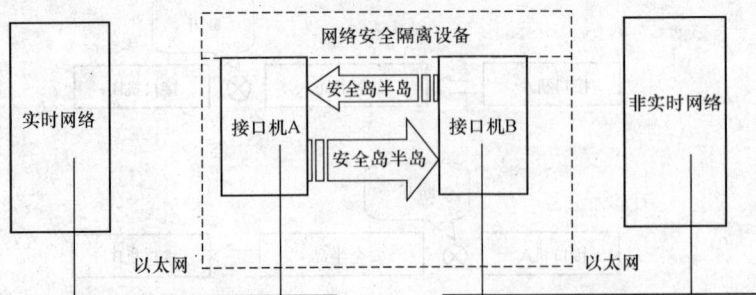

图 GYZD00602003-3 隔离设备硬件结构示意图

安全隔离设备通过开关切换及数据缓冲设施来进行数据交换。开关的切换使得在任何时刻两个网络没有直接连通，而数据流经网络安全隔离设备时 TCP/IP 协议被终止，防止了利用协议进行攻击，在某一时刻安全隔离设备只能连接到一个网络。

【思考与练习】

1. 简述物理隔离技术的必要性。
2. 简述安全隔离设备的实现原理。

模块4　计算机病毒的概念及常见种类（GYZD00602004）

【模块描述】本模块介绍计算机病毒的概念及常见种类。通过概念讲解和要点归纳，掌握计算机病毒的定义、特征、结构及其分类。

【正文】

一、计算机病毒的定义

计算机病毒是一个程序，一段可执行码。就像生物病毒一样，计算机病毒有独特的复制能力。计算机病毒可以很快地蔓延，又常常难以根除。它们能把自身附着在各种类型的文件上。当文件被复制或从一个用户传送到另一个用户时，它们就随同文件一起蔓延开来。

除复制能力外，某些计算机病毒还有其他一些共同特性：一个被污染的程序能够传送病毒载体。当你看到病毒载体似乎仅仅表现在文字和图像上时，它们可能也已毁坏了文件、再格式化了硬盘驱动或引发了其他类型的灾害。若是病毒并不寄生于一个污染程序，它仍然能通过占据存储空间带来麻烦，并降低计算机的全部性能。

可以从不同角度给出计算机病毒的定义。一种定义是通过磁盘、磁带和网络等作为媒介传播扩散，能"传染"其他程序的程序。另一种是能够实现自身复制且借助一定的载体存在的具有潜伏性、传染性和破坏性的程序。还有的定义是一种人为制造的程序，它通过不同的途径潜伏或寄生在存储媒体（如磁盘、内存）或程序里。当某种条件或时机成熟时，它会自行复制并传播，使计算机的资源受到不同程度的破坏等。这些说法在某种意义上借用了生物学病毒的概念，计算机病毒同生物病毒相似之处是能够侵入计算机系统和网络，危害正常工作的"病原体"。它能够对计算机系统进行各种破坏，同时能够自我复制，具有传染性。

所以，计算机病毒就是能够通过某种途径潜伏在计算机存储介质（或程序）里，当达到某种条件时即被激活的具有对计算机资源进行破坏作用的一组程序或指令集合。

二、计算机病毒的特征

1. 非授权可执行性

用户通常调用执行一个程序时，把系统控制交给这个程序，并分配给其相应的系统资源，如内存，从而使之能够运行完成用户的需求，因此程序执行的过程对用户是透明的。而计算机病毒是非法程序，正常用户不会明知是病毒程序，而故意调用执行。但由于计算机病毒具有正常程序的一切特性，即可存储性、可执行性，它隐藏在合法的程序或数据中，当用户运行正常程序时，病毒伺机窃取到系统的控制权，得以抢先运行，然而此时用户还认为在执行正常程序。

2. 隐蔽性

计算机病毒是一种具有很高编程技巧、短小精悍的可执行程序。它通常黏附在正常程序之中或磁盘引导扇区中，或者磁盘上标为坏簇的扇区中，以及一些空闲概率较大的扇区中，这是它的非法可存储性。病毒想方设法隐藏自身，就是为了防止用户察觉。

3. 传染性

传染性是计算机病毒最重要的特征，是判断一段程序代码是否为计算机病毒的依据。病毒程序一旦侵入计算机系统就开始搜索可以传染的程序或者磁介质，然后通过自我复制迅速传播。由于目前计算机网络日益发达，计算机病毒可以在极短的时间内，通过像互联网这样的网络传遍世界。

4. 潜伏性

计算机病毒具有依附于其他媒体而寄生的能力，这种媒体我们称之为计算机病毒的宿主。依靠病毒的寄生能力，病毒传染合法的程序和系统后，不立即发作，而是悄悄隐藏起来，然后在用户不察觉的情况下进行传染。这样，病毒的潜伏性越好，它在系统中存在的时间也就越长，病毒传染的范围也越广，其危害性也越大。

5. 表现性或破坏性

无论何种病毒程序一旦侵入系统都会对操作系统的运行造成不同程度的影响。即使不直接产生破坏作用的病毒程序也要占用系统资源（如占用内存空间，占用磁盘存储空间以及系统运行时间等）。而绝大多数病毒程序要显示一些文字或图像，影响系统的正常运行，还有一些病毒程序删除文件，加密磁盘中的数据，甚至摧毁整个系统和数据，使之无法恢复，造成无可挽回的损失。因此，病毒程序的副作用轻者降低系统工作效率，重者导致系统崩溃、数据丢失。病毒程序的表现性或破坏性体现了病毒设计者的真正意图。

6. 可触发性

计算机病毒一般都有一个或者几个触发条件。满足其触发条件或者激活病毒的传染机制，使之进行传染，或者激活病毒的表现部分或破坏部分。触发的实质是一种条件的控制，病毒程序可以依据设计者的要求，在一定条件下实施攻击。这个条件可以是敲入特定字符，使用特定文件，某个特定日期或特定时刻，或者是病毒内置的计数器达到一定次数等。

三、计算机病毒的结构

1. 计算机病毒的程序结构

病毒程序在系统中的运行是：做初始化工作→在内存中寻找传染目标→夺取系统控制权→完成传染破坏活动。

病毒程序可以放在正常可执行文件的首部、尾部或中间，譬如新欢乐时光病毒可以将自己的代码附加在".htm"文件的尾部，并在顶部加入一条调用病毒代码的语句。它会产生标题为"help"、附件为"Untitled.htm"的病毒邮件。当发作日期到来时，病毒将硬盘中的所有可执行文件用自己的代码覆盖掉。

病毒可以执行其他程序所能执行的一切功能，唯一不同的是它必须将自身附着在宿主程序上，当运行宿主程序时，病毒的功能也就跟着悄悄地执行了。

病毒的结构一般由以下三部分组成：初始化部分、传染部分、破坏和表现部分。其中传染部分包括激活传染条件的判断部分和传染功能的实施部分，而破坏和表现部分则由病毒触发条件判断部分和破坏表现功能的实施部分组成。

2. 计算机病毒的存储结构

系统型病毒是指专门传染操作系统的启动扇区，主要指传染硬盘主引导扇区和 DOS 引导扇区的病毒。系统型病毒在磁盘上的存储结构是这样的，病毒程序被划分为两部分，第一部分存放在磁盘引导扇区中，第二部分则存放在磁盘其他的扇区中。病毒程序在感染一个磁盘时，首先根据 FAT 表在磁盘上找到一个空白簇（如果病毒程序的第二部分占用若干个簇，则需要找到一个连续的空白簇），然后将病毒程序的第二部分以及磁盘原引导扇区的内容写入该空白簇，接着将病毒程序的第一部分写入磁盘引导扇区。

四、计算机病毒的分类

据国外统计，计算机病毒以 10 种/周的速度递增，另据我国公安部统计，国内以 4～6 种/月的速度递增。计算机病毒的分类如图 GYZD00602004-1 所示。

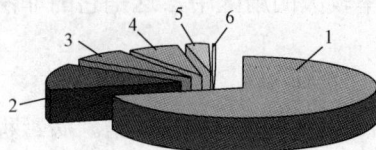

图 GYZD00602004-1　计算机病毒分类

1—木马；2—广告程序；3—后门程序；4—蠕虫；

5—漏洞攻击代码；6—脚本病毒

按照计算机病毒的特点及特性，计算机病毒的分类方法有许多种。因此，同一种病毒可能有多种不同的分法。

（一）按照计算机病毒攻击的系统分类

1. 攻击 DOS 系统的病毒

这类病毒出现最早、最多，变种也最多。

2. 攻击 Windows 系统的病毒

由于 Windows 系统的图形用户界面（GUI）和多任务操作系统深受用户的欢迎，Windows 已取代 DOS 成为病毒攻击的主要对象。以前发现的首例破坏计算机硬件的 CIH 病毒就是一个 Windows 95/98 病毒。

3. 攻击 UNIX 系统的病毒

当前，UNIX 系统应用非常广泛，并且许多大型的操作系统均采用 UNIX 作为其主要的操作系统，所以 UNIX 病毒的出现，对人类的信息处理也是一个严重的威胁。

4. 攻击 OS/2 等操作系统的病毒

（二）按照病毒的攻击机型分类

1. 攻击微型计算机的病毒

这是世界上传染是最为广泛的一种病毒。

2. 攻击小型机的计算机病毒

小型机的应用范围是极为广泛的，它既可以作为网络的一个节点机，也可以作为小的计算机网络的主机。起初，人们认为计算机病毒只有在微型计算机上才能发生而小型机则不会受到病毒的侵扰，但自 1988 年 11 月 Internet 网络受到 worm 程序的攻击后，使得人们认识到小型机也同样不能免遭计算机病毒的攻击。

3. 攻击工作站的计算机病毒

近几年，计算机工作站有了较大的发展，并且应用范围也有了较大的进展，所以不难想象，攻击计算机工作站的病毒的出现也是对信息系统的一大威胁。

（三）按照计算机病毒的链接方式分类

由于计算机病毒本身必须有一个攻击对象以实现对计算机系统的攻击，计算机病毒所攻击的对象是计算机系统可执行的部分。

1. 源码型病毒

该病毒攻击高级语言编写的程序，该病毒在高级语言所编写的程序编译前插入到原程序中，经编译成为合法程序的一部分。

2. 嵌入型病毒

这种病毒是将自身嵌入到现有程序中，把计算机病毒的主体程序与其攻击的对象以插入的方式链接。这种计算机病毒是难以编写的，一旦侵入程序体后也较难消除。如果同时采用多态性病毒技术、超级病毒技术和隐蔽性病毒技术，将给当前的反病毒技术带来严峻的挑战。

3. 外壳型病毒

外壳型病毒将其自身包围在主程序的四周，对原来的程序不作修改。这种病毒最为常见，易于编写，也易于发现，一般测试文件的大小即可知。

4. 操作系统型病毒

这种病毒用它自己的程序加入或取代部分操作系统进行工作，具有很强的破坏力，可以导致整个系统的瘫痪。圆点病毒和大麻病毒就是典型的操作系统型病毒。

这种病毒在运行时，用自己的逻辑部分取代操作系统的合法程序模块，根据病毒自身的特点和被替代的操作系统中合法程序模块在操作系统中运行的地位与作用以及病毒取代操作系统的取代方式等，对操作系统进行破坏。

（四）按照计算机病毒的破坏情况分类

按照计算机病毒的破坏情况可分两类：

1. 良性计算机病毒

良性病毒是指其不包含有立即对计算机系统产生直接破坏作用的代码。这类病毒为了表现其存在，只是不停地进行扩散，从一台计算机传染到另一台，并不破坏计算机内的数据。有些人对这类计算机病毒的传染不以为然，认为这只是恶作剧，没什么关系。其实良性、恶性都是相对而言的。良性病毒取得系统控制权后，会导致整个系统和应用程序争抢 CPU 的控制权，导致整个系统死锁，给正常操作带来麻烦。有时系统内还会出现几种病毒交叉感染的现象，一个文件不停地反复被几种病毒所感染。整个计算机系统也由于多种病毒寄生于其中而无法正常工作。因此也不能轻视所谓良性病毒对计算机系统造成的损害。

2. 恶性计算机病毒

恶性病毒就是指在其代码中包含有损伤和破坏计算机系统的操作，在其传染或发作时会对系统产生直接的破坏作用。这类病毒是很多的，如米开朗基罗病毒，当米开朗基罗病毒发作时，硬盘的前17个扇区将被彻底破坏，使整个硬盘上的数据无法被恢复，造成的损失是无法挽回的。有的病毒还会对硬盘做格式化等破坏。这些操作代码都是刻意编写进病毒的，这是其本性之一。因此这类恶性病毒是很危险的，应当注意防范。所幸防病毒系统可以通过监控系统内的这类异常动作识别出计算机病毒的存在与否，或至少发出警报提醒用户注意。

（五）按照计算机病毒的寄生部位或传染对象分类

传染性是计算机病毒的本质属性，根据寄生部位或传染对象分类，也即根据计算机病毒传染方式进行分类，有以下几种：

1. 磁盘引导区传染的计算机病毒

磁盘引导区传染的病毒主要是用病毒的全部或部分逻辑取代正常的引导记录，而将正常的引导记录隐藏在磁盘的其他地方。由于引导区是磁盘能正常使用的先决条件，因此，这种病毒在运行的一开始（如系统启动）就能获得控制权，其传染性较大。由于在磁盘的引导区内存储着需要使用的重要信息，如果对磁盘上被移走的正常引导记录不进行保护，则在运行过程中就会导致引导记录的破坏。引导区传染的计算机病毒较多，如 "大麻" 和 "小球" 病毒就是这类病毒。磁盘引导区传染的病毒如图GYZD00602004-2 所示。

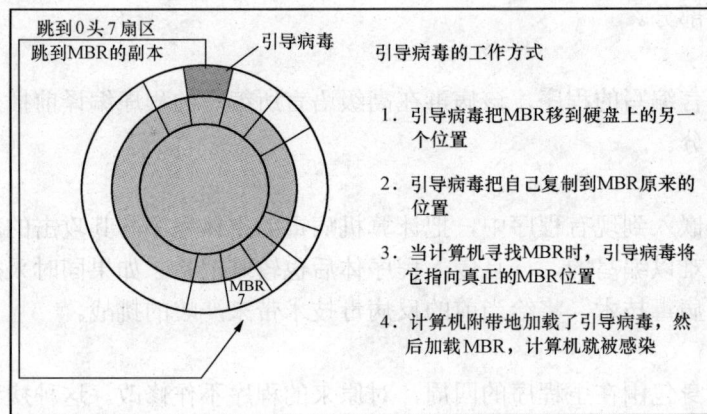

图 GYZD00602004-2　磁盘引导区传染的病毒

2. 操作系统传染的计算机病毒

操作系统是一个计算机系统得以运行的支持环境，它包括 ".com"、".exe" 等许多可执行程序及程序模块。操作系统传染的计算机病毒就是利用操作系统中所提供的一些程序及程序模块寄生并传染的。通常，这类病毒作为操作系统的一部分，只要计算机开始工作，病毒就处在随时被触发的状态。而操作系统的开放性和不绝对完善性给这类病毒出现的可能性与传染性提供了方便。操作系统传染的病毒目前已广泛存在，"黑色星期五" 即为此类病毒。

3. 可执行程序传染的计算机病毒

可执行程序传染的病毒通常寄生在可执行程序中，一旦程序被执行，病毒也就被激活，病毒程序首先被执行，并将自身驻留内存，然后设置触发条件，进行传染。

对于以上3种病毒的分类，实际上可以归纳为两大类：一类是引导区型传染的计算机病毒，另一类是可执行文件型传染的计算机病毒。

（六）按照计算机病毒激活的时间分类

按照计算机病毒激活时间可分为定时和随机病毒两类。

定时病毒仅在某一特定时间才发作，而随机病毒一般不是由时钟来激活的。

（七）按照传播媒介分类

按照计算机病毒的传播媒介来分类，可分为单机病毒和网络病毒。

1. 单机病毒

单机病毒的载体是磁盘，常见的是病毒从软盘传入硬盘，感染系统，然后再传染其他软盘，软盘又传染其他系统。

2. 网络病毒

网络病毒的传播媒介不再是移动式载体，而是网络通道，这种病毒的传染能力更强，破坏力更大。

（八）按照寄生方式和传染途径分类

人们习惯将计算机病毒按寄生方式和传染途径来分类。计算机病毒按其寄生方式大致可分为两类，一是引导型病毒，二是文件型病毒。它们再按其传染途径又可分为驻留内存型和不驻留内存型，驻留内存型按其驻留内存方式又可细分。

混合型病毒集引导型和文件型病毒特性于一体。

1. 引导型病毒

引导型病毒会去改写（即一般所说的"感染"）磁盘上的引导扇区（BOOT SECTOR）的内容，软盘或硬盘都有可能感染病毒，再不然就是改写硬盘上的分区表（FAT）。如果用已感染病毒的软盘来启动的话，则会感染硬盘。

引导型病毒是一种在 ROM BIOS 之后，系统引导时出现的病毒，它先于操作系统，依托的环境是BIOS 中断服务程序。引导型病毒是利用操作系统的引导模块放在某个固定的位置，并且控制权的转交方式是以物理地址为依据，而不是以操作系统引导区的内容为依据，因而病毒占据该物理位置即可获得控制权，而将真正的引导区内容搬家转移或替换，待病毒程序被执行后，将控制权交给真正的引导区内容，使得这个带病毒的系统看似正常运转，而病毒已隐藏在系统中伺机传染、发作。

有的病毒会潜伏一段时间，等到它所设置的日期时才发作。有的则会在发作时在屏幕上显示一些带有"宣示"或"警告"意味的信息。病毒发作后，不是摧毁分区表，导致无法启动，就是直接格式化硬盘。也有一部分引导型病毒不会破坏硬盘数据，只是搞些"声光效果"让人虚惊一场。

引导型病毒几乎清一色都会常驻在内存中，差别只在于内存中的位置。所谓"常驻"，是指应用程序把要执行的部分在内存中驻留一份，这样就可不必在每次要执行它的时候都到硬盘中搜寻，以提高效率。

引导型病毒按其寄生对象的不同又可分为两类，即 MBR（主引导区）病毒、BR（引导区）病毒。MBR 病毒也称为分区病毒，将病毒寄生在硬盘分区主引导程序所占据的硬盘 0 头 0 柱面第 1 个扇区中，典型的病毒有大麻（Stoned）、2708 等。BR 病毒是将病毒寄生在硬盘逻辑 0 扇区或软盘逻辑 0 扇区（即0 面 0 道第 1 个扇区），典型的病毒有 Brain、小球病毒等。

2. 文件型病毒

顾名思义，文件型病毒主要以感染文件扩展名为".com"、".exe"和".ovl"等可执行程序为主。它的安装必须借助于病毒的载体程序，即要运行病毒的载体程序，方能把文件型病毒引入内存。已感染病毒的文件执行速度会减缓，甚至完全无法执行。有些文件遭感染后，一执行就会遭到删除。大多数的文件型病毒都会把它们自己的代码复制到其宿主的开头或结尾处。这会造成已感染病毒文件的长度变长，但用户不一定能用 DIR 命令列出其感染病毒前的长度。也有部分病毒是直接改写"受害文件"的程序码，因此感染病毒后文件的长度仍然维持不变。

感染病毒的文件被执行后，病毒通常会趁机再对下一个文件进行感染。有的高明一点的病毒，会在每次进行感染的时候，针对其新宿主的状况而编写新的病毒码，然后才进行感染。因此，这种病毒没有固定的病毒码，以扫描病毒码的方式来检测病毒的查毒软件，遇上这种病毒可就一点用都没有了。但反病毒软件随病毒技术的发展而发展，针对这种病毒现在也有了有效手段。

大多数文件型病毒都是常驻在内存中的。

文件型病毒分为源码型病毒、嵌入型病毒和外壳型病毒。源码型病毒是用高级语言编写的，若不进行汇编、链接则无法传染扩散。嵌入型病毒是嵌入在程序的中间，它只能针对某个具体程序，如dBASE 病毒。这两类病毒受环境限制尚不多见。目前流行的文件型病毒几乎都是外壳型病毒，这类病毒寄生在宿主程序的前面或后面，并修改程序的第一个执行指令，使病毒先于宿主程序执行，这样随着宿主程序的使用而传染扩散。

3. 混合型病毒

混合型病毒综合系统型和文件型病毒的特性，比系统型和文件型病毒更为"凶残"。这种病毒透过这两种方式来感染，更增加了病毒的传染性以及存活率。不管以哪种方式传染，只要中毒就会经开机或执行程序而感染其他的磁盘或文件，此种病毒也是最难杀灭的。

4. 宏病毒

随着微软公司 Word 字处理软件的广泛使用和计算机网络尤其是互联网的推广普及，病毒家族又出现一种新成员，这就是宏病毒。宏病毒是一种寄存于文档或模板的宏中的计算机病毒。一旦打开这样的文档，宏病毒就会被激活，转移到计算机上，并驻留在 Normal 模板上。从此以后，所有自动保存在文档都会"感染"上这种宏病毒，而且如果其他用户打开了感染病毒的文档，宏病毒又会转移到其计算机上。

引导型病毒相对文件型病毒来讲，破坏性较大，但为数较少，直到 20 世纪 90 年代中期，文件型病毒还是最流行的病毒。但近几年情形有所变化，宏病毒后来居上，据美国国家计算机安全协会统计，宏病毒已占目前全部病毒数量的 80% 以上。另外，宏病毒还可衍生出各种变形病毒，这种"父生子子生孙"的传播方式实在让许多系统防不胜防，这也使宏病毒成为威胁计算机系统的"第一杀手"。

五、计算机病毒常见种类

1. 系统病毒

系统病毒的前缀为 Win32、PE、Win95、W32、W95 XP 2003 等。这些病毒的一般公有的特性是可以感染 Windows 操作系统的 *.exe 和 *.dll 文件，并通过这些文件进行传播，如 CIH 病毒。

2. 蠕虫病毒

蠕虫病毒的前缀是 Worm。这种病毒的公有特性是通过网络或者系统漏洞进行传播，很大部分的蠕虫病毒都有向外发送带毒邮件、阻塞网络的特性，如冲击波（阻塞网络）、小邮差（发带毒邮件）等。

3. 木马病毒、黑客病毒

木马病毒的前缀是 Trojan，黑客病毒前缀名一般为 Hack。木马病毒的公有特性是通过网络或者系统漏洞进入用户的系统并隐藏，然后向外界泄露用户的信息，而黑客病毒则有一个可视的界面，能对用户的电脑进行远程控制。木马、黑客病毒往往是成对出现的，即木马病毒负责侵入用户的电脑，而黑客病毒则会通过该木马病毒来进行控制。现在这两种类型都越来越趋向于整合了。一般的木马如 QQ 消息尾巴木马　Trojan.QQ3344，还有可能遇见比较多的针对网络游戏的木马病毒如 Trojan.LMir.PSW.60。这里补充一点，病毒名中有"PSW"或者"PWD"之类的一般都表示这个病毒有盗取密码的功能（这些字母一般都为"密码"的英文"password"的缩写）。黑客程序如网络枭雄（Hack.Nether.Client）等，木马病毒如灰鸽子等，也叫作特洛伊。

4. 脚本病毒

脚本病毒的前缀是 Script。脚本病毒的公有特性是使用脚本语言编写，通过网页进行的传播的病毒，如红色代码（Script.Redlof）。脚本病毒还会有如下前缀：VBS、JS（表明是何种脚本编写的）。如欢乐时光（VBS.Happytime）、十四日（Js.Fortnight.c.s）等。

脚本病毒和网页是密不可分的，一般都应用于网页木马，所谓网页木马就是利用系统存在的溢出漏洞，溢出之后执行某个 exe 或者其他制定程序，这就是所谓的网页木马。

5. 宏病毒

其实宏病毒也是脚本病毒的一种，由于它的特殊性，因此在这里单独算成一类。宏病毒的前缀是 Macro，第二前缀是 Word、Word97、Excel、Excel97 等其中之一。该类病毒的公有特性是能感染 Office 系列文档，然后通过 Office 通用模板进行传播，如著名的美丽莎（Macro.Melissa）。

6. 后门病毒

后门病毒的前缀是 Backdoor。该类病毒的公有特性是通过网络传播，给系统开后门，给用户电脑带来安全隐患。如 IRC 后门 Backdoor.IRCBot。后门可以分为内核级别的，一般都是以 sys 内核文件、dll 模块文件出现，有相当一部分是存在于网络的。

7. 病毒种植程序病毒

这类病毒的公有特性是运行时会从体内释放出一个或几个新的病毒到系统目录下，由释放出来的新病毒产生破坏。如冰河播种者（Dropper.BingHe2.2C）、MSN 射手（Dropper.Worm.Smibag）等。这类病毒类似捆绑机病毒。

8. 破坏性程序病毒

破坏性程序病毒的前缀是 Harm。这类病毒的公有特性是本身具有好看的图标来诱惑用户点击，当用户点击这类病毒时，病毒便会直接对用户计算机产生破坏。如格式化 C 盘（Harm.formatC.f）、杀手命令（Harm.Command.Killer）等。

9. 玩笑病毒

玩笑病毒的前缀是 Joke。也称恶作剧病毒。这类病毒的公有特性是本身具有好看的图标来诱惑用户点击，当用户点击这类病毒时，病毒会做出各种破坏操作来吓唬用户，其实病毒并没有对用户电脑进行任何破坏。如女鬼（Joke.Girlghost）病毒。

10. 捆绑机病毒

捆绑机病毒的前缀是 Binder。这类病毒的公有特性是病毒作者会使用特定的捆绑程序将病毒与一些应用程序如 QQ、IE 捆绑起来，表面上看是一个正常的文件，当用户运行这些捆绑病毒时，会表面上运行这些应用程序，然后隐藏运行捆绑在一起的病毒，从而给用户造成危害。如捆绑 QQ（Binder.QQPass.QQBin）、系统杀手（Binder.killsys）等。捆绑机病毒本身不是病毒，而是利用程序把 N 个 exe 程序合并成一个。

【思考与练习】

1. 什么是计算机病毒？
2. 计算机病毒的特征包括哪些？
3. 按照攻击系统分类计算机病毒有哪几种？
4. 按照传播媒介分类计算机病毒有哪几种？

模块 5　防病毒措施（GYZD00602005）

【模块描述】 本模块介绍防病毒措施。通过要点归纳，熟悉建立防病毒安全体系的方法以及选择反病毒产品的原则，掌握典型计算机病毒的防范和清除方法，了解常用的国产杀毒软件。

【正文】

一、防病毒安全体系的建立

1. 全方位、多层次整体防护

企业在电子商务和金融电子化的不断发展的环境下，网络及其应用系统已成为企业日常经营管理的基础平台。企业管理系统具有多平台、多应用的特点，所以企业防病毒系统就得满足这一需要。

2. 防病毒系统兼容性及稳定性

企业的业务运行不是间断性的，这就决定了防病毒系统不能成为另一个安全隐患，同时应具备兼容性。

3. 无级扩展

企业的业务是不断发生变化的，其采用的技术也是随着时代的发展而发展的，这就意味着防病毒系统必须具备充分的扩展、升级能力，能够接受未来技术的挑战。在建立企业防病毒系统时，要充分考虑系统采用技术的先进性和可扩展性，易于更新、扩充和升级，以确保系统具有旺盛的生命力。

4. 安装部署快速，易于管理、操作和维护

二、反病毒产品选择的原则

选择反病毒产品应该遵循以下原则：

1. 能查杀病毒的数量要多，安全可靠性要强

互联网的发展使病毒的传播更加迅速，导致病毒的全球化。杀毒软件所能查杀的病毒数量、查毒率应该是反病毒产品性能的重要指标。除了能查杀的病毒足够多外，还应需要反病毒产品在杀毒时不破坏文档，运行可靠，杀毒时不出死机现象，既安全又可靠。

2. 要有实时反病毒的"防火墙"技术

需要反病毒产品具备这种技术。实时防病毒技术就是时刻监控系统状况，对病毒传播的各种途径如软盘、光盘、网络、网络驱动器等进行严密的封锁，将病毒阻止在操作系统之外。这种技术应直接在操作系统底层打上反病毒补丁，使操作系统本身具备反病毒功能。采用这种技术要确保和操作系统、应用程式等"和睦相处"，还要注意由于实时部分需常驻内存而带来的系统效率问题，要使实时部分内存占有量尽可能小。

3. 内存占有量要低

现代的杀毒软件必须具备防火墙技术，要提供实时监控软件常驻内存，既然常驻内存，就要消耗系统资源，这就需要杀毒软件体积越小越好，特别是实时监控软件内存占有量要低，否则会影响系统的运行。

4. 要能够查杀压缩文档中的病毒

为了减少传输时间，因特网上的文档大都是压缩过的。压缩文档中的数据和原来的大不相同，隐藏在压缩包文档中的病毒代码由于被压缩，同样也"面目全非"。有压缩文档反病毒功能的杀毒软件，应该掌控任何通用压缩格式的压缩算法，深入分析压缩文档的数据内容，查杀其中的病毒；还要掌控自解压文档（后缀为 EXE 的压缩文档）的算法，能展开自解压文档，分析其中的每个文档，清除病毒。

5. 恢复数据能力要强

一旦病毒发作，杀毒软件应能提供给急恢复功能，修复被破坏的硬盘分区表，然后恢复分区上的数据。

三、典型计算机病毒的防范和清除

1. 计算机病毒的防治策略

病毒的侵入必将对系统资源构成威胁，即使是良性病毒，至少也要占用少量的系统空间，影响系统的正常运行。特别是通过网络传播的计算机病毒，能在很短的时间内使整个计算机网络处于瘫痪状态，从而造成巨大的损失。因此，防止病毒的侵入要比病毒入侵后再去发现和消除它更重要。因为没有病毒的入侵，也就没有病毒的传播，更不能需要消除病毒。另一方面，现有病毒已有万种，并且还在不断增多。而消毒是被动的，只有在发现病毒后，对其剖析、选取特征串，才能设计出该已知病毒的杀毒软件。它不能检测和消除研制者未曾见过的未知病毒，甚至对已知病毒的特征串稍作改动，就可能无法检测出这种变种病毒或者在杀毒时出错。这样，发现病毒时，可能该病毒已经流行起来或者已经造成破坏。

防病毒是主动的，主要表现在监测行为的动态性和防范方法的广谱性。防病毒是从病毒的寄生对象、内存驻留方式、传染途径等病毒行为入手进行动态监测和防范。一方面防止外界病毒向机内传染，另一方面抑制现有病毒向外传染。防病毒是以病毒的机理为基础，防范的目标不仅是已知的病毒，而是以现有的病毒机理设计的一类病毒，包括按现有机理设计的未来新病毒或变种病毒。

防病毒的重点是控制病毒的传染。防病毒的关键是对病毒行为的判断，如何有效辨别病毒行为与正常程序行为是防病毒成功与否的重要因素。防病毒的难点就在于如何快速、准确、有效地识别病毒行为，处理不当会带来假报警，就像"狼来了"的寓言一样，频频虚假报警的后果是报警不再引起用户的警惕。另外，防病毒对于不按现有病毒机理设计的新病毒也可能无能为力，如在 DIR2 病毒出现之前推出的防病毒软件或防病毒卡，几乎没有一个能控制该病毒的，原因就在于该病毒的机理已经超出当时的防病毒软件和防病毒卡所考虑的范围。如今，该病毒的机理已被人们所认识，所以新推出的防病毒软件和防病毒卡，几乎没有一个不能控制该病毒及其变种病毒的。

消毒是被动的，只有发现病毒后，对其剖析、选取特征串，才能设计出该已知病毒的消毒软件，但发现新病毒或变种病毒时，又要对其剖析、选取特征串，才能设计出新的消毒软件，它不能检测和消除研制者未曾见过的未知病毒，甚至对已知病毒的特征串稍作改动，就可能无法检测了这种变种病毒或者在杀毒时会出错。一方面，发现病毒时，可能该病毒已经流行起来或者已经造成破坏。另一方面，就是管理上的问题，许多人并不是警钟长鸣，也不可能随时随地去执行杀毒软件，只有发现病毒问题时，才用工具检查，这就难免一时疏忽而带来灾难。如几乎没有一个消毒软件不能消除"黑色星期五"，但该病毒却仍在流行、发作。

被动消除病毒只能治标，只有主动预防病毒才是防治病毒的根本。因此，预防胜于治疗。原则上说，计算机病毒防治应采取"主动预防为主，被动处理结合"的策略，偏废哪一方面都是不应该的。

2. 计算机病毒的预防技术

可针对病毒的特点，利用现有的技术，开发出新的技术，使防御病毒软件在与计算机病毒的对抗中不断得到完善，更好地发挥保护计算机的作用。

计算机病毒预防是指在病毒尚未入侵或刚刚入侵时，就拦截、阻击病毒的入侵或立即报警。目前在预防病毒工具中采用的技术主要有：

（1）将大量的消毒、杀毒软件汇集一体，检查是否存在已知病毒，如在开机时或在执行每一个可执行文件前执行扫描程序。这种工具的缺点是：对变种或未知病毒无效；系统开销大，常驻内存，每次扫描都要花费一定时间，已知病毒越多，扫描时间越长。

（2）检测一些病毒经常要改变的系统信息，如引导区、中断向量表、可用内存空间等，以确定是否存在病毒行为。其缺点是：无法准确识别正常程序与病毒程序的行为，常常报警，而频频误报警的结果是使用户失去对病毒的戒心。

（3）监测写盘操作，对引导区 BR 或主引导区 MBR 的写操作报警。若有一个程序对可执行文件进行写操作，就认为该程序可能是病毒，阻止其写操作，并报警。其缺点是一些正常程序与病毒程序同样有写操作，因而被误报警。

（4）对计算机系统中的文件形成一个密码检验码和实现对程序完整性的验证，在程序执行前或定期对程序进行密码校验，如有不匹配现象即报警。其优点是易于早发现病毒，对已知和未知病毒都有防止和抑制能力。

（5）智能判断型。设计病毒行为过程判定知识库，应用人工智能技术有效区分正常程序与病毒程序行为，是否误报警取决于知识库选取的合理性。其缺点是单一的知识库无法覆盖所有的病毒行为，如对不驻留内存的新病毒就会漏报。

（6）智能监察型。设计病毒特征库（静态）、病毒行为知识库（动态）、受保护程序存取行为知识库（动态）等多个知识库及相应的可变推理机。通过调整推理机，能够对付新类型病毒，误报和漏报较少。这是未来预防病毒技术发展的方向。

四、常用国产杀毒软件简介

1. 瑞星

目前瑞星拥有几千万正版个人用户，几万多家企业用户，在国内可以说是著名杀毒软件品牌。

2. 金山

产品线覆盖办公软件、翻译软件、安全软件，其杀毒软件金山毒霸名列国内三大杀毒软件阵营。

3. 江民

研发和经营的范围涉及单机、网络反病毒软件，包括单机、网络黑客防火墙，邮件服务器防病毒软件等一系列信息安全产品。

4. 360 杀毒

360 杀毒是由 360 安全中心联合世界著名的安全公司 BitDefender 推出的一款面向中国用户的杀毒软件。结合 360 安全卫士对中国互联网安全领域的深入了解，以及 BitDefender 享誉全球的病毒查杀技术，360 杀毒为中国用户提供了又一个优秀的信息安全产品。

【思考与练习】

1. 如何建立防病毒安全体系？
2. 如何选择反病毒产品？
3. 计算机病毒的预防指什么？

模块 6 主机防护技术介绍（GYZD00602006）

【模块描述】本模块介绍主机防护技术。通过方法介绍，熟悉主机防护的物理安全策略和访问控制策略，掌握 Windows 系统安全防护以及 UNIX/LINUX 系统安全防护的方法。

【正文】

一、主机物理安全策略的实现

主机物理安全策略的目的是保护计算机系统、网络服务器、打印机等硬件实体和通信链路免受自然灾害、人为破坏和搭线攻击；验证用户的身份和使用权限、防止用户越权操作；确保计算机系统有一个良好的电磁兼容工作环境；建立完备的安全管理制度，防止非法进入计算机控制室和各种偷窃、破坏活动的发生。

抑制和防止电磁泄漏（即 TEMPEST 技术）是主机物理安全策略的一个主要问题。目前主要防护措施有两类：

（1）对传导发射的防护，主要对电源线和信号线加装性能良好的滤波器，减小传输阻抗和导线间的交叉耦合。

（2）对辐射的防护，这类防护措施又可分为以下两种：①采取各种电磁屏蔽措施，如对设备的金属屏蔽和各种接插件的屏蔽，同时对机房的下水管、暖气管和金属门窗进行屏蔽和隔离；②采取干扰的防护措施，即在计算机系统工作的同时，利用干扰装置产生一种与计算机系统辐射相关的伪噪声向空间辐射来掩盖计算机系统的工作频率和信息特征。

二、访问控制策略

访问控制是网络安全防范和保护的主要策略，它的主要任务是保证网络资源不被非法使用和非常访问。它也是维护网络系统安全、保护网络资源的重要手段。各种安全策略必须相互配合才能真正起到保护作用，但访问控制可以说是保证网络安全最重要的核心策略之一。下面分述各种访问控制策略。

1. 入网访问控制

入网访问控制为网络访问提供了第一层访问控制。它控制哪些用户能够登录到服务器并获取网络资源，控制准许用户入网的时间和准许他们在哪台工作站入网。

用户的入网访问控制可分为三个步骤：用户名的识别与验证、用户口令的识别与验证和用户账号的缺省限制检查。三道关卡中只要任何一关未过，该用户便不能进入该网络。

对网络用户的用户名和口令进行验证是防止非法访问的第一道防线。用户注册时首先输入用户名和口令，服务器将验证所输入的用户名是否合法。如果验证合法，才继续验证用户输入的口令，否则，用户将被拒之网络之外。用户的口令是用户入网的关键所在。为保证口令的安全性，用户口令不能显示在显示屏上，口令长度应不少于 6 个字符，口令字符最好是数字、字母和其他字符的混合，用户口令必须经过加密，加密的方法很多，其中最常见的方法有：基于单向函数的口令加密，基于测试模式的口令加密，基于公钥加密方案的口令加密，基于平方剩余的口令加密，基于多项式共享的口令加密，基于数字签名方案的口令加密等。经过上述方法加密的口令，即使是系统管理员也难以得到它。用户还可采用一次性用户口令，也可用便携式验证器（如智能卡）来验证用户的身份。

网络管理员应该可以控制和限制普通用户的账号使用、访问网络的时间、方式。用户名或用户账号是所有计算机系统中最基本的安全形式。用户账号应只有系统管理员才能建立。用户口令应是每用户访问网络所必须提交的"证件"，用户可以修改自己的口令，但系统管理员应该可以控制口令的以下几个方面的限制：最小口令长度、强制修改口令的时间间隔、口令的唯一性、口令过期失效后允许入网的宽限次数。

用户名和口令验证有效之后，再进一步履行用户账号的缺省限制检查。网络应能控制用户登录入网的站点、限制用户入网的时间、限制用户入网的工作站数量。当用户对交费网络的访问"资费"用尽时，网络还应能对用户的账号加以限制，用户此时应无法进入网络访问网络资源。网络应对所有用户的访问进行审计。如果多次输入口令不正确，则认为是非法用户的入侵，应给出报警信息。

2. 网络的权限控制

网络的权限控制是针对网络非法操作所提出的一种安全保护措施。用户和用户组被赋予一定的权限。网络控制用户和用户组可以访问哪些目录、子目录、文件和其他资源。可以指定用户对这些文件、目录、设备能够执行哪些操作。受托者指派和继承权限屏蔽（IRM）可作为其两种实现方式。受托者指派控制用户和用户组如何使用网络服务器的目录、文件和设备。继承权限屏蔽相当于一个过滤器，可以限制子目录从父目录那里继承哪些权限。可以根据访问权限将用户分为以下几类：①特殊用户（即系统管理员）；②一般用户，系统管理员根据他们的实际需要为他们分配操作权限；③审计用户，负责网络的安全控制与资源使用情况的审计。用户对网络资源的访问权限可以用一个访问控制表来描述。

3. 目录级安全控制

网络应允许控制用户对目录、文件、设备的访问。用户在目录一级指定的权限对所有文件和子目录有效，用户还可进一步指定对目录下的子目录和文件的权限。对目录和文件的访问权限一般有 8 种：系统管理员权限（Supervisor）、读权限（Read）、写权限（Write）、创建权限（Create）、删除权限（Erase）、修改权限（Modify）、文件查找权限（FileScan）、存取控制权限（AccessControl）。用户对文件或目标的有效权限取决于以下因素：用户的受托者指派、用户所在组的受托者指派、继承权限屏蔽取消的用户权限。一个网络系统管理员应当为用户指定适当的访问权限，这些访问权限控制着用户对服务器的访问。8 种访问权限的有效组合可以让用户有效地完成工作，同时又能有效地控制用户对服务器资源的访问，从而加强了网络和服务器的安全性。

4. 属性安全控制

当用文件、目录和网络设备时，网络系统管理员应给文件、目录等指定访问属性。属性安全控制可以将给定的属性与网络服务器的文件、目录和网络设备联系起来。属性安全在权限安全的基础上提供更进一步的安全性。网络上的资源都应预先标出一组安全属性。用户对网络资源的访问权限对应一张访问控制表，用以表明用户对网络资源的访问能力。属性设置可以覆盖已经指定的任何受托者指派和有效权限。属性往往能控制以下几个方面的权限：向某个文件写数据、拷贝一个文件、删除目录或文件、查看目录和文件、执行文件、隐含文件、共享、系统属性等。网络的属性可以保护重要的目录和文件，防止用户对目录和文件的误删除、执行修改、显示等。

5. 网络服务器安全控制

网络允许在服务器控制台上执行一系列操作。用户使用控制台可以装载和卸载模块，可以安装和删除软件等。网络服务器的安全控制包括可以设置口令锁定服务器控制台，以防止非法用户修改、删除重要信息或破坏数据；可以设定服务器登录时间限制、非法访问者检测和关闭的时间间隔。

6. 网络监测和锁定控制

网络管理员应对网络实施监控，服务器应记录用户对网络资源的访问，对非法的网络访问，服务器应以图形或文字或声音等形式报警，以引起网络管理员的注意。如果不法之徒试图进入网络，网络服务器应会自动记录企图尝试进入网络的次数，如果非法访问的次数达到设定数值，那么该账户将被自动锁定。

三、Windows 系统的安全防护

（一）Windows 系统的体系结构

1. 操作系统的系统模式

（1）内核模式（kernal mode）。此模式下，可以访问系统数据和硬件。当然，大多数操作系统内核代码都运行在这种处理器的特权模式下。

（2）用户模式（user mode）。此模式下，对系统数据的访问受到限制，只能通过 Windows 提供的一些 API 访问，并且无法访问硬件。大多数应用程序的代码都运行在这种处理器的非特权模式下。

在使用中，程序经常需要调用系统服务。当调用服务时，处理器会捕获该应用，然后将调用线程从用户模式切换到内核模式。系统服务完成后，操作系统再将线程环境切换回用户模式。

2. 这种模式的好处

两种模式，一分为二。使应用程序和操作系统间存在了隔离性。确保操作系统的所有组件都是被保护的，不会被错误的应用程序所破坏。各个应用程序都有各自私有的进程地址空间（32 位下为 0×00000000~0×FFFFFFFF），确保应用程序的错误不会导致操作系统的崩溃。

3. 用户模式下的 4 种进程

用户模式下的 4 种进程为：

（1）系统支持进程；

（2）环境子系统服务器线程；

（3）服务线程；

（4）用户应用线程。

系统支持进程：一种固定的进程，如登录进程等，不属于 Windows 服务。

环境子系统服务器线程最常见的是 Windows 子系统，在 Visual C++中，可以通过 link 命令的/SUBSYSTEM 来指定；当然在任务管理器中，经常看到的那个没有任何描述，疑似病毒的 Csrss.exe-Client/Server Run Time Subsystem 就是用户模式下的 Windows 子系统进程。后两种模式的进程都很熟悉了，一个叫 Service，一个叫 Application。它们都是通过若干个子系统动态链接库（DLL）来发起调用的。这里所谓的子系统 DLL 就是 Kernal32.dll，User32.dll，Gdi32.dll 等。它们负责将文档化的 Windows API 函数，翻译成绝大多数未文档化的内核模式系统服务以调用。

4. 内核模式的 5 种组件

（1）Windows 执行体。提供了基本的操作系统服务，包括内存管理、进程和线程管理、安全性、I/O、网络和扩进程通信等。

（2）Windows 内核。处理线程调度、中断以及异常分发等。

（3）设备驱动程序。硬件设备、文件系统和网络的驱动程序。

（4）硬件抽象层。很模糊的名字，处理一些特殊的事，把内核、设备驱动等执行体，跟与平台相关的硬件差异，区分开来。

（5）窗口和图形系统。处理窗口、空间，以及绘制等。

（二）Windows 系统安全防护的基本手段和步骤

一个真正安全的网络必须关注 5 个重要的领域。这些领域包括周边防护、网络防护、应用防护、数据防护和主机防护。

1. 网络安全防护

网络安全防护是包含网络设备安全防护、网络信息安全防护、网络软件安全防护的整体安全防护策略、方案和实现。

网络安全防护解决了包括网络之间连接的问题，把所有的网络连接成一个整个的网络。网络安全防护并不解决诸如外部防火墙或者拨号连接的问题，周边安全性包含了这些问题。网络安全防护也不涵盖单个的服务器或者工作站的问题，那是属于主机防护的问题。网络安全防护涵盖了包括协议和路由器等问题。

2. 内部防火墙

网络安全防护不包含外部防火墙，但这并不意味着它完全不涉及防火墙。相反，网络安全防护的第一步就是在可能的情况下使用内部防火墙。内部防火墙同外部防火墙一样是安全的基础。两者主要的区别在于内部防火墙的主要工作是保护机器不受内部通信的伤害。

如果想使用 Windows XP 防火墙，用鼠标右键点击"我的网络"，然后从快捷菜单中选择"属性"来打开"网络连接"窗口。接下来，用鼠标右键点击想要保护的网络连接并选择属性。现在，选择高级菜单，然后点击互联网连接防火墙选项。可以使用"设置"按钮来选择保持开放的端口。虽然 Windows XP 防火墙是一个互联网防火墙，它也可以被作为内部防火墙使用。

3. 加密

如根据要求对网络通信进行加密，可采用 IPSec。

如果配置一台机器使用 IPSec，应该对其进行双向加密。如果让 IPSec 要求加密，那么当其他的机器试图连接到你的机器上的时候，就会被告知需要加密。如果其他机器有 IPSec 加密的能力，那么在通信建立的开始就能够建立一个安全的通信通道。如果其他机器没有 IPSec 加密的能力，那么通信进程就会被拒绝，因为所要求的加密没有实现。

请求加密选项则略有不同。当一个机器请求连接，它也会要求加密。如果两台机器都支持 IPSec 机密，那么就会在两台机器之间建立起一个安全的通路，通信就开始了。如果其中一台机器不支持 IPSec 加密，那么通信进程也会开始，但是数据却没有被加密。

4. 网络隔离

如果 Web 服务器需要访问数据库或者私有网络中的其他资源，那么应在你的防火墙和网络服务器之间放置一台 ISA 服务器。互联网用户同 ISA 服务器进行通信，而不是直接通过 Web 服务器访问。ISA 服务器将代理用户和 Web 服务器之间的请求。就能在 Web 服务器和数据库服务器建立起一个 IPSec 连接，并在 Web 服务器和 ISA 服务器之间建立起一个 SSL 连接。

5. 包监听

为保护经过网络中的通信，可采用包监听来监视网络通信。包监听仅仅是监视线缆中发生的通信。由于包监听不改变通信包，可能被黑客所利用。

另一个可以采取用以阻止监听的步骤是用 VLAN 交换机替换掉所有现有的集线器。这些交换机在包的发送者和接受者之间创建虚拟网络。包不再经过网络里的所有机器，它将直接从发送端发送到接收端。

四、UNIX/LINUX 系统安全防护

（一）UNIX/LINUX 系统的体系结构

在严格意义上，可将操作系统定义为一种软件，它控制计算机硬件资源，提供程序运行环境。一般而言，称此种软件为内核（kernel），它相对较小，位于环境的中心。UNIX/LINUX 操作系统的体系结构如图 GYZD00602006-1 所示。

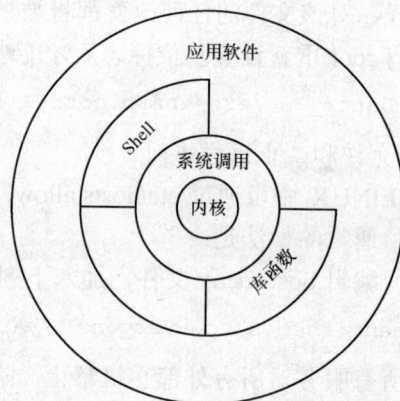

内核的接口被称为系统调用接口（system call）。公用函数库构建在系统调用接口之上，应用软件既可使用公用函数库，也可使用系统调用。shell 是一种特殊的应用程序，它为运行其他应用程序提供了一个接口。在广义上，操作系统包括了内核和一些其他软件，这些软件使得计算机能够发挥作用，并给予计算机以独有的特性。这些软件包括系统实用程序（system utilities）、应用软件、shell 以及公用函数库等。

图 GYZD00602006-1　UNIX/LINUX 操作系统体系结构

（二）UNIX/LINUX 系统安全防护的基本手段和步骤

1. 为 lilo 增加开机口令

在/etc/lilo.conf 文件中增加选项，从而使 lilo 启动时要求输入口令，以加强系统的安全性。具体设置如下：

boot = /dev/hdamap = /boot/mapinstall = /boot/boot.btime-out = 60 #等待 1 分钟 promptdefault = linuxpassword = #口令设置 image = /boot/vmlinuz-2.2.14-12label = linux initrd = /boot/initrd-2.2.14-12.img root = /dev/hda6　read-only

此时需注意，由于在 lilo 中口令是以明码方式存放的，所以还需要将 lilo.conf 的文件属性设置为只有 root 可以读写，如下：

```
# chmod 600 /etc/lilo.conf
```

当然，还需要进行如下设置，使 lilo.conf 的修改生效：

```
# /sbin/lilo -v
```

2. 设置口令最小长度和最短使用时间

口令是系统中认证用户的主要手段，系统安装时默认的口令最小长度通常为 5，但为保证口令不易被猜测攻击，可增加口令的最小长度，至少等于 8。为此，需修改文件/etc/login.defs 中参数

PASS_MIN_LEN。同时应限制口令使用时间，保证定期更换口令，建议修改参数 PASS_MIN_DAYS。

3. 用户超时注销

如果用户离开时忘记注销账户，则可能给系统安全带来隐患。可修改/etc/profile 文件，保证账户在一段时间没有操作后，自动从系统注销。

编辑文件/etc/profile，在"HISTFILESIZE="行的下一行增加如下一行：

```
TMOUT=600
```

则所有用户将在 10min 无操作后自动注销。

4. 禁止访问重要文件

对于系统中的某些关键性文件，如 inetd.conf、services 和 lilo.conf 等可修改其属性，防止意外修改和被普通用户查看。

首先改变文件属性为 600：

```
# chmod 600 /etc/inetd.conf
```

保证文件的属主为 root，然后还可以将其设置为不能改变：

```
# chattr +i /etc/inetd.conf
```

这样，对该文件的任何改变都将被禁止。

只有 root 重新设置复位标志后才能进行修改：

```
# chattr -i /etc/inetd.conf
```

5. 允许和禁止远程访问

在 LINUX 中可通过/etc/hosts.allow 和/etc/hosts.deny 这两个文件允许和禁止远程主机对本地服务的访问。通常的做法是：

（1）编辑 hosts.deny 文件，加入下列行：

```
# deny access to everyone.   ALL: ALL@ALL
```

则所有服务对所有外部主机禁止，除非由 hosts.allow 文件指明允许。

（2）编辑 hosts.allow 文件，可加入下列行：

```
# just an example:   ftp: 202.84.17.11 xinhuanet.com
```

则将允许 IP 地址为 202.84.17.11 和主机名为 xinhuanet.com 的机器作为 Client 访问 FTP 服务。

（3）设置完成后，可用 tcpdchk 检查设置是否正确。

6. 限制 shell 命令记录大小

默认情况下，bash shell 会在文件$HOME/.bash_history 中存放多达 500 条命令记录（根据具体的系统不同，默认记录条数不同）。系统中每个用户的主目录下都有一个这样的文件。在此笔者强烈建议限制该文件的大小。

可以编辑/etc/profile 文件，修改其中的选项如下：HISTFILESIZE=30 或 HISTSIZE=30。

7. 注销时删除命令记录

编辑/etc/skel/.bash_logout 文件，增加如下行：

```
rm -f $HOME/.bash_history
```

这样，系统中的所有用户在注销时都会删除其命令记录。

如果只需要针对某个特定用户，如 root 用户进行设置，则可只在该用户的主目录下修改/$HOME/.bash_history 文件，增加相同的一行即可。

8. 禁止不必要的 SUID 程序

SUID 可以使普通用户以 root 权限执行某个程序，因此应严格控制系统中的此类程序。

找出 root 所属的带 s 位的程序：

```
# find / -type f \( -perm -04000 -o -perm -02000 \) -print |less
```

禁止其中不必要的程序:

```
# chmod a-s program_name
```

9. 检查开机时显示的信息

LINUX 系统启动时, 屏幕上会滚过一大串开机信息。如果开机时发现有问题, 需要在系统启动后进行检查, 可输入下列命令:

```
# dmesg >bootmessage
```

该命令将把开机时显示的信息重定向输出到一个文件 bootmessage 中。

10. 磁盘空间的维护

经常检查磁盘空间对维护 LINUX 的文件系统非常必要。而 LINUX 中对磁盘空间维护使用最多的命令就是 df 和 du 了。

df 命令主要检查文件系统的使用情况, 通常的用法是:

```
#df -k Filesystem 1k-blocks Used Available Use% Mounted on  /dev/hda3 1967156 1797786
67688 96% /
```

du 命令检查文件、目录和子目录占用磁盘空间的情况, 通常带-s 选项使用, 只显示需检查目录占用磁盘空间的总计, 而不会显示下面的子目录占用磁盘的情况:

```
% du -s /usr/X11R6/* 34490 /usr/X11R6/bin 1 /usr/X11R6/doc  3354 /usr/X11R6/include
```

LINUX 作为自由、开放的象征, 越来越受到广大用户的关注, 但真正使用的个人用户较少, 主要是因为它的系统特性及周边的软件开发商较少, 让它只在服务器系统领域有所普及。

11. 禁止远程访问

在 LINUX 中可通过/etc/hosts.allow 和/etc/hosts.deny 这两个文件允许和禁止远程主机对本地服务的访问。方法是: 进入 LINUX 的命令界面, 调出 hosts.deny 文件, 加入以下指令:

```
# deny access to everyone.  ALL: ALL@ALL
```

所有服务对所有外部主机禁止, 除非由 hosts.allow 文件指明允许。

在 hosts.allow 文件内加入允许访问的主机, 方法如下:

调出 hosts.allow 文件, 加入以下指令:

```
# just an example:  http: 192.168.1.8 yanghao.com
```

意思是允许 IP 地址为 192.168.18 和主机名为 yanghao.com 的机器作为客户机访问 http 服务。

【思考与练习】

1. 访问控制策略一般包括哪几种?
2. 用户模式下的进程包括哪几种?

模块 7 入侵检测系统 IDS 介绍 (GYZD00602007)

【模块描述】本模块介绍入侵检测系统 IDS。通过要点归纳和方法介绍, 熟悉入侵检测系统存在的必要性及其特点, 掌握入侵检测系统的部署方式。

【正文】

一、入侵检测系统存在的必要性

入侵检测技术是一种主动发现网络隐患的安全技术。作为防火墙的合理补充, 入侵检测技术能够帮助系统对付网络攻击, 扩展了系统管理员的安全管理能力(包括安全审计、监视、攻击识别和响应), 提高了信息安全基础结构的完整性。它从计算机网络系统中的若干关键点收集信息, 并分析这些信息。入侵检测被认为是防火墙之后的第二道安全闸门, 在不影响网络性能的情况下能对网络进行监测。它可以防止或减轻上述的网络威胁, 其主要功能如下:

1. 识别黑客常用入侵与攻击手段

入侵检测技术通过分析各种攻击的特征，可以全面快速地识别探测攻击、拒绝服务攻击、缓冲区溢出攻击、电子邮件攻击、浏览器攻击等各种常用攻击手段，并做相应的防范。一般来说，黑客在进行入侵的第一步探测、收集网络及系统信息时，就会被 IDS 捕获。

2. 监控网络异常通信

入侵检测系统（Intrusion Detection System，IDS）会对网络中不正常的通信连接做出反应，保证网络通信的合法性。任何不符合网络安全策略的网络数据都会被 IDS 侦测到并警告。

3. 鉴别对系统漏洞及后门的利用

IDS 一般带有系统漏洞及后门的详细信息，通过对网络数据包连接的方式，对连接端口以及连接中特定的内容等特征进行分析，有效地发现网络通信中针对系统漏洞进行的非法行为。

4. 完善网络安全管理

IDS 通过对攻击或入侵的检测及反应，可以有效地发现和防止大部分的网络犯罪行为，给网络安全管理提供了一个集中、方便、有效的工具。使用 IDS 的数据监测、主动扫描、网络审计、统计分析功能，可以进一步监控网络故障，完善网络管理。

二、入侵检测系统与其他设备的对比

跟防火墙、VPN、防病毒等技术相比，IDS 的特点主要体现在以下几个方面：

（1）对系统的影响程度非常小。因为 IDS 最传统的部署方式是旁路部署，所以对网络系统的影响非常小。

（2）系统更新频度较高。因为 IDS 进行入侵攻击行为检测的一项重要技术是：基于特征的模式匹配，这些特征是对入侵和攻击行为的描述，其检测准确性较高，为了保证能够检测最新的攻击和入侵，必须及时进行特征库的升级。

（3）产生信息量较多。因为 IDS 对网络中的任何攻击企图都会产生告警日志，它不会去主动判断这个攻击企图是否最终生效。

（4）人员介入要求：技术较高、时间较多。因为负责 IDS 的技术人员需要定期分析 IDS 的告警日志，需要人员在安全漏洞、入侵攻击技术方面有一定的技术背景，同时需要花费一定的工作时间来验证告警的真实性。

IDS 与其他设备对比示意如图 GYZD00602007-1 所示。

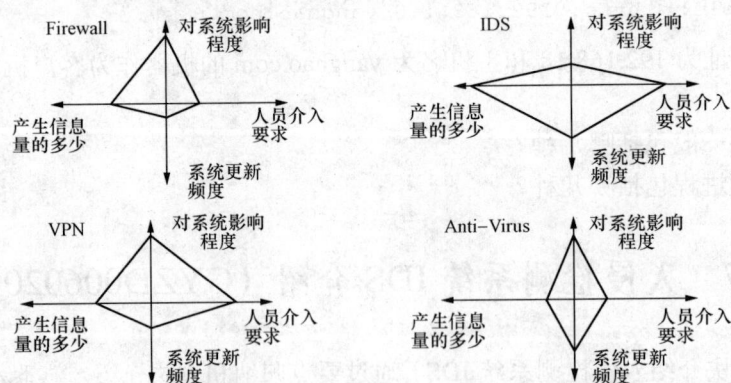

图 GYZD00602007-1　IDS 与其他设备对比示意图

三、入侵检测系统的部署

入侵检测系统一般采用旁路方式进行部署，其部署具备以下几个特点：

1. IDS 部署在共享环境

IDS 部署在共享环境中的应用较少，这主要是因为现在的网络建设工程都已经不使用像 HUB 这样的共享式网络设备了。

当 IDS 部署在共享环境中时，因为 HUB 的工作原理，仅仅需要将 IDS 的监听口与 HUB 的任何一个端口连接即可。

IDS 部署在环境示意如图 GYZD00602007-2 所示。

2. IDS 部署在交换环境

IDS 部署在交换环境中是目前网络安全建设最主要的部署方式，因为交换机可以避免"广播风暴"的发生。为了保证 IDS 的正常工作，技术人员必须事先在交换机上配置 SPAN 端口，将 SPAN 端口与 IDS 的监听口互连即可。在进行 SPAN 配置时，需要指明交换机的哪个物理端口哪个方向的数据被检测，从而 IDS 系统可以有针对性地进行数据的监听和检测。

IDS 部署在交换环境示意如图 GYZD00602007-3 所示。

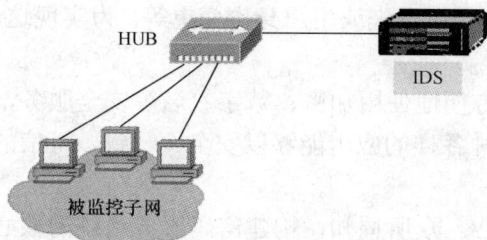

提示：
交换机上与IDS连接的端口需要配置端口镜像
（SPAN/Port Monitor）。

图 GYZD00602007-2 IDS 部署在共享环境示意图　　图 GYZD00602007-3 IDS 部署在交换环境示意图

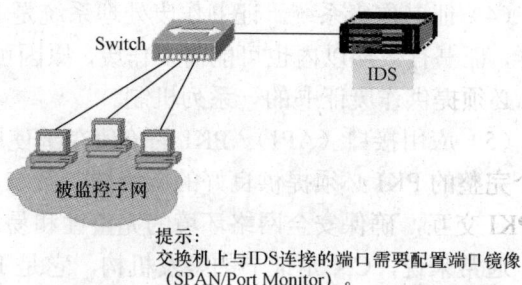

3. IDS 监听多个子网

通常 IDS 配置了两个物理接口，一个用于自身管理，另一个与交换机的 SPAN 口互连，进行数据监听。现在随着硬件配置的提升，IDS 的性能也得到了很大的提升。IDS 通过配置多个物理接口，可以设置多个监听口，分别与不同的交换机连接，从而实现监听更大的网络环境。

IDS 监听多个子网部署示意如图 GYZD00602007-4 所示。

说明：
IDS支持监听口的扩充。

图 GYZD00602007-4 IDS 监听多个子网部署示意图

【思考与练习】

1. 部署入侵检测软件的必要性是什么？
2. 入侵检测的部署方式有哪些？

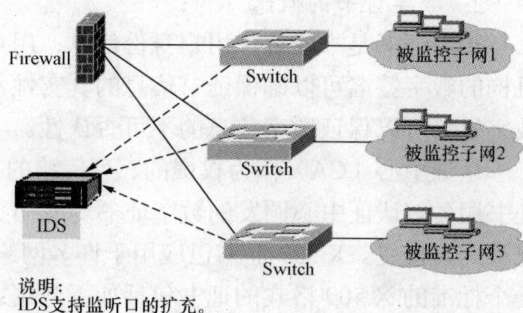

模块 8　数字证书与认证技术介绍（GYZD00602008）

【模块描述】本模块介绍数字证书与认证技术。通过概念讲解，掌握数字证书的基本概念以及数字证书认证技术及其应用。

【正文】

一、数字证书的基本概念

1. 公钥基础设施

公钥基础设施（Public Key Infrastructure，PKI）是一种遵循标准的利用公钥加密技术为电子商务的开展提供一套安全基础平台的技术和规范。它能够为所有网络应用提供加密和数字签名等密码服务及所必需的密钥和证书管理体系，简单来说，PKI 就是利用公钥理论和技术建立的提供安全服务的基础设施。用户利用 PKI 可以方便地建立和维护一个可信的网络计算环境，从而使得人们在这个无法直接相互面对的环境里，能够确认彼此的身份和所交换的信息，能够安全地从事商务活动。不难看出，建立以 PKI 为基础的安全解决方案，无论是对在 Intranet 上开展的无纸办公等内部业务，还是对电子支付、网上证券交易、网上购物、网上教育、网上娱乐等网络应用，都是一种安全可靠的选择。

PKI 的基础技术包括加密、数字签名、数据完整性机制、数字信封等。

完整的 PKI 系统必须由权威认证机构（CA）、数字证书库、密钥备份及恢复系统、证书作废系统、应用接口（API）等基本部分构成，构建 PKI 也将围绕着这五大系统来着手构建。

（1）认证机构（CA）。即数字证书的申请及签发机关，CA 必须具备权威性的特征。

（2）数字证书库。用于存储已签发的数字证书及公钥，用户可由此获得所需的其他用户的证书及公钥。

（3）密钥备份及恢复系统。如果用户丢失了用于解密数据的密钥，则数据将无法被解密，这将造成合法数据丢失。为避免这种情况，PKI 提供备份与恢复密钥的机制。但须注意，密钥的备份与恢复必须由可信的机构来完成。并且，密钥备份与恢复只能针对解密密钥，签名私钥为确保其唯一性而不能够做备份。

（4）证书作废系统。证书作废处理系统是 PKI 的一个必备的组件。与日常生活中的各种身份证件一样，证书有效期以内也可能需要作废，原因可能是密钥介质丢失或用户身份变更等。为实现这一点，PKI 必须提供作废证书的一系列机制。

（5）应用接口（API）。PKI 的价值在于使用户能够方便地使用加密、数字签名等安全服务，因此一个完整的 PKI 必须提供良好的应用接口系统，使得各种各样的应用能够以安全、一致、可信的方式与 PKI 交互，确保安全网络环境的完整性和易用性。

通常来说，CA 是证书的签发机构，它是 PKI 的核心。众所周知，构建密码服务系统的核心内容是如何实现密钥管理。公钥体制涉及一对密钥（即私钥和公钥），私钥只由用户独立掌握，无须在网上传输，而公钥则是公开的，需要在网上传送，故公钥体制的密钥管理主要是针对公钥的管理问题，目前较好的解决方案是数字证书机制。

2．数字证书的概念

数字证书是一段包含用户身份信息、用户公钥信息以及身份验证机构数字签名的数据。身份验证机构的数字签名可以确保证书信息的真实性，用户公钥信息可以保证数字信息传输的完整性，用户的数字签名可以保证数字信息的不可否认性。

认证中心（CA）作为权威的、可信赖的、公正的第三方机构，专门负责为各种认证需求提供数字证书服务。认证中心颁发的数字证书均遵循 X.509 V3 标准。X.509 标准在编排公共密钥密码格式方面已被广为接受。X.509 证书已应用于许多网络安全，其中包括 IPSec（IP 安全）、SSL、SET、S/MIME。一个标准的 X.509 格式的证书包括如下数据：

（1）版本（version）。X.509 的版本号，如 V1、V2、V3。

（2）序列号（serial number）。一个证书在证书认证中心的唯一编号。

（3）签名算法标识（signature algorithm identifier）。签署证书的签名算法。

（4）发行者姓名（issuer name）。颁发证书的实体，包括认证中心（CA）的所有信息。

（5）有效期（validity period）。证书的有效期间，通常为 1 年。

（6）主题（subject name）。证书所鉴别的公钥的实体名，包括实体的所有信息。

（7）主题公钥信息（subject public key information）。包括主题的公钥、可选参数及公钥算法的标识符。

二、数字证书认证技术及其应用

（一）身份认证技术

身份认证的本质是被认证方有一些信息（无论是一些秘密的信息，还是一些个人持有的特殊硬件或个人特有的生物学信息），除被认证方自己外，任何第三方（在有些需要认证权威的方案中，认证权威除外）不能伪造，被认证方能够使认证方相信其确实拥有那些秘密（无论是将那些信息出示给认证方或者采用零知识证明的方法），则其身份就得到了认证。

目前，计算机及网络系统中常用的身份认证方式主要有以下几种：

1．用户名 ＋ 密码方式

用户名+密码是最简单也是最常用的身份认证方法，是基于"what you know"的验证手段。每个用户的密码是由用户自己设定的，只有用户自己才知道。只要能够正确输入密码，计算机就认为操作者就是合法用户。实际上，由于许多用户为了防止忘记密码，经常采用诸如生日、电话号码等容易被猜测的字符串作为密码，或者把密码抄在纸上放在一个自认为安全的地方，这样很容易造成密码泄露。

即使能保证用户密码不被泄露，由于密码是静态的数据，在验证过程中需要在计算机内存中和网络中传输，而每次验证使用的验证信息都是相同的，很容易被驻留在计算机内存中的木马程序或网络中的监听设备截获。因此，从安全性上讲，用户名+密码方式是一种极不安全的身份认证方式。

2. 智能卡认证

智能卡是一种内置集成电路的芯片，芯片中存有与用户身份相关的数据，智能卡由专门的厂商通过专门的设备生产，是不可复制的硬件。智能卡由合法用户随身携带，登录时必须将智能卡插入专用的读卡器读取其中的信息，以验证用户的身份。智能卡认证是基于"what you have"的手段，智能卡硬件不可复制，以此来保证用户身份不会被仿冒。然而由于每次从智能卡中读取的数据是静态的，通过内存扫描或网络监听等技术还是很容易截取到用户的身份验证信息，因此还是存在安全隐患。

3. 动态口令技术

动态口令技术是一种让用户密码按照时间或使用次数不断变化、每个密码只能使用一次的技术。它采用一种叫作动态令牌的专用硬件，内置电源、密码生成芯片和显示屏，密码生成芯片运行专门的密码算法，根据当前时间或使用次数生成当前密码并显示在显示屏上。认证服务器采用相同的算法计算当前的有效密码。用户使用时只需要将动态令牌上显示的当前密码输入客户端计算机，即可实现身份认证。由于每次使用的密码必须由动态令牌来产生，只有合法用户才持有该硬件，所以只要通过密码验证就可以认为该用户的身份是可靠的。而用户每次使用的密码都不相同，即使黑客截获了一次密码，也无法利用这个密码来仿冒合法用户的身份。

动态口令技术采用一次一密的方法，有效保证了用户身份的安全性。但是如果客户端与服务器端的时间或次数不能保持良好的同步，就可能发生合法用户无法登录的问题。并且用户每次登录时需要通过键盘输入一长串无规律的密码，一旦输错就要重新操作，使用起来非常不方便。

4. USB Key 认证

基于 USB Key 的身份认证方式是近几年发展起来的一种方便、安全的身份认证技术。它采用软硬件相结合、一次一密的强双因子认证模式，很好地解决了安全性与易用性之间的矛盾。USB Key 是一种 USB 接口的硬件设备，它内置单片机或智能卡芯片，可以存储用户的密钥或数字证书，利用 USB Key 内置的密码算法实现对用户身份的认证。基于 USB Key 的身份认证系统主要有两种应用模式：一是基于冲击/响应的认证模式，二是基于 PKI 体系的认证模式。

5. 生物识别技术

生物识别技术主要是指通过可测量的身体或行为等生物特征进行身份认证的一种技术。生物特征是指唯一的可以测量或可自动识别和验证的生理特征或行为方式。生物特征分为身体特征和行为特征两类。身体特征包括指纹、掌型、视网膜、虹膜、人体气味、脸型、手的血管和 DNA 等；行为特征包括签名、语音、行走步态等。目前，部分学者将视网膜识别、虹膜识别和指纹识别等归为高级生物识别技术；将掌型识别、脸型识别、语音识别和签名识别等归为次级生物识别技术；将血管纹理识别、人体气味识别、DNA 识别等归为"深奥的"生物识别技术。

（二）数字签名技术

所谓数字签名就是通过某种密码运算生成一系列符号及代码组成电子密码进行签名，来代替书写签名或印章。对于这种电子式的签名还可进行技术验证，其验证的准确度是一般手工签名和图章的验证而无法比拟的。数字签名是目前电子商务、电子政务中应用最普遍、技术最成熟的、可操作性最强的一种电子签名方法。它采用了规范化的程序和科学化的方法，用于鉴定签名人的身份以及对一项电子数据内容的认可。它还能验证出文件的原文在传输过程中有无变动，确保传输电子文件的完整性、真实性和不可抵赖性。

数字签名在 ISO 7498-2《安全体系结构》中定义为：附加在数据单元上的一些数据，或是对数据单元所做的密码变换，这种数据和变换允许数据单元的接收者用以确认数据单元来源和数据单元的完整性，并保护数据，防止被人（例如接收者）进行伪造。美国电子签名标准对数字签名作了如下解释：利用一套规则和一个参数对数据计算所得的结果，用此结果能够确认签名者的身份和数据的完整性。

（三）数字信封技术

数字信封是公钥密码体制在实际中的一个应用，是用加密技术来保证只有规定的特定收信人才能阅读通信的内容。

在数字信封中，信息发送方采用对称密钥来加密信息内容，然后将此对称密钥用接收方的公开密钥来加密（这部分称数字信封）之后，将它和加密后的信息一起发送给接收方，接收方先用相应的私有密钥打开数字信封，得到对称密钥，然后使用对称密钥解开加密信息。这种技术的安全性相当高。数字信封主要包括数字信封打包和数字信封拆解，数字信封打包是使用对方的公钥将加密密钥进行加密的过程，只有对方的私钥才能将加密后的数据(通信密钥)还原；数字信封拆解是使用私钥将加密过的数据解密的过程。

数字信封的功能类似于普通信封，普通信封在法律的约束下保证只有收信人才能阅读信的内容，数字信封则采用密码技术保证了只有规定的接收人才能阅读信息的内容。数字信封中采用了对称密码体制和公钥密码体制。信息发送者首先利用随机产生的对称密码加密信息，再利用接收方的公钥加密对称密码，被公钥加密后的对称密码被称为数字信封。在传递信息时，信息接收方若要解密信息，必须先用自己的私钥解密数字信封，得到对称密码，才能利用对称密码解密所得到的信息。这样就保证了数据传输的真实性和完整性。

（四）网络层与传输层的安全协议

IPsec 为 Security Architecture for IP network 的缩写，指的是 IP 层协议安全结构。

IPsec 在 IP 层提供安全服务，它使系统能按需选择安全协议，决定服务所使用的算法及放置需求服务所需密钥到相应位置。IPsec 用来保护一条或多条主机与主机间、安全网关与安全网关间、安全网关与主机间的路径。

IPsec 能提供的安全服务集包括访问控制、无连接的完整性、数据源认证、拒绝重发包（部分序列完整性形式）、保密性和有限传输流保密性。因为这些服务均在 IP 层提供，所以任何高层协议均能使用它们，如 TCP、UDP、ICMP、BGP 等。

传输层安全协议的目的是为了保护传输层的安全，并在传输层上提供实现保密、认证和完整性的方法。

1. SSL（安全套接字层）协议

SSL（Secure Socket Layer）协议是由 Netscape 设计的一种开放协议，它指定了一种在应用程序协议（例如 http、telnet、NNTP、FTP）和 TCP/IP 之间提供数据安全性分层的机制。它为 TCP/IP 连接提供数据加密、服务器认证、消息完整性连同可选的客户机认证。

2. SSH（安全外壳）协议

SSH（Secure Shell）协议是一种在不安全网络上用于安全远程登录和其他安全网络服务的协议。它提供了对安全远程登录、安全文档传输和安全 TCP/IP 和 X-Window 系统通信量进行转发的支持。它能够自动加密、认证并压缩所传输的数据。正在进行的定义 SSH 协议的工作确保 SSH 协议能够提供强健的安全性，防止密码分析和协议攻击，能够在没有全球密钥管理或证书基础设施的情况下工作得很好，并且在可用时能够使用自己已有的证书基础设施。

3. SOCKS（套接字安全性）协议

SOCKS（Socket Security）协议是一种基于传输层的网络代理协议。它设计用于在 TCP 和 UDP 领域为客户机/服务器应用程序提供一个框架，以方便而安全地使用网络防火墙的服务。

（五）应用层的安全协议

应用层中的通信是一个非常薄弱的链接，因为应用层支持许多协议，因而带来了许多攻击者可以利用的弱点的接入点。所有的这些可变性使用应用层攻击的防御变得非常困难。同许多网络安全问题一样，不存在一种一劳永逸的解决方案来彻底地修复问题，然而却存在着许多技术和解决方案来防范上述的安全问题，并可在发生攻击时降低其损害。通信各层中都开发出了许多技术来防范应用层的安全问题。主要的技术如下：

（1）安全/多用途网际邮件扩充（S/MIME）协议是一套确保电子邮件安全的规范。S/MIME 是以通用的 MIME 标准为基础，它是一种通过 MIME 对数字化的署名和加密对象进行封装的办法增加加密的安全服务。这些安全服务是验证、确认、消息完整性检查和消息保密。

（2）出色私密性（Pretty Good Privacy，PGP）协议并不在于创造新的加密算法，而是使用现存的算法（RSA、IDEA、MD5 等）。PGP 支持加密、数字签名、密钥管理和数据压缩。

（3）安全 HTTP（S-HTTP）是 HTTP 的扩展集，它支持使用各种方法对网页通信进行封装。S-HTTP 提供了丰富多样的加密、验证和完整性检查等方面的机制。而其也明显地达到了策略从机制之中分离的目标。基于 S-HTTP 的系统不会束缚于特定的加密系统、基础密钥部件或加密格式。

（六）数字证书认证技术在电力系统中的使用

电力调度证书服务系统不同于传统的 PKI，传统的 PKI 建设涉及内容众多，需要部署 CA 服务器、RA 服务器、证书发布服务器等，并且对于系统建设要求极为严格、系统管理复杂。这种传统 PKI 的建设适合用户众多的公用系统，与半军事化管理的调度体制和有限的用户数量相比，传统 PKI 的建设过于复杂，投资较大。

电力调度证书服务系统突破了传统 PKI 的建设模式，将 PKI 需要的功能完全集成在一台设备中，可以为一般的人员或者安全设备提供证书管理服务。它能够适应电力调度管理体系，专用于电力调度业务需要的数字证书，主要用于生产控制大区，可以广泛使用于交互式登录的身份认证、网络身份认证、通信过程的公钥加密及数据认证（包括数据完整性和数据源认证）等。

【思考与练习】

1. 什么是数字证书？一个标准的 X.509 格式的数字证书包括哪些内容？
2. 计算机及网络系统中常用的身份认证方式主要有哪几种？

模块 9　IP 加密认证装置（GYZD00602009）

【模块描述】本模块介绍 IP 加密认证装置。通过功能描述、结构形式介绍和要点归纳，掌握 IP 加密认证装置的基本功能、软硬件结构和安全机制。

【正文】

一、纵向加密认证装置的基本功能

纵向加密认证装置的基本功能包括：

（1）采用标准的加密和验证算法对数据进行加密/解密、签名/验证。

（2）纵向加密认证装置之间支持基于公钥的认证。

（3）支持透明连接，可不占用网络 IP 地址资源。

（4）具有基于 IP、传输协议、应用端口号的综合报文过滤与访问控制功能。

二、纵向加密认证装置的硬件结构

加密认证装置的硬件组成：CPU（CPU 类型为 PowerPC 处理器）、内存、网口、加密卡接口、液晶屏接口等。纵向加密认证装置的硬件结构如图 GYZD00602009-1 所示。

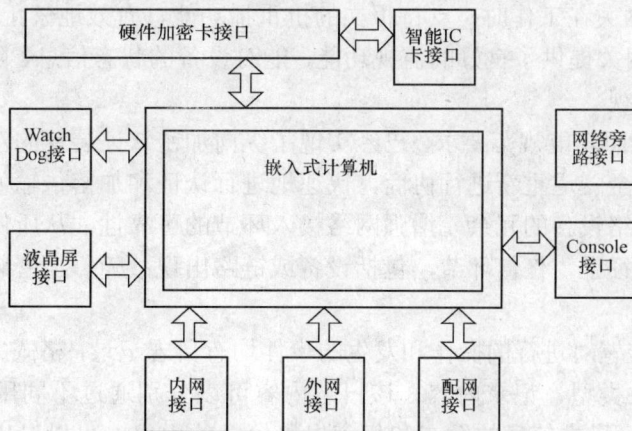

图 GYZD00602009-1　纵向加密认证装置的硬件结构

三、纵向加密认证装置的软件结构

加密认证装置的软件组成分为两部分：第一部分是配置软件，即用来配置管理纵向加密装置的；第二部分是加密装置内部软件，包括操作系统、加密装置程序等。纵向加密认证装置的软件结构如图GYZD00602009-2 所示。

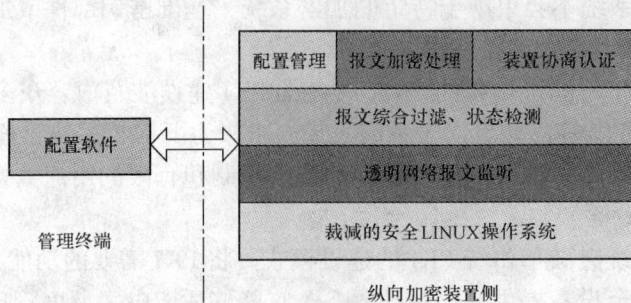

图 GYZD00602009-2　纵向加密认证装置的软件结构

四、纵向加密认证装置的安全机制

（1）采用国密办指定的专用加密算法实现加密卡。

（2）专有加密通信协议。

（3）数据包综合过滤技术、支持状态监视。

（4）纵向加密认证装置中使用的非对称密码功能部分，是基于证书的公私钥验证体系，与现在已经投入运行的各个网省电力调度中心的电力调度证书服务系统相配合。证书的格式完全符合 X.509 证书规范。

（5）纵向加密认证装置通信加密协议包括会话密钥协商和通信加密两个阶段。第一阶段的密钥协商需要完成纵向加密认证装置之间的认证和用于通信加密的会话密钥协商。第二阶段完成加密数据的通信。

（6）电力专用纵向加密认证网关能够实现《电力二次系统安全防护总体方案》中要求的安全防护功能，满足二次系统安全防护要求。

（7）纵向加密认证网关只能被其对应的管理中心管理，具备可管理性。

（8）采用代码可控的安全操作系统，经过裁减内核网络功能的 LINUX 操作系统。

（9）本身应能够一定程度防御常见的网络攻击，包括 ARP Attack、Ping Attack、Ping of Death Attack、Smurf Attack、Unreachable Host Attack、Land Attack、Teardrop Attack、Syn Attack 等。

（10）在对纵向加密认证网关进行管理时，需要"人、机、卡"的三方认证过程。管理人员必须持有可用于管理的智能 IC 卡，必须持有可登录管理的密码，再进行"人、机、卡"的三方认证才能登录纵向加密认证网关模块，进行有效的管理配置。

（11）纵向加密认证网关在工作时，支持报文的抗重播功能，有效地禁止报文重放。

（12）纵向加密认证网关提供了良好的监视功能，能对设备的状态信息、隧道的信息、基于隧道之上的安全策略信息进行监视。

（13）高可用功能。按照功能规范要求，已经实现了纵向加密认证装置的双机热备和主备自动切换功能。在切换过程中，安全隧道重新进行协商，快速地进行认证和加密传输处理工作，保障通信连续性。通过装置及其相关网络设备的冗余，增强网络接入环节的可靠性。从所保护的子网中的通信机到本地接入路由器之间的路径上，任何环节，包括设备或链路出现故障，加密装置都能正确识别，配合实现路径切换。

（14）纵向加密认证装置对进行的操作和发生的事件均有日志记录，格式完全按照 SYSLOG 规范。日志信息包括时间、事件类型、记录内容。该日志内容可以分别通过不同用户的需求和配置，通过"串口"或者"网口"进行日志信息的发布和相应报警信息的引出。可以导出日志信息，备份到本地硬盘中。

（15）"电力纵向加密认证网关/装置"有特殊探测报文，类似 ping 功能，能够显示出来对方装置的安全模式是安全还是旁路，设备状态是正常还是异常，设备是主还是备。

【思考与练习】

1. 纵向加密认证装置 CPU 采用的类型是什么？

2. 纵向加密认证装置基本功能有哪些？

模块 10　访问控制的原理（GYZD00602010）

【模块描述】本模块介绍访问控制的原理。通过原理讲解，掌握防火墙包过滤技术、状态检测包过滤技术、应用代理技术及流过滤检测技术的工作原理以及其他辅助模块实施访问控制的方法。

【正文】

一、网络访问控制的原理

网络访问控制主要通过防火墙来实现。防火墙是隔离在本地网络与外界网络之间的一道防御系统，是一种非常有效的网络安全模型。通过它可以隔离风险区域（即 Internet 或有一定风险的网络）与安全区域（局域网）的连接，同时不会妨碍人们对风险区域的访问。

防火墙可以监控进出网络的通信量，仅让安全、核准了的信息进入，又能抵制对企业构成威胁的数据。防火墙的作用是防止不希望的、未授权的通信进出被保护的网络，迫使公司强化自己的网络安全政策。防火墙的访问控制可分为包过滤、状态检测、应用代理等。

二、包过滤访问控制

包过滤技术工作在 OSI 参考模型的网络层，能够允许或者阻止 IP 地址和端口。包过滤技术应用在路由器和防火墙上，主要应用在第一代防火墙上。包过滤的工作层次如图 GYZD00602010-1 所示。由于过滤的访问控制技术的安全控制力度只限于源地址、目的地址和端口号，因而只能进行较为初步的安全控制，对于恶意的拥塞攻击、内存覆盖攻击或病毒等高层次的攻击手段，则无能为力。

以 TCP 连接为例，基于包过滤技术的防火墙规则的内容如表 GYZD00602010-1 所示。如果仅制定一个方向的规则，返回的数据包是不能通过的。

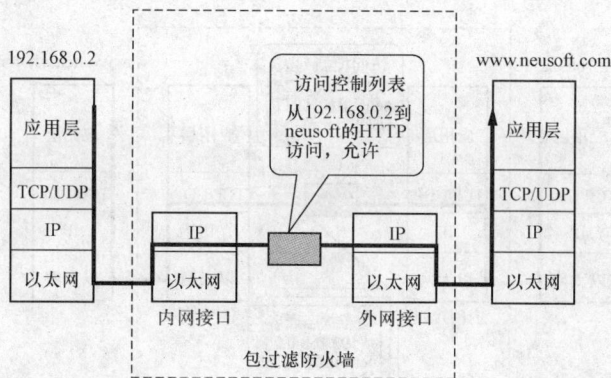

图 GYZD00602010-1　包过滤的工作层次

表 GYZD00602010-1　　　　　　　　　基于包过滤技术的防火墙规则内容

方　向	源 IP	目标 IP	源端口	目标端口	操　作
内→外	192.168.0.2	www.neusoft.com	1024－65535	80	允许

当 192.168.0.2 去访问 www.neusoft.com 的 80 端口时，通信实际上会被防火墙给阻断，如图 GYZD00602010-2 所示。

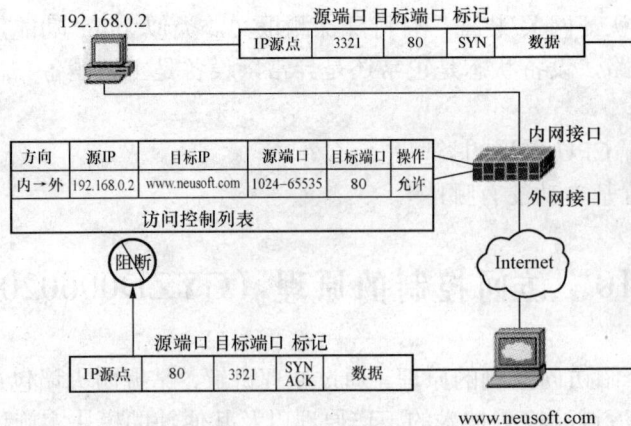

图 GYZD00602010-2　通信被防火墙阻断示意图

这主要是因为 TCP 连接的三次握手过程中，为了保证访问正常，必须制定双向的规则，其内容如表 GYZD00602010-2 所示，从 192.168.0.2 到 www.neusoft.com 的访问才会正常。但仍然存在严重的安全隐患。

表 GYZD00602010-2　　　　　　　　　保证访问正常所需的规则内容

方　向	源 IP	目标 IP	源端口	目标端口	操作
内→外	192.168.0.2	www.neusoft.com	1024－65535	80	允许
外→内	www.neusoft.com	192.168.0.2	80	1024－65535	允许

如果有人伪造为 www.neusoft.com 的 IP 地址，以源端口 80 向 192.168.0.2 的 1024 以上的端口发送大量 SYN 数据包，进行 SYN Flooding 攻击，此时基于包过滤技术的防火墙就无法阻止了。

从以上分析可知，包过滤防火墙最大的缺点是不检查数据区，不建立连接状态表，前后报文无关，应用层控制很弱。

三、状态检测

状态检测包过滤技术工作在传输层，是比包过滤技术更为有效的安全控制方法，其示意图如图 GYZD00602010-3 所示。

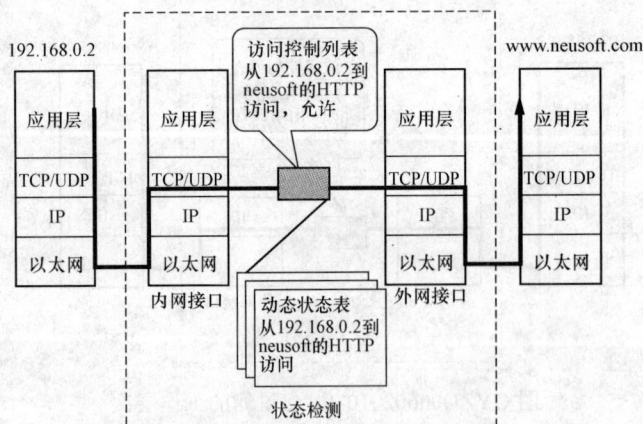

图 GYZD00602010-3　传输层状态检测包过滤示意图

对新建的应用连接，状态检测技术检查预先设置的安全规则，允许符合规则的连接通过，并在内存中记录下该连接的相关信息，生成状态表。对该连接的后续数据包，只要符合状态表，就可以通过。

这种方式的优点在于不需要对每个数据包进行规则检查，而是对一个连接的后续数据包（通常是大量的数据包）通过散列算法，直接进行状态检查。由于状态表是动态的，可以有选择地、动态地开通 1024 号以上的端口，提高了安全性。

同样以 TCP 连接为例，基于状态检测包过滤技术的防火墙规则的内容如表 GYZD00602010-3 所示。仅需要制定一个方向的规则。

表 GYZD00602010-3　　　　　基于状态检测包过滤技术的防火墙规则内容

方向	源IP	目标IP	源端口	目标端口	操作
内→外	192.168.0.2	www.neusoft.com	1024－65535	80	允许

如图 GYZD00602010-4 所示，当 192.168.0.2 去访问 www.neusoft.com 的 80 端口时，因为防火墙在内存中记录了该连接的相关信息，生成状态表。从 www.neusoft.com 返回的数据包，防火墙发现不是 SYN 状态，会自动识别为 "后续数据包"，首先到状态表查找符合项。从而保证的数据包的高效通过。

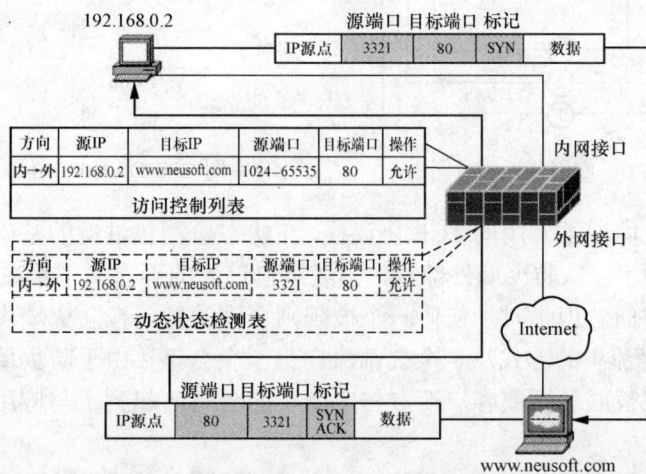

图 GYZD00602010-4　　状态检测防火墙过滤示意图

从以上分析可知，状态检测防火墙的特点是不检查数据区，建立连接状态表，前后报文相关，应用层控制很弱。

四、应用代理

应用代理防火墙可以说就是为防范应用层攻击而设计的，应用层防护示意如图 GYZD00602010-5 所示。应用代理防火墙主要工作在应用层。

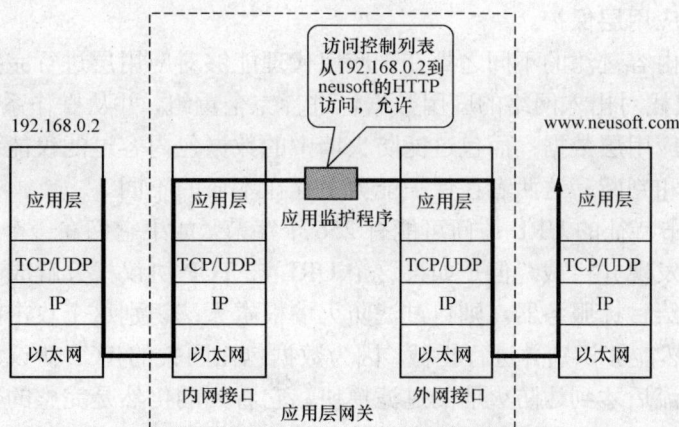

图 GYZD00602010-5　　应用层防护示意图

应用代理通常的表现形式是一组代理的集合，应用层代理示意如图 GYZD00602010-6 所示。代理的原理是彻底隔断两端的直接通信，所有通信都必须经应用层的代理转发，访问者任何时候都不能与服务器建立直接的 TCP 连接，应用层的协议会话过程必须符合代理的安全策略的要求。

针对各种应用协议的代理防火墙提供了丰富的应用层的控制能力。状态检测包过滤规范了网络层和传输层行为，而应用代理则是规范了特定的应用协议上的行为。

模块 10

GYZD00602010

应用代理防火墙特点是不检查 IP、TCP 报头,不建立连接状态表,网络层保护比较弱。

五、流过滤检测

流过滤检测技术是一项先进的访问控制技术,流过滤检测示意如图 GYZD00602010-7 所示。流过滤检测技术的基本原理是以状态包过滤的形态实现对应用层的保护。

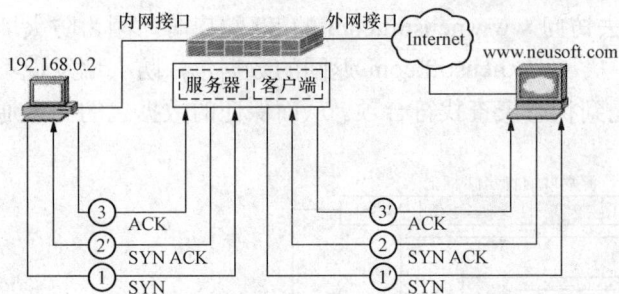

图 GYZD00602010-6 应用代理示意图   图 GYZD00602010-7 流过滤检测示意图

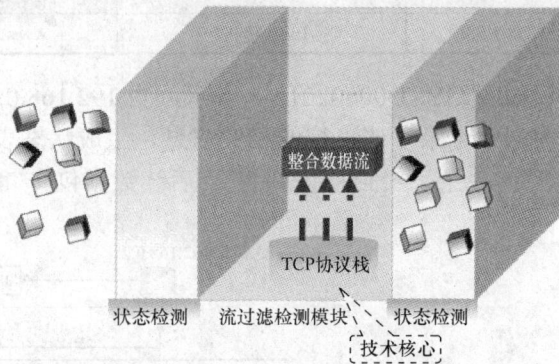

流过滤检测技术通过内嵌的专用的 TCP 协议栈,在状态检测包过滤的基础上实现了透明的应用信息过滤机制。在这种机制下,从防火墙外部看,仍然是包过滤的形态,工作在链路层或 IP 层。在规则允许下,两端可以直接访问。但是对于任何一个被规则允许的访问在防火墙内部都存在两个完全独立的 TCP 会话,数据是以"流"的方式从一个会话流向另一个会话,由于防火墙的应用层策略位于流的中间,可以在任何时候代替服务器或客户端参与应用层的会话,起到了与应用代理防火墙相同的控制功能。

比如在防火墙对 SMTP 协议处理中,系统可以在透明网桥的模式下实现完全对邮件的存储转发,和对 SMTP 协议各种攻击的防范功能。

流过滤的结构继承了包过滤和应用代理防火墙的特点,易于部署。而应用层安全策略与网络层安全策略紧密结合,在任何一种部署方式下,都能够起到相同的保护作用。

(一)"流过滤"与"数据包内容过滤"的比较

到目前为止,大量的包过滤防火墙仍不具备应用层保护能力,有的甚至连状态检测都不具备,这里所提到的数据包内容过滤是指那些能够提供对数据包内容进行检测的包过滤产品。内容过滤其实并不能提供真正意义上的应用层保护。

应用代理与数据包内容过滤的不同之处在于应用代理能够对应用层进行完整的保护。应用代理借助操作系统的 TCP 协议栈对出入网络的应用数据包进行完全重组,并从操作系统提供的接口(socket)中以数据流的方式提取应用层数据;而包过滤防火墙中的数据包内容过滤仅能对当前正在通过的单一数据包的内容进行分析和判断,这两者在保护能力上存在本质的不同。

例如,一个携带攻击特征的 URL 访问可能有 256 个字节,如果它们在一个数据包中传送,那么两种技术的防火墙都能够发现并拦截。但是如果这个 URL 被 TCP 协议栈分解成 10 个小的 IP 数据包,并且以乱序的方式发送给目标服务器,则包过滤防火墙根本无法识别这个攻击的企图。而应用代理则完全不会受到干扰,依然能够识别并进行拦截,因为数据包在网关的 TCP 协议栈中被按照正确的顺序有效地重新组合成数据流后才到达防火墙的过滤模块,它看到的仍然是完整的数据流。

基于流过滤技术的防火墙之所以能够提供等同于代理防火墙的应用层保护能力,关键在于其"流过滤"架构中的专用 TCP 协议栈。这个协议栈是个标准的 TCP 协议的实现,依据 TCP 协议的定义对出入防火墙的数据包进行了完整的重组,重组后的数据流交给应用层过滤逻辑进行过滤,从而可以有效地识别并拦截应用层的攻击企图。

(二)流过滤技术与应用代理(网关)技术差别

1. 透明性

应用代理建立在操作系统中提供的 socket 接口之上,提供这个接口的普通 TCP 协议栈是为主机对外提供服务和对外进行访问实现的。为了使用这个协议栈进行数据包重组，防火墙本机必须存在 TCP 的访问点，即 IP 地址和端口。这导致应用代理对于应用协议来说不可能是透明的，应用协议需要"知道"并且"允许"这个中间环节的存在。而这个条件在很多时候是不能够满足的。用户如果要部署应用代理防火墙，通常要对其网络拓扑结构和应用系统的部署进行调整。如在浏览器中设定代理网关的 IP 地址和端口才可能使浏览器按照存在一个中间代理的方式访问网站，浏览器需要"知道"这个代理的存在。对于其他类型的应用协议，则不允许在其中增加一个过滤环节，这意味着代理防火墙提供应用保护的协议范围是十分有限的。

防火墙的流过滤结构则不同，它不需要用户调整网络结构和应用系统，可在防火墙的任何部署方式下提供完全一致的应用保护能力（防火墙支持路由模式和交换模式，前者在网络中等同于一个路由器，后者则相当于一个链路层的交换机，本身可以完全没有 IP 地址）。这意味着用户不需要为了获得应用层保护能力而改变网络结构和应用系统，甚至当用户改变防火墙的运行模式时，也完全不需要调整应用层的保护策略（过滤规则），它会与原来完全等同的效果去执行。

如在一个已有的提供 Web 访问的服务器群中又增加了一个 Web 服务器，并且使用 IIS，那么仅需要在防火墙上增加一条针对 IIS 漏洞的应用过滤规则即可以达到对该服务器的保护的目的，而服务器本身则完全不需要考虑防火墙的存在。

又如某企业网络通过一个包过滤防火墙对外进行 Internet 访问，管理员想要过滤 Web 访问中的危险的包含 Nimda 病毒的页面，只需要在原有的访问出口上串接一个工作在交换模式下的防火墙，并配置一条针对 Nimda 病毒的过滤规则即可，不需要调整任何一个 IP 地址，也不需要在内网的数百个 PC 的浏览器上配置代理服务器设置。

2. 性能

防火墙中的 TCP 协议栈是专为防火墙进行数据流转发而设计的，其在数据分析过程中的拷贝次数、内存资源的开销方面都优于普通操作系统的 TCP 协议栈。

应用代理系统使用操作系统的 socket 接口，对于任何一个通过防火墙的连接都必须消耗两个 socket 资源，而这个资源在普通操作系统中是非常紧缺的，通常只能允许同时处理一两千个并发的连接，即使对于一个流量较小的网络来说这也不是一个很大的数量。同时，典型的代理系统需要为每一个连接创建一个进程，当几千个连接存在时，大量的进程会消耗掉非常多的内存，并使 CPU 在上下文切换中浪费掉大量的处理资源，系统的吞吐能力会急剧下降。

流过滤检测技术不使用 socket 接口，而是采用了一种事件驱动的内核接口，一个内核进程可以使用很小的开销同时处理几万甚至几十万的并发连接。正是这种先进的架构，使得防火墙可以在非常繁忙的站点提供有效的应用层保护。

流过滤与包过滤和代理技术对比见表 GYZD00602010-4。

表 GYZD00602010-4　　　　　　　　流过滤与包过滤和代理技术对比

技术架构	综合安全性	网络层保护	应用层访问控制	应用透明性	性能
简单包过滤	低	有	无	有	较好
应用代理	高	很少	强，但缺少可扩展性	无	差
状态检测包过滤	中等	强	简单的内容过滤，具有局限性	有	好
流过滤	高	强	强，并易于扩展	有	好

流过滤体系结构的防火墙具有非常好的可扩展性，在流过滤的平台基础上，可以进行应用级的插件的开发和升级、各种攻击方式的及时的响应和升级，动态保护网络安全。

六、其他辅助模块

1. MAC 地址绑定

每个网卡的 MAC 地址通常是唯一确定的，在防火墙中建立一个 IP 地址与 MAC 地址的对应表，它的主要作用是防止非法用户进行 IP 地址欺骗。

2. VLAN 隔离

VLAN（Virtual Local Area Network）即虚拟局域网，是一种通过将局域网内的设备逻辑地而不是物理地划分成一个个网段从而实现虚拟工作组的技术。VLAN 是为解决以太网的广播问题和安全性而提出的一种协议。它在以太网帧的基础上增加了 VLAN 头，用 VLAN ID 把用户划分为更小的工作组，限制不同工作组间的用户二层互访，每个工作组就是一个虚拟局域网。虚拟局域网的好处是可以限制广播范围，并能够形成虚拟工作组，动态管理网络。

VLAN 隔离技术避免了当一个网络系统的设备数量增加到一定规模后，大量的广播报文消耗大量的网络带宽，从而影响有效数据的传递；确保部分安全性比较敏感的部门不被随意访问浏览。

3. 五元组访问控制列表

配置防火墙的访问控制规则时，至少包括源 IP 地址、目标 IP 地址、源端口、目标端口、协议五元组。

4. 时间策略控制

配置防火墙的访问控制规则时，除了包括上述五元组以外，还可以指定时间的有效性，丰富防火墙的访问控制功能。

【思考与练习】

1. 访问控制技术手段有哪些？
2. 简述包过滤防火墙的工作原理。

模块 11　访问控制的实施规范（GYZD00602011）

【模块描述】本模块介绍防火墙的安全配置策略及其规范。通过要点归纳，掌握内网用户对外访问、DMZ 区、账号管理、自身维护等防火墙安全配置策略及其规范要求。

【正文】

防火墙之所以能够发挥高效的访问控制功能，虽然与自身的技术架构有紧密的联系，但最重要的还是防火墙的安全配置。

在没有配置任何访问控制规则的情况下，防火墙处于完全阻断状态，即全部禁止。这说明了防火墙安全工作的前提条件。

防火墙的安全配置策略包括以下方面。

一、内网用户对外访问安全配置策略

（1）阻断一切由广域网发起的到内部网的访问（所有协议和服务），包括 IP 访问和非 IP 访问。

（2）按照制度，配置允许内网用户访问外网的规则，IP 包过滤规则需要严格指定：源 IP 地址、目标 IP 地址、协议、源端口、目标端口、时间。非 IP 包过滤规则需要严格指定：源 MAC 地址、目标 MAC 地址、协议号、时间。

（3）配置防火墙过滤掉源路由数据包，用以防止非法用户通过源路由技术进入内部网。

二、DMZ 区安全配置策略

（1）无论是互联网用户还是内部用户，都只允许访问 DMZ 区特定服务器的必要通信端口，如 Web、FTP、Mail，或者业务应用程序的端口等，屏蔽掉其他所有协议和服务。

（2）为所有服务器配置 IP 和 MAC 绑定规则，防止会话劫持、中间人攻击。

（3）只允许 DMZ 的特定服务器主动发起到广域网的必要访问连接，屏蔽掉其他所有协议和服务，并禁止其他服务器的主动对外访问请求。

说明：通常情况下只有 SMTP 和 DNS 应用才需要主动发起对外访问请求，例如 SMTP 服务需要连接外网邮件服务器的 TCP 25 端口来发送邮件，DNS 服务需要连接外网域名服务器的 TCP 53 和 UDP 53 端口来查询和传递域名解析信息。

（4）阻断一切由 DMZ 区服务器主动发起的到内部网的访问（所有协议和服务）。

说明：对内服务器是不需要主动访问客户机的，比如 Mail 服务，是客户机主动到服务器去收信，而不是服务器主动将邮件发送到客户机。

（5）配置防火墙过滤掉以内部网络地址从广域网进入 DMZ 或者内部网的数据包，用以防范电子诈骗。

三、账号管理策略

防火墙的账号通常分为 3 类：①账号管理员，只负责账号的维护；②安全控制员，负责规则的配置；③审计分析员，负责日志的分析和处理。

（1）在进行防火墙账号管理时，应采取"三权分立"的原则，每个账号只具备一个权限。

（2）为防火墙的管理员账号设置强壮的口令，要求至少 8 位数及以上，包含有大小写字母、数字和特殊字符，并且定期更换（建议至少每 6 个月更换一次）。

四、防火墙自身维护策略

（1）每次对防火墙的配置策略进行调整后，都应对新配置文件进行备份，并安全存放，保护配置文件不被非法获取。

（2）防火墙应对所有网络通信行为进行日志记录，日志至少应保留 1 个月时间。每周检查一次防火墙日志，及时发现可疑信息，并将此迹象记录和备案到信息管理部。

（3）关闭防火墙自身不必要的服务，如：为了调试而临时开放的 Telnet、SSH、Ping 等服务。

【思考与练习】

1．防火墙的安全配置策略包括几个方面？

2．账号管理策略包括哪些内容？

模块 12 线路加密技术介绍（GYZD00602012）

【模块描述】 本模块介绍线路加密技术。通过概念讲解和原理介绍，熟悉加密技术的定义、密码算法的分类以及常用的对称密码算法和非对称密码算法，掌握线路加密的常见形式、工作原理及其应用。

【正文】

一、密码学基础

1．加密技术的定义

加密技术是电子商务采取的主要安全保密措施，是最常用的安全保密手段，利用技术手段把重要的数据变为乱码（加密）传送，到达目的地后再用相同或不同的手段还原（解密）。加密技术包括两个元素：算法和密钥。算法是将普通的文本（或者可以理解的信息）与一串数字（密钥）结合，产生不可理解的密文的步骤；密钥是用来对数据进行编码和解码的一种算法。在安全保密中，可通过适当的密钥加密技术和管理机制来保证网络的信息通信安全。

2．加密技术的发展历程

密码学 cryptography 一词来源于古希腊的 crypto 和 graphein，意思是密写。它是以认识密码变换的本质、研究密码保密与破译的基本规律为对象的学科。

经典密码学主要包括两个既对立又统一的分支：密码编码学和密码分析学。研究密码变化的规律并用于编制密码以保护秘密信息的学科，称为密码编码学。研究密码变化的规律并用于密文以获取信息情报的学科，称为密码分析学，也叫密码破译学。前者是实现对信息保密的，后者是实现对信息反保密的，密码编码学与密码分析学相辅相成，共处于密码学的统一体中。

现代密码学除了包括密码编码学和密码破译学两个主要学科外，还包括近几年才形成的新分支——密码密钥学。它是以密码的核心部分——密钥作为研究对象的学科。密钥管理是一种规程，它包括密钥的产生、分配、存储、保护、销毁等环节，在保密系统中至关重要。上述三个分支学科构成现代密码学的主要学科体系。

密码技术是保护信息安全的主要手段之一。密码技术自古有之，到目前为止，已经从外交和军事领域走向公开，它并且是一门结合数学、计算机科学、电子与通信等诸多学科于一身的交叉学科，它不仅具有保证信息机密性的信息加密功能，而且具有数字签名、身份验证、秘密分存、系统安全等功能。所以，使用密码技术不仅可以保证信息的机密性，而且可以保证信息的完整性和确定性，防止信息被篡改、伪造和假冒。

3. 密码算法的分类

密钥加密技术的密码体制分为对称密钥体制和非对称密钥体制两种。相应地，对数据加密的技术分为两类，即对称加密（私人密钥加密）和非对称加密（公开密钥加密）。对称加密以数据加密标准（Data Encryption Standard，DES）算法为典型代表，非对称加密通常以 RSA（Rivest Shamir Ad1eman）算法为代表。对称加密的加密密钥和解密密钥相同，而非对称加密的加密密钥和解密密钥不同，加密密钥可以公开而解密密钥需要保密。

对称加密采用了对称密码编码技术，它的特点是文件加密和解密使用相同的密钥，即加密密钥也可以用作解密密钥，这种方法在密码学中叫作对称加密算法。对称加密算法使用起来简单快捷，密钥较短，且破译困难。除了数据加密标准（DES），另一个对称密钥加密系统是国际数据加密算法（IDEA），它比 DNS 的加密性好，而且对计算机功能要求也没有那么高。IDEA 加密标准由 PGP（Pretty Good Privacy）系统使用。

1976 年，美国学者 Dime 和 Henman 为解决信息公开传送和密钥管理问题，提出一种新的密钥交换协议，允许在不安全的媒体上的通信双方交换信息，安全地达成一致的密钥，这就是公开密钥系统。相对于对称加密算法这种方法叫作非对称加密算法。与对称加密算法不同，非对称加密算法需要两个密钥：公开密钥（public key）和私有密钥（private key）。公开密钥与私有密钥是一对，如果用公开密钥对数据进行加密，只有用对应的私有密钥才能解密；如果用私有密钥对数据进行加密，那么只有用对应的公开密钥才能解密。因为加密和解密使用的是两个不同的密钥，所以这种算法叫作非对称加密算法。

二、常用的对称密码算法

1. 数据加密标准（DES 算法）

DES 全称为 Data Encryption Standard，即数据加密标准。它是由 IBM 公司研制的一种加密算法，美国国家标准局于 1977 年公布把它作为非机要部门使用的数据加密标准，它一直活跃在国际保密通信的舞台上，扮演了十分重要的角色。DES 算法的入口参数有 3 个：Key、Data、Mode。其中 Key 为 7 个字节共 56 位，是 DES 算法的工作密钥；Data 为 8 个字节 64 位，是要被加密或被解密的数据；Mode 为 DES 的工作方式，有两种：加密或解密。

DES 算法把 64 位的明文输入块变为 64 位的密文输出块，其算法主要分为两步：

（1）初始置换。其功能是把输入的 64 位数据块按位重新组合，并把输出分为 L0、R0 两部分，每部分各长 32 位，其置换规则为将输入的第 58 位换到第 1 位，第 50 位换到第 2 位……依此类推，最后一位是原来的第 7 位。L0、R0 则是换位输出后的两部分，L0 是输出的左 32 位，R0 是右 32 位。如设置换前的输入值为 D1D2D3……D64，则经过初始置换后的结果为：L0=D58D50……D8；R0=D57D49……D7。

（2）逆置换。经过 16 次迭代运算后，得到 L16、R16，将此作为输入，进行逆置换，逆置换正好是初始置换的逆运算，由此即得到密文输出。

2. 高级加密标准（AES 算法）

AES 为 Advanced Encryption Standard 的缩写，即高级加密标准，是下一代的加密算法标准，速度快，安全级别高。

2000 年 10 月，美国国家标准和技术协会（NIST）宣布通过从 15 种候选算法中选出的一项新的密匙加密标准。Rijndael 被选中成为将来的 AES。Rijndael 是在 1999 年下半年，由研究员 Joan Daemen 和 Vincent Rijmen 创建的。AES 正日益成为加密各种形式的电子数据的实际标准。

AES 算法原理基于排列和置换运算。排列是对数据重新进行安排，置换是将一个数据单元替换为另一个。AES 使用几种不同的方法来执行排列和置换运算。AES 是一个迭代的、对称密钥分组的密码，它可以使用 128 位、192 位和 256 位密钥，并且用 128 位（16 字节）分组加密和解密数据。与公共密钥加密使用密钥对不同，对称密钥密码使用相同的密钥加密和解密数据。通过分组密码返回的加密数据的位数与输入数据相同。迭代加密使用一个循环结构，在该循环中重复置换和替换输入数据。

三、常用的非对称密码算法

1. RSA 算法

RSA 算法是最流行的公钥密码算法，使用长度可以变化的密钥。RSA 是第一个既能用于数据加密也能用于数字签名的算法。

RSA 算法原理如下：

（1）随机选择两个大质数 p 和 q，p 不等于 q，计算 $N=pq$；

（2）选择一个大于 1 小于 N 的自然数 e，e 必须与 $(p-1)(q-1)$ 互素。

（3）用公式计算出 d：$d \times e = 1(\mod(p-1)(q-1))$。

（4）销毁 p 和 q。

最终得到的 N 和 e 就是公钥，d 就是私钥，发送方使用 N 去加密数据，接收方只有使用 d 才能解开数据内容。

RSA 的安全性依赖于大数分解，小于 1024 位的 N 已经被证明是不安全的，而且由于 RSA 算法进行的都是大数计算，使得 RSA 最快的情况也比 DES 慢很多，这是 RSA 最大的缺陷，因此通常只能用于加密少量数据或者加密密钥，但 RSA 仍然不失为一种高强度的算法。

2. DSA 算法

DSA（Digital Signature Algorithm）算法是 Schnorr 和 ElGamal 签名算法的变种，被美国 NIST 作为 DSS（Digital Signature Standard）。

算法中应用了下述参数：

p：L bits 长的素数。L 是 64 的倍数，范围是 $512 \sim 1024$。

q：$p-1$ 的 160bits 的素因子。

g：$g = h^{((p-1)/q)} \mod p$，h 满足 $h < p-1$，$h^{((p-1)/q)} \mod p > 1$。

x：$x < q$，x 为私钥。

y：$y = g^x \mod p$，(p, q, g, y) 为公钥。

$H(x)$：One-Way Hash 函数。DSS 中选用 SHA（Secure Hash Algorithm）。

p, q, g 可由一组用户共享，但在实际应用中，使用公共模数可能会带来一定的威胁。签名及验证协议如下：

（1）p 产生随机数 k，$k < q$。

（2）p 计算 $r = (g^k \mod p) \mod q$

$s = (k^{(-1)}(H(m)+xr)) \mod q$

签名结果是 (m, r, s)。

（3）验证时计算 $w = s^{(-1)} \mod q$

$u1 = (H(m) * w) \mod q$

$u2 = (r * w) \mod q$

$v = ((g^{u1} * y^{u2}) \mod p) \mod q$

若 $v = r$，则认为签名有效。

DSA 是基于整数有限域离散对数难题的，其安全性与 RSA 相比差不多。DSA 的一个重要特点是两个素数公开，这样，当使用别人的 p 和 q 时，即使不知道私钥，也能确认它们是否是随机产生的，还是做了手脚。RSA 算法却做不到。

四、线路加密技术

（一）线路加密常见形式

链路安全保护措施主要是链路加密设备，如各种链路加密机。它对所有用户数据一起加密，用户数据通过通信线路送到另一节点后立即解密。加密后的数据不能进行路由交换。因此，在加密后的数据不需要进行路由交换的情况下，如 DDN 直通专线用户就可以选择路由加密设备。

一般线路加密产品主要用于电话网、DDN、专线、卫星点对点通信环境，它包括异步线路密码机和同步线路密码机。异步线路密码机主要用于电话网，同步线路密码机则可用于许多专线环境。

（二）线路加密的工作原理

在数据传输加密过程中，收发双方线路密码机使用的是相同的密码算法，注入了相同的密钥，发方向收方发出明文，经密码机变成密文后送上公网通信线路，到达收方后先经密码机解密再送到收方计算机上。密文在公用通信网上传输时，如果被截收，窃密方收到的是不可懂的乱码，无法窃取信息内容。

（三）线路加密的应用

1. 电话/传真加密机

电话/传真加密机适用于各种公用有线电话线路，由于其自身的加密系统，使其具有较强的线路适应能力、较高的发送速度，传送话音清晰，确保发送传真的质量和速度，不能影响电话和传真机的正常运作。主要用途有线电话通话加密、传真机传真加密、电话会议加密等。

2. 帧中继加密机

帧中继无带宽流量控制，利用率更高，具有费用低、效率高的特点，并且帧中继线路还有很强的扩展能力，当用户的数据传输量增加的时候，不需要更改线路的带宽和增加新的设备，在一定的范围内，帧中继线路能够根据数据量的大小自动调节所需要的数据带宽。

3. ATM 加密机

异步传输模式（Asynchronous Transfer Mode，ATM），又叫信息元中继。ATM 采用面向连接的交换方式，它以信元为单位，每个信元长 53 字节，其中报头占了 5 字节。信息元中继（cellrelay）的一种标准的（ITU）实施方案，这是一种采用具有固定长度的分组（信息元）的交换技术。之所以称其为异步，是因为来自某一用户的、含有信息的信息元的重复出现不是周期性的。ATM 是一种面向连接的技术，是一种为支持宽带综合业务网而专门开发的新技术，它与现在的电路交换无任何衔接。当发送端想要和接收端通信时，它通过 UNI 发送一个要求建立连接的控制信号，接收端通过网络收到该控制信号并同意建立连接后，一个虚拟线路就会被建立。

4. DDN 加密机

数字数据网（DDN）与帧中继不同之处只是在于带宽流量控制，DDN 增加了控制算法，可以通过软件方式控制网络带宽和分配流量，这就让视频文件传输的带宽得到最大程度的保证，但是 DDN 的费用也是比较高的。

5. ISDN 密码机

ISDN 俗称"一线通"，适用于 ISDN 网络用户线路，它对用户线路的 B 信道信息实施加密。ISDN 线路加密机接入用户线路后，不影响用户的正常通信，对用户来说全透明，用户所有的终端操作不变。

ISDN 线路加密机的每一路 B 信道一个会话密钥，即 B 信道单独加密，不影响 ISDN 网络的灵活性。采用身份鉴别机制进一步增强了该机的安全性能。

ISDN 线路加密机提供 ISDN 基本速率接口 BRI 的信息加密，用于端对端、LAN 到 LAN 等应用中的安全数据传输。

【思考与练习】

1. 加密技术包括哪两个元素？

2. 常用的密码运算模式有哪些？

第三十九章 二次系统安全防护的规划、设计

模块 1 调度中心二次系统安全防护方案（GYZD00603001）

【模块描述】本模块介绍调度中心二次系统安全防护的方案和原则。通过要点归纳，熟悉调度中心二次系统安全防护的总体方案、逻辑结构及安全防护的原则。

【正文】

一、调度中心二次系统安全防护介绍

调度中心二次系统主要包括能量管理系统、广域相量测量系统、电网动态监控系统、继电保护和故障录波信息管理系统、电能量计量系统、电力市场运营系统、调度员培训模拟系统、水库调度自动化系统、调度生产管理系统、雷电监测系统和电力调度数据网络等，根据安全分区原则，结合调度中心应用系统和功能模块的特点，将各功能模块分别置于控制区、非控制区和管理信息大区。调度中心二次系统安全分区划分见表 GYZD00603001-1。

表 GYZD00603001-1　　　　调度中心二次系统安全分区划分

业务系统	控制区	非控制区	管理信息大区
能量管理系统	EMS		Web 发布
广域相量测量系统	采集、实时数据处理、分析等		Web 发布
安全自动控制系统	安控系统主站端		
通信监控系统	通信监控信息采集、监视		
调度数据网网络管理及安全告警系统	网管、安全告警		
继电保护和故障信息管理系统	继电保护远方修改定值、远方投退等	故障录波信息管理模块，继电保护信息管理（无远方设置功能）	Web 发布
电力市场运营系统	在线安全稳定校核	交易、结算、考核内网报价	外网报价、公众信息发布
调度员培训模拟系统（DTS）		调度员培训模拟	
电能量计量系统		电能量采集、处理	
水库调度自动化系统		水调采集、处理	
电网动态监控系统	在线监控、稳定计算等		
电力市场监管信息系统			向电力市场监管系统发布有关信息
调度生产管理系统			数据平台、应用系统（早报、日报等）
雷电监测系统			采集、处理
气象/卫星云图系统			接收、处理
图像监控系统			接收、处理
调度信息发布			Web 服务
办公自动化			MIS、OA
电力调度数据网络	实时子网	非实时子网	
AVC 系统	自动无功控制		
备份系统	生产控制大区备份系统		

根据总体方案要求，结合调度中心二次系统的安全分区和安全区域边界条件，确定调度中心二次系统安全防护的总体逻辑结构如图 GYZD00603001-1 所示。

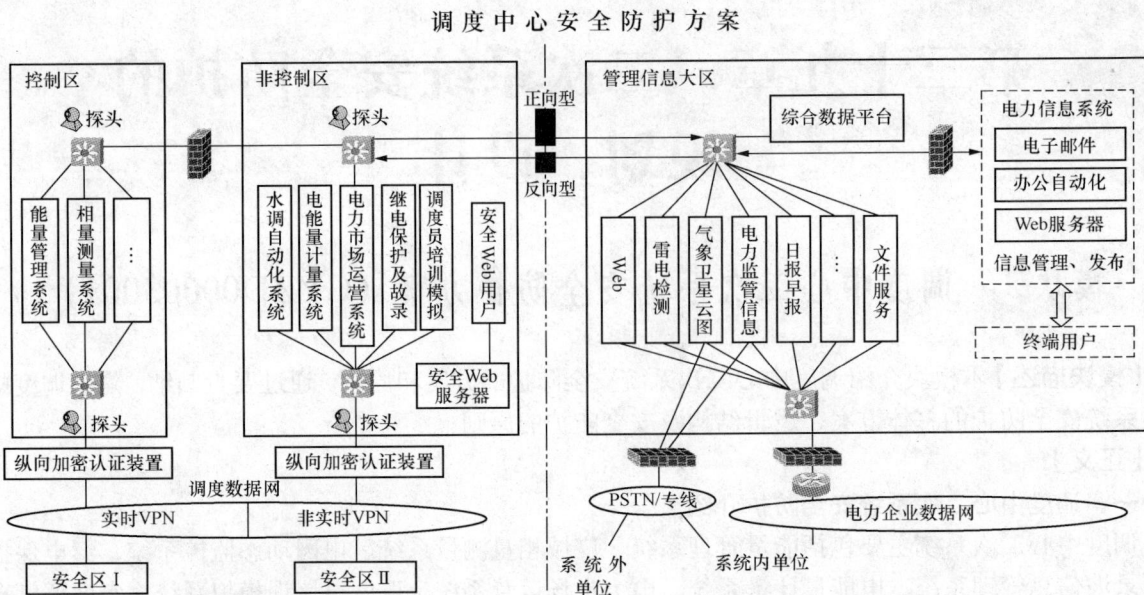

图 GYZD00603001-1　调度中心二次系统安全防护的总体逻辑结构

二、调度中心二次系统安全防护原则

（1）调度中心的安全区域之间可以采用链式、三角形或星形结构。各安全区均分别配置了前端交换机和后端交换机，总体结构清晰，是调度中心二次系统安全防护的典型模式。也可根据具体情况，合并前端交换机和后端交换机，便于区内各业务系统或功能模块之间的数据交换。

（2）调度中心安全防护的基本措施是结构调整，结构调整的重点是生产控制大区中业务系统原有 Web 功能和数据的外移。可根据具体情况在管理信息大区或非控制区中配置综合数据平台或数据交换平台，平台规模以实用为宜。

（3）调度中心应当具有病毒防护、入侵检测、安全审计和安全管理平台等安全防护手段，提高电力二次系统整体安全防护能力。生产控制大区的安全管理平台不应当与管理信息大区的安全管理平台互联。

（4）调度中心应用 IEC 61970《能量管理系统应用程序接口（EMS-API）》，应依据本方案的原则，将 IEC 61970 规定的功能模块适当地置于各安全区中，从而实现国际标准与我国电力二次系统安全防护的有机结合。

（5）省级以上调度中心应该建立电力调度数字证书系统，负责所辖调度范围及下级调度机构的电力调度数字证书的颁发、维护和管理。能量管理系统和电力市场运营系统应当逐步采用数字证书技术实现加密认证机制。

（6）小型县调的安全防护措施可以根据具体情况进行简化，对生产控制大区可不再细分，重点保护监控系统，相当于只有控制区，与厂站端数据通信的纵向边界可采用简单有效的数据加密等安全防护措施。

（7）不同地区的地、县级调度中心在规模和业务系统的配置上具有很大的差别，在安全工程具体实施时可以根据应用系统实际情况，确定安全实施方案，并报上级调度中心审核。

（8）地、县级调度中心安全防护的基本措施是结构调整，结构调整的重点是生产控制大区中业务系统原有 Web 功能和数据的外移。县级以上调度中心应当具有病毒防护措施，地区和大型新建 SCADA、AVC 等具有控制功能的业务系统应当支持电力调度数字证书实现加密认证。

（9）县调自动化、配网自动化、负荷管理系统与被控对象之间的数据通信可采用县级专用数据网络，不具备专网条件的也可采用公用通信网络，但必须采取数据加密等有效安全防护措施。县级专用数据网络可以采用多种通信方式，如光纤通信、一点多址微波、无线电通信、电力线载波、屏蔽层载波等；不具备专网条件的可采用公用通信网络，如 GPRS、CDMA、TD-SCDMA、ADSL 和无线局域网等，应当采取安全防护措施，并禁止与电力调度数据网互联。

【思考与练习】

1. 调度中心电力二次系统如何进行安全区划分？
2. 省级调度中心与地、县调安全防护的差异有哪些？

模块 2 变电站二次系统安全防护方案（GYZD00603002）

【模块描述】本模块介绍变电站二次系统安全防护方案。通过要点归纳，熟悉变电站二次系统安全风险，掌握变电站二次系统安全防护的目标、分区原则及其方案。

【正文】

一、变电站二次系统安全防护方案风险分析

一些变电站在规划、设计、建设及运行控制系统和数据网络时，对网络安全问题重视不够，过度强调一体化，过度强调资源共享，使得具有实时控制功能的监控系统，在没有进行有效安全防护的情况下与当地的信息系统互联，甚至与因特网直接互联，存在严重的安全隐患。除此之外，还存在采用线路搭接等手段对传输的电力控制信息进行窃听或篡改，进而对电力一次设备进行非法破坏性操作的威胁，最终造成站控层网络瘫痪、主计算机瘫痪、前置单元瘫痪、网络瘫痪、主计算机瘫痪等风险结果。

二、变电站二次系统安全防护目标

变电站二次系统的防护目标是抵御黑客、病毒、恶意代码等通过各种形式对变电站二次系统发起的恶意破坏和攻击，以及其他非法操作，防止变电站二次系统瘫痪和失控，并由此导致的变电站一次系统事故。

三、变电站安全防护分区原则

变电站监控系统主要包括变电站自动化系统、"五防"系统、继电保护装置、安全自动装置、故障录波装置和电能量采集装置等；换流站还包括阀控系统及站间协调控制系统等，有人值班变电站还有生产管理系统等；集控站还包括对受控变电站的监控系统等。变电站自动化系统按结构可分为分层分布式（站、间隔、设备三层）或全分布式（站、设备两层）。

按变电站的电压等级、规模、重要程度的不同以及变电站运行模式（有人值班模式或无人值班少人值守模式或无人值守模式）差别，变电站二次系统的安全区划分应该根据实际情况而定。

220kV 及以上变电站内安全分区如表 GYZD00603002-1 所示。

表 GYZD00603002-1　　　　　　220kV 及以上变电站内安全分区

序号	业务系统或设备	控 制 区	非 控 制 区	管理信息大区
1	变电站自动化系统	变电站自动化系统		
2	变电站微机五防系统	变电站微机"五防"系统		
3	广域相量测量装置	广域相量测量装置		
4	电能量采集装置		电能量采集装置	
5	继电保护	继电保护装置及管理终端（有设置功能）	继电保护管理终端（无设置功能）	
6	故障录波		故障录波子站端	
7	安全自动控制子系统	安全自动控制装置		
8	集控站的集控功能	集控站的集控功能		
9	生产管理系统			生产管理系统

注　110kV 以下变电站二次系统对生产控制大区不再进行细分，相当于只有控制区。

四、变电站安全防护方案

变电站自动化系统的技术发展应该遵循 IEC 61850 系列标准的要求，但实施 IEC 61850 时必须坚持合理划分安全区域的原则，将 IEC 61850 规定的功能模块恰当地置于各安全区域之中，从而实现国

际标准与安全防护的有机统一。

对于 220kV 以上的变电站二次系统，应该在变电站层面构造控制区和非控制区。将故障录波装置和电能量采集装置置于非控制区；对继电保护管理终端，具有远方设置功能的应置于控制区，否则可以置于非控制区。

对于 110kV 以下的变电站二次系统，其生产控制大区可以不再细分，可将各业务系统和装置均置于控制区，其中在控制区中的故障录波装置和电能量采集装置可以通过调度数据网或拨号方式将录波数据及计量数据传输到上级调度中心。

当采用专用通道和专用协议进行非网络方式的数据传输时，可暂不采取安全防护措施。

厂站的远方视频监视系统应当相对独立，不能影响监控系统功能。

变电站二次系统安全防护方案产品部署示意如图 GYZD00603002-1 所示。

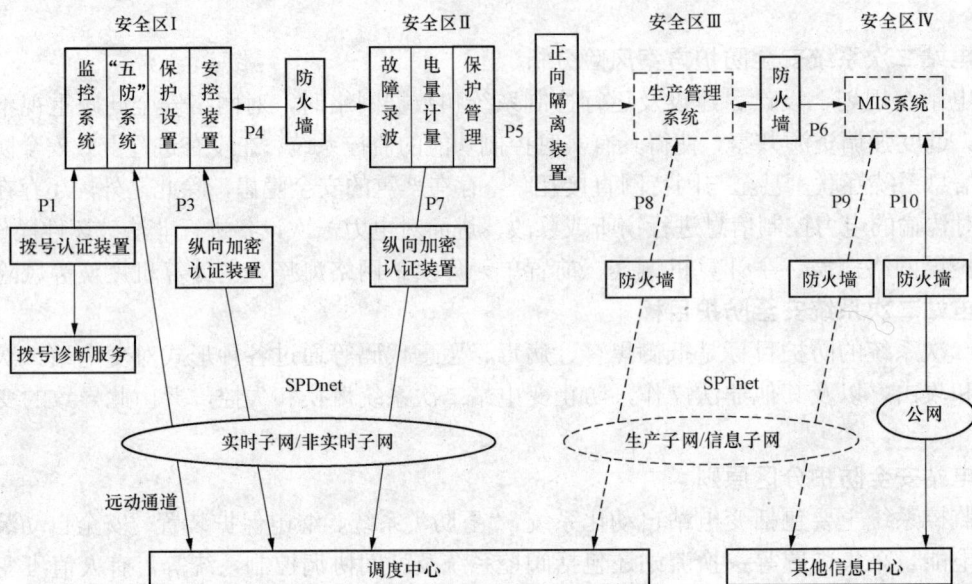

图 GYZD00603002-1 变电站二次系统安全防护方案产品部署示意图

【思考与练习】

1．变电站二次系统安全防护的目标是什么？

2．变电站二次系统安全分区如何划分？

模块 3 调度数据网络二次系统安全防护方案（GYZD00603003）

【模块描述】本模块介绍调度数据网络二次系统安全防护方案。通过要点归纳和原理介绍，了解调度数据网络的应用现状，熟悉调度数据网上常用设备及其工作原理，掌握调度数据网络二次系统安全防护方案。

【正文】

一、调度数据网络应用现状

1．各级调度数据网边界

各级调度数据网互联存在以下边界：骨干网与区域数据网，骨干网与三级网，三级网与四级网。互联边界防护要求：在边界网络设备上，采用访问控制（ACL）功能，严格控制穿越各级数据网边界的业务报文，提高网络互联的安全性。

2．调度数据网与业务系统边界

采用严格的接入控制措施，保证业务系统的接入是可信的，只有经过授权的节点才能接入数据网，使用数据网进行广域网通信。如接入设备的 ACL 功能，控制通信方式与通信业务类型，保证业务通信报文的合法性。

二、调度数据网络安全防护方案

各电力二次系统安全区的外部边界网络之间的安全防护隔离强度应该和所连接的安全区之间的安全防护隔离强度相匹配。

电力调度数据网是为生产控制大区服务的专用数据网络，承载电力实时控制、在线生产交易等业务。安全区的外部边界网络之间的安全防护隔离强度应该和所连接的安全区之间的安全防护隔离强度相匹配。

电力调度数据网应当在专用通道上使用独立的网络设备组网，采用基于 SDH/PDH 的不同通道、不同光波长、不同纤芯等方式，在物理层面上实现与电力企业其他数据网及外部公共信息网的安全隔离。

电力调度数据网划分为逻辑隔离的实时子网和非实时子网，分别连接控制区和非控制区。子网之间逻辑隔离，可采用 MPLS-VPN 技术、安全隧道技术、PVC 技术、静态路由等构造子网。电力调度数据网应当采用以下安全防护措施：

1. 网络路由防护

按照电力调度管理体系及数据网络技术规范，采用虚拟专网技术，将电力调度数据网分割为逻辑上相对独立的实时子网和非实时子网，分别对应控制业务和非控制生产业务，保证实时业务的封闭性和高等级的网络服务质量。

2. 网络边界防护

应当采用严格的接入控制措施，保证业务系统接入的可信性。经过授权的节点允许接入电力调度数据网，进行广域网通信。

数据网络与业务系统边界采用必要的访问控制措施，对通信方式与通信业务类型进行控制。在生产控制大区与电力调度数据网的纵向交接处应当采取相应的安全隔离、加密、认证等防护措施。对于实时控制等重要业务，应该通过纵向加密认证装置或加密认证网关接入调度数据网。

3. 网络设备的安全配置

网络设备的安全配置包括关闭或限定网络服务、避免使用默认路由、关闭网络边界 OSPF 路由功能、采用安全增强的 SNMPv2 及以上版本的网管协议、设置受信任的网络地址范围、记录设备日志、设置高强度的密码、开启访问控制列表、封闭空闲的网络端口等。

4. 数据网络安全的分层分区设置

电力调度数据网采用安全分层分区设置的原则。省级以上调度中心和网调以上直调厂站节点构成调度数据网骨干网（简称骨干网）。省调、地调和县调及省、地直调厂站节点构成省级调度数据网（简称省网）。

县调和配网内部生产控制大区专用节点构成县级专用数据网。县调自动化、配网自动化、负荷管理系统与被控对象之间的数据通信可采用专用数据网络，不具备专网条件的也可采用公用通信网络（不包括因特网），且必须采取安全防护措施。

各层面的数据网络之间应该通过路由限制措施进行安全隔离。当县调或配调内部采用公用通信网时，禁止与调度数据网互联。保证网络故障和安全事件限制在局部区域之内。

三、调度数据网上常用设备

1. 路由器

所谓路由就是指通过相互连接的网络把信息从源地点移动到目标地点的活动。一般来说，在路由过程中，信息至少会经过一个或多个中间节点。路由器通过路由决定数据的转发，转发策略称为路由选择（routing），这也是路由器名称的由来（router，转发者）。作为不同网络之间互相连接的枢纽，路由器系统构成了基于 TCP/IP 的国际互联网络 Internet 的主体脉络，也可以说，路由器构成了 Internet 的骨架。它的处理速度是网络通信的主要瓶颈之一，它的可靠性则直接影响着网络互联的质量。

路由器用于连接多个逻辑上分开的网络，所谓逻辑网络是代表一个单独的网络或者一个子网。当数据从一个子网传输到另一个子网时，可通过路由器来完成。因此，路由器具有判断网络地址和选择路径的功能，它能在多网络互联环境中，建立灵活的连接，可用完全不同的数据分组和介质访问方法连接各种子网，路由器只接受源站或其他路由器的信息，属网络层的一种互联设备。它不关心各子网使用的硬件设备，但要求运行与网络层协议相一致的软件。路由器分本地路由器和远程路由器，本地路由器用来连接网络传输介质，如光纤、同轴电缆、双绞线；远程路由器用来连接远程传输介质，并要求相应的设备，如电话线要配调制解调器，无线要通过无线接收机、发射机。

路由器工作原理如下：

（1）工作站 A 将工作站 B 的 IP 地址 IP_B 连同数据信息以数据帧的形式发送给路由器 1。

（2）路由器 1 收到工作站 A 的数据帧后，先从报头中取出地址 IP_B，并根据路径表计算出发往工作站 B 的最佳路径：R1→R2→R5→B。并将数据帧发往路由器 2。

（3）路由器 2 重复路由器 1 的工作，并将数据帧转发给路由器 5。

（4）路由器 5 同样取出目的地址，发现 IP_B 就在该路由器所连接的网段上，于是将该数据帧直接交给工作站 B。

（5）工作站 B 收到工作站 A 的数据帧，一次通信过程宣告结束。

2. 交换机

交换（switching）是按照通信两端传输信息的需要，用人工或设备自动完成的方法，把要传输的信息送到符合要求的相应路由上的技术统称。广义的交换机（switch）就是一种在通信系统中完成信息交换功能的设备。

交换机拥有一条很高带宽的背部总线和内部交换矩阵。交换机的所有的端口都挂接在这条背部总线上，控制电路收到数据包以后，处理端口会查找内存中的地址对照表以确定目的 MAC（网卡的硬件地址）的 NIC（网卡）挂接在哪个端口上，通过内部交换矩阵迅速将数据包传送到目的端口，目的 MAC 若不存在才广播到所有的端口，接收端口回应后交换机会"学习"新的地址，并把它添加入内部 MAC 地址表中。

使用交换机也可以把网络"分段"，通过对照 MAC 地址表，交换机只允许必要的网络流量通过交换机。通过交换机的过滤和转发，可以有效地隔离广播风暴，减少误包和错包的出现，避免共享冲突。

总之，交换机是一种基于 MAC 地址识别，能完成封装转发数据包功能的网络设备。交换机可以"学习"MAC 地址，并把其存放在内部地址表中，通过在数据帧的始发者和目标接收者之间建立临时的交换路径，使数据帧直接由源地址到达目的地址。

3. 防火墙

所谓防火墙指的是一个由软件和硬件设备组合而成，在内部网和外部网之间、专用网与公共网之间的界面上构造的保护屏障。这是一种获取安全性方法的形象说法，它是一种计算机硬件和软件的结合，使 Internet 与 Intranet 之间建立起一个安全网关（security gateway），从而保护内部网免受非法用户的侵入。防火墙主要由服务访问规则、验证工具、包过滤和应用网关 4 个部分组成。

防火墙对流经它的网络通信进行扫描，这样能够过滤掉一些攻击，以免其在目标计算机上被执行。防火墙还可以关闭不使用的端口。而且它还能禁止特定端口的流出通信，封锁特洛伊木马。最后，它可以禁止来自特殊站点的访问，从而防止来自不明入侵者的所有通信。

4. 电力专用纵向加密认证网关

（1）应用说明。纵向加密认证装置用于生产控制大区的广域网边界防护，具有两种装置应用形态：加密认证装置及加密认证网关。加密认证网关除具有加密认证装置的全部功能外，还应具有应用层报文内容的识别功能。其作用之一是为本地生产控制大区提供一个网络屏障，具有类似包过滤防火墙的功能；作用之二是为网关机之间的广域网通信提供认证与加密功能，实现数据传输的机密性、完整性保护。

（2）安全功能要求。纵向加密认证装置之间支持基于数字证书的认证；对传输的数据通过数据签名与加密进行数据真实性、机密性、完整性保护；数据加密算法须采用国家有关部门指定的电力专用加密算法。

性能要求：适应电力调度业务与网络特性，满足调度数据通信要求。

【思考与练习】

1．电力调度数据网上常用的设备有哪些？

2．调度数据网络的安全防护方案是什么？

第四十章　二次系统安全防护设备安装调试

模块 1　访问控制列表的配置命令（GYZD00604001）

【模块描述】 本模块介绍常用的访问控制列表的配置命令。通过功能描述，掌握报警命令、ARP 命令和策略路由命令等常用的访问控制列表的配置命令。

【正文】

常用的访问控制列表的配置命令包括报警命令、ARP 命令和策略路由命令等。

一、报警命令

1. alert-config local-syslog

alert-config local-syslog 命令用于修改本地 SYSLOG 报警策略。系统缺省设置为记录所有安全等级的事件。命令为 **alert-config local-syslog** internal level {any | none | *secure_level*} type {*type_name* | any | none}，语法见表 GYZD00604001-1。

表 GYZD00604001-1　　　　　　　　alert-config local-syslog 语法

internal	本地特殊策略名称，在本命令中表示本地 SYSLOG 策略
level	表示设置事件的安全等级
any | none	any 表示设置所有安全等级；none 表示不设置安全等级
secure_level	事件的安全等级列表，如 LOG_ALERT、LOG_ERR，格式为 WORD<1-128>
type_name	模块类型列表，如 LOG_SYSTEM、LOG_MANAGE、LOG_ACCESS、LOG_APPLICATION

2. alert-config snmp-trap

alert-config snmp-trap 命令用于添加 SNMP Trap 报警策略。配置成功后，防火墙将事件发送给指定的 SNMP 客户终端。命令为 **alert-config snmp-trap** *alert_name* {v1 | v2c} *trap_address1*，*trap_address2*... [{v1 | v2c} *trap_address1*，*trap_address2*...] level {any | none | *secure_level*} type {*type_name* | any | none}，语法见表 GYZD00604001-2。

表 GYZD00604001-2　　　　　　　　alert-config snmp-trap 语法

alert_name	策略名称，格式为 WORD<1-15>
v1 | v2c	v1 为版本 1，表示使用 v1 版本格式发送事件；v2c 为版本 2，表示使用 v2c 版本格式发送事件
trap_address	v1 或 v2c 的接收地址列表，格式为×.×.×.×，最多可以配置 32 个 Trap 服务器地址
level	表示设置事件的安全等级
any | none	any 表示设置所有安全等级；none 表示不设置安全等级
secure_level	事件的安全等级列表，如 LOG_ALERT、LOG_ERR，格式为 WORD<1-128>
type_name	模块类型列表，如 LOG_SYSTEM、LOG_MANAGE、LOG_ACCESS、LOG_APPLICATION
any | none	any 表示设置所有模块的类型；none 表示不设置模块的类型

3. alert-config syslog

alert-config syslog 命令用于添加 SYSLOG 报警策略。配置成功后，防火墙将事件发送给指定的

SYSLOG 服务器。命令为 **alert-config syslog** *alert_name* **server** *ip_address port* **level** {any | none | *secure_level*}{simple | full} **type** {*type_name* | any | none}，语法见表 GYZD00604001-3。

表 GYZD00604001-3　　　　　　　　　　　**alert-config syslog** 语法

alert_name	策略名称，格式为 WORD<1-15>
ip_address	SYSLOG 服务器的 IP 地址，格式为 ×.×.×.×
port	SYSLOG 服务器的端口，格式为 INTEGER<1-65535>
level	表示设置事件的安全等级
any | none	any 表示设置所有安全等级；none 表示不设置安全等级
secure_level	事件的安全等级列表，如 LOG_ALERT、LOG_ERR，格式为 WORD<1-128>
simple | full	事件输出格式，simple 为部分输出，表示部分输出头事件；full 为完整输出，表示将整条事件完整的输出，包括事件头和事件内容
type_name	模块类型列表，如 LOG_SYSTEM、LOG_MANAGE、LOG_ACCESS、LOG_APPLICATION
Any | none	any 表示设置所有模块的类型；none 表示不设置模块的类型

4. show alert-config

show alert-config 命令用于显示报警策略，命令为 **show alert-config** [*alert_name*]。

5. show alert-config local-syslog

show alert-config local-syslog 命令用于显示本地 SYSLOG 报警策略，命令为 **show alert-config local-syslog**。

6. show alert-config mail

show alert-config mail 命令用于显示所有的邮件报警策略，命令为 **show alert-config mail**。

7. show alert-config snmp-trap

show alert-config snmp-trap 命令用于显示所有的 SNMP Trap 报警策略，命令为 **show alert-config snmp-trap**。

8. show alert-config syslog

show alert-config syslog 命令用于显示所有的 SYSLOG 报警策略，命令为 **show alert-config syslog**。

9. unset alert-config

unset alert-config 命令用于删除报警策略，命令为 **unset alert-config** [*alert_name*]。

二、ARP 命令

（1）ARP 命令在特定接口上添加静态或代理 ARP（地址解析协议）表项，命令为 **arp [proxy]** {**vlan | ethernet | channel** } *interface_id ip_address mac_address*，语法见表 GYZD00604001-4。

表 GYZD00604001-4　　　　　　　　　　　ARP 命令语法（一）

proxy	可选关键字，表示添加 ARP 代理类型的表项
vlan | ethernet | channel	vlan 为 VLAN 接口；ethernet 为以太网接口；channel 为以太网通道
interface_id	接口标识。①如果设置为 vlan 类型，*interface_id* 的格式为 INTEGER<1-1023>。②如果设置为 ethernet 类型，*interface_id* 的格式为 WORD<1-6>。③如果设置为 channel 类型，*interface_id* 的格式为 INTEGER<0-7>
ip_address	IP 地址，格式为 ×.×.×.×
mac_address	MAC 地址，格式为 HH:HH:HH:HH:HH:HH

（2）使用 **arp timeout** 命令在指定接口上设置动态 ARP 表项的超时值，命令为 **arp** {**vlan | ethernet | channel** } *interface_id* **timeout** {*timeout_value* | **default**}，语法见表 GYZD00604001-5。

表 GYZD00604001-5   ARP 命令语法（二）

vlan | ethernet | channel	vlan 为 VLAN 接口；ethernet 为以太网接口；channel 为以太网通道
interface_id	接口标识。 （1）如果设置为 vlan 类型，*interface_id* 的格式为 INTEGER<1-1023>。 （2）如果设置为 ethernet 类型，*interface_id* 的格式为 WORD<1-6>。 （3）如果设置为 channel 类型，*interface_id* 的格式为 INTEGER<0-7>
timeout	表示动态 ARP 表条目的超时时间
timeout_value	超时时间值，单位为秒，格式为 INTEGER<3-30000>
default	缺省值为 14400s

（3）使用 **show arp** 命令显示当前系统所有的 ARP 表项，命令为 **show arp** [{**vlan** | **ethernet** | **channel** } *interface_id*]，语法见表 GYZD00604001-6。

表 GYZD00604001-6   ARP 命令语法（三）

vlan | ethernet |channel	vlan 为 VLAN 接口；ethernet 为以太网接口；channel 为以太网通道
interface_id	接口标识。 （1）如果设置为 vlan 类型， interface_id 的格式为 INTEGER<1-1023>。 （2）如果设置为 ethernet 类型， interface_id 的格式为 WORD<1-6>。 （3）如果设置为 channel 类型， interface_id 的格式为 INTEGER<0-7>

（4）使用 **show arp dynamic** 命令显示动态 ARP 表项，命令为 **show arp dynamic**。

（5）使用 **show arp proxy** 命令显示代理 ARP 表项，命令为 **show arp proxy**，相关语法见表 GYZD00604001-7。

表 GYZD00604001-7   相 关 命 令 语 法

命令名称	描述信息	命令名称	描述信息
arp	设置 ARP 表项	**unset arp proxy**	删除所有代理 ARP 表项

（6）使用 **show arp static** 命令显示静态 ARP 表项，命令为 **show arp static**，相关命令语法见表 GYZD00604001-8。

表 GYZD00604001-8   相 关 命 令 语 法

命令名称	描述信息	命令名称	描述信息
arp	添加静态或代理 ARP 表项	**unset arp static vlan，ethernet，channel**	删除指定接口中的静态 ARP 表项
unset arp static	删除静态 ARP 表项		

（7）使用 **show arp timeout** 命令显示所有接口的 ARP 表项的超时值，命令为 **show arp timeout**。

（8）使用 **unset arp dynamic** 命令删除所有动态 ARP 表项，命令为 **unset arp** dynamic [*ip_address*]。

（9）使用 **unset arp proxy** 命令删除所有代理 ARP 表项，命令为 **unset arp proxy** [*ip_address*]。

（10）使用 **unset arp static** 命令删除所有静态 ARP 表项，命令为 **unset arp** static [*ip_address*]。

三、策略路由命令

（1）**matching** 命令用于为策略路由添加策略条件。配置成功后，如果数据包满足该策略路由所有的策略条件，则进入此策略路由的路由表查找相匹配的路由。命令为 **matching** {**sip** *start_ipaddress* [*end_ipaddress*] | **protocol** {**icmp** *type* | {**tcp** | **udp**} *start_port* [*end_port*] | **other** *start_typenum* [*end_typenum*]} | **tos** *tos_type* | **input-interface** *interface_name*}，语法见表 GYZD00604001-9。

表 GYZD00604001-9   语 法

sip	表示源 IP 地址
start_ipaddress	源 IP 地址的起始地址，格式为 ×.×.×.×
end_ipaddress	源 IP 地址的终止地址，格式为 ×.×.×.×

续表

sip	表示源 IP 地址
type	ICMP 协议类型，设置个数为 1，可以设置为 ECHO_and_ECHOREPLY、DEST_UNREACH、SOURCE_QUENCH、REDIRECT、ROUTER_ADVERTISEMENT、ROUTER_SOLICITATION、TIME_EXCEEDED、PARAMETERPROB、TIMESTAMP_and_TIMESTAMPREPLY、INFO_REQUEST_and_INFO_REPLY、ADDRESS_and_ADDRESSREPLY。Any 表示上述协议类型中的任意一种类型
start_port	起始端口，格式为 INTEGER<1-65535>
end_port	终止端口，格式为 INTEGER<1-65535>
start_typenum	起始协议号，格式为 INTEGER<1-255>

（2）使用 **policy route** 添加策略路由，命令为 **policy route** *policy_id* [**number** *pri*]。

（3）使用 **route** 命令为缺省路由表和策略路由的路由表添加静态路由。配置成功后，与该静态路由相匹配的数据包发送到该静态路由指定的设备，命令为 **route** {**default** | *ip_address netmask*} {**interface** *interface_name* [**gateway** *nexthop*] | **gateway** *nexthop* [**interface** *interface_name*]} [*metric*]，语法见表 GYZD00604001-10。

表 GYZD00604001-10　　　　　　　　语　法　表

default	默认路由，表示目的 IP 地址和子网掩码均为 0.0.0.0
ip_address	目的 IP 地址，格式为 ×.×.×.×
netmask	子网掩码，格式为 ×.×.×.×
interface_name	三层接口名称，格式为 WORD<1-16>
nexthop	下一跳 IP 地址，格式为 ×.×.×.×
metric	路由度量值，格式为 INTEGER<1-255>，缺省值为 1

（4）使用 **show policy route** 命令来显示策略路由配置信息，命令为 **show policy route** [*policy_id*]。

（5）使用 **unset matching** 命令来删除策略路由，命令为 **unset policy route** [*policy_id*]。

（6）使用 **unset route** 命令来删除静态路由，命令为 **unset route** {**default** | ip_address netmask} [**interface** *interface_name* [**gateway** *nexthop*] |**gateway** *nexthop* [**interface** *interface_name*]]，语法见表 GYZD00604001-11。

表 GYZD00604001-11　　　　　　　　语　　法

default	默认路由，表示目的 IP 地址和子网掩码均为 0.0.0.0
ip_address	目的 IP 地址，格式为 ×.×.×.×
netmask	子网掩码，格式为 ×.×.×.×
interface_name	三层接口名称，格式为 WORD<1-16>
nexthop	下一跳 IP 地址，格式为 ×.×.×.×

【思考与练习】

1．show alert-config 命令实现的功能是什么？

2．show arp 命令实现的功能是什么？

模块 2　主机加固措施（GYZD00604002）

【模块描述】 本模块介绍主机加固的措施。通过方法介绍，掌握常用的主机系统加固的方法。

【正文】

一、系统版本与补丁

Windows 主机或 UNIX 类主机的操作系统都应安装最新的系统补丁。

注意：系统的补丁应由相应的厂商提供。在给生产系统主机打补丁之前，应进行测试，防止有问题的补丁给系统带来安全隐患。

二、账号安全设置

（1）清除无用账号。检查系统账号，清除无用的账号。如禁用或删除 Windows 的 Guest 账号，禁用或删除 UNIX 系统中的 IP 账号等。

（2）清除无口令账号。检查系统所有可用账号的口令设置，如果为空则增加初始口令。

（3）审查有管理员权限的账号。检查拥有管理员权限的账号，Windows 中的 Administrator 账号和 UNIX 中的 Root 账号，可考虑给管理员账号改名。UNIX 中 UID 为 0 的账号应只有一个。

（4）审查用户组权限的设置。检查 Windows 系统 Administrators 组中的用户，检查 UNIX 系统 sys 或 adm 组中的用户。确保组中的用户应的确是管理员。

注意：Windows 系统中的 everyone 组只应该出现在必要的地方。对系统中其他应用的组权限也应进行检查。

（5）清除账号不需要的权限。检查用户的账号权限，不使其权限超出用户工作必需的权限范围。

（6）对多次登录失败的账号应禁用。

三、用户安全设置

1. 设置用户口令策略

设置用户口令的最长有效期、最短有效期、最小长度、最多重复次数，以及口令的最小长度与复杂度等设置。

具体设置项根据操作系统的不同而定，设定的参数应符合单位的口令安全策略。

2. 检查用户口令强度

使用口令破解工具检查口令的强度。管理员的口令不应在其他地方重复使用。

3. 用户登录环境的安全设置

检查 UNIX 用户登录环境的设置，注意在 PATH 中不能有 "."。根据用户数据的保密情况，设定 umask，（022、007 或 077 等）。设定 ulimit 限制用户可使用的系统资源。

4. 设定非活动用户的超时功能

Windows 系统和 UNIX 的 X window 环境应设定带口令的屏保。

UNIX 系统中，在/etc/profile 文件中设定 logoff 值。

四、文件系统安全设置

1. 系统采用安全的磁盘格式

在 Windows 系统中应使用 NTFS 磁盘格式。

2. 重要系统命令执行权限的设置

检查 UNIX 系统中 setuid 和 setgid 的设置，清除不必要的 setuid 和 setgid 设置。

3. 重要数据文件和目录的权限设置

检查重要数据文件和目录对所有者、同组用户、其他组用户和匿名用户的读、写、执行等权限设置。

4. 取消不必要的目录共享和管理共享

取消 Windows 系统的共享目录和共享管理。取消 UNIX 系统的 NFS 共享。

如果必须共享，则加强对共享目录的安全管理，如限制访问的用户、只允许读操作等。

5. 检查无明确属性的目录和文件

在 UNIX 系统中，执行类似 find / \(-nouser -o -nogroup \) –ls 的命令。

五、最小系统服务设置

1. 停止系统不必要的服务

Windows 环境：Remote Registry 服务、Messenger 服务、Task Scheduler 服务、TCP/IP NetBIOS 服务等。

UNIX 环境：shell、kshell、login、klogin、exec、comsat、uucp、bootps、finger、routed、gated、dhcpcd、dhcpsd、dhcprd、autoconf6、ndpd-host、ndpd-router、lpd、named、timed、xntpd、rwhod、snmp、dpid2、mrouted、sendmail、nfsd 等。

2. 对不安全网络服务进行替换

在网络管理中经常使用 telnet、ftp、rlogin、远程桌面管理等服务，这些服务都存在严重的安全隐患，应尽量避免使用。建议安装 ssh 服务来代替上述服务。

3. 对不安全网络服务的增强加固

如必须使用 telnet、ftp 和 rlogin 等服务，首先要禁止 root 等特权账号直接使用这些服务。如必须用 root 等特权账号身份进行管理维护，则要先用普通用户登录，再通过 su 命令变为特权用户。其次，对 telnet、ftp 和 rlogin 等服务的设置还需要单独进行安全加固。

六、系统日志与审计环境

（1）启用系统的审计日志功能。确保系统的日志服务为启动状态，检查日志存放位置的设置正确，日志文件的大小符合安全策略的要求。

（2）对日志文件的保护。限制对日志文件的读写权限，特别是不允许任何用户对日志有写权限。在条件允许的情况下，应使用 syslog 将日志保存到专门的日志服务器上。

（3）对系统参数的其他调整加固。

（4）启用系统自带的安全功能。如 Windows 自带的防火墙，IP 筛选等功能。

（5）禁止堆栈溢出。修改 UNIX 系统的核心参数，禁止堆栈溢出。

七、其他必要的系统调整

1. 制作系统快照

安装类似 tripwire 等安全管理工具，给系统做快照，并定期进行检查，以及时发现异常的系统修改。

2. 对已加固系统进行再次扫描检查

在完成主机加固后，应用漏洞扫描工具对主机再次进行一次扫描，以确定安全设置已经生效，并检查是否还存在未发现的系统漏洞。

注意：漏洞扫描工具可能会对某些服务造成不良影响，如让服务掉线等。

【思考与练习】

1. 设置用户口令策略是什么？

2. 账号安全设置包括哪些内容？

模块 3 防火墙配置和调试方法（GYZD00604003）

【模块描述】本模块介绍防火墙的配置和调试方法。通过方法介绍和要点归纳，掌握初始配置和管理防火墙的方法，熟悉防火墙四种配置方式。

【正文】

一、初始配置

用户首次开机后需要对防火墙进行初始配置。初始配置过程将完成防火墙的网络配置，使根系统管理员可以远程访问和配置防火墙。

依照以下配置步骤完成防火墙的初始配置：终端提示和终端信息用 monospace 字体显示；CLI 命令和用户输入信息用 monospace bold 字体显示；用户配置变量使用斜体并括在< >中显示，如<192.168.1.100>。

通过串口连接防火墙进行在 CLI 界面下的初始配置用户必须通过串口控制台来完成初始配置，完成初始配置后可不再使用控制台。用户可以选用任何兼容标准 VT100 的终端或模拟终端，并进行如下配置：波特率为 9600，数据位为 8，奇偶校验位为无，停止位为 1。当完成了初始配置并将防火墙加入到用户网络中，管理用户还需要对防火墙做后续配置（如安全域的划分、安全规则的添加等）。除了通过串口连接的 CLI 配置方法以外，还包括以下三种网络配置方式：WebUI 配置方式、基于 SSH 协议的 CLI 配置方式和基于 TELNET 协议的 CLI 配置方式。

（一）WebUI 配置方式

防火墙的 WebUI 配置方式是管理主机通过 HTTPS 协议连接防火墙进行配置的一种方式，管理数据是加密的，增强了防火墙管理配置的安全性。在通过网络连接防火墙进行 WebUI 方式的配置之前，需要确认以下几点：

（1）管理主机和防火墙之间的网络已经正确连接。

（2）防火墙上的 WebUI 配置方式已经被启用。

（3）防火墙上已经配置了相应 WebUI 配置方式的访问控制规则。

（4）管理主机的浏览器必须是以下几种浏览器之一：Microsoft Internet Explorer（6.0 SP2 或以上版本）、Mozilla Firefox（2.0 或以上版本）、Opera（9.2 或以上版本）、Netscape Communicator（9.0 或以上版本）。

（5）具体的登录过程如下：

1）在管理主机上运行 Internet Explorer，输入 URL:https://192.168.1.100，将出现一个安全警报。安全警报如图 GYZD00604003-1 所示。

2）单击"是（Y）"，进入防火墙的登录界面，如图 GYZD00604003-2 所示。

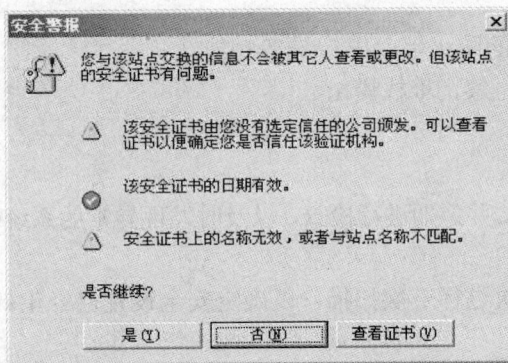

图 GYZD00604003-1　安全警报

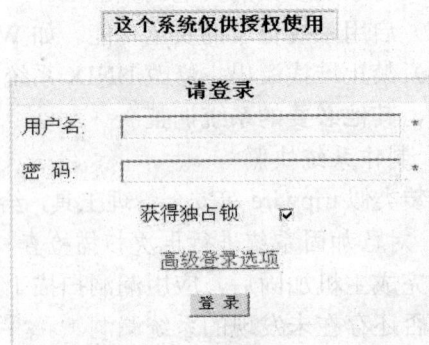

图 GYZD00604003-2　登录界面

3）输入用户名和密码，单击登录。

（二）基于 SSH 协议的 CLI 配置方式

在通过 SSH 协议连接防火墙进行 CLI 方式的配置之前，需要确认以下几点：

（1）管理主机和防火墙之间的网络已经正确连接。

（2）防火墙上的 SSH 配置方式已经被启用。

（3）防火墙上已经配置了相应 SSH 配置方式的访问控制规则。

（4）管理主机已经安装了 SSH 客户端程序。

（三）基于 TELNET 协议的 CLI 配置方式

在通过 TELNET 协议连接防火墙进行 CLI 方式的配置之前，需要确认以下几点：

（1）管理主机和防火墙之间的网络已经正确连接。

（2）防火墙上的 TELNET 配置方式已经被启用。

（3）防火墙上已经配置了相应 TELNET 配置方式的访问控制规则。

（4）管理主机已经安装了 TELNET 客户端程序。

二、管理

下面介绍如何使用 Web 界面（WebUI）或命令行界面（CLI）来管理防火墙，同时介绍各种管理功能。

（1）系统监控 WebUI 是一个基于 Web 的接口。用户可通过它在任何被授权的位置来管理 NetEye 系统。WebUI 与 NetEye 操作系统集成在一起，可被使用浏览器的客户端所访问。

（2）在浏览器的地址输入区域，输入防火墙的管理 IP 地址，进入用户登录界面。

（3）用户通过管理 IP 地址远程访问和管理防火墙。该地址可由用户设定其详细信息和配置方法。

（4）根据提示，输入用户名和口令，登录到防火墙管理界面，即可通过 WebUI 管理防火墙。第一次登录防火墙时，用户需要输入用户名"root"和口令"Neusoft"，退出 WebUI。在 WebUI 会话中，如果用户完成了任务，或者想重新登录发起一个新的会话，可通过单击 WebUI 窗口顶端的退出，退出 WebUI。

1. WebUI 导航

WebUI 界面分为界面标题区、菜单区和配置区。图 GYZD00604003-3 所示为 WebUI 布局结构。

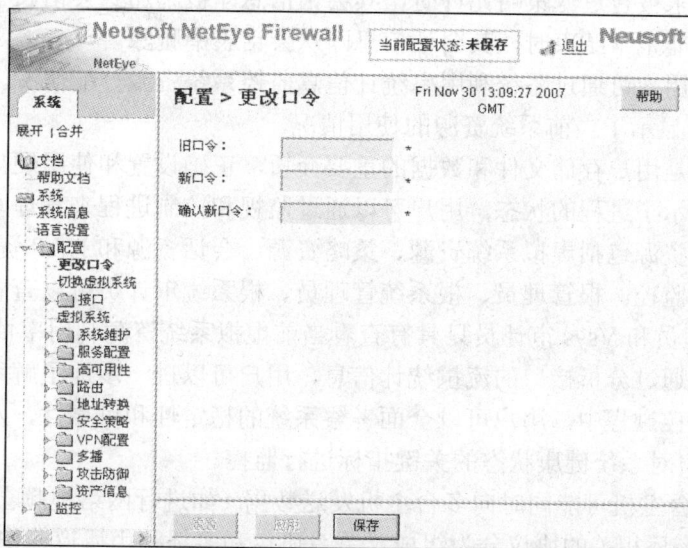

图 GYZD00604003-3　WebUI 布局结构

2. 系统监控

下面介绍如何对 IPSO 防火墙安全操作系统平台进行监控，用户可以通过 Network Voyager 对防火墙的各方面进行监控，以更好地维护系统性能和安全性。

（1）接口监控。IPSO 可以监控各个接口的流量信息。用户可利用接口监控信息优化网络性能，解决网络流量阻塞的问题。

从工作模式上，防火墙接口分为二层接口和三层接口。二层接口是基于数据链路层的数据转发接口，只识别 MAC 地址，可以转发广播包。三层接口是基于网络层的接口，能够识别 IP 地址和 MAC 地址。

（2）HA 监控。高可用性（High Availability）提供了一种最小化网络中由于单点故障而带来的风险的方法。

（3）路由监控。路由器的主要工作是为经过它的每个数据包寻找下一跳路由器或目的主机，并把这些数据包转发过去。为了完成这项工作，每个路由器中都维护着数据包转发所需的相关信息，这些信息组成的表称为路由表。

（4）ARP 表。地址解析协议（ARP）是一种用于将网络层 IP 地址解析成数据链路层 MAC 地址的协议。IPSO 的 ARP 表是一个用来进行三层转发的缓存表。表中的 IP 地址与 VLAN 接口（或虚拟系统的共享接口）的 MAC 地址是一一对应的。

（5）CAM 表。IPSO 的 CAM 表是 MAC 地址、VLAN ID 和二层接口的映射表。

CAM 表中的 CAM 表项类型主要有以下几种：

1）自身型。MAC 地址为 VLAN 接口的 MAC 地址的 CAM 表项。

2）静态型。用户可以将接口的 MAC 地址和 VLAN ID 手动添加到 CAM 表中，不会自动删除。

3）动态型。IPSO 根据数据帧的 VLAN ID 和目的 MAC 地址查询 CAM 表，如果找不到对应的 CAM 表项，则向该 VLAN 内所有接口（不包括该接收接口）转发该数据帧，IPSO 会把该数据帧的源 MAC 地址提取出来。根据 VLAN ID 和源 MAC 地址查询 CAM 表，看 CAM 表中是否有针对源 MAC 地址的表项。如果没有，则把源 MAC 地址、VLAN ID 和接收数据帧的接口绑定起来，作为一个 CAM 表项插入 CAM 表。

4）多播型。在 VLAN 内分发多播数据包时使用该类型。多播型对应的接口是一个二层接口表，表示多播数据包应从这些二层接口复制输出。

（6）会话表。IPSO-VN 通过会话表来记录允许被转发数据包的会话信息，包括源安全域、目的安全域、会话状态、源 IP 地址、目的 IP 地址、源端口、目的端口、协议、会话创建时间、会话持续时间。当一个新的会话请求被包过滤策略允许时，其会话信息即被添加到会话表中。当会话正常结束或由于状态超时导致会话非正常结束时，其会话信息即从会话表中删除。

（7）系统利用率。用户可通过系统利用率统计信息监控系统资源分配情况。

CPU 和内存利用率显示了当前系统资源的使用情况。

硬盘利用率，硬盘是用户存储文件和数据的重要介质，正确设置和使用硬盘可以提高其利用率。

进程利用率部分显示了进程的状态。用户可以通过监视和控制进程来管理 CPU 和内存资源。

资源利用率，系统资源包括虚拟系统资源、策略资源、会话资源和 NAT 资源。IPSO 允许用户对系统资源的利用率进行监控。根管理员、根系统管理员、根系统审计员可以查看到整个防火墙的资源利用率情况，Vsys 管理员和 Vsys 审计员只具有查看当前虚拟系统资源利用率情况的权限。

（8）系统健康度。通过分析接口的流量统计信息，用户可以进一步地了解系统的健康状态，发现系统的故障隐患。在监控过程中，用户可以全面考察系统的稳定性和可靠性，及时发现系统瓶颈或隐患。IPSO-VN 允许用户对系统健康状态的关键指标进行监控。

（9）多播监控。一台主机可能同时向多台主机发送数据（如进行网络视频会议），这一过程则称为多播（或者组播）。与多播相关的协议分为组成员关系协议和多播路由协议，IPSO 支持组成员关系协议 IGMP、IGMP Snooping 和多播路由协议 DVMRP。

（10）硬件监控。用户可以通过硬件监控功能，对 IPSO 的系统状态（如风扇、温度、电压等）以及插槽状态的运行情况进行监控，以便及时对硬件异常情况做出响应和处理。

系统状态包括系统风扇、系统温度以及系统电压状态三个方面。IPSO 允许用户对系统状态进行监控。

（11）系统日志。事件是系统运行状态的实时反映。当发生事件时，防火墙可以产生系统日志，并记录当时的状态。IPSO 既可以将系统日志存储于本地存储介质上，允许用户通过 Neteye Network Voyager 或 CLI 进行本地审计，同时也可以按照报警策略将系统日志转换为不同格式的数据载体（即 Syslog、E-mail 和 SNMP Trap 格式），发送给远程服务器，供用户进行网络审计。

（12）VPN 隧道信息。虚拟专用网（VPN）提供了一种在公共网络上实现网络安全保密通信的方法。通过基于共享的 IP 网络，IPSO 为用户远程访问外部网或内部网提供了安全而稳定的 VPN 隧道。

IPSO 支持对自动密钥 VPN 隧道、手动密钥 VPN 隧道、加密卡状态以及软件加密统计四个方面的监控功能。

【思考与练习】

1．对防火墙的配置方式有几种？

2．如何使用 WebUI 配置方式配置防火墙？

模块 4　物理隔离设备配置方法（GYZD00604004）

【模块描述】本模块介绍物理隔离设备的配置方法。通过方法介绍，掌握正向型和反向型物理隔离设备的 GUI 工作界面及使用方法。

【正文】

一、物理隔离设备（正向型）的 GUI 方式

规则管理工具（GUI）是物理隔离设备的专用配套程序。该管理器具有界面友好、直观、功能齐全、通俗易懂等特点，可以运行于 Microsoft Windows9X/Me/2000/XP 环境下。

下面介绍 GUI 管理器使用说明。

（一）登录界面

登录界面如图 GYZD00604004-1 所示。

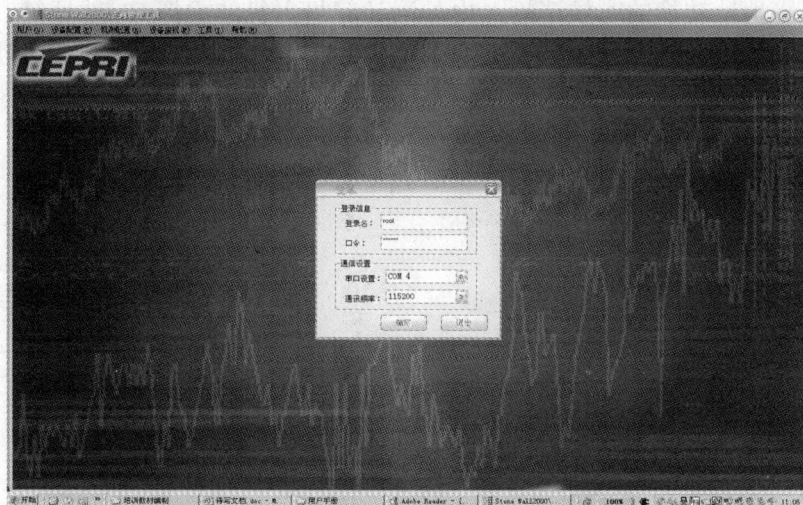

图 GYZD00604004-1　登录界面

在启动物理隔离设备（正向型）管理器时，将首先出现登录界面（包括管理员的名字、密码默认值等），应在登录之后尽快修改密码，以防他人盗用。

（二）主界面

主界面如图 GYZD00604004-2 所示。

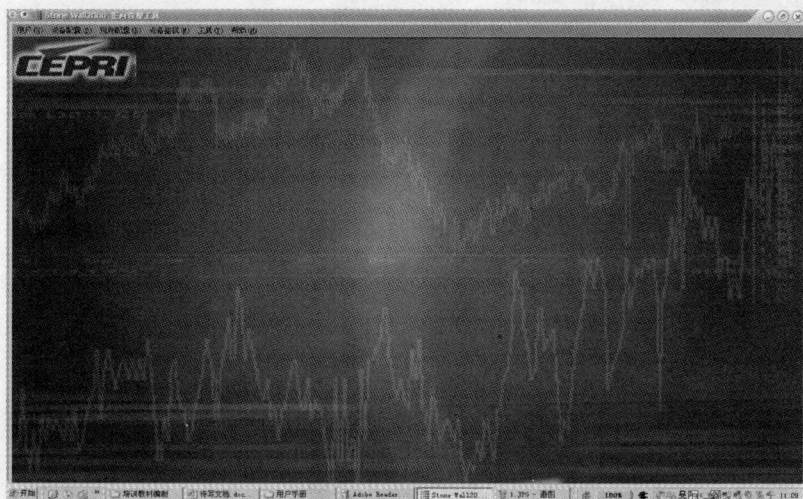

图 GYZD00604004-2　主界面

（三）工具

在菜单选项中，单击"工具"选项，将出现"隔离设备调试工具"选项，可以用来测试隔离设备与网络的连接是否正常。

网络调试工具界面如图 GYZD00604004-3 所示。

"命令"提供了 ifconfig 和 ping 命令。这两个命令都是 UNIX/LINUX 下常用的调试网络的命令。因为隔离设备本身没有 IP 地址，如果想使用 ping 命令来 ping 网络里的某一台主机，那么要先使用 ifconfig 命令为隔离设备的网卡配置上一个 IP 地址，具体使用方法就是：选中 ifconfig 命令，在"参数"里输入要配置的 IP 地址，然后点击"发送"按钮。

（四）规则配置

单击菜单选项里的"规则配置"，将出现规则管理选项：在 GUI 管理器中，在"规则管理"

界面内要求输入通过该隔离设备进行通信的两台主机的 IP 地址、MAC 地址、端口号，以及规则名称、通信协议、是否对 TCP 连接方向控制、是否对数据流向控制、IP 地址和 MAC 地址是否绑定、需要进行网络地址转换的时候请输入内外网计算机主机的虚拟 IP 地址等。上述的这些信息都需要用户在充分了解要进行隔离的两个网络的拓扑结构和具体的数据通信应用业务的情况下进行填写。

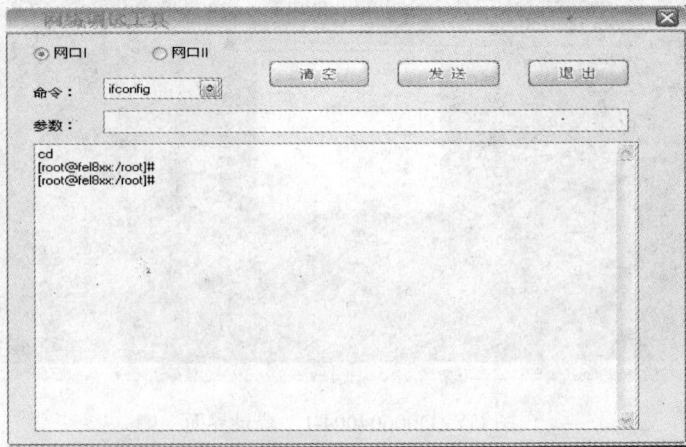

图 GYZD00604004-3　网络调试工具界面

规则管理界面如图 GYZD00604004-4 所示。

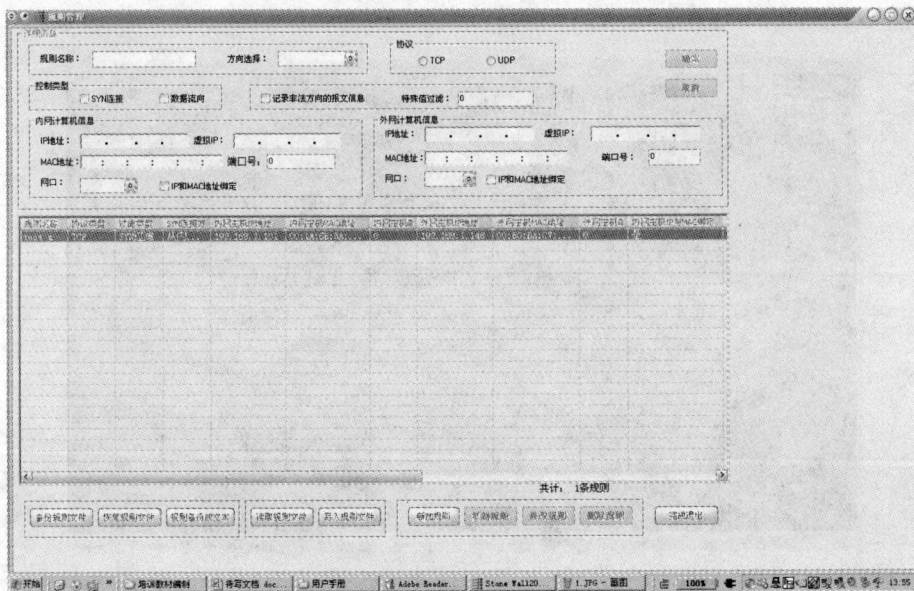

图 GYZD00604004-4　规则管理界面

通过规则管理界面，可以进行以下工作：

添加规则：添加一条新的过滤规则。

修改规则：修改选定的过滤规则。

复制规则：复制一条选定的过滤规则并粘贴到规则表的末端。

删除规则：删除选定的规则。

读取规则文件：从隔离设备上读取存储在设备上的规则配置文件。

写入规则文件：将当前规则表的内容写入存储在隔离设备上的规则配置文件中。

备份规则文件：将当前规则表的内容存储为在管理主机上的备份文件，扩展名为.rbf。

恢复规则文件：读取存储于管理主机上的备份文件并覆盖当前的规则表里的内容。

二、物理隔离设备(反向型)GUI 管理器使用说明

因反向型物理隔离设备的基本配置与正向型物理隔离设备的配置基本一致，这里就不再复述，只讲述差别的地方。

(一)日志信息查看

分别将设备的串口接到内网或者外网的串口上，登录设备后，可以分别插入串口进行对日志内容的读取。

日志浏览界面如图 GYZD00604004-5 所示。

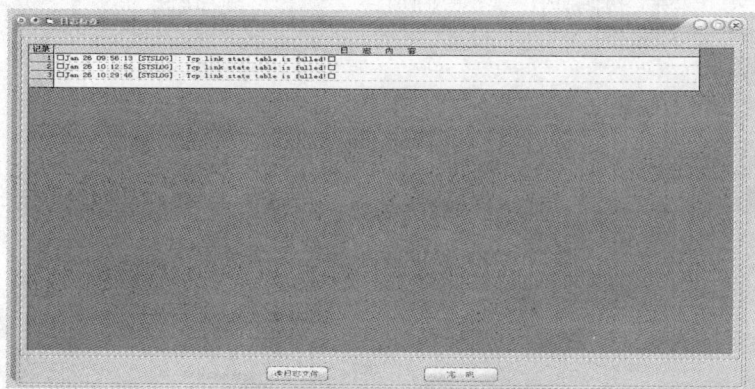

图 GYZD00604004-5　日志浏览界面

(二)规则配置

单击菜单选项里的"规则配置"，将出现规则管理界面，如图 GYZD00604004-6 所示。

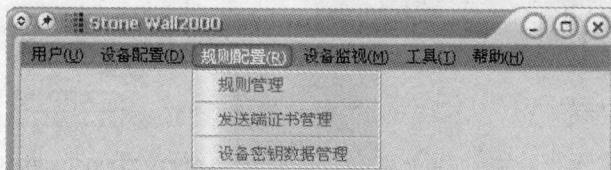

图 GYZD00604004-6　规则管理界面

规则配置包括规则管理、发送端证书管理和设备密钥数据管理三个选项。

在 GUI 管理器中，在"规则管理"界面内要求输入通过该隔离设备进行通信的两台主机的 IP 地址、MAC 地址、端口号，以及规则名称、通信协议、是否对 TCP 连接方向控制、是否对数据流向控制、IP 地址和 MAC 地址是否绑定、需要进行网络地址转换的时候请输入内外网计算机主机的虚拟 IP 地址等。上述的这些信息都需要用户在充分了解要进行隔离的两个网络的拓扑结构和具体的数据通信应用业务的情况下进行填写。

1. 规则管理

采用表格形式的视图界面和规则新建、修改功能于一身。选中在表格中的规则后，在对应的规则位置就会出现规则的各种参数，可以改变各种参数的设置。详细内容可以参考正向隔离设备的规则配置，注意方向选择为"从外到内"。

规则配置界面如图 GYZD00604004-7 所示。

2. 发送端证书管理

单击"规则配置/发送端证书管理"，出现发送端证书管理菜单，如图 GYZD00604004-8 所示。

导入发送软件的证书到设备中，需要填写的是发送端软件的 IP 地址、发送端证书名称。然后按发送端证书的存储路径导入证书文件。

发送端证书管理界面如图 GYZD00604004-9 所示。

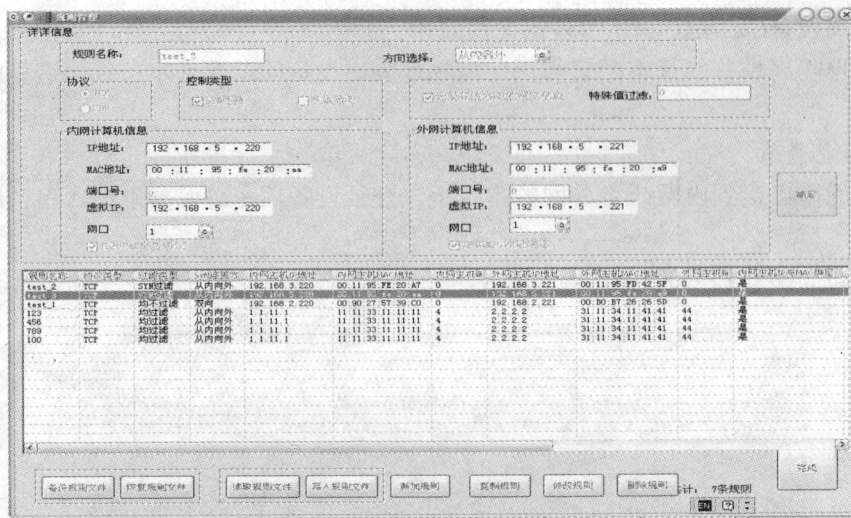

图 GYZD00604004-7　规则配置界面

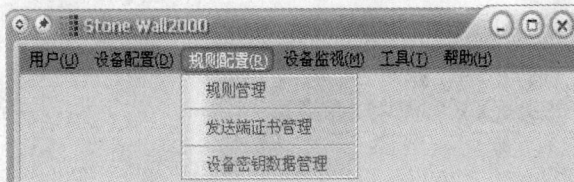

图 GYZD00604004-8　发送端证书管理菜单

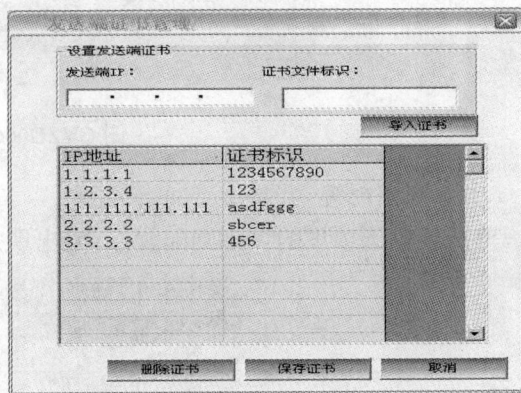

图 GYZD00604004-9　发送端证书管理界面

3. 设备密钥数据管理

单击"规则配置/设备密钥数据管理",出现设备密钥管理菜单,如图 GYZD00604004-10 所示。对设备自己的密钥进行管理,设备密钥管理界面如图 GYZD00604004-11 所示。

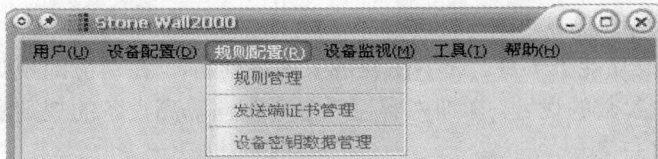

图 GYZD00604004-10　设备密钥管理菜单

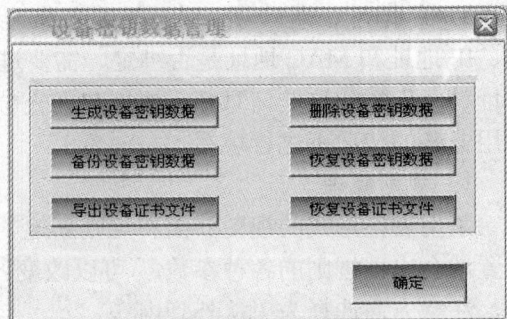

图 GYZD00604004-11　设备密钥管理界面

(1)生成设备的密钥数据。设备将生成带私钥的证书,这个证书是格式为 p12 的证书文件。这个文件是隔离设备本身和文件发送端隧道协商和隧道建立的关键文件、必需文件。

单击后,会返回密钥生成与否。

(2)删除设备的密钥数据。删除设备上的设备证书文件,将设备上带私钥的证书文件删除,可以将已经存在的设备证书删除,设备中就没有密钥文件了。

单击后,会返回密钥删除是否成功。

（3）备份设备的密钥数据。将设备上已经存在的设备证书文件（带私钥的 p12 文件）备份到 PC 机或者管理终端上。

（4）恢复设备的密钥数据。将备份的设备证书文件(带私钥的 p12 文件)恢复到隔离设备中。

（5）导出设备证书文件。将隔离设备的证书文件（不带私钥），导出到 PC 机或者管理终端上，这个文件将分发给文件发送端软件，作为加密的密钥。

（6）恢复设备证书文件。将设备的证书文件（不带私钥）恢复到设备中。

（三）本地基本信息配置

设备配置菜单如图 GYZD00604004-12 所示。

单击"设备配置/设备基本配置"，出现设备基本配置界面，如图 GYZD00604004-13 所示。

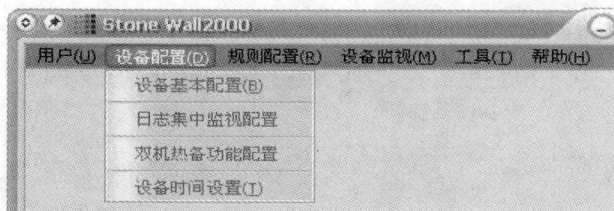

图 GYZD00604004-12　设备配置菜单

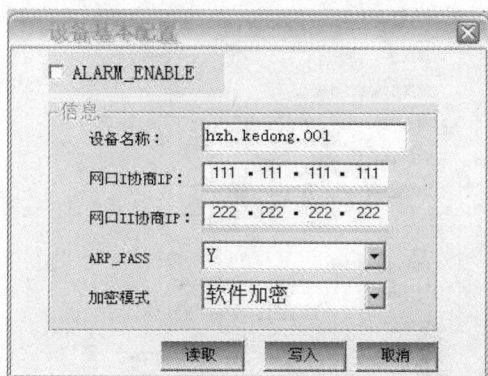

图 GYZD00604004-13　设备基本配置界面

设备名称：可以为本地物理隔离设备(反向型)配置一个名称。

网口协商 IP：为了和发送端软件进行协商会话密钥和密文通信，必须为该设备的网口提供一个可以进行协商的 IP 地址，这个地址是虚拟的 IP 地址，只是进行隧道的协商和隧道的建立，而不会有其他作用。

隔离设备网口 ETH0 和 ETH1 的选择：

ARP_PASS：ARP 解析地址是否通过，选择 Y 是通过，N 是不通过。

加密模式：软件加密还是加密卡加密的选择。

配置成功后，要将配置信息写入设备，才能使配置信息起作用。

（四）日志集中监视配置

物理隔离设备均支持标准的日志集中管理功能的各项接口。

日志集中监视配置菜单如图 GYZD00604004-14 所示。

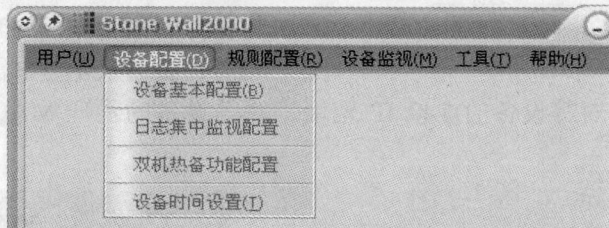

图 GYZD00604004-14　日志集中监视配置菜单

网络安全产品集中监视管理系统可以集中展现各物理隔离设备运行工况、配置信息、日志信息、报警信息等并综合利用，以便于系统维护，保证系统安全稳定运行。

物理隔离设备采用 UDP 协议向外发送日志，不接收任何返回。日志接收服务器的 IP 和端口、物理隔离设备用的虚拟 IP 等配制信息由物理隔离设备管理工具本地进行配置。

配置内容如下：

（1）给物理隔离设备配置一个虚拟的 IP 地址，作为发送日志信息的源 IP 地址，并且配置物理隔离设备的一个发送端口号码。

（2）配置隔离设备的输出日志信息的网卡，隔离设备网口 ETH0 和 ETH1 的选择。

（3）配置网络安全产品集中监视管理系统的一些信息，如目的地址和目的物理地址（MAC）。

必须写入配置信息文件到"物理隔离设备"中，重新启动隔离设备后，配置集中日志管理信息才能生效。

日志集中监视配置界面如图 GYZD00604004-15 所示。

（五）双机热备功能

双机热备菜单如图 GYZD00604004-16 所示。

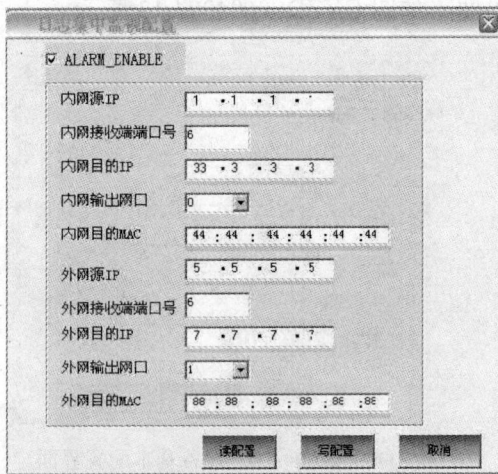

图 GYZD00604004-15 日志集中监视配置界面

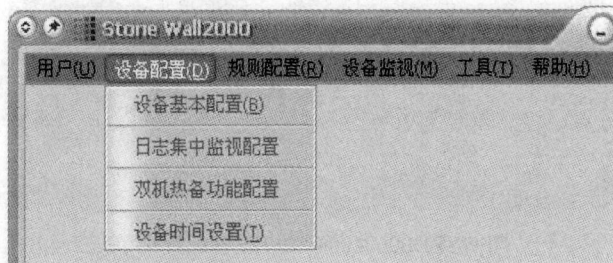

图 GYZD00604004-16 双机热备菜单

双机热备有软件的热备模式和设备的热备模式两种热备实现方式。

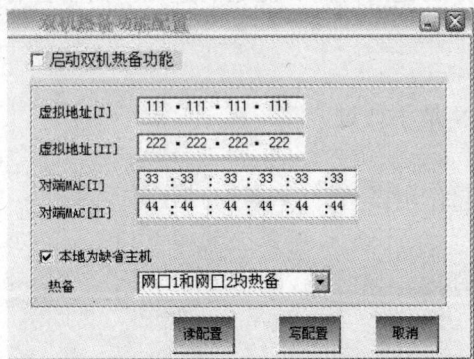

图 GYZD00604004-17 双机热备界面

（1）软件的热备模式。在软件的发送端，启动文件传输任务后，如果某个传输文件的任务失败或者异常，可以通过软件任务的备份功能自动启动相同的任务，发送文件。

（2）设备的热备模式。不用专门的心跳线，就能实现双机热备功能。

双机的工作模式：在管理器中配置双机的参数，在重新启动反向隔离设备之后，双机的配置和工作模式生效。

双机热备界面如图 GYZD00604004-17 所示。

在"隔离设备管理器"中需要配置的信息有本地的双机热备功能是否开启、对等设备的虚拟 IP 地址、对等设备的物理 MAC 地址、本地设备是否为主设备。

（六）实时连接状态显示

单击"设备监视/实时连接状态显示"，出现实时连接状态显示菜单，如图 GYZD00604004-18 所示。

通过实时连接状态显示可以查看隔离设备两端网络里的主机之间已经建立起来的 TCP 连接，如图 GYZD00604004-19 所示。

图 GYZD00604004-18 实时连接状态显示菜单

（七）帮助信息

单击"帮助"菜单，出现帮助信息菜单，如图 GYZD00604004-20 所示。

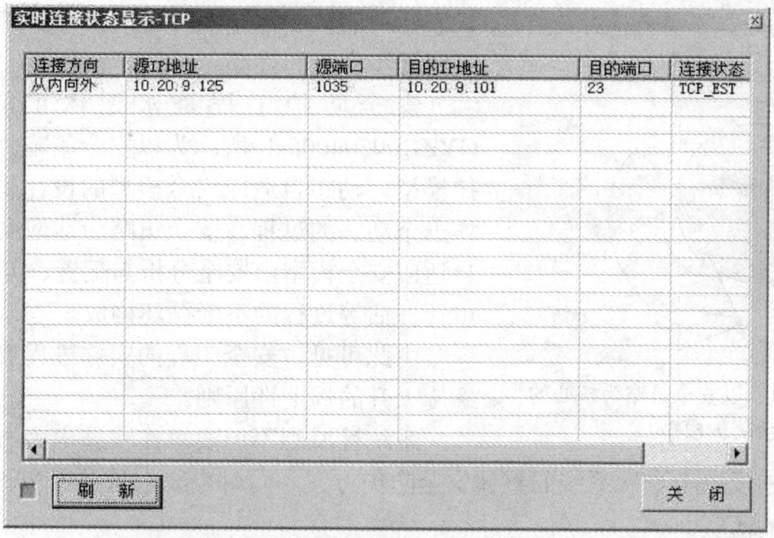

图 GYZD00604004-19 实时连接状态显示界面

图 GYZD00604004-20 帮助信息菜单

【思考与练习】

1. 物理隔离设备有哪几种配置方法？
2. 物理隔离设备中哪种类型的设备需要使用证书？

模块 5 二次系统安全防护策略的制定原则（GYZD00604005）

【模块描述】本模块介绍二次系统安全防护策略的制定原则。通过要点归纳，熟悉二次系统安全防护的适用范围，掌握二次系统安全防护的目标及重点以及基本原则和总体策略。

【正文】

一、安全防护适用范围

安全防护的基本防护原则适用于电力二次系统中各类应用和网络系统，直接适用于与电力生产和输配过程直接相关的计算机监控系统及调度数据网络。电力通信系统、电力信息系统可参照电力二次系统安全防护总体方案制定具体安全防护方案。其中，计算机监控系统包括各级电网能量管理系统、变电站自动化系统、换流站计算机监控系统、发电厂计算机监控系统、配电网自动化系统、微机保护和安全自动装置、水调自动化系统和水电梯级调度自动化系统、电能量计量系统、电力市场运营系统等；调度数据网络包括各级电力调度专用广域数据网络、用于远程维护及电能量计费等的拨号网络、各计算机监控系统内部的本地局域网络等。

二、安全防护的目标及重点

电力二次系统安全防护的重点是抵御黑客、病毒等通过各种形式对系统发起的恶意破坏和攻击，能够抵御集团式攻击，重点保护电力实时闭环监控系统及调度数据网络的安全，防止由此引起电力系统故障。

安全防护目标是防止通过外部边界发起的攻击和侵入，尤其是防止由攻击导致的一次系统的事故以及二次系统的崩溃；防止未授权用户访问系统或非法获取信息和侵入以及重大的非法操作。

电力二次系统安全防护的特点是具有系统性和动态性。电力二次系统是一个大系统，并且处在不断的变化和发展中，但其安全防护不能违反二次系统安全防护的基本原则。必须指出的是，本方案仅

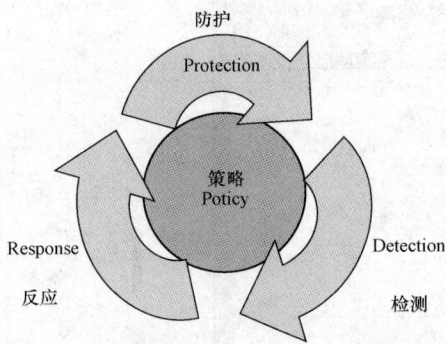

图 GYZD00604005-1　以安全策略为核心的
动态安全防护模型

代表当前的认识水平及目前的具体实施环境，今后将随着实践逐步完善和提高。

安全防护工程是永无休止的动态过程。图 GYZD00604005-1 所示为以安全策略为核心的动态安全防护模型。动态自适应安全模型的设计思想是将安全管理看作一个动态的过程，安全策略应适应网络的动态性。动态自适应安全模型由安全分析与配置、实时监测、报警响应、审计评估等过程的不断循环构成。

由此可见，安全工程的实施过程要注重系统性原则和螺旋上升的周期性原则。

系统性原则不但要求在实施电力二次系统的各子系统的安全防护时不能违反电力二次系统的整体安全防护方案，同时也要求从技术和管理等多个方面共同注重安全防护工作的落实。

螺旋上升的周期性原则表明安全工程的实施过程不是一蹴而就的，而是一个持续的、长期的"攻与防"的矛盾斗争过程。当前具体实施的安全防护措施单独从安全性的角度看并不一定是最优的，但是要确保实施安全防护措施后系统的安全性必须得到加强。

三、电力二次系统安全防护的基本原则

电力二次系统安全防护的基本原则如下：

（1）系统性原则（木桶原理）。

（2）简单性原则。

（3）实时、连续、安全相统一的原则。

（4）需求、风险、代价相平衡的原则。

（5）实用与先进相结合的原则。

（6）方便与安全相统一的原则。

（7）全面防护、突出重点（实时闭环控制部分）的原则。

（8）分层分区、强化边界的原则。

（9）整体规划、分步实施的原则。

（10）责任到人，分级管理，联合防护的原则。

四、电力二次系统安全防护总体策略

1. 电力二次系统的安全防护策略

（1）分区防护、突出重点。根据系统中的业务的重要性和对一次系统的影响程度进行分区，重点保护电力实时控制以及生产业务系统。

（2）所有系统都必须置于相应的安全区内，纳入统一的安全防护方案。不符合总体安全防护方案要求的系统必须整改。

（3）系统的安全区间隔离。控制区与非控制区之间允许采用逻辑隔离。生产控制大区与管理信息大区之间隔离水平必须接近物理隔离。

（4）网络隔离。电力调度数据网与电力企业数据网实现物理隔离，电力调度数据网设置两个相互逻辑隔离的 MPLS-VPN，分别与控制区和非控制区进行连接。

（5）纵向防护。生产控制大区的纵向边界部署纵向认证加密装置。

2. 横向安全隔离装置（正向型）功能

（1）实现两个安全区之间的非网络方式的安全的数据交换，并且保证安全隔离装置内外两个处理系统不同时连通。

（2）表示层与应用层数据完全单向传输，即从管理信息大区到生产控制大区的 TCP 应答禁止携带应用数据。

（3）透明工作方式：虚拟主机 IP 地址、隐藏 MAC 地址。

（4）基于 MAC、IP、传输协议、传输端口以及通信方向的综合报文过滤与访问控制。

（5）支持 NAT。

（6）防止穿透性 TCP 连接：禁止两个应用网关之间直接建立 TCP 连接，隔离装置内外两个网卡在装置内部是非网络连接，且只允许数据单向传输。

（7）具有可定制的应用层解析功能，支持应用层特殊标记识别。

（8）安全、方便的维护管理方式：基于证书的管理人员认证，图形化的管理界面。

3. 横向安全隔离装置（反向型）功能

专用安全隔离装置（反向型）用于从管理信息大区到生产控制大区传递数据，是管理信息大区到生产控制大区的唯一一个数据传递途径。专用安全隔离装置（反向型）集中接收管理信息大区发向生产控制大区的数据，进行签名验证、内容过滤、有效性检查等处理后，转发给生产控制大区内部的接收程序，具体过程如下：

（1）管理信息大区内的数据发送端首先对需要发送的数据签名，然后发给专用安全隔离装置（反向型）。

（2）专用安全隔离装置（反向型）接收数据后，进行签名验证，并对数据进行内容过滤、有效性检查等处理。

（3）将处理过的数据转发给生产控制大区内部的接收程序。

4. 纵向加密认证装置功能

（1）具有应用网关功能，实现应用数据的接收与转发。

（2）具有应用数据内容有效性检查功能。

（3）具有基于数字证书的数据签名/解签名功能。

（4）实现两个安全区之间的非网络方式的安全的数据传递。

（5）支持透明工作方式：虚拟主机 IP 地址、隐藏 MAC 地址。

（6）支持 NAT。

（7）基于 MAC、IP、传输协议、传输端口以及通信方向的综合报文过滤与访问控制。

（8）防止穿透性 TCP 连接。

（9）IP 认证加密装置之间支持基于数字证书的认证。

（10）对传输的数据通过数据签名与加密进行数据真实性、机密性、完整性保护。

（11）支持透明工作方式与网关工作方式。

（12）具有基于 IP、传输协议、应用端口号的综合报文过滤与访问控制功能。

（13）采用 Agent 技术，实现装置之间智能协调，动态调整安全策略。

【思考与练习】

1. 二次系统安全防护的重点及目标是什么？

2. 二次系统安全防护的基本原则是什么？

模块 6　二次系统安全防护的常见管理措施（GYZD00604006）

【模块描述】本模块介绍二次系统安全防护的常见管理措施。通过要点归纳，熟悉实现二次系统安全防护在人员管理、机房管理和设备管理方面的相关规定。

【正文】

一、人员管理

（1）明确各级人员的安全职责，定期检查各级人员安全职责的实施情况。

（2）自动化系统安全防护分区明确，网络设备有专门责任人，定期进行检查并考核。

（3）权限管理：针对不同的电力二次专业系统，对不同的用户实体、不同的使用人员按最小化原则赋予相应的访问权限和操作权限。

（4）口令管理和访问控制管理：操作人员登录进入关键的业务系统，应实施双因子安全访问控制，

GYZD00604006

应持有数字证书和口令；对关键的控制操作应该进行身份认证及操作权限控制。安全负责人对系统超级管理员的登录名及口令严格限定使用范围。用户丢失或遗忘登录名及口令，应该申请新的登录名及口令；用户调离后，应该立即注销其登录名及口令。

（5）存有密钥的 IC 卡和数字证书的管理：设立专职人员使用专用设备对存有密钥的 IC 卡和数字证书进行管理（申请、生成、签发和撤销）；数字证书中的有关信息一旦失效或 IC 卡丢失，应及时注销；IC 卡和数字证书持有人必须妥善保护证书和 IC 卡，不容许转借他人，遗失后必须立即报告，并建立定期更新 IC 卡和数字证书的机制。

（6）安全负责人对于网络安全设备的部署方案、使用办法、使用说明、安全防护实施方案，做好存档工作。专用安全产品、专用安全技术要做好保密工作，防止安全信息泄露。

（7）安全负责人对于网络设备关键的规则备份，密钥文件备份，密码文件的保管要做到安全可靠，不能保存在与二次系统安全防护无关的计算机和其他介质中，防止黑客盗取。

（8）工程实施过程的安全管理：负责人在工程实施时要严格把关，禁止本单位和外单位人员携光盘、移动介质 U 盘接入实时系统。厂家工程人员必须进行调试的，需上报上级调度机构批准并查毒后，方可接入系统。

（9）培训管理：必须定期对各级人员进行电力二次系统安全防护知识的培训，应该形成制度，坚持不懈地进行下去，以保证各项安全措施的认真执行。

（10）应急处理：一旦出现安全事故，必须根据情况立即采取相应的安全应急措施，加强保护、中断对方连接及其他处理措施，并及时向上级调度机构和本地信息安全主管部门报告，保护事故现场，进行事故分析。

（11）恢复维护：当系统遭到破坏时，应当按照预先制定的应急方案实施恢复，采取立即完全恢复、部分恢复或启用备份系统恢复（保护现场）等措施。

（12）联合防护：当某个单位的电力二次系统出现安全事故或遭受病毒或黑客的攻击时，应该及时向上级调度机构报告，并通报有网络连接的相邻单位（有关的调度中心及发电厂和变电站），采取联合防护措施，防止事故的扩大，以保证整个系统的正常运行。

二、机房管理

（1）制定完善的机房管理制度和合理、严格的门禁制度。定期进行机房的安全评估。

（2）杜绝外来设备直接进入设备系统机房，或采用线路搭接等手段进入计算机监控系统。

（3）对机房设备制定有效的安全管理方法。

（4）严格检查进入机房的设备及系统不包含任何安全隐患。

（5）设备、应用及服务的接入管理：在已经建立安全防护体系的电力二次系统中，接入任何新的设备和应用及服务，均必须申请，经过本单位的安全管理员以及本单位安全主管的审查批准后，方可在安全管理员的监督下实施接入。对新接入机房电力调度数据网络的节点、设备和应用系统，需经负责本级电力调度数据网络的调度机构核准，并送上一级电力调度机构备案。

三、设备管理

（1）针对网络安全设备，定期查看网络安全设备的运行状态，及时监视各种告警信息和出错信息，定期进行设备的安全评估。

（2）定期检测网络安全装置的配置，以及涉及的发送接收文件的主机和服务器。

（3）定期备份装置的重要日志，备份发送文件和接收文件端的必要日志和重要信息。

（4）严格控制网络安全设备的登录权限，保证登录密码应该具有足够的长度和复杂度，及时更新。

（5）定期检查网络设备，禁止外网连入系统，禁止安全区与因特网连接。

（6）要定期查看网络安全设备的运行状态，及时监视各种告警信息和出错信息，定期进行病毒和入侵检查。

（7）设备配套的文件传输软件和网络设备管理工具软件的密码要及时修改，不能使用出厂原始设置的密码，以防止其他人员进行重新设置，对网络进行攻击。

（8）加强系统主机和网络设备的远程拨号的管理。

（9）操作系统的安全配置不使用默认配置，配合设备厂家根据要求修改系统的安全配置。

（10）根据实际需要关闭不必要的共享目录，需要共享的目录将权限改为只读。

（11）常规设备及各系统的维护管理：对设备及各系统及时进行防护或加固；制定各系统及设备故障处理的预案，并经常进行预演；及时了解相关系统软件漏洞发布信息，及时进行加固；一旦出现安全故障应及时报告，保护好现场，快速恢复系统。

（12）审计管理：对安全设备和网络装置（如安全隔离装置、纵向加密认证装置、入侵检测系统、防火墙、路由器、交换机等）及关键的系统（如网络系统、操作系统、数据库系统、SCADA 系统、电力市场运营系统等）日志的维护；认真保存日志，由具有特许授权的安全管理人员进行管理，及时进行分析，检查各种违规行动以及病毒和黑客的攻击行为，并根据情况，修改设备的安全策略以及采取其他相应的措施。

（13）数据备份：各专业系统的实时数据库以及历史数据库必须定期进行备份，备份的数据必须存储在可靠的介质中并与系统分开存放；制定详尽的使用数据备份进行数据库故障恢复的预案，并进行预演。

（14）计算机系统的备份：各专业系统的计算机系统（包括操作系统、应用系统）要有存储在可靠介质的全备份并存放在安全场所；必须制定完善可靠的进行系统快速恢复的方案，定期进行预演。

【思考与练习】

1．二次系统安全防护管理的措施有哪些？

2．如何进行人员管理？

第四十一章 二次系统安全防护设备异常处理

模块 1 二次系统安全防护设备故障的判断方法（GYZD00605001）

【模块描述】本模块介绍二次系统安全防护设备故障的判断方法。通过方法介绍，掌握二次系统安全防护设备网络故障的排查、确认与定位以及分析方法，熟悉常见的声光报警及其排查方法。

【正文】

一、二次系统安全防护设备故障的判断方法

1. 网络故障排查法

由于网络协议和网络设备的复杂性，许多故障解决起来绝非像解决计算机故障那么简单，只需要简单地拔插和板卡置换即可。网络故障的定位和排除，既需要长期的知识和经验积累，对网络协议的理解，也需要一系列的软件和硬件工具。

在网络故障的检查与排除中，掌握合理的分析步骤及排查原则是极其重要的，最大限度地保持网络的不间断运行。

2. 网络故障的确认与定位

（1）识别故障现象。在确认故障之前，应首先清楚如下几个问题：当被记录的故障现象发生时，正在运行什么进程？这个进程之前是否曾经运行过？自该进程最后一次成功运行之后，系统做了哪些改变？这包括很多方面，如是否更换网卡、网线，系统是否新安装了某些新的应用程序等。

（2）确认网络故障。在处理问题时，对故障现象的详细描述显得尤为重要：收集有关故障现象的信息，对问题和故障现象进行详细的描述。

（3）分析可能导致错误的原因。应当全面地考虑问题，分析导致网络故障的种种可能，如网卡硬件故障、网络连接故障、网络设备故障、TCP/IP 协议设置不当等。

（4）定位网络故障。除了测试之外，还要注意观察网卡、交换机、Modem、路由器面板上的 LED 指示灯。通常情况下，绿灯表示连接正常（Modem 需要几个绿灯和红灯都要亮）；红灯表示连接故障，不亮表示无连接或线路不通，长亮表示广播风暴。指示灯有规律地闪烁才是网络正常运行的标志。

（5）隔离错误部位。隔离问题部位的设备，如主机、网卡、网线、光纤等。

3. 故障分析

网络连接性：网络连接性是故障发生后首先应当考虑的原因。连通性的问题通常涉及网卡、跳线、信息插座、网线、交换机、Modem 等设备和通信介质。连通性通常可以采用软件和硬件工具进行测试验证。

配置文件和选项：如果主机的配置文件和配置选项设置不当，同样会导致网络故障。例如，服务器权限的设置不当，会导致资源无法共享的故障；计算机网卡配置不当，会导致无法连接的故障。当网络内所有的服务都无法实现时，应当检查交换机。

二、常见声光报警举例

一些安全防护设备有报警灯和蜂鸣器，可以通过声光报警的方式告知系统用户设备发生问题。

蜂鸣器是一种一体化结构的电子讯响器，广泛应用于计算机、打印机、复印机、报警器、电子玩具、汽车电子设备、电话机、定时器等电子产品中作发声器件。蜂鸣器主要分为压电式蜂鸣器和电磁式蜂鸣器两种类型。

　　压电式蜂鸣器主要由多谐振荡器、压电蜂鸣片、阻抗匹配器及共鸣箱、外壳等组成。多谐振荡器由晶体管或集成电路构成，当接通电源（1.5～15V 直流工作电压）后，多谐振荡器起振，输出 1.5～2.5kHz 的音频信号，阻抗匹配器推动压电蜂鸣片发声。

　　电磁式蜂鸣器由振荡器、电磁线圈、磁铁、振动膜片及外壳等组成。接通电源后，振荡器产生的音频信号电流通过电磁线圈，使电磁线圈产生磁场，振动膜片在电磁线圈和磁铁的相互作用下，周期性地振动发声。

　　1. 系统故障

　　一般来说，系统可以采用重新启动的办法复位，如多次系统重新启动（包括软重新启动 reboot、断电重新启动）恢复系统初始状态。

　　2. 电源故障

　　电力二次系统安全防护设备与服务器、交换机设备类似，这类对可靠性要求较高的设备中广泛使用两个或两个以上的电源同时供电。

　　电源模块一般分为单电源、双电源、冗余电源等。双电源模块是指两个电源都同时接入电源，但是仅有一个电源在工作，一旦发生电源故障，另一路电源会自动切入工作，其间不会发生断电或者导致设备重新启动等。在冗余电源系统中，多个电源模块平均承担系统负荷，一旦其中某个模块出现问题而停止供电时，剩余的电源模块便平均承担多出来的电源负荷。

　　电源故障导致的二次设备停运、不工作的一类原因是由于单电源接入。一般来说，电力二次安全设备都有双电源或者冗余电源模块，在电源故障的情况下，一般会无缝切换。电源故障的另一类原因通常是由电源的风扇故障引起的，由于机械风扇的转动或者其他原因导致的电源温度过高，从而导致电源故障。

　　排查方法和步骤：

　　（1）确定停运设备的供电系统是否正常。

　　（2）停运设备的同一供电来源的其他设备是否正常工作。

　　（3）停运设备的电源指示灯是否是正常状态，一般为 POWER 标识。

　　（4）换接电源线后是否能正常启动。

　　如果以上步骤排查完毕，设备依旧不能启动，可以初步判断为电源故障。

【思考与练习】

　　1. 二次系统安全防护设备故障的判断方法是什么？

　　2. 如何进行安全防护设备网络故障的定位？

模块 2　二次系统安全防护设备面板指示灯的介绍 （GYZD00605002）

【模块描述】本模块介绍二次系统安全防护设备的各种指示灯。通过功能描述，熟悉二次系统安全防护设备各类指示灯及其状态含义，掌握根据二次系统安全防护设备各类指示灯的状态判别设备故障的方法。

【正文】

　　1. 安全隔离设备电源指示灯、网络指示灯及系统运行指示灯

　　隔离设备前面板如图 GYZD00605002-1 所示。

图 GYZD00605002-1　隔离设备前面板

隔离设备前面板指示灯说明见表 GYZD00605002-1。

表 GYZD00605002-1　　　　　　隔离设备前面板指示灯说明

灯　号		说　　明
POWER		电源指示灯
Alarm		单电源报警指示灯，双电源为绿色，单电源为红色
Buzzer		取消单电源报警。单电源接入时，用尖锐物体按此处，取消报警
PUBLIC	RUN	灯亮表明外网侧嵌入式计算机正常工作
	Eth0	灯亮表明外部网络是 Eth0 口，闪烁表明有数据接收或发送
	Eth1	灯亮表明外部网络是 Eth1 口，闪烁表明有数据接收或发送
PRIVATE	RUN	灯亮表明内网侧嵌入式计算机正常工作
	Eth0	灯亮表明内部网络是 Eth0 口，闪烁表明有数据接收或发送
	Eth1	灯亮表明内部网络是 Eth1 口，闪烁表明有数据接收或发送

隔离设备背板说明见表 GYZD00605002-2。

表 GYZD00605002-2　　　　　　隔离设备背板说明

物　件		说　　明
I/O		电源开关 1，电源开关 2。电源 1 坏时，伴随蜂鸣报警
PUBLIC	Console	外网串口，用来连接管理终端
	COM	扩展接口（报警输出）
	Eth0 Eth1	连接外部网络的 10/100M 以太网口
PRIVATE	Console	内网串口，用来连接管理终端
	COM	扩展接口
	Eth0 Eth1	连接内部网络的 10/100M 以太网口

2. 纵向加密装置电源指示灯、网络指示灯及系统运行指示灯

纵向加密装置前视图如图 GYZD00605002-2 所示。

图 GYZD00605002-2　纵向加密装置前视图

电力专用纵向加密认证网关前面板说明见表 GYZD00605002-3。

表 GYZD00605002-3　　　　　电力专用纵向加密认证网关前面板说明

状　态	模　块	标　识	说明描述	备　注
指示灯		POWER	电源	单电源绿灯闪，双电源绿灯长亮
		Run	系统运行	绿灯慢闪
		Spd0	内网侧接口 Link	接入网络灯亮
		Spd1	外网侧接口 Link	接入网络灯亮
		Spd2	内网侧接口 Link	接入网络灯亮
		Spd3	外网侧接口 Link	接入网络灯亮
		Spd4	配网侧接口 Link	接入网络灯亮
		Act 0	内网侧网口 Act	网络存在数据包灯亮
		Act 1	外网侧网口 Act	网络存在数据包灯亮

续表

状态＼模块	标 识	说明描述	备 注
指示灯	Act 2	内网侧网口 Act	网络存在数据包灯亮
	Act 3	外网侧网口 Act	网络存在数据包灯亮
	Act 4	配网侧接口 Act	网络存在数据包灯亮
	Alarm	报警信号	报警红灯
液晶屏	LCD	系统状态显示	
加密解密模块状态灯	E/D	加密卡状态显示	加/解密时绿灯闪，非加解密时长亮
IC 卡模块	ICCard	操作员卡读卡器状态	卡与读卡器接触绿灯亮
	插槽	操作员卡片位置	芯片位置朝下插入
图标	Kedong		制造商信息
	SJY99 加密网关		国家密码管理局批复的商密产品型号

电力专用纵向加密认证网关背板说明见表 GYZD00605002-4。

表 GYZD00605002-4　　　　电力专用纵向加密认证网关背板说明

状态＼模块	标识	说明描述	备 注
电源	主电源	电源接口	交流 110V-220V/50Hz 直流 85V-264V
	备电源	电源接口	交流 110V-220V/50Hz 直流 85V-264V
锁具	ON/OFF	专用钥匙	
接地端子			接入机柜接地线
配置网口	Eth4	配置网口	
管理串口	Console	控制台	
内网网口	Eth0	内网侧网口	
外网网口	Eth1	外网侧网口	
内网网口	Eth2	内网侧网口	
外网网口	Eth3	外网侧网口	

电力专用纵向加密认证网关侧面板说明见表 GYZD00605002-5。

表 GYZD00605002-5　　　　电力专用纵向加密认证网关侧面板说明

状态＼模块	标识	说明描述	备 注
风扇	FAN	风扇	系统降温、除尘

3. 防火墙电源指示灯、网络指示灯及系统运行指示灯

防火墙的面板指示灯如图 GYZD00605002-3 所示。

图 GYZD00605002-3　防火墙的面板指示灯

防火墙的面板指示灯说明见表 GYZD00605002-6。

表 GYZD00605002-6 　　　　　　　　　防火墙的面板指示灯说明

灯　号	说　　明
POWER	电源指示灯
外　网	灯亮表明外部网络连接，闪烁表明有数据接收或发送
内　网	灯亮表明内部网络连接，闪烁表明有数据接收或发送

4. 非正常状态处理

非正常状态处理过程如下：

（1）重新启动主机应用程序。

（2）网线重新插拔。

（3）重新启动设备。

（4）电源开关重新启动设备。

（5）重新启动交换机。

（6）接入专门串口，引出终端，查看系统状态。

（7）联系厂家寻求技术人员的技术支持。

【思考与练习】

1. 横向安全隔离设备的面板指示灯包括哪些？

2. 纵向加密认证装置面板指示灯包括哪些？

3. 二次系统安全设备故障处理流程有哪些？

模块 3　二次系统安全防护设备的结构及工作原理（GYZD00605003）

【模块描述】本模块介绍二次系统安全防护设备的结构及工作原理。通过原理介绍和结构分析，熟悉横向隔离设备的物理结构和安全岛技术，熟悉纵向加密认证装置、电力专用拨号装置的主要组成。

【正文】

一、横向安全隔离设备

（一）具有专利的物理结构和安全岛技术

横向安全隔离设备使用双机结构，通过连接双机的非网络设备而实现的安全岛技术将受保护网络从物理上隔离开来。

数据传递及网络隔离机理如下：

（1）外网是安全性不高的互联网，内网是安全性很高的内部专用网络。正常情况下，隔离设备和外网、隔离设备和内网、外网和内网是完全断开的，保证网络之间是完全断开的。当数据到达接口机 A 时，接口机 A 与安全半岛间、安全半岛与接口机 B 间均处于断开状态。安全半岛可以理解为纯粹的存储介质和一个单纯的调度和控制电路。安全岛工作原理（一）如图 GYZD00605003-1 所示。

图 GYZD00605003-1　安全岛工作原理（一）

（2）当内网需要有数据到达外网时，与内网相连接的接口机立即发起对安全半岛的非 TCP/IP 协议的数据连接，安全隔离设备将所有的协议剥离，将原始的数据写入安全半岛。然后断开与安全半岛的连接。根据不同的应用，可能有必要对数据进行完整性和安全性检查，如防病毒和恶意代码等。图

GYZD00605003-2 所示为安全岛工作原理（二）。

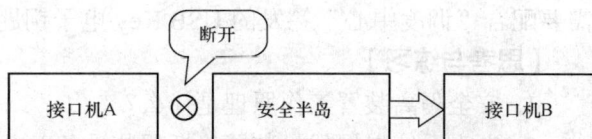

（3）接口机 A 通知接口机 B，安全半岛上有待收数据。图 GYZD00605003-3 所示为安全岛工作原理（三）。

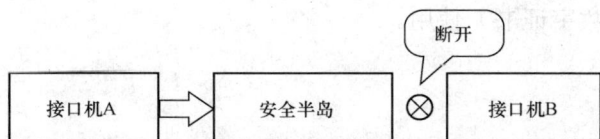

图 GYZD00605003-2 安全岛工作原理（二）　　　图 GYZD00605003-3 安全岛工作原理（三）

（4）一旦数据完全写入安全隔离设备的安全岛，安全半岛立即中断与内网侧的接口机 A 的连接，转而发起对外网的非 TCP/IP 协议的数据连接。安全隔离设备将存储介质内的数据推向外网侧的接口机 B。图 GYZD00605003-4 所示为安全岛工作原理（四）。

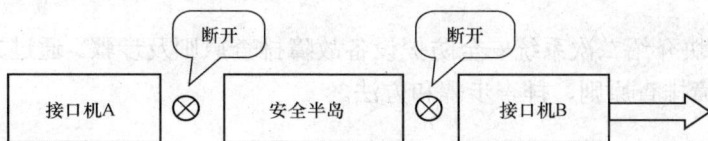

图 GYZD00605003-4 安全岛工作原理（四）

（5）接口机 B 收到数据后，立即进行 TCP/IP 协议的封装和应用协议的封装，并交给外网中的相应系统。

通过上述过程，实现了两个安全区之间的非网络方式的安全数据交换，并且保证安全隔离装置内外两个处理系统不同时连通。

（二）安全的硬件及操作系统

横向安全隔离设备采用非 INTEL 指令系统（及兼容）的 RISC 微处理器、采用双嵌入式计算机及安全岛技术，减少受攻击的概率，实现两个安全区之间的非网络方式的单向数据传输；设备固化了精简的、安全的 Linux 操作系统，将嵌入式 LINUX 内核进行了裁减。

二、纵向加密认证装置

电力专用纵向加密认证网关是用于保护电力调度数据网路由器和电力系统的局域网之间通信安全的电力专用网关机。该设备提供保护上下级控制系统之间的广域网通信提供认证与加密服务，实现数据传输的机密性、完整性保护。此外，电力专用纵向加密认证网关实现了对电力系统专用的应用层通信协议（IEC-104、DL 476—1992 等）转换功能，以便于实现端到端的选择性保护。主要组成如下：

（1）密钥协商和通信协议：在保证系统安全的基础上，简化了密钥协商和通信协议。

（2）电力系统专用的 SSX06 密码算法芯片：非对称算法和电力系统专用对称算法。

（3）特有的电力系统专用协议分析和过滤模块：对电力专有协议 IEC-104、DL 476—1922、TASEII 的解析，对不同功能的报文分别有不同的应用策略。

（4）硬件旁路接口：具备特有的硬件旁路功能的独立硬件接口。

（5）支持路由器 trunk 协议。

三、电力专用拨号装置

电力系统专用拨号安全服务器是针对电力维护、系统远程拨号接入而开发的电力二次系统安全专用设备。

该系统主要包括装置拨号服务器、安全操作系统、USB Key 电子钥匙。

1. 系统组成

电力系统专用拨号安全服务器主要由两部分组成，即电力系统专用安全服务器主机、远程客户端＋USB Key。

2. 安全拨号服务器主机

安全拨号服务器主机主要是完成用户认证、隧道管理、密钥管理等功能，一般安装生产控制大区信息网络系统中，可以与配套的移动客户端之间建立安全隧道。

3. 远程移动客户端

远程移动客户端是安装在移动用户的计算机上，完成隧道接入、信息加解密功能的软件，一般还需要配合"调度中心"签发的 USB Key 电子钥匙（数字证书）使用。

【思考与练习】

1. 安全隔离装置工作原理是什么？

2. 电力系统专用拨号装置包括哪些设备？

3. 纵向加密认证装置工作原理是什么？

模块 4　二次系统安全防护设备故障排查原则及步骤（GYZD00605004）

【模块描述】本模块介绍二次系统安全防护设备故障排查原则及步骤。通过方法介绍，掌握二次系统安全防护设备的故障排查原则、排查步骤和方法。

【正文】

一、二次系统安全防护设备的故障排查原则

1. 系统

登录设备查看设备系统是否正常工作，即能否通过网络或串口登录设备。如果能够登录则说明设备的系统是正常，否则设备硬件或系统故障，在允许的情况下重新启动设备，看能否登录。如果能启动，则说明系统出错造成；如果重新启动后仍然无法登录，则是设备硬件问题。

2. 电源

通过查看设备电源指示灯来判断电源工作状态。电源指示灯的状态不同可以反映电源供电的情况（双电源）。

3. 网络

通过网络指示灯判断网口工作状态。如果网卡指示灯亮说明网络的物理层是好的；如果指示灯闪烁，说明有网络数据包；如果网卡指示灯熄灭说明网络有问题或网卡故障，可以先更换网线来解决该问题。图 GYZD00605004-1 所示为网络指示灯等状态信息。

图 GYZD00605004-1　网络指示灯等状态信息

4. 应用状态

首先查看业务系统的运行状态，通过业务系统的运行状态判断出现问题的可能地方，再通过了解设备内部软件的工作状态，查看设备是否工作正常。

二、二次系统安全防护设备故障排查步骤

1. 系统和应用涉及业务范围

通过查看主站系统的工作状态，如 SCADA 系统与 MIS 系统之间的数据传输是否正常。

2. 是否影响实时业务

通过查看主站系统的工作状态，如上级调度中心与下级调度中心或上级调度中心与其直属厂站的通信是否正常。

3. 二次系统安全设备故障

通过登录设备查看设备工作状态，来判断是设备故障，还是系统问题或网络问题。

4. 备用设备

如果主设备故障，采用备用设备替换主设备工作。

5. 保留现场，现场保护

将故障设备保留，不要重新启动等引起当前环境丢失的现象，等待厂家的人员来查看设备状态，判断故障原因。

【思考与练习】

1. 如何检查设备系统运行状态？

2. 如何排查设备故障？

模块 5　线缆连接错误引起的通信故障现象及排查方法
（GYZD00605005）

【模块描述】本模块介绍二次系统安全防护设备线缆连接错误引起的通信故障现象及排查方法。通过要点归纳、现象描述和方法介绍，熟悉常见的网络设备的接口及其故障现象，掌握常用设备线缆连接错误现象及排查方法。

【正文】

一、常见网络设备的接口及线缆

各种交换机的数据接口类型作为局域网的主要连接设备，以太网交换机成为应用普及最快的网络设备之一，同时，也是随着该技术的快速发展，交换机的功能不断增强，随之而来则是交换机端口的更新换代以及各种特殊设备连接端口不断地添加到交换机上，这也使得交换机的接口类型变得非常丰富。

1. RJ-45 接口

这种接口就是现在最常见的网络设备接口，俗称水晶头，专业术语为 RJ-45 连接器，属于双绞线以太网接口类型。RJ-45 插头只能沿固定方向插入，设有一个塑料弹片与 RJ-45 插槽卡住以防止脱落。

这种接口在 10Base-T 以太网、100Base-TX 以太网、1000Base-TX 以太网中都可以使用，传输介质都是双绞线，但根据带宽的不同，对介质也有不同的要求，特别是 1000Base-TX 千兆以太网连接时，至少要使用超五类线，要保证稳定高速，还可使用六类线。

2. SC 光纤接口

SC 光纤接口在 100Base-TX 以太网时代就已经得到了应用，因此当时称为 100Base-FX（F 是光纤单词 fiber 的缩写），但当时由于性能并不比双绞线突出成本却较高，因此没有得到普及。现在业界大力推广千兆网络，SC 光纤接口则重新受到重视。

光纤接口类型很多，SC 光纤接口主要用于局域网交换环境，在一些高性能千兆交换机和路由器上提供了这种接口，它与 RJ-45 接口看上去很相似，不过 SC 接口显得更扁些，其明显区别还是里面的触片。如果是 8 条细的铜触片，则是 RJ-45 接口；如果是一根铜柱，则是 SC 光纤接口。

3. FDDI 接口

FDDI 是目前成熟的 LAN 技术中传输速率最高的一种，具有定时令牌协议的特性，支持多种拓扑结构，传输媒体为光纤。

光纤分布式数据接口（FDDI）是由美国国家标准化组织（ANSI）制定的在光缆上发送数字信号的一组协议。FDDI 使用双环令牌，传输速率可以达到 100Mb/s。CCDI 是 FDDI 的一种变形，它采用双绞铜缆为传输介质，数据传输速率通常为 100Mb/s。FDDI-2 是 FDDI 的扩展协议，支持语音、视频及数据传输，是 FDDI 的另一个变种，称为 FDDI 全双工技术（FFDT），它采用与 FDDI 相同的网络结构，但传输速率可以达到 200Mb/s。由于使用光纤作为传输媒体具有容量大、传输距离长、抗干扰能力强等多种优点，常用于城域网、校园环境的主干网、多建筑物网络分布的环境，因此 FDDI 接口在网络骨干交换机上比较常见。随着千兆网的普及，一些高端的千兆交换机上也开始使用这种接口。

4. AUI 接口

AUI 接口专门用于连接粗同轴电缆，早期的网卡上有这样的接口与集线器、交换机相连组成网络，现在一般不用了。

AUI 接口是一种 D 形 15 针接口，之前在令牌环网或总线形网络中使用，可以借助外接的收发转发器（AUI-to-RJ-45），实现与 10Base-T 以太网络的连接。

5. BNC 接口

BNC 是专门用于与细同轴电缆连接的接口，细同轴电缆也就是常说的"细缆"，它最常见的应用是分离式显示信号接口，即采用红、绿、蓝和水平、垂直扫描频率分开输入显示器的接口，信号相互之间的干扰更小。

现在 BNC 基本上已经不再使用于交换机，只有一些早期的 RJ-45 以太网交换机和集线器中还提供少数 BNC 接口。

6. Console 接口

可进行网络管理的交换机上一般都有一个 Console 接口，它是专门用于对交换机进行配置和管理的。通过 Console 接口连接并配置交换机，是配置和管理交换机必须经过的步骤。因为其他方式的配置往往需要借助于 IP 地址、域名或设备名称才可以实现，而新购买的交换机显然不可能内置有这些参数，所以 Console 接口是最常用、最基本的交换机管理和配置接口。

不同类型的交换机 Console 接口所处的位置并不相同，有的位于前面板，而有的则位于后面板。通常是模块化交换机大多位于前面板，而固定配置交换机则大多位于后面板。在该接口的上方或侧方都会有类似"Console"字样的标识。

除位置不同之外，Console 接口的类型也有所不同，绝大多数交换机都采用 RJ-45 接口，但也有少数采用 DB-9 串口接口或 DB-25 串口接口。

无论交换机采用 DB-9 或 DB-25 串行接口，还是采用 RJ-45 接口，都需要通过专门的 Console 线连接至配置方计算机的串行口。与交换机不同的 Console 接口相对应，Console 线也分为两种：一种是串行线，即两端均为串行接口（两端均为母头），两端可以分别插入至计算机的串口和交换机的 Console 接口；另一种是两端均为 RJ-45 接头（RJ-45 to RJ-45）的扁平线。由于扁平线两端均为 RJ-45 接口，无法直接与计算机串口进行连接，因此，还必须同时使用一个 RJ-45 to DB-9（或 RJ-45 to DB-25）的适配器。通常情况下，在交换机的包装箱中都会随机赠送一条 Console 线和相应的 DB-9 或 DB-25 适配器。

7. CE1/PRI 接口

CE1/PRI 接口拥有两种工作方式，即 E1 工作方式（也称为非通道化工作方式）和 CE1/PRI 工作方式（也称为通道化工作方式）。

当 CE1/PRI 接口使用 E1 工作方式时，它相当于一个不分时隙、数据带宽为 2Mb/s 的接口，其逻辑特性与同步串口相同，支持 PPP、帧中继、LAPB 和 X.25 等数据链路层协议，支持 IP 和 IPX 等网络协议。

当 CE1/PRI 接口使用 CE1/ PRI 工作方式时，它在物理上分为 32 个时隙，对应编号为 0～31，其中 0 时隙用于传输同步信息。对该接口有两种使用方法，即 CE1 接口和 PRI 接口。

当将接口作为 CE1 接口使用时，可以将除 0 时隙以外的全部时隙任意分成若干组（channel set），每组时隙捆绑以后作为一个接口使用，其逻辑特性与同步串口相同，支持 PPP、帧中继、LAPB 和 X.25 等数据链路层协议，支持 IP 和 IPX 等网络协议。

当将接口作为 PRI 接口使用时，时隙 16 被作为 D 信道来传输信令，因此只能从除 0 和 16 时隙以外的时隙中随意选出一组时隙作为 B 信道，将它们同 16 时隙一起捆绑为一个 pri set，作为一个接口使用，其逻辑特性与 ISDN PRI 接口相同，支持 PPP 数据链路层协议，支持 IP 和 IPX 等网络协议，可以配置 DCC 等参数。

8. 路由器接口

路由器接口路由器具有非常强大的网络连接和路由功能，它可以与各种各样的不同网络进行物理连接，这就决定了路由器的接口技术非常复杂，越是高档的路由器其接口种类也就越多，因为它所能连接的网络类型越多。路由器的端口主要分局域网接口、广域网接口和配置接口三类。

（1）局域网接口常见的以太网接口主要有 AUI、BNC 和 RJ-45 接口，还有 FDDI、ATM、千兆以太网等都有相应的网络接口，下面分别介绍主要的几种局域网接口。

1）AUI 接口就是用来与粗同轴电缆连接的接口，它是一种 D 形 15 针接口，这在令牌环网或总线形网络中是一种比较常见的接口之一。路由器可通过粗同轴电缆收发器实现与 10Base-5 网络的连接。但更多的则是借助于外接的收发转发器（AUI-to-RJ-45）实现与 10Base-T 以太网络的连接。当然，也可借助于其他类型的收发转发器实现与细同轴电缆（10Base-2）或光缆（10Base-F）的连接。

2）RJ-45 接口是最常见的接口，它是常见的双绞线以太网接口。因为在快速以太网中也主要采用双绞线作为传输介质，所以根据接口的通信速率不同，RJ-45 接口又可分为 10Base-T 网 RJ-45 接口和 100Base-TX 网 RJ-45 接口两类。其中，10Base-T 网 RJ-45 接口在路由器中通常标识为"ETH"，而 100Base-TX 网 RJ-45 接口则通常标识为"10/100bTX"。

10Base-T 网 RJ-45 接口和 10/100Base-TX 网 RJ-45 接口中 RJ-45 接口仅就接口本身而言是完全一样的，但接口中对应的网络电路结构是不同的，所以也不能随便接。

3）SC 接口也就是常说的光纤接口，它是用于与光纤的连接。光纤接口通常是不直接用光纤连接至工作站，而是通过光纤连接到快速以太网或千兆以太网等具有光纤接口的交换机。这种接口一般在高档路由器才具有，都以"100b FX"标注。

（2）广域网接口路由器不仅能实现局域网之间连接，更重要的应用还是在于局域网与广域网、广域网与广域网之间的连接。但是因为广域网规模大，网络环境复杂，所以也就决定了路由器用于连接广域网的接口的速率要求非常高，在以太网中一般都要求在 100Mb/s 快速以太网以上。下面介绍几种常见的广域网接口。

1）RJ-45 接口。利用 RJ-45 接口也可以建立广域网与局域网 VLAN（虚拟局域网）之间，以及与远程网络或 Internet 的连接。如果使用路由器为不同 VLAN 提供路由时，可以直接利用双绞线连接至不同的 VLAN 接口。但要注意，这里的 RJ-45 接口所连接的网络一般不可能是 10Base-T，一般都是 100Mb/s 快速以太网以上。如果必须通过光纤连接至远程网络，或连接的是其他类型的接口，则需要借助于收发转发器才能实现彼此之间的连接。

2）AUI 接口。是用于与粗同轴电缆连接的网络接口，其实 AUI 接口也被用于与广域网的连接，但是这种接口类型在广域网应用得比较少。在 Cisco 2600 系列路由器上，提供了 AUI 与 RJ-45 两个广域网连接接口，可以根据自己的需要选择适当的类型。

3）高速同步串口。在路由器的广域网连接中，应用最多的接口应是高速同步串口（SERIAL）。

这种接口主要是用于连接目前应用非常广泛的 DDN、帧中继（Frame Relay）、X.25、PSTN（模拟电话线路）等网络连接模式。在企业网之间有时也通过 DDN 或 X.25 等广域网连接技术进行专线连接。这种同步接口一般要求速率非常高，因为一般来说通过这种接口所连接的网络的两端都要求实时同步。

4）异步串口（ASYNC）。主要是应用于 Modem 或 Modem 池的连接。它主要用于实现远程计算机通过公用电话网拨入网络。这种异步接口相对于上面介绍的同步接口来说在速率上要求就松许多，因为它并不要求网络的两端保持实时同步，只要求能连续即可，主要是因为这种接口所连接的通信方式速率较低。

5）ISDN BRI 接口。因 ISDN 这种互联网接入方式连接速度上有独特的一面，所以在 ISDN 刚兴起时在互联网的连接方式上还得到了充分的应用。ISDN BRI 接口用于 ISDN 线路通过路由器实现与 Internet 或其他远程网络的连接，可实现 128kb/s 的通信速率。ISDN 有两种速率连接接口：一种是 ISDN BRI（基本速率接口）；另一种是 ISDN PRI（基群速率接口）。ISDN BRI 接口是采用 RJ-45 标准，与 ISDN NT1 的连接使用 RJ-45-to-RJ-45 直通线。

（3）配置接口路由器的配置接口有两个，分别是 Console 和 AUX。Console 通常是用来进行路由器的基本配置时通过专用连线与计算机连接用的，而 AUX 是用于路由器的远程配置连接用的。

1）Console 接口。使用配置专用连线直接连接至计算机的串口，利用终端仿真程序（如 Windows 下的超级终端）进行路由器本地配置。路由器的 Console 接口多为 RJ-45 接口。

2）AUX 接口。为异步接口，主要用于远程配置，也可用于拨号连接，还可通过收发器与 MODEM 进行连接。AUX 接口与 Console 接口通常同时提供，因为它们各自的用途不一样。

二、常见故障现象

1. 接口指示灯异常

接口指示灯异常现象如下：

（1）接口指示灯不亮。

（2）接口指示灯显示为报警状态颜色（红色）。

（3）接口指示灯等速闪动。

2. 接口未加载

接口未加载现象如下：

（1）接口功能无效。

（2）接口无法加载 IP 地址。

（3）接口状态指示灯不亮等。

3. 接口无有效数据

接口无有效数据现象如下：

（1）接口功能失效。

（2）接口性能下降导致设备性能异常。

（3）接口统计信息中显示接口存在大量错误数据。

4. 接口数据风暴

接口数据风暴现象如下：

（1）接口功能失效。

（2）接口性能下降导致设备性能异常。

（3）接口状态指示灯异常高频率闪烁。

（4）接口统计信息中显示接口存在大量收发数据包及错误数据包。

5. 设备状态异常

现象如下：

（1）通过设备管理工具发现设备状态反复变换。

（2）设备运行状态异常、功能失效。

6. 其他未知故障现象

其他未知故障现象如下：

（1）设备状态指示灯异常。

（2）设备出现声音告警提示。

（3）设备性能异常或功能失效。

三、常用设备线缆连接错误现象及排查

1. TCP/IP 连接的故障诊断与排查

（1）现象：主机到本地路由器的以太网口不通。

建议：可以把路由器的以太网口看作是普通主机的以太网卡，这就成了一个局域网连接问题，用 show interface ethernet number 命令，则

```
Router#show interface ethernet 0
Ethernet is up, line protocol is down
```

若 Ethernet is down，应把线缆（同轴线缆或双绞线）接上。若已接上，Ethernet 依然是 down，应联系网络管理员。

若 Ethernet is admsinstratively down，则

```
Router#conf t
Router(config)#interface ethernet 0
Router(config-if)#no shutdown
Router(config-if)#^Z
Router#
```

若 Ethernet is up，而 line protocol is down。

主机 10M 网卡接到路由器 100M 的以太网口上面，它不是自适应的（目前版本）。反之无问题。

若是同轴线缆，应检查线缆、T 形头、终结器是否连接正确。

若是双绞线，应检查线缆是否正确，中间是否通过 HUB 连接；若是直连，主机要用交叉线。

若是 100BaseTX 接口，需要用五类双绞线。

若是一个接口提供两种物理介质，如粗缆 AUI 和 UTPRJ45，默认为 AUI 的，要用 RJ-45，需要：

```
Router#conf t
Router(config)#interface ethernet 0
Router(config-if)#media-type 10baset
Router(config-if)#^Z
Router#
```

若 Ethernet is up，而 line protocol is up；但 ping 不通，应查看路由器以太网口的 IP 地址，是否与主机 IP 地址在同一个网段上。

经过以上几个步骤，问题仍未解决，应联系网络管理员。

（2）现象：主机到对方路由器广域网口或以太网口不通。

建议：假设主机到本地路由器的以太网口已通。

在路由器上检查两个广域网口之间是否通，若不通，应看下面关于广域网的 troubleshooting。

若路由器两个广域网口之间是通的，在主机上用"netstat-rn"命令查找路由，若没有应用"route add"加入。

以 SCO UNIX 为例：

```
#netstat -rn
#route add 目的网段 掩码 网关 1
```

或

```
#vi /etc/gateways
net 目的网段 gateway 本地路由器以太网口地址 metric 1 passive
```

若主机上有默认网关，检查路由器路由协议配置，即

```
Router#show ip route
Router#show running-config
..
router eigrp 1
network…
network…
```

两端路由器配置路由协议是否一致，是否在一个自治系统里面。network 加入的网段是否正确。

（3）现象：主机到对方目的主机不通。

建议：按以下步骤解决：

1）检查主机到本地路由器的以太网口。

2）检查两个广域网口。

3）检查主机到对方路由器广域网口。

4）检查主机到对方路由器以太网口。

5）可用 telnet 命令远程登录到对方路由器上，按检查本地主机到本地路由器的以太网口的方法检查对方局域网连接情况。

2．串口连接遇到问题的故障诊断与排查

现象：在专线连接时，路由器直连的两个广域网口间不通。

建议：可以把两个路由器广域网口之间分成三段：路由器 A—1MODEMA—2MODEMB—3 路由器 B，检查出是哪一段不通并解决。

用 show interface serial number 命令，若是 Serial is down，表示路由器到本地的 MODEM 之间无载波信号 CD。

连接串口和 MODEM，开启 MODEM。看 MODEM 的发送灯 TD 是否亮，TD 灯亮表示路由器有信号发送给 MODEM。TD 灯若不亮，应检查 MODEM、线缆（最好用 Cisco 所配的）和接口。

若 Serial is up，但 line protocol is down，有以下几种可能：

（1）本地路由器未作配置。

（2）远端路由器未开或未配置。

路由器两端需要配置相同的协议打包方式。例如，路由器 A 打包 HDLC，路由器 B 打包 PPP，那么两台路由器的 line protocol 始终是 down 的。改变打包方式：

```
Router#conf t
Router(config)#interface serial 0
Router(config-if)#encapsulation ppp
Router(config-if)#^Z
Router#
```

（3）若是使用 Newbridge 的 26××、27×× 的 DTU 设备，它不发送 CD 信号，应在路由器上设置：

```
Router#configure terminal
Router(config)#int serial 0
Router(config-if)#ignored-dcd
Router(config-if)#^Z
Router#
```

（4）MODEM 之间没通，即专线没通。

解决办法：做测试环路。若做环路成功，line protocol 会变成 up(looped)。

若 Serial is up，但 line protocol is up（looped），用 show running-config 查看端口是否做了 loopback 配置，若有则删除；MODEM 是否做了环路测试；专线是否做了环路测试。

若 Serial is admsinstratively down，line protocol is down，则

```
Router#conf t
Router(config)#interface serial 0
Router(config-if)#no shutdown
Router(config-if)#^Z
Router#
```

3. 电话拨号连接的故障诊断与排查

要解决用电话拨号网连接出现的问题，首先要确定路由器与 MODEM 之间已连接；明白 show line 输出的含义；确定路由器与 MODEM 之间已连接。

（1）在路由器上用反 Telnet（Reverse Telnet Session）到 MODEM，来确定路由器与 MODEM 之间的连接。也就是说，反向登录到 MODEM 上面可对它用 AT 指令做配置。具体步骤如下：

在路由器控制台上，用命令 telnet ip-address 20yy，其中 ip-address 是一个活动接口的地址，yy 是连接 MODEM 的 line 线。例如，用 IP 地址 192.169.53.52 连接到辅助口上：telnet 192.169.53.52 2001。

如果连接被拒绝，可能有其他用户连接在该口上。用 show users EXEC 命令决定是否被占用，若是，清除它；若没有，重试反 Telnet。

如果连接仍被拒绝，确认 MODEM 控制 modem inout。

确定路由器 txspeed 和 rxspeed 与 MODEM 设置的数率一致。

反 Telnet 登录成功后，AT 命令确定应答 OK。

（2）明白 show line 输出的含义。Show line line-number EXEC 是非常有用的 trobbleshooting 命令。

现象：MODEM 和路由器间无连接。试用反登录无反应或用户收到 Connection Refused by Foreign

Host 信息。

建议：用 show line 命令看 MODEM 一栏是否是 inout。若不是，则在路由器上设置：

```
Router#conf t
Router(config)#line aux 0
Router(config-line)#modem inout
Router(config-line)#^Z
Router#
```

（3）确定正确的线缆。

硬件问题，应与维护商联系。

现象：MODEM 不拨号。

建议：MODEM 不拨号，排除掉硬件、线缆的可能，用 show running-config 检查路由器配置，是否设置了 dialer-list 截断了传送的包，若是重新配置 access-list 表。

Chat script 配置错误，打开 debug 信息。

```
Router#debug dialer
%LINEPROTO-5-UPDOWN: Line protocol on Interface Serial0, changed state to down
%LINK-3-UPDOWN: Interface Serial0, changed state to down
%LINK-3-UPDOWN: Interface Async1, changed state to down
Async1: re-enable timeout
Async1: sending broadcast to default destination get_free_dialer: faking it
Async1: Dialing cause: Async1: ip PERMIT
Async1:No holdq created - not configured
Async1: Attempting to dial 8292
CHAT1: Attempting async line dialer script
CHAT1: Dialing using Modem script: backup & System script: none - failed, not connected
CHAT1: process started
CHAT1: Asserting DTR
CHAT1: Chat script backup started
CHAT1: Expecting string:
Async1: sending broadcast to default destination - failed, not connected
CHAT1: Timeout expecting:
CHAT1: Chat script backup finished, status = Connection timed out; host not responding
Async1: disconnecting call
…
```

4. 帧中继连接的故障诊断与排查

用 show interface serial 命令查看 interface 和 line protocol 是否 up，确定连接的线缆正确。

如果 interface is up，但 line protocol is down，用 show frame-relay lmi 命令查看帧中继的 LMI 类型。

用 show frame-relay map 命令查看打包类型。

用 show frame-relay pvc 命令查看 PVC。

打开 debug 信息。

查看两个 X.25 接口是否连接上。

MODEM 状态：若线路已连通，MODEM 的 CD 灯和 RD 灯应该亮，表示 X.25 交换机有数据发送过来，也可以用 pad 本地或对方的 X.121 地址，若能 pad 过去，说明行 X.25 网链路层已通。

```
Router#pad 28050103(对方的 X.121 地址)
```

用 show interface serial 命令。若 serial is down，line protocol is down，应检查路由器与 MODEM 连接线缆，换另外串口重试。

若 serial is up，但 line protocol is down，应检查 LAPB 参数是否匹配。

若 serial is up，line protocol is up，但 ping 对方广域网口不通。

用 show running-config 查看串口是否做了 X.25 map ip 设置。

560

X.25 设置中，最大虚电路数值是否超过了申请的值。

若对方连接的不是路由器，而是一块 X.25 网卡（以博达卡为例），则

```
#cd /etc/x.25
#vi x25.profile（网卡参数设定文件）
LOCADDR 28050103（本地 X.25 端口 X.121 地址）
VC 16
IVC 0（呼入 VC 数）
OVC 0（呼出 VC 数）
PVC 0（永久 VC 数）
X25TIMEOUT 60（拆链时间）
```

故 SVC＝VC–IVC–OVC–PVC。

```
#x25reset（重新启动 X.25 网卡）
#x25link（监控当前状态信息）
#vi x25.addr（地址对应文件，IP 层能互相通信,要把 X.121 地址与 IP 地址对应起来）
130.132.128.4 28050104 SVC 0
130.132.128.3 28050103 SVC 0
#cd /etc
#vi tcp 加上
ifconfig x25 130.132.128.3 -arp network 255.255.0.0
```

一般 X.25 连接出现问题都是一方的 IP 地址与 X.121 地址之间映射没有设定。

【思考与练习】

1. 接口指示灯异常有哪些常见的现象？

2. 如何进行路由器以太网口不通的故障排查？

模块 6　硬件设备模块更换的注意点（GYZD00605006）

【模块描述】本模块介绍硬件设备模块更换的注意点。通过要点归纳，了解硬件设备可更换模块，掌握硬件设备模块更换的注意点。

【正文】

一、硬件设备可更换模块

1. 电源模块

模块内部电源一般整体可更换，需要分清交流模块或者直流模块，电压、频率范围等参数。

2. 网络板卡

可以热插拔的网络板卡，注意板卡型号和兼容性。

3. 网络线缆

注意线缆所在系统对五类、六类双绞线是否有屏蔽等要求。

4. 卡槽和存储卡

一些网络设备操作系统或者程序储存在 CF 卡等，可以更换外插式存储设备。

二、注意要点

（1）电源。一些设备需要更换硬件时，需要断电；一些热插拔的板卡不需要断电。

（2）先后顺序。系统运行需要连续数据，一般发生硬件设备损坏时，先在"备机"做系统的升级和更换，成功后将服务或者进程进行手工切换，再升级或者更换主机。

（3）静电屏蔽。一些板卡属于精密电子板，需要具有防静电设备的防护手段。

（4）线缆。光线等线缆易折损，应注意布线位置。

【思考与练习】

1. 进行模块更新时的注意事项有哪些？

2. 哪些硬件设备模块可更换？

模块 7　设备参数设置引起的通信故障现象及排查方法
（GYZD00605007）

【模块描述】本模块介绍二次系统安全防护设备参数设置引起的通信故障现象及排查方法。通过要点归纳，熟悉二次系统安全防护设备参数设置，掌握二次系统安全防护设备的故障现象及排查方法。

【正文】

一、常用设备参数配置说明

1. 防火墙参数配置说明

根据现场情况需要，防火墙策略设置可以配置允许通过的通信协议，如 TCP、ICMP 协议等。防火墙的工作模式可分为透明模式和路由模式。如果通信主机之间的网段不同，则防火墙采用路由工作模式。

2. 横向安全隔离装置（正向型）参数配置说明

为确保能通过横向隔离装置通信，需要提交的信息有通信主机之间的 IP 地址、网卡的 MAC 地址、通信的 TCP/UDP 协议、Server 端采用的接口号。横向隔离装置采用的工作模式是 NAT 模式和透明模式，对于 NAT 模式还需要分配虚拟 IP 地址。

3. 横向安全隔离装置（反向型）参数配置说明

为确保能通过横向安全隔离装置通信，需要提交的信息有通信主机之间的 IP 地址、网卡的 MAC 地址、通信的 TCP/UDP 协议、Server 端采用的接口号和横向安全隔离装置与外网通信主机之间的数字证书等。

4. 纵向加密认证装置参数配置说明

根据现场的数据网络环境选择加密装置的工作模式：借用模式（通常采用的模式）、透明模式、网关模式。通信主机间的 IP 地址范围，通信的 TCP/UDP/ICMP 协议，Server 端采用的接口号，数据传输方向。加密装置的加密隧道，加密装置之间的认证的数字证书。

5. 拨号加密认证服务器参数配置说明

拨号服务器的配置包括拨号服务器网络的配置、配置拨号服务器证书、给客户端颁发证书、建立 VPN 拨号用户。

客户端的配置包括建立 VPN 连接、登录 VPN、系统管理等。

二、故障现象排查

1. 网络不可达故障排查方法

关闭目的网络主机防火墙，ping 目的网络的 IP 地址。如果不通，则采用 tracert 命令跟踪网络跳转情况，来判断网络通信情况。

2. 无对应路由故障排查方法

首先通过本地路由表 netstat –r 命令查看本机路由表。如果正常，则 ping 目的主机；如果网关返回来 ICMP 报文应答，则说明路由器中没有配置对应的路由策略。

3. ping 不通故障排查方法

首先用主机 ping 自己的 IP 地址看是否能够 ping 通，如果不通，说明本地网络不正常将本地网卡重新启用；如果可以 ping 通，则 ping 本网段的其他主机或者 ping 网关。

4. ping 时断时续故障排查方法

首先 ping 本地网关看是否有时断时续问题，如果有可以 ping 通网段其他主机看是否有同样问题；如果同样有，可以找其他主机做测试判断是否交换机或路由器出了问题。

5. ping 时延较长故障排查方法

可以采用逐步 ping 的策略，即先 ping 本地网关，记录时延，再 ping 下一跳的网关地址进行逐步排除，来判断引起时延较长的节点。

【思考与练习】

1. 横向安全隔离设备配置需注意哪些事项？

2. ping 命令可以帮助查找哪些问题？

第九部分

时间同步系统

第四十二章　时间同步系统知识

模块 1　时间同步系统基本知识（GYZD00801001）

【模块描述】本模块介绍时间同步系统的基本知识。通过概念讲解和原理介绍，掌握时钟基准的基本概念及授时、对时的基本原理，熟悉常用授时信号的基本类型及传输方式。

【正文】

一、概述

时间是以时刻指示和时间间隔来计量的。在日常生活和工程应用的时间尺度范围内，时间计量的工具是钟表，以工作原理分，有机械式和电子式两大类。为了时间计量的准确，要求钟表的走时准确度高。但是，各种钟表有误差，造成指示的时刻不准，需要经常按照某一时间基准校准钟表，也就是日常生活中所谓对钟，技术上称为时间同步。

我国统一的时间基准为北京时间。我们可以通过各种途径得到这一时间基准信息，如广播电台报时、电视画面或电信部门的报时业务。专业工作中则从中国国家授时中心的长波或短波广播得到更准的时间基准信息。自从美国的全球定位系统（GPS）、中国的北斗卫星导航建成以后，我们可以通过接收卫星的信号，从中得到时间基准信息。比较各种得到时间基准信息的方法，从卫星系统得到的信号准确度最高。目前，接收美国的全球定位系统（GPS）和中国的北斗系统卫星信号得到时间基准信息的方法是最经济、最方便的方法。

近 10 年来电力系统的自动化技术迅速发展，发电厂、变电站监控系统、调度自动化系统、RTU、故障录波器、微机继电保护装置、事件顺序记录装置、机组的 DCS 等系统广泛应用。这些装置（系统）的正常工作和作用发挥，都离不开时间记录和统一的时间基准，因而在这些装置（系统）内部都有自己的时钟，即所谓"实时时钟"。这些实时时钟都是电子式的，准确度一般都不很高，长时间运行后累计误差越来越大，如不及时校正，将影响正常作用的发挥，因而对这些装置（系统）的实时时钟实现自动时间同步是电力系统自动化的一个重要的任务。

二、时钟基准的基本概念

（一）时钟的内部基准

任何时钟都需要有至少一个基准，这个基准决定了这个时钟的时间准确度。内部基准是时钟通过自身携带的走时基准。

1. 机械摆

机械摆根据其摆臂的长度，有其固有的谐振频率，可以作为时钟的基准，如老式的挂钟、座钟。将摆臂做成螺旋状，可大大缩小时钟的体积，如马蹄表、手表。

2. 石英晶体振荡器

由于机械摆的振荡频率不够稳定，机械表的精度不高。进入电子时代，人们发明了"电子摆"，就是石英晶体振荡器，简称晶振。一般晶振的振荡频率稳定性高达 1×10^{-6}，改变其物理尺寸就可以改变振荡频率，体积小、成本低，应用广泛。

石英晶振的缺点是温度稳定性差，温度的变化会造成时钟的误差，为了得到更高的精度，可根据温度对石英晶振的振荡频率进行补偿，这就是温度补偿石英晶体振荡器，简称温补晶振，温补晶振的振荡频率稳定性可达 1×10^{-7}。给晶振盖个密闭的小房子，使其温度恒定，可将晶振的振荡频率稳定性提高到 $1 \times 10^{-8} \sim 1 \times 10^{-9}$，这种晶振称恒温晶振。使用石英晶振作为基准的时钟称电子钟或石英钟。

3. 原子频标

如果需要更稳定的振荡频率，晶振就不能胜任了。

经过研究发现，有些元素的原子从一种能量状态到另一种能量状态所发射出的电磁波频率异常稳定。根据这一现象设计制造了振荡频率超级稳定的振荡源，即原子频标。原子频标的振荡频率稳定性根据其使用的元素（铷、铯、氢）可达 $1 \times 10^{-10} \sim 1 \times 10^{-13}$。使用原子频标作为基准的时钟称原子钟。

（二）时钟的外部基准

有一些特殊用途的时钟需要通过接收外来基准信息走时。

内部基准精度不能满足要求的时钟，例如在电力系统中大多含有微机的设备，其自身的时钟一般使用普通晶振，需要一个高精度的外部基准定时为其修正。

可靠性要求高的时钟，如果一台为众多普通时钟提供外部基准的时钟，尽管其精度很高，一旦其内部基准发生故障，势必造成很大影响。这种时钟不但需要一个精度较高的内部基准，还需要 $1 \sim 3$ 个外部基准来提高其可靠性。

1. 外部基准信号

通过电缆、光缆、网络在地面上直接传送的称为有线时间基准信号。如 GPS 时钟通过电缆、光缆为其他时钟提供的时间基准信号。

通过无线电波在空中传送的称为无线时间基准信号。如我国国家授时中心利用长波无线电信号发送的授时信号；GPS、北斗等卫星发送的高频无线电授时信号。

2. 卫星同步时钟

原子钟准确度极高，但是造价也极为昂贵，不适合广泛应用。

如果将有限的原子钟安装在卫星上，通过高频无线电信号将时间信息发送到地面，就可以为全球（GPS）或某个特定区域（北斗）地面上的卫星同步时钟对时。

卫星同步时钟：通过接收天线接收卫星系统发送的授时信号作为外部时间基准，以一定的时间准确度向外输出授时信号的装置。目前常用的是 GPS 卫星同步时钟和北斗卫星同步时钟。

（1）全球定位系统（GPS）。全球卫星定位导航系统（Global Positioning System，GPS）是美国建立的具有在全球海、陆、空进行全方位实时三维导航、定位与授时能力的新一代卫星导航与定位系统。

GPS 由 24 颗轨道卫星及地面主控站、注入站、监测站构成。用户设备部分，接收 GPS 卫星发射信号，以获得必要的导航、定位和时间信息，经数据处理，完成导航、定位和授时工作。

GPS 系统的特点是全球定位，单向通信。

（2）北斗卫星定位系统（CNSS）。北斗卫星导航定位系统，是中国自行研制开发的区域性有源三维卫星定位与通信系统，是除美国的 GPS、俄罗斯的 GLONASS 之后第三个成熟的卫星导航系统。该系统是区域定位系统，由 3 颗（2 颗工作卫星、1 颗备用卫星）同步卫星（北斗一号）、地面控制中心为主的地面部分、北斗用户终端三部分组成。可向用户提供全天候、24 小时的即时定位、授时服务，授时可达数十纳秒的同步精度，其精度与 GPS 相当。

北斗系统的特点是区域定位，双向通信。

三、授时、对时原理

外部基准信号的传递，发送信号的一方称授时，接收信号的一方称对时。授时一方很简单，只要将日期、时间信息按照规范要求发送到接收方即可。下面着重介绍接收方接到授时信号是怎样对时的。

说明：本模块探讨的所有内容都是围绕着数字显示时钟的，指针式的数字时钟也可以由外部基准对时，不在此讨论。

（一）时钟原理

数字显示时钟框图如图 GYZD00801001-1 所示。

时钟有 14 位可预置计数器，分别记录年、月、日、时、分、秒，锁存器保存计数器的数据，译码器将锁存器中的二进制数据转换为十进制数据，驱动器驱动数码管显示日期和时间。所谓可预置计数器，计数时可通过预先置数，从任意数开始计数而不是必须从"零"开始，时钟通电运行时，可通过键盘或串行对时信号预置计数器的数据。由石英晶体振荡器产生高频脉冲，通过分频得到每秒一次的脉冲作为时钟的基准。

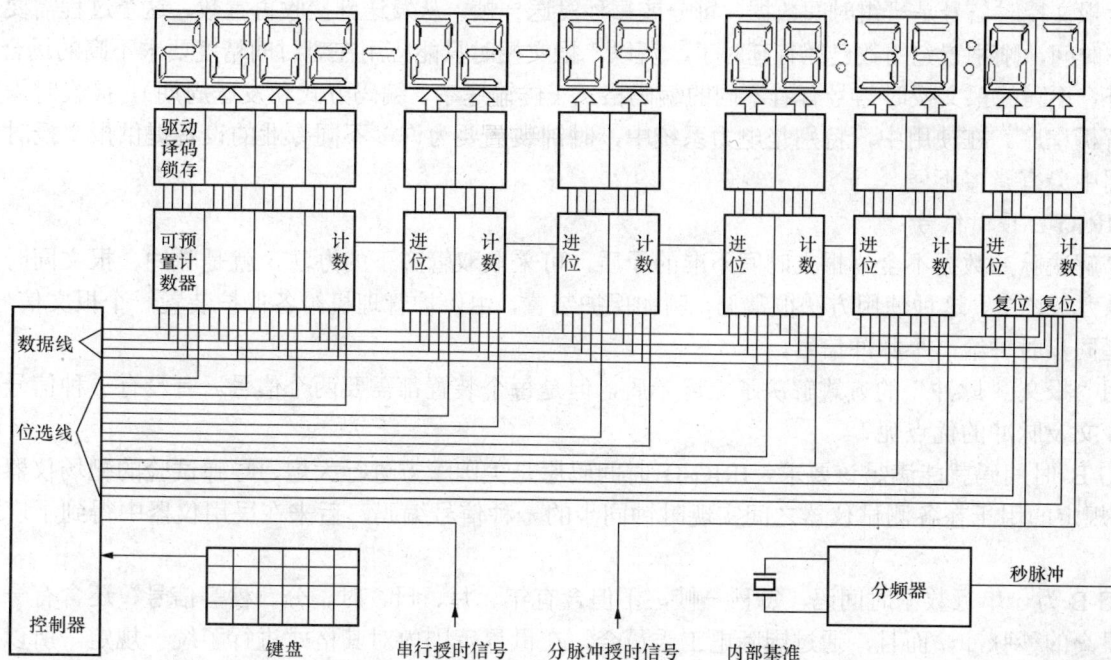

图 GYZD00801001-1　数字显示时钟框图

（二）对时原理

时钟通电开始走时的时候，并不知道当时的日期和时间，需要对时。

1．人工对时

通过键盘将正确的日期、时间输入控制器，控制器通过数据线配合位选线依次将数据置入各级计数器，时钟以此为起点开始走时。

2．脉冲对时

由于人工对时操作有延时，很难将时钟对得很准，年、月、日、时、分变化很慢，但"秒"在不停地走，人工操作时是无法将"秒"对得很准的。脉冲对时是利用外来的标准分（秒）脉冲给计数器的秒（毫秒）位清零，这样就可以得到相对准确的对时。

3．串行数据对时

串行数据信号一般包括日期、时间等大量数据，可代替人工键盘将正确的日期、时间数据自动输入控制器。

四、常用授时信号的基本类型及传输方式

目前常用的授时信号主要有两种：脉冲类和串行数据类。

（一）脉冲授时信号

脉冲授时信号有秒脉冲、分脉冲、时脉冲之分，这些脉冲的准时沿都是在整秒、整分、整时时刻发出，常用的是秒脉冲和分脉冲。

时钟装置接收授时信号并与其同步，是一个对钟的过程，在这个过程中，时钟装置利用脉冲授时信号的准时沿将内部时钟的毫秒位（对应秒脉冲授时信号）或秒位（对应分脉冲授时信号）清零而达到同步目的。以分脉冲授时信号为例，时钟装置的秒同步了，而年、月、日、时、分还需人工调整。每次时钟断电再启动后都需人工调整显然很不方便，特别是使用秒脉冲对时，人工几乎无法调整。为了解决这个矛盾，我们引入串行数据授时信号。

（二）串行数据授时信号

串行数据授时信号内含完整的日期、时间数据，常用的有串口报文授时信号和 B（IRIG-B）码授时信号。时钟装置可利用该数据对其自身时钟计数器置数而达到同步目的。

1. 串行报文授时信号

串行报文授时信号是一组时间数据，每分或每秒发送一帧，从发送到接收再置数，这个过程需要一定的操作时间，刚刚置完的数已经有延时了，所以，报文授时只能应用在对时间精度要求不高的场合。

另外，不同的报文授时信号有着不同的编码格式（传输速率、编码方式和发送周期），接收时需要对应的解析程序。在使用中，特别是电力系统中，时钟装置要为许多不同专业的设备提供报文授时信号，应用中会有诸多不便。

2. IRIG-B 授时信号

为了解决脉冲数据不全、报文时间不准的矛盾，可采取双管齐下的办法，就是脉冲、报文同时使用。在电力系统中，这种使用方法很常见，例如保护装置，由保护管理机给各保护装置一个报文信号，再由卫星同步时钟给一个脉冲信号。

采用"报文＋脉冲"的方式解决了上述矛盾，但是每个装置都需要两个信号。有没有一种信号同时具备报文及脉冲的优点呢？

IRIG-B 时间码就能满足该要求，IRIG-B 时间码原是美国军方进行大炮、导弹试验的靶场仪器组（IRIG）规定的用于在各测试仪器之间实现时钟同步的一种信号编码，后来在民用仪器中得到了广泛的应用。

IRIG-B 为一串行数据时间码，每秒一帧，不但含有年、月、日、时、分、秒等信号，还含有一个准确度很高的秒脉冲，而且，通过国际电工委员会，在世界范围内对其格式进行了统一规定。所以，在电力系统中得到了越来越广泛的应用。

IRIG-B 时间码有直流、交流之分。

直流 B 码是连续的脉冲串，每秒 1 帧，每帧含有 100 个脉冲，每个脉冲 10ms。脉冲的占空比有 3 种：① 8 ms 高电平，2ms 低电平，为码元逻辑"P"；② 5 ms 高电平，5ms 低电平，为码元逻辑"1"；③ 2 ms 高电平，8ms 低电平，为码元逻辑"0"。直流 B 码就是用这 3 种不同占空比的脉冲（码元），经特定的组合来传递时间信息的。

直流 B 码的 100 个码元分为 10 组，每组用"P"分隔，这样每个单元还有 9 个码元。

第 1 组比较特殊，9 个码元的第 1 个也是"P"，而且这个"P"的上升沿就是准时沿"秒"的起始点，准时沿的准确度就是 B 码的精度。其余 8 个码元的前 4 位是"秒"个位的 BCD(2—10 进制)编码；第 5 位是"0"；最后 3 位是"秒"十位的 BCD 编码，因为秒是 60 进制的，十位数最大为 5，3 位 BCD 码足够了。

第 2 组的 9 个脉冲前 4 位是"分"个位的 BCD 编码；第 5 位是"0"；最后 4 位是"分"十位的 BCD 编码。

第 3 组的 9 个脉冲前 4 位是"时"个位的 BCD 编码；第 5 位"0"；最后 4 位是"时"十位的 BCD 编码。

第 4 组的 9 个脉冲前 4 位是"日"个位的 BCD 编码；第 5 位是"0"；最后 4 位是"日"十位的 BCD 编码。

第 5 组的 9 个脉冲前 2 位是"日"百位的 BCD 编码；其余都是"0"。

注意：B 码表示日期的方式不是用月和日，而是用累计日，也就是从 1 月 1 日起到现在的累计天数。

第 6、7、8 组为自定义组，允许用户搭载其他信息，例如年、闰年、夏时制、星期等。由于不同厂家搭载的内容不统一，容易造成混乱，为此，国际电工委员会颁布了一个标准——IEEE C37.118—2005《电力系统同步矢量度标准》，明确规定了自定义组各码元的含义。

第 9、10 组为二进制（BIN）的累计"秒"，表示从 0 点起到现在时刻的累计秒数。

B 码将 10 组码元按功能分为 3 个码组：前 5 组为时间码组（BCD），后 2 组为累计秒 SBS 码组（BIN），中间 3 组为 CF 码组。

常用 B 码包含 3 个码组，直流 B 码称 000 格式，交流 B 码称 120 格式。

交流 B 码实际上是直流 B 码的调制信号，载波为 1kHz 的正弦波。

直流 B 码的"82"对应交流 B 码是一段 8 个周期较高幅值、2 个周期较低幅值的正弦波形；

直流 B 码的"55"对应交流 B 码是一段 5 个周期较高幅值、5 个周期较低幅值的正弦波形；

直流 B 码的"28"对应交流 B 码是一段 2 个周期较高幅值、8 个周期较低幅值的正弦波形。

其中较高幅值为 $10V_{PP}$，较低幅值为 $3.3V_{PP}$，即幅值比为 3：1（也有其他比值的）。

交流 B 码的"秒"起始点是第一单元中第二段波形的起始点。

由于交流 B 码是模拟信号，它的"秒"的起始点不是脉冲的沿，而是正弦波的过零点。接收设备要将"秒"的起始点解析出来，就不像解析脉冲那样来得直接，所以，交流 B 码的精度不如直流 B 码高。

B 码波形图如图 GYZD00801001-2 所示。

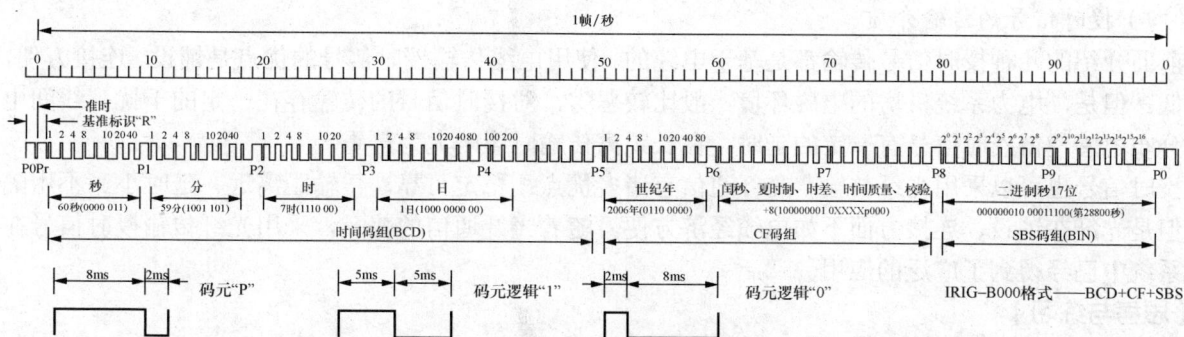

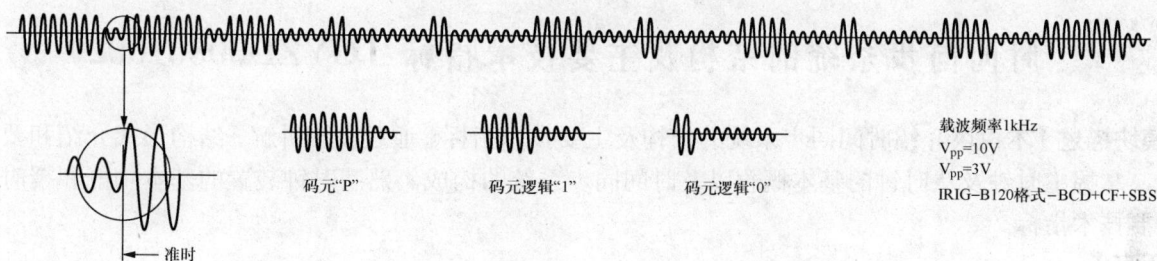

图 GYZD00801001-2　B 码波形图

（三）授时信号的传输方式

1. 无源接点

在脉冲授时信号的传递过程中，收发双方对脉冲的电平要有一个约定，这类似于前面提到的报文授时信号的报文格式需要约定一样。不同厂家的设备对脉冲电平的要求不同，电压等级不同、准时沿（有上升沿、下降沿之分）不同，在使用中同样会有诸多不便。采用无源接点（也称空接点、干接点）传输方式，发送端等效于一个开关，在要求的时刻闭合，电源由接收设备自身提供，这样接收设备使用的电平等级、准时沿用上升沿还是下降沿，就与发送设备无关了。

2. TTL 电平

TTL 电平叫法是由 TTL 器件使用的逻辑电平而来，为 5V，绝大部分数字电路运算、转换、传输都使用这一标准电平，前面提到的直流 B 码就是使用 TTL 电平。TTL 电平一般用来传送 B 码和秒脉冲、分脉冲等。

由于 TTL 电平的电压为 5V，抗干扰性能较差，在发电厂、变电站这种电磁环境比较恶劣的环境中传送信息，传输距离受到一定限制。

3. RS-232

RS-232 为通用的串行数据通信标准，最常用于计算机之间的通信。RS-232 采用非平衡方式传送，所谓非平衡方式就是两根传输导线一根是地线，一根是信号线。信号在传输过程中遇到干扰，地线是零，干扰信号只影响信号线，如果传输距离过长，会导致通信失败。所以，RS-232 的标准传输距离只有 30ft。这个距离是在极端条件下（使用最高传输速率）的指标。RS-232 主要用来传送报文信号。

4．RS-422 和 RS-485

RS-422 和 RS-485 同 RS-232 一样，也为通用的串行数据通信标准。不同的是它们采用平衡方式传送，所谓平衡方式就是两根传输导线都是信号线。接收设备取两根信号的差值（所以也称差分方式），在传输过程中遇到干扰，两根信号线的电位差不变，可以长距离传输。如果不考虑长线的延时因素，RS-422 和 RS-485 的传输距离可达 1000m。

RS-422 和 RS-485 也主要用来传送报文信号，但是基于其良好的传输特性，也常用其传送脉冲和 B 码。

（四）授时信号的传输介质

前面介绍的几种授时信号传输都是基于电缆的。使用电缆传输授时信号的优点是铺设、连接方便，造价低。但是，电力系统机房的电磁环境一般比较恶劣，对授时信号的传输存在一定的干扰；线间电容及分布电感使得授时信号有一定的延时，在长距离传输时影响尤为严重。

授时信号也可以采用光纤传输。光纤通信有诸多优点：稳定可靠、传输距离远、延时小、不用隔离，但是光纤在铺设、连接方面不如电缆经济方便。随着光纤通信的普及，采用光纤传输授时信号在电力系统中已经得到了广泛的应用。

【思考与练习】

1．GPS 与北斗有什么主要区别？各有什么特点？

2．时钟的基准有哪些？哪些是内部基准？哪些是外部基准？

3．常用的授时信号有哪些？各有什么特点？

模块 2　时间同步系统的结构及主要技术指标（GYZD00801002）

【模块描述】本模块介绍时间同步系统的结构及主要技术指标。通过概念讲解、结构形式介绍和要点归纳，掌握主时钟及从时钟的基本概念以及时间同步系统的构成，熟悉时钟装置的基本功能和授时信号主要技术指标。

【正文】

时间同步系统是由 1～2 台主时钟和若干台从时钟，通过电缆或光缆连接，为其他设备提供授时信号的系统。

一、主时钟及从时钟的基本概念

1．主时钟

能同时接收至少两种外部时间基准信号（其中一种应为无线时间基准信号），当其中一个基准信号失效时自动切换到另一个基准信号，可将有效的基准信号输出，具有内部时间基准（守时），按照要求的时间准确度向外输出时间同步信号和时间信息的装置。

主时钟原理框图如图 GYZD00801002-1 所示。

2．从时钟

能同时接收主时钟通过有线传输方式发送的至少两路时间同步信号，当其中一个基准信号失效时，自动切换到另一个基准信号，具有内部时间基准（守时），按照要求的时间准确度向外输出时间同步信号和时间信息的装置。

从时钟原理框图如图 GYZD00801002-2 所示。

二、时间同步系统的构成

1．最小系统

由一台主时钟自成系统，通过信号传输介质为被授时设备及系统对时。

最小系统原理框图如图 GYZD00801002-3 所示。

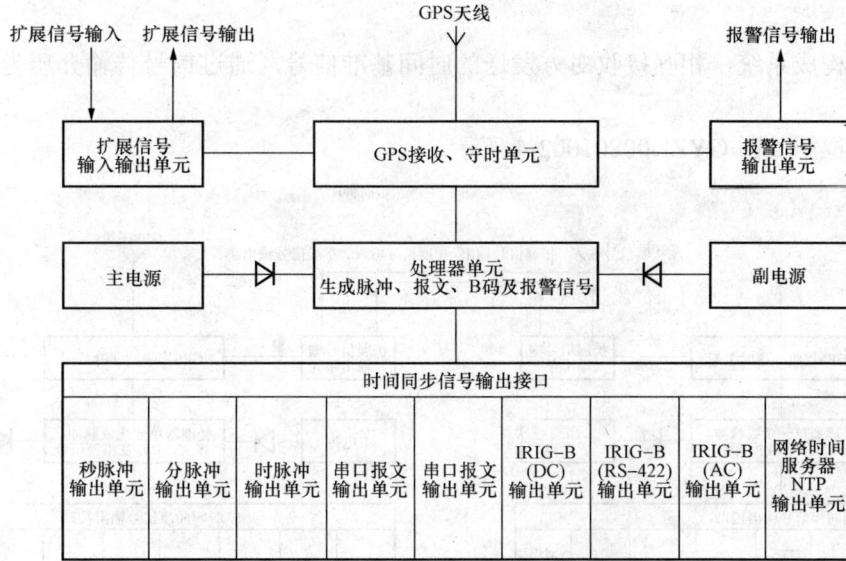

图 GYZD00801002-1 主时钟原理框图

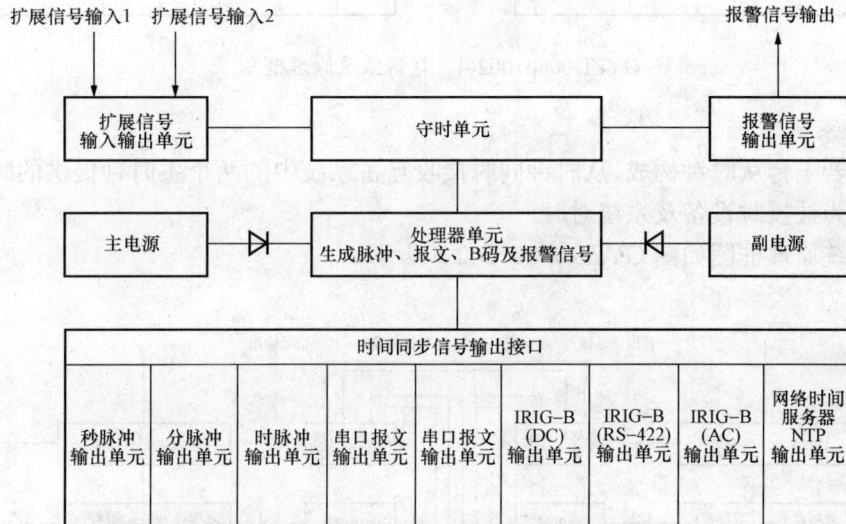

图 GYZD00801002-2 从时钟原理框图

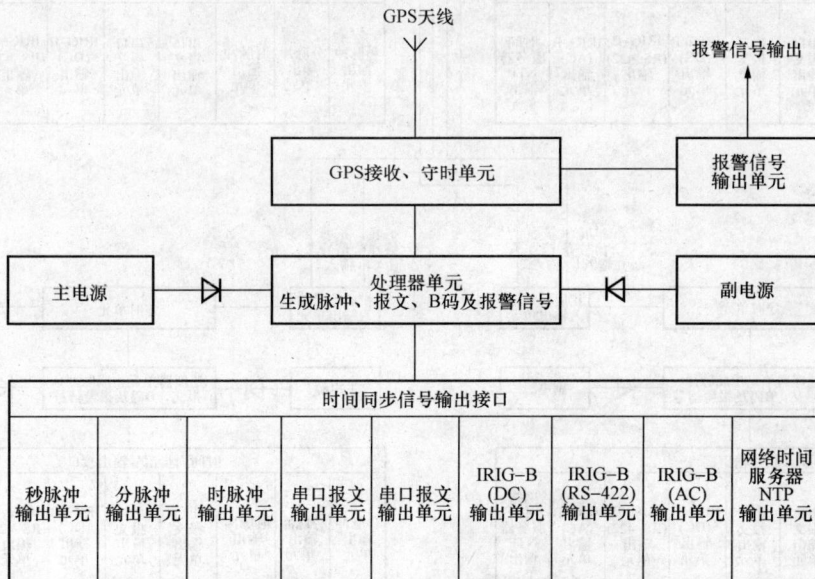

图 GYZD00801002-3 最小系统原理框图

2. 互备系统

由两台主时钟构成系统，相互接收对方发送的时间基准信号，通过信号传输介质为被授时设备及系统对时。

互备系统原理框图如图 GYZD00801002-4 所示。

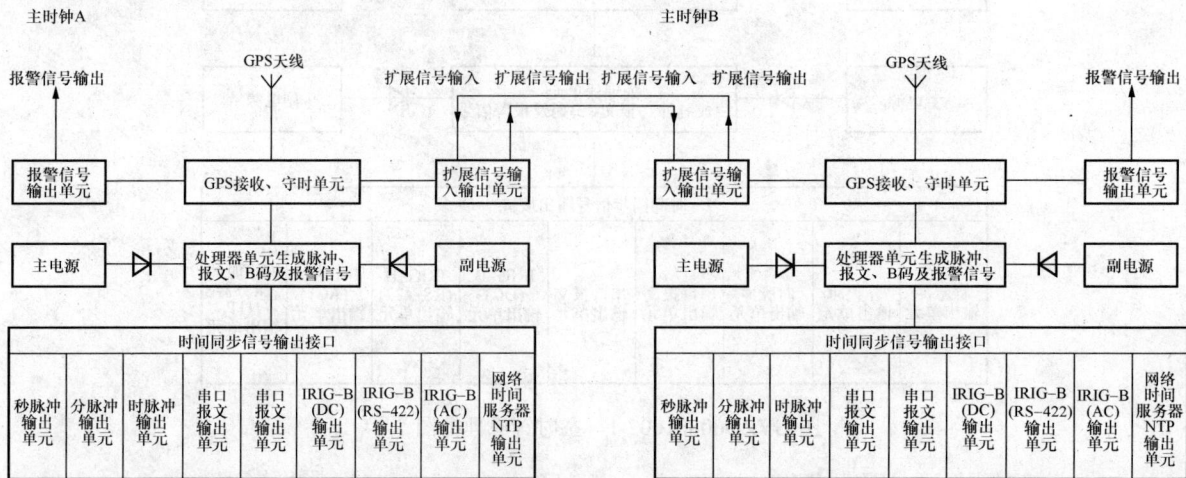

图 GYZD00801002-4 互备系统原理框图

3. 互备主、从系统

由互备系统及若干台从时钟构成，从时钟同时接收互备系统中的两个主时钟提供的时间基准信号，通过信号传输介质为被授时设备及系统对时。

互备主、从系统原理框图如图 GYZD00801002-5 所示。

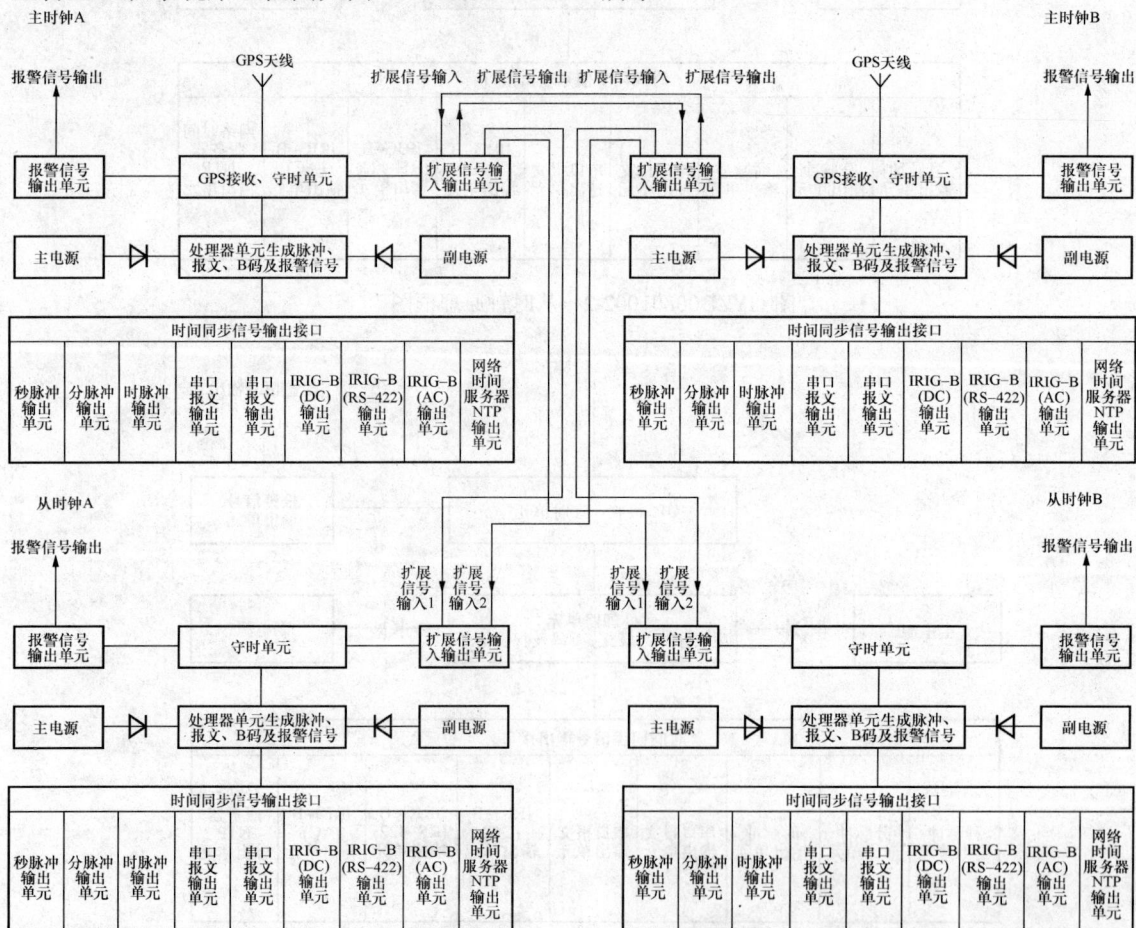

图 GYZD00801002-5 互备主、从系统原理框图

最小系统适用于规模较小、可靠性要求不十分高的场合。在规模较大的场合，一般不采用多个最小系统的方式，原因是多个最小系统各成一体，需要多个接收天线，不便于管理，可靠性低。

三、时钟装置的基本功能

时钟同步系统是由时钟装置（主时钟、从时钟）构成的，时钟的基准决定时钟的主、从，时钟的输出是一样的。

（1）时钟可输出脉冲信号、IRIG-B 码、串行口时间报文和网络时间报文等时间同步信号。

（2）时钟在失去外部时间基准信号时具备守时功能。

在守时保持状态下的时间准确度应优于 0.92 μs/min（55μs/h）。

（3）时钟输出信号之间应互相电气隔离。

（4）时钟面板上应有下列信息显示：

1）时钟同步信号输出指示灯。

2）外部时间基准信号状态指示。

3）当前使用的时间基准信号。

4）年、月、日、时、分、秒（北京时间）。

5）故障信息。

（5）时钟应有下列告警接点输出：

1）电源中断告警。

2）故障状态告警。

四、授时信号主要技术指标

（一）脉冲信号

脉冲信号有 1PPS、1PPM、1PPH 或可编程脉冲信号等。其输出方式有 TTL 电平、差分（RS-485）电平等有源脉冲，静态空接点无源接点和光纤脉冲等。技术参数如下：

（1）脉冲宽度。10～200 ms。脉冲对时使用的是脉冲的准时沿，对脉冲的宽度不用严格限制。

（2）有源脉冲。

准时沿：上升沿，上升时间小于或等于 100 ns。

上升沿的时间准确度：优于 1μs。

（3）无源接点。静态空接点与 TTL 电平信号的对应关系为接点闭合对应 TTL 电平的高电平，接点打开对应 TTL 电平的低电平，接点由打开到闭合的跳变对应准时沿。

准时沿：上升沿，上升时间小于或等于 1μs。

上升沿的时间准确度：优于 3μs。

允许最大工作电压：250V DC。

（4）光纤。使用光纤传导时，亮对应高电平，灭对应低电平，由灭转亮的跳变对应准时沿。

秒准时沿：上升沿，上升时间小于或等于 100ns。

上升沿的时间准确度：优于 1μs。

（二）IRIG-B 码

IRIG-B 码应符合 IRIG Standard 200-04 的规定，并含有年份和时间信号质量信息（参照 IEEE C37.118—2005），其时间为北京时间。

1. IRIG-B（DC）码

（1）秒准时沿的时间准确度：优于 1μs。

（2）接口类型：TTL 电平、RS-422、RS-485 或光纤。

（3）使用光纤传导时，亮对应高电平，灭对应低电平，由灭转亮的跳变对应准时沿。

2. IRIG-B（AC）码

（1）载波频率：1kHz。

（2）秒准时点的时间准确度：优于 20μs。

（三）串行口时间报文

串口报文有其特定的报文格式，不同厂家使用的格式不尽相同，对钟设备一方需要相应的解析软件，给实际应用带来不便。为此，《电力系统时间同步系统技术规范》对该报文格式作了相应的规定。

【思考与练习】

1. 什么因素决定时钟装置的主、从结构？

2. 用多个最小时钟系统能否代替互备主、从系统？

模块 3 时间同步系统的检测及故障排除（GYZD00801003）

【模块描述】 本模块介绍时间同步系统的检测及故障排除。通过方法介绍，掌握检测时钟同步系统的系统功能、授时信号的方法以及时钟同步系统的异常和故障处理方法。

【正文】

本模块所述的检测，不同于生产厂家、检测机构所做的严格的、全面的检测。因为使用单位一般也不具备相应的、精密的测试仪器。所以，这里介绍的是使用常规仪器设备（示波器、万用表、时间校验仪和电脑等）检测时钟同步系统的方法，主要用于故障排除后，对系统功能一般检测。

一、系统功能检测

1. 主时钟外部基准测量

一般时钟都具有标准脉冲输出，秒脉冲或分脉冲，这个脉冲表征该时钟的最高精度。测量时使用这个标准脉冲。

测试步骤如下：

（1）按图 GYZD00801003-1 连接设备。标准时钟源可用时间校验仪等有标准脉冲输出的设备。

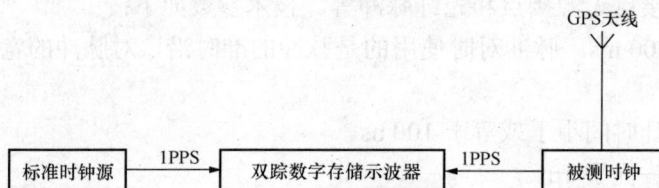

图 GYZD00801003-1 测量 1PPS 指标示意图

（2）被测时钟工作在卫星锁定跟踪状态下。

（3）测量被测时钟输出的秒脉冲的上升时间和脉冲宽度。

（4）测量标准时钟源输出的秒脉冲与被测设备输出的秒脉冲之间的时差。

（5）解除卫星天线，使时钟工作在备用信号锁定状态下，重复 1）节的 c）、d）条目。

测量结果应满足模块 GYZD00801002 "时间同步系统的结构及主要技术指标" 中 "授时信号主要技术指标" 的要求。

2. 主时钟内部基准（守时）测量

（1）按图 GYZD00801003-1 连接设备。

（2）在被测时钟工作在卫星锁定跟踪状态下 30min 以后，解除卫星天线及备用信号，使被测时钟工作守时状态下。

（3）测量被测时钟输出的秒脉冲的上升时间和脉冲宽度。

（4）测量标准时钟源输出的秒脉冲与被测设备输出的秒脉冲之间的时差漂移。

（5）时差漂移每分钟不应大于规范给出的值。

3. 报警功能测量

模拟各种故障状态，测量相应报警接点是否闭合。

（1）解除卫星天线或备用信号，时钟单基准失效报警接点应闭合。

（2）同时解除卫星天线和备用信号，时钟双基准失效报警接点应闭合。

（3）分别关闭主电源和副电源，相应失电报警接点应闭合。

4. 扩展时钟

扩展时钟的检测方法与主时钟相同，只要将"卫星天线"换作"备用信号2"即可。

二、授时信号的检测

1. 脉冲信号

脉冲信号的测量方法与时钟外部基准的测量方法相同，但是，在测量空接点脉冲时，需要外加电源及电阻。电阻值与所加电源电压有关，$R = U/I$，I 为空接点输出的最大电流。

测量空接点脉冲示意如图 GYZD00801003-2 所示。

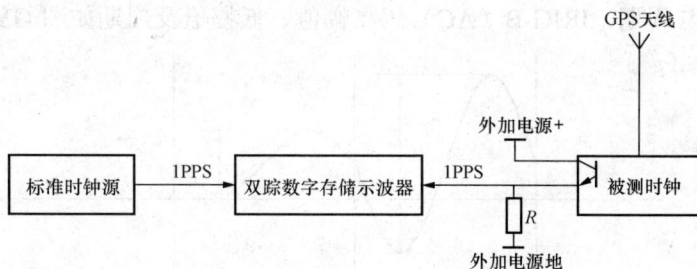

图 GYZD00801003-2　测量空接点脉冲示意图

2. 串口信号

（1）按图 GYZD00801003-3 连接设备。

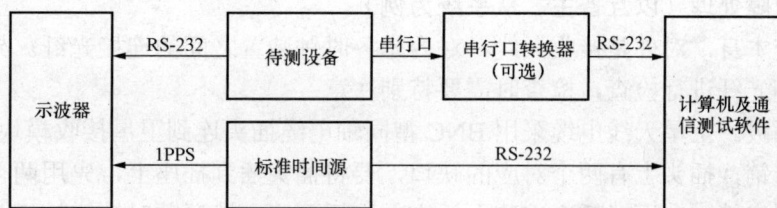

图 GYZD00801003-3　测量串行口时间报文示意图

（2）将所有设备串口参数设为：数据位 8 位，停止位 1 位，偶校验，波特率 9600bit/s。

（3）通过通信测试软件记录标准时间源发送的串行口时间报文和被测设备在跟踪锁定、守时保持两种状态下发送的串行口时间报文。

（4）通过数字示波器，测量串行通信帧头与标准时间源发送的秒脉冲准时沿之间的时差。

（5）将波特率分别设为 1200、2400、4800、19200bit/s，重复步骤（3）～（4）。在各种波特率下，被测时钟在跟踪锁定、守时保持两种状态下每次发送的串行口时间报文内容都应满足技术规范要求，同时报文中年、月、日、时、分、秒的值都应与标准时间源发送的串行口时间报文中的年、月、日、时、分、秒的值一致。

在各种波特率下，被测时钟在跟踪锁定、守时保持两种状态下发送的串行口时间报文，其发送时刻与标准 1PPS 延时都应不大于 5ms。

3. 直流 B 码（IRIG-B DC）

IRIG-B 码格式、波形、格式和值应符合规范要求。

（1）按图 GYZD00801003-4 连接设备。

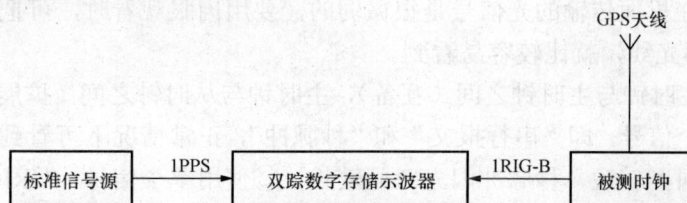

图 GYZD00801003-4　测量 IRIG-B 码示意图

（2）被测设备工作在跟踪锁定状态和守时保持状态下分别测量。

（3）测量标准时钟源输出的 1PPS 与被测设备输出的 IRIG-B（DC）码准时沿（Pr 上升沿）之间的时差，测量被测设备输出的 IRIG-B 准时沿（Pr 上升沿）的上升时间。

4. 交流 B 码（IRIG-B AC）

（1）按图 GYZD00801003-4 连接设备。

（2）被测设备工作在跟踪锁定状态和守时保持状态下分别测量。

（3）测量标准时钟源输出的 1PPS 与被测设备输出的 IRIG-B（AC）码准时沿（Pr 中第一个由负到正的过零点）之间的时差。

（4）信号幅值比与周期。IRIG-B（AC）码高幅值、低幅值及周期如图 GYZD00801003-5 所示。

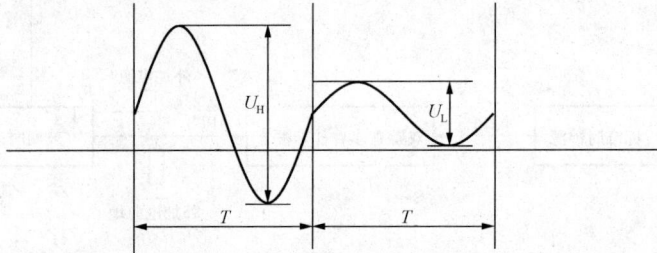

图 GYZD00801003-5　IRIG-B（AC）幅值及周期

信号幅值比 $U_H:U_L$ 为 3:1。周期 T 为 1ms。

三、异常和故障处理（以互备主、从系统为例）

时钟同步系统本身，对外是接收天线，对内是各时钟装置之间的连接光纤。异常和故障处理时首先要对卫星天线和光纤进行检查，检查时需要特别注意：

（1）天线的插拔。卫星天线电缆采用 BNC 型同轴电缆插头连到卫星接收模块的 BNC 型插座上，插座上有两个固定销，插头上有两个对应的缺口，要将插头插到插座上，先用两个手指捏住插头的外圈，将缺口对准固定销，向下（插座安装面板方向）插到底，然后顺时针旋转插头的外圈到转不动为止，BNC 插头就插紧在插座上了。如果要拔下 BNC 插头，先用两个手指捏住插头的外圈，向下压到底，然后逆时针方向旋转插头的外圈到转不动为止，再向上拔，BNC 插头就可以从插座上拔下了。切忌捏住插头直接插拔。

（2）光信号通道的检查。在系统中光信号一般采用多模光纤传输，在相应模块电路板上的光发生器件将电信号装换成光信号，通过尾纤将光信号传输到相应模块电路板上的光接收器件将光信号转换为电信号，如果光信号要传输到其他屏或其他小室，则要采用光缆，光缆与尾纤的连接点是光缆分线盒。尾纤两头是光信号插头，模块和光缆分线盒上是光信号插座。系统中采用的光信号插头座以 ST 型为例，它的结构类似 BNC 型插头座，不过外径较小。ST 型插座上也有两个固定销，插头上有两个对应的缺口，要将插头插到插座上，先用两个手指捏住插头的外圈，将缺口对准固定销，向下（插座安装面板方向）插到底，然后顺时针旋转插头的外圈到转不动为止，ST 插头就插紧在插座上了。如果要拔下 ST 插头，先用两个手指捏住插头的外圈，向下压到底，然后逆时针方向旋转插头的外圈到转不动为止，再向上拔，ST 插头就可以从插座上拔下了。光纤很细，操作时要小心，切忌捏住插头直接插拔，更不可拉光纤。

（3）多模光纤传输的光线是红色光，肉眼可见，它不是激光，用肉眼观看时，不会伤害眼睛。不过尾纤的光纤很细，在里面传输的光信号是很微弱的，要用肉眼观看时，可把手握成半拳状握住尾纤的 ST 插头，挡住外部光线，就比较容易看到。

（4）在系统中，主时钟与主时钟之间（互备），主时钟与从时钟之间（扩展）通过光传输的信号有两种方式：①使用两个信号，即"串行报文"和"秒脉冲"，正常情况下可看到每秒闪一次的红色的闪光，时间报文闪光的时间较短，秒脉冲闪光时间较长；②使用单个信号"IRIG-B"，B 码内含有报文和秒脉冲信息，与使用两个信号的方式相同。B 码是连续的脉冲串，观察到的是不断闪烁红色的闪光。

（一）主时钟的异常和故障处理

时间同步系统的主时钟有告警信号接到监控系统，根据告警信号的内容，可以判断异常和故障的情况，进而分别处理。

1. 主时钟单基准失效

时间同步系统主时钟一般采用光互备型，它既可以接收卫星的时间基准信号，也可以接收另一台主时钟通过光纤系统转送过来的时间基准信号，两路时间基准信号互为备用，所以单单出现这个告警信号而没有同时出现"主时钟双基准失效"信号的情况，该主时钟输出的各类时间同步信号仍可保持需要的准确度，出现此告警信号不影响全站时间同步系统的工作。

在控制台出现此告警信号后，可到主时钟屏前核对主时钟前面板的指示灯，看"主钟"指示灯的状况，主时钟的两个基准都具有相应的指示灯，由于各个厂家指示方法不尽相同，我们暂将接收卫星信号指示灯称"M"，接收光纤信号指示灯称"S"。正常情况下，这两个灯都应该亮，如指示灯"M"灭，指示灯"S"亮，表示主时钟 A 收不到从自己天线接收的卫星信号；如指示灯"M"亮，指示灯"S"灭，表示主时钟收不到从另一台主时钟转送过来的信号，需分别进一步检查。

对于指示灯"M"灭的情况，可检查天线插头是否插上、是否松动、天线是否损坏等，确定原因后再进行处理。要直接判断卫星天线是否损坏是比较困难的，如果两台主时钟距离较近可互换天线进行对比。

对于指示灯"S"灭的情况，需进一步检查另一台主时钟的状况，如另一台主时钟的指示灯"M"是亮的，表示主时钟 B 接收卫星信号正常，问题出在光纤传输方面。

2. 主时钟双基准失效

在控制台出现此告警信号后，可到主时钟屏前检查主时钟指示灯的状况。一般情况下"故障"指示灯应亮，表示主时钟既接收不到卫星信号，也接收不到另一台主时钟转送过来的时间基准信号。总之指示灯"M"不亮查天线，指示灯"S"不亮查光纤。

3. 主时钟主、副电源失电

主时钟一般由两路电源供电，控制台出现此告警信号时，可到主时钟屏检查主时钟的主、副电源的"POWER"指示灯是否灭了，可能原因是电源模块熔丝熔断、时钟屏的电源空气开关跳开或电源屏的电源开关跳开，应确定原因再处理。

由于主时钟都配备了主、副两个电源模块，它们的容量可满足全部模块工作需要，输出相互间都有隔离，所以任何一个电源模块故障都不会影响主时钟的工作，但一旦出现电源消失的告警信号应查明原因及时处理，避免两个电源同时失电。

（二）从时钟的异常和故障处理

从时钟与主时钟的处理方法一样，只要将"M"按照另外一个"S"看待即可。

【思考与练习】

1. 测量空接点脉冲时，为什么要外接电源及电阻？

2. 时间同步系统故障现象主要有哪些？

第十部分

UPS 及机房配电
系统的维护和异常处理

第四十三章　UPS　知　识

模块 1　UPS 的基本结构（GYZD01101001）

【模块描述】本模块介绍 UPS 系统的基本结构。通过结构介绍，掌握 UPS 的基本结构及其组成。

【正文】

一、UPS 的基本结构

UPS（Uninterruptible Power Supply，不间断电源）的电路结构形式多种多样，各种结构形式 UPS 的出现与当时的电路技术水平、半导体器件（主要指功率半导体器件和控制组件）的发展水平以及实际应用的需要等因素有密切的关系。技术不断进步、电路结构不断更新和完善以及多种电路结构形式并存等，始终是 UPS 技术发展进程中的基本特点。对 UPS 的电路结构形式进行分类的方法很多，如：

（1）按动静分类。可分为旋转型、动静型和静止型。

（2）按功率分类。可分为小功率、中功率和大功率。

（3）按输出波形分类。可分为方波（准正弦波）和正弦波。

（4）按输出电压的相数分类。可分为单相和三相。

（5）按不停电供电方式分类。可分为在线式、后备式和在线互动式。

目前普遍应用的主流产品是静止变换型 UPS，包括后备式、在线互动式和在线式。

二、UPS 系统的组成

UPS 系统的基本组成框图如图 GYZD01101001-1 所示。

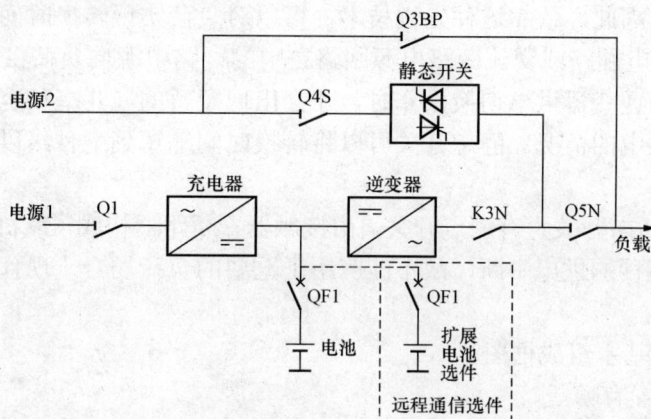

图 GYZD01101001-1　UPS 系统的基本组成框图

1. 充电器

由晶闸管三相全控整流桥功率电路和相应的控制电路组成。它将电源 1 输入的交流电变换成直流电，供给电池组充电及逆变器的输入。其性能的优劣直接影响 UPS 的输入指标。另外，它的整流电路部分一般采用晶闸管整流器或二极管与绝缘栅双极晶体管（Insulated Gate Bipolar Transistor，IGBT）组合型整流器。

（1）晶闸管整流器。晶闸管整流器输出容量大、可靠性高、工作频率低、滤波器体积大、噪声大，适用于输入电压低、功率大的 UPS。

（2）二极管与绝缘栅双极晶体管（IGBT）组合型整流器。这种整流器的工作频率高，具有功率因数校正功能，滤波器体积小、噪声低、可靠性高，适用于中小功率 UPS。

2．逆变器

由 IGBT 逆变功率电路和相应的控制电路组成。它将整流—充电器输入的直流电变换为正弦交流电供给负荷。其性能的优劣直接影响 UPS 的输出性能指标。

3．静态开关

静态开关是为提高 UPS 系统工作的可靠性而设置的，能承受负荷的瞬时过负荷或短路，由反并联的晶闸管功率电路和相应的控制电路组成。因 UPS 的逆变器采用电子器件，如 IGBT 管的过负荷能力仅为 125%，当 UPS 供电系统出现过负荷或短路故障时，UPS 将自动切换到旁路，以保护 UPS 的逆变器不会因过负荷而损坏。UPS 供电系统转入旁路供电后，是由市电直接供给负荷，因市电的系统容量大可提供足够的时间，使过负荷或短路回路的断路器跳闸，待系统切除过负荷或短路回路后，旁路开关将自动转换回由逆变器继续向其他负荷供电。它实现负荷在逆变器与旁路电源两者之间的不间断切换。静态开关为智能型大功率无触点开关，转换时间为 2~3ms。

4．电池电路

由可充电的电池组组成。将直流能量储存在电池组中，当电源 1 停电或超限时，向逆变器电路释放能量，以对负荷进行后备式（backup）的供电。

5．各种隔离保护装置

（1）Q1：整流器输入开关。

（2）QF1：电池电路保护断路器。

（3）Q4S：静态旁路输入开关。

（4）Q5N：逆变器输出开关。

（5）Q3BP：手动维修旁路开关。

UPS 的旁路开关又分为静态旁路开关和动态旁路开关。

1）静态旁路开关。静态旁路开关为无触点开关，由晶闸管开关器件构成。所谓电子式静态转换开关，是将一对反向并联的快速晶闸管连接起来作为 UPS 在执行由市电旁路供电至逆变器供电切换操作时的元件。由于快速晶闸管的接通时间为微秒级，同小型继电器毫秒级的转换时间相比，它只是小型继电器的千分之一左右。因此，依靠这种先进技术，可以对负荷实现转换时间为零的不间断供电。正常工作时，只有逆变器供电回路或交流旁路电源回路之中的一路电源向负荷供电。只有当 UPS 需求执行由交流旁路电源供电至逆变器供电切换操作时，才会出现短暂的（几毫秒至几十毫秒）两路交流电源在时间上重叠向负荷供电的情况。静态开关可以将转换时间缩短到毫秒级以下，甚至 100μs 以内，但损耗较大。

2）动态旁路开关。动态开关为有触点开关，由接触器、断路器构成，靠机械动作完成转换，动态开关转换过程会有几十毫秒的供电中断，故不能应用于重要的负荷场合，现代的 UPS 已很少采用。

【思考与练习】

1．画出 UPS 系统的基本组成框图。

2．UPS 中的隔离装置有哪些？

模块 2　UPS 的工作原理（GYZD01101002）

【模块描述】本模块介绍 UPS 的工作原理。通过原理介绍和要点归纳，掌握后备式、在线式、在线互动式三种 UPS 的工作原理及特点。

【正文】

一、后备式 UPS 的工作原理及特点

1．工作原理

当电网供电正常时，一路市电通过整流器对蓄电池进行充电，而另一路市电通过自动稳压器初步稳压、吸收部分电网干扰后，再由旁路转换开关直接给负荷供电。此时，蓄电池处在充电状态，直到蓄电池充满而转入浮充状态。UPS 相当于一台稳压性能较差的稳压器，仅对市电电压幅度波动有所改善，对电网上出现的频率不稳、波形畸变等"电污染"不作任何调整。

当电网电压或电网频率超出 UPS 的输入范围时，即在非正常的情况下，交流电的输入已被切断，充电器停止工作，蓄电池进行放电，在控制电路的控制下逆变器开始工作，使逆变器产生 220V、50Hz 的交流电，此时 UPS 供电系统转换为由逆变器继续向负荷供电。后备式 UPS 的逆变器总是处于后备供电状态。

从后备式 UPS 的工作原理可以看出，在大部分供电时间内，负载所使用的电源就是市电（或经过调压器简单调压的市电），负荷还是会承受从市电网路进来的浪涌、尖脉冲、干扰、频率漂移等不良影响。显然，这时的 UPS 实质上是一台稳压器，只能对市电的高低压问题有所改善，而不能解决大部分市电供电问题，它是一种价格便宜、技术含量较低的 UPS，适合不太重要的 PC 使用。

2. 特点

后备式 UPS 的优点：产品价格低廉，运行费用低。由于在正常情况下逆变器处于非工作状态，电网能量直接供给负载，因此后备式 UPS 的电能转换效率很高。蓄电池的使用寿命一般为 3～5 年。

后备式 UPS 的缺点：当电网供电出现故障时，由电网供电转换到逆变器供电存在一个较长的转换时间，对于那些对电能质量要求较高的设备来说，这一转换时间的长短是至关重要的。再者，由于后备式 UPS 的逆变器不经常工作，因此不易掌握逆变器的动态状况，容易形成隐性故障。后备式 UPS 一般应用在一些非关键性的小功率设备上。

二、在线式 UPS 的工作原理及特点

所谓在线式是指不管电网电压是否正常，负载所用的交流电压都要经过逆变电路，即逆变电路始终处于工作状态。在线式 UPS 一般为双变换结构。所谓双变换是指 UPS 正常工作时，电能经过了 AC/DC、DC/AC 两次变换后再供给负荷。在线式 UPS 的工作原理如图 GYZD01101002-1 所示。

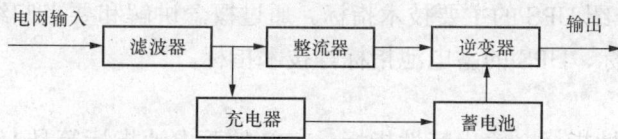

图 GYZD01101002-1　在线式 UPS 工作原理

当在线式 UPS 在电网供电正常时，电网输入的电压一路经过噪声滤波器去除电网中的高频干扰，以得到纯净的交流电，然后分别进入充电器对蓄电池充电，另一路进入整流器进行整流和滤波，并将交流电转换为平滑直流电供给逆变器，而逆变器又将直流电转换成 220V、50Hz 的交流电供负荷使用。

当发生市电中断时，交流电的输入已被切断，整流器不再工作，此时蓄电池放电把能量输送到逆变器，再由逆变器把直流电变成交流电，供负荷使用。因此，对负荷来说，尽管市电已不复存在，但此时负荷并未因市电中断而停运，仍可以正常工作。

目前，在线式 UPS 使用得较为普遍。无论市电正常与否，在线式 UPS 的逆变器始终处于工作状态。逆变器具有稳压和调压作用，因此在线式 UPS 能对电网供电起到"净化"作用，同时具有过负荷保护功能和较强的抗干扰能力，供电质量稳定可靠，但其价格较贵。在线式 UPS 从根本上完全消除了来自市电的任何电压波动和干扰对负荷工作的影响，真正实现了对负荷的无干扰、稳压、稳频供电。在线式 UPS 输出的正弦波的波形失真系数小。目前，一般市售产品的波形失真系数均在 3% 以内。

当市电供电中断时，UPS 的输出不需要一个开关转换时间，因此其负荷电能的供应是平滑稳定的。在线式 UPS 能实现对负荷的真正的不间断供电，因此，从市电供电到市电中断的过程中，UPS 对负荷供电的转换时间为零。

三、在线互动式 UPS 的工作原理及特点

在线互动式 UPS 在市电正常时，供给负荷为改良了的市电，市电故障时，负荷完全由蓄电池提供能量经逆变器变换后供电。在线互动式 UPS 中有一个双向变换器，既可以当逆变器使用，又可作为充电器。所谓在线互动是指输入市电正常时逆变器处于热备份状态，仅作为充电器给蓄电池充电。

在线互动式 UPS 与传统在线式 UPS 性能比较，有以下特点：

（1）电路更简单，成本低，可靠性高。

（2）逆变器同时有充电功能，其充电能力要比附加充电器强得多。当要求长延时供电时，无须再增加机外充电设备。

（3）由于变换器与输出直接接在一起，没有转换开关的限制，所以输出功率可提高。

（4）当市电存在时，效率可达 98% 以上。输入功率因数和输入电流谐波成分取决于负荷电流，UPS 本身不产生附加输入功率因数和谐波电流失真。小容量的在线互动式 UPS 输出电压稳定精度较差，但也能满足一般计算机负荷的要求。因为在线互动式 UPS 变换器直接接在输出端，并且处在热调整状态，对输出电压尖峰干扰有滤波作用。

为了进一步改善在线互动式 UPS 的功能，可在输入开关和智能调压之间串接一个电感，目的在于当市电中断时，逆变器可立即向负荷供电。因为串联电感对逆变输出反馈到电网的电流有很强的抑制作用，避免了输入开关未断开时短路逆变器输出的危险。这样做可以使在线互动式 UPS 的转换时间减小到零，使其完全具备双变换在线式的转换功能，同时还增强了整个 UPS 的抗干扰能力。但是，这样做却带来了降低 UPS 输入功率因数的不良后果。

【思考与练习】

1. 后备式 UPS 有什么优点？

2. 在线互动式 UPS 比传统在线式 UPS 性能有何优点？

模块 3 UPS 的主要技术指标（GYZD01101003）

【模块描述】本模块介绍 UPS 的主要技术指标。通过概念讲解和要点归纳，掌握 UPS 的容量、输入特性指标、输出特性指标、UPS 的蓄电池指标等技术指标。

【正文】

UPS 的容量、输入特性指标、输出特性指标、UPS 的蓄电池指标等是 UPS 的主要技术指标。

一、容量

容量是 UPS 的首要指标，可分为输入容量和输出容量。一般指标中所给出的容量都是指输出容量，也就是输出额定电压与输出额定电流的乘积，容量的单位为伏安（VA）。

二、输入特性指标

1. 输入电压及范围

输入电压指标应说明输入交流电压的相数及数值，如单相或三相，220、110、380V 等；同时还要给出 UPS 对电网电压变化的适应范围，如标明在额定电压的基础上 ±15% 等。

2. 输入频率及范围

输入频率指标应说明 UPS 产品所适应的输入交流电的频率及允许的变化范围。如 $50 \times (1 \pm 5\%)$、$50 \times (1 \pm 1\%)$、$60 \times (1 \pm 3\%)$ Hz 等。

3. 输入电流

输入电流指标是指 UPS 在保证额定输出功率和保证蓄电池充电的功率时其输入交流线电流（三相）或相电流（单相）的有效值，即额定输入电流，有时通过输入容量指标给出。要注意的是，配电设备或配线的选取要考虑 UPS 的过负荷承受能力，要考虑瞬间冲击等因素，因而容量一定是比额定输入大，即留有一定的裕量。

4. 功率因数

UPS 的功率因数分为输入功率因数和额定负荷功率因数两类。

输入功率因数是指 UPS 的逆变器（在线式）工作而非旁路时，UPS 向电网索取的有功功率和电网向 UPS 提供的视在功率之比值。它反映出 UPS 利用电网能量的有效程度，UPS 的输入功率因数越高越好。

额定负荷功率因数是指 UPS 作为交流电源使用时，要求所接负荷向 UPS 索取的无功功率占 UPS

输出视在功率的比例。负荷功率因数低说明负荷向 UPS 索取无功功率的比例大，UPS 必须降额使用。一般几千伏安的 UPS 均要求负荷至少有 0.8 以上的功率因数。

三、输出特性指标

（1）输出电压。输出电压即 UPS 的额定输出电压，如 220、380V 等。用户可以根据自己的设备所需的电压等级和供电制式选取 UPS 产品。

（2）输出电压静态稳定度。输出电压静态稳定度是稳定电源中常用的指标，输出电压稳定度指标是指在额定的输入电压范围内，负荷电流由额定值的 0～100%变化时其输出电压的相对变化量。

（3）输出电压动态稳定度。输出电压动态稳定度是指负荷电流作 100%阶跃时输出电压瞬时最大相对变化量。

（4）过负荷能力。过负荷能力是指 UPS 的输出容量超过其额定输出容量的比例和可持续的时间。

（5）输出频率。输出频率是指 UPS 输出交流电的频率，一般为 50Hz 或 60Hz。市电供电时，无论输出频率是 50Hz 还是 60Hz，在线式 UPS 处于同步锁定状态，其输出频率漂移可达±2Hz；市电发生故障时，由内振决定 UPS 的输出频率，漂移为±（0.5～1）Hz。我国的交流电网频率为 50Hz，所以用户在选择 UPS 时一定要注意与电网频率兼容，即在我国一定选用输出频率为 50Hz 的 UPS（特殊用途除外）。

（6）输出波形。UPS 输出波形是指逆变器工作时 UPS 输出电压的波形。总谐波失真（THD）是 UPS 输出波形的一个重要指标，是指谐波含量的均方根值与非正弦周期函数的均方根值之比，一般小于 3%。

四、UPS 的蓄电池指标

（1）蓄电池的类型。蓄电池的类型是指 UPS 所使用的蓄电池类型。

（2）蓄电池的额定电压。UPS 所配备的蓄电池组的额定电压一般随着输出容量的不同而变化，其中大容量 UPS 所配蓄电池组的额定电压比小容量的 UPS 高。

（3）蓄电池的备用时间。该项指标是指当 UPS 处于满负荷状态发生市电断电后，改由蓄电池组供电的状态下，UPS 能继续向负荷供电的持续时间。该指标包含满负荷后备时间和半负荷后备时间。

五、经济技术指标

（1）损耗。反应一次性投资的经济效益。

（2）效率。反应长期运行的经济效益。

六、其他技术指标

（1）噪声：55～65dBA 。

（2）质量、体积、占地面积等。

（3）三相负荷不平衡度：系统 30%不平衡度时输出不平衡度小于 +1%，系统 100%不平衡度时输出不平衡度小于 +3%。

（4）平均无故障时间 MTBF：>30 万 h。

（5）平均修理时间 MTTR：2～6h。

（6）电池管理功能。

（7）UPS 与计算机智能通信功能。

（8）符合相关国际标准：

IEC 60146：UPS 性能及安全。

IEC 60950：UPS 安全。

IEC 61000-2-2：低频传导干扰。

IEC 61000-3-2，IEC 61000-3-4：<16A 和>16A 的谐波干扰。

IEC 61000-3-5：电压波动干扰。

IEC 61000-4-2：抗静电放电。

IEC 61000-4-3：抗射频磁场。

IEC 61000-4-4：抗瞬态电冲击。

IEC 61000-4-5：抗浪涌能力。

ISO 9001，ISO 14001：设计，生产，销售，服务，及环保。

【思考与练习】

1．对 UPS 输入电压及频率有何要求？

2．UPS 输出电压的范围是多少？

第四十四章 UPS 维 护

模块 1 UPS 的硬件知识（GYZD01102001）

【**模块描述**】本模块介绍 UPS 硬件的基本知识。通过结构介绍和功能描述，掌握 UPS 的硬件组成及其功能，熟悉 UPS 的类型及其特点。

【**正文**】

一、基本概念

UPS 是不间断电源（Uninterruptible Power System）的英文简称，是能够提供持续、稳定、不间断的电源供应的重要设备。

从原理上来说，UPS 是一种集数字和模拟电路，自动控制逆变器与免维护储能装置于一体的电力电子设备。从功能上来说，UPS 可在市电出现异常时，有效地净化市电；在市电突然中断时持续一定时间给计算机等设备供电。

二、硬件组成

1. 整流器

整流器位于输入端，将市电的交流电流转换成直流电流。整流器具备以下功能：

（1）给逆变器提供直流电源。

（2）自动对蓄电池充电。

（3）将充电电流自动限制为储存在记忆中的电池容量的 15%。

（4）当直流负荷小于额定输出的 110% 时，将充电电流固定在正常范围。

2. 逆变器及输出隔离变压器

逆变器将直流电源转换成稳定的正弦交流电，并为负载供电。当 UPS 处于在线模式时，负载将由 UPS 的逆变器供电。

UPS 的逆变器分为单相（phase-phase）或三相（three-phase）两类。

逆变器输出端配置隔离变压器，可提供 UPS 抗冲击或短路的能力。

3. 自动旁路

旁路装置允许自动或手动将电源供应从逆变器输出切换到旁路，或者从旁路切换到逆变器输出，以保证负载供电的连续性。旁路装有一个反馈保护装置，以保护 UPS 及负载免受电网冲击。

4. 系统微处理器

UPS 有两个微处理器，用来控制整个冗余系统。通过微处理器可以进入查询一系列关于系统以及错误诊断的信息。

5. 输入/输出滤波器

在正常操作模式中，输入/输出过滤器能够排除高频干扰，保护 UPS 及后端负载。输入/输出过滤器也可确保由 UPS 或用电器产生的干扰不会影响到其他用电器。

6. 控制显示面板

UPS 的控制显示面板由按钮、图形、LED 和 LCD 等组成。通过按钮和 LCD，可实现 UPS 的参数设置、修改、记录读取、UPS 的操作和控制等功能。

7. 低失真整流器"CLEAN 机种"

CLEAN 整流器用来减少 UPS 谐波失真度，由感应器与电容器构成，安装有熔丝保护装置。此装置可以减少输入电流失真度和电气参数，如线阻抗；通过功率因数纠正电容器，消除任何的谐振现象。

8. 备用蓄电池

当 UPS 输入的电源失电时，由备用蓄电池来对负载供电。

9. 反馈保护

当市电受到干扰时，反馈保护装置能防止电击的产生。

10. 手动维修旁路（SWMB）

手动维修旁路隔离 UPS，维持市电对负载持续供电。

三、UPS 的类型

UPS 可分为离线式（又称后备式）、在线互动式和在线式三种类型。

1. 离线式（off-Line method）

离线式 UPS 内部电路设计上简单，将所输入的 AC 电源直接输入到电力输出端，是一种便宜、高效率且可靠性高的 UPS 产品。这一类结构几乎没有电力损耗，但当外部所提供的输入 AC 电源品质不佳（电压频率变动、杂讯、扭曲等因素）时，在输出端也会以同样状态来输出电力。由于切换动作上所需时间较长，对于在电源供应器上设计较简易的个人计算机而言并不适用。但对于电话交换机或大型电脑备份等，需要超大容量电源供应的状态下，会采用这类型产品。

2. 在线互动式（Line Interactive method）

在线互动式是指输入市电正常时逆变器处于热备份状态，仅作为充电器给蓄电池充电。在线互动式 UPS 在市电正常时，供给负载"纯净"的市电。市电故障时，负载完全由蓄电池提供能量经逆变器变换后供电。在线互动式 UPS 中有一个双向变换器，既可以当逆变器使用，又可作为充电器。在线互动式 UPS 与传统在线式 UPS 比较，电路更简单，成本低，可靠性高，逆变器同时有充电功能，省掉了一般 UPS 的附加充电器，其充电能力要比附加充电器强得多。当要求长延时供电时，无须再增加机外充电设备。

3. 在线式（on-Line）

所谓在线式是指不管电网电压是否正常，负载所用的交流电压都要经过逆变电路，即逆变电路始终处于工作状态，在线式 UPS 一般为双变换结构。当输入电压降低至标准电压之下，立即改为蓄电池供电。为了提高系统的可靠性，在线式双变换 UPS 一般增加了自动旁路电路。由于在线式 UPS 无论是在市电正常时，还是在市电中断由蓄电池向逆变器供电期间，它对负载的供电均是由 UPS 的逆变器提供的，从根本上消除了来自市电的任何电压波动和干扰对负载工作的影响，真正实现了对负载的无干扰稳压供电。

【思考与练习】

1. UPS 有几种分类？各有什么优缺点？

2. UPS 主要硬件组成有哪些？

模块 2　UPS 的运行指标（GYZD01102002）

【模块描述】本模块介绍 UPS 的运行指标。通过要点归纳，熟悉 UPS 运行环境要求、输入指标以及防雷要求。

【正文】

一、工作环境

UPS 电源对温度、湿度、防尘等工作环境都有一些标准的要求。UPS 电源设备应放置于干燥、通风、清洁的环境中，避免阳光直射在设备上，UPS 的运行环境应保持清洁，以避免有害灰尘对 UPS 内部器件的腐蚀。环境温度最好应保持在 18～25℃之间，蓄电池对环境温度的要求高，最佳温度为 25℃，正常运行不能超出 15～30℃。环境湿度一般允许为 30%～80%的相对湿度。

1. 工作温度

工作温度就是指 UPS 工作时应达到的环境温度条件，如 0～40℃。工作温度过高不但会使半导体器件、电解电容的漏电流增加，而且还会导致半导体器件的老化加速、电解电容及蓄电池的寿命缩短。

如果在高温下长期使用，温度每升高 10℃，蓄电池寿命约降低一半；工作温度过低，则会导致半导体器件性能变差、蓄电池充放电困难且容量下降等一系列严重后果。

2. 工作湿度

湿度是指某些物质中所含水分的多少，通常指空气内所含水分的多少。一般为说明空气中所含水分的数量，可以用绝对湿度（空气中所含水蒸气的压强）或相对湿度（空气中实际所含水蒸气与同温度下饱和水蒸气压强的百分比）表示。

3. 防尘和结构

UPS 周围工作环境要保持清洁，这样可以减少有害灰尘对 UPS 内部线路的腐蚀。另外，UPS 长延时配置时，电池较重，应考虑地板承重问题及空间大小。

4. 海拔高度

海拔高度是保证 UPS 安全工作的重要条件之一，是因为 UPS 中有许多元器件采用密封封装，一般都是在 101325Pa 状态下进行封装的，封装后的器件内部气压是 101325Pa。由于大气压随着高度的增加而降低，海拔过高时会形成器件壳内向壳外的压力，严重时可产生变形或爆裂而损坏器件。

二、输入指标

（1）额定电压：220V/380V AC（主输入电源为三相三线，旁路输入电源为三相四线）。

（2）额定频率：50Hz。

（3）输入电压允许变动范围：-15%～10%额定电压。

（4）输入频率允许变动范围：±5%额定频率。

（5）功率因数大于 0.8（满负荷）。

（6）电压谐波失真度小于或等于 5%。

（7）功率软启动：10～15s 内爬升至额定功率。

三、防雷要求

UPS 输入端应提供可靠的雷击浪涌保护装置，在模拟雷电波发生时（电压脉冲 10μs/700μs，5kV；电流脉冲 8μs/20μs，20kA），保护装置应起保护作用，使得设备不被损坏。机房接地电阻小于 0.5Ω。

【思考与练习】

1. UPS 的工作环境有何要求？

2. UPS 对输入电源有何要求？

模块 3　UPS 充放电试验的要求（GYZD01102003）

【模块描述】本模块介绍 UPS 充放电的基本要求。通过概念讲解和要点归纳，掌握 UPS 充放电的基本概念及其基本要求。

【正文】

蓄电池具有自放电效应。在 30℃的环境温度下，普通蓄电池储藏 8 个月后，其残存容量仅为出厂时的一半，因此对于新购买的与 UPS 配套的蓄电池，要进行一次较长时间的初充电。蓄电池的初充电电流应按 0.1C（蓄电池充电电流一般以 C 来表示，C 的实际值与蓄电池容量有关）来充电。在放电终了后可对蓄电池进行再充电，这称为正常充电。

一、充电电压

对于端电压为 12V 的蓄电池，正常的浮充电压在 13.5～13.8V 之间。浮充电压过低，会造成蓄电池充电不足；浮充电压过高，会造成过电压充电。当浮充电压超过 14V 时，即认为是过电压充电。过电压充电会造成蓄电池中的电解液所含的水被电解成氢气和氧气而逸出，使电解液浓度增大，缩短了蓄电池寿命，甚至受到损坏，因此严禁对蓄电池组过电压充电。

蓄电池的工作温度在-15～45℃范围内，蓄电池运行最佳环境温度为 25℃左右。如果环境温度变化较大，需对其进行温度补偿（-3mV/℃），可参照表 GYZD01102003-1 调整充电电压值。

表 GYZD01102003-1　　　　　　　　　不同环境温度的浮充电压值

环境温度（℃）	35	30	25	20	15	10	5
单体蓄电池电压（V）	2.21	2.23	2.25	2.26	2.28	2.30	2.32

二、充电电流

蓄电池充电电流一般以 C 来表示，C 的实际值与蓄电池容量有关。例如，如果是 100Ah 的蓄电池，则 C 为 100A。充电电流过大或过小都会影响蓄电池的使用寿命。

理想的充电电流应采用分阶段定流充电方式，即在充电初期采用较大的电流，充电一定时间后，改为较小电流，至充电末期改用更小的电流。充电电流的设计一般为 0.1C，当充电电流超过 0.3C 时，则认为是过电流充电。过电流充电会导致蓄电池极板弯曲、活性物质脱落，造成蓄电池供电容量下降，严重时会损坏蓄电池。

三、充电方式

铅酸蓄电池放电产物是硫酸铅，若不及时转化掉，会使蓄电池处于充电不足状态，从而降低蓄电池放电容量和缩短蓄电池使用寿命。因此，必须使蓄电池组处于充足电状态，对不同情况，可分浮充充电、均衡充电和脉充充电。

正常充电时，最好采用分级定流充电方式，即在充电初期用较大电流，充电一定时间后，改用较小电流，至于充电后期，改用更小电流。这种充电方法的充电效率较高，所需充电时间较短，充电效果也好，对延长蓄电池寿命有利。

1. 浮充充电

所谓浮充是指整流器的输出与蓄电池并联工作，并同时向负载供电。此时整流器提供的电流分两路，一路送给负载，另一路送给蓄电池，以补充蓄电池内部损耗。浮充方式接线简单，对改善 UPS 输出瞬态响应特性有好处。

在线式蓄电池组是长期并联在充电器和负载线路上，作为后备电源的工作方式。一般情况下，都采用浮充充电，单体蓄电池电压控制在 2.25V（相对于 2V 蓄电池），并定期观察、记录浮充电压变化。如果单体蓄电池电压偏低，说明蓄电池充电不足，容量不够，应注意跟踪。

2. 均衡充电

所谓均衡充电是把每个蓄电池单元并联起来，用统一的充电电压进行充电。如果蓄电池组在浮充过程中存在落后蓄电池（单体电压低于 2.20V，相对于 2V 蓄电池），或浮充 3 个月后，宜进行均充过程，其单体蓄电池控制在 2.35V，充 6~8h（注意：一次均充时间不宜过长），然后调回到浮充电压值，再观察落后蓄电池电压变化，如电压仍未到位，相隔两周后再均充一次。一般情况下，新的蓄电池组经过 6 个月浮充、均充后，其电压会趋于一致。均衡充电电流一般选 0.3C 或略小于 0.3C。额定电压为 12V 的蓄电池，均衡充电电压一般选 14.5V。

3. 脉充充电

所谓脉充是指整流器的输出与蓄电池不是并联连接，充电电流随蓄电池容量而变化，这种充电方式可以缩短充电时间。

由于 UPS 蓄电池属于备用工作方式，市电正常情况下处于充电状态，停电时才会放电。为延长蓄电池的使用寿命，UPS 的充电器一般采用恒压限流的控制方式，蓄电池充满后即转为浮充状态。

当 UPS 的蓄电池在使用中遇到下述情况之一时，要想恢复蓄电池的可充放电特性，应采用均衡充电的办法来解决。

（1）过量放电使得蓄电池的端电压低于蓄电池所允许的放电终止电压。

（2）UPS 蓄电池组中，各蓄电池单元之间的端电压差别超过 1V 左右。

（3）长时间放置不用，超过静态存储时间的蓄电池。常温环境，一般 UPS 蓄电池的静态存储时间为 9 个月。当温度为 31~40℃ 时，静态存储时间超过 9 个月（包括新购蓄电池）。

（4）重新更换了电解液的蓄电池。

（5）放电后未能及时充电的蓄电池。

（6）长期工作于浮充状态（即 UPS 长期工作于市电状态）并超过静态存储时间。不慎放电，蓄电池端电压放至低于终止电压。

四、放电要求

蓄电池实际放出的容量与放电电流有关，放电电流越大，蓄电池的效率越低。例如，12V/24Ah 的蓄电池当放电电流为 0.4C 时，放电至终止电压的时间是 110min，实际输出容量为 17.6Ah，效率为 73.3%。当放电电流为 7C 时，放电至终止电压的时间仅为 20s，实际输出容量为 0.93Ah，效率为 3.9%，所以应避免大电流放电，以提高蓄电池的效率。一般电路设计和用户选择负荷时，都要保护 UPS 蓄电池逆变放电电流不超过 2C。

1. 放电深度

放电深度对蓄电池使用寿命的影响大，蓄电池放电深度越深，其循环使用次数就越少。UPS 具备蓄电池低电压保护功能，当单节蓄电池放电至 10.5V（相对于 12V 蓄电池）左右时，UPS 会自动关机。当 UPS 处于轻载放电或空载放电的情况下，尽管小电流放电能提高蓄电池的效率，但用极小电流（小于 0.05C）进行长时间放电，将导致蓄电池实际放出容量超过其额定容量，从而造成蓄电池严重的深度放电。

重载过流放电、深度放电和蓄电池短路放电都会严重影响蓄电池的使用寿命。

2. 放电操作

放电是为了检查蓄电池容量是否正常，一般采用 10h 率放电，有条件的可用假负载放电。从用户方便的角度考虑，也可直接用负载进行放电，即断开市电，用蓄电池组供电。考虑到安全性，放电深度控制在 30%～50%为宜，当然有条件时可放电更深一些，这样更容易暴露蓄电池潜在的问题。另外，每小时检测一次单体蓄电池电压，通过计算求出蓄电池容量，然后对照表 GYZD01102003-2 中的电压值，判断蓄电池是否正常。

表 GYZD01102003-2　　　　蓄电池放出不同容量的标准电压值（10h 率）

放出容量（%）	10	20	30	40	50	60	70	80	90	100
支持时间（h）	1	2	3	4	5	6	7	8	9	10
单体蓄电池电压（V）	2.05	2.04	2.03	2.01	1.99	1.97	1.95	1.93	1.88	1.80

蓄电池放出容量为电流（A）与时间（h）的乘积。在相应放出容量下，测出的单体蓄电池电压值大于或等于相应电压值时，说明蓄电池容量正常；反之，蓄电池容量不足。

3. 治疗性充放电

对于蓄电池治疗性充放电过程，从放电容量和蓄电池电压值判断每只蓄电池的"健康情况"，因为不同放电容量过程中每只蓄电池的电压变化就代表了蓄电池的"健康"状况，如有不合格的蓄电池，应采取补救措施。

有些 UPS 蓄电池欠电压是由于 UPS 逆变器末级驱动电路损坏，造成蓄电池放电所致。若在修好电路故障后，应及时将蓄电池接入原电路充电，仍然会使蓄电池复好如初。问题在于欠电压的蓄电池无法使 UPS 启动成功。此时，可用如下办法解决：

（1）先用好的蓄电池将 UPS 启动到市电状态后，再撤掉好蓄电池换上待充电的欠电压蓄电池。在调换蓄电池时，要求 UPS 空载运行。一般 UPS 进入市电状态后，只要保持输入市电正常，撤掉蓄电池也不会影响市电供电状态。给欠电压的蓄电池充电过程中，应注意观察蓄电池的充电电流。

（2）将欠电压的蓄电池先充电到 10.5V（相对于 12V 蓄电池）以上，便可使 UPS 成功启动。

【思考与练习】

1. UPS 充放电的电压和电流有什么要求？

2. UPS 充放电周期一般为多少？

第四十五章　UPS 及机房配电系统异常处理

模块 1　UPS 设备指示灯介绍（GYZD01103001）

【模块描述】本模块介绍 UPS 设备的各种指示灯。通过功能描述，熟悉 UPS 设备各类指示灯及其状态含义，掌握根据 UPS 设备各类指示灯的状态判别 UPS 设备故障的方法。

【正文】

以 Galaxy PW UPS 为例，其控制面板由基本控制按键和用来查看系统整体状态的模拟图及中文显示器组成，如图 GYZD01103001-1 所示。

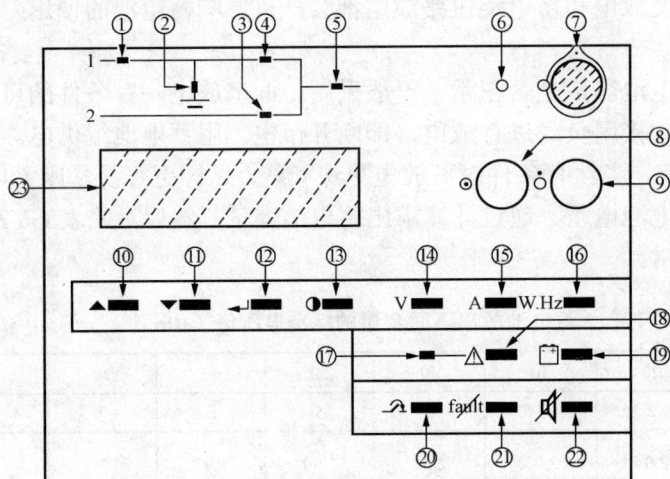

图 GYZD01103001-1　UPS 设备指示灯图

①—"整流/充电器"指示灯；②—"电池"指示灯；③—"静态旁路"指示灯；④—"逆变器"指示灯；
⑤—"负载"指示灯；⑥—报警指示灯；⑦～㉓—Galaxy 型号 UPS 的特有指示灯

一、"整流/充电器"指示灯

（1）指示灯熄灭表示整流/充电器停止运行。

（2）指示灯常亮呈绿色表示整流/充电器运行正常。

（3）指示灯常亮呈红色表示整流/充电器故障，表示以下的一种或几种故障：

1）输入开关 Q1 断开；

2）整流/充电器输入端的保护熔断器（FUE）熔断；

3）整流/充电器模块内部异常高温；

4）电池充电电流异常增大；

5）电池充电电压异常升高；

6）整流/充电器的控制电路板没有校验或没有设置参数；

7）控制电源板故障。

二、"电池"指示灯

（1）指示灯熄灭表示电池正在浮充电。

（2）指示灯闪烁呈绿色表示电池正在强充电。

（3）指示灯常亮呈绿色表示负载由电池供电。

（4）指示灯闪烁呈红色表示电池低电压停机预报警。

（5）指示灯常亮呈红色表示电池后备时间结束且电池断路器 QF1 断开或电池故障。

三、"静态旁路"指示灯

（1）指示灯熄灭表示电源 2 在容限范围内，且静态旁路停止。

（2）指示灯常亮呈绿色表示静态旁路导通工作。

（3）指示灯常亮呈红色表示以下一种或几种故障。

1）电源 2 的电压或频率超出容限范围；

2）静态旁路故障；

3）逆变器输出接触器 K3N 运行故障；

4）逆变器响应故障（并联 UPS）；

5）静态旁路模块内部异常高温；

6）静态旁路通风故障；

7）静态旁路控制电路板的电源故障；

8）切换控制电路板故障；

9）逆变器控制电路板没有校验或没有设置参数；

10）控制电源板故障。

四、"逆变器"指示灯

（1）指示灯熄灭表示逆变器停机。

（2）指示灯闪烁呈绿色表示逆变器启动并运行，但还没有切换带负载。

（3）指示灯常亮呈绿色表示逆变器运行正常。

（4）指示灯常亮呈红色表示逆变器故障，发生以下一种或几种故障：

1）由于逆变器输出电压超出容限范围而导致逆变器停机；

2）逆变器输出保护熔断器（FUS）熔断；

3）逆变器模块上的保护熔断器熔断（并联 UPS）；

4）逆变器故障；

5）逆变器输出变压器内部异常高温；

6）逆变器模块内部异常高温；

7）输出电压故障（幅值或相位）（并联 UPS）；

8）逆变器时钟故障；

9）逆变器控制电路板没有校验或没有设置参数；

10）控制电源板故障。

五、"负载"指示灯

（1）指示灯熄灭表示负载端没有供电；

（2）指示灯常亮呈绿色表示负载由逆变器或电源 2（通过静态或维修旁路）供电。

六、报警指示灯

在下列情况下报警指示灯亮，同时蜂鸣器鸣响：

（1）负载由电源 2 供电。

（2）负载由电池供电。

（3）运行故障。

对小故障或在电池给负载供电时，蜂鸣器的音量较小，间隔长。当接收到"电池低电压停机预报警"后，鸣响声音增大，间隔缩短。最后，如果逆变器停机，鸣响声更大，且变成连续鸣响声，按一下蜂鸣器静音键可以关闭蜂鸣器的鸣响。如果蜂鸣器关闭了，更高级的报警会引起它再次鸣响。

【思考与练习】

1. 什么情况下报警指示灯亮？

2. 电池指示灯能反映哪些情况？

模块
1

GYZD01103001

594

模块 2　UPS 及机房配电系统的负载情况检查（GYZD01103002）

【模块描述】本模块介绍 UPS 及机房配电系统的负载情况检查方法。通过要点归纳和方法介绍，熟悉 UPS 及机房配电系统的负载，掌握 UPS 及机房配电系统负载情况检查的方法。

【正文】

一、UPS 及机房配电系统的负载

计算机机房负载分为主设备负载和辅助设备负载。主设备负载指计算机及网络系统、计算机外部设备及机房监控系统，这部分供配电系统称为设备供配电系统，其供电质量要求非常高，采用 UPS 不间断电源供电来保证供电的稳定性和可靠性。辅助设备负载指空调设备、动力设备、照明设备、测试设备等，其供配电系统称为辅助供配电系统，其供电由市电直接供电。

1. 机房配电系统的负载

（1）UPS。

（2）精密空调。

（3）新风机。

（4）机房照明。

（5）区域火灾报警、自动灭火系统。

（6）门禁、安防监控系统。

2. UPS 的负载

（1）计算机。

（2）网络设备。

由于电感性负载在接通电源或者断开电源的一瞬间，会产生振荡电流，这种电流的峰值将远远大于 UPS 所能承受的电流值，这种振荡电流很容易引起 UPS 的瞬时超载。如果超载的次数很多，将会大大缩短 UPS 的使用寿命，因此建议不要把一些不重要的电感性负载，例如，把电冰箱或者空调之类的家用电器连接到 UPS 上。UPS 的负载设备主要有阻容性、阻性、微感性负载，如计算机、网络设备等；不推荐接纯感性、纯容性负载，如电动机、空调、复印机等，而且也不能接半波整流型负载。

二、UPS 及机房配电系统负载情况检查的方法

（1）列出 UPS 及机房配电系统负载的套、台数及负载的大小。

（2）检查所有设备是否正确接入。

（3）检查 UPS 输入输出功率是否正常，有无报警情况。

（4）检查是否把一些不重要的电感性负载，例如，把电冰箱或者空调之类的家用电器连接到 UPS 上。

（5）检查 UPS 是否接入半波整流型负载。

（6）通过检查机房监控系统温度等指标来判断负载的发热状况和设备运行状况。

【思考与练习】

1. 计算机机房负载分为哪两类？各有哪些设备？

2. UPS 及机房配电系统负载情况检查的方法有哪些？

模块 3　蓄电池内阻测试（GYZD01103003）

【模块描述】本模块介绍蓄电池内阻的测试方法。通过要点归纳和方法介绍，掌握测试蓄电池内阻的目的、测试前的准备工作以及测试步骤和注意事项，掌握蓄电池内阻测试仪的日常维护要求和方法。

【正文】

蓄电池内阻测试仪是快速准确测量蓄电池内阻的测试仪器，能对蓄电池进行离线、在线测试，记录电池内阻、电压等参数，便于使用者掌握了解蓄电池的情况。

一、蓄电池内阻测试的项目和目的

1. 蓄电池的端电压测量

用万用表测量蓄电池的浮充端电压无法判定蓄电池是否已经失效，一般采用离线方法测量蓄电池的端电压。

以对 12V 蓄电池为例，被测蓄电池的端电压为 12V 左右，最低不能低于 10.5V。不足 10.5V 的蓄电池即为欠电压或已经失效的蓄电池。若这种蓄电池在经过充电或激活充电后端电压仍达不到 12V，即为失效蓄电池。

2. 蓄电池内阻测试

质量良好的蓄电池内阻为 $20\sim30m\Omega$。当内阻超过 $80m\Omega$ 时，需要对蓄电池做均衡充电处理或活化处理。蓄电池内阻的增大必然伴随实际输出能量的降低，从而表现为蓄电池的容量减小。一般采用间接测量计算的方法来测试蓄电池内阻是否增大，不建议用万用表的电阻挡对蓄电池内阻进行直接测量。

二、测试前的准备

由于蓄电池内阻测试仪的型号较多，因此在使用不同型号的测试仪前，应先做好以下工作：

（1）仔细阅读该型号测试仪的使用说明书，掌握测试仪的使用方法。

（2）按照随机清单，检查所配测试线及其附件是否齐全、完好。

（3）检查软件管理系统是否能正常运行。

（4）检查测试仪电源工作是否正常。

三、测试步骤及注意事项

（1）检查测试探头插座及测试针接触是否良好，电流线/电压线正、负极必须正确连接。

（2）使用时两个测试针不允许短接。

（3）根据测试的项目选择正确的挡位，设定测量参数，选择测量内容，防止测试仪损坏。

（4）为减小测量误差，尽量将电压线靠近两个接线柱内侧，而电流线在外侧。

（5）应严格按照说明书的测试步骤及要求进行测试。

（6）利用蓄电池容量与健康状况分析软件提取测试数据，分析、判断单体电池健康状况与蓄电池组容量，并将测试报告打印、保存。

（7）切勿在易燃物体、气体、酸性或湿度过高等环境中使用。

四、仪器的维护

（1）定期用湿布以及温和的清洁剂清理仪器外壳，不使用研磨剂或溶剂。

（2）仪器存放时不能受潮。测试针上的脏物或湿气会影响读数，注意保持测试针清洁。

（3）为了免受到电击或仪器损坏，更换熔丝之前，必须先关闭电源。

（4）更换测试针时，必须先关闭电源，且测试针与电源线不允许插反。

（5）按照说明书指定的方法进行校验。如果仪器工作异常或者不能测量，应把仪器送厂家维修。

【思考与练习】

1. 蓄电池内阻测试仪的测试项目有哪些？

2. 说出所使用的蓄电池内阻测试仪的主要精度、测试范围等技术指标。

模块 4 UPS 旁路切换操作（GYZD01103004）

【模块描述】本模块介绍 UPS 旁路切换操作的方法。通过要点归纳和方法介绍，掌握旁路切换操作的方法及注意事项。

【正文】

一、旁路切换操作的步骤

旁路是指输入输出之间的一个电路通路，通路中不是简单的一条直通导线，中间可能串联了空开、接触器、电子开关（如双向并联的晶闸管组成的静态开关）及简单的滤波装置等。对于 UPS，旁路有两种；一种是内部旁路，或称电子旁路、静态旁路、自动旁路。当 UPS 出现故障或工作条件有问题时，系统会自动转到内部旁路，也可通过人为操作来转内部旁路。另一种是外部旁路，或称维修维护旁路，在系统需要维修维护时，市电经过它临时给负载供电，负载不受 UPS 保护。

在进行维修旁路操作之前，停止系统的所有逆变器（按下每台 UPS 控制面板上的"逆变器停机"键 3s）。如果逆变器仍在运行，而电源 2 不满足切换条件时，负载将有 0.8s 的供电间断。

开关的操作步骤画在每台 UPS 机柜和外部旁路柜的开关旁的图中，必须严格按照以下的步骤进行操作：

（1）停止所有正在运行的逆变器。

（2）闭合维修旁路开关 Q3BP（如图 GYZD01103004-1 所示）。

（3）断开逆变器输出开关 Q5N。

（4）断开电源 2 的输入开关 Q4S。

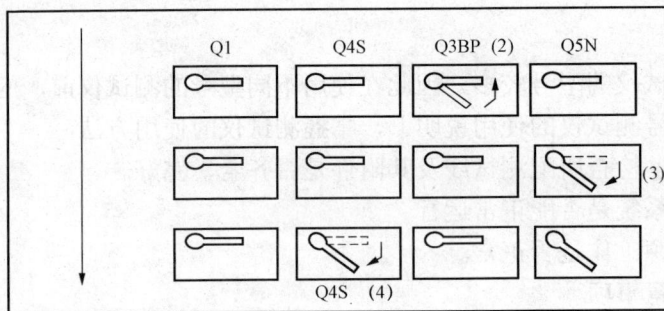

图 GYZD01103004-1　旁路切换操作示意图

要使开关回到正常状态，必须按照相反的步骤操作以上开关。

二、旁路切换操作的注意事项

（1）操作前，阅读显示信息，确保旁路电源正常，并且逆变器与旁路同步，以免造成负载供电中断。

（2）不间断供电系统在安装结束后，应进行转外部旁路测试，再合开关的时候，除 UPS 在旁路状态外，一定要测量开关上下口压差，每相都在 1V 左右，表示开关间的相位对应关系正确。

（3）对于非原厂旁路切换开关，转维修旁路时，一定注意零线的接法，错误的接法将导致转换中因断了负载端的零线，引起部分负载因过压而损坏。对于从未用过的维修旁路在操作时应格外小心，除注意接线正确外，还应检查接线的质量及开关的质量。

【思考与练习】

1. UPS 旁路切换操作应严格按照哪些步骤进行？

2. UPS 旁路切换操作有哪些注意事项？

第十一部分

主站、厂站联合调试

第四十六章 配合厂站调试

模块 1 自动化通道的结构及其应用 （GYZD01201001）

【模块描述】 本模块介绍自动化通道的概念及应用。通过概念讲解，掌握自动化通道的概念、分类及其应用。

【正文】

一、自动化通道的基本概念和结构

自动化通道是电力系统中提供厂站端数据传输到控制中心的传输介质，通常称作远动通道。根据传输介质所遵循的协议，远动通道可以分为串口通道与网络通道等常用的远动通道。其中，根据传输的信号类型，可以将串口通道分为载波通道与数字通道。载波通道就是平时俗称的模拟信号通道，数字通道就是俗称的数字信号通道。相比而言，数字通道的传输数据质量比模拟通道要好得多，而网络通道比串口通道的传输速率要快得多，应用也有更强的趋势、更好的前景等。

二、自动化通道在电力系统中的应用

自动化通道在整个 EMS 系统中非常重要，它位于前置系统的前沿，是整个系统数据来源的必经通道，没有通道的话，就没有 EMS 系统的实用意义。因此，为了保证通道给 EMS 系统更好地服务，必须加强对通道的日常维护，注重通道传输的介质保护，以及尽量减少对通道传输信号的干扰，使得自动化通道能够正常、高效地发挥作用。

【思考与练习】

1. 简述自动化通道的作用。
2. 自动化通道的种类有哪几种？

模块 2 自动化通道的调试方法 （GYZD01201002）

【模块描述】 本模块介绍自动化通道的调试方法。通过方法介绍，掌握自动化通道调试前主站端和厂站端的准备工作及其方法以及现场信号的接入与调试的方法。

【正文】

一、主站端的准备

在进行自动化通道调试前，先要检查前置系统的配置。

1. 前置配置表

正确配置系统中的各台前置机，包括机器名、机器号、网络配置、终端服务器个数等，运行时可以看到各台前置机的状态（离线/在线），检查前置机状态是否正常。

2. 前置网络设备表

正确配置各台终端服务器，包括名称、序号、IP 地址等，运行时可以看到各台终端服务器的状态以及各个网口的网络状态，检查各个终端服务器状态是否正常。

3. /etc/hosts 文件

在/etc/hosts 文件中除了配置各台机器各个网卡的 IP 地址之外，前置机还要配置交换机的 IP 地址。

4. 检查前置系统运行状况

系统启动之后，利用系统的人机界面监测前置子系统运行是否正常。

二、厂站端的准备

前置系统状态正常后，可以在 dbi 中新建和设置厂站信息。具体步骤如下：

1. 添加厂站

在 SCADA 下的厂站信息表中新建一条记录，所属应用选 FES。保存记录后，在 FES 下的通信厂站表和通道表中会各触发生成一条记录。需要注意的是：如果一个厂站有多个通道，则应该采用复制记录的方法增加通道记录。不要在通信厂站表和通道表中采用新建记录的方法增加通信厂站和通道。删除记录时应该在通信厂站表和通道表中人工删除相应的记录，在 SCADA 下的厂站信息表中将记录所属 FES 应用去掉并不能使系统自动删除前置表中的相应记录。

2. 通道相关信息设置

添加完厂站后，在通信厂站表里设置该通道的最大遥测、遥信、遥脉数目，全数据、对时、遥脉的召唤周期等信息，在通道表设置通道类型、网络类型、网络描述、端口号、波特率、规约类型等信息。

3. 规约、遥信、遥测参数的设置

在通道表中选择通信规约后，相应的规约参数表中会增加一条记录，可以根据需要修改规约参数。如 101 和 104 规约可以修改各类数据的起始地址等。

在 SCADA 下的各个设备表中，某些域的自动生成量测的属性选择了遥测或遥信，系统会根据这个属性自动在前置遥测定义表或前置遥信定义表中增加记录。根据 RTU 提供的遥测信息表将相应的遥测选择通道，填入正确的点号和系数；根据 RTU 提供的遥信信息表将相应的遥信选择通道，填正确的点号和极性。如果某个测点在不同通道中的参数都一样，就可以在一条记录中填入多个通道；如果参数不同则必须人工复制一条记录，将不同的参数填在不同的记录中。

对于一个通道中有多个厂站信息的情况可以考虑填写分发通道。根据每个通道中遥测的不同换算方法在通道表中选择正确的遥测类型（计算量/工程量/实际值）。

三、现场信号的接入与调试

通道类型可分为两种：一种为常规通道，另一种为网络通道。常规通道还可再分为模拟通道和数字通道两种。下面分别介绍这些通道的接入与调试。

1. 常规通道

常规通道接入时，将收、发、地信号接入通道柜端子排的相应端口中。数字通道和模拟通道接法不同，通道端子具体区分如表 GYZD01201002-1 所示。

表 GYZD01201002-1 通 道 端 子 区 分

端子序号	模拟信号	数字信号	端子序号	模拟信号	数字信号
1	发1	发	4	收2	
2	发2		5		地
3	收1	收			

如果调试时需要从老系统并接信号，注意只能并接上行信号。

模拟通道的主要调试步骤如下：

（1）通道板跳线。参照模块 GYZD01202001 "通道板状态指示灯介绍"观察通道板指示灯是否正常闪亮。如果不正常，参照模块 GYZD01202005 "通道板设置错误造成的故障现象及排查方法"进行排查。

（2）观查终端服务器指示灯是否正常。

（3）查看终端服务器中的波特率等参数的设置是否正确。

（4）利用命令 ps -ef|grep　recive_data　查看接入通道的通信进 "recive_data" 是否拉起。

（5）在前置人机界面上查看通道报文和前置实时数据是否正确。

数字通道的接入和模拟通道基本相同。不同之处是数字通道在通道板跳线这个步骤中比模拟通道要简单得多，不需要进行波特率、中心频率、频偏参数的设置。在通道接入时，利用万用表和示波器测量一下通道实际的接收电平和波特率。

2. 网络通道

网络通道的主要调试步骤如下：

（1）利用"route add　目的地址　网关地址"添加本机路由。

（2）ping 对方 IP 地址，看能否 ping 通。

（3）如 TCP/IP 客户端，执行"telnet　对方 IP　端口号"，查看对方端口是否能连接；如 TCP/IP 服务端，执行"netstat|grep 端口号"，查看本机服务是否启动。

（4）利用命令 ps－ef|grep transfer 查看网络通信进程"transfer"状态是否正常。

（5）在前置人机界面上查看通道报文和前置实时据是否正确。

【思考与练习】

1. 自动化通道调试涉及的内容有哪些？

2. 请简述自动化通道调试步骤。

第四十七章　厂站及通道故障异常处理

模块 1　通道板状态指示灯介绍（GYZD01202001）

【模块描述】本模块介绍通道板指示灯。通过功能描述，熟悉通道板指示灯及其状态含义，掌握根据通道板指示灯的状态判别通道故障的方法。

【正文】

通道板的面板材料选用高强度铝合金，采用拉丝化表面处理，并有标签框及拉手，指示灯采用LED 显示方式。

图 GYZD01202001-1　通道板指示灯图

一、通道板指示灯介绍

通常通道板指示灯如图 GYZD01202001-1 所示，有 5 个指示灯，它们代表的含义是：

RUN：闪烁表示该通道板工作正常。

TXD：闪烁表示主机向该通道板发送数据。

RXD：闪烁表示该通道板接收到来自通道的数据。

ALARM：灯亮表示是低电平告警，通道电平低于 −40dB 或通信参数设置不对时该灯会闪亮。

MARK：分别为 DIGITAL 或 MODEM，分别表示数字板和模拟板。

二、不同情况下通道板指示灯的状态

系统正常运行时，发现某厂站通道告警、退出或收不到通道报文时，要注意观察通道板上的指示灯。根据通道板 RUN、TXD、RXD 和 ALARM 灯的不同情况，有助于近一步分析问题的原因。通道板指示灯的状态见表 GYZD01202001-1。

表 GYZD01202001-1　　　　　　　　通道板指示灯的状态

RXD	RUN	ALARM	状　态
闪亮	亮	灭	信号接收正常
闪亮	亮	闪亮	表示信号太弱、信号不对或通道板设置不对
灭	亮	亮	表示无信号，通道断或 RTU 故障
常亮	亮		通道板坏或 RTU 故障
灭	灭	灭	通道板坏或电源故障

【思考与练习】

1. 一般情况下，通道板上有哪几种指示灯？
2. 通过观察实物，掌握利用指示灯判断通道状态的技能。

模块 2　通道状态监视表介绍（GYZD01202002）

【模块描述】本模块介绍通道状态监视表。通过要点介绍，熟悉通道状态监视表的内容及其含义，了解通道状态监视表的使用方法。

【正文】

一、通道状态监视表的内容

通常，通道状态监视表主要内容包括：

（1）通道名。通道的中文名称。

（2）所连前置。该通道当前连接前置服务器。

（3）厂站名。该通道所属厂站。

（4）通道状态。该通道的运行状态，包括投入、故障、退出 3 种。

（5）投入。主站和厂站间通信正常且误码较低。

（6）故障。主站和厂站间通信误码较高或虽然通信正常但数据不刷新。

（7）退出。主站和厂站无法通信或虽能通信但误码极高。

（8）人工置态。指示相关通道的人工操作，包括闭锁投入、闭锁退出、未闭锁 3 种。

（9）最新状态起始时间。标识通道最新状态起始时间。

（10）当前误码率。通道当前误码率，动态刷新。

（11）通道优先级。分为 1～4 级，1 级最高，4 级最低，同一厂站的多个通道优先级可以相同，也可不同。

（12）通道是否值班。指示通道的值班备用状态，分值班、备用两种，同一厂站的多个通道中只有一个值班，其余都是备用状态。

（13）通道人工置态。指示相关通道值班、备用的人工操作。

（14）封锁标志。指示相关通道是否人工封锁在一个固定前置服务器上。

（15）网段。当前通信采用的网段。

（16）一号 IP 地址状态。串口通道与终端服务器一致，网络通道表示双 IP 的状态。

（17）二号 IP 地址状态。串口通道与终端服务器一致，网络通道表示双 IP 的状态。

（18）最近值班起始时间。通道值班起始时间。

（19）值班日切换次数。通道值班备用当日切换次数。

（20）当前通信总次数。通道一个统计周期内的通信总次数。

（21）当前误码总次数。通道一个统计周期内的误码总次数。

（22）当前不应答次数。通道一个统计周期内的不应答总次数。

二、通道状态监视表的使用介绍

在前置系统运行监视界面上可以通过通道状态监视表来监视通道的状态，如图 GYZD01202002-1 通道状态监视表所示，可以检查某个通道是否出于退出状态，以便于运行人员正确判断。

	通道名	所连前置	通道编号	通道状态	最新状态起始时间	当
157	×××-未命名通道	csgfes2-1	226	退出	2007年06月13日09时40分03秒	
158	×××-未命名通道	csgfes2-1	227	退出	2007年06月13日09时40分03秒	
159	×××-未命名通道	csgfes2-1	228	退出	2007年06月13日09时40分03秒	
160	×××-未命名通道	csgfes2-1	229	退出	2007年06月13日09时40分03秒	
161	×××-未命名通道	csgfes2-1	230	退出	2007年06月13日09时40分03秒	
162	×××-未命名通道	csgfes2-1	231	退出	2007年06月13日09时40分03秒	
163	×××-未命名通道	csgfes2-1	232	退出	2007年06月13日09时40分03秒	
164	×××-未命名通道	csgfes2-1	233	退出	2007年06月13日09时40分03秒	
165	×××-未命名通道	csgfes2-1	234	退出	2007年06月13日09时40分03秒	
166	×××-未命名通道	csgfes2-1	235	退出	2007年06月13日09时40分03秒	
167	×××-未命名通道	csgfes2-1	236	退出	2007年06月13日09时40分03秒	
168	×××-未命名通道	csgfes2-1	237	退出	2007年06月13日09时40分03秒	

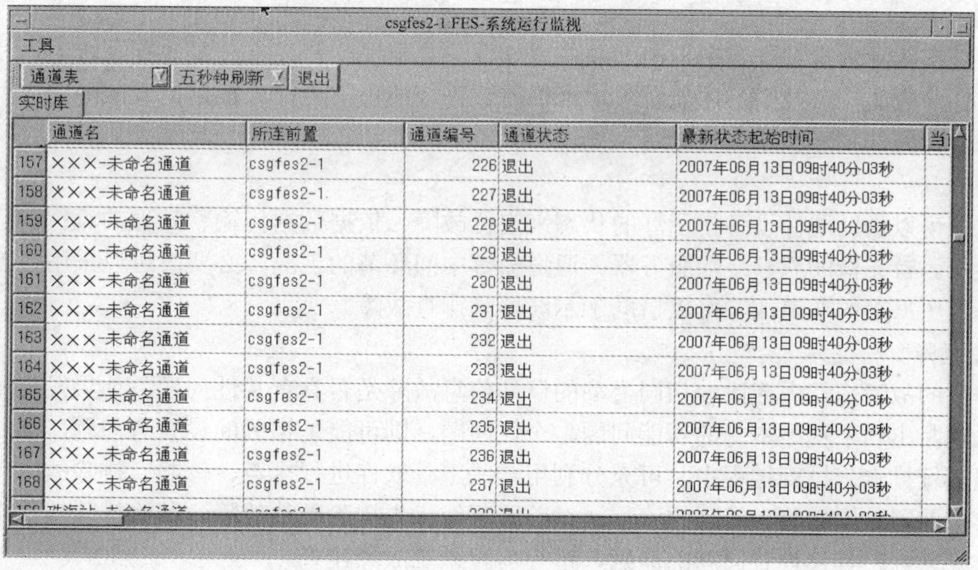

图 GYZD01202002-1　通道状态监视表

【思考与练习】

1．通道状态监视表主要内容有哪些？（举出 10 个状态）

2．上机练习，掌握用通道状态监视表来监测通道的技能。

模块 3　前置系统结构及数据处理流程介绍(GYZD01202003)

【模块描述】本模块介绍前置系统的结构及其数据处理流程。通过结构形式和工作流程介绍，熟悉前置系统的结构特点，掌握前置系统的数据处理流程。

【正文】

1．前置系统结构分析

前置系统一般都是冗余配置，目的是增强系统的可靠性。

在前置系统结构中，首先有前置主机服务器，包括前置通道板、通道箱、终端服务器、网络设备等组成前置系统的硬件部分；其次，前置主机服务器有内存管理、机器状态管理、与终端服务器通信、规约解读、向 SCADA 系统广播数据，还有接受并执行 SCADA 系统的指令等功能程序构成前置系统的软件部分。

2．前置系统处理流程介绍

前置系统处理流程为：厂站端的数据经远动通道进入到前置机柜端子排，而后分别进入到每一路前置通道（经过通道板、终端服务器），送到前置值班机上。来自不同规约的通道码经规约解释后，进一步处理转换成熟数据，再由前置值班机广播给后台系统使用。

同样，前置系统可以接收后台指令，通过规约编码，经远动通道下发到厂站，以实现遥控、遥调等控制。

【思考与练习】

1．简述前置系统数据处理流程。

2．前置系统主要包括哪些硬件设备？

模块 4　前置系统故障的排查原则（GYZD01202004）

【模块描述】本模块介绍前置系统故障的排查原则。通过方法介绍，了解前置系统的故障类型，熟悉前置系统故障排查的原则。

【正文】

前置系统在实际运行过程当中，由于硬件或软件总会出现一些异常，对前置系统的运行产生了影响，必须掌握一定的排查规则，才能有效地维护前置系统的正常运行。根据出现故障的类型，前置系统故障可以分为硬件故障和软件故障两大类。

1．硬件故障

硬件故障可以借助硬件设备指示灯的状态来定位故障，依据数据传输、处理的流程，逐个环节检查、排除故障。首先借助观察终端服务器、通道板等中间环节的工况，必要时可以采用更换好的备件来排除故障，更严重的通道故障可以借助于示波器等排查故障。

2．软件故障

软件产生的故障，首先应比较相同类型的厂站信息故障是否具有共性问题。如果发现属于共性问题，则可以判断出属于程序本身的功能问题。个性问题，则可能是相关的设置有问题，需要进一步根据具体情况进行排查。排查过程中，可充分利用一些工具软件进行排查、诊断、排除故障。

总之，按前置数据接收、处理的流程，对前置系统优先排除硬件故障，其次排除软件中的共性问题，再次排除软件中具体设置问题的原则，进行前置系统故障排查。

【思考与练习】

1．前置系统故障包括哪几类？

2．简述前置系统故障排查原则。

模块 5 通道板设置错误造成的故障现象及排查方法
(GYZD01202005)

【模块描述】本模块介绍通道板设置错误造成的故障现象及排查方法。通过方法介绍，掌握根据通道板指示灯的状态判别通道故障的方法以及通道板故障的排查方法。

【正文】

一、通道板指示灯状态

通常通道板分为两种，一种为 DIGITAL 板（数字板），一种为 MODEM 板(模拟板)。当通道接入时，数字板一般只需要对同步/异步进行跳线，模拟板的跳线要繁琐得多。因此，以下所列出的由于通道板设置错误造成的故障主要针对模拟板。

系统正常运行时，发现某厂站通道告警、退出或收不到通道报文时，观察通道板上指示灯的状态，见表 GYZD01202005-1。

表 GYZD01202005-1 通道板上指示灯的状态

RXD 灯	RUN 灯	ALARM 灯	状态的意义
闪亮	亮	灭	信号接收正常
闪亮	亮	闪亮	表示信号太弱、信号不对或通道板设置不对
灭	亮	亮	表示无信号，通道断或 RTU 故障
常亮	亮		通道板坏或 RTU 故障
灭	灭	灭	通道板坏或电源故障

如果无信号、通道板坏或电源故障，应检查相应的通道或者更换电源、通道板。如果 RXD 闪亮且 ALARM 闪亮，对模拟通道，要先确认是因为信号质量问题还是通道板设置问题引起 ALARM 灯闪亮。

二、故障排查方法

在测试柜的测试孔上测量上行信号，可采用的测量手段有多种，例如：用耳机听远动音，用示波器查看信号波形，用数字万用表测量信号电平、中心频率，判断是否收到信号和收到的信号是否正常。根据测量和观察的结果，对故障做出如下初步判断：

(1) 若信号中心频率不在（3000±150）Hz 范围内，则厂站端的调制解调器有故障。

(2) 当通过听筒听到通道中有远动信号并伴有地气声，则信道有故障，应通知通信部门处理。

(3) 当测试不到远动信号时，有可能为通道故障，也有可能为 RTU 故障，需进一步详查。

(4) 测试柜接收到正常信号，但通道板的 RXD 灯不亮，可能是通道板损坏。调换通道板后，若 RXD 仍不亮，应检查通道测试柜至通道板之间的连线。

注：以上这些原因均与通道板的设置无关，排除这些原因后，可具体检查通道板的配置。

(5) 用数字万用表测量信号的电平，若信号接收电平偏高或偏低，但仍处于可接收的范围。

1) 用示波器查看信号波形，检查波特率、中心频率和频偏，根据通道实际参数，调节通道板波特率、中心频率和频偏。

2) 检查传输方式、运行/自检设置，发送接收是否有反向数据、信号为同步/异步等信息，并参照通道板说明书检查相关配置是否正确。

【思考与练习】

1. 简述通道板故障现象及可能引起的原因。

2. 通过哪些测量和观测的结果，可对故障做出初步判断？

模块 6 规约和通道参数设置不当造成的故障现象及排查方法
(GYZD01202006)

【模块描述】本模块介绍规约和通道参数设置不当造成的故障现象及排查方法。通过方法介绍，熟悉规约和通道参数设置不当造成的故障现象,掌握故障的排查方法。

【正文】

前置系统在接收厂站数据时,都需要做一些设置才能保证通信的正常和接收数据的正确、可信。相反,如果在规约和通道参数方面设置不当,肯定会造成通信故障、接收数据异常等现象,以下介绍一些排查方法。

1. 收不到通道报文

在报文监视工具内看不到报文显示,首先检查所采用传输的规约是否一致,然后检查通道内是否有原码显示,主要是通道内的通信波特率、起始位、数据位、停止位以及奇偶校验位不一致导致的。

2. 报文解释不对

在报文监视工具内能够看到正常的报文通信过程,就是解释出来的数据不对。首先要核对规约的版本是否一致,其次就是传送数据的起始地址等信息是否一致。

3. 报文问答不正常

某些厂站采用问答式方式传输数据,而问答不正常。首先检查通信双方的站址设置是否一致,然后再检查通信参数设置是否正常一致等。

4. 遥控报文不成功

首先检查程序是否已经有下行遥控报文的发送,然后检查下行通道是否正常连接;其次检查通道表内设置的站号是否正确等。

5. 通道频繁故障

通道频繁故障主要是由于通道的误码率导致的,设法改善通道通信的质量;其次就是刷新的数据不够多,达到前置的故障阈值导致的,可以适当地提高故障阈值的设定值。

【思考与练习】

1. 规约和通道参数设置不当造成的故障现象主要有哪些?

2. 通过实践,加深理解故障现象的内涵,掌握故障排查方法。

模块 7 前置子系统进程功能介绍 (GYZD01202007)

【模块描述】本模块介绍前置子系统主要常驻进程的功能。通过功能描述,熟悉前置子系统主要常驻进程及其功能。

【正文】

前置子系统在整个 EMS 系统中主要负责接入厂站数据。前置子系统进程主要分为规约管理类、通信类、工况管理类、操作类、公共服务类等几类。下面介绍前置子系统主要常驻进程的功能。

1. 规约管理进程

规约管理进程负责规约解读,解读的规约包括 CDT 规约、IEC 870-5-101 规约、IEC 870-5-104 规约、CDC8890 规约、μ4f 规约和 DL 476 规约。

2. 通信类进程

前置子系统通信类进程负责所有和调度自动化系统内部通信以及厂站端的通信工作。

该进程包括前置和 SCADA 子系统的网络通信,终端服务器通信程序,网络 RTU 服务器端通信程序,动态维护终端服务器的通信参数管理等。

3. 工况管理类进程

工况管理类进程负责监视所有相关节点的状态。

该进程包括通道管理程序、节点终端服务器网络 RTU 状态监视程序、各前置节点状态的判断程序、各前置节点间的通信数据库状态的同步程序、统计通道厂站的误码率运行率等参数程序、串口及网络通道原码显示程序、串口及网络通道报文显示程序、FES 实时数据显示程序、FES 与平台网络交互报文显示程序、FES 最新变化事件显示程序、FES 远方实时数据显示程序、远方串口及网络通道报文显示程序、远方串口及网络通道原码显示程序、远方 FES 与平台网络交互报文显示程序、FES 工况监视程序。

4. 操作类进程

操作类进程负责实施前置系统上的人工操作。

该进程包括人工切换程序、FES 控制工具程序。

5. 公共服务类进程

公共服务进程负责接收数据的预处理和前置系统内部的管理工作。

该进程包括前置遥信变位和 SOE 数据处理程序、FES 内存管理程序、FES 同步服务程序、告警服务程序、动态更新转发库程序。

【思考与练习】

1. 前置子系统有哪几类主要进程？

2. 前置子系统各类进程的作用是什么？

模块 8　规约报文出错的现象 （GYZD01202008）

【模块描述】本模块介绍规约报文出错的现象。通过现象描述和方法介绍，熟悉规约报文出错的现象，掌握分析规约报文出错的方法。

【正文】

主站与厂站之间是通过规约报文来交换数据的，如果规约报文出错，那么直接导致的后果就是收到错误的数据。一般规约都有校验机制，由于通道的原因产生通信误码时，报文就会发生校验出错的现象，此时报文的接收方会将此条报文丢弃，防止发生误报的情况。

在新厂站接入之前，一般都会与主站进行通信联调，如果此时一方的规约报文存在错误会容易被发现，一旦投入正常运行之后，报文的错误则不容易被及时发现，并且会造成接收方数据出错，如遥测发生跳变，开关状态频变等。当发生这些现象时，主站侧可通过遥测跳变或遥信误动前后的报文记录，分析出错的原因。

目前，电力系统常用的规约有 CDT 规约、101 规约和 104 规约，分别在《电网调度自动化主站运行》的 GYZD01204006、GYZD01204007 和 GYZD01204008 模块中介绍了它们的常见故障现象及原因分析。

【思考与练习】

1. 简述规约报文出错可能引起的错误现象。

2. 分析规约报文出错有哪几种方法？

第十二部分

运行监视系统的
应用操作、系统维护、
安装调试、异常及缺陷处理

第四十八章 运行监视系统应用操作

模块 1 运行监视系统应用软件的使用介绍（GYZD01301001）

【模块描述】本模块介绍运行监视系统应用软件的使用方法。通过功能描述和方法介绍，熟悉运行监视系统应用软件的工作界面及其功能，掌握运行监视系统应用软件的使用方法。

【正文】

一、运行监视系统的概念和应用软件介绍

运行监视系统是一套独立于调度自动化应用的系统，它对调度自动化系统进行全面的监视。主要功能有：

（1）通过各种数据采集方式和接口，采集各独立系统的告警信息，存储到运行监视报警服务器上，进行统一分析处理。

（2）为自动化系统各环节可能出现的异常和故障，提供相应的处理预案，以达到快速处理故障的目的。

（3）实现对自动化机房温度、火警、电源电流电压等参数的在线监测和记录，以及对自动化系统相关的服务器、应用软件、网络等状态的监视和告警。

下面以某产品软件为例，通过运行监视人机界面展示运行监视系统应用软件的功能。

二、运行监视人机界面总览

运行监视系统主界面程序主要由告警窗口、告警方式定义、历史告警查询3个进程组成。值班告警窗如图 GYZD01301001-1 所示。

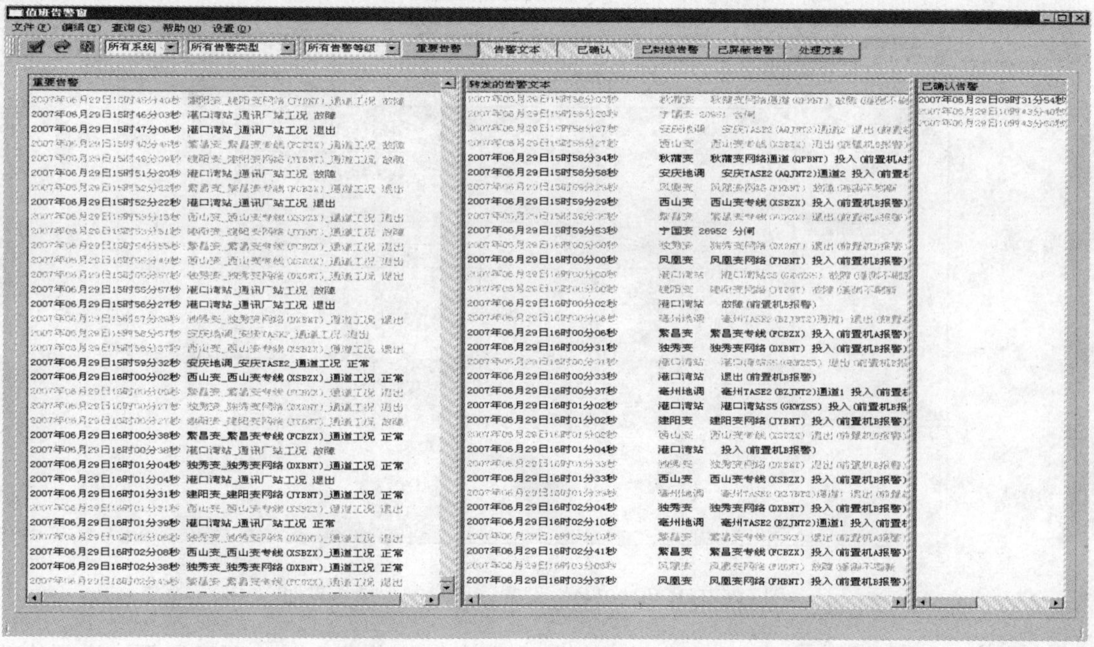

图 GYZD01301001-1 值班告警窗

（一）告警窗口

告警窗口主要由系统菜单和工具栏、重要告警栏、转发的告警文本栏、已确认告警栏、已屏蔽告

GYZD01301001

警栏、已封锁告警栏以及告警处理预案栏等组成。

（1）重要告警栏。显示运行监视告警系统通过所接收数据分析后产生的告警。

（2）转发的告警文本栏。显示的告警是各系统直接转发过来的告警内容。

（3）已确认告警栏。显示已确认的重要告警记录。

（3）已屏蔽告警栏。显示已屏蔽的重要告警记录。

（4）已封锁告警栏。显示已封锁的重要告警记录，系统对这些记录不再做任何处理。

（5）告警处理预案栏。显示已有告警处理预案记录。

（二）系统菜单

系统菜单如图 GYZD01301001-2 所示。

（1）编辑→告警全部确认。将重要告警栏内所有告警进行确认。

（2）编辑→快速返回。当前告警窗有条件筛选时，则快速显示所有告警。

（3）编辑→语音告警状态。开启或取消语音告警状态，打上钩表示语音告警状态启动，反之则表示语音告警状态关闭。

（4）查询→历史告警查询。启动历史告警查询工具（如图 GYZD01301001-3 所示），参见历史告警查询使用说明。

图 GYZD01301001-2　系统菜单

图 GYZD01301001-3　历史告警查询

（5）设置→用户配置表。打开用户配置表以供修改。其操作界面如图 GYZD01301001-4 所示。

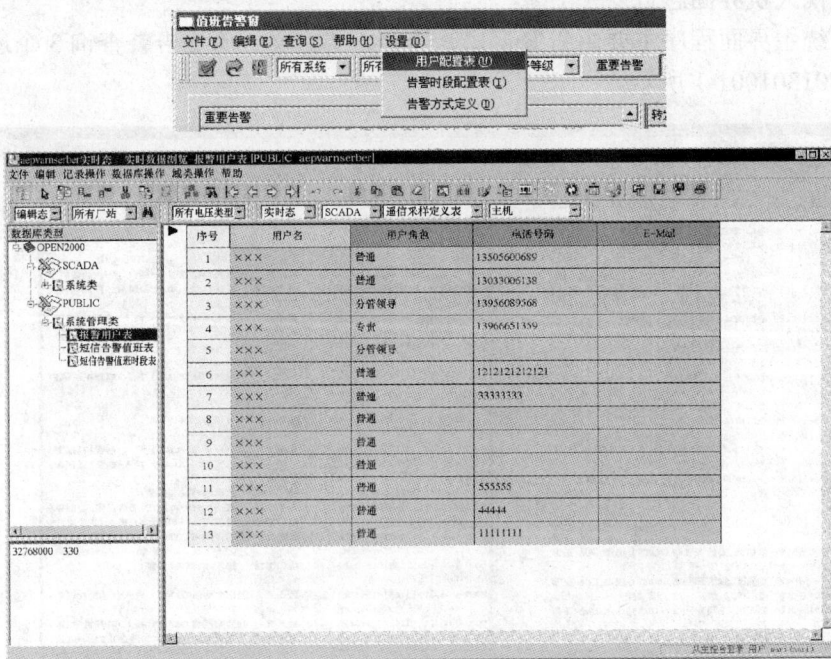

图 GYZD01301001-4　设置→用户配置操作界面

（6）设置→告警时段配置表。方法同（5），打开图 GYZD01301001-4 所示界面，进行修改。

（7）设置→告警方式定义。方法同（5），打开图 GYZD01301001-4 所示界面，进行修改。

（三）系统工具栏

工具栏提供了一些快捷方便的工具按钮和告警查看的筛选条件，如图 GYZD01301001-5 所示。

（四）右键菜单

对各告警栏上做了相应的右键弹出式菜单以方便用户使用，告警窗分重要告警栏、已确认告警栏、已屏蔽告警栏和已封锁告警栏。

1. 重要告警栏

重要告警栏如图 GYZD01301001-6 所示。

（1）重要告警栏→确认告警。将告警从重要告警栏显示到已确认告警栏，表示此条告警已经知道（另外，可以通过双击重要告警栏中的告警对其进行确认）。

（2）重要告警栏→快速返回。当前告警窗有条件筛选时，则快速显示所有告警。同"编辑→快速返回"菜单。

（3）重要告警栏→屏蔽告警。将该数据点的告警状态设置为"屏蔽"，以后该数据点的告警信息就不再显示到重要告警栏中，而是显示到屏蔽告警栏中。

（4）重要告警栏→封锁告警。将该数据点的告警状态设置为"封锁"，以后该数据点的告警信息系统将其自动丢弃不做任何处理，也不上告警窗。

2. 已确认告警栏

已确认告警栏如图 GYZD01301001-7 所示。

（1）已确认告警栏→填写处理意见。填写对该条告警的处理意见后，该告警将不再显示在告警窗内，其意义表示为已经处理过该告警了。

（2）已确认告警栏→快速返回。当前告警窗有条件筛选时，则快速显示所有告警。

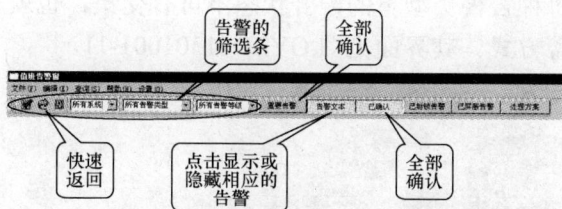

图 GYZD01301001-5　工具栏

图 GYZD01301001-7　已确认告警栏

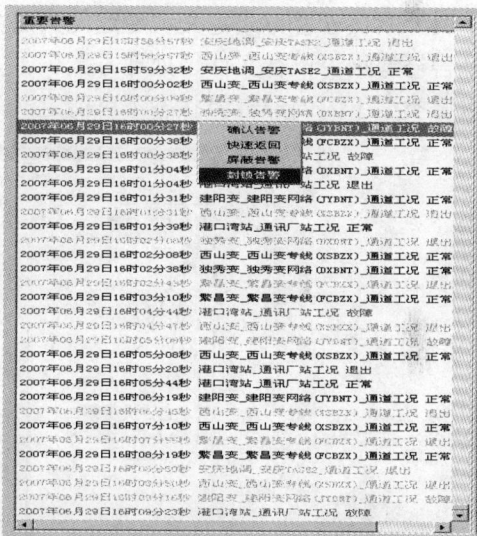

图 GYZD01301001-6　重要告警栏

3. 已屏蔽告警栏

已屏蔽告警栏如 GYZD01301001-8 所示。

已屏蔽告警→取消屏蔽：对被屏蔽了的告警进行解除屏蔽操作。

4. 已封锁告警栏

已封锁告警栏如图 GYZD01301001-9 所示。

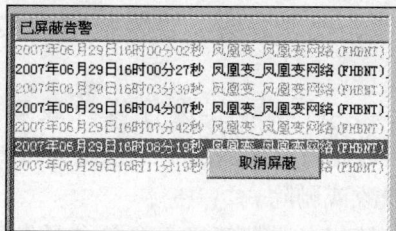

图 GYZD01301001-8　已屏蔽告警栏

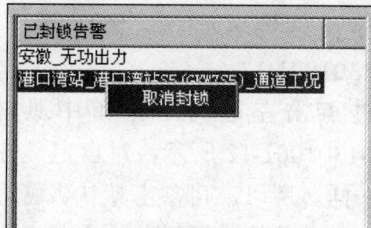

图 GYZD01301001-9　已封锁告警栏

模块 1

GYZD01301001

已封锁告警→取消封锁：对被封锁了的告警进行解除封锁操作。

（五）运行监视告警定义

告警定义主界面如图 GYZD01301001-10 所示。

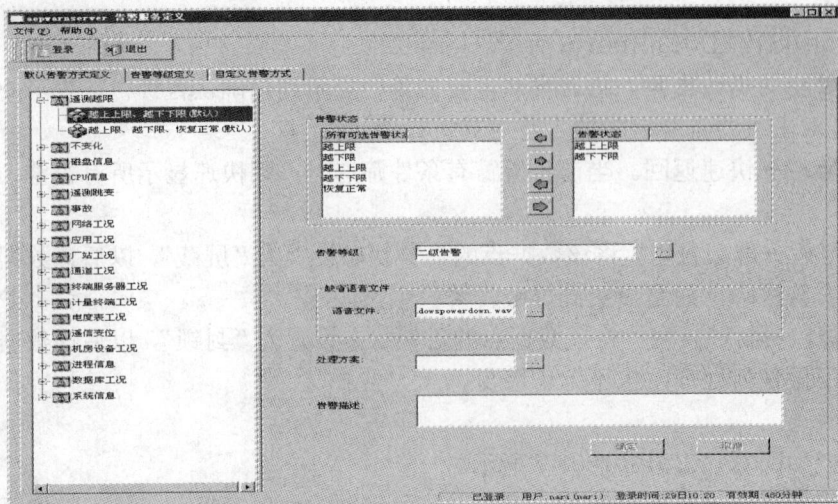

图 GYZD01301001-10　告警定义主界面

主界面主要由默认告警方式定义页面、自定义告警方式页面、告警等级页面组成。

（1）默认告警方式定义。通过此页面可以对默认告警类型进行告警方式的定义或修改，主要定义的是告警等级、语音文件、处理方案、告警描述。每种告警类型下的告警状态不可有交集，也就是同一告警类型下的同一告警状态不可能定义为两种告警方式。其界面见图 GYZD01301001-11。

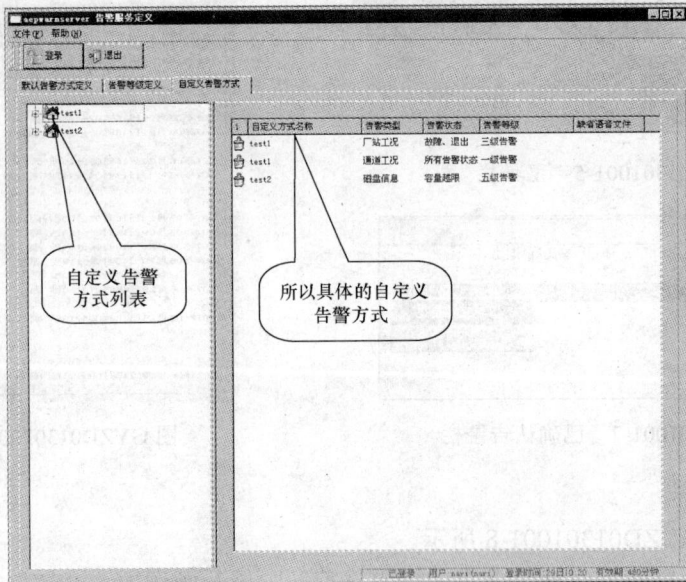

图 GYZD01301001-11　默认告警方式定义界面

（2）自定义告警方式。通过此页面可以对自定义告警类型进行告警方式的定义或修改，主要定义的是自定义告警名称、告警类型、告警等级、语音文件、处理方案、告警描述。其界面见图 GYZD01301001-12。

通过点击左边树形菜单中具体的自定义告警方式，可以对其进行修改或新建，如图 3GYZD01301001-12 所示，对自定义告警方式而言，只比默认告警方式多了一个自定义告警方式 ID，其他都一样。所以，可参考默认告警方式的办法来新增、修改或删除。

（3）告警等级。通过此页面可以定义、修改、删除告警等级，告警等级主要包含了告警动作、自动确认时间、语音告警次数、语音文件名、告警显示颜色、告警短信报警的人员角色，如图

GYZD01301001-13 所示。注意：已经被引用的告警等级是不可以被删除的。

如果自动确认时间为 0，则表示该等级的告警需人工确认，选择"自动确认"告警动作，则需要设置一个自动确认时间。

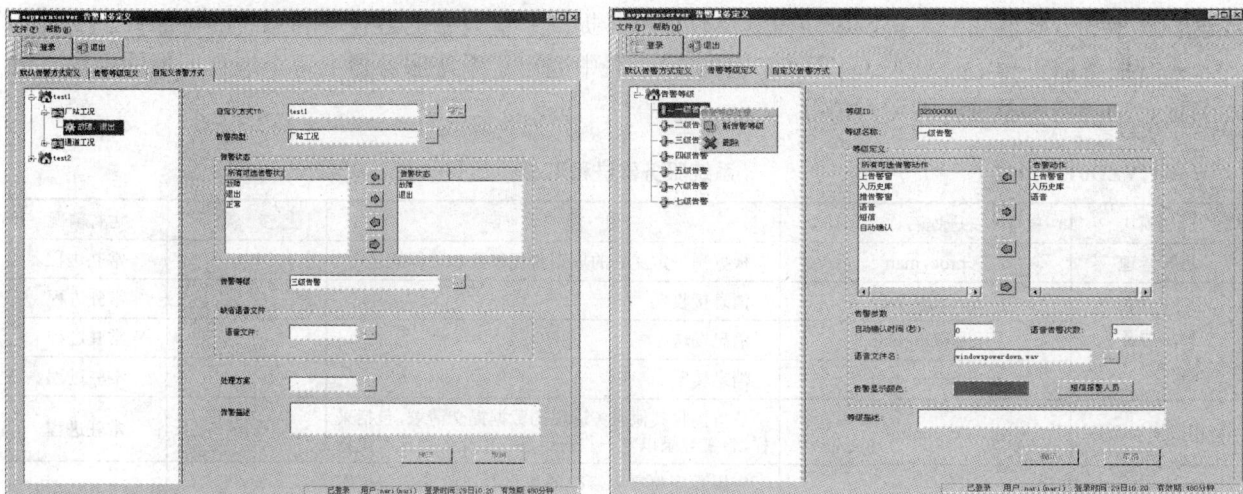

图 GYZD01301001-12　自定义告警方式界面

图 GYZD01301001-13　告警等级维护界面

（六）运行监视历史告警查询

历史告警查询主界面如图 GYZD01301001-14 所示。

通过历史告警查询可以查找已经发生的告警，系统中提供的查询条件有：系统名称、告警类型、告警状态、告警等级。查询方式主要有两种：按时间范围查询和按最近告警记录的条数查询。

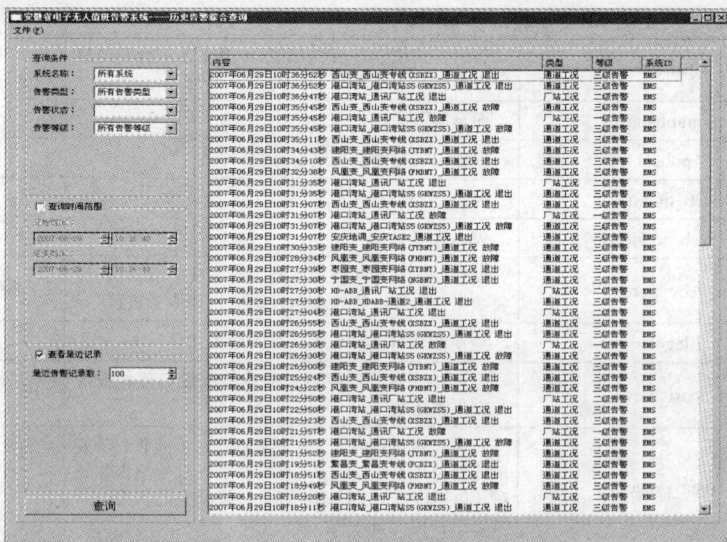

图 GYZD01301001-14　历史告警查询主界面

【思考与练习】

1. 运行监视系统应用软件的主要功能是什么？

2. 运行监视告警系统界面程序由哪几部分进程组成？

3. 上机练习，掌握运行监视系统应用软件的使用方法。

模块 2　运行监视系统服务器进程介绍（GYZD01301002）

【模块描述】本模块介绍运行监视系统服务器的主要进程。通过功能描述，熟悉运行监视系统服务器的主要进程及其功能和运行情况。

【正文】

运行监视系统将所有的独立系统的告警信息集中处理，如自动化的遥信变位、遥测越限等告警信息、重要的服务器离线、网络故障消息等，对于已经发现的或者潜在的异常和故障，通过音响、短信或语音提示等方式通知值班员，以便得到及时处理，提高系统设备的运行率和系统的可靠性。

系统服务器进程汇总见表 GYZD01301002-1，表中列出了系统服务器上每个进程所属的模块、进程名称、功能说明及进程的运行情况。

表 GYZD01301002-1　　　　　　　　　　　　　系统服务器进程汇总

所属模块	进程名称	功　能　说　明	参　　数	运行情况
进程管理	proc_man	根据预先定义好的规则监视和控制进程的运行		常驻进程
网络服务	message_recv	消息接收		常驻进程
	message_send	消息发送		常驻进程
	message_fwd	消息转发		常驻进程
商用数据库服务	db_commit	负责接收其他服务进程的数据提交请求，包括采样、告警登录以及一些应用进程提交的数据库更新		常驻进程
实时数据库服务	odb_modify	应用程序将需要修改的信息发送给商用数据库服务进程，修改成功后，商用数据库服务进程发送消息给各应用服务器上的 odb_modify 进程，该进程负责修改本机的实时库		常驻进程
	rtdb_server	接收来自各应用的数据库修改消息，修改本机的实时库，从而达到全网实时同步的效果		常驻进程
告警服务	warn_server	处理各个应用程序发过来的告警，根据已经定义好的告警方式决定应采取的告警行为		常驻进程
	openwarn_define	告警定义界面		
	openwarn_query	告警查询界面		
	openwarn	告警客户端程序，接收来自告警服务进程的消息并展示在客户端界面上		需要时启动
人机界面	graphapp	图形服务进程		需要时启动
公用计算	pubcal	根据定义好的公式进行计算		常驻进程
Web 服务	web_monitor	Web 服务监视进程		常驻进程
	web_service	Web 服务进程		常驻进程
数据采集	recv_porc	循环读取文件和处理并监视该系统的通信情况，将数据点入库，告警文本发送给告警服务进程	系统名称	常驻进程
	filegetsrv	周期性获得其他系统送来的数据文件		常驻进程
	start_recv	根据接入运行监视系统的系统信息启停相应的数据采集进程		常驻进程
数据处理	data_process	对模拟量进行越限（包括延时）、不变化、跳变的告警处理及状态更新，对状态量进行变位告警处理（包括延时）及状态更新，并将产生的告警信息发送给告警服务进程		常驻进程

【思考与练习】

1. 运行监视系统服务器上数据采集进程的作用是什么？
2. 运行监视系统服务器上实时数据库服务进程的作用是什么？

第四十九章　运行监视系统维护

模块 1　数据录入软件的使用介绍 (GYZD01302001)

【模块描述】本模块介绍运行监视系统数据录入软件的使用方法。通过功能描述，熟悉数据录入软件的工作界面及其功能，掌握数据录入软件的使用方法。

【正文】

运行监视系统主要的数据录入由告警定义和值班信息定义两部分组成。告警定义的录入方法参见"告警信息的设置、分类方法 (GYZD00210001)"模块。

下面以某产品软件为例，说明运行监视系统上值班信息的录入方法。

值班信息的录入在实时库界面进行，告警值班信息由报警用户表、短信告警值班表、短信告警值班时段表录入相关信息。

1. 报警用户表

报警用户表如图 GYZD01302001-1 所示。

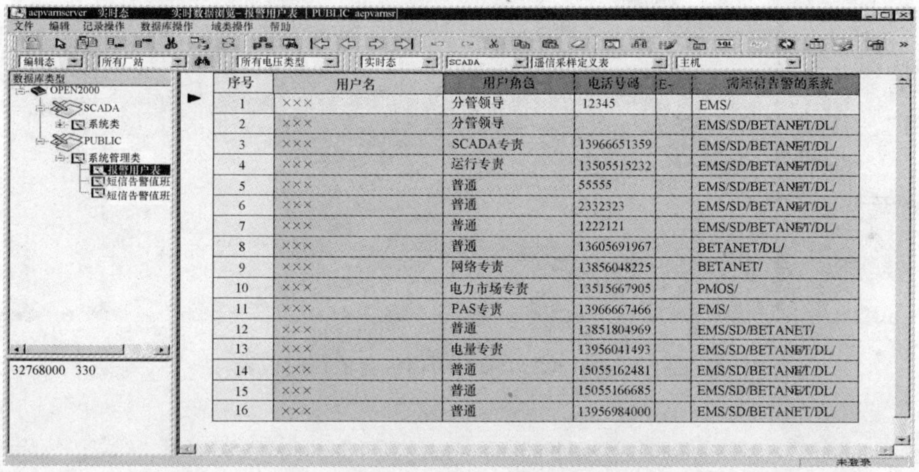

图 GYZD01302001-1　报警用户表

报警用户表用于存储运行监控系统的用户信息，需要录入用户名、用户所属角色。如需要短信告警，可以设置相应的电话号码以及关注哪些系统送来的告警。

2. 短信告警值班表

短信告警值班表如图 GYZD01302001-2 所示。

短信告警值班表用于存储运行监控系统中每个时段用户的值班信息，作为短信告警的发送依据，该表可以根据用户提供的值班信息文件自动导入数据库。

3. 短信告警值班时段表

短信告警值班时段表如图 GYZD01302001-3 所示。

短信告警值班时段表用于存储运行监控系统中的值班时段信息，作为短信告警的时段划分依据，用户根据需要输入每个时段的起止时间。

【思考与练习】

1. 运行监视系统需录入哪些信息？
2. 上机练习，掌握运行监视系统数据录入软件的使用方法。

618

图 GYZD01302001-2　短信告警值班表

图 GYZD01302001-3　短信告警值班时段表

第五十章　运行监视系统安装调试

模块 1　运行监视系统服务器软件的安装、设置（GYZD01303001）

　　【模块描述】本模块介绍运行监视系统服务器软件的安装和设置方法。通过方法介绍，掌握运行监视系统服务器支撑软件的安装方法以及配置服务器的方法。

　　【正文】

　　运行监视系统服务器为 PC 服务器，要求安装 Windows XP 或者 Windows 2003 操作系统，内存配置在 2G 以上。

一、服务器支撑软件安装

1. Microsoft Visual Studio 的安装

使用得到授权的安装盘或安装包，根据安装界面引导以默认方式安装。

2. Oracle 数据库的安装

使用得到授权的安装盘或安装包，根据安装界面引导以默认方式安装。

3. QT 的安装

向版本库管理员申请 QT 安装包，根据安装界面引导以默认方式安装。

4. CORBA 的安装

向版本库管理员申请 CORBA 安装包和授权，根据安装界面引导以默认方式安装。

二、服务器配置

1. 建立平台软件目录

用操作系统命令创建平台软件的目录。

2. 建立系统环境变量

在 Windows 桌面上右键单击"我的电脑"，选择"高级→环境变量"，如图 GYZD01303001-1 所示。

单击"环境变量"按钮，弹出对话框，如图 GYZD01303001-2 所示。

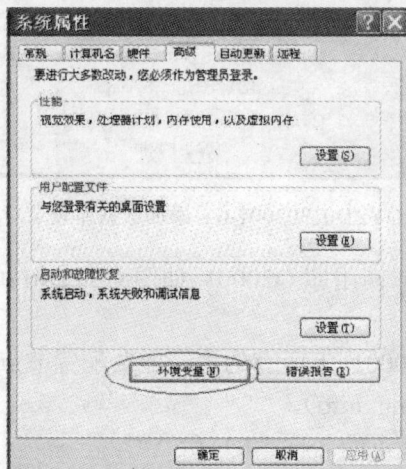

图 GYZD01303001-1　选择环境变量对话框

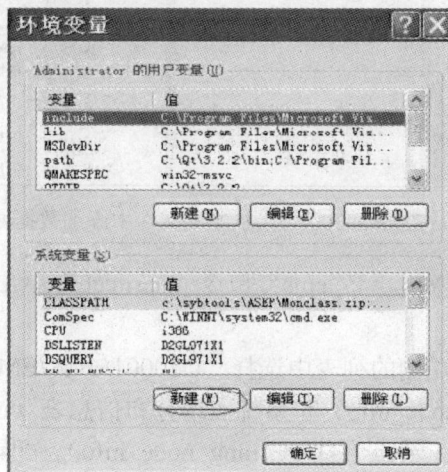

图 GYZD01303001-2　添加系统变量对话框

单击"新建"按钮，在弹出的对话框中输入：

变量名××××_HOME
变量值 D:\××××

在系统变量中选中 path，单击"编辑"按钮，添加：

%××××_HOME%bin、%××××_HOME\dll、%××××_HOME\dll\graph、%××××_HOME\com_dll。

3. 配置表

系统管理初始化需要读取节点信息、节点上配置的应用信息和应用所包括的进程信息。信息来自于商用库中的节点信息表、系统应用分布信息表和进程信息表。

配置系统内第一台机器时，由于还无法启动平台的数据库界面（DBI），需要登录商用库来修改信息配置表。在安装了 Oracle 客户端的服务器"O20001"上，启动商用库客户端，在命令窗口输入"setenv LANG"后，再在命令窗口输入"oemapp console"，弹出如图 GYZD01303001-3 所示的对话框。

选择"独立启动"，单击"确定"按钮，进入下一个界面，如图 GYZD01303001-4 所示。

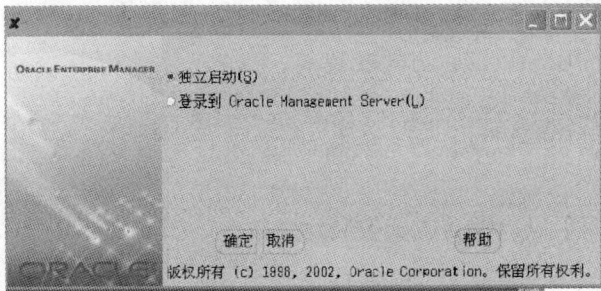

图 GYZD01303001-3　独立登录界面

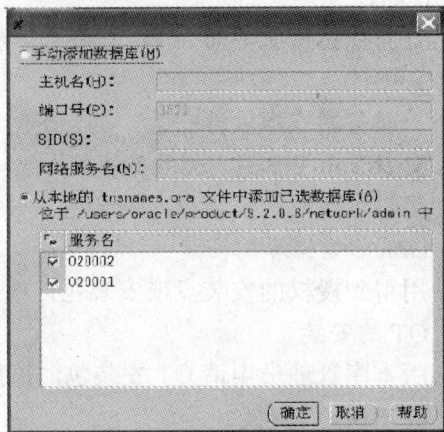

图 GYZD01303001-4　添加数据库操作界面

选择"从本地的 tnsnames.ora 文件中添加已选数据库……"，单击"确认"按钮，进入 Oracle 客户端界面，如图 GYZD01303001-5 所示。

在左侧的列表中选择"网络/数据库/O20001"，弹出如图 GYZD01303001-6 所示的对话框。

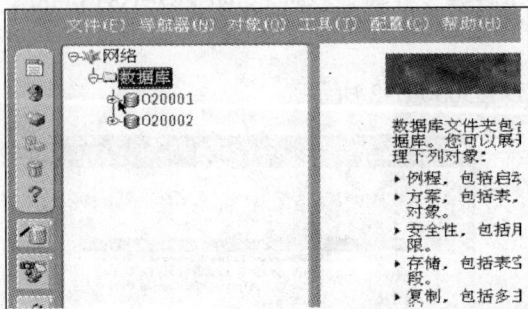

图 GYZD01303001-5　从本地文件中添加数据库界面

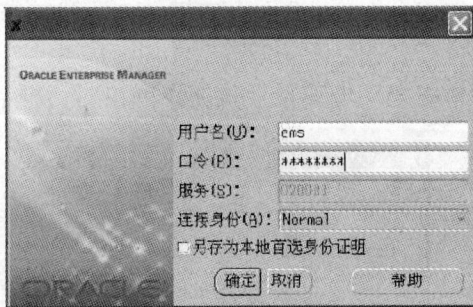

图 GYZD01303001-6　添加数据库登录对话框

输入用户名"ems"，口令"naritech"，单击"确定"按钮，进入商用库 O20001，如图 GYZD01303001-7 所示。

在左侧的列表中选择"O20001/方案/EMS/表"，打开 O20001 下所有的表，需要配置节点信息表（mng_node_info）和系统应用分布信息表（mng_sys_distributing_info）。

（1）节点信息表（mng_node_info）。配置系统中各机器节点的名称、ID 和类型。

（2）系统应用分布信息表。表示各个应用在系统各节点上的运行情况，按照以上相同的方法打开表编辑窗口。

（3）进程信息表。包括了所有的系统进程信息，在商用库中已经存在，不需要配置。

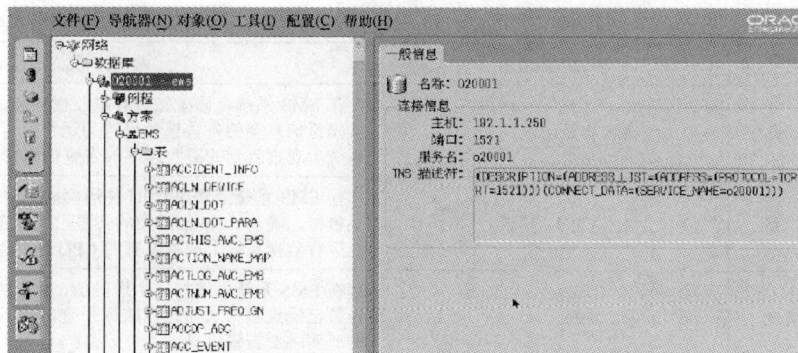

图 GYZD01303001-7　选择数据库文件操作界面

4. 配置文件

（1）mng_priv_app.ini 存放每个节点的 BASE_SERVICE 应用属性和相关进程。

（2）message_bus.ini，修改 ALTERNATIVE = 0。

5. 配置 NTP 客户端

（1）安装 ntp-4.2.0.a@1.1354-o-win32-setup。向版本库管理员申请安装包，根据安装界面引导以默认方式安装。

（2）验证 ntp，在 cmd 窗口输入 ntpq-p。

（3）修改时间设置，将 PC 机时间设置中的时区设为（GMT）格林威治标准时间，同时取消夏时制自动调整。此时时间会减少 8，将时间设置为现在时间。

6. 其他配置

（1）修改网卡的电源为非选休眠等。

（2）修改操作系统的 hosts 文件。 Windows/system/32/drivers/etc/hosts 文件，在该文件中写入系统中的机器名和 IP。

【思考与练习】

1. 运行监视系统服务器软件安装的内容是什么？

2. 上机练习，掌握运行监视系统服务器软件的安装和设置过程。

模块 2　被监控设备及数据的异常报警功能调试方法及步骤（GYZD01303002）

【模块描述】本模块介绍被监控设备及数据的异常报警功能的调试方法。通过方法介绍，掌握运行监控系统模拟量和状态量的各种告警类型进行报警功能调试的方法及步骤。

【正文】

运行监控系统有多种告警类型。针对模拟量和状态量的各种告警类型，对报警功能的调试方法及步骤（如无特殊说明，告警信息均来自 EMS 系统）进行了汇总分析。

一、模拟量相关告警功能的调试

模拟量相关告警功能的调试方法及步骤见表 GYZD01303002-1。

表 GYZD01303002-1　　　　　　　　模拟量相关告警功能的调试方法及步骤

类型码	告警类型	告 警 状 态	调试方法及步骤
1	遥测越限	恢复正常、越上限、越下限、越上上限、越下下限	在 EMS 系统上选择一个遥测值，设置限值并模拟越限的各个状态，确认遥测越限类的告警已经设置为送往运行监视系统，在运行监视系统上观察收到的遥测越限告警信息
2	不变化	恢复刷新、不变化	在 EMS 系统上选择一个遥测值，模拟不变化的各个状态，确认不变化类的告警已经设置为送往运行监视系统，在运行监视系统上观察收到的遥测不变化告警信息

续表

类型码	告警类型	告 警 状 态	调试方法及步骤
3	磁盘信息	容量正常、容量越限（1）	在 EMS 系统上修改磁盘容量监视限值，模拟磁盘越限告警，确认磁盘信息类的告警已经设置为送往运行监视系统，在运行监视系统上观察收到的磁盘越限的告警信息
4	CPU 信息	CPU 正常、CPU 越限	在 EMS 系统上修改 CPU 使用率监视限值，模拟 CPU 使用率越限告警，确认 CPU 信息类的告警已经设置为送往运行监视系统，在运行监视系统上观察收到的 CPU 使用率越限的告警信息
5	遥测跳变	恢复正常、跳变	在 EMS 系统上选择一个遥测值，模拟跳变，确认遥测跳变类的告警已经设置为送往运行监视系统，在运行监视系统上观察收到的遥测跳变告警信息
6	事故	事故分闸、事故越限、事故跳变	在 EMS 系统上模拟一个事故，确认事故类的告警已经设置为送往运行监视系统，在运行监视系统上观察收到的事故告警信息
7	文件容量	容量正常、容量越限	在 EMS 系统上修改文件容量监视限值，模拟文件容量越限告警，确认文件容量类的告警已经设置为送往运行监视系统，在运行监视系统上观察收到的文件容量的告警信息

二、状态量相关告警功能调试

状态量相关告警功能的调试方法及步骤见表 GYZD01303002-2。

表 GYZD01303002-2　　　　状态量相关告警功能的调试方法及步骤

类型码	告警类型	告 警 状 态	调试方法及步骤
1	网络工况	正常、中断	在 EMS 系统上拔掉一台服务器的一根网线，查看 EMS 系统上已经发生网络工况的告警，确认网络工况类的告警已经设置为送往运行监视系统，在运行监视系统上观察收到的关于该网络工况的告警信息
2	应用工况	在线、离线、异常	在 EMS 系统上停止某个应用，查看 EMS 系统上已经发生应用工况的告警，确认应用工况类的告警已经设置为送往运行监视系统，在运行监视系统上观察收到的关于该应用工况的告警信息
3	厂站工况	正常、故障、退出	在 EMS 系统上切断某厂站的所有通道，使得该厂站退出，再逐一恢复该厂站的通道，查看 EMS 系统上已经发生厂站工况的告警，确认厂站工况类的告警已经设置为送往运行监视系统，在运行监视系统上观察收到的关于该厂站工况的告警信息
4	通道工况	正常、故障、退出	在 EMS 系统上切断某条通道，使得该通道退出，恢复该通道，查看 EMS 系统上已经发生通道工况的告警，确认通道工况类的告警已经设置为送往运行监视系统，在运行监视系统上观察收到的关于该通道工况的告警信息
5	终端服务器工况	正常、故障、退出	在 EMS 系统上关闭一台终端服务器，查看 EMS 系统上已经发生终端服务器工况的告警，确认终端服务器工况类的告警已经设置为送往运行监视系统，在运行监视系统上观察收到的关于该终端服务器工况的告警信息
6	计量终端工况	正常（1）、故障（2）、退出（3）	在电量系统上模拟计量终端正常、故障和退出的告警，查看电量系统上已经发生计量终端工况的告警，确认计量终端工况类的告警已经设置为送往运行监视系统，在运行监视系统上观察收到的关于该计量终端工况的告警信息
7	电度表工况	正常、故障、退出	在电量系统上模拟电度表正常、故障和退出的告警，查看电量系统上已经发生电度表工况的告警，确认电度表工况类的告警已经设置为送往运行监视系统，在运行监视系统上观察收到的关于该电度表工况的告警信息
8	遥信变位	分闸、合闸	在 EMS 系统上模拟某遥信的变位，查看 EMS 系统上已经发生遥信变位告警，确认遥信变位类的告警已经设置为送往运行监视系统，在运行监视系统上观察收到的关于该遥信变位的告警信息
9	机房设备工况	正常、故障、退出	在机房监控系统上模拟机房设备正常、故障和退出的告警，查看机房监控系统上已经发生机房设备工况的告警，确认机房设备工况类的告警已经设置为送往运行监视系统，在运行监视系统上观察收到的关于该机房设备工况的告警信息
10	进程信息	启动、退出	在 EMS 系统上模拟停止某个进程，查看 EMS 系统上已经发生进程信息告警，确认进程信息类的告警已经设置为送往运行监视系统，在运行监视系统上观察收到的关于该进程信息的告警信息

续表

类型码	告警类型	告警状态	调试方法及步骤
11	数据库工况	正常、异常	在 EMS 系统上关闭某个数据库，查看 EMS 系统上已经发生数据库工况告警，确认数据库工况类的告警已经设置为送往运行监视系统，在运行监视系统上观察收到的关于该数据库工况的告警信息
12	系统信息	告警系统通道正常、告警系统通道退出	停止 EMS 系统向运行监控系统的数据传输，查看在运行监视系统中是否产生 EMS 系统告警通道退出的告警，恢复 EMS 系统向运行监控系统的数据传输，查看在运行监视系统中是否产生 EMS 系统告警通道正常的告警

【思考与练习】

1. 模拟量的告警类型主要有哪些？

2. 状态量的告警类型主要有哪些？

3. 上机练习，通过模拟各种告警状态加深对调试方法的理解。

第五十一章　运行监视系统异常及缺陷处理

模块 1　运行监视系统的工作流程（GYZD01304001）

【模块描述】本模块介绍运行监视系统的工作流程。通过举例分析，了解系统的软件结构及各功能模块相互间的关系。

【正文】

一、运行监视系统软件结构

下面以某产品软件为例，介绍运行监视系统的工作流程，如图 GYZD01304001-1 所示。

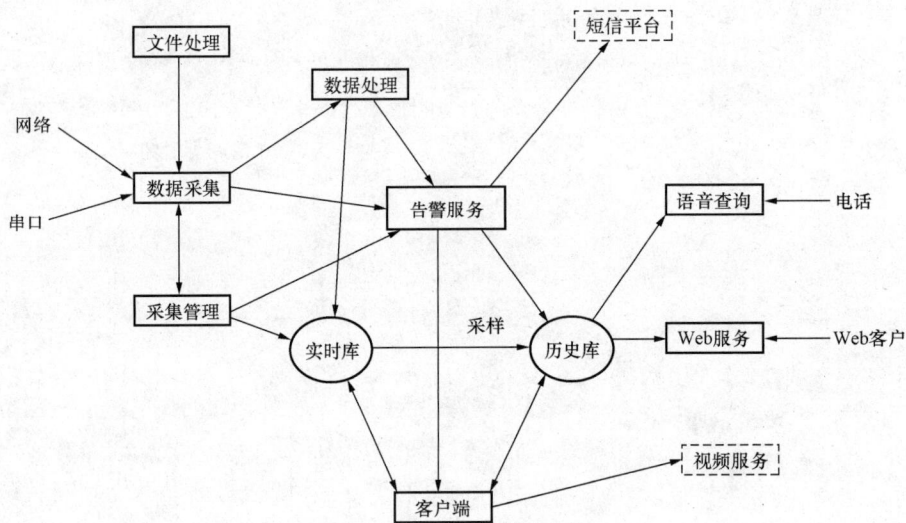

图 GYZD01304001-1　运行监视系统的工作流程示意图

由图 GYZD01304001-1 可知：

（1）文件处理。接收并管理其他系统送来的各类文件。

（2）数据采集。采集多种方式传入的数据，包括网络、串口、文件三种方式。对于采集的实时数据发送至数据处理模块处理，对于采集的告警信息则发送至告警服务处理。

（3）采集管理。负责采集通道的值班、备用控制（针对 EMS 系统的文件、串口两种式传送）；负责采集通道的工况判断及告警；负责数据采集进程管理，如起、停进程等。

（4）数据处理。采集的实时数据写入实时库、模拟量越限判断、状态量变化告警、公式计算及一些用户要求的统计功能。

（5）告警服务。接收、存储、分发告警，通过短信平台告警，响应客户端的确认操作。

（6）客户端。实时告警显示、告警确认、处理意见填写、告警查询、告警抑制、告警配置、图形显示、视频图像显示等。

（7）语音查询。响应用户的电话语音查询请求。

（8）Web 服务。提供对告警信息的 Web 服务，供网上查询告警信息。

二、运行监视系统功能模块实现流程

运行监视系统功能模块功能处理流程如图 GYZD01304001-2 所示。

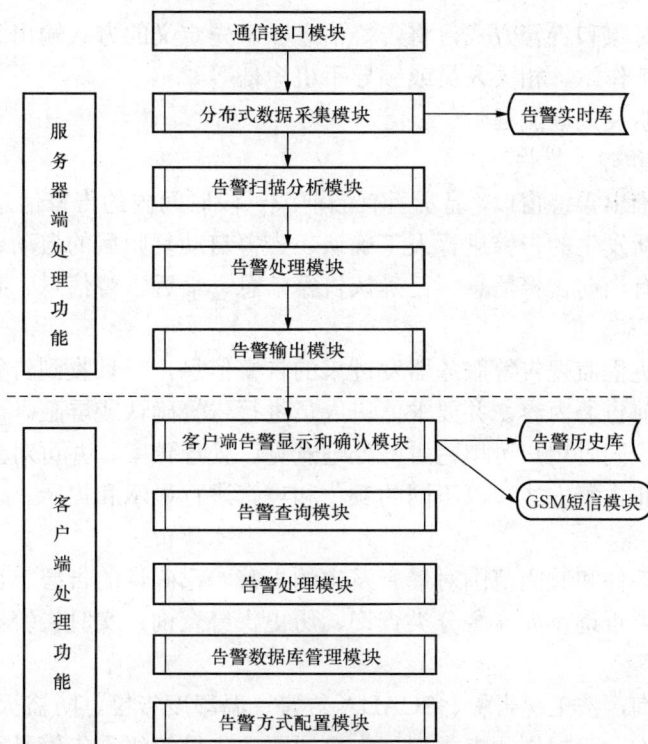

图 GYZD01304001-2　运行监视系统功能模块功能处理流程

1. 分布式数据采集模块

数据采集模块是后台运行的管理进程，完成对各个系统告警数据的采集和入库，主要通过常驻进程来进行，包括对各种智能测量设备数据的采集、对自动化系统的实时告警数据采集等，将采集的数据进行规约解析和分类入库，其处理流程如下：

（1）自动化相关系统 SCADA/EMS/DMS 系统的接入，采用被动接收方式。在相应的系统内常驻服务程序，采样同时需要转送给告警系统的相应信息量，数据采用单向发送的方式。

（2）网络状态监视涉及网管协议，比较复杂。系统对网络状态的监视用于相应的通信监视系统的接口，获得网络状态数据。

2. 监视告警系统

完成对接口数据的规约解析、实时告警数据库管理、数据处理、数据计算，告警的产生和归并、告警的生成和告警发送、告警信息的历史保存等功能，其处理流程如下：

（1）告警扫描分析模块。对实时数据库中定义的告警对象进行定时扫描判别和过滤。当某一事项在短时间内连续出现（如遥信合→分、分→合，通道通、断状态连续切换），该模块可通过设置合理、灵活的时间间隔，过滤掉多余的事项。例如，对不同的遥信，可设置不同的时间间隔。对符合告警产生条件的告警对象自动产生告警，放入当前告警缓冲队列，对自动回归的告警自动改变其当前告警的状态，同时保存历史数据库。

服务器上常驻进程对通过告警采集模块所采集的告警数据进行实时扫描和分析，一旦发现符合告警条件的信息，立即根据告警类型查找该类告警的处理方式和告警方式，然后将告警放入当前告警缓冲中，传给告警处理模块。

（2）告警处理模块。根据告警对象的属性及当前系统的设置，对当前的告警选择是否采用 GSM 方式或语音方式，同时发送给告警值班客户端。根据实时数据库中实时配置表的告警方式，通过提取告警信息代码表中数据触发产生详细告警信息，并启动告警输出进程。

（3）告警输出模块。根据告警系统数据库中实时配置的各类告警输出方式，利用告警输出模块将当前的告警信息产生多种输出方式，如在值班人员客户端推出画面、给相关人员手机发送短信、在Web 浏览器上显示告警信息、历史数据回放、给相关人员发送电子邮件等。根据告警处理模块的详细告警信息,判断告警的对象和告警方式,将告警信息以事先定义的方式输出到系统配置好的终端,如值班人员机器、调度员工作站、相关人员或领导手机短信等。

三、客户端功能说明及处理流程

1. 客户端告警显示和确认模块

以列表窗口的方式推出告警窗口,显示所有当前或一段时间内的告警信息,并启动本地音响告警,由值班人员在客户端对新发生的告警进行人工确认、告警自动复归后的自动确认、告警的抑制与解除处理,主要显示的内容有当前告警信息、已确认告警信息、最近告警信息、封锁告警信息、屏蔽告警信息,其处理流程如下:

用常驻在内存里的进程监视告警服务器发过来的告警信息,一旦收到告警,自动在值班员客户端推出告警窗口,显示当前告警内容,并要求值班人员进行告警确认或屏蔽。一旦被确认,则立即显示在已确认告警窗列表内。同时用户可填写告警处理意见、处理预案,并可对预案进行保存。对不同的告警,可根据告警级别和告警方式,以不同的颜色和声音进行显示和提示。

2. 告警查询模块

在客户端,可根据条件和时间范围对最新发生的告警、已确认的告警、已抑制的告警和最近所有的历史告警信息进行各类查询,如告警分类查询、历史告警查询、实时告警查询、封锁和屏蔽告警查询等,其处理流程如下:

(1) 对告警分类查询,按工况告警、SCADA 告警、温湿度告警、防盗火警告警等类别进行查询。

(2) 对历史告警查询,可根据测点类型、告警原因、告警等级、告警是否确认等条件查询状态量告警、测量值告警、系统告警等不同内容。

(3) 对实时告警查询,可按已确认或未确认方式查询当天或前一天或前几天的告警信息。

(4) 对封锁屏蔽告警查询,可根据时间段查询被封锁的告警和被屏蔽的告警信息。

3. 告警处理模块

由值班人员填写对当前告警信息的处理意见和预案,并保存历史数据,可在下次的告警中调用,其处理流程为对当前的告警处理预案的编制、保存、修改和调用。

4. 告警数据库管理模块

提供对告警系统的数据库对象建表、告警类型定义、告警方式定义、告警系统配置参数管理、告警优先级设定、告警选择等,其处理流程如下:

(1) 告警类型定义。根据不同的告警类型进行分类定义,分为通道工况告警、越限数据告警,并对每一类告警分别定义。

(2) 告警数据定义。对每一个需要告警的信息进行定义,定义告警号、遥信号、属节点、采集通道、告警限值、告警结果、告警预案等信息。

(3) 告警方式定义。根据不同的告警类别定义告警方式,同时可指定告警的优先级。同一告警可同时具有几种不同的告警方式。对每一个告警对象可定义告警的延续时间、告警频度、告警等级、告警次数、告警依赖关系等信息。

(4) 告警配置定义。可定义告警的公式,按照公式计算结果告警;定义采集通道串口配置信息、IP 地址信息、告警的时段、告警级别、告警限值等。

(5) 告警人员定义。定义当出现告警信息时,需要通知哪些人员,人员的岗位和告警通知方式。

(6) 人员值班表编制。系统可以编制人员值班表,按照月、日、时安排值班人员对事项负责。值班表可以灵活编制。

(7) 通知方式设定。人员按照值班人员、事项负责人两种人员类型区分。当某一事项发生时,不仅通知此时的值班人员,还需通知该事项的负责人。如某人当班时可能要负责当班时段内的所有事项,其他时段只需负责某一类事项。

(8) 节假日定义。定义节日的日期,以便在节假日采用不同的告警方式。

5. 告警方式配置模块

在客户端配置告警的音响是否开闭、GSM 短信是否发送、每一级告警的声音文件、告警的文本颜色、服务器的地址、预案的维护等，其处理流程如下：

（1）告警音响的关闭与开启。

（2）GSM 方式的关闭与开启。

（3）故障处理预案维护功能。

（4）告警声音文件定义。

（5）告警颜色定义。

（6）服务器地址配置。

【思考与练习】

1. 运行监视系统分布式数据采集模块的工作流程是什么？

2. 告警方式配置模块的工作流程是什么？

模块 2　运行监视系统故障排查原则及步骤（GYZD01304002）

【模块描述】本模块介绍运行监视系统故障排查原则及步骤。通过现象描述和方法介绍，熟悉运行监视系统常见故障的类型、现象、产生原因、诊断方法及其解决方案。

【正文】

一、运行监视系统故障概述

运行监视系统常见故障可分为系统类故障、Web 服务类故障、网络类故障、数据库故障、告警类故障和人机界面故障。

1. 系统类故障

接入运行监控系统的系统退出。

2. Web 服务类故障

与 Web 服务相关的故障，主要有 Web 客户端无法浏览网页内容；Web 客户端浏览时，无法显示 ActiveX 控件界面；Web 客户端登录时提示"无法连接数据库"，或登录时很慢。

3. 网络类故障

与网络设备、网络配置相关的故障，主要有 showservice 显示系统中的某台主机断网，并且"刷新时间"不更新。

4. 数据库故障

与 Oracle 数据库服务相关的故障，主要有 Oracle 数据库不可访问。

5. 告警类故障

与告警功能相关的故障，主要有告警不能发送短信、告警不能推画面、告警不能响语音。

6. 人机界面故障

与人机界面功能相关的故障，主要有在图形浏览器下，应用所属右键菜单无法显示；在图形浏览器下，应用所属右键菜单显示缓慢。

二、运行监视系统故障应用对照

（一）故障应用对照表

系统发生故障时，应按照表 GYZD01304002-1 进行对照检查。

表 GYZD01304002-1　　　　　故 障 应 用 对 照 表

序号	故障现象	故障原因及诊断	解 决 方 案	故障类型
1	接入运行监控系统的系统退出	可能的故障原因： （1）该系统在设置的时间内没有任何信息送往运行监视系统。 （2）该系统向运行监视系统的数据传输进程异常。 （3）该系统和运行监视系统间的网络中断。 （4）运行监视系统相应的服务进程异常	（1）修改判断系统退出的时间。 （2）重新启动该系统的数据传输进程。 （3）查找网络的故障点并排除。 （4）启动运行监视系统相应的服务进程	系统类故障

续表

序号	故障现象	故障原因及诊断	解 决 方 案	故障类型
1	接入运行监控系统的系统退出	诊断方法： （1）查看该系统上是否没有已定义的需要送往运行监视系统的数据产生。 （2）查看该系统与运行监视系统间文件传输的共享目录下是否有定时传输文件。 （3）查看在运行监视系统服务器上是否能网络访问该系统的共享目录。 （4）查看运行监视系统的进程表中是否带有该系统名称为参数的进程		系统类故障
2	告警不能响语音	可能的故障原因： （1）语音设备异常。 （2）告警窗上语音按钮关闭。 （3）节点语音告警抑制。 （4）warn_client 进程没有启动。 诊断方法： （1）通过告警窗上的语音测试按钮测试本机语音设备是否异常。 （2）检查告警窗上语音按钮是否关闭。 （3）检查本机是否设置"语音告警抑制"选项。 （4）查看进程 ps – ef|grep warn_client	（1）解决语音设备问题。 （2）设置语音按钮于播放语音状态。 （3）在告警定义中删除该节点语音告警设置。 （4）启动 warn_client 进程	告警类故障
3	告警不能推画面	可能的故障原因： （1）该节点推画面告警抑制。 （2）warn_client 进程没有启动。 诊断方法： （1）检查本机是否设置"语音告警抑制"选项。 （2）查看进程 ps – ef|grep warn_client	（1）在告警定义中删除该节点语音告警设置。 （2）启动 warn_client 进程	
4	告警不能发送短信或发送到错误号码	可能的故障原因： （1）值班表中的电话号码错误。 （2）值班表中的值班人员和时段错误。 （3）短信平台异常。 （4）告警服务进程异常。 诊断方法： （1）查看数据库中值班表的电话号码配置是否输错。 （2）查看数据库中值班表的值班人员和时段是否配置错误。 （3）执行 sendmsgtoip aaa 电话号码，看能否收到内容为 aaa 的短信。 （4）查看运行监控系统服务器上的 warn_server 进程是否异常	（1）修改值班表，输入正确的电话号码。 （2）修改值班表，输入正确的值班人员和时段。 （3）解决短信平台的故障。 （4）重新启动 warn_server 进程	
5	数据录入界面上修改数据以后无法保存	可能的故障原因： （1）实时数据库或商用数据库服务异常。 （2）Oracle 数据库异常。 诊断方法： （1）showservice 查看 DB_SERVICE 是否正常刷新。 （2）查看是否能用 sqlplus 访问 Oracle 数据库	（1）重新启动 DB_SERVICE 应用。 （2）重新启动 Oracle 数据库	数据库类故障
6	Web 客户端无法浏览网页内容，提示"无法显示该页"	可能的故障原因： （1）服务器信息发布软件（tomcat）没有启动。 （2）网络设备出现异常，或配置不正确。 诊断方法： （1）ps – ef | grep tomcat 查看 tomcat 是否启动。 （2）检查是否能 ping 通 Web 服务器，查看网络是否正常，发布端口 8000 是否被禁止	（1）启动 tomcat，启动方法：catalina.sh run &，或重新启动 PUBLIC 应用。 （2）修复网络设备的故障，并允许端口 8000 的通信	Web 服务类故障
7	Web 客户端浏览时，无法显示 ActiveX 控件界面	可能的故障原因：没有添加到受信任的站点和修改 IE 关于 ActiveX 选项。 诊断方法：查看受信任站点列表中有无服务器地址，并且格式为 http://×.×.×.×	添加 Web 服务器的地址到受信任的站点，添加时需要勾掉"对该区域中的所有站点要求服务器验证"	

续表

序号	故障现象	故障原因及诊断	解 决 方 案	故障类型
8	（1）Web 客户端登录时提示"无法连接数据库"。（2）登录时很慢	可能的故障原因： （1）网络设备（如防火墙）的端口 11000，11112，11115，11125，12063，12064，12069，8000 没有全部开放。 （2）双 Web 服务器时，以上端口对每个服务器的浮动地址也都要开放。 诊断方法： （1）测试某个端口是否开放的命令为 telnet ip port，如 telnet 192.1.101.210 11000。如果端口正常，则会出现一个新的 cmd 窗口光标在左上角闪烁。 （2）如果是双 Web 服务器，需要检查以上端口是否对每台服务器的浮动地址都全部开放	开放网络设备（如防火墙）的端口	Web 服务类故障
9	showservice 显示系统中的某台主机断网，"刷新时间"不更新	可能的故障原因：该主机的广播报文无法被其他机器收到。 诊断方法： （1）检查断网主机是否能 ping 通其他机器。 （2）检查显示断网主机的 IP 地址与其他主机是否在一个网段，子网掩码是否一致	（1）恢复中断主机的正常连接。 （2）修改出错的地址或者子网掩码	网络故障
10	在图形浏览器下，应用所属右键菜单无法显示	可能的故障原因：各应用菜单配置问题。 诊断方法：检查本机 open200e/sys 目录下各应用菜单配置是否正确	修改或者从正常工作的节点上拷贝相应文件	人机界面类故障

（二）常用故障检查方法

常用故障检查方法如下：

1. 查看本机应用

使用命令 showservice，重点查看实时态应用为故障与过期的信息。

2. 查看与实时库连接

建议使用 dbi 命令，应该以多个工作站都不能打开表为判断依据。

3. 查看与商用库连接

使用命令 get_all_db 与 search_db，建议同时使用命令 sqlplus ems/naritech@o2000，其中 o2000 应该以/users/ems/××××/sys/db_config.sys 配置文件为准。

（三）常用故障处理方法

常用故障处理方法如下：

1. 应用切换

主要涉及 PUBLIC、SCADA、DB_SERVICE、FES 应用，可以使用系统管理界面切换，也可以使用命令进行切换。

例如：

app_switch　sca02-1 1000 3（其中 sca02-1 为服务机器名称，1000 是 SCADA 应用，3 为主机，2 指切至备机）；

app_switch　sca02-1 32768000 3（32768000 为 PUBLIC 应用号）；

app_switch　sca02-1 65536000 3（65536000 为 DB_SERVICE 应用号）；

app_switch　sca02-1 8000 3（8000 为 FES 应用号）。

2. 杀进程

打开进程管理器用右键菜单执行，主要服务进程分为公共应用核心进程、数据库核心进程、应用核心进程和工作站进程四类。其中，公共应用核心进程包括实时库服务进程、实时库与商用库同步进程、告警服务进程；数据库核心进程包括直接 SQL 和存储过程服务、数据库提交服务、数据下装服务、模型更新服务数据、库状态监视服务；应用核心进程包括计算进程、画面操作服务、公用计算、参数管理、数据处理；工作站进程包括图形、告警窗、告警客户端后台进程（语音、推画面等）。

（1）单启停应用。可以使用系统管理界面（sys_adm），也可使用命令行。

停止 SCADA 应用：manual_app_stop SCADA；

启动 SCADA 应用：manual_app_start-s down SCADA　（此时如果通过问题诊断命令 get_all_db 中无商用库连接，则不能带-s down 参数，即执行 manual_app_start SCADA 即可）；

停止 DB_SERVICE 服务：manual_app_stop DB_SERVICE；

启动 DB_SERVICE 服务：manual_app_start DB_SERVICE（启动 DB_SERVICE 服务不必带-s down 参数）。

（2）启停整个应用。

停止整个系统：执行"sam_ctl stop"命令；

启动整个系统：如果是工作站，执行命令 sam_ctl start fast –w & ；如果是服务器，执行命令 sam_ctl start down　（如果通过问题诊断命令 get_all_db 中无商用库连接，则执行命令 sam_ctl start fast）。

3. 重新启机

重新启动服务器然后执行启动整个应用步骤。

三、运行监视系统日志

运行监视系统日志分为运行监视系统日志、短信发送日志和 Oracle 数据库日志。

1. 运行监视系统日志

运行监视系统日志又分为系统日志、数据处理日志和告警日志三种。

（1）系统日志。日志存放在日志文件 app_msg.log（$OPENWARN_HOME/var/log 目录）中。日志文件 app_msg.log 按月循环存放。例如，app_msg.log.11 是本月或上一个月 11 日的日志文件，app_msg.log 是当天的日志文件。

（2）数据处理日志。数据处理日志存放接入运行监视系统的各系统的数据处理信息及告警文本接收情况。存放在$OPENWARN_HOME/var/log 目录下，数据处理信息存放文件为 data_process.log，告警文本接收情况信息存放文件为 warn_text_系统名称.log。

（3）告警日志。告警日志是系统中存放最近所发生告警的日志文件。一般情况下，用户可通过告警查询界面工具来查看告警。当商用库不可用或者无法启动告警查询界面（如远程拨号时），需要观察某个应用某段时间内的告警时，可以通过查看告警的日志文件来观察系统告警状况。告警日志存放在$OPENWARN_HOME/log 目录下。

告警日志文件是按月循环存放的。每个应用的服务器上都有 warn_server.log 文件，一般情况下只有应用主机上的 warn_server.log 文件才有当前应用的告警日志。

2. 短信发送日志

短信发送日志存放系统中发出的短信告警信息，存放目录为$××××_HOME/log，文件是 sendmsgtoip.log。

3. Oracle 数据库日志

如果系统 Oracle 实例名为 o2000，则 Oracle 日志为$ORACLE_BASE/admin/o2000/bdump 目录下的 alert_o2000.log。

【思考与练习】

1. 运行监视系统常见故障有哪些？

2. 故障现象检查方法有哪些？

3. 通过上机练习，加深理解故障现象的内涵，掌握故障排查方法。

第十三部分

主站系统软硬件平台安装

第五十二章 主站系统硬件平台安装

模块 1 网络设备的安装 (ZY2800101001)

【模块描述】本模块介绍网络设备的安装操作原则和注意事项。通过要点归纳、方法介绍和举例说明，熟悉网络设备安装前检查设备外观及配件的要求，掌握安装网络设备的步骤、方法及其注意事项。

【正文】

一、网络设备的安装原则

网络设备的安装是非常简单的，但是整个安装过程都要保证标准化，也就是说各种防范措施都要做好。不能随便放置网络设备通电就使用，那样安全和故障隐患是非常多的。正因为网络设备一经工作很少有人在移动他或者改变他的位置，所以说初次安装工作就显得更加重要了。在实际应用中，网络设备的安装一般是由供货厂商或集成商的工程师来完成的。

二、网络设备安装的步骤及要求

（一）外观设备的检查

网络设备的生产厂商比较多，品牌也很多，但是不同品牌的安装方法基本相同，开箱后要检查设备外观有无损坏。

（1）由于网络设备一般都是安装在机柜上，而机柜的长宽高都是有标准的，所以网络设备也有标准尺寸，其长度为 260mm，深度是 173mm，高度为 44mm。开箱后的第一件事要检查开箱单中列出的每个部件是否齐全，还有网络设备的外表有无明显裂痕。

（2）二层网络设备以太接口从 8 个到 16 个到 24 个、48 个不等。另外，在网络设备正面面板上还会有一个 CONSOLE 口，方便管理和设置网络设备。所以还需要检查网络设备面板个接口有无裂痕，CONSOLE 接口是否存在。

（3）检查网络设备后面面板是否正常，网络设备的后面板都有一个电源输入接口，用于连接 100～240V 的交流电源。另外，为便于网络设备接地，特别在后面设置了一个接地柱，标有一个接地的符号，使整个网络设备与大地直接连起来，起到保护作用，减少因静电和漏电带来的损失。应该检查这些部件完好无损。

（4）在网络设备的侧面还有不少散热通风孔，这些通风孔是帮助网络设备散热的，可以改善系统的温度，保证网络设备正常工作，所以应该检查这些孔保证没有被堵塞。

注：在安装网络设备时一定要保证网络设备两侧有一定的空间，这样才能便于空气流通，保持通风散热。否则有可能由于网络设备内部的部件过热，造成系统的不稳定。

（二）安装网络设备

[例 ZY2800101001-1] 安装网络交换机。

检查完交换机外表后，应进行安装工作。首先将相应的安装部件整理齐备，其中包括交换机本身、一套机架安装配件（两个支架、四个橡皮脚垫和四个螺钉），一根电源线、一个 CONSOLE 管理电缆。所有部件齐备后才可以安装交换机。

1. 将交换机放置到桌面

可能有些项目没有专门的机柜安装网络设备，那么可以把其放到一个平稳的桌面上。

（1）将交换机从包装箱中取出，将其到置在水平桌面上。

（2）取出包装箱中的四个橡皮脚垫，揭去脚垫上的衬片，露出有黏度黏性的一面。

（3）将四个脚垫有黏度的一面贴到网络设备底面四个角相应的位置上。

（4）最后将交换机的正面朝上、底面朝下放在平稳的桌面上。

2．将交换机安装到机柜上

如果配备了网络设备机柜，那么就可以直接把网络设备放到机柜中，这样安全性和稳定性更好。

（1）从包装箱内取出设备。

（2）使用安装附件中的螺钉先将支架安装到设备的两侧，安装时要注意支架的正确方向。

（3）将网络设备放到机柜中，确保网络设备四周有足够的空间用于空气流通。

（4）用螺钉将支架的另一面固定到机柜上，要确保设备安装稳固，并与底面保持水平不倾斜。

注：拧取螺钉的时候不要过紧，否则会让网络设备倾斜，也不能过于松垮，这样网络设备在运行时不会稳定，工作状态下设备会抖动。

3．连接电源与接地

将电源线拿出来插在网络设备后面的电源接口，找一个接地线绑在网络设备后面的接地口上，保证网络设备正常接地。

完成上面几步操作后，打开网络设备电源，开启状态下查看网络设备是否出现抖动现象，如果出现抖动现象，应检查脚垫高低或机柜上的固定螺钉松紧情况。

三、注意事项

为保证网络设备良好地工作，应注意以下几点：

1．电源方面

确保电源已接地，防止烧坏网络设备。在拆装和移动网络设备之前必须先断开电源线，这样防止移动过程中造成内部部件的损坏，在加电情况下出问题的概率会大大增加。在放置网络设备时，电源插座尽量不要离网络设备过远，否则当出现问题时切断网络设备电源会非常不方便。

2．防静电要求

超过一定容限的静电会对电路乃至整机产生严重的破坏作用。因此，应确保设备良好地接地，以防止静电的破坏。人体的静电也会导致设备内部元器件和印刷电路损坏，所以当拿电路板或扩展模块时，应拿电路板或扩展模块的边缘，不要用手直接接触元器件和印刷电路，以防因人体的静电而导致元器件和印刷电路的损坏。如果有条件，最好能够佩戴防静电手腕。

3．通风良好

为了冷却内部电路必须确保空气流通，在网络设备的两侧和后面至少保留 100mm 的空间。不要使空气的入口和出口阻塞，并且不要将重物放置在网络设备上。

4．接地良好

因为设备的单板都是接到设备的结构上，设备安装和工作时应使用一条低阻抗的接地导线通过设备接地柱将设备的外壳接地，与大地相连以保证安全。

5．环境良好

网络设备放置的地方应该保持一定的温度与湿度。良好的环境可以让网络设备寿命更长，性能更稳定。

四、配置网络设备

通过随箱的 CONSOLE 线连接网络设备的 CONSOLE 接口与一台普通计算机的 com 串口，然后通过超级终端进行访问和配置即可。

【思考与练习】

1．网络设备安装要注意什么？

2．按照本模块介绍的安装步骤进行练习，掌握网络设备的安装技能。

模块2　磁盘阵列的安装和设置（ZY2800101002）

【模块描述】本模块介绍磁盘阵列的安装方法。通过方法介绍，掌握磁盘阵列的磁盘、电池、风扇和电源的安装、卸除的步骤和方法。

【正文】

一、安装光纤通道磁盘驱动器

1. 磁盘状态指示灯介绍

磁盘状态指示灯如图 ZY2800101002-1 所示。图中从左开始第一个是活动指示灯 1，中间是联机指示灯 2，最右边是故障指示灯 3。

2. 安装磁盘

一次只能更换一个磁盘。安装新磁盘后，对该磁盘完成本模块中的剩余步骤，然后再更换另一个磁盘。

第一步：按下磁盘上的弹出按钮，然后将解锁手柄下拉至完全打开的位置。将磁盘插入盒中，直至推不动为止，如图 ZY2800101002-2 所示的 1。

第二步：合上解锁手柄，直到它与弹出按钮啮合，同时磁盘装入背板内。用力按磁盘，确保正确装入，如图 ZY2800101002-2 所示的 2。

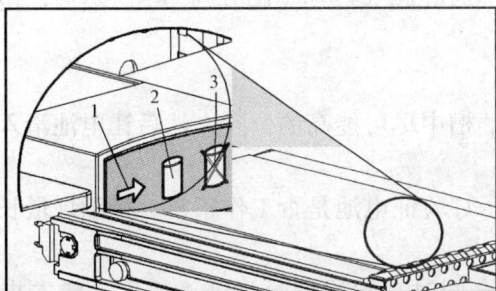

图 ZY2800101002-1 磁盘状态指示灯

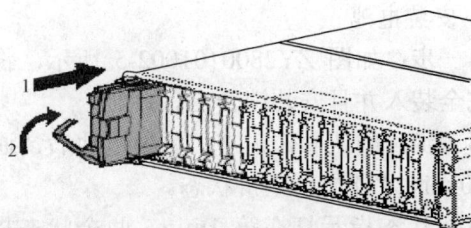

图 ZY2800101002-2 磁盘安装

第三步：确认操作正常。更换磁盘后，通过检查磁盘状态指示灯验证磁盘是否工作正常，如图 ZY2800101002-1 所示，最长可能需要 10min 才能显示正常状态。

正常状态：活动指示灯应亮起或闪烁，联机指示灯应亮起或闪烁，故障指示灯应关闭。

3. 卸下磁盘

运转的介质可能会使磁盘很难操纵。为避免磁盘跌落，应等待介质停止旋转约 30s 之后，再从盒中卸下磁盘，如图 ZY2800101002-3 所示。

第一步：按下深红色弹出按钮 1，然后将解锁手柄 2 下拉至完全打开的位置。

第二步：将磁盘零件 3 从盒中拔出，并等待介质停止旋转。

第三步：当介质停止旋转后，从盒中卸下磁盘。

二、安装电池

用双手卸下电池，确保不要使电池跌落。

1. 电池指示灯介绍

电池指示灯如图 ZY2800101002-4 所示，电池指示灯状态见表 ZY2800101002-1。

表 ZY2800101002-1 电 池 指 示 灯 状 态

状态指示灯	故障指示灯	描 述
亮起	熄灭	操作正常。维护充电过程使电池充满电
闪烁	熄灭	正在对电池进行完全充电。安装新电池后，通常会看到此指示
熄灭	亮起	电池出现故障。电池出现故障，应该更换
熄灭	闪烁	电池出现过热故障
闪烁（快速）	闪烁（快速）	正在更新电池代码。安装新电池后，控制器可能需要将电池上的代码更新到正确的版本。两个指示灯同时快速闪烁约 30s
闪烁	闪烁	正在对电池进行定期的电池载荷测试，在此期间，电池将被放电然后重新充电，以确保能够正常工作。在放电过程中，将看到此显示。荷载测试不经常发生，一次需要几个小时才能完成

模块
2

ZY2800101002

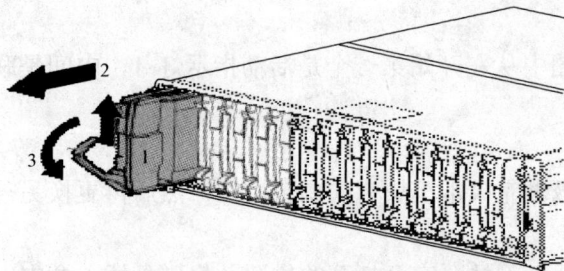

图 ZY2800101002-3　卸下磁盘操作

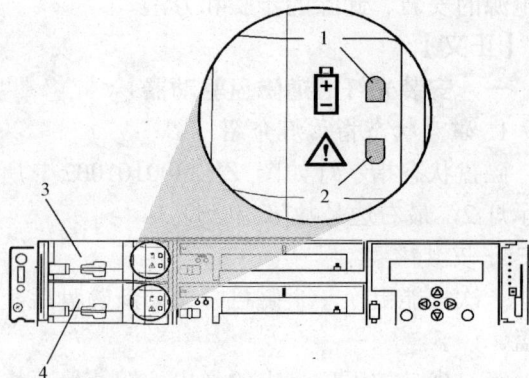

图 ZY2800101002-4　电池指示灯
1—状态指示灯；2—故障指示灯；3—电池 0 的指示灯；
4—电池 1 的指示灯

第一次安装电池时，故障指示灯会在系统发现新电池时亮起（持续亮起）约 30s。然后，电池状态指示灯将显示电池状态。

2. 安装电池

第一步：如图 ZY2800101002-5 所示，将电池放在插槽中尽可能高的位置，然后让电池滑入盒中直到完全装入并且安装锁合上。

第二步：确认操作正常。更换电池后，通过检查指示灯验证电池是否工作正常。指示灯最长可能需要 10 min 才能显示正常状态。

电池状态指示灯在第 1min，两个状态指示灯可能会同时亮起或同时闪烁。然后，状态指示灯 1 应该开始闪烁，指示电池正在充电。新电池可能需要几个小时才能充满电。充电过程中故障指示应关闭。

第三步：检查状态指示灯结束后，将前面板安装到盒上，用力将其按入到位。

3. 取出电池

如图 ZY2800101002-6 所示，紧握前面板的两端将其从盒中拉出，卸下前面板，将电池安装锁移至右侧，从盒中取出电池。

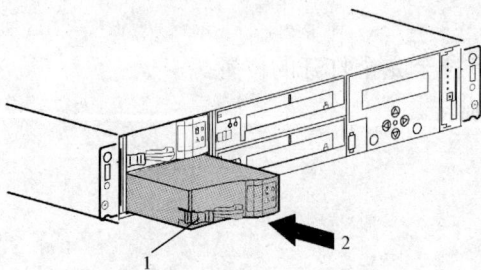

图 ZY2800101002-5　电池安装操作

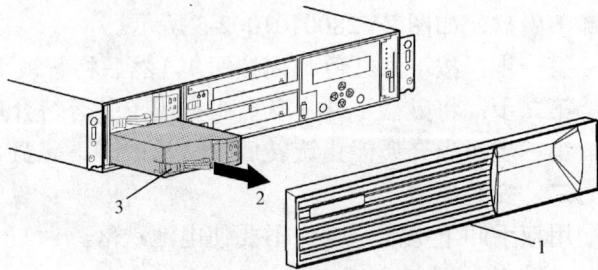

图 ZY2800101002-6　电池取出操作

三、安装控制器风扇

1. 控制器风扇指示灯介绍

控制器风扇指示灯如图 ZY2800101002-7 所示。

2. 安装风扇

第一步：如图 ZY2800101002-8 所示，将风扇放在插槽中尽可能高的位置，然后让风扇滑入盒中 1 直到安装锁 2 合上。

第二步：确认操作正常。更换风扇后，通过检查指示灯验证风扇是否工作正常。指示灯最长可能需要 10min 才能显示正常状态。

正常状态：风扇应该立即开始运转；检查风扇状态指示灯（如图 ZY2800101002-6 所示），状态指示灯 1 应亮起，故障指示灯 2 应关闭。

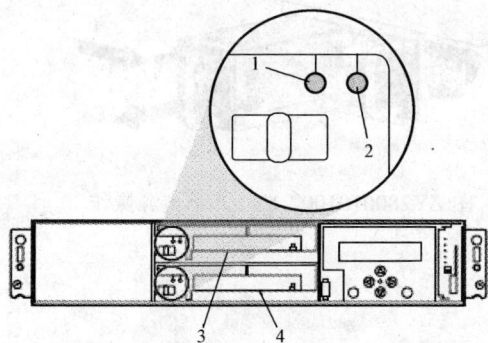

图 ZY2800101002-7　控制器风扇指示灯
1—状态指示灯；2—故障指示灯；3—风扇 0 的
指示灯；4—风扇 1 的指示灯

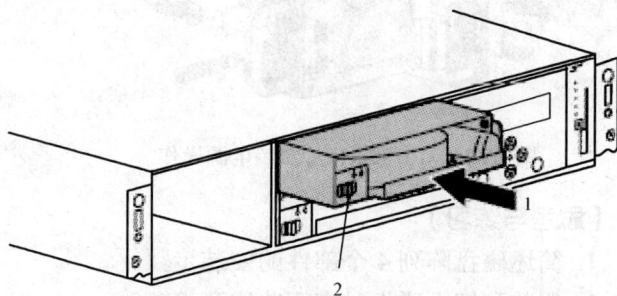

图 ZY2800101002-8　安装风扇操作

第三步：检查状态指示灯后，将前面板安装到盒上，用力将其按入到位。同时，按 ESC 键清除 OCP 上的定位消息。

3. 卸下风扇

注意：卸下风扇后，风扇的电动机不会立即停止。在电动机停止工作之前，请勿用手触摸风扇叶片。

如图 ZY2800101002-9 所示，紧握前面板的两端将其从盒中拉出，卸下前面板 1，将深红色的安装锁 2 移至右侧，从盒中取出风扇 3。

四、安装控制器电源

1. 控制器电源指示灯介绍

控制器电源指示灯如图 ZY2800101002-10 所示。

2. 安装电源

第一步：卸下新电源上可能会遮盖交流电源接头的任何接头保护装置。如图 ZY2800101002-10 所示，按住安装锁中的 1，同时将电源滑入盒中，直到完全装入 2 中，将交流电源线连接到电源。

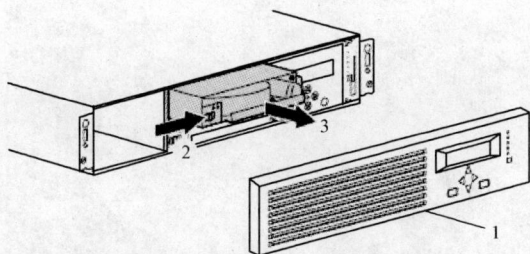

图 ZY2800101002-9　卸风扇操作

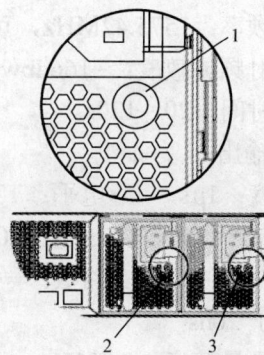

图 ZY2800101002-10　控制器电源状态指示灯
1—状态指示灯；2—电源 0 指示灯；3—电源 1 指示灯

第二步：确认操作正常。更换电源后，通过检查指示灯验证电源是否工作正常。指示灯最长可能需要 10min 才能显示正常状态。

正常状态：状态指示灯应该呈绿色。

3. 卸下电源

断开交流电源线与电源的连接，如图 ZY2800101002-11 所示，将深红色的锁移至左侧 1，同时紧握手柄将电源从盒中拔出 2。

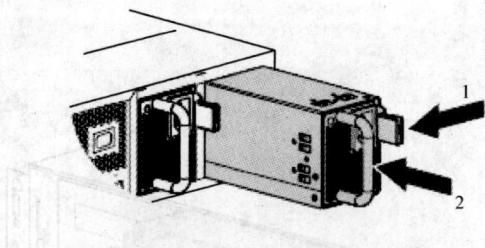

图 ZY2800101002-11 安装电源操作

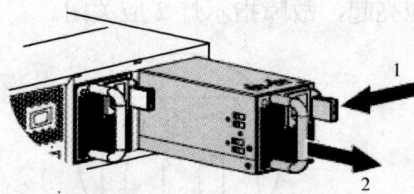

图 ZY2800101002-12 卸下电源操作

【思考与练习】

1. 简述磁盘阵列 4 个部件的安装步骤。

2. 安装和卸下磁盘时有哪些注意事项?

模块 3 GPS 设备的安装、设置和调试 (ZY2800101003)

【模块描述】本模块介绍 GPS 设备的安装、设置和调试。通过概念讲解、方法介绍,熟悉 GPS 的种类及使用模式,掌握 GPS 设备的安装及调试步骤和方法。

【正文】

一、GPS 的种类及使用模式

电力系统所使用的 GPS 标准时间同步时钟是以美国导航星全球定位系统为时间基准,时间同步精度达到 1μs,它可以同时跟踪视场内的 12 颗 GPS 卫星,自动选择最佳星座进行定位、定时,并且能够按照一定格式输出日期、时间、频率以及安全天数等信息。

根据 GPS 设备提供输出的方式划分,可以分为提供串口方式输出的 GPS 设备与提供网络方式输出的 GPS 设备。提供串口方式的 GPS 设备,它在硬件上直接提供 RS-232、RS-422、RS-485 等标准接口,一般 GPS 设备都支持运用报文方式的软件对时,同时可以采用脉冲方式硬件对时方式,在用报文方式的软件对时的通信规约也有好多种;而网络方式输出的 GPS 设备直接提供 RJ-45 的网络口,既可以通过 TCP/UDP 等协议通过报文对时,也可以直接提供 ntp 服务,直接对设备进行授时。

GPS 标准时间同步钟常用的技术参数如下:

(1) 接收频率:1575.42MHz,可同时跟踪 8~12 颗 GPS 卫星。

(2) 天线射频灵敏度:-166dbw,天线配带 30m 馈线。

(3) 捕获时间:20~120s。

(4) 1pps 输出:

定时准确度:1μs   电平:TTL 电平

极性:正脉冲   脉宽:100ms 左右

阻抗:50Ω   路数:一路

前沿:小于 20ns

(5) 频率测量精度:0.001Hz。

根据系统中所使用到的 GPS 设备的对时和频率功能,需要在使用之前对 GPS 设备进行调试。调试时需要准备待调试的 GPS 设备、串口调试工具、PC 等,然后分别按照串口方式输出的 GPS 设备调试与网络方式输出 GPS 设备来描述。

二、GPS 的安装及调试方法

1. 安装串口方式输出的 GPS 设备

首先在将 GPS 设备按照安装说明接通电源后,运用串口调试工具,在 PC 机上尝试接收时间报文,测试 GPS 设备能否正常地向外界设备授时,通过调试,能正常输出时,准备接入系统内执行授时任务。此时,系统内的受时设备有以下两种配置:

(1) 受时设备有串口。可以直接将 GPS 设备所提供的串口信号通过电缆安装串口输入输出的方式连接好,接到受时设备的串口上进行通信,来完成授时任务。需要注意的是,有些受时设备的串口接上信号后，在设备重新启动系统时，可能导致系统重新引导不成功，必须临时断开串口连接，待机器成功启动后再连接上串口信号。

（2）受时设备没有串口。此时必须要增加一个设备，作用是将 GPS 设备提供的串口信号转换成网络信号，然后再通过局域网连接到受时设备上，来完成系统受时任务。对增加的转换设备在串口信号转换成网络信号的速率上有相应要求，必须保证转换时间控制在±10ms 之内。

2. 安装网络方式输出的 GPS 设备

某些型号的 GPS 设备是提供 RJ-45 网络接口输出信号的，有输出报文方式提供软件对时的模式，也有直接提供 ntp 对时服务的模式；根据受时设备的结构，一般都采用连接到局域网内，通过 TCP 或 UDP 等协议接收对时设备发出的对时报文，类似于一个厂站设置，不断地向主站发送对时及频率等数据报文；还有就是 GPS 直接提供 ntp 对时服务的，不通过报文方式，直接将受时设备的配置修改，来接受 GPS 的授时服务。但此种模式的传输方式，不能够传输频率信息，所以在电力系统应用中相对来说不够实用。

将 GPS 设备成功接入系统后，需要对其所发挥的对时服务进行测试，才能保证在电力系统自动化系统中发挥出应有的作用。首先可以通过一系列的监视工具，观察 GPS 设备所提供的对时服务的数据报文是否正常；人为地修改受时设备的时间，观察在一定时间范围内能否自动跟 GPS 设备所提供的时间同步；再次就是尝试给 GPS 设备等断电、重新启动机器观察对时服务能否自动提供数据报文，直到正常为止。

GPS 设备运行一段时间之后，需对 GPS 进行维护。首先可以通过 GPS 设备面板上的液晶显示屏观察设备所提供的时间、频率，以及自身的接收机设备跟踪卫星的情况等信息是否正常；其次需要对 GPS 设备工作的天线设置环境进行考核，需要将蘑菇头状的天线固定在视野尽可能开阔的地方，以便接收到尽可能多的 GPS 卫星。

在确定 GPS 工作正常之后，还需要定期地检查系统内各客户机的受时情况，以保证整个系统中的时钟同步。

【思考与练习】

1. GPS 天文钟的标准时间是从哪里获取的？GPS 天文钟设备是通过什么方式向调度自动化系统发送标准时间的？

2. 简述安装串口方式输出的 GPS 设备的方法。

ZY2800101003

模块3

第五十三章 主站系统软件平台安装

模块 1 HP-UNIX 操作系统安装 (ZY2800102001)

【模块描述】本模块介绍 HP-UNIX 操作系统的安装方法。通过方法介绍，掌握 HP-UNIX 操作系统安装步骤和方法以及利用配置工具 Sam 对系统进行配置的方法。

【正文】

一、HP-UNIX 操作系统的安装步骤

（1）引导基于 HP 安腾机的系统。启动、关闭和重新启动系统，可直接在终端窗口上执行命令来完成。如果有 MP 卡，也可以使用 MP 卡，MP 卡的用户和口令都是 Admin。命令如下：

```
cm>cm
    pc
    on
```

（2）确保连接到目标系统的外接设备都已打开并可使用，启动系统、重新引导或者接通电源，将 HP-UNIX 11i v2 DVD 插入驱动器。

（3）系统开始引导，如果系统没有自动引导，它会转到引导菜单。这是一个限时菜单，按任意键可以使计时器停止运行。

（4）可以按下列步骤从 EFI Shell 手动进行安装，如图 ZY2800102001-1 所示。

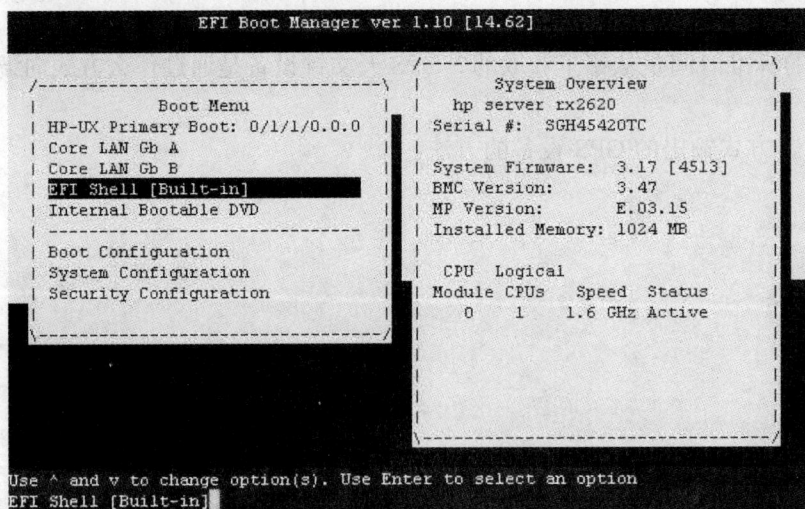

```
EFI Boot Manager ver 1.10 [14.62]

/----------------------------\   /--------------------------\
|        Boot Menu           |   |      System Overview     |
| HP-UX Primary Boot: 0/1/1/0.0.0|   | hp server rx2620       |
| Core LAN Gb A              |   | Serial #:  SGH45420TC    |
| Core LAN Gb B             |   |                          |
| EFI Shell [Built-in]      |   | System Firmware: 3.17 [4513]|
| Internal Bootable DVD     |   | BMC Version:      3.47   |
|                            |   | MP Version:      E.03.15 |
| Boot Configuration        |   | Installed Memory: 1024 MB|
| System Configuration      |   |                          |
| Security Configuration    |   |  CPU  Logical            |
|                            |   | Module CPUs  Speed  Status|
|                            |   |   0    1    1.6 GHz Active|
\----------------------------/   \--------------------------/

Use ^ and v to change option(s). Use Enter to select an option
EFI Shell [Built-in]
```

图 ZY2800102001-1　安装示意图一

1）从引导菜单中选择 EFI Shell [Built In]。

2）如果没有自动选择设备，应选择 DVD-ROM 的设备名，然后执行 install。

例如，从 EFI Shell 提示符，可能看到类似下面的内容：

```
Shell> fs1:
fs1:\> install
```

如果看不到 DVD-ROM 设备，应在 EFI Shell 提示符处输入 map 命令列出所有设备名。将自动显示设备列表，而且安装过程会自动选择设备。

（5）然后等待 10s，自动进入安装，如图 ZY2800102001-2 所示。

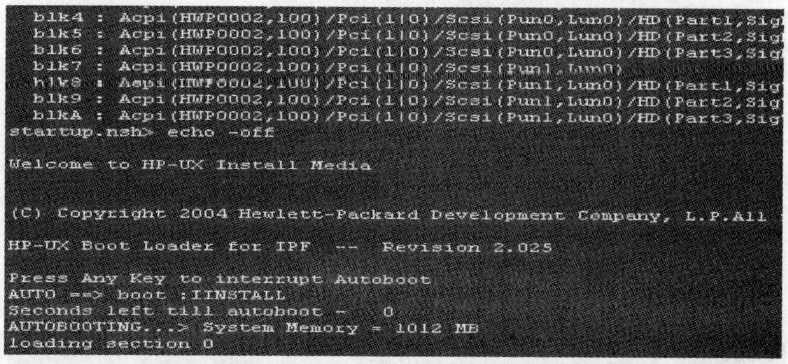

图 ZY2800102001-2　安装示意图二

（6）选择键盘语言：26　（US America English），如图 ZY2800102001-3 所示。

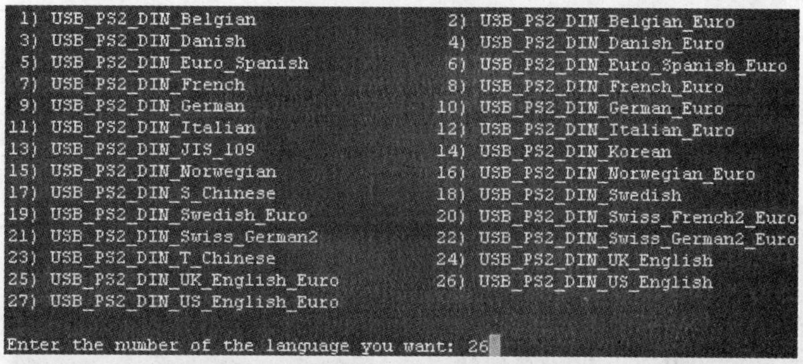

图 ZY2800102001-3　安装示意图三

（7）选择终端类型：2（vt100），如图 ZY2800102001-4 所示。

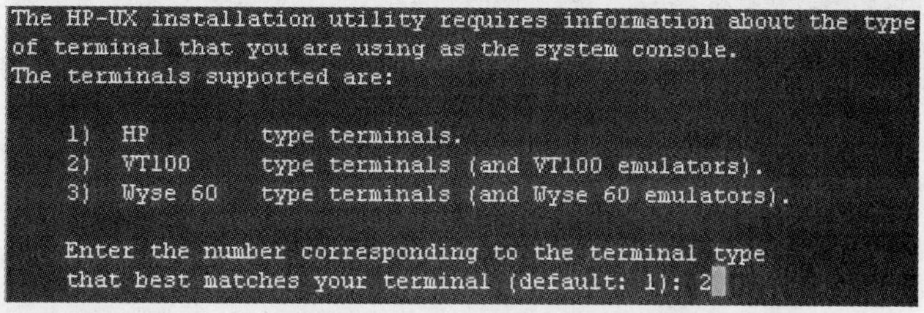

图 ZY2800102001-4　安装示意图四

（8）安装类型要选择 Install HP-UNIX，如图 ZY2800102001-5 所示。

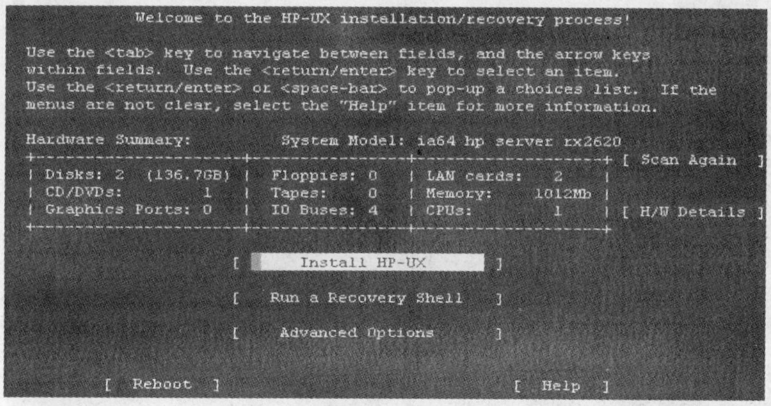

图 ZY2800102001-5　安装示意图五

（9）选择高级安装，如图 ZY2800102001-6 所示。

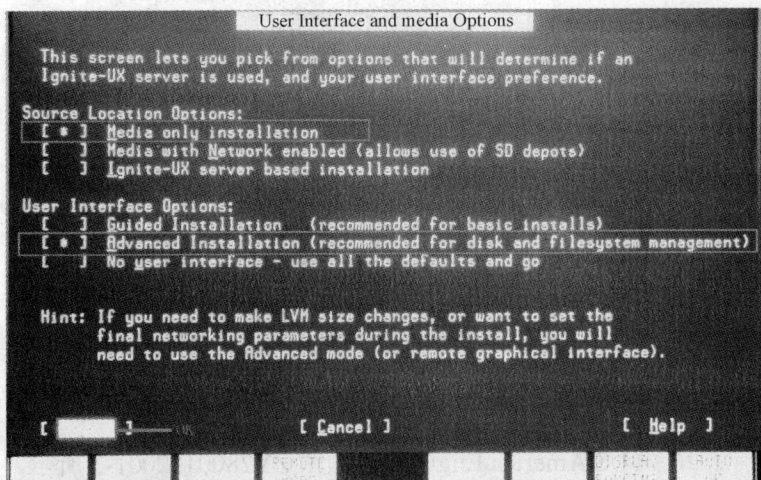

图 ZY2800102001-6 安装示意图六

（10）弹出高级选项的对话框，使用 Tab 键可以在各个不同菜单中选择。Space 键可以选中特定的选项，如图 ZY2800102001-7 所示。

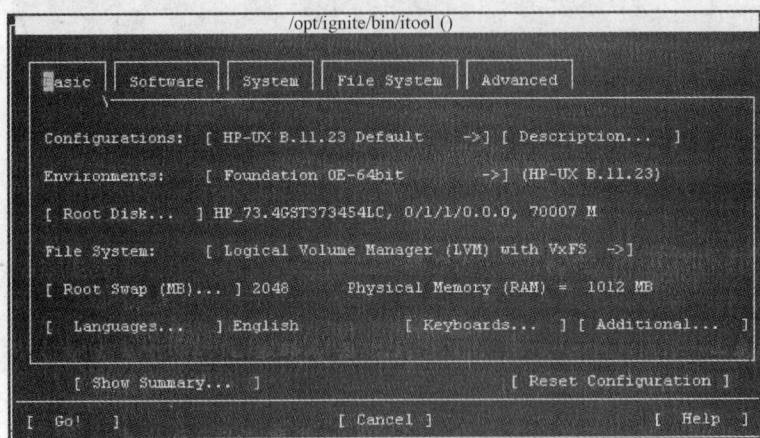

图 ZY2800102001-7 安装示意图七

（11）在 Basic 的 Tab 页上选择语言，选中 ChineseS 和 English，如图 ZY2800102001-8 所示。

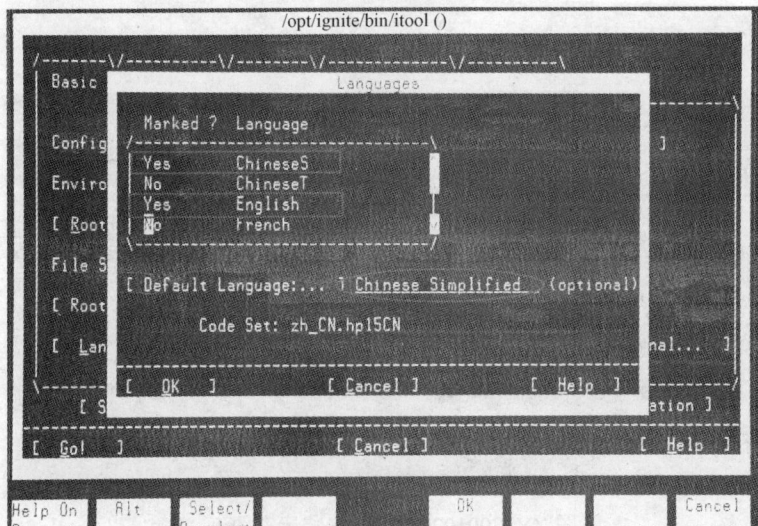

图 ZY2800102001-8 安装示意图八

（12）在 Software 的 Tab 页默认为 All，如图 ZY2800102001-9 所示。

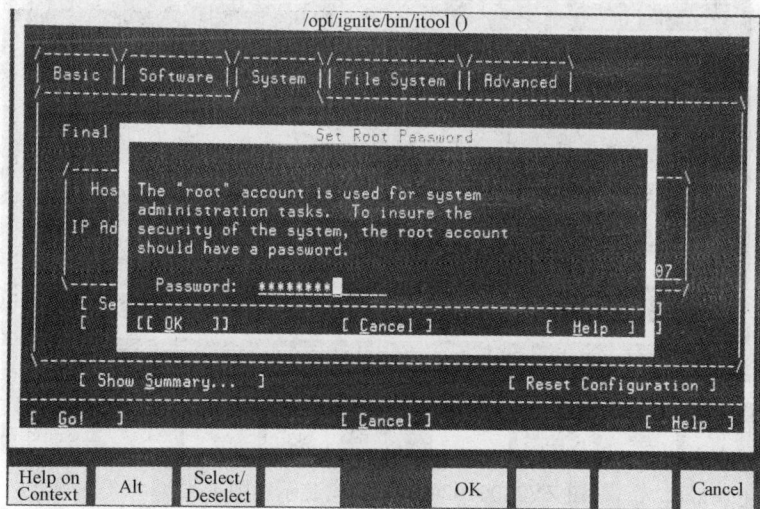

图 ZY2800102001-9　安装示意图九

（13）在 System 的 Tab 页可以设定 hostname、IP 地址、子网掩码和超级用户口令，如图 ZY2800102001-10 所示。

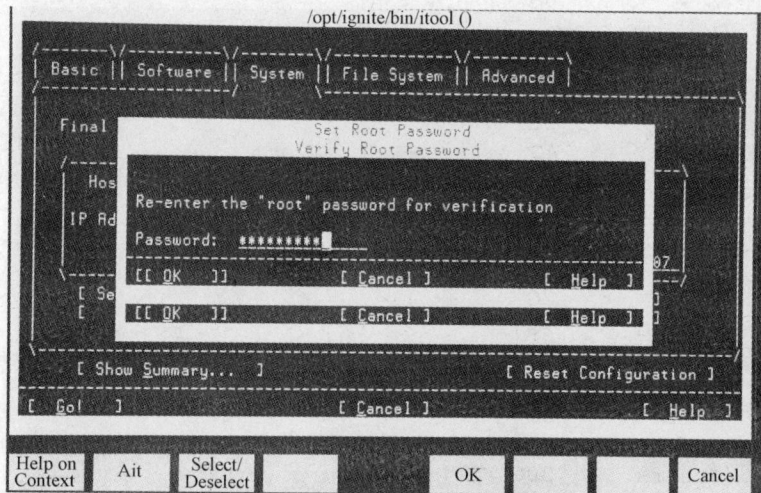

图 ZY2800102001-10　安装示意图十

（14）Timezone 选择在 Europe 子集下的 GMT0，如图 ZY2800102001-11 和图 ZY2800102001-12 所示。

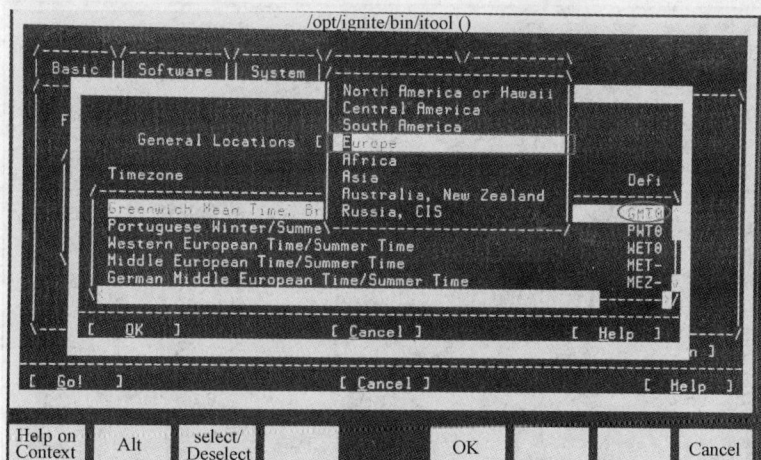

图 ZY2800102001-11　安装示意图十一

模块
1

ZY2800102001

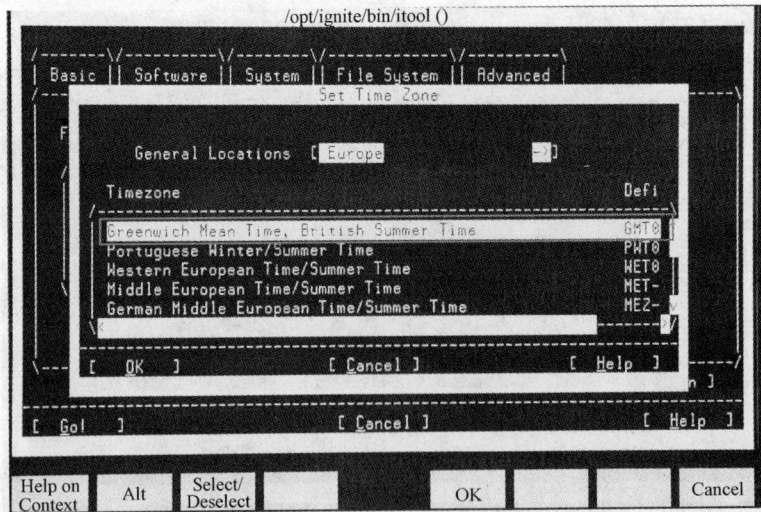

图 ZY2800102001-12　安装示意图十二

（15）在 File System 的 Tab 页可以设定磁盘大小，将 Range 之类的全部改为 fixed，修改大小后，执行 modify 即生效（可以使用热键 M），注意查看修改后的结果。

一般分区大小建议如下：

```
Server:          /             2G
                 /stand        2G
                 swap          MEM*(2-3)
                 /var          5G
                 /usr          5G
                 /opt          4G
                 /users        30G
                 /data1        30G
                 /data2        20G
                 /data3        remain
Workstation:     /             2G
                 /stand        2G
                 swap          MEM*(2-3)
                 /var          5G
                 /usr          5G
                 /opt          4G
                 /users        30G
                 /data1        remaining 15G
```

（16）最后执行 Go，大约需要 1.5h，安装 1649 个 package。安装完成后，系统会自动重启，如图 ZY2800102001-13 所示。

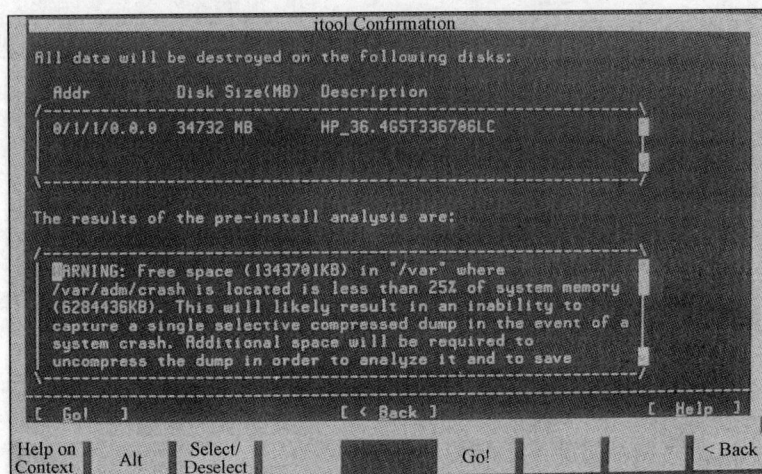

图 ZY2800102001-13　安装示意图十三

（17）安装完成后可以使用 bdf 查看系统的磁盘分配情况。

二、建用户

HP-UNIX 提供了方便的配置工具 Sam，可以通过该工具对系统进行配置和修改。

（1）建用户组。系统安装完毕后，以 root 用户登录，可以在操作系统的应用程序管理中选择系统管理中的 Sam，或者在命令窗口输入 Sam，如图 ZY2800102001-14 所示。

图 ZY2800102001-14　参数修改示意图一

选择 Groups，弹出用户组窗口，里面已经包含了 Users 组，在 Action 菜单中选择 Add：

组名：dba

组号：200

（2）建立用户。成功建立用户组后，在 List 菜单中选择 Users。

选择 Action 菜单中的 Add，在弹出的窗口输入：

以某产品软件为例，用户名：ems（oracle）；用户号：6001（6002）；所属组：users（dba）登录外壳：/usr/bin/csh；口令：×××××× 。

（3）创建主目录：/users/ems（oracle）。

（4）再打开 Groups，将 ems 用户加入 adm 组和 sys 组。

（5）设置用户环境（path 等）：

```
%cd /users/ems
%rcp it02-1:/users/ems/.cshrc。
```

（6）修改/etc/hosts 文件：增加机器名称和 IP 地址。

（7）修改/etc/hosts.equiv 文件：增加其他机器的属性。例如：

```
+ems
+oracle
  ...
```

三、系统设置

（1）设置系统参数，输入 Sam 打开系统管理器界面，选择 Kernel Configuration，如图 ZY2800102001-15 所示。

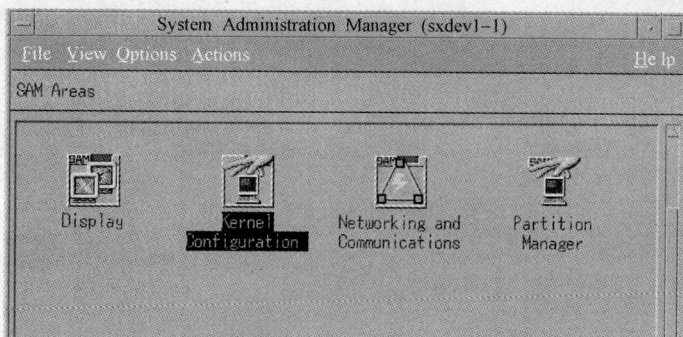

图 ZY2800102001-15　参数修改示意图二

（2）选择 Tunables 来修改系统核心参数。需要修改的系统参数为：

semmnu 设置为 2048，max_thread_proc 设置为 1024，ntpy 设置为 256，如图 ZY2800102001-16 所示。

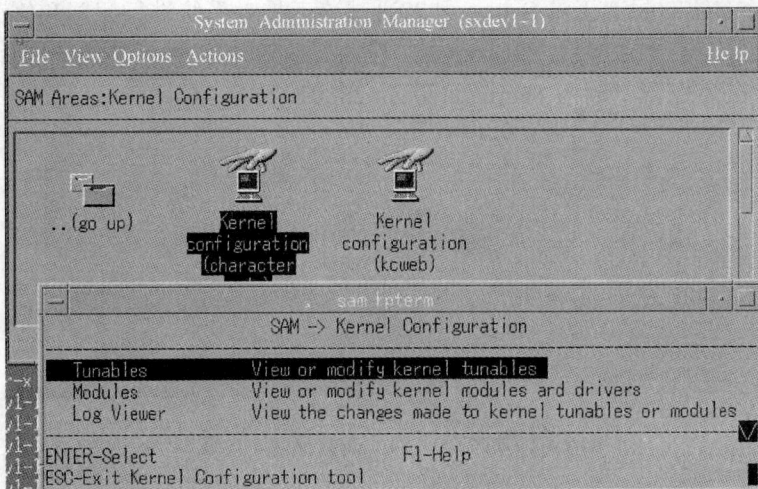

图 ZY2800102001-16 参数修改示意图三

（3）配置网卡。

1）以 sxsca1-1 为例，假定有两个网卡 Lan0（1 号网）和 Lan1（2 号网）。Lan0 要配置与 1 号交换机通信的地址 192.1.247.31。Lan0:1 配置 1 号网实际通信的地址 192.1.241.31。Lan1 要配置与 2 号交换机通信的地址 192.1.248.31。Lan1:1 配置 2 号网实际通信的地址 192.1.242.31，如图 ZY2800102001-17 所示。

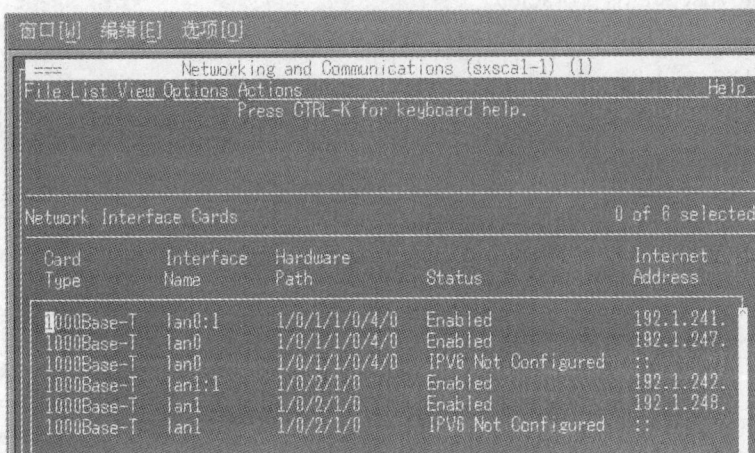

图 ZY2800102001-17 参数修改示意图四

2）可以使用 netstat –in 查看系统的网卡设置情况。

【思考与练习】

1．HP-UNIX 操作系统的安装步骤有哪些？

2．安装后如何对系统进行设置？

第十四部分

主站系统性能测试

第五十四章　主站系统性能指标

模块 1　SCADA 运行指标及测试方法的介绍（ZY2800201001）

【模块描述】本模块介绍 SCADA 运行指标及测试方法。通过要点归纳和方法介绍，熟悉 SCADA 主要运行指标及要求以及测试或考查的方法。

【正文】

SCADA 运行指标包括冗余性指标、信息处理指标、实时性指标、系统负载率指标、系统存储容量指标、网络及通信指标、系统可用性指标、系统可靠性和运行寿命指标等多个大类的指标，每个大类下又有多种指标，有些指标是可以直观的测试，有些指标无法直观的测试，需依赖日常的统计积累等管理手段来评价。

一、冗余性指标及测试方法

冗余性指标有以下五种：

（1）冗余热备用节点之间实现无扰动切换，热备用节点接替值班节点的切换时间小于 5s。

测试方法：手工命令切换或停止应用或关机，记录切换时间。

（2）冷备用节点接替值班节点的切换时间小于 5min。

测试方法：手工命令切换或停止应用或关机，记录接替时间。

（3）任何时刻冗余配置的节点之间可相互切换，切换方式包括手动和自动两种方式。

测试方法：手工命令切换或停止应用或关机，查看成功与否。

（4）任何时刻保证热备用节点之间数据的一致性，各节点可随时接替值班节点投入运行。

测试方法：

1）修改某一个遥测系数，查看各节点是否同步修改；

2）修改某一个遥信的名称，查看各节点是否同步修改；

3）修改某一计算公式，查看各节点是否同步修改。

（5）设备电源故障切换无间断，对双电源设备无干扰。

测试方法：对双电源设备，切断任一路电源，查看设备工作状态。

二、信息处理指标及测试方法

信息处理指标有以下六种：

（1）主站对遥信量、遥测量、遥调量和遥控量处理的正确率为 100%。

测试方法：

1）选择一厂站，在厂站端做遥信、遥测传动试验，查看主站处理的正确率；

2）在主站端做遥控、遥调试验，查看处理的正确率。

（2）遥信动作准确率 100%。

测试方法：选择一厂站，在厂站端做遥信传动试验，查看主站处理的准确率。

（3）遥控准确率 100%。

测试方法：选择一厂站，在主站端做遥控试验，查看处理的准确率。

（4）遥调准确率 100%。

测试方法：选择一厂站，在主站端做遥调试验，查看处理的准确率。

（5）站间事件顺序记录（SOE）分辨率小于 10ms。

测试方法：选择一厂站，在厂站端做遥信传动试验，查看主站端收到的 SOE 时间和系统时间的差。

（6）主站设备与系统 GPS 对时精度小于 100ms。

测试方法：查看服务器时间和 GPS 时间的差值。

三、实时性指标及测试方法

实时性指标有以下四种：

（1）四遥信息从前置机接收至后台画面推出的时间间隔不超过 1s。

测试方法：选择一厂站，分别在厂站端和主站端做四遥试验，记录各环节反应时间。

（2）模拟屏数据量刷新周期不大于 3s。

测试方法：任意找一模拟屏上的开关，模拟其变位，记录模拟屏上反应时间。

（3）频率采集周期为 1s。

测试方法：查看频率的历史曲线。

（4）90%以上实时监视画面调出响应时间不大于 2s。

测试方法：打开所有监视画面，分别记录时间。

四、系统负荷率指标及测试方法

系统负荷率指标有以下五种：

（1）电网正常情况下主要节点（服务器和前置机）CPU 负荷≤30%（10s 平均值）。

测试方法：选择服务器，观察一段时间的 CPU 负荷，算出平均值。

（2）电网事故情况下主要节点（服务器和前置机）CPU 负荷≤50%（10s 平均值）。

测试方法：在前置机上进行模拟雪崩试验，选择一台服务器，观察一段时间的 CPU 负荷，算出平均值。

（3）任何情况下，在任意 5min 内，系统主局域网的平均负荷率不超过 20%，主局域网双网以分流方式运行时，每一网络的负荷率应小于 12%，以保证一网故障时，单网负荷率不超过 24%。

测试方法：分别查看各交换机在任意 5min 内的负荷率。

（4）电网正常情况下主要节点（服务器和前置机）的磁盘剩余空间不低于总容量的 40%。

测试方法：查看各服务器的磁盘剩余空间。

（5）磁盘剩余空间不足 20%、CPU 负荷持续较高（大于 85%、持续时间超过 3min）、双机切换等事件发生时，应告警。

测试方法：拷贝一个大件使磁盘剩余空间不足 20%，查看告警；手工切换服务器，查看告警。

五、系统存储容量指标及测试方法

系统存储容量指标有以下三种：

（1）历史数据存储时间不少于 3 年。

测试方法：通过了解系统历史存储的相关技术实现来评价。

（2）对其他应用服务器节点，应用服务器磁盘剩余空间不小于 60%。

测试方法：查看服务器的磁盘剩余空间。

（3）当存储容量余额低于系统运行要求容量的 80%时，发出告警信息。

测试方法：拷贝一个大件使磁盘剩余空间不足 20%，查看告警。

六、网络及通信指标及测试方法

网络及通信指标有以下四种：

（1）系统网络通信速率：100/1000Mbit/s。

测试方法：查看网络通信设备的参数。

（2）远程网络通信速率：64kbit/s～2Mbit/s 或 10Mbit/s 或 100Mbit/s 或 1000Mbit/s。

测试方法：查看网络通信设备的参数。

（3）模拟远动传输通道指标包括：

1）传输速率：300bit/s、600bit/s、1200bit/s；

2）工作方式：双工，有主备用通道时，可由主站控制自动或手动切换；

3）比特差错率：应优于 1×10^{-5}；

4）接收电平：40~0dB；

5）发送电平：0~-20dB。

测试方法：查看相关设备的参数。

（4）数字远动传输通道指标包括：

1）传输速率：2400bit/s、4800bit/s、9600bit/s、19.2kbit/s、64kbit/s、384kbit/s、2Mbit/s 等；

2）通道接口：符合 ITU-T 及 ISO 有关接口标准；

3）工作方式：双工、点对点传输时应有备用通道，可由主站控制自动切换；

4）网络传输时应能自动封闭环形结构的故障段；

5）比特差错率：数字微波应不大于 10^{-6}，光纤通道应不大于 10^{-9}；

6）通道传输时延：≤250ms。

测试方法：查看相关设备的参数。

七、系统可用性指标及测试方法

系统可用性指标有以下两种：

（1）系统年可用率≥99.98%。

测试方法：通过日常的统计积累评价。

（2）系统运行寿命大于 10 年。

测试方法：通过日常的统计积累评价。

八、系统可靠性和运行寿命指标及测试方法

系统可靠性和运行寿命指标有以下六种：

（1）系统中关键设备 MTBF>17000h。

测试方法：通过查看相关设备的参数、说明等技术资料，以及通过日常的统计积累评价。

（2）系统应能长期稳定运行，在值班设备无硬件故障和非人工干预的情况下，主备设备不应发生自动切换。

测试方法：通过查看相关设备的参数、说明等技术资料，以及通过日常的统计积累评价。

（3）由于偶发性故障而发生自动热启动的平均次数小于 1 次/3600h。

测试方法：通过查看相关设备的参数、说明等技术资料，以及通过日常的统计积累评价。

（4）由于偶发性故障而发生自动热启动的平均次数小于 1 次/3600h。

测试方法：通过查看相关设备的参数、说明等技术资料，以及通过日常的统计积累评价。

（5）所有设备的寿命在正常使用（具有一定备品条件）≥15 年。

测试方法：通过查看相关设备的参数、说明等技术资料，以及通过日常的统计积累评价。

（6）所有设备（包括电源设备）在给定的条件下运行，连续 4000h 内不需要人工调整和维护。

测试方法：通过查看相关设备的参数、说明等技术资料，以及通过日常的统计积累评价。

【思考与练习】

1．SCADA 主要运行指标和测试方法有哪些？

2．上机练习，掌握 SCADA 运行指标的测试方法。

模块 2　电能量计量系统性能指标的介绍（ZY2800201002）

【模块描述】 本模块介绍电能量计量系统的各类性能指标及要求。通过要点归纳，熟悉电能量计量系统性能指标的分类，掌握电能量计量系统的各类性能指标及要求。

【正文】

一、电能量计量系统性能指标的分类

一般电能量计量系统的性能指标有 11 种，即系统的开放性、系统容量、系统定额可靠性、系统的可用性、系统的容错性、系统的抗干扰能力、系统的可维护性、系统的可扩展性、网络及 CPU 负荷率、系统响应时间、前置双机系统故障的切换时间。

二、电能量计量系统的性能指标

1. 系统的开放性

电能量计量系统支持软件平台包括操作系统、数据库管理系统、网络通信规约、应用软件及其开发环境。电能量计量系统支持软件平台符合 IEEE POSIX1003.0 工作组对"开放性"的定义，具有符合开放性的结构体系。系统不仅满足用户当前的需要，而且还满足将来能容易地扩展其功能和规模的需要。

2. 系统容量

系统具有 500 个以上的终端、10000 块电能表的处理能力。

3. 系统定额可靠性

平均无故障时间 MTBF≥25000h。

4. 系统的可用性

系统的可用率≥99.95%。

5. 系统的容错性

系统软、硬件设备具有良好的容错能力，当各软、硬件功能与数据采集处理系统的通信出错时，以及当运行人员或工程师在操作中发生一般性错误时，均不引起系统的主要功能丧失或影响系统的正常运行。对意外情况引起的故障，系统具备恢复能力。

6. 系统的抗干扰能力

系统中所有设备具有足够的抗干扰能力，符合 IEC 255-22-1《高频干扰实验标准》、IEC 255-22-2《静电放电干扰实验标准》。

7. 系统的可维护性

系统的硬件、软件设备便于维护，一般性故障由工程师在现场自行处理。应用软件留有备份，便于工程师安装启动，应用程序易于扩充，数据库存取为用户程序留有接口，便于用户自行编制的程序加入系统中运行。

8. 系统的可扩展性

进行系统扩展时，设计必须简单，扩展部分的安装方便，对运行系统不造成有害影响。

具有灵活的扩展功能，按模块化设计，以简化系统的扩展和改动；可按要求选择不同的功能模块，以满足不同的系统的要求。

扩展到系统的最终规模后，系统的有关运行参数（如内存、通道利用率、通道数据传输速度等）仍有一定的余度。

9. 网络及 CPU 负荷率

数据采集装置（正常情况下）CPU 负荷率≤25%；

数据服务器（正常情况下）CPU 负荷率≤25%；

用户工作站 CPU 负荷率≤25%；

正常情况下，网络负荷率≤10%。

10. 系统响应时间

联机检索数据的响应时间≤5s。

11. 前置机双机系统故障的切换时间

切换时间≤30s。

【思考与练习】

1. 电能量计量系统有哪些性能指标？

2. 网络及 CPU 负荷率的性能指标有哪些？

模块 3　计算机和网络设备性能指标（ZY2800201003）

【模块描述】本模块介绍计算机和网络设备的性能指标及要求。通过要点归纳，熟悉网络交换机和路由器的性能指标及要求。

【正文】

一、交换机的性能指标

1. 交换机类型

交换机类型包括机架式交换机与固定配置式带/不带扩展槽交换机。机架式交换机是一种插槽式的交换机，该类交换机的扩展性较好，可以支持不同的网络类型，但其价格较贵；固定配置式带扩展槽交换机是一种有固定端口数并带少量扩展槽的交换机，这种交换机在支持固定端口类型网络的基础上，还可以支持其他类型的网络，价格居中；固定配置式不带扩展槽交换机仅支持一种类型的网络，但同时价格也是最便宜的。

2. 端口

端口指的是交换机的接口数量及端口类型，交换机通常分为 16 口、24 口或更多端口数，一般来说端口数量越多，其价格就会越高。端口类型一般有多个 RJ-45 口，还会提供一个 UP-Link 口，用来实现交换设备的级连。另外，有的端口还支持 MDI/MDIX 自动跳线功能，通过该功能可以在级连交换设备时自动按照适当的线序连接，无须进行手工配置。

3. 传输速率

现在市场上交换机主要分为百兆与千兆交换机两种，百兆交换机主要以 10Mbit/s/100Mbit/s 自适应交换机为主，能够通过网络自动判断、自适应运行。如果是一般公司或是家庭局域网，百兆交换机就能够满足用户的需求了。当然，有条件的用户也可以选择 100Mbit/s/1000Mbit/s 自适应交换机，以适应未来网络升级的需要。

4. 传输模式

目前的交换机一般都支持全/半双工自适应模式，通过网络自行适应传输模式。全双工模式指可以同时接收和发送数据，数据流是双向的，用来提高网络传输的效率；半双工模式指不能同时接收和发送数据，要么只能接收数据，要么只能发送数据，数据流是单向的。

5. 是否支持网管

网管是指网络管理员通过网络管理程序对网络上的资源进行集中化的管理，包括配置管理、性能和记账管理、问题管理、操作管理和变化管理等。一般交换机厂商会提供管理软件或第三方管理软件来远程管理交换机。现在常见的网管类型包括 IBM 网络管理（Netview）、HP Openview、Sun Solstice Domain Manager、Rmon 管理、Snmp 管理、基于 Web 管理等。网络管理界面分为命令行方式（CLI）与图形用户界面（GUI）方式，不同的管理程序反映了该设备的可管理性及可操作性。

6. 交换方式

目前交换机采用的交换方式主要有存储转发与直通转发两种。存储转发是指在交换机接收到全部数据包后再决定如何转发，可以检测数据包的错误，支持不同速度的输入、输出端口的交换，不过数据处理时延时较长。直通转发是指在交换机收到整个帧之前就已经开始转发数据，这样可以减少延时，但由于直接转发所有的完整数据包和错误数据包，使得给交换网络带来了许多垃圾通信包。低端的交换机一般只是支持一种交换方式，使用直通转发或存储转发。如今大部分交换产品支持存储转发技术，而直通转发技术适用于网络链路质量较好，错误数据包较少的网络环境中。

7. 背板吞吐量

背板吞吐量又称作背板带宽，是指交换机接口处理器和数据总线之间所能吞吐的最大数据量，交换机的背板带宽越高，其所能处理数据的能力就会越强。例如，两台同样是 16 口的 10Mbit/s/100Mbit/s 自适应的交换机，在同样的端口带宽与延迟时间的情况下，背板带宽宽的交换机传输速率就会越快。一般 5 口与 8 口交换机的背板带宽都在 1~3.2Gbit/s 之间。背板吞吐量越大的交换机，其价格会越高。

8. 支持的网络类型

交换机支持的网络类型是由其交换机的类型来决定的，一般情况下固定配置式不带扩展槽交换机仅支持一种类型的网络，是按需定制的。机架式交换机和固定式配置带扩展槽交换机可支持一种以上的网络类型，如支持以太网、快速以太网、千兆以太网、ATM、令牌环及 FDDI 网络等。一台交换机支持的网络类型越多，其可用性、可扩展性就会越强，同时价格也会越昂贵。

9. 安全性及 VLAN 支持

网络安全性越来越受到人们的重视，交换机可以在底层把非法的客户隔离在网络之外。网络安全一般是通过 MAC 地址过滤或将 MAC 地址与固定端口绑定的方法来实现的，同时 VLAN 也是强化网络管理，保护网络安全的强有力手段。VLAN 将局域网上的一组设备配置成好像在同一线路上进行通信，而实际上它们处于不同的网段，一个 VLAN 是一个独立的广播域，可以有效地防止广播风暴。由于 VLAN 是基于逻辑连接而不是物理连接，因此配置十分灵活，一个广播域可以是一组任意选定的 MAC 地址组成的虚拟网段，这样网络中工作组就可以突破共享网络中的地理位置限制，而是根据管理功能来划分。交换机是否支持 VLAN，已成为衡量其性能好坏的重要参数。

10. 冗余支持

交换机在运行过程中可能会出现不同的故障，为了能够使用交换机正常运行，所以是否支持冗余也是其重要的指标。当有一个部件出现问题时，其他部件能够接着工作，而不影响设备的继续运转。冗余组件一般包括管理卡、交换结构、接口模块、电源、冷却系统、机箱风扇等。另外，对于提供关键服务的管理引擎及交换阵列模块，不仅要求冗余，还要求这些部分具有"自动切换"的特性，以保证设备冗余的完整性。当有一块这样的部件失效时，冗余部件能够接替工作，以保障设备的可靠性。

二、路由器性能指标

1. 吞吐量

吞吐量是路由器的包转发能力。吞吐量与路由器端口数量、端口速率、数据包长度、数据包类型、路由计算模式（分布或集中）以及测试方法有关，一般泛指处理器处理数据包的能力。高速路由器的包转发能力至少达到 20Mbit/s 以上。吞吐量主要包括以下两个方面：

（1）整机吞吐量。整机吞吐量指设备整机的包转发能力，是设备性能的重要指标。路由器的工作在于根据 IP 包头或者 MPLS 标记选路，因此性能指标是指每秒转发包的数量。整机吞吐量通常小于路由器所有端口吞吐量之和。

（2）端口吞吐量。端口吞吐量是指路由器在某端口上的包转发能力。通常采用两个相同速率测试接口。一般测试接口可能与接口位置及关系相关。例如，同一插卡上端口间测试的吞吐量可能与不同插卡上端口间吞吐量值不同。

2. 路由表能力

路由器通常依靠所建立及维护的路由表来决定包的转发。路由表能力是指路由表内所容纳路由表项数量的极限。由于在 Internet 上执行 BGP 协议的路由器通常拥有数十万条路由表项，所以该项目也是路由器能力的重要体现。一般而言，高速路由器应该能够支持至少 25 万条路由，平均每个目的地址至少提供 2 条路径，系统必须支持至少 25 个 BGP 对等以及至少 50 个 IGP 邻居。

3. 背板能力

背板指输入与输出端口间的物理通路。背板能力是路由器的内部实现，传统路由器采用共享背板，但是作为高性能路由器不可避免地会遇到拥塞问题，其次也很难设计出高速的共享总线，所以现有高速路由器一般采用可交换式背板的设计。背板能力能够体现在路由器吞吐量上，背板能力通常大于依据吞吐量和测试包长所计算的值。但是背板能力只能在设计中体现，一般无法测试。

4. 丢包率

丢包率是指路由器在稳定的持续负荷下，由于资源缺少而不能转发的数据包在应该转发的数据包中所占的比例。丢包率通常用作衡量路由器在超负荷工作时路由器的性能。丢包率与数据包长度以及包发送频率相关，在一些环境下，可以加上路由抖动或大量路由后进行测试模拟。

5. 时延

时延是指数据包第一个比特进入路由器到最后一个比特从路由器输出的时间间隔。该时间间隔是存储转发方式工作的路由器的处理时间。时延与数据包长度和链路速率都有关，通常在路由器端口吞吐量范围内测试。时延对网络性能影响较大，作为高速路由器，在最差的情况下，要求对 1518 字节及以下的 IP 包时延均都小于 1ms。

6. 背靠背帧数

背靠背帧数是指以最小帧间隔发送最多数据包不引起丢包时的数据包数量。该指标用于测试路由器缓存能力。具有线速全双工转发能力的路由器，该指标值无限大。

7. 时延抖动

时延抖动是指时延变化。数据业务对时延抖动不敏感，所以该指标通常不作为衡量高速路由器的重要指标。对 IP 上除数据外的其他业务，如语音、视频业务，该指标才有测试的必要性。

8. 队列管理

队列管理控制机制通常指路由器拥塞管理机制及其队列调度算法，常见的方法有 RED、WRED、WRR、DRR、WFQ、WF2Q 等。通常路由器所支持的优先级由端口硬件队列来保证。每个队列中的优先级由队列调度算法控制。

9. 网络管理

网络管理是指网络管理员通过网络管理程序对网络上资源进行集中化管理的操作，包括配置管理、记账管理、性能管理、差错管理和安全管理。设备所支持的网络管理程度体现设备的可管理性与可维护性，通常使用 SNMPv2 协议进行管理。网络管理粒度指示路由器管理的精细程度，如管理到端口、到网段、到 IP 地址、到 MAC 地址等粒度。网络管理粒度可能会影响路由器转发能力。

10. 可靠性和可用性

路由器的可靠性和可用性在以下四个方面体现：

（1）设备的冗余。冗余可以包括接口冗余、插卡冗余、电源冗余、系统板冗余、时钟板冗余、设备冗余等。冗余用于保证设备的可靠性与可用性，冗余量的设计应当在设备可靠性要求与投资间折中。路由器可以通过 VRRP 等协议来保证路由器的冗余。

（2）热插拔组件。由于路由器通常要求 24h 工作，所以更换部件不应影响路由器工作。部件热插拔是路由器 24h 工作的保障。

（3）无故障工作时间。该指标按照统计方式指出设备无故障工作的时间。一般无法测试，可以通过主要器件的无故障工作时间计算或者根据大量相同设备的工作情况计算。

（4）内部时钟精度。拥有 ATM 端口作电路仿真或者 POS 口的路由器互连通常需要同步。在使用内部时钟时，其精度会影响误码率。

在高速路由器技术规范中，高速路由器的可靠性与可靠性规定应达到以下要求：系统应达到或超过 99.999% 的可用性；无故障连续工作时间 MTBF > 10 万 h；系统故障恢复时间小于 30min；系统应具有自动保护切换功能。主备用切换时间应小于 50ms；SDH 和 ATM 接口应具有自动保护切换功能，切换时间应小于 50ms；要求设备具有高可靠性和高稳定性。主处理器、主存储器、交换矩阵、电源、总线仲裁器和管理接口等系统主要部件应具有热备份冗余。线卡要求 $m+n$ 备份并提供远端测试诊断功能。电源故障能保持连接的有效性；系统必须不存在单故障点。

【思考与练习】

1. 简述交换机的主要性能指标。

2. 简述路由器的主要性能指标。

第五十五章 测 试 方 法

模块 1 电能量计量系统性能指标的测试方法（ZY2800202001）

【模块描述】 本模块介绍电能量计量系统性能指标的测试方法。通过方法介绍，掌握检测电能量计量系统主要性能指标的方法。

【正文】

电能量计费系统的性能指标有 11 种，即系统的开放性、系统容量、系统定额可靠性、系统的可用性、系统的容错性、系统的抗干扰能力、系统的可维护性、系统的可扩展性、网络及 CPU 负荷率、系统响应时间、前置双机系统故障的切换时间等。

以上指标的测试方法如下：

1. 系统的开放性的测试方法

电量计费系统支持软件平台可在各种操作系统、数据库管理系统、网络通信规约、应用软件及其开发环境下测试看是否可使用。在需要扩展其功能和规模的情况下，可以测试其开放性。

2. 系统容量的测试方法

系统容量要求如下：

（1）变电站数量大于 200 个。

（2）采集终端数量（ERTU）大于 200 个。

（3）采集点（表计）大于 13000 点。

（4）授权用户节点（有操作权限用户数）大于 64 个。

3. 系统定额可靠性的测试方法

（1）系统的年可用率≥99.98%。

（2）服务器、网络等主设备的平均无故障时间（MTBF）≥50000h。

（3）其他设备的平均无故障时间（MTBF）≥30000h。

（4）由于偶发性故障而发生自动热启动的平均次数应小于 1 次/3600h。

（5）所有设备（包括电源设备）在给定的性能指标下运行，连续 10000h 内不需要人工调整和维护。

（6）系统能长期稳定运行，在值班设备无硬件故障和非人工干预的情况下，主备设备不发生切换。

4. 系统的可用性的测试方法

在各种情况的考虑下，测试系统的可用率，统计分析看是否≥99.95%。

5. 系统的容错性的测试方法

模拟各软、硬件功能与数据采集处理系统的通信出错，以及模拟操作中发生一般性错误，看是否系统的主要功能丧失或影响系统的正常运行；看是否对意外情况引起的故障，系统具备恢复能力。

6. 系统的抗干扰能力的测试方法

在一定的干扰下面，看系统中所有设备是否具有足够的抗干扰能力，是否符合 IEC 255-22-1《高频干扰实验标准》和 IEC 255-22-2《静电放电干扰实验标准》。

7. 系统的可维护性的测试方法

对系统的硬件、软件设备维护建立档案或者日志，观察一般性故障的现场处理情况。当由用户自行编制的程序加入系统中时，看系统能否正常运行。

8. 系统的可扩展性的测试方法

检查系统是否具有灵活的扩展功能，是否可以按模块化设计，以简化系统的扩展和改动。当扩展到系统的最终规模后，测试系统的有关运行参数（如内存、通道利用率、通道数据传输速度等），看是否仍有一定的余度。

9. 网络及 CPU 负荷率的测试方法

运用相关的测试软件，对网络及 CPU 负荷率进行测试。

正常运行情况下：

（1）数据库服务器 CPU 的平均负荷率（在任意 5min 内）≤30%。

（2）数据采集服务器 CPU 的平均负荷率（在任意 5min 内）≤30%。

（3）Web 服务器 CPU 的平均负荷率（在任意 5min 内）≤30%。

（4）主站局域网的平均负荷率（在任意 5min 内）≤15%。

（5）联机检索数据的平均响应时间≤5s。

10. 系统响应时间的测试方法

检查在工作站上检索数据的响应时间，看是否小于或等于 5s。

11. 前置机双机系统故障切换时间的测试方法

在前置机上，开启关闭前置系统，看切换时间是否小于或等于 30s。

【思考与练习】

1. 电能量计量系统的性能指标有哪些？

2. 简述电能量计量系统性能指标的测试方法。

模块 2　计算机和网络设备性能测试方法（ZY2800202002）

【模块描述】本模块介绍网络设备性能指标的测试方法。通过方法介绍和举例说明，掌握网络互联设备和应用管理设备的性能指标的测试方法及其测试注意事项，熟悉网络设备性能测试的流程，掌握测试网络性能常用命令的使用方法。

【正文】

IP 承载网性能的测试从测试范畴来讲，可以分为设备性能测试、网络性能测试。设备性能测试是单点层面的测试，主要是对 IP 网中的各网元设备（如交换机）进行性能测试；网络性能测试是延伸层面的测试，主要是对网络端到端性能、全网性能进行的测试。

IP 承载网性能测试的内容包括吞吐量、时延、丢包、抖动等性能指标，通常采用专用的性能测试仪来完成测试。一般来讲，首先在完成设备性能测试的基础上，才会开展网络性能测试，而且还会采用从局部网络性能测试到全网性能测试的方式。

设备的性能测试是承载网性能测试的起点。在 IP 承载网中，设备按照网络部署位置可以分为核心设备、汇聚设备和接入设备；按照应用层次可以分为网络互联设备、应用管理设备；不同类型的设备其性能考察指标也各不相同。

一、网络设备性能的测试指标

1. 网络互联设备的性能测试指标

网络互联设备的性能测试主要集中在设备网络层面的性能测试，测试的标准通常采用业界较广泛认可的 RFC 标准，包括 RFC1242、RFC2544、RFC2885、RFC2889 等。其中，RFC2544 定义了网络互联设备最基本的基准性能测试指标，包括吞吐量、时延、丢包率、背靠背和发数据包。

（1）吞吐量。指标定义：在不发生数据包丢失的情况下，被测设备能够支持的最大传输速率。

（2）时延。指标定义：测试数据包通过被测设备所需要的时间。

（3）丢包率。指标定义：在一定负荷下，被测设备丢失数据包的比例。

（4）背靠背。指标定义：在最大速率下，在不发生数据包丢失的前提下，被测设备可以接收的最大突发数据包的数目。

除了上述基准性能测试外，在 IP 网络环境中，如果要考查网络互联设备的交换性能、路由性能，还需要参照 RFC2889、RFC1771、RFC2328 等标准进行测试。

2. 应用管理设备的性能测试指标

应用管理设备的性能测试主要集中在传输、应用层面的性能测试，对该类设备目前业界没有统一的测试参考标准，但下列性能指标的测试，已广泛得到测评机构、设备制造商的认可，作为应用管理设备性能的度量指标，它们是最大连接速率、最大并发连接数、最大带宽、最大事务速率和最大并发用户。

（1）最大连接速率。指标含义：被测设备能够每秒成功处理的最大连接数目。

（2）最大并发连接数。指标含义：被测设备能够成功处理的最大并发连接数目。

（3）最大带宽。指标含义：被测设备能够成功处理的最大带宽。

（4）最大事务速率。指标含义：被测设备能够每秒成功处理的最大事务数目。

（5）最大并发用户。指标含义：被测设备能够成功处理的最大用户数目。

对应用管理设备除了测试在传输、应用层面的性能外，还需要测试设备在网络层面的数据转发性能。数据转发性能测试一般参考网络互联设备的性能测试方法，测试标准参考 RFC2544。

网络互联设备、应用管理设备的性能测试通常会借助相关的性能测试仪表来完成，在实际进行设备性能测试时，需要关注以下五个要素。

（1）了解性能测试的尺度。性能测试的主要目的是测试被测设备在不同负荷下的性能状况，一般来讲，测试时要考虑在正常负荷压力、较大负荷压力、最大负荷压力下对被测设备进行性能测试。例如，参照 RFC2544 进行的设备吞吐量测试，缺省的测试包长包括了最短（64byte）、中间（128byte、512byte……）、最长（1518byte）。

（2）使用正确的测试工具。各仪表测试厂商针对不同的性能测试有专门的测试仪表和测试工具，了解、掌握、正确使用这些测试工具可以有效地完成性能测试。例如，Ixia 公司的性能测试仪表，如果进行应用性能测试，使用 IxLoad 测试工具；如果进行 RFC2544 测试，使用 IxAutomate 测试工具。

（3）掌握测试仪表的差异。性能测试常使用专用的性能测试仪表来完成，虽然同类测试仪表都遵循相同的标准或协议，但测试仪表间有一定差异，这可能影响测试配置、测试结果的分析等。例如，在 RFC2544 测试中，Ixia 400T 测试仪表支持 ARP，有些仪表就不支持，因此测试时需要了解所用的测试仪表。

（4）配置正确的负荷模式。网络互联设备、应用管理设备分别有不同的性能体现项，而且同类设备也有不同的性能体现项。例如，涉及 Web 应用的应用管理设备，主要关注并发用户性能指标，而涉及包过滤应用的应用管理设备，主要关注带宽性能指标。因此，了解负荷模式要素、配置正确的负荷模式，可以较准确地解读测试结果。

（5）了解测试结果的依赖性。所有的性能测试结果都是在某种条件下被测设备的性能反映，例如，在测试网络互联设备的容量（如吞吐量）时，测试负荷不同，测试结果就不同；被测设备的配置不同，测试结果也不同。

二、网络设备性能的测试流程

无论是进行网络互联设备性能测试，还是应用管理设备的性能测试，制定测试计划是实施测试的起步点，一个好的测试计划是成功测试的基本保障。要达到测试目的，完成测试任务，需要在测试过程中分析测试结果、修订测试计划、总结测试。在性能测试实践过程中，性能测试的实施流程如图 ZY2800202002-1 所示，有效地帮助测试人员开展设备的性能测试，同时该测试实施流程也适用于设备功能测试。

用简单命令测试网络性能，测试命令包括 ping、Netstat、Arp、Tracert、Route、NBTStat、nslookup。

1. ping

ping 是一个使用频率极高的实用程序，用于确定本地主机是否能与另一台主机交换（发送与接收）数据报。根据返回的信息，就可以推断 TCP/IP 参数是否设置得正确，以及运行是否正常。需要注意的是，成功地与另一台主机进行一次或两次数据报交换并不表示 TCP/IP 配置就是正确的，必须执行大量的本地主机与远程主机的数据报交换，才能确信 TCP/IP 的正确性。

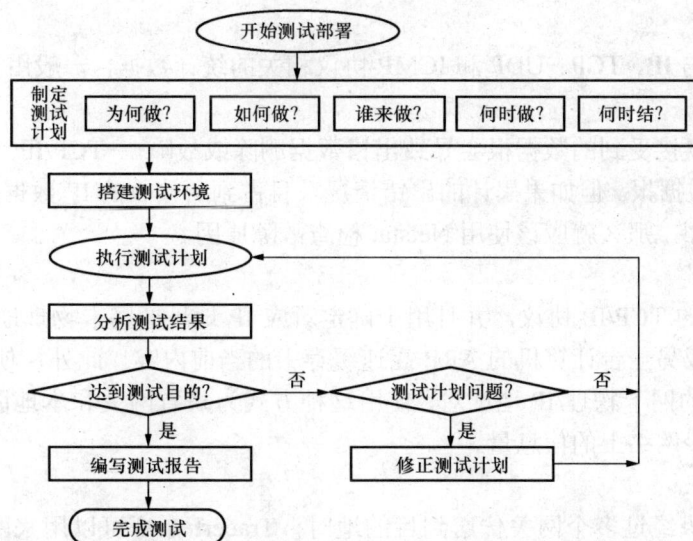

图 ZY2800202002-1　性能测试的实施流程图

简单地说，ping 就是一个测试程序，如果 ping 运行正确，大致就可以排除网络访问层、网卡、MODEM 的输入输出线路、电缆和路由器等存在的故障，从而减小了问题的范围。

［例 ZY2800202002-1］ ping 检测网络故障的典型次序。

正常情况下，当使用 ping 命令来查找问题所在或检验网络运行情况时，需要使用许多 ping 命令。如果所有都运行正确，就可以确定基本的连通性和配置参数没有问题；如果某些 ping 命令出现运行故障，它也可以指明到何处去查找问题。下面就给出一个典型的检测次序及可能对应的故障。

第一步：ping 127.0.0.1。这个 ping 命令被送到本地计算机的 IP 软件，该命令永不退出该计算机。如果没有做到这一点，就表示 TCP/IP 的安装或运行存在某些最基本的问题。

第二步：ping 本机 IP。这个命令被送到计算机所配置的 IP 地址，计算机始终都应该对该 ping 命令做出应答。如果没有，则表示本地配置或安装存在问题。出现此问题时，局域网用户应断开网络电缆，然后重新发送该命令。如果网线断开后该命令正确，则表示另一台计算机可能配置了相同的IP 地址。

第三步：ping 局域网内其他 IP。这个命令应该离开计算机，经过网卡及网络电缆到达其他计算机，再返回。收到回送应答，表明本地网络中的网卡和载体运行正确。但如果收到 0 个回送应答，则表示子网掩码（进行子网分割时，将 IP 地址的网络部分与主机部分分开的代码）不正确或网卡配置错误或电缆系统有问题。

第四步：ping 网关 IP。这个命令如果应答正确，表示局域网中的网关路由器正在运行并能够做出应答。

第五步：ping 远程 IP。如果收到 4 个应答，表示成功地使用了缺省网关。对于拨号上网用户，则表示能够成功地访问 Internet（但不排除 ISP 的 DNS 会有问题）。

第六步：ping localhost。localhost 是一个作系统的网络保留名，它是 127.0.0.1 的别名，每台计算机都应该将该名字转换成该地址。如果没有做到这一点，则表示主机文件（/Windows/host）中存在问题。

第七步：ping www.yahoo.com。对这个域名执行 ping ... 地址，通常是通过 DNS 服务器。如果这里出现故障，则表示 DNS 服务器的 IP 地址配置不正确或 DNS 服务器有故障（对于拨号上网用户，某些 ISP 已经不需要设置 DNS 服务器了）。另外，也可以利用该命令实现域名对 IP 地址的转换功能。

如果上面所列出的所有 ping 命令都能正常运行，则该计算机的本地和远程通信功能就基本正常了。但是，这些命令的成功并不表示所有的网络配置都没有问题，例如，某些子网掩码错误就可能无法用这些方法检测到。

2. Netstat

Netstat 用于显示与 IP、TCP、UDP 和 ICMP 协议相关的统计数据，一般用于检验本机各端口的网络连接情况。

如果计算机有时候接受到的数据报会导致出错数据删除或故障，TCP/IP 可以容许这些类型的错误，并能够自动重发数据报。但如果累计的出错情况数目占到所接收的 IP 数据报相当大的百分比，或者它的数目正迅速增加，那么就应该使用 Netstat 检查故障原因。

3. ARP

ARP 是一个重要的 TCP/IP 协议，并且用于确定对应 IP 地址的网卡物理地址。使用 ARP 命令，能够查看本地计算机或另一台计算机的 ARP 高速缓存中的当前内容。此外，使用 ARP 命令，也可以用人工方式输入静态的网卡物理/IP 地址对，使用这种方式为缺省网关和本地服务器等常用主机进行这项工作，有助于减少网络上的信息量。

4. Tracert

当数据报从计算机经过多个网关传送到目的地时，Tracert 命令可以用来跟踪数据报使用的路由（路径）。该实用程序跟踪的路径是源计算机到目的地的一条路径，不能保证或认为数据报总遵循这条路径。如果配置使用 DNS，那么会从所产生的应答中得到城市、地址和常见通信公司的名字。Tracert 是一个运行得比较慢的命令（如果指定的目标地址比较远），每个路由器需要 15s。

5. Route

大多数主机一般都是驻留在只连接一台路由器的网段上。由于只有一台路由器，因此不存在使用哪一台路由器将数据报发表到远程计算机上去的问题，该路由器的 IP 地址可作为该网段上所有计算机的缺省网关来输入。

但是，当网络上拥有两个或多个路由器时，就不一定只依赖缺省网关了。实际上可以让某些远程 IP 地址通过某个特定的路由器来传递，而其他的远程 IP 则通过另一个路由器来传递。

在这种情况下，需要相应的路由信息，这些信息储存在路由表中，每个主机和每个路由器都配有自己的路由表。大多数路由器使用专门的路由协议来交换和动态更新路由器之间的路由表。但在有些情况下，必须人工将项目添加到路由器和主机上的路由表中。Route 就是用来显示、人工添加和修改路由表项目的。

6. NBTStat

NBTStat（TCP/IP 上的 NetBIOS 统计数据）实用程序用于提供关于 NetBIOS 的统计数据。运用 NetBIOS，可以查看本地计算机或远程计算机上的 NetBIOS 名字表格。

7. nslookup

nslookup 命令的功能是查询一台机器的 IP 地址和其对应的域名。它通常需要一台域名服务器来提供域名服务。如果已经设置好域名服务器，就可以用这个命令查看不同主机的 IP 地址对应的域名。

【思考与练习】

1. 调度系统中常用网络设备性能指标有哪些？
2. 简述调度系统中常用网络设备性能指标的测试流程。

模块 3　PAS 软件性能测试（ZY2800202003）

【模块描述】本模块介绍测试 PAS 软件的性能指标。通过要点归纳，掌握测试 PAS 软件性能的目的、测试内容、指标要求及其测试注意事项。

【正文】

一、PAS 软件性能测试的目的

PAS 软件测试的目的有两个：①验证需求；②找错误，发现并解决软件缺陷，提高软件质量，从而找到 PAS 软件的最佳性能指标、查找系统的性能瓶颈和进行系统调优，最后起到优化系统的目的。

PAS 软件性能测试主要包括以下几个方面：

（1）评估系统的能力，测试 PAS 软件是否达到了用户需求的功能要求，模型处理是否合理，计算是合正确。

（2）识别体系中的弱点，并突破它，从而修复体系的瓶颈或薄弱的地方。

（3）系统调优：重复运行测试，验证调整系统的活动得到了预期的结果，从而改进性能。

（4）验证稳定性（resilience）和可靠性（reliability）。

二、PAS 软件性能测试的内容及应该达到的指标

（一）网络建模能测试的内容及应该达到的指标

（1）能定义电力系统中各类元件，包括发电机、母线、开关、刀闸、变压器、线路、调相机、并联电容器、并联电抗器、负荷、零阻抗支路、零注入节点等。

（2）部分元件应有几种模型可供选择，如 T 接点虚拟变电站及 T 接线路。

（3）各电网元件的模型应有足够多的属性，以方便用户对电网进行实时监控。例如，根据提供的电网元件的上、下限参数，自动标注电网元件（线路、变压器等）的越限状况。

（4）元件参数应包括能支持静态分析的元件参数和支持动态分析的元件参数。

（5）提供电压模型应能定义各等级电压，能表示电压的有名值和标幺值、额定值和实际值等。

（6）提供定义变压器分接头类型手段。

（7）提供负荷模型。

（8）提供负荷区域定义模型，使能分区统计负荷。

（9）应有处理旁路代供的方法。旁路代供后，被代供支路的量测应能正确地被相应旁路开关的量测所代替。

（10）能根据电网元件的铭牌参数和物理参数计算各元件用于电网计算的参数。

（11）提供定义变压器分接头类型手段。

（12）提供网络解列描述，对网络子系统（岛）的带电与否等状况进行动态描述。

（13）提供网络规模定义、修改手段，能容易地修改、扩充网络模型。

（14）定义和修改数据时执行元件参数合理性检查，并有相应的信息提示。经过校核的数据库保证各个相关应用可用。

（15）保证数据输入源的唯一性。

（16）在建立了与 SCADA 数据库中量测量的映射关系后，能自动建立与其他相关数据库的映射关系。

（二）网络拓扑能测试的内容及应该达到的指标

（1）网络拓扑应是电网分析软件的公共模块，既可以作为一个独立应用，也可以作为子模块用于其他各应用中。既可以用于实时态，也可以用于研究态。

（2）在实时态时，网络拓扑可以用事件启动（开关、刀闸变位）。

（3）能实现动态着色的功能。

（4）能处理任何结线方式，如单母线、单母线带旁路、双母线、双母线带旁路、多角形结线、倍半开关结线、内桥结线、外桥结线等。

（5）不仅处理开关状态，也处理网络中元件的状态信息，如线路、发电机等的人工切除状态。

（6）完善的逻辑分析能力，对开关的任意状态能形成正确的母线模型。

（7）能保存人工设置信息（如正确记忆人工置入的开关、刀闸位置，并在系统重新启动或数据库重新装库后，不会丢失）。

（8）可以分析处理至少 10 个电气岛（子系统）的情况，并确定死岛、活岛状态。对每个活的电气岛指定参考（或平衡）发电机。

（9）能确定单端开断的支路（线路或变压器），并正确处理单端充电线路的充电电容的计算。

（10）确定网络中各元件带电、停电、接地及属于哪一电气岛等状态。

（11）开关、刀闸的状态及各设备的状态应能在单线图上改变。

（三）状态估计能测试的内容及应该达到的指标

1. 功能要求

（1）可进行可观测性分析。确定网络中可观测部分和不可观测部分，指出系统最大的可观测岛，并确定把网络变成可观测所要增加的伪量测量。

（2）指出量测系统薄弱环节，指出关键量测及其位置。

（3）能实现开关状态（准确率 100%）、坏数据的检测与辨识。

（4）变压器分头估计。

（5）粗检测功能：指出功率不平衡的母线和支路。

（6）估计整个电网的实时运行状态，包括各母线电压幅值及相角、线路和变压器的潮流、各母线负荷以及机组出力等。

（7）对状态估计结果进行统计、分析，包括结果越限检查、量测误差分析等功能。

（8）可进行多岛（可观测的活岛）估计，数量不少于 10 个，并输出各岛计算的综合结果。

（9）对外网数据能自动进行边界匹配，并生成一个大的网络模型。

（10）可处理伪量测，以改善求解数值的稳定性。伪量测量可由操作员定义，可以人工地将异常量测 P 或 Q 单独地从当前可用量测集中移出。

（11）可处理负荷倒送、旁路代路情况。

（12）对量测量进行分时段统计，提供可信性标志。

（13）状态估计整个实时网络状态求解过程中，对外部网络既能采用现有的量测量进行状态量的求解，也可通过网络等值求解，能保证边界估计量的合理性。

（14）状态估计可以周期启动、事件启动和人工启动运行。

（15）实时网络状态估计应可供其他电网分析模块使用。

（16）状态估计可用 SCADA 历史数据进行计算，计算结果可送 SCADA。

（17）每次状态估计运行时间通常应不超过 5s，最小运行周期不大于 30s。

（18）提供状态估计断面周期保存功能，周期为 15~60min，保存时间为 2 年，保存的数据包括状态估计使用的全部数据。

2. 输入部分（状态估计软件应能使用以下数据进行计算）

（1）由网络拓扑得出的实时母线模型。

（2）实时量测数据。

（3）发电和负荷的计划与预报数据。

（4）零阻抗支路量测。

（5）零注入量。

（6）伪量测。

（7）计划的母线电压值和开关开断。

（8）人工输入量。

3. 输出部分

（1）母线有功和无功功率注入。

（2）线路每端的有功和无功潮流。

（3）支线电流值。

（4）母线电压数值大小和角度。

（5）变压器和移相器分接头位置。

（6）开关状态。

（7）电容器、电抗器投退。

4. 人机界面

（1）潮流结果应能以表格和单线图方式显示。

（2）输出应使用颜色指示解列岛，特殊参数、惯用颜色应被使用。

（3）应与 SCADA 系统共用单线图，其中包括所有电压、潮流和注入值。

（4）所有在 SCADA 内的其他有关示意图也能被用于显示状态估计结果。

（5）测量的和估计的数值应以不同颜色提供显示，伪测量能和遥测测量结合。

（6）根据要求，当前和历史不良数据和不正常测量数据应可显示在屏幕上和在打印机上打印。

（7）系统应保存上次执行的不良数据和测量误差的清单。测量值和估计值两个数值都应被显示。

（8）每次执行后，不良数据列表应传送到 SCADA 处理作为报警。

（9）当数据从当前不良数据列表清除时，应在历史清单中显示相应信息，除了测量和估计数据数值外，这些显示应包括检测信息（何时检测、多少次等）。

（10）根据调度员的请求，测量偏差数值能在打印机上输出。

（11）应有一个执行控制画面，以便调度员键入控制状态估计执行的参数。

（12）应提供一个画面，观察状态估计一次执行中每一步迭代的相关数据。

（13）异常输出和监视组定义。

（14）元件列表画面。

（15）运行记录。

（16）计划和模型类型画面。

（17）维护处理画面。

（四）调度员潮流能测试的内容及应该达到的指标

调度员潮流功能是在给定（历史、当前或预想）的运行方式下，进行设置操作，改变运行方式，分析该系统的潮流分布的计算。

1. 功能要求

能方便灵活地进行潮流计算的数据准备，可从状态估计结果中取得实时运行方式数据，也可从保存的 CASE 中取得历史数据，还可以使用各种计划数据（系统负荷预报、母线负荷预报，发电计划、交换计划等）作为潮流计算的基态。

（1）应提供用户友好的界面以修改电网运行方式、潮流数据，并可修改各种电气元件的运行限值和费用参数。

（2）能进行网损计算并实现统计分析。

（3）可进行多岛潮流计算。

（4）可由多台发电机组成的发电机群联合分担不平衡功率。

（5）能进行输电线路单端充电的充电功率计算。

（6）可调用母线负荷预报程序生成母线负荷预报值。

（7）潮流计算收敛性诊断，提供潮流计算发散原因的判断。

（8）保存潮流分析结果。

（9）调度员潮流模块可供其他类型的电网分析软件调用。

2. 人机界面

（1）输出显示：应能按标称电压从高到低显示电压越限和线路过载。

（2）调度员潮流软件应通过调度员工作站画面会话运行。

（3）一般网络分析在主控制画面上完成，特殊调整潮流在其他画面上进行，而调度员则在系统的单线图上直接进行网络操作和潮流计算。

3. 其他要求

卖方提供的调度员潮流的性能要求包括下列内容，但不限于此。

（1）单次计算执行时间不超过 10s。

（2）至少 5 个用户能够同时使用调度员潮流。每个用户都可以运行任何模式的调度员潮流。

（3）每个用户可以保存至少 100 个潮流案例。

（五）负荷预测能测试的内容及应该达到的指标

按照历史负荷数据，考虑天气等其他因素的影响，实现周期为 1 天～1 周的短期负荷预报。

1. 功能要求

（1）预报能按全系统或按区域进行。

（2）用户应能自定义需要预测的未来时间。

（3）应保存并提供必需的历史数据，作为合理的统计样本和参考。

（4）两点间隔时间段为 5、15、30min 和 lh，可由用户选择、调整，应具备峰值时预报点间隔加密功能。

（5）提供多种预测方法，针对电网特点，进行负荷及其影响因素相关性分析，建立自适应组合数学模型。

（6）可按地理区域预报。

（7）可按负荷类型预报。

（8）提供正常工作日、双修日、节假日负荷预测模版。

（9）预报误差分析。

（10）在线自动运行，也可人工启动。

（11）考虑因素有政策、气候影响、节假日、设备检修等，并提供用户友好的界面以便用户输入有关数据。

（12）允许用户人工修正预计负荷值，并提供修改界面。

（13）历史数据的保存、管理、查询、浏览功能。

（14）应对历史数据的合理性进行检查，并自动修正。

（15）节假日可以定义。

（16）要求计及网损、厂用电损耗、系统等值负荷等因素的影响。

（17）预报得出的结果能被 SCADA 等其他数据库使用。

（18）能根据气象因子进行预测，建立气象因子数据库。负荷预测准确率应达95%以上。

2. 人机界面

（1）系统应提供用户界面，以便向负荷预测程序输入数据。数据包括预测的小时数、预测的开始时间、日期类型、天气条件等。

（2）数据应从 CRT/LCD 输入，画面提供数据输入引导和校验。

（3）应有画面监视负荷预测功能的性能。

三、PAS 软件性能测试的注意事项

（1）测试前期做好测试准备工作，就完成了测试工作的一大半，测试前要准备好详细的测试步骤和测试大纲，最后再由测试者给出合理、详细的测试报告。

（2）判断软件的好坏，要看软件解决实际应用的能力，只有在一定的测试情况下，才能测试出软件资源的消耗率、软件运行的速度、软件的稳定性。通过对比在不同的测试情况下，PAS 软件每一个功能模块解决实际问题的能力和软件运行的效率，才可能判断出 PAS 软件的每一个模块的强弱、整个软件的优劣。

（3）性能测试开始后，所有参数的输入都应遵循统一的标准，无论是哪一个环节，哪怕是一点点偏差，都应立即纠正，决不能心存侥幸。要特别注意外部环境对测试结果的影响，如果在整个测试过程中，外部境不一致，如网速、机器内存使用率不一样，就有可能导致测试结果与实际情况有出入。

（4）对测试的终结，实际就是对测试数据的分析和处理。测试工作做的再好，如最终到用户手中的是一堆杂乱无章的数据，那也是美中不足，所以测试结束后要进行详细的分析和总结，得出完善的测试报告。

【思考与练习】

1. 为什么要进行 PAS 软件性能测试？

2. PAS 软件性能测试的指标有哪些？

模块 4 PAS 软件性能测试的方法（ZY2800202004）

【模块描述】本模块介绍 PAS 软件性能测试的方法。通过方法介绍，熟悉 PAS 软件性能测试的步骤，掌握 PAS 软件各类性能的测试方法。

【正文】

一、PAS 软件的性能测试步骤

PAS 软件测试目标主要是确定需求和期望；满足系统需求，并要兼容于整个 EMS 系统。测试步骤如下：

（1）制定目标和分析系统。

（2）选择测试度量的方法。

（3）制定评估标准。

（4）设计测试用例。

（5）运行测试用例。

（6）分析测试结果。

二、PAS 软件性能测试方法

1. 网络拓扑的性能测试方法

网络拓扑的性能测试方法按性能分为以下六种：

（1）能处理任何结线方式，如单母线、双母线、双母线带旁路母线、环形结线、倍半断路器结线、旁路隔离开关等。

测试方法：对地调管辖范围内所有厂站的结线方式是否都能正确识别。任意拉合开关和刀闸，看计算结果是否正确。

（2）可以分析处理电气岛（子系统）情况，并确定死岛、活岛状态。

测试方法：人为断开一些开关和刀闸，使整个系统分成两个电气上不相连的部分，运行网络拓扑或潮流计算，观察两个岛是否都能计算出来。如果某个岛中没有任何电源，则该岛应当是死岛。

（3）对每个活的电气岛指定参考（或平衡）发电机。

测试方法：同上制造两个活岛，观察原平衡发电机不在的岛，程序是否自动分配一个平衡发电机。

（4）能处理单端开断的支路（线路或变压器）。

测试方法：将运行中的线路或变压器一端的开关断开，运行潮流计算，观测该支路的结果，一般应该有一个不大的无功潮流，并且能观察到该支路断开点的电压。

（5）能处理人工设置和遥信信息。

测试方法：在其他测试中体现。

（6）拓扑结果应能在画面上直观明了地显示。

测试方法：对地调管辖范围内所有厂站的结线方式是否都能正确识别。任意拉合开关和刀闸，看结果是否正确，设备是否带电能在画面上显示出来。

2. 状态估计的性能测试方法

状态估计的性能测试方法按性能可分为以下几种：

（1）具有可观测性校验的功能。

测试方法：状态估计应当能够区别可观测区、边界和不可观测区。设法增加或删除/屏蔽一些或整个站的量测，观测可观测区的变化。

（2）粗检测功能。

测试方法：粗检测在状态估计之前进行，例如，遥测值超过上下限一定的倍数，遥测值变化率超过一定的限值等，在这种情况下认为遥测属于明显不合理，应该立即剔出，不参加状态估计。通过手动设置遥测值或修改变比或量程，使得遥测值异常，观察状态估计的粗检测列表。

（3）利用线路或变压器的有功、无功潮流量测，母线注入有功、无功量测，母线电压量测，零注入量测，变压器分接头挡位量测进行状态估计。

测试方法：在其他测试中综合体现。

（4）当有载调压变压器有潮流和电压量测时，应能估计有载调压变压器的分接头位置。

测试方法：观察估计的分接头位置，并与实际位置比较。

（5）具有添加伪量测的功能。

测试方法：伪量测的来源可以是前次估计值、典型值、根据母线分配系数的计算值等，使用伪量测可以增加系统的可观测性。取消伪量测的使用，观察可观测区的变化。

（6）可以处理零阻抗支路。

测试方法：零阻抗支路是一种阻抗为 0 的特殊支路。设置某支路为零阻抗支路，观察该支路的计算结果。

（7）检测和辨识遥测、遥信信息中的可疑和坏数据，并给出可疑和坏数据信息表。

测试方法：选择一个好的量测值，通过手动设置遥测值的方法人为修改量测值，使之逐渐偏离实际值，在偏离程度不大时（与阀值有关），状态估计应该表明该量测是好数据；偏离程度增大到一定数值时，该量测应进入可疑数据列表，进一步增加偏离程度，该量测最后应进入坏数据列表。测试不同类型的量测（有功、无功、电压）及其组合，观察状态估计结果。

（8）对无变压器分接头量测的变压器分接头能够人工设置挡位，对明显不合理的量测进行屏蔽和人工修改。

测试方法：选择一个无量测的变压器，人工修改分接头位置，观察状态估计结果的变化。

（9）能改变各种控制参数（运行周期、收敛精度和迭代限次等）进行状态估计。

测试方法：是否提供界面修改控制参数。

（10）状态估计的运行周期一般不大于 5min。

测试方法：手动修改状态估计运行周期，最短到 1min。

（11）状态估计的启动方式应包括周期启动、人工启动和事件启动。

测试方法：将事件启动设置打开，人工制造一个事件，观察状态估计是否自动运行。

（12）根据估计结果给出越限信息。

测试方法：修改设备的上下限值，使估计结果越限，观察状态估计是否给出越限信息。

（13）状态估计结果应能够在一次接线图上直观明了地显示，具有实时值与估计值的对照列表或在接线图上显示，并能够打印输出。

测试方法：直接观察。

3. 调度员潮流的性能测试方法

调度员潮流的性能测试方法按性能分为以下几种：

（1）能进行给定（历史、当前或预想）断面的潮流计算。

测试方法：在其他测试中体现。

（2）能模拟发电机出力、负荷功率和变压器分接头位置的调节，模拟各种断路器、隔离开关的变位操作，各种模拟操作应能多重组合。

测试方法：运行方式的修改包含丰富的内容，需要进行大量的测试。其中，发电机：修改其有功、无功出力，PV 和平衡发电机的电压；负荷：修改其有功、无功数值；变压器：修改其分接头位置；开关/刀闸：改变发电机、负荷、变压器、线路的运行状态，制造多岛，合/解电磁环或电环等。

（3）能够模拟发电机的启停和负荷、电容器、电抗器、变压器的投切。

测试方法：修改发电机启、停状态及电容器、电抗器、变压器的投入退出状态。

（4）能模拟系统的解列、并网、合环、解环。

测试方法：修改系统运行方式，模拟解列、并网、合环、解环等状态。

（5）发电机、负荷开断或调节时应考虑功率缺额或功率过剩在其他可调机组中的分配，可以计算网络解列后若干个独立网络的潮流。

测试方法：修改发电机或负荷数值，观察发电机的出力变化，调整分配系数，再观察发电机的出力变化。

（6）能改变各种控制参数（收敛精度和迭代限次等）进行潮流计算。

测试方法：是否提供界面修改控制参数。

（7）能进行越限报警，可用列表或图形显示越限信息。

测试方法：修改运行方式或者改变限值，使得支路潮流越限，观察计算结果的越限信息。

（8）能保存和调用潮流计算结果。

测试方法：保存潮流计算结果，修改某些数据，然后恢复保存的结果，观察数据是否变化到初始值，再做一次潮流计算，观察结果是否变化。

（9）运行方式的改变应能在一次接线图上直接进行。

测试方法：直接观察。

（10）潮流计算结果应能在画面上直观明了地显示和打印输出。

测试方法：直接观察。

4. 负荷预报的性能测试方法

负荷预报的性能测试方法按性能分为以下几种：

（1）根据历史负荷与气象等信息进行 1 天 ~1 周的每天 24、48、96 点或更密点的负荷预测。

测试方法：人为选择某一密度，观察预测密度是否与选择值一致。

（2）能够分别预测工作日、节假日负荷。

测试方法：分别选择一正常工作日、特殊节假日（如除夕、春节等）进行预测，观察预测结果（含曲线）。

（3）能改变各种控制参数进行负荷预测。

测试方法：控制参数包括是否使用气象因素等，改变这些参数时，观察预测结果是否发生变化。

（4）能考虑天气因素及事件因素对负荷预测的影响。

测试方法：有意设置某种天气参数，观察其对负荷预测的影响；有意设置某一事件因素，观察其对负荷预测的影响。

（5）提供人工干预负荷预测的手段。

测试方法：观察是否可以通过按峰值（最大/最小值）调整、按相加量调整、按比例值调整或按其他方法调整预测结果。

（6）能够发现并纠正样本数据中的坏数据。

测试方法：人为地将某一样本数据设置为坏数据，观察其对预测结果的影响，以判断预测程序是否进行了坏数据的纠错处理。

（7）预测结果、实际结果以及误差结果能够通过数据列表或曲线等形式显示。

测试方法：直接在界面上观察。

【思考与练习】

1. 简述 PAS 软件性能测试步骤。

2. 简述状态估计性能测试的方法。

附录 A 《电网调度自动化主站维护》培训模块教材各等级引用关系表

部分名称	章	模块名称 （模块编码）	模 块 描 述	等 级		
				I	II	III
电力调度 自动化系统	电力调度 自动化系统 基础知识	电力系统的分层控制 （GYZD00101001）	本模块介绍电力系统的基础知识和电力系统的分层调度控制的概念。通过概念介绍和要点归纳，掌握电力系统调度的分层控制的概念和优点，了解分层控制的自动化系统的作用和技术发展	✓		
		电力调度自动化系统的 概念和作用 （GYZD00101002）	本模块介绍调度自动化系统的发展历程和现状。通过要点归纳，了解电力调度自动化系统的发展历程和发展趋势，掌握调度自动化系统的主要技术特点和作用	✓		
		电力调度自动化系统的 结构和功能 （GYZD00101003）	本模块介绍调度自动化系统的结构和功能。通过结构形式介绍和功能介绍，熟悉调度自动化系统的结构及其设备，掌握电力调度自动化系统的基本功能	✓		
	自动化 通信的 基础知识	自动化通道的基础知识 （GYZD00102001）	本模块介绍自动化通道的基础知识。通过概念介绍、图文释义，掌握模拟通信和数字通信的概念，掌握数据通信的基本概念及其系统组成，熟悉自动化通道的工作模式和接口		✓	
		自动化通信的常见规约简介 （GYZD00102002）	本模块介绍自动化通信常见规约。通过概念介绍，掌握循环式传送规约和应答式规约的概念及其特点，熟悉自动化通信常见规约及其应用情况		✓	
计算机 应用操作	UNIX 操作系统 知识	UNIX 基础知识 （GYZD00901001）	本模块介绍 UNIX 操作系统的基础知识。通过要点归纳，熟悉 UNIX 操作系统的特点及其标准，了解 UNIX 操作系统起源和发展		✓	
		UNIX 常用命令使用 （GYZD00901002）	本模块介绍 UNIX 操作系统常用命令的使用方法。通过功能描述和方法介绍，掌握 UNIX 操作系统常用命令及其参数的功能和使用方法		✓	
		UNIX 文件系统 （GYZD00901003）	本模块介绍 UNIX 操作系统的文件系统。通过要点归纳和功能描述，掌握 UNIX 操作系统的文件和目录的命名规则，熟悉 UNIX 文件系统的重要目录以及文件的属性及其查看方法		✓	
		UNIX 的 VI 编辑器 （GYZD00901004）	本模块介绍 UNIX 操作系统中 VI 的常用命令。通过功能描述和方法介绍，掌握 VI 的常用命令的功能和操作方法		✓	
	数据库知识	数据库的基本概念 （GYZD00902001）	本模块介绍数据库的基本概念。通过概念讲解，了解数据管理技术的发展，掌握数据库的基本概念、主要功能、系统组成以及关系模型和关系数据库的概念			✓
		数据库的常见库结构 （GYZD00902002）	本模块介绍常用的数据库管理系统。通过概念讲解和结构介绍，熟悉 Oracle、DB2、Sybase、MySQL、Ms SQL Server 数据库管理系统的概念、特点以及存储结构			✓
		SQL 语言 （GYZD00902003）	本模块介绍 SQL 语言基本语法的应用方法。通过要点归纳和举例说明，熟悉 SQL 语言的组成和优点，掌握 SQL 语言的查询、操纵、定义和控制的基本语法及其应用方法			✓
仪器、仪表 及工具 的使用	仪表的使用	万用表的使用 （GYZD01001001）	本模块介绍万用表的使用方法。通过原理讲解、方法介绍，熟悉万用表的基本工作原理和结构，掌握万用表的使用方法及注意事项	✓		
		钳形表的使用 （GYZD01001002）	本模块介绍钳形表的使用方法。通过原理讲解、方法介绍，熟悉钳形表的基本工作原理和结构，掌握钳形表的使用方法及注意事项	✓		
		网线测试仪的使用 （GYZD01001003）	本模块介绍网线测试仪的使用方法。通过原理讲解、方法介绍，熟悉网线测试仪的基本工作原理和结构，掌握网线测试仪的使用方法及注意事项		✓	
		示波器的使用 （GYZD01001004）	本模块介绍示波器的使用方法。通过原理讲解、方法介绍，熟悉示波器的基本工作原理和结构，掌握示波器的使用方法及注意事项		✓	

续表

部分名称	章	模块名称 （模块编码）	模 块 描 述	等　级		
				I	II	III
EMS 基本原理、操作及异常处理	EMS 概述	EMS 的体系结构 （GYZD00201001）	本模块介绍 EMS 的体系结构。通过图文结合和功能介绍，了解能量管理系统的发展，熟悉能量管理系统在安全 I 区和安全 II 区的功能和体系结构及其在 III 区的应用功能	√		
		EMS 主要子系统的功能 （GYZD00201002）	本模块介绍 EMS 主要子系统的功能。通过功能介绍，了解 EMS 的子系统分类及各子系统的功能	√		
	EMS 技术的发展	EMS 相关技术的最新发展 （GYZD00205001）	本模块介绍 EMS 相关技术的最新发展。通过要点归纳，了解能量管理系统总体发展趋势及其最新技术发展			√
	EMS 的平台操作	Windows 操作系统的启、停操作（GYZD00207001）	本模块介绍 Windows 操作系统的启、停操作的方法。通过方法介绍，掌握 Windows 操作系统的启、停操作的方法和步骤	√		
		应用软件的启、停操作 （GYZD00207002）	本模块介绍应用软件的启、停操作的方法。通过方法介绍，掌握启、停系统所有应用程序或者某一个应用程序的方法及其注意事项	√		
		双机服务器的切换 （GYZD00207003）	本模块介绍双机服务器切换。通过工作过程的介绍和要点归纳，掌握双机服务器的主备工作方式及其切换的注意事项		√	
		双通道的切换操作 （GYZD00207004）	本模块介绍双通道间切换操作的方法。通过方法介绍和举例分析，掌握双通道之间切换操作的两种方式及其实现方法		√	
		系统常见进程的启、停 （GYZD00207005）	本模块介绍系统常见进程的启、停方法。通过方法介绍和举例说明，掌握系统常见进程的启、停方法和注意事项	√		
		Oracle 数据库的启、停命令 （GYZD00207006）	本模块介绍启、停 Oracle 数据库系统的命令。通过命令介绍，掌握启、停单机版 Oracle 和阵列版 Oracle 数据库系统的命令			√
	EMS 的异常处理	EMS 人机界面的正常状态介绍和错误状态介绍 （GYZD00208001）	本模块介绍 EMS 对人机界面的要求以及对人机界面正常状态和错误状态的判断方法。通过要点归纳和举例说明，熟悉 EMS 人机界面应具备的功能及其正常状态和错误状态，掌握人机界面状态正常与否的判断方法	√		
		EMS 硬件设备指示灯介绍 （GYZD00208002）	本模块介绍 EMS 的 HP rx2600/zx6000/zx2001 面板指示灯。通过图文结合和状态组合列举，掌握利用面板指示灯的状态判断主机系统内存故障、主板故障、风扇故障、CPU 故障及温度告警及其处理方法	√		
		状态估计的基本功能及软件的使用方法 （GYZD00208003）	本模块介绍状态估计软件的使用。通过要点归纳和软件界面介绍，熟悉状态估计的基本功能，掌握状态估计软件的主画面	√		
		EMS 数据处理流程介绍 （GYZD00208004）	本模块介绍 EMS 数据处理流程。通过流程介绍，掌握 EMS 数据处理流程，熟悉 EMS 数据流的类型以及防止数据丢失、保证数据一致性的机制和手段		√	
		SCADA 数据库数据录入错误引起的故障现象及排查方法 （GYZD00208005）	本模块介绍 SCADA 数据库数据录入错误引起的故障现象及排查方法。通过方法介绍和举例说明，熟悉 SCADA 数据库数据录入错误引起的常见故障的现象，掌握故障的排查步骤和方法		√	
		画面链接错误引起的故障现象及排查方法 （GYZD00208006）	本模块介绍画面链接错误引起的故障现象及排查方法。通过方法介绍和举例说明，熟悉画面链接错误引起的常见故障的现象，掌握故障的排查步骤和方法		√	
		系统参数或配置文件设置错误引起的故障现象及排查方法 （GYZD00208007）	本模块介绍系统参数或配置文件设置错误引起的故障现象及排查方法。通过方法介绍和举例说明，熟悉系统参数或配置文件设置错误引起的常见故障的现象，掌握故障的排查步骤和方法			√

续表

部分名称	章	模块名称 （模块编码）	模块描述	等级		
				I	II	III
EMS 基本 原理、操作 及异常处理	EMS 的 异常处理	PAS 参数设置错误引起的 故障现象及排查方法 （GYZD00208008）	本模块介绍 PAS 模块中因参数设置错误引起的故障现象及排查方法。通过方法介绍和举例说明，熟悉 PAS 模块中因参数设置错误引起的常见的故障现象及产生原因，掌握故障的排查及参数修正的方法			√
		DTS 参数设置错误引起的 故障现象及排查方法 （GYZD00208009）	本模块介绍 DTS 中参数设置错误引起的故障现象及排查方法。通过方法介绍和举例说明，熟悉 DTS 中参数设置错误引起的故障现象，掌握故障的排查步骤和方法			√
	EMS 应急 处理预案的 编制	调度自动化系统应急 处理预案编制 （GYZD00209001）	本模块介绍编制调度自动化系统应急处理预案的必要性及其编制要点。通过要点归纳和条文提炼，熟悉编制调度自动化系统应急处置预案的要求和方法		√	
	PAS 基础 知识	电网建模的概念和基本原理 （GYZD00202001）	本模块介绍电网建模的基本概念及相关理论基础。通过概念介绍和步骤讲解，掌握建立电网数学模型的步骤以及电网数学模型的求解方法		√	
		状态估计的概念和基本原理 （GYZD00202002）	本模块介绍状态估计的概念和基本原理。通过概念介绍和原理讲解，掌握状态估计的基本概念、状态估计的意义和功能，并掌握状态估计的基本原理和数学模型		√	
		潮流计算的概念和基本原理 （GYZD00202003）	本模块介绍潮流计算的概念和基本原理。通过概念介绍和原理讲解，掌握潮流计算的基本概念和意义，并掌握潮流方程的直角坐标形式和极坐标形式		√	
		负荷预测的概念和基本原理 （GYZD00202004）	本模块介绍负荷预测的概念和基本原理。通过概念介绍和要点归纳，掌握负荷预测的意义和引起系统负荷变化的因素，熟悉负荷预测模型的种类和负荷预测算法以及提高负荷预测精度的方法		√	
		自动发电控制（AGC） 的基本知识 （GYZD00202005）	本模块介绍自动发电控制（AGC）的基本知识。通过概念介绍和要点归纳，掌握自动发电控制的基本概念、总体结构、控制目标与控制模式及其基本功能		√	
		电力市场交易系统的 基本知识 （GYZD00202006）	本模块介绍电力市场交易系统的基本知识。通过概念介绍，了解电力市场的基本概念，熟悉电力市场交易系统的支持功能和数据交换功能，掌握电力市场交易系统安全防护的要求		√	
	PAS 的常见 算法介绍	状态估计的基本算法 及使用方法 （GYZD00204001）	本模块介绍状态估计的基本算法及使用方法。通过原理讲解和方法介绍，掌握状态估计的基本算法、使用方法以及不良数据的检测与识辨方法			√
		潮流计算的基本算法 及使用方法 （GYZD00204002）	本模块介绍潮流计算的基本算法及使用方法。通过原理讲解、要点归纳和方法介绍，掌握潮流计算的两种基本算法，熟悉潮流计算软件的基本功能和使用方法			√
		负荷预测的基本算法 及使用方法 （GYZD00204003）	本模块介绍负荷预测的常用基本算法和使用方法。通过原理讲解和方法介绍，掌握负荷预测的常用基本算法，熟悉负荷预测软件的基本功能和使用方法			√
	DTS 的基础 知识	DTS 的概念 （GYZD00203001）	本模块介绍 DTS 的基本概念。通过概念介绍和要点归纳，掌握 DTS 的基本概念、主要作用以及子系统的组成，熟悉 DTS 系统的基本配置		√	
		DTS 的结构 （GYZD00203002）	本模块介绍 DTS 的结构。通过功能介绍和图文结合，掌握 DTS 系统的模块结构与基本功能，熟悉 DTS 仿真室结构以及 DTS 系统在调度中心计算机网络中的位置		√	
	PAS、DTS 的应用操作	状态估计软件的操作方法 （GYZD00213001）	本模块介绍状态估计软件的使用方法。通过功能描述和举例说明，熟悉状态估计软件的人机界面和功能，掌握状态估计软件的使用方法		√	
		状态估计收敛的条件 （GYZD00213002）	本模块介绍状态估计的收敛条件和状态估计不收敛的常规排查方法。通过定性分析和方法介绍，熟悉影响状态估计收敛的实际因素，掌握状态估计不收敛的常见原因和排查方法		√	

部分名称	章	模块名称 （模块编码）	模块描述	等级		
				I	II	III
EMS 基本原理、操作及异常处理	PAS、DTS 的应用操作	状态估计错误数据的辨识方法 （GYZD00213003）	本模块介绍状态估计错误数据的辨识方法。通过方法介绍和要点归纳，掌握从预处理信息、坏数据与大误差点信息中排查错误数据的步骤和方法以及状态估计不准确时应注意的问题		√	
		状态估计运行记录表的内容和格式 （GYZD00213004）	本模块介绍状态估计的运行记录表的内容和格式。通过要点介绍，掌握状态估计运行记录的所需要包含的信息内容以及记录的格式要求		√	
		负荷预测软件的使用操作 （GYZD00213005）	本模块介绍负荷预测软件的使用方法。通过原理讲解、功能描述和方法介绍，掌握负荷预测软件的基本原理、功能及其使用方法			√
		调度员潮流软件的使用操作 （GYZD00213006）	本模块介绍调度员潮流软件的使用方法。通过原理讲解、功能描述和方法介绍，掌握调度员潮流软件的基本原理、功能及其使用方法			√
		电压无功优化软件及其使用操作（GYZD00213007）	本模块介绍电压无功优化软件的使用方法。通过要点归纳、功能描述和方法介绍，熟悉无功优化的作用及其运行条件，掌握电压无功优化软件的功能、参数设置及其使用方法			√
		PAS 的各种报表类型及其内容 （GYZD00213008）	本模块包含 PAS 的各种报表类型、内容。通过要点介绍，熟悉状态估计和在线潮流包括的各种报表及其内容			√
	PAS、DTS 的维护	PAS 数据库中各种类型的表和域的含义介绍 （GYZD00214001）	本模块介绍 PAS 数据库中各种类型的表和域的含义。通过举例说明，熟悉 PAS 的电网建模、状态估计和在线潮流的相关数据表以及表中域名的含义		√	
		PAS 电网模型的定义原则 （GYZD00214002）	本模块介绍 PAS 电网模型的定义原则。通过要点归纳，熟悉电网模型定义时非调度管辖范围内的电网的处理原则以及遥测数据的极性定义原则		√	
		电网设备参数的录入方法 （GYZD00214003）	本模块介绍电网设备参数录入方法。通过方法介绍和举例说明，熟悉电网设备参数收集方法和录入工具的人机界面，掌握电网设备参数的录入方法		√	
		PAS 应用软件的运行参数设置 （GYZD00214004）	本模块介绍 PAS 应用软件的运行参数的设置方法。通过要点归纳和方法介绍，掌握状态估计、调度员潮流、负荷预报的运行参数及其设置要求和方法			√
		DTS 的维护 （GYZD00214005）	本模块介绍 DTS 的维护方法。通过方法介绍和举例说明，掌握图形和网络模型、保护及自动装置参数的维护方法			√
	PAS 的安装调试	PAS 工作站软件的安装、设置 （GYZD00215001）	本模块介绍 PAS 工作站软件的安装、设置。通过方法介绍和举例说明，掌握 PAS 工作站软件的安装步骤和方法以及用文件的方式配置参数和利用系统管理界面配置参数的方法		√	
		状态估计软件的调试方法 （GYZD00215002）	本模块介绍状态估计软件的调试方法。通过方法介绍，掌握状态估计软件调试的准备工作、调试步骤和方法		√	
		调度员潮流软件的调试方法 （GYZD00215003）	本模块介绍调度员潮流软件的调试方法。通过方法介绍和要点归纳，掌握调度员潮流软件调试的准备工作、调试步骤和注意事项		√	
		负荷预测软件的调试方法 （GYZD00215004）	本模块介绍负荷预测软件的调试方法。通过方法介绍，掌握负荷预测软件调试的准备工作、调试步骤和方法		√	
		PAS 服务器软件的安装、设置和调试 （GYZD00215005）	本模块介绍 PAS 服务器软件的安装、设置。通过方法介绍和举例说明，掌握 PAS 服务器软件的安装步骤和方法以及用文件的方式配置参数和利用系统管理界面配置参数的方法			√
	DTS 的安装调试	DTS 工作站软件的安装和设置 （GYZD00216001）	本模块介绍 DTS 工作站软件的安装、设置。通过方法介绍和举例说明，掌握 DTS 工作站软件的安装步骤和方法以及系统参数的设置方法		√	

续表

部分名称	章	模块名称 （模块编码）	模 块 描 述	等　级		
				I	II	III
EMS 基本 原理、操作 及异常处理	DTS 的 安装调试	DTS 服务器软件的 安装和设置 （GYZD00216002）	本模块介绍 DTS 服务器软件的安装、设置。通过方法介绍和举例说明，掌握 DTS 服务器软件的安装步骤和方法以及用文件的方式配置参数和利用系统管理界面配置参数的方法			√
	SCADA 的应用操作	告警信息的设置、分类方法 （GYZD00210001）	本模块介绍告警的设置方法。通过概念讲解和举例说明，掌握告警的定义及其设置方法	√		
		画面浏览工具的使用 （GYZD00210002）	本模块介绍画面浏览工具的使用方法。通过功能介绍和举例说明，熟悉画面浏览器的主要功能及其人机界面，掌握图形浏览器的基本使用方法	√		
		历史数据查询工具的使用 （GYZD00210003）	本模块介绍历史数据查询工具 query_sample 的使用方法。通过举例说明，熟悉历史数据查询工具的人机界面，掌握历史数据查询工具的基本使用方法和操作流程	√		
		曲线浏览工具的使用 （GYZD00210004）	本模块介绍曲线浏览工具的使用方法。通过举例说明，熟悉曲线浏览工具的人机界面，掌握曲线浏览工具的基本使用方法和操作流程	√		
		报表浏览工具的使用 （GYZD00210005）	本模块介绍报表浏览工具的使用方法。通过举例说明，熟悉报表浏览工具的人机界面，掌握报表浏览工具的基本使用方法	√		
		事故追忆断面的查询方法 （GYZD00210006）	本模块介绍事故追忆断面的查询方法。通过举例说明，熟悉事故追忆断面的查询操作的人机界面，掌握事故追忆断面的查询方法和操作流程		√	
		前置机厂站通道监视表的 使用（GYZD00210007）	本模块介绍前置机厂站通道监视表的使用方法。通过功能描述和方法介绍，掌握厂站通信信息表和通道表的功能、参数填写及其使用方法		√	
		规约解读软件的使用 （GYZD00210008）	本模块介绍规约解读软件的使用方法。通过功能描述和方法介绍，熟悉规约解读软件的人机界面及其功能，掌握规约解读软件的基本使用方法		√	
		远动规约的报文格式 （GYZD00210009）	本模块介绍远动规约的报文格式。通过概念介绍和报文格式的讲解，掌握远动规约的基本概念，掌握 CDT 规约、101 规约及 104 规约的报文格式		√	
	SCADA 的维护	SCADA 数据库中各种 类型的表和域的含义介绍 （GYZD00211001）	本模块包含有关 SCADA 数据库中各种类型的表和域的含义介绍。通过功能描述，掌握 SCADA 数据库中各种类型的表的作用及其包含的域的含义	√		
		数据库录入工具的使用介绍 （GYZD00211002）	本模块介绍数据库录入工具的使用方法。通过功能描述、方法介绍和举例说明，熟悉数据库录入工具 dbi 的人机界面及其功能，掌握数据库录入工具的使用方法	√		
		数据库录入软件出错提示信 息的介绍及错误排查方法 （GYZD00211003）	本模块介绍数据库录入软件常见的出错提示信息及排查错误的方法。通过现象描述和方法介绍，熟悉和理解数据库录入软件常见的出错提示信息及其现象，掌握排查常见错误的方法			√
		绘图工具的使用介绍 （GYZD00211004）	本模块介绍绘图工具的使用方法。通过功能描述和举例说明，熟悉绘图工具的人机界面和功能，掌握绘图工具的使用方法	√		
		绘图工具出错提示信息的 介绍及错误排查方法 （GYZD00211005）	本模块介绍绘图工具常见的出错提示信息及排查错误的方法。通过现象描述、方法介绍和举例说明，熟悉和理解绘图工具常见的出错提示信息及其含义，掌握排查常见错误的方法			√
		图元编辑工具的使用介绍 （GYZD00211006）	本模块介绍图元编辑工具的使用方法。通过功能描述和举例说明，熟悉图元编辑工具的人机界面和功能，掌握图元编辑工具的使用方法	√		
		能够利用报表编辑工具 完成报表的编辑 （GYZD00211007）	本模块介绍报表编辑工具的使用方法。通过功能描述和举例说明，熟悉报表编辑工具的人机界面和功能，掌握报表编辑工具的使用方法	√		
		曲线编辑工具的使用介绍 （GYZD00211008）	本模块介绍曲线编辑工具的使用方法。通过功能描述和举例说明，熟悉曲线编辑工具的人机界面和功能，掌握曲线编辑工具的使用方法	√		

续表

部分名称	章	模块名称（模块编码）	模 块 描 述	等级		
				I	II	III
EMS 基本原理、操作及异常处理	SCADA 的维护	电网的模型定义（GYZD00211009）	本模块介绍电网模型的定义。通过概念讲解、功能描述和举例说明，掌握电网模型的概念，熟悉电网模型定义界面和功能，掌握电网模型的定义方法		√	
		遥测数据类型及其系数换算方法（GYZD00211010）	本模块介绍遥测系数。通过概念讲解和举例说明，掌握遥测系数的概念，熟悉遥测的类型，掌握遥测系数的填写和核对以及遥测值换算的方法		√	
		串口数据采集通道的开通及设置（GYZD00211011）	本模块介绍串口数据采集通道的调试方法。通过方法介绍，掌握串口数据采集通道的线缆连接以及设置通道板参数、终端服务器和通道表参数的方法		√	
		网络数据采集通道的开通及设置（GYZD00211012）	本模块介绍网络数据采集通道的调试方法。通过方法介绍，掌握开通网络通道、设置通道参数以及查看通道的通信进程是否在线的方法		√	
		公式定义工具的使用（GYZD00211013）	本模块介绍公式定义工具的使用方法。通过功能描述和举例说明，熟悉公式定义工具的人机界面和功能，掌握公式定义工具的使用方法		√	
		系统用户维护工具的使用（GYZD00211014）	本模块介绍系统权限维护工具的使用方法。通过概念讲解和功能介绍，掌握系统权限管理的基本概念，熟悉系统用户维护工具的人机界面和功能，掌握系统权限维护工具的使用方法		√	
		模拟屏的工作原理介绍及数据的检查方法（GYZD00211015）	本模块介绍模拟屏的工作原理以及数据的定义方法和检查方法。通过原理讲解、方法介绍和举例说明，掌握模拟屏的工作原理以及利用数据库录入工具维护上屏信息表、检查上屏数据的操作方法			√
		数据库的备份与恢复（GYZD00211016）	本模块介绍数据库备份与恢复工具的使用方法。通过功能描述和方法介绍，熟悉数据库备份与恢复工具的人机界面和功能，掌握数据库备份与恢复的操作方法			√
	SCADA 的安装调试	SCADA 工作站软件的安装、设置（GYZD00212001）	本模块介绍 SCADA 工作站软件的安装和设置方法。通过方法介绍，掌握 SCADA 工作站软件安装、设置的步骤和方法		√	
		遥测数据的调试方法（GYZD00212002）	本模块介绍遥测数据的调试方法。通过方法介绍和举例说明，了解遥测数据的作用，掌握遥测数据调试的步骤和方法		√	
		遥信数据的调试方法（GYZD00212003）	本模块介绍遥信数据的调试方法。通过方法介绍和举例说明，了解遥信数据的作用，掌握遥信数据调试的步骤和方法		√	
		遥控、遥调功能的调试方法（GYZD00212004）	本模块介绍遥控、遥调功能的调试方法。通过概念讲解、方法介绍和举例说明，掌握遥控、遥调的概念以及遥控、遥调功能调试的步骤和方法		√	
		远动通道的调试方法（GYZD00212005）	本模块介绍远动通道的调试方法。通过方法介绍，熟悉远动通道的分类，掌握常规通道和网络通道的调试步骤和方法		√	
		SCADA 服务器软件安装和设置（GYZD00212006）	本模块介绍 SCADA 服务器软件的安装和设置方法。通过方法介绍，掌握 SCADA 服务器软件的安装、设置的步骤和方法			√
		前置机软件安装和设置（GYZD00212007）	本模块介绍前置机软件的安装和设置方法。通过方法介绍，掌握前置机软件的安装、设置的步骤和方法			√
		Web 服务器软件安装和设置（GYZD00212008）	本模块介绍 Web 服务器软件的安装和设置方法。通过方法介绍，掌握 Web 服务器软件的安装、设置的步骤和方法			√
		CDT 规约的调试和分析方法（GYZD00212009）	本模块介绍 CDT 规约的调试及分析方法。通过概念讲解、方法介绍和举例说明，掌握 CDT 规约的概念、传输方式、报文类型和报文格式，掌握 CDT 规约的基本调试步骤及报文分析方法			√
		101 规约的调试和分析方法（GYZD00212010）	本模块介绍 101 规约的调试及分析方法。通过概念讲解、方法介绍和举例说明，掌握 101 规约的概念、传输方式报文类型和报文格式，掌握 101 规约的基本调试步骤及报文分析方法			√

续表

部分名称	章	模块名称 （模块编码）	模块描述	等级		
				I	II	III
EMS 基本原理、操作及异常处理	SCADA的安装调试	104 规约的调试和分析方法 （GYZD00212011）	本模块介绍 104 规约的调试及分析方法。通过概念讲解、方法介绍和举例说明，掌握 104 规约的概念、传输方式报文类型和报文格式，掌握 104 规约的基本调试步骤及报文分析方法			√
调度管理系统的应用操作、安装调试及异常处理	调度管理系统的应用操作	调度管理系统设备管理模块的使用 （GYZD00301001）	本模块介绍调度管理系统中电网设备组织结构及管理模块的使用方法。通过概念讲解、功能介绍和举例说明，熟悉电网设备组织结构，掌握电网设备管理模块的功能和使用方法，了解电网设备管理模块与其他功能模块的关系		√	
		调度管理系统人员管理模块的使用 （GYZD00301002）	本模块介绍对调度管理系统人员管理模块的使用方法。通过结构和方法介绍，熟悉人员管理的常用结构形式和人员管理模块的组成，掌握人员管理模块的使用方法以及调度管理系统角色用户管理与人员管理结合应用的方法		√	
		调度管理系统月报制作模块的使用 （GYZD00301003）	本模块介绍调度管理系统月报制作模块的使用。通过功能介绍和举例说明，掌握调度月报、运方月报、自动化月报、通信运行月报功能、内容及其操作方法		√	
		调度管理系统检修申请模块的使用 （GYZD00301004）	本模块介绍调度管理系统的检修申请模块的使用方法。通过结构、流程和操作方法的介绍，熟悉检修申请模块的软硬件结构和检修申请的工作流程，掌握报送、受理、审核、执行以及查询检修申请的操作方法		√	
		调度管理系统服务器软件介绍 （GYZD00301005）	本模块介绍调度管理系统服务器软件。通过功能介绍和要点归纳，掌握调度管理系统服务器上的数据库服务软件、应用服务软件和门户网站软件的功能及运行环境要求			√
	调度管理系统安装调试	调度管理系统客户机软件的安装与配置 （GYZD00302001）	本模块介绍调度管理系统客户机软件的安装与配置方法。通过方法介绍和举例说明，掌握胖客户端程序的安装配置以及浏览器客户端环境配置的方法			√
		调度管理系统服务器软件的安装与设置 （GYZD00302002）	本模块介绍调度管理系统服务器软件的安装与配置方法。通过方法介绍和举例说明，熟悉调度管理系统数据库服务器、应用服务器的配置要求，掌握安装配置数据库、应用服务器以及门户站点的方法			√
	调度管理系统异常处理	调度管理系统异常处理 （GYZD00303001）	本模块介绍调度管理系统中系统异常的处理方法。通过现象描述和方法介绍，掌握调度管理系统各类常见的异常情况及排查方法			√
		计算机设备重新启动的操作方法及注意点 （GYZD00303002）	本模块介绍调度管理系统中计算机设备重新启动的操作方法及注意点。通过要点归纳、方法介绍和举例说明，熟悉调度管理系统中计算机设备的组成情况以及计算机设备需要重新启动的场景及原因，掌握计算机设备重新启动的通用步骤及注意事项		√	
电能量计量系统及其操作、维护、安装调试及异常处理	电能量计量系统	电能量计量系统的功能 （GYZD00401001）	本模块介绍电能量计量系统的功能。通过功能描述，熟悉电能量计量系统的功能及体系结构	√		
		电能量计量系统主站的体系结构 （GYZD00401002）	本模块介绍电能量计量系统主站的体系结构。通过结构介绍和要点归纳，了解传统的电能量计量系统的结构及其缺点，熟悉新一代基于 J2EE 三层体系架构的电能量计量系统的体系架构	√		
		电能量计量系统厂站端的原理 （GYZD00401003）	本模块介绍电能量计量系统厂站端设备的原理。通过原理讲解，了解电能量计量系统厂站端设备的概念和作用，掌握电能表、互感器及其二次回路的工作原理、特点及应用		√	
		电能量计量系统的数据处理流程 （GYZD00401004）	本模块介绍电能量计量系统的数据处理流程。通过流程讲解，掌握电能量计量系统的前、后台手工数据处理流程，前、后台自动数据处理流程，以及与常用系统互联的数据处理流程		√	
	电能量计量系统的应用操作	电能量计量系统应用软件的使用操作方法 （GYZD00402001）	本模块介绍电能量计量系统应用软件的使用操作方法。通过功能描述、方法介绍和举例说明，熟悉电能量计量系统应用软件的功能和人机界面，掌握电能量计量系统应用软件的使用操作方法	√		

续表

部分名称	章	模块名称 （模块编码）	模 块 描 述	等级		
				I	II	III
电能量计量系统及其操作、维护、安装调试及异常处理	电能量计量系统的应用操作	电能量计量系统服务器常见进程和功能 （GYZD00402002）	本模块介绍电能量计量系统服务器常见进程及其功能。通过功能描述，熟悉电能量计量系统服务器常见进程，掌握电能量计量系统服务器常见进程的功能		√	
		电能量计量系统数据的修改方法 （GYZD00402003）	本模块介绍电能量计量系统数据的修改方法。通过方法介绍和举例说明，掌握修改电能量计量系统权限参数、系统维护参数的方法		√	
	电能量计量系统维护	电能量计量系统数据库中各类表的介绍 （GYZD00403001）	本模块介绍电能量计量系统数据库中的各类表。通过举例说明，熟悉电能量计量系统数据库中电网模型结构表、历史数据统计表和系统维护表包含的域及其含义	√		
		电能量计量系统数据库录入软件的使用介绍 （GYZD00403002）	本模块介绍电能量计量系统数据库录入软件的使用方法。通过概念讲解、方法介绍和举例说明，熟悉电能量计量系统数据库录入参数的类型和录入软件的人机界面，掌握电能量计量系统数据库录入软件的使用操作方法	√		
		电能量计量系统数据采集通道的开通和设置 （GYZD00403003）	本模块包含电能量计量系统数据采集通道的介绍、通道类型、通道技术参数、通道的开通方法、通道的参数设置。通过对通道的参数和设置的介绍，掌握电能量计量系统数据通道概念及相关通道开通设置的操作步骤、方法和要求		√	
		电量计量系统数据库的备份和恢复 （GYZD00403004）	本模块介绍电能量计量系统数据库的备份和恢复的方法。通过概念讲解、方法介绍和举例说明，掌握电能量计量系统数据库备份与恢复的基本概念及其操作方法			√
	电能量计量系统安装调试	电能量计量系统工作站软件的安装和设置 （GYZD00404001）	本模块介绍电能量计量系统工作站软件的安装和设置的方法。通过方法介绍，掌握电能量计量系统工作站操作系统、数据库客户端软件、系统监测客户端软件、电能量计量应用软件、报表客户端软件的安装和设置的方法		√	
		电能量计量系统数据的调试 （GYZD00404002）	本模块介绍电能量计量系统数据的调试方法。通过概念讲解、方法介绍和要点归纳，熟悉电能量计量系统数据的概念、电能量计量系统数据调试的工作流程，掌握调试前的准备工作及注意事项、电能量计量系统数据的调试项目及其操作方法和要求		√	
		电能量计量系统通道的调试 （GYZD00404003）	本模块介绍电能量计量系统通道的调试方法。通过方法介绍，掌握电能量计量系统的网络通道、拨号通道、专线通道的调试方法		√	
		电能量计量系统服务器软件的安装和调试 （GYZD00404004）	本模块介绍电能量计量系统服务器软件的安装和调试方法。通过方法介绍，掌握电能量计量系统服务器操作系统、数据库服务器软件、中间件软件、天文时钟软件、数据库客户端软件、II区和III区同步软件、电能量计量应用软件、系统监测软件的安装和调试方法			√
	电能量计量系统异常处理	电能量计量系统的人机界面介绍 （GYZD00405001）	本模块介绍电能量计量系统的人机界面。通过功能描述，熟悉电能量计量系统前置采集人机界面和数据录入人机界面、功能及其状态	√		
		电能量计量系统功能的检查方法和步骤 （GYZD00405002）	本模块介绍电能量计量系统功能的检查方法和步骤。通过功能描述和方法介绍，熟悉电能量计量系统的功能及其检查方法	√		
		电能量计量系统故障排查原则及步骤 （GYZD00405003）	本模块介绍电能量计量系统的常见故障及其排查方法。通过故障描述和方法介绍，熟悉电能量计量系统常见故障的类型及其现象，掌握电能量计量系统常见故障的排查方法		√	
		电能量计量系统数据库数据录入引起的故障现象及排查方法 （GYZD00405004）	本模块介绍电能量计量系统数据库数据录入引起的故障现象及排查方法。通过故障描述和方法介绍，掌握电网模型数据录入引起的故障以及其他参数录入引起的故障的现象及其排查方法		√	
		电能量计量系统前置机通信参数录入错误引起的系统故障现象及排查方法 （GYZD00405005）	本模块介绍电能量计量系统前置机通信参数录入错误引起的系统故障现象及排查方法。通过流程说明、故障描述和方法介绍，掌握电能量计量系统数据采集的故障现象及其产生原因、排查步骤及其注意事项		√	

续表

部分名称	章	模块名称 （模块编码）	模 块 描 述	等　级		
				I	II	III
电能量计量系统及其操作、维护、安装调试及异常处理	电能量计量系统异常处理	电能量计量系统采集参数设置引起的故障现象及排查方法（GYZD00405006）	本模块介绍电能量计量系统采集参数设置引起的故障现象及排查方法。通过故障描述和方法介绍，掌握终端方式、直接采集电能表方式下电能量计量系统采集参数设置引起的故障现象及排除方法			√
		电能量计量系统进程缺失引起的系统故障现象及排查方法（GYZD00405007）	本模块介绍电能量计量系统进程缺失引起的系统故障现象及排查方法。通过故障描述和方法介绍，熟悉电能量计量系统进程缺失引起的故障现象，掌握电能量计量系统进程缺失引起故障的排查方法			√
网络、调度数据网及规约	网络基础知识	网络的定义、组成和分类（GYZD00501001）	本模块介绍网络定义、组成和分类等基础知识。通过概念讲解，掌握计算机网络的定义、组成和分类以及网络协议的定义，熟悉常用的网络协议	√		
		计算机网络体系结构（GYZD00501002）	本模块介绍计算机网络体系结构。通过功能介绍，掌握 OSI 七层参考模型的层次划分以及各层的功能	√		
		常见传输介质及网络接口（GYZD00501003）	本模块介绍常见传输介质及网络接口。通过性能介绍，熟悉常用的传输介质和网络接口及其性能	√		
		MAC 地址的概念（GYZD00501004）	本模块介绍 MAC 地址的概念。通过概念讲解，掌握 MAC 地址概念、作用及其组成	√		
		IP 地址的概念和分类（GYZD00501005）	本模块介绍 IP 地址的概念和分类。通过概念讲解和图文结合，掌握 IP 地址的组成、分类和用途	√		
		以太网介绍（GYZD00501006）	本模块介绍以太网的基本知识。通过概念讲解，掌握以太网的概念和工作原理，熟悉以太网的拓扑结构和常用的传输介质		√	
		子网划分（GYZD00501007）	本模块介绍子网划分的基本知识。通过方法介绍和举例说明，了解子网划分的必要性，掌握子网划分的原则和方法		√	
		网桥、集线器、交换机、路由器介绍（GYZD00501008）	本模块介绍网桥、集线器、交换机、路由器。通过原理讲解和功能说明，掌握常用网络硬件设备的工作原理及其功能		√	
	网络协议	TCP、UDP、IP 协议介绍（GYZD00502001）	本模块介绍 TCP、UDP、IP 协议。通过概念讲解和报文格式的介绍，掌握 TCP、UDP、IP 协议的概念、用途及特点，熟悉 TCP 报文和 UDP 报文的格式		√	
		因特网控制协议介绍（GYZD00502002）	本模块介绍因特网控制协议。通过原理讲解和要点归纳，掌握因特网控制协议的基本原理和传输规则		√	
		常见应用层协议介绍（GYZD00502003）	本模块介绍常见应用层协议。通过原理讲解和要点归纳，掌握常见应用层协议的基本原理和传输规则		√	
		内部网关协议介绍（RIP、OSPF、IGRP、IS-SI）（GYZD00502004）	本模块介绍常用内部网关协议 RIP、OSPF、IGRP、IS-SI。通过概念讲解和要点归纳，掌握 RIP、OSPF、IGRP、IS-SI 的概念及其特点			√
		外部网关协议介绍（BGP）（GYZD00502005）	本模块介绍外部网关协议 BGP。通过概念讲解和要点归纳，掌握外部网关协议 BGP 的概念及其特点			√
		VPN 介绍（GYZD00502006）	本模块介绍虚拟专用网络 VPN。通过概念讲解和功能介绍，掌握虚拟专用网络 VPN 的概念及其功能，了解针对不同的用户要求 VPN 的三种解决方案			√
		MPLS 技术介绍（GYZD00502007）	本模块介绍 MPLS 技术。通过功能描述和流程介绍，掌握 MPLS 的应用范围和功能以及 MPLS 的工作机制和工作流程			√
	数据网知识	数据网网络结构原理及应用（GYZD00503001）	本模块介绍数据网的结构、原理及其应用分类。通过结构形式介绍、原理讲解和概念介绍，掌握数据网的结构形式、工作过程及其应用分类	√		
		数据网规划及设计（GYZD00503002）	本模块介绍数据网设计和组网的原则。通过要点归纳，熟悉数据网的总体设计原则、网络组网技术的原则以及设备选型的要求			√
		数据网网管的介绍（GYZD00503003）	本模块介绍数据网网管的基本知识。通过举例分析，了解网络安全管理现状与需求；熟悉网络安全管理的技术及功能			√

续表

部分名称	章	模块名称（模块编码）	模块描述	等级		
				I	II	III
网络、调度数据网及规约	数据通信规约基础知识	常规数据通信规约的概念、分类及介绍（GYZD00504001）	本模块介绍常用数据通信规约。通过概念讲解，了解数据通信规约的概念，掌握循环式、问答式规约及其常规规约的用途及优缺点	✓		
	规约介绍	CDT规约报文和传输规则介绍（GYZD00505001）	本模块介绍CDT规约的报文格式和传输规则。通过概念讲解、要点归纳和举例说明，了解CDT规约的概念及其特点，熟悉CDT规约信息的优先级顺序和传送时间要求，掌握CDT规约的报文格式以及CDT规约的帧系列及信息字传送规则		✓	
		101规约报文和传输规则介绍（GYZD00505002）	本模块介绍101规约的报文格式和传输规则。通过概念讲解、要点归纳和举例说明，熟悉101规约的概念及其结构，掌握101规约的通信方式和帧格式		✓	
		102规约报文和传输规则介绍（GYZD00505003）	本模块介绍102规约的报文格式和传输规则。通过概念讲解、要点归纳和举例说明，熟悉102规约的概念及其结构，掌握102规约的通信方式和帧格式			✓
		104规约报文和传输规则介绍（GYZD00505004）	本模块介绍104规约的报文格式和传输规则。通过概念讲解、要点归纳和举例说明，熟悉104规约的概念及其结构，掌握104规约的报文格式和传输规则		✓	
		TASE.2协议介绍（GYZD00505005）	本模块介绍IEC 60870-6（TASE.2协议）的协议。通过概念讲解，熟悉TASE.2协议的概念、优点及应用前景，掌握TASE.2协议与底层协议（MMS）的关系以及TASE.2协议在EMS系统互联互通中的应用			✓
	数据网设备安装调试	数据网设备硬件安装方法介绍（GYZD00506001）	本模块介绍数据网设备硬件的安装方法。通过要点归纳和举例说明，熟悉数据网设备硬件安装前的检查要素和基本安装方法		✓	
		交换机、路由器的基本配置命令（GYZD00506002）	本模块介绍交换机、路由器的基本配置命令。通过方法介绍和功能描述，熟悉配置环境的搭建方法，掌握交换机、路由器的基本配置命令		✓	
		路由选择协议的配置方法（GYZD00506003）	本模块介绍RIP、OSPF和BGP协议的配置方法。通过概念讲解、方法介绍和举例说明，掌握RIP、OSPF和BGP协议的概念、原理及其配置方法		✓	
		MPLS-VPN的配置方法（GYZD00506004）	本模块介绍MPLS-VPN的配置方法。通过方法介绍和举例说明，掌握配置BGP/MPLS-VPN功能的步骤和方法		✓	
		数据网的规划设计方法（GYZD00506005）	本模块介绍数据网规划设计的原则和方法。通过要点归纳，熟悉数据网拓扑结构设计、节点路由设备选取、路由协议规划、公共资源分配、MPLS-VPN设计和配置以及网络管理的原则和规范			✓
		数据网的常见调试命令（GYZD00506006）	本模块介绍数据网的常见调试命令。通过功能描述和参数说明，掌握display system cpu、display system device state、display version等数据网常见调试命令的使用方法			✓
		数据网的调试步骤（GYZD00506007）	本模块介绍电力调度数据网的调试步骤和方法。通过方法介绍，掌握电力调度数据网的组网方案及调试步骤和方法			✓
	数据网设备异常处理	数据网设备故障的判断方法（GYZD00507001）	本模块介绍数据网设备故障的判断方法。通过方法介绍，掌握数据网设备电源系统、散热系统、单板、硬盘及配置系统故障的判断方法	✓		
		网管软件的应用（GYZD00507002）	本模块介绍网管软件的应用方法。通过要点归纳和举例说明，熟悉网管软件的基本作用、配置方法及其应用	✓		
		网络测试命令的使用介绍（GYZD00507003）	本模块介绍常用网络测试命令的使用方法。通过功能描述和举例说明，掌握ping、tracert命令的功能、参数配置及其使用方法	✓		
		网络设备指示灯状态介绍（GYZD00507004）	本模块介绍网络设备的各种指示灯。通过功能描述，熟悉网络设备各类指示灯及其状态含义，掌握根据网络设备各类指示灯的状态判别网络设备故障的方法	✓		

部分名称	章	模块名称 （模块编码）	模 块 描 述	等 级		
				I	II	III
网络、调度 数据网 及规约	数据网设备 异常处理	数据网的结构及工作原理 （GYZD00507005）	本模块介绍 BGP/MPLS-VPN 模型及实现、多角色主机特性、跨域 VPN 等知识。通过概念讲解、方法介绍和要点归纳，掌握数据网的结构及工作原理		√	
		数据网故障排查原则及步骤 （GYZD00507006）	本模块介绍数据网故障排查原则及步骤。通过现象描述和方法介绍，掌握数据网单板故障、整机重启、直连不通、内存利用率过高等数据网故障的现象和排查步骤		√	
		线缆连接错误引起的通信 故障现象及排查方法 （GYZD00507007）	本模块介绍线缆连接错误引起的通信故障现象及排查方法。通过方法介绍，掌握以太网、广域网线缆故障处理的故障定位思路、查询、调试和维护的方法及其命令的使用方法		√	
		硬件设备模块更换的注意点 （GYZD00507008）	本模块介绍数据网设备电源模块、路由器散热风扇、单元单板、路由交换单元的更换方法及其注意事项。通过方法介绍和要点归纳，掌握数据网设备模块更换的方法和注意事项		√	
		网络调试命令的使用 （GYZD00507009）	本模块介绍数据网设备环境及单板硬件状态观测、CPU 及内存状态观测、告警日志信息查看命令的功能、参数配置。通过命令介绍，掌握网络调试命令的使用方法			√
		设备参数设置错误引起的 通信故障现象及排查方法 （GYZD00507010）	本模块介绍 TCP/IP、路由、BGP、MPLS 故障排查命令。通过功能描述，掌握设备参数设置错误引起的通信故障的排查方法			√
	线缆制作	RJ-45 接头的制作 （GYZD00509001）	本模块介绍 RJ-45 接头的制作方法。通过方法介绍和要点归纳，掌握制作 RJ-45 接头的准备工作、操作步骤及质量标准及其注意事项	√		
		RS-232 接头的焊接 （GYZD00509002）	本模块介绍 RS-232 接头的焊接方法。通过方法介绍和要点归纳，掌握焊接 RS-232 接头的准备工作、操作步骤及质量标准及其注意事项		√	
		2M 线缆接头的制作 （GYZD00509003）	本模块介绍 2M 线缆接头的制作方法。通过方法介绍和要点归纳，掌握制作 2M 线缆接头的准备工作、操作步骤及质量标准及其注意事项		√	
二次系统 安全防护	二次系统 安全防护 基础知识	电力二次系统的安全风险 （GYZD00601001）	本模块介绍电力二次系统的安全风险。通过定性分析和举例说明，了解电力二次系统安全风险的来源和原因，熟悉电力二次系统的安全风险及其分类级别	√		
		二次系统安全防护的 目标及重点 （GYZD00601002）	本模块介绍二次系统安全防护的目标及其重点。通过概念讲解和要点归纳，掌握电力二次系统防护目标及重点，熟悉二次系统安全防护的特点	√		
		二次系统安全区域的 划分原则 （GYZD00601003）	本模块介绍二次系统安全区域的划分原则。通过要点归纳，熟悉二次系统安全区域的划分，掌握业务系统分置于安全区的原则以及安全区域的安全防护要求	√		
		二次系统安全的基本原则 （GYZD00601004）	本模块介绍电力二次系统安全防护的基本原则。通过要点归纳，熟悉二次系统安全防护的十项基本原则及其含义	√		
		二次系统安全防护策略 （GYZD00601005）	本模块介绍电力二次系统安全防护策略。通过要点归纳，熟悉16字电力二次系统安全防护策略及其含义	√		
	二次系统 安全防护 技术及 设备的介绍	二次系统安全防护 常见技术措施 （GYZD00602001）	本模块介绍电力二次系统安全防护常见技术措施。通过功能描述和方法介绍，熟悉二次系统安全防护的常见技术措施及其应用方式		√	
		防火墙的工作原理 （GYZD00602002）	本模块介绍防火墙的工作原理。通过要点归纳和功能描述，熟悉防火墙的作用、安全控制技术、工作模式及其基本功能		√	
		物理隔离设备的工作原理 （GYZD00602003）	本模块介绍物理隔离设备的工作原理。通过要点归纳和功能描述，熟悉物理隔离设备的作用及其实现技术		√	
		计算机病毒的概念 及常见种类 （GYZD00602004）	本模块介绍计算机病毒的概念及常见种类。通过概念讲解和要点归纳，掌握计算机病毒的定义、特征、结构及其分类		√	

续表

部分名称	章	模块名称 （模块编码）	模块描述	等级		
				I	II	III
二次系统 安全防护	二次系统 安全防护 技术及 设备的介绍	防病毒措施 （GYZD00602005）	本模块介绍防病毒措施。通过要点归纳，熟悉建立防病毒安全体系的方法以及选择反病毒产品的原则，掌握典型计算机病毒的防范和清除方法，了解常用的国产杀毒软件		√	
		主机防护技术介绍 （GYZD00602006）	本模块介绍主机防护技术。通过方法介绍，熟悉主机防护的物理安全策略和访问控制策略，掌握 Windows 系统安全防护以及 UNIX/LINUX 系统安全防护的方法		√	
		入侵检测系统 IDS 介绍 （GYZD00602007）	本模块介绍入侵检测系统 IDS。通过要点归纳和方法介绍，熟悉入侵检测系统存在的必要性及其特点，掌握入侵检测系统的部署方式		√	
		数字证书与认证技术介绍 （GYZD00602008）	本模块介绍数字证书与认证技术。通过概念讲解，掌握数字证书的基本概念以及数字证书认证技术及其应用		√	
		IP 加密认证装置 （GYZD00602009）	本模块介绍 IP 加密认证装置。通过功能描述、结构形式介绍和要点归纳，掌握 IP 加密认证装置的基本功能、软硬件结构和安全机制		√	
		访问控制的原理 （GYZD00602010）	本模块介绍访问控制的原理。通过原理讲解，掌握防火墙包过滤技术、状态检测包过滤技术、应用代理技术及流过滤检测技术的工作原理以及其他辅助模块实施访问控制的方法		√	
		访问控制的实施规范 （GYZD00602011）	本模块介绍防火墙的安全配置策略及其规范。通过要点归纳，掌握内网用户对外访问、DMZ 区、账号管理、自身维护等防火墙安全配置策略及其规范要求		√	
		线路加密技术介绍 （GYZD00602012）	本模块介绍线路加密技术。通过概念讲解和原理介绍，熟悉加密技术的定义、密码算法的分类以及常用的对称密码算法和非对称密码算法，掌握线路加密的常见形式、工作原理及其应用		√	
	二次系统 安全防护的 规划、设计	调度中心二次系统安全 防护方案 （GYZD00603001）	本模块介绍调度中心二次系统安全防护的方案和原则。通过要点归纳，熟悉调度中心二次系统安全防护的总体方案、逻辑结构及安全防护的原则			√
		变电站二次系统安全 防护方案 （GYZD00603002）	本模块介绍变电站二次系统安全防护方案。通过要点归纳，熟悉变电站二次系统安全风险，掌握变电站二次系统安全防护的目标、分区原则及其方案			√
		调度数据网络二次系统 安全防护方案 （GYZD00603003）	本模块介绍调度数据网络二次系统安全防护方案。通过要点归纳和原理介绍，了解调度数据网络的应用现状，熟悉调度数据网上常用设备及其工作原理，掌握调度数据网络二次系统安全防护方案			√
	二次系统 安全防护 设备安装 调试	访问控制列表的配置命令 （GYZD00604001）	本模块介绍常用的访问控制列表的配置命令。通过功能描述，掌握报警命令、ARP 命令和策略路由命令等常用的访问控制列表的配置命令		√	
		主机加固措施 （GYZD00604002）	本模块介绍主机加固的措施。通过方法介绍，掌握常用的主机系统加固的方法		√	
		防火墙配置和调试方法 （GYZD00604003）	本模块介绍防火墙的配置和调试方法。通过方法介绍和要点归纳，掌握初始配置和管理防火墙的方法，熟悉防火墙四种配置方式		√	
		物理隔离设备配置方法 （GYZD00604004）	本模块介绍物理隔离设备的配置方法。通过方法介绍，掌握正向型和反向型物理隔离设备的 GUI 工作界面及使用方法			√
		二次系统安全防护 策略的制定原则 （GYZD00604005）	本模块介绍二次系统安全防护策略的制定原则。通过要点归纳，熟悉二次系统安全防护的适用范围，掌握二次系统安全防护的目标及重点以及基本原则和总体策略			√
		二次系统安全防护的 常见管理措施 （GYZD00604006）	本模块介绍二次系统安全防护的常见管理措施。通过要点归纳，熟悉实现二次系统安全防护在人员管理、机房管理和设备管理方面的相关规定			√
	二次系统安 全防护设备 异常处理	二次系统安全防护设备 故障的判断方法 （GYZD00605001）	本模块介绍二次系统安全防护设备故障的判断方法。通过方法介绍，掌握二次系统安全防护设备网络故障的排查、确认与定位以及分析方法，熟悉常见的声光报警及其排查方法	√		

续表

部分名称	章	模块名称 （模块编码）	模　块　描　述	等　级		
				I	II	III
二次系统 安全防护	二次系统安 全防护设备 异常处理	二次系统安全防护设备面板 指示灯的介绍 （GYZD00605002）	本模块介绍二次系统安全防护设备的各种指示灯。通过功能描述，熟悉二次系统安全防护设备各类指示灯及其状态含义，掌握根据二次系统安全防护设备各类指示灯的状态判别设备故障的方法	✓		
		二次系统安全防护设备的 结构及工作原理 （GYZD00605003）	本模块介绍二次系统安全防护设备的结构及工作原理。通过原理介绍和结构分析，熟悉横向隔离设备的物理结构和安全岛技术，熟悉纵向加密认证装置、电力专用拨号装置的主要组成		✓	
		二次系统安全防护设备 故障排查原则及步骤 （GYZD00605004）	本模块介绍二次系统安全防护设备故障排查原则及步骤。通过方法介绍，掌握二次系统安全防护设备的故障排查原则、排查步骤和方法		✓	
		线缆连接错误引起的通信 故障现象及排查方法 （GYZD00605005）	本模块介绍二次系统安全防护设备线缆连接错误引起的通信故障现象及排查方法。通过要点归纳、现象描述和方法介绍，熟悉常见的网络设备的接口及其故障现象，掌握常用设备线缆连接错误现象及排查方法		✓	
		硬件设备模块更换的注意点 （GYZD00605006）	本模块介绍硬件设备模块更换的注意点。通过要点归纳，了解硬件设备可更换模块，掌握硬件设备模块更换的注意点		✓	
		设备参数设置引起的通信 故障现象及排查方法 （GYZD00605007）	本模块介绍二次系统安全防护设备参数设置引起的通信故障现象及排查方法。通过要点归纳，熟悉二次系统安全防护设备参数设置，掌握二次系统安全防护设备的故障现象及其排查方法			✓
时间同步 系统	时间同步 系统知识	时间同步系统基本知识 （GYZD00801001）	本模块介绍时间同步系统的基本知识。通过概念讲解和原理介绍，掌握时钟基准的基本概念及授时、对时的基本原理，熟悉常用授时信号的基本类型及传输方式		✓	
		时间同步系统的结构及 主要技术指标 （GYZD00801002）	本模块介绍时间同步系统的结构及主要技术指标。通过概念讲解、结构形式介绍和要点归纳，掌握主时钟及从时钟的基本概念以及时间同步系统的构成，熟悉时钟装置的基本功能和授时信号主要技术指标		✓	
		时间同步系统的检测 及故障排除 （GYZD00801003）	本模块介绍时间同步系统的检测及故障排除。通过方法介绍，掌握检测时钟同步系统的系统功能、授时信号的方法以及时钟同步系统的异常和故障处理方法		✓	
UPS 及机房 配电系统 的维护和 异常处理	UPS 知识	UPS 的基本结构 （GYZD01101001）	本模块介绍 UPS 系统的基本结构。通过结构介绍，掌握 UPS 的基本结构及其组成		✓	
		UPS 的工作原理 （GYZD01101002）	本模块介绍 UPS 的工作原理。通过原理介绍和要点归纳，掌握后备式、在线式、在线互动式三种 UPS 的工作原理及特点		✓	
		UPS 的主要技术指标 （GYZD01101003）	本模块介绍 UPS 的主要技术指标。通过概念讲解和要点归纳，掌握 UPS 的容量、输入特性指标、输出特性指标、UPS 的蓄电池指标等技术指标			✓
	UPS 维护	UPS 的硬件知识 （GYZD01102001）	本模块介绍 UPS 硬件的基本知识。通过结构介绍和功能描述，掌握 UPS 的硬件组成及其功能，熟悉 UPS 的类型及其特点		✓	
		UPS 的运行指标 （GYZD01102002）	本模块介绍 UPS 的运行指标。通过要点归纳，熟悉 UPS 运行环境要求、输入指标以及防雷要求		✓	
		UPS 充放电试验的要求 （GYZD01102003）	本模块介绍 UPS 充放电的基本要求。通过概念讲解和要点归纳，掌握 UPS 充放电的基本概念及其基本要求		✓	
	UPS 及机房 配电系统 异常处理	UPS 设备指示灯介绍 （GYZD01103001）	本模块介绍 UPS 设备的各种指示灯。通过功能描述，熟悉 UPS 设备各类指示灯及其状态含义，掌握根据 UPS 设备各类指示灯的状态判别 UPS 设备故障的方法	✓		
		UPS 及机房配电系统的 负载情况检查 （GYZD01103002）	本模块介绍 UPS 及机房配电系统的负载情况检查方法。通过要点归纳和方法介绍，熟悉 UPS 及机房配电系统的负载，掌握 UPS 及机房配电系统负载情况检查的方法	✓		

续表

部分名称	章	模块名称 （模块编码）	模 块 描 述	等 级		
				I	II	III
UPS 及机房 配电系统 的维护和 异常处理	UPS 及机房 配电系统 异常处理	蓄电池内阻测试 （GYZD01103003）	本模块介绍蓄电池内阻的测试方法。通过要点归纳和 方法介绍，掌握测试蓄电池内阻的目的、测试前的准备 工作以及测试步骤和注意事项，掌握蓄电池内阻测试 仪的日常维护要求和方法		√	
		UPS 旁路切换操作 （GYZD01103004）	本模块介绍 UPS 旁路切换操作的方法。通过要点归纳 和方法介绍，掌握旁路切换操作的方法及注意事项		√	
主站、厂站 联合调试	配合厂站 调试	自动化通道的结构及其应用 （GYZD01201001）	本模块介绍自动化通道的概念及应用。通过概念讲 解，掌握自动化通道的概念、分类及其应用		√	
		自动化通道的调试方法 （GYZD01201002）	本模块介绍自动化通道的调试方法。通过方法介绍， 掌握自动化通道调试前主站端和厂站端的准备工作及其 方法以及现场信号的接入与调试的方法		√	
	厂站及通道 故障异常 处理	通道板状态指示灯介绍 （GYZD01202001）	本模块介绍通道板指示灯。通过功能描述，熟悉通道 板指示灯及其状态含义，掌握根据通道板指示灯的状态 判别通道故障的方法	√		
		通道状态监视表介绍 （GYZD01202002）	本模块介绍通道状态监视表。通过要点介绍，熟悉通 道状态监视表的内容及其含义，了解通道状态监视表的 使用方法	√		
		前置系统结构及数据 处理流程介绍 （GYZD01202003）	本模块介绍前置系统的结构及其数据处理流程。通过 结构形式和工作流程介绍，熟悉前置系统的结构特点， 掌握前置系统的数据处理流程		√	
		前置系统故障的排查原则 （GYZD01202004）	本模块介绍前置系统故障的排查原则。通过方法介 绍，了解前置系统的故障类型，熟悉前置系统故障排查 的原则		√	
		通道板设置错误造成的 故障现象及排查方法 （GYZD01202005）	本模块介绍通道板设置错误造成的故障现象及排查方 法。通过方法介绍，掌握根据通道板指示灯的状态判别 通道故障的方法以及通道板故障的排查方法		√	
		规约和通道参数设置不当 造成的故障现象及排查方法 （GYZD01202006）	本模块介绍规约和通道参数设置不当造成的故障现象 及排查方法。通过方法介绍，熟悉规约和通道参数设置 不当造成的故障现象，掌握故障的排查方法		√	
		前置子系统进程功能介绍 （GYZD01202007）	本模块介绍前置子系统主要常驻进程的功能。通过功 能描述，熟悉前置子系统主要常驻进程及其功能		√	
		规约报文出错的现象 （GYZD01202008）	本模块介绍规约报文出错的现象。通过现象描述和方 法介绍，熟悉规约报文出错的现象，掌握分析规约报文 出错的方法			√
运行监视 系统的应用 操作、系统 维护、安装 调试、异常 及缺陷处理	运行监视系 统应用操作	运行监视系统应用软件的 使用介绍 （GYZD01301001）	本模块介绍运行监视系统应用软件的使用方法。通过 功能描述和方法介绍，熟悉运行监视系统应用软件的工 作界面及其功能，掌握运行监视系统应用软件的使用方 法	√		
		运行监视系统服务器 进程介绍 （GYZD01301002）	本模块介绍运行监视系统服务器的主要进程。通过功 能描述，熟悉运行监视系统服务器的主要进程及其功能 和运行情况		√	
	运行监视 系统维护	数据录入软件的使用介绍 （GYZD01302001）	本模块介绍运行监视系统数据录入软件的使用方法。 通过功能描述，熟悉数据录入软件的工作界面及其功 能，掌握数据录入软件的使用方法		√	
	运行监视系 统安装调试	运行监视系统服务器软件的 安装、设置 （GYZD01303001）	本模块介绍运行监视系统服务器软件的安装和设置方 法。通过方法介绍，掌握运行监视系统服务器支撑软件 的安装方法以及配置服务器的方法			√
		被监控设备及数据的异常 报警功能调试方法及步骤 （GYZD01303002）	本模块介绍被监控设备及数据的异常报警功能的调试 方法。通过方法介绍，掌握运行监控系统模拟量和状态 量的各种告警类型进行报警功能调试的方法及步骤			√
	运行监视系 统异常及缺 陷处理	运行监视系统的工作流程 （GYZD01304001）	本模块介绍运行监视系统的工作流程。通过举例分 析，了解系统的软件结构及各功能模块相互间的关系		√	
		运行监视系统故障排查 原则及步骤 （GYZD01304002）	本模块介绍运行监视系统故障排查原则及步骤。通过 现象描述和方法介绍，熟悉运行监视系统常见故障的类 型、现象、产生原因、诊断方法及其解决方案		√	

续表

部分名称	章	模块名称 （模块编码）	模 块 描 述	等 级		
				I	II	III
主站系统软硬件平台安装	主站系统硬件平台安装	网络设备的安装 （ZY2800101001）	本模块介绍网络设备的安装操作原则和注意事项。通过要点归纳、方法介绍和举例说明，熟悉网络设备安装前检查设备外观及配件的要求，掌握安装网络设备的步骤、方法及其注意事项		✓	
		磁盘阵列的安装和设置 （ZY2800101002）	本模块介绍磁盘阵列的安装方法。通过方法介绍，掌握磁盘阵列的磁盘、电池、风扇和电源的安装、卸除的步骤和方法			✓
		GPS 设备的安装、 设置和调试 （ZY2800101003）	本模块介绍 GPS 设备的安装、设置和调试。通过概念讲解、方法介绍，熟悉 GPS 的种类及使用模式，掌握 GPS 设备的安装及调试步骤和方法			✓
	主站系统软件平台安装	HP-UNIX 操作系统安装 （ZY2800102001）	本模块介绍 HP-UNIX 操作系统的安装方法。通过方法介绍，掌握 HP-UNIX 操作系统安装步骤和方法以及利用配置工具 Sam 对系统进行配置的方法			✓
主站系统性能测试	主站系统性能指标	SCADA 运行指标及测试 方法的介绍 （ZY2800201001）	本模块介绍 SCADA 运行指标及测试方法。通过要点归纳和方法介绍，熟悉 SCADA 主要运行指标及要求以及测试或考查的方法		✓	
		电能量计量系统性能 指标的介绍 （ZY2800201002）	本模块介绍电能量计量系统的各类性能指标及要求。通过要点归纳，熟悉电能量计量系统性能指标的分类，掌握电能量计量系统的各类性能指标及要求		✓	
		计算机和网络设备性能指标 （ZY2800201003）	本模块介绍计算机和网络设备的性能指标及要求。通过要点归纳，熟悉网络交换机和路由器的性能指标及要求			✓
	测试方法	电能量计量系统性能 指标的测试方法 （ZY2800202001）	本模块介绍电能量计量系统性能指标的测试方法。通过方法介绍，掌握检测电能量计量系统主要性能指标的方法		✓	
		计算机和网络设备性能 测试方法 （ZY2800202002）	本模块介绍网络设备性能指标的测试方法。通过方法介绍和举例说明，掌握网络互联设备和应用管理设备的性能指标的测试方法及其测试注意事项，熟悉网络设备性能测试的流程，掌握测试网络性能常用命令的使用方法			✓
		PAS 软件性能测试 （ZY2800202003）	本模块介绍测试 PAS 软件的性能指标。通过要点归纳，掌握测试 PAS 软件性能的目的、测试内容、指标要求及其测试注意事项			✓
		PAS 软件性能测试的方法 （ZY2800202004）	本模块介绍 PAS 软件性能测试的方法。通过方法介绍，熟悉 PAS 软件性能测试的步骤，掌握 PAS 软件各类性能的测试方法			✓

参 考 文 献

[1] 刘振亚. 智能电网知识读本. 北京：中国电力出版社，2010.

[2] 刘振亚. 智能电网技术. 北京：中国电力出版社，2010.

[3] 贾文超，卢秀和，杨晓红. 电气工程导论. 西安：西安电子科技大学出版社，2007.

[4] 王葵，孙莹. 电力系统自动化. 2 版. 北京：中国电力出版社，2007.

[5] 张永健. 电网监控与调度自动化. 2 版. 北京：中国电力出版社，2006.

[6] 付周兴，王清亮，董张卓. 电力系统自动化. 北京：中国电力出版社，2006.

[7] 王士政. 电网调度自动化与配网自动化技术. 北京：中国水利水电出版社，2006.

[8] 周全仁，张海. 现代电网自动控制系统及其应用. 北京：中国电力出版社，2004.

[9] 龚强，王津. 地区电网调度自动化技术与应用. 北京：中国电力出版社，2005.

[10] 周洪，等. 网络控制技术及其应用. 北京：中国电力出版社，2006.